研究生教学用书
专 业 基 础 课 系 列

高等学校电子信息类规划教材
“九五”电子工业部重点教材

现代数字信号处理

（第二版）

姚天任　孙　洪　编著

华中科技大学出版社
中国·武汉

内 容 简 介

本书第一版是我国高等学校电子信息类规划教材、“九五”电子工业部重点教材，入选教育部向全国推荐的研究生教学用书。相对于第一版，第二版的内容和结构都做了较大改动。第二版全面讨论了现代数字信号处理学科的新进展，包括自适应滤波器、功率谱估计、小波分析以及同态滤波、高阶谱估计和神经网络等的相关理论和方法，其中重点对自适应滤波器、功率谱估计和小波分析的理论、方法和应用进行了深入讨论。本书适合信息与通信工程学科各专业及相近专业的研究生和科研工作者用作教材或参考书。

图书在版编目(CIP)数据

现代数字信号处理/姚天任，孙洪编著. —2 版 . —武汉：华中科技大学出版社，2018.6
研究生教学用书. 专业基础课系列
ISBN 978-7-5680-3753-2

Ⅰ. ①现…　Ⅱ. ①姚…　②孙…　Ⅲ. ①数字信号处理-研究生-教材　Ⅳ. ①TN911.72

中国版本图书馆 CIP 数据核字(2018)第 137299 号

现代数字信号处理(第二版)
Xiandai Shuzi Xinhao Chuli(Dierban)

姚天任　孙　洪　编著

策划编辑：周芬娜
责任编辑：陈元玉
封面设计：原色设计
责任校对：李　琴
责任监印：周治超
出版发行：华中科技大学出版社(中国·武汉)　　电话：(027)81321913
　　　　　武汉市东湖新技术开发区华工科技园　　邮编：430223
录　　排：武汉市洪山区佳年华文印部
印　　刷：武汉科源印刷设计有限公司
开　　本：787mm×1092mm　1/16
印　　张：30.75
字　　数：805 千字
版　　次：2018 年 6 月第 2 版第 1 次印刷
定　　价：79.00 元

《研究生教学用书》序

“接天莲叶无穷碧，映日荷花别样红。”今天，我国的教育正处在一个大发展的崭新时期，而高等教育即将跨入“大众化”的阶段，蓬蓬勃勃，生机无限。在高等教育中，研究生教育的发展尤为迅速。在盛夏已临，面对池塘中亭亭玉立的荷花，风来舞举的莲叶，我深深感到，我国研究生教育就似夏季映日的红莲，别样多姿。

科教兴国，教育先行。教育在社会主义现代化建设中处于优先发展的战略地位。我们可以清楚看到，高等教育不仅被赋予重大的历史任务，而且明确提出，要培养一大批拔尖创新人才。不言而喻，培养一大批拔尖创新人才的历史任务主要落在研究生教育肩上。“百年大计，教育为本；国家兴亡，人才为基。”国家之间的激烈竞争，在今天，归根结底，最关键的就是高级专门人才，特别是拔尖创新人才的竞争。由此观之，研究生教育的任务可谓重矣！重如泰山！

前事不忘，后事之师。历史经验已一而再、再而三地证明：一个国家的富强，一个民族的繁荣，最根本的是要依靠自己，要以“自力更生”为主。《国际歌》讲得十分深刻，世界上从来就没有什么救世主，只有依靠自己救自己。寄希望于别人，期美好于外力，只能是一种幼稚的幻想。内因是发展的决定性的因素。当然，我们决不应该也决不可能采取“闭关锁国”、自我封闭、故步自封的方式来谋求发展，重犯历史错误。外因始终是发展的必要条件。正因为如此，我们清醒看到了，“自助者人助”，只有“自信、自尊、自主、自强”，只有独立自主，自强不息，走以“自力更生”为主的发展道路，才有可能在向世界开放中，争取到更多的朋友，争取到更多的支持，充分利用好外部的各种有利条件，来扎扎实实地而又尽可能快地发展自己。这一切的关键就在于，我们要有数量与质量足够的高级专门人才，特别是拔尖创新人才。何况，在科技高速发展与高度发达，而知识经济已初见端倪的今天，更加如此。人才，高级专门人才，拔尖创新人才，是我们一切事业发展的基础。基础不牢，地动山摇；基础坚牢，大厦凌霄；基础不固，木凋树枯；基础深固，硕茂葱绿！

“工欲善其事，必先利其器。”自古凡事皆然，教育也不例外。教学用书是“传道授业解惑”培育人才的基本条件之一。“巧妇难为无米之炊。”特别是在今天，学科的交叉及其发展越来越多及越快，人才的知识基础及其要求越来越广及越高，因此，我一贯赞成与支持出版“研究生教学用书”，供研究生自己主动地选用。早在1990年，本套用书中的第一本即《机械工程测试·信息·信号分析》出版时，我就为此书写了个“代序”，其中提出：一个研究生应该博览群书，博采百家，思路开阔，有所创见。但这不等于他在一切方面均能如此，有所不为才能有所为。如果一个研究生的主要兴趣与工作不在某一特定方面，他也可选择一本有关这一特定方面的书作为了解与学习这方面知识的参考；如果一个研究生的主要兴趣与工作在这一特定方面，他更应选择一本有关的书作为主要的学习用书，寻觅主要学习线索，并缘此展开，博览群书。这就是我赞成要编写系列的“研究生教学用书”的原因。今天，我仍然如此来看。

还应提及一点，在教育界有人讲，要教学生“做中学”，这有道理；但须补充一句，“学中做”。既要在实践中学习，又要在学习中实践，学习与实践紧密结合，方为全面；重要的是，结合的关键在于引导学生思考，学生积极主动思考。当然，学生的层次不同，结合的方式与程度就应不同，思考的深度也应不同。对研究生特别是对博士研究生，就必须是而且也应该是“研中学，学中研”，在研究这一实践中，开动脑筋，努力学习，在学习这一过程中，开动脑筋，努力研究；甚至可以讲，研与学通过思考就是一回事情了。正因为如此，“研究生教学用书”就大有英雄用武之地，供学习之用，供研究之用，供思考之用。

在此，还应进一步讲明一点。作为一个研究生，来读“研究生教学用书”中的某书或其他有关的书，有的书要精读，有的书可泛读。记住了书上的知识，明白了书上的知识，当然重要；如果能照着用，当然更重要。因为知识是基础。有知识不一定有力量，没有知识就一定没有力量，千万千万不要轻视知识。对研究生特别是博士研究生而言，最为重要的还不是知识本身这个形而下，而是以知识作为基础，努力通过某种实践，同时深入独立思考而体悟到的形而上，即《老子》所讲的不可道的“常道”，即思维能力的提高，即精神境界的升华。《周易·系辞》讲了：“形而上谓之道，形而下谓之器。”我们的研究生要有器，要有具体的知识，要读书，这是基础；但更要有“道”，更要一般，要体悟出的形而上。《庄子·天道》讲得多么好：“书不过语。语之所贵者意也，意有所随。意之所随者，不可以言传也。”这个“意”，就是孔子所讲的“一以贯之”的“一”，就是“道”，就是形而上。它比语、比书，重要多了。要能体悟出形而上，一定要有足够数量的知识作为必不可缺的基础，一定要在读书去获得知识时，整体地读，重点地读，反复地读；整体地想，重点地想，反复地想。如同韩愈在《进学解》中所讲的那样，能“提其要”，“钩其玄”，以达到南宋张孝祥所讲的“悠然心会，妙处难与君说”的体悟，化知识为己之素质，为“活水源头”。这样，就可驾驭知识，发展知识，创新知识，而不是为知识所驾驭，为知识所奴役，成为计算机的存储装置。

这套“研究生教学用书”从第一本于1990年问世至今，在蓬勃发展中已形成了一定规模。“逝者如斯夫，不舍昼夜。”它们中间，有的获得了国家级、省部级教材奖、图书奖，有的为教育部列入向全国推荐的研究生教材。采用此套书的一些兄弟院校教师纷纷来信，称赞此套书为研究生培养与学科建设作出了贡献。我们深深感激这些鼓励，“中心藏之，何日忘之?!”没有读者与专家的关爱，就没有我们“研究生教学用书”的发展。

唐代大文豪李白讲得十分正确：“人非尧舜，谁能尽善?”我始终认为，金无足赤，物无足纯，人无完人，文无完文，书无完书。“完”全了，就没有发展了，也就“完”蛋了。这套“研究生教学用书”更不会例外。这套书如何？某本书如何？这样的或那样的错误、不妥、疏忽或不足，必然会有。但是，我们又必须积极、及时、认真而不断地加以改进，与时俱进，奋发前进。我们衷心希望与真挚感谢读者与专家不吝指教，及时批评。当局者迷，兼听则明；“嘤其鸣矣，求其友声。”这就是我们的肺腑之言。当然，在这里，还应该深深感谢“研究生教学用书”的作者、审阅者、组织者(华中科技大学研究生院的有关领导和工作人员)与出版者(华中科技大学出版社的编辑、校对及其全体同志)；深深感谢对“研究生教学用书”的一切关心者与支持者，没有他们，就决不会有今天的“研究生教学用书”。

我们真挚祝愿，在我们举国上下，万众一心，深入贯彻落实科学发展观，努力全面建设小康社会，加速推进社会主义现代化，为实现中华民族伟大复兴，“芙蓉国里尽朝晖”这一壮丽事业中，让我们共同努力，为培养数以千万计高级专门人才，特别是一大批拔尖创新人才，完成历史赋予研究生教育的重大任务而作出应有的贡献。

谨为之序。

中国科学院院士

华中科技大学学术委员会主任

杨叔子

于华中科技大学

第一版前言

本教材系按原电子工业部(现信息产业部)的《1996—2000 年全国电子信息类专业教材编审出版规划》,由全国通信工程专业教学指导委员会编审、推荐出版。本教材由华中理工大学姚天任教授担任主编,赵荣椿教授担任主审,阮秋琦教授担任责任编委。

本教材的参考学时数为 54 学时。教材的主要内容有:维纳滤波器和卡尔曼滤波器的原理和计算,自适应滤波器的理论、设计和应用,功率谱现代估计方法的基本理论和各种算法,同态信号处理技术及其应用,高阶谱分析理论和技术基础,小波变换的理论、方法和应用,人工神经网络的理论、方法和应用。为加深对基本概念和基本理论的理解、加强对基本方法和基本技能的掌握,本书第一章对现代信号处理理论及其数学基础进行了扼要的复习,又在各章末安排了相当数量的复习思考题和较多的习题。书中某些重要的数学推导过程和工程实用计算机程序在书末附录中给出。各章末列有重要参考文献,供读者进一步深入学习时参考。书中的重要名词术语的中英文索引也附在书末。

数字信号处理是一门理论和技术发展十分迅速、应用非常广泛的前沿交叉性学科。因此,在使用本教材时,要特别注意对基本概念、基本理论、基本方法和基本技能的掌握,在此基础上努力把理论和实际应用很好地结合起来,不断跟踪本学科和本应用领域的新发展。这样,才有可能在自己的工作中取得创造性的成果。

本教材第一章至第五章以及第七章由姚天任执笔,第六章和第八章由孙洪执笔编写。书末附录中的计算机程序由车忠志、向阳松、郭士奎、徐强、苏勇、江涛、王有伦、胡建兵等硕士和田金文博士编写,并在计算机上调试通过。李中捷博士和卢燕青硕士参加了书中插图的绘制。湖北省电信局廖仁斌副局长、湖北省数据局杨文鹏局长对本书的编写给予了关心和支持。作者的历届研究生为本书提出过许多宝贵意见。借此机会谨向以上同志表示诚挚的感谢。

由于编者水平有限,书中难免还存在一些缺点和错误,殷切希望广大读者批评指正。

编　者

1999 年 6 月于武汉

第二版前言

本书第一版出版于1999年11月，入选教育部向全国推荐的研究生教学用书，被国内许多高校所采用，至今已重印12次。为适应信号与信息处理学科理论和技术日益获得广泛应用的新形势，参照多年来使用该教材的老师和研究生们反馈的意见，作者对本书第一版的内容做了全面修订，形成了现在与读者见面的第二版。

大多数理工科高等学校分别为本科生和研究生设置课程"数字信号处理"和"现代数字信号处理"。粗略地说，其课程内容是按照所要处理的信号和处理方法来划分的。具体说，前者针对离散时间确定性信号，而后者针对离散时间随机信号。因此，前者以数字信号处理学科的两大理论支柱，即离散傅里叶变换和数字滤波器作为核心内容；而后者以自适应滤波器(维纳滤波器和卡尔曼滤波器可以看成是其基础)、功率谱估计、小波分析(一种最典型、最有力的时频分析方法)、同态信号处理、高阶谱分析，以及神经网络信号处理为主要内容。这正是本书第一版和第二版内容选材的主要参照。

本书第二版相对于第一版有以下改动：

(1) 从书的结构来看，删去了第一版中的第一章"基础知识"，而将其中的部分内容，加上新补充的内容，以及原书的部分附录组成了第二版的附录。

(2) 重写了"自适应滤波器"一章。对自适应滤波器的工作原理和均方误差进行了更系统的论述；最小均方(LMS)算法相关章节中，除了对算法推导、权矢量噪声和失调量进行讨论外，还增加了对LMS算法如何进行修正的内容；删去了自适应滤波器数字实现的内容。

(3) 重写了"功率谱估计"一章。增加了关于自相关序列估计和周期图计算理论和方法的讨论，这些是经典功率谱估计理论中的重要内容；对随机过程的参数模型及其相互关系进行了更深入的讨论；对AR谱估计的理论分析得更深入，计算方法更注意紧密联系工程实际。

(4) 重写了"小波分析"一章。首先介绍小波分析的基本概念和一般理论，接着把重点放在对多分辨率分析，以及Daubechies标准正交小波基和小波包等的理论、方法及其应用的深入讨论上。

(5) 对"同态信号处理""高阶谱分析"和"神经网络信号处理"等3章的文字进行了修改。突出了用MATLAB作为工具解决现代数字信号处理技术应用问题的内容，因而删去了第1版附录中列出的一维和二维离散小波变换及其逆变换、二维离散正交小波变换及其逆变换的程序。

编　者

2018年3月

目　　录

第1章　维纳滤波器和卡尔曼滤波器……（1）

1.1　维纳滤波器的标准方程……（1）

1.2　维纳-霍夫方程的求解……（2）

1.2.1　FIR 维纳滤波器……（2）

1.2.2　非因果 IIR 维纳滤波器……（4）

1.2.3　因果 IIR 维纳滤波器……（5）

1.3　维纳滤波器的均方误差……（10）

1.4　互补维纳滤波器……（13）

1.5　卡尔曼滤波器……（14）

1.5.1　标量卡尔曼滤波器……（14）

1.5.2　矢量卡尔曼滤波器……（19）

复习思考题……（23）

习题……（24）

第2章　自适应滤波器……（27）

2.1　自适应滤波器的工作原理……（27）

2.2　自适应滤波器的均方误差……（29）

2.2.1　自适应线性组合器……（29）

2.2.2　均方误差性能曲面……（31）

2.2.3　性能曲面的性质……（34）

2.2.4　最陡下降法……（37）

2.2.5　学习曲线和收敛速度……（39）

2.3　最小均方(LMS)算法……（43）

2.3.1　LMS 算法推导……（43）

2.3.2　权矢量噪声……（49）

2.3.3　失调量……（50）

2.4　LMS 算法的修正……（54）

2.4.1　归一化 LMS 算法……（54）

2.4.2　相关 LMS 算法……（56）

2.4.3　泄漏 LMS 算法……（60）

2.4.4　符号 LMS 算法……（63）

2.5　IIR 递推结构自适应滤波器的 LMS 算法……（64）

2.6　递归最小二乘方(RSL)算法……（66）

2.7　最小二乘滤波器的矢量空间分析……（72）

2.7.1　最小二乘滤波问题的一般提法……（72）

2.7.2　投影矩阵和正交投影矩阵 …… (75)
2.7.3　时间更新 …… (77)
2.8　最小二乘格型(LSL)自适应算法 …… (79)
2.8.1　前向预测和后向预测 …… (79)
2.8.2　预测误差滤波器的格型结构 …… (82)
2.8.3　最小二乘格型(LSL)自适应算法推导 …… (83)
2.9　快速横向滤波(FTF)算法 …… (89)
2.9.1　FTF 算法涉及的 4 个横向滤波器 …… (89)
2.9.2　横向滤波算子的时间更新 …… (92)
2.9.3　FTF 自适应算法的时间更新关系 …… (94)
2.9.4　FTF 自适应算法流程 …… (100)
2.10　FTF 自适应算法用于系统辨识 …… (102)
2.11　采用归一化增益矢量的 FTF 自适应算法 …… (105)
2.12　自适应滤波器的应用 …… (111)
2.12.1　自适应系统模拟和辨识 …… (112)
2.12.2　系统的自适应逆向模拟 …… (113)
2.12.3　自适应干扰抵消 …… (114)
2.12.4　自适应预测 …… (115)
复习思考题 …… (116)
习题 …… (118)
第 3 章　功率谱估计 …… (121)
3.1　自相关序列的估计 …… (121)
3.2　周期图 …… (124)
3.2.1　周期图的两种计算方法和周期图的带通滤波器解释 …… (124)
3.2.2　周期图的性能 …… (126)
3.3　周期图方法的改进 …… (135)
3.3.1　修正周期图法:数据加窗 …… (135)
3.3.2　Bartlett 法:周期图平均 …… (138)
3.3.3　Welch 法:修正周期图的平均 …… (141)
3.3.4　Blackman-Tukey 法:周期图的加窗平滑 …… (143)
3.3.5　各种周期图计算方法的比较 …… (145)
3.4　随机过程的参数模型 …… (148)
3.4.1　概述 …… (148)
3.4.2　离散时间随机信号的有理传输函数模型 …… (149)
3.4.3　三种模型参数之间的关系 …… (152)
3.4.4　Yule-Walker 方程 …… (158)
3.4.5　模型选择 …… (164)
3.5　AR 谱估计的性质 …… (169)

3.5.1 AR 谱估计隐含着对自相关函数进行外推 …… (169)
3.5.2 AR 谱估计与最大熵谱估计等效 …… (171)
3.5.3 AR 过程的线性预测 …… (175)
3.5.4 谱平坦度最大的预测误差其平均功率最小 …… (178)
3.6 Levinson-Durbin 算法 …… (180)
3.6.1 Levinson-Durbin 算法的推导 …… (180)
3.6.2 格形滤波器 …… (184)
3.6.3 反射系数的性质 …… (187)
3.6.4 表示 AR(p)过程的三种等效参数 …… (191)
3.7 根据有限长观测数据序列估计 AR(p)模型参数 …… (195)
3.7.1 自相关法 …… (196)
3.7.2 协方差法 …… (198)
3.7.3 修正协方差法 …… (201)
3.7.4 Burg 法 …… (202)
3.7.5 四种 AR 谱估计方法比较 …… (204)
3.8 AR 谱估计应用中的几个实际问题 …… (209)
3.8.1 虚假谱峰、谱峰频率偏移和谱线分裂现象 …… (209)
3.8.2 噪声对 AR 谱估计的影响 …… (213)
3.8.3 AR 模型的稳定性和谱估计的一致性 …… (218)
3.8.4 AR 谱估计模型阶的选择 …… (219)
3.9 特征分解频率估计 …… (222)
3.9.1 数据子空间的特征分解和频率估计函数 …… (223)
3.9.2 Pisarenko 谐波分解方法 …… (228)
3.9.3 多信号分类(MUSIC)方法 …… (233)
复习思考题 …… (236)
习题 …… (238)
第 4 章　小波分析 …… (244)
4.1 窗口傅里叶变换——时频定位的概念 …… (244)
4.2 连续小波变换 …… (247)
4.3 尺度和时移参数的离散化 …… (252)
4.4 小波框架 …… (255)
4.4.1 框架的一般概念 …… (256)
4.4.2 小波框架 …… (260)
4.4.3 小波框架的对偶 …… (264)
4.5 标准正交小波基 …… (267)
4.6 多分辨率分析 …… (270)
4.6.1 多分辨率分析的基本概念 …… (270)
4.6.2 尺度函数 $\varphi(t)$和子空间 W_j …… (272)

4.6.3　正交小波基的构造 …… (275)
4.6.4　正交小波基构造实例 …… (279)
4.6.5　多分辨率分析某些条件的放松 …… (282)
4.6.6　多分辨率分析的快速算法 …… (283)
4.6.7　多分辨率分析快速算法的实现 …… (285)
4.6.8　多分辨率分析的应用 …… (290)
4.7　Daubechies 标准正交小波基 …… (293)
4.7.1　两尺度关系和标准正交性的傅里叶表示 …… (293)
4.7.2　构造尺度函数的迭代方法 …… (296)
4.7.3　多项式 $P(z)$的构造 …… (301)
4.7.4　Daubechies 小波的分级 …… (305)
4.7.5　计算问题 …… (307)
4.7.6　二进点上的尺度函数 …… (309)
4.8　小波包 …… (311)
4.8.1　小波空间的进一步细分 …… (311)
4.8.2　小波包的定义 …… (312)
4.8.3　小波包的性质 …… (314)
4.8.4　小波包二叉树结构 …… (315)
4.8.5　小波包的计算 …… (317)
4.8.6　MATLAB 中的小波包函数 …… (321)
复习思考题 …… (340)
习题 …… (342)
第 5 章　同态信号处理 …… (348)
5.1　广义叠加原理 …… (348)
5.2　乘法同态系统 …… (349)
5.3　卷积同态系统 …… (351)
5.4　复倒谱定义 …… (353)
5.4.1　复对数的多值性问题 …… (353)
5.4.2　$\hat{X}(z)$的解析性问题 …… (353)
5.5　复倒谱的性质 …… (354)
5.6　复倒谱的计算方法 …… (355)
5.6.1　按复倒谱定义计算 …… (355)
5.6.2　最小相位序列的复倒谱的计算 …… (357)
5.6.3　复对数求导数计算法 …… (359)
5.6.4　递推计算方法 …… (361)
复习思考题 …… (362)
习题 …… (362)
第 6 章　高阶谱分析 …… (365)
6.1　三阶相关和双谱的定义及其性质 …… (365)
6.2　累量和多谱的定义及其性质 …… (368)

6.2.1　随机变量的累量…… (368)
6.2.2　随机过程的累量…… (370)
6.2.3　多谱的定义…… (370)
6.2.4　累量和多谱的性质…… (371)
6.3　累量和多谱估计 …… (374)
6.4　基于高阶谱的相位谱估计 …… (375)
6.5　基于高阶谱的模型参数估计 …… (377)
6.5.1　AR 模型参数估计 …… (377)
6.5.2　MA 模型参数估计…… (379)
6.5.3　ARMA 模型参数估计 …… (381)
6.6　利用高阶谱确定模型的阶 …… (382)
6.7　多谱的应用 …… (384)
复习思考题…… (386)
习题…… (386)
第 7 章　神经网络信号处理…… (388)
7.1　神经网络模型 …… (388)
7.1.1　生物神经元及其模型…… (388)
7.1.2　人工神经网络模型…… (391)
7.1.3　神经网络的学习方式…… (396)
7.2　多层前向网络及其学习算法 …… (398)
7.2.1　单层前向网络的分类能力…… (398)
7.2.2　多层前向网络的非线性映射能力…… (399)
7.2.3　权值计算——矢量外积算法…… (400)
7.2.4　有导师学习法——误差修正法…… (401)
7.3　反馈网络及其能量函数 …… (407)
7.3.1　非线性动态系统的稳定性…… (408)
7.3.2　离散型 Hopfield 单层反馈网络 …… (409)
7.3.3　连续型 Hopfield 单层反馈网络 …… (413)
7.3.4　随机型和复合型反馈网络…… (417)
7.4　自组织神经网络 …… (421)
7.4.1　自组织聚类…… (421)
7.4.2　自组织特征映射…… (425)
7.4.3　自组织主元分析…… (430)
7.5　神经网络在信号处理中的应用 …… (432)
复习思考题…… (434)
习题…… (435)
附录 A　离散时间随机信号…… (440)
A.1　随机变量的统计性质 …… (440)
A.2　离散时间随机信号 …… (441)

A.3　离散时间随机信号的相关序列和协方差序列 …… (442)
A.4　遍历性离散时间随机信号 …… (443)
A.5　相关序列和协方差序列的性质 …… (443)
A.6　功率谱 …… (444)
A.7　离散时间随机信号通过线性非移变系统 …… (445)
附录 B　相关抵消和矢量空间中的正交投影 …… (446)
B.1　相关抵消 …… (446)
B.2　正交分解定理 …… (447)
B.3　正交投影定理和 Gram-Schmidt 正交化 …… (449)
附录 C　全通滤波器和最小相位滤波器 …… (452)
C.1　全通滤波器 …… (452)
C.2　最小相位滤波器 …… (453)
C.3　非最小相位 IIR 滤波器的分解 …… (455)
附录 D　谱分解定理 …… (457)
D.1　谱分解定理 …… (457)
D.2　Wold 分解定理 …… (458)
附录 E　离散时间随机信号的参数模型 …… (460)
附录 F　矩阵的特征分解和线性方程组的求解 …… (462)
F.1　线性代数基础 …… (462)
F.2　几个重要定理 …… (465)
F.3　矩阵的特征分解 …… (465)
F.4　线性方程组的求解 …… (467)
F.5　二次函数和 Hermitian 函数最小化 …… (468)
附录 G　累量和奇异值分解 …… (471)
G.1　累量与矩的关系 …… (471)
G.2　随机信号通过线性系统后的累量 …… (472)
G.3　奇异值分解 …… (473)
附录 H　神经网络的学习算法 …… (474)
H.1　离散型误差修正学习算法的收敛性 …… (474)
H.2　离散型单元的学习算法 …… (475)
H.3　S 型单元的 LMS 算法 …… (475)
H.4　多层前向网络的 BP 学习算法 …… (475)
H.5　多层前向网络的模拟退火算法 …… (476)
参考文献 …… (477)

第 1 章　维纳滤波器和卡尔曼滤波器

在许多实际应用中，人们往往无法直接获得所需要的有用信号，能够观测到的是退化了的或失真了的有用信号。例如，在传输或测量信号 $s(n)$时，由于存在信道噪声或测量噪声 $v(n)$，所以接收或测量到的数据 $x(n)$将与 $s(n)$不同。为了从 $x(n)$中提取或恢复原始信号 $s(n)$，需要设计一种滤波器对 $x(n)$进行滤波，使它的输出$\hat{s}(n)$尽可能逼近 $s(n)$，成为 $s(n)$的最佳估计。这种滤波器称为最佳滤波器。设计最佳滤波器时，要求已知信号和噪声的统计特性。

设 $s(n)$是某平稳随机过程的一个取样序列，该随机过程的自相关函数或功率谱密度函数是已知的或能够由 $s(n)$估计出来的。又设噪声 $v(n)$是加性的，即 $x(n)=s(n)+v(n)$，且是平稳随机噪声，其功率谱也已知。这样，设计最佳滤波器的问题便归结如下：已知信号 $s(n)$和噪声 $v(n)$的功率谱，设计一数字滤波器，当 $x(n)$作输入时，滤波器的输出$\hat{s}(n)$逼近 $s(n)$，这里，$\hat{s}(n)$表示 $s(n)$的最佳估计。

如果 $s(n)$和 $v(n)$的谱在频域上是分离的，那么设计一个具有恰当频率特性的线性滤波器即能有效抑制噪声并提取信号，这就是经典数字信号处理理论中详细讨论过的数字滤波器的设计问题。但是，如果 $s(n)$和 $v(n)$的谱相互有重叠，问题就要复杂得多，这就是本章要讨论的情况。

一般而言，这是信号的最佳估计问题。所谓"最佳"，是以一定的准则来衡量的。通常有四条准则：最大后验准则，最大似然准则，均方准则，线性均方准则。本章讨论的维纳滤波器和卡尔曼滤波器，采用的是线性均方准则，它们是最佳滤波理论中的一个特殊分支，一般广义地统称为最小二乘方滤波。严格来说，这种称呼过于简单，因为这类滤波器实际上使用的是最小均方误差准则，将其称为线性最小均方误差滤波（Linear Minimum Mean-Square Error Filtering）更为贴切。不过，这个名字太长，所以习惯上便把它归入最小二乘方滤波理论进行讨论。

1.1　维纳滤波器的标准方程

维纳滤波器是一个线性时不变系统，设其冲激响应为 $h(n)$，输入为 $x(n)=s(n)+v(n)$，输出为$\hat{s}(n)$，则有

$$\hat{s}(n)=\sum_{i}h(i)x(n-i) \tag{1.1.1}$$

式中，冲激响应 $h(i)$按最小均方误差准则确定，该准则表示为

$$\xi(n)=E[e^2(n)]=\min \tag{1.1.2}$$

其中，$e(n)$是估计误差，定义为

$$e(n)=s(n)-\hat{s}(n) \tag{1.1.3}$$

式(1.1.1)中没有指定 i 的取值范围，是为了使该式适应 FIR、因果 IIR 和非因果 IIR 等不同情况。

为了按式(1.1.2)所示的最小均方误差准则来确定维纳滤波器的冲激响应，令 $\xi(n)$对

$h(j)$的导数等于零,即

$$\frac{\partial \xi(n)}{\partial h(j)}=2E\left[e(n)\frac{\partial e(n)}{\partial h(j)}\right]=-2E[e(n)x(n-j)]=0$$

由此得到

$$E[e(n)x(n-j)]=0,\quad \forall j \tag{1.1.4}$$

上式称为正交方程,它表明任何时刻的估计误差都与用于估计的所有数据(即滤波器的输入)正交。

将式(1.1.3)和式(1.1.1)代入正交方程(1.1.4),得

$$R_{xs}(m)=\sum_i h(i)R_{xx}(m-i),\quad \forall m \tag{1.1.5}$$

式中,$R_{xs}(m)$是$x(n)$与$s(n)$的互相关函数,$R_{xx}(m)$是$x(n)$的自相关函数,分别定义为

$$R_{xs}(m)=E[x(n)s(n+m)]$$

$$R_{xx}(m)=E[x(n)x(n+m)]$$

式(1.1.5)称为维纳滤波器的标准方程或维纳-霍夫(Wiener-Hopf)方程。如果已知$R_{xs}(m)$和$R_{xx}(m)$,那么解此方程即可求得维纳滤波器的冲激响应。

式(1.1.5)所示标准方程右端的求和范围即i的取值范围没有具体标明,实际上有三种情况:

(1) 有限冲激响应(FIR)维纳滤波器,i从0到$N-1$取有限个整数值。

(2) 非因果无限冲激响应(非因果IIR)维纳滤波器,i从$-\infty$到$+\infty$取所有整数值。

(3) 因果无限冲激响应(因果IIR)维纳滤波器,i从0到$+\infty$取正整数值。

上述三种情况下标准方程的求解方法不同,下节将加以讨论。

维纳滤波器有以下三种用途:

(1) 过滤。用n时刻及以前的数据来估计n时刻的信号,它是一个因果系统,前面讨论的就是这种情况。

(2) 平滑。用全部数据(过去的以及未来的)来估计n时刻的信号,这是一个非因果系统,常用于脱线处理。

(3) 预测。用n时刻及以前的共p个数据来估计未来某时刻$n-M$的信号,一般称$M=1$的情况为p阶线性预测。

1.2 维纳-霍夫方程的求解

维纳滤波器的设计和计算问题可归结为根据已知的$R_{xs}(m)$和$R_{xx}(m)$求解维纳-霍夫方程,以得到冲激响应或传输函数,方程中求和的范围不同,其求解方法就不同。下面分别予以讨论。

1.2.1 FIR维纳滤波器

设滤波器冲激响应序列的长度为N,冲激响应矢量为

$$\boldsymbol{h}=[h(0)\quad h(1)\quad \cdots\quad h(N-1)]^{\mathrm{T}} \tag{1.2.1}$$

滤波器输入数据矢量为

$$\boldsymbol{x}(n)=[x(n)\quad x(n-1)\quad \cdots\quad x(n-N+1)]^{\mathrm{T}} \tag{1.2.2}$$

则滤波器的输出为

$$\hat{s}(n)=\boldsymbol{x}^{\mathrm{T}}(n)\boldsymbol{h}=\boldsymbol{h}^{\mathrm{T}}\boldsymbol{x}(n) \tag{1.2.3}$$

这样，式(1.1.5)所示的维纳-霍夫方程可写成

$$\boldsymbol{P}^{\mathrm{T}}=\boldsymbol{h}^{\mathrm{T}}\boldsymbol{R}\quad 或 \quad \boldsymbol{P}=\boldsymbol{R}\boldsymbol{h} \tag{1.2.4}$$

其中，

$$\boldsymbol{P}=E[\boldsymbol{x}(n)s(n)] \tag{1.2.5}$$

是 $\boldsymbol{x}(n)$ 与 $s(n)$ 的互相关函数，它是一个 N 维列矢量；$\boldsymbol{R}$ 是 $\boldsymbol{x}(n)$ 的自相关函数，是 N 阶方阵

$$\boldsymbol{R}=E[\boldsymbol{x}(n)\boldsymbol{x}^{\mathrm{T}}(n)] \tag{1.2.6}$$

若 $\boldsymbol{R}$ 的逆矩阵存在，则式(1.2.4)的解为

$$\boldsymbol{h}_{\mathrm{opt}}=\boldsymbol{R}^{-1}\boldsymbol{P} \tag{1.2.7}$$

式(1.2.7)中，下标"opt"表示"最佳"。利用矩阵 $\boldsymbol{R}$ 的对称 Toeplitz 性质，可以推导出式(1.2.4)的高效解法，这个问题将在第 3 章讨论。

将式(1.2.7)、式(1.2.6)和式(1.2.5)代入式(1.2.3)，并利用矩阵 $\boldsymbol{R}$ 的性质

$$(\boldsymbol{R}^{-1})^{\mathrm{T}}=(\boldsymbol{R}^{\mathrm{T}})^{-1}=\boldsymbol{R}^{-1} \tag{1.2.8}$$

得到 FIR 维纳滤波器的输出

$$\hat{s}(n)=\boldsymbol{P}^{\mathrm{T}}\boldsymbol{R}^{-1}\boldsymbol{x}=E[s(n)\boldsymbol{x}^{\mathrm{T}}(n)]E[\boldsymbol{x}(n)\boldsymbol{x}^{\mathrm{T}}(n)]^{-1}\boldsymbol{x}(n) \tag{1.2.9}$$

式(1.2.9)表明，维纳滤波器的输出 $\hat{s}(n)$ 是信号 $s(n)$ 在输入数据子空间 $\boldsymbol{x}(n)$ 上的正交投影，因而在均方误差最小的意义上 $\hat{s}(n)$ 是 $s(n)$ 的最佳估计。在附录 B 中，相关抵消的出发点是要求 $\boldsymbol{e}(n)$ 与 $\boldsymbol{x}(n)$ 正交(或不相关)，结果得到由式(B.1.12)确定的变换矩阵 $\boldsymbol{H}$；现在设计 FIR 维纳滤波器的出发点是要求均方误差最小，得到由式(1.2.7)确定的滤波器冲激响应。这两个结果实质上完全等效，正交投影定理说明了这种等效关系。

例 1.2.1　已知一平稳随机信号 $s(n)$ 的自相关序列

$$R_{ss}(m)=\alpha^{|m|},\quad -\infty\leqslant m\leqslant\infty$$

式中，$0<\alpha<1$。在观察或测量时存在噪声，因而测量数据为

$$x(n)=s(n)+v(n)$$

其中，$v(n)$ 是方差为 σ_v^2 且与 $s(n)$ 不相关的白噪声。设计一个 1 阶 FIR 维纳滤波器来抑制测量噪声，求滤波器的最佳冲激响应和最小均方误差。

解　考虑到 $v(n)$ 是与 $s(n)$ 不相关的方差为 σ_v^2 的白噪声，容易求出 $x(n)$ 的自相关函数为

$$\begin{aligned}R_{xx}(m)&=E[x(n)x(n+m)]=E\{[s(n)+v(n)][s(n+m)+v(n+m)]\}\\&=E[s(n)s(n+m)]+E[v(n)v(n+m)]=R_{ss}(m)+R_{vv}(m)\\&=\alpha^{|m|}+\sigma_v^2\delta(m)\end{aligned}$$

$x(n)$ 与 $s(n)$ 的互相关函数为

$$\begin{aligned}R_{xs}(m)&=E[x(n)s(n+m)]=E\{[s(n)+v(n)]s(n+m)\}=E[s(n)s(n+m)]\\&=R_{ss}(m)=\alpha^{|m|}\end{aligned}$$

设 1 阶 FIR 维纳滤波器的冲激响应矢量 $\boldsymbol{h}=[h(0)\quad h(1)]^{\mathrm{T}}$，因此在式(1.2.4)所示的维纳-霍夫方程中，$\boldsymbol{x}(n)$ 的自相关函数为

$$\boldsymbol{R}=\begin{bmatrix}R_{xx}(0) & R_{xx}(1)\\ R_{xx}(1) & R_{xx}(0)\end{bmatrix}=\begin{bmatrix}1+\sigma_v^2 & \alpha\\ \alpha & 1+\sigma_v^2\end{bmatrix}$$

$s(n)$ 与 $\boldsymbol{x}(n)$ 的互相关函数为

$$\boldsymbol{P}=[R_{xs}(0)\quad R_{xs}(1)]^{\mathrm{T}}=[1\quad \alpha]^{\mathrm{T}}$$

由于

$$\boldsymbol{R}^{-1}=\begin{bmatrix}1+\sigma_v^2 & \alpha\\ \alpha & 1+\sigma_v^2\end{bmatrix}^{-1}=\frac{1}{(1+\sigma_v^2)^2-\alpha^2}\begin{bmatrix}1+\sigma_v^2 & -\alpha\\ -\alpha & 1+\sigma_v^2\end{bmatrix}$$

所以,由式(1.2.7)得到1阶FIR维纳滤波器的冲激响应

$$\begin{bmatrix}h(0)\\ h(1)\end{bmatrix}=\frac{1}{(1+\sigma_v^2)^2-\alpha^2}\begin{bmatrix}1+\sigma_v^2 & -\alpha\\ -\alpha & 1+\sigma_v^2\end{bmatrix}\begin{bmatrix}1\\ \alpha\end{bmatrix}=\frac{1}{(1+\sigma_v^2)^2-\alpha^2}\begin{bmatrix}1+\sigma_v^2-\alpha^2\\ \alpha\sigma_v^2\end{bmatrix}$$

由式(1.2.9)计算滤波器的输出

$$\hat{s}(n)=\frac{[1\quad\alpha]}{(1+\sigma_v^2)-\alpha^2}\begin{bmatrix}1+\sigma_v^2 & -\alpha\\ -\alpha & 1+\sigma_v^2\end{bmatrix}\begin{bmatrix}x(n)\\ x(n-1)\end{bmatrix}=x(n)+\frac{\sigma_v^2}{(1+\sigma_v^2)-\alpha^2}x(n-1)$$

1.2.2 非因果IIR维纳滤波器

非因果IIR维纳滤波器的维纳-霍夫方程为

$$R_{xs}(m)=\sum_{i=-\infty}^{\infty}h(i)R_{xx}(m-i),\quad -\infty\leqslant m\leqslant\infty \tag{1.2.10}$$

利用z变换求解式(1.2.10)是最简单的方法。具体来说,计算式(1.2.10)的z变换,得到

$$S_{xs}(z)=H(z)S_{xx}(z) \tag{1.2.11}$$

式中,$S_{xs}(z)$、$S_{xx}(z)$和$H(z)$分别是$R_{xs}(m)$、$R_{xx}(m)$和$h(n)$的z变换,即

$$S_{xs}(z)=\sum_{m=-\infty}^{\infty}R_{xs}(m)z^{-m} \tag{1.2.12}$$

$$S_{xx}(z)=\sum_{m=-\infty}^{\infty}R_{xx}(m)z^{-m} \tag{1.2.13}$$

$$H(z)=\sum_{n=-\infty}^{\infty}h(n)z^{-n} \tag{1.2.14}$$

如果给定$x(n)$与$s(n)$的互功率谱$S_{xs}(z)$、$x(n)$的自功率谱$S_{xx}(z)$,则可直接利用式(1.2.11)求出非因果IIR维纳滤波器的传输函数的最佳值

$$H_{\rm opt}(z)=\frac{S_{xs}(z)}{S_{xx}(z)} \tag{1.2.15}$$

用式(1.2.15)求出的传输函数是一个有理函数。

例1.2.2　设一个平稳随机信号$s(n)$的功率谱为

$$S_{ss}(z)=\frac{\sigma_s^2}{(1-\alpha z^{-1})(1-\alpha z)}$$

测量数据为$x(n)=s(n)+v(n)$,其中$v(n)$是均值为0和方差为σ_v^2的白噪声,已知$v(n)$与$s(n)$不相关。设计一个非因果IIR维纳滤波器从$x(n)$中提取$s(n)$。求滤波器的传输函数$H_{\rm opt}(z)$;设$\sigma_s^2=\sigma_v^2=0.25$,$\alpha=0.5$,求滤波器的冲激响应$h_{\rm opt}(n)$。

解　因为$v(n)$与$s(n)$不相关,所以有$S_{sv}(z)=0$,于是得到

$$S_{xs}(z)=S_{(s+v)s}(z)=S_{ss}(z)+S_{sv}(z)=S_{ss}(z) \tag{1.2.16}$$

$$S_{xx}(z)=S_{(s+v)(s+v)}(z)=S_{ss}(z)+2S_{sv}(z)+S_{vv}(z)=S_{ss}(z)+S_{vv}(z) \tag{1.2.17}$$

其中,$S_{vv}(z)=\sigma_v^2$是白噪声$v(n)$的功率谱。

利用式(1.2.15)计算非因果IIR维纳滤波器的传输函数

$$H_{\rm opt}(z)=\frac{S_{xs}(z)}{S_{xx}(z)}=\frac{S_{ss}(z)}{S_{ss}(z)+S_{vv}(z)}=\frac{\dfrac{\sigma_s^2}{(1-\alpha z^{-1})(1-\alpha z)}}{\dfrac{\sigma_s^2}{(1-\alpha z^{-1})(1-\alpha z)}+\sigma_v^2}=\frac{\sigma_s^2}{\sigma_s^2+\sigma_v^2(1-\alpha z^{-1})(1-\alpha z)}$$

在 $\sigma_s^2=\sigma_v^2=0.25$ 和 $\alpha=0.5$ 时，$H_{\mathrm{opt}}(z)$ 为

$$H_{\mathrm{opt}}(z)=\frac{1}{1+(1-0.5z^{-1})(1-0.5z)}=\frac{1}{2.25-0.5z^{-1}-0.5z}=\frac{1/2.25}{\left(1-\frac{1}{4.5}z^{-1}\right)\left(1-\frac{1}{4.5}z\right)}$$

利用已知的 z 变换公式，有

$$h\left[\alpha^{|n|}\right]=\frac{1-\alpha^2}{(1-\alpha z^{-1})(1-\alpha z)}$$

计算 $H_{\mathrm{opt}}(z)$ 的逆 z 变换，得到非因果 IIR 维纳滤波器的冲激响应

$$h_{\mathrm{opt}}(n)=\frac{1/2.25}{1-0.5^2}\left(\frac{1}{4.5}\right)^{|n|}=0.5926\ (0.2222)^{|n|},\quad -\infty<n<\infty$$

将式(1.2.16)和式(1.2.17)代入式(1.2.15)，得到

$$H_{\mathrm{opt}}(z)=\frac{S_{ss}(z)}{S_{ss}(z)+S_{vv}(z)}\tag{1.2.18}$$

令 $z=\mathrm{e}^{\mathrm{j}\omega}$，由式(1.2.18)得到非因果 IIR 维纳滤波器的频率特性

$$H_{\mathrm{opt}}(\mathrm{e}^{\mathrm{j}\omega})=\frac{S_{ss}(\mathrm{e}^{\mathrm{j}\omega})}{S_{ss}(\mathrm{e}^{\mathrm{j}\omega})+S_{vv}(\mathrm{e}^{\mathrm{j}\omega})}\tag{1.2.19}$$

由式(1.2.19)可以看出，一方面，在 $S_{ss}(\mathrm{e}^{\mathrm{j}\omega})\gg S_{vv}(\mathrm{e}^{\mathrm{j}\omega})$ 的频率范围内 $H(\mathrm{e}^{\mathrm{j}\omega})\approx 1$，意味着在此频率范围内的信噪比很高，信号占支配地位，滤波器将让信号以很小的衰减通过；另一方面，在 $S_{ss}(\mathrm{e}^{\mathrm{j}\omega})\ll S_{vv}(\mathrm{e}^{\mathrm{j}\omega})$ 的频率范围内 $H(\mathrm{e}^{\mathrm{j}\omega})\approx 0$，意味着在此频率范围内的信噪比很低，噪声影响严重，为了最大限度地抑制噪声，滤波器有意将增益降至最小。

1.2.3　因果 IIR 维纳滤波器

因果 IIR 维纳滤波器的维纳-霍夫方程为

$$R_{xs}(m)=\sum_{i=0}^{\infty}h(i)R_{xx}(m-i),\quad m\geqslant 0\tag{1.2.20}$$

方程(1.2.20)与非因果 IIR 维纳滤波器的维纳-霍夫方程(1.2.10)的主要区别是对求和范围和对 m 的取值范围做了限制。对 m 的限制意味着 $R_{xs}(m)$ 不再等于 $h(m)$ 与 $R_{xx}(m)$ 的卷积，因而不再能够像非因果 IIR 维纳滤波器那样直接对维纳-霍夫方程取 z 变换来求解方程，这就使得求解方程(1.2.20)比较困难。

但是，在输入信号是白噪声的特殊情况下，方程(1.2.20)的求解是很容易的。在这种情况下，假设 $x(n)=\varepsilon(n)$ 是方差为 σ_ε^2 的白噪声；为了与任意输入信号情况相区别，滤波器的冲激响应用 $g(n)$ 表示。由于 $R_{xx}(m)=R_{vv}(m)=\sigma_\varepsilon^2\delta(m)$，所以方程(1.2.20)简化为

$$R_{\varepsilon s}(m)=\sum_{i=0}^{\infty}g(i)\sigma_\varepsilon^2\delta(m-i)=\sigma_\varepsilon^2 g(m),\quad m\geqslant 0$$

由此立刻求出

$$g(m)=\frac{1}{\sigma_\varepsilon^2}R_{\varepsilon s}(m),\quad m\geqslant 0\tag{1.2.21}$$

对应的传输函数为

$$G(z)=\frac{1}{\sigma_\varepsilon^2}\left[S_{\varepsilon s}(z)\right]_+\tag{1.2.22}$$

式中，$S_{\varepsilon s}(z)$ 是 $R_{\varepsilon s}(m)$ 的双边 z 变换。因为 IIR 维纳滤波器是因果的，所以式(1.2.21)中的 $g(m)$ 和 $R_{\varepsilon s}(m)$ 都取它们的正时间部分，即限制 $m\geqslant 0$；相应地，式(1.2.22)中的 $S_{\varepsilon s}(z)$ 取它的

单位圆内的极点，用下标“+”表示。

现在，讨论任意输入信号 $x(n)$ 情况下维纳-霍夫方程(1.2.20)的求解问题。构造图1.2.1所示的级联系统。其中，$H(z)$ 是待求因果 IIR 维纳滤波器的传输函数，它按照均方误差最小准则，由 $x(n)$ 得到最佳估计 $\hat{s}(n)$；$B(z)$ 是 $x(n)$ 的平稳随机信号模型滤波器的传输函数，它在方差为 σ_ε^2 的白噪声 $\varepsilon(n)$ 的激励下产生 $x(n)$；$1/B(z)$ 是 $x(n)$ 的白化滤波器的传输函数，它的输出是方差为 σ_ε^2 的白噪声 $\varepsilon(n)$。从附录 D 可以知道，$B(z)$ 的极点和零点都在单位圆内，它是稳定的最小相位的，因此逆滤波器 $1/B(z)$ 也是稳定的和因果的，所以 3 个级联滤波器都是稳定的和因果的。

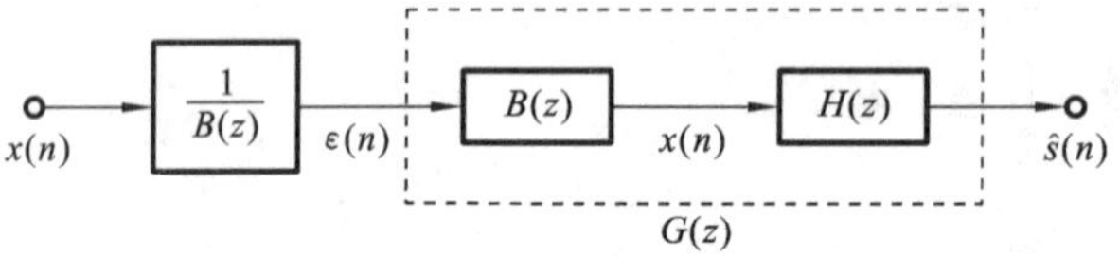

图 1.2.1　3 个稳定的因果滤波器的级联

白化滤波器 $1/B(z)$ 将 $x(n)$ 转换成白噪声 $\varepsilon(n)$，接着用模型滤波器 $B(z)$ 恢复原信号 $x(n)$，这意味着白化过程没有损失任何信息。从另一角度看，因为 $1/B(z)$ 与 $B(z)$ 互为逆滤波器，所以图 1.2.1 所示的 3 个因果滤波器的级联与 $H(z)$ 的完全等效。为了利用式(1.2.22)的结果，将 $B(z)$ 与 $H(z)$ 的级联用 $G(z)$ 表示；注意，由于 $B(z)$ 和 $H(z)$ 都是因果的，所以 $G(z)$ 也是因果的。这样，求取 $H(z)$ 的问题便转化成求取 $1/B(z)$ 和 $G(z)$，并将它们进行级联的问题。其中，$B(z)$ 可以通过 $S_{xx}(z)$ 的谱分解得到，而 $G(z)$ 可以利用式(1.2.22)得到。具体来说，对 $S_{xx}(z)$ 进行谱分解

$$S_{xx}(z)=\sigma_\varepsilon^2 B(z)B(z^{-1}) \tag{1.2.23}$$

得到 $B(z)$。$B(z)$ 通常是最小相位的有理传输函数，即

$$B(z)=\frac{N(z)}{D(z)} \tag{1.2.24}$$

式中，$N(z)$ 和 $D(z)$ 也都是最小相位的。

为了计算式(1.2.22)中的互功率谱 $S_{\varepsilon s}(z)$，需要先计算 $\varepsilon(n)$ 与 $s(n)$ 的互相关函数

$$R_{\varepsilon s}(m)=E[\varepsilon(n)s(n+m)] \tag{1.2.25}$$

其中，$\varepsilon(n)$ 是 $x(n)$ 经过白化滤波器 $F(z)=1/B(z)$ 产生的输出

$$\varepsilon(n)=\sum_{i=-\infty}^{\infty} f(i)x(n-i) \tag{1.2.26}$$

式(1.2.26)中的 $f(i)$ 是白化滤波器 $F(z)=1/B(z)$ 的冲激响应。将式(1.2.26)代入式(1.2.25)中得到

$$R_{\varepsilon s}(m)=E\left[s(n+m)\sum_{i=-\infty}^{\infty} f(i)x(n-i)\right]=\sum_{i=-\infty}^{\infty} f(i)R_{xs}(m+i) \tag{1.2.27}$$

式(1.2.27)两端取 z 变换，得到

$$S_{\varepsilon s}(z)=F(z^{-1})S_{xs}(z)=\frac{S_{xs}(z)}{B(z^{-1})} \tag{1.2.28}$$

将式(1.2.28)代入式(1.2.22)，得到

$$G(z)=\frac{1}{\sigma_\varepsilon^2}\left[\frac{S_{xs}(z)}{B(z^{-1})}\right]_+ \tag{1.2.29}$$

最后，将 $F(z)=1/B(z)$ 和 $G(z)$ 进行级联，便得到待求的因果 IIR 维纳滤波器的传输函数

$$H(z)=\frac{1}{\sigma_\varepsilon^2 B(z)}\left[\frac{S_{xs}(z)}{B(z^{-1})}\right]_+ \tag{1.2.30}$$

综上所述,因果 IIR 维纳滤波器的计算过程归纳如下：

(1) 按照式(1.2.23)对 $S_{xx}(z)$进行谱分解,得到 σ_ε^2 和 $B(z)$。

(2) 将 $S_{xs}(z)/B(z)$分解成因果和逆因果部分之和,取出因果部分$[S_{xs}(z)/B(z)]_+$。

(3) 将 σ_ε^2、$B(z)$和$[S_{xs}(z)/B(z)]_+$代入式(1.2.30),得到最后解 $H(z)$。

例 1.2.3　在实际应用中,已知平稳随机信号的信号模型和测量模型如图 1.2.2 所示。

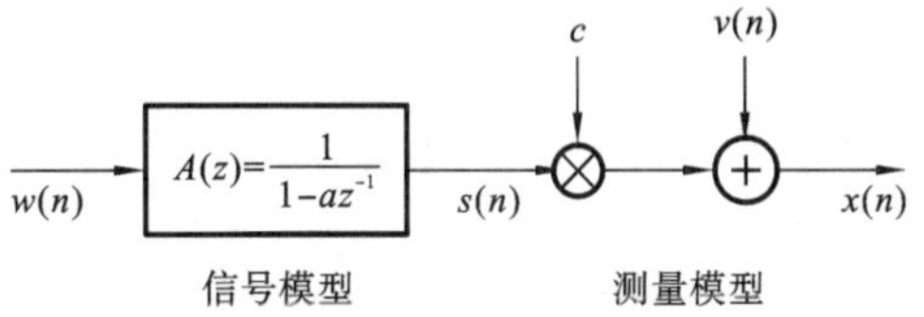

图 1.2.2　平稳随机信号的信号模型和测量模型

信号模型和测量模型分别用以下方程描述

$$s(n)=as(n-1)+w(n),\quad |a|<1 \tag{1.2.31}$$

$$x(n)=cs(n-1)+v(n),\quad |c|<1 \tag{1.2.32}$$

假设信号模型激励源 $w(n)$是方差为 Q 的白噪声,测量模型噪声 $v(n)$是方差为 R 的白噪声,$w(n)$与 $v(n)$不相关,$s(n)$与 $v(n)$也不相关。因此,$w(n)$的自相关函数为

$$R_{ww}(n-i)=E[w(n)w(i)]=Q\delta_{ni} \tag{1.2.33}$$

式中

$$\delta_{ni}=\begin{cases}1, & n=i\\ 0, & n\neq i\end{cases} \tag{1.2.34}$$

$w(n)$的功率谱为

$$S_{ww}(z)=Q \tag{1.2.35}$$

$v(n)$的自相关函数为

$$R_{vv}(n-i)=E[v(n)v(i)]=R\delta_{ni} \tag{1.2.36}$$

$v(n)$的功率谱为

$$S_{vv}(z)=R \tag{1.2.37}$$

且有

$$E[s(n)v(i)]=0,\quad \forall n,i \tag{1.2.38}$$

$$E[v(n)w(i)]=0,\quad \forall n,i \tag{1.2.39}$$

设计一个因果 IIR 维纳滤波器对 $x(n)$进行滤波,以得到对 $s(n)$的最佳估计$\hat{s}(n)$。

解　首先由信号模型求出 $s(n)$的 z 变换 $S(z)=W(z)/(1-az^{-1})$,从而求出 $s(n)$的功率谱

$$S_{ss}(z)=\frac{W(z)}{1-az^{-1}}\cdot\frac{W^*(1/z^{-1})}{1-az}=\frac{S_{ww}(z)}{(1-az^{-1})(1-az)}=\frac{Q}{(1-az^{-1})(1-az)} \tag{1.2.40}$$

式中,$W(z)$是 $w(n)$的 z 变换。由式(1.2.38)可知 $S_{sv}(z)=0$,因此 $x(n)$与 $s(n)$的互功率谱等于(参看式(1.2.16))

$$S_{xs}(z)=cS_{ss}(z)=\frac{cQ}{(1-az^{-1})(1-az)} \tag{1.2.41}$$

$x(n)$的自功率谱等于(参看式(1.2.17))

$$S_{xx}(z)=c^2S_{ss}(z)+S_{vv}(z)=\frac{c^2Q}{(1-az^{-1})(1-az)}+R$$

$$=\frac{[c^2Q+(1+a^2)R]\left[1-\frac{aR}{c^2Q+(1+a^2)R}z^{-1}-\frac{aR}{c^2Q+(1+a^2)R}z\right]}{(1-az^{-1})(1-az)} \tag{1.2.42}$$

(1) 将 $S_{xx}(z)$写成谱分解形式,如下:

$$S_{xx}(z)=\sigma_\varepsilon^2B(z)B(z^{-1})=\sigma_\varepsilon^2\frac{1-fz^{-1}}{1-az^{-1}}\cdot\frac{1-fz}{1-az} \tag{1.2.43}$$

$$=\frac{\sigma_\varepsilon^2(1+f^2)\left(1-\frac{f}{1+f^2}z^{-1}-\frac{f}{1+f^2}z\right)}{(1-az^{-1})(1-az)},\quad |f|<1 \tag{1.2.44}$$

式中

$$B(z)=\frac{1-fz^{-1}}{1-az^{-1}},\quad |f|<1$$

是最小相位滤波器,如图 1.2.3 所示。

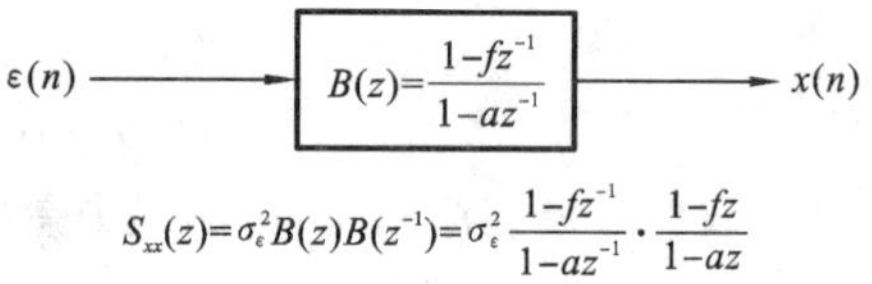

图 1.2.3　$x(n)$的信号模型和 $S_{xx}(z)$的谱分解

将式(1.2.44)与式(1.2.42)的分子多项式进行对比,得出关系式

$$\begin{cases}\sigma_\varepsilon^2(1+f^2)=c^2Q+(1+a^2)R\\ \dfrac{f}{1+f^2}=\dfrac{aR}{c^2Q+(1+a^2)R}\end{cases} \tag{1.2.45}$$

式中,σ_ε^2 和 f 是未知数,a、c、Q 和 R 是已知数。解联立方程式(1.2.45),得到

$$f=\frac{aR}{c^2Q+(1+a^2)P} \tag{1.2.46}$$

$$\sigma_\varepsilon^2=R+c^2P \tag{1.2.47}$$

式中,P 是以下 2 次代数方程(称为 Ricatti 方程)的正解

$$Q=P-\frac{a^2RP}{R+c^2P},\quad P>0 \tag{1.2.48}$$

将式(1.2.45)中两个方程相乘,可以得出一个联系未知数 σ_ε^2 和 f 的有用公式

$$\sigma_\varepsilon^2f=Ra \tag{1.2.49}$$

(2) 利用部分分式法将 $S_{xs}(z)/B(z)$分解成因果部分和逆因果部分之和

$$\frac{S_{xs}(z)}{B(z^{-1})}=\frac{cQ}{(1-az^{-1})(1-az)}\cdot\frac{1-az}{1-fz}=\frac{cQ}{(1-az^{-1})(1-fz)}$$

$$=\frac{cQ}{1-af}\left(\frac{1}{1-az^{-1}}+\frac{fz}{1-fz}\right) \tag{1.2.50}$$

单位圆内的极点 $z=a$ 对应 $S_{xs}(z)/B(z^{-1})$的因果部分,即

$$\left[\frac{S_{xs}(z)}{B(z^{-1})}\right]_+=\frac{cQ}{1-af}\cdot\frac{1}{1-az^{-1}} \tag{1.2.51}$$

将 σ_ε^2、$B(z)$和$[S_{xs}(z)/B(z)]_+$代入式(1.2.30),便得出因果 IIR 维纳滤波器的传输函数

$$H(z)=\frac{1}{\sigma_\varepsilon^2}\cdot\frac{1-az^{-1}}{1-fz^{-1}}\cdot\frac{cQ}{1-af}\cdot\frac{1}{1-az^{-1}}$$

$$=\frac{cQ}{\sigma_\varepsilon^2(1-af)}\cdot\frac{1}{1-fz^{-1}}=\frac{G_W}{1-fz^{-1}} \tag{1.2.52}$$

式中

$$G_W=\frac{cQ}{\sigma_\varepsilon^2(1-af)} \tag{1.2.53}$$

称为维纳增益。

用参数 P 表示参数 f 和维纳增益 G_W，有时会给计算带来方便。具体来说，将式(1.2.47)代入式(1.2.49)，得到 f 与 P 的关系为

$$f=\frac{aR}{R+c^2P} \tag{1.2.54}$$

将式(1.2.54)代入 Ricatti 方程式(1.2.48)，得

$$Q=P-\frac{a^2RP}{R+c^2P}=(1-af)P,\quad P>0 \tag{1.2.55}$$

再将式(1.2.55)代入维纳增益表达式(1.2.53)，便得到 G_W 与 P 的关系为

$$G_W=\frac{cP}{\sigma_\varepsilon^2} \tag{1.2.56}$$

也可以建立 f 与 G_W 之间的关系。将式(1.2.47)代入式(1.2.56)，得

$$G_W=\frac{cP}{R+c^2P} \tag{1.2.57}$$

将式(1.2.54)改写成以下形式

$$f=a-\frac{ac^2P}{R+c^2P} \tag{1.2.58}$$

然后将式(1.2.57)代入式(1.2.58)，便得到

$$f=a(1-cG_W) \tag{1.2.59}$$

例 1.2.3 的解题过程提供了计算维纳滤波器的另外一种方法，其步骤归纳如下：

(1) 求 Ricatti 方程式(1.2.48)的正解，得到参数 P

$$Q=P-\frac{a^2RP}{R+c^2P},\quad P>0$$

(2) 用式(1.2.57)计算维纳增益 G_W

$$G_W=\frac{cP}{R+c^2P}$$

(3) 用式(1.2.54)或式(1.2.59)计算参数 f

$$f=\frac{aR}{R+c^2P}\quad 或\quad f=a(1-cG_W)$$

(4) 计算因果 IIR 维纳滤波器的传输函数为

$$H(z)=\frac{G_W}{1-fz^{-1}}$$

例 1.2.4　已知信号模型为 $s(n)=s(n-1)+w(n)$，测量模型为 $x(n)=s(n)+v(n)$，这里 $w(n)$ 和 $v(n)$ 都是均值为零的白噪声，其方差分别为 0.5 和 1，$v(n)$ 与 $s(n)$ 和 $w(n)$ 都不相关。现设计一因果 IIR 维纳滤波器处理 $x(n)$，以得到对 $s(n)$ 的最佳估计。求该滤波器的传输函数和差分方程。

解　根据信号模型和测量模型方程可得出下列参数值：$a=1$，$c=1$，$Q=0.5$，$R=1$。将它们代入 Ricatti 方程

$$Q=P-\frac{a^2RP}{R+c^2P}$$

得

$$0.5=P-\frac{P}{1+P}$$

解此方程得 $P=1$ 或 $P=-0.5$，取正解 $P=1$。

再计算维纳增益 G 和参数 f：

$$G=\frac{cP}{R+c^2P}=\frac{1}{1+1}=0.5$$

$$f=\frac{Ra}{R+c^2P}=\frac{1}{1+1}=0.5$$

故得因果 IIR 维纳滤波器的传输函数和差分方程分别如下：

$$H_c(z)=\frac{G}{1-fz^{-1}}=\frac{0.5}{1-0.5z^{-1}}$$

$$\hat{s}(n)=0.5\,\hat{s}(n-1)+0.5x(n)$$

值得注意的是，在例 1.2.3 的解题过程中涉及两个随机信号模型：$s(n)$的模型和 $x(n)$的模型。在前一模型中，方差为 σ_w^2 的白噪声 $w(n)$激励传输函数为 $A(z)=1/(1-az^{-1})$的线性移不变系统，产出输出 $s(n)$，如图 1.2.4(a)虚线框中所示。在后一模型中，方差为 σ_ε^2 的白噪声 $\varepsilon(n)$激励传输函数为 $B(z)=(1-fz^{-1})/(1-az^{-1})$的线性移不变系统，产生输出 $x(n)$，如图 1.2.4(b)所示。$s(n)$的模型是由式(1.2.31)确定的，$x(n)$的模型是由谱分解定理式(1.2.43)确定的。可以看出，测量模型(式(1.2.32))中噪声 $v(n)$的引入，使得 σ_ε^2 不同于 σ_w^2，$B(z)$不同于 $A(z)$。具体来说，根据式(1.2.49)有

$$\frac{\sigma_\varepsilon^2}{\sigma_v^2}=\frac{\sigma_\varepsilon^2}{R}=\frac{a}{f} \tag{1.2.60}$$

由式(1.2.43)可知，$B(z)$比 $A(z)$多出一个零点 $z_0=f$。这就是说，加性噪声 $v(n)$的存在改变了激励源 $w(n)$的功率，同时还使全极点系统 $A(z)$增加了一个零点。

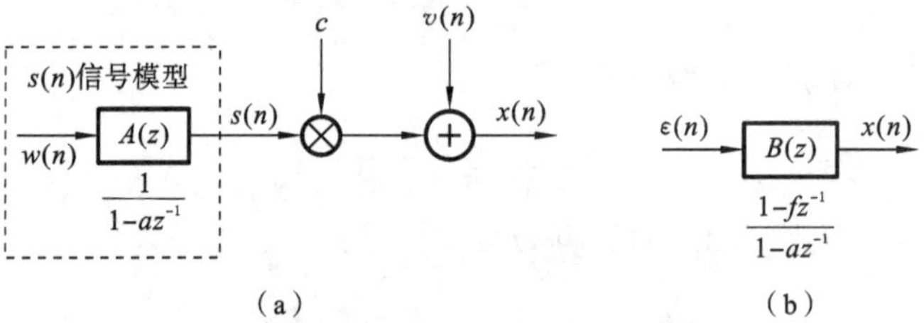

图 1.2.4 两个随机信号模型

(a) $s(n)$信号模型与测量模型级联；(b) $x(n)$的信号模型

1.3 维纳滤波器的均方误差

维纳滤波器在最小均方误差的意义上是最佳的，其均方误差值为

$$\xi_{\min}(n)=E[e^2(n)]=E\{e(n)[s(n)-\hat{s}(n)]\} \tag{1.3.1}$$

式中，
$$E[e(n)\hat{s}(n)]=E\Big[e(n)\sum_i h(i)x(n-i)\Big]=\sum_i h(i)E[e(n)x(n-i)]=0\quad [\text{参看正交方程}(1.1.4)]$$

所以由式(1.3.1)得到

$$\xi_{\min}(n)=E[e(n)s(n)]=R_{es}(0) \tag{1.3.2}$$

式中，$R_{es}(0)$是误差 $e(n)$与信号 $s(n)$在滞后时间为零时的互相关值，可由它们的互功率谱 $S_{es}(z)$来计算，即

$$\begin{aligned}\xi_{\min}(n) &= \frac{1}{2\pi \mathrm{j}}\oint_{\text{u. c.}} S_{es}(z)z^{-1}\mathrm{d}z = \frac{1}{2\pi \mathrm{j}}\oint_{\text{u. c.}}[S_{ss}(z)-S_{\hat{s}s}(z)]z^{-1}\mathrm{d}z \\ &= \frac{1}{2\pi \mathrm{j}}\oint_{\text{u. c.}}[S_{ss}(z)-H_{\text{opt}}(z)S_{xs}(z)]z^{-1}\mathrm{d}z \end{aligned} \tag{1.3.3}$$

式中的积分围线是单位圆。对于非因果 IIR 维纳滤波器，式中的 $H_{\text{opt}}(z)$由式(1.2.15)确定；对于因果 IIR 维纳滤波器，式中的 $H_{\text{opt}}(z)$由式(1.2.30)确定；对于 FIR 维纳滤波器，一般情况下已求得它的冲激函数 h_{opt}，如式(1.2.7)所示，故适合在时域内计算最小均方误差。具体来说，将式(1.2.7)代入式(1.3.2)得

$$\begin{aligned}\xi_{\min}(n) &= E[e(n)s(n)] = E[s^2(n)-\hat{s}(n)s(n)] \\ &= E[s^2(n)]-\boldsymbol{h}_{\text{opt}}^{\mathrm{T}}E[s(n)\boldsymbol{x}(n)] = E[s^2(n)]-\boldsymbol{h}_{\text{opt}}^{\mathrm{T}}\boldsymbol{P} \\ &= E[s^2(n)]-\boldsymbol{P}^{\mathrm{T}}\boldsymbol{R}^{-1}\boldsymbol{P}\end{aligned} \tag{1.3.4}$$

在所有 N 阶 FIR 维纳滤波器中，维纳滤波器的误差均方值是最小的，从这个意义上说，它是最佳的。维纳滤波器的阶数越高，它的最小均方误差越小，但计算量也越大。

设计 FIR 维纳滤波器需要已知 $x(n)$的自相关矩阵 $\boldsymbol{R}$ 和 $s(n)$与 $x(n)$的互相关矩阵 $\boldsymbol{P}$ 或者说需要已知 $R_{xx}(m)$和 $R_{xs}(m)$，$m=0,1,\cdots,N-1$。而设计 IIR 维纳滤波器时，需要已知自功率谱 $S_{xx}(z)$和互功率谱 $S_{xs}(z)$，或者说需要已知自相关函数 $R_{xx}(m)$和互相关函数 $R_{xs}(m)$的所有值，即 $m=0,1,\cdots,\infty$。这就是说，设计 IIR 维纳滤波器比设计 FIR 维纳滤波器使用了更多的已知信息，因此，前者比后者具有更小的均方误差。对于 IIR 维纳滤波器而言，非因果的又比因果的具有更小均方误差。

例 1.3.1　已知信号 $s(n)$的功率谱为

$$S_{ss}(z)=\frac{0.36}{(1-0.8z^{-1})(1-0.8z)}$$

测量该信号时混入了加性噪声 $v(n)$，测量数据为

$$x(n)=s(n)+v(n)$$

式中，$v(n)$是均值等于零、方差等于 1 的白噪声，且 $v(n)$与 $s(n)$不相关。试设计一因果 IIR 维纳滤波器，由它对 $x(n)$进行处理，以得到对 $s(n)$的线性最佳估计。

解　(1) 求测量数据序列的功率谱并进行谱分解

$$\begin{aligned}S_{xx}(z) &= S_{(s+v)(s+v)}(z)=S_{ss}(z)+S_{vv}(z)+2S_{sv}(z) \\ &= S_{ss}(z)+S_{vv}(z)=\frac{0.36}{(1-0.8z^{-1})(1-0.8z)}+1 \\ &= \frac{2-0.8z^{-1}-0.8z}{(1-0.8z^{-1})(1-0.8z)}\end{aligned}$$

令

$$2-0.8z^{-1}-0.8z=\sigma_{\varepsilon}^2(1-fz^{-1})(1-fz)=\sigma_{\varepsilon}^2(1+f^2)\left(1-\frac{f}{1+f^2}z^{-1}-\frac{f}{1+f^2}z\right)$$

得联立方程

$$\begin{cases}\sigma_{\varepsilon}^2(1+f^2)=2 \\ \dfrac{f}{1+f^2}=0.4\end{cases}$$

解之得 $f=2$ 或 0.5,取 $f=0.5$,则得

$$\sigma_\varepsilon^2=\frac{8}{5}=1.6$$

故 $S_{xx}(z)$分解为

$$S_{xx}(z)=\sigma_\varepsilon^2\left(\frac{1-fz^{-1}}{1-0.8z^{-1}}\right)\left(\frac{1-fz}{1-0.8z}\right)=1.6\left(\frac{1-0.5z^{-1}}{1-0.8z^{-1}}\right)\left(\frac{1-0.5z}{1-0.8z}\right)$$

由此得出

$$B(z)=\frac{1-0.5z^{-1}}{1-0.8z^{-1}}$$

(2) 对 $S_{xs}(z)/B(z^{-1})$进行因果和逆因果分解

$$S_{xs}(z)=S_{(s+v)s}(z)=S_{ss}(z)+S_{vs}(z)=S_{ss}(z)$$

$$\frac{S_{xs}(z)}{B(z^{-1})}=\frac{0.36}{(1-0.8z^{-1})(1-0.8z)}\cdot\frac{1-0.8z}{1-0.5z}=\frac{0.36}{(1-0.8z^{-1})(1-0.5z)}$$

将上式写成部分分式

$$\frac{0.36}{(1-0.8z^{-1})(1-0.5z)}=\frac{0.6}{1-0.8z^{-1}}+\frac{0.3z}{1-0.5z}$$

因果部分为

$$\left[\frac{S_{xs}(z)}{B(z^{-1})}\right]_+=\frac{0.6}{1-0.8z^{-1}}$$

(3) 计算因果 IIR 维纳滤波器的传输函数

$$H_c(z)=\frac{1}{\sigma_\varepsilon^2B(z)}\left[\frac{S_{xs}(z)}{B(z^{-1})}\right]_+=\frac{1}{1.6\times\dfrac{1-0.5z^{-1}}{1-0.8z^{-1}}}\cdot\frac{0.6}{1-0.8z^{-1}}=\frac{0.375}{1-0.5z^{-1}}$$

(4) 计算该滤波器的冲激响应

$$h_c(n)=\frac{1}{2\pi j}\oint_{u.c.}H_c(z)z^{n-1}dz=\begin{cases}0.375(0.5)^n, & n\geqslant 0\\ 0, & n<0\end{cases}$$

(5) 计算最小均方误差

$$\begin{aligned}\xi_{\min}(n)&=\frac{1}{2\pi j}\oint_{u.c.}[S_{ss}(z)-H_c(z)S_{xs}(z^{-1})]z^{-1}dz\\&=\frac{1}{2\pi j}\oint_{u.c.}\left[1-\frac{0.375}{1-0.5z^{-1}}\right]\frac{0.36}{(1-0.8z^{-1})(1-0.8z)}z^{-1}dz\\&=\frac{1}{2\pi j}\oint_{u.c.}\frac{0.45(0.5-0.625z)}{(z-0.5)(z-0.8)\left(z-\dfrac{1}{0.8}\right)}dz\\&=\left.\frac{0.45(0.5-0.625z)}{(z-0.8)\left(z-\dfrac{1}{0.8}\right)}\right|_{z=0.5}+\left.\frac{0.45(0.5-0.625z)}{(z-0.5)\left(z-\dfrac{1}{0.8}\right)}\right|_{z=0.8}\\&=0.375\end{aligned}$$

若不用维纳滤波器进行处理,直接用 $x(n)$作为 $s(n)$的估计,则估计误差为

$$e(n)=s(n)-x(n)=-v(n)$$

其均方值为

$$\xi(n)=E[e^2(n)]=E[v^2(n)]=1$$

可见用维纳滤波器后均方误差约减小为原来的 4/15 或 4.3 dB(分贝)。

1.4　互补维纳滤波器

维纳滤波器按最小均方误差准则设计，它所处理的是平稳随机信号。但实际中常需对非随机信号进行滤波，例如，通信中遇到的信号通常总是具有确定的结构，又例如，表示沿着预定航向飞行的飞机的位置的信号也不是随机的。这类信号的最佳滤波问题就不满足维纳滤波理论的要求。采用互补维纳滤波器是对非随机信号进行最佳滤波的一种办法。

图 1.4.1 所示的是互补维纳滤波器的原理图。图中，$s(n)$不是随机的或类噪声的信号。用两个具有完全不同误差特性类型的仪器测量，分别得到$s(n)+v_1(n)$和 $s(n)+v_2(n)$，这里 $v_1(n)$和 $v_2(n)$分别是两个仪器测量时引入的误差和噪声。图中滤波器的频率特性是互补的。例如，$G(z)$是低通，而 $1-G(z)$则是高通。如果$s(n)$是类噪声或随机信号，$v_1(n)$是低频噪声，$v_2(n)$是高频噪声，那么，两个滤波器的输入$x_1(n)$和$x_2(n)$就都是随机的，符合维纳滤波器设计的条件，这时可以按照均方误差最小的准则将 $G(z)$设计成一个低通维纳滤波器，将 $1-G(z)$设计成一个高通维纳滤波器。用这两个滤波器分别把 $v_2(n)$和 $v_1(n)$滤去后，得到 $s(n)$的两个最佳估计，将其相加后作为输出$\hat{s}(n)$，它便是 $s(n)$的最佳估计的改善结果。

由图 1.4.1 可以写出输出$\hat{s}(n)$的 z 变换的关系式

$$\hat{S}(z)=S(z)+V_1(z)[1-G(z)]+V_2(z)G(z)$$

从上式可以看出，信号项 $S(z)$不受滤波器任何影响，正确设计 $G(z)$可以使两个噪声项减到最小。但是值得注意的是，如果信号 $S(n)$不是随机的或类噪声的，则两个滤波器的输入就不符合维纳滤波理论的要求。因此，$G(z)$和 $1-G(z)$就不能设计成性能最佳的维纳滤波器。为此，将上式改写成以下形式

$$\hat{S}(z)=[S(z)+V_1(z)]-\{[S(z)+V_1(z)]-[S(z)+V_2(z)]\}G(z)$$

根据该式构造出图 1.4.2 所示的滤波方案。可以看出，这时滤波器 $G(z)$的输入中已经不含有 $s(n)$了，与维纳滤波模型是完全符合的。设计 $G(z)$的目的是有效地滤去 $v_2(n)$并对 $v_1(n)$作出最佳估计。由于 $v_1(n)$和 $v_2(n)$都是噪声，因此，$G(z)$的设计完全符合维纳滤波理论的条件。此外，图 1.4.2 所示的方案还有另一个优点，这就是，因为$\hat{s}(n)$是 $x_1(n)$减去$\hat{v}_1(n)$的结果，所以，$\hat{s}(n)$除了是 $s(n)$的最佳估计外，它相对于 $s(n)$来说几乎没有任何延时。

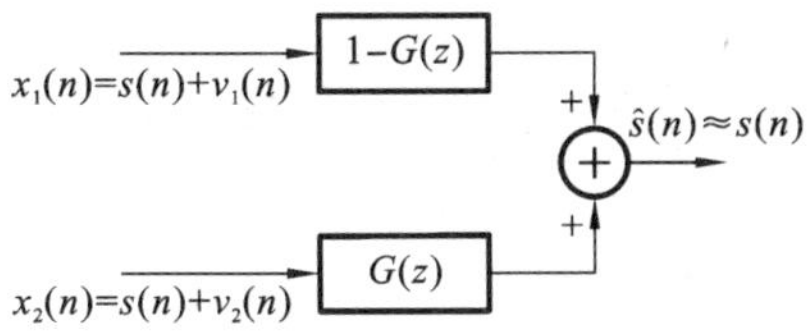

图 1.4.1　互补维纳滤波器的原理图

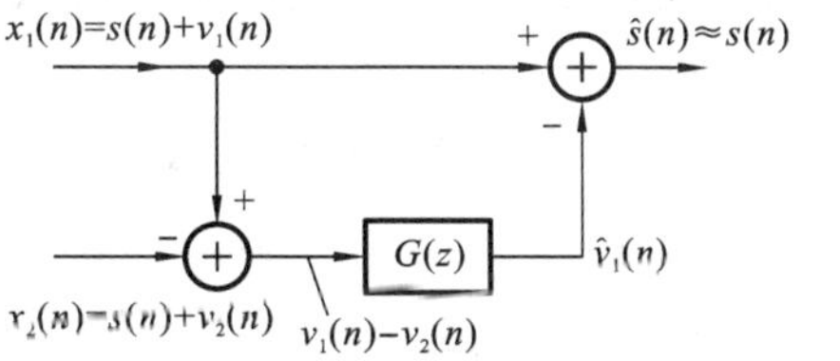

图 1.4.2　互补维纳滤波器的实现方案

互补维纳滤波器在飞机盲目着陆系统中得到了应用。盲目着陆时飞机以较慢的恒定速度沿着一个无线电波束下降。为了自动对准跑道，通常要为盲目着陆系统提供两个信号：一个是由无线电波束提供的信号，它与飞机航向滑离跑道方向的大小成比例；另一个信号由飞机通过对自身方位的测量来提供。前者是飞机位置信号与高频噪声的叠加，后者由于飞机下降过程中风向的改变而在信号中引入了低频噪声。为了对飞机的位置信号进行最佳估计，显然采用互补维纳滤波器是很合适的。

1.5　卡尔曼滤波器

1.5.1　标量卡尔曼滤波器

为使卡尔曼滤波过程的物理意义明确，本节采用下列符号：

(1) 用$\hat{s}(n|n)$代替$\hat{s}(n)$，表示用n时刻及其以前所有数据$\{x(i);-\infty<i\leqslant n\}$对$s(n)$所作的最佳线性估计；

(2) 用$\hat{s}(n-1|n-1)$代替$\hat{s}(n-1)$，表示用$n-1$时刻及其以前所有数据$\{x(i);-\infty<i\leqslant n-1\}$对$s(n-1)$所作的最佳线性估计。

前面推导的因果IIR维纳解最适合用递归滤波器来实现。由式(1.2.52)写出滤波器的差分方程(式中G_W现在用G表示)

$$\hat{s}(n|n)=f\hat{s}(n-1|n-1)+Gx(n) \tag{1.5.1}$$

将式(1.2.59)代入上式得到

$$\hat{s}(n|n)=a\hat{s}(n-1|n-1)+G[x(n)-ac\hat{s}(n-1|n-1)] \tag{1.5.2}$$

这就是因果IIR维纳滤波器的递推计算公式——卡尔曼滤波器的标准形式。因此，可以认为卡尔曼滤波器实际上只不过是维纳滤波器的一种递推计算方法。

式(1.5.2)具有很明确的物理意义：

(1) 假设在n时刻数据$x(n)$到来之前已经得到了估计值$\hat{s}(n-1|n-1)$，那么就有条件根据信号模型方程式(1.2.31)对$s(n)$进行预测，最佳预测值为

$$\hat{s}(n|n-1)=a\hat{s}(n-1|n-1) \tag{1.5.3}$$

白噪声$w(n)$不能对$s(n)$作预测。

(2) 根据测量模型方程式(1.2.32)由$\hat{s}(n|n-1)$对测量值$x(n)$进行预测，最佳预测值为

$$x(n|n-1)=c\hat{s}(n|n-1)=ac\hat{s}(n-1|n-1) \tag{1.5.4}$$

白噪声未参加预测。

(3) $x(n)$到来后，将预测值$\hat{x}(n|n-1)$与$x(n)$进行比较，得到预测误差

$$\alpha(n)=x(n)-\hat{x}(n|n-1)=x(n)-ac\hat{s}(n-1|n-1) \tag{1.5.5}$$

$\alpha(n)$代表$x(n)$中所含的无法预测的信息，称为新息(Innovation)；新息的概念可以参看附录B。

(4) 选择适当的系数G_n对新息进行加权，作为对预测值$\hat{s}(n|n-1)$的修正值。修正后得到对信号的最佳估计

$$\hat{s}(n|n)=\hat{s}(n|n-1)+G_n\alpha(n) \tag{1.5.6}$$

不同时间的最佳加权系数是不同的，故这里用带下标的符号G_n表示。相应的均方误差最小，即

$$\xi(n)=E[e^2(n)]=E\{[s(n)-\hat{s}(n|n)]^2\}=\min \tag{1.5.7}$$

现在根据式(1.5.7)所示的最小均方误差准则来求取最佳修正加权系数G_n。

求$\xi(n)$对G_n的偏导数并令其等于零，得

$$\begin{aligned}\frac{\partial\xi(n)}{\partial G_n}&=\frac{\partial E[e^2(n)]}{\partial G_n}=2E\left[e(n)\frac{\partial e(n)}{\partial G_n}\right]\\&=-2E\{e(n)[x(n)-c\hat{s}(n|n-1)]\}=0\end{aligned}$$

由此得

$$E\{e(n)[x(n)-c\hat{s}(n|n-1)]\}=0 \tag{1.5.8}$$

令

$$e_1(n)=s(n)-\hat{s}(n|n-1) \tag{1.5.9}$$

表示信号的预测误差，又令

$$P(n)=E[e_1^2(n)] \tag{1.5.10}$$

表示相应的预测误差功率。注意到

$$\begin{aligned} e(n)&=s(n)-\hat{s}(n|n)\\ &=s(n)-\hat{s}(n|n-1)-G_n[x(n)-c\hat{s}(n|n-1)]\\ &=e_1(n)-G_n[cs(n)+v(n)-c\hat{s}(n|n-1)]\\ &=(1-cG_n)e_1(n)-G_nv(n) \end{aligned} \tag{1.5.11}$$

及

$$\begin{aligned} x(n)-c\hat{s}(n|n-1)&=cs(n)+v(n)-c\hat{s}(n|n-1)\\ &=ce_1(n)+v(n) \end{aligned}$$

考虑到 $v(n)$ 与 $e_1(n)$ 不相关，故式(1.5.8)成为

$$\begin{aligned} &E\{e(n)[x(n)-c\hat{s}(n|n-1)]\}\\ &=E\{[(1-cG_n)e_1(n)-G_nv(n)][ce_1(n)+v(n)]\}\\ &=c(1-cG_n)P(n)-G_nR=0 \end{aligned}$$

由此得到

$$G_n=\frac{cP(n)}{R+c^2P(n)} \tag{1.5.12}$$

将上式写成另一种形式

$$G_n=\frac{c}{\dfrac{R}{P(n)}+c^2}$$

由该式看出，预测误差功率越大，最佳加权系数就越大。这是很自然的，因为预测越不准确，利用新息进行的修正就应该越多。

在式(1.5.8)中，考虑到 $E[e(n)\hat{s}(n|n-1)]=0$，故有 $E[e(n)x(n)]=0$，即

$$E[e(n)s(n)]=-\frac{1}{c}E[e(n)v(n)]$$

另一方面，

$$\xi(n)=E[e^2(n)]=E\{e(n)[s(n)-\hat{s}(n|n)]\}=E[e(n)s(n)]$$

故有

$$\xi(n)=-\frac{1}{c}E[e(n)v(n)]$$

将式(1.5.11)代入上式并注意到 $v(n)$ 与 $e_1(n)$ 不相关，得到

$$\xi(n)=\frac{1}{c}G_nR$$

将式(1.5.12)中的 $G_nR=cP(n)(1-cG_n)$ 代入上式，得到

$$\xi(n)=(1-cG_n)P(n) \tag{1.5.13}$$

该式说明，由于利用新息对信号预测值进行了修正，故最小均方误差比预测误差功率低一个数

值 $cG_nP(n)$。

由式(1.5.10),有

$$\begin{aligned}P(n)&=E\{[s(n)-a\hat{s}(n-1|n-1)]^2\}\\&=E\{[as(n-1)+w(n)-a\hat{s}(n-1|n-1)]^2\}\\&=a^2E[e^2(n-1)]+E[w^2(n)]\\&=a^2\xi(n-1)+Q\end{aligned}\tag{1.5.14}$$

综上推导，将几个重要公式汇集如下：

$$\begin{cases}\hat{s}(n|n)=a\hat{s}(n-1|n-1)+G_n[x(n)-ac\hat{s}(n-1|n-1)] & (1.5.15)\\ P(n)=a^2\xi(n-1)+Q & (1.5.16)\\ G_n=\dfrac{cP(n)}{R+c^2P(n)} & (1.5.17)\\ \xi(n)=\dfrac{R}{c}G_n=(1-cG_n)P(n) & (1.5.18)\end{cases}$$

这组方程的递推计算过程如图 1.5.1 所示。

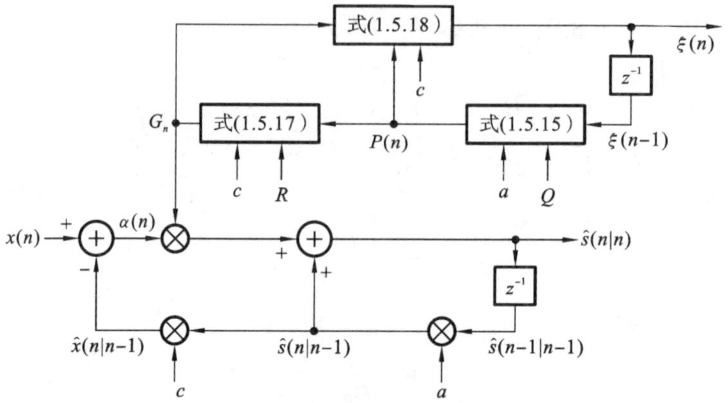

图 1.5.1　标量卡尔曼滤波器递推运算流程图

卡尔曼滤波过程实际上是获取维纳解的递推运算过程,这一过程从某个初始状态启动,经过迭代运算,最终达到稳定状态,即维纳滤波状态。递推计算按图 1.5.1 所示的进行。假设已经有了初始值$\hat{s}(0|0)$和 $\xi(0)$,这样便可由式(1.5.16)计算 $P(1)$,由式(1.5.17)计算 G_1,由式(1.5.18)计算 $\xi(1)$,由式(1.5.15)计算$\hat{s}(1|1)$。$\xi(1)$和$\hat{s}(1|1)$便成为下一轮迭代运算的已知数据。在递推运算过程中,随着迭代次数 n 的增加,$\xi(n)$将逐渐下降,直到最终趋近于某个稳定值 ξ_0。这时

$$\xi(n)=\xi(n-1)=\xi_0$$

为求得这个稳定值,将式(1.5.16)和式(1.5.17)代入式(1.5.18),得到

$$\xi_0^2+\frac{(1-a^2)R+c^2Q}{c^2a^2}\xi_0-\frac{QR}{c^2a^2}=0\tag{1.5.19}$$

解此方程即可求出 ξ_0。

由式(1.5.16)、式(1.5.17)可以看出,$\xi(0)$、$P(1)$、G_1 之间有密切关系,故其中任一个都可选作为初始值。现选 G_1 作为初始值,另一初始值是$\hat{s}(0|0)$。由于

$$\xi(0)=E\{[s(0)-\hat{s}(0|0)]^2\}$$

故$\hat{s}(0|0)$的合理选择应使 $\xi(0)$最小化。为此,令

$$\frac{\partial \xi(0)}{\partial \hat{s}(0|0)}=-2E[s(0)-\hat{s}(0|0)]=0$$

由此得

$$\hat{s}(0|0)=E[s(0)] \tag{1.5.20}$$

下面讨论 G_1 的选择。G_1 的选择应使 $\xi(1)$最小，由式(1.5.8)得到 $E[e(n)x(n)]=0$，故有 $E[e(1)x(1)]=0$，即

$$E\{[s(1)-a\hat{s}(0|0)-G_1(x(1)-ac\hat{s}(0|0))]x(1)\}=0$$

由于$\hat{s}(0|0)$与 $x(1)$正交，上式遂化为

$$E[s(1)x(1)]-G_1E[x^2(1)]=0$$

考虑到 $E[s(1)x(1)]=E\{s(1)[cs(1)+v(1)]\}=c\sigma_s^2$ 和 $E[x^2(1)]=E\{[cs(1)+v(1)]^2\}=c^2\sigma_s^2+\sigma_v^2$，这里，$\sigma_s^2$ 和 σ_v^2 分别是信号 $s(n)$和噪声 $v(n)$的方差，由上式得到

$$G_1=\frac{c\sigma_s^2}{c^2\sigma_s^2+\sigma_v^2}$$

其中

$$\sigma_s^2=\sigma_w^2/(1-a^2)$$

故有

$$G_1=\frac{cQ}{c^2Q+(1-a^2)R} \tag{1.5.21}$$

例 1.5.1　已知信号模型为 $s(n)=0.8s(n-1)+w(n)$，测量模型为 $x(n)=s(n)+v(n)$，$E[w(n)w(i)]=0.36\delta_{ni}$，$E[v(n)v(i)]=\delta_{ni}$，$E[v(n)s(i)]=0$，$E[v(n)w(i)]=0$；初始条件为：$\xi(0)=1$，$\hat{s}(-1|-1)=0$。计算标量卡尔曼滤波器和参量值。

解　将 $a=0.8$，$c=1$，$Q=0.36$，$R=1$ 等数值代入式(1.5.15)～式(1.5.20)，得到

$$\hat{s}(n|n)=0.8\hat{s}(n-1|n-1)+G(n)[x(n)-0.8\hat{s}(n-1|n-1)] \tag{a}$$

$$P(n)=0.64\xi(n-1)+0.36 \tag{b}$$

$$G(n)=\frac{P(n)}{1+P(n)} \tag{c}$$

$$\xi(n)=[1-G(n)]P(n) \tag{d}$$

$$0.64\xi_0^2+0.72\xi_0-0.36=0 \tag{e}$$

将式(c)代入式(d)，得

$$\xi(n)=\left[1-\frac{P(n)}{1+P(n)}\right]P(n)=\frac{P(n)}{1+P(n)}=G(n) \tag{f}$$

解式(e)得 $\xi_0=0.375$，这是均方误差最后趋近的稳定值。

从初始条件 $\xi(0)=1$ 和$\hat{s}(-1|-1)=0$ 开始，依次计算式(b)、式(c)、式(a)，并考虑到式(c)的解，不断迭代，计算结果列于表 1.5.1 中。

表 1.5.1　例 1.5.1 的迭代计算结果

n	$P(n)$	$G(n)$	$\xi(n)$	$\hat{s}(n\|n)$
-1				0(初始条件)
0		1	1(初始条件)	$x(0)$
1	1.0000000	0.5000000		$0.4x(0)+0.5x(1)$
2	0.6800000	0.4047619	0.4047619	$0.40476x(2)+0.23808x(1)+0.1905x(0)$

续表

n	$P(n)$	$G(n)$	$\xi(n)$	$\hat{s}(n\|n)$
3	0.6192477	0.3823529	0.3823529	$0.38235x(3)+0.2026x(2)+0.119x(1)+0.095x(0)$
4	0.6047059	0.3768328	0.3768328	$0.3768x(4)+0.191x(3)+0.10x(2)+0.059x(1)+0.047x(0)$
5	0.6011730	0.3754579	0.3754579	$0.3755x(5)+0.188x(4)+0.095x(3)+0.05x(2)+\cdots$
6	0.6002930	0.3751145	0.3751145	$0.3751x(6)+0.1875x(5)+0.094x(4)+0.0476x(3)+\cdots$
7	0.6007325	0.3750286	0.3750286	$0.375x(7)+0.1875x(6)+0.093x(5)+0.047x(4)+\cdots$
8	0.6000183	0.3750072	0.3750072	$0.375x(8)+0.1875x(7)+0.093x(6)+0.046x(5)+\cdots$
⋮	⋮	⋮	⋮	⋮
∞	0.6000000	0.3750000	0.3750000	$\frac{3}{8}\left[x(n)+\frac{x(n-1)}{2}+\frac{x(n-2)}{2^2}+\frac{x(n-3)}{2^3}+\cdots\right]$

例 1.5.2　半自动惯性导航系统中卡尔曼滤波器的应用。

自 20 世纪 60 年代的惯性导航系统，直到 80 年代的卫星导航系统——全球定位系统或 GPS(Global Position System)，卡尔曼滤波技术一直得到了应用。导航是一个线性动力学过程，通常可以利用多种导航系统或设备，从不同渠道获取较多的冗余信息。在导航过程中，需要对观测数据进行在线和实时处理，因此，对处理速度和效率有一定要求。此外，还希望导航系统的性能尽可能是最佳的或接近最佳的。以上这些特点决定了卡尔曼滤波器很适合用于导航系统。

目前应用较多的是综合导航系统，它是一个把惯性导航和其他导航系统，如远程无线电导航或远程双曲线导航或劳兰系统(Long Range Navigation，LORAN)、多普勒雷达系统、导航卫星(NAV SAT)以及卫星跟踪式定位器(Star Tracker)等获取的信息综合进行处理的系统。惯性导航系统的漂移特性引起的导航误差要随着时间积累，而且这种系统还可能出现无衰减的振荡误差。因此，在进行长时间导航时，常把惯性系统与其他导航仪器结合起来使用。其他仪器只起辅助作用。这种导航系统称为半自动或辅助惯性系统。

半自动惯性系统通常要获得不少冗余的测量数据，所以，如何把这些冗余信息混合在一起，并利用它们对目标的位置和速度等参数进行最佳估计，是一个很重要的问题。图 1.5.2 所示的是利用卡尔曼滤波器来完成这个任务的一个方案。图中，$\boldsymbol{s}(n)$是由目标的位置、速度等参数构成的有用信号矢量，$\boldsymbol{v}_1(n)$和 $\boldsymbol{v}_2(n)$分别是惯性导航系统和其他辅助导航系统的观测误差矢量，卡尔曼滤波器的设计原则是使它的输出$\hat{\boldsymbol{v}}_1(n)$成为 $\boldsymbol{v}_1(n)$的最佳估计。可以看出，这一方案是所讨论的互补维纳滤波器的矢量形式。惯性导航系统是主系统，不断地测量出目标的位置和速度参数；其他导航仪或方法只是间隔地提供出辅助信息。卡尔曼滤波器的作用只是对惯性系统的测量误差进行最佳估计，然后用得到的估计结果$\hat{\boldsymbol{v}}_1(n)$去校正惯性系统的输出。可

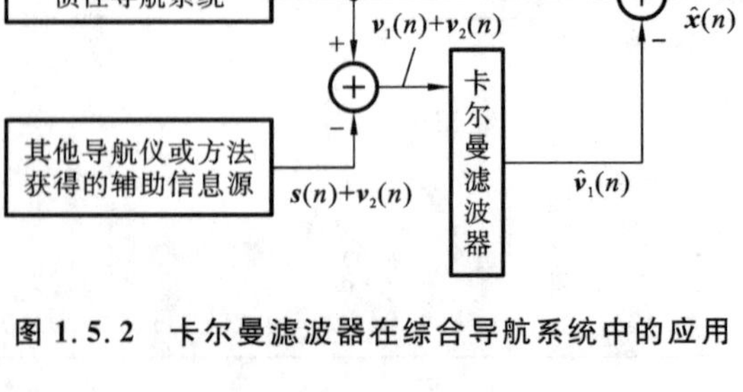

图 1.5.2　卡尔曼滤波器在综合导航系统中的应用

以看出，卡尔曼滤波器只处理系统的误差，所有导航量(目标的位置和速度等参数)无失真无时延地通过系统。由于导航目标的位置和速度通常不适合用随机过程作为模型，因此，图1.5.2的处理是很恰当的。

1.5.2　矢量卡尔曼滤波器

在实际应用中，常需根据观测数据同时估计若干个信号，例如，q个信号$s_1,s_2,\cdots,s_q$；或者估计一个高阶自回归过程，例如，一个q阶自回归过程

$$s(n)=\sum_{i=1}^{q}a_i s(n-i)+w(n) \tag{1.5.22}$$

对于上述两种情况，把标量卡尔曼滤波器推广到矢量，可以给分析计算带来很大方便。

设要同时估计相互独立的q个1阶自回归信号，它们在n时刻的取样值分别为$s_1(n)$，$s_2(n),\cdots,s_q(n)$。每个信号的状态方程是

$$s_i(n)=a_i s_i(n-1)+w_i(n),\quad i=1,2,\cdots,q \tag{1.5.23}$$

式中，$w_i(n)$是零均值白噪声序列，它们之间可以是相关的。若将q个信号$s_i(n)$构成一个q维矢量

$$\boldsymbol{s}(n)=[s_1(n)\quad s_2(n)\quad\cdots\quad s_q(n)]^{\mathrm{T}} \tag{1.5.24}$$

则式(1.5.23)的q个方程可简化成一个矢量方程

$$\boldsymbol{s}(n)=\boldsymbol{A}\boldsymbol{s}(n-1)+\boldsymbol{w}(n) \tag{1.5.25}$$

式中，$\boldsymbol{w}(n)$是由$w_i(n)$构成的q维矢量，即

$$\boldsymbol{w}(n)=[w_1(n)\quad w_2(n)\quad\cdots\quad w_q(n)]^{\mathrm{T}} \tag{1.5.26}$$

$\boldsymbol{A}$是由系数a_i构成的q阶对角矩阵

$$\boldsymbol{A}=\begin{bmatrix} a_1 & 0 & \cdots & 0\\ 0 & a_1 & \cdots & 0\\ \vdots & \vdots & \ddots & \vdots\\ 0 & 0 & \cdots & a_q \end{bmatrix} \tag{1.5.27}$$

另一种情况是，被估计的虽然只有一个信号，但它是一个如式(1.5.22)所示的高阶自回归过程。同样可以将其化成如式(1.5.25)所示的一阶矢量方程。

设在n时刻同时测得k个数据$x_1(n),x_2(n),\cdots,x_k(n)$，它们与$s_i(n)$的关系为

$$x_i(n)=c_i s_i(n)+v_i(n),\quad i=1,2,\cdots,k \tag{1.5.28}$$

式中，$k\leqslant q$，$v_i(n)$是测量噪声。

定义数据矢量和噪声矢量分别为

$$\boldsymbol{x}(n)=[x_1(n)\quad x_2(n)\quad\cdots\quad x_k(n)]^{\mathrm{T}} \tag{1.5.29}$$

和

$$\boldsymbol{v}(n)=[v_1(n)\quad v_2(n)\quad\cdots\quad v_k(n)]^{\mathrm{T}} \tag{1.5.30}$$

则式(1.5.28)的k个测量方程可简化成一个矢量方程

$$\boldsymbol{x}(n)=\boldsymbol{C}\boldsymbol{s}(n)+\boldsymbol{v}(n) \tag{1.5.31}$$

式中，系数矩阵$\boldsymbol{C}$是一个$k\times q$矩阵，即

$$\boldsymbol{C}=\begin{bmatrix} c_1 & 0 & 0 & \cdots & 0 & \cdots & 0\\ 0 & c_2 & 0 & \cdots & 0 & \cdots & 0\\ \vdots & \vdots & \vdots & \vdots & \vdots & \vdots & \vdots\\ 0 & 0 & 0 & \cdots & c_k & \cdots & 0 \end{bmatrix} \tag{1.5.32}$$

测量方程(1.5.28)右端可以不只有两项，它可能包含两个以上的一次项，这种情况下矩阵 $\boldsymbol{C}$ 中的非零元素就不止 k 个。

与标量卡尔曼滤波器递推计算公式的推导过程类似，可以导出矢量卡尔曼滤波器的相应公式。但是，考虑到矩阵运算与标量运算之间存在着以下对应关系：

标量 a 和 b：	$a+b$	ab	a^2	a^2b	$\dfrac{1}{a+b}$
矩阵 $\boldsymbol{A}$ 和 $\boldsymbol{B}$：	$\boldsymbol{A}+\boldsymbol{B}$	$\boldsymbol{AB}$	$\boldsymbol{AA}^{\mathrm{T}}$	$\boldsymbol{ABA}^{\mathrm{T}}$	$(\boldsymbol{A}+\boldsymbol{B})^{-1}$

可以直接由标量卡尔曼滤波器的一组递推计算公式(式(1.5.15)～式(1.5.18))类比写出矢量卡尔曼滤波器的公式，则有

$$\begin{cases}\hat{\boldsymbol{s}}(n|n)=\boldsymbol{A}(n)\hat{\boldsymbol{s}}(n-1|n-1)+\boldsymbol{G}_n[\boldsymbol{x}(n)-\boldsymbol{A}(n)\boldsymbol{c}(n)\hat{\boldsymbol{s}}(n-1|n-1)] & (1.5.33)\\ \boldsymbol{P}(n)=\boldsymbol{A}(n)\xi(n-1)\boldsymbol{A}^{\mathrm{T}}(n)+\boldsymbol{Q}(n) & (1.5.34)\\ \boldsymbol{G}_n=\boldsymbol{P}(n)\boldsymbol{C}^{\mathrm{T}}(n)[\boldsymbol{C}(n)\boldsymbol{P}(n)\boldsymbol{C}^{\mathrm{T}}(n)+\boldsymbol{R}(n)]^{-1} & (1.5.35)\\ \xi(n)=[\boldsymbol{I}-\boldsymbol{C}(n)\boldsymbol{G}(n)]\boldsymbol{P}(n) & (1.5.36)\end{cases}$$

例 1.5.3　用于雷达跟踪的卡尔曼滤波器。

设在时刻 n 目标与雷达间的距离为 $\rho_0+\rho(n)$，径向速度为 $\dot{\rho}(n)$，方位角为 $\theta(n)$，方位角速度为 $\dot{\theta}(n)$。经历 T 秒后到达时刻 $n+1$，目标的上述参数相应为 $\rho_0+\rho(n+1)$，$\dot{\rho}(n+1)$，$\theta(n+1)$ 和 $\dot{\theta}(n+1)$，这里 ρ_0 是平均距离，$\rho(n)$ 和 $\rho(n+1)$ 表示偏离平均距离的大小。若 T 不是太大，则有近似关系

$$\rho(n+1)=\rho(n)+T\dot{\rho}(n)$$
$$\theta(n+1)=\theta(n)+T\dot{\theta}(n)$$

径向速度和径向角速度的变化通常是由于突然的阵风或飞机引擎拉力的瞬时不规则变化引起的。设径向加速度和方位角加速度分别为 $\ddot{\rho}(n)$ 和 $\ddot{\theta}(n)$，于是经历 T 秒时间后，目标径向速度和方位角速度的改变量分别为

$$u_1(n)=T\ddot{\rho}(n)=\dot{\rho}(n+1)-\dot{\rho}(n)$$

和

$$u_2(n)=T\ddot{\theta}(n)=\dot{\theta}(n+1)-\dot{\theta}(n)$$

通常可假设它们是零均值白噪声过程，间隔时间为 T 的两个量不相关；且 $u_1(n)$ 与 $u_2(n)$ 也互不相关，即 $E[u_1(n)u_1(n+1)]=0$，$E[u_2(n)u_2(n+1)]=0$，$E[u_1(n)u_2(n)]=0$。设它们各自的方差是已知的，分别为 $E[u_1^2(n)]=\sigma_1^2$ 和 $E[u_2^2(n)]=\sigma_2^2$。

引入状态变量：$s_1(n)=\rho(n)$，$s_2(n)=\dot{\rho}(n)$，$s_3(n)=\theta(n)$，$s_4(n)=\dot{\theta}(n)$，于是上列四个方程可写成

$$s_1(n+1)=s_1(n)+Ts_2(n) \tag{1}$$
$$s_2(n+1)=s_2(n)+u_1(n) \tag{2}$$
$$s_3(n+1)=s_3(n)+Ts_4(n) \tag{3}$$
$$s_4(n+1)=s_4(n)+u_2(n) \tag{4}$$

将这四个方程写成矢量矩阵形式

$$\boldsymbol{s}(n+1)=\boldsymbol{A}\boldsymbol{s}(n)+\boldsymbol{w}(n) \tag{5}$$

其中

$$\boldsymbol{s}(n)=[s_1(n)\quad s_2(n)\quad s_3(n)\quad s_4(n)]^{\mathrm{T}} \tag{6}$$
$$\boldsymbol{w}(n)=[0\quad u_1(n)\quad 0\quad u_2(n)]^{\mathrm{T}} \tag{7}$$

$$\boldsymbol{A}=\begin{bmatrix}1 & T & 0 & 0\\ 0 & 1 & 0 & 0\\ 0 & 0 & 1 & T\\ 0 & 0 & 0 & 1\end{bmatrix} \tag{8}$$

雷达天线辐射的无线电波束照射目标时，其指向确定了目标的方位角，雷达接收的目标回波脉冲相对于发射脉冲的时延正比于目标的距离。设雷达天线每 T 秒旋转一周，并对目标距离和方位角进行一次测量，测量噪声分别用 $v_1(n)$ 和 $v_2(n)$ 表示，测量结果分别用 $x_1(n)$ 和 $x_2(n)$ 表示，因此，得到测量方程

$$x_1(n)=s_1(n)+v_1(n) \tag{9}$$

$$x_2(n)=s_3(n)+v_2(n) \tag{10}$$

这里，测量噪声 $v_1(n)$ 和 $v_2(n)$ 假设是零均值高斯白噪声，其方差分别为 $\sigma_\rho^2(n)$ 和 $\sigma_\theta^2(n)$。将式(9)、式(10)两个方程写成矢量矩阵形式

$$\boldsymbol{x}(n)=\boldsymbol{Cs}(n)+\boldsymbol{v}(n) \tag{11}$$

其中

$$\boldsymbol{x}(n)=[x_1(n),x_2(n)]^{\mathrm{T}} \tag{12}$$

$$\boldsymbol{v}(n)=[v_1(n),v_2(n)]^{\mathrm{T}} \tag{13}$$

$$\boldsymbol{C}=\begin{bmatrix}1 & 0 & 0 & 0\\ 0 & 0 & 1 & 0\end{bmatrix} \tag{14}$$

由式(7)和式(13)分别求出 $\boldsymbol{w}(n)$ 和 $\boldsymbol{v}(n)$ 各自的自相关矩阵

$$\boldsymbol{Q}(n)=E[\boldsymbol{w}(n)\boldsymbol{w}^{\mathrm{T}}(n)]=\begin{bmatrix}0 & 0 & 0 & 0\\ 0 & \sigma_1^2 & 0 & 0\\ 0 & 0 & 0 & 0\\ 0 & 0 & 0 & \sigma_2^2\end{bmatrix} \tag{15}$$

$$\boldsymbol{R}(n)=E[\boldsymbol{v}(n)\boldsymbol{v}^{\mathrm{T}}(n)]=\begin{bmatrix}\sigma_\rho^2(n) & 0\\ 0 & \sigma_\theta^2(n)\end{bmatrix} \tag{16}$$

式(15)和式(16)中，$\sigma_1^2=E[u_1^2]$ 和 $\sigma_2^2=E[u_2^2]$ 分别是 $u_1(n)$ 和 $u_2(n)$ 的方差，在设计卡尔曼滤波器时必须指定这两个方差值。为了简单起见，假定径向加速度 $\ddot{\rho}(n)$ 和方位角加速度 $\ddot{\theta}(n)$ 的概率密度函数在 $\pm M$ 范围内都是均匀的且等于 $\frac{1}{2M}$，因此，$u_1(n)$ 和 $u_2(n)$ 的方差都是 $\sigma_u^2=M^2/3$。这样，可以得到 $\sigma_1^2=T^2\sigma_u^2$，$\sigma_2^2=\sigma_1^2/\rho_0^2=T^2\sigma_u^2/\rho_0^2$。

为了进行卡尔曼滤波，必须给增益矩阵 $\boldsymbol{G}(n)$ 赋初值。为此，必须用适当的方式确定均方误差 $\xi(n)$ 的初始值。办法之一是在 $n=1$ 和 $n=2$ 两个时刻测量距离和方位角，得到四个数据 $x_1(1)$、$x_2(1)$、$x_1(2)$ 和 $x_2(2)$，并据此四个数据作下列估计：

$$\hat{\boldsymbol{s}}(2)=\begin{bmatrix}\hat{s}_1(2)\\ \hat{s}_2(2)\\ \hat{s}_3(2)\\ \hat{s}_4(2)\end{bmatrix}=\begin{bmatrix}\hat{\rho}(2)\\ \hat{\dot{\rho}}(2)\\ \hat{\theta}(2)\\ \hat{\dot{\theta}}(2)\end{bmatrix}=\begin{bmatrix}x_1(2)\\ \frac{1}{T}[x_1(2)-x_1(1)]\\ x_2(2)\\ \frac{1}{T}[x_2(2)-x_2(1)]\end{bmatrix} \tag{17}$$

由式(11)得

$$\begin{bmatrix} x_1(1) \\ x_2(1) \end{bmatrix} = \begin{bmatrix} 1 & 0 & 0 & 0 \\ 0 & 0 & 1 & 0 \end{bmatrix} \begin{bmatrix} s_1(1) \\ s_2(1) \\ s_3(1) \\ s_4(1) \end{bmatrix} + \begin{bmatrix} v_1(1) \\ v_2(1) \end{bmatrix} = \begin{bmatrix} s_1(1)+v_1(1) \\ s_3(1)+v_2(1) \end{bmatrix} \tag{18}$$

$$\begin{bmatrix} x_1(2) \\ x_2(2) \end{bmatrix} = \begin{bmatrix} 1 & 0 & 0 & 0 \\ 0 & 0 & 1 & 0 \end{bmatrix} \begin{bmatrix} s_1(2) \\ s_2(2) \\ s_3(2) \\ s_4(2) \end{bmatrix} + \begin{bmatrix} v_1(2) \\ v_2(2) \end{bmatrix} = \begin{bmatrix} s_1(2)+v_1(2) \\ s_2(2)+v_2(2) \end{bmatrix} \tag{19}$$

将式(18)和式(19)代入式(17),得

$$\hat{\boldsymbol{s}}(2) = \begin{bmatrix} s_1(2)+v_1(2) \\ \frac{1}{T}[s_1(2)-s_1(1)]+[v_1(2)-v_1(1)]\frac{1}{T} \\ s_2(2)+v_2(2) \\ \frac{1}{T}[s_3(2)-s_3(1)]+\frac{1}{T}[v_2(2)-v_2(1)] \end{bmatrix} \tag{20}$$

由式(5),并考虑到式(1)和式(3),得

$$\boldsymbol{s}(2) = \begin{bmatrix} s_1(2) \\ s_2(2) \\ s_3(2) \\ s_4(2) \end{bmatrix} = \begin{bmatrix} 1 & T & 0 & 0 \\ 0 & 1 & 0 & 0 \\ 0 & 0 & 1 & T \\ 0 & 0 & 0 & 1 \end{bmatrix} \begin{bmatrix} s_1(1) \\ s_2(1) \\ s_3(1) \\ s_4(1) \end{bmatrix} + \begin{bmatrix} 0 \\ u_1(1) \\ 0 \\ u_2(1) \end{bmatrix}$$

$$= \begin{bmatrix} s_1(1)+Ts_2(1) \\ s_2(1)+u_1(1) \\ s_3(1)+Ts_4(1) \\ s_4(1)+u_2(1) \end{bmatrix} = \begin{bmatrix} s_1(2) \\ \frac{1}{T}[s_1(2)-s_1(1)]+u_1(1) \\ s_3(2) \\ \frac{1}{T}[s_3(2)-s_3(1)]+u_2(1) \end{bmatrix} \tag{21}$$

由式(20)和式(21)得

$$\boldsymbol{s}(2)-\hat{\boldsymbol{s}}(2) = \begin{bmatrix} -v_1(2) \\ u_1(1)-\frac{1}{T}[v_1(2)-v_1(1)] \\ -v_2(2) \\ u_2(1)-\frac{1}{T}[v_2(2)-v_2(1)] \end{bmatrix}$$

根据上式即可确定均方误差 $\xi(n)$ 的初始值为

$$\boldsymbol{\xi}(2) = \begin{bmatrix} \sigma_\rho^2 & \frac{1}{T}\sigma_\rho^2 & & 0 \\ \frac{1}{T}\sigma_\rho^2 & \frac{2}{T^2}\sigma_\rho^2+\sigma_1^2 & & 0 \\ 0 & 0 & \sigma_\theta^2 & \frac{1}{T}\sigma_\theta^2 \\ 0 & 0 & \frac{1}{T}\sigma_\theta^2 & \frac{2}{T^2}\sigma_\theta^2+\sigma_2^2 \end{bmatrix}$$

现举一具体例子。设 $\rho_0=160$ km,雷达天线旋转周期 $T=15$ s,目标最大加速度 $M=2.1$ m/s^2,雷达测距误差均方根值等于 1 km,因此,$\sigma_\rho^2=10^3$ m。此外,设雷达测量方位角误差的均方根值为 1°或 0.017 弧度。由 σ_ρ^2 和 σ_θ^2 即可确定矩阵 $\boldsymbol{R}$。由 M、T 和 ρ_0 可算出 $\sigma_1^2=330$ 和 $\sigma_2^2=1.3\times10^{-8}$。由 σ_ρ^2、σ_θ^2、σ_1^2、σ_2^2 和 T 等值即可求得 $\xi(2|2)$ 的初始值

$$\boldsymbol{\xi}(2)=\begin{bmatrix}10^6 & 6.7\times10^4 & 0 & 0\\ 6.7\times10^4 & 0.9\times10^4 & 0 & 0\\ 0 & 0 & 2.9\times10^{-4} & 1.9\times10^{-5}\\ 0 & 0 & 1.9\times10^{-5} & 2.6\times10^{-6}\end{bmatrix}$$

下面即可进行迭代运算:

(1) 由式(1.5.34)计算 $\boldsymbol{P}(3)$

$$\begin{aligned}\boldsymbol{P}(3)&=\boldsymbol{A\xi}(2)\boldsymbol{A}^{\mathrm{T}}+\boldsymbol{Q}\\ &=\begin{bmatrix}5\times10^6 & 2\times10^5 & 0 & 0\\ 2\times10^5 & 9.3\times10^3 & 0 & 0\\ 0 & 0 & 14.5\times10^{-4} & 5.8\times10^{-5}\\ 0 & 0 & 5.8\times10^{-5} & 2.6\times10^{-6}\end{bmatrix}\end{aligned}$$

对角线上第一个元素值是距离的预测误差的均方值,第三个元素值是方位角的预测误差的均方值。

(2) 由式(1.5.35)计算 $\boldsymbol{G}_3$

$$\begin{aligned}\boldsymbol{G}_3&=\boldsymbol{P}(3)\boldsymbol{C}^{\mathrm{T}}[\boldsymbol{CP}(3)\boldsymbol{C}^{\mathrm{T}}+\boldsymbol{R}]^{-1}\\ &=\begin{bmatrix}1.33 & 0\\ 3.3\times10^{-2} & 0\\ 0 & 1.33\\ 0 & 3.3\times10^{-2}\end{bmatrix}\end{aligned}$$

(3) 由式(1.5.36)计算 $\boldsymbol{\xi}(3)$

$$\boldsymbol{\xi}(3)=[\boldsymbol{I}-\boldsymbol{G}_3\boldsymbol{C}]\boldsymbol{P}(3)$$

然后返回步骤(1)。

另一方面,当给定 $\hat{\boldsymbol{s}}(n-1|n-1)$ 的初始值后,即可随着 $\boldsymbol{x}(n)$ 值的不断测得,再利用以上迭代得到的 $\boldsymbol{G}_n$,由式(1.5.33)计算 $\hat{\boldsymbol{s}}(n|n)$。

复习思考题

1.1　维纳滤波器的设计准则是什么?

1.2　维纳滤波理论对信号和系统作了哪些假设和限制?

1.3　为什么不能简单地把非因果 IIR 维纳滤波器的冲激响应 $h_{\mathrm{opt}}(n)$ 的正时间部分 $h_{\mathrm{c}}(n)=h_{\mathrm{opt}}(n)u(n)$ 作为因果 IIR 维纳滤波器的冲激响应?

1.4　若将输入信号 $x(n)$ 进行白化处理后,因果 IIR 维纳滤波器 $H_{\mathrm{c}}(z)$ 便化成 $1/B(z)$ 与另一因果 IIR 维纳滤波器 $G(z)$ 的级联(见图 1.2.1),为什么 $\dfrac{S_{xs}(z)}{B(z^{-1})}$ 对应的非因果冲激响应的正时间部分可以作为 $G(z)$ 的冲激响应?

1.5　试讨论维纳滤波器理论的推广问题。令 $x(n)$ 是接收信号,$d(n)$ 是期望响应,这里没

有假定 $x(n)=d(n)+v(n)$。试讨论如何设计一个滤波器，当以 $x(n)$ 作为输入时，得到输出 $y(n)$，使 $E\{[y(n)-d(n)]^2\}$ 最小。对于这个推广了的问题，可否仍然使用式(1.2.7)和式(1.2.30)来分别计算 FIR 维纳滤波器和因果 IIR 维纳滤波器？若令 $d(n)=x(n+1)$，便得到维纳预测器，试对其进行详细讨论。

1.6　求解维纳滤波问题时，已知条件一般由三种不同方式给出：

(1) 已知自相关函数 $R_{xx}(m)$ 和互相关函数 $R_{xs}(m)$。

(2) 已知自功率谱 $S_{xx}(z)$ 和互功率谱 $S_{xs}(z)$。

(3) 已知信号模型 $s(n)=as(n-1)+w(n)$ 和测量模型 $x(n)=cs(n)+v(n)$。

总结这三种情况下求解维纳滤波问题的不同方法。

1.7　预测误差与滤波误差的均方值哪个更大？

1.8　在实际应用中，自功率谱 $S_{xx}(z)$ 必须根据测量数据 $x(n)$ 来估计。通常利用平均周期图法或平滑周期图法由 $x(n)$ 估计出 $\hat{S}_{xx}(z)$，然后寻找一个极点和零点都在单位圆内的有理函数 $B(z)$，使得 $\sigma^2 B(z)B(z^{-1})$ 尽可能逼近 $\hat{S}_{xx}(z)$，这需要"试凑"多次。请考虑 $B(z)$ 应怎样寻求。

1.9　式(1.2.4)是 FIR 维纳滤波器的维纳-霍夫方程，怎样对它进行迭代计算？迭代算法有何优点？

1.10　定性比较维纳滤波器和卡尔曼滤波器的估计误差对系数的敏感程度。

1.11　当信号与噪声的频谱有部分重叠时，用维纳滤波器来得到信号的最佳估计，能否使最小均方误差为零？为什么？

1.12　卡尔曼滤波器能否被看成是由估计误差激励的原系统的仿制系统？为什么？

1.13　对平稳随机信号，维纳滤波器和卡尔曼滤波器都是线性时不变系统，对不对？为什么？

1.14　用递推算法计算卡尔曼滤波器时，若任意选取初始值 $\hat{s}(0|0)$，那么应怎样选择另一初始值 G_1(选大些还是选小些)才能逐渐消除 $\hat{s}(0|0)$ 不正确的影响？为什么？

1.15　卡尔曼增益 G_n 是随 n 变化的值，是否可以预先对其全部计算并存储起来？

1.16　试将卡尔曼滤波器的结构稍加变动，以得到一个抽头，能同时输出向前一步的预测值。

习　题

1.1　已知 x 是一平稳随机信号，取 1、0、−1 三个值的概率相等。用 x 对载波 $c(n)$ 进行调制后在噪声信道中传输。接收信号为

$$y(n)=xc(n)+v(n),\quad n=0,1,\cdots,M$$

式中，$v(n)$ 是方差为 σ_v^2 的零均值白色高斯噪声，与 x 相互独立。上式用矢量表示为

$$\boldsymbol{y}=x\boldsymbol{c}+\boldsymbol{v}$$

(1) 求条件概率密度函数 $p(\boldsymbol{y}/x)$ 和 $p(x/\boldsymbol{y})$。

(2) 由 $\boldsymbol{y}$ 求 x 的四种估计：最大后验估计 x_{MAP}，最大似然估计 $\hat{x}_{\mathrm{ML}}$，最小均方估计 $\hat{x}_{\mathrm{MS}}$，最小线性均方估计 $\hat{x}_{\mathrm{LMS}}$。并用图形对它们进行比较。

1.2　在测试某正弦信号 $s(n)=\sin\dfrac{\pi}{4}n$ 的过程中叠加有白噪声 $v(n)$，即测试结果为

$$x(n)=\sin\frac{\pi}{4}n+v(n)$$

设计一个长为 $N=4$ 的有限冲激响应滤波器，对 $x(n)$ 进行滤波后得到 $\hat{s}(n)$，它与 $s(n)$ 的误差的均方值最小。求该滤波器的冲激响应和估计误差的平均功率。

1.3　设信号 $s(n)$ 的自相关序列为

$$R_{ss}(m)=0.8^{|m|},\quad m=0,\pm1,\pm2,\cdots$$

观测信号为

$$x(n)=s(n)+v(n)$$

式中，$v(n)$ 是方差为 0.45 的零均值白噪声，它与 $s(n)$ 相互统计独立。试设计一个长为 $N=3$ 的 FIR 维纳滤波器来处理 $x(n)$，使其输出 $\hat{s}(n)$ 与 $s(n)$ 的差的均方值最小。

1.4　设有一平稳随机过程，其自相关序列为 $R_{ss}(0)=1$，$R_{ss}(\pm1)=0.5$，$R_{ss}(m)=0(m=\pm2,\pm3,\cdots)$。在传输该随机过程的一个取样序列 $s(n)$ 时，混入了一个方差为 0.45 的零均值平稳白噪声 $v(n)$。设信号与噪声统计独立。设计一因果 IIR 维纳滤波器，当 $x(n)=s(n)+v(n)$ 作为输入时，输出为 $\hat{s}(n)$。并计算均方误差值。

1.5　已知 1 阶马尔柯夫过程的信号模型为

$$s(n)=0.6s(n-1)+w(n)$$

式中，$w(n)$ 是方差为 0.82 的零均值白噪声。对 $s(n)$ 进行观测，得到

$$x(n)=s(n)+v(n)$$

式中，$v(n)$ 是方差为 1 的零均值白噪声。

设计一因果 IIR 维纳滤波器对 $x(n)$ 进行处理以得到 $s(n)$ 的最佳估计。

(1) 求滤波器的冲激响应。

(2) 若用 $x(n)$ 作为 $s(n)$ 的估计，试与设计的滤波器的处理结果进行比较，后者的估计误差均方值改进了多少分贝？

1.6　将 1.5 题的维纳解写成卡尔曼滤波器的标准形式，并阐明其物理意义。

1.7　已知

$$s(n)=0.95s(n-1)+w(n)$$
$$x(n)=s(n)+v(n)$$
$$E[w(n)w(i)]=0.0975\delta_{ni}$$
$$E[v(n)v(i)]=\delta_{ni}$$

其中

$$\delta_{ni}=\begin{cases}1, & n=i\\0, & n\neq i\end{cases}$$

求解式(1.2.48)所示的 Ricatti 方程，并写出卡尔曼滤波器的标准关系式。

1.8　每隔 $T=1$ s 测量一次恒定引力场中某落体的高度，测得 6 个数据：$x_1=100$ m，$x_2=97.9$ m，$x_3=94.4$ m，$x_4=92.7$ m，$x_5=87.3$ m，$x_6=82.1$ m。已知落体初始高度和初始速度的估计值分别为 $\hat{s}_1(0|0)=95$ m 和 $\hat{s}_2(0|0)=1$ m/s，相应的均方误差值分别为 $\xi_1(0)=10\ \mathrm{m}^2$ 和 $\xi_2(0)=1(\mathrm{m/s})^2$，设落体加速度 $g=1\ \mathrm{m/s^2}$。用卡尔曼滤波器对 6 个数据进行处理。求落体高度和速度的估计值。设落体高度测量误差的方差等于 $1\ \mathrm{m}^2$。

1.9　设信号模型和测量模型由式(1.2.31)和式(1.2.32)定义，其中 $a=0.9$，$c=1$，$Q=1-a^2$，$R=1$。用 Matlab 完成以下任务：

(1) 产生随机噪声 $w(n)$和 $v(n)$的 1500 个样本。

(2) 按照信号模型和测量模型产生信号 $s(n)$和 $x(n)$。

(3) 确定因果 IIR 维纳滤波器的传输函数。用该滤波器处理 $x(n)$得到 $s(n)$的最佳估计$\hat{s}(n|n)$。

要求：

(1) 在同一张图上画出期望信号 $s(n)$和测量数据 $x(n)$的图形，取 $n=1400\sim1500$。

(2) 在同一张图上画出恢复信号$\hat{s}(n|n)$和原始信号，取 $n=1400\sim1500$。

(3) 利用 $w(n)$和 $v(n)$的不同实现，重复(1)和(2)。

(4) 取 $a=-0.9$，重复(1)、(2)和(3)。

1.10　已知信号模型由下列状态方程描述

$$\begin{cases} s_1(n)=s_1(n-1)+s_2(n-1)+w_1(n-1) \\ s_2(n)=s_2(n-1)+w_2(n-1) \end{cases}$$

测量模型为

$$x(n)=s_1(n)+v(n)$$

设 $\boldsymbol{w}(n-1)=[w_1(n-1)\quad w_2(n-1)]^{\mathrm{T}}$，其自相关矩阵为

$$\boldsymbol{Q}=E[\boldsymbol{w}(n-1)\boldsymbol{w}^{\mathrm{T}}(n-1)]=\begin{bmatrix}0 & 0\\ 0 & 1\end{bmatrix}$$

$v(n)$的自相关序列为

$$R(m)=E[v(n)v(n+m)]=2+(-1)^m,\quad m=0,\pm1,\pm2,\cdots$$

现用一卡尔曼滤波器对 $x(n)$进行处理，得到信号的最佳估计。设估计误差均方值的初始值为

$$\xi(0)=\begin{bmatrix}10 & 0\\ 0 & 10\end{bmatrix}$$

求卡尔曼增益 G_n、均方误差 ε_n 和参数 P_n，$n=1,2,3,4,5$。画出 G_n 与迭代次数 n 的关系曲线。

1.11　在维纳滤波器的实际应用中，常采用如图 P1.11 所示的接法。图中 $s(n)$是确定性原始信号，$s(n)+N_1(n)$和 $s(n)+N_2(n)$是在两个不相关的噪声环境中测量得到的信号。滤波器输出 $y(n)$是原始有用信号$s(n)$的最佳估计，即 $y(n)=\hat{s}(n)\approx s(n)$。试解释为什么这种接法更符合维纳滤波理论的假设条件，因而滤波效果会更好。

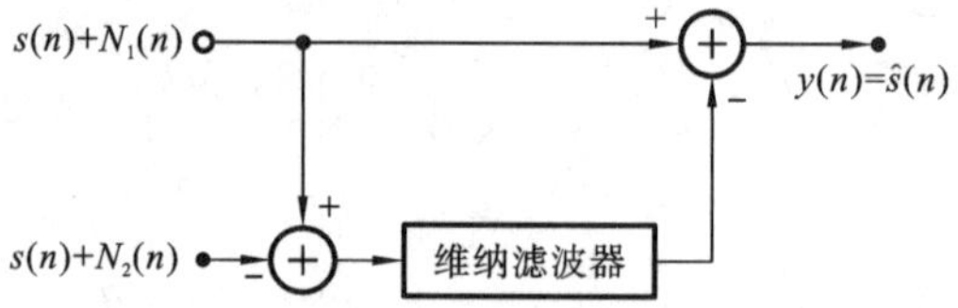

图 P1.11

第 2 章　自适应滤波器

设计维纳滤波器要求事先知道被处理信号(即输入数据)和噪声的统计特性(自相关函数和互相关函数,或自功率谱和互功率谱,或信号模型和测量模型)。而对于已经设计好的维纳滤波器,只有当输入数据和噪声的统计特性与设计滤波器时所依据的统计特性相一致或相近时,滤波器的性能才是最佳的或近似最佳的。因此,维纳滤波器一定与一定类型的统计特性相适应;对于已经设计好的维纳滤波器,当输入数据和噪声的统计特性发生变化时,滤波器的性能将不再是最佳的。这意味着维纳滤波器只适用于平稳随机信号,而且在设计前必须知道输入数据和噪声的统计特性。在处理非平稳随机信号,或虽然处理平稳随机信号但事先不知道输入数据和噪声的统计特性的情况下,需要使用自适应滤波器。本章讨论自适应滤波器的工作原理、理论分析和实现方法。

2.1　自适应滤波器的工作原理

自适应滤波器是一种能够根据输入数据和噪声的统计特性自动调整自己的参数,始终保持具有最优性能的滤波器。虽然可能事先不知道输入数据和噪声的统计特性,但是自适应滤波器能够在工作过程中逐渐"了解"或正确估计这些统计特性,即自适应滤波器具有"学习"能力;当统计特性发生变化时,自适应滤波器能够及时调整自己的参数,迅速跟踪统计特性的变化,即自适应滤波器还具有"跟踪"能力。

自适应滤波器的工作原理可以用图 2.1.1(a)来说明,它由参数可调的数字滤波器、比较器和自适应算法 3 部分组成。输入信号 $x(n)$ 通过参数可调的数字滤波器后产生输出信号 $y(n)$,将 $y(n)$ 与参考响应(或称期望输出) $d(n)$ 进行比较以形成误差信号 $e(n)$,然后利用 $e(n)$(有时还同时需要利用 $x(n)$),通过自适应算法调整(或更新)滤波器的参数,使滤波器的性能达到最优。在许多情况下为了简单,常将图 2.1.1(a)简化为图 2.1.1(b)。

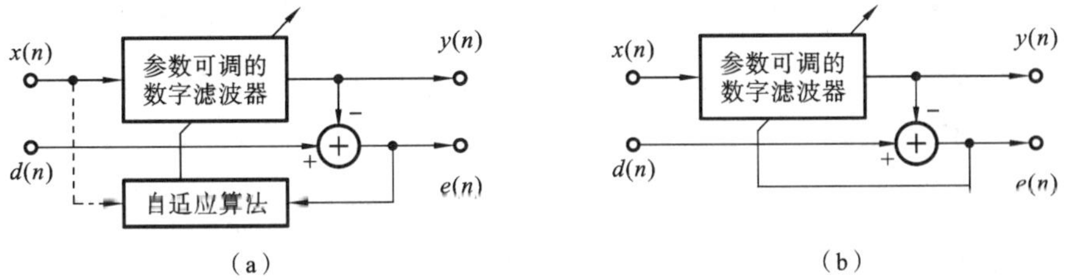

图 2.1.1　自适应滤波器工作原理图

从上述工作原理可以看出,自适应滤波器的参数与输入数据有关,因此自适应滤波器实际上是非线性器件。但是,通常仍然把自适应滤波器分成线性和非线性两种类型,前者是指滤波器参数调整收敛后,滤波器输出与输入之间具有线性关系;后者则是指滤波器参数调整收敛后,滤波器输出与输入之间具有非线性关系。本章讨论线性自适应滤波器,其中参数可调的数字滤波器是 FIR 滤波器或 IIR 滤波器,也可以是格型滤波器。

利用自适应算法调整滤波器参数,要根据误差信号和输入信号,并按照一定的优化准则进行。最常用的自适应算法有最小均方(the Least-Mean-Square, LMS)算法和最小二乘方(the Recursive Least Square, RLS)算法,它们都是从预先设置的初始条件开始进行的迭代算法。例如,在输入是平稳随机信号的情况下,LMS算法通过多次迭代,滤波器的参数最终收敛于维纳滤波器的解,从而在均方误差最小的意义上,滤波器的输出是参考信号的最优逼近;在输入是非平稳随机信号的情况下,随着逐次迭代的进行,滤波器不断更新自己的参数,力图不断跟踪输入信号统计特性的变化,以保持输出信号是参考信号的最优逼近。

图2.1.1所示的自适应滤波器有两个输入信号 $x(n)$ 和 $d(n)$,以及两个输出信号 $y(n)$ 和 $e(n)$,在不同的应用中,这些信号有不同的含义。下面列举几种典型应用。

1. 系统辨识

根据系统的输入信号和输出信号来建立系统的模型,称为系统辨识或系统建模。利用自适应滤波器实现系统辨识的原理图如图2.1.2所示。图中,自适应滤波器与未知系统(待辨识系统)相并联,它们的输入信号同为 $x(n)$;未知系统的输出作为参考响应 $d(n)$;$d(n)$ 与自适应滤波器的输出 $y(n)$ 之差形成误差信号 $e(n)$。调整滤波器参数的目标是使 $e(n)$ 均方值最小,这时自适应滤波器的输出 $y(n)$ 是未知系统的输出 $d(n)$ 的最优模拟。如果误差信号 $e(n)$ 等于零,那么,自适应滤波器的输出 $y(n)$ 将准确地等于未知系统的输出 $d(n)$,意味着自适应滤波器是未知系统的准确模型。通过对模型的研究来认识未知系统是工程上常用的方法,也常利用模型来预测未知系统对任何新的输入信号产生的响应。

2. 信道均衡

在通信信道上传输信息,由于信道的影响,接收信号时将产生失真并受到加性噪声的污染。为了消除信道的有害影响或将其减至最小,可在接收机输入端串联一个信道均衡器,由于信道均衡器是或近似是信道的逆系统,所以均衡器的输出端恢复了原始的发送信号。一般而言,与未知系统级联插入一个未知系统的逆系统,使总的级联系统的传输函数为1,这种技术称为系统均衡或系统逆向建模技术。图2.1.3是利用自适应滤波器实现信道均衡的原理图。

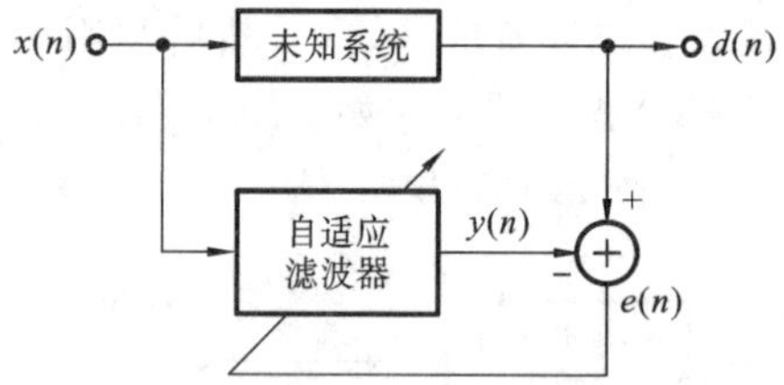

图2.1.2 利用自适应滤波器实现系统辨识

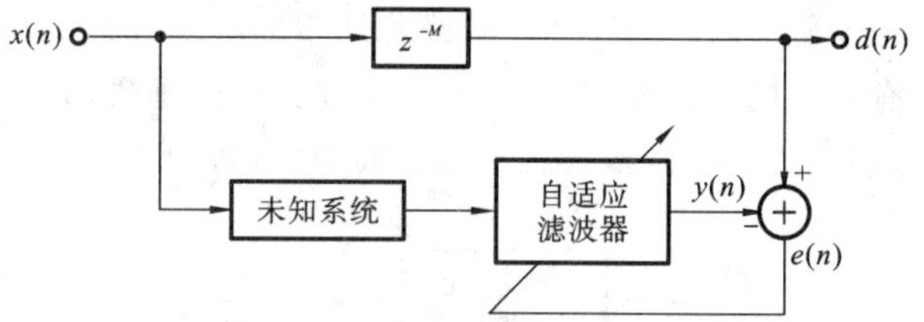

图2.1.3 利用自适应滤波器实现信道均衡

在图2.1.3中,未知系统是指通信信道,它与自适应滤波器相级联,然后与一个延时为 M 的延时单元相并联。延时 M 后的输入信号作为参考响应 $d(n)=x(n-M)$。引入延时是因为输入信号通过信道时总会有延时,这就要求自适应滤波器(信道的逆系统)必须有时间提前,然而,任何因果系统不可能有时间提前;如果参考响应 $d(n)$ 是 $x(n)$ 的延时 $x(n-M)$,那么,只要信道延时 D 不大于 M,自适应滤波器的延时 $M-D$ 就可能是正的。

3. 信号预测

为了传输或存储信号,需要对信号进行编码。为了提高编码效率,常常需要利用信号预测。信号预测是指利用信号的若干过去取样值的线性组合来预测未来的取样值。因为预测误差的方差通常比原始信号的方差要小,因此对预测误差进行编码所需要的比特数比直接对原始信号的编码要少。图 2.1.4 是利用自适应滤波器实现信号预测的原理图。

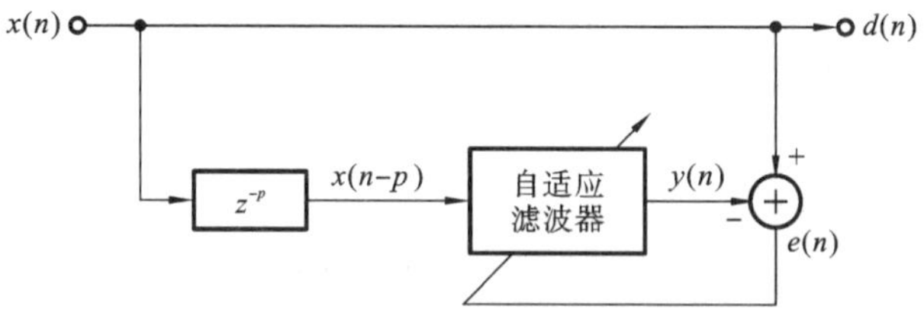

图 2.1.4　利用自适应滤波器实现信号预测

在图 2.1.4 中，用输入信号 $x(n)$ 作为参考响应 $d(n)$；自适应滤波器的输入 $x(n-p)$ 是 p 时刻以前的信号取样值；只有当自适应滤波器的输出 $y(n)$ 逼近 $d(n)$ 时，预测误差 $e(n)$ 才趋近于零。由于 $x(n)$ 通常包括一个基本确定分量和一个加性噪声，所以不可能用一个因果系统来准确预测完全随机的输入信号；但是，可以利用输入信号过去取样值中含有的信息预测其未来的取样值，使预测误差的均方值最小。

4. 消除噪声或干扰

假设一个汽车司机正在用手机打电话，手机拾音器（主拾音器）拾取的信号是司机的语音信号 $x(n)$ 加上加性噪声 $v(n)$（随汽车速度和通话环境而改变）。为了使环境噪声不传到接收端，汽车里应安放另一个拾音器（副拾音器）来检测车内的环境噪声 $r(n)$，并将 $r(n)$ 加在自适应滤波器输入端，得到输出信号 $y(n)$。用主拾音器拾取的信号作为参考响应 $d(n)=x(n)+v(n)$；$d(n)$ 减去 $y(n)$ 得到误差信号 $e(n)=x(n)+v(n)-y(n)$，如图 2.1.5 所示。

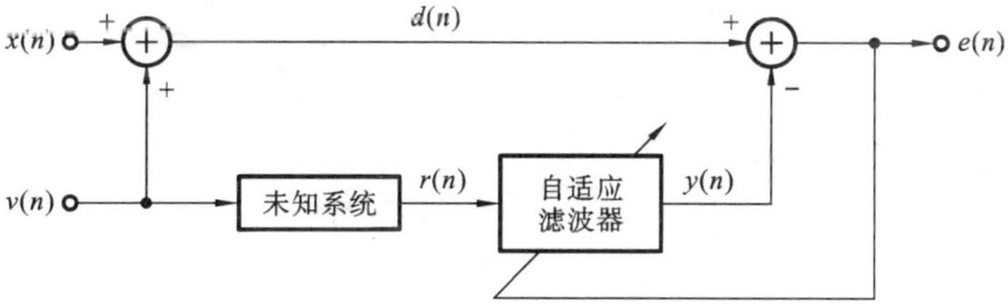

图 2.1.5　利用自适应滤波器消除噪声

由于副拾音器与主拾音器处在不同的位置上，所以 $r(n)$ 与 $v(n)$ 不同，图 2.1.5 中的未知系统即表示主拾音器与副拾音器之间的空间信道，$r(n)$ 就是 $v(n)$ 通过该信道的结果。注意，虽然 $r(n)$ 不等于 $v(n)$，但它们是相关的。如果语音信号 $x(n)$ 与加性噪声 $v(n)$ 不相关，那么当 $y(n)=v(n)$ 时，$e^2(n)$ 的均值将可能达到最小值，传送到接收机的信号就只是语音信号 $e(n)=x(n)$，这意味着进入主拾音器的环境噪声已被完全消除。

2.2　自适应滤波器的均方误差

自适应滤波器的最小均方（LMS）算法使用的优化准则是使均方误差最小，下面以自适应线性组合器为例，推导均方误差的数学表示式，讨论性能曲面的性质，介绍搜索性能曲面最低点的方法，分析最陡下降法的收敛过程，为 LMS 算法奠定理论基础。

2.2.1　自适应线性组合器

图 2.2.1 所示的是自适应线性组合器的一般形式。输入信号矢量 $\boldsymbol{x}(n)$ 的 $L+1$ 个元素，

既可以通过在同一时刻 n 对 $L+1$ 个不同信号源取样得到，也可以通过对同一信号源在 n 以前 $L+1$ 个时刻取样得到。前者称为多输入情况，后者称为单输入情况，图 2.2.1(a)所示的是多输入情况，图 2.2.1(b)所示的是单输入情况。这两种情况下输入信号矢量都用 $\boldsymbol{x}(n)$ 表示，但它们有如下区别。

多输入情况：

$$\boldsymbol{x}(n)=[x_0(n) \quad x_1(n) \quad \cdots \quad x_L(n)]^{\mathrm{T}} \tag{2.2.1}$$

单输入情况：

$$\boldsymbol{x}(n)=[x(n) \quad x(n-1) \quad \cdots \quad x(n-L)]^{\mathrm{T}} \tag{2.2.2}$$

这意味着，多输入情况下 $\boldsymbol{x}(n)$ 是一个空间序列，其元素由同一时刻的一组取样值构成，相当于并行输入；而单输入情况下 $\boldsymbol{x}(n)$ 是一个时间序列，其元素由一个信号在不同时刻的取样值构成，相当于串行输入。

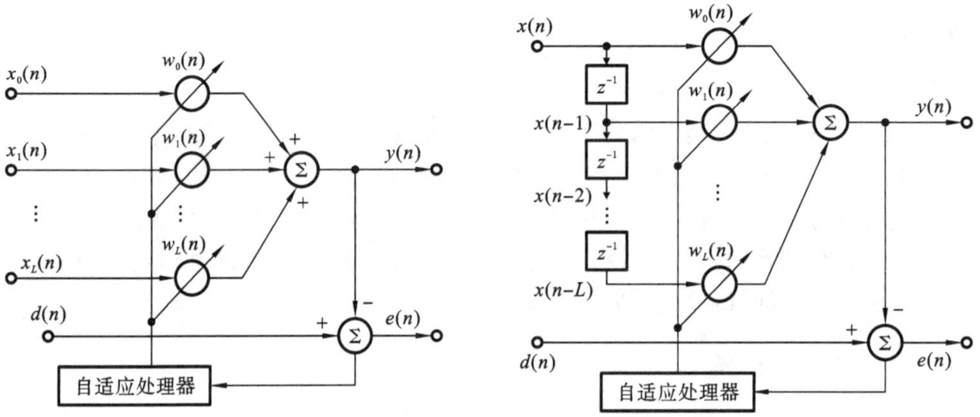

(a)　　　　　　　　(b)

图 2.2.1　自适应线性组合器

(a) 多输入情况；(b) 单输入情况

对于一组固定的系数来说，线性组合器的输出 $y(n)$ 等于输入矢量 $\boldsymbol{x}(n)$ 的各元素的线性加权和。然而，实际上系数是可调的，调整系数的过程称为自适应过程。在自适应过程中，各个系数不仅可能是误差信号 $e(n)$ 的函数，而且可能是输入信号 $\boldsymbol{x}(n)$ 的函数，因此，自适应线性组合器的输出不再是输入信号的线性函数。

输入信号和输出信号之间的关系如下。

单输入情况：

$$y(n)=\sum_{k=0}^{L} w_k(n) x(n-k) \tag{2.2.3}$$

多输入情况：

$$y(n)=\sum_{k=0}^{L} w_k(n) x_k(n) \tag{2.2.4}$$

图 2.2.1(b)所示的单输入自适应线性组合器，实际上是一个时变横向数字滤波器，称为自适应横向滤波器，它在信号处理中应用很广泛。

自适应线性组合器的 $L+1$ 个系数构成一个权矢量，用 $\boldsymbol{w}(n)$ 表示，即

$$\boldsymbol{w}(n)=[w_0(n) \quad w_1(n) \quad \cdots \quad w_L(n)]^{\mathrm{T}} \tag{2.2.5}$$

这样，式(2.2.3)和式(2.2.4)可统一表示为

$$y(n)=\boldsymbol{x}^{\mathrm{T}}(n)\boldsymbol{w}(n)=\boldsymbol{w}^{\mathrm{T}}(n)\boldsymbol{x}(n) \tag{2.2.6}$$

参考响应与输出响应之差称为误差信号，用 $e(n)$ 表示，即

$$e(n)=d(n)-y(n)=d(n)-\boldsymbol{x}^{\mathrm{T}}(n)\boldsymbol{w}(n)=d(n)-\boldsymbol{w}^{\mathrm{T}}(n)\boldsymbol{x}(n) \tag{2.2.7}$$

自适应线性组合器按照误差信号均方值（或平均功率）最小的准则，即

$$\xi(n)=E[e^2(n)]=\min \tag{2.2.8}$$

来自动调整权矢量。

2.2.2　均方误差性能曲面

将式(2.2.6)代入式(2.2.7)，然后再将结果代入式(2.2.8)，得均方误差的数学表示式为

$$\xi(n)=E[d^2(n)]+\boldsymbol{w}^{\mathrm{T}}(n)E[\boldsymbol{x}(n)\boldsymbol{x}^{\mathrm{T}}(n)]\boldsymbol{w}(n)-2E[d(n)\boldsymbol{x}^{\mathrm{T}}(n)]\boldsymbol{w}(n) \tag{2.2.9}$$

在 $d(n)$ 和 $\boldsymbol{x}(n)$ 都是平稳随机信号的情况下，输入信号的自相关矩阵 $\boldsymbol{R}$、$d(n)$ 与 $\boldsymbol{x}(n)$ 的互相关矩阵 $\boldsymbol{P}$ 都是与时间 n 无关的恒定二阶统计，分别定义为

$$\boldsymbol{R}=E[\boldsymbol{x}(n)\boldsymbol{x}^{\mathrm{T}}(n)]=\begin{bmatrix} R_{xx}(0) & R_{xx}(1) & \cdots & R_{xx}(L) \\ R_{xx}(1) & R_{xx}(0) & \cdots & R_{xx}(L-1) \\ \vdots & \vdots & \vdots & \vdots \\ R_{xx}(L) & R_{xx}(L-1) & \cdots & R_{xx}(0) \end{bmatrix} \tag{2.2.10}$$

式中

$$R_{xx}(m)=E[x_i(n)x_{i+m}(n)]=E[x(n)x(n+m)],\quad m=0,1,\cdots,L \tag{2.2.11}$$

$$\boldsymbol{P}=E[d(n)x(n)]=[p(0),p(1),\cdots,p(L)] \tag{2.2.12}$$

式中

$$p(m)=E[d(n)x_m(n)]=E[d(n)x(n+m)],\quad m=0,1,\cdots,L \tag{2.2.13}$$

利用式(2.2.10)和式(2.2.12)，可以将式(2.2.9)简化表示为

$$\xi(n)=E[d^2(n)]+\boldsymbol{w}^{\mathrm{T}}\boldsymbol{R}\boldsymbol{w}-2\boldsymbol{P}^{\mathrm{T}}\boldsymbol{w} \tag{2.2.14}$$

为了书写方便，这里省略了 $\boldsymbol{w}(n)$ 的时间标记。从该式可以看出，在输入信号和参考响应都是平稳随机信号的情况下，均方误差 ξ 是权矢量 $\boldsymbol{w}$ 的各分量的二次函数。也就是说，若将上式展开，则 $\boldsymbol{w}$ 各分量只有一次项和二次项存在。ξ 的函数图形是 $L+2$ 维空间中一个中间下凹的超抛物面，有唯一的最低点 $\xi_{\min}$，该曲面称为均方误差性能曲面，简称性能曲面。自适应过程是自动调整系数，使均方误差达到最小值 $\xi_{\min}$ 的过程，这相当于沿性能曲面往下搜索最低点。最常用的搜索方法是梯度法，因此，性能曲面的梯度是一个很重要的概念。

均方误差性能曲面的梯度 $\boldsymbol{\nabla}$ 定义为

$$\boldsymbol{\nabla}=\frac{\partial\xi}{\partial\boldsymbol{w}}=\left[\frac{\partial\xi}{\partial w_0}\quad\frac{\partial\xi}{\partial w_1}\quad\cdots\quad\frac{\partial\xi}{\partial w_L}\right]^{\mathrm{T}} \tag{2.2.15}$$

将式(2.2.14)代入上式，得到

$$\boldsymbol{\nabla}=2\boldsymbol{R}\boldsymbol{w}-2\boldsymbol{P} \tag{2.2.16}$$

最小均方误差对应的权矢量称为最佳权矢量或维纳解，用 $\boldsymbol{w}^*$ 表示。在性能曲面上，该点梯度等于零，即

$$2\boldsymbol{R}\boldsymbol{w}^*-2\boldsymbol{P}=\boldsymbol{0}$$

由此解出

$$\boldsymbol{w}^*=\boldsymbol{R}^{-1}\boldsymbol{P} \tag{2.2.17}$$

这与式(1.2.7)表示的 FIR 维纳滤波器的解一致。将式(2.2.17)代入式(2.2.14)，得最小均

方误差

$$\xi_{\min}=E[d^2(n)]-\boldsymbol{P}^{\mathrm{T}}\boldsymbol{R}^{-1}\boldsymbol{P}=E[d^2(n)]-\boldsymbol{P}^{\mathrm{T}}\boldsymbol{w}^* \tag{2.2.18}$$

由于 ξ 是 $\boldsymbol{w}$ 的二次型,且在 $\boldsymbol{w}=\boldsymbol{w}^*$ 处有唯一最小值,故 ξ 可写成下列标准形式

$$\xi=\xi_{\min}+(\boldsymbol{w}-\boldsymbol{w}^*)^{\mathrm{T}}\boldsymbol{R}(\boldsymbol{w}-\boldsymbol{w}^*) \tag{2.2.19}$$

不难证明,上式与式(2.2.17)完全等效。

若定义权偏移矢量

$$\boldsymbol{v}=\boldsymbol{w}-\boldsymbol{w}^*=[v_0 \quad v_1 \quad \cdots \quad v_L]^{\mathrm{T}} \tag{2.2.20}$$

则式(2.2.19)可写成下列更简单的形式:

$$\xi=\xi_{\min}+\boldsymbol{v}^{\mathrm{T}}\boldsymbol{R}\boldsymbol{v} \tag{2.2.21}$$

该式表明,当权矢量 $\boldsymbol{w}$ 相对于最佳值 $\boldsymbol{w}^*$ 偏离了一个数值 $\boldsymbol{v}(\boldsymbol{v}\neq\boldsymbol{0})$时,均方误差将比最小均方误差 $\xi_{\min}$ 大一个数值 $\boldsymbol{v}^{\mathrm{T}}\boldsymbol{R}\boldsymbol{v}$。为了保证对任何可能的 $\boldsymbol{v}$ 值都使 ξ 为非负,显然要求

$$\boldsymbol{v}^{\mathrm{T}}\boldsymbol{R}\boldsymbol{v}\geqslant\boldsymbol{0}, \quad \forall\, \boldsymbol{v} \tag{2.2.22}$$

这就是说,$\boldsymbol{R}$ 应该是正定的或正半定的,正半定是指对某些有限个 $\boldsymbol{v}$ 或所有 $\boldsymbol{v}$,有 $\boldsymbol{v}^{\mathrm{T}}\boldsymbol{R}\boldsymbol{v}=0$。实际应用中的 $\boldsymbol{R}$ 常满足这一要求。

根据式(2.2.21)计算性能曲面的梯度,得

$$\frac{\partial\xi}{\partial\boldsymbol{v}}=\left[\frac{\partial\xi}{\partial v_0} \quad \frac{\partial\xi}{\partial v_1} \quad \cdots \quad \frac{\partial\xi}{\partial v_L}\right]=2\boldsymbol{R}\boldsymbol{v} \tag{2.2.23}$$

该式与式(2.2.16)等效。

例 2.2.1 有一个自适应线性组合器,如图 2.2.2 所示。设 $E[x^2(n)]=1$,$E[x(n),x(n-1)]=0.5$,$E[d^2(n)]=4$,$E[d(n)x(n)]=-1$,$E[d(n)x(n-1)]=1$。在开关 S 打开和闭合两种情况下,求解以下问题:

(1) 求性能曲面函数,并画出性能函数曲线。

(2) 求最佳权值 w_1^*。

(3) 求最小均方误差 $\xi_{\min}$。

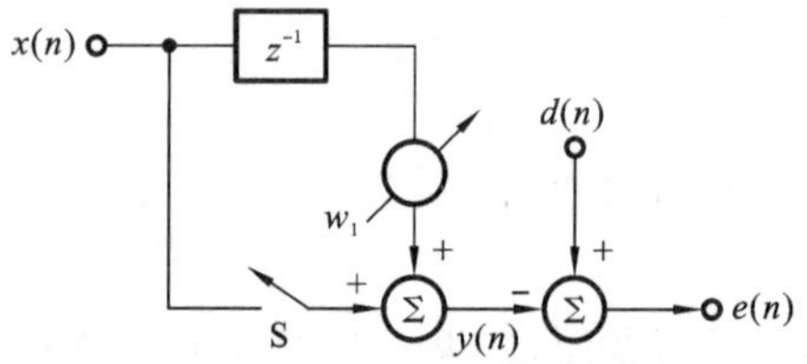

图 2.2.2 例 2.2.1 的自适应线性组合器

解 开关 S 断开时:

(1) $\xi=E[d^2(n)]+E[x^2(n-1)]w_1^2-2E[d(n)x(n-1)]w_1$
$\quad=E[d^2(n)]+E[x^2(n)]w_1^2-2E[d(n)x(n-1)]w_1=4+w_1^2-2w_1$

(2) $\boldsymbol{\nabla}=\dfrac{\partial\xi}{\partial w_1}=2w_1-2=0$,得 $w_1^*=1$

(3) $\xi_{\min}=4+(w_1^*)^2-2w_1^*=4+1-2=3$

开关 S 闭合时:

$$\boldsymbol{R}=\begin{bmatrix}1 & 0.5\\0.5 & 1\end{bmatrix},\quad \boldsymbol{P}=\begin{bmatrix}-1\\1\end{bmatrix},\quad \boldsymbol{w}=\begin{bmatrix}1\\w_1\end{bmatrix}$$

(1) $\xi=E[d^2(n)]+\boldsymbol{w}^{\mathrm{T}}\boldsymbol{R}\boldsymbol{w}-2\boldsymbol{P}^{\mathrm{T}}\boldsymbol{w}=4+[1 \quad w_1]\begin{bmatrix}1 & 0.5\\0.5 & 1\end{bmatrix}\begin{bmatrix}1\\w_1\end{bmatrix}-2[-1 \quad 1]\begin{bmatrix}1\\w_1\end{bmatrix}$
$\quad=7-w_1+w_1^2$

(2) $\boldsymbol{\nabla}=\dfrac{\partial\xi}{\partial w_1}=2w_1-1=0$,解得 $w_1^*=0.5$

(3) $\xi_{\min}=7-w_1^*+(w_1^*)^2=7-0.5+0.5^2=6.75$

性能函数曲线如图 2.2.3 所示。

例 2.2.2　上题中，假设 $x(n)=\sin\left(\frac{2\pi}{6}n\right)$，$d(n)=2\cos\left(\frac{2\pi}{6}n\right)$，重解上题。

解　$$E[x(n)x(n-1)]=\frac{1}{6}\sum_{n=1}^{6}\sin\left(\frac{2\pi}{6}n\right)\sin\left[\frac{2\pi}{6}(n-1)\right]=0.5\cos\left(\frac{2\pi}{6}\right)=0.25$$

$$E[x^2(n)]=\frac{1}{6}\sum_{n=1}^{6}\sin^2\left(\frac{2\pi}{6}n\right)=0.5=E[x^2(n-1)]$$

$$E[d(n)x(n-1)]=\frac{2}{6}\sum_{n=1}^{6}\cos\left(\frac{2\pi}{6}n\right)\sin\left[\frac{2\pi}{6}(n-1)\right]=-\sin\frac{2\pi}{6}=-\frac{\sqrt{3}}{2}$$

$$E[d(n)x(n)]=\frac{2}{6}\sum_{n=1}^{6}\cos\left(\frac{2\pi}{6}n\right)\sin\left(\frac{2\pi}{6}n\right)=0$$

$$E[d^2(n)]=\frac{4}{6}\sum_{n=1}^{6}\cos^2\left(\frac{2\pi}{6}n\right)=2$$

$$\boldsymbol{R}=\begin{bmatrix}0.5 & 0.25\\0.25 & 0.5\end{bmatrix},\quad \boldsymbol{P}=\begin{bmatrix}0\\-\frac{\sqrt{3}}{2}\end{bmatrix}$$

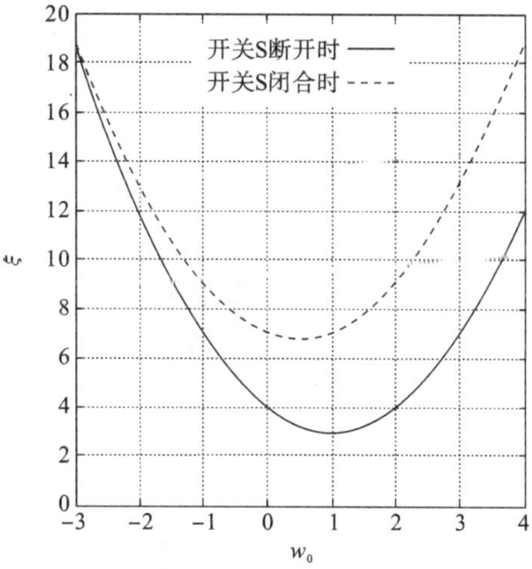

图 2.2.3　例 2.2.1 的自适应滤波器的性能函数曲线

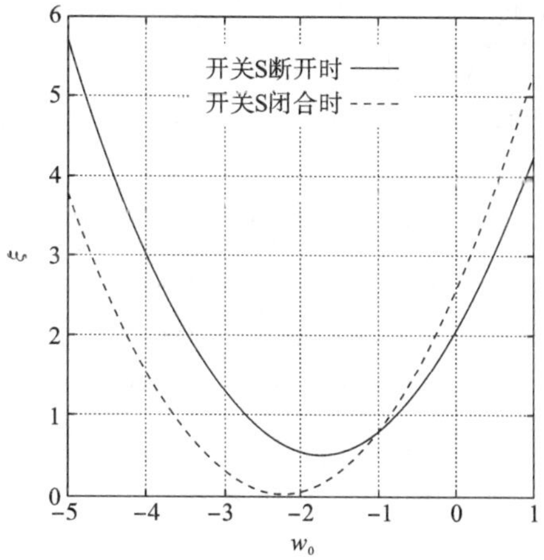

图 2.2.4　例 2.2.2 的自适应滤波器的性能函数曲线

开关 S 断开时：

(1) $\xi=E[d^2(n)]+E[x^2(n)]w_1^2-2E[d(n)x(n-1)]w_1=2+0.5w_1^2+\sqrt{3}w_1$

(2) $\nabla=\frac{\partial\xi}{\partial w_1}=w_1+\sqrt{3}=0$，解得 $w_1=-\sqrt{3}$

(3) $\xi_{\min}=2+0.5(w_1^*)^2+\sqrt{3}w_1^*=2+0.5(-\sqrt{3})^2+\sqrt{3}(-\sqrt{3})=0.5$

开关 S 闭合时：

(1) $$\xi=E[d^2(n)]+\boldsymbol{w}^{\mathrm{T}}\boldsymbol{R}\boldsymbol{w}-2\boldsymbol{P}^{\mathrm{T}}\boldsymbol{w}=2+[1\quad w_1]\begin{bmatrix}0.5 & 0.25\\0.25 & 0.5\end{bmatrix}\begin{bmatrix}1\\w_1\end{bmatrix}-2\begin{bmatrix}0 & -\frac{\sqrt{3}}{2}\end{bmatrix}\begin{bmatrix}1\\w_1\end{bmatrix}$$

$$=2.5+(0.5+\sqrt{3})w_1+0.5w_1^2$$

(2) $\nabla=\frac{\partial\xi}{\partial w_1}=w_1+(0.5+\sqrt{3})=0$，解得 $w_1^*=-(0.5+\sqrt{3})$

(3) $\xi_{\min}=2.5+(0.5+\sqrt{3})w_1^*+0.5(w_1^*)^2$

$$=2.5+(0.5+\sqrt{3})[-(0.5+\sqrt{3})]+0.5[-(0.5+\sqrt{3})]^2\approx 0.01$$

性能函数曲线如图 2.2.4 所示。

2.2.3 性能曲面的性质

平稳随机信号的统计特性不随时间变化而变化,因此,其性能曲面在坐标系中是固定不变的或“刚性”的,自适应过程就是从性能曲面上某点(初始状态)开始,沿着曲面向下搜索最低点的过程。但对于非平稳随机信号来说,由于其统计特性随着时间在变化,因而其性能曲面是“晃动的”或“模糊的”。在这种情况下,自适应过程不仅要求沿性能曲面向下搜索最低点,而且还要求对最低点进行跟踪。下面只讨论平稳随机信号情况下性能曲面的某些基本性质。

由式(2.2.19)或式(2.2.21)可以看出,性能曲面的形状和取向都与 $\boldsymbol{R}$ 有关,因此,它的性质将取决于输入信号自相关矩阵 $\boldsymbol{R}$ 的性质。为便于理解,下面讨论只有两个权系数 w_0 和 w_1 的自适应线性组合器。在这种情况下,性能曲面是三维空间(ξ,w_0,w_1)中的一个抛物面。现用一个与 w_0-w_1 平面平行且与其相距 ξ_1 的平面切割该抛物面,所得的交线在 w_0-w_1 平面上的投影是一个椭圆,如图 2.2.5 所示。椭圆的中心为 $\boldsymbol{w}^*=(w_0^*,w_1^*)$,它是性能曲面最低点 $\xi_{\min}$的投影。如果用若干个与 w_0-w_1 平面距离不同的平行平面来切割性能曲面,则所得的交线在 w_0-w 平面上的投影将是一组中心同在 $\boldsymbol{w}^*$ 的椭圆,它们各与一个确定的 ξ 值相对应,因此,称这些椭圆为等均方误差线或等高线,如图 2.2.6 所示。

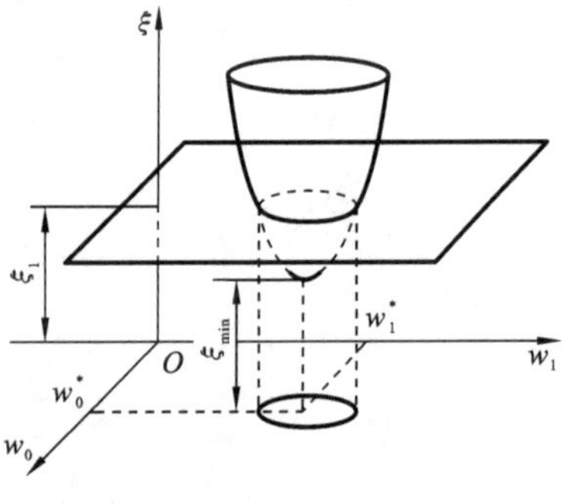

图 2.2.5 与 ξ_1 对应的等高线

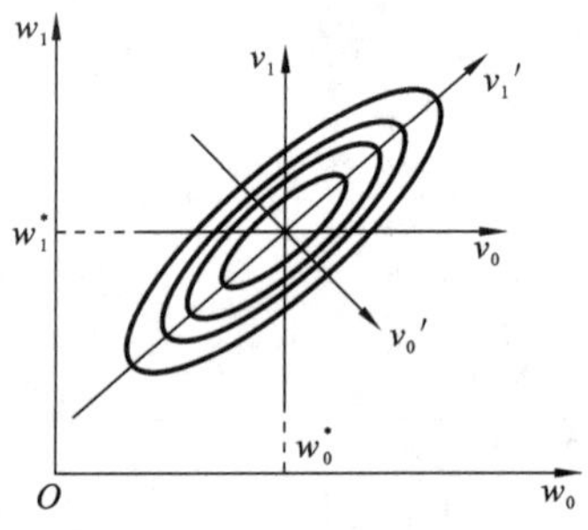

图 2.2.6 一组等均方误差线

在(w_0,w_1)坐标系中,等高线方程可由式(2.2.14)得到,即

$$\boldsymbol{w}^{\mathrm{T}}\boldsymbol{R}\boldsymbol{w}-2\boldsymbol{P}^{\mathrm{T}}\boldsymbol{w}=\text{常数} \tag{2.2.24}$$

若将坐标原点平移至(w_0^*,w_1^*),便得到权偏移矢量坐标系$(v_0,v_1)=(w_0-w^*,w_1-w^*)$,在该坐标系中等高线方程为

$$\boldsymbol{v}^{\mathrm{T}}\boldsymbol{R}\boldsymbol{v}=\text{常数} \tag{2.2.25}$$

这仍是一组同心椭圆,中心位于新的坐标原点($\boldsymbol{v}=\boldsymbol{0}$)。在图 2.2.6 中,$v_0'$ 和 v_1' 是椭圆的主轴。

将以上讨论推广到有 $L+1$ 个权系数的情况,不难想象,等高线将是 $L+1$ 维空间中的一组同心超椭圆,椭圆中心位于坐标系$(v_0,v_1,\cdots,v_L)$的原点。这组同心超椭圆有 $L+1$ 根主轴,它们也是均方误差曲面的主轴。若把这组同心超椭圆看成是函数 $F(\boldsymbol{v})=\boldsymbol{v}^{\mathrm{T}}\boldsymbol{R}\boldsymbol{v}$ 的等高线,F 的梯度也是 ξ 的梯度,那么,与椭圆正交的任何矢量都可用 F 的梯度来表示。F 的梯度为

$$\nabla=\left[\frac{\partial F}{\partial v_0} \quad \frac{\partial F}{\partial v_1} \quad \cdots \quad \frac{\partial F}{\partial v_L}\right]^{\mathrm{T}}=2\boldsymbol{R}\boldsymbol{v} \tag{2.2.26}$$

任何通过坐标原点 $\boldsymbol{v}=\mathbf{0}$ 的矢量都可表示为 $\mu\boldsymbol{v}$。主轴 $\boldsymbol{v}'$ 与 $F(\boldsymbol{v})$ 正交且通过坐标原点，故有

$$2\boldsymbol{R}\boldsymbol{v}'=\mu\boldsymbol{v}' \tag{2.2.27}$$

或

$$\left(\boldsymbol{R}-\frac{\mu}{2}I\right)\boldsymbol{v}'=\mathbf{0} \tag{2.2.28}$$

考虑到 $\boldsymbol{R}$ 与其特征值 λ_n 和特征矢量 $\boldsymbol{Q}_n$ 满足下列关系

$$(\boldsymbol{R}-\lambda_n\boldsymbol{I})\boldsymbol{Q}_n=\mathbf{0} \tag{2.2.29}$$

将该式与式(2.2.28)进行比较，可以看出，$\boldsymbol{v}'=\boldsymbol{Q}_n$，即主轴是 $\boldsymbol{R}$ 的特征矢量，这是性能曲面的第一个性质。

$\boldsymbol{R}$ 是对称的和正定的，可化为标准形

$$\boldsymbol{R}=\boldsymbol{Q}\boldsymbol{\Lambda}\boldsymbol{Q}^{-1} \tag{2.2.30}$$

式中，$\boldsymbol{\Lambda}$ 是 $\boldsymbol{R}$ 的特征值矩阵，它是一个对角矩阵

$$\boldsymbol{\Lambda}=\begin{bmatrix}\lambda_0 & 0 & \cdots & 0\\ 0 & \lambda_1 & \cdots & 0\\ \vdots & \vdots & \ddots & \vdots\\ 0 & 0 & \cdots & \lambda_L\end{bmatrix} \tag{2.2.31}$$

对角线上的元素 $\lambda_n(n=0,1,2,\cdots,L)$ 是 $\boldsymbol{R}$ 的 $L+1$ 个特征值，可由 $\boldsymbol{R}$ 的特征方程

$$\det[\boldsymbol{R}-\lambda\boldsymbol{I}]=0 \tag{2.2.32}$$

解出。$\boldsymbol{Q}$ 是 $\boldsymbol{R}$ 的特征矢量矩阵，它是以 $\boldsymbol{R}$ 的特征矢量 $\boldsymbol{Q}_n$ 作为列构成的方阵，表示为

$$\boldsymbol{Q}=[\boldsymbol{Q}_0 \quad \boldsymbol{Q}_1 \quad \cdots \quad \boldsymbol{Q}_L] \tag{2.2.33}$$

这里，$\boldsymbol{Q}_n(n=0,1,2,\cdots,L)$ 是 $\boldsymbol{R}$ 的特征矢量，它们与 $\boldsymbol{R}$ 的特征值之间有下列关系

$$\boldsymbol{R}\boldsymbol{Q}_n=\lambda_n\boldsymbol{Q}_n \tag{2.2.34}$$

将式(2.2.30)代入式(2.2.21)，可得到性能曲面的另一种表示形式

$$\xi=\xi_{\min}+\boldsymbol{v}^{\mathrm{T}}(\boldsymbol{Q}\boldsymbol{\Lambda}\boldsymbol{Q}^{\mathrm{T}})\boldsymbol{v}=\xi_{\min}+(\boldsymbol{Q}^{\mathrm{T}}\boldsymbol{v})^{\mathrm{T}}\boldsymbol{\Lambda}(\boldsymbol{Q}^{\mathrm{T}}\boldsymbol{v})=\xi_{\min}+\boldsymbol{v}'^{\mathrm{T}}\boldsymbol{\Lambda}\boldsymbol{v}' \tag{2.2.35}$$

式中

$$\boldsymbol{v}'=\boldsymbol{Q}^{\mathrm{T}}\boldsymbol{v}=\boldsymbol{Q}^{-1}\boldsymbol{v} \tag{2.2.36}$$

它是坐标系 $\boldsymbol{v}$ 旋转后得到的新坐标系。在坐标系 $\boldsymbol{v}'$ 中性能曲面的梯度可由式(2.2.35)求出，为

$$\nabla=\frac{\partial\xi}{\partial\boldsymbol{v}'}=2\boldsymbol{\Lambda}\boldsymbol{v}'=2[\lambda_0 v'_0 \quad \lambda_1 v'_1 \quad \cdots \quad \lambda_L v'_L]^{\mathrm{T}} \tag{2.2.37}$$

将该式与式(2.2.26)进行对照，可以看出，如果只有一个分量 v'_n 是非零的，那么，梯度矢量就位于该坐标轴上。因此，式(2.2.36)定义的旋转坐标系 $\boldsymbol{v}'$ 就是超椭圆的主轴坐标系。这是性能曲面的第二个性质。

由式(2.2.37)可知，ξ 沿主轴 v'_n 的梯度分量可写成

$$\frac{\partial\xi}{\partial v'_n}=2\lambda_n v'_n,\quad n=0,1,2,\cdots,L \tag{2.2.38}$$

ξ 沿主轴 v'_n 的二阶导数为

$$\frac{\partial^2\xi}{\partial v'^2_n}=2\lambda_n,\quad n=0,1,2,\cdots,L \tag{2.2.39}$$

这就是说,输入信号的自相关矩阵 $\boldsymbol{R}$ 的特征值给出了性能曲面沿主轴的二阶导数值。这是性能曲面的第三个性质。

现将二次性能曲面的三个基本性质总结如下:

(1) 输入信号自相关矩阵 $\boldsymbol{R}$ 的特征矢量 $\boldsymbol{Q}_n$ 确定了性能曲面的主轴。

(2) 旋转坐标系 $\boldsymbol{v}'$ 确定了性能曲面等高线(一组同心超椭圆)的主轴坐标系。

(3) $\boldsymbol{R}$ 的特征值给出了性能曲面沿主轴的二阶导数值。

例 2.2.3 已知输入信号的自相关矩阵为

$$\boldsymbol{R}=\begin{bmatrix}3 & 1\\1 & 3\end{bmatrix}$$

输入信号与参考信号的互相关矩阵为

$$\boldsymbol{P}=\begin{bmatrix}2\\5\end{bmatrix}$$

参考信号的均方值为 $E[d^2(n)]=10$。

(1) 求性能曲面表示式,并画出图形。

(2) 求最佳权矢量。

(3) 求性能曲面主轴。

(4) 求性能曲面沿主轴的二阶导数。

解 (1) $\xi=E[d^2(n)]+\boldsymbol{w}^{\mathrm{T}}\boldsymbol{R}\boldsymbol{w}-2\boldsymbol{P}^{\mathrm{T}}\boldsymbol{w}=10+[w_0\quad w_1]\begin{bmatrix}3 & 1\\1 & 3\end{bmatrix}\begin{bmatrix}w_0\\w_1\end{bmatrix}-2[2\quad 5]\begin{bmatrix}w_0\\w_1\end{bmatrix}$

$$=3w_0^2+3w_1^2+2w_0w_1-4w_0-10w_1+10$$

性能曲面图形如图 2.2.7 所示。

(2) $\boldsymbol{\nabla}=\begin{bmatrix}\dfrac{\partial\xi}{\partial w_0}\\[2mm]\dfrac{\partial\xi}{\partial w_1}\end{bmatrix}=\begin{bmatrix}6w_0+2w_1-4\\6w_1+2w_0-10\end{bmatrix}=0$

解得 $w_0^*=\dfrac{1}{8},\quad w_1^*=\dfrac{13}{8}$

(3) $\det[\boldsymbol{R}-\lambda\boldsymbol{I}]=\det\begin{bmatrix}3-\lambda & 1\\1 & 3-\lambda\end{bmatrix}$

$$=\lambda^2-6\lambda+8=0$$

解得 $[\lambda_0\quad\lambda_1]=[2\quad 4]$

由 $(\boldsymbol{R}-\lambda\boldsymbol{I})\boldsymbol{Q}_n=\boldsymbol{0}$ 得

$$\begin{bmatrix}1 & 1\\1 & 1\end{bmatrix}\begin{bmatrix}q_{00}\\q_{10}\end{bmatrix}=\boldsymbol{0},\quad\begin{bmatrix}q_{00}\\q_{10}\end{bmatrix}=\begin{bmatrix}C_1\\-C_1\end{bmatrix}$$

$$\begin{bmatrix}-1 & 1\\1 & -1\end{bmatrix}\begin{bmatrix}q_{01}\\q_{11}\end{bmatrix}=\boldsymbol{0},\quad\begin{bmatrix}q_{01}\\q_{11}\end{bmatrix}=\begin{bmatrix}C_2\\C_2\end{bmatrix}$$

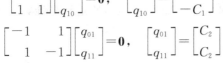

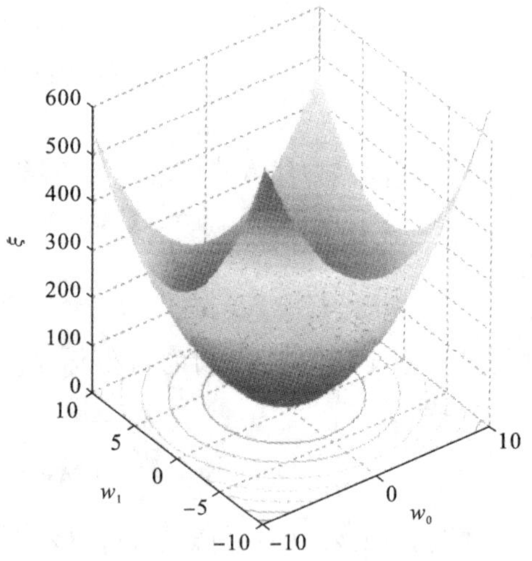

图 2.2.7 例 2.2.3 的性能曲面图形

由于行列式 $\det[\boldsymbol{R}-\lambda\boldsymbol{I}]=0$,上式中的系数矩阵是奇异的,故 q 值只能用任意常数 C_1 和 C_2 来确定。现选择这两个常数使 $\boldsymbol{Q}$ 是正交的,即

$$\boldsymbol{Q}\boldsymbol{Q}^{\mathrm{T}}=\begin{bmatrix}C_1 & C_2\\-C_1 & C_2\end{bmatrix}\begin{bmatrix}C_1 & -C_1\\C_2 & C_2\end{bmatrix}=\begin{bmatrix}C_1^2+C_2^2 & -C_1^2+C_2^2\\-C_1^2+C_2^2 & C_1^2+C_2^2\end{bmatrix}=\boldsymbol{I}$$

因此
$$C_1=\pm C_2=\frac{1}{\sqrt{2}}$$
于是
$$\boldsymbol{Q}=\frac{1}{\sqrt{2}}\begin{bmatrix}1 & 1\\ -1 & 1\end{bmatrix}$$

$\boldsymbol{Q}_0=\begin{bmatrix}1\\ -1\end{bmatrix}$和$\boldsymbol{Q}_1=\begin{bmatrix}1\\ 1\end{bmatrix}$就是性能曲面的主轴 v'_0 和 v'_1。

(4) 性能曲面沿主轴的二阶导数为
$$\frac{\partial^2\xi}{\partial v'^2_0}=2\lambda_0=4,\quad \frac{\partial^2\xi}{\partial v'^2_1}=2\lambda_1=8$$

2.2.4　最陡下降法

从前面的讨论中已经知道，在输入信号和参考响应都是平稳随机信号的情况下，自适应线性组合器的均方误差性能曲面是权系数的二次函数。但在许多实际应用中，性能曲面的参数，甚至解析表示式都是未知的，因此，只能根据已知的测量数据，采用某种算法自动地搜索性能曲面的最低点，从而得到最佳权矢量。牛顿法和最陡下降法是搜索性能曲面的两种著名方法，它们不仅适用于二次性能曲面，也适用于其他形式的性能曲面。牛顿法在数学上有着重要意义，但实现起来却非常困难，因此，本书对此不作介绍。最陡下降法在工程上比较容易实现，有很大的实用价值，下面进行详细讨论。

顾名思义，最陡下降法就是沿性能曲面最陡方向向下搜索曲面的最低点。曲面的最陡下降方向是曲面的负梯度方向。这是一个迭代搜索过程，即首先从曲面上某个初始点(对应于初始权矢量 $\boldsymbol{w}(0)$)出发，沿该点负梯度方向搜索至第1点(对应的权矢量为 $\boldsymbol{w}(1)$)，$\boldsymbol{w}(1)$等于初始值 $\boldsymbol{w}(0)$加上一个正比于负梯度的增量。用类似的方法，一直搜索到 $\boldsymbol{w}^*$(对应于曲面最低点)为止。最陡下降法迭代计算权矢量的公式为
$$\boldsymbol{w}(n+1)=\boldsymbol{w}(n)+\mu(-\boldsymbol{\nabla}(n))\tag{2.2.40}$$
式中，μ 是控制搜索步长的参数，称为自适应增益常数或收敛参数；曲面上各点的梯度不同，因此，梯度是时间 n 的函数。将梯度公式(2.2.16)代入上式，得
$$\begin{aligned}\boldsymbol{w}(n+1)&=\boldsymbol{w}(n)-2\mu[\boldsymbol{R}\boldsymbol{w}(n)-\boldsymbol{P}]=\boldsymbol{w}(n)-2\mu\boldsymbol{R}[\boldsymbol{w}(n)-\boldsymbol{w}^*]\\&=(\boldsymbol{I}-2\mu\boldsymbol{R})\boldsymbol{w}(n)+2\mu\boldsymbol{R}\boldsymbol{w}^*\end{aligned}\tag{2.2.41}$$
求解式(2.2.41)即可求得权矢量随迭代次数变化的函数关系。由于 $\boldsymbol{w}(n)$的系数矩阵$(\boldsymbol{I}-2\mu\boldsymbol{R})$不是对角矩阵，若将式(2.2.41)展开，则各方程之间将通过 $\boldsymbol{w}(n)$的各分量互相耦合起来，这就给式(2.2.41)的求解造成困难。为了将式(2.2.41)变换成 $L+1$ 个互相独立的标量方程，需要将 $\boldsymbol{w}$ 坐标通过平移和旋转进一步变换成主轴坐标 $\boldsymbol{v}'$，这样式(2.2.41)变为
$$\boldsymbol{v}'(n+1)=(\boldsymbol{I}-2\mu\boldsymbol{\Lambda})\boldsymbol{v}'(n)\tag{2.2.42}$$
式中，$\boldsymbol{\Lambda}$ 和 $\boldsymbol{v}'(n)$的定义分别由式(2.2.31)和式(2.2.36)给出。式(2.2.42)展开后，得到 $L+1$ 个独立的标量方程
$$\begin{cases}v'_0(n+1)=(1-2\mu\lambda_0)v'_0(n)\\ v'_1(n+1)=(1-2\mu\lambda_1)v'_1(n)\\ \quad\vdots\\ v'_L(n+1)=(1-2\mu\lambda_L)v'_L(n)\end{cases}\tag{2.2.43}$$

由于它们之间没有耦合，因此，可分别由初始权值进行迭代运算求解，最后得

$$\begin{cases} v'_0(n)=(1-2\mu\lambda_0)^n v'_0(0) \\ v'_1(n)=(1-2\mu\lambda_1)^n v'_1(0) \\ \quad\vdots \\ v'_L(n)=(1-2\mu\lambda_L)^n v'_L(0) \end{cases} \tag{2.2.44}$$

式中,$v'_k(0)(k=0,1,2,\cdots,L)$是 $L+1$ 个初始权值,它们构成初始权矢量

$$\boldsymbol{v}'(0)=(v'_0(0) \quad v'_1(0) \quad \cdots \quad v'_L(0))^{\mathrm{T}} \tag{2.2.45}$$

式(2.2.44)用矢量表示为

$$\boldsymbol{v}'(n)=(\boldsymbol{I}-2\mu\boldsymbol{\Lambda})^n\boldsymbol{v}'(0) \tag{2.2.46}$$

从式(2.2.44)可以看出,为确保算法稳定且收敛,必须要求所有的特征值满足下式

$$\lim_{n\to\infty}(1-2\mu\lambda_k)^n=0, \quad k=0,1,\cdots,L$$

或

$$\lim_{n\to\infty}(\boldsymbol{I}-2\mu\boldsymbol{\Lambda})^n=\boldsymbol{0}$$

或

$$|1-2\mu\lambda_k|<1, \quad k=0,1,\cdots,L \tag{2.2.47}$$

如果 μ 值在下列范围内选取

$$0<\mu<\lambda_{\max}^{-1} \tag{2.2.48}$$

那么,条件式(2.2.47)必然满足。上式中,$\lambda_{\max}$是 $\boldsymbol{R}$ 的最大特征值。式(2.2.48)是最陡下降法搜索二次误差性能曲面迭代计算收敛的必要条件,当此条件满足时,根据式(2.2.46),有

$$\lim_{n\to\infty}\boldsymbol{v}'(n)=\boldsymbol{0}$$

这表明收敛于最佳权矢量,即

$$\lim_{n\to\infty}\boldsymbol{w}(n)=\boldsymbol{w}^*$$

为免去计算 $\boldsymbol{R}$ 的特征值的麻烦,再将式(2.2.48)作一些变换。因为 $\boldsymbol{R}$ 是正定的,所以有

$$\mathrm{tr}[\boldsymbol{R}]=\sum_{k=0}^{L}\lambda_k>\lambda_{\max} \tag{2.2.49}$$

现对式(2.2.48)作更保守的估计,有

$$0<\mu<\mathrm{tr}^{-1}[\boldsymbol{R}] \tag{2.2.50}$$

这里,$\mathrm{tr}[\boldsymbol{R}]$是 $\boldsymbol{R}$ 的迹,它可以用输入信号的取样值进行估计,即

$$\mathrm{tr}[\boldsymbol{R}]=\sum_{i=0}^{L}E[x_i^2(n)] \tag{2.2.51}$$

由式(2.2.44)或式(2.2.46)可以看出,在主轴坐标系中,权矢量各分量沿各坐标轴收敛是独立进行的,它们均按几何级数的规律衰减,其几何比分别为

$$r_k=1-2\mu\lambda_k, \quad k=0,1,\cdots,L \tag{2.2.52}$$

这意味着在用最陡下降法搜索性能曲面的过程中,权矢量在主轴坐标系 $\boldsymbol{v}'$ 各坐标轴上的投影是一个等比级数序列,几何比由相应的特征值决定。

在结束本节之前,将式(2.2.46)的结果由主轴坐标系返回到自然坐标系中去,以看清权矢量 $\boldsymbol{w}(n)$的自适应调整规律。由式(2.2.46)得

$$\boldsymbol{Q}\boldsymbol{v}'(n)=\boldsymbol{Q}(\boldsymbol{I}-2\mu\boldsymbol{\Lambda})^n\boldsymbol{v}'(0)$$

由于 $\boldsymbol{v}'(n)=\boldsymbol{Q}^{-1}\boldsymbol{v}(n)=\boldsymbol{Q}^{-1}[\boldsymbol{w}(n)-\boldsymbol{w}^*]$,$\boldsymbol{v}'(0)=\boldsymbol{Q}^{-1}[\boldsymbol{w}(0)-\boldsymbol{w}^*]$,故上式可写成

$$\boldsymbol{w}(n)=\boldsymbol{w}^*+\boldsymbol{Q}(\boldsymbol{I}-2\mu\boldsymbol{\Lambda})^n\boldsymbol{Q}^{-1}[\boldsymbol{w}(0)-\boldsymbol{w}^*]$$

利用恒等式$(\boldsymbol{Q}\boldsymbol{A}\boldsymbol{Q}^{-1})^n=\boldsymbol{Q}\boldsymbol{A}^n\boldsymbol{Q}^{-1}$,上式可表示成

$$w(n)=w^*+(I-2\mu R)^n[w(0)-w^*] \tag{2.2.53}$$

由于该式中的系数矩阵$(I-2\mu R)^n$不是对角矩阵，所以权矢量$w(n)$各分量沿各坐标轴的收敛不是独立进行的。

2.2.5　学习曲线和收敛速度

在调整权系数的过程中，均方误差是迭代次数的函数，由该函数给出的曲线称为学习曲线。采用最陡下降法时，权矢量随迭代次数变化的关系由式(2.2.46)确定，将式(2.2.46)代入式(2.2.35)，得到

$$\xi(n)=\xi_{\min}+[v'(0)]^{\mathrm{T}}[(I-2\mu\Lambda)^n]^{\mathrm{T}}\Lambda(I-2\mu\Lambda)^n v'(0)$$

两对角矩阵相乘的运算服从交换律，故由上式得到

$$\xi(n)=\xi_{\min}+[v'(0)]^{\mathrm{T}}(I-2\mu\Lambda)^{2n}\Lambda v'(0)$$

将该式展开后得

$$\xi(n)=\xi_{\min}+\sum_{k=0}^{L}[v'_k(0)]^2\lambda_k(1-2\mu\lambda_k)^{2n} \tag{2.2.54}$$

这就是最陡下降法学习曲线的表示式。该式说明，学习曲线是$L+1$条指数曲线之和，每条指数曲线上的离散点的均方误差值按几何级数衰减，几何比为

$$(r_{\mathrm{mse}})_k=r_k^2=(1-2\mu\lambda_k)^2 \tag{2.2.55}$$

式中，$r_k=1-2\mu\lambda_k$是权矢量沿主轴坐标轴各分量衰减的几何比。由于学习曲线几何比$(r_{\mathrm{mse}})_k$恒为非负，所以，学习曲线永远不会出现振荡，其收敛的必要条件与式(2.2.48)相同。图2.2.8所示的是学习曲线的示例，它不代表任何具体的物理意义，仅仅表示均方误差(离散值)随迭代次数增加而下降的变化规律。

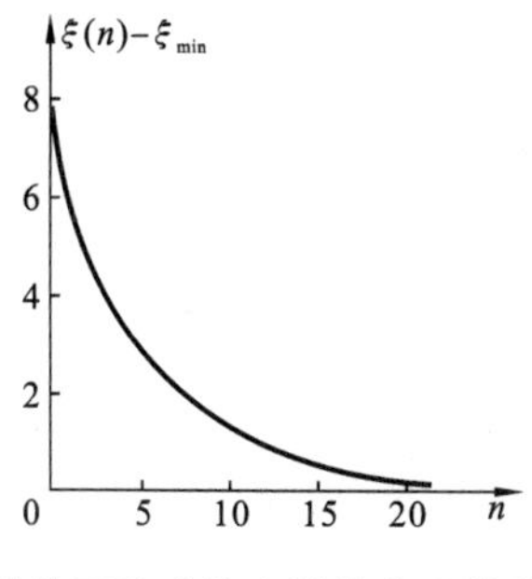

图2.2.8　最陡下降法搜索性能曲面的学习曲线示例

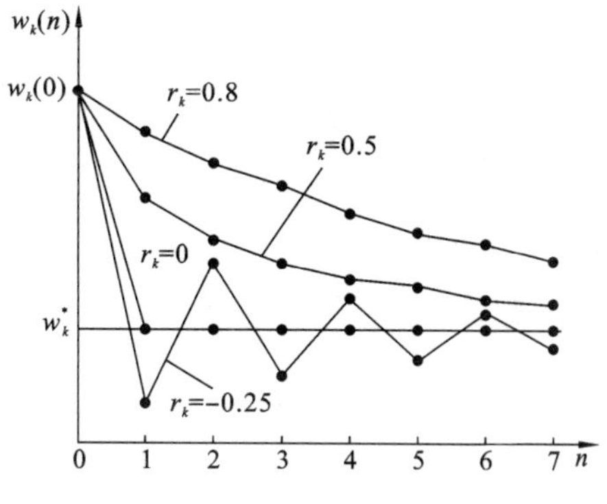

图2.2.9　权系数随迭代次数收敛的情况

当式(2.2.48)的条件满足时，由式(2.2.46)可以看出，权矢量在各主轴坐标上的投影将收敛于最佳值，收敛速度取决于μ或几何比r_k；由式(2.2.54)可以看出，学习曲线将收敛于最小均方误差值$\xi_{\min}$，收敛速度亦取决于μ或几何比$(r_{\mathrm{mse}})_k=r_k^2$。

图2.2.9所示的是权矢量的一个分量$w_k(n)$随迭代次数n收敛的情况，图中给出了几何比r_k取不同值时的几种情况。当$|r_k|<1$时，收敛速度随r_k的减小而增加；当$r_k=0$时，收敛速度达到最大，这时只需迭代一次即能收敛于最佳权系数。当r_k取小于1的正值时，不会出现振荡现象。但当r_k取负值时，$|r_k|<1$会产生衰减振荡，$|r_k|>1$会使自适应过程失去稳定性，导致权系数不收敛。表2.2.1总结了μ值和r_k值不同时权系数的收敛情况。

表 2.2.1　μ 和 r_k 对权系数收敛情况的影响

稳定 $0<\mu<\frac{1}{\lambda_k}$ $(\lvert r_k\rvert<1)$	$0<\mu<\frac{1}{2\lambda_k}$	$0<r_k<1$	过阻尼
	$\mu=\frac{1}{2\lambda_k}$	$r_k=0$	临界阻尼
	$\frac{1}{2\lambda_k}<\mu<\frac{1}{\lambda_k}$	$-1<r_k<0$	欠阻尼
不稳定	$\mu\geqslant\frac{1}{\lambda_k}$	$\lvert r_k\rvert>1$	不收敛

收敛速度的快慢常用时间常数来定量说明。下面定义三个常用的时间常数。

1. 权系数衰减时间常数 τ

由式(2.2.44)或式(2.2.46)得到的权矢量在主轴坐标系任一坐标轴上的分量为

$$v'_k(n)=(1-2\mu\lambda_k)^n v'_k(0)=r_k^n v'_k(0),\quad k=0,1,\cdots,L$$

为书写简单起见,现省去下标 k,上式变为

$$v'(n)=(1-2\mu\lambda)^n v'(0)=r^n v'(0) \tag{2.2.56}$$

图 2.2.10 给出了 $0<r<1$ 情况下式(2.2.56)的函数曲线。各 $v'(n)$ 值以几何比 r 按等比级数的规律衰减,即

$$\frac{v'(n)}{v'(0)}=r^n$$

定义 $v'(n)$ 衰减为 $v'(0)$ 的 e^{-1} 倍时所经历的迭代次数为权系数衰减时间常数 τ,即

$$\frac{v'(n)}{v'(0)}=r^\tau=\mathrm{e}^{-1}$$

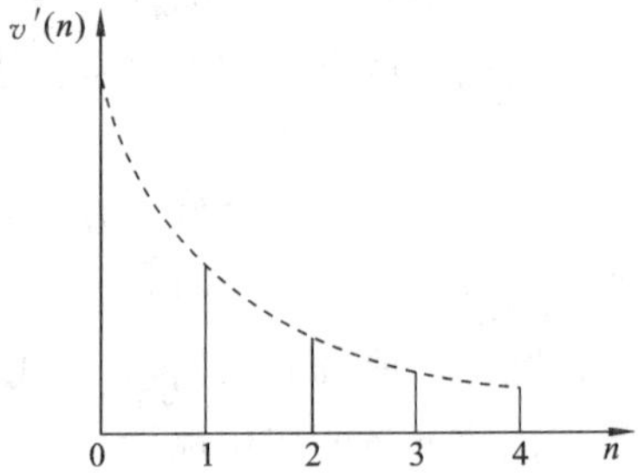

图 2.2.10　权系数 $v'(n)$ 与迭代次数 n 的关系曲线

上式等效为

$$r=\mathrm{e}^{-\frac{1}{\tau}}$$

通常 $\tau>10$,故上式可近似为

$$r=1-\frac{1}{\tau}$$

由此得到时间常数 τ 的计算公式为

$$\tau=\frac{1}{1-r}=\frac{1}{2\mu\lambda} \tag{2.2.57}$$

2. 学习曲线时间常数 τ_{mse} 和自适应时间常数 T_{mse}

式(2.2.54)表明,学习曲线是 $L+1$ 条指数衰减曲线之和,曲线上离散点的值(均方误差值)以几何比 $(r_{\mathrm{mse}})_k$ 按等比级数规律衰减。因此,学习曲线的时间常数有 $L+1$ 个,它们各取决于相应的几何比。为简单起见,在下面的讨论中省去下标 k。

由式(2.2.54)知,对于主轴坐标系的一个坐标轴,有

$$\xi(n)=\xi_{\min}+\lambda(1-2\mu\lambda)^{2n}[v'(0)]^2=\xi_{\min}+\lambda r_{\mathrm{mse}}^n[v'(0)]^2 \tag{2.2.58}$$

由上式得

$$\xi(0)=\xi_{\min}+\lambda[v'(0)]^2 \tag{2.2.59}$$

由式(2.2.58)和式(2.2.59),得

$$\frac{\xi(n)-\xi_{\min}}{\xi(0)-\xi_{\min}}=r_{\mathrm{mse}}^n \tag{2.2.60}$$

这是一个公比为 $r_{\rm mse}$ 的等比级数。定义 $\xi(n)-\xi_{\min}$ 衰减为 $\xi(0)-\xi_{\min}$ 的 e^{-1} 倍时所需的迭代次数为学习曲线时间常数 $\tau_{\rm mse}$，即

$$r_{\rm mse}^{\tau_{\rm mse}}=e^{-1}$$

用与推导权系数衰减时间常数 τ 类似的方法，可得近似公式

$$\tau_{\rm mse}=\frac{1}{4\mu\lambda} \tag{2.2.61}$$

这是学习曲线时间常数的计算公式，这样的时间常数共有 $L+1$ 个。

学习曲线时间常数是用迭代次数来度量的，若将其用取样间隔数来度量，则称之为自适应时间常数，常用 $T_{\rm mse}$ 表示。在已知取样率 f_s 的情况下，不难由 $T_{\rm mse}$ 直接得到以真实时间单位度量的自适应时间常数。

例 2.2.4　已知性能曲面函数表示式

$$\xi=2w_0^2+2w_1^2+2w_0w_1-14w_0-16w_1+42$$

(1) 设 $\mu=0.1$，$\boldsymbol{w}(0)=[w_0(0)\quad w_1(0)]^{\rm T}=[5\quad 2]^{\rm T}$，用最陡下降法求前 5 个权矢量及 $w(20)$。

(2) 设 $\mu=0.05$，$\boldsymbol{w}(0)=0$，求最陡下降法的学习曲线表示式。

解　(1) $\boldsymbol{\nabla}=\dfrac{\partial\xi}{\partial\boldsymbol{w}}=\begin{bmatrix}\dfrac{\partial\xi}{\partial w_0}\\[2mm] \dfrac{\partial\xi}{\partial w_1}\end{bmatrix}=\begin{bmatrix}4w_0+2w_1-14\\ 4w_1+2w_0-16\end{bmatrix}=\begin{bmatrix}0\\0\end{bmatrix}$

解出

$$\begin{bmatrix}w_0^*\\ w_1^*\end{bmatrix}=\begin{bmatrix}2\\3\end{bmatrix}$$

将$\boldsymbol{\nabla}$写成下列形式

$$\boldsymbol{\nabla}=2\left[\begin{pmatrix}2&1\\1&2\end{pmatrix}\begin{pmatrix}w_0\\w_1\end{pmatrix}-\begin{pmatrix}7\\8\end{pmatrix}\right]=2(\boldsymbol{Rw}-\boldsymbol{P})$$

可知

$$\boldsymbol{R}=\begin{bmatrix}2&1\\1&2\end{bmatrix}$$

利用最陡下降法计算权矢量，得

$$\boldsymbol{w}(n+1)=(\boldsymbol{I}-2\mu\boldsymbol{R})\boldsymbol{w}(n)+2\mu\boldsymbol{Rw}^*$$

该式中

$$2\mu\boldsymbol{R}=2\times0.1\begin{bmatrix}2&1\\1&2\end{bmatrix}=\begin{bmatrix}0.4&0.2\\0.2&0.4\end{bmatrix}$$

$$\boldsymbol{I}-2\mu\boldsymbol{R}=\begin{bmatrix}0.6&-0.2\\-0.2&0.6\end{bmatrix}$$

$$2\mu\boldsymbol{Rw}^*=\begin{bmatrix}0.4&0.2\\0.2&0.4\end{bmatrix}\begin{bmatrix}2\\3\end{bmatrix}=\begin{bmatrix}1.4\\1.6\end{bmatrix}$$

故得

$$\begin{bmatrix}w_0(1)\\w_1(1)\end{bmatrix}=\begin{bmatrix}0.6&-0.2\\-0.2&0.6\end{bmatrix}\begin{bmatrix}5\\2\end{bmatrix}+\begin{bmatrix}1.4\\1.6\end{bmatrix}-\begin{bmatrix}4\\1.8\end{bmatrix}$$

$$\begin{bmatrix}w_0(2)\\w_1(2)\end{bmatrix}=\begin{bmatrix}0.6&-0.2\\-0.2&0.6\end{bmatrix}\begin{bmatrix}4\\1.8\end{bmatrix}+\begin{bmatrix}1.4\\1.6\end{bmatrix}=\begin{bmatrix}3.44\\1.88\end{bmatrix}$$

$$\begin{bmatrix}w_0(3)\\w_1(3)\end{bmatrix}=\begin{bmatrix}0.6&-0.2\\-0.2&0.6\end{bmatrix}\begin{bmatrix}3.44\\1.88\end{bmatrix}+\begin{bmatrix}1.4\\1.6\end{bmatrix}=\begin{bmatrix}3.088\\2.280\end{bmatrix}$$

$$\begin{bmatrix} w_0(4) \\ w_1(4) \end{bmatrix} = \begin{bmatrix} 0.6 & -0.2 \\ -0.2 & 0.6 \end{bmatrix} \begin{bmatrix} 3.088 \\ 2.280 \end{bmatrix} + \begin{bmatrix} 1.4 \\ 1.6 \end{bmatrix} = \begin{bmatrix} 2.9968 \\ 2.3504 \end{bmatrix}$$

$$\begin{bmatrix} w_0(5) \\ w_1(5) \end{bmatrix} = \begin{bmatrix} 0.6 & -0.2 \\ -0.2 & 0.6 \end{bmatrix} \begin{bmatrix} 2.9968 \\ 2.3504 \end{bmatrix} + \begin{bmatrix} 1.4 \\ 1.6 \end{bmatrix} = \begin{bmatrix} 2.72728 \\ 2.41088 \end{bmatrix}$$

为求 $\boldsymbol{w}(20)$，利用式(2.2.53)，即

$$\boldsymbol{w}(n) = \boldsymbol{w}^* + (\boldsymbol{I} - 2\mu\boldsymbol{R})^n [\boldsymbol{w}(0) - \boldsymbol{w}^*]$$

或

$$\begin{bmatrix} w_0(n) \\ w_1(n) \end{bmatrix} = \begin{bmatrix} w_0^* \\ w_1^* \end{bmatrix} + \left[\begin{pmatrix} 1 & 0 \\ 0 & 1 \end{pmatrix} - 2\mu \begin{pmatrix} 2 & 1 \\ 1 & 2 \end{pmatrix} \right]^n \left[\begin{pmatrix} w_0(0) \\ w_1(0) \end{pmatrix} - \begin{pmatrix} w_0^* \\ w_1^* \end{pmatrix} \right]$$

$$= \begin{bmatrix} 2 \\ 3 \end{bmatrix} + \begin{bmatrix} 0.6 & -0.2 \\ -0.2 & 0.6 \end{bmatrix}^n \begin{bmatrix} 3 \\ -1 \end{bmatrix}$$

故得

$$\begin{bmatrix} w_0(20) \\ w_1(20) \end{bmatrix} = \begin{bmatrix} 2 \\ 3 \end{bmatrix} + \begin{bmatrix} 0.6 & -0.2 \\ -0.2 & 0.6 \end{bmatrix}^{20} \begin{bmatrix} 3 \\ -1 \end{bmatrix}$$

$$= \begin{bmatrix} 2 \\ 3 \end{bmatrix} + \begin{bmatrix} 0.00576459 & -0.00576458 \\ -0.00576458 & 0.00576459 \end{bmatrix} \begin{bmatrix} 3 \\ -1 \end{bmatrix}$$

$$\approx \begin{bmatrix} 2 \\ 3 \end{bmatrix} + 0.00576458 \begin{bmatrix} 1 & -1 \\ -1 & 1 \end{bmatrix} \begin{bmatrix} 3 \\ -1 \end{bmatrix} = \begin{bmatrix} 2.023058 \\ 2.976942 \end{bmatrix}$$

(2) $\xi_{\min} = 2w_0^{*2} + 2w_1^{*2} + 2w_0^* w_1^* - 14w_0^* - 16w_1^* + 42 = 4$

$$\det[\boldsymbol{R} - \lambda\boldsymbol{I}] = \det\left[\begin{pmatrix} 2 & 1 \\ 1 & 2 \end{pmatrix} - \begin{pmatrix} \lambda & 0 \\ 0 & \lambda \end{pmatrix} \right] = \lambda^2 - 4\lambda + 3 = 0\text{，得 } \lambda = 1, 3$$

由 $(\boldsymbol{R} - \lambda\boldsymbol{I})\boldsymbol{Q} = \boldsymbol{0}$ 得

$$\begin{bmatrix} 1 & 1 \\ 1 & 1 \end{bmatrix} \begin{bmatrix} q_{00} \\ q_{10} \end{bmatrix} = 0 \quad \begin{bmatrix} q_{00} \\ q_{10} \end{bmatrix} = \begin{bmatrix} C_1 \\ -C_1 \end{bmatrix}$$

$$\begin{bmatrix} -1 & 1 \\ 1 & -1 \end{bmatrix} \begin{bmatrix} q_{01} \\ q_{11} \end{bmatrix} = 0 \quad \begin{bmatrix} q_{01} \\ q_{11} \end{bmatrix} = \begin{bmatrix} C_2 \\ C_2 \end{bmatrix}$$

$$\boldsymbol{Q}\boldsymbol{Q}^{\mathrm{T}} = \begin{bmatrix} C_1 & C_2 \\ -C_1 & C_2 \end{bmatrix} \begin{bmatrix} C_1 & -C_1 \\ C_2 & C_2 \end{bmatrix} = \begin{bmatrix} C_1^2 + C_2^2 & -C_1^2 + C_2^2 \\ -C_1^2 + C_2^2 & C_1^2 + C_2^2 \end{bmatrix} = \boldsymbol{I}$$

因此

$$C_1 = \pm C_2 = \frac{1}{\sqrt{2}}$$

$$\boldsymbol{Q} = \frac{1}{\sqrt{2}} \begin{bmatrix} 1 & 1 \\ -1 & 1 \end{bmatrix}$$

$$\boldsymbol{v}'(0) = \boldsymbol{Q}^{\mathrm{T}} \boldsymbol{v} = \boldsymbol{Q}^{\mathrm{T}} [\boldsymbol{w}(0) - \boldsymbol{w}^*] = \frac{-1}{\sqrt{2}} \begin{bmatrix} 1 & -1 \\ 1 & 1 \end{bmatrix} \begin{bmatrix} 2 \\ 3 \end{bmatrix} = \frac{1}{\sqrt{2}} \begin{bmatrix} 1 \\ -5 \end{bmatrix}$$

学习曲线由式(2.2.54)给出，即

$$\xi(n) = \xi_{\min} + \sum_{k=0}^{L} (v'_k(0))^2 \lambda_k (1 - 2\mu\lambda_k)^{2n}$$

$$= 4 + [v'_0(0)]^2 \times 1 \times (1 - 2 \times 0.05 \times 1)^{2n} + [v'_1(0)]^2 \times 3 \times (1 - 2 \times 0.05 \times 3)^{2n}$$

$$= 4 + \left(\frac{1}{\sqrt{2}}\right)^2 \times (0.9)^{2n} + \left(-\frac{5}{\sqrt{2}}\right)^2 \times 3 \times (0.7)^{2n}$$

$$= 4 + 0.5 \times (0.9)^{2n} + 37.5 \times (0.7)^{2n}$$

2.3　最小均方(LMS)算法

最陡下降法每次迭代都需要知道性能曲面上某点的梯度值，而实际上梯度值只能根据观测数据进行估计。LMS 算法采用一种很实用且很简单的估计梯度的方法，这种算法自 20 世纪 60 年代初提出以后很快得到广泛应用，它的突出优点是计算量小，易于实现，且不要求脱线计算。只要自适应线性组合器每次迭代运算时都知道输入信号和参考信号，那么，就适合选用 LMS 算法。

2.3.1　LMS 算法推导

LMS 算法最核心的思想是用平方误差代替均方误差。这样，原来由式(2.2.15)定义的梯度现在用下式来近似

$$\boldsymbol{\nabla}(n)\approx\hat{\boldsymbol{\nabla}}(n)\triangleq\frac{\partial e^2(n)}{\partial \boldsymbol{w}}=\left[\frac{\partial e^2(n)}{\partial w_0}\quad\frac{\partial e^2(n)}{\partial w_1}\quad\cdots\quad\frac{\partial e^2(n)}{\partial w_L}\right]^{\mathrm{T}}$$

根据上式并利用式(2.2.7)，得到

$$\hat{\boldsymbol{\nabla}}(n)=2e(n)\frac{\partial e(n)}{\partial \boldsymbol{w}}=-2e(n)\boldsymbol{x}(n)\tag{2.3.1}$$

实际上，$\hat{\boldsymbol{\nabla}}(n)$只是单个平方误差序列的梯度，而$\boldsymbol{\nabla}(n)$则是多个平方误差序列统计平均的梯度，所以 LMS 算法就是用前者作为后者的近似。将式(2.3.1)代入式(2.2.40)，得到 LMS 算法的基本关系式

$$\boldsymbol{w}(n+1)=\boldsymbol{w}(n)-\mu\,\hat{\boldsymbol{\nabla}}(n)=\boldsymbol{w}(n)+2\mu e(n)\boldsymbol{x}(n)\tag{2.3.2}$$

该式说明，LMS 算法实际上是在每次迭代中使用很粗略的梯度估计值$\hat{\boldsymbol{\nabla}}(n)$来代替精确值$\boldsymbol{\nabla}(n)$。不难预计，权系数的调整路径不可能准确地沿着理想的最陡下降路径，因而权系数的调整过程是有“噪声”的，或者说 $\boldsymbol{w}(n)$不再是确定性函数，而变成了随机变量。

LMS 算法按照式(2.3.2)调整权系数时不需要进行平方运算和统计平均运算，因而实现起来很简单。下一时刻权矢量 $\boldsymbol{w}(n+1)$等于当前权矢量 $\boldsymbol{w}(n)$加上一个修正量，该修正量等于误差信号 $e(n)$的加权值，加权系数为 $2\mu\boldsymbol{x}(n)$，它正比于当前的输入信号。值得注意的是，对权矢量的所有分量来说，误差信号 $e(n)$是相同的。图 2.3.1 所示的是有两个权系数的自适应线性组合器采用 LMS 算法的计算结构图。

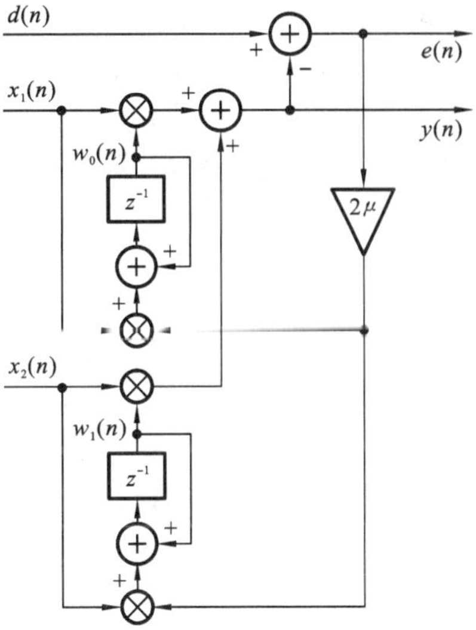

图 2.3.1　自适应线性组合器采用 LMS 算法的计算结构图

下面讨论 LMS 自适应算法的收敛特性。

求式(2.3.1)的梯度估计的期望值，得到

$$\begin{aligned}E[\hat{\boldsymbol{\nabla}}(n)]&=-2E[e(n)\boldsymbol{x}(n)]\\&=2E\{\boldsymbol{x}(n)[\boldsymbol{x}^{\mathrm{T}}(n)\boldsymbol{w}(n)-d(n)]\}\\&=2[\boldsymbol{R}\boldsymbol{w}(n)-\boldsymbol{P}]=\boldsymbol{\nabla}(n)\end{aligned}\tag{2.3.3}$$

该式说明，$\hat{\boldsymbol{\nabla}}(n)$是$\boldsymbol{\nabla}(n)$的无偏估计。这就是说，如果在每次迭代调整权矢量前能够进行多次观测，获得多个 $\boldsymbol{x}(n)$，并对按式(2.3.1)计算得到的多个梯度估计进行统计平均，然后依据梯度的统计平均值 $E[\hat{\boldsymbol{\nabla}}(n)]$来调整

权矢量,那么,迭代结果必能得到理想的最佳权矢量。但是,实际应用中每次调整权矢量前,通过观测只能得到一个 $\boldsymbol{x}(n)$,再由式(2.3.1)得到一个 $\hat{\boldsymbol{\nabla}}(n)$,据此调整权矢量得到的 $\boldsymbol{w}(n)$ 必然是随机的。当迭代过程收敛后,权矢量将在最佳权矢量附近随机起伏,这等效于在最佳权矢量上叠加了一个噪声。

由式(2.3.2)可知,当前时刻权矢量 $\boldsymbol{w}(n)$ 只是过去输入矢量 $\boldsymbol{x}(n-1),\boldsymbol{x}(n-2),\cdots,\boldsymbol{x}(0)$ 的函数,如果假设这些输入矢量相互独立,那么 $\boldsymbol{w}(n)$ 将与 $\boldsymbol{x}(n)$ 无关。对式(2.3.2)两边取期望值,得到

$$\begin{aligned}E[\boldsymbol{w}(n+1)]&=E[\boldsymbol{w}(n)]+2\mu E[e(n)\boldsymbol{x}(n)]\\&=E[\boldsymbol{w}(n)]+2\mu\{E[d(n)\boldsymbol{x}(n)]-E[\boldsymbol{x}(n)(\boldsymbol{x}(n))^{\mathrm{T}}\boldsymbol{w}(n)]\}\\&=E[\boldsymbol{w}(n)]+2\mu\{\boldsymbol{P}-E[\boldsymbol{x}(n)(\boldsymbol{x}(n))^{\mathrm{T}}]E[\boldsymbol{w}(n)]\}\\&=E[\boldsymbol{w}(n)]+2\mu\{\boldsymbol{P}-\boldsymbol{R}E[\boldsymbol{w}(n)]\}\\&=(\boldsymbol{I}-2\mu\boldsymbol{R})E[\boldsymbol{w}(n)]+2\mu\boldsymbol{R}\boldsymbol{w}^{*}\end{aligned}\tag{2.3.4}$$

将该式与式(2.2.41)相对照,可以看出,LMS 算法得到的权矢量期望值与最陡下降法得到的权矢量本身都服从相同的迭代计算规律。因此,用与 2.2.4 节中相同的推导方法能够得出这样的结论:当式(2.2.48)或式(2.2.50)的条件得到满足时,随着迭代次数趋近于无穷,权矢量的期望值将趋近于最佳权矢量。

对于横向自适应滤波器来说,输入信号的自相关矩阵的迹可用输入信号平均功率表示为

$$\mathrm{tr}[\boldsymbol{R}]=(L+1)E[x^2(n)]=(L+1)P_{\mathrm{in}}\tag{2.3.5}$$

式中,P_{in} 是输入信号平均功率。因此,式(2.2.50)的收敛条件可表示为

$$0<\mu<[(L+1)P_{\mathrm{in}}]^{-1}\tag{2.3.6}$$

这是工程上用起来很方便的公式,因为输入信号平均功率 P_{in} 很容易根据输入信号取样值来估计。

由式(2.3.6)可以看出,μ 值的上限随着滤波器的阶和输入信号的平均功率的增加而下降。在实际应用中,选择 μ 值的一个经验公式是 $0.01<(L+1)P_{\mathrm{in}}\mu<0.1$,按此式选择的 μ 值恰在式(2.3.6)确定的上限之下。

最后需要说明的是,前面所作的关于输入信号是平稳随机信号和输入信号相继矢量不相关的假设对于 LMS 算法的收敛不是必需的。因为这些假设仅仅简化了式(2.3.4)的推导,如果没有这些假设,仍可推导出类似于式(2.3.4)的结果,只是其中的 R 不再是平稳随机信号的自相关矩阵。但这不影响算法的收敛条件。

例 2.3.1　设一个 $L=1$ 阶 FIR 自适应滤波器,其输入信号和期望输出分别为

$$x(n)=2\cos\left(\frac{2\pi n}{N}\right)$$

$$d(n)=\sin\left(\frac{2\pi n}{N}\right)$$

其中,$N\geqslant4$。为了方便,令 $\varphi=2\pi/N$。求 $x(n)$ 与 $d(n)$ 的互相关矩阵和 $x(n)$ 的自相关矩阵,确定自适应步长参数的取值范围。

解

$$\begin{aligned}P(m)&=E[d(n)x(n-m)]=E\{2\sin(n\varphi)\cos[(n-m)\varphi]\}\\&=2E\{\sin(n\varphi)[\cos(n\varphi)\cos(m\varphi)+\sin(n\varphi)\sin(m\varphi)]\}\\&=2\cos(m\varphi)E\{\sin(n\varphi)[\cos(n\varphi)]\}+2\sin(m\varphi)[\sin^2(n\varphi)]\\&=\cos(m\varphi)E[\sin(2n\varphi)]+\sin(m\varphi)E[1-\cos(2n\varphi)]\\&=\sin(m\varphi),\quad 0\leqslant m\leqslant1\end{aligned}$$

因此，$x(n)$与 $d(n)$的互相关矩阵

$$\boldsymbol{P}=[p(0)\quad p(1)]=[0\quad \sin(\varphi)]^{\mathrm{T}}$$

$$\begin{aligned}R_{xx}(m)&=E[x(n)x(x-m)]=E\{4\cos(n\varphi)\cos[(n-m)\varphi]\}\\&=4E\{\cos(n\varphi)[\cos(n\varphi)\cos(m\varphi)+\sin(n\varphi)\sin(m\varphi)]\}\\&=4\cos(m\varphi)E[\cos^2(n\varphi)]+4\sin(m\varphi)E[\cos(n\varphi)\sin(n\varphi)]\\&=2\cos(m\varphi)E[1+\cos(2n\varphi)]+2\sin(m\varphi)E[\sin(2n\varphi)]\\&=2\cos(m\varphi),\quad 0\leqslant m\leqslant 1\end{aligned}$$

因此，$x(n)$的自相关矩阵

$$\boldsymbol{R}=\begin{bmatrix}1 & \cos(\varphi)\\ \cos(\varphi) & 1\end{bmatrix}$$

自相关矩阵的特征多项式

$$\begin{aligned}\det[\lambda\boldsymbol{I}-\boldsymbol{R}]&=\det\left\{\begin{bmatrix}\lambda-2 & -2\cos(\varphi)\\ -2\cos(\varphi) & \lambda-2\end{bmatrix}\right\}\\&=(\lambda-2)^2-4\cos^2(\varphi)=\lambda^2-4\lambda+4\sin^2(\varphi)\end{aligned}$$

由特征多项式求自相关矩阵的特征值

$$\lambda_{1,2}=\frac{4\pm\sqrt{16-16\sin^2(\varphi)}}{2}=2[1\pm\cos(\varphi)]$$

因 $N\geqslant 4$，故 $0<\varphi\leqslant\pi/2$，所以最大特征值$\lambda_{\max}=2[1+\cos(\varphi)]$。根据式(2.2.48)，保证 LMS 算法收敛的自适应步长参数的取值范围是

$$0<\mu<\frac{0.5}{1+\cos(\varphi)}$$

例 2.3.2　在图 2.1.2 所示的系统辨识方案中，设未知系统的传输函数为

$$H(z)=\frac{2-3z^{-1}-z^{-2}+4z^{-4}+5z^{-5}-8z^{-6}}{1-1.6z^{-1}+1.75z^{-2}-1.43z^{-3}+0.6814z^{-4}-0.11345z^{-5}-0.0648z^{-6}}$$

输入信号 $x(n)$是在$(-1,1)$均匀分布的白噪声，自适应横向滤波器的阶 $L=50$，自适应收敛参数 $\mu=0.01$。利用 MATLAB，产生输入信号 $x(n)$和期望输出信号 $d(n)$，观察$e^2(n)$的收敛情况，画出并比较未知系统和自适应滤波器的幅度响应和冲激响应。采用 LMS 算法。

解　MATLAB 程序如下：

```
% Example 2.3.2: System identification
a= [1  -1.6  1.75  -1.43  0.6814  -0.1134  -0.0648];
b= [2  -3  -1  4  5  -8]; r=1000; L=50; mu=0.01;
% Construct input and desired output
x= -1+2*rand(r,1); d= filter(b,a,x);
% Identify coefficients using basic LMS method
N=length(x); w=zeros(L+1,1); theta=zeros(L+1,1);
e=zeros(size(x)); q=x(:);
% Find optimal weight vector
for k=1:N
   if k< (L+1)
      theta(1:k)=q(k:-1:1);
   else
      theta=q(k:-1:k-L);
```

```
    end
    e(k)=d(k)-w'*theta;
    w=w+2*mu*e(k)*theta;
end
% Plot squared error and compare magnitude responses
subplot(3,1,1)
t=[1:min(500,r)];
stem (t,e(t).^2,'fill','MarkerSize',1);axis([0 500 0 400]);
subplot(3,1,2)
fs=1; M=250; [H,f]=freqz (b,a,M,fs);
plot (f,abs(H));axis([0 0.5 0 70]);grid
subplot(3,1,3)
a1=[1,zeros(1,L)]; [W,f]=freqz (w,a1,M,fs); plot (f,abs(W));
axis([0 0.5 0 70]); grid
figure
subplot(2,1,1)
n=0:L;
h=impz(b,a,L+1);
stem(n,h,'fill','MarkerSize',2)
subplot(2,1,2)
stem(n,w,'fill','MarkerSize',2)
```

运行以上程序，得到图 2.3.2 和图 2.3.3 所示的 $e^2(n)$图形和未知系统与自适应滤波器的幅度响应和冲激响应图形。从图中可以看出，$e^2(n)$在大约 400 点后收敛于 0；收敛后的自适应滤波器的幅度响应和冲激响应与未知系统的几乎没有任何差别，即系统辨识有良好的性能。

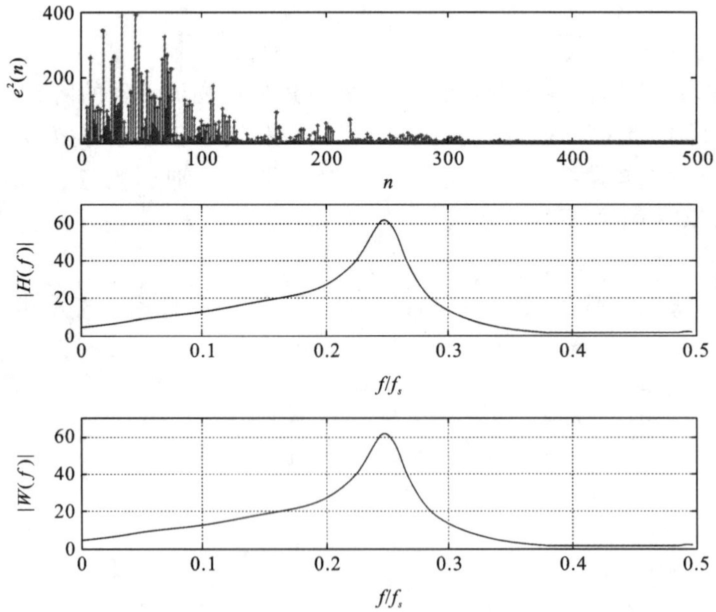

图 2.3.2　例 2.3.2 中 $e^2(n)$的收敛情况以及未知系统与自适应滤波器的幅度响应

例 2.3.3　设图 2.1.2 中的未知系统是一个二阶 FIR 系统，其传输函数为

$$H(z)=1+0.28z^{-1}-0.9z^{-2}$$

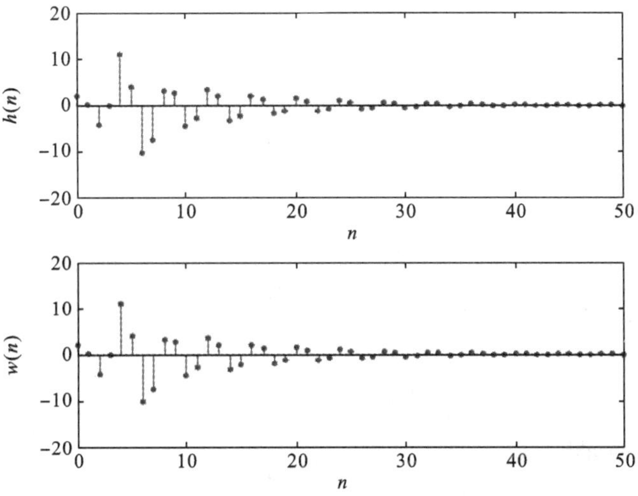

图 2.3.3　例 2.3.2 中未知系统与自适应滤波器的冲激响应

输入信号 $x(n)$是在$(-1,1)$均匀分布的白噪声，自适应横向滤波器的阶取为 $L=2$，自适应收敛参数 $\mu=0.01$。利用 MATLAB，产生输入信号 $x(n)$和期望输出信号 $d(n)$，观察$e^2(n)$的收敛情况，画出并比较未知系统和自适应滤波器的幅度响应，画出自适应滤波器的系数随迭代次数收敛的曲线。采用 LMS 算法。

解　MATLAB 程序如下：

```
% Example 2.3.3: System identification
a=1; b=[1  0.28  -0.90];r=1000;L=2; mu=0.01;
% Construct input and desired output
x= -1+2 * rand(r,1); d=filter(b,a,x);
% Identify coefficients using basic LMS method
N=length(x); w=zeros(L+1,1); theta=zeros(L+1,1);
e=zeros(size(x)); q=x(:);
% Find optimal weight vector
for k=1:N
   if k< (L+1)
       theta(1:k)= q(k:-1:1);
   else
       theta=q(k:-1:k-L);
   end
   e(k)=d(k)-w' * theta;
   w=w+2 * mu * e(k) * theta;
wn(:,k)=w(:);
end
% Plot squared error and compare magnitude responses
subplot(3,1,1)
t=[1:min(500,r)];
stem (t,e(t).^2,'fill','MarkerSize',1); axis([0 500 0 2])
subplot(3,1,2)
fs=1; M=250; [H,f]=freqz (b,a,M,fs);
plot (f,abs(H)); axis([0 0.5 0 2]);grid
```

```
subplot(3,1,3)
a1=[1,zeros(1,L)]; [W,f]=freqz (w,a1,M,fs);
plot (f,abs(W)); axis([0 0.5 0 2]);grid
figure
n=1:N; plot(n,wn(2,n), n,wn(3,n));grid
```

运行以上程序,得到图 2.3.4 和图 2.3.5 所示的图形。从图 2.3.4 可以看出,大约在迭代 300 次以后,$e^2(n)$收敛于 0;收敛后的自适应滤波器的幅度响应与未知系统的几乎没有任何差别,即系统辨识有良好的性能。从图 2.3.5 可以看出,自适应滤波器的系数准确收敛于未知系统的数值。

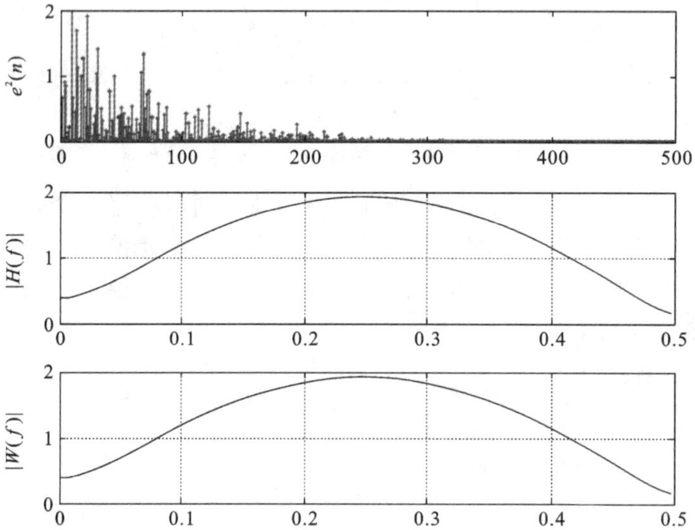

图 2.3.4　例 2.3.3 中 $e^2(n)$的收敛情况和未知系统与自适应滤波器的幅度响应

例 2.3.2 是 IIR 未知系统,用 FIR 自适应滤波器作为模型,必须采用高阶($N=50$)。例 2.3.3是 FIR 未知系统,只要 FIR 自适应滤波器的阶不低于未知系统,就能准确建模。当 FIR 自适应滤波器的阶高于未知系统时,高阶系数都将收敛于 0。例如,若将自适应滤波器的阶取为 $L=4$,那么,系数 $w(3)$和 $w(4)$都将收敛于 0,如图 2.3.6 所示。

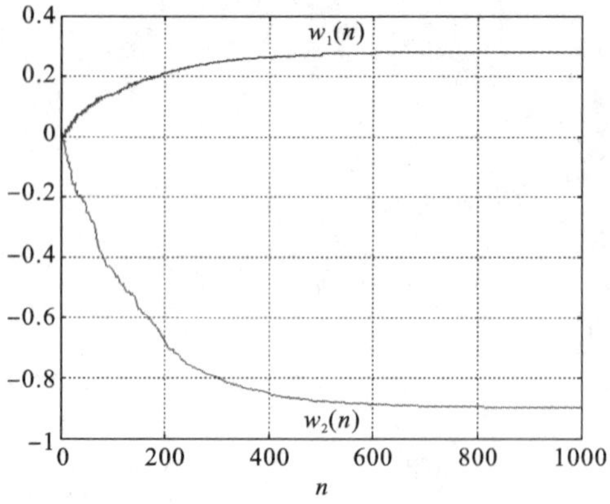

图 2.3.5　例 2.3.3 中自适应滤波器的系数随迭代次数收敛的曲线

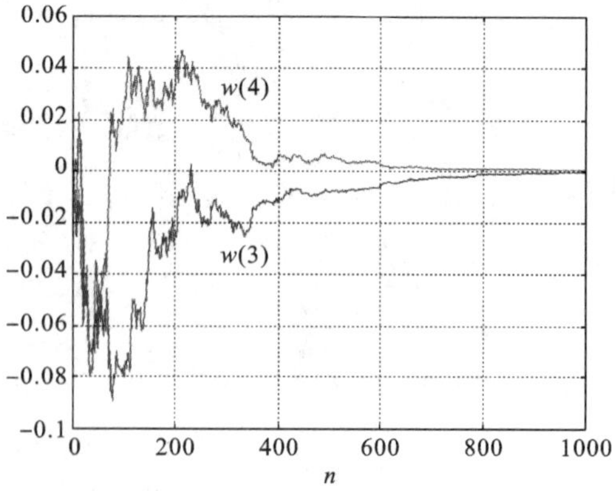

图 2.3.6　例 2.3.3 用四阶 FIR 自适应滤波器作为二阶 FIR 未知系统的模型时标号为 3 和 4 的系数收敛于 0

例 2.3.4　设 L 阶 FIR 自适应滤波器的输入信号 $x(n)$ 是在 $[-c,c]$ 均匀分布和均值为 0 的白噪声。求输入信号的平均功率，确定自适应步长的取值范围；将所得结果用于例 2.3.2，判断 $\mu=0.01$ 值是否合适；求输入信号自相关矩阵；计算例 2.3.2 的学习曲线时间常数，并考察图 2.3.2 中的 $e^2(n)$ 图形。

解　输入信号的平均功率为

$$P_{\text{in}}=E[x^2(n)]=\int_{-c}^{c}x^2\frac{1}{2c}\mathrm{d}x=\frac{c^2}{3}$$

利用式(2.3.6)确定自适应步长参数的取值范围

$$0<\lambda<\frac{3}{(L+1)c^2}$$

对于例 2.3.2，将 $c=1$ 和 $L=50$ 代入上式，得到

$$0<\lambda<0.0588$$

可见选取 $\mu=0.01$ 是合适的。

因 $x(n)$ 是零均值白噪声，故 $E[x(n)]=0$，且对于 $m\neq0$ 有

$$R_{xx}(m)=E[x(n)x(n-m)]=E[x(n)]E[x(n-m)]=0$$

对于 $m=0$，有 $R_{xx}(0)=E[x^2(n)]=P_{\text{in}}$，所以输入信号的自相关矩阵为

$$\boldsymbol{P}=P_x\boldsymbol{I}$$

对于例 2.3.2，$P_{\text{in}}=1/3$，所以 $\boldsymbol{P}=(1/3)\boldsymbol{I}$，它是一个 $L+1=51$ 阶对角矩阵，对角线上的元素是特征值 $\lambda=1/3$。根据式(2.2.61)，学习曲线时间常数

$$\tau_{\text{mse}}=\frac{1}{4\mu\lambda}=\frac{3}{4\times0.01}=75\text{(迭代次数)}$$

因 $\mathrm{e}^{-5}=0.007$，所以经过 $5\tau_{\text{mse}}=375$ 次迭代后，均方误差将下降到其最大值的 1%以下。观察图 2.3.2 中的 $e^2(n)$ 图形，可以看出的确是这种情况。

2.3.2　权矢量噪声

LMS 算法之所以简单，主要是因为它对梯度矢量各分量的估计是根据单个数据取样值得到的，没有进行平均。也正是由于这个原因，才使梯度估计中存在着噪声。令第 n 次迭代中梯度估计的噪声矢量用 $\boldsymbol{N}(n)$ 表示，于是有

$$\hat{\boldsymbol{\nabla}}(n)=\boldsymbol{\nabla}(n)+\boldsymbol{N}(n)\tag{2.3.7}$$

若 LMS 算法已收敛到最佳权矢量 $\boldsymbol{w}^*$ 附近，则这时上式中的真实梯度 $\boldsymbol{\nabla}(n)$ 趋近于零，于是得到

$$\boldsymbol{N}(n)=\hat{\boldsymbol{\nabla}}(n)=-2e(n)\boldsymbol{x}(n)\tag{2.3.8}$$

而其协方差为

$$\mathrm{cov}[\boldsymbol{N}(n)]=E[\boldsymbol{N}(n)\boldsymbol{N}^{\mathrm{T}}(n)]=4E[e^2(n)\boldsymbol{x}(n)(\boldsymbol{x}(n))^{\mathrm{T}}]\tag{2.3.9}$$

由于 $e(n)$ 与 $\boldsymbol{x}(n)$ 近似地不相关，故式(2.3.9)可化简为

$$\mathrm{cov}[\boldsymbol{N}(n)]\approx4E[e^2(n)]E[\boldsymbol{x}(n)(\boldsymbol{x}(n))^{\mathrm{T}}]=4\xi_{\min}\boldsymbol{R}\tag{2.3.10}$$

将上式变换到主轴坐标系，得

$$\begin{aligned}\mathrm{cov}[\boldsymbol{N}'(n)]&=\mathrm{cov}[\boldsymbol{Q}^{-1}\boldsymbol{N}(n)]=E\{[\boldsymbol{Q}^{-1}\boldsymbol{N}(n)][\boldsymbol{Q}^{-1}\boldsymbol{N}(n)]^{\mathrm{T}}\}\\&=\boldsymbol{Q}^{-1}E[\boldsymbol{N}(n)(\boldsymbol{N}(n))^{\mathrm{T}}]\boldsymbol{Q}=\boldsymbol{Q}^{-1}\mathrm{cov}[\boldsymbol{N}(n)]\boldsymbol{Q}\approx4\xi_{\min}\boldsymbol{\Lambda}\end{aligned}\tag{2.3.11}$$

这是梯度估计噪声方差的近似计算公式。

下面考察在自适应调整权矢量的过程中梯度估计噪声对权矢量的影响。

用式(2.3.7)中的$\hat{\boldsymbol{\nabla}}(n)$代替式(2.2.40)中的$\boldsymbol{\nabla}(n)$,得到

$$\boldsymbol{w}(n+1)=\boldsymbol{w}(n)-\mu[\boldsymbol{\nabla}(n)+\boldsymbol{N}(n)]$$

将上式变换到平移坐标系,得

$$\boldsymbol{v}(n+1)=(\boldsymbol{I}-2\mu\boldsymbol{R})\boldsymbol{v}(n)-\mu\boldsymbol{N}(n)$$

推导上式时利用了式(2.2.26)。将上式变换到主轴坐标系,得

$$\boldsymbol{v}'(n+1)=(\boldsymbol{I}-2\mu\boldsymbol{\Lambda})\boldsymbol{v}'(n)-\mu\boldsymbol{N}'(n) \tag{2.3.12}$$

该式中,$\boldsymbol{N}'(n)=\boldsymbol{Q}^{-1}\boldsymbol{N}(n)$是投影到主轴坐标系上的梯度估计噪声。

用归纳法求解式(2.3.12)的差分方程,得

$$\boldsymbol{v}'(n)=(\boldsymbol{I}-2\mu\boldsymbol{\Lambda})^n\boldsymbol{v}'(0)-\mu\sum_{k=0}^{n-1}(\boldsymbol{I}-2\mu\boldsymbol{\Lambda})^k\boldsymbol{N}'(n-k-1) \tag{2.3.13}$$

假设μ值按式(2.2.48)选取,因而算法稳定且收敛,那么当n足够大时,上式第一项将趋于零。于是得到稳态解

$$\boldsymbol{v}'(n)=-\mu\sum_{k=0}^{\infty}(\boldsymbol{I}-2\mu\boldsymbol{\Lambda})^k\boldsymbol{N}'(n-k-1) \tag{2.3.14}$$

该式说明了梯度估计噪声对权矢量稳态解的影响。通常,梯度估计噪声的大小用协方差描述。由式(2.3.12)计算$\boldsymbol{v}'(n)$的协方差,得到

$$\begin{aligned}\mathrm{cov}[\boldsymbol{v}'(n)]&=E[\boldsymbol{v}'(n)(\boldsymbol{v}'(n))^{\mathrm{T}}]\\&=E\{(\boldsymbol{I}-2\mu\boldsymbol{\Lambda})^2\boldsymbol{v}'(n-1)(\boldsymbol{v}'(n-1))^{\mathrm{T}}+\mu^2\boldsymbol{N}'(n-1)(\boldsymbol{N}'(n-1))^{\mathrm{T}}\\&\quad-\mu[(\boldsymbol{I}-2\mu\boldsymbol{\Lambda})\boldsymbol{v}'(n-1)(\boldsymbol{N}(n-1))^{\mathrm{T}}+\boldsymbol{N}'(n-1)(\boldsymbol{v}'(n-1))^{\mathrm{T}}(\boldsymbol{I}-2\mu\boldsymbol{\Lambda})^{\mathrm{T}}]\}\end{aligned}$$

注意到$\boldsymbol{I}-2\mu\boldsymbol{\Lambda}$是对角矩阵,交叉项之积的期望值等于零,所以上式化为

$$\mathrm{cov}[\boldsymbol{v}'(n)]=(\boldsymbol{I}-2\mu\boldsymbol{\Lambda})^2\mathrm{cov}[\boldsymbol{v}'(n)]+\mu^2\mathrm{cov}[\boldsymbol{N}'(n)]$$

由此得到

$$\mathrm{cov}[\boldsymbol{v}'(n)]=\frac{\mu}{4}(\boldsymbol{\Lambda}-\mu\boldsymbol{\Lambda}^2)^{-1}\mathrm{cov}[\boldsymbol{N}'(n)] \tag{2.3.15}$$

该式建立了梯度估计噪声协方差与权矢量协方差之间的关系。将式(2.3.11)代入上式,遂得

$$\mathrm{cov}[\boldsymbol{v}'(n)]\approx\mu\xi_{\min}(\boldsymbol{\Lambda}-\mu\boldsymbol{\Lambda}^2)^{-1}\boldsymbol{\Lambda} \tag{2.3.16}$$

若选取μ为很小数值,这时$\mu\boldsymbol{\Lambda}$的元素值远小于1,上式可近似为

$$\mathrm{cov}[\boldsymbol{v}'(n)]\approx\mu\xi_{\min}\boldsymbol{I} \tag{2.3.17}$$

将上式变换到$\boldsymbol{v}$坐标系,得

$$\mathrm{cov}[\boldsymbol{v}(n)]=\boldsymbol{Q}\mathrm{cov}[\boldsymbol{v}'(n)]\boldsymbol{Q}^{-1}\approx\mu\xi_{\min}\boldsymbol{I} \tag{2.3.18}$$

这就是 LMS 算法中梯度估计噪声在稳态权矢量中引起的噪声。

2.3.3 失调量

梯度估计噪声的存在,使得收敛后的稳态权矢量在最佳权矢量附近随机起伏,这意味着稳态均方误差值总是大于最小均方误差$\xi_{\min}$,且在$\xi_{\min}$附近随机地改变,如图 2.3.7 所示。该图表示ξ与一个权系数v的关系曲线,在稳态情况下权系数在最佳值(即$v=0$)附近随机地发生偏移,从而引起ξ随机地偏离最低点$\xi_{\min}$,其偏移量用$\Delta\xi(n)=\xi(n)-\xi_{\min}$表示,$\Delta\xi(n)$的期望值称为超量均方误差,或“超量 MSE”,即

$$\text{超量 MSE}=E[\Delta\xi(n)]=E[\xi(n)-\xi_{\min}]=E[\boldsymbol{v}^{\mathrm{T}}(n)\boldsymbol{R}\boldsymbol{v}(n)] \tag{2.3.19}$$

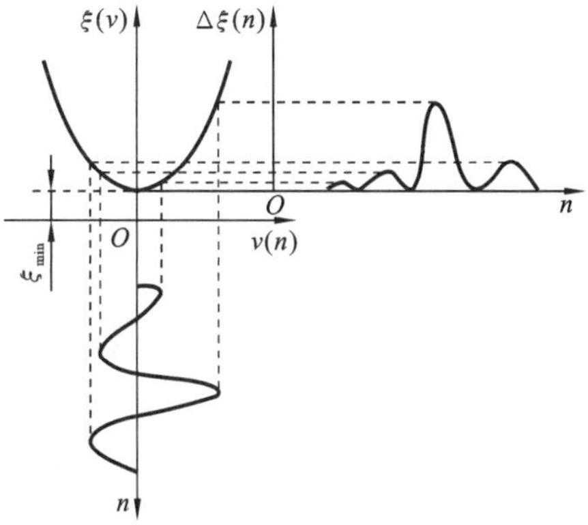

图 2.3.7　超量 MSE 示意图

该式中的期望运算是对迭代指数进行的。式(2.3.19)的定义只适用于 $\boldsymbol{v}(n)$ 是平稳随机过程的情况，即只适用于输入信号矢量 $\boldsymbol{x}(n)$、参考响应 $d(n)$ 及噪声 $\boldsymbol{N}(n)$ 都是平稳随机过程的情况，因此，它也只适用于自适应过渡过程结束后的稳态情况。

将式(2.3.19)变换到主轴坐标系，得

$$\text{超量 MSE}=E[(\boldsymbol{v}'(n))^{\mathrm{T}}\boldsymbol{\Lambda}\boldsymbol{v}'(n)] \tag{2.3.20}$$

将 $\boldsymbol{v}'(n)$ 展开，上式遂变为

$$\text{超量 MSE}=\sum_{k=0}^{L}\lambda_k E[(v'_k(n))^2] \tag{2.3.21}$$

假设自适应过渡过程已经结束，平方误差已接近于性能曲面最低点，这样，可认为 $E[(v'_k(n))^2]$ 是 $\boldsymbol{v}'(n)$ 的协方差矩阵中的元素。于是，将式(2.3.17)代入式(2.3.21)，便可得到下列近似公式

$$\text{超量 MSE}\approx\mu\xi_{\min}\sum_{k=0}^{L}\lambda_k\approx\mu\xi_{\min}\operatorname{tr}[\boldsymbol{R}] \tag{2.3.22}$$

从以上讨论可知，采用 LMS 算法时，由于存在梯度估计噪声，在自适应过渡过程结束后，权系数仍然在最佳解附近随机变动，从而使均方误差值总是大于最小均方误差值并在其附近随机变化，超量均方误差就是度量这种性能损失的一个量。

另一个度量自适应性能损失的量是失调量，它在工程设计中应用得更为广泛。失调量说明自适应过程收敛后权系数与最佳值接近的程度，它定义为超量均方误差与最小均方误差的比值。用 M 表示失调量，即

$$M=\frac{\text{超量 MSE}}{\xi_{\min}} \tag{2.3.23}$$

这是一个无量纲的量。根据式(2.3.22)得到的 LMS 算法的失调量为

$$M\approx\mu\operatorname{tr}[\boldsymbol{R}] \tag{2.3.24}$$

它正比于自适应增益常数 μ。

失调量和收敛速度要折中加以考虑。根据式(2.2.61)，学习曲线时间常数为

$$(\tau_{\mathrm{mse}})_k=\frac{1}{4\mu\lambda_k}$$

式中，下标 k 表示第 k 个学习曲线时间常数。根据上式，可将 $\boldsymbol{R}$ 的迹写成

$$\operatorname{tr}[\boldsymbol{R}]=\sum_{k=0}^{L}\lambda_k=\frac{1}{4\mu}\sum_{k=0}^{L}\frac{1}{(\tau_{\mathrm{mse}})_k}=\frac{L+1}{4\mu}\left(\frac{1}{\tau_{\mathrm{mse}}}\right)_{\mathrm{av}} \tag{2.3.25}$$

式中，下标 av 表示“平均”。将这个结果代入式(2.3.24)，得到

$$M\approx\frac{L+1}{4}\left(\frac{1}{\tau_{\mathrm{mse}}}\right)_{\mathrm{av}} \tag{2.3.26}$$

在所有特征值相等的特殊情况下，上式简化为

$$M\approx\frac{L+1}{4\tau_{\mathrm{mse}}} \tag{2.3.27}$$

上式说明了失调量、学习曲线时间常数以及权系数的个数三者之间的关系。实验表明，这是一个很好的近似关系式。在特征值未知的情况下，这个近似式对于设计自适应系统是很

有用的。

由于 $\boldsymbol{R}$ 的迹是输入信号总功率,一般情况下是已知的,因而可利用式(2.3.24)所允许的失调量来选择 μ 值。将式(2.3.27)和式(2.3.24)相结合,可得到特征值相等情况下学习曲线时间常数的一般表达式,即

$$\tau_{\mathrm{mse}} \approx \frac{L+1}{4\mu \mathrm{tr}[\boldsymbol{R}]} \tag{2.3.28}$$

在很多实际应用中,这也是一个很好的近似公式。

由于通常在差不多4倍于自适应时间常数的时间内,自适应过程就基本结束,因此,可以用式(2.3.28)作为度量失调量的准则:在特征值相等的情况下,失调量等于权系数的数目与过渡过程时间的比值。这里,过渡过程时间用取样数来度量。例如,通常要求失调量为10%,那么自适应过渡过程时间(以取样数度量)应比自适应线性组合器的权系数数目大10倍。

自适应步长参数 μ,滤波器的阶 L 以及输入信号功率 P_{in} 对 LMS 算法的性能影响总结于表2.3.1中。

表2.3.1　采用 LMS 算法的 L 阶自适应 FIR 滤波器的性能

性　能	数　值
步长参数取值范围	$0<\mu<\dfrac{1}{(L+1)P_{\mathrm{in}}}$
学习曲线时间常数	$\tau_{\mathrm{mse}}\approx\dfrac{1}{4\mu\lambda_{\min}}$
超量均方误差	超量 $\mathrm{MSE}\approx\mu\xi_{\min}P_{\mathrm{in}}$

例2.3.5　有一 $L=1$ 阶 FIR 自适应滤波器,其输入信号和期望响应分别为

$$x(n)=2\cos(0.5\pi n)+v(n)$$

$$d(n)=\sin(0.5\pi n)$$

其中,$v(n)$是在$[-0.5,0.5]$上均匀分布、与$2\cos(0.5\pi n)$统计独立的白噪声。求输入信号的平均功率;确定使 LMS 算法收敛的自适应步长参数的取值范围;求自适应滤波器的失调量;选取 $\mu=0.1$ 和 $\mu=0.01$,画出两种情况下 $e^2(n)$的图形(序列长度取为200),比较收敛速度和稳态误差的大小。

解　由例2.3.4可知,$v(n)$的平均功率 $P_v=0.5^2/3$,故输入信号平均功率

$$\begin{aligned}P_{\mathrm{in}}&=E[x^2(n)]=E[4\cos^2(0.5\pi n)+4v(n)\cos(0.5\pi n)+v^2(n)]\\&=4E[\cos^2(0.5\pi n)]+4E[v(n)\cos(0.5\pi n)]+E[v^2(n)]\\&=2E[\cos^2(\pi n)+1]+4E[v(n)]E[\cos(0.5\pi n)]+P_v\\&=2+P_v=2+0.25/3=25/12\end{aligned}$$

$$[(L+1)P_{\mathrm{in}}]^{-1}=[(1+1)(25/3)]^{-1}=0.24$$

由式(2.3.6)得自适应步长参数的取值范围

$$0<\mu<0.24$$

首先由式(2.3.5)计算输入信号自相关矩阵的迹 $\mathrm{tr}[\boldsymbol{R}]=(L+1)P_{\mathrm{in}}=25/6$,然后由式(2.3.24)计算失调量

$$M\approx\mu\mathrm{tr}=(25/6)\mu$$

计算$e^2(n)$的 MATLAB 程序如下。

```
% Construct input and desired output
rand('seed',200);  r= 200; L= 1; n= [0 : r-1]';
v= -0.5+rand(r,1); x= 2*cos(0.5*pi*n)+ v;  d= sin(0.5*pi*n);
% Compute maximum step size
Px= 2+0.5^2/3;  mu_max= 1/((L+1)*Px);
% Compute error and find optimal weight vector for different step sizes
mu= [.1  .01];  theta= zeros(L+1,1); e= zeros(size(x)); q= x(:);
for i= 1:2
w= zeros(L+1,1);
for k= 1:r
    if k< (L+1)
        theta(1:k)= q(k:-1:1);
    else
        theta= q(k:-1:k-L);
    end
    e(k)= d(k)-w'*theta;
    w= w+2*mu(i)*e(k)*theta;
end
subplot (2,1,i);
     stem (n,e.^2,'fill','MarkerSize',1)
end
```

运行以上程序，得到图 2.3.8 所示的 $e^2(n)$的图形。从图中可以看出，$\mu=0.1$ 时自适应调整过程收敛很快，而 $\mu=0.01$ 时收敛很慢；但是，$\mu=0.1$ 时的稳态误差相对于 $\mu=0.01$ 时的要大。$\mu=0.01$ 时需要较长时间才能收敛，但是进入稳态后，超量 MSE 明显更小。这说明，需要对收敛速度和稳态误差进行折中考虑。

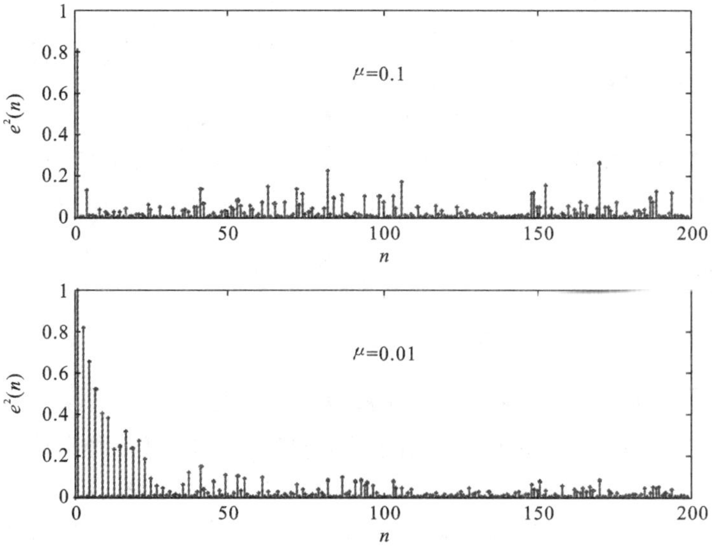

图 2.3.8 例 2.3.5 的一阶 FIR 自适应滤波器的 $e^2(n)$的图形

2.4　LMS 算法的修正

对 LMS 算法进行某些修正,可以改善其性能。下面介绍 LMS 算法的三种修正算法。

2.4.1　归一化 LMS 算法

FIR 自适应滤波器的传统 LMS 算法,其设计和实现的困难之一是步长参数 μ 的选取。从第 2.3.1 节中的讨论可以知道,为了保证收敛,应根据式(2.3.6)规定的范围选取 μ 值

$$0<\mu<\frac{1}{(L+1)P_{\text{in}}} \tag{2.4.1}$$

式中,L 是 FIR 自适应滤波器的阶,P_{in}是输入信号 $x(n)$的平均功率。注意,P_{in}是指$|x(n)|^2$的统计平均值

$$P_{\text{in}}=E[|x(n)|^2]$$

估计P_{in}的最简单方法是对$|x(n)|^2$进行滑动平均

$$\hat{P}_{\text{in}}(n)=\frac{1}{N+1}\sum_{i=0}^{N}x^2(n-i) \tag{2.4.2}$$

式中,N 是滑动平均的窗口宽度。

归一化 LMS 算法与传统 LMS 算法的主要区别在于,自适应步长不再是恒定的,而是随着时间改变的,具体来说,它按照下式确定

$$\mu(n)=\frac{\alpha}{(L+1)\hat{P}_{\text{in}}(n)} \tag{2.4.3}$$

式中,α 是归一化步长。如果用准确平均功率P_{in}代替$\hat{P}_{\text{in}}(n)$,那么式(2.4.1)可变成

$$0<\alpha<1 \tag{2.4.4}$$

注意,用$\|x(n)\|^2$对步长归一化,只是改变了估计梯度的大小,并没有改变估计梯度的方向,因此,收敛条件变成式(2.4.4),即按该式选取某个固定 α 值就能保证收敛,而不管自适应滤波器的阶和输入信号如何改变。因此,将式(2.4.3)的时变步长代入式(2.3.2),便得到归一化 LMS 算法的权矢量更新公式

$$\boldsymbol{w}(n+1)=\boldsymbol{w}(n)+2\mu(n)e(n)\boldsymbol{x}(n) \tag{2.4.5}$$

归一化 LMS 算法需要按照式(2.4.2)估计$\hat{P}_{\text{in}}(n)$,可以看出,计算每个 n 值对应的$\hat{P}_{\text{in}}(n)$需要的乘法次数为 $N+2$ 次,这影响了计算效率的提高。为此,将式(2.4.4)改变成递推计算形式

$$\begin{aligned}\hat{P}_{\text{in}}(n)&=\frac{1}{N+1}\sum_{j=-1}^{N-1}x^2(n-1-j)=\frac{1}{N+1}\Big[\sum_{j=-1}^{N-1}x^2(n-1-j)\Big]+\frac{x^2(n)-x^2(n-N)}{N+1}\\&=\hat{P}_{\text{in}}(n-1)+\frac{x^2(n)-x^2(n-N)}{N+1}\end{aligned} \tag{2.4.6}$$

这样,计算每个 n 值对应的$\hat{P}_{\text{in}}(n)$需要的乘法次数仅为 3 次。

虽然采用递推公式(2.4.6)使计算效率有很大提高,但却需要增加存储量用来存储输入信号的 $N+1$ 个取样值。不过,从式(2.4.5)可以看出,在迭代计算滤波器权矢量时,在矢量$\boldsymbol{x}(n)$中已经存储了输入信号的过去 $L+1$ 个取样值,因此,如果选择 $N=L$,那么可以利用下面的点积运算来估计输入信号的平均功率

$$\hat{P}_{\text{in}}(n)=\frac{\boldsymbol{x}^{\mathrm{T}}(n)\boldsymbol{x}(n)}{L+1} \tag{2.4.7}$$

而不需要额外增加存储量。将式(2.4.7)代入式(2.4.3),得到时变步长的另一计算式

$$\mu(n)=\frac{\alpha}{\boldsymbol{x}^{\mathrm{T}}(n)\boldsymbol{x}(n)}=\frac{\alpha}{\|x(n)\|^2} \tag{2.4.8}$$

式(2.4.8)可能遇到的一个困难是,当输入信号中连续 $L+1$ 个取样值为零时,或者在算法刚启动输入信号矢量初始值 $\boldsymbol{x}(n)=\boldsymbol{0}$ 时,$\mu(n)$的数值将变成无穷大。为了避免这个困难,将式(2.4.8)做如下修改

$$\mu(n)=\frac{\alpha}{\delta+\boldsymbol{x}^{\mathrm{T}}(n)\boldsymbol{x}(n)}=\frac{\alpha}{\delta+\|\boldsymbol{x}(n)\|^2} \tag{2.4.9}$$

式中,δ 是一个任意选取的小正数,这就将最大步长限制为 $\mu_{\max}=\alpha/\delta$,而不是无穷大。将式(2.4.9)代入式(2.4.5),得到归一化 LMS 算法的权矢量的实用更新公式

$$\boldsymbol{w}(n+1)=\boldsymbol{w}(n)+2\alpha\frac{e(n)}{\delta+\|x(n)\|^2}\boldsymbol{x}(n) \tag{2.4.10}$$

在 LMS 算法中,$\boldsymbol{w}(n)$的修正量与输入信号矢量成正比,因此,当 $\boldsymbol{w}(n)$较大时,会遇到梯度噪声放大的问题。而在归一化 LMS 算法中,步长用 $\|x(n)\|^2$ 归一化后,梯度噪声放大的问题就不存在了。

下面用例 2.4.1 来说明归一化 LMS 算法的计算过程。

例 2.4.1　设一个 FIR 自适应滤波器的阶 $L=5$,输入信号为

$$x(n)=\cos\left(\frac{\pi n}{100}\right)\sin\left(\frac{\pi n}{5}\right)$$

期望输出 $d(n)$由 $x(n)$激励一个二阶 IIR 系统产生,该系统的传输函数为

$$H(z)=\frac{1-z^{-2}}{1+z^{-1}+0.9z^{-2}}$$

采用归一化 LMS 算法,归一化自适应步长 $\alpha=0.5$。求自适应步长的最大限制 $\mu_{\max}$,画出输入信号、时变步长以及平方误差的图形。

解　自适应步长的最大限制

$$\mu_{\max}=\frac{\alpha}{\delta}=\frac{0.5}{0.05}=10$$

MATLAB 程序如下:

```
% Initialization
N= 100; L= 5; alpha= 0.5; delta= 0.05;
% Construct input and desired output
n= [0 : N-1]'; x= cos(pi * n/100).* sin(pi * n/5);
a= [1 1 .9]; b= [1 0 -1]; d= filter (b,a,x);
% NLMS algorithm
X= convmtx(x,L+1); w0= zeros(1,L+1); e= zeros(L+1,1); mu= zeros(L+1,1);
e(1)= d(1)-w0 * X(1,:).';
DEN= X(1,:) * X(1,:)'+delta;
mu(1)= alpha/DEN;
A(1,:)= w0+2 * mu(1) * e(1) * X(1,:);
for k= 2:N
    e(k)= d(k)-A(k- 1,:) * X(k,:).';
    DEN(k)= X(k,:) * X(k,:)'+delta;
    mu(k)= alpha/DEN(k);
```

```
    A(k,:)= A(k-1,:)+2 * mu(k) * e(k) * X(k,:);
end;
% figures
subplot(3,1,1)
stem(n,x,'filled','.');
subplot(3,1,2)
stem(n,mu,'filled','.');
subplot(3,1,3)
stem(n,e.^2,'filled','.');
```

运行以上程序,画出图 2.4.1。

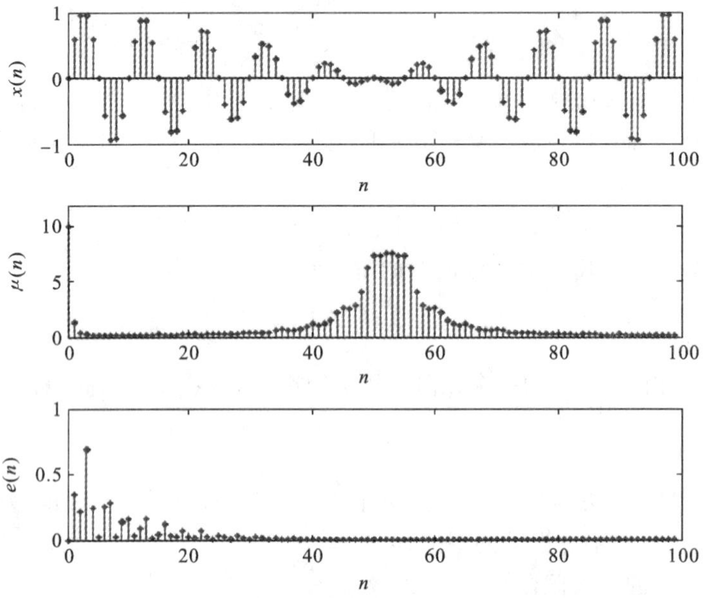

图 2.4.1　例 2.4.1 中输入信号、时变步长和平方误差的图形

从图 2.4.1 中可以看到,$x(n)$是一余弦调幅序列,$n=0$ 附近输入信号幅度达到最大值,$n=50$ 附近达到最小值。计算输入信号滑动平均功率的窗口长度是 $L+1=6$,窗口位于 $n=0$(以矩形窗的右边界定位)时,其前 $L=5$ 个输入信号取样值都为 0,所以滑动平均功率为 0,因此 $\mu(0)=\mu_{\max}=10$。随着窗口右移,滑动平均功率增大,μ 值迅速下降;经过一段平稳期后,当窗口继续向 $n=50$ 方向移动时,由于滑动平均功率逐渐减小,使 μ 值逐渐变大;当窗口移动到 $n=50$ 位置时,窗口内输入信号幅度达到最小值,因此,此后连续 6 点的滑动平均功率都最小,相应的 μ 值都达到最大值。但应注意,虽然在 $n=50$ 附近输入信号滑动平均功率很小,因而 μ 值很大,但是平方误差在收敛后仍然能够保持在一个很低的水平上。

2.4.2　相关 LMS 算法

一方面,根据式(2.2.61),学习曲线时间常数 τ_{mse} 与自适应步长 μ 成反比,因此,为了加快收敛速度,应选取大 μ 值;另一方面,根据式(2.3.22),收敛后的超量均方误差与 μ 成正比,因此,为了得到较小的稳态失调量,应该选取小 μ 值。避开这个矛盾的办法是在收敛过程中使用大 μ 值,而收敛后将 μ 值减小。为此必须判断什么时候收敛过程结束。如果直接根据自适应滤波器的系数或平方误差随迭代次数的变化情况来判断,则计算量将很大,因此通常不采用这种办法。常采用的是下面推导的间接判断方法。

L 阶 FIR 自适应滤波器的输入信号矢量由式(2.2.2)定义，为

$$\boldsymbol{x}(n)=[x(n)\quad x(n-1)\quad \cdots\quad x(n-L)]^{\mathrm{T}}$$

注意到 $\boldsymbol{x}^{\mathrm{T}}(n)\boldsymbol{w}$ 是一个标量，因此有

$$\begin{aligned} e(n)\boldsymbol{x}(n)&=[d(n)-y(n)]\boldsymbol{x}(n)=[d(n)-\boldsymbol{x}^{\mathrm{T}}(n)\boldsymbol{w}]\boldsymbol{x}(n)\\ &=d(n)\boldsymbol{x}(n)-\boldsymbol{x}(n)\boldsymbol{x}^{\mathrm{T}}(n)\boldsymbol{w} \end{aligned}\tag{2.4.11}$$

对式(2.4.11)两边取期望运算，当 $\boldsymbol{w}=\boldsymbol{w}^{*}=\boldsymbol{R}^{\mathrm{T}}\boldsymbol{P}$ 时，得到

$$E[e(n)\boldsymbol{x}(n)]=E[d(n)\boldsymbol{x}(n)]-E[\boldsymbol{x}(n)\boldsymbol{x}^{\mathrm{T}}(n)]\boldsymbol{w}^{*}=\boldsymbol{P}-\boldsymbol{R}\boldsymbol{w}^{*}=0\tag{2.4.12}$$

式(2.4.12)也可表示成

$$R_{ex}(m)=0,\quad 0\leqslant m\leqslant L\tag{2.4.13}$$

式(2.4.13)说明，当权矢量收敛到最优值时，误差信号与输入信号矢量的互相关等于零，即误差信号与输入信号矢量不相关。由式(2.4.13)得出 $m=0$ 时的互相关值

$$R_{ex}(0)=E[e(n)x(n)]=0\tag{2.4.14}$$

相关 LMS 算法正是根据 $E[e(n)x(n)]$ 的变化情况来判断什么时候收敛过程结束，并立即把步长减小的；具体来说，相关 LMS 算法选择的步长与 $E[e(n)x(n)]$ 成正比，因此，在收敛过程中，由于误差信号与输入信号有相关性，所以步长较大；而当权矢量收敛到最优值时，误差与输入信号的互相关趋近于零，所以步长立即变小，这样，在收敛过程结束进入稳态后，就能得到小的失调量。

虽然可以利用滑动平均滤波器来估计式(2.4.14)的期望值，但是需要额外的存储量存储 $e(n)$。为了节省存储量，可以用一个具有以下传输函数的低通 IIR 滤波器对 $e(n)x(n)$ 进行滤波

$$H(z)=\frac{1-\beta}{1-\beta z^{-1}}\tag{2.4.15}$$

式中，$0<\beta<1$，β 称为平滑参数，通常取 $\beta\approx 1$。滤波器的冲激响应为

$$h(n)=(1-\beta)\beta^{n}u(n)\tag{2.4.16}$$

设滤波器的输出用 $r(n)$ 表示，则求解差分方程

$$r(n+1)=\beta r(n)+(1-\beta)e(n)x(n)\tag{2.4.17}$$

可得到滤波器的输出

$$r(n)=(1-\beta)\beta^{n}e(n)x(n)\tag{2.4.18}$$

式(2.4.18)表明，$r(n)$ 是 $e(n)x(n)$ 的指数加权平均值，利用它来作为对 $E[e(n)x(n)]$ 的估计。进行指数加权平均运算的窗口等效宽度为 $1/(1-\beta)$。由于一旦收敛，$r(n)$ 就立即变小，所以，相关 LMS 算法将步长选择为

$$\mu(n)=\alpha|r(n)|\tag{2.4.19}$$

式中，比例常数 α 称为相对步长。例如，$\beta=0.98$ 时滤波器的传输函数为

$$H(z)=\frac{0.02z}{z-0.98}=\frac{0.02}{1-0.98z^{-1}}$$

相应的冲激响应为

$$h(n)=0.02\,(0.98)^{n}u(n)$$

图 2.4.2 是幅度响应和冲激响应的图形。

可以把相关 LMS 算法理解为它有两种工作模式：收敛后工作于休眠模式，在这种模式下

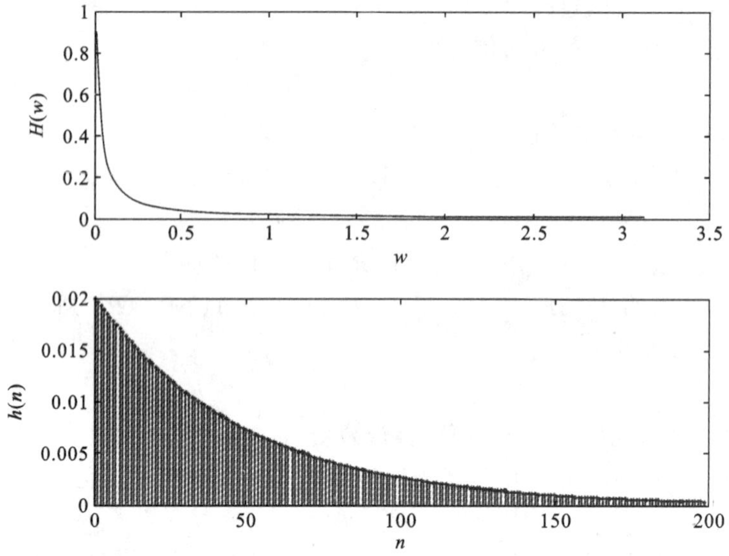

图 2.4.2　式(2.4.15)定义的低通 IIR 滤波器的幅度响应和冲激响应

步长小，所以超量均方误差小；如果 $d(n)$ 或 $x(n)$ 发生很大变化，使 $|r(n)|$ 增大，则步长立即增大，算法进入跟踪模式，当收敛到新的最优权矢量时，步长立即减小，于是又重新进入休眠模式。注意，$y(n)$ 中的测量噪声与 $x(n)$ 不相关，所以不会引起 $\mu(n)$ 增加。例 2.4.2 清楚地说明了 LMS 算法的两种工作模式。

例 2.4.2　图 2.4.3 所示的是一个时变反馈系统，输入信号是在[1，−1]上均匀分布的白噪声，开关在 $n=N/2$ 时断开，N 是输入信号长度。设系统的开环传输函数为

$$G(z)=\frac{1.28}{z^2-0.64}$$

因此，开关闭合时，系统的闭环传输函数为

$$G_{\text{closed}}(z)=\frac{1.28}{z^2+0.64}$$

现在用一个 $L=25$ 阶 FIR 自适应滤波器作为该时变反馈系统的模型，采用相关 LMS 算法，相对步长 $\alpha=0.5$，平滑参数 $\beta=0.95$。

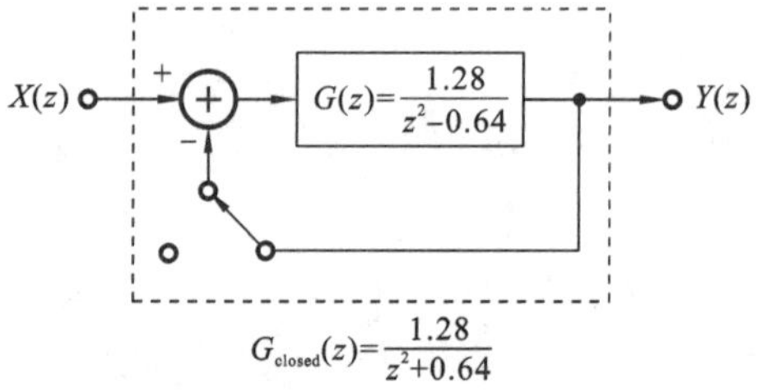

图 2.4.3　例 2.4.2 的时变反馈系统

(1) 画出平方误差和步长随时间变化的图形。

(2) 观察算法在什么时候收敛？什么时候进入休眠模式？

(3) 观察算法在什么时候进入跟踪模式？什么时候又重新收敛？

解　(1) MATLAB 程序如下：

```
% Examp2.4.2(Correlation LMS method)
L=25; alpha=0.5; beta=0.95; N=1200;
%  Construct input and desired output
a_open=[1 0 -0.64]; b_open=[0 0 1.28];
a_closed=[1 0 0.64]; b_closed=[0 0 1.28];
x=-1+2 * rand(N,1);
d(1:N/2)=filter (b_closed,a_closed,x(1:N/2));
d(N/2+1:N)=filter (b_open,a_open,x(N/2+ 1:N));
```

```
% Initialize
w=zeros (L+1,1); theta=zeros(L+1,1); e=zeros(N,1); mu=zeros(N,1);
% Find optimal weight vector
for k=1:N
  if k< (L+1)
      theta(1:k)=x(k:-1:1);
  else
      theta=x(k:-1:k-L);
  end
  e(k)=d(k)-w' * theta;
  if k==1
      r= (1-beta) * e(k) * x(k);
  else
      r=beta * r+ (1-beta) * e(k) * x(k);
  end
  mu(k)=alpha * abs(r);
  w=w+2 * mu(k) * e(k) * theta;
end
% Plot the squared error and step size
n=[0:N-1]';
subplot(2,1,1)
stem (n,e.^2,'fill','MarkerSize',1)
xlabel ('n'); ylabel ('e^2(n)');
subplot(2,1,2)
stem (n,mu,'fill', 'MarkerSize',1)
xlabel ('n'); ylabel ('\mu(n)');
```

运行该程序,画出的平方误差和步长随时间变化的图形如图 2.4.4 所示。

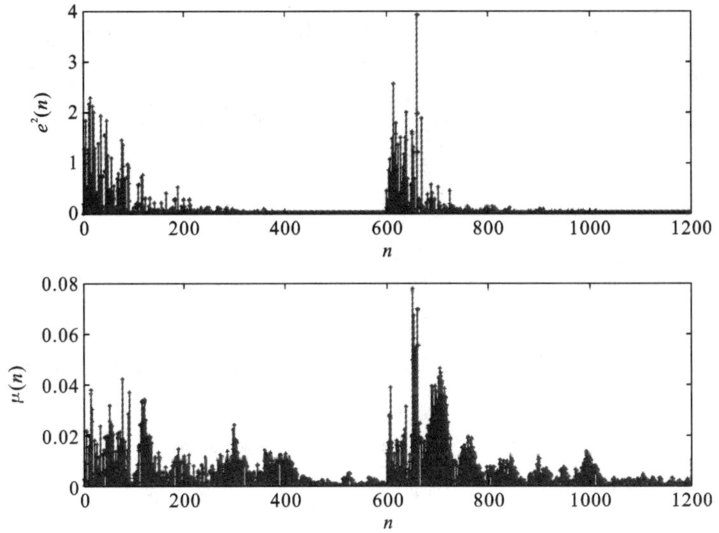

图 2.4.4　例 2.4.2 的平方误差和步长随时间变化而变化的图形

(2) 从图 2.4.3 的 $e^2(n)$图形可以看出,算法在 200 次迭代以后收敛,大约在 $n=400$ 次后进入休眠模式。

(3) 在 $n=600$ 时反馈突然断开,期望信号 $d(n)$ 突然改变,步长突然增大,说明算法立即进入跟踪模式。大约在 $n=400$ 时重新收敛,并重新进入休眠模式。

2.4.3 泄漏 LMS 算法

在第 2.3.1 节中曾经指出,LMS 算法的权矢量期望值(式(2.3.4))

$$E[\boldsymbol{w}(n+1)]=(\boldsymbol{I}-2\mu\boldsymbol{R})E[\boldsymbol{w}(n)]+2\mu\boldsymbol{R}\boldsymbol{w}^*$$

与最陡下降法推导出的权矢量(式(2.2.41))

$$\boldsymbol{w}(n+1)=(\boldsymbol{I}-2\mu\boldsymbol{R})\boldsymbol{w}(n)+2\mu\boldsymbol{R}\boldsymbol{w}^*$$

具有完全相同的迭代计算关系。因此,可以直接根据式(2.2.46)

$$\boldsymbol{v}'(n)=(\boldsymbol{I}-2\hat{\mu}\boldsymbol{\Lambda})^n\boldsymbol{v}'(0)$$

写出 LMS 算法的权矢量迭代解(采用主轴坐标系表示)

$$E[\boldsymbol{v}'(n)]=(\boldsymbol{I}-2\hat{\mu}\boldsymbol{\Lambda})^n\boldsymbol{v}'(0) \tag{2.4.20}$$

式(2.4.20)的展开形式与式(2.2.44)类似

$$\begin{cases} E[v_0'(n+1)]=(1-2\mu\lambda_0)^n v_0'(n) \\ E[v_1'(n+1)]=(1-2\mu\lambda_1)^n v_1'(n) \\ \qquad\vdots \\ E[v_L'(n+1)]=(1-2\mu\lambda_L)^n v_L'(n) \end{cases} \tag{2.4.21}$$

当自适应滤波器的输入信号自相关矩阵有零特征值时,自相关矩阵是奇异的,自适应滤波器权矢量的一个或多个元素将不会随着迭代次数的增加而衰减。例如,设 $\lambda_k=0$,则由式(2.4.21)得到

$$E[v_k'(n+1)]=v_k'(0)$$

即用主轴坐标系表示的权矢量的第 k 个元素恒等于初始值,不随迭代次数的增加衰减到 0。这意味着,权矢量 $\boldsymbol{w}$ 的第 k 个元素 $w_k(n)$ 不收敛到最优值而变得发散。这种情况经常遇到,例如,在用自适应滤波器做系统辨识时,本来最合适的输入信号是白噪声,因为白噪声有最平坦的谱,即它含有最丰富的频谱成分;但是,如果输入信号是频谱成分贫乏的信号,那么,FIR 自适应滤波器的一个或多个支路可能是无激励的,因此,在迭代过程中,权矢量中的一个或多个元素可能趋向无穷大,这意味着 LMS 算法不收敛或发散。为了避免出现这种情况,将传统 LMS 算法的代价函数(平方误差函数)修改为

$$\xi(n)=e^2(n)+\gamma\boldsymbol{w}^{\mathrm{T}}(n)\boldsymbol{w}(n) \tag{2.4.22}$$

即增加一个"罚函数项" $\gamma\boldsymbol{w}^{\mathrm{T}}(n)\boldsymbol{w}(n)$。式中,常数 $0<\gamma\ll1$,意味着在搜索最小代价函数的过程中,用罚函数项削弱大数值 $\boldsymbol{w}^{\mathrm{T}}(n)\boldsymbol{w}(n)$ 的影响,从而自动避开对应大数值 $\|\boldsymbol{w}(n)\|$ 的解。常数 γ 起着控制 $\boldsymbol{w}^{\mathrm{T}}(n)\boldsymbol{w}(n)$ 的削弱程度的作用,当 $\gamma=0$ 时,泄漏 LMS 算法还原为传统 LMS 算法。

泄漏 LMS 算法以式 (2.4.22)作为代价函数,因此,相应的梯度估计为

$$\begin{aligned}\hat{\boldsymbol{\nabla}}(n)&=\frac{\partial\xi(n)}{\partial\boldsymbol{w}(n)}=2e(n)\frac{\partial e(n)}{\partial\boldsymbol{w}(n)}+2\gamma\boldsymbol{w}(n)=-2e(n)\frac{\partial y(n)}{\partial\boldsymbol{w}(n)}+2\gamma\boldsymbol{w}(n)\\&=-2e(n)\boldsymbol{x}(n)+2\gamma\boldsymbol{w}(n)\end{aligned} \tag{2.4.23}$$

将式(2.4.23)与式(2.3.1)进行对比,可以看出泄漏 LMS 算法的梯度估计相对于传统 LMS 算法的梯度估计增加了 $2\gamma\boldsymbol{w}(n)$。将式(2.4.23)代入式(2.2.40),得到泄漏 LMS 算法的权矢

量更新公式为

$$w(n+1)=(1-2\mu\gamma)w(n)+2\mu e(n)x(n) \tag{2.4.24}$$

定义泄漏因子

$$v=1-2\mu\gamma \tag{2.4.25}$$

式(2.4.24)简化表示为

$$w(n+1)=vw(n)+2\mu e(n)x(n) \tag{2.4.26}$$

当泄漏因子 $v=1$ 时，式(2.4.26)还原为传统 LMS 算法的权矢量更新公式(2.2.40)。从式(2.4.26)可以看出，当 $e(n)=0$ 或 $\boldsymbol{x}(n)=\boldsymbol{0}$ 时，$\boldsymbol{w}(n)$将以速率 $\boldsymbol{w}(n)=v^n\boldsymbol{w}(0)$ "泄漏"为零。注意，前面说过，泄漏 LMS 算法通常选择 $0<\gamma\ll 1$，所以"泄漏"为零的速度非常快。但是，由于代价函数中引入了罚函数项，所以收敛后的超量均方误差将增大。可以证明，泄漏 LMS 算法的超量均方误差正比于 $(1-v)^2/\mu^2$，所以，为了保证收敛后的超量均方误差尽可能小，必须选择

$$\frac{(1-v)^2}{\mu^2}\ll 1 \tag{2.4.27}$$

考虑到式(2.4.25)、式(2.4.27)等效于

$$4\gamma^2\ll 1 \quad 或 \quad \gamma\ll 0.5 \tag{2.4.28}$$

值得注意的是，由于自适应滤波器的输出 $y(n)=\boldsymbol{w}^{\mathrm{T}}(n)\boldsymbol{x}(n)$，所以限制 $\boldsymbol{w}^{\mathrm{T}}(n)\boldsymbol{w}(n)$的大小也限制了自适应滤波器输出的大小。这一点在某些应用中可以加以利用，例如，当$y(n)$很大时，有可能使扬声器过载造成声音失真，如果采用泄漏 LMS 算法的自适应滤波器，就可以控制有源噪声。

例 2.4.3　参看图 2.1.4 所示的利用自适应滤波器进行信号预测的原理图。已知被预测信号是两个正弦信号和噪声的混合

$$x(n)=2\sin\left(\frac{\pi}{12}n\right)+3\cos\left(\frac{\pi}{4}n\right)+v(n)$$

其中，$v(n)$是在区间[−0.2,0.2]内均匀分布的白噪声。设预测提前量 $p=10$，FIR 自适应滤波器的阶 $L=20$，采用泄漏 LMS 算法，步长参数 $\mu=0.002$。

(1) 为了使收敛后的超量均方误差尽可能小，确定适当的泄漏因子。

(2) 编写 MATLAB 程序，画出被预测信号 $x(n)$、预测结果(即自适应滤波器的输出信号)$y(n)$和预测误差的平方值$e^2(n)$的图形。

(3) 判断自适应滤波器何时收敛，观察并比较收敛后 $y(n)$与 $x(n)$的图形。

解　(1) 为了使收敛后的超量均方误差尽可能小，应根据式(2.4.27)选择 $\gamma\ll 0.5$，现选择 $\gamma=0.05$，因此泄漏因子 $v=1-2\mu\gamma=1-2\times 0.002\times 0.05=0.9998$。

(2) MATLAB 程序如下：

```
L=20; mu=0.002; p=10; c=0.2;
% Construct input and desired output
N=100; n=[0:N-1]'; v=-c+2*c*rand(N,1);
x=2*sin(2*pi*n/24)+3*cos(2*pi*n/8)+v; d=x;
x_p=zeros(size(x)); x_p(p+1:N)=x(1:N-p);
% Leaky LMS method
gama=0.05; nu=1-2*mu*gama; w=zeros (L+1,1);
theta=zeros(L+1,1); e=zeros(N,1); q=x_p(:);
```

```
for k=1:N
  if k< (L+1)
      theta(1:k)=q(k:-1:1);
  else
      theta=q(k:-1:k-L);
  end
  e(k)=d(k)-w' * theta;
  w=nu * w+2 * mu * e(k) * theta;
end
% figures
subplot(3,1,1)
fill ([N-50 N N N-50],[-5 -5 5 5],'c')
hold on
stem (n,x,'filled','.');
xlabel('n'); ylabel('x(n)');
subplot (3,1,2)
y=filter(w,1,x);
fill ([N-50-p N-p N-p N-50-p],[-5 -5 5 5],'c')
hold on
stem (n,y,'filled','.')
xlabel('n'); ylabel('y(n)');
axis ([0,N,-5,5])
subplot(3,1,3)
stem (n(1:N-p),e(1:N-p).^2,'filled','.')
xlabel('n'); ylabel('e^2(n)');
```

运行以上程序,画出图 2.4.5 所示的被预测信号 $x(n)$、预测结果 $y(n)$和预测误差的平方值 $e^2(n)$的图形。

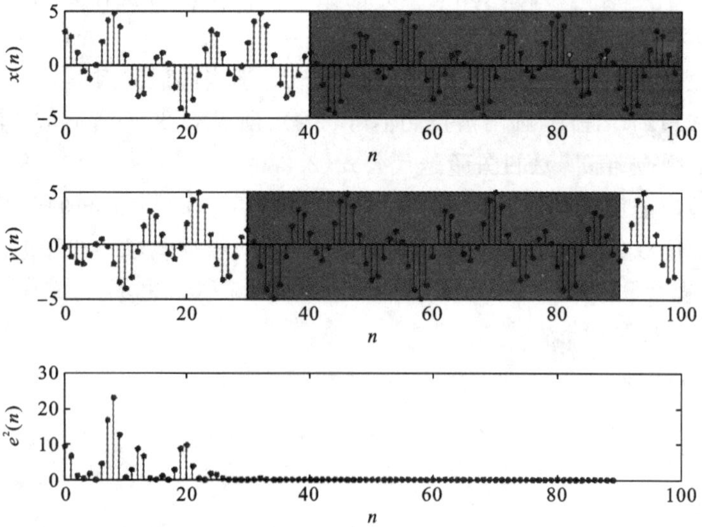

图 2.4.5　例 2.4.3 的被预测信号、预测结果和预测误差的平方值的图形

(3) 根据图 2.4.5 中 $e^2(n)$的图形可以判断大约经过 30 次迭代后收敛。观察收敛后$x(n)$

和 $y(n)$ 的图形，如图 2.4.5 中阴影所示，可以看出预测结果与被预测信号的近似度很高。

2.4.4　符号 LMS 算法

LMS 算法的优点是计算效率高，但是在高速数字通信等应用中，这种效率仍然不能满足要求。为此，人们提出了进一步提高 LMS 算法计算效率的一些方法，其中最简单的是符号 LMS 算法。符号 LMS 算法的核心思想是在 LMS 算法的权矢量更新公式中，将误差或数据（或者二者同时）用符号函数表示，即

$$w(n+1)=w(n)+2\mu \operatorname{sgn}[e(n)]x(n) \tag{2.4.29}$$

或

$$w(n+1)=w(n)+2\mu e(n)\operatorname{sgn}[x(n)] \tag{2.4.30}$$

或

$$w(n+1)=w(n)+2\mu \operatorname{sgn}[e(n)]\operatorname{sgn}[x(n)] \tag{2.4.31}$$

式中，sgn[ ]是符号函数，例如，符号误差定义为

$$\operatorname{sgn}[e(n)]=\begin{cases}1, & e(n)>0\\ 0, & e(n)=0\\ -1, & e(n)<0\end{cases} \tag{2.4.32}$$

从式(2.4.32)可以看出，符号误差实际上就是对误差进行两电平量化的结果。在式(2.4.29)表示的符号误差 LMS 算法的权矢量更新公式中，如果选择步长等于 2 的幂，即 $\mu=2^{-l}$，那么进行迭代运算时，等式右端第二项（校正项）就只需进行 $L+1$ 次移位而不是乘法运算，因此运算量相比传统 LMS 算法显著减小。与传统 LMS 算法相似，符号误差 LMS 算法对梯度的估计也含有噪声。式(2.4.29)用误差的符号取代误差本身，仅改变校正项的大小而没有改变校正项的方向，因此，符号误差 LMS 算法与步长反比于误差大小的 LMS 算法等效。

有意思的是，符号误差 LMS 算法的权矢量更新公式(2.4.29)也可以用误差绝对值作为代价函数推导出来。具体来说，如果令 $\xi(n)=|e(n)|$，则有

$$\frac{\partial|e(n)|}{\partial w_k(n)}=\operatorname{sgn}[e(n)]\frac{\partial e(n)}{\partial w_k(n)}=\operatorname{sgn}[e(n)]x(n-k)$$

由此得到梯度矢量

$$\boldsymbol{\nabla}(n)=\operatorname{sgn}[e(n)]\boldsymbol{x}(n)$$

将该梯度矢量代入最陡下降法权矢量迭代公式(2.2.40)，便得到式(2.4.29)。因此，有时候把符号误差 LMS 算法称为最小平均绝对值算法或 LMAV(Least Mean Absolute Value)算法。

用数据的符号 $\operatorname{sgn}[\boldsymbol{x}(n)]$ 取代数据 $\boldsymbol{x}(n)$ 本身，得到式 (2.4.29)表示的符号数据 LMS 算法。与符号误差 LMS 算法不同，符号数据 LMS 算法不仅改变了校正项的大小，而且改变了校正项的方向，因此，符号数据 LMS 算法的数据稳健性比符号误差 LMS 算法的差。事实上，已经有人得出过这样的结论：采用传统 LMS 算法能够收敛的自适应滤波器，如果改用符号数据 LMS 算法，反而使滤波器的一些系数发散。

数据矢量的符号也是一个矢量，称为数据符号矢量，它的第 k 个系数可以表示成

$$\operatorname{sgn}[x(n-k)]=\frac{x(n-k)}{|x(n-k)|}$$

因此，由式(2.4.30)可以得出

$$w_k(n+1)=w_k(n)+2\frac{\mu}{|x(n-k)|}e(n)x(n-k)$$

这意味着，在迭代计算权矢量的每个系数时，分别用 $|x(n-k)|$ 对步长归一化（我们记得，归一化 LMS 算法是用 $\|x(n)\|^2$ 进行归一化的）。因此，符号数据 LMS 算法实际上是一种时变步长 LMS 算法，对于权矢量的每个系数分别采用不同的步长。

误差和数据同时用它们的符号函数取代，得到式（2.4.31）表示的符号误差-符号数据 LMS 算法。显然，这种算法实际上按照下式进行迭代运算

$$w_k(n+1)=w_k(n)\pm 2\mu$$

即用增加或减小 2μ 的方式进行迭代，增加或减小运算由误差和数据的符号共同决定。符号误差-符号数据 LMS 算法的收敛速度一般比传统 LMS 算法的慢，而且收敛后的超量均方误差大。

2.5　IIR 递推结构自适应滤波器的 LMS 算法

前面讨论过的有限冲激响应（FIR）自适应滤波器具有线性组合器或横向滤波器结构，它们虽然有着结构简单和实现容易的优点，但当阶数很高时也存在着计算量大的缺点。在实际应用中常需采用阶数很高的 FIR 滤波器，这时若能改用 IIR 递推结构，阶数可以显著降低。而在某些应用中，则必须使用 IIR 滤波器。例如，某些通信信道等效于一个 FIR 滤波器，其传输函数设为 $P(z)$。在接收端为了补偿信道中由多径效应引起的信号失真，常设计一个传输函数为 $P^{-1}(z)$ 的自适应滤波器，显然它是一个 IIR 自适应滤波器。又如，一个强谐振系统在任何输入信号激励下都能得到正弦或接近正弦的输出。为了建立这种系统的模型，若用线性组合自适应滤波器，则必须有很高的阶，但若用 IIR 递推结构，那么通常只需低阶（如二阶）就够了。因此，人们希望把对 FIR 自适应滤波器的研究推广到 IIR 滤波器。

图 2.5.1 所示的是 IIR 自适应滤波器的原理图。图中输入信号矢量 $\boldsymbol{x}(n)$ 可以是单输入的，也可以是多输入的。单输入情况下，IIR 滤波器的差分方程为

$$y(n)=\sum_{l=0}^{L}a_l x(n-l)+\sum_{l=1}^{L}b_l y(n-l) \tag{2.5.1}$$

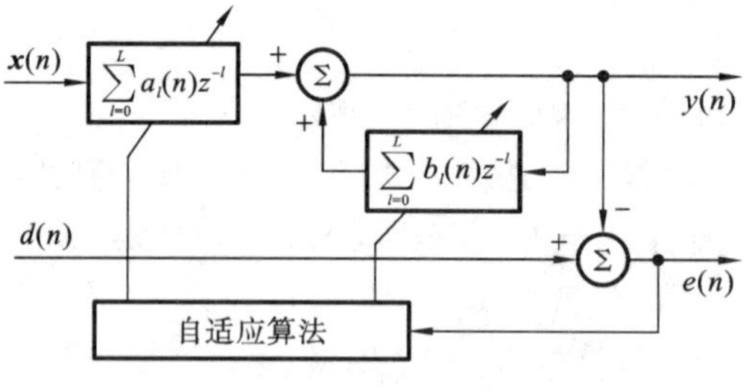

图 2.5.1　IIR 自适应滤波器原理图

定义复合权矢量 $\boldsymbol{w}(n)$ 和复合数据矢量 $\boldsymbol{u}(n)$ 如下：

$$\boldsymbol{w}(n)=[a_0(n)\quad a_1(n)\quad \cdots\quad a_L(n)\quad b_1(n)\quad \cdots\quad b_L(n)]^{\mathrm{T}} \tag{2.5.2}$$

$$\boldsymbol{u}(n)=[x(n)\quad x(n-1)\quad \cdots\quad x(n-L)\quad y(n-1)\quad \cdots\quad y(n-L)]^{\mathrm{T}} \tag{2.5.3}$$

于是，式(2.5.1)可写成矢量形式

$$y(n)=\boldsymbol{w}^{\mathrm{T}}(n)\boldsymbol{u}(n)=\boldsymbol{u}^{\mathrm{T}}(n)\boldsymbol{w}(n) \tag{2.5.4}$$

误差为

$$e(n)=d(n)-y(n)=d(n)-\boldsymbol{w}^{\mathrm{T}}(n)\boldsymbol{u}(n)=d(n)-\boldsymbol{u}^{\mathrm{T}}(n)\boldsymbol{w}(n) \tag{2.5.5}$$

式(2.5.5)与自适应线性组合器的误差公式(2.2.7)的主要区别是 $\boldsymbol{w}(n)$ 和 $\boldsymbol{u}(n)$ 具有不同的定义。

与 FIR 自适应滤波器的 LMS 算法类似，梯度仍用式(2.3.1)来近似，但 $e(n)$ 由式(2.5.5)确定。梯度估计为

$$\hat{\boldsymbol{\nabla}}=\frac{\partial e^2(n)}{\partial \boldsymbol{w}(n)}=2e(n)\frac{\partial e(n)}{\partial \boldsymbol{w}(n)}=2e(n)\left[\frac{\partial e(n)}{\partial a_0(n)}\quad\cdots\quad\frac{\partial e(n)}{\partial a_L(n)}\quad\frac{\partial e(n)}{\partial b_1(n)}\quad\cdots\quad\frac{\partial e(n)}{\partial b_L(n)}\right]^{\mathrm{T}}$$

$$=-2e(n)\left[\frac{\partial y(n)}{\partial a_0(n)}\quad\cdots\quad\frac{\partial y(n)}{\partial a_L(n)}\quad\frac{\partial y(n)}{\partial b_1(n)}\quad\cdots\quad\frac{\partial y(n)}{\partial b_L(n)}\right]^{\mathrm{T}} \tag{2.5.6}$$

令

$$\alpha_k(n)=\frac{\partial y(n)}{\partial a_k},\quad \beta_k(n)=\frac{\partial y(n)}{\partial b_k}$$

由式(2.5.1)得

$$\alpha_k(n) = x(n-k) + \sum_{l=1}^{L} b_l\alpha_k(n-l) \tag{2.5.7}$$

$$\beta_k(n) = y(n-k) + \sum_{l=1}^{L} b_l\beta_k(n-l) \tag{2.5.8}$$

于是，式(2.5.6)写成

$$\hat{\boldsymbol{\nabla}}(n)=-2e(n)[\alpha_0(n)\quad\cdots\quad\alpha_L(n)\quad\beta_1(n)\quad\cdots\quad\beta_L(n)]^{\mathrm{T}} \tag{2.5.9}$$

迭代调整权矢量的公式现在为

$$\boldsymbol{w}(n+1)=\boldsymbol{w}(n)-\boldsymbol{M}\hat{\boldsymbol{\nabla}}(n) \tag{2.5.10}$$

这里用对角矩阵 $\boldsymbol{M}$ 代替了自适应步长 μ，即

$$\boldsymbol{M}=\mathrm{diag}[\underbrace{\mu\quad\cdots\quad\mu}_{L+1\text{个}}\quad v_1\quad\cdots\quad v_L] \tag{2.5.11}$$

由于现在性能曲面是非二次的，因此，对应于每个权系数 a_k 有一个收敛参数 μ，对应于每个权系数 b_l 有一个收敛参数 v，$L+1$ 个 μ 是相同的，L 个 v 各不相同。这些收敛参数可以是时变的。于是，将 IIR 自适应滤波器的 LMS 算法总结如下：

$$\begin{cases} y(n) = \boldsymbol{w}^{\mathrm{T}}(n)\boldsymbol{u}(n) \\ \alpha_k(n) = x(n-k) + \sum_{l=1}^{L} b_l(n)\alpha_k(n-l), \quad 0\leqslant k\leqslant L \\ \beta_k(n) = y(n-k) + \sum_{l=1}^{L} b_l(n)\beta_k(n-l), \quad 1\leqslant k\leqslant L \\ \hat{\boldsymbol{\nabla}}(n) =- 2[d(n)-y(n)][\alpha_0(n)\quad\cdots\quad\alpha_L(n)\quad\beta_1(n)\quad\cdots\quad\beta_l(n)]^{\mathrm{T}} \\ \boldsymbol{w}(n+1) = \boldsymbol{w}(n) - \boldsymbol{M}\hat{\boldsymbol{\nabla}}(n) \end{cases} \tag{2.5.12}$$

式中，α 和 β 的初始值除非已知，一般都设为零。

令

$$B_n(z) = \sum_{l=1}^{L} b_l(n)z^{-l} \tag{2.5.13}$$

则式(2.5.12)中第二个方程与第三个方程所对应的传输函数都可表示为

$$H(z)=\frac{z^{-k}}{1-B_n(z)} \tag{2.5.14}$$

图 2.5.2 是第二个方程用传输函数 $H(z)$ 来表示的示意图。对于第三个方程来说，该图

的输入和输出应分别改成 $y(n)$和 $\beta_k(n)$。整个 IIR 自适应滤波器的结构如图 2.5.3 所示,图中 $A_n(z)$定义为

$$A_n(z) = \sum_{l=0}^{L} a_l(n) z^{-l}$$

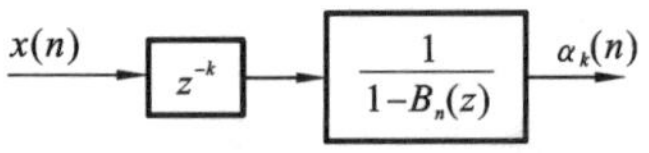

图 2.5.2 式(2.5.14)表示的传输函数

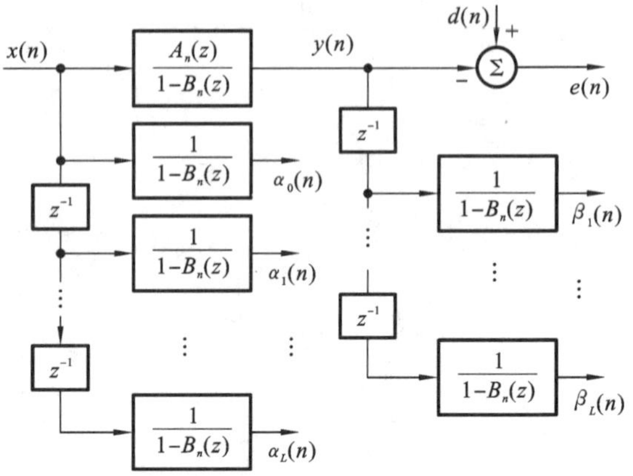

图 2.5.3 IIR 自适应滤波器结构

IIR 自适应滤波器的主要优点是可以大幅度减少计算量,并具有谐振和锐截止特性。但它也有如下缺点。

(1) 由于递归结构存在着反馈支路,故在自适应过程中有可能使极点移到单位圆外,从而使滤波器失去稳定。

(2) 它的性能曲面一般是高于二次的曲面,有可能存在一些局部极小值,因而搜索全局极小值的工作变得复杂和困难。

为了克服第一个缺点,必须采取措施限制滤波器参数的取值范围。克服第二个缺点的办法是寻求好的自适应算法,以便在复杂的性能曲面上能够正确搜索全局最低点。已有人证明,具有足够多零点和极点的自适应递归滤波器,其性能曲面可以是单模的,而不是多模的。这意味着,增加权系数的个数能够移去性能曲面的局部极小值。

2.6 递归最小二乘方(RSL)算法

前面讨论的自适应滤波器算法,均以均方误差最小化为目标

$$\xi(n) = E[e^2(n)] = \min$$

那些算法的困难在于需要知道输入过程的自相关 $E[x(n)x(n-m)]$和输入与期望输出的互相关 $E[d(n)x(n-m)]$,而实际中一般不知道这些统计量,所以不得不根据输入数据和期望输出对 $\xi(n)$进行估计。例如,LMS 算法用平方误差的瞬时值$e^2(n)$作为 $\xi(n)$的估计,本节讨论的 RSL 算法则用累积加权平方误差作为 $\xi(n)$的估计。

下面推导 RSL 算法。图 2.6.1 是自适应滤波器原理图。其中,$d(i)$是期望信号,$x(i)$ 是输入数据,$i=1,2,\cdots,n$;自适应滤波器在 n 时刻的系数用$w_k(n)$表示,$k=1,2,\cdots,m$;RSL 算法的目标,是用迭代计算方法求取一组最优的系数$w_k(n)$,使下式定义的累积加权平方误差最小

$$\xi(n) = \sum_{i=1}^{n} \gamma^{n-i} e^2(i) + \delta \gamma^n \mathbf{w}^{\mathrm{T}} \mathbf{w}, \quad n \geqslant 1 \tag{2.6.1}$$

式中,指数加权因子 $0<\gamma\leqslant 1$ 称为遗忘因子,其作用是减小过去的误差对代价函数 $\xi(n)$ 的影响,使越远的误差所造成的影响越小。式(2.6.1)中的第 2 项是调整项,其作用类似于泄漏 LMS 算法中的"罚函数项"(式(2.4.22)),即避开趋向于无穷大的 $\boldsymbol{w}^{\mathrm{T}}\boldsymbol{w}$ 值,从而使算法更稳定;调整参数 $\delta>0$。如果取 $\lambda=0$ 和 $\delta=0$,则平方误差未经加权进行累积,而且未对大数值的 $\boldsymbol{w}^{\mathrm{T}}\boldsymbol{w}$ 进行调整,这种情况对应于用 n 时刻以前(含 n 时刻)的平方误差的时间平均作为 $\xi(n)$ 的估计。

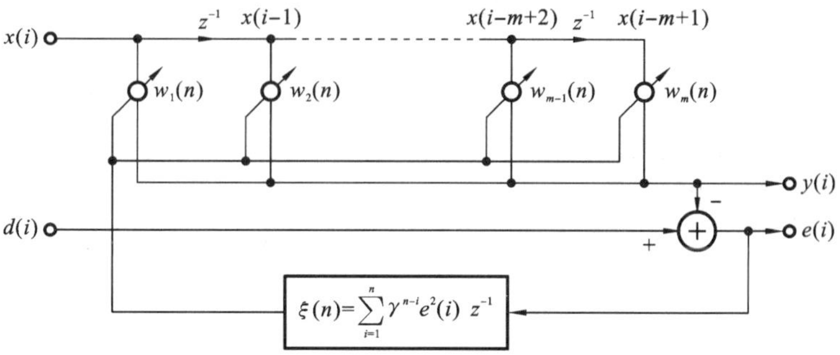

图 2.6.1　自适应滤波器原理图

滤波器的输出为

$$y(i)=\boldsymbol{w}^{\mathrm{T}}\boldsymbol{x}(i),\quad i=1,2,\cdots,n \tag{2.6.2}$$

式中,权矢量 $\boldsymbol{w}$ 和输入信号矢量 $\boldsymbol{x}(i)$ 分别定义为

$$\boldsymbol{w}=[w_1(n)\quad w_2(n)\quad \cdots\quad w_m(n)]^{\mathrm{T}} \tag{2.6.3}$$

$$\boldsymbol{x}(i)=[x(i)\quad x(i-1)\quad \cdots\quad x(i-m+1)]^{\mathrm{T}},\quad i=1,2,\cdots,n \tag{2.6.4}$$

用 $y(i)$ 作为 $d(i)$ 的估计,产生误差信号

$$e(i)=d(i)-y(i)=d(i)-\boldsymbol{w}^{\mathrm{T}}\boldsymbol{x}(i),\quad i=1,2,\cdots,n \tag{2.6.5}$$

从式(2.6.2)、式(2.6.5)和式(2.6.1)可以看出,在对 $\xi(n)$ 进行最小化时,在 $[1,n]$ 整个时间段内,滤波器一直保持为最新的权矢量 $\boldsymbol{w}$ 不变。为了求取使 $\xi(n)$ 最小的权矢量 $\boldsymbol{w}$,将式(2.6.5)代入式(2.6.1),得到

$$\begin{aligned}
\xi(n) &= \sum_{i=1}^{n}\gamma^{n-i}[d(i)-\boldsymbol{w}^{\mathrm{T}}\boldsymbol{x}(i)]^2+\delta\gamma^n\boldsymbol{w}^{\mathrm{T}}\boldsymbol{w}\\
&= \sum_{i=1}^{n}\gamma^{n-i}\{d^2(i)-2d(i)\boldsymbol{w}^{\mathrm{T}}\boldsymbol{x}(i)+[\boldsymbol{w}^{\mathrm{T}}\boldsymbol{x}(i)]^2\}+\delta\gamma^n\boldsymbol{w}^{\mathrm{T}}\boldsymbol{w}\\
&= \sum_{i=1}^{n}\gamma^{n-i}[d^2(i)-2\boldsymbol{w}^{\mathrm{T}}d(i)\boldsymbol{x}(i)]+\sum_{i=1}^{n}\gamma^{n-i}\boldsymbol{w}^{\mathrm{T}}\boldsymbol{x}(i)[\boldsymbol{x}^{\mathrm{T}}(i)\boldsymbol{w}]+\delta\gamma^n\boldsymbol{w}^{\mathrm{T}}\boldsymbol{w}\\
&= \sum_{i=1}^{n}\gamma^{n-i}[d^2(i)-2\boldsymbol{w}^{\mathrm{T}}d(i)\boldsymbol{x}(i)]+\boldsymbol{w}^{\mathrm{T}}\left[\sum_{i=1}^{n}\gamma^{n-i}\boldsymbol{x}(i)\boldsymbol{x}^{\mathrm{T}}(i)+\delta\gamma^n\boldsymbol{I}\right]\boldsymbol{w}
\end{aligned} \tag{2.6.6}$$

定义广义自相关矩阵和广义互相关矢量

$$\boldsymbol{R}(n)=\sum_{i=1}^{n}\gamma^{n-i}\boldsymbol{x}(i)\boldsymbol{x}^{\mathrm{T}}(i)+\delta\gamma^n\boldsymbol{I} \tag{2.6.7}$$

和

$$\boldsymbol{P}(n)=\sum_{i=1}^{n}\gamma^{n-i}d(i)\boldsymbol{x}(i) \tag{2.6.8}$$

式(2.6.6)进一步简化为

$$\xi(n)=\sum_{i=1}^{n}\gamma^{n-i}d^2(i)-2\boldsymbol{w}^{\mathrm{T}}\boldsymbol{P}(n)+\boldsymbol{w}^{\mathrm{T}}\boldsymbol{R}(n)\boldsymbol{w} \tag{2.6.9}$$

求 $\xi(n)$ 对 $w_k(n)(k=1,2,\cdots,m)$ 的偏导数，令偏导数等于0，得方程组

$$\boldsymbol{R}(n)\boldsymbol{w}=\boldsymbol{P}(n) \tag{2.6.10}$$

解该方程组，得到

$$\boldsymbol{w}(n)=\boldsymbol{R}^{-1}(n)\boldsymbol{P}(n)=\boldsymbol{T}(n)\boldsymbol{P}(n) \tag{2.6.11}$$

由于 $\boldsymbol{R}(n)$ 和 $\boldsymbol{P}(n)$ 是 n 的函数，所以在式(2.6.11)中也明确将解 $\boldsymbol{w}$ 表示成 n 的函数。此外，为了简化符号，式中用 $\boldsymbol{T}(n)$ 表示逆矩阵 $\boldsymbol{R}^{-1}(n)$。

为了减小式(2.6.11)的计算量，需将其写成递归计算的形式，即在第 $n-1$ 次迭代结果 $\boldsymbol{w}(n-1)$ 的基础上加上一个校正项来直接得到 $\boldsymbol{w}(n)$。为此，需先将式(2.6.7)和式(2.6.8)写成迭代计算的形式。由式(2.6.7)推导广义自相关矩阵的迭代计算公式

$$\begin{aligned}\boldsymbol{R}(n) &= \gamma\Big[\sum_{i=1}^{n}\gamma^{n-i-1}\boldsymbol{x}(i)\boldsymbol{x}^{\mathrm{T}}(i)+\delta\gamma^{n-1}\boldsymbol{I}\Big]\\ &= \gamma\Big[\sum_{i=1}^{n-1}\gamma^{n-i-1}\boldsymbol{x}(i)\boldsymbol{x}^{\mathrm{T}}(i)+\delta\gamma^{n-1}\boldsymbol{I}\Big]+\boldsymbol{x}(n)\boldsymbol{x}^{\mathrm{T}}(n)\\ &= \gamma\boldsymbol{R}(n-1)+\boldsymbol{x}(n)\boldsymbol{x}^{\mathrm{T}}(n), \quad n\geqslant 1\end{aligned} \tag{2.6.12}$$

为迭代计算式(2.6.12)，首先要赋予 $\boldsymbol{R}(n)$ 一个初始值。若输入信号 $\boldsymbol{x}(n)$ 是因果的，则根据式(2.6.7)可得出初始值 $\boldsymbol{R}(0)=\delta\boldsymbol{I}$。与式(2.6.12)的推导过程类似，由式(2.6.8)可推导出广义互相关矢量的迭代计算公式

$$\boldsymbol{P}(n)=\gamma\boldsymbol{P}(n-1)+d(n)\boldsymbol{x}(n), \quad n\geqslant 1 \tag{2.6.13}$$

虽然用式(2.6.12)和式(2.6.13)迭代计算 $\boldsymbol{R}(n)$ 和 $\boldsymbol{P}(n)$ 能够大幅度减少计算量，但是如果把它们代入式(2.6.10)，用解方程的方法求解 $\boldsymbol{w}(n)$，那么需要的计算量其数量级是 $o(m^3)$，这是很大的计算负担。如果直接利用式(2.6.11)来得到 $\boldsymbol{w}(n)$，那么需要计算 $\boldsymbol{R}(n)$ 的逆矩阵。求式(2.6.12)表示的 $\boldsymbol{R}(n)$ 的逆矩阵，可以利用下列矩阵求逆恒等式

$$(\boldsymbol{A}+\boldsymbol{BCD})^{-1}=\boldsymbol{A}^{-1}-\boldsymbol{A}^{-1}\boldsymbol{B}(\boldsymbol{C}^{-1}+\boldsymbol{DA}^{-1}\boldsymbol{B})^{-1}\boldsymbol{DA}^{-1} \tag{2.6.14}$$

式中，$\boldsymbol{A}$ 和 $\boldsymbol{C}$ 为非奇异方阵。令 $\boldsymbol{A}=\gamma\boldsymbol{R}(n-1)$，$\boldsymbol{B}=\boldsymbol{x}(n)$，$\boldsymbol{C}=1$，$\boldsymbol{D}=\boldsymbol{x}^{\mathrm{T}}(n)$，代入式(2.6.14)，得到

$$\boldsymbol{R}^{-1}(n)=\frac{1}{\gamma}\left[\boldsymbol{R}^{-1}(n-1)-\frac{\boldsymbol{R}^{-1}(n-1)\boldsymbol{x}(n)\boldsymbol{x}^{\mathrm{T}}(n)\boldsymbol{R}^{-1}(n-1)}{\gamma+\boldsymbol{x}^{\mathrm{T}}(n)\boldsymbol{R}^{-1}(n-1)\boldsymbol{x}(n)}\right] \tag{2.6.15}$$

或

$$\boldsymbol{T}(n)=\frac{1}{\gamma}\left[\boldsymbol{T}(n-1)-\frac{\boldsymbol{T}(n-1)\boldsymbol{x}(n)\boldsymbol{x}^{\mathrm{T}}(n)\boldsymbol{T}(n-1)}{\gamma+\boldsymbol{x}^{\mathrm{T}}(n)\boldsymbol{T}(n-1)\boldsymbol{x}(n)}\right] \tag{2.6.16}$$

令

$$\boldsymbol{k}(n)=\frac{\gamma^{-1}\boldsymbol{T}(n-1)\boldsymbol{x}(n)}{1+\gamma^{-1}\boldsymbol{x}^{\mathrm{T}}(n)\boldsymbol{T}(n-1)\boldsymbol{x}(n)} \tag{2.6.17}$$

利用式(2.6.17)将式(2.6.16)写成更简化的形式

$$\boldsymbol{T}(n)=\gamma^{-1}\boldsymbol{T}(n-1)-\gamma^{-1}\boldsymbol{k}(n)\boldsymbol{x}^{\mathrm{T}}(n)\boldsymbol{T}(n-1) \tag{2.6.18}$$

这就是自相关矩阵的逆矩阵的迭代计算公式。

式(2.6.17)定义的 $\boldsymbol{k}(n)$ 也可以用 $\boldsymbol{T}(n)$ 来表示，为此将式(2.6.17)写成下列形式

$$\boldsymbol{k}(n)[1+\gamma^{-1}\boldsymbol{x}^{\mathrm{T}}(n)\boldsymbol{T}(n-1)\boldsymbol{x}(n)]=\gamma^{-1}\boldsymbol{T}(n-1)\boldsymbol{x}(n)$$

或

$$\boldsymbol{k}(n)=[\gamma^{-1}\boldsymbol{T}(n-1)-\gamma^{-1}\boldsymbol{k}(n)\boldsymbol{x}^{\mathrm{T}}(n)\boldsymbol{T}(n-1)]\boldsymbol{x}(n) \tag{2.6.19}$$

将式(2.6.18)代入式(2.6.19)，便得到用 $\boldsymbol{T}(n)$ 表示 $\boldsymbol{k}(n)$ 的非常简单的关系式

$$\boldsymbol{k}(n)=\boldsymbol{T}(n)\boldsymbol{x}(n) \tag{2.6.20}$$

下面推导更新权矢量的递归计算公式。首先将式(2.6.13)代入式(2.6.11)，得

$$\boldsymbol{w}(n)=\gamma\boldsymbol{T}(n)\boldsymbol{P}(n-1)+d(n)\boldsymbol{T}(n)\boldsymbol{x}(n) \tag{2.6.21}$$

再将式(2.6.18)代入式(2.6.21)右边的第一项，得

$$\boldsymbol{w}(n)=\boldsymbol{T}(n-1)\boldsymbol{P}(n-1)-\boldsymbol{k}(n)\boldsymbol{x}^{\mathrm{T}}(n)\boldsymbol{T}(n-1)\boldsymbol{P}(n-1)+d(n)\boldsymbol{T}(n)\boldsymbol{x}(n) \tag{2.6.22}$$

考虑到 $\boldsymbol{T}(n-1)\boldsymbol{P}(n-1)=\boldsymbol{w}(n-1)$ 和式(2.6.20)，式(2.6.22)可简化为

$$\boldsymbol{w}(n)=\boldsymbol{w}(n-1)-\boldsymbol{k}(n)\boldsymbol{x}^{\mathrm{T}}(n)\boldsymbol{w}(n-1)+\boldsymbol{k}(n)d(n) \tag{2.6.23}$$

定义

$$e(n|n-1)=d(n)-\boldsymbol{x}^{\mathrm{T}}(n)\boldsymbol{w}(n-1) \tag{2.6.24}$$

表示用 $n-1$ 时刻的权矢量估计 n 时刻的期望输出 $d(n)$ 的估计误差。将式(2.6.24)代入式(2.6.23)，最后得到

$$\boldsymbol{w}(n)=\boldsymbol{w}(n-1)+e(n|n-1)\boldsymbol{k}(n) \tag{2.6.25}$$

图 2.6.2 是式(2.6.25)的计算流程图。可以看出，式(2.6.25)和图 2.6.2 的迭代计算过程与卡尔曼滤波器的算法很类似，所以有时候将这种 RLS 算法称为自适应卡尔曼算法。

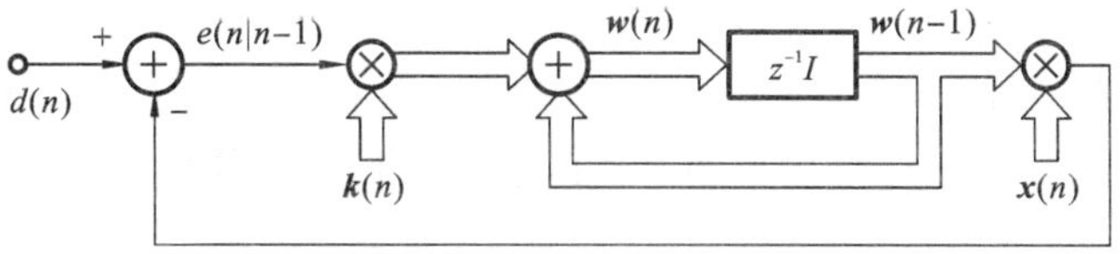

图 2.6.2　式(2.6.25)的计算流程图

需要指出，式(2.6.24)定义的估计误差 $e(n|n-1)$ 不同于式(2.6.5)定义的误差 $e(n)$，按照式(2.6.5)

$$e(n)=d(n)-y(n)=d(n)-\boldsymbol{w}^{\mathrm{T}}(n)\boldsymbol{x}(n)=d(n)-\boldsymbol{x}^{\mathrm{T}}(n)\boldsymbol{w}(n) \tag{2.6.26}$$

$e(n)$ 是用 n 时刻的权矢量估计 n 时刻的期望输出 $d(n)$ 造成的误差，估计时使用的是 n 时刻的权矢量 $\boldsymbol{w}(n)$，而不是 $n-1$ 时刻的权矢量 $\boldsymbol{w}(n-1)$。而 $e(n|n-1)$ 却是在更新权矢量之前，利用 $n-1$ 时刻的“旧的”权矢量 $\boldsymbol{w}(n-1)$ 和新的数据矢量 $\boldsymbol{x}(n)$，估计 $d(n)$ 时产生的误差，可以认为 $e(n|n-1)$ 是 $e(n)$ 的一个试探性的值。然而应当注意，RSL 算法寻找最优权矢量时所依据的代价函数仍然是以误差 $e(n)$ 为基础，而不是以 $e(n|n-1)$ 为基础。

从式(2.6.25)可以看出，当 $e(n|n-1)$ 很小时，说明当前的滤波器系数在最小二乘方的意义上已很接近于最优值，所以只需将一个小的校正值加到系数上。反之，如果 $e(n|n-1)$ 很大，则说明用当前的滤波器系数来估计 $d(n)$ 效果还不够好，所以必须用一个大校正值来对系数进行更新。

从式(2.6.17)和式(2.6.18)可以看出，计算 $\boldsymbol{T}(n)$ 和 $\boldsymbol{k}(n)$ 时都要用到以下乘积

$$\boldsymbol{z}(n)=\boldsymbol{T}(n-1)\boldsymbol{x}(n) \tag{2.6.27}$$

因此，如果先把这个乘积计算出来，然后将其代入式(2.6.17)和式(2.6.18)中，则可以进一步简化计算。即式(2.6.17)和式(2.6.18)分别简化为

$$\boldsymbol{k}(n)=\frac{\gamma^{-1}\boldsymbol{z}(n)}{1+\gamma^{-1}\boldsymbol{x}^{\mathrm{T}}(n)\boldsymbol{z}(n)}=\frac{\boldsymbol{z}(n)}{\gamma+\boldsymbol{x}^{\mathrm{T}}(n)\boldsymbol{z}(n)} \tag{2.6.28}$$

和

$$\boldsymbol{T}(n)=\gamma^{-1}[\boldsymbol{T}(n-1)-\boldsymbol{k}(n)\boldsymbol{z}^{\mathrm{T}}(n)] \tag{2.6.29}$$

由式(2.6.27)、式(2.6.28)、式(2.6.24)、式(2.6.25)和式(2.6.29)构成的自适应滤波器的 RLS 算法总结在表 2.6.1 中。

表 2.6.1　自适应滤波器的 RLS 算法

参数：m=滤波器系数个数 γ=遗忘因子 δ=调整参数	运　算　量	
初始化：$\boldsymbol{w}(0)=\boldsymbol{0}$ $\boldsymbol{T}(0)=\delta^{-1}\boldsymbol{I}$	乘法次数	加法次数
计算公式：$n=1,2,\cdots$，递归计算		
$\boldsymbol{z}(n)=\boldsymbol{T}(n-1)\boldsymbol{x}(n)$	m^2	$m-1$
$\boldsymbol{k}(n)=\dfrac{\boldsymbol{z}(n)}{\gamma+\boldsymbol{x}^{\mathrm{T}}(n)\boldsymbol{z}(n)}$	m	m
$e(n\|n-1)=d(n)-\boldsymbol{x}^{\mathrm{T}}(n)\boldsymbol{w}(n-1)$	m	m
$\boldsymbol{w}(n)=\boldsymbol{w}(n-1)+e(n\|n-1)\boldsymbol{k}(n)$	m	m
$\boldsymbol{T}(n)=\gamma^{-1}[\boldsymbol{T}(n-1)-\boldsymbol{k}(n)\boldsymbol{z}^{\mathrm{T}}(n)]$	m^2	m

RLS 算法的给定参数有：

(1) 滤波器系数的个数 m(即 FIR 滤波器的阶 $m-1$)。m 的大小与应用场合有关，通常由经验确定。

(2) 遗忘因子 $0<\gamma\leqslant 1$。已经证明，$\mu=1-\gamma$ 起着 LMS 算法中步长的作用，因此，为了保持较小的 μ 值，应取 γ 接近于 1。用推导式(2.2.57)的类似方法，不难推导出指数加权窗的有效宽度

$$M=\frac{1}{1-\gamma} \tag{2.6.30}$$

因此，如果给定指数加权窗的有效宽度，则可利用式(2.6.30)来确定 γ 值。

(3) 调整参数 $\delta>0$ 的确定与输入信号 $x(n)$ 的信噪比(SNR)有关，已经证明，当 SNR 高于 30 dB 时，按照下式确定的调整参数能够使 RLS 算法收敛很快

$$\delta=P_x=E[x^2(n)] \tag{2.6.31}$$

式中，P_x 是输入信号的平均功率，假设输入信号的均值为零，否则应用输入信号的方差代替平均功率。对于 SNR 更低的输入信号，应该取更大的 δ 值。

假设 $x(n)$ 是因果的，则由式(2.6.7)可以看出，$T(n)$ 的初始值为

$$\boldsymbol{T}(0)=\boldsymbol{R}^{-1}(0)=\delta^{-1}\boldsymbol{I} \tag{2.6.32}$$

用式(2.6.32)作为输入信号的自相关矩阵的逆矩阵的初始估计，只对白噪声输入才是精确的，尽管如此，由于对平方误差进行了指数加权，所以经过足够多次迭代计算后，不管多大的初始估计误差，其影响是最小的。式(2.6.32)等效于强制 $x(-m)=\gamma^{-m/2}\delta^{1/2}$，而不是 $x(-m)=0$，也就是说，在初始化的时候，已假设

$$x(n)=\begin{cases}\gamma^{-m/2}\delta^{1/2}, & n=-m\\ 0, & n<0, n\neq -m\end{cases} \tag{2.6.33}$$

这意味着，当第一个非零数据 $x(0)$ 进入滤波器时，$x(-m)$ 已移出滤波器，此后，RLS 算法接管运算过程，即 $x(-m)$ 对计算结果不产生实际影响，如图 2.6.3 所示。

表 2.6.1 列出了 RLS 算法每次迭代运算需要的计算量。具体来说，每次迭代计算 $\boldsymbol{z}(n)$ 和 $\boldsymbol{T}(n)$ 需要大约 $2m^2$ 次乘法，这是 RLS 算法的主要计算负担；计算 $\boldsymbol{k}(n)$、$\boldsymbol{w}(n)$ 和 $e(n|n-1)$ 需要大

约 3m 次加法。我们记得，LMS 算法的计算量却是$o(m)$。因此，虽然 RLS 算法的收敛速度通常比 LMS 算法的快很多，但付出的代价是每次迭代需要更多的计算量。为进一步提高 RLS 算法的计算速度，需要在对 FIR 自适应滤波器进行矢量空间分析的基础上，推导计算速度更快的自适应算法，这些内容将在第 2.7～2.9 节讨论。

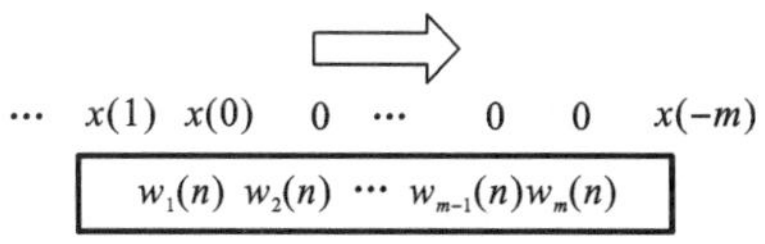

图 2.6.3　$T(n)$的初始化对计算结果无影响

例 2.6.1　如图 2.1.2 所示的自适应系统辨识，设未知系统传输函数

$$H(z)=\frac{2-3z^{-1}-z^{-2}+4z^{-4}+5z^{-5}-8z^{-6}}{1-1.6z^{-1}+1.75z^{-2}-1.43z^{-3}+0.6814z^{-4}-0.11345z^{-5}-0.0648z^{-6}}$$

$x(n)$为(−1,1)均匀分布白噪声，自适应 FIR 滤波器的阶 $L=50$，自适应步长 $\mu=0.01$。采用 RLS 算法。利用 MATLAB 画出$e^2(n)$的图形，画出并比较未知系统和自适应滤波器的幅度响应。将$e^2(n)$的图形与例 2.3.2 采用 LMS 算法得到的$e^2(n)$图形进行比较。

解　MATLAB 程序如下：

```
% Example 2.6.1: RLS method
a=[1 -1.6 1.75 -1.436 0.6814 -0.1134 -0.0648];
b=[2 -3 -1 4 5 -8]; r=1000; m=50; gamma=0.98;
% Construct input and desired output
x=-1+2*rand(r,1); d=filter(b,a,x);
% Find optimal weight vector using RLS method
N=length(x); w=zeros(m,1); theta=zeros(m,1); e=zeros(size(x));
delta=sum(x.^2)/N; T=(1/delta)*eye(m,m); p=zeros(m,1); z=zeros(m,1);
q=x(:);
for k=1:N
  if k< m
     theta(1:k)=q(k:-1:1);
  else
     theta(1:m)=q(k:-1:k-m+1);
  end
z=T*theta;
  p=gamma*p+d(k)*theta;
T=(1/gamma)*(T-z*z'/(gamma+theta'*z));
  w=T*p;
  e(k)=d(k)-w'*theta;
end
% Plot squared error and compare magnitude responses
figure
subplot(3,1,1)
t=[1:min(200,r)];
stem (t,e(t).^2,'fill','MarkerSize',1)
fs=1; M=250;
[H,f]=freqz (b,a,M,fs); [W,f]=freqz (w,1,M,fs);
subplot(3,1,2)
plot (f,abs(H)); axis([0 0.5 0 70]); grid
subplot(3,1,3)
```

```
plot (f,abs(W)); axis([0 0.5 0 70]); grid
```

运行以上程序,画出 $e^2(n)$、未知系统和自适应滤波器的幅度响应,如图 2.6.4 所示。从图中可以看出,$e^2(n)$在大约 20 点后收敛;收敛后的自适应滤波器的幅度响应与未知系统的幅度响应误差非常小。与例 2.3.2 的结果比较,LMS 算法大约 400 点后才收敛,即 RLS 算法比 LMS 算法收敛快得多。但是,LMS 算法每次迭代的计算量大约是 $m=50$,而 RLS 算法每次迭代的计算量 $3m^2=7500$ 却要大得多。不过,从达到收敛所需的计算量来比较,两种算法所需的计算量相差也不是太大。

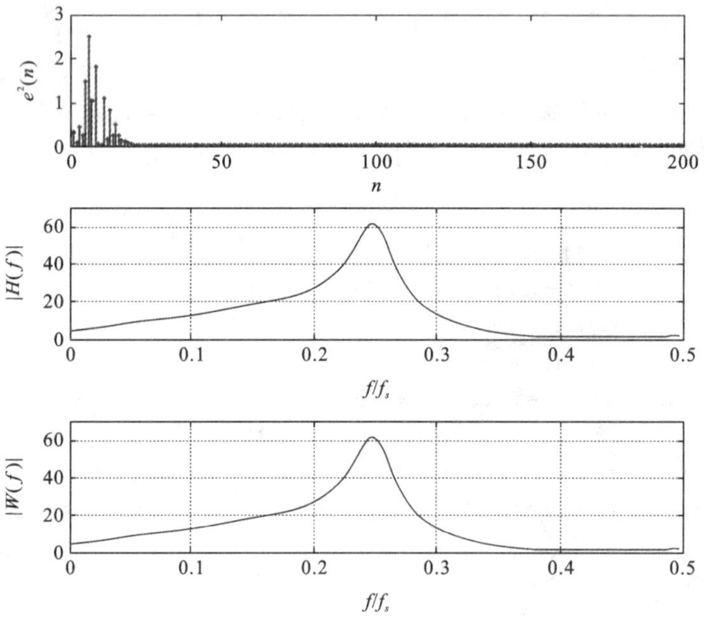

图 2.6.4 例 2.6.2 自适应系统辨识的 $e^2(n)$、未知系统和自适应滤波器的幅度响应

2.7 最小二乘滤波器的矢量空间分析

最陡下降法是许多自适应算法的基础,但它要求知道性能曲面上各点的梯度,而实际中梯度是未知的。LMS 算法用平方误差代替均方误差,使梯度的估计简单易行,从而使 LMS 算法获得了最广泛的应用。然而,对应于不同的数据,LMS 算法得到不同的收敛轨迹;而且当到达性能曲面最低点后,收敛轨迹的随机起伏并不停止,这就造成超量(或额外)均方误差或失调。因此,LMS 算法要求输入信号 $x(n)$和期望信号 $d(n)$都是平稳的,或者要求 $x(n)$和 $d(n)$的统计特性在较长时间内基本保持不变或变化很缓慢。但是,实际中遇到的信号不可能都满足这种要求。对于非平稳信号的自适应处理,最合适的方法是采用最小二乘自适应滤波器。第2.6节讨论的递归最小二乘(RLS)自适应算法提高了收敛速度,但每次迭代都需要大幅度增加计算量,从而降低了运算速度。通过对最小二乘滤波器进行矢量空间分析,可以导出两种快速算法,它们既有快速的收敛速度,又有快速的计算速度,因而获得了广泛的应用。

2.7.1 最小二乘滤波问题的一般提法

设在当前时刻 n 已经获得 n 个数据$\{x(1),\cdots,x(i),\cdots,x(n)\}$,现要用一个 m 阶 FIR 滤波

器对数据进行滤波，使滤波器的输出$\hat{d}(i)$成为某个期望信号$\{d(1),\cdots,d(i),\cdots,d(n)\}$的最小二乘估计。具体来说，滤波器的输出，即期望信号$d(i)$的估计值为

$$\hat{d}(i)=\sum_{k=1}^{m}w_k(n)x(i-k+1),\quad i=1,\cdots,n \tag{2.7.1}$$

式中，$w_k(n)(k=1,\cdots,m)$是滤波器在n时刻的m个系数，这里强调了滤波器系数是随着时间n变化的。估计误差为

$$e(i\mid n)=d(i)-\hat{d}(i)=d(i)-\sum_{k=1}^{m}w_k(n)x(i-k+1),\quad i=1,\cdots,n \tag{2.7.2}$$

这里，$e(i|n)$表示用n时刻的滤波器系数来处理数据，对$d(i)$进行估计的误差。估计误差的平方的加权和为

$$\xi(n)=\sum_{i}\lambda^{n-i}e^2(i\mid n) \tag{2.7.3}$$

式中，λ是加权因子，$0<\lambda\leqslant1$。图 2.7.1 表示求和范围的 4 种不同情况。

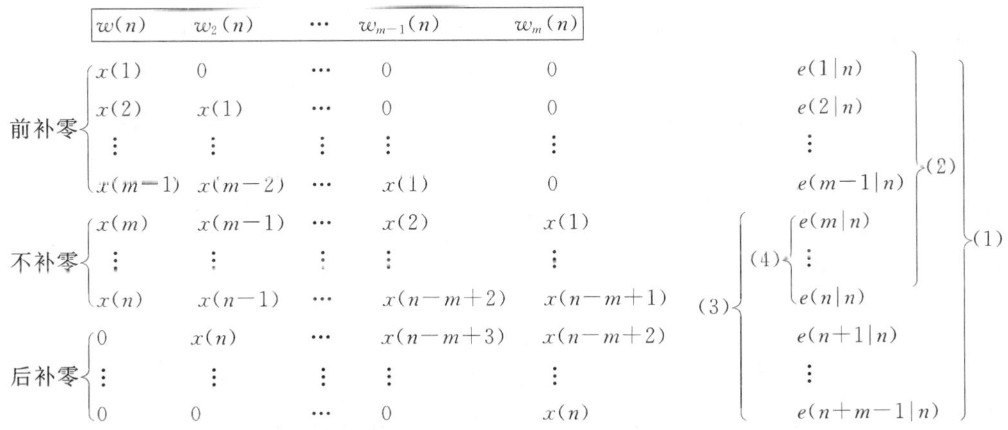

图 2.7.1　$\xi(n)$的 4 种求和范围示意图

(1) $1\leqslant i\leqslant n+m-1$，计算全部误差（从$e(1|n)$到$e(n+m-1|n)$）的平方加权和，意味着已知数据段的前后都添加了零取样值，称为相关法。

(2) $1\leqslant i\leqslant n$，计算前一部分误差的平方加权和，意味着只在已知数据段的前面添加了零取样值，称为前加窗法。

(3) $m\leqslant i\leqslant n+m-1$，计算后一部分误差的平方加权和，意味着只在已知数据段后添加了零取样值，称为后加窗法。

(4) $m\leqslant i\leqslant n$，计算中间一部分误差的平方加权和，意味着在数据段前后都没有添加零取样值，称为协方差法。

显然，第 2.6 节介绍的递归 RLS 算法在定义$\xi(n)$时采用的是前加窗法，这也是下面推导最小二乘滤波器快速自适应算法时所要采用的方法。

定义误差矢量$\boldsymbol{e}(n|n)$、期望矢量$\boldsymbol{d}(n)$、权矢量$\boldsymbol{w}_m(n)$和（前加窗法）数据矩阵$\boldsymbol{X}_{0,m-1}(n)$如下：

$$\boldsymbol{e}(n|n)=[e(1|n)\ \cdots\ e(i|n)\ \cdots\ e(n|n)]^{\mathrm{T}} \tag{2.7.4}$$

$$\boldsymbol{d}(n)=[d(1)\ \cdots\ d(i)\ \cdots\ d(n)]^{\mathrm{T}} \tag{2.7.5}$$

$$\boldsymbol{w}_m(n)=[w_1(n)\ \cdots\ w_2(n)\ \cdots\ w_m(n)]^{\mathrm{T}} \tag{2.7.6}$$

$$\boldsymbol{X}_{0,m-1}(n)=\begin{bmatrix} x(1) & 0 & \cdots & 0 \\ x(2) & x(1) & \cdots & 0 \\ \vdots & \vdots & \vdots & \vdots \\ x(n-1) & x(n-2) & \cdots & x(n-m) \\ x(n) & x(n-1) & \cdots & x(n-m+1) \end{bmatrix} \tag{2.7.7}$$

则式(2.7.2)可写成

$$\boldsymbol{e}(n|n)=\boldsymbol{d}(n)-\hat{\boldsymbol{d}}(n) \tag{2.7.8}$$

其中

$$\hat{\boldsymbol{d}}(n)=\boldsymbol{X}_{0,m-1}(n)\boldsymbol{w}_m(n) \tag{2.7.9}$$

式(2.7.3)可写成

$$\xi(n)=\boldsymbol{e}^{\mathrm{T}}(n|n)\boldsymbol{\Lambda}\boldsymbol{e}(n|n) \tag{2.7.10}$$

其中 $\boldsymbol{\Lambda}$ 是由加权因子 λ 的各次幂构成的对角矩阵，即

$$\boldsymbol{\Lambda}=\mathrm{diag}[\lambda^{n-1} \quad \lambda^{n-2} \quad \cdots \quad \lambda \quad 1] \tag{2.7.11}$$

为了简化推导，假设 $\lambda=1$，于是式(2.7.10)变为

$$\xi(n)=\boldsymbol{e}^{\mathrm{T}}(n|n)\boldsymbol{e}(n|n)=\langle \boldsymbol{e}(n|n),\boldsymbol{e}(n|n)\rangle=\|\boldsymbol{e}(n|n)\|^2 \tag{2.7.12}$$

式中，$\langle \boldsymbol{e}(n|n),\boldsymbol{e}(n|n)\rangle$ 是 $\boldsymbol{e}(n|n)$ 与自己的内积；$\|\boldsymbol{e}(n|n)\|$ 是误差矢量的范数，它是误差矢量长度的度量。

求 $\xi(n)$ 对 $\boldsymbol{w}_m(n)$ 的偏导数，并令偏导数等于零，便得到一个代数方程，解此方程得到

$$\boldsymbol{w}_m(n)=[\boldsymbol{X}_{0,m-1}^{\mathrm{T}}(n)\boldsymbol{X}_{0,m-1}(n)]^{-1}\boldsymbol{X}_{0,m-1}^{\mathrm{T}}(n)\boldsymbol{d}(n) \tag{2.7.13}$$

或

$$\boldsymbol{w}_m(n)=\langle \boldsymbol{X}_{0,m-1}(n),\boldsymbol{X}_{0,m-1}(n)\rangle^{-1}\langle \boldsymbol{X}_{0,m-1}(n),\boldsymbol{d}(n)\rangle \tag{2.7.14}$$

式(2.7.13)或式(2.7.14)便是最小二乘滤波器的最佳系数矢量或最佳权矢量。在式(2.7.13)中，如果矩阵积 $\boldsymbol{X}_{0,m-1}^{\mathrm{T}}(n)\boldsymbol{X}_{0,m-1}(n)$ 是满秩的，那么矩阵积的逆存在；如果矩阵积不是满秩的，那么该式中的矩阵积的逆是伪逆。将式(2.7.14)代入式(2.7.9)，得到 $\boldsymbol{d}(n)$ 的最小二乘估计

$$\hat{\boldsymbol{d}}(n)=\boldsymbol{X}_{0,m-1}(n)\langle \boldsymbol{X}_{0,m-1}(n),\boldsymbol{X}_{0,m-1}(n)\rangle^{-1}\boldsymbol{X}_{0,m-1}^{\mathrm{T}}(n)\boldsymbol{d}(n) \tag{2.7.15}$$

值得注意的是，式(2.7.15)是对整个期望矢量(包含 n 个分量)的估计，而不仅仅是对其中一个分量 $d(n)$ 的估计。

以上采用的是常用的解优化问题的方法。下面利用矢量空间的概念来分析最小二乘滤波问题。

由式(2.7.7)可看出，数据矩阵 $\boldsymbol{X}_{0,m-1}(n)$ 的各列元素都是由第 1 列元素向下移位得到的。第 1 列矢量表示成

$$\boldsymbol{x}(n)=[x(1) \quad x(2) \quad \cdots \quad x(n)]^{\mathrm{T}} \tag{2.7.16}$$

则第 $j+1$ 列矢量为

$$\boldsymbol{z}^{-j}\boldsymbol{x}(n)=[0 \quad \cdots \quad 0 \quad x(1) \quad \cdots \quad x(n-j)]^{\mathrm{T}} \tag{2.7.17}$$

这里 $\boldsymbol{z}^{-j}$ 表示延迟 j 个单位时间。因此，$\boldsymbol{X}_{0,m-1}(n)$ 表示成

$$\boldsymbol{X}_{0,m-1}(n)=[\boldsymbol{z}^0\boldsymbol{x}(n) \quad \boldsymbol{z}^{-1}\boldsymbol{x}(n) \quad \cdots \quad \boldsymbol{z}^{-(m-1)}\boldsymbol{x}(n)] \tag{2.7.18}$$

$\boldsymbol{X}_{0,m-1}(n)$ 的下标表示它的列矢量的延时范围，也说明它的列数，自变量 n 表示它的行数。将式(2.7.18)代入式(2.7.9)，得到

$$\hat{\boldsymbol{d}}(n)=w_1(n)\boldsymbol{x}(n)+w_2(n)\boldsymbol{z}^{-1}\boldsymbol{x}(n)+\cdots+w_m(n)\boldsymbol{z}^{-(m-1)}\boldsymbol{x}(n) \tag{2.7.19}$$

式(2.7.19)说明，$\hat{\boldsymbol{d}}(n)$等于$\boldsymbol{X}_{0,m-1}(n)$的列矢量的线性组合，加权系数就是滤波器的系数，并由式(2.7.14)确定。以$\boldsymbol{X}_{0,m-1}(n)$的列矢量作为基底矢量构成的$m$维矢量空间称为数据矢量空间，用$\{\boldsymbol{X}_{0,m-1}(n)\}$表示。$\hat{\boldsymbol{d}}(n)$位于数据矢量空间内。

根据线性矢量空间的概念，最小二乘滤波问题描述为：已知数据矩阵$\boldsymbol{X}_{0,m-1}(n)$的列矢量张成$m$维数据矢量空间$\{\boldsymbol{X}_{0,m-1}(n)\}$，求取位于$\{\boldsymbol{X}_{0,m-1}(n)\}$内且与期望矢量$\boldsymbol{d}(n)$距离最近的矢量$\hat{\boldsymbol{d}}(n)$，这里假设$\boldsymbol{d}(n)$位于$m+1$维矢量空间$\{\boldsymbol{X}\}_{m+1}$内。根据附录B3中的正交投影定理，立刻可以得出这个问题的答案：$\hat{\boldsymbol{d}}(n)$是$\boldsymbol{d}(n)$在$\{\boldsymbol{X}_{0,m-1}(n)\}$上的正交投影(式(2.7.15))；$\hat{\boldsymbol{d}}(n)$位于$\{\boldsymbol{X}_{0,m-1}(n)\}$内，因而可以用$\{\boldsymbol{X}_{0,m-1}(n)\}$的基底矢量的线性组合来表示(式(2.7.19))；估计误差的平方和或范数的平方值最小(式(2.7.12)的值最小)。

以误差矢量$\boldsymbol{e}(n|n)$作为基底矢量张成的矢量空间称为误差矢量空间，用$\{\boldsymbol{e}(n|n)\}$表示，它是与$\{\boldsymbol{X}_{0,m-1}(n)\}$正交的1维矢量空间(垂直于$\{\boldsymbol{X}_{0,m-1}(n)\}$的一条直线)。$\boldsymbol{d}(n)$所在的矢量空间$\{\boldsymbol{X}\}_{m+1}$是数据矢量空间$\{\boldsymbol{X}_{0,m-1}(n)\}$与误差矢量空间$\{\boldsymbol{e}(n|n)\}$的直和

$$\{\boldsymbol{X}\}_{m+1}=\{\boldsymbol{X}_{0,m-1}(n)\}\dotplus\{\boldsymbol{e}(n|n)\} \tag{2.7.20}$$

式中$\dotplus$表示直和运算。这意味着，$\{\boldsymbol{X}\}_{m+1}$中的任何矢量$\boldsymbol{d}(n)$有唯一分解

$$\boldsymbol{d}(n)=\hat{\boldsymbol{d}}(n)+\boldsymbol{e}(n|n) \tag{2.7.21}$$

式中，$\hat{\boldsymbol{d}}(n)$位于$\{\boldsymbol{X}_{0,m-1}(n)\}$内，$\boldsymbol{e}(n|n)$位于$\{\boldsymbol{e}(n|n)\}$内。由于$\{\boldsymbol{X}_{0,m-1}(n)\}$与$\{\boldsymbol{e}(n|n)\}$正交，所以$\hat{\boldsymbol{d}}(n)$与$\boldsymbol{e}(n|n)$也正交。式(2.7.21)正是正交分解定理，它说明，期望矢量$\boldsymbol{d}(n)$被唯一分解成两个分量，一个分量$\hat{\boldsymbol{d}}(n)$在数据子空间内，它可以用数据矩阵的列矢量的线性组合来预测或估计；另一个分量$\boldsymbol{e}(n|n)$位于误差子空间内，由于误差子空间与数据子空间正交，因而$\boldsymbol{e}(n|n)$不可预测或不可估计。有时将$\{\boldsymbol{e}(n|n)\}$称为$\{\boldsymbol{X}_{0,m-1}(n)\}$的正交补空间，将$\boldsymbol{e}(n|n)$称为$\boldsymbol{d}(n)$的投影补。

2.7.2　投影矩阵和正交投影矩阵

式(2.7.15)的含义是：$\hat{\boldsymbol{d}}(n)$是$\boldsymbol{d}(n)$在$\{\boldsymbol{X}_{0,m-1}(n)\}$上的投影，其计算方法是用一个矩阵$\boldsymbol{P}_{0,m-1}(n)$左乘矢量$\boldsymbol{d}(n)$，表示为

$$\hat{\boldsymbol{d}}(n)=\boldsymbol{P}_{0,m-1}(n)\boldsymbol{d}(n) \tag{2.7.22}$$

其中

$$\boldsymbol{P}_{0,m-1}(n)=\boldsymbol{X}_{0,m-1}(n)\langle\boldsymbol{X}_{0,m-1}(n),\boldsymbol{X}_{0,m-1}(n)\rangle^{-1}\boldsymbol{X}_{0,m-1}^{\mathrm{T}}(n) \tag{2.7.23}$$

称为"将矢量投影到子空间$\{\boldsymbol{X}_{0,m-1}(n)\}$的投影矩阵"，简称为$\{\boldsymbol{X}_{0,m-1}(n)\}$的投影矩阵。

将式(2.7.22)代入式(2.7.8)，得到用投影矩阵表示的误差矢量

$$\boldsymbol{e}(n|n)=[\boldsymbol{I}-\boldsymbol{P}_{0,m-1}(n)]\boldsymbol{d}(n)=\boldsymbol{P}_{0,m-1}^{\perp}(n)\boldsymbol{d}(n) \tag{2.7.24}$$

其中

$$\boldsymbol{P}_{0,m-1}^{\perp}(n)=\boldsymbol{I}-\boldsymbol{P}_{0,m-1}(n) \tag{2.7.25}$$

称为"将矢量投影到与子空间$\{\boldsymbol{X}_{0,m-1}(n)\}$正交的子空间(即$\{\boldsymbol{e}(n|n)\}$)的投影矩阵"，简称为对$\{\boldsymbol{X}_{0,m-1}(n)\}$的正交投影矩阵。

一般而言，设有数据矩阵$\boldsymbol{U}$，它的列矢量张成矢量空间$\{\boldsymbol{U}\}$，那么$\{\boldsymbol{U}\}$的投影矩阵为

$$\boldsymbol{P}=\boldsymbol{U}\langle\boldsymbol{U},\boldsymbol{U}\rangle^{-1}\boldsymbol{U}^{\mathrm{T}} \tag{2.7.26}$$

对$\{\boldsymbol{U}\}$的正交投影矩阵为

$$\boldsymbol{P}_U^{\perp} = \boldsymbol{I} - \boldsymbol{U}\langle \boldsymbol{U},\boldsymbol{U}\rangle^{-1}\boldsymbol{U}^{\mathrm{T}} \tag{2.7.27}$$

$\boldsymbol{P}_U$ 和 $\boldsymbol{P}_U^{\perp}$ 有以下性质：

(1)
$$\boldsymbol{P}_U\boldsymbol{P}_U = \boldsymbol{P}_U,\ \boldsymbol{P}_U^{\perp}\boldsymbol{P}_U^{\perp} = \boldsymbol{P}_U^{\perp} \tag{2.7.28}$$

证明　$\boldsymbol{P}_U\boldsymbol{P}_U = [\boldsymbol{U}\langle \boldsymbol{U},\boldsymbol{U}\rangle^{-1}\boldsymbol{U}^{\mathrm{T}}][\boldsymbol{U}\langle \boldsymbol{U},\boldsymbol{U}\rangle^{-1}\boldsymbol{U}^{\mathrm{T}}] = \boldsymbol{U}(\boldsymbol{U}^{\mathrm{T}}\boldsymbol{U})^{-1}\boldsymbol{U}^{\mathrm{T}}\boldsymbol{U}(\boldsymbol{U}^{\mathrm{T}}\boldsymbol{U})^{-1}\boldsymbol{U}^{\mathrm{T}}$
$= \boldsymbol{U}(\boldsymbol{U}^{\mathrm{T}}\boldsymbol{U})^{-1}\boldsymbol{U}^{\mathrm{T}} = \boldsymbol{P}_U$

证毕。

(2)
$$\boldsymbol{P}_U^{\mathrm{T}} = \boldsymbol{P}_U,\ (\boldsymbol{P}_U^{\perp})^{\mathrm{T}} = \boldsymbol{P}_U^{\perp} \tag{2.7.29}$$

证明　$\boldsymbol{P}_U^{\mathrm{T}} = [\boldsymbol{U}\langle \boldsymbol{U},\boldsymbol{U}\rangle^{-1}\boldsymbol{U}^{\mathrm{T}}]^{\mathrm{T}} = \boldsymbol{U}[\boldsymbol{U}\langle \boldsymbol{U},\boldsymbol{U}\rangle^{-1}]^{\mathrm{T}} = \boldsymbol{U}(\langle \boldsymbol{U},\boldsymbol{U}\rangle^{-1})^{\mathrm{T}}\boldsymbol{U}^{\mathrm{T}}$
$= \boldsymbol{U}\langle \boldsymbol{U},\boldsymbol{U}\rangle^{-1}\boldsymbol{U}^{\mathrm{T}} = \boldsymbol{P}_U$

证毕。

(3)
$$\langle \boldsymbol{P}_U\boldsymbol{x},\boldsymbol{P}_U\boldsymbol{y}\rangle = \langle \boldsymbol{P}_U\boldsymbol{x},\boldsymbol{y}\rangle = \langle \boldsymbol{x},\boldsymbol{P}_U\boldsymbol{y}\rangle \tag{2.7.30a}$$
$$\langle \boldsymbol{P}_U^{\perp}\boldsymbol{x},\boldsymbol{P}_U^{\perp}\boldsymbol{y}\rangle = \langle \boldsymbol{P}_U^{\perp}\boldsymbol{x},\boldsymbol{y}\rangle = \langle \boldsymbol{x},\boldsymbol{P}_U^{\perp}\boldsymbol{y}\rangle \tag{2.7.30b}$$

证明　$\langle \boldsymbol{P}_U\boldsymbol{x},\boldsymbol{P}_U\boldsymbol{y}\rangle = (\boldsymbol{P}_U\boldsymbol{x})^{\mathrm{T}}\boldsymbol{P}_U\boldsymbol{y} = \boldsymbol{x}^{\mathrm{T}}\boldsymbol{P}_U^{\mathrm{T}}\boldsymbol{P}_U\boldsymbol{y} = \boldsymbol{x}^{\mathrm{T}}\boldsymbol{P}_U\boldsymbol{P}_U\boldsymbol{y} = \boldsymbol{x}^{\mathrm{T}}\boldsymbol{P}_U\boldsymbol{y} = \langle \boldsymbol{X},\boldsymbol{P}_U\boldsymbol{Y}\rangle$

证毕。

(4)
$$\boldsymbol{P}_U^{\perp}\boldsymbol{P}_U = \boldsymbol{0} \tag{2.7.31}$$

证明　设 $\boldsymbol{v}$ 是维数与 $\boldsymbol{P}_U^{\perp}$ 的列数相等的任意矢量，有

$$\langle \boldsymbol{P}_U^{\perp}\boldsymbol{v},\boldsymbol{P}_U\boldsymbol{v}\rangle = \boldsymbol{v}^{\mathrm{T}}(\boldsymbol{P}_U^{\perp})^{\mathrm{T}}\boldsymbol{P}_U\boldsymbol{v} = \boldsymbol{v}^{\mathrm{T}}\boldsymbol{P}_U^{\perp}\boldsymbol{P}_U\boldsymbol{v} = 0$$

由于 $\boldsymbol{v}$ 是任意矢量，故为使上式成立，必须使

$$\boldsymbol{P}_U^{\perp}\boldsymbol{P}_U = \boldsymbol{0}$$

证毕。

(5)
$$\boldsymbol{P}_{Uv} = \boldsymbol{P}_{Uw} = \boldsymbol{P}_U + \boldsymbol{P}_w \tag{2.7.32a}$$
$$\boldsymbol{P}_{Uv}^{\perp} = \boldsymbol{P}_{Uw}^{\perp} = \boldsymbol{I} - \boldsymbol{P}_{Uv} = \boldsymbol{P}_U^{\perp} - \boldsymbol{P}_w \tag{2.7.32b}$$

式中，$\boldsymbol{v}$ 是不与子空间 $\{\boldsymbol{U}\}$ 正交的任意矢量，$\boldsymbol{w}$ 是 $\boldsymbol{v}$ 对 $\{\boldsymbol{U}\}$ 的投影补，即 $\boldsymbol{w} = \boldsymbol{P}_U^{\perp}\boldsymbol{v}$，$\boldsymbol{P}_{Uv}$ 是子空间 $\{\boldsymbol{U},\boldsymbol{w}\}$ 的投影矩阵，$\boldsymbol{P}_{Uv}^{\perp}$ 是对 $\{\boldsymbol{U},\boldsymbol{w}\}$ 的正交投影矩阵。这里，$\{\boldsymbol{U},\boldsymbol{w}\}$ 是 $\{\boldsymbol{U}\}$ 的基底矢量与 $\boldsymbol{w}$ 共同张成的子空间，它与子空间 $\{\boldsymbol{U},\boldsymbol{v}\}$ 是同一个矢量空间，$\{\boldsymbol{U},\boldsymbol{v}\}$ 是 $\{\boldsymbol{U}\}$ 的基底矢量与 $\boldsymbol{v}$ 张成的子空间。

证明
$$\boldsymbol{P}_{Uv} = [\boldsymbol{U},\boldsymbol{w}]\left(\begin{bmatrix}\boldsymbol{U}^{\mathrm{T}}\\ \boldsymbol{w}^{\mathrm{T}}\end{bmatrix}[\boldsymbol{U},\boldsymbol{w}]\right)^{-1}\begin{bmatrix}\boldsymbol{U}^{\mathrm{T}}\\ \boldsymbol{w}^{\mathrm{T}}\end{bmatrix} = [\boldsymbol{U},\boldsymbol{w}]\begin{bmatrix}\boldsymbol{U}^{\mathrm{T}}\boldsymbol{U} & \boldsymbol{U}^{\mathrm{T}}\boldsymbol{w}\\ \boldsymbol{w}^{\mathrm{T}}\boldsymbol{U} & \boldsymbol{w}^{\mathrm{T}}\boldsymbol{w}\end{bmatrix}^{-1}\begin{bmatrix}\boldsymbol{U}^{\mathrm{T}}\\ \boldsymbol{w}^{\mathrm{T}}\end{bmatrix}$$
$$= [\boldsymbol{U},\boldsymbol{w}]\begin{bmatrix}\boldsymbol{U}^{\mathrm{T}}\boldsymbol{U} & \boldsymbol{0}\\ \boldsymbol{0} & \boldsymbol{w}^{\mathrm{T}}\boldsymbol{w}\end{bmatrix}^{-1}\begin{bmatrix}\boldsymbol{U}^{\mathrm{T}}\\ \boldsymbol{w}^{\mathrm{T}}\end{bmatrix}\text{(因}\{\boldsymbol{w}\}\text{与}\{\boldsymbol{U}\}\text{正交)}$$
$$= [\boldsymbol{U},\boldsymbol{w}]\begin{bmatrix}(\boldsymbol{U}^{\mathrm{T}}\boldsymbol{U})^{-1} & \boldsymbol{0}\\ \boldsymbol{0} & (\boldsymbol{w}^{\mathrm{T}}\boldsymbol{w})^{-1}\end{bmatrix}\begin{bmatrix}\boldsymbol{U}^{\mathrm{T}}\\ \boldsymbol{w}^{\mathrm{T}}\end{bmatrix}$$
$$= [\boldsymbol{U},\boldsymbol{w}]\begin{bmatrix}(\boldsymbol{U}^{\mathrm{T}}\boldsymbol{U})^{-1}\boldsymbol{U}^{\mathrm{T}}\\ (\boldsymbol{w}^{\mathrm{T}}\boldsymbol{w})^{-1}\boldsymbol{w}^{\mathrm{T}}\end{bmatrix} = \boldsymbol{U}(\boldsymbol{U}^{\mathrm{T}}\boldsymbol{U})^{-1}\boldsymbol{U}^{\mathrm{T}} + \boldsymbol{w}(\boldsymbol{w}^{\mathrm{T}}\boldsymbol{w})^{-1}\boldsymbol{w}^{\mathrm{T}} = \boldsymbol{P}_U + \boldsymbol{P}_w$$

证毕。

(6)
$$\boldsymbol{P}_{Uv} = \boldsymbol{P}_U + \boldsymbol{P}_U^{\perp}\boldsymbol{v}\langle \boldsymbol{P}_U^{\perp}\boldsymbol{v},\boldsymbol{P}_U^{\perp}\boldsymbol{v}\rangle^{-1}\boldsymbol{v}^{\mathrm{T}}\boldsymbol{P}_U^{\perp} \tag{2.7.33a}$$
$$\boldsymbol{P}_{Uv}^{\perp} = \boldsymbol{P}_U^{\perp} - \boldsymbol{P}_U^{\perp}\boldsymbol{v}\langle \boldsymbol{P}_U^{\perp}\boldsymbol{v},\boldsymbol{P}_U^{\perp}\boldsymbol{v}\rangle^{-1}\boldsymbol{v}^{\mathrm{T}}\boldsymbol{P}_U^{\perp} \tag{2.7.33b}$$

证明　由式(2.7.32a)，得

$$\boldsymbol{P}_{Uv} = \boldsymbol{P}_U + \boldsymbol{w}\langle \boldsymbol{w},\boldsymbol{w}\rangle^{-1}\boldsymbol{w}^{\mathrm{T}}$$

将 $\boldsymbol{w} = \boldsymbol{P}_U^{\perp}\boldsymbol{v}$ 代入上式，得到

$$\boldsymbol{P}_{U\boldsymbol{v}}=\boldsymbol{P}_U+\boldsymbol{P}_U^{\perp}\boldsymbol{v}\langle\boldsymbol{P}_U^{\perp}\boldsymbol{v},\boldsymbol{P}_U^{\perp}\boldsymbol{v}\rangle^{-1}\boldsymbol{v}^{\mathrm{T}}\boldsymbol{P}_U^{\perp}$$

证毕。

(7)
$$\boldsymbol{P}_{U\boldsymbol{v}}\boldsymbol{y}=\boldsymbol{P}_U\boldsymbol{y}+\boldsymbol{P}_U^{\perp}\boldsymbol{v}\langle\boldsymbol{P}_U^{\perp}\boldsymbol{v},\boldsymbol{P}_U^{\perp}\boldsymbol{v}\rangle^{-1}\langle\boldsymbol{P}_U^{\perp}\boldsymbol{v},\boldsymbol{y}\rangle \tag{2.7.34a}$$

$$\boldsymbol{P}_{U\boldsymbol{v}}^{\perp}=\boldsymbol{P}_U^{\perp}\boldsymbol{y}-\boldsymbol{P}_U^{\perp}\boldsymbol{v}\langle\boldsymbol{P}_U^{\perp}\boldsymbol{v},\boldsymbol{P}_U^{\perp}\boldsymbol{v}\rangle^{-1}\langle\boldsymbol{P}_U^{\perp}\boldsymbol{v},\boldsymbol{y}\rangle \tag{2.7.34b}$$

对于任意矢量,式(2.7.34a)和式(2.7.34b)均成立。

(8) 对任意二矢量 $\boldsymbol{z}$ 和 $\boldsymbol{y}$,有

$$\langle\boldsymbol{z},\boldsymbol{P}_{U\boldsymbol{v}}\boldsymbol{y}\rangle=\langle\boldsymbol{z},\boldsymbol{P}_U\boldsymbol{y}\rangle+\langle\boldsymbol{z},\boldsymbol{P}_U^{\perp}\boldsymbol{v}\rangle\langle\boldsymbol{P}_U^{\perp}\boldsymbol{v},\boldsymbol{P}_U^{\perp}\boldsymbol{v}\rangle^{-1}\langle\boldsymbol{P}_U^{\perp}\boldsymbol{v},\boldsymbol{y}\rangle \tag{2.7.35a}$$

$$\langle\boldsymbol{z},\boldsymbol{P}_{U\boldsymbol{v}}^{\perp}\boldsymbol{y}\rangle=\langle\boldsymbol{z},\boldsymbol{P}_U^{\perp}\boldsymbol{y}\rangle-\langle\boldsymbol{z},\boldsymbol{P}_U^{\perp}\boldsymbol{v}\rangle\langle\boldsymbol{P}_U^{\perp}\boldsymbol{v},\boldsymbol{P}_U^{\perp}\boldsymbol{v}\rangle^{-1}\langle\boldsymbol{P}_U^{\perp}\boldsymbol{v},\boldsymbol{y}\rangle \tag{2.7.35b}$$

性质(7)和(8)容易根据性质(6)和内积运算性质加以证明。所有性质中关于 $\boldsymbol{P}_U^{\perp}$ 和 $\boldsymbol{P}_{U\boldsymbol{v}}^{\perp}$ 的公式都可以用与上面完全相似的方法来证明。

性质(6)、(7)、(8)对于下面推导最小二乘格形(LSL)算法和快速横向滤波(FTF)算法很重要,既适用于按阶更新,也适用于按时间更新的递推计算。最小二乘自适应滤波器在进行递推计算时,要涉及矩阵、矢量和标量的更新,对应于每种情况的更新,公式中的 $\boldsymbol{U}$、$\boldsymbol{v}$、$\boldsymbol{z}$ 和 $\boldsymbol{y}$ 都有不同含义。

2.7.3 时间更新

随着新数据的不断到来,自适应滤波器的权矢量要及时更新,以保持最小二乘的最佳状态。为此,相应的矩阵、矢量和标量必须随时更新,其中投影矩阵的及时更新最根本。

数据的更新表现在当前分量 $x(n)$ 的改变。为了区分当前分量和过去分量,现引入单位现时矢量

$$\boldsymbol{\pi}(n)=[0\quad\cdots\quad 0\quad 1]^{\mathrm{T}} \tag{2.7.36}$$

$\boldsymbol{\pi}(n)$ 有 n 个元素,除第 n 个(即当前时刻或最新的)元素为 1 外,其余所有元素都为零。因此,$\boldsymbol{\pi}(n)$ 是一个沿第 n 个坐标轴方向、长度为 1 的矢量。以 $\boldsymbol{\pi}(n)$ 为基底矢量张成的 1 维矢量空间 $\{\boldsymbol{\pi}(n)\}$ 的投影矩阵和正交投影矩阵分别用 $\boldsymbol{P}_{\pi}(n)$ 和 $\boldsymbol{P}_{\pi}^{\perp}(n)$ 表示,有

$$\boldsymbol{P}_{\pi}(n)=\boldsymbol{\pi}(n)\langle\boldsymbol{\pi}(n),\boldsymbol{\pi}(n)\rangle^{-1}\boldsymbol{\pi}^{\mathrm{T}}(n)=\mathrm{diag}[0\quad\cdots\quad 0\quad 1] \tag{2.7.37}$$

和

$$\boldsymbol{P}_{\pi}^{\perp}(n)=\mathrm{diag}[1\quad\cdots\quad 1\quad 0] \tag{2.7.38}$$

这里 $\boldsymbol{P}_{\pi}(n)$ 和 $\boldsymbol{P}_{\pi}^{\perp}(n)$ 都是 n 阶对角矩阵。任何矢量在 $\{\boldsymbol{\pi}(n)\}$ 上的投影是该矢量的当前分量或现时分量,任何矢量对 $\{\boldsymbol{\pi}(n)\}$ 的投影补是该矢量的过去分量。例如,$\boldsymbol{P}_{\pi}(n)\boldsymbol{x}(n)=[0\quad\cdots\quad 0\quad x(n)]^{\mathrm{T}}$ 是 $\boldsymbol{x}(n)$ 的现时分量,$\boldsymbol{P}_{\pi}^{\perp}(n)\boldsymbol{x}(n)=[x(1)\quad\cdots\quad x(n-1)\quad 0]^{\mathrm{T}}$ 是 $\boldsymbol{x}(n)$ 的过去分量。

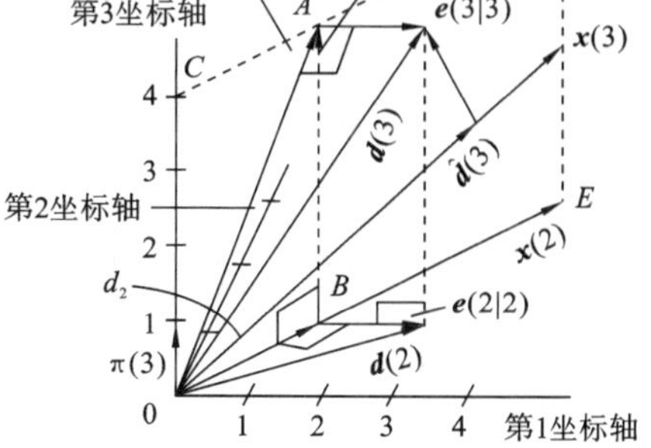

图 2.7.2　投影矩阵的时间更新

为了直观,下面用例子来推导投影矩阵的时间更新关系式。假设已知数据序列 $\{x(n)\}=\{4,3,2,\cdots\}$ 和期望信号 $\{d(n)\}=\{3,1,4,\cdots\}$,现用一个数据矢量 $\boldsymbol{x}(n)$ 对期望矢量 $\boldsymbol{d}(n)$ 作最小二乘估计。图 2.7.2 中画出了 $\boldsymbol{x}(2)$ 对 $\boldsymbol{d}(2)$ 的估计 $\hat{\boldsymbol{d}}(2)$、$\boldsymbol{x}(3)$ 对 $\boldsymbol{d}(3)$ 的估计 $\hat{\boldsymbol{d}}(3)$,以及相应的估计误差 $\boldsymbol{e}(2|2)$ 和 $\boldsymbol{e}(3|3)$。当时间从 $n=2$ 推移到 $n=3$ 后,数据矢量 $\boldsymbol{x}(2)$ 变成了 $\boldsymbol{x}(3)$,数据空间也从 $\{\boldsymbol{x}(2)\}$ 变成为 $\{\boldsymbol{x}(3)\}$,这里

$\{\boldsymbol{x}(2)\}$和$\{\boldsymbol{x}(3)\}$都是1维矢量空间。

将单位现时矢量$\boldsymbol{\pi}(3)=[0 \quad 0 \quad 1]^{\mathrm{T}}$作为列矢量附加在$\boldsymbol{x}(3)$后边，得到矩阵$[\boldsymbol{x}(3),\boldsymbol{\pi}(3)]$，由这个矩阵的列矢量张成子空间$\{\boldsymbol{x}(3),\boldsymbol{\pi}(3)\}$，它是一个2维矢量空间，如图2.7.2中的矩形COED所示。图中还画出了$\boldsymbol{d}(3)$在$\{\boldsymbol{x}(3),\boldsymbol{\pi}(3)\}$上的投影$\boldsymbol{P}_{x\pi}(3)\boldsymbol{d}(3)$和$\boldsymbol{d}(3)$在$\{\boldsymbol{\pi}(3)\}$上的投影$\boldsymbol{P}_{\pi}(3)\boldsymbol{d}(3)$，这里$\{\boldsymbol{\pi}(n)\}$是$\boldsymbol{\pi}(3)$张成的子空间(它是1维的，具体说，它就是第3坐标轴)，$\boldsymbol{P}_{x\pi}(3)$是$\{\boldsymbol{x}(3),\boldsymbol{\pi}(3)\}$的投影矩阵，$\boldsymbol{P}_{\pi}(3)$是$\{\boldsymbol{\pi}(3)\}$的投影矩阵。由简单的几何关系可以证明：$\hat{\boldsymbol{d}}(2)$、$\boldsymbol{P}_{\pi}(3)\boldsymbol{d}(3)$和$\boldsymbol{P}_{x\pi}(3)\boldsymbol{d}(3)$构成直角三角形$\triangle ABO$。因此，下式成立

$$\boldsymbol{P}_{x\pi}(3)\boldsymbol{d}(3)=\hat{\boldsymbol{d}}(2)+\boldsymbol{P}_{\pi}(3)\boldsymbol{d}(3) \tag{2.7.39}$$

式中

$$\hat{\boldsymbol{d}}(2)=\boldsymbol{P}_x(2)\boldsymbol{d}(2)=\begin{bmatrix}\boldsymbol{P}_x(2) & \boldsymbol{0}_2\\ \boldsymbol{0}_2^{\mathrm{T}} & 0\end{bmatrix}\begin{bmatrix}d(2)\\ d(3)\end{bmatrix}\begin{bmatrix}\boldsymbol{P}_x(2) & \boldsymbol{0}_2\\ \boldsymbol{0}_2^{\mathrm{T}} & 0\end{bmatrix}d(3)$$

$$\boldsymbol{P}_{\pi}(3)=\mathrm{diag}[0 \quad 0 \quad 1]=\begin{bmatrix}\boldsymbol{0}_{2\times 2} & \boldsymbol{0}_2\\ \boldsymbol{0}_2^{\mathrm{T}} & 1\end{bmatrix}$$

这里$\boldsymbol{P}_x(2)$是2×2矩阵，$\boldsymbol{0}_2=[0 \quad 0]^{\mathrm{T}}$，$\boldsymbol{0}_{2\times 2}$是$2\times 2$零矩阵。将以上二式代入式(2.7.39)，得出

$$\boldsymbol{P}_{x\pi}(3)=\begin{bmatrix}\boldsymbol{P}_x(2) & \boldsymbol{0}_2\\ \boldsymbol{0}_2^{\mathrm{T}} & 1\end{bmatrix}$$

将上式推广到任意时刻n，得到

$$\boldsymbol{P}_{x\pi}(n)=\begin{bmatrix}\boldsymbol{P}_x(n-1) & \boldsymbol{0}_{n-1}\\ \boldsymbol{0}_{n-1}^{\mathrm{T}} & 1\end{bmatrix} \tag{2.7.40}$$

再将式(2.7.40)推广到由矩阵$\boldsymbol{U}$的m个列矢量张成的m维数据矢量子空间$\{\boldsymbol{U}\}$，得出

$$\boldsymbol{P}_{U\pi}(n)=\begin{bmatrix}\boldsymbol{P}_U(n-1) & \boldsymbol{0}_{n-1}\\ \boldsymbol{0}_{n-1}^{\mathrm{T}} & 1\end{bmatrix} \tag{2.7.41}$$

从以上推导可以看出，把单位现时矢量$\boldsymbol{\pi}(n)$附加到当前数据矩阵上，可推导出一种把投影矩阵分解成现在分量和过去分量的方法，即式(2.7.40)，这也是由$n-1$时刻的投影矩阵$\boldsymbol{P}_U(n-1)$递推计算n时刻的投影矩阵的方法。

最小二乘自适应滤波器的数据子空间是随时间变化的，这种变化可以用角参量来描述。为了导出角参量，在式(2.7.33b)中，令$\boldsymbol{v}=\boldsymbol{\pi}(n)$，$\boldsymbol{U}=\boldsymbol{U}(n)$，即令$\boldsymbol{v}$是单位现时矢量，$\boldsymbol{U}$是当前时刻的数据矩阵，于是得到

$$\boldsymbol{P}_{U\pi}^{\perp}(n)=\boldsymbol{P}_U^{\perp}(n)-\boldsymbol{P}_U^{\perp}(n)\boldsymbol{\pi}(n)\langle\boldsymbol{P}_U^{\perp}(n)\boldsymbol{\pi}(n),\boldsymbol{P}_U^{\perp}(n)\boldsymbol{\pi}(n)\rangle^{-1}\boldsymbol{\pi}^{\mathrm{T}}(n)\boldsymbol{P}_U^{\perp}(n) \tag{2.7.42}$$

定义角参量

$$\gamma_U(n)\triangleq\langle\boldsymbol{P}_U^{\perp}(n)\boldsymbol{\pi}(n),\boldsymbol{P}_U^{\perp}(n)\boldsymbol{\pi}(n)\rangle=\langle\boldsymbol{\pi}(n),\boldsymbol{P}_U^{\perp}(n)\boldsymbol{\pi}(n)\rangle \tag{2.7.43}$$

则式(2.7.42)可写成

$$\boldsymbol{P}_{U\pi}^{\perp}(n)=\boldsymbol{P}_U^{\perp}(n)-\frac{\boldsymbol{P}_U^{\perp}(n)\boldsymbol{\pi}(n)\boldsymbol{\pi}^{\mathrm{T}}(n)\boldsymbol{P}_U^{\perp}(n)}{\gamma_U(n)}$$

由于$\boldsymbol{\pi}(n)\boldsymbol{\pi}^{\mathrm{T}}(n)=\mathrm{diag}(0 \quad \cdots \quad 0 \quad 1)=\boldsymbol{P}_{\pi}(n)$，故上式可简写成

$$\boldsymbol{P}_{U\pi}^{\perp}(n)=\boldsymbol{P}_U^{\perp}(n)-\frac{\boldsymbol{P}_U^{\perp}(n)\boldsymbol{P}_{\pi}(n)\boldsymbol{P}_U^{\perp}(n)}{\gamma_U(n)} \tag{2.7.44}$$

由式(2.7.41)计算$\boldsymbol{P}_{U\pi}^{\perp}(n)$

$$\boldsymbol{P}_{U\pi}^{\perp}(n)=\boldsymbol{I}_{n\times n}-\boldsymbol{P}_{U\pi}(n)=\begin{bmatrix}\boldsymbol{I}_{(n-1)\times(n-1)} & \boldsymbol{0}_{n-1}\\ \boldsymbol{0}_{n-1}^{\mathrm{T}} & 1\end{bmatrix}-\begin{bmatrix}\boldsymbol{P}_U(n-1) & \boldsymbol{0}_{n-1}\\ \boldsymbol{0}_{n-1}^{\mathrm{T}} & 1\end{bmatrix}$$

$$=\begin{bmatrix}\boldsymbol{P}_U^{\perp}(n-1) & \boldsymbol{0}_{n-1}\\ \boldsymbol{0}_{n-1}^{\mathrm{T}} & 0\end{bmatrix} \tag{2.7.45}$$

将式(2.7.45)代入式(2.7.44),得

$$\begin{bmatrix}\boldsymbol{P}_U^{\perp}(n-1) & \boldsymbol{0}_{n-1}\\ \boldsymbol{0}_{n-1}^{\mathrm{T}} & 0\end{bmatrix}=\boldsymbol{P}_U^{\perp}(n)-\frac{\boldsymbol{P}_U^{\perp}(n)\boldsymbol{P}_{\pi}(n)\boldsymbol{P}_U^{\perp}(n)}{\gamma_U(n)} \tag{2.7.46}$$

为了说明角参量的几何意义,我们来看 $\boldsymbol{U}(n)=\boldsymbol{x}(3)$ 的简单情况。在此情况下,式(2.7.43)为

$$\gamma_x(3)=\langle\boldsymbol{\pi}(3),\boldsymbol{P}_x^{\perp}(3)\boldsymbol{\pi}(3)\rangle \tag{2.7.47}$$

其中 $\boldsymbol{P}_x^{\perp}(3)\boldsymbol{\pi}(3)$ 根据图 2.7.3 计算,该图中画出了 $\boldsymbol{x}(2)$、$\boldsymbol{x}(3)$、$\boldsymbol{\pi}(3)$、$\boldsymbol{P}_x^{\perp}(3)\boldsymbol{\pi}(3)$ 以及 $\boldsymbol{x}(2)$ 与 $\boldsymbol{x}(3)$ 之间的夹角 θ。令 $\boldsymbol{i}$ 和 $\boldsymbol{j}$ 是单位正交基底矢量(或相互垂直的单位坐标矢量),于是根据该图得到

$$\boldsymbol{P}_x^{\perp}(3)\boldsymbol{\pi}(3)=\cos\theta\begin{bmatrix}-(\sin\theta)\boldsymbol{i}\\ (\cos\theta)\boldsymbol{j}\end{bmatrix}=\begin{bmatrix}-(\cos\theta\sin\theta)\boldsymbol{i}\\ (\cos^2\theta)\boldsymbol{j}\end{bmatrix}$$

和
$$\boldsymbol{\pi}(3)=[0\quad \boldsymbol{j}]^{\mathrm{T}}$$

将以上二式代入式(2.7.47),得

$$\gamma_x(3)=\cos^2\theta \tag{2.7.48}$$

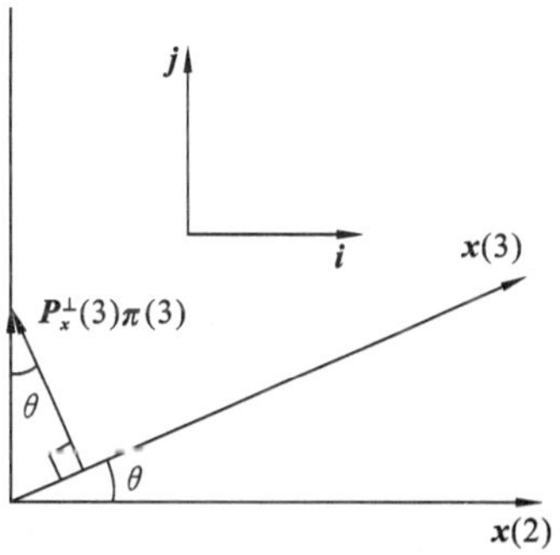

图 2.7.3 $\{\boldsymbol{x}(3),\boldsymbol{\pi}(3)\}$ 子空间中,$\boldsymbol{\pi}(3)$ 在 $\{\boldsymbol{x}(3)\}$ 上的投影补与夹角 θ 之间的关系

式(2.7.48)说明,角参量 $\gamma_x(3)$ 是对当前时刻 $n=3$ 的数据子空间 $\{\boldsymbol{x}(3)\}$ 与前一时刻 $n=2$ 的数据子空间 $\{\boldsymbol{x}(2)\}$ 之间的夹角 θ 的一种度量。一般而言,当用数据子空间 $\{\boldsymbol{U}\}$ 的 m 个基底矢量进行最小二乘估计时,由于最新数据 $x(n)$ 的到达,数据子空间将由 $\{\boldsymbol{U}(n-1)\}$ 变成 $\{\boldsymbol{U}(n)\}$,而 $\{\boldsymbol{U}(n)\}$ 相对于 $\{\boldsymbol{U}(n-1)\}$ 转了一个角度 θ,角参量 $\gamma_U(n)$ 正是这个角度的余弦的平方。新的数据信息(新息)蕴含在数据子空间 $\{\boldsymbol{U}(n)\}$ 与 $\{\boldsymbol{U}(n-1)\}$ 之间的夹角中,因此,$\gamma_U(n)$ 是新息的度量。

2.8 最小二乘格型(LSL)自适应算法

本节首先介绍前向预测和后向预测的概念,然后引出预测误差滤波器的格型结构,接着推导 LSL 自适应算法,最后举例说明 LSL 算法的性能优于 LMS 算法和 RLS 算法。

2.8.1 前向预测和后向预测

设在当前时刻 n,已经获得 n 个数据 $\{x(1),\cdots,x(n)\}$,现根据 i 时刻以前的 m 个数据 $\{x(i-1),\cdots,x(i-m)\}$ 对 $x(i)$ 进行向前一步 m 阶线性预测(以下简称前向预测),得到前向预测值 $\hat{x}_f(i)$

$$\hat{x}_f(i)=\sum_{k=1}^{m}a_{mk}(n)x(i-k),\quad 1\leqslant i\leqslant n \tag{2.8.1}$$

即 $\hat{x}_f(i)$ 等于 $x(i)$ 以前的 m 个数据的线性组合。式中的 $a_{mk}(n)(k=1,\cdots,m)$ 称为前向预测系数,它们是时间 n 的函数。定义前向预测误差

$$e_m^f(i)=x(i)-\hat{x}_f(i)=x(i)-\sum_{k=1}^{m}a_{mk}(n)x(i-k),\quad 1\leqslant i\leqslant n \tag{2.8.2}$$

在前加窗情况下,前向预测误差平方和为

$$\xi(n)=\sum_{i=1}^{n}[e_m^f(i)]^2 \tag{2.8.3}$$

按 $\xi(n)$最小准则求得的 $a_{mk}(n)(k=1,\cdots,m)$称为最小二乘(最佳)前向线性预测系数,简称最小二乘前向预测系数。

将式(2.8.2)写成展开形式

$$\begin{cases}e_m^f(1)=x(1)\\ e_m^f(2)=x(2)-a_{m1}(n)x(1)\\ \quad\vdots\\ e_m^f(m)=x(m)-[a_{m1}(n)x(m-1)+\cdots+a_{m,m-1}(n)x(1)]\\ e_m^f(m+1)=x(m+1)-[a_{m1}(n)x(m)+\cdots+a_{mm}(n)x(1)]\\ \quad\vdots\\ e_m^f(n)=x(n)-[a_{m1}(n)x(n-1)+\cdots+a_{mm}(n)x(n-m)]\end{cases} \tag{2.8.4}$$

定义 m 阶前向预测误差(FPE)矢量 $\boldsymbol{e}_m^f(n)$、当前数据矢量 $\boldsymbol{x}(n)$、前向预测系数矢量 $\boldsymbol{a}_m(n)$以及数据矩阵 $\boldsymbol{X}_{1,m}(n)$

$$\boldsymbol{e}_m^f(n)=[e_m^f(1)\quad e_m^f(2)\quad\cdots\quad e_m^f(m)\quad e_m^f(m+1)\quad\cdots\quad e_m^f(n)]^{\mathrm{T}} \tag{2.8.5}$$

$$\boldsymbol{x}(n)=[x(1)\quad x(2)\quad\cdots\quad x(m)\quad x(m+1)\quad\cdots\quad x(n)]^{\mathrm{T}} \tag{2.8.6}$$

$$\boldsymbol{a}_m(n)=[a_{m1}(n)\quad\cdots\quad a_{mm}(n)]^{\mathrm{T}} \tag{2.8.7}$$

$$\boldsymbol{X}_{1,m}(n)=\begin{bmatrix}0&0&\cdots&0&0\\ x(1)&0&\cdots&0&0\\ \vdots&\vdots&\vdots&\vdots&\vdots\\ x(m)&x(m-1)&\cdots&x(2)&x(1)\\ \vdots&\vdots&\vdots&\vdots&\vdots\\ x(n-1)&x(n-2)&\cdots&x(n-m+1)&x(n-m)\end{bmatrix} \tag{2.8.8}$$

$$=[\boldsymbol{z}^{-1}\boldsymbol{x}(n)\quad \boldsymbol{z}^{-2}\boldsymbol{x}(n)\quad\cdots\quad \boldsymbol{z}^{-(m-1)}\boldsymbol{x}(n)\quad \boldsymbol{z}^{-m}\boldsymbol{x}(n)] \tag{2.8.9}$$

于是式(2.8.4)写成

$$\boldsymbol{e}_m^f(n)=\boldsymbol{x}(n)-\boldsymbol{X}_{1,m}(n)\boldsymbol{a}_m(n) \tag{2.8.10}$$

式(2.8.1)写成

$$\hat{\boldsymbol{x}}_f(n)=\boldsymbol{X}_{1,m}(n)\boldsymbol{a}_m(n) \tag{2.8.11}$$

设由数据矩阵 $\boldsymbol{X}_{1,m}(n)$的列矢量张成的子空间用$\{\boldsymbol{X}_{1,m}(n)\}$表示,不难看出,$\{\boldsymbol{X}_{1,m}(n)\}$的基底矢量都是$\{\boldsymbol{X}_{0,m-1}(n)\}$的基底矢量的延时结果,而且数据矢量 $\boldsymbol{x}(n)$不在$\{\boldsymbol{X}_{1,m}(n)\}$中,因此,$\{\boldsymbol{X}_{1,m}(n)\}$中不包含当前数据取样值 $x(n)$的信息,式(2.8.8)清楚地表明了这一点。

根据矢量空间的概念,由$\{\boldsymbol{X}_{1,m}(n)\}$的列矢量对 $\boldsymbol{x}(n)$所作的最小二乘(最佳)前向预测 $\hat{\boldsymbol{x}}_f(n)$是 $\boldsymbol{x}(n)$在$\{\boldsymbol{X}_{1,m}(n)\}$上的投影,即

$$\hat{\boldsymbol{x}}_f(n)=\boldsymbol{P}_{1,m}(n)\boldsymbol{x}(n) \tag{2.8.12}$$

式中,$\boldsymbol{P}_{1,m}(n)$是$\{\boldsymbol{X}_{1,m}(n)\}$的投影矩阵,有

$$\boldsymbol{P}_{1,m}(n)=\boldsymbol{X}_{1,m}(n)\langle\boldsymbol{X}_{1,m}(n),\boldsymbol{X}_{1,m}(n)\rangle^{-1}\boldsymbol{X}_{1,m}^{\mathrm{T}}(n) \tag{2.8.13}$$

m 阶前向预测误差矢量 $\boldsymbol{e}_m^f(n)$是 $\boldsymbol{x}(n)$对$\{\boldsymbol{X}_{1,m}(n)\}$的投影补

$$\boldsymbol{e}_m^f(n)=\boldsymbol{P}_{1,m}^{\perp}(n)\boldsymbol{x}(n) \tag{2.8.14}$$

其中

$$\boldsymbol{P}_{1,m}^{\perp}(n)=\boldsymbol{I}-\boldsymbol{P}_{1,m}(n) \tag{2.8.15}$$

是$\{\boldsymbol{X}_{1,m}(n)\}$的正交投影矩阵。

当前时刻前向预测误差取样值 $e_m^f(n)$可以利用单位现时矢量 $\boldsymbol{\pi}(n)$由 $\boldsymbol{e}_m^f(n)$求出

$$e_m^f(n)=\boldsymbol{\pi}^{\mathrm{T}}(n)\boldsymbol{e}_m^f(n)=\langle\boldsymbol{\pi}(n),\boldsymbol{e}_m^f(n)\rangle=\langle\boldsymbol{\pi}(n),\boldsymbol{P}_{1,m}^{\perp}(n)\boldsymbol{x}(n)\rangle \tag{2.8.16}$$

用与上面类似的方法可以讨论 m 阶后向线性预测的问题。用 $x(i-m)$以后的 m 个数据$\{x(i-m+1),\cdots,x(i)\}$的线性组合

$$\hat{x}_b(i-m)=\sum_{k=1}^{m}b_{mk}(n)x(i-m+k),\quad 1\leqslant i\leqslant n$$

作为 $x(i-m)$的预测值，称为后向预测。后向预测误差为

$$e_m^b(i)=x(i-m)-\hat{x}_b(i-m)=x(i-m)-\sum_{k=1}^{m}b_{mk}(n)x(i-m+k),\quad 1\leqslant i\leqslant n \tag{2.8.17}$$

从时刻 1 到 n 所有后向预测误差值构成的后向预测误差矢量为

$$\boldsymbol{e}_m^b(n)=\boldsymbol{z}^{-m}\boldsymbol{x}(n)-\hat{\boldsymbol{x}}_b(n-m) \tag{2.8.18}$$

其中后向预测矢量$\hat{\boldsymbol{x}}_b(n-m)$定义为

$$\hat{\boldsymbol{x}}_b(n-m)=[\hat{x}_b(1-m)\quad \hat{x}_b(2-m)\quad \cdots\quad \hat{x}_b(n-m)]^{\mathrm{T}} \tag{2.8.19}$$

根据后向预测的定义计算$\hat{\boldsymbol{x}}_b(n-m)$，即

$$\hat{\boldsymbol{x}}_b(n-m)=\boldsymbol{X}_{0,m-1}(n)\boldsymbol{b}_m(n) \tag{2.8.20}$$

其中 $\boldsymbol{b}_m(n)$是后向预测系数矢量，定义为

$$\boldsymbol{b}_m(n)=[b_{mm}(n)\quad \cdots\quad b_{m2}(n)\quad b_{m1}(n)]^{\mathrm{T}} \tag{2.8.21}$$

注意，$\boldsymbol{b}_m(n)$的 m 个元素的排列是倒序的。

从矢量空间的概念知道，最小二乘后向预测矢量$\hat{\boldsymbol{x}}_b(n-m)$是 $\boldsymbol{z}^{-m}\boldsymbol{x}(n)$在$\{\boldsymbol{X}_{0,m-1}(n)\}$上的投影，后向预测误差矢量 $\boldsymbol{e}_m^b(n)$是 $\boldsymbol{z}^{-m}\boldsymbol{x}(n)$对$\{\boldsymbol{X}_{0,m-1}(n)\}$的投影补，它们分别表示为

$$\hat{\boldsymbol{x}}_b(n-m)=\boldsymbol{P}_{0,m-1}(n)\boldsymbol{z}^{-m}\boldsymbol{x}(n) \tag{2.8.22}$$

和

$$\boldsymbol{e}_m^b(n)=\boldsymbol{P}_{0,m-1}^{\perp}(n)\boldsymbol{z}^{-m}\boldsymbol{x}(n)=[\boldsymbol{I}-\boldsymbol{P}_{0,m-1}(n)]\boldsymbol{z}^{-m}\boldsymbol{x}(n) \tag{2.8.23}$$

以上各式中的 $\boldsymbol{z}^{-m}\boldsymbol{x}(n)$是由 $\boldsymbol{x}(n)$延时 m 得到的，即

$$\boldsymbol{z}^{-m}\boldsymbol{x}(n)=[0\quad \cdots\quad 0\quad x(1)\quad x(2)\quad \cdots\quad x(n-m)]^{\mathrm{T}} \tag{2.8.24}$$

$\{\boldsymbol{X}_{0,m-1}(n)\}$的投影矩阵 $\boldsymbol{P}_{0,m-1}(n)$为

$$\boldsymbol{P}_{0,m-1}(n)=X_{0,m-1}(n)\langle\boldsymbol{X}_{0,m-1}(n),\boldsymbol{X}_{0,m-1}(n)\rangle^{-1}\boldsymbol{X}_{0,m-1}(n) \tag{2.8.25}$$

$\boldsymbol{e}_m^b(n)$的当前分量也可用单位现时矢量 $\boldsymbol{\pi}(n)$通过下式计算

$$e_m^b(n)=\langle\boldsymbol{\pi}(n),\boldsymbol{e}_m^b(n)\rangle=\langle\boldsymbol{\pi}(n),\boldsymbol{P}_{0,m-1}^{\perp}(n)\boldsymbol{z}^{-m}\boldsymbol{x}(n)\rangle \tag{2.8.26}$$

预测误差矢量的范数的平方即预测误差功率，称为预测误差剩余。前向和后向预测误差剩余分别定义为

$$\varepsilon_m^f(n)=\|\boldsymbol{e}_m^f(n)\|^2=\langle\boldsymbol{e}_m^f(n),\boldsymbol{e}_m^f(n)\rangle \tag{2.8.27}$$

和

$$\varepsilon_m^b(n)=\|\boldsymbol{e}_m^b(n)\|^2=\langle\boldsymbol{e}_m^b(n),\boldsymbol{e}_m^b(n)\rangle \tag{2.8.28}$$

它们都是标量。根据延时算子 z^{-1} 的移位性质,由上式得出

$$\varepsilon_m^f(n-1)=\langle \boldsymbol{z}^{-1}\boldsymbol{e}_m^f(n),\boldsymbol{z}^{-1}\boldsymbol{e}_m^f(n)\rangle \tag{2.8.29}$$

$$\varepsilon_m^b(n-1)=\langle \boldsymbol{z}^{-1}\boldsymbol{e}_m^b(n),\boldsymbol{z}^{-1}\boldsymbol{e}_m^b(n)\rangle \tag{2.8.30}$$

2.8.2　预测误差滤波器的格型结构

首先,推导由 m 阶(前向和后向)预测误差计算 $m+1$ 阶(前向和后向)预测误差的公式,它们是预测误差滤波器的格型结构的基础。

由式(2.8.16)得到 $m+1$ 阶前向预测误差在 n 时刻的分量

$$e_{m+1}^f(n)=\langle \boldsymbol{\pi}(n),\boldsymbol{P}_{1,m+1}^{\perp}(n)\boldsymbol{x}(n)\rangle$$

其中 $\boldsymbol{P}_{1,m+1}^{\perp}(n)$ 是对子空间 $\{\boldsymbol{X}_{1,m+1}(n)\}$ 的正交投影矩阵。

把 $\boldsymbol{X}_{1,m+1}(n)$ 看成是将列矢量 $z^{-(m+1)}\boldsymbol{x}(n)$ 附加到 $\boldsymbol{X}_{1,m}(n)$ 的最后一列的后面得到的,并令 $\boldsymbol{U}=\boldsymbol{X}_{1,m}(n)$,$\boldsymbol{v}=\boldsymbol{z}^{-(m+1)}\boldsymbol{x}(n)$,$\boldsymbol{y}=\boldsymbol{x}(n)$,$\boldsymbol{z}=\boldsymbol{\pi}(n)$,有

$$\boldsymbol{P}_{Uv}^{\perp}=\boldsymbol{P}_{1,m+1}^{\perp}(n)$$

$$\boldsymbol{P}_{U}^{\perp}=\boldsymbol{P}_{1,m}^{\perp}(n)$$

$$\boldsymbol{P}_{U}^{\perp}\boldsymbol{v}=\boldsymbol{P}_{1,m}^{\perp}(n)\boldsymbol{z}^{-(m+1)}\boldsymbol{x}(n)=\boldsymbol{z}^{-1}\boldsymbol{e}_m^b(n) \tag{2.8.31a}$$

$$\langle \boldsymbol{P}_{U}^{\perp}\boldsymbol{v},\boldsymbol{P}_{U}^{\perp}\boldsymbol{v}\rangle=\langle \boldsymbol{z}^{-1}\boldsymbol{e}_m^b(n),\boldsymbol{z}^{-1}\boldsymbol{e}_m^b(n)\rangle=\varepsilon_m^b(n-1) \tag{2.8.31b}$$

$$\langle \boldsymbol{z},\boldsymbol{P}_{U}^{\perp}\boldsymbol{y}\rangle=\langle \boldsymbol{\pi}(n),\boldsymbol{P}_{1,m}^{\perp}(n)\boldsymbol{x}(n)\rangle=e_m^f(n)$$

$$\langle \boldsymbol{z},\boldsymbol{P}_{UV}^{\perp}\boldsymbol{y}\rangle=\langle \boldsymbol{\pi}(n),\boldsymbol{P}_{1,m+1}^{\perp}(n)\boldsymbol{x}(n)\rangle=e_{m+1}^f(n)$$

将以上各式代入式(2.7.35b),得到

$$e_{m+1}^f(n)=e_m^f(n)-\frac{1}{\varepsilon_m^b(n-1)}\langle \boldsymbol{\pi}(n),\boldsymbol{z}^{-1}\boldsymbol{e}_m^b(n)\rangle\langle \boldsymbol{z}^{-1}\boldsymbol{e}_m^b(n),\boldsymbol{x}(n)\rangle \tag{2.8.32}$$

其中

$$\langle \boldsymbol{\pi}(n),\boldsymbol{z}^{-1}\boldsymbol{e}_m^b(n)\rangle=[0\quad\cdots\quad 0\quad 1][0\quad e_m^b(1)\quad\cdots\quad e_m^b(n-1)]^{\mathrm{T}}=e_m^b(n-1) \tag{2.8.33}$$

$$\begin{aligned}\langle \boldsymbol{z}^{-1}\boldsymbol{e}_m^b(n),\boldsymbol{x}(n)\rangle&=\langle \boldsymbol{z}^{-1}\boldsymbol{e}_m^b(n),\boldsymbol{e}_m^f(n)+\hat{\boldsymbol{x}}_f(n)\rangle=\langle \boldsymbol{z}^{-1}\boldsymbol{e}_m^b(n),\boldsymbol{e}_m^f(n)\rangle+\langle \boldsymbol{z}^{-1}\boldsymbol{e}_m^b(n),\hat{\boldsymbol{x}}_f(n)\rangle\\&=\langle \boldsymbol{z}^{-1}\boldsymbol{e}_m^b(n),\boldsymbol{e}_m^f(n)\rangle\triangleq\Delta_{m+1}(n)\end{aligned} \tag{2.8.34}$$

这里 $\Delta_{m+1}(n)$ 称为前向预测误差矢量和后向预测误差矢量的相关系数。

将式(2.8.33)和式(2.8.34)代入式(2.8.32),得到

$$e_{m+1}^f(n)=e_m^f(n)-k_{m+1}^b(n)e_m^b(n-1) \tag{2.8.35}$$

其中

$$k_{m+1}^b(n)=\frac{\Delta_{m+1}(n)}{\varepsilon_m^b(n-1)} \tag{2.8.36}$$

称为 $m+1$ 阶后向反射系数。式(2.8.35)是前向预测误差按阶递推计算(阶更新)的公式,在由 $e_m^f(n)$ 递推计算 $e_{m+1}^f(n)$ 时,需要知道 $e_m^b(n-1)$。

用与推导式(2.8.35)类似的方法,可以得到后向预测误差的阶更新公式。不过应令 $\boldsymbol{v}=\boldsymbol{x}(n)$,$\boldsymbol{y}=\boldsymbol{z}^{-(m+1)}\boldsymbol{x}(n)$,同时注意到

$$\{\boldsymbol{X}_{1,m}(n),\boldsymbol{x}(n)\}=\{\boldsymbol{x}(n),\boldsymbol{X}_{1,m}(n)\}=\{\boldsymbol{X}_{0,m}(n)\}=\{\boldsymbol{U},\boldsymbol{v}\}$$

$\boldsymbol{U}$ 和 $\boldsymbol{z}$ 仍与前面一样分别为 $\boldsymbol{U}=\boldsymbol{X}_{1,m}(n)$ 和 $\boldsymbol{z}=\boldsymbol{\pi}(n)$。最后利用式(2.7.35b)得出

$$e_{m+1}^b(n)=e_m^b(n-1)-k_{m+1}^f(n)e_m^f(n) \tag{2.8.37}$$

其中 $k_{m+1}^f(n)$ 是前向反射系数

$$k_{m+1}^f(n)=\frac{\Delta_{m+1}(n)}{\varepsilon_m^f(n)} \tag{2.8.38}$$

该式与式(2.8.36)相似，不过分母现在是前向误差剩余 $\varepsilon_m^f(n)$(式(2.8.27))。

式(2.8.35)和式(2.8.37)表示的前向和后向预测误差的阶更新公式定义了预测误差滤波器的格型结构。图 2.8.1(a)是根据式(2.8.35)和式(2.8.37)画出的格型结构的一级，其输入是 m 阶前向和后向预测误差，输出是 $m+1$ 阶前向和后向预测误差。

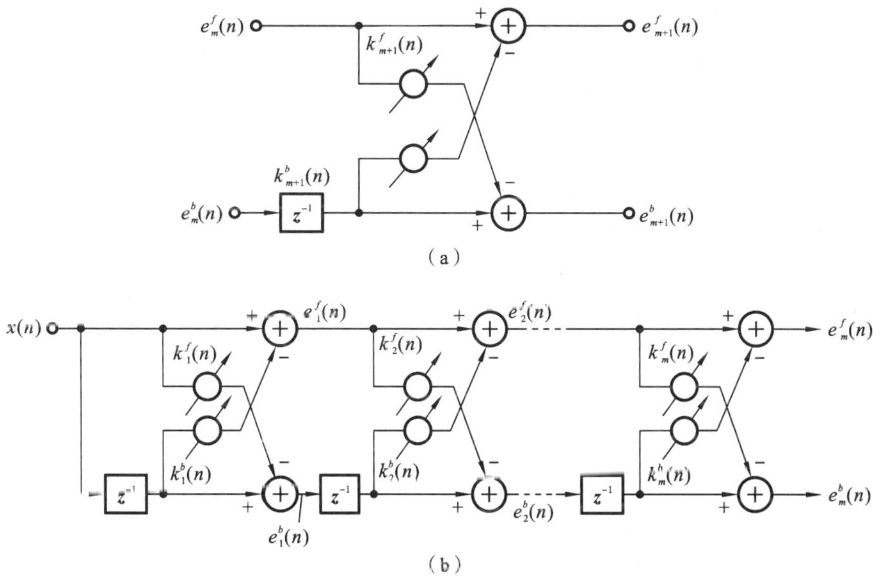

图 2.8.1　最小二乘格型(LSL)预测误差滤波器

(a) 单级格型结构；(b) 多级格型结构

格型结构按阶递推计算。由式(2.8.2)和式(2.8.17)(或由式(2.8.16)和式(2.8.26))得出

$$e_0^f(n)=e_0^b(n)=x(n) \tag{2.8.39}$$

这样可以画出 m 阶预测误差滤波器的格型结构，如图 2.8.1(b)所示。格型结构预测误差滤波器的每一级有两个参数，即前向和后向反射系数，一般情况下，滤波器的输入数据是非平稳信号，因而前向和后向反射系数不相等。在下章中讨论现代功率谱估计时，我们还要详细分析格型滤波器，在那里，由于输入信号是平稳的，所以各级的前向和后向反射系数相等，因此各级将只有一个参数。

2.8.3　最小二乘格型(LSL)自适应算法推导

首先推导前向和后向预测误差剩余按阶更新的公式。

由式(2.8.27)和式(2.8.14)，得前向预测误差剩余

$$\begin{aligned}\varepsilon_m^f(n)&=\langle \boldsymbol{e}_m^f(n),\boldsymbol{e}_m^f(n)\rangle=\langle \boldsymbol{P}_{1,m}^{\perp}(n)\boldsymbol{x}(n),\boldsymbol{P}_{1,m}^{\perp}(n)\boldsymbol{x}(n)\rangle\\&=\langle \boldsymbol{x}(n),\boldsymbol{P}_{1,m}^{\perp}(n)\boldsymbol{x}(n)\rangle\end{aligned} \tag{2.8.40}$$

类似地，由式(2.8.28)和式(2.8.23)得后向预测误差剩余

$$\varepsilon_m^b(n)=\langle \boldsymbol{z}^{-m}\boldsymbol{x}(n),\boldsymbol{P}_{0,m-1}^{\perp}(n)\boldsymbol{z}^{-m}\boldsymbol{x}(n)\rangle \tag{2.8.41}$$

由式(2.8.40)和式(2.8.41)写出 $m+1$ 阶前向和后向预测误差剩余

$$\varepsilon_{m+1}^f(n)=\langle \boldsymbol{x}(n),\boldsymbol{P}_{1,m+1}^{\perp}(n)\boldsymbol{x}(n)\rangle \tag{2.8.42a}$$

$$\varepsilon_{m+1}^{b}(n)=\langle \boldsymbol{z}^{-(m+1)}\boldsymbol{x}(n),\boldsymbol{P}_{0,m}^{\perp}(n)\boldsymbol{z}^{-(m+1)}\boldsymbol{x}(n)\rangle \tag{2.8.42b}$$

与推导式(2.8.35)的方法类似，令 $\boldsymbol{U}=\boldsymbol{X}_{1,m}(n)$ 和 $\boldsymbol{v}=\boldsymbol{z}^{-(m+1)}\boldsymbol{x}(n)$，于是有

$$\boldsymbol{P}_{\boldsymbol{U}\boldsymbol{v}}^{\perp}=\boldsymbol{P}_{1,m+1}^{\perp}(n)$$

$$\boldsymbol{P}_{\boldsymbol{U}}^{\perp}=\boldsymbol{P}_{1,m}^{\perp}(n)$$

$$\boldsymbol{P}_{\boldsymbol{U}}^{\perp}\boldsymbol{v}=\boldsymbol{z}^{-1}\boldsymbol{e}_{m}^{b}(n)\quad(\text{式}(2.8.31))$$

$$\langle \boldsymbol{P}_{\boldsymbol{U}}^{\perp}\boldsymbol{v},\boldsymbol{P}_{\boldsymbol{U}}^{\perp}\boldsymbol{v}\rangle=\varepsilon_{m}^{b}(n-1)\quad(\text{式}(2.8.31\text{b}))$$

上列各式与推导式(2.8.35)相同，但现在要令 $\boldsymbol{z}=\boldsymbol{y}=\boldsymbol{x}(n)$，因此得到

$$\begin{aligned}\langle \boldsymbol{z},\boldsymbol{P}_{\boldsymbol{U}}^{\perp}\boldsymbol{v}\rangle&=\langle \boldsymbol{x}(n),\boldsymbol{z}^{-1}\boldsymbol{e}_{m}^{b}(n)\rangle=\langle \boldsymbol{z}^{-1}\boldsymbol{e}_{m}^{b}(n),\boldsymbol{x}(n)\rangle\\&=\langle \boldsymbol{P}_{\boldsymbol{U}}^{\perp}\boldsymbol{v},\boldsymbol{y}\rangle=\Delta_{m+1}(n)\end{aligned} \tag{2.8.43}$$

上式实际上与式(2.8.34)相同。此外，还得到

$$\langle \boldsymbol{z},\boldsymbol{P}_{\boldsymbol{U}}^{\perp}\boldsymbol{y}\rangle=\langle \boldsymbol{x}(n),\boldsymbol{P}_{1,m}^{\perp}(n)\boldsymbol{x}(n)\rangle=\varepsilon_{m}^{f}(n)$$

$$\langle \boldsymbol{z},\boldsymbol{P}_{\boldsymbol{U}\boldsymbol{v}}^{\perp}\boldsymbol{y}\rangle=\langle \boldsymbol{x}(n),\boldsymbol{P}_{1,m+1}^{\perp}(n)\boldsymbol{x}(n)\rangle=\varepsilon_{m+1}^{f}(n)$$

以上二式实际上就是式(2.8.40)和式(2.8.42a)。

将式(2.8.42a)、式(2.8.40)、式(2.8.43)和式(2.8.31b)代入式(2.7.35b)，得出

$$\varepsilon_{m+1}^{f}(n)=\varepsilon_{m}^{f}(n)-\frac{\Delta_{m+1}^{2}(n)}{\varepsilon_{m}^{b}(n-1)} \tag{2.8.44}$$

这就是前向预测误差剩余按阶更新的公式。

令 $\boldsymbol{U}=\boldsymbol{X}_{1,m}(n)$，$\boldsymbol{v}=\boldsymbol{x}(n)$，$\boldsymbol{z}=\boldsymbol{y}=\boldsymbol{z}^{-(m+1)}\boldsymbol{x}(n)$，用完全类似的方法推导出后向预测误差剩余按阶更新的迭代计算公式

$$\varepsilon_{m+1}^{b}(n)=\varepsilon_{m}^{b}(n-1)-\frac{\Delta_{m+1}^{2}(n)}{\varepsilon_{m}^{f}(n)} \tag{2.8.45}$$

下面讨论反射系数的更新问题。由式(2.8.36)和式(2.8.38)看到，前向反射系数和后向反射系数的更新，除了分别要求对前向预测误差剩余和后向预测误差剩余进行更新外，还要求对前后向预测误差相关系数 $\Delta_{m+1}(n)$ 进行更新。前向预测误差剩余和后向预测误差剩余按阶更新的公式前面已经得到，现在讨论 $\Delta_{m+1}(n)$ 的更新问题。

为了由 $\Delta_{m+1}(n)$ 计算 $\Delta_{m+2}(n)$，利用式(2.8.34)得到

$$\Delta_{m+2}(n)=\langle \boldsymbol{z}^{-1}\boldsymbol{e}_{m+1}^{b}(n),\boldsymbol{e}_{m+1}^{f}(n)\rangle$$

其中 $\boldsymbol{z}^{-1}\boldsymbol{e}_{m+1}^{b}(n)$ 由式(2.8.31a)表示成

$$\boldsymbol{z}^{-1}\boldsymbol{e}_{m+1}^{b}(n)=\boldsymbol{P}_{1,m+1}^{\perp}(n)\boldsymbol{z}^{-(m+2)}\boldsymbol{x}(n)$$

这里的 $\boldsymbol{P}_{1,m+1}^{\perp}(n)\boldsymbol{z}^{-(m+2)}\boldsymbol{x}(n)$ 在前面从未定义过，因而按阶更新 $\Delta_{m+1}(n)$ 在计算上遇到了困难。为了绕过这个困难，现在不按阶更新 $\Delta_{m+1}(n)$ 而按时间来更新 $\Delta_{m+1}(n)$。具体来说，就是从初始的 $\Delta_{m+1}(0)$ 开始，递推计算 $\Delta_{m+1}(1)$、$\Delta_{m+1}(2)$，等等，直到最后算出 $\Delta_{m+1}(n)$。为此，必须推导出 $\Delta_{m+1}(n)$ 的时间更新公式。

令 $\boldsymbol{U}=\boldsymbol{X}_{1,m}(n)$，$\boldsymbol{v}=\boldsymbol{\pi}(n)$，$\boldsymbol{z}=\boldsymbol{x}(n)$，$\boldsymbol{y}=\boldsymbol{z}^{-(m+1)}\boldsymbol{x}(n)$，于是

$$\boldsymbol{P}_{\boldsymbol{U}}^{\perp}=\boldsymbol{P}_{1,m}^{\perp}(n)$$

$$\boldsymbol{P}_{\boldsymbol{U}\boldsymbol{v}}^{\perp}=\boldsymbol{P}_{\boldsymbol{U}\boldsymbol{\pi}}^{\perp}(n)$$

$$\langle \boldsymbol{z},\boldsymbol{P}_{\boldsymbol{U}}^{\perp}\boldsymbol{v}\rangle=\langle \boldsymbol{P}_{\boldsymbol{U}}^{\perp}\boldsymbol{z},\boldsymbol{v}\rangle=\langle \boldsymbol{P}_{1,m}^{\perp}(n)\boldsymbol{x}(n),\boldsymbol{\pi}(n)\rangle=e_{m}^{f}(n)\quad(\text{式}(2.8.16))$$

$$\langle \boldsymbol{P}_{\boldsymbol{U}}^{\perp}\boldsymbol{v},\boldsymbol{y}\rangle=\langle \boldsymbol{v},\boldsymbol{P}_{\boldsymbol{U}}^{\perp}\boldsymbol{y}\rangle=\langle \boldsymbol{\pi}(n),\boldsymbol{P}_{1,m}^{\perp}(n)\boldsymbol{z}^{-(m+1)}\boldsymbol{x}(n)\rangle=\boldsymbol{z}^{-1}e_{m}^{b}(n)\quad(\text{式}(2.8.31\text{a}))$$

$$\langle \boldsymbol{z},\boldsymbol{P}_{\boldsymbol{U}}^{\perp}\boldsymbol{y}\rangle=\langle \boldsymbol{x}(n),\boldsymbol{P}_{1,m}^{\perp}(n)\boldsymbol{z}^{-(m+1)}\boldsymbol{x}(n)\rangle=\Delta_{m+1}(n)\quad(\text{式}(2.8.43))$$

此外，还需要推导以下两个关系式。

（1）利用式(2.7.45)，有

$$\langle \boldsymbol{z},\boldsymbol{P}_{U\pi}^{\perp}\boldsymbol{y}\rangle=\langle \boldsymbol{x}(n),\begin{bmatrix}\boldsymbol{P}_{U\pi}^{\perp}(n-1) & \boldsymbol{0}_{n-1}\\ \boldsymbol{0}_{n-1}^{\mathrm{T}} & 0\end{bmatrix}\boldsymbol{z}^{-(m+1)}\boldsymbol{x}(n)\rangle$$

$$=\langle \boldsymbol{x}(n),\begin{bmatrix}\boldsymbol{P}_{U\pi}^{\perp}(n-1)\boldsymbol{z}^{-(m+1)}\boldsymbol{x}(n-1)\\ 0\end{bmatrix}\rangle$$

$$=\langle \boldsymbol{x}(n-1),\boldsymbol{P}_{U\pi}^{\perp}(n-1)\boldsymbol{z}^{-(m+1)}\boldsymbol{x}(n-1)\rangle=\Delta_{m+1}(n-1) \tag{2.8.46}$$

（2）由于

$$\boldsymbol{X}_{1,m}=\begin{bmatrix}\boldsymbol{0}_m^{\mathrm{T}}\\ \boldsymbol{X}_{0,m-1}(n-1)\end{bmatrix}$$

所以

$$\boldsymbol{P}_{1,m}^{\perp}(n)=\begin{bmatrix}\boldsymbol{0} & \boldsymbol{0}_{n-1}^{\mathrm{T}}\\ \boldsymbol{0}_{n-1} & \boldsymbol{P}_{0,m-1}^{\perp}(n-1)\end{bmatrix} \tag{2.8.47}$$

设子空间$\{\boldsymbol{X}_{0,m-1}(n)\}$与$\{\boldsymbol{X}_{0,m-1}(n-1)\}$之间夹角的余弦的平方用角参量$\gamma_m(n)$表示，根据式(2.7.43)有

$$\gamma_m(n)=\langle \boldsymbol{\pi}(n),\boldsymbol{P}_{0,m-1}^{\perp}(n)\boldsymbol{\pi}(n)\rangle \tag{2.8.48}$$

利用式(2.8.47)和式(2.8.48)得

$$\langle \boldsymbol{P}_U^{\perp}\boldsymbol{v},\boldsymbol{P}_U\boldsymbol{v}\rangle=\langle \boldsymbol{\pi}(n),\boldsymbol{P}_{1,m}(n)\boldsymbol{\pi}(n)\rangle=\gamma_m(n-1) \tag{2.8.49}$$

将上面列举的$\langle \boldsymbol{z},\boldsymbol{P}_{U\pi}^{\perp}\boldsymbol{y}\rangle$，$\langle \boldsymbol{z},\boldsymbol{P}_U^{\perp}\boldsymbol{y}\rangle$，$\langle \boldsymbol{z},\boldsymbol{P}_U^{\perp}\boldsymbol{v}\rangle$，$\langle \boldsymbol{P}_U^{\perp}\boldsymbol{v},\boldsymbol{P}_U^{\perp}\boldsymbol{v}\rangle$，以及$\langle \boldsymbol{P}_U^{\perp}\boldsymbol{v},\boldsymbol{y}\rangle$代入式(2.7.35b)得到

$$\Delta_{m+1}(n)=\Delta_{m+1}(n-1)+\frac{e_m^f(n)e_m^b(n-1)}{\gamma_m(n-1)} \tag{2.8.50}$$

这就是$\Delta_{m+1}(n)$的时间更新公式，当m阶的角参量、前向预测误差和后向预测误差已知时，即可利用式(2.8.50)由$\Delta_{m+1}(n-1)$计算$\Delta_{m+1}(n)$。但是，在对$m+2$阶Δ参数进行时间更新时，需要知道$\gamma_{m+1}(n-1)$，为此，还必须推导出角参量的阶更新公式。这仍然可以用上面多次使用过的方法来进行推导。令$\boldsymbol{U}=\boldsymbol{X}_{1,m}(n)$，$\boldsymbol{v}=\boldsymbol{z}^{-(m+1)}\boldsymbol{x}(n)$，$\boldsymbol{z}=\boldsymbol{y}=\boldsymbol{\pi}(n)$，然后利用式(2.7.35b)求出

$$\gamma_{m+1}(n-1)=\gamma_m(n-1)-\frac{[e_m^b(n-1)]^2}{\varepsilon_m^b(n-1)} \tag{2.8.51}$$

这就是角参量的阶更新公式。

总体来说，与 LSL 自适应算法有关的各个参量的更新公式的推导，都以式(2.7.35b)为基础，除$\boldsymbol{U}=\boldsymbol{X}_{1,m}(n)$外，式中其余矢量$\boldsymbol{v}$、$\boldsymbol{z}$和$\boldsymbol{y}$的选取，对于不同参量来说各不相同。此外，除前向、后向预测误差相关系数按时间更新外，其余参量都按阶次更新。表 2.8.1 列出了推导 LSL 算法各参量更新公式时$\boldsymbol{U}$、$\boldsymbol{v}$、$\boldsymbol{y}$、$\boldsymbol{z}$的选取。

表 2.8.1　推导 LSL 算法各参量更新公式时 $\boldsymbol{U}$、$\boldsymbol{v}$、$\boldsymbol{y}$、$\boldsymbol{z}$ 的选取

参　量	更新方式	$\boldsymbol{U}$	$\boldsymbol{v}$	$\boldsymbol{y}$	$\boldsymbol{z}$
前向预测误差	按阶次	$\boldsymbol{X}_{1,m}(n)$	$\boldsymbol{z}^{-(m+1)}\boldsymbol{x}(n)$	$\boldsymbol{x}(n)$	$\boldsymbol{\pi}(n)$
后向预测误差	按阶次	$\boldsymbol{X}_{1,m}(n)$	$\boldsymbol{x}(n)$	$\boldsymbol{z}^{-(m+1)}\boldsymbol{x}(n)$	$\boldsymbol{\pi}(n)$
前向预测误差剩余	按阶次	$\boldsymbol{X}_{1,m}(n)$	$\boldsymbol{z}^{-(m+1)}\boldsymbol{x}(n)$	$\boldsymbol{x}(n)$	$\boldsymbol{x}(n)$
后向预测误差剩余	按阶次	$\boldsymbol{X}_{1,m}(n)$	$\boldsymbol{x}(n)$	$\boldsymbol{z}^{-(m+1)}\boldsymbol{x}(n)$	$\boldsymbol{z}^{-(m+1)}\boldsymbol{x}(n)$
前向、后向预测误差相关系数	按时间	$\boldsymbol{X}_{1,m}(n)$	$\boldsymbol{\pi}(n)$	$\boldsymbol{z}^{-(m+1)}\boldsymbol{x}(n)$	$\boldsymbol{x}(n)$
角参量	按阶次	$\boldsymbol{X}_{1,m}(n)$	$\boldsymbol{z}^{-(m+1)}\boldsymbol{x}(n)$	$\boldsymbol{\pi}(n)$	$\boldsymbol{\pi}(n)$

最后，将 LSL 自适应算法的计算步骤总结如下。

(1) 初始化

$$e_m^b(0)=0,\quad \Delta_m(0)=0,\quad \gamma_m(0)=1,\quad \varepsilon_m^f(0)=\varepsilon_m^b(0)=\delta$$

这里 δ 是前向预测误差剩余和后向预测误差剩余的初始值。如果这个值没有给出，则可以任意选择。

(2) 迭代计算(按时间 $n=1,2,\cdots$)

$$e_0^b(n)=e_0^f(n)=x(n)$$

$$\varepsilon_0^b(n)=\varepsilon_0^f(n)=\varepsilon_0^f(n-1)+x^2(n)$$

$$\gamma_0(n)=1$$

(3) 迭代计算(按阶 $m=0,1,\cdots,M-1$)

$$\Delta_{m+1}(n)=\Delta_{m+1}(n-1)+\frac{e_m^b(n-1)e_m^f(n)}{\gamma_m(n-1)}$$

$$e_{m+1}^f(n)=e_m^f(n)-\frac{\Delta_{m+1}(n)e_m^b(n-1)}{\varepsilon_m^b(n-1)}$$

$$e_{m+1}^b(n)=e_m^b(n-1)-\frac{\Delta_{m+1}(n)e_m^f(n)}{\varepsilon_m^f(n)}$$

$$\varepsilon_{m+1}^f(n)=\varepsilon_m^f(n)-\frac{\Delta_{m+1}^2(n)}{\varepsilon_m^b(n-1)}$$

$$\varepsilon_{m+1}^b(n)=\varepsilon_m^b(n-1)-\frac{\Delta_{m+1}^2(n)}{\varepsilon_m^f(n)}$$

$$\gamma_{m+1}(n-1)=\gamma_m(n-1)-\frac{[e_m^b(n-1)]^2}{\varepsilon_m^b(n-1)}$$

同阶的 Δ_{m+1} 嵌套着按时间进行迭代计算。

各阶前向反射系数和后向反射系数可分别由以下二式计算：

$$k_{m+1}^f(n)=\frac{\Delta_{m+1}(n)}{\varepsilon_m^f(n)}$$

$$k_{m+1}^b(n)=\frac{\Delta_{m+1}(n)}{\varepsilon_m^b(n-1)}$$

M 是给定的滤波器的阶。

例 2.8.1 下式定义一个 2 阶自回归随机信号

$$x(n)=1.56x(n-1)-0.82x(n-2)+v(n)$$

其中，$v(n)$是在(-0.5,0.5)内均匀分布的白噪声。现用一个 2 阶自适应格型滤波器对 $x(n)$ 进行线性预测，采用 LSL 算法。

(1) 画出用自适应格型滤波器预测 $x(n)$的方框图。

(2) 推导 2 阶格型滤波器参数与横向滤波器参数之间的关系。

(3) 用 MATLAB 计算格型滤波器参数$\gamma_1^f(n)$、$\gamma_2^f(n)$、$\gamma_1^b(n)$和$\gamma_2^b(n)$，$n=1,2,\cdots,1000$；并将其转换成横向滤波器参数$w_1(n)$、$w_2(n)$。设 $\delta=0.8$，画出$w_1(n)$、$w_2(n)$随迭代次数变化的图形，观察经过多少次迭代后收敛。

(4) 画出前向预测误差剩余和后向预测误差剩余的初始值 $\delta=0.1$、1.0 和 10 三种情况下的$w_1(n)$的图形，观察 δ 对收敛轨迹的影响。

(5) 取 $\delta=1$,画出 LSL 算法得到的$w_1(n)\equiv\hat{a}_{1LSL}$、$w_2(n)\equiv\hat{a}_{2LSL}$的图形;取 $\mu=0.02$,在同一张图上画出 LMS 算法得到的 $w_1(n)\equiv\hat{a}_{1LMS}$、$w_2(n)\equiv\hat{a}_{2LMS}$的图形。比较两种算法的收敛速度。

解 (1) 图 2.8.2 是用自适应格型滤波器预测 $x(n)$的方框图。

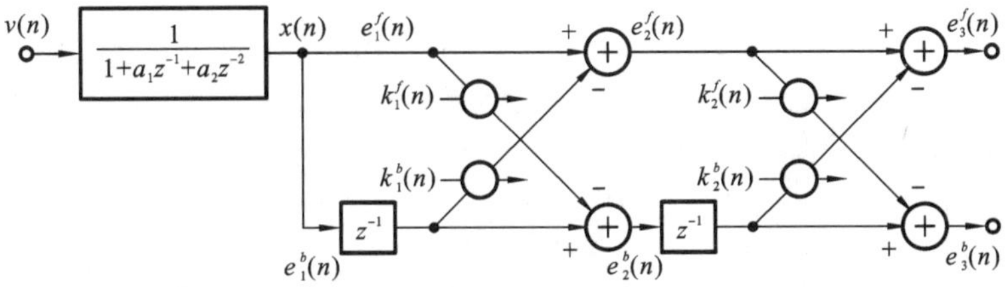

图 2.8.2 例 2.8.1 用自适应格型滤波器进行线性预测的方框图

(2) 推导格型滤波器参数与横向滤波器参数之间的关系。

根据式(2.8.35)和式(2.8.37)写出 1 阶和 2 阶前向预测误差和后向预测误差的递推公式

$$e_2^f(n)=e_1^f(n)-k_2^b(n)e_1^b(n-1) \tag{2.8.52}$$

$$e_2^b(n)=e_1^b(n-1)-k_2^f(n)e_1^f(n) \tag{2.8.53}$$

$$e_3^f(n)=e_2^f(n)-k_3^b(n)e_2^b(n-1) \tag{2.8.54}$$

考虑到$e_1^f(n)=e_1^b(n)=x(n)$,将式(2.8.52)和式(2.8.53)分别表示为

$$e_2^f(n)=x(n)-k_2^b(n)x(n-1) \tag{2.8.55}$$

$$e_2^b(n)=x(n-1)-k_2^f(n)x(n) \tag{2.8.56}$$

将式(2.8.55)和式(2.8.56)代入式(2.8.54),经整理后得

$$e_3^f(n)=x(n)-[k_1^b(n)-k_1^f(n-1)k_2^b(n)]x(n-1)-k_2^b(n)x(n-2) \tag{2.8.57}$$

另一方面,2 阶前向线性预测误差定义为

$$e_3^f(n)=x(n)-\hat{x}(n)=x(n)-a_1(n)x(n-1)-a_2(n)x(n-2) \tag{2.8.58}$$

对照式(2.8.57)与式(2.8.58),得出

$$a_1(n)=k_1^b(n)-k_1^f(n-1)k_2^b(n) \tag{2.8.59}$$

和

$$a_2(n)=k_2^b(n) \tag{2.8.60}$$

(3) MATLAB 程序如下:

```
% Construct input and desired output
a1=1.56; a2=-0.82;N=1000; L=2;
v=-0.5+rand(1,N);
x=zeros(N); x(1)=v(1); x(2)=a1*x(1)+v(2);
d=zeros(N); d(1)=x(1); d(2)=x(2);
for n=3:N
    x(n)=a1*x(n-1)+a2*x(n-2)+v(n); d(n)=x(n);
end
% Initiation
ef=zeros(L+1,N);eb=zeros(L+1,N);delta=zeros(L+1,N); gama=ones(L+1,2);
D=0.8; epsilonf=D*ones(L+1,2); epsilonb=D*ones(L+1,2);
kf=zeros(L+1,N);  kb=zeros(L+1,N); w=zeros(L+1,N);
for n=2:N;
```

```
    eb(1,n)=x(n); ef(1,n)=x(n);
    epsilonf(1,n)=epsilonf(1,n-1)+(x(n))^2;
psilonb(1,n)=epsilonf(1,n); gama(1,n)=1;
    for m=1 : L
       delta(m+1,n)=delta(m+1,n-1)+eb(m,n-1) * ef(m,n)/gama(m,n-1);
       ef(m+1,n)=ef(m,n)-delta(m+1,n) * eb(m,n-1)/epsilonb(m,n-1);
       eb(m+1,n)=eb(m,n-1)-delta(m+1,n) * ef(m,n)/epsilonf(m,n);
       epsilonf(m+1,n)=epsilonf(m,n)-(delta(m+1,n))^2/epsilonb(m,n-1);
       epsilonb(m+1,n)=epsilonb(m,n-1)-(delta(m+1,n))^2/epsilonf(m,n);
       gama(m+1,n-1)=gama(m,n-1)-(eb(m,n-1))^2/epsilonb(m,n-1);
       kf(m+1,n)=delta(m+1,n)/epsilonf(m,n);
       kb(m+1,n)=delta(m+1,n)/epsilonb(m,n-1);
    end
    k1=kf(2,:); k2=kf(3,:); k3=kb(2,:); k4=kb(3,:);
    w1=k3-k1. * k4;
    w2=k4;
end
% Plot the coefficients of the adaptive filter
n=1:N;
subplot(2,1,1)
plot(n,w1)
grid
subplot(2,1,2)
plot(n,w2)
grid
```

运行以上程序,画出$w_1(n)$、$w_2(n)$随迭代次数变化的图形,如图 2.8.3 所示。由图可以看出,在$\delta=0.8$的情况下,大约经过 80 次迭代后收敛。

(4) $\delta=0.1$、1.0 和 10 三种情况对应的$w_1(n)$的图形如图 2.8.4 所示,从图中可以看出,前向预测误差剩余和后向预测误差剩余的初始值的选取对收敛轨迹有明显影响。具体来说,δ越小,$w_1(n)$收敛越快,但$w_1(n)$的起始部分出现了一个较大的下冲;若选取较大的δ值,虽然$w_1(n)$的收敛速度有所下降,但起始部分下冲显著减弱。无论δ值如何选取,LSL 算法的收敛速度都比 LMS 算法的快。

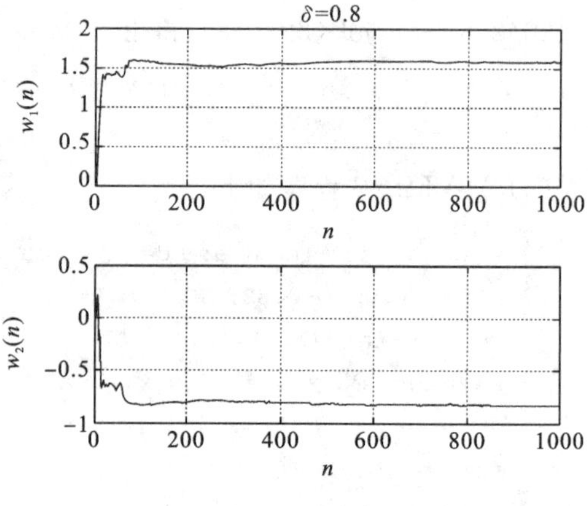

图 2.8.3　例 2.8.1 的格型自适应线性预测器的等效横向滤波器参数随迭代次数变化的图形(采用 LSL 算法,$\delta=0.8$)

(5) 图 2.8.5 所示的是$\delta=1$时 LSL 算法和$\mu=0.02$时 LMS 算法得到的自适应预测器参数随迭代次数变化的图形,图中,$\hat{a}_{1LSL}$和$\hat{a}_{2LSL}$是 LSL 算法得到的参数,$\hat{a}_{1LMS}$和$\hat{a}_{2LMS}$是 LMS 算法得到的参数。从图中可以看出,LSL 算法大约在 200 次迭代后收敛,而 LMS 算法大约要在 600 次迭代后才收敛。

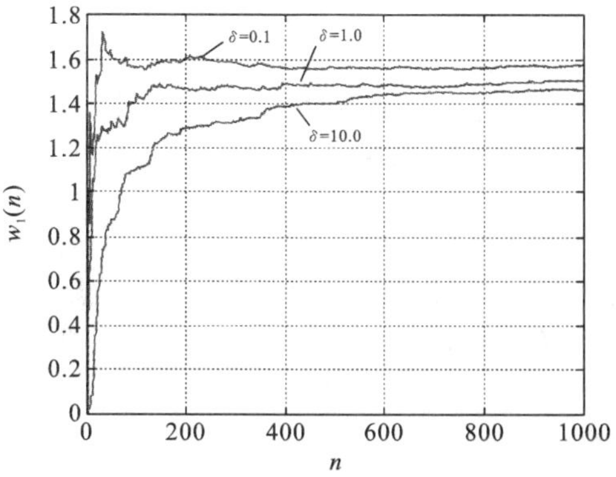

图 2.8.4　例 2.8.1 的格型自适应线性预测器的等效横向滤波器参数 $w_1(n)$ 的图形（采用 LSL 算法，δ=0.1、1.0 和 10 三种情况）

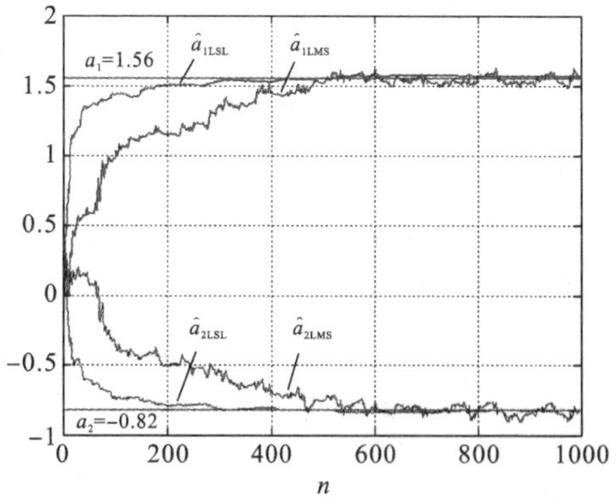

图 2.8.5　例 2.8.1 的格型自适应线性预测器 LSL 与 LMS 两种算法收敛速度比较

2.9　快速横向滤波(FTF)算法

FTF 算法通过引入横向滤波算子及其时间更新关系，实现有关的 4 个横向滤波器的时间更新，从而最终达到调整自适应滤波器参数的目的。

2.9.1　FTF 算法涉及的 4 个横向滤波器

FTF 算法由 4 个横向滤波器协同组合而成，4 个横向滤波器都用横向滤波算子描述。

1. 最小二乘横向滤波器

设在当前时刻 n，数据矢量 $\boldsymbol{x}(n)=[x(1)\quad\cdots\quad x(n)]^{\mathrm{T}}$，$N$ 阶自适应横向滤波器的权矢量 $\boldsymbol{w}_N(n)=[w_1(1)\quad\cdots\quad w_N(n)]^{\mathrm{T}}$，期望信号矢量 $\boldsymbol{d}(n)=[d(1)\quad\cdots\quad d(n)]^{\mathrm{T}}$。要求滤波器的输出矢量 $\hat{\boldsymbol{d}}(n)$ 是 $\boldsymbol{d}(n)$ 的最小二乘估计，根据式(2.7.9)得

$$\hat{\boldsymbol{d}}(n)=\boldsymbol{X}_{0,N-1}(n)\boldsymbol{w}_N(n) \tag{2.9.1}$$

其中，$\boldsymbol{X}_{0,N-1}$ 是以 $\boldsymbol{x}(n), z^{-1}\boldsymbol{x}(n), \cdots, z^{-(N-1)}\boldsymbol{x}(n)$ 作为列矢量构成的矩阵，即

$$\boldsymbol{X}_{0,N-1}(n)=[\boldsymbol{x}(n)\ \ z^{-1}\boldsymbol{x}(n)\ \cdots\ z^{-(N-1)}\boldsymbol{x}(n)] \tag{2.9.2}$$

根据式(2.7.13)，最小二乘横向滤波器的最佳权矢量

$$\boldsymbol{w}_N(n)=\langle\boldsymbol{X}_{0,N-1}(n),\boldsymbol{X}_{0,N-1}(n)\rangle^{-1}\boldsymbol{X}_{0,N-1}^{\mathrm{T}}(n)\boldsymbol{d}(n) \tag{2.9.3}$$

定义横向滤波算子

$$\boldsymbol{K}_{0,N-1}(n)=\langle\boldsymbol{X}_{0,N-1}(n),\boldsymbol{X}_{0,N-1}(n)\rangle^{-1}\boldsymbol{X}_{0,N-1}^{\mathrm{T}}(n) \tag{2.9.4}$$

则式(2.9.3)简化为

$$\boldsymbol{w}_N(n)=\boldsymbol{K}_{0,N-1}(n)\boldsymbol{d}(n) \tag{2.9.5}$$

$\boldsymbol{K}_{0,N-1}(n)$ 是一个 $N\times n$ 矩阵。

一般而言，对于一个 $n\times N$ 数据矩阵 $\boldsymbol{U}$，横向滤波算子定义为

$$\boldsymbol{K}_U=\langle\boldsymbol{U},\boldsymbol{U}\rangle^{-1}\boldsymbol{U}^{\mathrm{T}} \tag{2.9.6}$$

式(2.9.5)表明，横向滤波算子 $\boldsymbol{K}_{0,N-1}(n)$ 作用于期望信号矢量 $\boldsymbol{d}(n)$，便计算出最小二乘横向滤波器的权矢量 $\boldsymbol{w}_N(n)$；具体来说，$\boldsymbol{K}_{0,N-1}(n)$ 的各行矢量与 $\boldsymbol{d}(n)$ 的内积，是 $\boldsymbol{w}_N(n)$ 的各分

量。根据式(2.9.5)写出

$$\boldsymbol{w}_N(n-1)=\boldsymbol{K}_{0,N-1}(n-1)\boldsymbol{d}(n-1) \tag{2.9.7}$$

若已知 $\boldsymbol{d}(n-1)$,则很容易求出 $\boldsymbol{d}(n)$;如果还能够由 $\boldsymbol{K}_{0,N}(n-1)$ 递推计算出 $\boldsymbol{K}_{0,N}(n)$,那么便可由 $\boldsymbol{w}_N(n-1)$ 求出 $\boldsymbol{w}_N(n)$,从而实现对最小二乘横向滤波器权矢量的时间更新。

根据式(2.9.1),利用最佳权矢量 $\boldsymbol{w}_N(n)$ 和数据矩阵 $\boldsymbol{X}_{0,N-1}(n)$ 即可得到 $\boldsymbol{d}(n)$ 的最小二乘估计 $\hat{\boldsymbol{d}}(n)$,即

$$\hat{\boldsymbol{d}}(n)=\boldsymbol{X}_{0,N-1}(n)\boldsymbol{K}_{0,N-1}(n)\boldsymbol{d}(n) \tag{2.9.8}$$

估计误差按式(2.7.24)计算

$$\boldsymbol{e}(n|n)=\boldsymbol{P}^{\perp}_{0,N-1}(n)\boldsymbol{d}(n) \tag{2.9.9}$$

注意,式中的 $\boldsymbol{P}^{\perp}_{0,N-1}(n)$ 是对子空间 $\{\boldsymbol{X}_{0,N-1}(n)\}$ 的正交投影矩阵,$\{\boldsymbol{X}_{0,N-1}(n)\}$ 是由数据矩阵 $\boldsymbol{X}_{0,N-1}(n)$ 的列矢量张成的子空间。

利用单位现时矢量 $\boldsymbol{\pi}(n)$ 可求出误差矢量 $\boldsymbol{e}(n|n)$ 的当前分量

$$e(n|n)=\langle\boldsymbol{\pi}(n),\boldsymbol{e}(n|n)\rangle=\langle\boldsymbol{\pi}(n),\boldsymbol{P}^{\perp}_{0,N-1}(n)\boldsymbol{d}(n)\rangle \tag{2.9.10}$$

2. 前向预测误差滤波器

从第 2.8.1 节知道,用 i 时刻以前的 N 个数据对 $x(i)$ 做最小二乘估计,称为最小二乘前向预测。利用矢量空间的概念,数据矢量 $\boldsymbol{x}(n)$ 的最小二乘前向预测矢量(以下简称前向预测矢量或前向预测)为

$$\hat{\boldsymbol{x}}_f(n)=\boldsymbol{X}_{1,N}(n)\boldsymbol{a}_N(n)=\boldsymbol{P}_{1,N}(n)\boldsymbol{x}(n) \tag{2.9.11}$$

其中,$\boldsymbol{X}_{1,N}(n)$ 是以 $\boldsymbol{z}^{-1}\boldsymbol{x}(n),\cdots,\boldsymbol{z}^{-N}\boldsymbol{x}(n)$ 为列矢量构成的数据矩阵,$\boldsymbol{a}_N(n)$ 是最小二乘前向预测系数构成的矢量,称为最小二乘前向预测系数矢量,

$$\boldsymbol{a}_N(n)=[a_1(n)\quad\cdots\quad a_N(n)]^{\mathrm{T}} \tag{2.9.12}$$

$\boldsymbol{P}_{1,N}(n)$ 是子空间 $\{\boldsymbol{X}_{1,N}(n)\}$ 的投影矩阵

$$\boldsymbol{P}_{1,N}(n)=\boldsymbol{X}_{1,N}(n)\langle\boldsymbol{X}_{1,N}(n),\boldsymbol{X}_{1,N}(n)\rangle^{-1}\boldsymbol{X}^{\mathrm{T}}_{1,N}(n) \tag{2.9.13}$$

将式(2.9.13)代入式(2.9.11),得

$$\boldsymbol{a}_N(n)=\boldsymbol{K}_{1,N}(n)\boldsymbol{x}(n) \tag{2.9.14}$$

式中,$\boldsymbol{K}_{1,N}(n)$ 是对数据矩阵 $\boldsymbol{X}_{1,N}(n)$ 的横向滤波算子,

$$\boldsymbol{K}_{1,N}(n)=\langle\boldsymbol{X}_{1,N}(n),\boldsymbol{X}_{1,N}(n)\rangle^{-1}\boldsymbol{X}^{\mathrm{T}}_{1,N}(n) \tag{2.9.15}$$

式(2.9.14)表明,横向滤波算子 $K_{1,N}(n)$ 作用于数据矢量 $\boldsymbol{x}(n)$ 可求出最小二乘前向预测(最佳)系数矢量 $\boldsymbol{a}_N(n)$;如果能够对 $\boldsymbol{K}_{1,N}(n)$ 进行时间更新,那么也能够对 $\boldsymbol{a}_N(n)$ 进行时间更新。

最小二乘前向预测误差矢量

$$\boldsymbol{e}^f(n|n)=\boldsymbol{P}^{\perp}_{1,N}(n)\boldsymbol{x}(n)=\boldsymbol{x}(n)-\hat{\boldsymbol{x}}_f(n) \tag{2.9.16}$$

它的当前分量为

$$e^f(n|n)=\langle\boldsymbol{\pi}(n),\boldsymbol{e}^f(n|n)\rangle=\langle\boldsymbol{\pi}(n),\boldsymbol{P}^{\perp}_{1,N}(n)\boldsymbol{x}(n)\rangle \tag{2.9.17}$$

最小二乘前向预测误差剩余为

$$\varepsilon^f(n)=\langle\boldsymbol{e}^f(n|n),\boldsymbol{e}^f(n|n)\rangle=\langle\boldsymbol{x}(n),\boldsymbol{P}^{\perp}_{1,N}(n)\boldsymbol{x}(n)\rangle \tag{2.9.18}$$

3. 后向预测误差滤波器

类似地得出数据矢量 $\boldsymbol{z}^{-N}\boldsymbol{x}(n)$ 的最小二乘后向预测

$$\hat{\boldsymbol{x}}_b(n-N)=\boldsymbol{X}_{0,N-1}(n)\boldsymbol{b}_N(n)=\boldsymbol{P}_{0,N-1}(n)\boldsymbol{z}^{-N}\boldsymbol{x}(n) \tag{2.9.19}$$

式中,$\boldsymbol{b}_N(n)$ 是最小二乘后向预测系数矢量

$$\boldsymbol{b}_N(n)=[b_N(n)\quad\cdots\quad b_1(n)]^{\mathrm{T}} \tag{2.9.20}$$

$\boldsymbol{P}_{0,N-1}(n)$是子空间$\{\boldsymbol{X}_{0,N-1}(n)\}$的投影矩阵，

$$\boldsymbol{P}_{0,N-1}(n)=\boldsymbol{X}_{0,N-1}(n)\langle\boldsymbol{X}_{0,N-1}(n),\boldsymbol{X}_{0,N-1}(n)\rangle^{-1}\boldsymbol{X}_{0,N-1}^{\mathrm{T}}(n) \tag{2.9.21}$$

将式(2.9.21)代入式(2.9.19)可以得出

$$\boldsymbol{b}_N(n)=\boldsymbol{K}_{0,N-1}(n)\boldsymbol{z}^{-N}\boldsymbol{x}(n) \tag{2.9.22}$$

式中，$\boldsymbol{K}_{0,N-1}(n)$是对数据矩阵$\boldsymbol{X}_{0,N-1}(n)$的横向滤波算子，由式(2.9.4)定义。式(2.9.22)表明，$\boldsymbol{K}_{0,N-1}(n)$作用于延时数据矢量$\boldsymbol{z}^{-N}\boldsymbol{x}(n)$可求出最小二乘后向预测(最佳)系数矢量$\boldsymbol{b}_N(n)$，对$\boldsymbol{b}_N(n)$的时间更新问题归结为对横向滤波算子$\boldsymbol{K}_{0,N-1}(n)$的时间更新问题。

最小二乘后向预测误差矢量

$$\boldsymbol{e}^b(n|n)=\boldsymbol{P}_{0,N-1}^{\perp}(n)\boldsymbol{z}^{-N}\boldsymbol{x}(n) \tag{2.9.23}$$

$\boldsymbol{e}^b(n|n)$的当前分量

$$e^b(n|n)=\langle\boldsymbol{\pi}(n),\boldsymbol{P}_{0,N-1}^{\perp}(n)\boldsymbol{z}^{-N}\boldsymbol{x}(n)\rangle \tag{2.9.24}$$

最小二乘后向预测误差剩余

$$\varepsilon^b(n)=\langle\boldsymbol{z}^{-N}\boldsymbol{x}(n),\boldsymbol{P}_{0,N-1}^{\perp}(n)\boldsymbol{z}^{-N}\boldsymbol{x}(n)\rangle \tag{2.9.25}$$

4. 增益滤波器

在 2.7.3 节中曾引入角参量$\gamma_U(n)$定量描述数据子空间$\boldsymbol{U}(n)$与$\boldsymbol{U}(n-1)$之间夹角的大小，现在要引入增益滤波器系数矢量(简称增益矢量)$\boldsymbol{g}(n)$，用来描述数据子空间$\boldsymbol{X}_{0,N-1}(n)$与$\boldsymbol{X}_{0,N-1}(n-1)$之间夹角的大小。为了直观起见，我们来看看图 2.9.1 所示的简单情况(该图与图 2.7.3 相似)。1 维数据子空间$\boldsymbol{x}(n-1)$在n时刻由于新数据$x(n)$的到来，变成 1 维数据子空间$\boldsymbol{x}(n)$，这两个 1 维数据子空间的夹角θ用角参量$\gamma_1(n)$描述

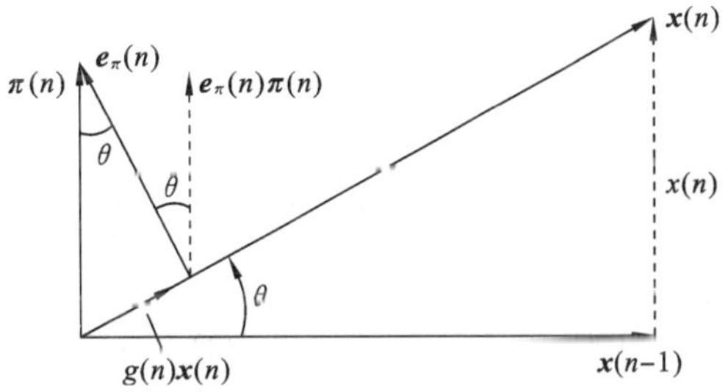

图 2.9.1　最小二乘增益滤波器的几何说明

$$\gamma_1(n)=\cos^2\theta \tag{2.9.26}$$

现在来考查单位现时矢量$\boldsymbol{\pi}(n)$在子空间$\boldsymbol{x}(n)$上的投影$\boldsymbol{P}_x(n)\boldsymbol{\pi}(n)$，这里$\boldsymbol{P}_x(n)$是$\{\boldsymbol{x}(n)\}$的投影矩阵。由于$\boldsymbol{P}_x(n)\boldsymbol{\pi}(n)$在$\{\boldsymbol{x}(n)\}$中，故可表示成$\{\boldsymbol{x}(n)\}$的基底矢量的线性组合，由于$\{\boldsymbol{x}(n)\}$只有一个基底矢量即$\boldsymbol{x}(n)$，故有

$$\boldsymbol{P}_x(n)\boldsymbol{\pi}(n)=g(n)\boldsymbol{x}(n) \tag{2.9.27}$$

该式表明，矢量$g(x)\boldsymbol{x}(n)$是利用数据矢量$\boldsymbol{x}(n)$对单位现时矢量$\boldsymbol{\pi}(n)$所做的最小二乘估计。如果把这种估计看成是用一个最小二乘滤波器对$\boldsymbol{x}(n)$进行滤波得到的，那么$g(n)$便是最佳的最小二乘滤波器系数，简称增益，该滤波器则称为增益滤波器。

估计误差矢量

$$\boldsymbol{e}_\pi(n)=\boldsymbol{\pi}(n)-\boldsymbol{P}_x(n)\boldsymbol{\pi}(n)=\boldsymbol{P}_x^{\perp}(n)\boldsymbol{\pi}(n) \tag{2.9.28}$$

其中$\boldsymbol{P}_x^{\perp}(n)$是对$\{\boldsymbol{x}(n)\}$的正交投影矩阵。$\boldsymbol{e}_\pi(n)$的当前分量

$$e_\pi(n)=\langle\boldsymbol{\pi}(n),\boldsymbol{P}_x^{\perp}(n)\boldsymbol{\pi}(n)\rangle=\gamma_1(n) \tag{2.9.29}$$

式(2.9.29)中最后一个等式是根据角参量的定义(参看式(2.7.43))得出的。

将式(2.9.28)代入式(2.9.29)，并利用式(2.9.27)和式(2.9.26)得到

$$\begin{aligned}\gamma_1(n)=\cos^2\theta&=\langle\boldsymbol{\pi}(n),\boldsymbol{\pi}(n)-\boldsymbol{P}_x(n)\boldsymbol{\pi}(n)\rangle=\langle\boldsymbol{\pi}(n),\boldsymbol{\pi}(n)-g(n)\boldsymbol{x}(n)\rangle\\&=\langle\boldsymbol{\pi}(n),\boldsymbol{\pi}(n)\rangle-\langle\boldsymbol{\pi}(n),g(n)\boldsymbol{x}(n)\rangle=1-\langle\boldsymbol{\pi}(n),g(n)\boldsymbol{x}(n)\rangle\end{aligned} \tag{2.9.30}$$

由式(2.9.30)得出

$$\sin^2\theta=\langle \boldsymbol{\pi}(n), g(n)\boldsymbol{x}(n)\rangle = g(n)x(n) \tag{2.9.31}$$

因此,增益滤波器的增益 $g(n)$也是子空间$\{\boldsymbol{x}(n)\}$与$\{\boldsymbol{x}(n-1)\}$之间夹角的度量。

现将子空间从1维$\{\boldsymbol{x}(n)\}$推广到N维$\{\boldsymbol{X}_{0,N-1}(n)\}$。与式(2.9.27)和式(2.9.30)类似,分别有

$$\boldsymbol{X}_{0,N-1}(n)\boldsymbol{g}_N(n)=\boldsymbol{P}_{0,N-1}(n)\boldsymbol{\pi}(n) \tag{2.9.32}$$

和

$$\gamma_N(n)=\langle \boldsymbol{\pi}(n), \boldsymbol{P}^{\perp}_{0,N-1}(n)\boldsymbol{\pi}(n)\rangle \tag{2.9.33}$$

$$=1-\boldsymbol{x}^{\mathrm{T}}_N(n)\boldsymbol{g}_N(n) \tag{2.9.34}$$

式中

$$\boldsymbol{x}_N(n)=[x(n)\quad x(n-1)\quad \cdots \quad x(n-N+1)]^{\mathrm{T}} \tag{2.9.35}$$

式(2.9.34)说明,利用增益滤波器(它的权矢量为$\boldsymbol{g}(n)$)对最新的N个数据取样值$\{x(n),\cdots,x(n-N+1)\}$进行处理,便可计算出角参量$\gamma_N(n)$。

由式(2.9.32)得

$$\boldsymbol{g}_N(n)=\boldsymbol{K}_{0,N-1}(n)\boldsymbol{\pi}(n) \tag{2.9.36}$$

该式说明,增益滤波器的权矢量$\boldsymbol{g}_N(n)$可以通过横向滤波算子$\boldsymbol{K}_{0,N-1}(n)$作用于单位现时矢量$\boldsymbol{\pi}(n)$来得到。也可以将式(2.9.36)解释成$\boldsymbol{g}_N(n)$是数据矩阵$\boldsymbol{X}_{0,N-1}(n)$对$\boldsymbol{\pi}(n)$的最小二乘估计器。从式(2.9.36)还可以看出,增益滤波器权矢量的时间更新归结为对横向滤波算子$\boldsymbol{K}_{0,N-1}(n)$的更新。

综上所述,我们定义了4个横向滤波器,描述它们的权矢量都可以用横向滤波算子作用于某个矢量来得到,因而这些权矢量的时间更新问题便归结为相应的横向滤波算子的时间更新问题。表2.9.1对此进行了归纳。

表 2.9.1 FTF 自适应算法涉及的 4 个横向滤波器

横向滤波器	权矢量	横向滤波算子	被作用的矢量	计算公式
最小二乘滤波器	$\boldsymbol{w}_N(n)$	$\boldsymbol{K}_{0,N-1}(n)$	$\boldsymbol{d}(n)$	式(2.9.5)
前向预测误差滤波器	$\boldsymbol{a}_N(n)$	$\boldsymbol{K}_{1,N}(n)$	$\boldsymbol{x}(n)$	式(2.9.14)
后向预测误差滤波器	$\boldsymbol{b}_N(n)$	$\boldsymbol{K}_{0,N-1}(n)$	$\boldsymbol{z}^{-N}\boldsymbol{x}(n)$	式(2.9.22)
增益滤波器	$\boldsymbol{g}_N(n)$	$\boldsymbol{K}_{0,N-1}(n)$	$\boldsymbol{\pi}(n)$	式(2.9.36)

2.9.2 横向滤波算子的时间更新

设$\boldsymbol{U}$是一个$n\times N$矩阵,$\boldsymbol{v}$是$n\times 1$列矢量。$\boldsymbol{U}$的N个列矢量张成N维子空间$\{\boldsymbol{U}\}$,$\{\boldsymbol{U}\}$的投影矩阵为$\boldsymbol{P}_U$,$\boldsymbol{P}_U^{\perp}$是对$\{\boldsymbol{U}\}$的正交投影矩阵。将$\boldsymbol{v}$附加到$\boldsymbol{U}$的最后一列之后,构成一个$n\times(N+1)$的新矩阵,表示为$[\boldsymbol{U}\quad \boldsymbol{v}]$。由$[\boldsymbol{U}\quad \boldsymbol{v}]$的$N+1$个列矢量作为基底矢量张成子空间$\{\boldsymbol{U},\boldsymbol{v}\}$,$\boldsymbol{P}_{Uv}$是$\{\boldsymbol{U},\boldsymbol{v}\}$的投影矩阵,$\boldsymbol{P}_{Uv}^{\perp}$是对$\{\boldsymbol{U},\boldsymbol{v}\}$的正交投影矩阵。$\{\boldsymbol{U},\boldsymbol{v}\}$的横向滤波算子$\boldsymbol{K}_{Uv}$具有以下性质:

(1)
$$\boldsymbol{K}_{Uv}\boldsymbol{P}_{Uv}=\boldsymbol{K}_{Uv} \tag{2.9.37}$$

证 $\boldsymbol{K}_{Uv}\boldsymbol{P}_{Uv}=\langle[\boldsymbol{U}\quad \boldsymbol{v}],[\boldsymbol{U}\quad \boldsymbol{v}]\rangle^{-1}[\boldsymbol{U}\quad \boldsymbol{v}]^{\mathrm{T}}[\boldsymbol{U}\quad \boldsymbol{v}]\langle[\boldsymbol{U}\quad \boldsymbol{v}],[\boldsymbol{U}\quad \boldsymbol{v}]\rangle^{-1}[\boldsymbol{U}\quad \boldsymbol{v}]^{\mathrm{T}}$

$=\langle[\boldsymbol{U}\quad \boldsymbol{v}],[\boldsymbol{U}\quad \boldsymbol{v}]\rangle^{-1}[\boldsymbol{U}\quad \boldsymbol{v}]^{\mathrm{T}}=\boldsymbol{K}_{Uv}$

证毕。

(2)
$$\boldsymbol{K}_{Uv}[\boldsymbol{U}\quad \boldsymbol{v}]=\boldsymbol{I} \tag{2.9.38}$$

证
$$\boldsymbol{K}_{Uv}[\boldsymbol{U}\quad \boldsymbol{v}]=\langle[\boldsymbol{U}\quad \boldsymbol{v}],[\boldsymbol{U}\quad \boldsymbol{v}]\rangle^{-1}[\boldsymbol{U}\quad \boldsymbol{v}]^{\mathrm{T}}[\boldsymbol{U}\quad \boldsymbol{v}]=\boldsymbol{I}$$

证毕。

(3)
$$\boldsymbol{K}_{Uv}\boldsymbol{U}=\begin{bmatrix}\boldsymbol{I}_{NN}\\ \boldsymbol{0}_N^{\mathrm{T}}\end{bmatrix} \tag{2.9.39}$$

$$\boldsymbol{K}_{Uv}\boldsymbol{v}=\begin{bmatrix}\boldsymbol{0}_N\\ 1\end{bmatrix} \tag{2.9.40}$$

式中，$\boldsymbol{I}_{NN}$ 是 N 阶单位矩阵；$\boldsymbol{0}_N$ 是 N 维零矢量。

证　在式(2.9.38)中，注意到 $\boldsymbol{K}_{Uv}$ 是 $(N+1)\times n$ 矩阵，$[\boldsymbol{U}\boldsymbol{v}]$ 是 $n\times(N+1)$ 矩阵，因而 $\boldsymbol{I}$ 是 $N+1$ 阶单位矩阵，于是式(2.9.38)可写成

$$\boldsymbol{K}_{Uv}[\boldsymbol{U}\quad \boldsymbol{v}]=[\boldsymbol{K}_{Uv}\boldsymbol{U}\quad \boldsymbol{K}_{Uv}\boldsymbol{v}]=\begin{bmatrix}\boldsymbol{I}_{NN} & \boldsymbol{0}_N\\ \boldsymbol{0}_N^{\mathrm{T}} & 1\end{bmatrix}$$

由上式可得出式(2.9.39)和式(2.9.40)。

证毕。

(4)
$$\boldsymbol{K}_{Uv}\boldsymbol{P}_U=\begin{bmatrix}\boldsymbol{K}_U\\ \boldsymbol{0}_n^{\mathrm{T}}\end{bmatrix} \tag{2.9.41}$$

式中，$\boldsymbol{K}_U$ 是 $\{\boldsymbol{U}\}$ 的横向滤波算子，$\boldsymbol{K}_U=\langle \boldsymbol{U},\boldsymbol{U}\rangle^{-1}\boldsymbol{U}^{\mathrm{T}}$。

证　利用式(2.9.39)和 $\boldsymbol{K}_U$ 的定义，

$$\boldsymbol{K}_{Uv}\boldsymbol{P}_U=\boldsymbol{K}_{Uv}\boldsymbol{U}\langle \boldsymbol{U},\boldsymbol{U}\rangle^{-1}\boldsymbol{U}^{\mathrm{T}}=\begin{bmatrix}\boldsymbol{I}_{NN}\\ \boldsymbol{0}_N^{\mathrm{T}}\end{bmatrix}\boldsymbol{K}_U=\begin{bmatrix}\boldsymbol{K}_U\\ \boldsymbol{0}_n^{\mathrm{T}}\end{bmatrix}$$

证毕。

(5)
$$\boldsymbol{K}_{Uv}=\begin{bmatrix}\boldsymbol{K}_U\\ \boldsymbol{0}_n^{\mathrm{T}}\end{bmatrix}+\left\{\begin{bmatrix}\boldsymbol{0}_N\\ 1\end{bmatrix}-\begin{bmatrix}\boldsymbol{K}_U\boldsymbol{v}\\ 0\end{bmatrix}\right\}\langle \boldsymbol{P}_U^{\perp}\boldsymbol{v},\boldsymbol{P}_U^{\perp}\boldsymbol{v}\rangle^{-1}\boldsymbol{v}^{\mathrm{T}}\boldsymbol{P}_U^{\perp} \tag{2.9.42}$$

证
$$\boldsymbol{K}_{Uv}\boldsymbol{P}_U^{\perp}\boldsymbol{v}=\boldsymbol{K}_{Uv}[\boldsymbol{I}-\boldsymbol{P}_U]\boldsymbol{v}=\boldsymbol{K}_{Uv}\boldsymbol{v}-\boldsymbol{K}_{Uv}\boldsymbol{P}_U\boldsymbol{v}$$

将式(2.9.40)和式(2.9.41)代入上式得到

$$\boldsymbol{K}_{Uv}\boldsymbol{P}_U^{\perp}\boldsymbol{v}=\begin{bmatrix}\boldsymbol{0}_N\\ 1\end{bmatrix}-\begin{bmatrix}\boldsymbol{K}_U\\ \boldsymbol{0}_n^{\mathrm{T}}\end{bmatrix}\boldsymbol{v}=\begin{bmatrix}\boldsymbol{0}_N\\ 1\end{bmatrix}-\begin{bmatrix}\boldsymbol{K}_U\boldsymbol{v}\\ 0\end{bmatrix} \tag{2.9.43}$$

在式(2.7.33a)两边左乘 $\boldsymbol{K}_{Uv}$，然后将式(2.9.37)、式(2.9.41)、式(2.9.43)代入，便得到式(2.9.42)。

证毕。

(6)
$$\boldsymbol{K}_{vU}=\begin{bmatrix}\boldsymbol{0}_n^{\mathrm{T}}\\ \boldsymbol{K}_U\end{bmatrix}+\left\{\begin{bmatrix}1\\ \boldsymbol{0}_N\end{bmatrix}-\begin{bmatrix}0\\ \boldsymbol{K}_U\boldsymbol{v}\end{bmatrix}\right\}\langle \boldsymbol{P}_U^{\perp}\boldsymbol{v},\boldsymbol{P}_U^{\perp}\boldsymbol{v}\rangle^{-1}\boldsymbol{v}^{\mathrm{T}}\boldsymbol{P}_U^{\perp} \tag{2.9.44}$$

式中 $\boldsymbol{K}_{vU}$ 是子空间$\{\boldsymbol{v},\boldsymbol{U}\}$的横向滤波算子，$\{\boldsymbol{v},\boldsymbol{U}\}$是由矩阵$[\boldsymbol{v},\boldsymbol{U}]$的 $N+1$ 个列矢量作为基底矢量构成的子空间；$[\boldsymbol{v}\quad \boldsymbol{U}]$与$[\boldsymbol{U}\quad \boldsymbol{v}]$不同，$[\boldsymbol{v}\quad \boldsymbol{U}]$是将 $\boldsymbol{v}$ 附加到 $\boldsymbol{U}$ 的第 1 列之前构成的 $n\times(N+1)$矩阵。式(2.9.44)的证明方法与式(2.9.42)的证明方法相同。

利用以上某些性质，能够推导出横向滤波算子的时间更新关系式。首先来推导 $\boldsymbol{K}_{0,N-1}(n)$ 的时间更新关系式。令 $\boldsymbol{U}=\boldsymbol{X}_{0,N-1}(n)$，$\boldsymbol{v}=\boldsymbol{\pi}(n)$，于是$[\boldsymbol{U}\boldsymbol{v}]=[\boldsymbol{X}_{0,N-1}(n)\quad \boldsymbol{\pi}(n)]$，$\{\boldsymbol{U},\boldsymbol{v}\}=\{\boldsymbol{X}_{0,N-1}(n),\boldsymbol{\pi}(n)\}$的横向滤波算子 $\boldsymbol{K}_{Uv}=\boldsymbol{K}_{(0,N-1)\pi}(n)$，$\{\boldsymbol{U},\boldsymbol{v}\}=\{\boldsymbol{X}_{0,N-1}(n),\boldsymbol{\pi}(n)\}$的投影矩阵

为 $\boldsymbol{P}_{Uv}$。根据式(2.7.41)有

$$\boldsymbol{P}_{(0,N-1)\pi}(n)=\begin{bmatrix}\boldsymbol{P}_{0,N-1}(n-1) & \boldsymbol{0}_{n-1}\\ \boldsymbol{0}_{n-1}^{\mathrm{T}} & 1\end{bmatrix}$$

上式两边左乘 $\boldsymbol{K}_{(0,N-1)\pi}(n)$,得到

$$\boldsymbol{K}_{(0,N-1)\pi}(n)\boldsymbol{P}_{(0,N-1)\pi}(n)=\boldsymbol{K}_{(0,N-1)\pi}(n)\begin{bmatrix}\boldsymbol{P}_{0,N-1}(n-1) & \boldsymbol{0}_{n-1}\\ \boldsymbol{0}_{n-1}^{\mathrm{T}} & 1\end{bmatrix} \tag{2.9.45}$$

注意到式(2.9.45)右边分块矩阵的最后 1 列是列矢量 $\boldsymbol{\pi}(n)$,利用式(2.9.40)有

$$\boldsymbol{K}_{(0,N-1)\pi}(n)\boldsymbol{\pi}(n)=\begin{bmatrix}\boldsymbol{0}_N\\ 1\end{bmatrix}$$

$\boldsymbol{K}_{(0,N-1)\pi}(n)$与分块矩阵其余部分相乘后得到的矩阵的最后一行用行矢量 $\boldsymbol{C}^{\mathrm{T}}(n-1)$表示;根据式(2.9.37),式(2.9.45)左端就是 $\boldsymbol{K}_{(0,N-1)\pi}(n)$,于是式(2.9.45)可写成

$$\boldsymbol{K}_{(0,N-1)\pi}(n)=\begin{bmatrix}\boldsymbol{K}_{(0,N-1)\pi}(n-1)\boldsymbol{P}_{0,N-1}(n) & \boldsymbol{0}_N\\ \boldsymbol{C}^{\mathrm{T}}(n-1) & 1\end{bmatrix}$$

上式中利用式(2.9.41),得到

$$\boldsymbol{K}_{(0,N-1)\pi}(n)=\begin{bmatrix}\boldsymbol{K}_{0,N-1}(n-1) & \boldsymbol{0}_N\\ \boldsymbol{C}^{\mathrm{T}}(n-1) & 1\end{bmatrix} \tag{2.9.46}$$

这就是横向滤波算子 $\boldsymbol{K}_{0,N-1}(n)$的时间更新关系式。利用类似的方法可推导出横向滤波算子 $\boldsymbol{K}_{1,N}(n)$的时间更新关系式

$$\boldsymbol{K}_{(1,N)\pi}(n)=\begin{bmatrix}\boldsymbol{K}_{1,N}(n-1) & \boldsymbol{0}_N\\ \boldsymbol{b}^{\mathrm{T}}(n-1) & 1\end{bmatrix} \tag{2.9.47}$$

式(2.9.42)、式(2.9.44)、式(2.9.46)和式(2.9.47)是下面推导 FTF 自适应算法的基础。

2.9.3 FTF 自适应算法的时间更新关系

每当新的数据到来时,就要求及时更新最小二乘横向自适应滤波器的权矢量 $\boldsymbol{w}_N(n)$,以保证始终能够获得对期望信号的最佳估计。因此,FTF 自适应算法的首要任务,便是推导出 $\boldsymbol{w}_N(n)$的时间更新公式。然而,从下面的推导过程中将会看到,这涉及增益滤波器的权矢量 $\boldsymbol{g}_N(n)$、n 时刻的角参量 $\gamma_N(n)$和估计误差 $e(n|n)$等的时间更新问题。而 $\boldsymbol{g}_N(n)$和 $\gamma_N(n)$的时间更新又与前向和后向预测误差滤波器的一些参数有关系。这就形成了 FTF 算法结构的复杂嵌套关系。为了便于理解,下面把整个推导过程分成几个层次逐一展开讨论。

1. 最小二乘横向滤波器权矢量的时间更新

在式(2.9.42)中,令 $\boldsymbol{U}=\boldsymbol{X}_{0,N-1}(n)$和 $\boldsymbol{v}=\boldsymbol{\pi}(n)$,得到

$$\boldsymbol{K}_{(0,N-1)\pi}(n)=\begin{bmatrix}\boldsymbol{K}_{0,N-1}(n)\\ \boldsymbol{0}_n^{\mathrm{T}}\end{bmatrix}+\left\{\begin{bmatrix}\boldsymbol{0}_N\\ 1\end{bmatrix}-\begin{bmatrix}\boldsymbol{K}_{0,N-1}(n)\boldsymbol{\pi}(n)\\ 0\end{bmatrix}\right\}$$
$$\cdot\langle\boldsymbol{P}_{0,N-1}^{\perp}(n)\boldsymbol{\pi}(n),\boldsymbol{P}_{0,N-1}^{\perp}(n)\boldsymbol{\pi}(n)\rangle^{-1}\boldsymbol{\pi}^{\mathrm{T}}(n)\boldsymbol{P}_{0,N-1}^{\perp}(n)$$

将式(2.9.46)、式(2.9.36)和式(2.9.33)代入上式,并在等式两边右乘以 $\boldsymbol{d}(n)$,得到

$$\begin{bmatrix}\boldsymbol{K}_{0,N-1}(n-1) & \boldsymbol{0}_N\\ \boldsymbol{C}^{\mathrm{T}}(n-1) & 1\end{bmatrix}\begin{bmatrix}\boldsymbol{d}(n-1)\\ \boldsymbol{d}(n)\end{bmatrix}=\begin{bmatrix}\boldsymbol{K}_{0,N-1}(n)\\ \boldsymbol{0}_n^{\mathrm{T}}\end{bmatrix}\boldsymbol{d}(n)-\begin{bmatrix}\boldsymbol{g}_N(n)\\ -1\end{bmatrix}\frac{\langle\boldsymbol{\pi}(n),\boldsymbol{P}_{0,N-1}^{\perp}(n)\boldsymbol{d}(n)\rangle}{\gamma_N(n)}$$

由上式得出

$$\boldsymbol{K}_{0,N-1}(n-1)\boldsymbol{d}(n-1)=\boldsymbol{K}_{0,N-1}(n)\boldsymbol{d}(n)-\boldsymbol{g}_N(n)\frac{\langle\boldsymbol{\pi}(n),\boldsymbol{P}_{0,N-1}^{\perp}(n)\boldsymbol{d}(n)\rangle}{\gamma_N(n)}$$

将式(2.9.5)、式(2.9.7)和式(2.9.10)代入上式，得到

$$\boldsymbol{w}_N(n)=\boldsymbol{w}_N(n-1)+\frac{e(n|n)}{\gamma_N(n)}\boldsymbol{g}_N(n) \tag{2.9.48}$$

这就是由 $n-1$ 时刻的权矢量递推计算 n 时刻的权矢量的时间更新公式。由该式看出，即使在 $n-1$ 时刻已经计算出了 $\boldsymbol{w}_N(n-1)$，但在 n 时刻还必须算出 $\boldsymbol{g}_N(n)$、$\gamma_N(n)$ 和 $e(n|n)$，才能够计算 $\boldsymbol{w}_N(n)$。因此，FTF 算法的推导还必须包括这些参量的时间更新关系式的推导，以便由这些参量在 $n-1$ 时刻的值计算出它们在 n 时刻的值。

2. 增益滤波器权矢量的时间更新

令 $\boldsymbol{U}=\boldsymbol{X}_{1,N}(n)$ 和 $\boldsymbol{v}=\boldsymbol{x}(n)$，于是 $\{\boldsymbol{v},\boldsymbol{U}\}=\{\boldsymbol{X}_{0,N}(n)\}$。由式(2.9.44)得到

$$\boldsymbol{K}_{0,N}(n)=\begin{bmatrix}\boldsymbol{0}_n^{\mathrm{T}}\\ \boldsymbol{K}_{1,N}(n)\end{bmatrix}+\left\{\begin{bmatrix}1\\ \boldsymbol{0}_N\end{bmatrix}-\begin{bmatrix}0\\ \boldsymbol{K}_{1,N}(n)\boldsymbol{x}(n)\end{bmatrix}\right\}$$
$$\langle \boldsymbol{P}_{1,N}^{\perp}(n)\boldsymbol{x}(n),\boldsymbol{P}_{1,N}^{\perp}(n)\boldsymbol{x}(n)\rangle^{-1}\boldsymbol{x}^{\mathrm{T}}(n)\boldsymbol{P}_{1,N}^{\perp}(n)$$

上式两边右乘以 $\boldsymbol{\pi}(n)$，并利用式(2.9.18)和式(2.9.17)，得到

$$\boldsymbol{K}_{0,N}(n)\boldsymbol{\pi}(n)=\begin{bmatrix}\boldsymbol{0}_n^{\mathrm{T}}\\ \boldsymbol{K}_{1,N}(n)\end{bmatrix}\boldsymbol{\pi}(n)+\begin{bmatrix}1\\ -\boldsymbol{K}_{1,N}(n)\boldsymbol{x}(n)\end{bmatrix}\frac{e^f(n|n)}{\varepsilon^f(n)} \tag{2.9.49}$$

根据式(2.9.36)，上式中的 $\boldsymbol{K}_{0,N}(n)\boldsymbol{\pi}(n)$ 是 $N+1$ 阶增益滤波器的权矢量 $\boldsymbol{g}_{N+1}(n)$。将 $\boldsymbol{g}_{N+1}(n)$ 的前 N 个元素组成的矢量表示为 $\boldsymbol{k}_N(n)$，$\boldsymbol{g}_{N+1}(n)$ 的最后一个元素(第 $N+1$ 个元素)用 $k(n)$ 表示，即

$$\boldsymbol{K}_{0,N}(n)\boldsymbol{\pi}(n)-\boldsymbol{g}_{N+1}(n)\triangleq\begin{bmatrix}\boldsymbol{k}_N(n)\\ k(n)\end{bmatrix} \tag{2.9.50}$$

根据式(2.9.36)写出

$$\boldsymbol{g}_N(n-1)=\boldsymbol{K}_{0,N-1}(n-1)\boldsymbol{\pi}(n-1) \tag{2.9.51}$$

由于

$$\boldsymbol{X}_{1,N}(n)=[z^{-1}\boldsymbol{x}(n)\quad\cdots\quad z^{-N}\boldsymbol{x}(n)]=\begin{bmatrix}\boldsymbol{0}_N^{\mathrm{T}}\\ \boldsymbol{X}_{0,N-1}(n-1)\end{bmatrix} \tag{2.9.52}$$

所以式(2.9.51)可以写成

$$\boldsymbol{g}_N(n-1)=\boldsymbol{K}_{1,N}(n)\boldsymbol{\pi}(n) \tag{2.9.53}$$

将式(2.9.50)、式(2.9.53)和式(2.9.14)代入式(2.9.49)，得到

$$\boldsymbol{g}_{N+1}(n)=\begin{bmatrix}\boldsymbol{k}_N(n)\\ k(n)\end{bmatrix}=\begin{bmatrix}0\\ \boldsymbol{g}_N(n-1)\end{bmatrix}+\frac{e^f(n|n)}{\varepsilon^f(n)}\begin{bmatrix}1\\ -\boldsymbol{a}_N(n)\end{bmatrix} \tag{2.9.54}$$

关于式(2.9.54)有以下三点值得注意：

① 增益滤波器权矢量的时间更新关系式中引入了新的参量 $e^f(n|n)$、$\varepsilon^f(n)$ 和 $\boldsymbol{a}_N(n)$；

② 这些参量都是时间 n 的函数，因此在第 n 次迭代时首先必须把它们计算出来，然后才能够计算增益滤波器在当前时刻 n 的权矢量；

③ 由 $n-1$ 时刻的 N 阶增益滤波器的权矢量 $\boldsymbol{g}_N(n-1)$ 按照式(2.9.54)迭代计算得到的是 n 时刻的 $N+1$ 阶增益滤波器的权矢量 $\boldsymbol{g}_{N+1}(n)$，而不是我们需要的 n 时刻的 N 阶增益滤波器的权矢量 $\boldsymbol{g}_N(n)$。需要指出的是，一般情况下，$\boldsymbol{g}_{N+1}(n)$ 的前 N 个元素组成的矢量 $\boldsymbol{k}_N(n)$ 并不等于 $\boldsymbol{g}_N(n)$。但是，可以利用式(2.9.54)得到的 $\boldsymbol{k}_N(n)$ 和 $k(n)$ 进一步计算出 $\boldsymbol{g}_N(n)$。为此，在式(2.9.42)中令 $\boldsymbol{U}=\boldsymbol{X}_{0,N-1}(n)$ 和 $\boldsymbol{v}=z^{-N}\boldsymbol{x}(n)$，并在得到的方程两边右乘以 $\boldsymbol{\pi}(n)$，得到

$$\boldsymbol{K}_{(0,N-1)\pi}(n)\boldsymbol{\pi}(n)=\begin{bmatrix}\boldsymbol{K}_{0,N-1}(n)\boldsymbol{\pi}(n)\\ \boldsymbol{0}_n^{\mathrm{T}}\end{bmatrix}+\left\{\begin{bmatrix}\boldsymbol{0}_N\\ 1\end{bmatrix}-\begin{bmatrix}\boldsymbol{K}_{0,N-1}(n)\boldsymbol{z}^{-N}\boldsymbol{x}(n)\\ 0\end{bmatrix}\right\}$$

$$\langle \boldsymbol{P}_{0,N-1}^{\perp}(n)\boldsymbol{z}^{-N}\boldsymbol{x}(n),\boldsymbol{P}_{0,N-1}^{\perp}(n)\boldsymbol{z}^{-N}\boldsymbol{x}(n)\rangle^{-1}(\boldsymbol{z}^{-N}\boldsymbol{x}(n))^{\mathrm{T}}\boldsymbol{P}_{0,N-1}^{\perp}(n)\boldsymbol{\pi}(n) \tag{2.9.55}$$

由于$[\boldsymbol{X}_{0,N-1}(n)\boldsymbol{z}^{-N}\boldsymbol{x}(n)]=\boldsymbol{X}_{0,N}(n)$，所以根据式(2.9.36)得知$\boldsymbol{K}_{(0,N-1)\pi}(n)\boldsymbol{\pi}(n)=\boldsymbol{K}_{0,N}(n)\boldsymbol{\pi}(n)=\boldsymbol{g}_{N+1}(n)$。将式(2.9.36)、式(2.9.22)、式(2.9.24)、式(2.9.25)和式(2.9.50)代入式(2.9.55)，得到

$$\begin{bmatrix}\boldsymbol{g}_N(n)\\ 0\end{bmatrix}=\begin{bmatrix}\boldsymbol{k}_N(n)\\ k(n)\end{bmatrix}+\begin{bmatrix}\boldsymbol{b}_N(n)\\ -1\end{bmatrix}\frac{e^b(n|n)}{\varepsilon^b(n)} \tag{2.9.56}$$

由式(2.9.56)解出

$$\boldsymbol{g}_N(n)=\boldsymbol{k}_N(n)+k(n)\boldsymbol{b}_N(n) \tag{2.9.57}$$

其中，$\boldsymbol{k}_N(n)$和$k(n)$可以由式(2.9.54)求得。因此，式(2.9.54)和式(2.9.57)便是增益滤波器权矢量的时间更新关系式。

3. 前向预测误差滤波器参量的时间更新

在式(2.9.42)中令$\boldsymbol{U}=\boldsymbol{X}_{1,N}(n)$和$\boldsymbol{v}=\boldsymbol{\pi}(n)$，然后在等式两端右乘以$\boldsymbol{x}(n)$，并将式(2.9.47)、式(2.9.14)、式(2.9.53)和式(2.9.17)代入，便得到(取矩阵的上面部分)

$$\boldsymbol{a}_N(n)=\boldsymbol{a}_N(n-1)+\frac{\boldsymbol{g}_N(n-1)e^f(n|n)}{\langle \boldsymbol{\pi}(n),\boldsymbol{P}_{1,N}^{\perp}(n)\boldsymbol{\pi}(n)\rangle} \tag{2.9.58}$$

由式(2.8.49)得出

$$\gamma_N(n-1)=\langle \boldsymbol{\pi}(n),\boldsymbol{P}_{1,N}^{\perp}(n)\boldsymbol{\pi}(n)\rangle \tag{2.9.59}$$

将式(2.9.59)代入式(2.9.58)，得

$$\boldsymbol{a}_N(n)=\boldsymbol{a}_N(n-1)+\frac{e^f(n|n)}{\gamma_N(n-1)}\boldsymbol{g}_N(n-1) \tag{2.9.60}$$

这就是前向预测系数矢量的时间更新公式。从该式看出，在第$n-1$次迭代计算中已经获得了$\gamma_N(n-1)$和$\boldsymbol{g}_N(n-1)$，然而$e^f(n|n)$并未获得。更严重的问题在于，$e^f(n|n)$是利用n时刻更新后的前向预测系数矢量$\boldsymbol{a}_N(n)$预测$x(n)$时的前向预测误差，而只有先计算出$e^f(n|n)$才能够利用式(2.9.60)计算$\boldsymbol{a}_N(n)$。下面就来解决这个问题。

按照定义，$e^f(n|n)$是前向预测误差矢量$\boldsymbol{e}^f(n|n)$的第n个分量。具体来说，就是用$x(n)$以前的N个数据$\{x(n-1),\cdots,x(n-N)\}$的线性组合

$$\hat{x}(n)=\sum_{i=1}^{N}a_i(n)x(n-i) \tag{2.9.61}$$

预测$x(n)$，其中前向预测系数$a_i(n)$按照使预测误差的平方的累计和最小的准则来确定。预测误差为

$$e^f(n|n)=x(n)-\hat{x}(n)=x(n)-\sum_{i=1}^{N}a_i(n)x(n-i) \tag{2.9.62}$$

这就是前向预测误差。令数据矢量为

$$\boldsymbol{x}_N(n-1)=[x(n-1)\quad\cdots\quad x(n-N)]^{\mathrm{T}}$$

前向预测系数矢量为

$$\boldsymbol{a}_N(n)=[a_1(n)\quad\cdots\quad a_N(n)]^{\mathrm{T}}$$

则式(2.9.62)表示为

$$e^f(n|n)=x(n)-\boldsymbol{x}_N^{\mathrm{T}}(n-1)\boldsymbol{a}_N(n) \tag{2.9.63}$$

将式(2.9.60)代入式(2.9.61)，得到

$$e^f(n|n)=e^f(n|n-1)-\frac{e^f(n|n)}{\gamma_N(n-1)}\boldsymbol{x}_N^{\mathrm{T}}(n-1)\boldsymbol{g}_N(n-1) \tag{2.9.64}$$

其中

$$e^f(n|n-1)=x(n)-\boldsymbol{x}_N^{\mathrm{T}}(n-1)\boldsymbol{a}_N(n-1) \tag{2.9.65}$$

是利用 $n-1$ 时刻的预测系数矢量 $\boldsymbol{a}_N(n-1)$ 作为线性组合加权系数，由数据$\{x(n-1),\cdots,x(n-N)\}$预测 $x(n)$时的前向预测误差。由式(2.9.64)解出 $e^f(n|n)$，得到

$$e^f(n|n)=\frac{\gamma_N(n-1)e^f(n|n-1)}{\gamma_N(n-1)+\boldsymbol{x}_N^{\mathrm{T}}(n-1)\boldsymbol{g}_N(n-1)}$$

根据式(2.9.34)，上式右端分母等于 1，于是得到

$$e^f(n|n)=\gamma_N(n-1)e^f(n|n-1) \tag{2.9.66}$$

式中的 $e^f(n|n-1)$按式(2.9.45)计算。这样，用式(2.9.66)即可在尚未算出 $\boldsymbol{a}_N(n)$的情况下求得 $e^f(n|n)$。

下面推导前向预测误差剩余的时间更新公式。令 $\boldsymbol{U}=\boldsymbol{X}_{1,N}(n)$，$\boldsymbol{v}=\boldsymbol{\pi}(n)$和 $\boldsymbol{z}=\boldsymbol{y}=\boldsymbol{x}(n)$，于是由式(2.9.17)，求出

$$\langle \boldsymbol{z},\boldsymbol{P}_U^{\perp}\boldsymbol{v}\rangle=\langle \boldsymbol{v},\boldsymbol{P}_U^{\perp}\boldsymbol{z}\rangle=\langle \boldsymbol{\pi}(n),\boldsymbol{P}_{1,N}^{\perp}(n)\boldsymbol{x}(n)\rangle=e^f(n|n) \tag{2.9.67}$$

$$\langle \boldsymbol{P}_U^{\perp}\boldsymbol{v},\boldsymbol{y}\rangle=\langle \boldsymbol{v},\boldsymbol{P}_U^{\perp}\boldsymbol{y}\rangle=\langle \boldsymbol{\pi}(n),\boldsymbol{P}_{1,N}^{\perp}(n)\boldsymbol{x}(n)\rangle=e^f(n|n) \tag{2.9.68}$$

由式(2.9.59)，求出

$$\langle \boldsymbol{P}_U^{\perp}\boldsymbol{v},\boldsymbol{P}_U^{\perp}\boldsymbol{v}\rangle=\langle \boldsymbol{v},\boldsymbol{P}_U^{\perp}\boldsymbol{v}\rangle=\langle \boldsymbol{\pi}(n),\boldsymbol{P}_{1,N}^{\perp}(n)\boldsymbol{\pi}(n)\rangle=\gamma_N(n-1) \tag{2.9.69}$$

由式(2.7.45)有

$$\boldsymbol{P}_{Uv}^{\perp}(n)=\begin{bmatrix}\boldsymbol{P}_U^{\perp}(n-1) & \boldsymbol{0}_{n-1}\\ \boldsymbol{0}_{n-1}^{\mathrm{T}} & 0\end{bmatrix}=\begin{bmatrix}\boldsymbol{P}_{1,N}^{\perp}(n-1) & \boldsymbol{0}_{n-1}\\ \boldsymbol{0}_{n-1}^{\mathrm{T}} & 0\end{bmatrix}$$

用 $\boldsymbol{y}$ 右乘上式两边，得

$$\boldsymbol{P}_{Uv}^{\perp}(n)\boldsymbol{y}=\begin{bmatrix}\boldsymbol{P}_{1,N}^{\perp}(n-1) & \boldsymbol{0}_{n-1}\\ \boldsymbol{0} & 0\end{bmatrix}\boldsymbol{x}(n)=\begin{bmatrix}\boldsymbol{P}_{1,N}^{\perp}(n-1)\boldsymbol{x}(n-1)\\ 0\end{bmatrix}$$

由上式计算以下内积，同时利用式(2.9.18)，得到

$$\begin{aligned}\langle \boldsymbol{z},\boldsymbol{P}_{Uv}^{\perp}(n)\boldsymbol{y}\rangle&=\left\langle \boldsymbol{x}(n),\begin{bmatrix}\boldsymbol{P}_{1,N}^{\perp}(n-1)\boldsymbol{x}(n-1)\\ 0\end{bmatrix}\right\rangle=\langle \boldsymbol{x}(n-1),\boldsymbol{P}_{1,N}^{\perp}(n-1)\boldsymbol{x}(n-1)\rangle\\&=\varepsilon^f(n-1)\end{aligned} \tag{2.9.70}$$

将式(2.9.67)～式(2.9.70)代入式(2.7.36b)，得到

$$\varepsilon^f(n)=\varepsilon^f(n-1)+\frac{[e^f(n|n)]^2}{\gamma_N(n-1)} \tag{2.9.71}$$

注意上式中 $\varepsilon^f(n)$是由式(2.9.18)确定的，即

$$\varepsilon^f(n)=\langle \boldsymbol{x}(n),\boldsymbol{P}_U^{\perp}\boldsymbol{x}(n)\rangle=\langle \boldsymbol{z},\boldsymbol{P}_U^{\perp}\boldsymbol{y}\rangle$$

将式(2.9.66)代入式(2.9.71)，得

$$\varepsilon^f(n)=\varepsilon^f(n-1)+e^f(n|n)e^f(n|n-1) \tag{2.9.72}$$

这就是前向预测误差剩余的时间更新公式。

4. 后向预测误差滤波器参量的时间更新

下面的推导方法与前向预测误差滤波器参量的时间更新公式推导方法类似。

在式(2.9.42)中，令 $\boldsymbol{U}=\boldsymbol{X}_{0,N-1}(n)$和 $\boldsymbol{v}=\boldsymbol{\pi}(n)$，然后在所得方程两端乘以 $\boldsymbol{z}^{-N}\boldsymbol{x}(n)$，得

$$\boldsymbol{K}_{(0,N-1)\pi}(n)\boldsymbol{z}^{-N}\boldsymbol{x}(n)=\begin{bmatrix}\boldsymbol{K}_{0,N-1}(n)\\ \boldsymbol{0}_n^{\mathrm{T}}\end{bmatrix}\boldsymbol{z}^{-N}\boldsymbol{x}(n)$$

$$+\left\{\begin{bmatrix}\boldsymbol{0}_N\\ 1\end{bmatrix}-\begin{bmatrix}\boldsymbol{K}_{0,N-1}(n)\boldsymbol{\pi}(n)\\ 0\end{bmatrix}\right\}\langle\boldsymbol{P}_{0,N-1}^{\perp}(n)\boldsymbol{\pi}(n),\boldsymbol{P}_{0,N-1}^{\perp}(n)\boldsymbol{\pi}(n)\rangle^{-1}\boldsymbol{\pi}^{\mathrm{T}}(n)\boldsymbol{P}_{0,N-1}^{\mathrm{T}}(n)\boldsymbol{z}^{-N}\boldsymbol{x}(n)$$

(2.9.73)

在式(2.9.46)两端右乘以 $\boldsymbol{z}^{-N}\boldsymbol{x}(n)$,并利用式(2.9.22),得

$$\boldsymbol{K}_{(0,N-1)\pi}(n)\boldsymbol{z}^{-N}\boldsymbol{x}(n)=\begin{bmatrix}\boldsymbol{K}_{0,N-1}(n-1) & \boldsymbol{0}_N\\ \boldsymbol{C}^{\mathrm{T}}(n-1) & 1\end{bmatrix}\boldsymbol{z}^{-N}\boldsymbol{x}(n)$$

$$=\begin{bmatrix}\boldsymbol{K}_{0,N-1}(n-1)\boldsymbol{z}^{-N}\boldsymbol{x}(n-1)\\ h\end{bmatrix}=\begin{bmatrix}\boldsymbol{b}_N(n-1)\\ h\end{bmatrix}\tag{2.9.74}$$

式中

$$h=[\boldsymbol{C}^{\mathrm{T}}(n-1)\quad 1]\boldsymbol{z}^{-N}\boldsymbol{x}(n)$$

是我们不关心的一个数。将式(2.9.74)、式(2.9.22)、式(2.9.36)、式(2.9.33)和式(2.9.23)代入式(2.9.73),取出矩阵的上面部分,得到

$$\boldsymbol{b}_N(n)=\boldsymbol{b}_N(n-1)+\frac{e^b(n|n)}{\gamma_N(n)}\boldsymbol{g}_N(n)\tag{2.9.75}$$

由式(2.9.75)看出,为了由 $\boldsymbol{b}_N(n-1)$ 计算 $\boldsymbol{b}_N(n)$,必须在第 n 次迭代中先算出 $e^b(n|n)$、$\gamma_N(n)$ 和 $\boldsymbol{g}_N(n)$。下面讨论 $e^b(n|n)$、$\varepsilon^b(n)$ 的时间更新问题。

用 $x(n-N)$ 后面的 N 个数据 $\{x(n-N+1),\cdots,x(n)\}$ 的线性组合

$$\hat{x}(n-N)=\sum_{i-1}^{N}b_i(n)x(n-N+i)$$

对 $x(n-N)$ 作最小二乘预测,后向预测误差为

$$e^b(n|n)=x(n-N)-\hat{x}(n-N)=x(n-N)-\sum_{i=1}^{N}b_i(n)x(n-N+i)\tag{2.9.76}$$

令

$$\boldsymbol{x}_N(n)=[x(n)\quad x(n-1)\quad\cdots\quad x(n-N+1)]^{\mathrm{T}}$$

$$\boldsymbol{b}_N(n)=[b_N(n)\quad\cdots\quad b_1(n)]^{\mathrm{T}}$$

则式(2.9.76)可表示成

$$e^b(n|n)=x(n-N)-\boldsymbol{x}_N^{\mathrm{T}}(n)\boldsymbol{b}_N(n)\tag{2.9.77}$$

式(2.9.75)两端左乘以 $\boldsymbol{x}_N^{\mathrm{T}}(n)$ 后,从 $x(n-N)$ 中减去,利用式(2.9.77),得到

$$e^b(n|n)=e^b(n|n-1)-\langle\boldsymbol{x}_N(n),\boldsymbol{g}_N(n)\rangle\frac{e^b(n|n)}{\gamma_N(n)}\tag{2.9.78}$$

其中

$$e^b(n|n-1)=x(n-N)-\boldsymbol{x}_N^{\mathrm{T}}(n)\boldsymbol{b}_N(n-1)\tag{2.9.79}$$

是用 $n-1$ 时刻的后向预测系数对 $x(n-N)$ 作预测的误差。利用式(2.9.34),将 $\langle\boldsymbol{x}_N(n),\boldsymbol{g}_N(n)\rangle=1-\gamma_N(n)$ 代入式(2.9.78),得到

$$e^b(n|n)=\gamma_N(n)e^b(n|n-1)\tag{2.9.80}$$

式中,$e^b(n|n-1)$ 用式(2.9.79)计算。

后向预测误差剩余 $\varepsilon^b(n)$ 的时间更新关系式的推导方法与前向预测误差剩余的时间更新公式(2.9.72)的推导方法完全相同。不过,这时在式(2.7.36b)中,要令 $\boldsymbol{U}=\boldsymbol{X}_{0,N-1}(n)$,$\boldsymbol{v}=$

$\boldsymbol{\pi}(n)$和 $\boldsymbol{z}=\boldsymbol{y}=\boldsymbol{z}^{-N}\boldsymbol{x}(n)$。最后得到

$$\varepsilon^b(n)=\varepsilon^b(n-1)+\frac{[e^b(n|n)]^2}{\gamma_N(n)} \tag{2.9.81}$$

$$\varepsilon^b(n)=\varepsilon^b(n-1)+e^b(n|n)e^b(n|n-1) \tag{2.9.82}$$

5. 角参量的时间更新

角参量的时间更新关系式的推导过程与增益滤波器权矢量的时间更新关系式的类似。

将 $\boldsymbol{x}_{N+1}^{\mathrm{T}}(n)$写成以下形式

$$\boldsymbol{x}_{N+1}^{\mathrm{T}}(n)=[x(n)\quad x(n-1)\quad \cdots \quad x(n-N)]=[x(n)\quad \boldsymbol{x}_N^{\mathrm{T}}(n-1)] \tag{2.9.83}$$

由式(2.9.54),有

$$\boldsymbol{g}_{N+1}(n)=\begin{bmatrix}\dfrac{e^f(n|n)}{\varepsilon^f(n)}\\ \boldsymbol{g}_N(n-1)-\dfrac{e^f(n|n)}{\varepsilon^f(n)}\boldsymbol{a}_N(n)\end{bmatrix} \tag{2.9.84}$$

将式(2.9.83)和式(2.9.84)代入式(2.9.34),并利用式(2.9.54)和式(2.9.63),得到

$$\gamma_{N+1}(n)=\gamma_N(n-1)-\frac{[e^f(n|n)]^2}{\varepsilon^f(n)} \tag{2.9.85}$$

由式(2.9.71)得到

$$\frac{[e^f(n|n)]^2}{\varepsilon^f(n)}=\gamma_N(n-1)-\gamma_N(n-1)\frac{\varepsilon^f(n-1)}{\varepsilon^f(n)}$$

将上式代入式(2.9.85),得

$$\gamma_{N+1}(n)=\gamma_N(n-1)\frac{\varepsilon^f(n-1)}{\varepsilon^f(n)} \tag{2.9.86}$$

这是由 $n-1$ 时刻的 N 阶角参量计算 n 时刻的 $N+1$ 阶角参量的公式。为了进一步由$\gamma_{N+1}(n)$求出 $\gamma_N(n)$,将 $\boldsymbol{x}_{N+1}^{\mathrm{T}}(n)$表示成

$$\boldsymbol{x}_{N+1}^{\mathrm{T}}(n)=[\boldsymbol{x}_N^{\mathrm{T}}(n)\quad x(n-N)]$$

并利用式(2.9.56)表示 $\boldsymbol{g}_{N+1}(n)$,用与上面类似的方法推导出

$$\gamma_{N+1}(n)=\gamma_N(n)-\frac{[e^b(n|n)]^2}{\varepsilon^b(n)} \tag{2.9.87}$$

再利用式(2.9.81),由上式求得

$$\gamma_N(n)=\gamma_{N+1}(n)\frac{\varepsilon^b(n)}{\varepsilon^b(n-1)} \tag{2.9.88}$$

这就是由 $\gamma_{N+1}(n)$计算 $\gamma_N(n)$的公式。

还有另外一种由 $\gamma_{N+1}(n)$计算 $\gamma_N(n)$的方法,这种方法不需要知道 $\varepsilon^b(n)$,因而可以提前计算 $\gamma_N(n)$。为推导这种方法,用 $\varepsilon^b(n)$除式(2.9.82)两边,得到

$$1=\frac{\varepsilon^b(n-1)}{\varepsilon^b(n)}+\frac{e^b(n|n)}{\varepsilon^b(n)}e^b(n|n-1) \tag{2.9.89}$$

由式(2.9.56),有

$$k(n)=\frac{e^b(n|n)}{\varepsilon^b(n)}$$

将上式代入式(2.9.89),得出

$$\frac{\varepsilon^b(n)}{\varepsilon^b(n-1)}=[1-k(n)e^b(n|n-1)]^{-1} \tag{2.9.90}$$

将式(2.9.90)代入式(2.9.88),最后得到

$$\gamma_N(n)=[1-k(n)e^b(n|n-1)]^{-1}\gamma_{N+1}(n) \tag{2.9.91}$$

由该式看出,由于 $k(n)$在计算 $\boldsymbol{g}_{N+1}(n)$时就已求出(式(2.9.54)),故 $\gamma_N(n)$可以提前计算。

2.9.4 FTF 自适应算法流程

从以上推导过程看出,FTF 自适应算法比较复杂。为了对整个算法过程有更清晰的理解并在实际中准确应用,下面对其进行归纳和整理,并从实用的角度补充推导前面尚未涉及的公式。

FTF 算法的最终目的是用式(2.9.48)迭代计算最小二乘横向自适应滤波器的权矢量

$$\boldsymbol{w}_N(n)=\boldsymbol{w}_N(n-1)+\frac{e(n|n)}{\gamma_N(n)}\boldsymbol{g}_N(n) \tag{2.9.92}$$

从上式看出,在进行第 n 次迭代时,已经有了 $\boldsymbol{w}_N(n-1)$,还必须算出 $\boldsymbol{g}_N(n)$、$\gamma_N(n)$和 $e(n|n)$。前面重点讨论了 $\boldsymbol{g}_N(n)$的时间更新关系式的推导过程,现在补充讨论关于 $e(n|n)$的计算问题。

$\boldsymbol{X}_{0,N-1}(n)$的最后一行元素构成的行矢量为

$$\boldsymbol{x}_N^{\mathrm{T}}(n)=[x(n) \quad \cdots \quad x(n-N+1)]$$

由式(2.9.1)写出 $\hat{\boldsymbol{d}}(n)$的最后一个元素(即 n 时刻的期望信号的估计值)

$$\hat{d}(n)=\boldsymbol{x}_N^{\mathrm{T}}(n)\boldsymbol{w}_N(n)$$

因此,估计误差为

$$e(n|n)=d(n)-\hat{d}(n)=d(n)-\boldsymbol{x}_N^{\mathrm{T}}(n)\boldsymbol{w}_N(n)$$

将最小二乘滤波器权矢量时间更新公式(2.9.92)代入上式,得到

$$e(n|n)=e(n|n-1)-\frac{e(n|n)}{\gamma_N(n)}\boldsymbol{x}_N^{\mathrm{T}}(n)\boldsymbol{g}_N(n) \tag{2.9.93}$$

在式(2.9.93)中

$$e(n|n-1)=d(n)-\boldsymbol{x}_N^{\mathrm{T}}(n)\boldsymbol{w}_N(n-1) \tag{2.9.94}$$

是利用 $n-1$ 时刻的权矢量 $\boldsymbol{w}_N(n-1)$,由数据$\{x(n),\cdots,x(n-N+1)\}$对 $d(n)$进行最小二乘估计(或预测)时的误差。由式(2.9.93)解出 $e(n|n)$,得到

$$e(n|n)=\frac{\gamma_N(n)e(n|n-1)}{\gamma_N(n)+\boldsymbol{x}_N^{\mathrm{T}}(n)\boldsymbol{g}_N(n)}$$

将式(2.9.34)代入上式右端的分母,得到

$$e(n|n)=\gamma_N(n)e(n|n-1)$$

或

$$\frac{e(n|n)}{\gamma_N(n)}=e(n|n-1) \tag{2.9.95}$$

将式(2.9.95)代回到式(2.9.92),得到一个便于实际应用的公式

$$\boldsymbol{w}_N(n)=\boldsymbol{w}_N(n-1)+e(n|n-1)\boldsymbol{g}_N(n) \tag{2.9.96}$$

这个公式的优点在于,它用 $e(n|n-1)$代替了 $e(n|n)$和 $\gamma_N(n)$的计算,而 $e(n|n-1)$可以十分方便地用式(2.9.94)来计算。

虽然在前面详细讨论过式(2.9.96)中的 $\boldsymbol{g}_N(n)$的时间更新问题,但现在还要进一步在原有基础上推导出更实用的公式。将式(2.9.75)代入式(2.9.57),有

$$\boldsymbol{g}_N(n)=\boldsymbol{k}_N(n)+k(n)\boldsymbol{b}_N(n-1)+\frac{e^b(n|n)}{\gamma_N(n)}k(n)\boldsymbol{g}_N(n)$$

由上式解出 $\boldsymbol{g}_N(n)$，得

$$\boldsymbol{g}_N(n)=[\boldsymbol{k}_N(n)+k(n)\boldsymbol{b}_N(n-1)]\frac{\gamma_N(n)}{\gamma_N(n)-k(n)e^b(n|n)} \tag{2.9.97}$$

将式(2.9.80)代入上式，并利用式(2.9.91)，由式(2.9.97)得出

$$\boldsymbol{g}_N(n)=[\boldsymbol{k}_N(n)+k(n)\boldsymbol{b}_N(n-1)]\frac{\gamma_N(n)}{\gamma_{N+1}(n)} \tag{2.9.98}$$

其中，$\boldsymbol{k}_N(n)$和 $k(n)$由 $\boldsymbol{g}_N(n-1)$和前向预测误差滤波器参数 $e^f(n|n)$、$\varepsilon^f(n)$和 $\boldsymbol{a}_N(n)$，用式(2.9.54)计算；$\gamma_{N+1}(n)$由 $\gamma_N(n-1)$、$\varepsilon^f(n-1)$和 $\varepsilon^f(n)$，用式(2.9.86)计算；$\gamma_N(n)$用式(2.9.91)计算，其中所需的 $e^b(n|n-1)$用式(2.9.79)计算。与此同时，由 $\gamma_N(n)$和 $e^b(n|n-1)$利用式(2.9.80)计算出 $e^b(n|n)$，进而用式(2.9.82)计算 $\varepsilon^b(n)$。

$\boldsymbol{g}_N(n)$计算出来后，利用式(2.9.75)计算 $\boldsymbol{b}_N(n)$，

$$\boldsymbol{b}_N(n)=\boldsymbol{b}_N(n-1)+\frac{e^b(n|n)}{\gamma_N(n)}\boldsymbol{g}_N(n)=\boldsymbol{b}_N(n-1)+e^b(n|n-1)\boldsymbol{g}_N(n) \tag{2.9.99}$$

这里利用了式(2.9.80)。

$\boldsymbol{k}_N(n)$、$k(n)$和 $\gamma_{N+1}(n)$所需的前向预测误差滤波器参数 $e^f(n|n-1)$、$e^f(n|n)$、$\varepsilon^f(n)$和 $\boldsymbol{a}_N(n)$分别用式(2.9.65)、式(2.9.66)、式(2.9.72)和式(2.9.60)计算。其中式(2.9.60)还可进一步简化：将式(2.9.66)代入式(2.9.60)，得到

$$\boldsymbol{a}_N(n)=\boldsymbol{a}_N(n-1)+e^f(n|n-1)\boldsymbol{g}_N(n-1) \tag{2.9.100}$$

根据以上分析，把推导过程倒推回去，便得出 FTF 自适应算法的完整计算流程（下面的公式都重新顺序编号）。

(1) 初始化

$$\boldsymbol{a}_N(0)=\boldsymbol{0},\quad \boldsymbol{b}_N(0)=\boldsymbol{0},\quad \boldsymbol{w}_N(0)=\boldsymbol{0},\quad \boldsymbol{g}_N(0)=\boldsymbol{0},\quad \gamma_N(0)=1.0$$

$$\varepsilon^f(0)=\varepsilon^b(0)=\delta,\quad \text{这里 } \delta \text{ 是一个小的正的常数。}$$

(2) 迭代计算（按时间 $n=1,2,\cdots$）

a. 前向预测误差滤波器参数

$$e^f(n|n-1)=x(n)-\boldsymbol{x}_N^{\mathrm{T}}(n-1)\boldsymbol{a}_N(n-1) \tag{2.9.101}$$

$$e^f(n|n)=\gamma_N(n-1)e^f(n|n-1) \tag{2.9.102}$$

$$\varepsilon^f(n)=\varepsilon^f(n-1)+e^f(n|n)e^f(n|n-1) \tag{2.9.103}$$

$$\boldsymbol{a}_N(n)=\boldsymbol{a}_N(n-1)+e^f(n|n-1)\boldsymbol{g}_N(n-1) \tag{2.9.104}$$

b. $N+1$ 阶角参量

$$\gamma_{N+1}(n)=\frac{\varepsilon^f(n-1)}{\varepsilon^f(n)}\gamma_N(n-1) \tag{2.9.105}$$

c. $N+1$ 阶增益滤波器权矢量

$$\begin{bmatrix}\boldsymbol{k}_N(n)\\ k(n)\end{bmatrix}=\begin{bmatrix}0\\ \boldsymbol{g}_N(n-1)\end{bmatrix}+\frac{e^f(n|n)}{\varepsilon^f(n)}\begin{bmatrix}1\\ -\boldsymbol{a}_N(n)\end{bmatrix} \tag{2.9.106}$$

d. 后向预测误差滤波器参量、N 阶角参量和 N 阶增益（滤波器权）矢量（注意，这些参量的计算是交叉进行的）

$$e^b(n|n-1)=x(n-N)-\boldsymbol{x}_N^{\mathrm{T}}(n)\boldsymbol{b}_N(n-1) \tag{2.9.107}$$

$$\gamma_N(n)=[1-k(n)e^b(n|n-1)]^{-1}\gamma_{N+1}(n) \tag{2.9.108}$$

$$e^b(n|n)=\gamma_N(n)e^b(n|n-1) \tag{2.9.109}$$

$$\varepsilon^b(n)=\varepsilon^b(n-1)+e^b(n|n)e^b(n|n-1) \tag{2.9.110}$$

$$\boldsymbol{g}_N(n)=[\boldsymbol{k}_N(n)+k(n)\boldsymbol{b}_N(n-1)]\frac{\gamma_N(n)}{\gamma_{N+1}(n)} \tag{2.9.111}$$

$$\boldsymbol{b}_N(n)=\boldsymbol{b}_N(n-1)+\boldsymbol{g}_N(n)e^b(n|n-1) \tag{2.9.112}$$

e. 最小二乘横向自适应滤波器参数

$$e(n|n-1)=d(n)-\boldsymbol{x}_N^{\mathrm{T}}(n)\boldsymbol{w}_N(n-1) \tag{2.9.113}$$

$$\boldsymbol{w}_N(n)=\boldsymbol{w}_N(n-1)+\boldsymbol{g}_N(n)e(n|n-1) \tag{2.9.114}$$

2.10 FTF 自适应算法用于系统辨识

例 2.10.1 图 2.10.1 所示的是验证自适应系统辨识的一个实验方案。输入信号$x(n)$是在[1,−1]内均匀分布的白噪声,同时加在未知系统和自适应系统的输入端,未知系统是一个FIR 系统,其参数$a_1=0.95$和$a_2=-0.38$,其输出信号作为自适应系统的参考信号 $d(n)$;自适应系统是一个 FIR 自适应滤波器,其参数$w_1(n)$和$w_2(n)$用 FTF 算法计算;$d(n)$与自适应系统输出信号之差形成误差信号 $e(n)$。实验验证的目的是:① 比较 FTF 算法与 LMS 算法的收敛速度;② 观察不同初始值$\varepsilon^f(0)=\varepsilon^b(0)=\delta$对收敛速度的影响;③ 当输入信号是下式定义的自回归信号时,讨论 FTF 算法的收敛特性。

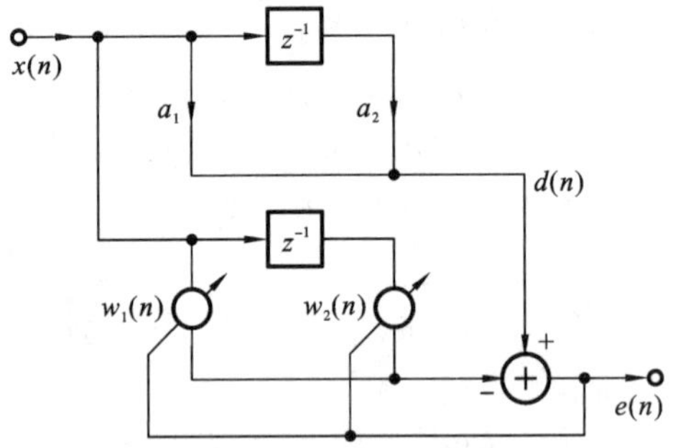

图 2.10.1 验证自适应系统辨识的实验方案

$$x(n)=1.556x(n-1)-0.81x(n-2)+v(n)$$

其中,$v(n)$是具有单位方差的高斯白噪声。

(1) 比较 FTF 算法与 LMS 算法的收敛速度

首先用 MATLAB 产生一个在[1,−1]内均匀分布的长为 $r+2=202$ 点的白噪声序列作为输入信号 $x(n)$

```
r=200;x=-1+2*rand(1,r+2);
```

同时用给定的自适应系统的参数 $a_1=0.95$ 和 $a_2=-0.38$ 形成参考信号 $d(n)$

```
N=2; a1=0.95; a2=-0.38;d(1:r+2)=0;d(1)=a1*x(1);
for i=2:r+2
  d(i)=a1*x(i)+a2*x(i-1);
end
```

这里 N 是自适应系统参数的数目。

然后对 FTF 算法进行初始化

```
bN(1:N,1)=0;fN(1:N,1)=0;wN(1:N,1)=0;gN(1:N,1)=0;
rN(1)=1.0;sf(1)=1.0;sb(1)=sf(1);
```

其中,bN 和 fN 分别表示后向和前向预测系数矢量 $\boldsymbol{b}_N$ 和 $\boldsymbol{a}_N$,wN 表示自适应系统的权矢量 $\boldsymbol{w}_N$,gN 表示增益滤波器权矢量 $\boldsymbol{g}_N$,rN 表示角参量 γ_N,sf 和 sb 分别表示前向预测误差剩余和后向预测误差剩余ε^f和ε^b。

对 $x(n)$进行前向预测使用的数据是 $x(n-1)\sim x(n-N)$，因此，预测 $x(n)$的第 1 个样本值 $x(1)$使用的数据 $x(0)\sim x(1-N)$都等于 0，所以在对数据进行预处理时，在列矢量 $\boldsymbol{x}$ 和 $\boldsymbol{d}$ 前面都补充了 N 个 0。这样，按时间 n 迭代计算时，迭代范围取为 $n=N+1:M+N$，即非 0 数据的下标从 $N+1$ 开始。迭代过程中除 $x(n)$和 $d(n)$外，其他量的下标 $t=-N+2\sim N+M$，由于在 MATLAB 中下标只能是正整数，所以用 $t(n)$ 表示。此外，ef_1、eb_1、rN_1 和 e_1 分别表示$e^f(n|n-1)$、$e^b(n|n-1)$、$\gamma_{N+1}(n)$和 $e(n|n-1)$，p 表示式(2.9.106)右端第 2 项的系数，q 表示式(2.9.108)中方括号内的数。

在迭代计算过程中，循环体内大多数量的维数都要不断增加，为了提高运算速度，都预先指定了它们的最终维数。

完整的 FTF 算法的 MATLAB 程序如下。

```
% FTF Algorithm
% original signal and desired signal
r=200; x=-1+2*rand(1,r+2);
N=2; a1=0.95; a2=-0.38;d(1:r+2)=0;d(1)=a1*x(1);
for i=2:r+2
   d(i)=a1*x(i)+a2*x(i-1);
end
x=x';d=d';
% preprocess: shift x and d, preallocating
M=length(x);t=-N+2:M+1;
x=[zeros(N,1);x];d=[zeros(N,1);d];ef_1=zeros(1,r+1);ef=zeros(1,r+1);
sf=zeros(1,r+1);rN_1=zeros(1,r+1);kN=zeros(1,r+1);eb_1=zeros(1,r+1);
rN=zeros(1,r+1);sb=zeros(1,r+1);e_1=zeros(1,r+1);k=zeros(1,r+1);
% initialization
bN(1:N,1)=0;fN(1:N,1)=0;wN(1:N,1)=0;gN(1:N,1)=0;
rN(1)=1.0;sf(1)=1.0;sb(1)=sf(1);
% computation
for n=N+1:N+M
   ef_1(t(n))=x(n)-x(n-1:-1:n-N)'*fN(:,t(n-1));
   ef(t(n))=rN(t(n-1))*ef_1(t(n));
   fN(:,t(n))=fN(:,t(n-1))+ef_1(t(n))*gN(:,t(n-1));
   sf(t(n))=sf(t(n-1))+ef(t(n))*ef_1(t(n));
   rN_1(t(n))=sf(t(n-1))*rN(t(n-1))/sf(t(n));
   p=ef(t(n))/sf(t(n));
   kN(1:N,t(n))=[0;gN(1:N-1,t(n-1))]+p*[1;-fN(1:N-1,t(n))];
   k(t(n))=gN(N,t(n-1))-p*fN(N,t(n));
   eb_1(t(n))=k(t(n))*sb(t(n-1))/rN_1(t(n));
   q=1-k(t(n))*eb_1(t(n));
   gN(:,t(n))=(kN(:,t(n))+k(t(n))*bN(:,t(n-1)))/q;
   rN(t(n))=rN_1(t(n))/q;
   sb(t(n))=sb(t(n-1))+rN(t(n))*eb_1(t(n)).^2;
   bN(:,t(n))=bN(:,t(n-1))+gN(:,t(n))*eb_1(t(n));
   e_1(t(n))=d(n)-x(n:-1:n-N+1)'*wN(:,t(n-1));
```

```
    wN(:,t(n))=wN(:,t(n-1))+gN(:,t(n))*e_1(t(n));
end

% output
n=1:M+1;
plot(n,wN(1,:),n,wN(2,:))
hold on
plot(n,a1,n,a2)
hold off
grid
axis([0 200 -0.4 1])
```

运行以上程序，画出自适应系统参数$w_1(n)$和$w_2(n)$随迭代次数变化的曲线如图 2.10.2 所示。由该图看出，$w_1(n)$和$w_2(n)$大约经过 50 次以后已逼近$a_1=0.95$和$a_2=-0.38$。图中同时画出了 LMS 算法的结果，FTF 算法的收敛速度明显比 LMS 算法的快。

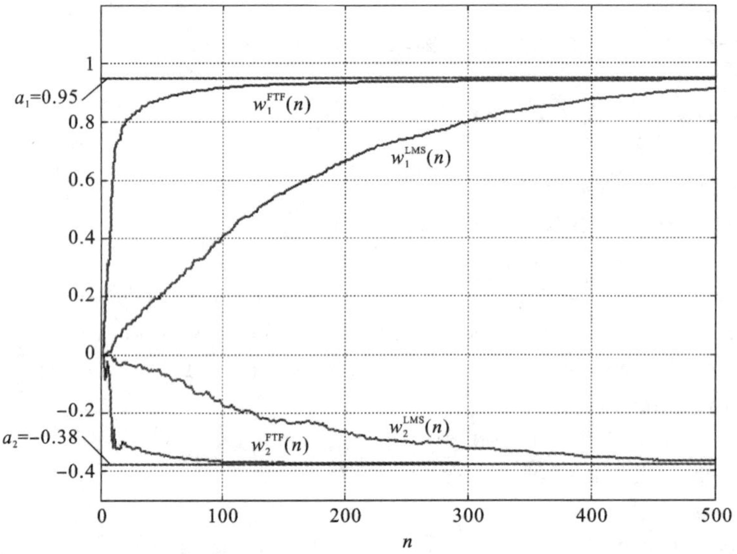

图 2.10.2 LMS **算法与** FTF **算法的收敛速度的比较**

(2) 不同初始值$\varepsilon^f(0)=\varepsilon^b(0)=\delta$对收敛速度的影响。

取$\delta=0.1$、$\delta=1.0$和$\delta=10.0$三个不同的初始值，运行以上程序，得到图 2.10.3。由图看出，初始值δ的选取对收敛速度有影响，δ越大收敛越慢，不过这种影响不是很大，而且在δ很小的情况下，收敛轨迹也没有出现下冲。

(3) 输入为自回归信号时 FTF 算法与 LMS 算法的收敛特性的比较。

在以上 MATLAB 程序中，将输入信号改为自回归信号，即

```
v=randn(1,r+2); x=filter(1,[1,-1.556,0.81],v);
```

其中，v产生具有单位方差的高斯白噪声，调用 MATLAB 函数 filter，由x激励传输函数

$$H(z)=\frac{1}{1-1.556z^{-1}+0.81z^{-2}}$$

的 IIR 滤波器来产生自回归信号x。

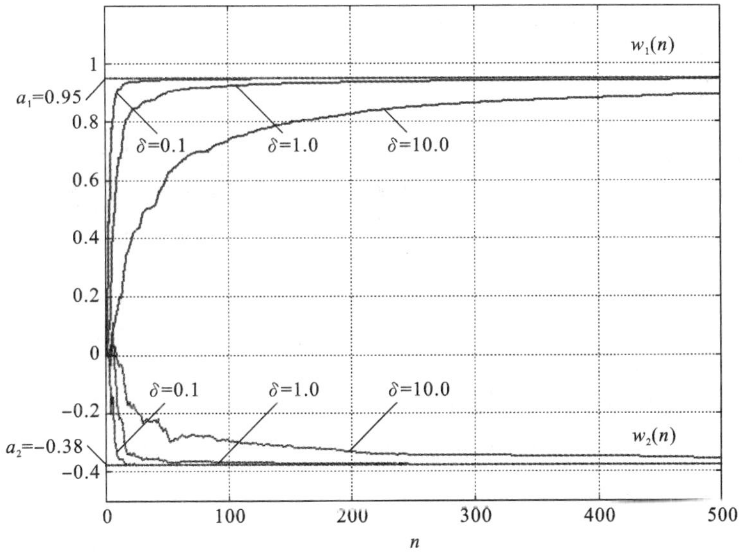

图 2.10.3　FTF 算法不同初始值 $\varepsilon^f(0)=\varepsilon^b(0)=\delta$ 对收敛速度的影响

运行程序，得到图 2.10.4。由图看出，当输入为自回归信号时，FTF 算法没有受到任何影响，而 LMS 算法受到的影响较大，表现为收敛轨迹出现较大波动。实验表明，如果将自回归信号的参数 1.556 改为 1.558，则 LMS 算法的收敛轨迹将发生非常大的突变和波动。

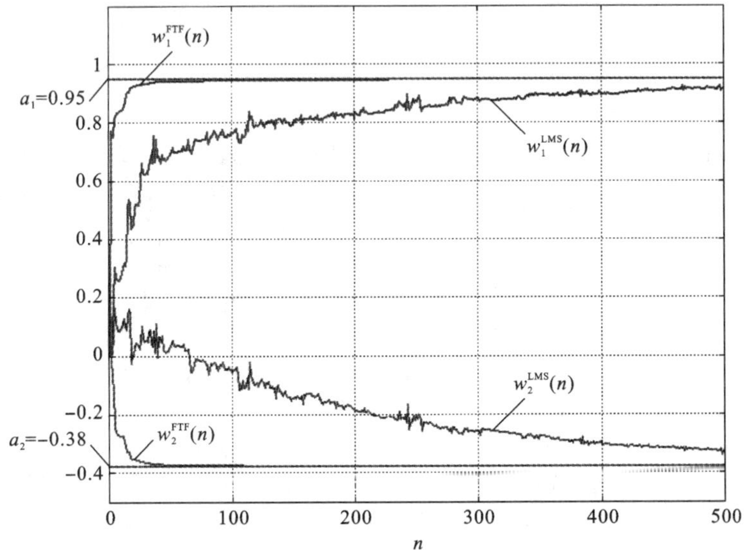

图 2.10.4　输入为自回归信号时 FTF 算法与 LMS 算法的收敛特性的比较

2.11　采用归一化增益矢量的 FTF 自适应算法

在 2.9.4 节中已将 FTF 自适应算法的全部计算公式总结在式(2.9.101)～式(2.9.114)中。其中，式(2.9.101)、式(2.9.104)、式(2.9.106)、式(2.9.107)、式(2.9.111)、式

(2.9.112)、式(2.9.113)、式(2.9.114)等 8 个公式每次迭代各需要 N 次乘法运算，因此整个算法完成每次迭代大约需要 $8N$ 次乘法运算。

在 FTF 算法中，由 $\boldsymbol{g}_N(n-1)$ 迭代计算 $\boldsymbol{g}_N(n)$ 分两步进行，先用式(2.9.106)由 $\boldsymbol{g}_N(n-1)$ 计算 $\boldsymbol{g}_{N+1}(n)$ 并将计算结果表示成 $\boldsymbol{k}_N(n)$ 和 $k(n)$ 两部分，再用式(2.9.111)将两部分组合成 $\boldsymbol{g}_N(n)$。角参量由 $\gamma_N(n-1)$ 迭代计算 $\gamma_N(n)$ 也分两步进行，先用式(2.9.105)由 $\gamma_N(n-1)$ 计算 $\gamma_{N+1}(n)$，然后再用式(2.9.108)由 $\gamma_{N+1}(n)$ 计算 $\gamma_N(n)$。如果将增益矢量用角参量归一化，那么每次迭代需要的乘法次数可望进一步减少。

定义归一化增益矢量

$$\boldsymbol{C}_N(n)=\frac{\boldsymbol{g}_N(n)}{\gamma_N(n)} \tag{2.11.1}$$

将式(2.9.66)和式(2.9.105)分别重写如下

$$e^f(n|n)=\gamma_N(n-1)e^f(n|n-1) \tag{2.11.2}$$

$$\gamma_{N+1}(n)=\frac{\varepsilon^f(n-1)}{\varepsilon^f(n)}\gamma_N(n-1) \tag{2.11.3}$$

由式(2.11.2)和式(2.11.3)得

$$\frac{e^f(n|n)}{\varepsilon^f(n)\gamma_{N+1}(n)}=\frac{e^f(n|n-1)}{\varepsilon^f(n-1)} \tag{2.11.4}$$

根据归一化增益矢量的定义和式(2.11.3)写出

$$\boldsymbol{C}_N(n-1)=\frac{\boldsymbol{g}_N(n-1)}{\gamma_N(n-1)}=\frac{\boldsymbol{g}_N(n-1)}{\gamma_{N+1}(n)}\frac{\varepsilon^f(n-1)}{\varepsilon^f(n)} \tag{2.11.5}$$

即

$$\frac{\boldsymbol{g}_N(n-1)}{\gamma_{N+1}(n)}=\frac{\varepsilon^f(n)}{\varepsilon^f(n-1)}\boldsymbol{C}_N(n-1) \tag{2.11.6}$$

由 $\boldsymbol{C}_N(n-1)$ 计算 $\boldsymbol{C}_N(n)$，可仿照由 $\boldsymbol{g}_N(n-1)$ 计算 $\boldsymbol{g}_N(n)$ 的办法分两步进行，即先由 $\boldsymbol{C}_N(n-1)$ 计算 $\boldsymbol{C}_{N+1}(n)$，然后再由 $\boldsymbol{C}_{N+1}(n)$ 计算 $\boldsymbol{C}_N(n)$。先推导由 $\boldsymbol{C}_N(n-1)$ 计算 $\boldsymbol{C}_{N+1}(n)$ 的公式。

重写式(2.9.106)

$$\boldsymbol{g}_{N+1}(n)=\begin{bmatrix}0\\ \boldsymbol{g}_N(n-1)\end{bmatrix}+\frac{e^f(n|n)}{\varepsilon^f(n)}\begin{bmatrix}1\\ -\boldsymbol{a}_N(n)\end{bmatrix} \tag{2.11.7}$$

式(2.11.7)两边同除以 $\gamma_{N+1}(n)$ 得

$$\boldsymbol{C}_{N+1}(n)=\frac{\boldsymbol{g}_{N+1}(n)}{\gamma_{N+1}(n)}=\begin{bmatrix}0\\ \dfrac{\boldsymbol{g}_N(n-1)}{\gamma_{N+1}(n)}\end{bmatrix}+\frac{e^f(n|n)}{\gamma_{N+1}(n)\varepsilon^f(n)}\begin{bmatrix}1\\ -\boldsymbol{a}_N(n)\end{bmatrix} \tag{2.11.8}$$

将式(2.11.6)和式(2.11.4)代入式(2.11.8)

$$\boldsymbol{C}_{N+1}(n)=\begin{bmatrix}0\\ \dfrac{\varepsilon^f(n)}{\varepsilon^f(n-1)}\boldsymbol{C}_N(n-1)\end{bmatrix}+\frac{e^f(n|n-1)}{\varepsilon^f(n-1)}\begin{bmatrix}1\\ -\boldsymbol{a}_N(n)\end{bmatrix} \tag{2.11.9}$$

注意，式(2.11.9)中的 $\boldsymbol{a}_N(n)$ 在 $n-1$ 时刻还不知道，需要将式(2.9.104)

$$\boldsymbol{a}_N(n)=\boldsymbol{a}_N(n-1)+e^f(n|n-1)\boldsymbol{g}_N(n-1)$$

代入式(2.11.9)

$$\boldsymbol{C}_{N+1}(n)=\begin{bmatrix}0\\ \dfrac{\varepsilon^f(n)}{\varepsilon^f(n-1)}\boldsymbol{C}_N(n-1)-\dfrac{[e^f(n|n-1)]^2}{\varepsilon^f(n-1)}\boldsymbol{g}_N(n-1)\end{bmatrix}+\frac{e^f(n|n-1)}{\varepsilon^f(n-1)}\begin{bmatrix}1\\ -\boldsymbol{a}_N(n-1)\end{bmatrix}\tag{2.11.10}$$

将式(2.9.102)

$$e^f(n|n)=\gamma_N(n-1)e^f(n|n-1)$$

代入式(2.11.10)，得到

$$\boldsymbol{C}_{N+1}(n)=\begin{bmatrix}0\\ \dfrac{\varepsilon^f(n)-e^f(n|n-1)e^f(n|n)}{\varepsilon^f(n-1)}\boldsymbol{C}_N(n-1)\end{bmatrix}+\frac{e^f(n|n-1)}{\varepsilon^f(n-1)}\begin{bmatrix}1\\ -\boldsymbol{a}_N(n-1)\end{bmatrix}\tag{2.11.11}$$

注意到式(2.9.103)

$$\varepsilon^f(n)=\varepsilon^f(n-1)+e^f(n|n-1)e^f(n|n)$$

于是式(2.11.11)简化为

$$\boldsymbol{C}_{N+1}(n)=\begin{bmatrix}0\\ \boldsymbol{C}_N(n-1)\end{bmatrix}+\frac{e^f(n|n-1)}{\varepsilon^f(n-1)}\begin{bmatrix}1\\ -\boldsymbol{a}_N(n-1)\end{bmatrix}\tag{2.11.12}$$

这就是由 $\boldsymbol{C}_N(n-1)$ 计算 $\boldsymbol{C}_{N+1}(n)$ 的公式。下面推导由 $\boldsymbol{C}_{N+1}(n)$ 计算 $\boldsymbol{C}_N(n)$ 的公式。

根据式(2.9.56)

$$\begin{bmatrix}\boldsymbol{g}_N(n)\\ 0\end{bmatrix}=\begin{bmatrix}\boldsymbol{k}_N(n)\\ k(n)\end{bmatrix}+\frac{e^b(n|n)}{\varepsilon^b(n)}\begin{bmatrix}\boldsymbol{b}_N(n)\\ -1\end{bmatrix}\tag{2.11.13}$$

其中，$\boldsymbol{k}_N(n)$ 和 $k(n)$ 分别是 $\boldsymbol{g}_{N+1}(n)$ 的前 N 个元素组成的矢量和最后一个(第 $N+1$ 个)元素(标量)，即

$$\boldsymbol{g}_{N+1}(n)=\begin{bmatrix}\boldsymbol{k}_N(n)\\ k(n)\end{bmatrix}\tag{2.11.14}$$

即式(2.11.13)实际上等效于

$$\begin{bmatrix}\boldsymbol{g}_N(n)\\ 0\end{bmatrix}=\boldsymbol{g}_{N+1}(n)+\frac{e^b(n|n)}{\varepsilon^b(n)}\begin{bmatrix}\boldsymbol{b}_N(n)\\ -1\end{bmatrix}\tag{2.11.15}$$

式(2.11.15)两端同除以 $\gamma_{N+1}(n)$，得

$$\begin{bmatrix}\boldsymbol{g}_N(n)/\gamma_{N+1}(n)\\ 0\end{bmatrix}=\frac{\boldsymbol{g}_{N+1}(n)}{\gamma_{N+1}(n)}+\frac{e^b(n|n)}{\varepsilon^b(n)\gamma_{N+1}(n)}\begin{bmatrix}\boldsymbol{b}_N(n)\\ -1\end{bmatrix}\tag{2.11.16}$$

由式(2.9.88)写出

$$\varepsilon^b(n)\gamma_{N+1}(n)=\varepsilon^b(n-1)\gamma_N(n)\tag{2.11.17}$$

和

$$\frac{\boldsymbol{g}_N(n)}{\gamma_{N+1}(n)}=\frac{\varepsilon^b(n)}{\varepsilon^b(n-1)}\frac{\boldsymbol{g}_N(n)}{\gamma_N(n)}=\frac{\varepsilon^b(n)}{\varepsilon^b(n-1)}\boldsymbol{C}_N(n)\tag{2.11.18}$$

将 $\boldsymbol{C}_{N+1}(n)$ 的前 N 个元素组成的矢量用 $\boldsymbol{m}_N(n)$ 表示，$\boldsymbol{C}_{N+1}(n)$ 的最后一个(第 $N+1$ 个)元素(标量)用 $m(n)$ 表示，即

$$\boldsymbol{C}_{N+1}(n)\equiv\frac{\boldsymbol{g}_{N+1}(n)}{\gamma_{N+1}(n)}\equiv\begin{bmatrix}\boldsymbol{m}_N(n)\\ m(n)\end{bmatrix}\tag{2.11.19}$$

将式(2.11.18)、式(2.11.19)和式(2.11.17)代入式(2.11.16),得

$$\begin{bmatrix} \dfrac{\varepsilon^b(n)}{\varepsilon^b(n-1)}\boldsymbol{C}_N(n) \\ 0 \end{bmatrix} = \begin{bmatrix} \boldsymbol{m}_N(n) \\ m(n) \end{bmatrix} + \frac{e^b(n|n)}{\varepsilon^b(n-1)\gamma_N(n)} \begin{bmatrix} \boldsymbol{b}_N(n) \\ -1 \end{bmatrix} \tag{2.11.20}$$

由式(2.11.20)解出

$$m(n) = \frac{e^b(n|n)}{\varepsilon^b(n-1)\gamma_N(n)} \tag{2.11.21}$$

和

$$\boldsymbol{C}_N(n) = \frac{\varepsilon^b(n-1)}{\varepsilon^b(n)}[\boldsymbol{m}_N(n) + m(n)\boldsymbol{b}_N(n)] \tag{2.11.22}$$

注意,式(2.11.22)中的 $\boldsymbol{b}_N(n)$ 用式(2.9.75)计算

$$\boldsymbol{b}_N(n) = \boldsymbol{b}_N(n-1) + \frac{e^b(n|n)}{\gamma_N(n)}\boldsymbol{g}_N(n) = \boldsymbol{b}_N(n-1) + e^b(n|n)\boldsymbol{C}_N(n) \tag{2.11.23}$$

将式(2.11.23)代入式(2.11.22)

$$\boldsymbol{C}_N(n) = \frac{\varepsilon^b(n-1)}{\varepsilon^b(n)}\{\boldsymbol{m}_N(n) + m(n)[\boldsymbol{b}_N(n-1) + e^b(n|n)\boldsymbol{C}_N(n)]\} \tag{2.11.24}$$

由式(2.11.24)解出 $\boldsymbol{C}_N(n)$

$$\boldsymbol{C}_N(n) = \frac{\varepsilon^b(n-1)}{\varepsilon^b(n) - \varepsilon^b(n-1)m(n)e^b(n|n)}\{\boldsymbol{m}_N(n) + m(n)\boldsymbol{b}_N(n-1)\} \tag{2.11.25}$$

注意到式(2.9.81)

$$\varepsilon^b(n) = \varepsilon^b(n-1) + \frac{[e^b(n|n)]^2}{\gamma_N(n)}$$

将由式(2.11.21)得到的$e^b(n|n)/\gamma_N(n) = \varepsilon^b(n-1)m(n)$代入上式,得

$$\varepsilon^b(n) = \varepsilon^b(n-1) + \varepsilon^b(n-1)m(n)e^b(n|n) \tag{2.11.26}$$

因此,式(2.11.22)右端的系数等于1,所以式(2.11.25)简化为

$$\boldsymbol{C}_N(n) = \{\boldsymbol{m}_N(n) + m(n)\boldsymbol{b}_N(n-1)\} \tag{2.11.27}$$

这就是由 $\boldsymbol{C}_{N+1}(n)$(体现为 $\boldsymbol{m}_N(n)$ 和 $m(n)$)计算 $\boldsymbol{C}_N(n)$ 的公式。

在 FTF 自适应算法中,由$\gamma_N(n-1)$迭代计算$\gamma_N(n)$也分两步进行,先用式(2.9.105)由$\gamma_N(n-1)$计算$\gamma_{N+1}(n)$,然后再用式(2.9.108)由$\gamma_{N+1}(n)$计算$\gamma_N(n)$。但是,由于式(2.9.108)中包含 $k(n)$,所以将增益矢量用角参量归一化后,式(2.9.108)不再适用,需要推导与 $m(n)$ 联系的新公式。由式(2.11.26)得出

$$\frac{\varepsilon^b(n)}{\varepsilon^b(n-1)} = 1 + m(n)e^b(n|n) \tag{2.11.28}$$

将式(2.9.109)

$$e^b(n|n) = \gamma_N(n)e^b(n|n-1)$$

代入式(2.11.28),得

$$\frac{\varepsilon^b(n)}{\varepsilon^b(n-1)} = 1 + m(n)\gamma_N(n)e^b(n|n-1) \tag{2.11.29}$$

然后将式(2.11.29)代入式(2.11.17)

$$\gamma_N(n) = \gamma_{N+1}(n)\frac{\varepsilon^b(n)}{\varepsilon^b(n-1)} = \gamma_{N+1}(n)[1 + m(n)\gamma_N(n)e^b(n|n-1)]$$

由上式解出

$$\gamma_N(n)=[1-\gamma_{N+1}(n)m(n)e^b(n|n-1)]^{-1}\gamma_{N+1}(n) \tag{2.11.30}$$

这就是采用归一化增益矢量后由$\gamma_{N+1}(n)$计算$\gamma_N(n)$的公式。

采用归一化增益矢量后，可以推导出一个比式(2.9.107)更简单的计算$e^b(n|n-1)$的公式。由式(2.11.30)解出

$$e^b(n|n-1)=\frac{1}{m(n)}\left[\frac{1}{\gamma_{N+1}(n)}-\frac{1}{\gamma_N(n)}\right] \tag{2.11.31}$$

将式(2.11.21)代入式(2.11.31)并利用式(2.9.88)，得

$$e^b(n|n-1)=\left[\frac{\varepsilon^b(n)-\varepsilon^b(n-1)}{e^b(n)\varepsilon^b(n-1)}\right]\varepsilon^b(n-1) \tag{2.11.32}$$

然而，利用式(2.11.26)容易证明，式(2.11.32)右端方括号内的量等于$m(n)$，所以式(2.11.32)最终简化为

$$e^b(n|n-1)=m(n)\varepsilon^b(n-1) \tag{2.11.33}$$

用式(2.11.33)计算$m(n)$比用式(2.9.107)可以节约很多计算量。

最后将采用归一化增益矢量的 FTF 自适应算法的计算流程归纳如下：

(1) 初始化

$$\boldsymbol{a}_N(0)=\boldsymbol{0},\quad \boldsymbol{b}_N(0)=\boldsymbol{0},\quad \boldsymbol{w}_N(0)=\boldsymbol{0},\quad \boldsymbol{c}_N(0)=\boldsymbol{0}$$

$$\gamma_N(0)=1.0,\quad \varepsilon^f(0)=\varepsilon^b(0)=\delta(\text{小的正的常数})$$

(2) 迭代计算(按时间 $n=1,2,\cdots$)

a. 前向预测误差滤波器参数

$$e^f(n|n-1)=x(n)-\boldsymbol{x}_N^{\mathrm{T}}(n-1)\boldsymbol{a}_N(n-1) \tag{2.11.34}$$

$$e^f(n|n)=\gamma_N(n-1)e^f(n|n-1) \tag{2.11.35}$$

$$\varepsilon^f(n)=\varepsilon^f(n-1)+e^f(n|n)e^f(n|n-1) \tag{2.11.36}$$

$$\boldsymbol{a}_N(n)=\boldsymbol{a}_N(n-1)+e^f(n|n)\boldsymbol{c}_N(n-1) \tag{2.11.37}$$

b. $N+1$ 阶角参量

$$\gamma_{N+1}(n)=\frac{\varepsilon^f(n-1)}{\varepsilon^f(n)}\gamma_N(n-1) \tag{2.11.38}$$

c. $N+1$ 阶归一化增益矢量

$$\begin{bmatrix}\boldsymbol{m}_N(n)\\ m(n)\end{bmatrix}=\boldsymbol{c}_{N+1}(n)=\begin{bmatrix}0\\ \boldsymbol{c}_N(n-1)\end{bmatrix}+\frac{e^f(n|n-1)}{\varepsilon^f(n-1)}\begin{bmatrix}1\\ -\boldsymbol{a}_N(n-1)\end{bmatrix} \tag{2.11.39}$$

d. 后向预测误差滤波器参量、N 阶角参量和 N 阶归一化增益矢量

$$e^b(n|n-1)=m(n)\varepsilon^b(n-1) \tag{2.11.40}$$

$$\gamma_N(n)=[1-\gamma_{N+1}(n)m(n)e^b(n|n-1)]^{-1}\gamma_{N+1}(n) \tag{2.11.41}$$

$$e^b(n|n)=\gamma_N(n)e^b(n|n-1) \tag{2.11.42}$$

$$\varepsilon^b(n)=\varepsilon^b(n-1)+e^b(n|n)e^b(n|n-1) \tag{2.11.43}$$

$$\boldsymbol{c}_N(n)=\boldsymbol{m}_N(n)+m(n)\boldsymbol{b}_N(n-1) \tag{2.11.44}$$

$$\boldsymbol{b}_N(n)=\boldsymbol{b}_N(n-1)+\boldsymbol{c}_N(n)e^b(n|n) \tag{2.11.45}$$

e. 最小二乘横向自适应滤波器参数

$$e(n|n-1)=d(n)-\boldsymbol{x}_N^{\mathrm{T}}(n)\boldsymbol{w}_N(n-1) \tag{2.11.46}$$

$$e(n|n)=\gamma_N(n)e(n|n-1) \tag{2.11.47}$$

$$\boldsymbol{w}_N(n)=\boldsymbol{w}_N(n-1)+\boldsymbol{c}_N(n)e(n|n) \tag{2.11.48}$$

从以上计算流程看出,采用归一化增益矢量后的 FTF 算法与原来的 FTF 算法的主要区别在于:用归一化增益矢量 $\boldsymbol{c}_N(n)$取代了原来的增益矢量 $\boldsymbol{g}_N(n)$,同时 $e^b(n|n-1)$的计算大为简化。这样,除了式(2.11.37)、式(2.11.39)、式(2.11.40)、式(2.11.41)、式(2.11.44)、式(2.11.45)和式(2.11.48)与前面的 FTF 算法有所不同外,其余公式都未作任何变化。虽然这些公式看起来不同,但实质上并未有什么大的变化,主要变化是引入了归一化增益矢量。例如,式(2.11.37)与式(2.9.104)实质上是相同的,只要将式(2.9.66)代入式(2.9.104)即可得出式(2.11.37)。此外,增加了一个公式(2.11.47),也是因为在迭代计算 $\boldsymbol{w}_N(n)$时需要使用 $\boldsymbol{c}_N(n)$才引入的。从减少运算量的角度来看,最大的变化是用式(2.11.40)取代了式(2.9.107)。将这两个公式进行比较,不难看出,每次迭代运算时,采用式(2.9.107)所需算术运算(乘法或加法)次数的数量级为 N 次,而采用式(2.11.40)仅为 1 次。这样,前面介绍的基本 FTF 算法的运算量大约是 $8N$ 次,而采用归一化增益矢量的 FTF 算法的运算量减少为 $7N$ 次。

例 2.11.1 用归一化增益矢量 FTF 算法计算例 2.10.1 的系统辨识问题。编写 MATLAB 程序,画出自适应系统权系数的收敛轨迹。

解 完整的 MATLAB 程序如下。

```
% input signal and desired signal
r=200; x=-1+2*rand(1,r+2);
N=2; a1=0.95; a2=-0.38;d(1:r+2)=0;d(1)=a1*x(1);
for i=2:r+2
   d(i)=a1*x(i)+a2*x(i-1);
end
x=x';d=d';
% preprocess: shift x and d,preallocating
M=length(x);t=-N+2:M+1;
x=[zeros(N,1);x];d=[zeros(N,1);d];
ef_1=zeros(1,r+1);ef=zeros(1,r+1);
sf=zeros(1,r+1);rN_1=zeros(1,r+1);mN=zeros(1,r+1);eb_1=zeros(1,r+1);
rN=zeros(1,r+1);sb=zeros(1,r+1);e_1=zeros(1,r+1);m=zeros(1,r+1);
eb=zeros(1,r+1);e=zeros(1,r+1);
% initialization
bN(1:N,1)=0;fN(1:N,1)=0;wN(1:N,1)=0;cN(1:N,1)=0;
rN(1)=1.0;sf(1)=1.0;sb(1)=sf(1);
% gain-normalized FTF algorithm
for n=N+1:N+M
   ef_1(t(n))=x(n)-x(n-1:-1:n-N)'*fN(:,t(n-1));
   ef(t(n))=rN(t(n-1))*ef_1(t(n));
   sf(t(n))=sf(t(n-1))+ef(t(n))*ef_1(t(n));
   rN_1(t(n))=sf(t(n-1))/sf(t(n))*rN(t(n-1));
   fN(:,t(n))=fN(:,t(n-1))+ef(t(n))*cN(:,t(n-1));
   p=ef_1(t(n))/sf(t(n-1));
   mN(1:N,t(n))=[0;cN(1:N-1,t(n-1))]+p*[1;-fN(1:N-1,t(n-1))];
   m(t(n))=cN(N,t(n-1))-p*fN(N,t(n-1));
```

```
  eb_1(t(n))=m(t(n))*sb(t(n-1));
  q=1-rN_1(t(n))*m(t(n))*eb_1(t(n));
  rN(t(n))=rN_1(t(n))/q;
  eb(t(n))=rN(t(n))*eb_1(t(n));
  sb(t(n))=sb(t(n-1))+eb(t(n))*eb_1(t(n));
  cN(:,t(n))=mN(:,t(n))+m(t(n))*bN(:,t(n-1));
  bN(:,t(n))=bN(:,t(n-1))+cN(:,t(n))*eb(t(n));
% joint process extension
  e_1(t(n))=d(n)-x(n:-1:n-N+1)'*wN(:,t(n-1));
  e(t(n))=rN(t(n))*e_1(t(n));
  wN(:,t(n))=wN(:,t(n-1))+cN(:,t(n))*e(t(n));
end

% plot
n=1:M-2;
plot(n,wN(1,1:M-2),n,wN(2,1:M-2))
hold on
plot(n,a1,n,a2)
hold off
grid
```

运行以上程序,画出的自适应系统权系数的收敛轨迹如图 2.11.1 所示。除了计算速度有所提高外,得到的结果与例 2.10.1 的相同。

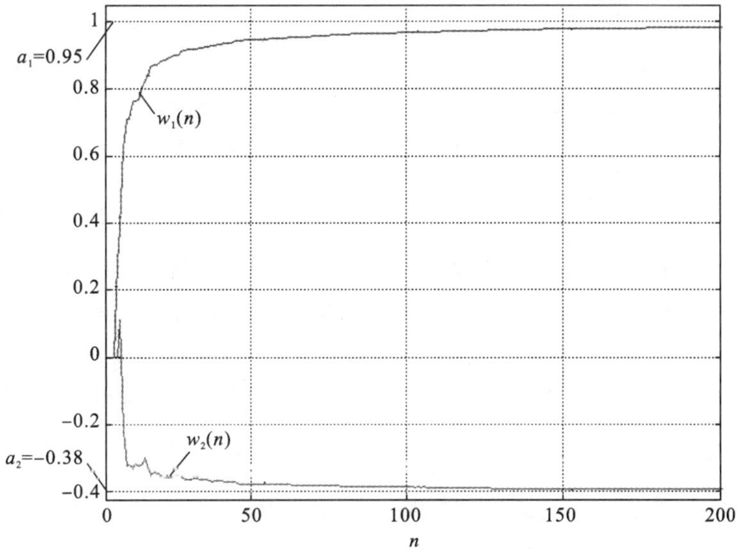

图 2.11.1　用归一化增益矢量 FTF 算法计算得到的例 2.10.1 的收敛轨迹

2.12　自适应滤波器的应用

自适应滤波器的应用范围很广,现将其归纳为四个方面:自适应系统模拟和辨识;系统的自适应逆向模拟;自适应干扰抵消;自适应预测。关于自适应控制的应用问题,本书不讨论。

2.12.1 自适应系统模拟和辨识

系统模拟和系统辨识是一个范围很广泛的论题。任何系统,包括工程领域中的控制系统、通信系统、信号和信息处理系统以及其他各种具体的物理系统,还包括人类社会、经济、生物等系统,都有模拟和辨识的问题。本书只讨论自适应滤波器在通信与电子系统和信号与信息处理系统的模拟和辨识中的应用。

一个物理系统,如果不知道它的内部结构,只知道或只能测量出它的输入和相应的输出,一般将其看成是一个“黑匣子”。系统模拟和辨识的目的就是要通过对输入信号和相应的输出信号的分析或测试,求得系统的传输函数或冲激响应或其他特性参数。用自适应滤波器模拟未知系统,并通过调整自适应滤波器的参数,使它在与未知系统具有相同激励时能够得到误差均方值最小的输出。自适应滤波器收敛之后,其结构和参数不一定与未知系统的结构和参数相同,但二者的输入-输出响应关系是一致的,在此意义上,可以把自适应滤波器作为未知系统的模型。

图 2.12.1 所示的是自适应系统模拟的原理性方框图,其原理已在 2.1 节简单介绍过,现在进一步进行深入讨论。在未知系统本身无噪声的情况下,自适应滤波器收敛之后无疑能与未知系统很好地匹配。在有噪声的情况下,系统噪声用加性噪声 $N(n)$ 表示。只要 $N(n)$ 与输入信号 $x(n)$ 不相关,那么自适应滤波器的输出 $y(n)$ 中将不可能含有对 $N(n)$ 的估计,这就是说,自适应滤波器不会模拟未知系统中的噪声特性。

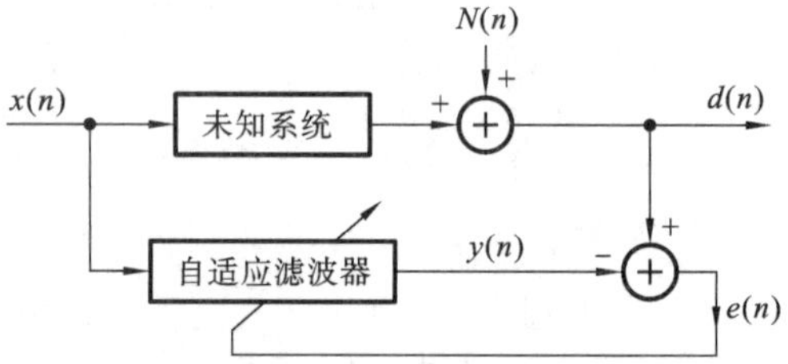

图 2.12.1 有噪声系统的自适应建模

对于 FIR 未知系统,用足够长的横向自适应滤波器就能准确地模拟它。但对于 IIR 未知系统,只能用无限长的横向自适应滤波器才能够准确地加以模拟。若采用有限长横向自适应滤波器,则最多只能够逼近它。

用无限冲激响应自适应滤波器模拟 IIR 未知系统的一种方法如图 2.12.2 所示。误差信号 $e(n)$ 要同时调整 $B(z)$ 和 $A(z)$ 的参数。实际上,只有 FIR 自适应滤波器的性能曲面才是二次曲面,具有唯一的极小点,用最陡下降法终能搜索到最小点;而对 IIR 自适应滤波器来说,其性能曲面有着许多极小点,其中许多是局部极小点,用梯度法常很难保证收敛于最佳解。因此,直接采用图 2.12.2 所示的方法,用 IIR 自适应滤波器来模拟未知 IIR 系统是不现实的。图 2.12.3 所示的是图 2.12.2 的具体实现方案。图 2.12.3 中,用 $B(z)$ 与 $\frac{1}{1+A(z)z^{-1}}$ 两个滤波器级联来等效无限冲激响应自适应滤波器。其中,$B(z)$ 的参数由误差信号 $e'(n)$ 自适应调整,这里 $e'(n)$ 的 z 变换为

$$E'(z)=[1+A(z)z^{-1}][D(z)-Y(z)]=[1+A(z)z^{-1}]E(z)$$

式中,$D(z)$ 和 $Y(z)$ 分别是 $d(n)$ 和 $y(n)$ 的 z 变换。因此,它们的差 $E(z)$ 是误差信号 $e(n)=d(n)-y(n)$ 的 z 变换。由上式看出,按 $e'(n)$ 的均方值最小准则自适应调整 $B(z)$ 等效于按 $e(n)$ 均方值最小准则来调整 $B(z)$ 参数。类似地,由于 $e''(n)=-e'(n)$,因此,按 $e''(n)$ 均方值最小准则等效于按 $-e(n)$ 均方值最小准则来调整 $A(z)$ 参数,而 $-e(n)=y(n)-d(n)$。$A(z)$ 是 FIR 滤波器,当 $A(z)$ 参数调整好以后,可将其复制或移到 $\frac{1}{1+A(z)z^{-1}}$ 滤波器上去。值得注意

的是，如果自适应 IIR 滤波器的传输函数不取$\dfrac{B(z)}{1+A(z)z^{-1}}$形式而取$\dfrac{B(z)}{A(z)}$形式，那么当 $B(z)=0$ 和 $A(z)=0$ 时，将恒有 $e'(n)=0$，此时 $B(z)$ 和 $A(z)$ 都不会进行自适应调整，而 IIR 滤波器的传输函数$\dfrac{B(z)}{A(z)}$将有不定解。

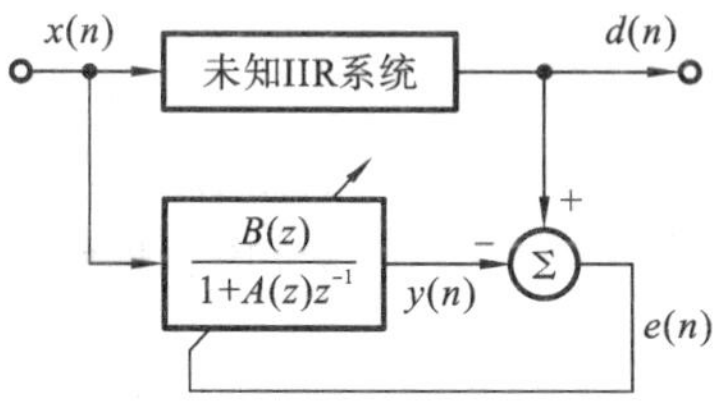

图 2.12.2　IIR 系统自适应建模原理

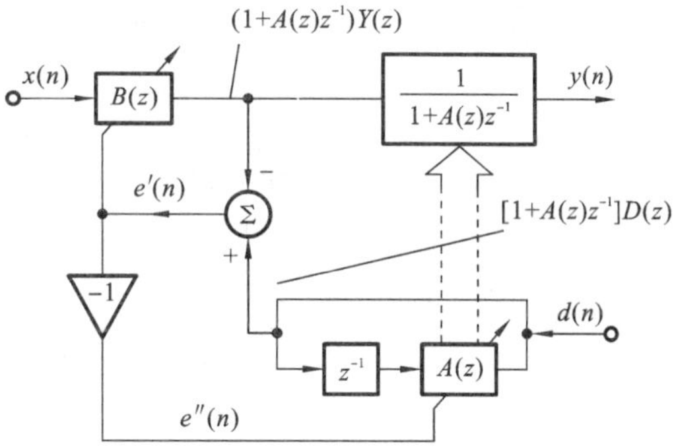

图 2.12.3　图 2.12.2 的具体实现方案

2.12.2　系统的自适应逆向模拟

对一个未知系统的逆系统进行模拟称为系统的逆向模拟，因而上面讨论的模拟方法称为系统的正向模拟。系统的逆向模拟，也可看成是这样的一个问题：求一自适应系统，其传输函数是未知系统传输函数倒数的最佳拟合，或者说求一未知系统的逆系统。显然，若将未知系统与它的自适应逆系统级联，总的传输函数将等于 1。图 2.12.4 所示的是利用自适应方法求一个未知系统的逆系统的原理性框图。图中，未知系统的传输函数为 $H(z)$，自适应逆系统的传输函数为 $W(z)\approx H^{-1}(z)$，按照 $e(n)$ 均方值最小的准则自适应调整。

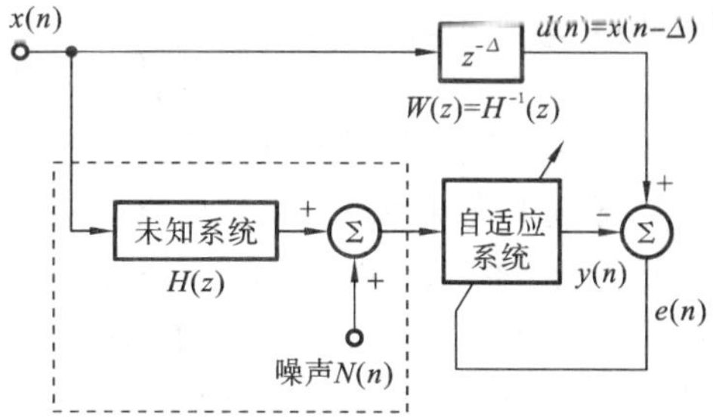

图 2.12.4　自适应逆系统原理图

参考信号 $d(n)$ 是输入信号 $x(n)$ 延时 Δ 后得到的，即 $d(n)=x(n-\Delta)$。因为任何物理系统都有时延，因此未知系统一般也有时延（设为 Δ_0），如果参考信号直接取自 $x(n)$，那么就要求自适应系统具有超前特性（即具有时延 $-\Delta_0$），这意味着它是一个非因果系统。现在将 $x(n-\Delta)$ 作为参考信号，只要取 $\Delta>\Delta_0$，自适应系统的时延 $\Delta-\Delta_0>0$，即它是一个因果系统。

如果未知系统不是最小相位系统，它在单位圆外有零点，则它的逆系统在单位圆外必有极点。若要求逆系统是因果的，那么它一定是不稳定的。反之，若要求逆系统稳定，那么它将不可能是因果的。这两种情况都不允许。为了解决这个矛盾，在参考信号支路里加入时延 Δ 是必要的，因为，虽然自适应系统是非因果的，其冲激响应如图 2.12.5(a)所示，但它具有时延 $\Delta-\Delta_0>0$，只要 $\Delta-\Delta_0$ 足够大，其冲激响应如图 2.12.5(b)所示，即近似是因果的。

参考信号 $d(n)$ 是由输入信号 $x(n)$ 得来的，如果无法直接获得 $x(n)$，如远距离传输应用中，$x(n)$ 在发送端，$d(n)$ 在接收端，可在接收端用一个约定好的引导信号 $p(n)$ 来代替 $x(n)$，而在发送端同时以 $p(n)$ 作为输入，待自适应调整过程结束后才传送 $x(n)$。$P(n)$ 又叫训练信号。

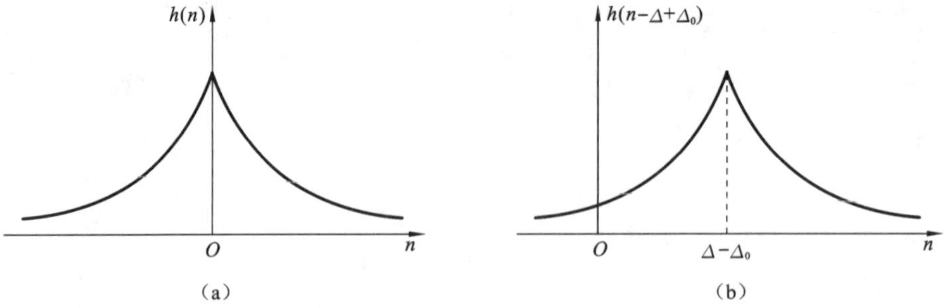

图 2.12.5 自适应系统的因果性问题

(a) 未知系统的逆系统的冲激响应;(b) 自适应系统的冲激响应

自适应逆向建模应用很广,例如,它可以作为信道均衡器。在数字数据传输中,信道常等效成一个线性时不变系统,为了消除信道失真,常在接收端用一个自适应系统模拟信道的逆系统,其传输函数等于信道传输函数的倒数。

2.12.3 自适应干扰抵消

自适应干扰抵消的原理已在 2.1 节作过介绍。在图 2.12.6 中,$s(n)$是有用信号,$N_1(n)$是干扰,$N_2(n)$是与 $N_1(n)$相关的干扰,经自适应滤波后得到 $N_1(n)$的最佳估计 $y(n)$,误差 $e(n)$即是对有用信号 $s(n)$的最佳估计。

由于 $N_2(n)$与 $N_1(n)$相关,因而能很好地抵消。若另外还有与 $N_2(n)$不相关的干扰$N_3(n)$叠加在 $s(n)$上,则无法抵消。

若有用信号 $s(n)$漏入自适应滤波器的输入端,则有用信号亦将有一部分被抵消,因此,应尽可能避免有用信号漏入自适应滤波器输入端。

自适应干扰抵消原理有着广泛应用,例如:

(1) 用于抵消胎儿心电图中的母亲的心音。将从母亲腹部取得的信号加在参考输入端,它是胎儿心音与母亲心音的叠加。将从母亲胸部取得的信号加在自适应滤波器输入端。系统输出的将是胎儿心音的最佳估计。

(2) 语音中干扰的抵消。将受噪声干扰的语音信号加在参考输入端,将环境噪声加在自适应滤波器输入端。系统输出的将是抵消了环境噪声的较纯净的语音信号。

(3) 长途电话线路中回声的抵消。图 2.12.7 说明了这一工作原理。甲端电话机的声音经过长途电话线传至乙端后,由于线路阻抗不完全匹配,将有回波传回甲端,造成干扰。为消除这种回波干扰,可在乙端用自适应滤波器进行抵消。同样,在甲端也接入了自适应回波抵消器。

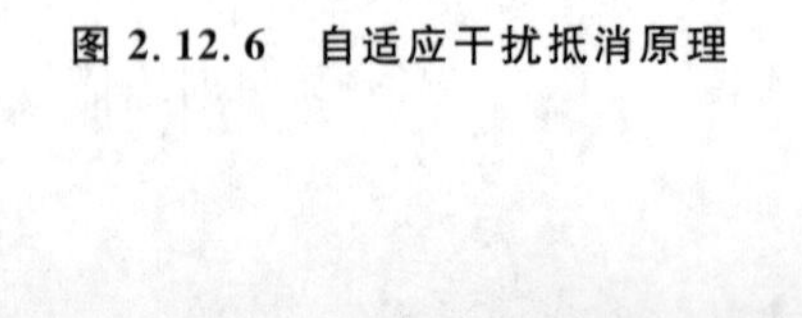

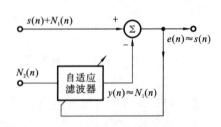

图 2.12.6 自适应干扰抵消原理

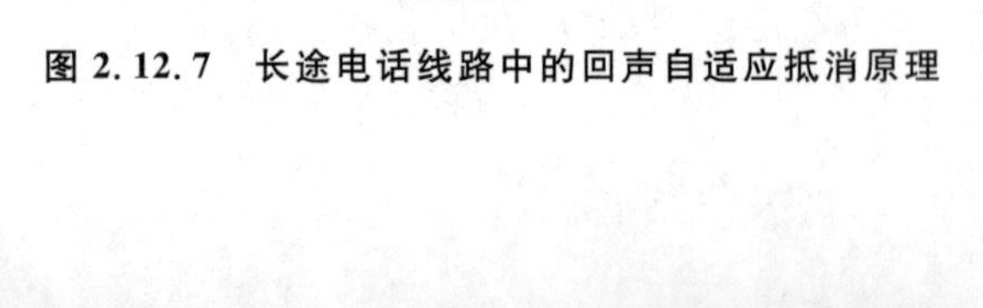

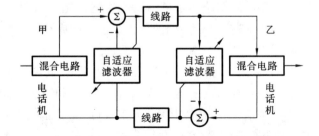

图 2.12.7 长途电话线路中的回声自适应抵消原理

(4) 陷波器。若干扰是频率为 ω_0 的正弦信号，则自适应陷波器的频率特性如图 2.12.8 所示。图 2.12.9 所示的是其实现方案。受单频正弦干扰的有用信号作为参考信号，即

$$d(n)=s(n)+C\cos[\omega_0 n+\theta]$$

两个权系数的自适应线性组合器输入端加有相位差为 90°的信号 $x_0(n)$ 和 $x_1(n)$，它们分别为

$$x_0(n)=A\cos(\omega_0 n+\varphi)$$

$$x_1(n)=A\sin(\omega_0 n+\varphi)$$

线性组合器的输出为

$$y(n)=w_0(n)x_0(n)+w_1(n)x_1(n)=w_0(n)A\cos(\omega_0 n+\varphi)+w_1(n)A\sin(\omega_0 n+\varphi)$$

通过自适应调整，使权系数达到最佳值 w_0^* 和 w_1^*，这时输出为

$$y(n)=w_0^* A\cos(\omega_0 n+\varphi)+w_1^* A\sin(\omega_0 n+\varphi)=\hat{c}\cos(\omega_0 n+\hat{\theta})$$

式中：$\hat{c}$ 和 $\hat{\theta}$ 分别是干扰的振幅 C 和相角 θ 的最佳估计。$d(n)$ 与 $y(n)$ 相减后便得到 $e(n)\approx s(n)$。

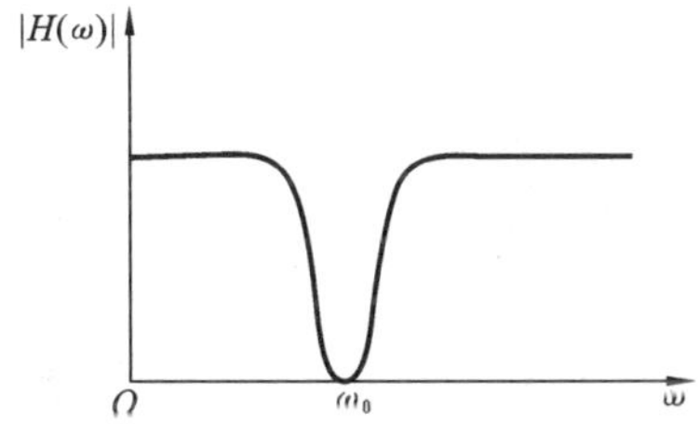

图 2.12.8　自适应陷波器的频率特性

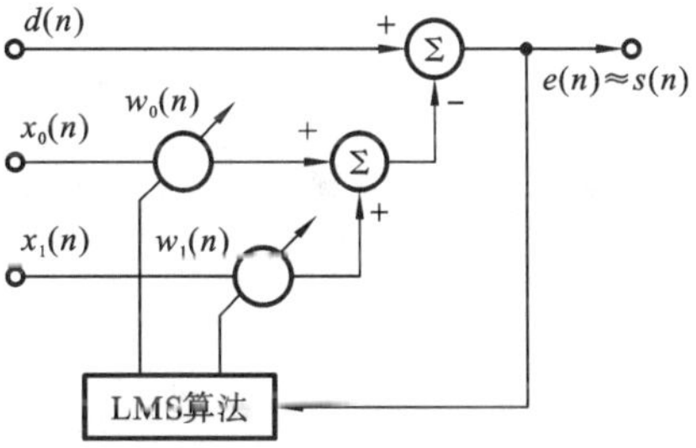

图 2.12.9　陷波器的实现方案

自适应陷波器有两个优点：一是频率特性可以具有很窄的阻带，与理想特性很接近，而且很容易对阻带宽度进行控制；二是当干扰频率有变动时，阻带位置能够跟踪干扰频率的变化。

显然，如果 $\omega_0=0$，则陷波器成为消除零点漂移的装置。如果同时存在 N 个单频正弦干扰，则输入信号是 $2N$ 个正弦和余弦信号，对应有 $2N$ 个加权系数。陷波器的频率特性 $|H(\omega)|$ 由 ω_0、A、μ 等参数决定。当自适应常数 μ 选定后，频率特性由 ω_0 和 A 来控制，这就是说，可以用输入信号控制陷波器的频率特性。

2.12.4　自适应预测

若将自适应干扰抵消器中的输入信号用有用信号的时延来取代，则构成自适应预测器，其原理如图 2.12.10 所示。当完成自适应调整后，将自适应滤波器的参数复制移植到预测滤波器上去，那么后者的输出便是对有用信号的预测，预测时间与时延时间相等。

自适应预测的应用之一是分离窄带信号和宽带信号。在图 2.12.10 所示的自适应预测器中，若在 A 端加入的是一个窄带信号 $s_N(n)$ 和一个宽带信号 $s_B(n)$ 的混合，窄带信号的自相关函数 $R_N(k)$ 比宽带信号的自相关函数 $R_B(k)$ 的有效宽度要短，如图 2.12.11 所示。当延迟时间选为 $k_B<\Delta<k_K$ 时，信号 $s_B(n)$ 与 $s_B(n-\Delta)$ 将不再相关，而 $s_N(n)$ 与 $s_N(n-\Delta)$ 仍然相关，因而自适应滤波器输出的将只是 $s_N(n)$ 的最佳估计 $\hat{s}_N(n)$，$s_B(n)+s_N(n)$ 与 $s_N(n)$ 相减后将得到 $s_B(n)$ 的最佳估计 $\hat{s}_B(n)$，这样就把 $s_N(n)$ 和 $s_B(n)$ 分开了。

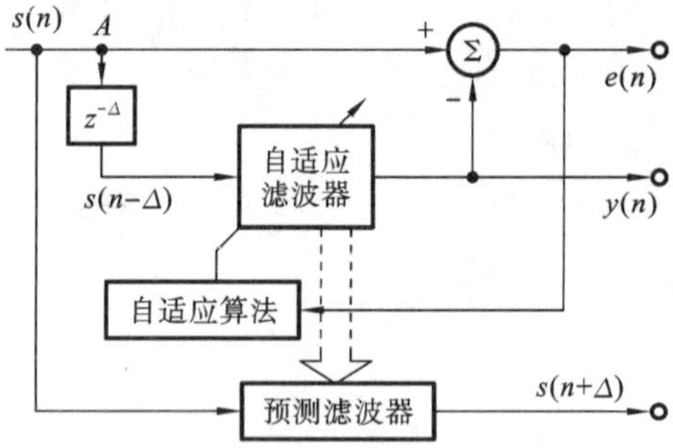

图 2.12.10　自适应预测原理

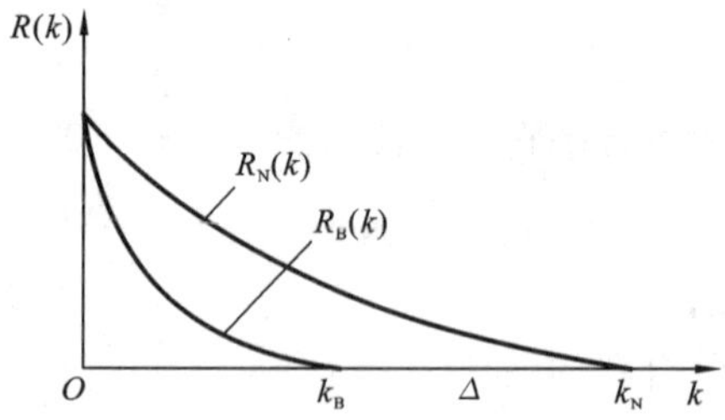

图 2.12.11　窄带信号和宽带信号的自相关函数的长度不同

如果宽带信号是白噪声,窄带信号是周期信号,则分离后,自适应滤波器的输出 $y(n)=\hat{s}_N(n)$,即谱线被突出了。这就是所谓的谱线增强。

另外,录音磁带中的交流哼声,留声机转台的隆隆声等均可利用以上原理来消除。

复习思考题

2.1　怎样理解参考信号 $d(n)$在自适应滤波器中的作用?既然它是滤波器的期望响应,一般在滤波之前是不知道的,那么在实际应用中 $d(n)$是怎样获得的呢?试举几个应用实例来加深理解。

2.2　单输入和多输入自适应线性组合器之间有什么不同点和共同点?它们与 FIR 维纳滤波器有什么区别?

2.3　什么是均方误差性能曲面?它在 $\boldsymbol{w}$、$\boldsymbol{v}$ 和 $\boldsymbol{v}'$ 三种坐标系中的函数表示式各是什么?它们的梯度如何计算?

2.4　从概念上解释式(2.2.19)成立的理由。并证明它与式(2.2.14)等效。

2.5　二次性能曲面有哪些基本性质?它们与输入信号的自相关矩阵有什么关系?怎样通过性能曲面图形和等均方误差线来理解这些性质?这些性质可能有些什么用途?

2.6　最陡下降法的实质是什么?如何理解它的一般表示式?

2.7　迭代求解式(2.2.41)的困难是什么?为什么将其转换到 $\boldsymbol{v}'$ 坐标系后即可避开这个困难?

2.8　最陡下降法的收敛条件是什么?在实际工程计算中如何应用该收敛条件?

2.9　在用最陡下降法搜索性能曲面最低点的过程中,权矢量的各分量沿 $\boldsymbol{w}$ 坐标系和 $\boldsymbol{v}'$ 坐标系各坐标轴收敛的情况有什么不同?

2.10　什么是学习曲线?最陡下降法的学习曲线有什么特点?收敛参数 μ 是怎样影响学习曲线的?

2.11　收敛速度可以用哪几个时间常数来定量描述?它们如何定义?它们与收敛参数 μ 有什么关系?自适应时间常数如何估算?

2.12　LMS 算法如何实现?它的收敛特性如何?收敛条件是什么?

2.13　LMS 算法的权矢量噪声大小如何计算?

2.14　什么是失调量?怎样计算它?失调量与收敛速度之间有什么定量关系?

2.15　RLS 算法如何实现?它与 LMS 算法有何区别?

2.16　IIR递推结构自适应滤波器的LMS算法如何实现？IIR自适应滤波器的性能曲面与FIR自适应滤波器性能曲面有什么不同？

2.17　如何计算信号的自相关矩阵$\boldsymbol{R}$？如何计算$\boldsymbol{R}$的特征值、特征矢量、特征矢量矩阵？如何将$\boldsymbol{R}$对角化？如何计算$\boldsymbol{R}$的迹？

2.18　本章列举了自适应滤波器的哪几种典型应用？它们的输入信号、输出信号、参考信号以及误差信号各是怎样连接的？

2.19　如何用矢量空间概念分析最小二乘滤波器？图2.7.1所示的$\xi(n)$求和范围的四种情况的相互区别是什么？写出矩阵$\boldsymbol{X}_{0,m-1}(n)$的表示式，如何理解式(2.7.20)？什么是投影矩阵和正交投影矩阵？什么是正交补空间和投影补？投影矩阵和正交投影矩阵有哪些重要性质？如何证明这些性质？

2.20　解释并理解式(2.7.33a)、(2.7.33b)、(2.7.35a)和(2.7.35b)的物理意义。

2.21　什么是单位现时矢量？引入它的目的是什么？它的物理意义是什么？

2.22　理解式(2.7.41)的物理意义。

2.23　什么是角参量？引入它的目的是什么？它的物理意义是什么？图2.7.3如何理解？

2.24　如何理解式(2.7.45)的物理意义？

2.25　什么是前向预测和后向预测？分别画出m阶前向和后向预测滤波器的结构图。写出m阶后向预测误差的表示式(类似于式(2.8.4)的形式)，比较与前向预测误差表示式的差别。

2.26　比较$\boldsymbol{X}_{1,m}(n)$、$\boldsymbol{X}_{0,m-1}(n)$、$\boldsymbol{X}_{1,m}(n-1)$、$\boldsymbol{X}_{0,m-1}(n-1)$之间的区别，它们之间存在什么关系？

2.27　推导预测误差滤波器的格型结构。

2.28　$\boldsymbol{P}_{0,m-1}(n)$、$\boldsymbol{P}_{1,m}(n)$、$\boldsymbol{P}^{\perp}_{0,m-1}(n)$、$\boldsymbol{P}^{\perp}_{1,m}(n)$之间有什么关系？

2.29　什么是前向反射系数？什么是后向反射系数？什么是前向和后向预测误差矢量的相关系数？这三个系数之间有何关系？

2.30　如何推导前向和后向预测误差的更新关系式？

2.31　如何推导前向和后向预测误差剩余的阶更新关系式？

2.32　如何推导反射系数的阶更新关系式？

2.33　理解表2.8.1的含义。

2.34　如何实际应用LSL自适应算法？

2.35　理解图2.8.4和图2.8.5的物理意义。

2.36　FTF自适应算法涉及哪4个滤波器？它们如何定义？它们各用什么参数来描述？这些参数的时间更新关系式如何推导？

2.37　什么是横向滤波算子？引入它的目的是什么？$\boldsymbol{K}_{0,N-1}(n)$与$\boldsymbol{K}_{1,N}(n)$有何区别？它们之间有何关系？4个横向滤波器的参数如何用横向滤波算子表示？

2.38　什么是增益矢量？增益矢量如何进行时间更新？增益矢量的物理意义是什么？

2.39　横向滤波算子的时间更新关系式如何推导？如何推导$\boldsymbol{K}_{0,N-1}(n)$和$\boldsymbol{K}_{1,N}(n)$的时间更新关系式？

2.40　FTF算法如何推导？这种算法如何实际应用？它的性能如何？如何进一步减少计算量？

习　　题

2.1　设自适应线性组合器的两个权系数为 $h_0(n)$ 和 $h_1(n)$。

(1) 推导最陡下降法权系数迭代计算公式。

(2) 设 $R_{xy}(0)=10, R_{xy}(1)=5, R_{yy}(0)=3, R_{yy}(1)=2$。求最佳加权系数。

(3) 若 μ 选为 1/6,能保证迭代运算收敛吗? μ 还可以选择别的值吗?

(4) μ 取 1/6,求权系数计算公式,并讨论收敛速度。

2.2　单系数相关抵消器的原理图如图 P2.2 所示。

(1) 设参考信号为单位阶跃信号,即

$$y(n)=u(n)$$

试证明:若 $x(n)$ 是输入,$e(n)$ 是输出,则系统是时不变线性系统。

(2) 求系统传输函数 $H(z)$。画出其零点极点分布图。

(3) 求使 $H(z)$ 稳定的 μ 值范围。

2.3　图 P2.3 所示的是一个具有两个权系数的单输入自适应线性组合器的原理图。信号每个周期有 N 个取样,$N>2$,以保证输入取样值不至于全为零。

(1) 求性能曲面函数。

(2) $N=5$ 时,画出性能曲面图。

(3) 求性能曲面梯度公式。

(4) 求最佳权矢量。

(5) 求最小均方误差值。

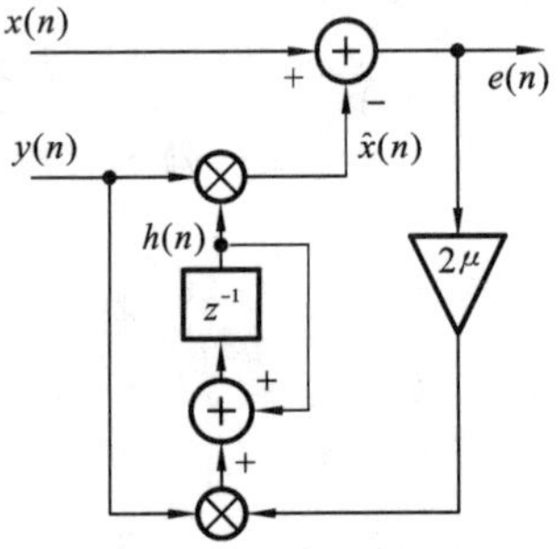

图 P2.2

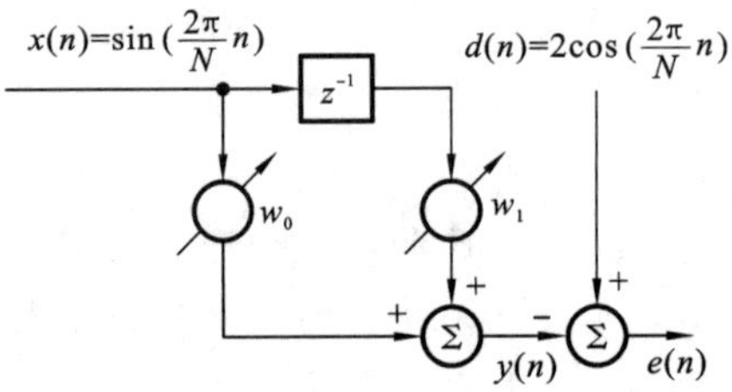

图 P2.3

2.4　设 $N=5$,求上题中输入信号的自相关矩阵的特征值和特征矢量。并求性能曲面的主轴和它沿主轴的二阶导数值。

2.5　已知 $\boldsymbol{R}=\begin{bmatrix}2 & 1\\1 & 2\end{bmatrix}, \boldsymbol{P}=\begin{bmatrix}7\\8\end{bmatrix}, E[d^2(n)]=42$

(1) 写出性能曲面公式。

(2) 求最佳权矢量。

(3) 求最小均方误差。

(4) 求性能曲面主轴。

(5) 求性能曲面沿主轴的二阶导数。

2.6　图 P2.6 所示的是一个自适应线性组合器的原理图。随机信号 $r(n)$ 的平均功率设为已知，即已知 $E[r^2(n)]=\varphi$。

（1）求性能曲面方程。

（2）求最佳权矢量。

（3）求系统收敛的 μ 值范围。

（4）若取 $\mu=0.05, E[r^2(n)]=\varphi=0.01, N=16$，求 T_{mse1}、T_{mse2} 及 M 的值。

2.7　测试心电图时，为消除电源干扰，采用图 P2.7 所示的电路进行处理。图中，s 是真实的心电图信号，n_2 是取自电源的信号，ms 是漏入 B 端的有用信号，这里 k 和 m 均为模小于 1 的常数。H 是加权系数。已知信噪比为 $G=\dfrac{E[s^2]}{E[n_1^2]}$。试证明：$e=as+bn_1$，这里

$$a=1-\frac{mk(1+mkG)}{1+m^2k^2G}$$

$$b=-mka$$

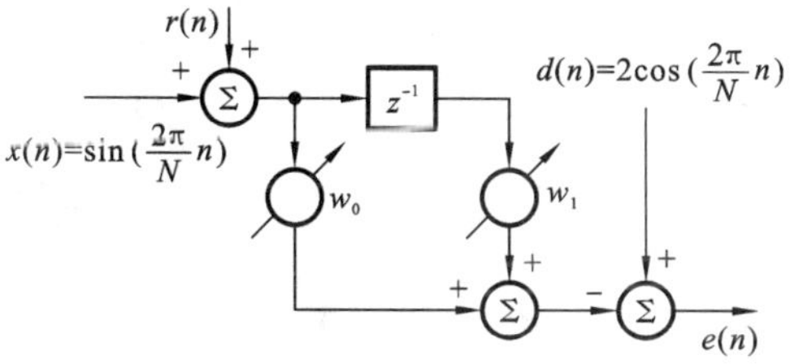

图 P2.6

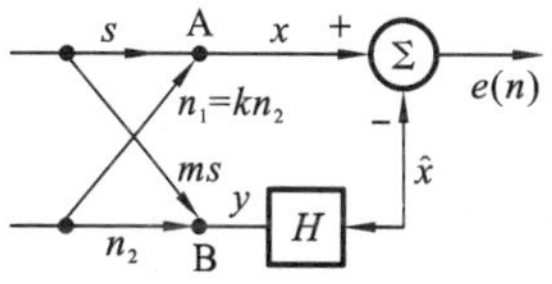

图 P2.7

2.8　常数 x 的测量值为 y，由 y 乘以 h 得到 x 的估计值 $\hat{x}=hy$，估计误差为 $e=x-\hat{x}$。采用梯度法对 h 进行自适应调整，使 $J=\dfrac{1}{2}e^2$ 最小。试推导 h 的迭代计算公式，并求 J 达到最小时 h 的数值以及 h 收敛于该最佳值的条件。

2.9　自适应线性组合器性能曲面上各点的梯度是如何变化的？若输入信号功率为 P，问 μ 值应如何选取？采用 LMS 算法时学习曲线时间常数设为 τ_{mse}，若梯度的精确值已知且相应的学习曲线时间常数为 τ'_{mse}，问 τ_{mse} 是否等于 τ'_{mse}？为什么？

2.10　设一个一维自适应横向滤波器的性能曲面为

$$\xi=0.4w^2+4w+11$$

（1）求 μ 值范围，以保证有过阻尼权系数调节曲线。

（2）若初始权值 $w_0=0, \mu=1.5$，写出学习曲线表达式。

2.11　图 P2.11 所示的是一个自适应相关抵消器的原理图。已知：$E[x(n)y(n)]=2, E[y^2(n)]=0.4, E[x^2(n)]=11$。

（1）推导均方误差随权系数变化的关系式，并求最佳权系数值。

（2）推导加权系数迭代计算公式。

（3）求加权系数表达式，并确定 $h(n)$ 收敛于最佳权值的 μ 值范围。

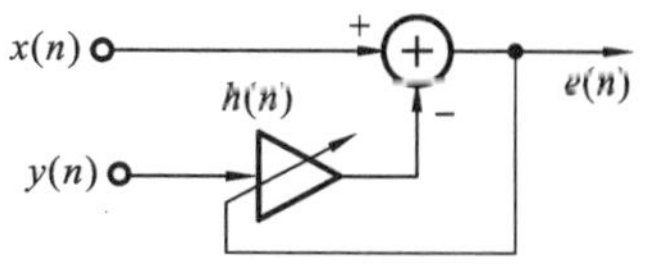

图 P2.11

2.12　用观测数据 $(y(n), y(n-1))$ 自适应估计随机变量 $x(n)$。已知 $\boldsymbol{R}_{yy}=\begin{bmatrix}1 & 0.4\\0.4 & 1\end{bmatrix}$，为保证收敛，$\mu$ 值应限制在什么范围？若 $\boldsymbol{R}_{yy}=\begin{bmatrix}1 & 0.8\\0.8 & 1\end{bmatrix}$，问自适应滤波器的收敛速度是更

快还是更慢?

2.13　推导式(2.2.42)。

2.14　推导式(2.6.25)。解释 $e(n|n-1)$的物理意义,并与卡尔曼滤波器方程式(1.5.6)进行比较。

2.15　有一个两系数自适应线性组合器,若要求使误差的4次方的期望值最小,即

$$E[e^4(n)]=\min$$

设输入信号和参考信号都是平稳的。

(1) 求性能曲面表示式。

(2) $E[e^4(n)]$是否为 w_0 和 w_1 的二次函数?

(3) $E[e^4(n)]$是否为 w_0 和 w_1 的单峰函数?

2.16　计算机模拟实验。

设 $x(n)=x_1(n)+x_2(n)$,$x_1(n)$是窄带信号,定义为 $x_1(n)=\sin(0.05\pi n+\varphi)$,$\varphi$ 是在$[0,2\pi)$区间上均匀分布的随机相位。$x_2(n)$是宽带信号,它由一个零均值、方差为1的白噪声信号 $e(n)$激励一个线性滤波器而产生,其差分方程为 $x_2(n)=e(n)+2e(n-1)+e(n-2)$。

(1) 计算 $x_1(n)$和 $x_2(n)$各自的自相关函数,并画出其函数图形。据此选择合适的延时,以实现谱线增强。

(2) 产生一个 $x(n)$序列。选择合适的 μ 值,让 $x(n)$通过谱线增强器。画出输出信号$y(n)$和误差信号 $e(n)$的波形,并分别与 $x_1(n)$和 $x_2(n)$进行比较。

2.17　已知随机信号的取样值 $x(1)=2,x(2)=3,x(3)=4,\cdots$;期望信号的取样值 $d(1)=1,d(2)=2,d(3)=3,\cdots$。试写出数据矢量 $\boldsymbol{x}(1)$、$\boldsymbol{x}(2)$、$\boldsymbol{x}(3)$,期望信号矢量 $\boldsymbol{d}(1)$、$\boldsymbol{d}(2)$、$\boldsymbol{d}(3)$,数据矩阵 $\boldsymbol{X}_{0,2}(3)$、$\boldsymbol{X}_{1,3}(3)$、$\boldsymbol{X}_{0,2}(2)$、$\boldsymbol{X}_{1,3}(2)$,单位现时矢量 $\boldsymbol{\pi}(1)$、$\boldsymbol{\pi}(2)$、$\boldsymbol{\pi}(3)$,并画出这些矢量的图形。

2.18　用 MATLAB 编写 LSL 算法和 FTF 算法的计算机程序,并上机调试,然后用于处理实际数据。

2.19　推导公式(2.8.37)。

2.20　推导公式(2.8.45)。

2.21　证明公式(2.9.44)。

2.22　推导公式(2.9.47)。

2.23　推导公式(2.9.81)和公式(2.9.82)。

2.24　推导公式(2.9.87)和公式(2.9.88)。

第3章　功率谱估计

自协方差序列（在均值为零的情况下与自相关序列相等）和功率谱分别从时域和频域方面较全面地描述（广义）平稳随机过程的特征。通过功率谱可以看出平稳随机过程在时域中难以看出的某些隐含的性质，如周期性、距离很近的谱峰等。在许多实际应用中，通常只能采集或观测到平稳随机过程的一个取样序列的一段（有限个）数据。本章讨论如何根据有限数据估计平稳随机过程的功率谱的问题，简称谱估计问题。

本章首先讨论功率谱估计的经典或非参数方法，主要是周期图及其改进方法，包括数据加窗周期图、平均周期图、平滑周期图以及平均平滑周期图等。最小方差谱估计方法，可以看成是对周期图的数据进行自适应的改进，其分辨率比周期图的更高。非参数方法对数据序列的类型未做任何限制，因而适用于任何类型的随机过程；但其对数据或自相关序列进行了加窗处理，因而在数据少的情况下，谱估计的效果不好，主要表现为频率分辨率低。

本章接着讨论谱估计的现代或参数模型方法，简称参数方法。这类方法以平稳随机过程的参数模型为基础，具体方法是：首先根据随机过程的先验知识或实验结果选择合适的模型，然后由已知数据估计模型参数，最后由模型参数计算功率谱。参数方法克服了非参数方法的局限即加窗效应，因此，即使在数据少的情况下效果也很好。最大熵谱估计方法的基本思想是将已知有限长自相关序列按最大熵原理进行外推，使外推后对应的随机信号具有尽可能大的随机性，这等效于为随机过程寻找一个与已知自相关序列最一致的全极点模型，并以全极点模型估计随机过程的功率谱。因此，最大熵谱估计方法与AR模型谱估计方法等效。

本章最后讨论被白噪声污染的复指数信号或正弦信号的频率估计问题。解决这个问题通常有两条不同途径：一条途径是根据信号子空间和噪声子空间正交的事实，定义一个频率估计函数，频率估计函数的峰值所对应的频率就是复指数信号或正弦信号的频率的估计；另一条途径是利用自相关矩阵的主分量分析，得到自相关矩阵的降秩逼近，然后将其用于最小方差谱估计或最大熵谱估计。

3.1　自相关序列的估计

功率谱实际上是指功率密度谱（Power Density Spectral，PDS），简称谱。零均值广义平稳随机过程$\{x_n\}$的功率谱定义为自相关序列的傅里叶变换

$$S_{xx}(e^{j\omega}) \equiv \sum_{m=-\infty}^{+\infty} R_{xx}(m) e^{-j\omega m} \tag{3.1.1}$$

此即 Wiener-Khinchin 定理。式中自相关序列$R_{xx}(m)$定义为滞后积$x(n)x^*(n+m)$的数学期望

$$R_{xx}(m) \equiv E[x(n)x^*(n+m)] \tag{3.1.2}$$

设$\{x_n\}$是遍历性随机过程，则式(3.1.2)所示的集合平均可以用时间平均来计算

$$R_{xx}(m) \equiv \lim_{N\to\infty} \frac{1}{2N+1} \sum_{n=-N}^{N} x(n)x^*(n+m) \tag{3.1.3}$$

计算式(3.1.1)需要知道所有滞后时间 $m=-\infty\sim+\infty$的$R_{xx}(m)$值,而按照式(3.1.3)计算每个$R_{xx}(m)$值则需要知道所有离散时间点 $n=-\infty\sim+\infty$上的 $x(n)$值。因此,用式(3.1.1)和式(3.1.3)计算功率谱只有理论上的意义,实际计算时会遇到两个问题:第一,不可能采集无限多个 $x(n)$值;第二,采集的数据通常被噪声或干扰所"污染"。也就是说,实际中只能根据有限个含有噪声的已知数据来估计随机过程的自相关序列,进而估计功率谱。这意味着,用有限个数据估计的功率谱相对于真实功率谱不可避免地会产生失真。

零均值广义平稳随机过程$\{x_n\}$的功率谱估计,归结为对它的自相关序列$R_{xx}(m)$的估计。对于均值不为零的随机过程,将其均值移去后功率谱不会改变,因此今后的讨论都将假定随机过程的均值为零。

设已知随机过程$\{x_n\}$的一个取样序列 $x(n)$的一段(有限 N 个)数据

$$x_N(n)=w_R(n)x(n)=\begin{cases}x(n), & 0\leqslant n\leqslant N-1\\ 0, & \text{其他}\end{cases} \tag{3.1.4}$$

式中:$w_R(n)$是宽度为 N 的矩形窗

$$w_R(n)=\begin{cases}1, & 0\leqslant n\leqslant N-1\\ 0, & \text{其他}\end{cases} \tag{3.1.5}$$

当用$x_N(n)$估计自相关序列$R_{xx}(m)$时,式(3.1.3)中的滞后积 $x(n)x^*(n+m)$是长为$N-|m|$的序列(注意,滞后积序列长度随$|m|$的增加而变短),它的时间平均为

$$R'_N(m)=\frac{1}{N-|m|}\sum_{n=0}^{N-1-|m|}x(n)x^*(n+m),\quad |m|\leqslant N-1 \tag{3.1.6}$$

滞后积 $x(n)x^*(n+m)$是共轭对称序列,当 $x(n)$是实序列时,滞后积是偶序列,因此$R'_N(m)$也是偶序列,即 $R'_N(m)=R'_N(-m)$。

$R'_N(m)$的期望值

$$\begin{aligned}E[R'_N(m)]&=\frac{1}{N-|m|}\sum_{n=0}^{N-1-|m|}E[x(n)x^*(n+m)]\\&=\frac{1}{N-|m|}\sum_{n=0}^{N-1-|m|}R_{xx}(m)=R_{xx}(m)\end{aligned} \tag{3.1.7}$$

故用 $R'_N(m)$作为$R_{xx}(m)$的估计时,估计偏差为 $B=R_{xx}(m)-E[R'_N(m)]=0$,即 $R'_N(m)$是$R_{xx}(m)$的无偏估计。$R'_N(m)$的均方值

$$E\{[R'_N(m)]^2\}=\frac{1}{(N-|m|)^2}\sum_{n=0}^{N-1-|m|}\sum_{k=0}^{N-1-|m|}E[x(n)x^*(n+m)x(k)x^*(k+m)] \tag{3.1.8}$$

当$\{x_n\}$是零均值白色高斯随机过程时,有

$$\begin{aligned}E[x(k)x(l)x(m)x(n)]=&E[x(k)x(l)]E[x(m)x(n)]+E[x(m)x(k)]E[x(l)x(n)]\\&+E[x(k)x(n)]E[x(l)x(m)]\end{aligned} \tag{3.1.9}$$

将式(3.1.9)用于式(3.1.8)

$$\begin{aligned}E\{[R'_N(m)]^2\}=&\frac{1}{(N-|m|)^2}\sum_{n=0}^{N-1-|m|}\sum_{k=0}^{N-1-|m|}\{E[x(n)x^*(n+m)]E[x(k)x^*(k+m)]\\&+E[x(n)x(k)]E[x^*(n+m)x^*(k+m)]\\&+E[x(n)x^*(k+m)]E[x^*(n+m)x(k)]\}\\=&\frac{1}{N-|m|}\sum_{n=0}^{N-1-|m|}\sum_{k=0}^{N-1-|m|}[R_{xx}^2(m)+R_{xx}^2(n-k)\end{aligned}$$

$$+R_{xx}(n-k-m)R_{xx}(n-k+m)], \quad |m|\leqslant N-1 \tag{3.1.10}$$

式(3.1.10)有两重求和运算：首先对应于每个固定的 n 关于 k 求和，有 $N-|m|$ 项参加求和运算；然后关于 n 求和，即把关于 k 求和得到的 $N-|m|$ 个部分和总加起来。两重求和运算共有 $(N-|m|)^2$ 项参加。由于 $R_{xx}^2(m)$ 与 n 和 k 都没有关系，所以对它进行两重求和的结果为

$$(N-|m|)^2R_{xx}^2(m)$$

参加两重求和的其余部分是 $R_{xx}^2(n-k)$ 和 $R_{xx}(n-k-m)R_{xx}(n-k+m)$，它们与 n 和 k 都有关系。令 $n-k=r$，由于 n 和 k 都从 0 到 $N-1-|m|$ 取值，故 r 从 $-(N-1-|m|)$ 到 $N-1-|m|$ 取值。因此，参加两重求和的其余部分可以写成 $R_{xx}^2(r)$ 和 $R_{xx}(r-m)R_{xx}(r+m)$。具有相同 r 的 $R_{xx}^2(r)$ 和 $R_{xx}(r-m)R_{xx}(r+m)$ 都各有 $N-1-|m|$ 项，将这些项合并，得到

$$\begin{aligned}&\sum_{n=0}^{N-1-|m|}\sum_{k=0}^{N-1-|m|}[R_{xx}^2(n-k)+R_{xx}(n-k-m)R_{xx}(n-k+m)]\\&=\sum_{n=0}^{N-1-|m|}(N-|m|-|r|)[R_{xx}^2(r)+R_{xx}(r-m)R_{xx}(r+m)]\end{aligned} \tag{3.1.11}$$

将式(3.1.11)代入式(3.1.10)

$$\begin{aligned}&E\{[R'_N(m)]^2\}\\&=\frac{1}{(N-|m|)^2}\Big\{(N-|m|)^2R_{xx}^2(m)\\&\quad+\sum_{r=-(N-1-|m|)}^{N-1-|m|}(N-|m|-|r|)[R_{xx}^2(m)+R_{xx}(r-m)R_{xx}(r+m)]\Big\}\\&=R_{xx}^2(m)+\frac{1}{(N-|m|)^2}\sum_{r=-(N-1-|m|)}^{N-1-|m|}(N-|m|-|r|)[R_{xx}^2(m)+R_{xx}(r-m)R_{xx}(r+m)]\end{aligned} \tag{3.1.12}$$

当 $N\gg|m|+|r|$ 或 $N\gg|m|$ 时，由式(3.1.12)求出

$$\begin{aligned}\mathrm{Var}[R'_N(m)]&=E\{[R'_N(m)]^2\}-\{E[R'_N(m)]\}^2=E\{[R'_N(m)]^2\}-R_{xx}^2(m)\\&\approx\frac{N}{(N-|m|)^2}\sum_{r=-(N-1-|m|)}^{N-1-|m|}[R_{xx}^2(r)+R_{xx}(r-m)R_{xx}(r+m)]\end{aligned} \tag{3.1.13}$$

因此

$$\lim_{N\to\infty}\mathrm{Var}[R'_N(m)]=0 \tag{3.1.14}$$

由于 $R'_N(m)$ 还是无偏估计，故 $R'_N(m)$ 是 $R_{xx}(m)$ 的一致估计。但对于接近于 N 的 $|m|$，式(3.1.14)不成立。因为当 $|m|$ 接近于 N 时，滞后积序列 $x(n)x^*(n+m)$ 很短，计算平均的元素很少，计算出的 $R'_N(m)$ 相对于 $R_{xx}(m)$ 误差很大。为减小这一误差，用三角窗函数

$$w_{\mathrm{D}}(m)=\begin{cases}1-|m|/N, & |m|\leqslant N-1\\ 0, & \text{其他}\end{cases}$$

乘以滞后积序列，以减小大 $|m|$ 值时的估计误差，这样，由式(3.1.6)得到自相关序列的另外一种估计，用 $R_N(m)$ 表示

$$R_N(m)=\frac{1}{N}\sum_{n=0}^{N-1-|m|}x(n)x^*(n+m), \quad |m|\leqslant N-1 \tag{3.1.15}$$

与式(3.1.6)相对照，得到

$$R_N(m)=\frac{N-|m|}{N}R'_N(m), \quad |m|\leqslant N-1 \tag{3.1.16}$$

由式(3.1.16)计算 $R_N(m)$的期望值,并利用式(3.1.7)的结果,得到

$$E[R_N(m)]=\frac{N-|m|}{N}E[R'_N(m)]=\frac{N-|m|}{N}R_{xx}(m)\neq R_{xx}(m),\quad |m|\leqslant N-1 \tag{3.1.17}$$

故估计偏差 $B=R_{xx}(m)-E[R_N(m)]=|m|R_{xx}(m)/N\neq 0$,即 $R_N(m)$是 $R_{xx}(m)$的有偏估计。但是,由于

$$\lim_{N\to\infty}E[R_N(m)]=\lim_{N\to\infty}\frac{N-|m|}{N}R_{xx}(m)=R_{xx}(m),\quad |m|\leqslant N-1 \tag{3.1.18}$$

所以 $R_N(m)$是 $R_{xx}(m)$的渐进无偏估计。

由式(3.1.16)计算 $R_N(m)$的方差,并利用式(3.1.13)的结果,得到

$$\mathrm{Var}[R_N(m)]=\left(\frac{N-|m|}{N}\right)^2\mathrm{Var}[R'_N(m)] \tag{3.1.19}$$

$$\approx\frac{1}{N}\sum_{r=-(N-1-|m|)}^{N-1-|m|}[R_{xx}^2(r)+R_{xx}(r-m)R_{xx}(r+m)] \tag{3.1.20}$$

式(3.1.20)的成立条件与式(3.1.13)一样是 $N\gg|m|$。由式(3.1.20)

$$\lim_{N\to\infty}\mathrm{Var}[R_N(m)]=0 \tag{3.1.21}$$

考虑到 $R_N(m)$是 $R_{xx}(m)$的渐进无偏估计,所以 $R_N(m)$是 $R_{xx}(m)$的一致估计。对于接近 N 的$|m|$值,不满足条件 $N\gg|m|$,由式(3.1.17)看出,$E[R_N(m)]$趋近于零而不是 $R_{xx}(m)$,即用 $R_N(m)$作为 $R_{xx}(m)$的估计产生的偏差是 $R_{xx}(m)$,而且无论怎样增加 N,也无法减小这个偏差,这意味着 $R_N(m)$不是 $R_{xx}(m)$的渐进无偏估计。但这并不意味着 $R_N(m)$比$R'_N(m)$差,事实上,由式(3.1.19)看出,对任何$|m|$值,恒有 $\mathrm{Var}[R_N(m)]<\mathrm{Var}[R'_N(m)]$。

综上所述,对于接近于 N 的$|m|$值,$R_N(m)$和 $R'_N(m)$都不是 $R_{xx}(m)$的好估计;但对于比 N 小很多的$|m|$值,$R_N(m)$和 $R'_N(m)$都是 $R_{xx}(m)$的一致估计;由于对任何$|m|$值恒有 $\mathrm{Var}[R_N(m)]<\mathrm{Var}[R'_N(m)]$,以及下面将要指出的别的理由,通常总是用 $R_N(m)$而不是用 $R'_N(m)$来估计功率谱。

3.2 周 期 图

3.2.1 周期图的两种计算方法和周期图的带通滤波器解释

设 $R_N(m)$是零均值遍历性广义平稳随机过程$\{x_n\}$的自相关序列 $R_{xx}(m)$的估计,它的傅里叶变换

$$S_{\mathrm{per}}(\mathrm{e}^{\mathrm{j}\omega})=\sum_{m=-(N-1)}^{N-1}R_N(m)\mathrm{e}^{-\mathrm{j}\omega m} \tag{3.2.1}$$

作为$\{x_n\}$的功率谱 $S_{xx}(\mathrm{e}^{\mathrm{j}\omega})$的一种估计。$R_N(m)$由式(3.1.15)定义,根据式(3.1.4),式(3.1.15)可以写成等效形式

$$R_N(m)=\frac{1}{N}\sum_{n=-\infty}^{+\infty}x_N(n)x_N^*(n+m),\quad |m|\leqslant N-1 \tag{3.2.2}$$

式中,$x_N(n)$是$\{x_n\}$的一个取样序列的一段数据。设 $x_N(n)$的傅里叶变换用 $X_N(\mathrm{e}^{\mathrm{j}\omega})$表示

$$X_N(\mathrm{e}^{\mathrm{j}\omega})=\sum_{n=-\infty}^{+\infty}x_N(n)\mathrm{e}^{-\mathrm{j}\omega n}=\sum_{n=0}^{N-1}x(n)\mathrm{e}^{-\mathrm{j}\omega n} \tag{3.2.3}$$

则 $x_N^*(-n)$的傅里叶变换为 $X_N^*(\mathrm{e}^{\mathrm{j}\omega})$。式(3.2.2)中的和式等效于 $x_N(n)$与 $x_N^*(-n)$的线性卷积计算，计算式(3.2.2)两端的傅里叶变换，根据卷积定理得出

$$S_{\mathrm{per}}(\mathrm{e}^{\mathrm{j}\omega})=\frac{1}{N}X_N(\mathrm{e}^{\mathrm{j}\omega})X_N^*(\mathrm{e}^{\mathrm{j}\omega})=\frac{1}{N}|X_N(\mathrm{e}^{\mathrm{j}\omega})|^2 \tag{3.2.4}$$

式(3.2.4)提供了直接由 $X_N(\mathrm{e}^{\mathrm{j}\omega})$计算 $S_{\mathrm{per}}(\mathrm{e}^{\mathrm{j}\omega})$的方法。$S_{\mathrm{per}}(\mathrm{e}^{\mathrm{j}\omega})$称为周期图，式(3.2.4)称为周期图的直接计算方法，式(3.2.1)称为周期图的间接计算方法。

周期图可以用带通滤波器组做出很好的解释。图 3.2.1 所示的是一个 L 通道带通滤波器组，其中，第 i 通道的 FIR 滤波器的冲激响应为

$$h_i(n)=\begin{cases}\dfrac{1}{N}\mathrm{e}^{\mathrm{j}\omega_i n}, & 0\leqslant n\leqslant N-1\\ 0, & \text{其他}\end{cases} \tag{3.2.5}$$

频率特性为

$$H_i(\mathrm{e}^{\mathrm{j}\omega})=\sum_{n=0}^{N-1}h_i(n)\mathrm{e}^{-\mathrm{j}\omega n}=\frac{\sin[N(\omega-\omega_i)/2]}{N\sin[(\omega-\omega_i)/2]}\mathrm{e}^{-\mathrm{j}(N-1)(\omega-\omega_i)/2} \tag{3.2.6}$$

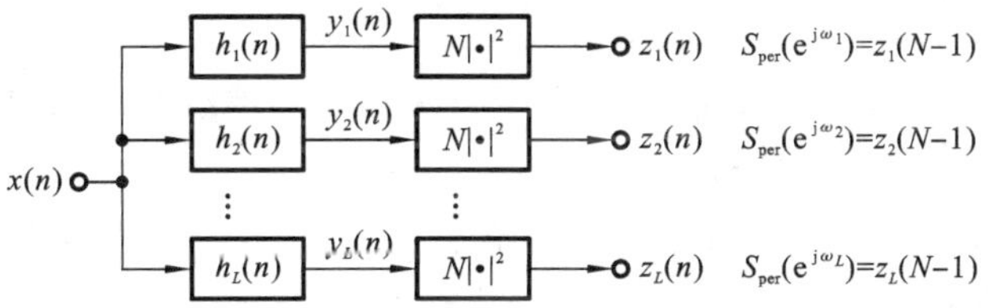

图 3.2.1　L 通道带通滤波器组

图 3.2.2 所示的是第 i 通道的 FIR 滤波器的幅度特性，通带中心频率为 ω_i，通带宽度 $\Delta\omega\approx 2\pi/N$。

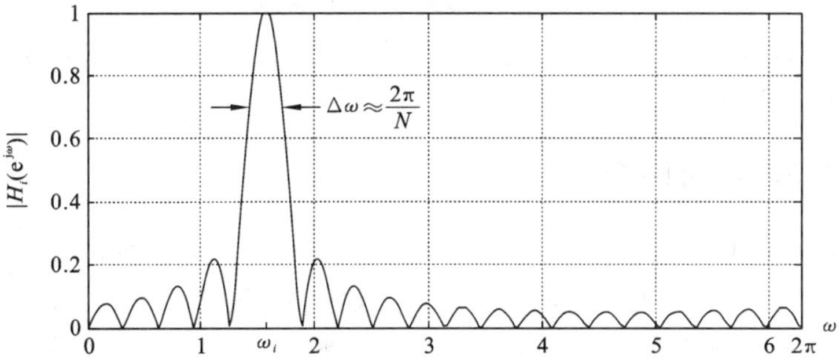

图 3.2.2　第 i 通道的 FIR 滤波器的幅度特性

滤波器组的输入 $x(n)$是随机过程$\{x_n\}$的一个取样序列，第 i 通道带通滤波器的输出是

$$y_i(n)=\sum_{k=0}^{N-1}x(n-k)h_i(k)=\sum_{k=n}^{n-(N-1)}x(k)h_i(n-k) \tag{3.2.7}$$

$y_i(n)$的第 N 个取样值(标号为 $N-1$)为

$$y_i(N-1)=\sum_{k=0}^{N-1}x(k)h_i(N-1-k)=\frac{1}{N}\sum_{k=0}^{N-1}x(k)\mathrm{e}^{-\mathrm{j}\omega_i k} \tag{3.2.8}$$

根据式(3.2.4)和式(3.2.3)，有

$$S_{\mathrm{per}}(\mathrm{e}^{\mathrm{j}\omega})=\frac{1}{N}|X_N(\mathrm{e}^{\mathrm{j}\omega})|^2=N\left|\frac{1}{N}\sum_{k=0}^{N-1}x(n)\mathrm{e}^{-\mathrm{j}\omega n}\right|^2 \tag{3.2.9}$$

将式(3.2.9)与式(3.2.8)对照,立即得出

$$S_{\text{per}}(e^{j\omega_i})=N\,|y_i(N-1)|^2 \tag{3.2.10}$$

式(3.2.10)表明,频率 ω_i 对应的周期图值等于第 i 通道带通滤波器输出的第 N 个取样值模的平方的 N 倍。因此,带通滤波器组所有通道的输出的模的平方的 N 倍,就是 $x(n)$的周期图。

根据式(3.2.6),第 i 通道带通滤波器的幅度特性在中心频率 ω_i 上的值 $|H_i(e^{j\omega_i})|=1$,因此,第 i 通道带通滤波器的输出序列 $y_i(n)$的功率谱在频率 ω_i 上的值

$$S_{yy}(e^{j\omega_i})=S_{xx}(e^{j\omega_i})\,|H_i(e^{j\omega_i})|=S_{xx}(e^{j\omega_i}) \tag{3.2.11}$$

式(3.2.11)表明,$y_i(n)$的功率谱在频率 ω_i 上的值等于 $x(n)$的功率谱在频率 ω_i 上的值。

设每个带通滤波器的通带宽度 $\Delta\omega\approx 2\pi/N$ 足够窄,以致在通带内,$x(n)$的功率谱和滤波器的增益都近似恒定,分别为 $S_{xx}(e^{j\omega_i})$和 1,那么,第 i 通道带通滤波器的输出功率

$$\begin{aligned}E[|y_i(n)|^2]&=\frac{1}{2\pi}\int_{-\pi}^{\pi}S_{yy}(e^{j\omega})\,d\omega=\frac{1}{2\pi}\int_{-\pi}^{\pi}S_{xx}(e^{j\omega})\,|H_i(e^{j\omega})|^2\,d\omega\\&\approx\frac{1}{2\pi}\int_{-\pi}^{\pi}S_{xx}(e^{j\omega})\,d\omega\approx\frac{\Delta\omega}{2\pi}S_{xx}(e^{j\omega_i})=\frac{1}{N}S_{xx}(e^{j\omega_i})\end{aligned} \tag{3.2.12}$$

因此,$x(n)$的功率谱在频率 ω_i 上的值,可以用第 i 通道带通滤波器的输出功率近似计算

$$S_{xx}(e^{j\omega_i})\approx NE[|y_i(n)|^2] \tag{3.2.13}$$

式中,$E[|y_i(n)|^2]$是第 i 通道带通滤波器的输出功率,在带通滤波器的通带宽度足够窄的条件下,可以用 $y_i(n)$的最大取样值 $y_i(N-1)$的功率来近似,即

$$E[|y_i(n)|^2]\approx N\,|y_i(N-1)|^2 \tag{3.2.14}$$

将式(3.2.14)代入式(3.2.13)

$$S_{xx}(e^{j\omega_i})\approx N\,|y_i(N-1)|^2 \tag{3.2.15}$$

式(3.2.15)中,对取样值 $y_i(N-1)$进行取模、平方和乘以 N 的运算,在图 3.2.1 中用符号 $N|\cdot|^2$表示。对比式(3.2.15)与式(3.2.10),可以看出式(3.2.15)的右端就是周期图,显然,周期图是功率谱的一种非常粗略的估计。

3.2.2 周期图的性能

式(3.2.4)表明,周期图 $S_{\text{per}}(e^{j\omega})$完全由有限长序列 $x_N(n)$的傅里叶变换的平方幅度确定,而 $x_N(n)$是随机过程$\{x_n\}$的一个取样序列的一段数据,理想情况是,随着 $x_N(n)$的长度 N 的增加,$S_{\text{per}}(e^{j\omega})$应该收敛于$\{x_n\}$的功率谱 $S_{xx}(e^{j\omega})$,那么,周期图是否具有这种性能呢?由于 $x_N(n)$是随机过程的一个取样序列的一段数据,它本身是随机的,而 $S_{\text{per}}(e^{j\omega})$是 $x_N(n)$的函数,所以必须用统计的观点来讨论 $S_{\text{per}}(e^{j\omega})$的收敛问题,即讨论下式是否成立的问题

$$\lim_{N\to\infty}E\{[S_{\text{per}}(e^{j\omega})-S_{xx}(e^{j\omega})]^2\}=0 \tag{3.2.16}$$

式(3.2.16)的含义是 $S_{\text{per}}(e^{j\omega})$在均方的意义上收敛于 $S_{xx}(e^{j\omega})$,即 $S_{\text{per}}(e^{j\omega})$是 $S_{xx}(e^{j\omega})$的一致估计。为了使式(3.2.16)成立,$S_{\text{per}}(e^{j\omega})$应满足两个条件:

第一,$S_{\text{per}}(e^{j\omega})$是 $S_{xx}(e^{j\omega})$的渐进无偏估计,即

$$\lim_{N\to\infty}E[S_{\text{per}}(e^{j\omega})]=S_{xx}(e^{j\omega}) \tag{3.2.17}$$

第二,在数据记录长度趋于∞时,$S_{\text{per}}(e^{j\omega})$的方差趋近于零,即

$$\lim_{N\to\infty}\text{Var}[S_{\text{per}}(e^{j\omega})]=0 \tag{3.2.18}$$

1. 周期图的偏差

为计算周期图的偏差，需先计算周期图的期望值。由式(3.2.1)和式(3.1.17)，得到

$$E[S_{\text{per}}(e^{j\omega})] = \sum_{m=-(N-1)}^{N-1} E[R_N(m)]e^{-j\omega m} = \sum_{m=-(N-1)}^{N-1} \frac{N-|m|}{N} R_{xx}(m)e^{-j\omega m}$$
$$= \sum_{m=-\infty}^{\infty} w_B(m)R_{xx}(m)e^{-j\omega m} \tag{3.2.19}$$

式中，

$$w_B(m) = \begin{cases} 1-\dfrac{|m|}{N}, & |m| \leqslant N-1 \\ 0, & |m| \geqslant N \end{cases} \tag{3.2.20}$$

是 Bartlett 窗(或三角窗)。式(3.2.19)说明，$E[S_{\text{per}}(e^{j\omega})]$是乘积 $w_B(m)R_{xx}(m)$的傅里叶变换，根据傅里叶变换的性质，它等于 $w_B(m)$的傅里叶变换 $W_B(e^{j\omega})$与 $R_{xx}(m)$的傅里叶变换 $S_{xx}(e^{j\omega})$的卷积，即

$$E[S_{\text{per}}(e^{j\omega})] = \frac{1}{2\pi}\int_{-\pi}^{\pi} S_{xx}(e^{j\theta})W_B[e^{j(\omega-\theta)}]d\theta \tag{3.2.21}$$

式中，

$$W_B(e^{j\omega}) = \frac{1}{N}\left[\frac{\sin(N\omega/2)}{\sin(\omega/2)}\right]^2 \tag{3.2.22}$$

图 3.2.3 所示的是 Bartlett 窗和它的傅里叶变换的图形。

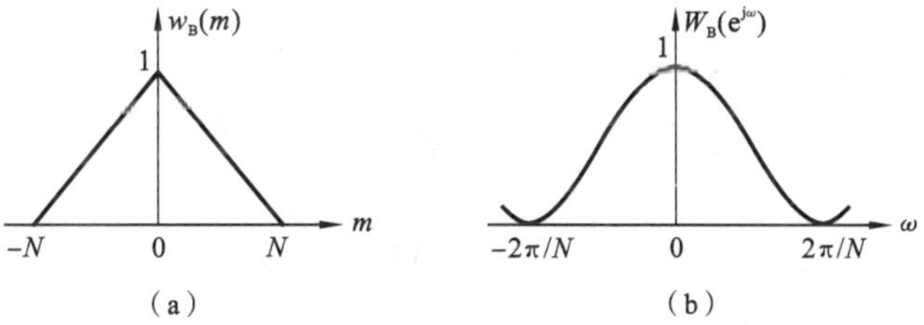

图 3.2.3　Bartlett **窗及其傅里叶变换**

(a) Bartlett 窗；(b) Bartlett 窗的傅里叶变换

由于 $W_B(e^{j\omega})$不是一个冲激函数，因此一般情况下 $E[S_{\text{per}}(e^{j\omega})] \neq S_{xx}(e^{j\omega})$，即 $S_{\text{per}}(e^{j\omega})$是 $S_{xx}(e^{j\omega})$的有偏估计。但是，由式(3.2.22)看出，当 N 趋于∞时，$W_B(e^{j\omega})$收敛于冲激函数，因此由式(3.2.21)得出

$$\lim_{N\to\infty} E[S_{\text{per}}(e^{j\omega})] = S_{xx}(e^{j\omega}) \tag{3.2.23}$$

即 $S_{\text{per}}(e^{j\omega})$是渐近无偏的。

在式(3.2.19)中引入的 Bartlett 窗 $w_B(m)$，是加在自相关序列上的窗，称为滞后窗。为了说明滞后窗对周期图期望值产生的影响，现在来看一个例子。假设有一个随机过程，它是由一个具有随机相位的正弦信号加上白噪声构成的，即

$$x(n) = A\sin(\omega_0 n + \varphi) + v(n) \tag{3.2.24}$$

式中：φ 是一个在$[-\pi,\pi]$区间内均匀分布的随机变量；$v(n)$是方差为 σ_v^2 的白噪声。$x(n)$的真实功率谱为

$$S_{xx}(e^{j\omega}) = \sigma_v^2 + \frac{1}{2}\pi A^2[\delta(\omega-\omega_0)+\delta(\omega+\omega_0)] \tag{3.2.25}$$

由式(3.2.21)计算出 $x(n)$的周期图的期望值为

$$E[S_{\mathrm{per}}(e^{j\omega})]=\frac{1}{2\pi}W_B(e^{j\omega})S_{xx}(e^{j\omega})=\sigma_v^2+\frac{1}{4}A^2\{W_B[e^{j(\omega-\omega_0)}]+W_B[e^{j(\omega+\omega_0)}]\}\tag{3.2.26}$$

图 3.2.4 是 $x(n)$的真实功率谱 $S_{xx}(e^{j\omega})$和周期图的期望值 $E[S_{\mathrm{per}}(e^{j\omega})]$的图形(注意,$S_{xx}(e^{j\omega})$和 $E[S_{\mathrm{per}}(e^{j\omega})]$都是偶对称的周期函数(周期为 2π),图中只画出了 ω 从 0 到 π 的部分图形)。将 $S_{xx}(e^{j\omega})$和 $E[S_{\mathrm{per}}(e^{j\omega})]$的图形进行比较,可以看到滞后窗的傅里叶变换 $W_B(e^{j\omega})$对 $E[S_{\mathrm{per}}(e^{j\omega})]$的两方面的影响:

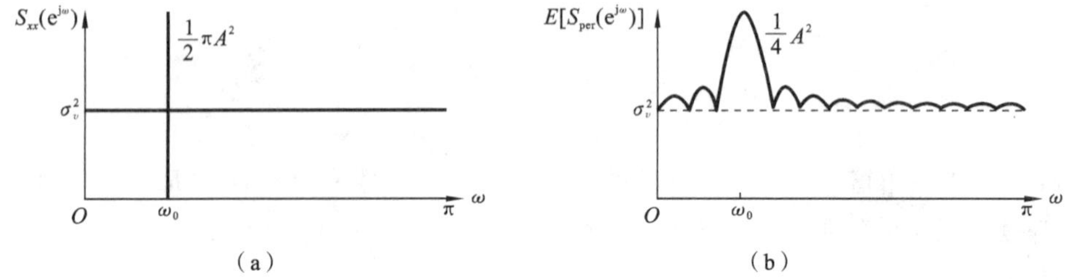

图 3.2.4　白噪声加正弦信号的功率谱和周期图的期望值

(a) 功率谱;(b) 周期图的期望值

(1) 由于 $W_B(e^{j\omega})$的主瓣不是无限窄的,因而正弦信号中的功率扩散到带宽约为$4\pi/N$的整个主瓣范围内,这就使得本来是一根谱线的正弦信号的功率谱变成了与滞后窗傅里叶变换主瓣形状相同的功率谱。这种影响就是滞后窗的平滑作用,它使真实功率谱中的细节变得模糊不清。

(2) $W_B(e^{j\omega})$的旁瓣使正弦信号功率谱在 $\omega_k\approx\omega_0\pm\frac{2\pi}{N}k$ 等频率点上形成谱峰,在严重情况下,这些多余的谱峰有可能掩盖信号中本来含有的幅度较小的窄带成分。这种影响称为滞后窗的旁瓣泄漏。

例 3.2.1　假设式(3.2.24)所表示的随机过程 $x(n)$中,$A=5$,$\omega_0=0.4\pi$,$\sigma_v^2=1$。现对该随机过程观测 50 次,每次获得 $N=64$ 个数据。根据每组数据计算得到一个周期图,图3.2.5(a)所示的是 50 个周期图的图形。可以看到,虽然 50 个周期图各不相同,但它们都在 $\omega=0.4\pi$附近有一个主峰。图 3.2.5(b)所示的是 50 个周期图的平均,它近似地等于式(3.2.26)给出的周期图期望值。如果把每次观测的数据数目增加到 $N=256$,那么根据这些数据计算出来的 50 个周期图的图形如图 3.2.5(c)所示,图 3.2.5(d)所示的是它们的平均。可以看出,由于数据量增多等效于滞后窗加宽,滞后窗的傅里叶变换的主瓣变窄,因此,正弦信号中的功率扩散的频率范围变窄(图上 $\omega=0.4\pi$ 附近的主峰变尖锐)。

周期图作为功率谱的估计,不仅会产生偏差(它是有偏估计),而且由于滞后窗频率特性主瓣的平滑作用,限制了周期图分辨 $x(n)$中任何两个频率相近的窄带成分的能力(频率分辨力)。例如,一个由两个具有随机相位的正弦信号加上白噪声组成的随机过程

$$x(n)=A_1\sin(\omega_1 n+\varphi_1)+A_2\sin(\omega_2 n+\varphi_2)+v(n)\tag{3.2.27}$$

式中,A_1 和 A_2 是正弦信号振幅;φ_1 和 φ_2 是互不相关的均匀分布的随机相位;$v(n)$是方差为 σ_v^2 的白噪声。$x(n)$的功率谱为

$$S_{xx}(e^{j\omega})=\sigma_v^2+\frac{1}{2}\pi A_1^2[\delta(\omega-\omega_1)+\delta(\omega+\omega_1)]+\frac{1}{2}\pi A_2^2[\delta(\omega-\omega_2)+\delta(\omega+\omega_2)]\tag{3.2.28}$$

周期图的期望值为

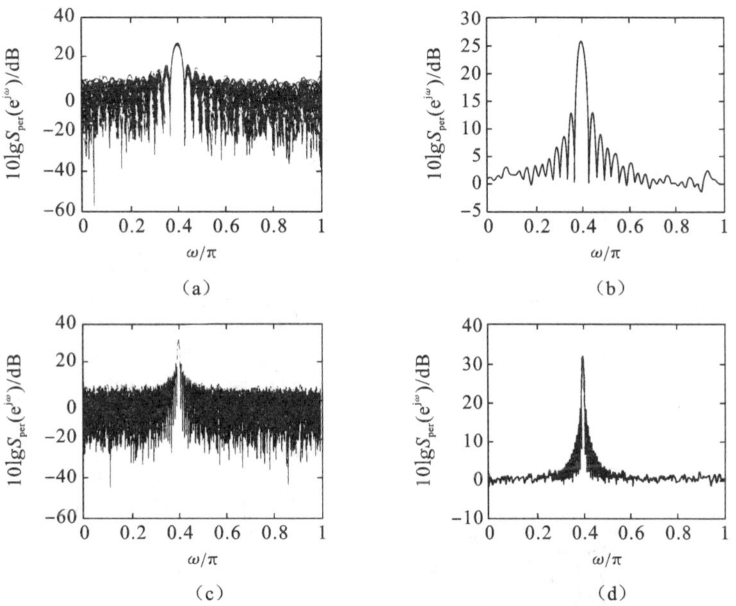

图 3.2.5　正弦波($\omega=0.4\pi$, $A=5$)加均值为零、方差为 1 的高斯白噪声的周期图

(a) $N=64$ 时,50 个周期图;(b) $N=64$ 时,50 个周期图的平均;

(c) $N=256$ 时,50 个周期图;(d) $N=256$ 时,50 个周期图的平均

$$
\begin{aligned}
E[S_{\mathrm{per}}(\mathrm{e}^{\mathrm{j}\omega})] &= \frac{1}{2\pi}\int_{-\pi}^{\pi} S_{xx}(\mathrm{e}^{\mathrm{j}\theta}) W_{\mathrm{B}}[\mathrm{e}^{\mathrm{j}(\omega-\theta)}]\mathrm{d}\theta \\
&= \sigma_v^2 + \frac{1}{4}A_1^2\{W_{\mathrm{B}}[\mathrm{e}^{\mathrm{j}(\omega-\omega_1)}] + W_{\mathrm{B}}[\mathrm{e}^{\mathrm{j}(\omega+\omega_1)}]\} + \frac{1}{4}A_2^2\{W_{\mathrm{B}}[\mathrm{e}^{\mathrm{j}(\omega-\omega_2)}] + W_{\mathrm{B}}[\mathrm{e}^{\mathrm{j}(\omega+\omega_2)}]\}
\end{aligned}
\tag{3.2.29}
$$

图 3.2.6 是 $N=64$, $A_1=A_2=A$ 情况下,$S_{xx}(\mathrm{e}^{\mathrm{j}\omega})$ 和 $E[S_{\mathrm{per}}(\mathrm{e}^{\mathrm{j}\omega})]$ 的图形。

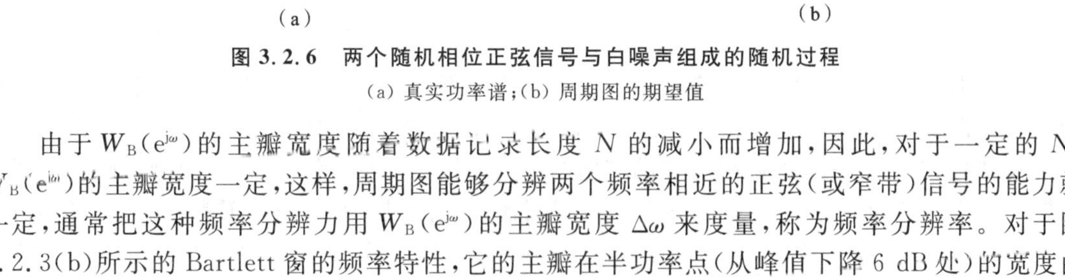

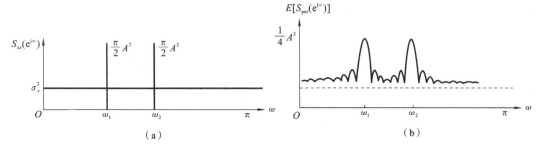

图 3.2.6　两个随机相位正弦信号与白噪声组成的随机过程

(a) 真实功率谱;(b) 周期图的期望值

由于 $W_{\mathrm{B}}(\mathrm{e}^{\mathrm{j}\omega})$ 的主瓣宽度随着数据记录长度 N 的减小而增加,因此,对于一定的 N,$W_{\mathrm{B}}(\mathrm{e}^{\mathrm{j}\omega})$ 的主瓣宽度一定,这样,周期图能够分辨两个频率相近的正弦(或窄带)信号的能力就一定,通常把这种频率分辨力用 $W_{\mathrm{B}}(\mathrm{e}^{\mathrm{j}\omega})$ 的主瓣宽度 $\Delta\omega$ 来度量,称为频率分辨率。对于图 3.2.3(b)所示的 Bartlett 窗的频率特性,它的主瓣在半功率点(从峰值下降 6 dB 处)的宽度由式(3.2.22)计算得出 $\Delta\omega=0.89(2\pi/N)$,因此,周期图的频率分辨率

$$
\mathrm{Res}[S_{\mathrm{per}}(\mathrm{e}^{\mathrm{j}\omega})] = 0.89\,\frac{2\pi}{N} \tag{3.2.30}
$$

经验表明,这是一个比较符合实际的估算周期图频率分辨率的公式。该式告诉我们一个重要事实:频率分辨率与数据量成反比例关系。

例 3.2.2　为使周期图的频率分辨率不大于 0.05π，数据记录长度应为多少？

解　在式(3.2.30)中，令

$$0.89\frac{2\pi}{N}\leqslant 0.05\pi$$

由上式求出 $N\geqslant 36$。现在来对周期图的频率分辨率做一个测试。假设式(3.2.27)给出的随机过程中，取 $A_1=A_2=A=5$，$\omega_1=0.4\pi$，$\omega_2=0.45\pi$，$\sigma_v^2=1$；对该随机过程采集 50 组数据，每组 $N=40$ 个取样值。图 3.2.7(a)所示的是 50 个周期图的图形，由该图看出，其中有的周期图能够分辨出位于 0.4π 和 0.45π 的两个正弦分量，但有的周期图则不能。图 3.2.7(b)所示的是 50 个周期图的平均，可以看到两个主峰合并在一起。若将每组数据量由 $N=40$ 增至 $N=64$，相应的 50 个周期图及其平均的图形示于图 3.2.7(c)和(d)，可以看出，两个正弦分量能清晰地分辨出来。

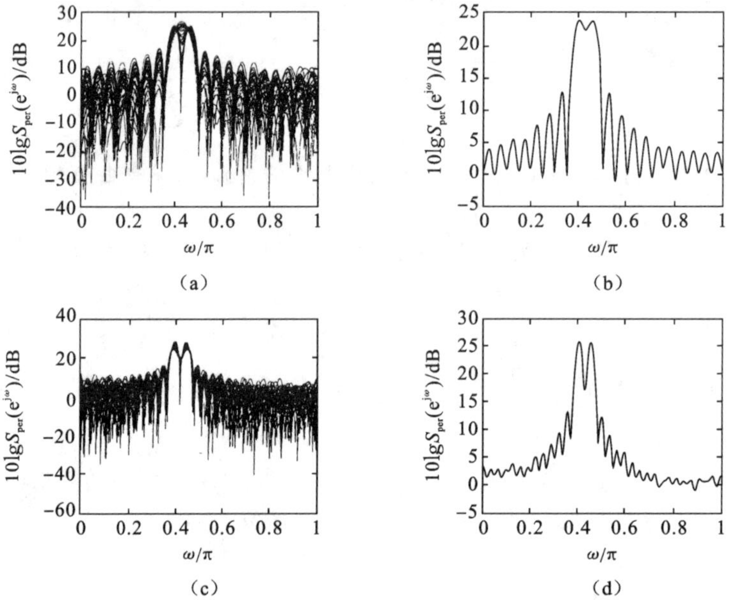

图 3.2.7　两个正弦波($\omega_1=0.4\pi$，$\omega_2=0.45\pi$，$A_1=A_2=5$)加高斯白噪声(均值为零、方差为 1)的随机过程的周期图

(a) $N=40$ 时，50 个周期图；(b) $N=40$ 时，50 个周期图的平均；
(c) $N=64$ 时，50 个周期图；(d) $N=64$ 时，50 个周期图的平均

2. 周期图的方差

从以上讨论可以看到，周期图是功率谱的渐近无偏估计。为使周期图是一致估计，就要求当观测数据量 N 趋于∞时周期图的方差趋于零。然而，由于周期图的方差与随机过程的 4 阶矩有关，因而要计算一般的随机过程的周期图的方差比较困难。但是，高斯白噪声随机过程的周期图的方差的计算并不难，而且其计算结果对于一般随机过程也有重要参考价值。因此，假定 $x(n)$是方差为 σ_x^2 的高斯白噪声随机过程。利用式(3.2.4)，可将周期图表示成

$$\begin{aligned} S_{\text{per}}(\mathrm{e}^{\mathrm{j}\omega}) &= \frac{1}{N}\left|\sum_{k=0}^{N-1}x(k)\mathrm{e}^{-\mathrm{j}\omega k}\right|^2 = \frac{1}{N}\left[\sum_{k=0}^{N-1}x(k)\mathrm{e}^{-\mathrm{j}\omega k}\right]\left[\sum_{l=0}^{N-1}x^*(l)\mathrm{e}^{\mathrm{j}\omega l}\right] \\ &= \frac{1}{N}\sum_{k=0}^{N-1}\sum_{l=0}^{N-1}x(k)x^*(l)\mathrm{e}^{-\mathrm{j}\omega(k-l)} \end{aligned} \tag{3.2.31}$$

因此，周期图的 2 阶矩为

$$E[S_{\text{per}}(e^{j\omega_1})S_{\text{per}}(e^{j\omega_2})]=\frac{1}{N^2}\sum_{k=0}^{N-1}\sum_{l=0}^{N-1}\sum_{m=0}^{N-1}\sum_{n=0}^{N-1}E[x(k)x^*(l)x(m)x^*(n)]e^{-j\omega_1(k-l)}e^{-j\omega_2(m-n)} \tag{3.2.32}$$

它与 $x(n)$ 的 4 阶矩有关。由于假设 $x(n)$ 是高斯随机过程，因此可以利用矩分解定理来简化式(3.2.32)中的 4 阶矩的计算。对于复高斯随机变量，矩分解定理是

$$E[x(k)x^*(l)x(m)x^*(n)]=E[x(k)x^*(l)]E[x(m)x^*(n)]+E[x(k)x^*(n)]E[x(m)x^*(l)] \tag{3.2.33}$$

对于实高斯随机变量，矩分解定理应写成式(3.1.9)的形式。

由于假设 $x(n)$ 是白噪声随机过程，故有

$$E[x(k)x^*(l)]E[x(m)x^*(n)]=\begin{cases}\sigma_x^4, & k=l \text{ 和 } m=n\\ 0, & \text{其他}\end{cases} \tag{3.2.34}$$

$$E[x(k)x^*(n)]E[x(m)x^*(l)]=\begin{cases}\sigma_x^4, & k=n \text{ 和 } m=l\\ 0, & \text{其他}\end{cases} \tag{3.2.35}$$

将式(3.2.33)代入式(3.2.32)，并利用式(3.2.34)的结果，得到等式右端第 1 项为

$$\frac{1}{N^2}\sum_{k=0}^{N-1}\sum_{l=0}^{N-1}\sum_{m=0}^{N-1}\sum_{n=0}^{N-1}E[x(k)x^*(l)]E[x(m)x^*(n)]e^{-j\omega_1(k-l)}e^{-j\omega_2(m-n)}=\frac{1}{N^2}\sum_{k=0}^{N-1}\sum_{m=0}^{N-1}\sigma_x^4=\sigma_x^4 \tag{3.2.36}$$

利用式(3.2.35)，得到等式右端第 2 项为

$$\begin{aligned}&\frac{1}{N^2}\sum_{k=0}^{N-1}\sum_{l=0}^{N-1}\sum_{m=0}^{N-1}\sum_{n=0}^{N-1}E[x(k)x^*(n)]E[x(m)x^*(l)]e^{j\omega_1(k-l)}e^{j\omega_2(m-n)}\\ &=\frac{1}{N^2}\sum_{k=0}^{N-1}\sum_{l=0}^{N-1}\sigma_x^4 e^{-j\omega_1(k-l)}e^{-j\omega_2(k-l)}=\frac{\sigma_x^4}{N^2}\sum_{k=0}^{N-1}e^{-j(\omega_1-\omega_2)k}\sum_{l=0}^{N-1}e^{j(\omega_1-\omega_2)l}\\ &=\frac{\sigma_x^4}{N^2}\left[\frac{1-e^{-jN(\omega_1-\omega_2)}}{1-e^{-j(\omega_1-\omega_2)}}\right]\left[\frac{1-e^{jN(\omega_1-\omega_2)}}{1-e^{j(\omega_1-\omega_2)}}\right]=\sigma_x^4\left[\frac{\sin N(\omega_1-\omega_2)/2}{N\sin(\omega_1-\omega_2)/2}\right]^2\end{aligned} \tag{3.2.37}$$

将式(3.2.36)和式(3.2.37)代入式(3.2.33)，得到

$$E[S_{\text{per}}(e^{j\omega_1})S_{\text{per}}(e^{j\omega_2})]=\sigma_x^4\left\{1+\left[\frac{\sin N(\omega_1-\omega_2)/2}{N\sin(\omega_1-\omega_2)/2}\right]^2\right\} \tag{3.2.38}$$

由于 $S_{\text{per}}(e^{j\omega_1})$ 与 $S_{\text{per}}(e^{j\omega_2})$ 的协方差为

$$\text{Cov}[S_{\text{per}}(e^{j\omega_1}),S_{\text{per}}(e^{j\omega_2})]=E[S_{\text{per}}(e^{j\omega_1})S_{\text{per}}(e^{j\omega_2})]-E[S_{\text{per}}(e^{j\omega_1})]E[S_{\text{per}}(e^{j\omega_2})] \tag{3.2.39}$$

根据式(3.2.21)求出方差为 σ_x^2 的白噪声的周期图的期望值

$$E[S_{\text{per}}(e^{j\omega_1})]=E[S_{\text{per}}(e^{j\omega_2})]=E[S_{\text{per}}(e^{j\omega})]=\sigma_x^2 \tag{3.2.40}$$

将式(3.2.38)和式(3.2.40)代入式(3.2.39)，得到

$$\text{Cov}[S_{\text{per}}(e^{j\omega_1}),S_{\text{per}}(e^{j\omega_2})]=\sigma_x^4\left[\frac{\sin N(\omega_1-\omega_2)/2}{N\sin(\omega_1-\omega_2)/2}\right]^2 \tag{3.2.41}$$

令 $\omega_1=\omega_2=\omega$，由上式得到周期图的方差

$$\text{Var}[S_{\text{per}}(e^{j\omega})]=\sigma_x^4 \tag{3.2.42}$$

由此可见，当 $N\to\infty$ 时，周期图的方差并不趋近于零，所以周期图不是功率谱的一致估计。事实上，由于 $S_{xx}(e^{j\omega})=\sigma_x^2$，所以，高斯白噪声的周期图的方差与功率谱的平方成正比，即

$$\text{Var}[S_{\text{per}}(e^{j\omega})]=S_{xx}^2(e^{j\omega}) \tag{3.2.43}$$

例 3.2.3 设 $x(n)$是高斯白噪声,它的功率谱 $S_{xx}(e^{j\omega})=1$。由式(3.2.40)计算出它的周期图的期望值 $E[S_{per}(e^{j\omega})]=1$,由式(3.2.42)得到它的周期图的方差也等于 1,即 $Var[S_{per}(e^{j\omega})]=1$。这样,虽然周期图是功率谱的无偏估计,但是周期图的方差等于常数,而与数据记录长度无关。图 3.2.8(a)、(c)和(e)分别是数据记录长度 $N=64$、128 和 256 三种情况下,各采集 50 组数据计算得到的各 50 个周期图的图形,图 3.2.8(b)、(d)和(f)分别是三种情况下各自 50 个周期图的平均。由此看出,虽然 3 个周期图的平均值都近似等于 $S_{xx}(e^{j\omega})=\sigma_x^2=1$,但是周期图的方差并不随数据记录长度的增加而下降,在图中表现为图 3.2.8(a)、(c)和(e)三组周期图曲线的起伏和分散程度并不因数据记录长度增加而有丝毫减弱。

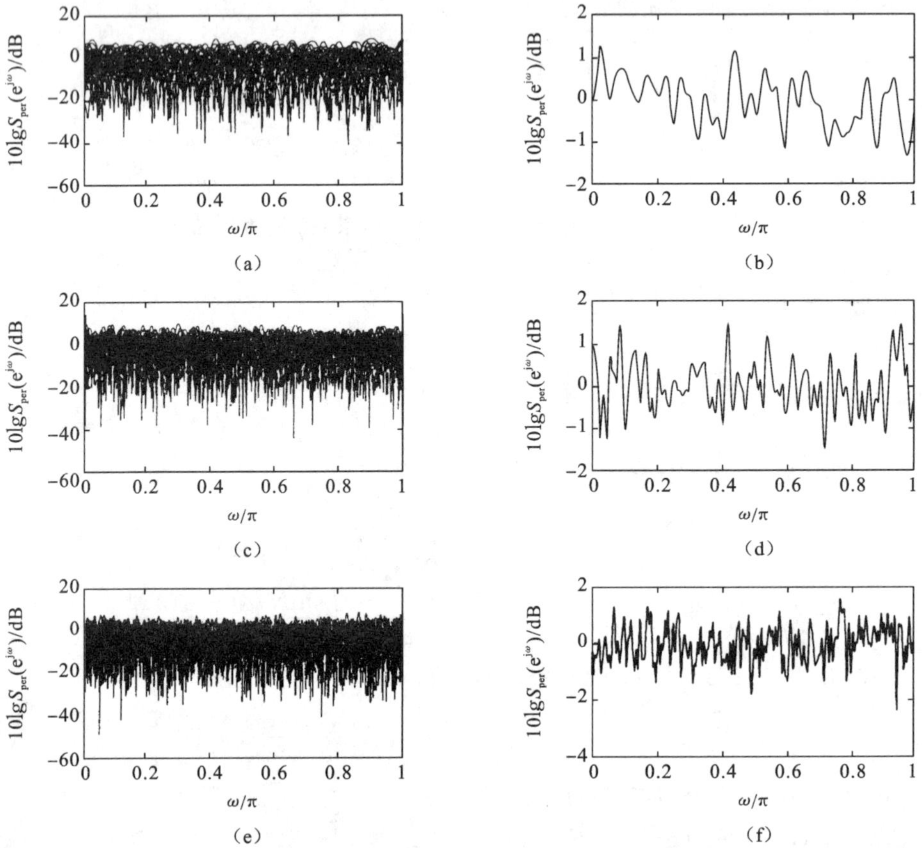

图 3.2.8 单位方差高斯白噪声的周期图

(a) $N=64$,50 个周期图;(b) $N=64$,50 个周期图的平均;

(c) $N=128$,50 个周期图;(d) $N=128$,50 个周期图的平均;

(e) $N=256$,50 个周期图;(f) $N=256$,50 个周期图的平均

上面在分析周期图的方差时,假定了 $x(n)$是高斯白噪声。虽然对于高斯非白噪声随机过程来说,其周期图的方差分析要困难得多,但还是能够推导出一个近似表示式来计算周期图的方差。

任何广义平稳随机过程都可以用一个信号模型来产生。设广义平稳随机过程 $x(n)$的功率谱是 $S_{xx}(e^{j\omega})$,它的信号模型用图 3.2.9 表示。图中,$v(n)$是白噪声,假设它的方差 $\sigma_v^2=1$;$H(e^{j\omega})$是线性移不变系统的频率特性,该系统的冲激响应用$h(n)$表示。由图可以得到以下关系

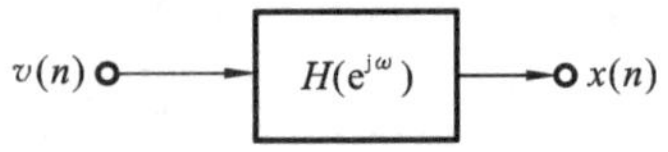

图 3.2.9 平稳随机过程的信号模型

$$S_{xx}(e^{j\omega})=S_{vv}(e^{j\omega})|H(e^{j\omega})|^2=|H(e^{j\omega})|^2 \tag{3.2.44}$$

式中，$S_{vv}(e^{j\omega})$是$v(n)$的功率谱，已假设$\sigma_v^2=1$，所以$S_{vv}(e^{j\omega})=\sigma_v^2=1$。

设从$x(n)$和$v(n)$两个无限长序列中各取出有限长的一段，形成两个有限序列

$$x_N(n)=\begin{cases}x(n), & 0\leqslant n\leqslant N-1\\ 0, & \text{其他}\end{cases}$$

$$v_N(n)=\begin{cases}v(n), & 0\leqslant n\leqslant N-1\\ 0, & \text{其他}\end{cases}$$

那么，由这两个有限长序列可分别计算出它们的周期图为

$$S_{\text{per}}^{(x)}(e^{j\omega})=\frac{1}{N}|X_N(e^{j\omega})|^2 \tag{3.2.45}$$

和

$$S_{\text{per}}^{(v)}(e^{j\omega})=\frac{1}{N}|V_N(e^{j\omega})|^2 \tag{3.2.46}$$

虽然$x_N(n)$不等于$v_N(n)$与$h(n)$的卷积，但是，如果N相对于$h(n)$的长度非常大，那么，可以认为下式成立

$$x_N(n)\approx h(n)*v_N(n)$$

由此得出

$$|X_N(e^{j\omega})|^2\approx|H(e^{j\omega})|^2|V_N(e^{j\omega})|^2=S_{xx}(e^{j\omega})|V_N(e^{j\omega})|^2 \tag{3.2.47}$$

将式(3.2.45)和式(3.2.46)代入式(3.2.47)，得到

$$S_{\text{per}}^{(x)}(e^{j\omega})\approx S_{xx}(e^{j\omega})S_{\text{per}}^{(v)}(e^{j\omega})$$

因此有

$$\text{Var}[S_{\text{per}}^{(x)}(e^{j\omega})]\approx S_{xx}^2(e^{j\omega})\text{Var}[S_{\text{per}}^{(v)}(e^{j\omega})]$$

由于$v(n)$的方差等于1，所以

$$\text{Var}[S_{\text{per}}^{(x)}(e^{j\omega})]\approx S_{xx}^2(e^{j\omega}) \tag{3.2.48}$$

因此，如果数据记录长度N足够长，那么，高斯随机过程(不一定是白色的)的周期图的方差正比于随机过程的功率谱的平方。

式(3.2.38)和式(3.2.41)表示的高斯白噪声的周期图的2阶矩和协方差，可以用类似的方法推广到高斯非白噪声的情况，得到

$$E[S_{\text{per}}(e^{j\omega_1})S_{\text{per}}(e^{j\omega_2})]\approx S_{xx}(e^{j\omega_1})S_{xx}(e^{j\omega_2})\left\{1+\left[\frac{\sin N(\omega_1-\omega_2)/2}{N\sin(\omega_1-\omega_2)/2}\right]^2\right\} \tag{3.2.49}$$

$$\text{Cov}[S_{\text{per}}(e^{j\omega_1}),S_{\text{per}}(e^{j\omega_2})]\approx S_{xx}(e^{j\omega_1})S_{xx}(e^{j\omega_2})\left[\frac{\sin N(\omega_1-\omega_2)/2}{N\sin(\omega_1-\omega_2)/2}\right]^2 \tag{3.2.50}$$

3. 周期图的随机起伏

从图3.2.8(a)、(c)和(e)可以看出，任何一组数据计算得到的周期图，都在真实功率谱附近随机起伏，这种随机起伏并不会因为数据记录长度的增加而减弱。实际上，数据越多，这种随机起伏反而越密集。这样，单靠一个周期图来估计功率谱是不可靠的，因此通常要将许多周期图进行平均，例如图3.2.8中的(b)、(d)和(f)三个平均后的周期图，就与真实功率谱比较接近了。但是，从3个平均周期图上仍然看到了随机起伏，而且数据记录长度越长，这种随机起伏越密集。现在解释这种随机起伏的产生原因。

考察两个频率$\omega_1=k\dfrac{2\pi}{N}$和$\omega_2=l\dfrac{2\pi}{N}$上的周期图值之间的协方差，这里$k$和$l$是整数。在

式(3.2.41)中,令 $\omega_1=k\dfrac{2\pi}{N}$和 $\omega_2=l\dfrac{2\pi}{N}$,得到

$$\mathrm{Cov}[S_{\mathrm{per}}(\mathrm{e}^{\mathrm{j}\frac{2\pi}{N}k}),S_{\mathrm{per}}(\mathrm{e}^{\mathrm{j}\frac{2\pi}{N}l})]=\sigma_x^4\left\{\frac{\sin(k-l)\pi}{N\sin[(k-l)\pi/N]}\right\}^2 \tag{3.2.51}$$

当 $k\neq l$ 时,由式(3.2.51)得出

$$\mathrm{Cov}[S_{\mathrm{per}}(\mathrm{e}^{\mathrm{j}\frac{2\pi}{N}k}),S_{\mathrm{per}}(\mathrm{e}^{\mathrm{j}\frac{2\pi}{N}l})]=0 \tag{3.2.52}$$

这意味着,在相距 $2\pi/N$ 的整数倍的频率上,周期图的值互不相关。

对于高斯非白噪声的情况,在式(3.2.50)中,令 $\omega_1=\dfrac{2\pi}{N}k$ 和 $\omega_2=\dfrac{2\pi}{N}l$,同样可以得到式(3.2.52)的结果。事实上,在式(3.2.50)中,当 N 很大时,只要 $\omega_1-\omega_2\gg 2\pi/N$,方括号中的函数值都近似等于零,这意味着 ω_1 和 ω_2 两个频率上的周期图值几乎是不相关的。

随着 N 值的增大,周期图上这些不相关的频率点越来越靠近,因此,周期图上的随机起伏越来越密集。但是,N 值的增大却不会使周期图的方差减小(事实上,周期图的方差等于常数),因此,周期图上的随机起伏幅度也不会减弱。

4. $R'_N(m)$的傅里叶变换

式(3.1.6)定义的 $R'_N(m)$是自相关序列的无偏估计,它的傅里叶变换用 $I_N(\mathrm{e}^{\mathrm{j}\omega})$表示为

$$I_N(\mathrm{e}^{\mathrm{j}\omega})=\sum_{m=-(N-1)}^{N-1}R'_N(m)\mathrm{e}^{-\mathrm{j}\omega m}$$

$I_N(\mathrm{e}^{\mathrm{j}\omega})$的期望值为

$$\begin{aligned}E[I_N(\mathrm{e}^{\mathrm{j}\omega})]&=\sum_{m=-(N-1)}^{N-1}E[R'_N(m)]\mathrm{e}^{-\mathrm{j}\omega m}=\sum_{m=-(N-1)}^{N-1}R_{xx}(m)\mathrm{e}^{-\mathrm{j}\omega m}\\&=\sum_{m=-\infty}^{\infty}w_{\mathrm{R}}(m)R_{xx}(m)\mathrm{e}^{-\mathrm{j}\omega m}\end{aligned} \tag{3.2.53}$$

式中,$w_{\mathrm{R}}(m)$是一个宽度为 $2N-1$、高度为 1 的矩形窗函数,如图 3.2.10(a)所示,图 3.2.10(b)是它的频谱函数。

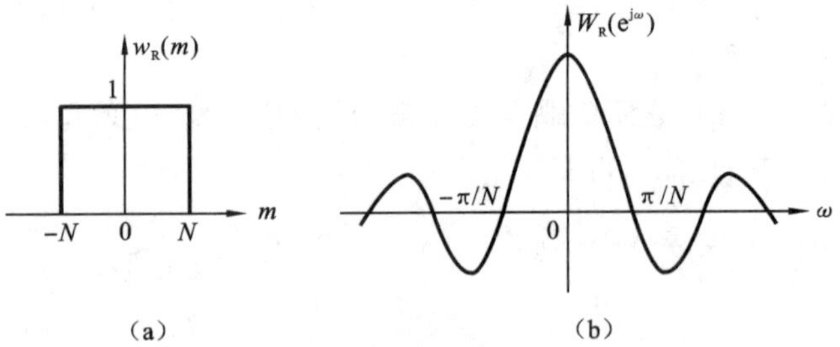

图 3.2.10 矩形窗函数和它的频谱函数

(a) 矩形窗函数;(b) 频谱函数

由式(3.2.53)看到,$E[I_N(\mathrm{e}^{\mathrm{j}\omega})]$是乘积 $w_{\mathrm{R}}(m)R_{xx}(m)$的傅里叶变换,它等于 $w_{\mathrm{R}}(m)$的傅里叶变换 $W_{\mathrm{R}}(\mathrm{e}^{\mathrm{j}\omega})$与 $R_{xx}(m)$的傅里叶变换 $S_{xx}(\mathrm{e}^{\mathrm{j}\omega})$的卷积,即

$$E[I_N(\mathrm{e}^{\mathrm{j}\omega})]=\frac{1}{2\pi}\int_{-\pi}^{\pi}W_{\mathrm{R}}(\mathrm{e}^{\mathrm{j}(\omega-\theta)})S_{xx}(\mathrm{e}^{\mathrm{j}\theta})\mathrm{d}\theta$$

由图 3.2.10(b)看到,$W_{\mathrm{R}}(\mathrm{e}^{\mathrm{j}\omega})$的某些值是负的,因而它与 $S_{xx}(\mathrm{e}^{\mathrm{j}\omega})$相卷积的结果亦将出现负值,这与功率谱为非负的性质不符。因此,用自相关序列的无偏估计 $R'_N(m)$来计算功率谱是不合适的。

3.3 周期图方法的改进

周期图的主要优点是计算简单。主要缺点有：① 加窗效应造成了主瓣平滑作用（使频率分辨率下降）和旁瓣泄漏作用（掩盖幅度较小的窄带成分）；② 当 N 趋于∞时，方差不趋于零而等于常数，因此单独一次估计周期图的一致性差。为克服这些缺点，需对周期图方法进行某些改进。

3.3.1 修正周期图法：数据加窗

将式(3.2.4)定义的周期图写成以下形式：

$$S_{\text{per}}(e^{j\omega}) = \frac{1}{N}\left|\sum_{n=-\infty}^{\infty} x(n)w_R(n)e^{-j\omega n}\right|^2 \tag{3.3.1}$$

式中，$w_R(n)$是宽度为 N、高度为 1 的矩形窗，它是加在取样序列 $x(n)$上的窗，称为数据窗。

$$w_R(n)=\begin{cases}1, & 0\leqslant n\leqslant N-1\\ 0, & \text{其他}\end{cases} \tag{3.3.2}$$

根据式(3.3.1)计算周期图的期望值，得

$$\begin{aligned}E[S_{\text{per}}(e^{j\omega})] &= \frac{1}{N}E\left\{\left[\sum_{n=-\infty}^{\infty} x(n)w_R(n)e^{-j\omega n}\right]\left[\sum_{m=-\infty}^{\infty} x^*(m)w_R(m)e^{j\omega m}\right]\right\}\\ &= \frac{1}{N}E\left\{\sum_{m=-\infty}^{\infty}\sum_{n=-\infty}^{\infty} x(n)x^*(m)w_R(m)w_R(n)e^{-j(n-m)\omega}\right\}\\ &= \frac{1}{N}\sum_{m=-\infty}^{\infty}\sum_{n=-\infty}^{\infty} R_{xx}(n-m)w_R(m)w_R(n)e^{-j(n-m)\omega}\end{aligned} \tag{3.3.3}$$

令 $k=n-m$，式(3.3.3)变成

$$\begin{aligned}E[S_{\text{per}}(e^{j\omega})] &= \frac{1}{N}\sum_{k=-\infty}^{\infty}\sum_{n=-\infty}^{\infty} R_{xx}(k)w_R(n-k)w_R(n)e^{-jk\omega}\\ &= \sum_{k=-\infty}^{\infty} R_{xx}(k)w_B(k)e^{-j\omega k}\end{aligned} \tag{3.3.4}$$

其中

$$w_B(k) = \frac{1}{N}\sum_{n=-\infty}^{\infty} w_R(n-k)w_R(n) = \frac{1}{N}w_R(k)w_R(-k) = \begin{cases}\dfrac{N-|k|}{N}, & |k|\leqslant N\\ 0, & |k|>N\end{cases} \tag{3.3.5}$$

是 Bartlett 窗，与式(3.2.20)或图 3.2.3(a)定义的滞后窗是同一个窗，式(3.3.4)与式(3.2.19)也一样。由此可看出，滞后窗的加窗效应（滞后窗频率特性 $W_B(e^{j\omega})$的主瓣对谱的平滑作用和功率向 $W_B(e^{j\omega})$旁瓣的泄漏作用），其根源在于无限长取样序列 $x(n)$上加的数据窗$w_R(n)$。

下面讨论，若用其他形式的窗 $w(n)$来代替矩形窗 $w_R(n)$，将会对周期图的期望值或偏差产生怎样的影响。在这种情况下，滞后窗用 $w_U(n)$表示，因此，式(3.3.5)写成

$$w_U(k)=\frac{1}{N}w(k)w(-k)$$

它的傅里叶变换为

$$W_{\mathrm{U}}(\mathrm{e}^{\mathrm{j}\omega})=\frac{1}{N}|W(\mathrm{e}^{\mathrm{j}\omega})|^2$$

式中,$W(\mathrm{e}^{\mathrm{j}\omega})$是$w(k)$的傅里叶变换。

式(3.3.4)中的和式是两个序列之积$R_{xx}(k)w_{\mathrm{U}}(k)$的傅里叶变换,等于$R_{xx}(k)$的傅里叶变换$S_{xx}(\mathrm{c}^{\mathrm{j}\omega})$与$w_{\mathrm{U}}(k)$的傅里叶变换$W_{\mathrm{U}}(\mathrm{e}^{\mathrm{j}\omega})$的卷积,因此式(3.3.4)可写成

$$E[S_{\mathrm{per}}(\mathrm{e}^{\mathrm{j}\omega})]=\frac{1}{2\pi N}\int_{-\pi}^{\pi}S_{xx}(\mathrm{e}^{\mathrm{j}(\omega-\theta)})\mid W(\mathrm{e}^{\mathrm{j}\theta})\mid^2\mathrm{d}\theta \tag{3.3.6}$$

因此,周期图的期望值被主瓣平滑的程度和功率向旁瓣泄漏的多少,取决于加在$x(n)$上的数据窗$w(n)$。当数据窗$w(n)$选为矩形窗时,虽然它的傅里叶变换的主瓣比其他形状的窗的主瓣要窄,因而周期图被平滑的程度最轻,但由于矩形窗的傅里叶变换的旁瓣比其他形状的窗的旁瓣要高,因而旁瓣泄漏掩盖弱窄带成分的现象就最严重。图3.3.1是说明不同数据窗的加窗效应如何影响周期图性能的一个例子。图中画出了一个随机过程的两个周期图,该随机过程由两个具有随机相位的正弦信号加上白噪声构成:

$$x(n)=0.03\sin(\omega_1 n+\varphi_1)+\sin(\omega_2 n+\varphi_2)+v(n)$$

其中,$\omega_1=0.2\pi$,$\omega_2=0.3\pi$;计算周期图时使用的观测数据个数$N=128$。图3.3.1(a)所示的是数据窗为矩形窗时得到的周期图的期望值,可以看到,虽然$\omega_2=0.3\pi$的正弦成分的谱峰很窄,但$\omega_1=0.2\pi$的正弦成分几乎被ω_2的正弦信号功率在旁瓣中的泄漏完全掩盖了。图3.3.1(b)所示的是数据窗为Hamming窗的周期图的期望值,可以看到,虽然ω_2附近的正弦信号的谱峰变宽了一些(频率分辨率降低了),但ω_1的正弦信号已经清晰地显现出来,因为ω_2正弦功率在旁瓣中的泄漏大为减弱了。值得注意的是,Hamming窗旁瓣的下降是以主瓣的变宽为代价的。

把式(3.3.1)中的矩形数据窗$w_{\mathrm{R}}(n)$改成其他(非矩形)数据窗$w(n)$,计算出来的周期图

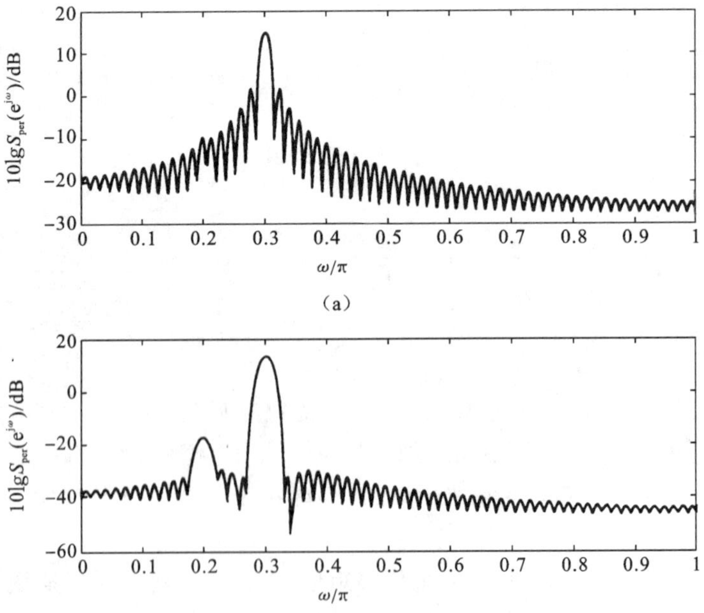

(b)

图3.3.1　数据窗对周期图的影响(用50个周期图的平均来近似期望值)

(a) 数据窗为矩形窗;(b) 数据窗为Hamming窗

称为修正周期图，用下式定义：

$$S_M(e^{j\omega}) = \frac{1}{NU}\left|\sum_{n=-\infty}^{\infty} x(n)w(n)e^{-j\omega n}\right|^2 \tag{3.3.7}$$

式中，N 是数据窗 $w(n)$ 的宽度；U 是为了使 $S_M(e^{j\omega})$ 是 $S_{xx}(e^{j\omega})$ 的渐近无偏估计而引入的一个常数，即

$$U = \frac{1}{N}\sum_{n=0}^{N-1} |w(n)|^2 \tag{3.3.8}$$

它是数据窗的平均能量。与式(3.3.6)类似，不难得出修正周期图 $S_M(e^{j\omega})$ 的期望值

$$E[S_M(e^{j\omega})] = \frac{1}{2\pi NU}\int_{-\pi}^{\pi} S_{xx}[e^{j(\omega-\theta)}]\,|W(e^{j\theta})|^2 d\theta \tag{3.3.9}$$

根据 Parseval 定理，有

$$U = \frac{1}{N}\sum_{n=0}^{N-1} |w(n)|^2 = \frac{1}{2\pi N}\int_{-\pi}^{\pi} |W(e^{j\omega})|^2 d\omega \tag{3.3.10}$$

因此，

$$\frac{1}{2\pi NU}\int_{-\pi}^{\pi} |W(e^{j\omega})|^2 d\omega = 1 \tag{3.3.11}$$

如果选择合适的数据窗 $w(n)$，使得

$$\lim_{N\to\infty}\frac{1}{NU}|W(e^{j\omega})|^2 d\omega - \begin{cases}1, & \omega=0\\ 0, & 其他\end{cases} \tag{3.3.12}$$

那么，将式(3.3.12)代入式(3.3.9)便得到

$$\lim_{N\to\infty} E[S_M(e^{j\omega})] = S_{xx}(e^{j\omega}) \tag{3.3.13}$$

这就是说，修正周期图是功率谱的渐近无偏估计。

对于矩形数据窗，由式(3.3.10)得到 $U=1$，这时式(3.3.7)变成式(3.3.1)，即修正周期图变成周期图。由于修正周期图只不过是用非矩形窗对数据加权后计算出来的周期图，所以修正周期图的方差与周期图的方差近似相等，即

$$\mathrm{Var}[S_M(e^{j\omega})] \approx \mathrm{Var}[S_{per}(e^{j\omega})] = S_{xx}^2(e^{j\omega}) \tag{3.3.14}$$

这意味着，修正周期图不是功率谱的一致估计。修正周期图虽然没有减小方差，但是，由于可以通过选择不同的数据窗来控制主瓣宽度和旁瓣幅度，因而有可能对频率分辨率和旁瓣泄漏这两个指标进行灵活选择和折中考虑。在式(3.2.30)中，曾把频率分辨率用滞后窗的频率特性 $W_B(e^{j\omega})$ 在半功率点(或 −6 dB 点)的主瓣宽度来度量，现在等效于用数据窗的频率特性 $W(e^{j\omega})$ 在 −3 dB 处的主瓣宽度来度量(因为 $W_U(e^{j\omega}) = |W(e^{j\omega})|^2$)，即

$$\mathrm{Res}[S_M(e^{j\omega})] = (\Delta\omega)_{3\,dB} \tag{3.3.15}$$

这里 $(\Delta\omega)_{3\,dB}$ 是数据窗 $w(n)$ 的频率特性 $W(e^{j\omega})$ 在 −3 dB 电平上的主瓣宽度。不同形状的数据窗，它的 $(\Delta\omega)_{3\,dB}$ 不同。在工程设计中，常将幅度频率特性 $|W(e^{j\omega})|$ 用 $|W(e^{j0})|$ 归一化并转换成分贝数，这样得到的振幅频率特性如图 3.3.2 所示。图中标出了主瓣的 3 dB 带宽(它是频率分辨率的

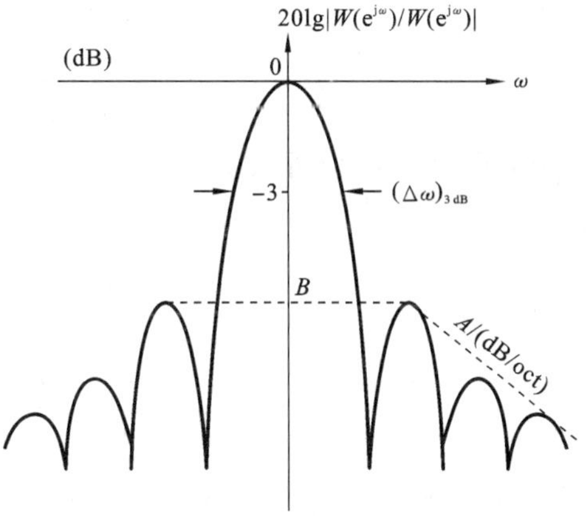

图 3.3.2　数据窗的振幅频率特性示意图

度量)和最大旁瓣的电平 B(分贝数),同时还标注了说明旁瓣衰减速度的量 A(每倍频程的分贝数,dB/oct)。表 3.3.1 列出了常用窗函数的频率特性的主要参量。

表 3.3.1　常用窗函数的频率特性的主要参量

窗　　名	$(\Delta\omega)_{3\text{ dB}}$/dB	B/dB	A/(dB/oct)
矩形窗	$0.89(2\pi/N)$	−13	−6
Bartlett 窗	$1.28(2\pi/N)$	−27	−12
Hanning 窗	$1.44(2\pi/N)$	−32	−18
Hamming 窗	$1.30(2\pi/N)$	−43	−6
Blackman 窗	$1.68(2\pi/N)$	−58	−18

从表 3.3.1 可看出,如果将数据窗由矩形窗改为 Hamming 窗,那么,旁瓣电平将由原来的−13 dB 进一步降为−43 dB,而旁瓣衰减速度没有变化,就是说,旁瓣泄漏减少了 30 dB,但频率分辨率降低了 46%(注意,$(\Delta\omega)_{3\text{dB}}$变宽意味着频率分辨率降低)。

3.3.2 Bartlett 法:周期图平均

周期图是功率谱的渐近无偏估计,但周期图的方差当 N 趋于∞时并不趋于零,因此周期图不是一致估计。式(3.2.23)表明,当 N 趋于∞时,周期图的期望值趋近于真实功率谱,即

$$\lim_{N\to\infty} E[S_{\text{per}}(e^{j\omega})]=S_{xx}(e^{j\omega})$$

这启发我们:如果能够找到 $E[S_{\text{per}}(e^{j\omega})]$的一致估计,也就找到了 $S_{xx}(e^{j\omega})$的一致估计。根据估计理论,一个随机变量的一组互不相关的观测数据的算术平均(即取样均值),是该随机变量的均值的一致估计。因此,如果对一个随机过程的若干个互不相关的取样序列的周期图进行算术平均,那么得到的周期图的平均将是该随机过程的功率谱的一致估计。事实上,将互不相关的随机变量取平均,是一种保持随机变量期望值不变,同时将方差减小的常用方法。具体来说,若 x_i 是 K 个互不相关的随机变量,它们的期望值为 m_x、方差为 σ_x^2(设这些随机变量构成一个广义平稳随机过程),那么,根据估计理论,这些随机变量的取样均值的期望值仍然等于 m_x,但取样均值的方差却减小为 σ_x^2/K。

令 $x_i(n)(i=1,2,\cdots,K)$是随机过程 $x(n)$的 K 个互不相关的实现,即 $x_i(n)$是 $x(n)$的 K 个互不相关的取样序列,且每个取样序列是有限长的(设 $n=0,1,\cdots,L-1$),则 $x_i(n)$的周期图为

$$S_{\text{per}}^{(i)}(e^{j\omega})=\frac{1}{L}\left|\sum_{n=0}^{L-1}x_i(n)e^{-j\omega}\right|^2,\quad i=1,2,\cdots,K \tag{3.3.16}$$

这些周期图的(算术)平均为

$$S_a(e^{j\omega})=\frac{1}{K}\sum_{i=1}^{K}S_{\text{per}}^{(i)}(e^{j\omega}) \tag{3.3.17}$$

$S_a(e^{j\omega})$的期望值

$$E[S_a(e^{j\omega})]=E[S_{\text{per}}^{(i)}(e^{j\omega})]=\frac{1}{2\pi}\int_{-\pi}^{\pi}S_{xx}(e^{j(\omega-\theta)})W_B(e^{j\omega})d\theta \tag{3.3.18}$$

式(3.3.18)的得出,是因为式(3.3.16)所表示的 K 个周期图的期望值相等,它们都等于式(3.2.21)的卷积结果,其中 $W_B(e^{j\omega})$是 Bartlett 窗 $w_B(m)$的傅里叶变换,$w_B(m)$和 $W_B(e^{j\omega})$分别为

$$w_B(m)=\begin{cases}1-\dfrac{|m|}{L}, & |m|\leqslant N\\ 0, & |m|>N\end{cases} \tag{3.3.19}$$

$$W_B(e^{j\omega})=\frac{1}{L}\left[\frac{\sin(L\omega/2)}{\sin(\omega/2)}\right]^2 \tag{3.3.20}$$

和周期图的讨论一样，不难得出结论，$S_a(e^{j\omega})$是功率谱的渐近无偏估计。

由于假设 K 组数据记录 $x_i(n)$互不相关，所以 $S_a(e^{j\omega})$的方差为

$$\mathrm{Var}[S_a(e^{j\omega})]=\frac{1}{K}\mathrm{Var}[S_{per}^{(i)}(e^{j\omega})]\approx\frac{1}{K}S_{xx}^2(e^{j\omega}) \tag{3.3.21}$$

这里利用了式(3.2.48)的结果。由上式看出，当 K 趋近于∞时，$\mathrm{Var}[S_a(e^{j\omega})]$趋于零。因此，如果允许让 K 和 L 都趋于∞，那么 $S_a(e^{j\omega})$是功率谱的一致估计。但是，困难在于，一个随机过程的许多次不相关的实现是很难得到的，实际上一般只能得到长为 N 的一次实现。Bartlett 提出，将 $x(n)$分成长为 L、互不重叠的 K 段子序列，$N=KL$，如图 3.3.3 所示，每个子序列为

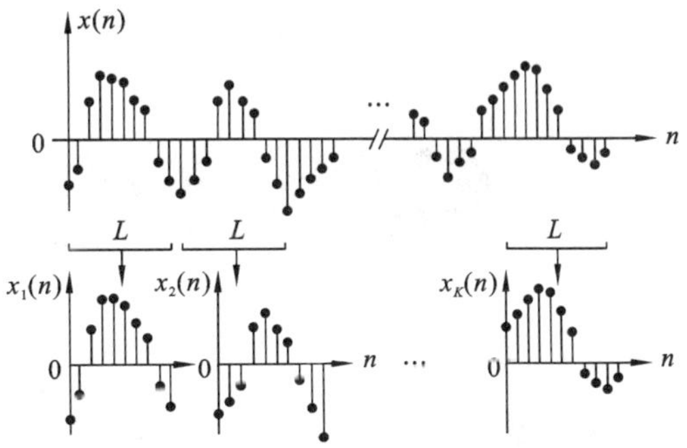

图 3.3.3　Bartlett **法对** $x(n)$**的分段**

$$x_i(n)=x(n+iL),\quad n=0,1,\cdots,L-1;\quad i=0,1,\cdots,K-1$$

然后将每个子序列的周期图进行平均，得到

$$S_B(e^{j\omega})=\frac{1}{N}\sum_{i=0}^{K-1}\left|\sum_{n=0}^{L-1}x(n+iL)e^{-j\omega n}\right|^2 \tag{3.3.22}$$

$S_B(e^{j\omega})$称为 Bartlett 周期图，周期图的这种估计方法称为 Bartlett 法。

利用分析周期图和修正周期图性能的同样方法，不难分析 Bartlett 周期图的性能。首先，由于 Bartlett 周期图期望值的表示式(3.3.18)与周期图和修正周期图的期望值的表示式式(3.2.21)和式(3.3.9)完全一致，根据 3.2.1 和 3.3.1 节的讨论结果可以得出结论：Bartlett 周期图是功率谱的渐近无偏估计。其次，由于式(3.3.18)定义的 Bartlett 周期图是 K 个子周期图的平均，而每个子周期图是根据长为 L 的子序列算出的，因此 $S_B(e^{j\omega})$的频率分辨率为

$$\mathrm{Res}[S_B(e^{j\omega})]=0.89\,\frac{2\pi}{L}=0.89K\,\frac{2\pi}{N} \tag{3.3.23}$$

这就是说，Bartlett 周期图的频率分辨率为周期图的频率分辨率(式(3.2.30))的 K 倍。最后，除了 $x(n)$是白噪声外，任何 $x(n)$的 K 个子序列 $x_i(n)$总是相关的，因此，$S_B(e^{j\omega})$的方差不会减小到式(3.3.21)表示的那样小。但是，方差仍然反比于 K，因而，如果假设数据序列$x_i(n)$相互近似不相关，那么对于大的 N 值，$S_B(e^{j\omega})$的方差近似为

$$\mathrm{Var}[S_B(e^{j\omega})]\approx\frac{1}{K}\mathrm{Var}[S_{per}^{(i)}(e^{j\omega})]\approx\frac{1}{K}S_{xx}^2(e^{j\omega}) \tag{3.3.24}$$

这样，如果允许在 N 趋于∞时让 K 和 L 都趋于∞，那么，$S_B(e^{j\omega})$将是功率谱的一致估计。此外，对于给定的 N 值，Bartlett 法能够通过改变 K 和 L 的值来调整频率分辨率和方差的减小程度。

例 3.3.1　在例 3.2.3 中曾经用周期图估计白噪声的功率谱，可以看到，当数据记录长度增加时，周期图的方差并不随之减小(参见图 3.2.8)。现在，用 Bartlett 方法来估计方差

为 1 的高斯白噪声的功率谱。为了进行比较,在图 3.3.4(a)中示出了方差为 1 和长度为 $N=512$ 和 50 个不同的数据记录的周期图,图 3.3.4(b)所示的是这 50 个周期图的平均。图 3.3.4(c)所示的是 $K=4$ 和 $L=128$ 的 50 个 Bartlett 功率谱,图 3.3.4(d)所示的是它们的平均。图3.3.4(e)所示的是 $K=8$ 和 $L=64$ 的 50 个 Bartlett 功率谱,图 3.3.4(f)所示的是它们的平均。图 3.3.4(a)所示的周期图可以看成是 $K=1, L=N=512$ 的 Bartlett 周期图。将图 3.3.4(a)、(c)和(e)相比较,可以看出,Bartlett 周期图方差的减小与子序列的个数 K 成比例关系。

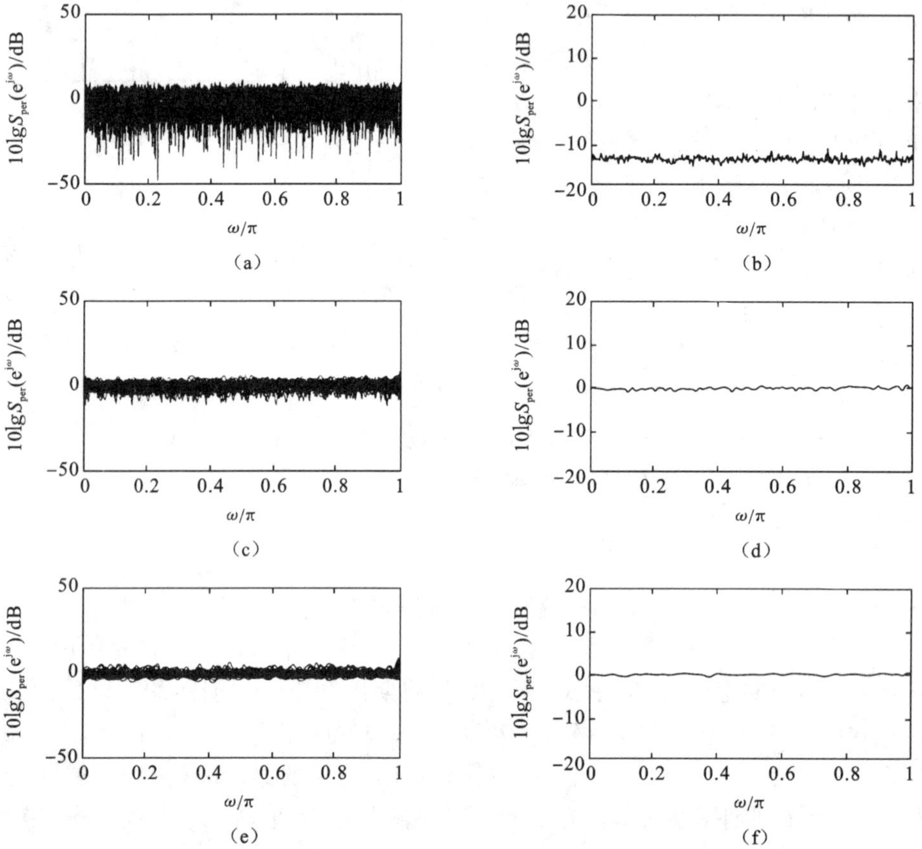

图 3.3.4　单位方差白高斯噪声的谱估计

(a) $N=512$ 时,50 个周期图;(b) $N=512$ 时,50 个周期图的平均;

(c) $N=512, K=4, L=128$ 时,50 个 Bartlett 周期图;(d) (c)中 50 个 Bartlett 周期图的平均;

(e) $N=512, K=8, L=64$ 时,50 个 Bartlett 周期图;(f) (e)中 50 个 Bartlett 周期图的平均

图 3.3.5 所示的是另一个例子。这是一个由两个具有随机相位的正弦信号和单位方差白噪声构成的随机过程,如式(3.2.27)所示,其中的参数选取为:$\omega_1=0.2\pi$,$\omega_2=0.25\pi$,$A_1=A_2=A=\sqrt{10}$,$N=512$。图 3.3.5(a)所示的是 50 个周期图,图 3.3.5(b)所示的是它们的平均;图 3.3.5(c)和(d)所示的分别是 $K=4$、$L=128$ 的 50 个 Bartlett 周期图和它们的平均;图3.3.5(e)和(f)所示的分别是 $K=8$、$L=64$ 的 50 个 Bartlett 周期图和它们的平均。比较这些图形可以看出,Bartlett 周期图的方差虽然随着 K 的增加而减小,但是,两个正弦信号的谱峰随之有明显的展宽,这说明频率分辨率变差了。

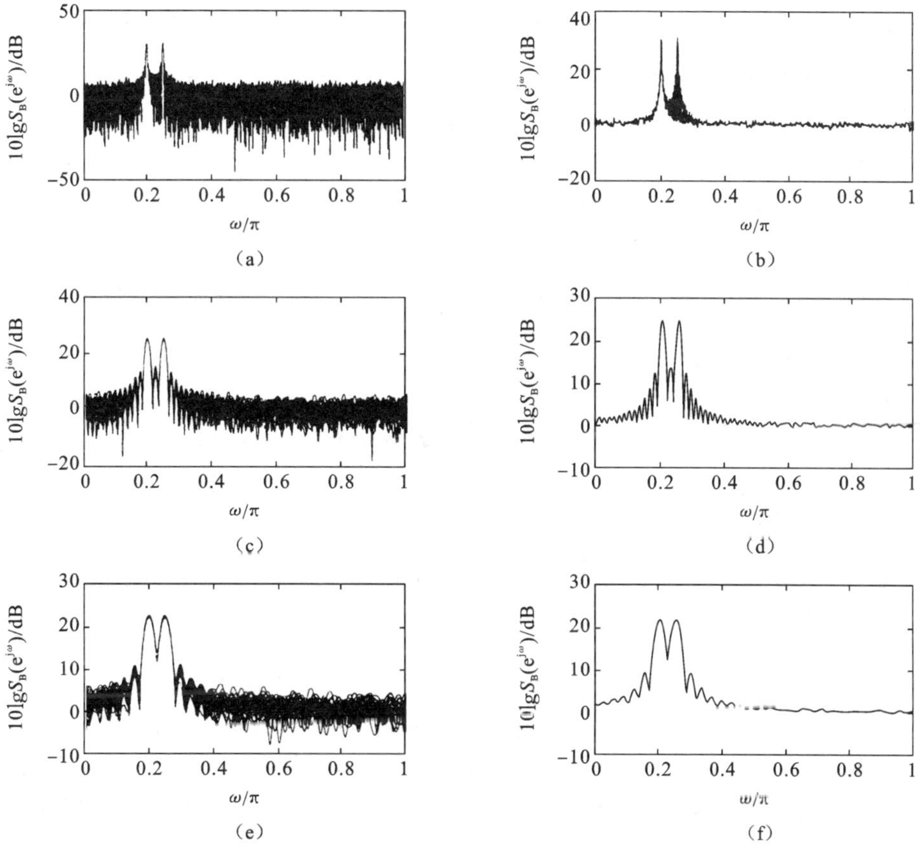

图 3.3.5　信号 $x(n)=\sqrt{10}\sin(0.2\pi n+\varphi_1)+\sqrt{10}\sin(0.25\pi n+\varphi)+v(n)$**的周期图和 Bartlett 周期图的比较(** $N=512$ **)**

(a) 50 个周期图；(b) 50 个周期图的平均；(c) $K=4(L=128)$时，50 个 Bartlett 周期图；(d) (c)中 50 个 Bartlett 周期图的平均；(e) $K=8(L=64)$时，50 个 Bartlett 周期图；(f) (e)中 50 个 Bartlett 周期图的平均

3.3.3　Welch 法：修正周期图的平均

1967 年 Welch 提出对 Bartlett 法做两点修正：① 让子序列 $x_i(n)$有部分重叠；② 对每个子序列都加数据窗 $w(n)$。

设子序列 $x_i(n)$长为 L，相邻子序列有 $L-D$ 点重叠，于是下标为 i 的子序列表示为

$$x_i(n)=x(n+iD),\quad n=0,1,\cdots,L-1;\quad i=0,1,\cdots,K-1$$

如果 K 个子序列刚好覆盖 N 个数据点，那么有

$$N=L+D(K-1)$$

若 $D=L$，则 $N=KL$，即将 $x(n)$分成相互衔接没有重叠的 K 段(子序列)，这就是 Bartlett 法。若 $D=L/2$，那么，$x(n)$将被分成 $K=2\dfrac{N}{L}-1$ 段长为 L、重叠 50% 的子序列，这样得到的周期图与用 Bartlett 法得到的周期图的频率分辨率相同(因为子序列的长度没有改变，仍然为 L)，但是，由于参加平均的修正周期图(假设子序列 $x_i(n)$用非矩形数据窗 $w(n)$进行加窗处理)的个数 K 增加了一倍，因而平均周期图的方差得到减小。然而，也可以将子序列长度扩展为

$2L$,并让相邻子序列重叠50%,这样,子序列的个数仍然是$K=\frac{N}{L}-1$,因而平均周期图的方差与Bartlett周期图相同,但由于子序列长度加倍成为$2L$,因而频率分辨率减小(即分辨率变好)。由上面的讨论看出,相邻子序列重叠可以增加子序列的数目和长度;也可以增加子序列数目而维持子序列长度不变;也可以只增加子序列长度而维持子序列数目不变,从而达到折中考虑减小频率分辨率和减小方差的目的。

Welch周期图用下式定义:

$$S_W(e^{j\omega})=\frac{1}{KLU}\sum_{i=0}^{K-1}\left|\sum_{n=0}^{L-1}w(n)x(n+iD)e^{-j\omega n}\right|^2 \tag{3.3.25}$$

若各子序列的修正周期图用$S_M^{(i)}(e^{j\omega})$表示,则上式写成

$$S_W(e^{j\omega})=\frac{1}{K}\sum_{i=0}^{K-1}S_M^{(i)}(e^{j\omega}) \tag{3.3.26}$$

式(3.3.26)中的U是为使$S_M^{(i)}(e^{j\omega})$是渐近无偏估计而引入的一个常数,由式(3.3.8)定义。因此,Welch估计的期望值为

$$E[S_W(e^{j\omega})]=E[S_M(e^{j\omega})]=\frac{1}{2\pi LU}\int_{-\pi}^{\pi}S_{xx}(e^{j\theta})\mid W(e^{j(\omega-\theta)})\mid^2 \tag{3.3.27}$$

式中,$W(e^{j\omega})$是L点数据窗$w(n)$(加在子序列上)的傅里叶变换。在子序列上加数据窗$w(n)$是为了得到修正周期图$S_M^{(i)}(e^{j\omega})$。根据前面关于周期图、修正周期图以及Bartlett周期图的讨论结果,从式(3.3.27)即可判断,Welch周期图是功率谱的渐近无偏估计。

与修正周期图一样,Welch周期图的频率分辨率也用数据窗的3 dB带宽来定义,由表3.3.1看到,不同数据窗的3 dB带宽是不同的,因而,Welch周期图的频率分辨率也与数据窗的选择有关。

Welch法的相邻子序列有部分重叠,因而再不能假设相邻子序列之间是不相关的,这使得Welch周期图的方差的计算更加困难。尽管如此,Welch还是推导出了选用Bartlett数据窗和相邻子序列重叠50%的情况下,Welch周期图的方差的近似计算公式

$$\mathrm{Var}[S_W(e^{j\omega})]\approx\frac{9}{8K}S_{xx}^2(e^{j\omega}) \tag{3.3.28}$$

将式(3.3.28)与式(3.3.24)进行比较可以看出,对于给定的K值,用Welch法得到的估计的方差略大于用Bartlett法得到的估计的方差。但是,如果保持N值不变,对于给定的频率分辨率(或子序列长度L),由于采用Welch法时相邻子序列有部分重叠(如重叠50%),所以子序列的数目K将增加(如增加一倍),由式(3.3.28)看出,$S_W(e^{j\omega})$的方差将小于$S_B(e^{j\omega})$的方差。具体来说,此时$K=2\frac{N}{L}$,故式(3.3.28)可表示成

$$\mathrm{Var}[S_W(e^{j\omega})]\approx\frac{9}{16\frac{N}{L}}S_{xx}^2(e^{j\omega})\approx\frac{9}{16}\mathrm{Var}[S_B(e^{j\omega})] \tag{3.3.29}$$

对于给定的数据量N,增加相邻子序列重叠的点数,虽然可以增加子序列的数目K,但是计算量也将与K成正比例地增加。此外,由于重叠点数的增加,相邻子序列之间的相关性也加大。因此,通常相邻子序列重叠不允许太多,一般情况下以重叠50%~70%为宜。

例3.3.2 用Welch法估计例3.2.2中给出的由两个正弦信号加白噪声构成的随机过程的功率谱,假设数据量$N=512$,子序列长$L=128$,相邻子序列重叠50%,因此子序列数目$K=7$。此外,还假设选用Hamming窗作为子序列的数据窗。图3.3.6(a)所示的是根据该随

机过程的 50 次不同实现的数据，用 Welch 法计算得到的功率谱，图 3.3.6(b)所示的是 50 个 Welch 周期图的平均。将图 3.3.6(a)和(b)与图 3.3.5(e)和(f)进行比较看出，由于两种情况下子序列的数目 K 近似相等(Welch 法的 $K=7$，Bartlett 法的 $K=8$)，所以两种周期图的方差近似相同。此外，虽然 Welch 法中使用的 Hamming 窗的主瓣宽度是 Bartlett 法中子序列的矩形数据窗的主瓣宽度的 1.46 倍，但频率分辨率却近似相同。这是因为，采用 Welch 法时，相邻子序列重叠了 50%，在子序列数目保持 $K=7$ 的情况下，各子序列的长度 L 加大了一倍。再次，由于 Hamming 窗的旁瓣比矩形窗的要低(参看表 3.3.1)，所以 Welch 周期图的旁瓣泄漏比 Bartlett 周期图的小。

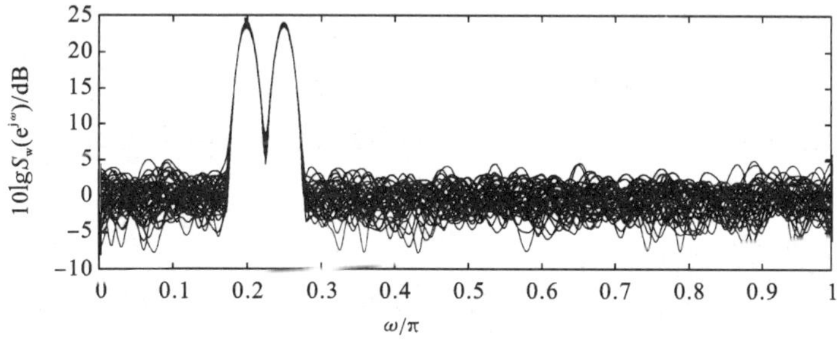

(a)

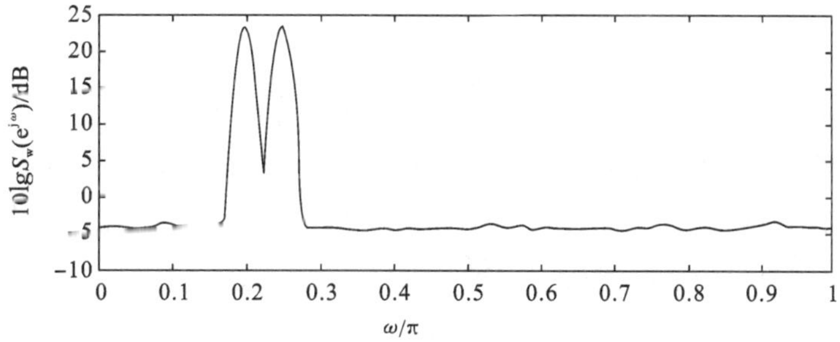

(b)

图3.3.6　信号 $x(n)=\sqrt{10}\sin(0.2\pi n+\varphi_1)+\sqrt{10}\sin(0.25\pi n+\varphi_2)+v(n)$**的 Welch 周期图(**$L=128$**，重叠 50%)**

(a) 50 个 Welch 周期图；(b) 50 个 Welch 周期图的平均

3.3.4　Blackman-Tukey 法：周期图的加窗平滑

Bartlett 法和 Welch 法分别对周期图和修正周期图进行平均，从而达到减小方差的目的。另一种减小周期图分散性(或不一致性)的方法是对周期图进行加窗平滑，这种方法常称为 Blackman-Tukey 法。

周期图等于自相关序列的估计 $R_N(m)$ 的傅里叶变换(见式(3.2.1))。然而对于接近于 N 的 m 值，由于数据量非常少，所以得到的自相关估计值 $R_N(m)$ 是很不可靠或方差很大的。无论怎样增加 N，情况都是如此。因此，为了减小周期图的方差，就应该减小这些不可靠的自相关估计值对周期图的影响。在 Bartlett 法和 Welch 法中，采取的办法是将自相关序列的估计进行平均(对子序列的周期图平均等效于对子序列的取样自相关进行平均)。而在 Blackman-Tukey 法中，采取的办法是对自相关序列的估计 $R_N(m)$ 进行加窗处理，以减小 $R_N(m)$ 中那些不可靠的估计值对周期图的影响。Blackman-Tukey 谱估计定义为

$$S_{BT}(e^{j\omega}) = \sum_{m=-M}^{M} R_N(m)w(m)e^{-j\omega m}, \quad |M| \leqslant N-1 \tag{3.3.30}$$

式中，$w(m)$是加在$R_N(m)$上的滞后窗。例如，若将滞后窗选取为m从$-M$变到M的矩形窗，并设$|M|<N-1$，那么加窗的结果就把方差最大的(即滞后窗外的)$R_N(m)$值置为零，因此，功率谱估计$S_{BT}(e^{j\omega})$就具有较小的方差。但是，加窗的结果也降低了频率分辨率，因为用来计算$S_{BT}(e^{j\omega})$的$R_N(m)$的数目减少了。

$S_{BT}(e^{j\omega})$是乘积$R_N(m)w(m)$的傅里叶变换，它等于$R_N(m)$和$w(m)$的傅里叶变换的频域卷积

$$S_{BT}(e^{j\omega}) = \frac{1}{2\pi}S_{per}(e^{j\omega}) * W(e^{j\omega}) = \frac{1}{2\pi}\int_{-\pi}^{\pi} S_{per}(e^{j\theta})W(e^{j(\omega-\theta)})d\theta \tag{3.3.31}$$

也就是说，$S_{BT}(e^{j\omega})$是$S_{per}(e^{j\omega})$被滞后窗$W(e^{j\omega})$进行平滑处理后的结果。

为分析$S_{BT}(e^{j\omega})$的性能，首先计算$S_{BT}(e^{j\omega})$的期望值，由式(3.3.31)可得

$$E[S_{BT}(e^{j\omega})]=E[S_{per}(e^{j\omega})] * W(e^{j\omega})$$

将式(3.2.21)代入，得到

$$E[S_{BT}(e^{j\omega})]=\frac{1}{2\pi}S_{xx}(e^{j\omega}) * W_B(e^{j\omega}) * W(e^{j\omega}) \tag{3.3.32}$$

这等效为

$$E[S_{BT}(e^{j\omega})] = \sum_{m=-M}^{M} R_{xx}(m)w_B(m)w(m)e^{-j\omega m} \tag{3.3.33}$$

式中，$w_B(m)$是宽度为$2N+1$的三角窗，如式(3.2.20)和图3.2.3(a)所示；$w(m)$是宽度为$2M+1$的任意形状的滞后窗。从式(3.3.32)看出，Blackman-Tukey周期图的期望值等于自相关序列连续两次加窗后的傅里叶变换。令$w_{BT}(m)=w_B(m)w(m)$是一个加在$R_{xx}(m)$上的组合窗，利用频域卷积定理，由式(3.3.33)得到

$$E[S_{BT}(e^{j\omega})]=\frac{1}{2\pi}S_{xx}(e^{j\omega}) * W_{BT}(e^{j\omega}) \tag{3.3.34}$$

如果选择$M\ll N$，使$w_B(m)w(m)\approx w(m)$，则上式化为

$$E[S_{BT}(e^{j\omega})]\approx\frac{1}{2\pi}S_{xx}(e^{j\omega}) * W(e^{j\omega}) \tag{3.3.35}$$

式中，$W(e^{j\omega})$是滞后窗$w(m)$的傅里叶变换。当N趋于∞时，如果$W(e^{j\omega})$趋近于具有单位面积的冲激函数，那么，由式(3.3.35)看出，$S_{BT}(e^{j\omega})$是功率谱的渐近无偏估计。

由式(3.3.31)得

$$S_{BT}^2(e^{j\omega}) = \frac{1}{4\pi^2}\int_{-\pi}^{\pi}\int_{-\pi}^{\pi} S_{per}(e^{ju})S_{per}(e^{jv})W(e^{j(\omega-u)})W(e^{j(\omega-v)})dudv$$

因而，$S_{BT}(e^{j\omega})$的均方值为

$$E[S_{BT}^2(e^{j\omega})] = \frac{1}{4\pi^2}\int_{-\pi}^{\pi}\int_{-\pi}^{\pi} E[S_{per}(e^{ju})S_{per}(e^{jv})]W(e^{j(\omega-u)})W(e^{j(\omega-v)})dudv$$

将式(3.2.49)代入上式，得到$E[S_{BT}^2(e^{j\omega})]$的近似表示式，式中包含两项，其中第一项是

$$\begin{aligned}\frac{1}{4\pi^2}\int_{-\pi}^{\pi}\int_{-\pi}^{\pi} S_{xx}(e^{ju})S_{xx}(e^{jv})W(e^{j(\omega-u)})W(e^{j(\omega-v)})dudv &= \left[\frac{1}{2\pi}\int_{-\pi}^{\pi} S_{xx}(e^{ju})W(e^{j(\omega-u)})du\right]^2 \\ &= (E[S_{BT}(e^{j\omega})])^2\end{aligned} \tag{3.3.36}$$

这里利用了式(3.3.35)的结果。由于$S_{BT}(e^{j\omega})$的方差

$$\mathrm{Var}[S_{BT}(e^{j\omega})]=E[S_{BT}^2(e^{j\omega})]-(E[S_{BT}(e^{j\omega})])^2$$

$E[S_{BT}^2(e^{j\omega})]$近似表示式的第一项与上式中的第二项相抵消，因此，$Var[S_{BT}(e^{j\omega})]$等于$E[S_{BT}^2(e^{j\omega})]$近似表示式的第二项，即

$$Var[S_{BT}(e^{j\omega})]=\frac{1}{4\pi^2}\int_{-\pi}^{\pi}\int_{-\pi}^{\pi}S_{xx}(e^{ju})S_{xx}(e^{jv})\left[\frac{\sin N(u-v)/2}{N\sin(u-v)/2}\right]^2W(e^{j(\omega-u)})W(e^{j(\omega-v)})dudv \tag{3.3.37}$$

由于

$$W_B(e^{j\omega})=\frac{1}{N}\left[\frac{\sin(N\omega/2)}{\sin(\omega/2)}\right]^2$$

是 Bartlett 窗 $w_B(m)$的傅里叶变换(参见式(3.2.22))，当 N 趋近于∞时 $w_B(m)$趋近于常数(参见式(3.2.20))，而 $W_B(e^{j\omega})$收敛于一个冲激。因此，当 N 的值足够大时，式(3.3.37)中方括号所包含的部分近似于一个面积为 $2\pi/N$ 的冲激，即

$$\left[\frac{\sin N(u-v)/2}{N\sin(u-v)/2}\right]^2\approx\frac{2\pi}{N}\delta(u-v)$$

这样，对于很大的 N 值，Blackman-Tukey 周期图的方差近似为

$$Var[S_{BT}(e^{j\omega})]\approx\frac{1}{2\pi N}\int_{-\pi}^{\pi}S_{xx}^2(e^{ju})W^2(e^{j(\omega-u)})du$$

如果 M 足够大以致可假设在 $W(e^{j\omega})$的主瓣范围内 $S_{xx}(e^{j\omega})$是恒定不变的值，那么，上式积分内的 $S_{xx}^2(e^{j\omega})$可以从积分符号中提出来，于是有

$$Var[S_{BT}(e^{j\omega})]\approx\frac{1}{2\pi N}S_{xx}^2(e^{j\omega})\int_{-\pi}^{\pi}W^2(e^{j(\omega-u)})du$$

利用 Parseval 定理，由上式得到

$$Var[S_{BT}(e^{j\omega})]\sim S_{xx}(e^{j\omega})\frac{1}{N}\sum_{m=-M}^{M}w^2(m) \tag{3.3.38}$$

应注意，上式是在 $N\gg M\gg 1$ 的条件下推导出来的。由式(3.3.35)和式(3.3.38)看出，Blackman-Tukey 周期图是功率谱的一致估计。再次看到，为了得到较小的偏差，应选择较大的 M 值以减小 $W(e^{j\omega})$的主瓣宽度；而为了减小方差，应选择较小的 M 值以减小式(3.3.38)中的和式的值。一般推荐将 M 值选为 $N/5$，这也是 M 的最大值。

3.3.5　各种周期图计算方法的比较

前面讨论的周期图、修正周期图、Bartlett 法、Welch 法以及 Blackman-Tukey 法等几种周期图的计算方法，其中修正周期图一般并不单独使用，因此下面只对其余 4 种周期图计算方法的性能进行比较。通常用以下两个指标描述谱估计的性能。

(1) 归一化方差 ν

$$\nu=\frac{Var[S_{xx}(e^{j\omega})]}{E^2[S_{xx}(e^{j\omega})]} \tag{3.3.39}$$

(2) 品质因数 μ

$$\mu=\nu\Delta\omega \tag{3.3.40}$$

它是归一化方差与分辨率之积。品质因数应尽可能小，但是，下面将会看到，所有经典谱估计方法的品质因数几乎相同。

1. 周期图

周期图是渐近无偏估计，且当 N 值很大时周期图的方差近似等于 $S_{xx}^2(e^{j\omega})$，因此，将式

(3.2.23)和式(3.2.43)代入式(3.3.39)，得到

$$\nu_{\mathrm{per}}=\frac{\mathrm{Var}[S_{\mathrm{per}}(\mathrm{e}^{\mathrm{j}\omega})]}{E^2[S_{\mathrm{per}}(\mathrm{e}^{\mathrm{j}\omega})]}\approx\frac{S_{xx}^2(\mathrm{e}^{\mathrm{j}\omega})}{S_{xx}^2(\mathrm{e}^{\mathrm{j}\omega})}=1 \tag{3.3.41}$$

由于周期图的分辨率为

$$\Delta\omega=0.89\,\frac{2\pi}{N}$$

所以，周期图的品质因数为

$$\mu_{\mathrm{per}}=0.89\,\frac{2\pi}{N} \tag{3.3.42}$$

它与数据记录长度 N 成反比。

2. Bartlett 法

Bartlett 法将周期图进行平均以减小方差。设 $N=KL$，当 N 非常大时，Bartlett 周期图的方差由式(3.3.24)决定，而 Bartlett 周期图仍然是功率谱的渐近无偏估计，因此，Bartlett 周期图的归一化方差

$$\nu_{\mathrm{B}}=\frac{\mathrm{Var}[S_{\mathrm{B}}(\mathrm{e}^{\mathrm{j}\omega})]}{E^2[S_{\mathrm{B}}(\mathrm{e}^{\mathrm{j}\omega})]}\approx\frac{1}{K}\frac{S_{xx}^2(\mathrm{e}^{\mathrm{j}\omega})}{S_{xx}^2(\mathrm{e}^{\mathrm{j}\omega})}=\frac{1}{K} \tag{3.3.43}$$

由于 Bartlett 周期图的分辨率为 $\Delta\omega=0.89(2\pi k/N)$(见式(3.3.23))，所以品质因数等于

$$\mu_{\mathrm{B}}=0.89\,\frac{2\pi}{N} \tag{3.3.44}$$

它与周期图的品质因数相同。

3. Welch 法

Welch 法的周期图的性能与相邻子序列相互重叠的点数有关，也与数据窗的类型有关。若选用 Bartlett 数据窗，相邻子序列重叠 50%，并选择很大的 N 值，那么，Welch 周期图的方差用式(3.3.28)计算。考虑到 Welch 周期图是功率谱的渐近无偏估计，可以得到 Welch 周期图的归一化方差为

$$\nu_{\mathrm{W}}=\frac{\mathrm{Var}[S_{\mathrm{W}}(\mathrm{e}^{\mathrm{j}\omega})]}{E^2[S_{\mathrm{W}}(\mathrm{e}^{\mathrm{j}\omega})]}\approx\frac{9}{8}\frac{1}{K}=\frac{9L}{16N} \tag{3.3.45}$$

由于长为 L 的 Bartlett 窗的傅里叶变换的主瓣的 3 dB 带宽为 $1.28(2\pi/L)$(参见表 3.3.1)，故 Welch 周期图的品质因数为

$$\mu_{\mathrm{W}}=\frac{9L}{16N}\times1.28\,\frac{2\pi}{L}=0.72\,\frac{2\pi}{N} \tag{3.3.46}$$

4. Blackman-Tukey 法

Blackman-Tukey 周期图的方差和分辨率都取决于所选择的滞后窗 $w(m)$ 的类型。假设 $w(m)$ 是长为 $2M+1$(m 从 $-M$ 到 M 取值)的 Bartlett 窗，$N\gg M\gg1$，由式(3.3.38)算出 Blackman-Tukey 周期图的方差

$$\mathrm{Var}[S_{\mathrm{BT}}(\mathrm{e}^{\mathrm{j}\omega})]\approx S_{xx}(\mathrm{e}^{\mathrm{j}\omega})\,\frac{1}{N}\sum_{m=-M}^{M}\left(1-\frac{|m|}{M}\right)^2\approx\frac{2M}{3N}S_{xx}^2(\mathrm{e}^{\mathrm{j}\omega})$$

考虑到 Blackman-Tukey 周期图是功率谱的渐近无偏估计，故得到

$$\nu_{\mathrm{BT}}=\frac{2M}{3N} \tag{3.3.47}$$

由于长为 $2M+1$ 的 Bartlett 窗的主瓣在 3dB 的带宽为 $1.28(2\pi/2M)$，所以 Blackman-Tukey 周期图的分辨率为 $0.64(2\pi/M)$，于是得到

$$\mu_{BT}=\frac{2M}{3N}\times 0.64\frac{2\pi}{M}\approx 0.43\frac{2\pi}{N} \tag{3.3.48}$$

它比 Welch 法的品质因数 μ_W 要小一些。

表 3.3.2 总结了以上 4 种周期图计算方法的主要技术指标。由该表看出，经典谱估计方法的每种技术的品质因数都近似相同，且都与数据记录长度 N 成反比例。因此，虽然每种技术的分辨率和方差都不相同，但它们的总的性能指标都受限于数据记录长度。

表 3.3.2　经典谱估计方法的主要性能指标

谱估计方法	归一化方差 ν	分辨率 $\Delta\omega$	品质因数 μ
周期图法	1	$0.89(2\pi/N)$	$0.89(2\pi/N)$
Bartlett 法	$1/K$	$0.89K(2\pi/N)$	$0.89(2\pi/N)$
Welch 法*	$9/8K$	$1.28(2\pi/L)$	$0.72(2\pi/N)$
Blackman-Tukey 法	$2M/3N$	$0.64(2\pi/M)$	$0.43(2\pi/N)$

注：Bartlett 数据窗，相邻子序列重叠 50%。

表 3.3.3 中列出了经典谱估计各种计算方法的主要计算公式。

表 3.3.3　各种经典谱估计方法的主要计算公式

方　法	$S(e^{j\omega})$	$E[S(e^{j\omega})]$	$\Delta\omega$	$\mathrm{Var}[S(e^{j\omega})]$
周期图①	$\frac{1}{N}\left\|\sum_{n=0}^{N-1}x(n)e^{-j\omega n}\right\|^2$	$\frac{1}{2\pi}S_{xx}(e^{j\omega})*W_B(e^{j\omega})$	$0.89\frac{2\pi}{N}$	$S_{xx}^2(e^{j\omega})$
修正周期图②	$\frac{1}{NU}\left\|\sum_{n=-\infty}^{+\infty}w(n)x(n)e^{-j\omega n}\right\|^2$	$\frac{1}{2\pi NU}S_{xx}(e^{j\omega})*\|W(e^{j\omega})\|^2$	取决于窗函数 $w(n)$	$S_{xx}^2(e^{j\omega})$
Bartlett③	$\frac{1}{N}\sum_{i=0}^{K-1}\left\|\sum_{n=0}^{L-1}x(n+iL)e^{-j\omega n}\right\|^2$	$\frac{1}{2\pi}S_{xx}(e^{j\omega})*W_B(e^{j\omega})$	$0.89K\frac{2\pi}{N}$	$\frac{1}{K}S_{xx}^2(e^{j\omega})$
Welch④	$\frac{1}{KLU}\sum_{i=0}^{K-1}\left\|\sum_{n=0}^{L-1}w(n)x(n+iD)e^{-j\omega n}\right\|^2$	$\frac{1}{2\pi LU}S_{xx}(e^{j\omega})*\|W(e^{j\omega})\|^2$	取决于窗函数 $w(n)$	$\frac{9L}{16N}S_{xx}^2(e^{j\omega})$
Blackman-Tukey⑤	$\sum_{m=-M}^{M}R_N(m)w(m)e^{-j\omega m}$	$\frac{1}{2\pi}S_{xx}(e^{j\omega})*W(e^{j\omega})$	取决于窗函数 $w(n)$	$\frac{S_{xx}^2(e^{j\omega})}{N}\sum_{m=-M}^{M}w^2(m)$

注：① $W_B(e^{j\omega})$是宽为 $2N$ 的 Bartlett 窗 $w_B(m)(-N\leqslant m\leqslant N)$的傅里叶变换。

② $W(e^{j\omega})$是宽为 N 的数据窗 $w(n)(0\leqslant n\leqslant N-1)$的傅里叶变换；$U=\frac{1}{N}\sum_{n=0}^{N-1}|w(n)|^2$。

③ $W_B(e^{j\omega})$是宽为 $2L+1$ 的 Bartlett 窗 $w_B(m)(-L\leqslant m\leqslant L)$的傅里叶变换。

④ $W(e^{j\omega})$是宽为 L 的数据窗 $w(n)(0\leqslant n\leqslant L-1)$的傅里叶变换；$U=\frac{1}{L}\sum_{n=0}^{L-1}|w(n)|^2$。

⑤ $W(e^{j\omega})$是宽为 $2M+1$ 的滞后窗 $w(m)(-M\leqslant m\leqslant M)$的傅里叶变换。

值得注意的是，不管数据记录有多长，周期图都不是功率谱的良好估计。事实上，随着记录长度增加，周期图的随机起伏反而会更加严重。此外，周期图还存在着以下两个难以克服的固有缺点。

(1) 因为周期图的频率分辨率（以赫兹计）反比于数据记录长度（以秒计），而实际应用中一般不可能获得很长的数据记录，所以周期图的频率分辨率不高。

(2) 周期图的计算是以离散傅里叶变换为基础的，这隐含着对无限长数据序列进行加窗处理(加有限宽矩形窗)。矩形窗的频谱主瓣不是无限窄,且有旁瓣存在,这将导致能量向旁瓣中"泄漏",主瓣范围内的功率谱变得模糊不清,严重时甚至产生很大失真,以至主瓣中的弱分量被旁瓣中的强泄漏所掩盖。

为了克服以上缺点,人们曾做过长期努力,提出了平均、加窗平滑等办法,在一定程度上改善了周期图谱估计的性能。实践证明,对于长数据记录来说,以傅里叶变换为基础的经典谱估计方法,的确是比较实用的。但是,经典方法始终无法根本解决频率分辨率和谱估计稳定性之间的矛盾,特别是在数据记录很短的情况下,这一矛盾显得尤为突出。这就促进了对现代谱估计方法的研究。

3.4　随机过程的参数模型

3.4.1　概述

功率谱等于无限长自相关序列的傅里叶变换,这是经典谱估计方法的基础。功率谱与自相关序列的这种变换关系,可以看成是随机过程的 2 阶矩的非参数描述。谱估计的现代方法则用参数模型描述随机过程的 2 阶矩,因此称为参数模型方法,简称模型方法或参数方法。使用参数方法计算功率谱,依据的是功率谱是模型参数的函数,而不是直接依据功率谱与自相关序列的函数关系。

广义平稳随机过程的理论和实验研究结果表明,实际应用中遇到的大多数离散时间随机过程适合用图 3.4.1(a)所示的有理传输函数模型描述。图中,输入激励 $u(n)$是均值为零、方差为 σ^2 的白噪声,输出 $x(n)$是被模拟的离散时间随机信号,$H(z)$是具有有理传输函数的线性时不变系统。值得注意的是,输入激励 $u(n)$是模型不可分割的一部分,正是因为它的随机性才使得输出 $x(n)$具有随机性,因此它不同于通常所说的加性观测噪声;如果随机信号中还有加性观测噪声 $v(n)$,则应将模型修改为如图 3.4.1(b)所示的形式。

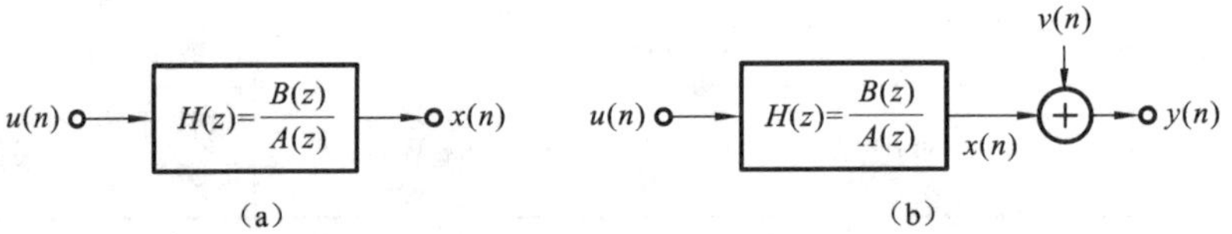

图 3.4.1　离散时间随机过程的有理传输函数模型

由于输入激励是白噪声,所以模型输出信号的功率谱的形状与线性移不变系统的振幅特性的平方相同,模型输出的功率谱完全由白噪声的方差和线性移不变系统的参数确定。因此,用参数方法进行谱估计一般包含三个步骤:① 根据掌握的关于随机过程的先验知识选择合适的模型;② 由已知的随机过程的有限个观测数据估计自相关函数,并由自相关函数计算模型参数;③ 利用估计的模型参数计算功率谱。

我们记得,在经典功率谱估计中,无论是用直接方法或间接方法计算周期图,都隐含着对数据或对自相关函数加窗的假设。通常这是一个与实际情况不符的假设,因为窗外的数据或自相关函数仅仅是没有被观测或没有被估计,而不一定都等于零。参数方法的基础是随机过程的模型,它完全摒弃了窗外数据或自相关函数等于零的不合实际的假设;窗外的数据或自相关函数可以由模型产生或外推出来。因此,用参数模型方法估计的功率谱,比用周期图有更好的性能,主要是有更高的分辨率;性能改善的程度主要取决于选择的模型对被估计随机过程逼近的程度，以及对已知观测数据或自相关函数拟合的程度。

有理传输函数模型包括自回归(Autoregressive，AR)、动平均(Moving Average ，MA)和自回归动平均(Autoregressive-Moving Average，ARMA)三种模型，它们分别适合不同的情况。AR 模型适用于描述有尖峰无深谷的功率谱，MA 模型适用于有深谷无尖峰的功率谱，ARMA 模型则适用于包含这两种极端情况的功率谱。AR 模型也适用于描述(具有随机相位的)正弦信号的功率谱，因为正弦信号可看成是频带很窄的随机信号，因此其自相关函数可以由参数很少的 AR 过程来得到，具体来说，M 个实正弦信号可以用一个 $2M$ 阶 AR 模型描述，M 个复正弦信号只需用一个 M 阶 AR 模型描述。但是对于快速衰减(即具有很陡的滚降特性)的功率谱，三种模型都不很精确。在三种模型中，AR 模型在谱估计中获得了最广泛的应用。其主要原因是，描述 AR 模型参数与自相关函数关系的 Yule-Walker 方程是一组线性方程，而 MA 模型或 ARMA 模型的 Yule-Walker 方程则是高度非线性的；同时，只要选择的 AR 模型适用于被估计的随机过程，由 AR 模型得到的功率谱估计，与经典谱估计相比较，其偏差和方差都更小。

从本节开始，将对现代谱估计方法的基本理论和主要方法进行详细讨论。

3.4.2　离散时间随机信号的有理传输函数模型

在图 3.4.2 所示的有理传输函数模型中，输入激励 $u(n)$ 与输出 $x(n)$ 之间的关系用常系数线性差分方程描述

$$x(n) = -\sum_{k=1}^{p} a_k x(n-k) + \sum_{k=0}^{q} b_k u(n-k) \tag{3.4.1}$$

或

$$x(n) = \sum_{k=0}^{\infty} h_{(l)} u(n-k) \tag{3.4.2}$$

式中，$h_{(l)}$ 是线性移不变系统的冲激响应，假定它是因果的。

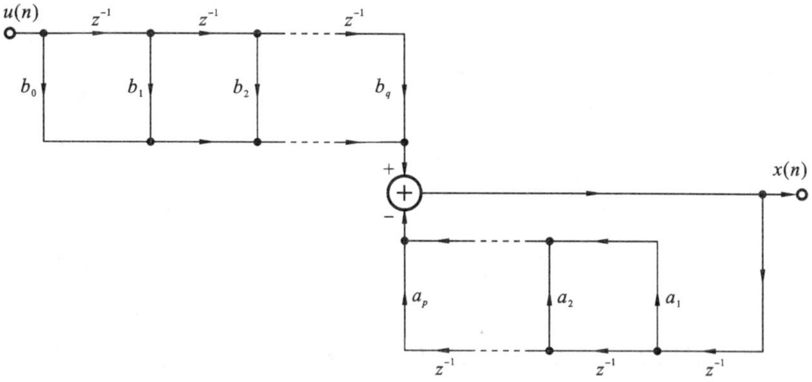

图 3.4.2　ARMA(p,q)模型

线性移不变系统的有理传输函数

$$H(z) = \frac{B(z)}{A(z)} = \frac{\sum_{k=0}^{q} b_k z^{-k}}{1 + \sum_{k=1}^{p} a_k z^{-k}} \tag{3.4.3}$$

其中，b_k 是系统前馈支路的系数，称为动平均或 MA 系数；a_k 是系统反馈支路的系数，称为自回

归或 AR 系数。假设 $H(z)$的全部极点都在单位圆内,使系统是稳定的和因果的,因此输出 $x(n)$是广义平稳的。由于输入 $u(n)$是均值为零、方差为 σ^2 的白噪声,所以输出 $x(n)$的功率谱为

$$S_{xx}(z)=\sigma^2 H(z)H^*(1/z^*)=\sigma^2\frac{B(z)B^*(1/z^*)}{A(z)A^*(1/z^*)} \tag{3.4.4}$$

如果 $h(n)$是实的,则有 $H^*(1/z^*)=H(z^{-1})$,因此,式(3.4.4)化为

$$S_{xx}(z)=\sigma^2 H(z)H(z^{-1})=\sigma^2\frac{B(z)B(z^{-1})}{A(z)A(z^{-1})} \tag{3.4.5}$$

因此,用数字频率表示的功率谱

$$S_{xx}(e^{j\omega})=\sigma^2\left|H(e^{j\omega})\right|^2=\sigma^2\left|\frac{B(e^{j\omega})}{A(e^{j\omega})}\right|^2 \tag{3.4.6}$$

如果根据已知观测数据估计出了模型参数 a_k、b_k 和 σ^2,将它们代入式(3.4.6)即可计算出功率谱的估计值。$H(z)$的增益可归并入 σ^2 一起考虑,因此不失一般性,可假设 $b_0=1$。图 3.4.2 所示的一般情况的有理传输函数模型称为(p,q)阶自回归动平均模型或 ARMA(p,q)模型,也称(p,q)阶零点-极点模型。

如果除 $a_0=1$ 外所有 $a_k=0$,则得到 q 阶动平均或 MA(q)模型,也称 q 阶全零点模型,如图 3.4.3 所示。相应的关系式简化为

$$x(n)=\sum_{k=0}^{q}b_k u(n-k) \tag{3.4.7}$$

$$H(z)=B(z)=\sum_{k=0}^{q}b_k z^{-k} \tag{3.4.8}$$

$$S_{xx}(z)=\sigma^2 B(z)B(z^{-1}) \tag{3.4.9}$$

$$S_{xx}(e^{j\omega})=\sigma^2\left|B(e^{j\omega})\right|^2 \tag{3.4.10}$$

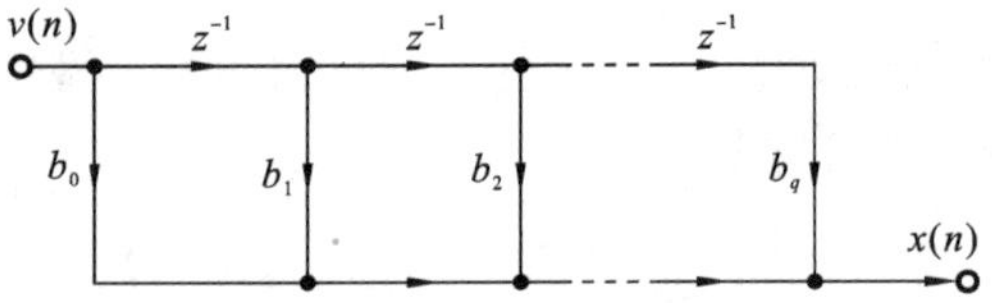

图 3.4.3　MA(q)**模型**

如果除 $b_0=1$ 外所有 $b_k=0$,则得到 p 阶自回归或 AR(p)模型,也称 p 阶全极点模型,如图 3.4.4 所示。相应的关系式为

$$x(n)=-\sum_{k=1}^{p}a_k x(n-k)+u(n) \tag{3.4.11}$$

$$H(z)=\frac{1}{A(z)}=\frac{1}{1+\sum_{k=1}^{p}a_k z^{-k}} \tag{3.4.12}$$

$$S_{xx}(z)=\sigma^2\frac{1}{A(z)A(z^{-1})} \tag{3.4.13}$$

$$S_{xx}(e^{j\omega})=\sigma^2\left|\frac{1}{A(e^{j\omega})}\right|^2 \tag{3.4.14}$$

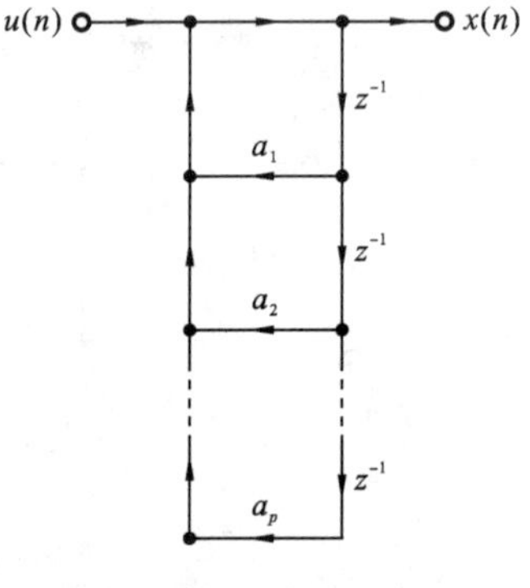

图 3.4.4　AR(p)**模型**

模型输出的随机过程以模型的名字命名,分别称为 ARMA(p,q)过程、AR(p)过程和 MA(q)过程,它们的功率谱分别称为 ARMA(p,q)谱、AR(p)谱和 MA(q)谱。如果已给定或估计出模型参数,则可用式(3.4.6)、式(3.4.10)和式(3.4.14)分别计算三种模型的随机过程的功率谱。图 3.4.5 从左到右示出的是 AR(4)、MA(4)和 ARMA(4,4)等三种模型的极零图和功率谱的实例。其中,AR(4)模型参数 $a_1=-0.98$,$a_2=0.9604$,$a_3=-0.9412$,$a_4=0.9224$,对应两对共轭极点 $p_{1,2}=0.98e^{\pm j0.2\pi}$和 $p_{3,4}=0.98e^{\pm j0.6\pi}$;MA(4)的模型参数 $b_1=0.9762$,$b_2=0.9313$,$b_3=0.8882$,$b_4=0.8671$,对应两对共轭零点 $z_{1,2}=0.96e^{\pm j0.4\pi}$和 $z_{3,4}=0.97e^{\pm j0.8\pi}$;ARMA(4,4)模型的参数由上列 AR(4)和 MA(4)模型参数合成。假设 $\sigma^2=1$。

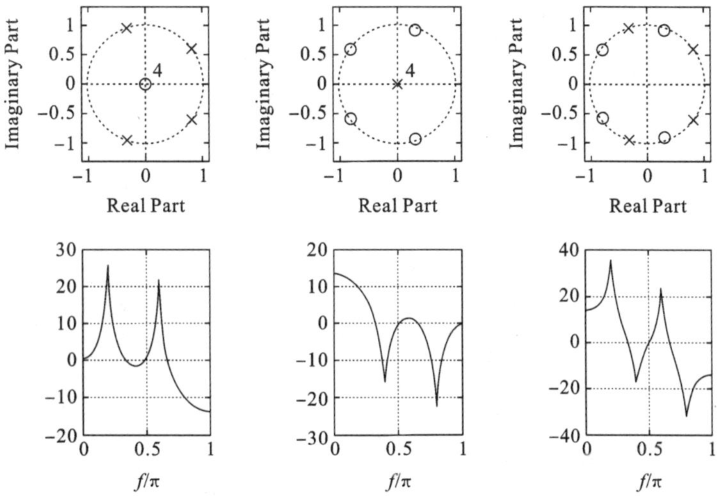

图 3.4.5　窄带 AR(4)、MA(4)**和** ARMA(4,4)**过程的极零图和功率谱**

从图 3.4.5 看出，AR 谱在极点附近有峰起，MA 谱在零点附近有凹谷，ARMA 谱同时有极点附近的峰起和零点附近的凹谷。谱峰的尖锐程度和谱谷的凹陷程度分别取决于极点和零点与单位圆的距离，如将 AR(4)的极点移离单位圆变成 $p_{1,2}=0.5e^{\pm j0.2\pi}$ 和 $p_{3,4}=0.6e^{\pm j0.6\pi}$，将 MA(4)的零点移离单位圆变成 $z_{1,2}=0.7e^{\pm j0.4\pi}$ 和 $z_{3,4}=0.75e^{\pm j0.8\pi}$，构成新的模型，则得到图 3.4.6，AR(4)的峰变宽，MA(4)的谷变浅，ARMA(4,4)的峰变宽同时谷也变浅。

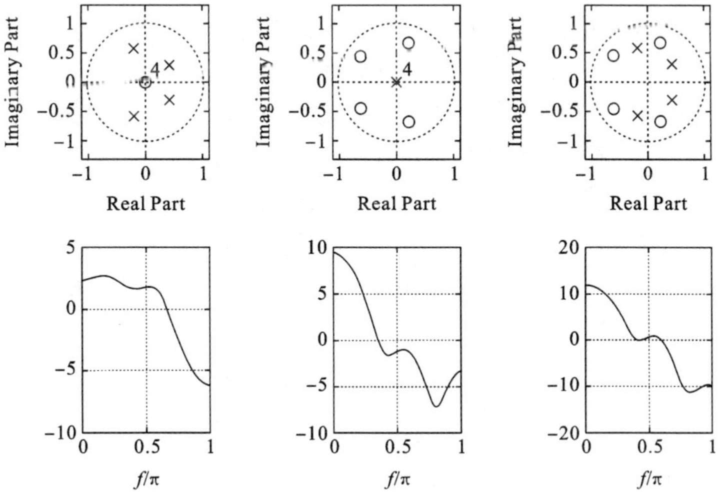

图 3.4.6　宽带 AR(4)、MA(4)**和** ARMA(4,4)**过程的极零图和功率谱**

图 3.4.6 所示的功率谱称为宽带功率谱，图 3.4.5 所示的功率谱称为窄带功率谱。

由于 ARMA 模型既有极点也有零点，所以除了图 3.4.5 和图 3.4.6 所示的两种情况外，还有如图 3.4.7 所示的另外两种可能情况，其中一种情况是极点很接近单位圆而零点移离单位圆（$p_{1,2}=0.98e^{\pm j0.2\pi}$，$p_{3,4}=0.98e^{\pm j0.6\pi}$，$z_{1,2}=0.7e^{\pm j0.4\pi}$，$z_{3,4}=0.75e^{\pm j0.8\pi}$），另一种情况是零点很接近单位圆而极点远离单位圆（$z_{1,2}=0.96e^{\pm j0.4\pi}$，$z_{3,4}=0.97e^{\pm j0.8\pi}$，$p_{1,2}=0.5e^{\pm j0.2\pi}$，$p_{3,4}=0.6e^{\pm j0.6\pi}$）。

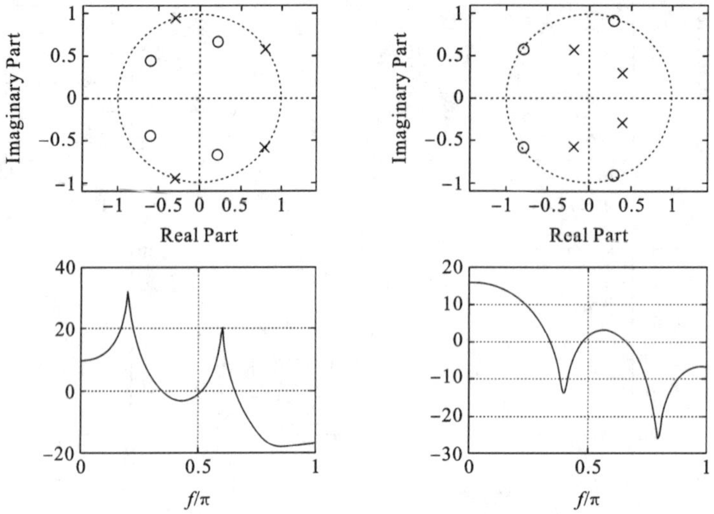

图 3.4.7　另外两种可能的 ARMA(4,4)模型的极零图和功率谱

3.4.3　三种模型参数之间的关系

本节的目的是要举例说明,一个有限阶 ARMA 过程或 AR 过程可以用唯一的无限阶 MA 模型表示,一个有限阶 ARMA 过程或 MA 过程可以用唯一的无限阶 AR 模型表示。这意味着,任何一种模型可以用其余两种模型(一般是无限阶的)来等效。这一概念很重要,因为这就可以选择任何一种模型逼近给定的任何随机过程,即使选择的模型不与给定随机过程相适应,但只要模型有足够高的阶,仍然能够得到足够好的逼近效果。从提高运算效率的角度考虑,这一概念也很有用。因为,用模型方法估计功率谱,最大的计算负担是根据已知观测数据估计模型参数,这样就可以首先选择一种具有高效算法的模型参数,然后再将其转换为需要的模型参数。例如,AR 模型通常有成熟的高效算法,所以在利用 MA 或 ARMA 模型进行谱估计时,总是首先用高效算法估计 AR 模型参数,然后将其转换成 MA 或 ARMA 模型参数。

例 3.4.1　分别用 AR(∞)模型和 MA(∞)模型表示 ARMA(1,1)随机过程。

解　设 AR(∞)模型的传输函数为

$$\frac{1}{C(z)}=\frac{1}{1+\sum_{k=1}^{\infty}c_k z^{-k}}$$

令其与 ARMA(1,1)随机过程的传输函数相等,得到

$$1+\sum_{k=1}^{\infty}c_k z^{-k}=\frac{1+a_1 z^{-1}}{1+b_1 z^{-1}}$$

求上式两端的逆 z 变换,得到由 ARMA(1,1)参数迭代计算 AR(∞)参数的公式

$$c_k=\begin{cases}1, & k=0\\(a_1-b_1)(-b_1)^{k-1}, & k\geqslant 1\end{cases}$$

类似地,设 MA(∞)模型的传输函数为

$$D(z)=\sum_{k=0}^{\infty}d_k z^{-k}$$

令其与 ARMA(1,1)随机过程的传输函数相等,得到

$$\sum_{k=0}^{\infty} d_k z^{-k} = \frac{1+b_1 z^{-1}}{1+a_1 z^{-1}}$$

求上式两端的逆 z 变换，得到由 ARMA(1,1)参数迭代计算 MA(∞)参数的公式

$$d_k=\begin{cases} 1, & k=0 \\ (b_1-a_1)(-a_1)^{k-1}, & k\geqslant 1 \end{cases}$$

该例说明，ARMA(1,1)随机过程一般需要用无限阶 AR 或 MA 模型描述，有限阶 AR 或 MA 模型只能近似描述 ARMA(1,1)随机过程。例如，设 AR 或 MA 模型的阶是 L(L 为正整数)，为了使逼近误差尽可能小，应使 $c_{L+1}\approx 0$ 或 $d_{L+1}\approx 0$，为此应使 $b_1^L\approx 0$ 或 $a_1^L\approx 0$。注意 b_1 和 a_1 分别是 RMA(1,1)的零点和极点，从上面计算 c_k 和 d_k 的公式看出，零点或极点越接近单位圆(即 $b_1\to 1$ 或 $a_1\to 1$)，则使 $b_1^L\approx 0$ 或 $a_1^L\approx 0$ 所需的 L 值越大，即需要越高阶的 AR 或 MA 模型。

一般地，任何有限阶 ARMA(p,q)随机过程(p 和 q 是有限正整数)可以用 AR(∞)模型表示。令 AR(∞)模型的传输函数 $1/C(z)$ 与 ARMA(p,q)随机过程的传输函数 $B(z)/A(z)$ 相等，得到

$$C(z)B(z)=A(z) \tag{3.4.15}$$

其中

$$C(z)=1+\sum_{k=1}^{\infty} c_k z^{-k},\quad c_0=1$$

$$B(z)=1+\sum_{k=1}^{q} b_k z^{-k},\quad b_0=1$$

$$A(z)=1+\sum_{k=0}^{p} a_k z^{-k},\quad a_0=1$$

式(3.4.15)两端取逆 z 变换，得到

$$\sum_{k=0}^{q} b_k c_{n-k} = \sum_{k=0}^{p} a_k \delta_{n-k} \tag{3.4.16}$$

将式(3.4.16)写成递归计算形式(注意 $b_0=1$)

$$c_n = -\sum_{k=1}^{q} b_k c_{n-k} + \sum_{k=0}^{p} a_k \delta_{n-k},\quad n\geqslant 0 \tag{3.4.17}$$

注意到式(3.4.17)的第二个和式

$$\sum_{k=0}^{p} a_k \delta_{n-k} = \begin{cases} 1, & n=0 \\ a_n, & 1\leqslant n\leqslant p \\ 0, & n>p \end{cases}$$

故式(3.4.17)最后可写成

$$c_n=\begin{cases} 1, & n=0 \\ -\sum_{k=1}^{q} b_k c_{n-k}+a_n, & 1\leqslant n\leqslant p \\ -\sum_{k=1}^{q} b_k c_{n-k}, & n>p \end{cases} \tag{3.4.18}$$

利用式(3.4.18)即可由已知 ARMA(p,q)模型的自回归参数 $a_k(k=1,2,\cdots,p)$ 和动平均参数 $b_k(k=1,2,\cdots,q)$ 迭代计算出等效的 AR(∞)模型的参数 $c_k(k=1,2,\cdots)$，迭代计算的初始条件是 $c_k=0(k=-1,-2,\cdots,-q)$。注意式(3.4.18)的第三个等式包含无限个方程，实现对 $c_k(k>p)$ 的外推。

例 3.4.2　已知 4 个 ARMA(4,2)模型的参数如下：

```
ARMA1:b= [1,- 0.1927,0.04]; a= [1,- 1.3687,1.3353,- 0.6707,0.2401]
ARMA2:b= [1,- 0.8672,0.81]; a= [1,- 1.3687,1.3353,- 0.6707,0.2401]
ARMA1:b= [1,- 0.8672,0.81]; a= [1,- 2.7596,3.8076,- 2.6503,0.9224]
ARMA1:b= [1,- 0.1927,0.04]; a= [1,- 2.7596,3.8076,- 2.6503,0.9224]
```

对应的极点和零点为：

ARMA1：$p_{1,2}=0.7e^{\pm j0.24\pi}, p_{3,4}=0.7e^{\pm j0.42\pi}; z_{1,2}=0.2e^{\pm j0.34\pi}$

ARMA1：$p_{1,2}=0.7e^{\pm j0.24\pi}, p_{3,4}=0.7e^{\pm j0.42\pi}; z_{1,2}=0.9e^{\pm j0.34\pi}$

ARMA1：$p_{1,2}=0.98e^{\pm j0.22\pi}, p_{3,4}=0.7e^{\pm j0.28\pi}; z_{1,2}=0.9e^{\pm j0.34\pi}$

ARMA1：$p_{1,2}=0.98e^{\pm j0.22\pi}, p_{3,4}=0.7e^{\pm j0.28\pi}; z_{1,2}=0.2e^{\pm j0.34\pi}$

图 3.4.8 是极零图，其中左上为 ARMA1，右上为 ARMA2，左下为 ARMA3，右下为 ARMA4。

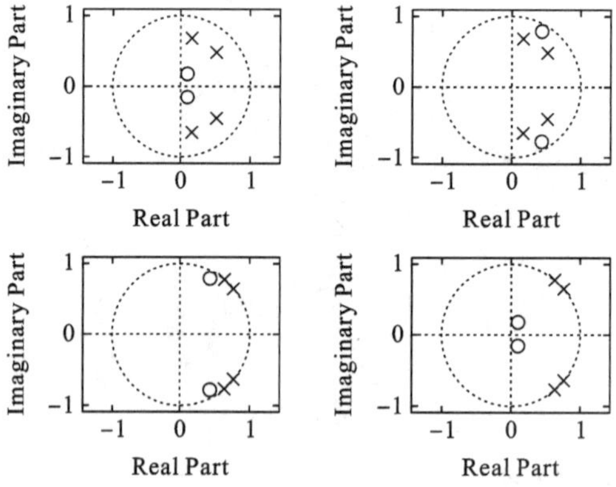

图 3.4.8　例 3.4.2 中 4 个 ARMA 模型的极零图

根据极零图可以判定 ARMA1 和 ARMA2 具有宽带功率谱，ARMA3 和 ARMA4 具有窄带功率谱；ARMA2 和 ARMA3 的功率谱有深谷，ARMA1 和 ARMA4 的功率谱没有深谷；ARMA3 和 ARMA4 的功率谱有尖峰，ARMA1 和 ARMA2 的功率谱没有尖峰。本例的目的是利用 MATLAB 研究用 AR 模型逼近以上 4 个 ARMA 模型时，所需的最小模型阶数。

解　用 AR(L)模型逼近 ARMA1 模型的 MATLAB 程序如下(已略去绘图语句)：

```
% Exp3.4.1,fig3.4.9~3.4.12
b= [1,- 0.1927,0.04]; a= [1,- 1.3687,1.3353,- 0.6707,0.2401]
p= length(a)- 1; q= length(b)- 1; N= 50; L1= 7; L2= 8;
c= zeros(1,q+ N);c(q+ 1)= 1;
for n= 2:p+ 1
    d= 0;
    for k= 2:q+ 1
        d= d+ b(k)* c(n+ q+ 1- k);
    end
    c(n+ q)= a(n)- d;
end
for n= p+ 2:q+ N
  d= 0;
  for k= 2:q+ 1
```

```
        d= d+ b(k)* c(n+ q+ 1- k);
      end
      c(n+ q)= - d;
   end
   [H,w]= freqz(b,a);P= abs(H).^2;S= 10* log10(P);
   [Har1,w]= freqz(1,c(q+ 1:L1));Par1= abs(Har1).^2;
   Sar1= 10* log10(Par1);[Har2,w]= freqz(1,c(q+ 1:L2));
   Par2= abs(Har2).^2;Sar2= 10* log10(Par2);
```

对于其余 3 个模型，MATLAB 程序仅需改动参数 a、b、N、L1 和 L2 的指定。程序运行结果示于图 3.4.9～图 3.4.12，其中虚线和实线分别表示已知 ARMA 模型和等效 AR(L)模型的功率谱。每幅图的右上角标出 AR 模型的阶。

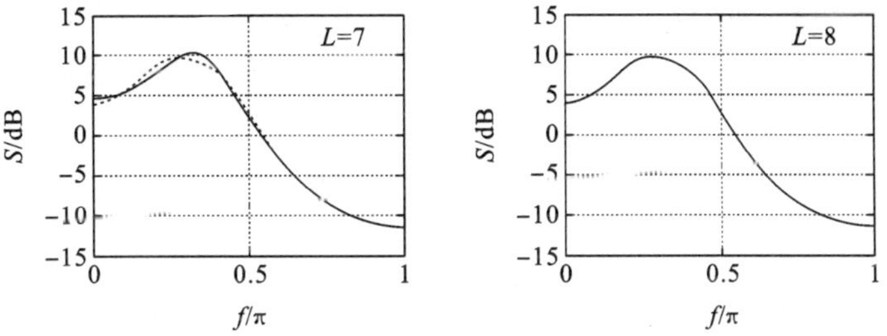

图 3.4.9　用 AR(7)**和** AR(8)**逼近** ARMA1

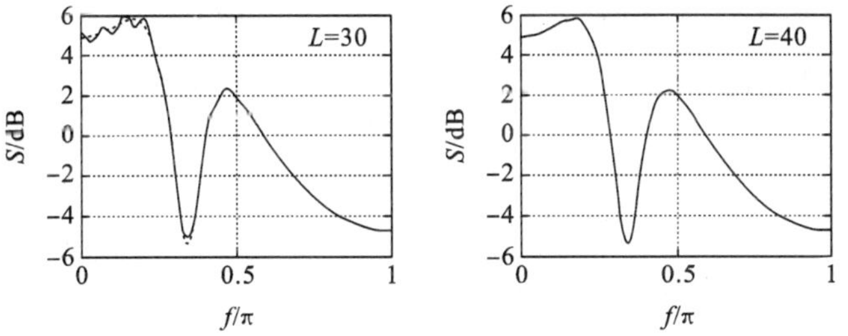

图 3.4.10　用 AR(30)**和** AR(40)**逼近** ARMA2

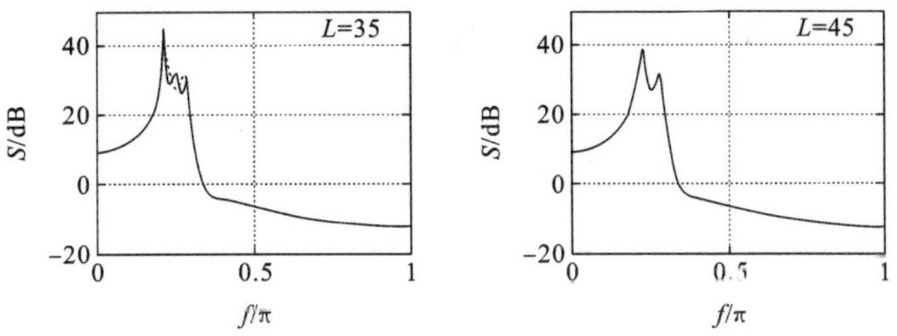

图 3.4.11　用 AR(30)**和** AR(40)**逼近** ARMA3

可以看出，逼近 ARMA1、ARMA2、ARMA3 和 ARMA4 所需的 AR 模型的最低阶数分别是 8、40、45 和 10，逼近无深谷功率谱(ARMA1 和 ARMA4)需要的阶比有深谷功率谱(ARMA2和 ARMA3)低。这是因为深谷是由接近单位圆的零点引起，而 AR 模型是全极点模型，除了在原点有高价零点外在其余地方没有任何零点。此外，ARMA2 和 ARMA3 虽然都有深谷，但后者的极点比前者更接近单位圆，它的峰更尖锐，所以需要更高阶的 AR 模型。

类似地，令 MA(∞)模型的传输函数

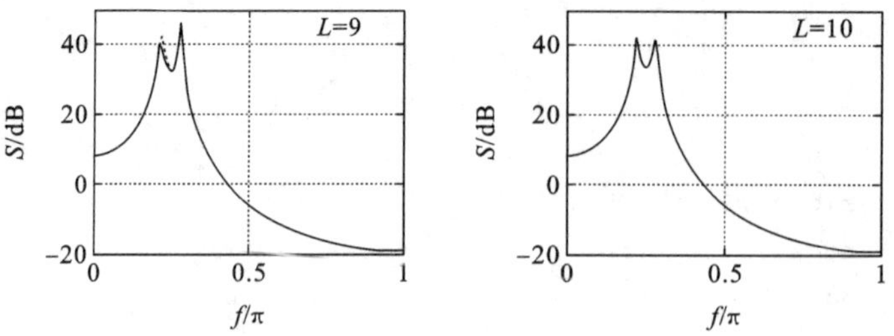

图 3.4.12　用 AR(9)和 AR(10)逼近 ARMA4

$$D(z)=\sum_{k=0}^{\infty}d_k z^{-k},\quad d_0=1 \tag{3.4.19}$$

与 ARMA(p,q)模型的传输函数相等

$$D(z)=\frac{\sum_{k=0}^{q}b_k z^{-k}}{1+\sum_{k=1}^{p}a_k z^{-k}},\quad b_0=1$$

即

$$D(z)=-D(z)\sum_{k=1}^{p}a_k z^{-k}+\sum_{k=0}^{q}b_k z^{-k},\quad b_0=1 \tag{3.4.20}$$

式(2.4.20)两端取逆 z 变换,得到由已知 ARMA(p,q)模型的自回归参数a_k($k=1,2,\cdots,p$)和动平均参数 b_k($k=1,2,\cdots,q$)迭代计算等效的 MA(∞)模型的参数 d_k($k=1,2,\cdots$)的迭代计算公式

$$d_n=\begin{cases}1, & n=0\\ -\sum_{k=1}^{p}a_k d_{n-k}+b_n, & 1\leqslant n\leqslant q\\ -\sum_{k=1}^{p}a_k d_{n-k}, & n>q\end{cases} \tag{3.4.21}$$

例 3.4.3　用 MA 模型逼近例 3.4.2 给出的 ARMA(4,2)模型。

解　与例 3.4.2 的 MATLAB 程序很类似,主要差别是将其中的循环语句替换为

```
for n= 2:q+ 1
    e= 0;
    for k= 2:p+ 1
        e= e+ a(k)* d(n+ p- k);
    end
    d(n+ p- 1)= b(n)- e;
end
for n= q+ 2:p+ N
   e= 0;
   for k= 2:p+ 1
       e= e+ a(k)* d(n+ p- k);
   end
   d(n+ p- 1)= - e;
end
```

运行程序，得到图 3.4.13～图 3.4.16 的功率谱图形。

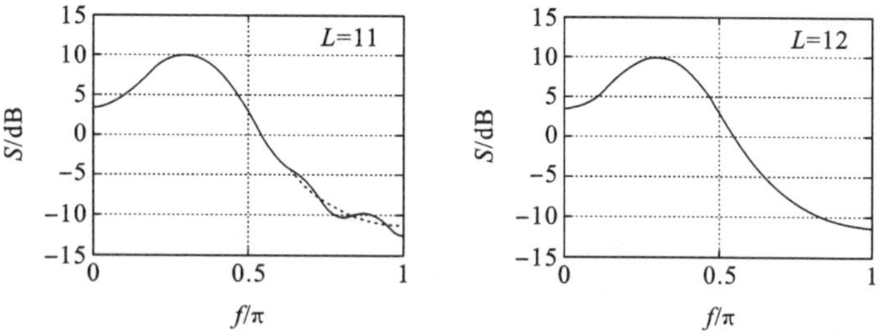

图 3.4.13　用 MA(11)和 MA(12)逼近 ARMA1

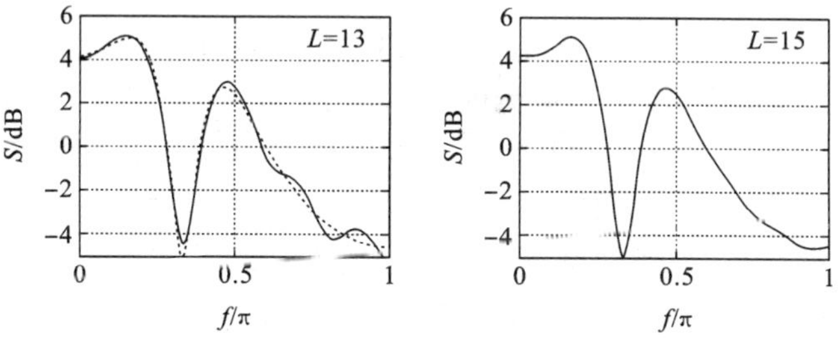

图 3.4.14　用 MA(13)和 MAR(15)逼近 ARMA2

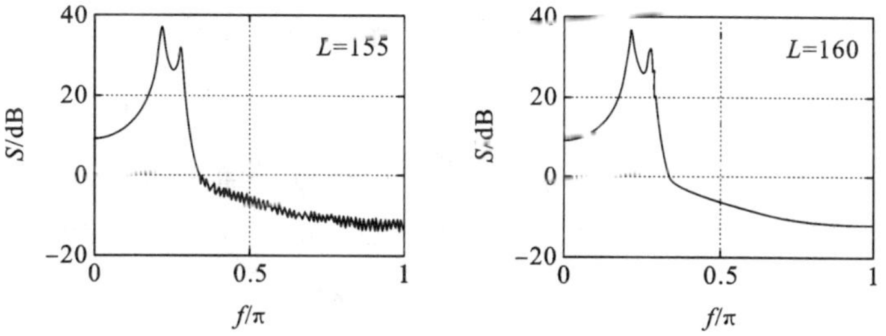

图 3.4.15　用 MA(155)和 MA(160)逼近 ARMA3

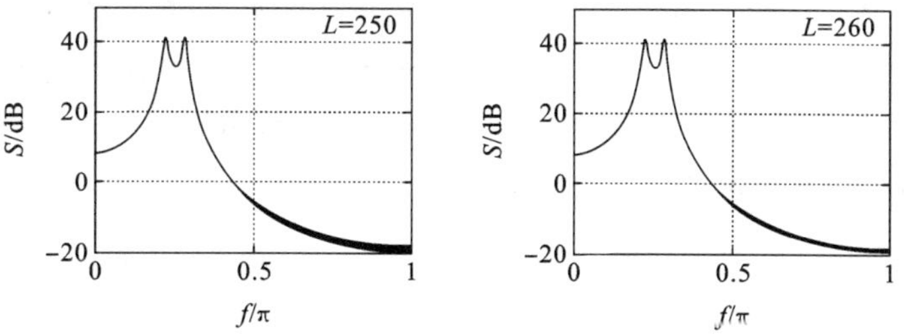

图 3.4.16　用 MA(250)和 MA(260)逼近 ARMA4

比较以上图形看出，逼近 ARMA1、ARMA2、ARMA3 和 ARMA4 所需的 AR 模型的最低阶分别是 12、15、160 和 260，用 MA 模型逼近有尖峰功率谱（ARMA3 和 ARMA4）需要的阶比无尖峰功率谱（ARMA1 和 ARMA2）高很多。这是因为，尖峰是离单位圆很近的极点引起，而 MA 模型是全零点模型，除了在原点有高阶极点外在其余地方没有任何极点。另外，虽然 ARMA3 和 ARMA4 都有尖峰，但是 ARMA3 同时也有深谷而 ARMA4 却没有，所以逼近 ARMA4 的 MA 模型的阶更高。

式(3.4.18)可以反过来加以利用，具体说，写出式(3.4.18)中第三个等式所包含的前 q 个

方程的展开形式

$$\begin{bmatrix} c_p & c_{p-1} & \cdots & c_{p+1-q} \\ c_{p+1} & c_p & \cdots & c_p \\ \vdots & \vdots & \ddots & \vdots \\ c_{p+q-1} & c_p & \cdots & c_p \end{bmatrix} \begin{bmatrix} b_1 \\ b_2 \\ \vdots \\ b_q \end{bmatrix} = -\begin{bmatrix} c_{p+1} \\ c_{p+2} \\ \vdots \\ c_{p+q} \end{bmatrix} \tag{3.4.22}$$

如果已知与 ARMA(p,q)模型等效的 AR(∞)模型的参数 c_k($p-q+1\leqslant k\leqslant p+q$),则可用式(3.4.22)恢复 ARMA($p,q$)模型的动平均参数 b_k($k=1,2,\cdots,q$),然后将其代入式(3.4.18)的第二个等式,计算出 ARMA(p,q)模型的自回归参数 a_k($k=1,2,\cdots,p$)

$$a_n = c_n + \sum_{k=1}^{q} b_k c_{n-k}, \quad 1 \leqslant n \leqslant p \tag{3.4.23}$$

注意,利用式(3.4.19)和式(3.4.23)还原 ARMA(p,q)模型参数 b_k($k=1,2,\cdots,q$)和 a_k($k=1,2,\cdots,p$)时,只利用了 AR(∞)模型的下标为 $p-q+1\leqslant k\leqslant p+q$ 的有限个参数 c_k,而实际上与 ARMA(p,q)模型等效的 AR(∞)模型参数有无限个,这意味着计算中已经假设对应于 $k>p+q$ 的 c_k 都等于零。因此,这样做实际上是用一个由 AR(∞)模型"截断"得到的 AR($p+q$)模型来逼近原来的 ARMA(p,q)模型。这个概念用多项式逼近的概念来说明会更清楚一些,具体说,设 ARMA(p,q)模型的传输函数的倒数多项式为

$$G(z) = \frac{A(z)}{B(z)} = \sum_{k=0}^{\infty} g_k z^{-k} \tag{3.4.24}$$

由 AR(∞)模型"截断"得到的 AR($p+q$)模型的传输函数的倒数多项式为

$$C(z) = \sum_{k=0}^{p+q} c_k z^{-k} \tag{3.4.25}$$

因此,用 AR($p+q$)模型逼近 ARMA(p,q)模型时,仅仅保证两个多项式 $C(z)$和 $G(z)$的前 $p+q+1$ 项一致,即仅仅保证 $g_k=c_k$($0\leqslant k\leqslant p+q$),而在 $k>p+q$ 范围内的 c_k 都等于零,但实际上 g_k 不都等于零。

3.4.4　Yule-Walker 方程

模型参数与自相关函数之间的关系由 Yule-Walker 方程(或称标准方程)描述。这组方程可以通过对功率谱表示式(3.4.4)求逆 z 变换来推导,也可以直接利用差分方程(3.4.1)求自相关函数来推导。鉴于 Yule-Walker 方程的重要性,下面对两种推导方法都加以介绍。

(1) 对功率谱求逆 z 变换。

将式(3.4.4)写成

$$S_{xx}(z)A(z) = \sigma^2 \frac{B^*(1/z^*)}{A^*(1/z^*)} B(z) = \sigma^2 H^*(1/z^*) B(z)$$

两端取逆 z 变换,得到

$$\sum_{k=0}^{p} a_k R_{xx}(m-k) = \sigma^2 \sum_{k=0}^{q} b_k h(k-m) \tag{3.4.26}$$

式中,$R_{xx}(m)$是 $S_{xx}(z)$的逆 z 变换,即 $x(n)$的自相关函数;实序列 $h(n)$是 $H(z)$的冲激响应。设 $h(n)$是因果序列,即 $h(n)=0$($n<0$),于是式(3.4.26)表示为

$$\sum_{k=0}^{p} a_k R_{xx}(m-k) = \begin{cases} \sigma^2 \sum_{k=0}^{q} b_k h(k-m), & 0 \leqslant m \leqslant q \\ 0, & m \geqslant q+1 \end{cases}$$

或

$$\sum_{k=0}^{p}a_kR_{xx}(m-k)=\begin{cases}\sigma^2\sum_{k=0}^{q-m}b_{k+m}h(k), & 0\leqslant m\leqslant q\\ 0, & m\geqslant q+1\end{cases}\tag{3.4.27}$$

注意到 $a_0=1$,式(3.4.27)可以写成

$$R_{xx}(m)=\begin{cases}-\sum_{k=1}^{p}a_kR_{xx}(m-k)+\sigma^2\sum_{k=0}^{q-m}b_{k+m}h(k), & 0\leqslant m\leqslant q\\ -\sum_{k=1}^{p}a_kR_{xx}(m-k), & m\geqslant q+1\end{cases}\tag{3.4.28}$$

这就是 ARMA(p,q)模型的 Yule-Walker 方程。

(2) 直接利用差分方程求自相关函数。

式(3.4.1)两端同乘以 $x^*(n-m)$后取数学期望

$$E[x(n)x^*(n-m)]=-\sum_{k=1}^{p}a_kE[x(n-k)x^*(n-m)]+\sum_{k=0}^{q}b_kE[u(n-k)x^*(n-m)]$$

即

$$R_{xx}(m)=-\sum_{k=1}^{p}a_kR_{xx}(m-k)+\sum_{k=0}^{q}b_kR_{xu}(m-k)\tag{3.4.29}$$

输入 $u(n)$与输出 $x(n)$之间的互相关序列

$$R_{xu}(m)=E[u(n+m)x^*(n)]\tag{3.4.30}$$

将式(3.4.2)代入式(3.4.30)

$$R_{xu}(m)=E\left[u(n+m)\sum_{l=0}^{\infty}h^*(l)u^*(n-l)\right]=\sum_{l=0}^{\infty}h^*(l)E[u(n+m)u^*(n-l)]$$

$$=\sum_{l=0}^{\infty}h^*(l)R_{uu}(m+l)\tag{3.4.31}$$

$u(n)$是方差为 σ^2 的白噪声,所以由式(3.4.31)得到

$$R_{xu}(m)=\sigma^2h^*(-m)\tag{3.4.32}$$

$h(m)$是因果序列,即 $h(-m)=0\ (m>0)$,所以 $R_{xu}(m)=0\ (m>0)$。因此,对于 $m>k$ $(0\leqslant k\leqslant q)$或 $m\geqslant q+1$,式(3.4.29)右端第 2 个和式等于 0,于是得到

$$R_{xx}(m)=\begin{cases}-\sum_{k=1}^{p}a_kR_{xx}(m-k)+\sum_{k=m}^{q}b_kR_{xu}(m-k), & 0\leqslant m\leqslant q\\ -\sum_{k=1}^{p}a_kR_{xx}(m-k), & m\geqslant q+1\end{cases}\tag{3.4.33}$$

将式(3.4.31)代入式(3.4.33),得到

$$R_{xx}(m)=\begin{cases}-\sum_{k=1}^{p}a_kR_{xx}(m-k)+\sigma^2\sum_{k=m}^{q}b_kh(-m+k), & 0\leqslant m\leqslant q\\ -\sum_{k=1}^{p}a_kR_{xx}(m-k), & m\geqslant q+1\end{cases}\tag{3.4.34}$$

即

$$R_{xx}(m)=\begin{cases}-\sum_{k=1}^{p}a_kR_{xx}(m-k)+\sigma^2\sum_{k=0}^{q-m}b_{k+m}h(k), & 0\leqslant m\leqslant q\\ -\sum_{k=1}^{p}a_kR_{xx}(m-k), & m\geqslant q+1\end{cases} \tag{3.4.35}$$

式(3.4.35)与式(3.4.28)完全相同。

将 $a_0=1$ 和 $a_k=0(1\leqslant k\leqslant p)$ 代入式(3.4.35),并注意到这时有 $H(z)=B(z)$ 或 $h(k)=b_k$,得到

$$R_{xx}(m)=\begin{cases}\sigma^2\sum_{k=0}^{q-m}b_{k+m}b_k, & 0\leqslant m\leqslant q\\ 0, & m\geqslant q+1\end{cases} \tag{3.4.36}$$

这就是 MA(q)模型的 Yule-Walker 方程。

类似地,将 $b_0=1$ 和 $b_k=0(1\leqslant k\leqslant q)$ 代入式(3.4.35),得到

$$R_{xx}(m)=\begin{cases}-\sum_{k=1}^{p}a_kR_{xx}(m-k)+\sigma^2, & m=0\\ -\sum_{k=1}^{p}a_kR_{xx}(m-k), & m\geqslant 1\end{cases} \tag{3.4.37}$$

注意到 $a_0=1$,式(3.4.37)也可写成

$$\sum_{k=0}^{p}a_kR_{xx}(m-k)=\begin{cases}\sigma^2, & m=0\\ 0, & m\geqslant 1\end{cases} \tag{3.4.38}$$

这就是 AR(p)模型的 Yule-Walker 方程。

值得注意的是,ARMA(p,q)的 Yule-Walker 方程(式(3.4.35))和 MA(q)模型的 Yule-Walker 方程(式(3.4.36))都是非线性方程,而 AR(p)模型的 Yule-Walker 方程(式(3.4.38))是线性方程。

用模型方法进行谱估计的一般步骤是,首先根据已知观测数据估计自相关函数,然后将估计的自相关函数代入 Yule-Walker 方程并解方程,最后将解得的模型参数代入计算功率谱的公式。

(1) AR 模型谱估计。

AR(p)模型的 Yule-Walker 方程(3.4.38)包含 $p+1$ 个未知数 $\{a_1,a_2,\cdots,a_p,\sigma^2\}$,故只需 $p+1$ 个方程

$$\sum_{k=0}^{p}a_kR_{xx}(m-k)=\begin{cases}\sigma^2, & m=0\\ 0, & 1\leqslant m\leqslant p\end{cases} \tag{3.4.39}$$

写成矩阵形式

$$\begin{bmatrix}R(0) & R(1) & \cdots & R(p)\\ R(1) & R(0) & \cdots & R(p-1)\\ \vdots & \vdots & \ddots & \vdots\\ R(p) & R(p-1) & \cdots & R(0)\end{bmatrix}\begin{bmatrix}1\\ a_1\\ \vdots\\ a_p\end{bmatrix}=\begin{bmatrix}\sigma^2\\ 0\\ \vdots\\ 0\end{bmatrix} \tag{3.4.40}$$

为了书写方便,其中省去了自相关函数的下标。根据观测数据 $x(n)$ 估计出 $p+1$ 个自相关函数 $\{R(0),\ R(1),\ \cdots,\ R(p)\}$,然后用任何一种线性方程组解法求解方程(3.4.40)得到 $p+1$ 个模型参数 $\{a_1,a_2,\cdots,a_p,\sigma^2\}$,最后将模型参数代入式(3.4.14)计算功率谱

$$S_{ar}(e^{j\omega})=\frac{\sigma^2}{\left|1+\sum_{k=1}^{p}a_k e^{-j\omega k}\right|^2} \tag{3.4.41}$$

关于方程组(3.4.40)的快速解法问题，将在 3.6 节中讨论。

(2) MA 模型谱估计。

MA 模型适合描述具有宽峰和尖锐深谷的功率谱，用于描述不高的窄带谱分辨率，这限制了它在功率谱估计中的应用。但是，在采用 ARMA 模型进行谱估计时，需要利用 MA 模型求取 ARMA 模型的动平均参数。

MA(q)模型的 Yule-Walker 方程由式(3.4.36)给出

$$R_{xx}(m)=\begin{cases}\sigma^2\sum_{k=0}^{q-m}b_{k+m}b_k, & 0\leqslant m\leqslant q\\ 0, & m\geqslant q+1\end{cases} \tag{3.4.42}$$

这是一非线性方程组，直接求解是困难的。避开这个困难的方法之一是利用谱分解定理。具体来说，由于 MA(q)过程的自相关函数 $R_{xx}(m)$在$|m|\leqslant q$ 范围外等于零，所以它的功率谱实际上是一个多项式

$$S_{ma}(z)=\sum_{m=-q}^{q}R(m)z^{-m}=\sigma^2B(z)B^*(1/z^*) \tag{3.4.43}$$

其中

$$B(z)=\sum_{k=0}^{q}b_k z^{-k},\quad b_0=1 \tag{3.4.44}$$

利用谱分解定理将 $S_{ma}(z)$分解成两个多项式之积

$$S_{ma}(z)=\sigma^2Q(z)Q^*(1/z^*) \tag{3.4.45}$$

式中

$$Q(z)=\prod_{k=1}^{q}(1-\beta_k z^{-1}),\quad |\beta_k|<1 \tag{3.4.46}$$

$$Q^*(1/z^*)=\prod_{k=1}^{q}(1-\beta_k^* z),\quad |\beta_k^*|<1 \tag{3.4.47}$$

$Q(z)$的全部零点都在单位圆内，是最小相位多项式；$Q^*(1/z^*)$的全部零点在单位圆外，是最大相位多项式。$Q(z)$即是 MA(q)模型的传输函数

$$B(z)=Q(z)=\prod_{k=1}^{q}(1-\beta_k z^{-1})=\sum_{k=0}^{q}q_k z^{-k} \tag{3.4.48}$$

因此，MA(q)的模型参数 $b_k=q_k\ (0\leqslant k\leqslant q)$。

值得注意的是，$S_{ma}(z)$有 $2q$ 个零点，若用 α_k 表示，则有

$$S_{ma}(z)=\sigma^2\prod_{k=1}^{q}(1-\alpha_k z^{-1})\prod_{k=1}^{q}(1-\alpha_k^* z) \tag{3.4.49}$$

对它进行谱分解时，$Q(z)$的零点形成方法是将 $S_{ma}(z)$在单位圆外的零点“搬到”共轭倒数位置上(单位圆内)，而这种“搬运”有多种可能，所以 $Q(z)$不是唯一的。

求 MA(q)模型参数的另一种方法是 Durbin 法。

设 $x(n)$是一个由单位方差白噪声激励线性移不变系统 $B_q(z)$产生的 MA(q)过程，首先为 $x(n)$建立一个高阶全极点模型 $A_M(z)$

$$\frac{1}{A_M(z)} \equiv \frac{1}{1+\sum_{k=1}^{M} a_k z^{-k}} \approx B_q(z), \quad M \gg q \tag{3.4.50}$$

由式(3.4.50)得

$$B_q(z)A_M(z) \approx 1, \quad M \gg q \tag{3.4.51}$$

式(3.4.51)两端取逆 z 变换,并注意到 $a_0=1$ 和 $a_k=0(k<0)$,得到

$$a_n + \sum_{k=1}^{q} b_k a_{n-k} = \delta_n = \begin{cases} 1, & n=0 \\ 0, & n \neq 0 \end{cases} \tag{3.4.52}$$

由式(3.4.52)看出,若把 $A_M(z)$ 的系数 $a_k(0 \leqslant k \leqslant M)$ 看成信号,则 $b_k(0 \leqslant k \leqslant q)$ 是该信号的 q 阶全极点模型 $A_q(z)$ 的系数。因此,Durbin 方法很简单,首先求 $x(n)$ 的高阶 AR 模型 $A_M(z)$,然后求 $A_M(z)$ 的系数 $a_k(0 \leqslant k \leqslant M)$ 的 q 阶全极点模型 $A_q(z)$,$A_q(z)$ 的系数就是 $b_k(0 \leqslant k \leqslant q)$。通常选择 $M \geqslant 4q$。

如果不需要 MA(q)模型参数,而只需要得到 MA(q)的功率谱,可以有更简单的方法。注意到 MA(q)模型的传输函数是 $B(z)=\sum_{k=0}^{q} b_k z^{-k}$,所以式(3.4.42)右端的和式实际上是 $B(z)B(z^{-1})$ 的逆 z 变换,也就是说,MA(q)模型的 Yule-Walker 方程实际上可以直接由 MA(q)模型的功率谱公式(3.4.9)$S_{xx}(z)=\sigma^2 B(z)B(z^{-1})$ 两端取逆 z 变换来得到。反之,若式(4.3.42)两端取 z 变换,则有

$$\sum_{m=-q}^{q} R_{xx}(m) z^{-m} = \sigma^2 \sum_{m=-q}^{q} \left(\sum_{k=0}^{q-m} b_{k+m} b_k \right) z^{-m}, \quad 0 \leqslant m \leqslant q \tag{3.4.53}$$

注意,上式右端是 MA(q)模型的功率谱 $S_{ma}(z)=\sigma^2 B(z)B(z^{-1})$,因此,MA($q$)模型的功率谱可以直接用左端的和式来计算,即

$$S_{ma}(z) = \sum_{m=-q}^{q} R_{xx}(m) z^{-m} \tag{3.4.54}$$

其中 $R_{xx}(m)$ 根据观测数据 $x(n)$ 来估计。这说明,不需要先通过解非线性 Yule-Walker 方程(3.4.42)求模型参数 b_k,然后用式(3.4.10)计算功率谱,而只需根据给定的观测数据 $x(n)$ 直接估计自相关函数,例如

$$R_{xx}(m) = \frac{1}{N} \sum_{n=0}^{N-1-|m|} x(n)x(n+m), \quad |m| \leqslant N-1 \tag{3.4.55}$$

式中,N 是观测数据序列的长度。然后将估计得到的 $R_{xx}(m)$ $(m=0,1,\cdots,q)$ 直接代入式(3.4.54),即可计算出 MA(q)模型的功率谱。实际上这就是周期图的间接计算方法。

(3) ARMA 模型谱估计。

ARMA(p,q)模型的 Yule-Walker 方程(3.4.28)中第 2 个方程的展开形式为

$$\begin{bmatrix} R(q) & R(q-1) & \cdots & R(q-p+1) \\ R(q+1) & R(q) & \cdots & R(q-p+2) \\ \vdots & \vdots & \ddots & \vdots \\ R(q+p-1) & R(q+p-2) & \cdots & R(q) \end{bmatrix} \begin{bmatrix} a_1 \\ a_2 \\ \vdots \\ a_p \end{bmatrix} = - \begin{bmatrix} R(q+1) \\ R(q+2) \\ \vdots \\ R(q+p) \end{bmatrix} \tag{3.4.56}$$

式(3.4.56)称为修正 Yule-Walker 方程,这是一个线性方程组。若已知自相关函数 $R(k)(q-p+1 \leqslant k \leqslant q+p)$,解此方程即可求出 ARMA($p,q$)模型的自回归参数 $a_k(1 \leqslant k \leqslant p)$。求出 a_k 后,需要进一步求动平均参数 $b_k(1 \leqslant k \leqslant q)$,方法是首先用 $A(z)$ 对 $x(n)$ 滤波产生 $y(n)$。因为 $x(n)$ 是 ARMA(p,q)过程,其功率谱是

$$P_x(z)=\sigma^2\frac{B(z)B^*(1/z^*)}{A(z)A^*(1/z^*)}$$

所以 $y(n)$ 的功率谱是

$$P_y(z)=P_x(z)A(z)A^*(1/z^*)=\sigma^2 B(z)B^*(1/z^*)$$

显然这是一个 MA(q)过程。然后根据数据 $y(n)$ 求出 MA(q)模型参数，也就是ARMA(p,q)过程的动平均参数 $b_k(1\leqslant k\leqslant q)$。

求 ARMA(p,q)过程的动平均参数 $b_k(1\leqslant k\leqslant q)$ 还有另外一种方法，这种方法不需要预先用 $A(z)$ 对 $x(n)$ 进行滤波，也不需要解非线性方程(式(3.4.35)中第 1 个方程)。求出 ARMA(p,q)模型的自回归参数 $a_k(1\leqslant k\leqslant p)$ 后，首先利用下列方程组计算序列 $c_q(k)(0\leqslant k\leqslant q)$

$$\begin{bmatrix} R(0) & R^*(1) & \cdots & R^*(p) \\ R(1) & R(0) & \cdots & R^*(p-1) \\ \vdots & \vdots & \ddots & \vdots \\ R(q) & R(q+1) & \cdots & R(0) \end{bmatrix}\begin{bmatrix} 1 \\ a_1 \\ \vdots \\ a_p \end{bmatrix}=\begin{bmatrix} c_q(0) \\ c_q(1) \\ \vdots \\ c_q(q) \end{bmatrix} \tag{3.4.57}$$

其中，$c_q(k)=0(k>q)$，所以可以认为对于所有 $k\geqslant 0$，$c_q(k)$ 都是已知的。$c_q(k)$ 的因果部分(即正时间部分)的 z 变换表示为

$$[C_q(z)]_+=\sum_{k=0}^{\infty}c_q(k)z^{-k} \tag{3.4.58}$$

类似地，将 $c_q(k)$ 的逆因果部分(即负时间部分)的 z 变换表示为

$$[C_q(z)]_-=\sum_{k=-\infty}^{-1}c_q(k)z^{-k}=\sum_{k=1}^{\infty}c_q(-k)z^{k} \tag{3.4.59}$$

式(3.4.57)的缩减形式为

$$\sum_{k=0}^{p}a_k R_{xx}(m-k)=c_q(k),\quad 0\leqslant m\leqslant q,\quad a_0=1 \tag{3.4.60}$$

将式(3.4.60)与式(3.4.35)的第一个公式

$$\sum_{k=0}^{p}a_k R_{xx}(m-k)=\sigma^2\sum_{k=0}^{q-m}b_{k+m}h(k),\quad 0\leqslant m\leqslant q$$

对比，可以看出

$$c_q(k)=\sigma^2\sum_{k=0}^{q-m}b_{k+m}h(k),\quad 0\leqslant m\leqslant q \tag{3.4.61}$$

即序列 $c_q(k)$ 是 b_k 与 $h(-k)$ 的卷积。因此，$c_q(k)$ 的 z 变换等于 b_k 的 z 变换与 $h(-k)$ 的 z 变换的乘积

$$C_q(z)=\sigma^2 B(z)H(1/z)=\sigma^2 B(z)\frac{B(1/z)}{A(1/z)} \tag{3.4.62}$$

由式(3.4.62)得到

$$S_y(z)\equiv C_q(z)A(1/z)=\sigma^2 B(z)B(1/z) \tag{3.4.63}$$

这说明 $S_y(z)$ 是 MA(q)随机过程的功率谱。由于 $a_k=0(k<0)$，因而 $A(1/z)$ 仅含 z 的正幂。而 $C_q(z)$ 既含 z 的正幂，也含 z 的负幂，所以式(3.4.63)可以写成

$$S_y(z)=[C_q(z)]_+A(1/z)+[C_q(z)]_-A(1/z) \tag{3.4.64}$$

其中，$[C_q(z)]_-$ 只含 z 的正幂(见式(3.4.59))。由式(3.4.64)得到 $S_y(z)$ 的因果部分

$$[S_y(z)]_+=\{[C_q(z)]_-A(1/z)\}_+ \tag{3.4.65}$$

这样，虽然根据式(3.4.57)并未计算出 $c_q(k)(k<0)$，但是可以用式(3.4.65)由 $c_q(k)$

$(k>0)$和$a_k(1\leqslant k\leqslant p)$计算出$S_y(z)$的因果部分。然后根据$S_y(z)$的共轭对称性质得到整个$S_y(z)$。得到$S_y(z)$后,利用谱分解定理将其分解成最小相位多项式$B(z)$和最大相位多项式$B(1/z)$之积,$S_y(z)=B(z)B(1/z)$,于是最后求出ARMA$(p,q)$模型的动平均参数$b_k(1\leqslant k\leqslant q)$。

值得注意的是,用式(3.4.56)计算ARMA(p,q)模型的自回归参数$a_k(1\leqslant k\leqslant p)$时,已知量是自相关函数值$R(k)$。如果不知道这些自相关函数值,则需要根据观测数据$x(n)$$(0\leqslant n\leqslant N)$对其进行估计。因此,自回归参数$a_k$的估计精度取决于自相关函数的估计精度。式(3.4.56)只利用了$q-p+1\leqslant k\leqslant q+p$范围内的自相关函数值,如果序列$x(n)$的长度$N\gg p+q$,就可以估计更多(下标$k>q+p$)的自相关函数值,例如,$R(k)(0\leqslant k\leqslant L,L>p+q)$,并将式(3.4.57)扩展为

$$\begin{bmatrix} R(0) & R(1) & R(2) & \cdots & R(p) \\ R(1) & R(2) & R(3) & \cdots & R(p-1) \\ \vdots & \vdots & \vdots & \ddots & \vdots \\ R(q) & R(q-1) & R(q-2) & \cdots & R(q-p) \\ R(q+1) & R(q) & R(q-1) & \cdots & R(q-p+1) \\ \vdots & \vdots & \vdots & \ddots & \vdots \\ R(L) & R(L-1) & R(L-2) & \cdots & R(L-p) \end{bmatrix}\begin{bmatrix} 1 \\ a_1 \\ a_2 \\ \vdots \\ a_p \end{bmatrix}=\begin{bmatrix} c_q(0) \\ c_q(1) \\ \vdots \\ c_q(q) \\ 0 \\ \vdots \\ 0 \end{bmatrix} \tag{3.4.66}$$

解此扩展Yule-Walker方程得到的自回归参数在最小二乘方的意义上与给定的自相关函数值最拟合。式(3.4.66)的最后$L-q$个方程为

$$\begin{bmatrix} R(q) & R^*(q-1) & \cdots & R^*(q-p) \\ R(q+1) & R(q) & \cdots & R^*(q-p+1) \\ \vdots & \vdots & \ddots & \vdots \\ R(L-1) & R(L-2) & \cdots & R(L-P) \end{bmatrix}\begin{bmatrix} 1 \\ a_1 \\ \vdots \\ a_p \end{bmatrix}=\begin{bmatrix} R(q+1) \\ R(q+2) \\ \vdots \\ R(L) \end{bmatrix} \tag{3.4.67}$$

或写成矩阵形式

$$\boldsymbol{R}_q\boldsymbol{a}_p=-\boldsymbol{r}_{q+1} \tag{3.4.68}$$

这是一个超定线性方程组,为了求它的最小二乘方解,等式两端同乘以$\boldsymbol{R}_q^H$得到

$$(\boldsymbol{R}_q^H\boldsymbol{R}_q)\boldsymbol{a}_p=-\boldsymbol{R}_q^H\boldsymbol{r}_{q+1} \tag{3.4.69}$$

式中,$\boldsymbol{R}_q^H\boldsymbol{R}_q$是一个由自相关函数$R(k)$构成的$p\times p$Hermitian Toeplitz矩阵。

3.4.5 模型选择

在实际应用模型方法估计功率谱时,通常事先不知道应该选择什么模型才是合适的。即使选择了某个模型,也还需要确定模型的阶。理想情况下,应选择参数尽可能少的模型,因为用模型方法估计功率谱最终归结为估计模型参数。然而,参数最少的模型,估计模型参数的计算效率不一定最高,所以还应考虑是否有高效算法来估计所选模型的参数。对AR模型参数的估计已有多种成熟的高效算法,所以AR模型在现代谱估计中获得了最广泛的应用。此外,还应考虑所选模型是否能够有效表示功率谱的峰、谷和滚降特性。例如,为了估计有尖峰的功率谱,最好选择有极点的模型(AR或ARMA模型);为了估计有深谷的功率谱,最好选择有零点的模型(MA或ARMA模型);为了估计既有尖峰又有深谷的功率谱,最好选择既有极点又有零点的模型(ARMA模型)。

作为例子,现在来考虑用MA模型估计AR(2)过程的问题。可以预料,这种估计一定得

不到好结果，因为 AR(2)过程的功率谱特点是由极点引起的谱峰，无论对于宽带或窄带都是如此，而 MA 模型没有极点。设有一个实 AR(2)过程，它是由具有单位方差的白噪声激励一个具有共轭对称极点 $0.7e^{\pm j0.5\pi}$ 的线性移不变系统产生的。因此，这个 AR(2)过程的传输函数为

$$H(z)=\frac{1}{(1-0.7e^{j0.5\pi}z^{-1})(1-0.7e^{-j0.5\pi}z^{-1})}=\frac{1}{1-0.49z^{-2}}$$

根据式(3.4.13)和式(3.4.14)，得到该 AR(2)过程的功率谱

$$S_{ar}(z)=\frac{1}{(1-0.49z^{-2})(1-0.49z^{2})} \tag{3.4.70}$$

或

$$S_{ar}(f)=\frac{1}{|1-0.49e^{-j4\pi f}|^{2}} \tag{3.4.71}$$

求式(3.4.70)的逆 z 变换，得到该 AR(2)过程的自相关函数

$$R(m)=1.316\,(0.7)^{|m|}\cos(0.5\pi m) \tag{3.4.72}$$

根据式(3.4.72)和式(3.4.71)可以画出 AR(2)过程的功率谱和自相关函数。

在 3.4.3 节曾经指出过，MA 模型的功率谱实际上等效于周期图，因此，MA(q)模型的功率谱可以用式(3.4.54)来计算

$$S_{ma}(z)=\sum_{m=-q}^{q}R_{xx}(m)z^{-m}$$

或

$$S_{ma}(f)=\sum_{m=-q}^{q}R_{xx}(m)e^{-j2\pi fm} \tag{3.4.73}$$

将式(3.4.72)计算的自相关函数代入式(3.4.73)，即求出 MA(q)模型的功率谱。

图 3.4.17 所示的是用式(3.4.72)、式(3.4.71)和式(3.4.73)计算得到的 AR(2)过程的自相关函数、AR(2)过程的功率谱(实线)和 MA(q)模型的功率谱(虚线)。图 3.4.17 左边和右边分别对应于 5 阶和 20 阶 MA 模型。可以看出，用 MA 模型估计给出的 AR(2)过程，至少

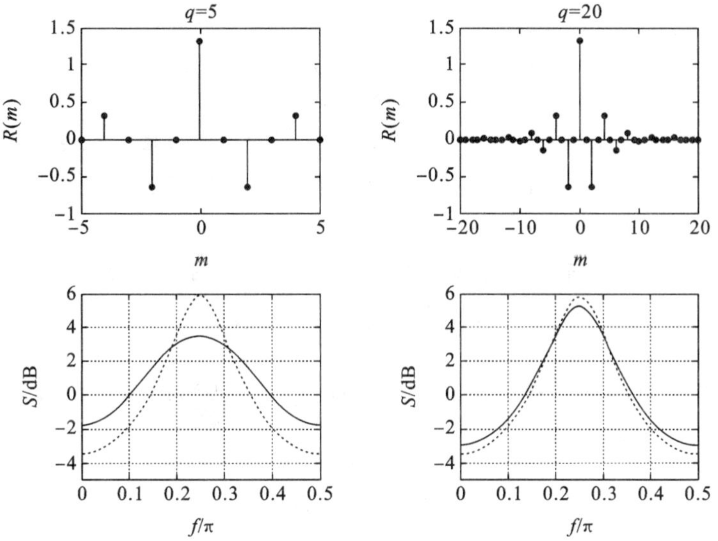

图 3.4.17　用 5 阶和 20 阶 MA 模型估计宽带 AR(2)过程的功率谱

需要 20 阶,才能有稍好的结果。

上面讨论的是宽带 AR(2)过程的情况。若共轭对称极点接近单位圆,例如设极点为 $0.95e^{\pm j0.5\pi}$,则得到窄带 AR(2)过程。用 MA 模型估计该窄带 AR(2)过程的自相关函数和功率谱图形如图 3.4.18 所示。从图中可以看出,MA 模型需要比 20 更高的阶。

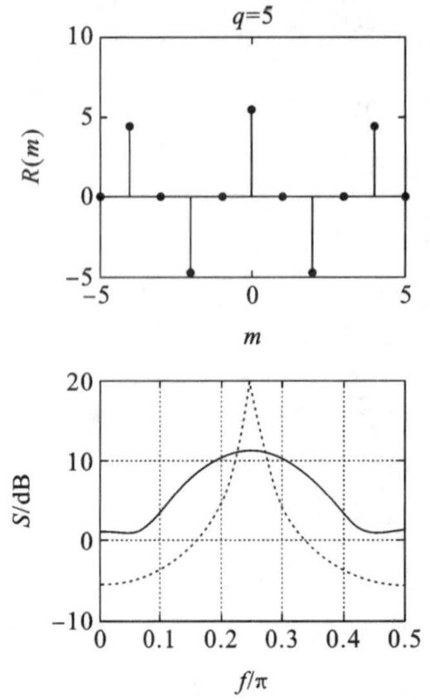

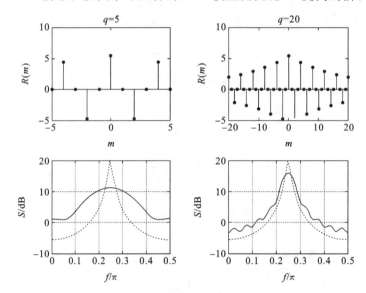

图 3.4.18　用 5 阶和 20 阶 MA 模型估计窄带 AR(2)过程的功率谱

在实际应用中,信号通常被噪声污染,这意味着观测数据是信号与加性噪声相叠加得到的。设一个 AR 过程 $x(n)$被方差为 σ_w^2 的白噪声 $w(n)$污染,即观测数据为

$$y(n)=x(n)+w(n) \tag{3.4.74}$$

$w(n)$与 $x(n)$不相关,因此 $y(n)$的功率谱为

$$S_{yy}(f)=S_{xx}(f)+S_{ww}(f) \tag{3.4.75}$$

$$=\frac{\sigma_x^2}{|A(f)|^2}+\sigma_w^2 \tag{3.4.76}$$

$$=\frac{\sigma_x^2+\sigma_w^2\,|A(f)|^2}{|A(f)|^2} \tag{3.4.77}$$

由式(3.4.77)看出,加性噪声 $w(n)$的存在使原来的 AR 过程产生零点,从而变成 ARMA 过程。对式(3.4.75)求逆傅里叶变换,得到 $y(n)$的自相关函数

$$R_{yy}(m)=R_{xx}(m)+R_{ww}(m)=R_{xx}(m)+\sigma_w^2\delta(m) \tag{3.4.78}$$

可见,噪声或信噪比的大小对功率谱或自相关函数有直接影响。这里,信噪比定义为

$$\mathrm{SNR}=10\lg\frac{R_{xx}(0)}{\sigma_w^2}(\mathrm{dB}) \tag{3.4.79}$$

式中,$R_{xx}(0)$是信号 $x(n)$的平均功率。给定 SNR 和 $R_{xx}(0)$,即可根据式(3.4.79)计算加性噪声 $w(n)$的方差

$$\sigma_w^2=\frac{R_{xx}(0)}{10^{\mathrm{SNR}/10}} \tag{3.4.80}$$

设一个 AR(2)过程 $x(n)$由单位方差白噪声激励一个具有共轭对称极点 $0.95e^{\pm j0.1\pi}$的线性移不变系统产生,即系统的传输函数

$$H(z)=\frac{1}{(1-0.7e^{j0.1\pi}z^{-1})(1-0.7e^{-j0.1\pi}z^{-1})}=\frac{1}{1-1.5371z^{-1}+0.9025z^{-2}} \tag{3.4.81}$$

将式(3.4.80)中的参数$\{a_0,a_1,a_2\}=\{1,-1.5371,0.9025\}$代入式(3.4.13)，得到$x(n)$的功率谱$S_{xx}(z)$，然后计算$S_{xx}(z)$的逆$z$变换，得到$x(n)$的自相关函数

$$R_{xx}(m)=15.5547\ (0.95)^{|m|}\cos(0.2\pi|m|-0.0704) \tag{3.4.82}$$

由此求出$R_{xx}(0)=15.5547\cos(-0.0704)=15.5161$。设$x(n)$被噪声$w(n)$污染，并已知信噪比 SNR=5 dB，因此用式(3.4.80)计算出$\sigma_w^2=4.9066$。根据式(3.4.78)，得到观测数据$y(n)$的自相关函数

$$R_{yy}(m)=15.5547\ (0.95)^{|m|}\cos(0.2\pi|m|-0.0704)+4.9066\delta(m) \tag{3.4.83}$$

将式(3.4.83)的自相关函数$R_{yy}(m)$$(1\leqslant m\leqslant p)$代入 Yule-Walker 方程(3.4.40)，解出$y(n)$的 AR(p)模型参数$\{a_{y1},a_{y2},\cdots,a_{yp},\sigma_y^2\}$。然后将模型参数代入式(3.4.41)计算估计的功率谱。所有计算结果如图 3.4.19 所示，图的左边和右边分别对应于 AR(2)和 AR(5)模型的情况，实线是用 AR 模型估计的功率谱，虚线是被噪声污染的 AR(2)过程的真实功率谱，图中同时画出了自相关函数的图形。可以看到，虽然被估计的信号是 AR(2)过程产生的，但由于被噪声所污染，所以用 2 阶 AR 模型估计得到的功率谱相对于真实功率谱有很大失真。若将 AR 模型增加到 5 阶，则谱估计的失真明显减小，但失真仍然不可忽视。

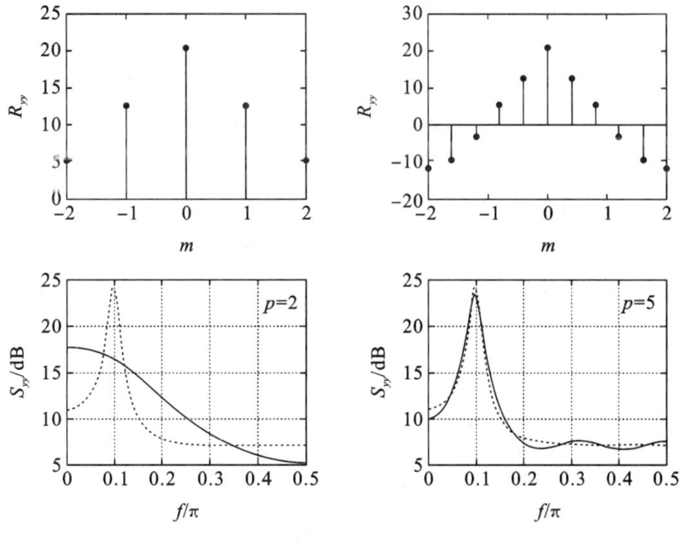

图 3.4.19　用 AR 模型估计被噪声污染的 AR(2)过程的功率谱(SNR=5 dB)

如果将信噪比提高到 SNR=20 dB(相当于将加性噪声方差减小为$\sigma_w^2=0.1552$)，仍然用 AR(2)和 AR(5)模型进行谱估计，则得到图 3.4.20 所示的图形。从图中可以看出，提高模型的阶能够有效减小谱估计的失真。同时，噪声的影响虽然仍然存在，但信噪比提高后，功率谱估计的效果已有很大改善，用 5 阶 AR 模型已能获得令人满意的结果。

在图 3.4.19 和图 3.4.20 中同时示出了模型的自相关函数的图形。对于 AR(2)模型，$R_{yy}(m)$$(1\leqslant m\leqslant 2)$由式(3.4.78)确定，即前 3 个($m=0,1,2$)自相关函数值与随机过程的真实自相关函数值相等。对于 AR(5)模型，$R_{yy}(m)$$(1\leqslant m\leqslant 2)$仍由式(3.4.78)确定，但其余自相关函数值$R_{yy}(m)$$(3\leqslant m\leqslant 5)$由式(3.4.37)外推得到，目前情况下为

$$R_{xx}(m)=-\sum_{k=1}^{p}a_kR_{xx}(m-k),\quad m\geqslant 3 \tag{3.4.84}$$

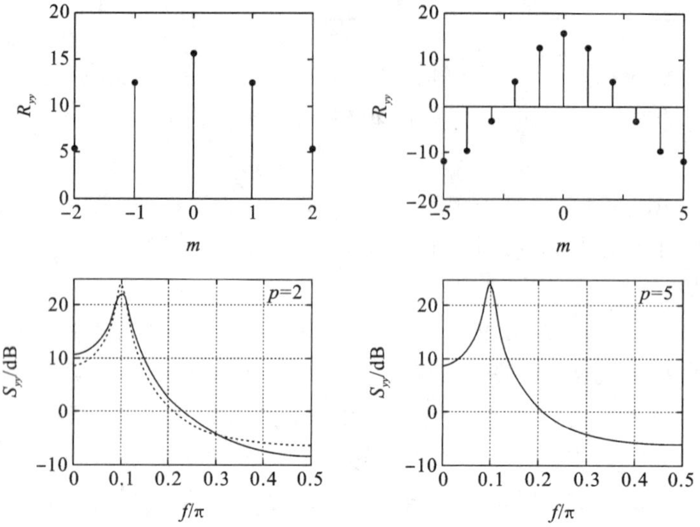

图 3.4.20　用 AR 模型估计被噪声污染的 AR(2)过程的功率谱(SNR=20 dB)

AR 模型的阶越高,外推后的自相关序列越长,获得的谱估计越精确。理论上,AR(∞)模型能够逼近任何类型的功率谱,也就是说,选择 AR 模型对任何类型的功率谱都合适,当然,要实现无限阶的模型是不实际的。

选择模型时还要考虑真实功率谱的滚降特性。功率谱 $P_{xx}(f)$的滚降特性定义为

$$\text{roll-off}=\frac{10\lg P_{xx}(2f_0)-10\lg P_{xx}(f_0)}{2f_0-f_0}\ \text{dB/oct} \tag{3.4.85}$$

即它是指功率谱 $P_{xx}(f)$每倍频程(从 f_0 到 $2f_0$)衰减的速率,单位是每倍频程衰减的分贝数。若选择 AR(p)模型,由于滤波器有 p 个极点,滤波器的幅度特性的衰减速率是 $-6p$ dB/oct,因此,为了估计具有大滚降特性的功率谱,应该选择高阶 AR(p)模型。例如,假设一个随机过程的功率谱按高斯函数分布

$$P_{xx}(f)=\frac{R_{xx}(0)}{\sqrt{2\pi}\sigma_x}\exp\left[-\frac{1}{2}\left(\frac{f}{\sigma_x}\right)^2\right],\quad -\frac{1}{2}\leqslant f\leqslant\frac{1}{2} \tag{3.4.86}$$

这里已假设在 $f=\pm 0.5$ 上的功率谱趋近于零。将式(3.4.86)代入式(3.4.85),得到

$$\text{roll-off}=\frac{-30\lg e}{2\sigma_x^2}f_0^2 \tag{3.4.87}$$

由式(3.4.87)看出,若 σ_x 很小,则真实功率谱的滚降将很大,因此需要选择高阶 AR(p)模型。例如,设 $\sigma_x=0.1$,$R_{xx}(0)=1$,对式(3.4.86)取逆傅里叶变换,得到自相关函数

$$R_{xx}(m)=R_{xx}(0)\exp(-2\pi^2\sigma_x^2m^2)=\exp(-0.1974m^2) \tag{3.4.88}$$

由式(3.4.88)计算出前 $p+1$ 个自相关函数值 $R_{xx}(m)$ $(0\leqslant m\leqslant p)$,并将其代入 AR($p$) Yule-Walker 方程(3.4.40),然后求解方程得到模型参数 $\{a_k(1\leqslant k\leqslant p),\sigma^2\}$,最后将模型参数代入式(3.4.41)计算估计的功率谱。图 3.4.21 所示的是用不同阶的 AR 模型得到的功率谱估计结果(实线所示),图中同时画出了真实功率谱的图形(虚线所示)。

由上可以看出,虽然随机过程不是由有理传输函数模型产生,而且其功率谱具有很大的滚降,但是仍然可以用 AR 模型对其进行功率谱估计,而且只要模型具有足够高的阶,一样也能够获得满意的估计效果。

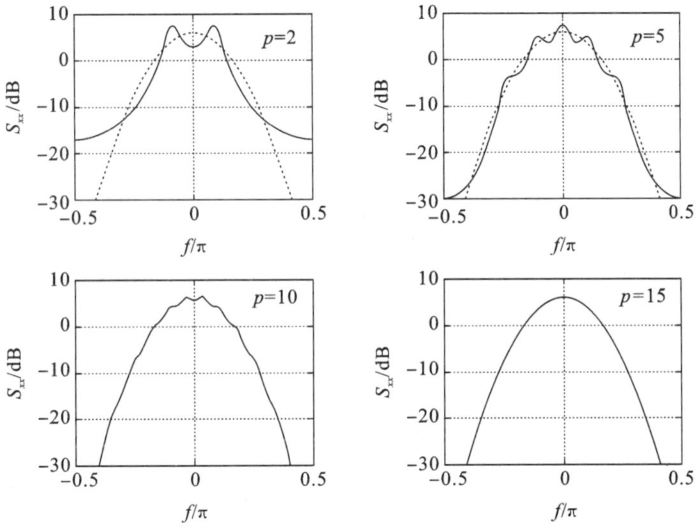

图 3.4.21　使用 AR 模型估计高斯分布功率谱

3.5　AR 谱估计的性质

3.5.1　AR 谱估计隐含着对自相关函数进行外推

在谱估计的实际应用中，已知数据的长度总是有限的，因而能够估计的自相关序列的长度也是有限的，这等效于用有限宽的矩形窗从很长的原始自相关序列中截取有限长的一段。经典谱估计方法利用这已知的有限长自相关序列直接计算傅里叶变换来得到周期图作为功率谱的估计，这种不可避免的“加窗效应”造成了谱估计的分辨率和精度不高的后果。相对于经典谱估计，AR 谱估计之所以能够获得高分辨率，主要是因为它隐含着对自相关函数进行了合理的外推。

设已知 $x(n)$ 的 $p+1$ 个自相关函数取样值 $R_{xx}(m)(m=0,1,\cdots,p)$，将其代入 AR 模型的 Yule-Walker 方程(3.4.39)并解方程，便得到 AR 模型参数的估计值 $\hat{a}_k(k=1,2,\cdots,p)$ 和 $\hat{\sigma}^2$。将这些估计值代入式(3.4.13)便可计算 $x(n)$ 的 AR 谱估计，即

$$\hat{S}_{xx}(z)=\hat{\sigma}^2\frac{1}{\hat{A}(z)\hat{A}(z^{-1})} \tag{3.5.1}$$

另一方面，$\hat{S}_{xx}(z)$ 的逆 z 变换是 $x(n)$ 的自相关函数的估计 $\hat{R}_{xx}(m)$，因此有

$$\hat{S}_{xx}(z)=\sum_{m=-\infty}^{\infty}\hat{R}_{xx}(m)z^{-m}=\hat{\sigma}^2\frac{1}{\hat{A}(z)\hat{A}(z^{-1})} \tag{3.5.2}$$

由式(3.5.2)得

$$\frac{\hat{\sigma}^2}{\hat{A}(z^{-1})}=\hat{A}(z)\sum_{m=-\infty}^{\infty}\hat{R}_{xx}(m)z^{-m} \tag{3.5.3}$$

式(3.5.3)两端取逆 z 变换，得到

$$\hat{\sigma}^2\delta(m)=\sum_{k=0}^{p}\hat{a}_k\hat{R}_{xx}(m-k),\quad m\geqslant 0 \tag{3.5.4}$$

将式(3.5.4)写成下列形式

$$\hat{R}_{xx}(m)=\begin{cases}\hat{\sigma}^2, & m=0\\ -\sum_{k=1}^{p}\hat{a}_k\hat{R}_{xx}(m-k), & 1\leqslant m\leqslant p\\ -\sum_{k=1}^{p}\hat{a}_k\hat{R}_{xx}(m-k), & m>p\end{cases}\tag{3.5.5}$$

可以看出,式(3.5.5)的前两个等式即 AR 模型的 Yule-Walker 方程(3.4.39),只是现在用 $\hat{R}_{xx}(m)$取代了式(3.4.39)中的 $R_{xx}(m)$;而式(3.5.5)的第三个等式是根据已知的$\hat{R}_{xx}(m)=R_{xx}(m)$ $(0\leqslant m\leqslant p)$对$\hat{R}_{xx}(m)$ $(m>p)$进行外推的运算,即

$$\hat{R}_{xx}(m)=\begin{cases}R_{xx}(m), & 0\leqslant m\leqslant p\\ -\sum_{k=1}^{p}\hat{a}_k\hat{R}_{xx}(m-k), & m>p\end{cases}\tag{3.5.6}$$

这说明,用 AR 模型参数$\hat{a}_k$ $(k=1,\cdots,p)$计算功率谱,实际上等效于用无限长的自相关序列 $\hat{R}_{xx}(m)$ $(m=0,1,\cdots,\infty)$计算功率谱,这里,$\hat{R}_{xx}(m)$的前 $p+1$ 个值等于已知的$R_{xx}(m)$ $(m=0,1,\cdots,p)$,其余的值由式(3.5.5)的第三个等式进行外推得到。这摒弃了经典谱估计方法将下标为 $m>p$ 的所有自相关函数值设为零的不合理假定。AR 谱估计所隐含的这种对自相关函数进行外推的性质,称为 AR 谱估计的自相关匹配性质。因此,一个 AR(p)过程,用 p 个模型参数$\hat{a}_k$ $(k=1,2,\cdots,p)$表示,与用外推得到的无限长自相关序列$\hat{R}_{xx}(m)$ $(m=0,1,\cdots,\infty)$表示完全等效。

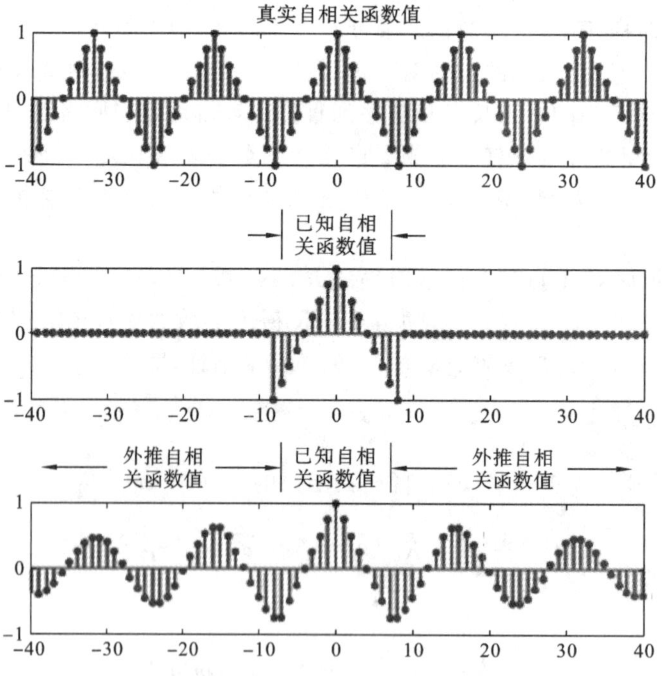

图 3.5.1　真实自相关函数、已知自相关函数和外推后的自相关函数

图 3.5.1 和图 3.5.2 所示的是说明 AR 谱估计的自相关匹配性质的例子。在图 3.5.1 中,上图是一个随机过程的真实自相关函数 $R_{xx}(m)$(局部),中图是已知的 $p+1=9$ 个自相关函数取样值 $R_{xx}(m)$ $(m=0,1,\cdots,8)$,下图是利用式(3.5.5)外推得到的自相关函数(局部)。

根据自相关序列的偶对称性质，图 3.5.1 中还画出了 m 为负的部分。

图 3.5.2 是对应的功率谱的图形，其中上图是真实功率谱，中图是经典谱估计方法计算的周期图（采用汉明窗减弱加窗效应），下图是利用 8 阶 AR 模型计算的功率谱。由此可以看出，外推后的自相关函数及其对应的功率谱与真实功率谱最近似。

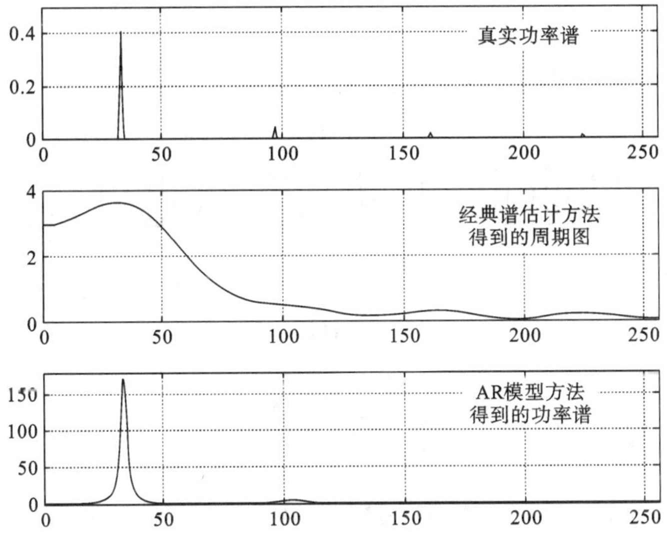

图 3.5.2　真实功率谱、周期图和 AR 模型功率谱

3.5.2　AR 谱估计与最大熵谱估计等效

前面的讨论说明，AR 谱估计方法根据已知有限长自相关序列为随机过程建立模型，等效于对自相关序列进行合理外推，从而能够提高谱估计的分辨率和精度。经典谱估计方法实际上也对自相关序列进行了外推，不过它是用补零的办法进行外推，外推后的自相关序列与真实自相关序列相比较，除了已知有限长的一段相同外，并没有增加任何新的信息，因此不可能提高谱估计的分辨率和精度。显然，对自相关序列进行外推一般有无限多种可能的方法，不同的外推方法得到的自相关序列都不相同，因而得到的谱估计结果也不相同。例如，图 3.5.3 所示的三种由不同外推方法得到的自相关序列，图中实心圆点表示已知有限长自相关序列 $R_x(m)$（$|m|\leqslant p$），空心圆点表示自相关序列的外推部分 $R_e(m)$（$|m|>p$）。图 3.5.4 所示的是三种外推后的自相关序列对应的功率谱。

应该按照什么原则外推才是合理的呢？显然，最基本的要求是外推后的自相关序列的初始段数据与已知有限长自相关序列的相同，同时外推后的自相关序列的傅里叶变换应该是合理的功率谱，即应该是 ω 的非负的实函数。

设已知广义平稳随机过程的自相关序列的有限长一段 $R_x(m)$（$m\leqslant p$），根据这一段外推得到的部分用 $R_e(m)$（$m>p$）表示，因此，外推后的自相关序列的傅里叶变换为

$$S_x(e^{j\omega}) = \sum_{m=-p}^{p} R_x(m)e^{-j\omega m} + \sum_{m>p} R_e(m)e^{-j\omega m} \tag{3.5.7}$$

其中，$S_x(e^{j\omega})$应该是 ω 的非负实函数。然而，能够满足以上要求的可能外推方法有很多，为了得到唯一的外推结果，需要对外推方法附加约束条件，其中最合理的约束是按照最大熵原理进行外推。最大熵原则是：外推的部分自相关序列所对应的信号 $x(n)$具有最大熵。熵是信号的

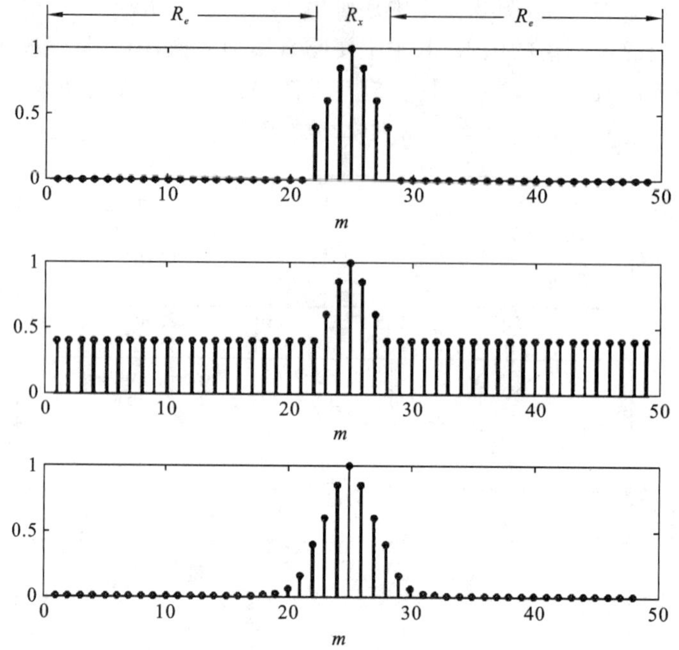

图 3.5.3　三种不同外推方法得到的自相关序列的实例

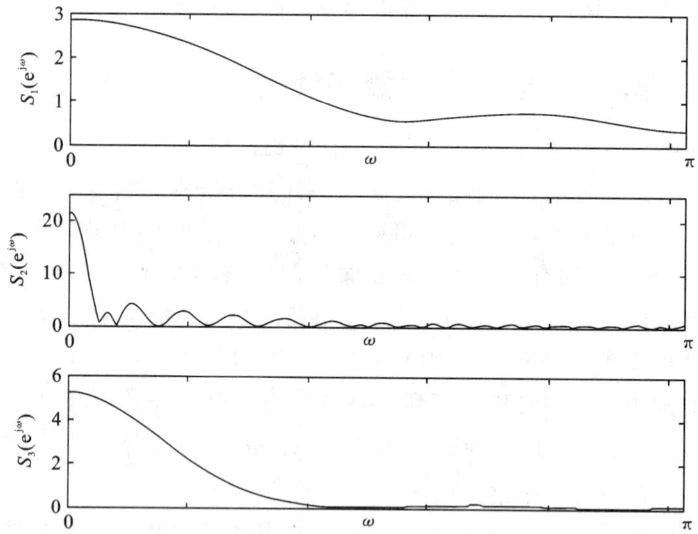

图 3.5.4　图 3.5.3 的自相关序列所对应的功率谱

信息量(或随机性或不确定性)的度量,按照最大熵原则进行外推,等效于寻找使 $x(n)$ 尽可能"白"(随机)的自相关序列 $R_e(m)(m>p)$,也就是说,这种外推对 $x(n)$ 的结构施加了尽可能少的限制。因此,相对于其他任何原则,按照最大熵原则外推得到的自相关序列具有最大的信息量。

人们已经证明,高斯随机过程 x 的熵 $H(x)$ 与功率谱 $S_x(e^{j\omega})$ 存在以下关系

$$H(x)=\frac{1}{2\pi}\int_{-\pi}^{\pi}\ln S_x(e^{j\omega})\,d\omega \tag{3.5.8}$$

因此,对于已知其部分自相关序列 $R_x(m)(m\leqslant p)$ 的高斯随机过程,为了求出其最大熵功率

谱，应当根据式(3.5.8)求出使熵 $H(x)$ 最大的功率谱 $S_x(e^{j\omega})$，同时要满足约束条件：$S_x(e^{j\omega})$ 的傅里叶逆变换在范围 $|m|\leqslant p$ 内的值等于已知的部分自相关序列的值 $R_x(m)$ $(m\leqslant p)$，即

$$\frac{1}{2\pi}\int_{-\pi}^{\pi} S_x(e^{j\omega})e^{j\omega m}d\omega = R_x(m), \quad |m|\leqslant p \tag{3.5.9}$$

为求出使熵最大的 $R_e(m)$ 的值，令 $H(x)$ 关于 $R_e^*(m)$ 的导数等于零，即

$$\frac{\partial H(x)}{\partial R_e^*(m)} = \frac{1}{2\pi}\int_{-\pi}^{\pi}\frac{1}{S_x(e^{j\omega})}\frac{\partial S_x(e^{j\omega})}{\partial R_e^*(m)}d\omega = 0, \quad |m|>p \tag{3.5.10}$$

由式(3.5.7)得出

$$\frac{\partial S_x(e^{j\omega})}{\partial R_e^*(m)} = e^{j\omega m} \tag{3.5.11}$$

将式(3.5.11)代入式(3.5.10)，得到

$$\frac{1}{2\pi}\int_{-\pi}^{\pi}\frac{1}{S_x(e^{j\omega})}e^{j\omega m}d\omega = 0, \quad |m|>p \tag{3.5.12}$$

定义

$$Q_x(e^{j\omega}) = \frac{1}{S_x(e^{j\omega})} \tag{3.5.13}$$

式(3.5.12)的含义是，$Q_x(e^{j\omega})$ 的逆傅里叶变换在 $|m|>p$ 范围内的值都等于零，即

$$q_x(m) = \frac{1}{2\pi}\int_{-\pi}^{\pi} Q_x(e^{j\omega})e^{j\omega m}d\omega = 0, \quad |m|>p \tag{3.5.14}$$

也就是说，$Q_x(e^{j\omega})$ 的逆傅里叶变换 $q_x(m)$ 是一个有限长序列。因此，有

$$Q_x(e^{j\omega}) = \frac{1}{S_x(e^{j\omega})} = \sum_{m=-p}^{p} q_x(m)e^{-j\omega m} \tag{3.5.15}$$

式(3.5.15)中的功率谱 $S_x(e^{j\omega})$ 是高斯随机过程的最大熵功率谱，改用专门的符号 $\hat{S}_{\text{mese}}(e^{j\omega})$ 表示，由此得出

$$\hat{S}_{\text{mese}}(e^{j\omega}) = \frac{1}{\sum\limits_{m=-p}^{p} q_x(m)e^{-j\omega m}} \tag{3.5.16}$$

显然，这是一个全极点功率谱。

利用谱分解定理，将式(3.5.16)表示成

$$\hat{S}_{\text{mese}}(e^{j\omega}) = \frac{\sigma^2}{A_p(e^{j\omega})A_p^*(e^{j\omega})} = \frac{\sigma^2}{\left|1+\sum\limits_{m=1}^{p} a_p(m)e^{-j\omega m}\right|^2} \tag{3.5.17}$$

定义矢量

$$\boldsymbol{a}_p = [1 \quad a_p(1) \quad \cdots \quad a_p(p)]^{\mathrm{T}} \tag{3.5.18}$$

和

$$\boldsymbol{e} = [1 \quad e^{j\omega} \quad \cdots \quad e^{jp\omega}]^{\mathrm{T}} \tag{3.5.19}$$

式(3.5.17)所表示的最大熵功率谱可简化表示为

$$\hat{S}_{\text{mese}}(e^{j\omega}) = \frac{\sigma^2}{|\boldsymbol{e}^H\boldsymbol{a}_p|^2} \tag{3.5.20}$$

式(3.5.20)确定了最大熵谱的结构形式是 AR(p)功率谱。剩下的问题是怎样确定参数 $a_p(m)$ 和 σ^2。

由式(3.5.17)可得

$$\hat{S}_{\text{mese}}(e^{j\omega})A_p(e^{j\omega})=\frac{\sigma^2}{A_p^*(e^{j\omega})} \tag{3.5.21}$$

按照式(3.5.9)的约束条件,最大熵谱的逆傅里叶变换所产生的自相关序列的值,应当等于已知的部分自相关序列的值 $R_x(m)(m\leqslant p)$,因此,求式(3.5.21)两端的逆傅里叶变换,得到

$$\sum_{k=0}^{p}a_kR_x(m-k)=\sigma^2h(-m) \tag{3.5.22}$$

式中,$h(-m)$是 $1/A_p^*(e^{j\omega})$对应的冲激响应。设 $h(m)$是因果序列,即 $h(m)=0(m<0)$,则式(3.5.22)可表示为

$$\sum_{k=0}^{p}a_kR_x(m-k)=\begin{cases}\sigma^2, & m=0\\ 0, & m\geqslant 1\end{cases} \tag{3.5.23}$$

由上可以看出,式(3.5.23)与 AR(p)模型的 Yule-Walker 方程完全相同。

利用式(3.5.23)中的前 $p+1$ 个方程

$$\begin{bmatrix}R_x(0) & R_x(1) & \cdots & R_x(p)\\ R_x(1) & R_x(0) & \cdots & R_x(p-1)\\ \vdots & \vdots & \ddots & \vdots\\ R_x(p) & R_x(p-1) & \cdots & R_x(0)\end{bmatrix}\begin{bmatrix}1\\ a(1)\\ \vdots\\ a(p)\end{bmatrix}=\begin{bmatrix}\sigma^2\\ 0\\ \vdots\\ 0\end{bmatrix} \tag{3.5.24}$$

根据已知的有限长自相关序列 $R_x(m)(m\leqslant p)$可以解出参数 $a_p(m)$和 σ^2,然后将它们代入式(3.5.20)即可计算最大熵功率谱。实现该算法的 MATLAB 程序如下:

```
% Maximum entropy spectral estimation
x= x(:);
N= length(x);  p= N- 1;
X= toeplitz(x);
Xq= X(2:N,2:N);
a= [1;- Xq\X(2:N,1)];
err= (X(1,1:N)* a);
Sx= 20* (log10(err)- log10(abs(fft(a,1024))));
```

其中 x 是已知的部分自相关序列的值 $R_x(m)(m\leqslant p)$,X 是由 x 构造的 Toeplitz 矩阵,Xq 是系数矩阵的第 2 行到第 p+1 行、第 2 列到第 p+1 列部分构成的矩阵。因此,用 Xq“右除”$-$X(2:N,1)即得到式(3.5.24)的第 2 个到第 N 个方程的解$[a(1),\cdots,a(p)]$,而系数矩阵的第 1 行构成的行矢量与参数矢量 $\boldsymbol{a}=[1,a(1),\cdots,a(p)]^{\mathrm{T}}$ 相乘得到的 err 便是 σ^2。将 $\boldsymbol{a}$ 和 err(即参数 $a_p(m)$和 σ^2)代入式(3.5.20),并换算成分贝数,便是最大熵或 AR 模型功率谱 Sx。由此可以看出,最大熵的计算方法与 AR 模型谱估计方法也完全相同。

考虑到 $a_0=1$,根据方程(3.5.23)的第 2 个等式,有

$$R_x(m)=-\sum_{k=1}^{p}a_kR_x(m-k),\quad m\geqslant p+1 \tag{3.5.25}$$

这说明最大熵方法按照式(3.5.25)对自相关序列进行外推,这与 AR(p)谱估计的外推性质相同。因此,总起来说,在式(3.5.9)的约束条件下,高斯随机过程的最大熵谱与 AR(p)谱完全等效。

人们对最大熵功率谱估计方法已进行了广泛的研究,并已获得实际应用,但应注意它的实用范围。在没有掌握关于随机过程 $x(n)$的任何信息或对随机过程缺乏约束,而仅仅知道有限的一组自相关值的情况下,估计功率谱的最好方法是在对随机过程的结构尽可能少地加以限

制的原则下，对已知的有限长自相关序列进行外推，也就是按照最大熵原则进行外推，然后利用已知的有限长自相关序列和外推得到的自相关序列一起，进行傅里叶变换，来得到功率谱的估计。这比经典谱估计方法随意地将自相关序列的外推部分设为零更合理。但是，应该注意到，按照最大熵原则进行外推，实际上已经假设随机过程是全极点的。因此，除非已经知道随机过程是或者近似是全极点的，否则，最大熵谱估计的精度也不会高。

3.5.3　AR 过程的线性预测

设 $x(n)$ 是一个 AR(p) 过程。它的线性预测是指用已知观测数据 $\{x(n-1), x(n-2), \cdots, x(n-p)\}$ 的线性组合预测未知观测数据 $x(n)$，即 $x(n)$ 的预测值为

$$\hat{x}(n) = -\sum_{k=1}^{p} \alpha_k x(n-k) \tag{3.5.26}$$

式中，预测系数 $\alpha_k\,(k=1,2,\cdots,p)$ 按照使预测误差平均功率（或均方值）最小的准则确定，这一准则表示为

$$\xi = E[e^2(n)] = \min \tag{3.5.27}$$

式中，预测误差定义为

$$e(n) = x(n) - \hat{x}(n) = \sum_{k=0}^{p} \alpha_k x(n-k), \quad \alpha_0 = 1 \tag{3.5.28}$$

图 3.5.5 是线性预测原理图。注意，由于假设 $x(n)$ 是广义平稳的，因此，虽然要预测的是 $x(n)$，但是预测系数 $\alpha_k\,(k=1,2,\cdots,p)$ 仅取决于自相关函数而与时间 n 无关。

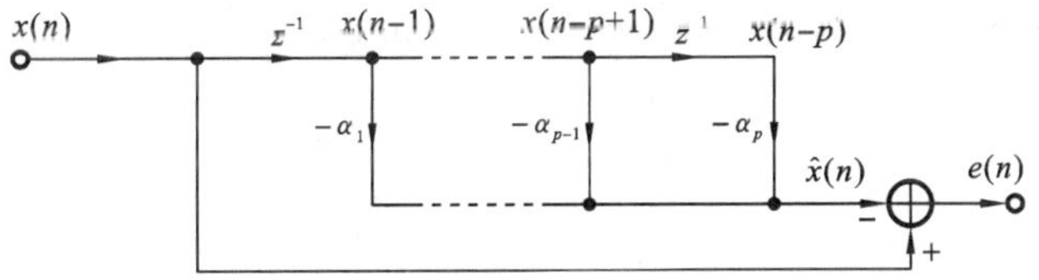

图 3.5.5　线性预测原理图

为了根据式(3.5.27)的准则确定预测系数，令 ξ 关于 $\alpha_j\,(j=1,2,\cdots,p)$ 的导数等于零。考虑到式(3.5.26)，得到

$$\frac{\partial \xi(n)}{\partial \alpha_j} = 2E\left[e(n)\frac{\partial e(n)}{\partial \alpha_j}\right] = 2E[e(n)x(n-j)] = 0, \quad 1 \leqslant j \leqslant p \tag{3.5.29}$$

即

$$E[e(n)x(n-j)] = 0, \quad 1 \leqslant j \leqslant p \tag{3.5.30}$$

式(3.5.30)称为线性预测的正交方程。将式(3.5.28)代入正交方程，得到

$$\sum_{k=0}^{p} \alpha_k E[x(n-k)x(n-j)] = 0, \quad 1 \leqslant j \leqslant p, \quad \alpha_0 = 1$$

考虑到 $\alpha_0 = 1$，可以将上式写成

$$E[x(n)x(n-j)] = -\sum_{k=1}^{p} \alpha_k E[x(n-k)x(n-j)], \quad 1 \leqslant j \leqslant p$$

或

$$R_x(j) = -\sum_{k=1}^{p} \alpha_k R_x(j-k), \quad 1 \leqslant j \leqslant p \tag{3.5.31}$$

式中

$$R_x(j-k)=E[x(n-k)x(n-j)],\quad 1\leqslant j\leqslant p,\quad 0\leqslant k\leqslant p \tag{3.5.32}$$

是 $x(n)$ 的自相关函数,且有 $R_x(j-k)=R_x(k-j)$。

利用式(3.5.28),将正交方程(3.5.30)代入式(3.5.27),得到最小均方误差

$$\begin{aligned}\xi_{\min} &= E\{e(n)[x(n)-\hat{x}(n)]\}=E[e(n)x(n)]-E[e(n)\hat{x}(n)]\\ &= E[e(n)x(n)]-\sum_{k=1}^{p}\alpha_k E[e(n)(x-k)]=E[e(n)x(n)]\\ &= E\left\{\left[\sum_{k=0}^{p}\alpha_k E[(x-k)]\right]x(n)\right\}=E[x^2(n)]+\sum_{k=1}^{p}\alpha_k E[(x-k)x(n)]\\ &= R_x(0)+\sum_{k=1}^{p}\alpha_k R_x(k)\end{aligned} \tag{3.5.33}$$

将式(3.5.33)与式(3.5.31)合并,得到

$$R_x(j)=\begin{cases}\xi_{\min}, & j=0\\ -\sum_{k=1}^{p}\alpha_k R_x(j-k), & 1\leqslant j\leqslant p\end{cases}$$

其中 $\alpha_0=1$,因此上式也可写成

$$\sum_{k=1}^{p}\alpha_k R_x(j-k)=\begin{cases}\xi_{\min}, & j=0\\ 0, & 1\leqslant j\leqslant p\end{cases} \tag{3.5.34}$$

式(3.5.34)称为线性预测的 Weiner-Hopf 方程。注意,对于 AR(p)随机过程,Weiner-Hopf 方程对于 $k>p$ 的所有解都等于零,即 $\alpha_k=0(k>p)$,这意味着,根据无限长自相关序列求得的 Weiner-Hopf 方程的解与根据 p 个自相关值求得的解是相同的。

我们记得,AR(p)过程的 Yule-Walker 方程由式(3.4.39)给出

$$\sum_{k=0}^{p}a_k R_{xx}(m-k)=\begin{cases}\sigma^2, & m=0\\ 0, & 1\leqslant m\leqslant p\end{cases} \tag{3.5.35}$$

将 Weiner-Hopf 方程(3.5.34)与 Yule-Walker 方程(3.4.39)对照,可以看出二者的结构相同。如果自相关矩阵 $R_x(j-k)(0\leqslant j,k\leqslant p)$ 和 $R_{xx}(m-k)(0\leqslant m,k\leqslant p)$ 都是正定的,则 Weiner-Hopf 方程(3.5.35)和 Yule-Walker 方程(3.4.39)分别有唯一解 $\{\alpha_1,\alpha_2,\cdots,\alpha_p,\xi_{\min}\}$ 和 $\{a_1,a_2,\cdots,a_p,\sigma^2\}$。如果这两个自相关矩阵完全相同,则两个方程的解也相同,即

$$\{\alpha_1,\alpha_2,\cdots,\alpha_p,\xi_{\min}\}=\{a_1,a_2,\cdots,a_p,\sigma^2\} \tag{3.5.36}$$

也就是说,AR 过程的线性预测系数正是 AR 模型参数,最小预测误差功率正等于 AR 模型的输入激励白噪声的方差。但是必须指出,只有在 AR 过程的阶与线性预测的阶相等的情况下,这一结论才是正确的。在此情况下,由式(3.5.28)得到

$$e(n)=x(n)+\sum_{k=1}^{p}\alpha_k x(n-k)=x(n)+\sum_{k=1}^{p}a_k x(n-k)=u(n) \tag{3.5.37}$$

式(3.5.37)表明,AR 过程的预测误差正是模型的白噪声激励信号。但应注意,在一般情况下,预测误差虽然与预测值不相关,但不一定是白噪声。

图 3.5.6(a)是图 3.5.5 的简化表示,其中输入 $x(n)$ 是 AR(p)随机信号,输出 $e(n)$ 是 p 阶线性预测误差,$A(z)$ 称为 p 阶线性预测误差滤波器,简称为预测误差滤波器。图 3.5.6(b)是 AR(p)随机过程的模型,其中输入 $u(n)$ 是模型的白噪声激励,输出 $x(n)$ 是 AR(p)的随机信号。

由前面的讨论知道,AR(p)随机过程的线性预测系数正是 AR(p)模型参数,最小预测误

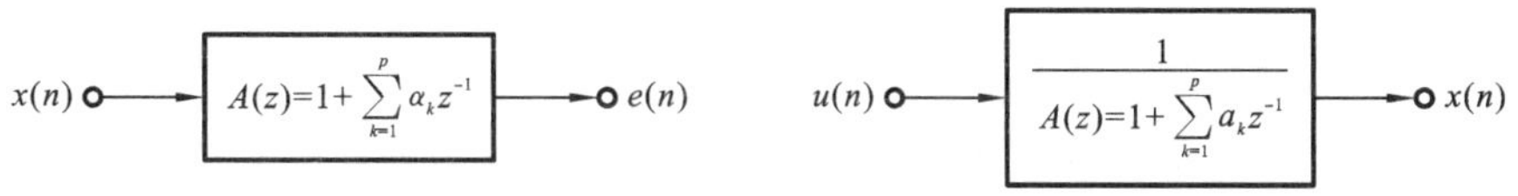

（a）　　　　（b）

图 3.5.6　线性预测误差滤波器是 AR 模型全极点滤波器的逆滤波器

（a）p 阶线性预测误差滤波器；（b）AR(p)模型

差正是 AR 模型的输入激励白噪声，即有 $\alpha_k = a_k\,(k=1,2,\cdots,p)$ 和 $e(n)=u(n)$。将图 3.5.6(a)与图 3.5.6(b)进行对照可以看出，线性预测误差滤波器是 AR 模型全极点滤波器的逆滤波器，预测误差滤波器的输出即预测误差 $e(n)$ 是 AR(p)模型的激励 $u(n)$，它也是白噪声，从这个观点来看，预测误差滤波器是 $x(n)$ 的“白化”滤波器。

从线性预测的观点可以更深入认识 AR 过程的某些基本性质。

在定义 AR 模型时，一直假定滤波器 $1/A(z)$ 的所有极点都在单位圆内，这是保证 $x(n)$ 是广义平稳随机过程的必要条件。解 Yule-Walker 方程能够得到 AR 模型参数，但是并不能明显看出由这些参数构成的滤波器的全部极点都在单位圆内。保证全部极点都在单位圆内的结论可以由以下观察推断出来：AR(p)随机过程的 p 阶线性预测系数等同于 AR(p)过程的模型参数。根据这个观察可以证明：如果 $\{R_{xx}(0),\ R_{xx}(1),\ \cdots,\ R_{xx}(p)\}$ 是合理的自相关序列（所谓合理是指它所构成的自相关矩阵是正定的），则 Yule-Walker 方程的解将构成一个稳定的全极点滤波器 $1/A(z)$，或最小相位预测误差滤波器 $A(z)$。

因为 Yule-Walker 方程的解是 AR(p)随机过程的 p 阶线性预测系数，所以这些线性预测系数将使预测误差功率最小，即

$$\xi = E[x(n)-\hat{x}(n)] = E\left[\left|\sum_{k=0}^{p}\alpha_k x(n-k)\right|^2\right] = \xi_{\min},\quad \alpha_0 = 1 \tag{3.5.38}$$

另一方面，最小预测误差功率 $\xi_{\min}$ 与预测误差滤波器的输入激励功率谱 $S_x(f)$ 和预测误差滤波器的振幅频率特性 $|A(e^{j2\pi f})|$ 存在下列关系

$$\xi_{\min} = \int_{-1/2}^{1/2} |A(e^{j2\pi f})|^2 S_x(f)\,df \tag{3.5.39}$$

假设 $A(z)$ 在单位圆外有某个零点 z_i，因此可将 $A(z)$ 表示为

$$A(z) = (1-z_i z^{-1})A'(z),\quad |z_i|>1 \tag{3.5.40}$$

式中，$A'(z)$ 的全部 $p-1$ 个零点都在单位圆内。于是由式(3.5.39)得到

$$\xi_{\min 1} = \int_{-1/2}^{1/2} |1-z_i e^{-2\pi j f}|^2 |A'(e^{j2\pi f})|^2 S_x(f)\,df \tag{3.5.41}$$

现在将单位圆外的极点转移到单位圆内的共轭倒数位置上，即用 $1/z_i^*$ 取代 z_i，于是由式(3.5.39)得到

$$\xi_{\min 2} = \int_{-1/2}^{1/2} \left|1-\frac{1}{z_i^*}e^{-2\pi j f}\right|^2 |A'(e^{j2\pi f})| S_x(f)\,df \tag{3.5.42}$$

注意到

$$\begin{aligned} |1-z_i e^{-2\pi j f}|^2 &= |z_i|^2\left|\frac{1}{z_i}-e^{-j2\pi f}\right|^2 = |z_i|^2\left|e^{j2\pi f}-\frac{1}{z_i^*}\right|^2 \\ &= |z_i|^2\left|1-\frac{1}{z_i^*}e^{-j2\pi f}\right|^2 > \left|1-\frac{1}{z_i^*}e^{-j2\pi f}\right|^2 \end{aligned}$$

并比较式(3.5.41)与式(3.5.42)，可以看出

$$\xi_{\min 1} > \xi_{\min 2} \tag{3.5.43}$$

即当 $A(z)$有任何零点在单位圆外时,预测误差功率都不是最小的。另一方面,如果有任何极点在单位圆上,那么 $x(n)$的方差将为无穷大。因此,只有 $A(z)$的全部 p 个零点都在单位圆内时,才能获得最小预测误差功率。

前已指出,如果$[R_{xx}(0),\ R_{xx}(1),\ \cdots,\ R_{xx}(p)]$构成的自相关矩阵是正定的,则Yule-Walker 方程的解所构成的预测误差滤波器 $A(z)$的全部零点都将在单位圆内。现在进一步指出,如果$[R_{xx}(0),\ R_{xx}(1),\ \cdots,\ R_{xx}(p-1)]$构成的自相关矩阵是正定的,但是$[R_{xx}(0),\ R_{xx}(1),\ \cdots,\ R_{xx}(p)]$构成的自相关矩阵是奇异(或正半定)的,则 $A(z)$的全部零点都将在单位圆上。这种情况的一个例子是 $x(n)$由 p 个正弦信号组成,在这种情况下 $x(n)$是完全可以预测的,因此有 $\xi_{\min}=0$。更一般地说,如果数据是由 $k\leqslant p$ 个正弦信号所组成的,那么,最小预测误差功率将为零。为了看清这一点,注意式(3.5.39),如果

$$S_x(f)=\sum_{i=1}^{k} S_i\delta(f-f_i) \tag{3.5.44}$$

那么

$$\xi_{\min}=\sum_{i=1}^{k} S_i\ |A(e^{j2\pi f})|^2 \tag{3.5.45}$$

如果 $A(z)$在频率 $f=f_1,f_2,\cdots,f_k$ 上有单位圆上的零点,那么可以使 $\xi_{\min}$对于 $k\leqslant p$ 为零。由于 $\xi_{\min}\geqslant 0$,所以 $A(z)$必须是最优预测误差滤波器。对于少于 p 个正弦信号的情况($k<p$),其余的零点($z_{k+1},z_{k+2},\cdots,z_{k+p}$)可以位于任何位置而仍然保持 $\xi_{\min}=0$。由此可见,预测系数不是唯一的,或等效地说,Yule-Walker 方程或 Weiner-Hopf 方程有无限多组解。

预测误差滤波器的最小相位性质在实际应用中的重要性在于,如果 Yule-Walker 方程中的自相关函数是有偏估计,那么所得到的 AR 参数的估计是最小相位的。这种估计方法称为线性预测的自相关法,将在第 3.6 节讨论。

3.5.4 谱平坦度最大的预测误差其平均功率最小

从前面的讨论知道,AR(p)模型参数可以通过对 $x(n)$进行“最佳”p 阶线性预测得到。所谓“最佳”是指使预测误差平均功率最小。同时还知道,预测误差滤波器是 $x(n)$的“白化”滤波器。所谓“白化”是指它去掉了“有色”信号 $x(n)$中的相关性,使预测误差滤波器输出端得到的预测误差信号 $e(n)$为白噪声。利用“白化”的概念,可以证明 AR(p)模型参数也可以通过使预测误差信号的功率谱“最平坦”来得到;或者说,可以把 AR(p)谱估计看成是对 $x(n)$进行“最优白化处理”的结果。

功率谱的平坦程度用谱平坦度来度量。谱平坦度定义为

$$\zeta_x=\frac{\exp\left[\int_{-1/2}^{1/2}\ln S_{xx}(f)\mathrm{d}f\right]}{\int_{-1/2}^{1/2}S_{xx}(f)\mathrm{d}f} \tag{3.5.46}$$

式中,$S_{xx}(f)$是 $x(n)$的功率谱。式(3.5.46)将谱平坦度定义为 $S_{xx}(f)$的几何均值与算术均值之比,且有 $0\leqslant\zeta_x\leqslant 1$。当 $S_{xx}(f)$有很高的峰或有很大的动态范围时,$\zeta_x\approx 0$;当 $S_{xx}(f)$恒定不变或动态范围为零时,$\zeta_x\approx 1$。这意味着,功率谱越平坦,谱平坦度就越大(越接近于 1)。注意到式(3.5.46)的分母实际上是零滞后自相关值 $R(0)$,它是恒定的;分子中的积分是高斯随机过程的熵(见式(3.5.8)),因此,熵最大的功率谱是最平坦的或其平坦度最大。这样,最大熵

谱是在式(3.5.9)的约束条件下谱平坦度最大的功率谱。

设预测误差滤波器 $A(z)$ 是最小相位的，可以证明下式成立

$$\int_{-1/2}^{1/2} \ln |A(f)|^2 \mathrm{d}f = 0 \tag{3.5.47}$$

设其输入是任意信号 $x(n)$（即不限于 AR 过程），现在按照使其输出端的预测误差信号 $e(n)$ 的功率谱 $S_{ee}(f)$ 的平坦度最大的准则来确定预测系数。利用式(3.5.47)可以得出

$$\int_{-1/2}^{1/2} \ln S_{ee}(f)\mathrm{d}f = \int_{-1/2}^{1/2} \ln[|A(f)|^2 S_{xx}(f)]\mathrm{d}f = \int_{-1/2}^{1/2} \ln S_{xx}(f)\mathrm{d}f$$

上式两端取指数，然后除以 $\int_{-1/2}^{1/2} S_{ee}(f)\mathrm{d}f$，得到 $S_{ee}(f)$ 的谱平坦度

$$\zeta_e = \frac{\exp\left[\int_{-1/2}^{1/2} \ln S_{ee}(f)\mathrm{d}f\right]}{\int_{-1/2}^{1/2} S_{ee}(f)\mathrm{d}f} = \zeta_x \frac{\int_{-1/2}^{1/2} S_{xx}(f)\mathrm{d}f}{\int_{-1/2}^{1/2} S_{ee}(f)\mathrm{d}f} = \zeta_x \frac{R_{xx}(0)}{R_{ee}(0)} \tag{3.5.48}$$

由式(3.5.48)可以看出，由于 $S_{xx}(f)$ 是固定的且 $\zeta_x R_{xx}(0)$ 也是固定的，因此使 ζ_e 最大等效于使 $R_{ee}(0)$ 最小。注意到 $R_{ee}(0)$ 是预测误差平均功率，因此得出结论：使预测误差功率谱的谱平坦度最大，等效于使预测误差的平均功率最小。由于预测误差功率终归要用最小相位滤波器来最小化，所以没有必要限制预测误差滤波器必须是最小相位的。

如果 $x(n)$ 是 AR(p)过程，按照 p 阶线性预测误差功率谱平坦度最大化准则，求得的预测误差滤波器系数将等于 AR(p)参数，预测误差滤波器的输出 $e(n)$ 等于方差为 σ^2 的白噪声 $u(n)$，即

$$S_{ee}(f) = \sigma^2 = |A(f)|^2 S_{xx}(f) \tag{3.5.49}$$

式(3.5.49)表明，AR(p)过程的功率谱必然是

$$S_{xx}(f) = \frac{\sigma^2}{|A(f)|^2} \tag{3.5.50}$$

然而，如果 $x(n)$ 不是 AR(k)过程($k \leqslant p$)，那么预测误差将不是白噪声，因此

$$S_{xx}(f) = \frac{S_{ee}(f)}{|A(f)|^2} \tag{3.5.51}$$

式中，$A(f)$ 是最佳 p 阶预测误差滤波器。对于非 *AR* 过程的谱估计，式(3.5.51)隐含着很重要的信息：在应用 AR 模型方法进行谱估计时，AR 模型参数是通过解 Yule-Walker 方程得到的，这就已经假设预测误差的功率谱为恒定的常数 σ^2。但是，非 AR 过程的预测误差功率谱 $S_{ee}(f)$ 实际上不是恒定的。也就是说，AR 模型方法用式(3.5.50)而不是用式(3.5.51)来估计非 AR 过程的功率谱。这样得到的谱估计 $S_{xx}(f)$ 实际上丢掉了 $S_{ee}(f)$ 所提供的细节信息，使谱估计的分辨率受到损失。

例 3.5.1　设 $x(n)$ 是一个 MA(1)过程，由式(3.4.7)

$$x(n) = \sum_{k=0}^{1} b_k u(n-k) = u(n) + b_1 u(n-1), \quad b_0 = 1 \tag{3.5.52}$$

按照式(3.4.36)，MA(1)过程的自相关函数为

$$R_{xx}(m) = \begin{cases} \sigma^2 \sum_{k=0}^{1-m} b_{k+m} b_k, & 0 \leqslant m \leqslant 1 \\ 0, & m \geqslant 2 \end{cases} \tag{3.5.53}$$

即

$$R_{xx}(m)=\begin{cases}\sigma^2(1+b_1^2), & m=0\\ \sigma^2 b_1, & m=1\\ 0, & m\geqslant 2\end{cases}\tag{3.5.54}$$

由式(3.4.10)得到 MA(1)过程的功率谱

$$S_{xx}(e^{2\pi f})=\sigma^2\left|1+b_1e^{-j2\pi f}\right|^2\tag{3.5.55}$$

据式(3.5.34)写出最优 1 阶线性预测的 Wiener-Hopf 方程或 Yule-Walker 方程

$$R_{xx}(j)=\begin{cases}\xi_{\min}, & j=0\\ -\alpha_1 R_{xx}(j-1), & j=1\end{cases}$$

即

$$\xi_{\min}=R_{xx}(0),\quad \alpha_1=-\frac{R_{xx}(1)}{R_{xx}(0)}\tag{3.5.56}$$

将式(3.5.55)和式(3.5.56)代入式(3.5.51),得到

$$\begin{aligned}S_{ee}(f)&=S_{xx}(f)\left|A(f)\right|^2=\sigma^2\left|1+b_1e^{-j2\pi f}\right|^2\left|1+\alpha_1e^{-j2\pi f}\right|^2\\&=\sigma^2\left|1+b_1e^{-j2\pi f}\right|^2\left|1-\frac{b_1}{1+b_1^2}e^{-j2\pi f}\right|^2\end{aligned}\tag{3.5.57}$$

由式(3.5.57)看出,$S_{ee}(f)$的确不是白噪声过程的功率谱,只有当 $b_1=0$ 或 $x(n)$是白噪声过程时,$S_{ee}(f)$才可能等于常数σ^2,$e(n)$才是白噪声过程。

3.6 Levinson-Durbin 算法

第 3.4.4 节介绍了 AR 模型方法谱估计的步骤:首先根据观测数据 $x(n)$估计 $p+1$ 个自相关函数$\{R(0),R(1),\cdots,R(p)\}$,然后解 Yule-Walker 方程(3.4.39)求出 $p+1$ 个模型参数$\{a_1,a_2,\cdots,a_p,\sigma^2\}$,最后将模型参数代入式(3.4.14)计算功率谱。其中主要的计算负担是解 Yule-Walker 方程。如果采用线性方程组的常用解法(如高斯消元法),需要的运算量数量级为$O(p^3)$,当 p 很大时,这是一个很大的计算负担。第 3.5.3 节证明了 p 阶线性预测的 Weiner-Hopf 方程(3.5.34)与 AR(p) 的 Yule-Walker 方程(3.4.39)完全等效,因此可以利用线性预测理论中解 Weiner-Hopf 方程的高效算法——Levinson-Durbin 算法来解 Yule-Walker 方程(3.4.39)。Levinson-Durbin 算法是一种按照阶进行递推运算的算法,即以 AR(0)模型参数作为初始条件,首先计算 AR(1)模型参数,然后利用 AR(1)模型参数计算 AR(2)模型参数等,一直到计算出 AR(p)模型参数为止。这样,当整个迭代计算过程结束时,不仅求得了所需的 p 阶 AR 模型参数,而且得到了低于 p 阶的所有各阶模型参数。Levinson-Durbin 算法的价值,不仅在于它把运算量减少为$O(p^2)$数量级,而且由它导出了线性预测的反射系数和格形滤波器结构等重要概念,这些概念在语音处理、谱估计和数字滤波器实现中都获得了广泛应用。

3.6.1 Levinson-Durbin 算法的推导

按照 AR(p)的 Yule-Walker 方程(3.4.40)的形式

$$\begin{bmatrix}R(0) & R(1) & \cdots & R(p)\\ R(1) & R(0) & \cdots & R(p-1)\\ \vdots & \vdots & \ddots & \vdots\\ R(p) & R(p-1) & \cdots & R(0)\end{bmatrix}\begin{bmatrix}1\\ a_1\\ \vdots\\ a_p\end{bmatrix}=\begin{bmatrix}\sigma^2\\ 0\\ \vdots\\ 0\end{bmatrix}$$

写出 k 阶和 $k+1$ 阶 Yule-Walker 方程

$$\begin{bmatrix} R(0) & R(1) & \cdots & R(k) \\ R(1) & R(0) & \cdots & R(k-1) \\ \vdots & \vdots & \ddots & \vdots \\ R(k) & R(k-1) & \cdots & R(0) \end{bmatrix} \begin{bmatrix} 1 \\ a_{k,1} \\ \vdots \\ a_{k,k} \end{bmatrix} = \begin{bmatrix} \sigma_k^2 \\ 0 \\ \vdots \\ 0 \end{bmatrix} \tag{3.6.1}$$

和

$$\begin{bmatrix} R(0) & R(1) & \cdots & R(k) & R(k+1) \\ R(1) & R(0) & \cdots & R(k-1) & R(k) \\ \vdots & \vdots & \ddots & \vdots & \vdots \\ R(k) & R(k-1) & \cdots & R(0) & R(1) \\ R(k+1) & R(k) & \cdots & R(1) & R(0) \end{bmatrix} \begin{bmatrix} 1 \\ a_{k+1,1} \\ \vdots \\ a_{k+1,k} \\ a_{k+1,k+1} \end{bmatrix} = \begin{bmatrix} \sigma_{k+1}^2 \\ 0 \\ \vdots \\ 0 \\ 0 \end{bmatrix} \tag{3.6.2}$$

式(3.6.1)和式(3.6.2)中，模型参数第一个下标表示阶，第二个下标是参数的序号。假设已经求出 k 阶 AR 模型的解 $\{a_{k1},\cdots,a_{kk},\sigma_k^2\}$，现在讨论如何利用它求出 $k+1$ 阶模型的解 $\{a_{k+1,1},\cdots,a_{k+1,k+1},\sigma_{k+1}^2\}$。

在列矢量 $[1,a_{k,1},\cdots,a_{k,k}]^{\mathrm{T}}$ 后增加一个零元素，并将其与 $k+1$ 阶系数矩阵相乘，得

$$\begin{bmatrix} R(0) & R(1) & \cdots & R(k) & R(k+1) \\ R(1) & R(0) & \cdots & R(k-1) & R(k) \\ \vdots & \vdots & \ddots & \vdots & \vdots \\ R(k) & R(k-1) & \cdots & R(0) & R(1) \\ R(k+1) & R(k) & \cdots & R(1) & R(0) \end{bmatrix} \begin{bmatrix} 1 \\ a_{k,1} \\ \vdots \\ a_{k,k} \\ 0 \end{bmatrix} = \begin{bmatrix} \sigma_k^2 \\ 0 \\ \vdots \\ 0 \\ D_k \end{bmatrix} \tag{3.6.3}$$

式(3.6.3)称为扩展方程，它比 k 阶 Yule-Walker 方程(3.6.1)增加了一个方程式

$$D_k = R(k+1) + \sum_{i=1}^{k} a_{ki} R(k+1-i) \tag{3.6.4}$$

如果 $D_k=0$，那么式(3.6.3)右端的列矢量是 $[\sigma_k^2,0,\cdots,0]^{\mathrm{T}}$，因此 $[1,a_{k,1},\cdots,a_{k,k},0]^{\mathrm{T}}$ 就是方程(3.6.2)的解；然而，一般情况下 $D_k\neq 0$，因此方程(3.6.2)的解并不是 $[1,a_{k,1},\cdots,a_{k,k},0]^{\mathrm{T}}$。

推导 Levinson-Durbin 算法的关键步骤，是利用扩展方程的系数矩阵的对称 Toeplitz 性质，即所有元素关于主对角线对称，而且每条对角线上的元素相同的性质。这样，如果将系数矩阵的行和列同时倒序，那么系数矩阵将不会发生任何变化。因此，如果在系数矩阵的列倒序的同时也将矢量 $[1,a_{k,1},\cdots,a_{k,k},0]^{\mathrm{T}}$ 中的元素倒序，在行倒序的同时也将扩展方程右端的矢量 $[\xi_k,0,\cdots,0,D_k]^{\mathrm{T}}$ 中的元素倒序，那么扩展方程将不会发生任何变化，即得到与式(3.6.3)完全等效的方程组

$$\begin{bmatrix} R(0) & R(1) & \cdots & R(k) & R(k+1) \\ R(1) & R(0) & \cdots & R(k-1) & R(k) \\ \vdots & \vdots & \ddots & \vdots & \vdots \\ R(k) & R(k-1) & \cdots & R(0) & R(1) \\ R(k+1) & R(k) & \cdots & R(1) & R(0) \end{bmatrix} \begin{bmatrix} 0 \\ a_{k,k} \\ \vdots \\ a_{k,1} \\ 1 \end{bmatrix} = \begin{bmatrix} D_k \\ 0 \\ \vdots \\ 0 \\ \sigma_k^2 \end{bmatrix} \tag{3.6.5}$$

式(3.6.5)称为倒序方程。待求解的 $k+1$ 阶 Yule-Walker 方程(3.6.2)与扩展方程(3.6.3)和倒序方程(3.6.5)的系数矩阵完全相同，其中倒序方程和扩展方程的解是已知的，而 $k+1$ 阶 Yule-Walker 方程(3.6.2)是待求解的。将扩展方程和倒序方程进行线性组合，得到一个新方程

$$\begin{bmatrix} R(0) & R(1) & \cdots & R(k) & R(k+1) \\ R(1) & R(0) & \cdots & R(k-1) & R(k) \\ \vdots & \vdots & \ddots & \vdots & \vdots \\ R(k) & R(k-1) & \cdots & R(0) & R(1) \\ R(k+1) & R(k) & \cdots & R(1) & R(0) \end{bmatrix} \left\{ \begin{bmatrix} 1 \\ a_{k,1} \\ \vdots \\ a_{k,k} \\ 0 \end{bmatrix} - \gamma_{k+1} \begin{bmatrix} 0 \\ a_{k,k} \\ \vdots \\ a_{k,1} \\ 1 \end{bmatrix} \right\} = \begin{bmatrix} \sigma_k^2 \\ 0 \\ \vdots \\ 0 \\ D_k \end{bmatrix} - \gamma_{k+1} \begin{bmatrix} D_k \\ 0 \\ \vdots \\ 0 \\ \sigma_k^2 \end{bmatrix} \tag{3.6.6}$$

如果选择加权参数 γ_{k+1} 使下式成立

$$\gamma_{k+1} = \frac{D_k}{\sigma_k^2} \tag{3.6.7}$$

那么,式(3.6.6)变成

$$\begin{bmatrix} R(0) & R(1) & \cdots & R(k) & R(k+1) \\ R(1) & R(0) & \cdots & R(k-1) & R(k) \\ \vdots & \vdots & \ddots & \vdots & \vdots \\ R(k) & R(k-1) & \cdots & R(0) & R(1) \\ R(k+1) & R(k) & \cdots & R(1) & R(0) \end{bmatrix} \left\{ \begin{bmatrix} 1 \\ a_{k,1} \\ \vdots \\ a_{k,k} \\ 0 \end{bmatrix} - \gamma_{k+1} \begin{bmatrix} 0 \\ a_{k,k} \\ \vdots \\ a_{k,1} \\ 1 \end{bmatrix} \right\} = \begin{bmatrix} \sigma_k^2(1-\gamma_{k+1}^2) \\ 0 \\ \vdots \\ 0 \\ 0 \end{bmatrix} \tag{3.6.8}$$

将待求解的 $k+1$ 阶 Yule-Walker 方程(3.6.2)与方程(3.6.8)进行比较,可以看出它们的解相等,即

$$\begin{bmatrix} 1 \\ a_{k+1,1} \\ \vdots \\ a_{k+1,k} \\ a_{k+1,k+1} \end{bmatrix} = \begin{bmatrix} 1 \\ a_{k,1} \\ \vdots \\ a_{k,k} \\ 0 \end{bmatrix} - \gamma_{k+1} \begin{bmatrix} 0 \\ a_{k,k} \\ \vdots \\ a_{k,1} \\ 1 \end{bmatrix} \tag{3.6.9}$$

和

$$\sigma_{k+1}^2 = \sigma_k^2(1-\gamma_{k+1}^2) \tag{3.6.10}$$

式(3.6.9)和式(3.6.10)就是由 k 阶 Yule-Walker 方程的已知解 $\{a_{k,1},\cdots,a_{k,k},\sigma_k^2\}$ 求 $k+1$ 阶 Yule-Walker 方程的未知解 $\{a_{k+1,1},\cdots,a_{k+1,k+1},\sigma_{k+1}^2\}$ 的递推计算公式。式(3.6.9)的减缩形式为

$$a_{k+1,i} = a_{k,i} - \gamma_{k+1} a_{k,k+1-i}, \quad i=1,2,\cdots,k+1, \quad a_{k+1,0} = a_{k,0} = 1 \tag{3.6.11}$$

由式(3.6.9)可以看出,由于 $a_{k,k+1}=0$ 和 $a_{k,0}=1$,所以有

$$a_{k+1,k+1} = -\gamma_{k+1} \tag{3.6.12}$$

γ_{k+1} 称为反射系数,可以直接用式(3.6.7)计算。将式(3.6.4)代入式(3.6.7),得到

$$\gamma_{k+1} = \frac{R(k+1) + \sum_{i=1}^{k} a_{k,i} R(k+1-i)}{\sigma_k^2} \tag{3.6.13}$$

式(3.6.10)是由 σ_k^2 迭代计算 σ_{k+1}^2 的公式,其中 σ_k^2 可由式(3.6.1)的第一个方程求出

$$\sigma_k^2 = R(0) + \sum_{i=1}^{k} a_{k,i} R(i) \tag{3.6.14}$$

Levinson-Durbin 算法的迭代计算步骤归纳如下:

(1) 初始化:

① $a_{0,0}=1$；

② $\sigma_0^2=R(0)$。

(2) 迭代运算(取 $k=0,1,\cdots,p-1$)

① 计算 $k+1$ 阶反射系数

$$\gamma_{k+1}=\frac{R(k+1)+\sum_{i=1}^{k}a_{k,i}R(k+1-i)}{\sigma_k^2}$$

② 计算 $a_{k+1,i}(i=1,2,\cdots,k)$

$$a_{k+1,i}=a_{k,i}-\gamma_{k+1}a_{k,k+1-i}$$

注意，

$$a_{k+1,k+1}=-\gamma_{k+1}$$

③ 更新激励白噪声方差

$$\sigma_{k+1}^2=(1-\gamma_{k+1}^2)\sigma_k^2$$

不难看出，用 Levinson-Durbin 算法得到的 p 阶 Yule-Walker 方程的解，包括从 1 阶到 p 阶所有各阶的参数 $a_{k,i}(k=1,\cdots,p;i=1,\cdots,k)$ 和 $\sigma_k^2(k=1,\cdots,p)$，其中，$a_{k,k}=-\gamma_k$。Levinson-Durbin 算法实际上是把信号的自相关序列 $\{R(0),R(1),\cdots,R(p)\}$ 映射成 AR 模型参数 $\{a_{p,k};k=1,2,\cdots,p\}$ 和 $\{\sigma_k^2;k=1,2,\cdots,p\}$，同时还附带产生一组反射系数 $\{\gamma_k;k=1,2,\cdots,p\}$。因此，Levinson-Durbin 算法的解可用下面的矩阵表示

$$L=\begin{bmatrix}1 & -\gamma_1 & 0 & \cdots & 0\\ 1 & a_{2,1} & -\gamma_2 & \cdots & 0\\ \vdots & \vdots & \vdots & \ddots & \vdots\\ 1 & a_{p,1} & a_{p,2} & \cdots & -\gamma_p\end{bmatrix};\quad \begin{bmatrix}\sigma_1^2\\ \sigma_2^2\\ \vdots\\ \sigma_p^2\end{bmatrix} \tag{3.6.15}$$

按照上面归纳的步骤，可写出 Levinson-Durbin 算法的 MATLAB 程序如下：

```
% Levinson- Durbin algorithm
r= r(:);
p= length(r)- 1;
a= 1;
sigma= r(1);
for k= 2:p+ 1
    gamma= r(2:k)'* flipud(a)/sigma;
    a= [a;0]- gamma* [0;flipud(a)];
    sigma= epsilon* (1- abs(gamma)^2);
end
```

例 3.6.1　设已知随机信号的自相关函数为 $\{R(0),R(1),R(2),R(3)\}=\{1,0.5,0.5,0.25\}$，用 Levinson-Durbin 算法计算 AR(p)模型参数。

解　(1) 初始化：

① $a_{0,0}=1$；

② $\sigma_0^2=R(0)=1$。

(2) 迭代运算($p=3;k=0,1,2$)：

① $k=0$，计算 AR(1)参数

$$\gamma_1=\frac{R(1)}{\sigma_0^2}=\frac{0.5}{1}=\frac{1}{2}$$

$$a_{1,1}=-\gamma_1=-1/2$$

$$\sigma_1^2=(1-\gamma_1^2)\sigma_0^2=[1-(1/2)^2]=3/4$$

② $k=1$,计算 AR(2)参数

$$\gamma_2=\frac{R(2)+a_{1,1}R(1)}{\sigma_1^2}=\frac{1/2+(-1/2)(1/2)}{3/4}=\frac{1}{3}$$

$$\begin{bmatrix}a_{2,0}\\a_{2,1}\\a_{2,2}\end{bmatrix}=\begin{bmatrix}a_{1,0}\\a_{1,1}\\0\end{bmatrix}-\gamma_2\begin{bmatrix}0\\a_{1,1}\\a_{1,0}\end{bmatrix}=\begin{bmatrix}1\\-1/2\\0\end{bmatrix}-\frac{1}{3}\begin{bmatrix}0\\-1/2\\1\end{bmatrix}=\begin{bmatrix}1\\-1/3\\-1/3\end{bmatrix}$$

$$\sigma_2^2=\sigma_1^2(1-\gamma_2^2)=(3/4)[1-(1/3)^2]=2/3$$

③ $k=2$,计算 AR(3)参数

$$\gamma_3=\frac{R(3)+a_{2,1}R(2)+a_{2,2}R(1)}{\sigma_2^2}=\frac{1/4+(-1/3)(1/2)+(-1/3)(1/2)}{2/3}=-\frac{1}{8}$$

$$\begin{bmatrix}a_{3,0}\\a_{3,1}\\a_{3,2}\\a_{3,3}\end{bmatrix}=\begin{bmatrix}1\\a_{2,1}\\a_{2,2}\\0\end{bmatrix}-\gamma_3\begin{bmatrix}0\\a_{2,2}\\a_{2,1}\\1\end{bmatrix}=\begin{bmatrix}1\\-1/3\\-1/3\\0\end{bmatrix}-\left(-\frac{1}{8}\right)\begin{bmatrix}0\\-1/3\\-1/3\\1\end{bmatrix}=\begin{bmatrix}1\\-3/8\\-3/8\\1/8\end{bmatrix}$$

$$\sigma_3^2=\sigma_2^2(1-\gamma_3^2)=(2/3)[1-(1/8)^2]=21/32$$

Levinson-Durbin 算法计算量的估算:第 k 次迭代需要 $2k+2$ 次乘法、1 次除法和 $2k+1$ 次加法,整个算法需要 p 次迭代,所以乘法和除法的总次数为

$$\sum_{k=0}^{p-1}(2k+3)=p^2+2p$$

加法总次数为

$$\sum_{k=0}^{p-1}(2k+1)=p^2$$

这意味着将运算量的数量级从通常所需的 $O(p^3)$减少到 $O(p^2)$,当 p 很大时,这样的减少量是很可观的。

3.6.2 格形滤波器

Levinson-Durbin 算法的“副产品”之一是各阶反射系数,并可由反射系数构成性能优良的格形滤波器结构。数字滤波器用格形结构实现具有许多优点,包括结构模块化、对参数的有限字长效应不敏感、容易保证滤波器的稳定性等。

格形滤波器结构可以由正向和反向预测误差的递推计算公式导出。所谓正向预测误差就是前面由式(3.5.28)定义的预测误差,即

$$e_k^f(n)=x(n)-\hat{x}(n)=x(n)+\sum_{i=1}^{k}a_{k,i}x(n-i),\quad a_0=1 \tag{3.6.16}$$

式中,上标 f 表示正向预测,下标 k 表示线性预测的阶。根据式(3.6.16)的定义,k 阶正向预测是指用信号在 n 时刻以前的 k 个取样值 $\{x(n-1)\quad x(n-2)\quad \cdots\quad x(n-k)\}$ 预测 $x(n)$。由式(3.6.16)求出 k 阶正向预测误差滤波器的传输函数

$$A_k(z)=\frac{E_k^f(z)}{X(z)}=1+\sum_{i=1}^{k}a_iz^{-i} \tag{3.6.17}$$

式中,$E_k^f(z)$是 $e_k^f(n)$的 z 变换。

k 阶反向预测误差定义为

$$
\begin{aligned}
e_k^b(n) &= x(n-k) - \hat{x}(n-k) \\
&= x(n-k) + \sum_{i=1}^{k} a_{k,i} x(n-k+i) \qquad (3.6.18) \\
&= x(n-k) + \sum_{i=0}^{k-1} a_{k,k-i} x(n-i) \qquad (3.6.19)
\end{aligned}
$$

式中，上标 b 表示反向预测，下标 k 表示线性预测的阶。根据式(3.6.19)的定义，k 阶反向预测是指用信号在 $n-k$ 时刻以后的 k 个取样值 $\{x(n)\quad x(n-1)\quad \cdots\quad x(n-k+1)\}$"预测" $x(n-k)$。k 阶反向预测误差滤波器的传输函数可以由式(3.6.19)求出

$$
A_k^R(z) = \frac{E_k^b(z)}{X(z)} = z^{-k} + \sum_{i=1}^{k} a_{k,i} z^{-(k-i)} = z^{-k} A_k(z^{-1}) \qquad (3.6.20)
$$

式中，$E_k^b(z)$ 是 $e_k^b(n)$ 的 z 变换。可以看出，$A_k^R(z)$ 是 $A_k(z^{-1})$ 的倒序多项式。

对 Levinson-Durbin 算法的预测系数递推计算公式(3.6.11)取 z 变换，得到

$$
A_{k+1}(z) = A_k(z) - \gamma_{k+1} z^{-1} A_k^R(z) \qquad (3.6.21)
$$

把式(3.6.21)中的所有多项式都倒序，得到它的等效表示式

$$
A_{k+1}^R(z) = z^{-1} A_k^R(z) - \gamma_{k+1} A_k(z) \qquad (3.6.22)
$$

将式(3.6.21)和式(3.6.22)合并，得到

$$
\begin{bmatrix} A_{k+1}(z) \\ A_{k+1}^R(z) \end{bmatrix} = \begin{bmatrix} 1 & -\gamma_{k+1} z^{-1} \\ -\gamma_{k+1} & z^{-1} \end{bmatrix} \begin{bmatrix} A_k(z) \\ A_k^R(z) \end{bmatrix} \qquad (3.6.23)
$$

式(3.6.23)左右两端同乘以 $X(z)$，并利用式(3.6.17)和式(3.6.20)，得到

$$
\begin{bmatrix} E_{k+1}^f(z) \\ E_{k+1}^b(z) \end{bmatrix} = \begin{bmatrix} 1 & -\gamma_{k+1} z^{-1} \\ -\gamma_{k+1} & z^{-1} \end{bmatrix} \begin{bmatrix} E_k^f(z) \\ E_k^b(z) \end{bmatrix} \qquad (3.6.24)
$$

对式(3.6.24)取逆 Z 变换，得

$$
\begin{bmatrix} e_{k+1}^f(n) \\ e_{k+1}^b(n) \end{bmatrix} = \begin{bmatrix} 1 & -\gamma_{k+1} \\ -\gamma_{k+1} & 1 \end{bmatrix} \begin{bmatrix} e_k^f(n) \\ e_k^b(n-1) \end{bmatrix} \qquad (3.6.25)
$$

式(3.6.25)就是正向预测误差和反向预测误差的递推计算公式，它定义了单级分析格形滤波器结构，如图 3.6.1 所示。其输入是 k 阶正向预测误差和反向预测误差，其输出是 $k+1$ 阶正向预测误差和反向预测误差，滤波器参数是$k+1$阶反射系数。

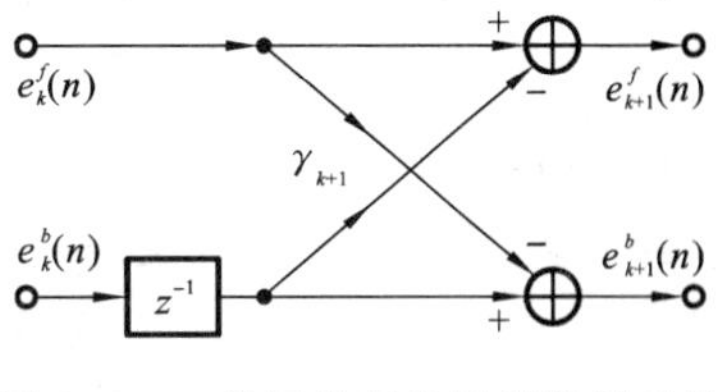

图 3.6.1　单级分析格形滤波器结构

式(3.6.23)按阶递增进行递推计算。对 $k=0$，有 $A_0(z)=1$ 和 $A_0^R(z)=1$，因此 $E_0^f(z)=E_0^b(z)=X(z)$，即 $e_0^f(n)=e_0^b(n)=x(n)$。图 3.6.2 所示的是 p 阶分析格形滤波器的结构，它由 p 个图 3.6.1 所示的单级格形滤波器级联组成，各

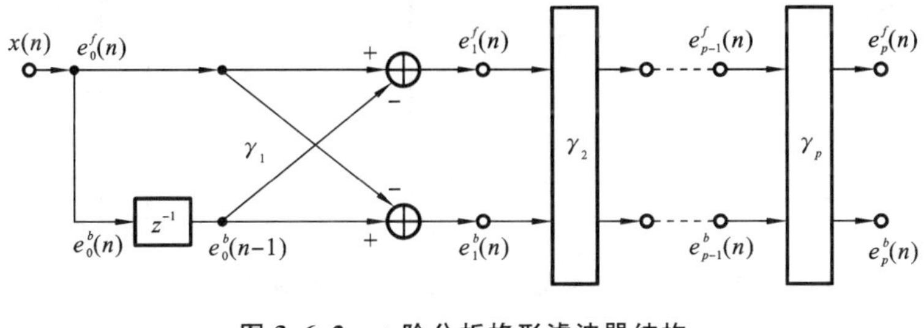

图 3.6.2　p 阶分析格形滤波器结构

级格形的参数依次是反射系数 $\gamma_1,\gamma_2,\cdots,\gamma_p$。

将式(3.6.25)的第一个等式改写成下列形式

$$e_k^f(n)=e_{k+1}^f(n)+\gamma_{k+1}e_k^b(n-1) \tag{3.6.26}$$

同时保持第二个等式形式不变,得到

$$\begin{bmatrix} e_k^f(n) \\ e_{k+1}^b(n) \end{bmatrix}=\begin{bmatrix} 1 & \gamma_{k+1} \\ -\gamma_{k+1} & 1 \end{bmatrix}\begin{bmatrix} e_{k+1}^f(n) \\ e_k^b(n-1) \end{bmatrix} \tag{3.6.27}$$

式(3.6.27)定义了图 3.6.3 所示的单级合成格形滤波器结构,其输入是 k 阶反向预测误差和 $k+1$ 阶正向预测误差,输出是 k 阶正向预测误差和 $k+1$ 阶反向预测误差,滤波器参数仍然是 $k+1$ 阶反射系数。图 3.6.4 是 p 阶合成格形滤波器的信号流程图。

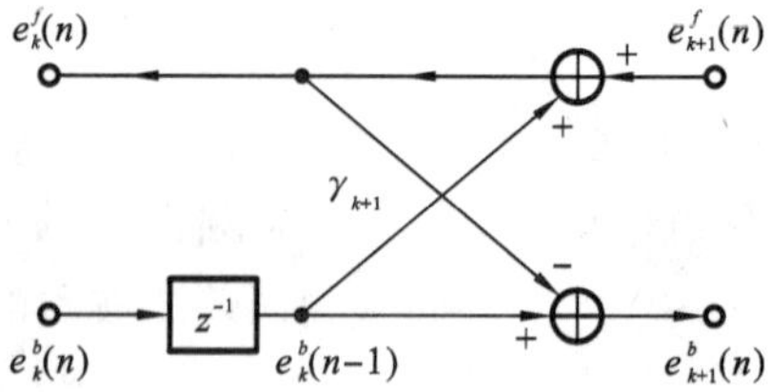

图 3.6.3 单级合成格形滤波器结构

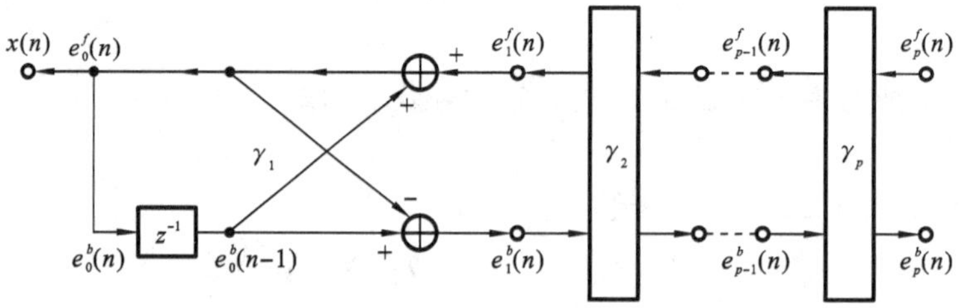

图 3.6.4 p 阶合成格形滤波器的信号流程图

值得注意的是,式(3.6.23)的逆 z 变换是

$$\begin{cases} a_{k+1}(n)=a_k(n)-\gamma_{k+1}a_k^R(n-1) \\ a_{k+1}^R(n)=a_k^R(n-1)-\gamma_{k+1}a_k(n) \end{cases},\quad n=1,2,\cdots,k+1 \tag{3.6.28}$$

其中,第一个公式是线性预测系数的迭代计算公式,第二个公式与第一个公式完全等效,它仅仅是把第一个公式中所有的系数序列进行了倒序重排而已。图 3.6.5 是式(3.6.28)的计算流图,这是针对线性预测系数迭代计算的单级格形滤波器结构。

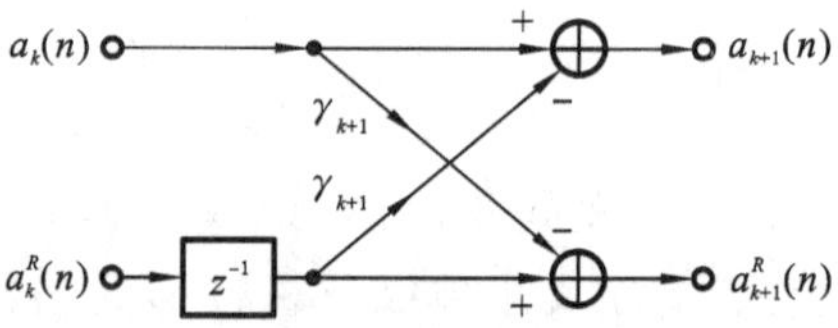

图 3.6.5 针对线性预测系数迭代计算的单级格形滤波器结构

当对 $k=0,1,\cdots,p$ 依次进行迭代计算时,便得到图 3.6.6 所示的针对线性预测系数迭代计算的 p 阶格形滤波器的级联结构。注意,当输入是单位冲激序列 $\delta(n)$ 时,从 $\delta(n)$ 到 $a_p(n)$ 的传输函数是 $A_p(z)$,而从 $\delta(n)$ 到 $a_p^R(n)$ 的传输函数则是 $A_p^R(z)$。

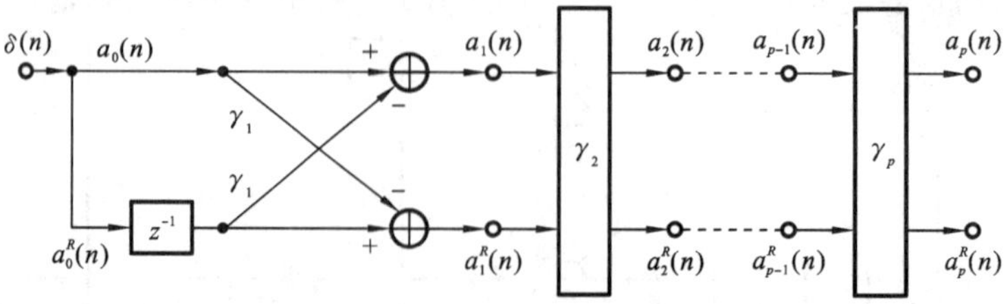

图 3.6.6 针对线性预测系数迭代计算的 p 阶格形滤波器的级联结构

3.6.3　反射系数的性质

格形滤波器以反射系数作为参数，反射系数具有以下重要性质。

性质 1　使用 Levinson-Durbin 算法解 Yule-Walker 方程所产生的反射系数的模不大于 1。

证　根据 Levinson-Durbin 算法的公式(3.6.10)

$$\sigma_{k+1}^2=\sigma_k^2(1-\gamma_{k+1}^2)$$

式中的 σ_k^2 和 σ_{k+1}^2 分别是 k 和 $k+1$ 阶预测误差或模型误差功率，它们都是非负的，即恒有 $\sigma_k^2\geqslant 0$ 和 $\sigma_{k+1}^2\geqslant 0$，这就必须要求 $|\gamma_k|\leqslant 1, k=1,2,\cdots,p$。

但是必须注意，性质 1 成立的前提条件是预测误差功率非负的假设，而这一假设隐含着 Yule-Walker 方程的系数矩阵中的自相关函数按照下式计算

$$R(m)=\sum_{n=m}^{N-1}x(n)x(n-m),\quad m=0,1,2,\cdots,p \tag{3.6.29}$$

式中，N 是已知数据的长度，即已知数据 $x(n)$ 的下标范围是 $n=0,1,2,\cdots,N-1$，而在此范围以外的值为零。如果用任意的自相关函数作为 Yule-Walker 方程的系数矩阵，那么，用 Levinson-Durbin 算法解 Yule-Walker 方程所产生的反射系数的模就有可能大于 1。例如，设 $R(0)=1, R(1)=2$，那么由 1 阶 Yule-Walker 方程解得 $\gamma_1=-a_{1,1}=R(1)/R(0)=2$。这个例子与性质 1 并不矛盾，因为任何合理的自相关函数都有 $R(0)\geqslant R(1)$。下面（性质 7）将会看到，反射系数的模不大于 1 和预测误差功率为非负的性质，与 Yule-Walker 方程的自相关系数矩阵的正定性质有密切关系。

性质 2　设 $a_{p,i}$ 是 AR(p)模型参数，γ_k 是相应的反射系数，那么，当且仅当 $|\gamma_k|<1$（对所有的 k）时，预测误差滤波器

$$A_p(z)=1+\sum_{i=1}^{p}a_{p,i}z^{-i}$$

是最小相位的（即 $A_p(z)$ 的所有根都在单位圆内）。此外，如果对所有的 k 有 $|\gamma_k|\leqslant 1$，那么，$A_p(z)$ 的根将位于单位圆内或单位圆上。

证　性质 2 有多种证明方法，其中之一是利用复变函数分析中的辐角原理。辐角原理指出：已知 z 的有理函数 $P(z)=B(z)/A(z)$，设 C 是 z 平面上一条简单闭曲线，C 的正方向为逆时针方向。沿 C 的正方向绕行一周，相应地在 $P(z)$ 平面上将产生一条闭曲线 Γ，Γ 将沿正方向环绕原点 (N_z-N_p) 次。这里 N_z 是 C 内的零点数，N_p 是 C 内的极点数，若 (N_z-N_p) 是负值，则曲线 Γ 将沿反方向（顺时针方向）环绕原点 $|N_z-N_p|$ 次。下面用归纳法及辐角原理证明性质 2。

对于 1 阶 AR 模型，有 $A_1(z)=1-\gamma_1 z^{-1}$，显然，当且仅当 $|\gamma_1|<1$ 时，$A_1(z)$ 是最小相位的。假设 $A_k(z)$ 是最小相位的，现在需要证明当且仅当 $|\gamma_{k+1}|<1$ 时，$A_{k+1}(z)$ 是最小相位的。为此，利用 Levinson-Durbin 算法推导出的模型系数的 z 变换的递推计算公式(3.6.21)

$$A_{k+1}(z)=A_k(z)-\gamma_{k+1}z^{-1}A_k^R(z)$$

用 $A_k(z)$ 除上式两端，得到

$$P(z)=\frac{A_{k+1}(z)}{A_k(z)}=1-\gamma_{k+1}z^{-1}\frac{A_k^R(z)}{A_k(z)} \tag{3.6.30}$$

现在证明：如果 C 是沿单位圆的闭合围线，那么，$P(z)$ 沿顺时针方向环绕原点的次数等于 $A_{k+1}(z)$ 在单位圆外的零点数。

因已假设 $A_k(z)$ 是最小相位的，因此它在单位圆内有 k 个零点，在 $z=0$ 处有 k 个极点。假设 $A_{k+1}(z)$ 在单位圆外有 l 个零点，因此在单位圆内有 $k+1-l$ 个零点。由于 $A_{k+1}(z)$ 在 $z=0$ 处有 $k+1$ 个极点，所以 $P(z)$ 沿逆时针方向环绕原点的次数为

$$N_z-N_p=(k+1-l)-(k+1)=-l$$

即 $P(z)$ 沿顺时针方向环绕原点 l 次。这里，N_z 是 C 内的零点数，N_p 是 C 内的极点数。

注意到由于 C 是单位圆，$z=e^{j\omega}$，且有

$$\left|\gamma_{k+1}z^{-1}\frac{A_k^R(z)}{A_k(z)}\right|_C=|\gamma_{k+1}|\left|\frac{A_k^R(e^{j\omega})}{A_k(e^{j\omega})}\right|_C=|\gamma_{k+1}|$$

因此，由式(3.6.30)可以看出，$P(z)$ 的轨迹是圆心在 $z=1$、半径为 $|\gamma_{k+1}|$ 的圆，如图 3.6.7 所示。

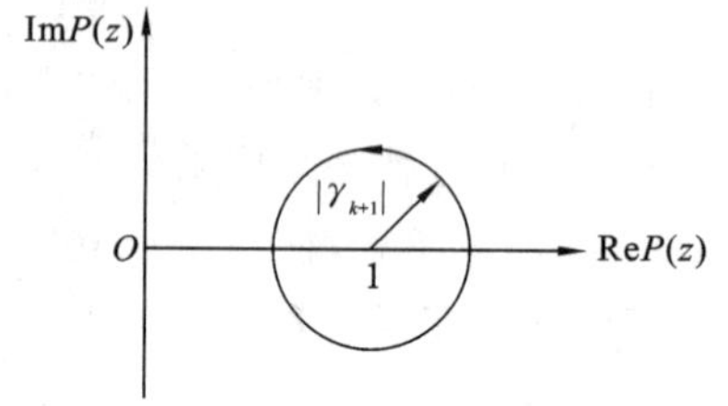

图 3.6.7　$P(z)$ 的轨迹是圆心在 $z=1$、半径为 $|\gamma_{k+1}|$ 的圆

这样，如果 $|\gamma_{k+1}|<1$，那么 $P(z)$ 将不环绕或通过原点；反之，如果 $|\gamma_{k+1}|\geqslant 1$，那么 $P(z)$ 将环绕原点，而 $A_{k+1}(z)$ 将不会有所有的零点在单位圆内。因此，如果 $A_k(z)$ 是最小相位的，那么当且仅当 $|\gamma_{k+1}|<1$ 时，$A_{k+1}(z)$ 是最小相位的。

性质 3　用 Levinson-Durbin 算法解 Yule-Walker 方程所产生的 AR 模型是稳定的。

证　因为性质 1 表明用 Levinson-Durbin 算法解 Yule-Walker 方程所产生的反射系数的模不大于 1，而性质 2 表明反射系数的模小于 1，所以 $A_p(z)$ 的所有根都在单位圆内，即 AR 模型 $H(z)=b(0)/A_p(z)$ 是稳定的。

为了书写简单，下面将 Yule-Walker 方程的系数矩阵用矩阵符号表示为

$$\boldsymbol{R}_p=\begin{bmatrix}R(0) & R(1) & \cdots & R(p)\\ R(1) & R(0) & \cdots & R(p-1)\\ \vdots & \vdots & \ddots & \vdots\\ R(p) & R(p-1) & \cdots & R(0)\end{bmatrix}$$

将模型系数用矢量表示为

$$\boldsymbol{a}_p=[1\quad a_{p,1}\quad \cdots\quad a_{p,p}]^{\mathrm{T}}$$

性质 4　如果 $\boldsymbol{a}_p$ 是 Yule-Walker 方程(3.6.31)的解，那么，当且仅当 $\boldsymbol{R}_p$ 是正定的即 $\boldsymbol{R}_p>0$ 时，$A_p(z)$ 是最小相位的。

证　利用上面的符号将 Yule-Walker 方程(3.4.40)简化表示为

$$\boldsymbol{R}_p\boldsymbol{a}_p=\sigma^2\boldsymbol{u}_1 \tag{3.6.31}$$

式中：$\boldsymbol{u}_1=[1\quad 0\quad \cdots\quad 0]^{\mathrm{T}}$ 是长为 $p+1$ 的列矢量。

令 α(通常是复数)是多项式 $A_p(z)$ 的一个根，因此可将 $A_p(z)$ 表示为

$$A_p(z)=1+\sum_{i=1}^{p}a_{p,i}z^{-i}=(1-\alpha z^{-1})(1+b_1z^{-1}+b_2z^{-2}+\cdots+b_{p-1}z^{p-1})$$

将矢量 $\boldsymbol{a}_p$ 写成因式分解形式

$$\boldsymbol{a}_p=\begin{bmatrix}1\\ a_{p,1}\\ a_{p,2}\\ \vdots\\ a_{p,p-1}\\ a_{p,p}\end{bmatrix}=\begin{bmatrix}1 & 0\\ b_1 & 1\\ b_2 & b_1\\ \vdots & \vdots\\ b_{p-1} & b_{p-2}\\ 0 & b_{p-1}\end{bmatrix}\begin{bmatrix}1\\ -\alpha\end{bmatrix}=\boldsymbol{B}\begin{bmatrix}1\\ -\alpha\end{bmatrix} \tag{3.6.32}$$

式中

$$\boldsymbol{B}=\begin{bmatrix}1 & 0\\ b_1 & 1\\ b_2 & b_1\\ \vdots & \vdots\\ b_{p-1} & b_{p-2}\\ 0 & b_{p-1}\end{bmatrix}$$

将式(3.6.32)代入式(3.6.31)，得

$$\boldsymbol{R}_p\boldsymbol{a}_p=\boldsymbol{R}_p\boldsymbol{B}\begin{bmatrix}1\\ -\alpha\end{bmatrix}=\sigma^2\boldsymbol{u}_1 \tag{3.6.33}$$

式(3.6.33)两端左乘以 $\boldsymbol{B}^{\mathrm{H}}$，得到

$$\boldsymbol{B}^{\mathrm{H}}\boldsymbol{R}_p\boldsymbol{a}_p=\boldsymbol{B}^{\mathrm{H}}\boldsymbol{R}_p\boldsymbol{B}\begin{bmatrix}1\\ -\alpha\end{bmatrix}=\sigma^2\boldsymbol{B}^{\mathrm{H}}\boldsymbol{u}_1=\sigma^2\begin{bmatrix}1\\ 0\end{bmatrix}$$

由于 $\boldsymbol{B}$ 是满秩的，如果 $\boldsymbol{R}_p$ 是正定的，那么 $\boldsymbol{B}^{\mathrm{H}}\boldsymbol{R}_p\boldsymbol{B}$ 也是正定的，所以

$$\boldsymbol{B}^{\mathrm{H}}\boldsymbol{R}_p\boldsymbol{B}=\begin{bmatrix}s_0 & s_1\\ s_1^* & s_0\end{bmatrix}>0$$

这意味着

$$|s_0|^2>|s_1|^2 \tag{3.6.34}$$

由于

$$\boldsymbol{B}^{\mathrm{H}}\boldsymbol{R}_p\boldsymbol{B}\begin{bmatrix}1\\ -\alpha\end{bmatrix}=\begin{bmatrix}s_0-s_1\alpha\\ s_1^*-s_0\alpha\end{bmatrix}=\sigma^2\begin{bmatrix}1\\ 0\end{bmatrix}$$

于是得到 $s_0\alpha=s_1^*$，因此

$$\alpha=\frac{s_1^*}{s_0} \tag{3.6.35}$$

根据式(3.6.34)，有 $|\alpha|<1$，因此 $A_p(z)$ 是最小相位的。反之，如果 $A_p(z)$ 不是最小相位的，那么 $A_p(z)$ 将有一个根 α 在单位圆外，即 $|\alpha|>1$。

性质 5　设 $a_p(i)$ 是 AR(p)模型参数，γ_k 是相应的反射系数。如果 $|\gamma_k|<1$（对所有 $k<p$）和 $|\gamma_p|=1$，那么 $A_p(z)$ 的所有根都在单位圆上。

证　因为 $|\gamma_k|\leqslant 1$（对所有 k），由性质 2 知道 $A_p(z)$ 的所有零点位于单位圆内或单位圆上。设 $A_p(z)$ 的零点用 z_k 表示，则有

$$A_p(z)=1+\sum_{i=1}^{p}a_{p,i}z^{-i}=\prod_{i=1}^{p}(1-z_iz^{-1})$$

由上式得到 z^{-p} 的系数

$$a_{p,p}=\prod_{i=1}^{p}z_i \tag{3.6.36}$$

因为 $a_{p,p}=-\gamma_p$，所以，如果 $|\gamma_p|=1$，则由式(3.6.36)得到

$$\prod_{i=1}^{p}|z_i|=1 \tag{3.6.37}$$

由式(3.6.37)可以看出，如果 $A_p(z)$ 有一个零点的模小于 1，则必有至少一个零点的模大于 1，否则所有零点的模的乘积不会等于 1。然而，这与所有零点在单位圆内或单位圆上的假

设相矛盾,因此性质 5 得证。

性质 6(自相关匹配性质) 设 $x(n)$ 的 p 阶全极点模型 $H(z)=b_0/A_p(z)$ 的逆 z 变换(即单位冲激响应)为 $h(n)$,如果 $h(n)$ 与激励信号的能量匹配,即 $|b_0|^2=\sigma_p^2$(模型误差功率),那么,$h(n)$ 的自相关序列 $R_h(m)$ 与 $x(n)$ 的自相关序列 $R_x(m)$ 相等,即

$$R_h(m)=R_x(m),\quad (m\leqslant p) \tag{3.6.38}$$

证 $x(n)$ 的全极点模型

$$H(z)=\frac{b_0}{A_p(z)}=\frac{b_0}{1+\sum_{i=1}^{p}a_{p,i}z^{-i}}$$

其中,模型参数 $a_{p,i}$ 由解 Yule-Walker 方程(3.6.31)$\boldsymbol{R}_p\boldsymbol{a}_p=\sigma^2\boldsymbol{u}_1$ 得到,因此 $h(n)$ 满足差分方程

$$h(n)+\sum_{i=1}^{p}a_{p,i}h(n-i)=b_0\delta(n) \tag{3.6.39}$$

式(3.6.39)两端乘以 $h(n-l)$ 并对 n 求和

$$\sum_{n=0}^{\infty}h(n)h(n-l)+\sum_{i=1}^{p}a_{p,i}\sum_{n=0}^{\infty}h(n-i)h(n-l)=b_0\sum_{n=0}^{\infty}\delta(n)h(n-l) \tag{3.6.40}$$

定义 $h(n)$ 的自相关序列

$$R_h(l)=\sum_{n=0}^{\infty}h(n)h(n-l) \tag{3.6.41}$$

并注意到式(3.6.40)右端等于 $b_0h(-l)$,可以将式(3.6.39)简化表示为

$$R_h(l)+\sum_{i=1}^{p}a_{p,k}R_h(l-i)=b_0h(-l) \tag{3.6.42}$$

注意,这里利用了对称性质 $R_h(l)=R_h(-l)$。由于 $h(n)$ 是因果的,所以有 $h(n)=0$ $(n<0)$ 和 $h(0)=b_0$。因此,由式(3.6.42)得出

$$R_h(l)+\sum_{i=1}^{p}a_{p,k}R_h(l-i)=|b_0|^2\delta(l),\quad l\geqslant 0 \tag{3.6.43}$$

式(3.6.43)的矩阵形式为

$$\begin{bmatrix}R_h(0) & R_h(1) & \cdots & Rh(p)\\ R_h(1) & R_h(0) & \cdots & R_h(p-1)\\ \vdots & \vdots & \ddots & \vdots\\ R_h(p) & R_h(p-1) & \cdots & R_h(0)\end{bmatrix}\begin{bmatrix}1\\ a_{p,1}\\ \vdots\\ a_{p,p}\end{bmatrix}=|b_0|^2\begin{bmatrix}1\\ 0\\ \vdots\\ 0\end{bmatrix} \tag{3.6.44}$$

或

$$\boldsymbol{R}_p\boldsymbol{a}_p=|b_0|^2\boldsymbol{u}_1 \tag{3.6.45}$$

式(3.6.45)与 Yule-Walker 方程(3.6.31)相似。假设选择 b_0 满足能量匹配约束条件,即

$$R_x(0)\equiv\sum_{n=0}^{\infty}|x(n)|^2=R_h(0)\equiv\sum_{n=0}^{\infty}|h(n)|^2 \tag{3.6.46}$$

下面用归纳法证明 $R_x(k)=R_h(k)\,(k>0)$。

利用 Levinson-Durbin 算法解 1 阶 Yule-Walker 方程(3.6.31),得到

$$a_{1,1}=-\frac{R_x(1)}{R_x(0)}=-\frac{R_h(1)}{R_h(0)}$$

因 $R_x(0)=R_h(0)$,所以由上式得出 $R_x(1)=R_h(1)$。现在假设 $R_x(i)=R_h(i)\,(i=1,2,\cdots,k)$,利用 Levinson-Durbin 算法推导过程中的式(3.6.4)和式(3.6.7),写出

$$R_x(k+1)=\gamma_{k+1}\sigma_k^2-\sum_{i=1}^{k}a_{k,i}R_x(k+1-i)$$

$$R_h(k+1)=\gamma_{k+1}\sigma_k^2-\sum_{i=1}^{k}a_{k,i}R_h(k+1-i)$$

由于已假设 $R_x(i)=R_h(i)$ $(i=1,2,\cdots,k)$，于是得到 $R_x(k+1)=R_h(k+1)$。

最后，由式(3.6.44)注意到

$$|b_0|^2=R_h(0)+\sum_{i=1}^{p}a_{p,k}R_h(k)$$

因此，$|b_0|^2=\sigma_p^2$。

3.6.4 表示 AR(p)过程的三种等效参数

用 Levinson-Durbin 算法解 Yule-Walker 方程得到了信号的 AR(p)模型，具体来说，不仅由自相关序列求出了模型参数，而且求出了反射系数，以及最终的模型误差功率 σ_p^2。可以把 Levinson-Durbin 算法看成是一种从自相关序列 $\{R_x(0),R_x(1),\cdots,R_x(p)\}$ 到全极点滤波器参数 $\{a_{p,1},a_{p,2},\cdots,a_{p,p},b_0\}$ 和到反射系数 $\{\gamma_1,\gamma_2,\cdots,\gamma_p,\sigma_p^2\}$ 的映射。因此，自相关序列和全极点滤波器参数以及反射系数是表示 AR(p)过程的三种等效参数。能够在这三种参数之间进行相互转换，有时候对于实际应用是很方便的。

1. Levinson-Durbin 算法的"升阶"迭代

已知反射系数 $\{\gamma_k;k=1,2,\cdots,p\}$，利用式(3.6.11)进行"升阶"迭代运算（初始条件为 $a_{0,0}=1$），可将反射系数转换成全极点滤波器系数 $\{a_{p,i};i=1,2,\cdots,p\}$。步骤：

(1) 初始化 $a_{0,0}=1$；

(2) 迭代运算（取 $k=0,1,\cdots,p-1$）

$$a_{k+1,i}=a_{k,i}-\gamma_{k+1}a_{k,k+1-i},\quad i=1,2,\cdots,k$$

$$a_{k+1,k+1}=-\gamma_{k+1}$$

(3) $b_0=\sigma_p$。

"升阶"迭代的 MATLAB 程序如下：

```
% Levinson- Durbin step- up recursion
function  a= gtoa(gamma)
a= 1;
gamma= gamma(:);
p= length(gamma);
for  j= 2:p
      a= [a;0]- gamma(j- 1)* [0;conj(flipud(a))];
end
```

例 3.6.2 将反射系数 $\{\gamma_1,\gamma_2,\gamma_3\}$ 转换成 AR(3)模型参数 $\{1,a_{3,1},a_{3,2},a_{3,3}\}$。

$k=0$：

$$\begin{bmatrix}1\\a_{1,1}\end{bmatrix}=\begin{bmatrix}a_{0,0}\\0\end{bmatrix}-\gamma_1\begin{bmatrix}0\\a_{0,0}\end{bmatrix}=\begin{bmatrix}1\\-\gamma_1\end{bmatrix}$$

$k=1$：

$$\begin{bmatrix}1\\a_{2,1}\\a_{2,2}\end{bmatrix}=\begin{bmatrix}1\\a_{1,1}\\0\end{bmatrix}-\gamma_2\begin{bmatrix}0\\a_{1,1}\\1\end{bmatrix}=\begin{bmatrix}1\\-\gamma_1\\0\end{bmatrix}-\gamma_2\begin{bmatrix}0\\-\gamma_1\\1\end{bmatrix}=\begin{bmatrix}1\\-\gamma_1+\gamma_1\gamma_2\\-\gamma_2\end{bmatrix}$$

$k=2$：

$$\begin{bmatrix}1\\a_{3,1}\\a_{3,2}\\a_{3,3}\end{bmatrix}=\begin{bmatrix}1\\a_{2,1}\\a_{2,2}\\0\end{bmatrix}-\gamma_3\begin{bmatrix}0\\a_{2,2}\\a_{2,1}\\1\end{bmatrix}=\begin{bmatrix}1\\-\gamma_1+\gamma_1\gamma_2\\-\gamma_2\\0\end{bmatrix}-\gamma_3\begin{bmatrix}0\\-\gamma_2\\-\gamma_1+\gamma_1\gamma_2\\1\end{bmatrix}=\begin{bmatrix}1\\-\gamma_1+\gamma_1\gamma_2+\gamma_2\gamma_3\\-\gamma_2+\gamma_1\gamma_3+\gamma_1\gamma_2\gamma_3\\-\gamma_3\end{bmatrix}$$

2. Levinson-Durbin 算法的“降阶”迭代

为了把 AR 模型系数转换成反射系数，需要从初始条件 $\gamma_p=-a_{p,p}$ 开始，用“降阶”迭代的方法运行 Levison-Durbin 算法，即依次计算出 $p-1$ 阶、$p-2$ 阶，直到 1 阶的 AR 模型系数，并把各阶 AR 模型系数中的最后一个系数取相反的符号，以得到各阶反射系数。图 3.6.8 是这一迭代计算过程的示意图。

$$\begin{array}{llllll}
\boldsymbol{a}_p = & a_{p,1} & a_{p,2} & \cdots & a_{p,p-2} & a_{p,p-1} & -\gamma_p\\
\boldsymbol{a}_{p-1} = & a_{p-1,1} & a_{p-1,2} & \cdots & a_{p-1,p-2} & -\gamma_{p-1} & \\
\boldsymbol{a}_{p-2} = & a_{p-2,1} & a_{p-2,2} & \cdots & -\gamma_{p-2} & & \\
\vdots & \vdots & \vdots & & & & \\
\boldsymbol{a}_2 = & a_{2,1} & -\gamma_2 & & & & \\
\boldsymbol{a}_1 = & -\gamma_1 & & & & &
\end{array}$$

图 3.6.8 “降阶”迭代计算过程示意图

为了推导由 $k+1$ 阶计算 k 阶 AR 模型系数的“降阶”迭代公式，在式(3.6.11)中进行变量置换 $i\to k-i+1$，得到

$$a_{k+1,k-i+1}=a_{k,k-i+1}-\gamma_{k+1}a_{k,i} \tag{3.6.47}$$

将式(3.6.11)和式(3.6.47)合并写成矩阵形式

$$\begin{bmatrix}a_{k+1,i}\\a_{k+1,k-i+1}\end{bmatrix}=\begin{bmatrix}1 & -\gamma_{k+1}\\-\gamma_{k+1} & 1\end{bmatrix}\begin{bmatrix}a_{k,i}\\a_{k,k-i+1}\end{bmatrix} \tag{3.6.48}$$

如果 $|\gamma_{k+1}|\neq 1$，则式中的系数矩阵是可逆的，并可唯一解出 $a_{k,i}$，即

$$a_{k,i}=\frac{1}{1-|\gamma_{k+1}|^2}[a_{k+1,i}+\gamma_{k+1}a_{k+1,k-i+1}] \tag{3.6.49}$$

将上式写成矩阵形式

$$\begin{bmatrix}a_{k,1}\\a_{k,2}\\\vdots\\a_{k,k}\end{bmatrix}=\frac{1}{1-|\gamma_{j+1}|^2}\left[\begin{bmatrix}a_{k+1,1}\\a_{k+1,2}\\\vdots\\a_{k+1,k}\end{bmatrix}-\gamma_{k+1}\begin{bmatrix}a_{k+1,k}\\a_{k+1,k-1}\\\vdots\\a_{k+1,1}\end{bmatrix}\right] \tag{3.6.50}$$

式(3.6.49)或式(3.6.50)就是 Levinson“降阶”迭代计算公式。

计算步骤：(1) 初始化　$\gamma_p=-a_{p,p}$；

(2) 迭代运算（取 $k=p-1,p-2,\cdots,1$）

$$a_{k,i}=\frac{1}{1-|\gamma_{k+1}|^2}[a_{k+1,i}+\gamma_{k+1}a_{k+1,k-i+1}]\,(i=k)$$

$$\gamma_k=-a_{k,k}$$

如果 $|\gamma_k|=1$，则停止计算。

“降阶”迭代的 MATLAB 程序如下：

```
% Levinson- Durbin step- down recursion
function  gamma= atog(a)
a= a(:);
p= length(a);
a= a(2:p)/a(1);
gamma(p- 1)= a(p- 1);
for  j= p- 1:- 1:2
      a= (a(1:j- 1)- gamma(j)* flipud(conj(a(1:j- 1))))./(1- abs(gamma(j))^2);
      gamma(j- 1)= a(j- 1);
end
```

例 3.6.3 将 AR(3)模型系数$\{a_{3,0},a_{3,1},a_{3,2},a_{3,3}\}=\{1,0.5,-0.1,-0.5\}$转换成反射系数$\{\gamma_1,\gamma_2,\gamma_3\}$。

解 初始条件:$\gamma_3=-a_{3,3}=0.5$;$p=3$

$k=p-1=2$

$$\begin{bmatrix}a_{2,1}\\a_{2,2}\end{bmatrix}=\frac{1}{1-\gamma_3^2}\left[\begin{bmatrix}a_{3,1}\\a_{3,2}\end{bmatrix}+\gamma_3\begin{bmatrix}a_{3,2}\\a_{3,1}\end{bmatrix}\right]-\frac{1}{1-0.5^2}\left[\begin{bmatrix}0.5\\-0.1\end{bmatrix}+0.5\begin{bmatrix}-0.1\\0.5\end{bmatrix}\right]=\begin{bmatrix}0.6\\0.2\end{bmatrix}$$

$$\gamma_2=-a_{2,2}=-0.2$$

$$k=p-2=1$$

$$a_{1,1}=\frac{1}{1-|\gamma_2|^2}(a_{3,1}+\gamma_2a_{2,1})-\frac{1}{1-0.2^2}(0.6-0.2\times0.6)=0.5$$

$$\gamma_1=-a_{1,1}=-0.5$$

最后结果为$\{\gamma_1,\gamma_2,\gamma_3\}=\{-0.5,-0.2,0.5\}$。

3. 逆向 Levinson-Durbin 算法

逆向 Levinson-Durbin 算法的目的是由$\{\gamma_1,\gamma_2,\cdots,\gamma_p,\sigma_p^2\}$或$\{a_{p,1},a_{p,2},\cdots,a_{p,p},b_0\}$计算自相关序列。设已知$\{\gamma_1,\gamma_2,\cdots,\gamma_p,\sigma_p^2\}$,由式(3.6.10)可得

$$\sigma_{k+1}^2=\sigma_k^2(1-\gamma_{k+1}^2)$$

不难得出

$$\sigma_p^2=\sigma_0^2\prod_{k=1}^{p}(1-\gamma_k^2) \tag{3.6.51}$$

由式(3.6.51)求出自相关序列的第1个元素

$$R_x(0)=\sigma_0^2=\frac{\sigma_p^2}{\prod\limits_{k=1}^{p}(1-\gamma_k^2)} \tag{3.6.52}$$

在推导 Levinson-Durbin 算法时,曾经写出过 AR$(k+1)$模型的 Yule-Walker 方程

$$\begin{bmatrix}R(0)&R(1)&\cdots&R(k)&R(k+1)\\R(1)&R(0)&\cdots&R(k-1)&R(k)\\\vdots&\vdots&\ddots&\vdots&\vdots\\R(k)&R(k-1)&\cdots&R(0)&R(1)\\R(k+1)&R(k)&\cdots&R(1)&R(0)\end{bmatrix}\begin{bmatrix}1\\a_{k+1,1}\\\vdots\\a_{k+1,k}\\a_{k+1,k+1}\end{bmatrix}=\begin{bmatrix}\sigma_{k+1}^2\\0\\\vdots\\0\\0\end{bmatrix}$$

该方程组的最后一个方程为

$$R_x(k+1)=-\sum_{i=1}^{k+1}a_{k+1,i}R_x(k+1-i) \tag{3.6.53}$$

注意到式(3.6.53)右端包含的自相关函数$\{R_x(0),R_x(1),\cdots,R_x(k)\}$都是已知的,因此可以利用式(3.6.53)计算$R_x(k+1)$。这样,以零阶模型参数$\boldsymbol{a}_0=1$和式(3.6.52)算出的$R_x(0)$作为迭代运算的初始条件,便可由反射系数和$\sigma_p^2$求出自相关序列。

例 3.6.4　已知反射系数$\gamma_1=\gamma_2=\gamma_3=-1/2$和模型误差功率$\sigma_3^2=2\ (3/4)^3$,求相应的自相关序列$\{R_x(0),R_x(1),R_x(2),R_x(3)\}$。

解　初始条件

$$R_x(0)=\frac{\sigma_3^2}{\prod_{k=1}^{3}(1-\gamma_k^2)}=\frac{2\ (3/4)^3}{[1-(-1/2)^2]^3}=2$$

$$\boldsymbol{a}_0=1$$

1 阶模型:

$$\boldsymbol{a}_1=\begin{bmatrix}1\\-\gamma_1\end{bmatrix}=\begin{bmatrix}1\\1/2\end{bmatrix}$$

$$R_x(1)=-a_{1,1}R_x(0)=-(1/2)\times 2=-1$$

2 阶模型:

利用"升阶"迭代计算 2 阶模型参数为

$$\boldsymbol{a}_2=\begin{bmatrix}1\\a_{1,1}\\0\end{bmatrix}-\gamma_2\begin{bmatrix}0\\a_{1,1}\\1\end{bmatrix}=\begin{bmatrix}1\\1/2\\0\end{bmatrix}+\frac{1}{2}\begin{bmatrix}0\\1/2\\1\end{bmatrix}=\begin{bmatrix}1\\3/4\\1/2\end{bmatrix}$$

利用式(3.6.53)计算$R_x(3)$

$$R_x(2)=-a_{2,1}R_x(1)-a_{2,2}R_x(0)=3/4-1=-1/4$$

3 阶模型:

利用"升阶"迭代计算 3 阶模型参数为

$$\boldsymbol{a}_3=\begin{bmatrix}1\\a_{2,1}\\a_{2,2}\\0\end{bmatrix}-\gamma_3\begin{bmatrix}0\\a_{2,2}\\a_{2,1}\\1\end{bmatrix}=\begin{bmatrix}1\\3/4\\1/2\\0\end{bmatrix}+\frac{1}{2}\begin{bmatrix}0\\1/2\\3/4\\1\end{bmatrix}=\begin{bmatrix}1\\1\\7/8\\1/2\end{bmatrix}$$

利用式(3.6.53)计算$R_x(3)$

$$R_x(3)=-a_{3,1}R_x(2)-a_{3,2}R_x(1)-a_{3,3}R_x(0)=1/4+7/8-1=1/8$$

最后得到结果

$$\{R_x(0),R_x(1),R_x(2),R_x(3)\}=\{0,-1,-1/4,1/8\}$$

如果已知的是全极点模型参数而不是反射系数,则需先用降阶算法把全极点模型参数转换成反射系数,然后利用上面介绍的逆向算法由反射系数迭代计算自相关序列。下面的MATLAB程序既可以用来转换成反射系数,也可由全极点模型参数迭代计算自相关序列。

逆向 Levinson-Durbin 算法的 MATLAB 程序如下:

```
% Inverse Levinson- Durbin recursion
function  r= gtor(gamma, epsilon)
p= length(gamma);
aa= gamma(1);
r= [1 - gamma(1)];
```

```
for  j= 2:p
     aa= [aa;0]- gamma(j)* [conj(flipud(aa))];
     r= [r - fliplr((r)* abs(gamma).^2);
end
if  nargin= = 2
r= r* epsilon/prod(1- abs(gamma).^2);
end
function r= ator(a,b)
p= length(a)- 1;
gamma= atog(a);
r= gtor(gamma);
if  nargin= = 2
r= r* sqrt(b)/prod(1- abs(gamma).^2);
```

图3.6.9是三种等效参数相互转换的算法总结。其中Schur算法的速度比Levinson-Durbin算法的速度快，但它只解出反射系数。考虑到篇幅限制，本书未对这种方法进行介绍。

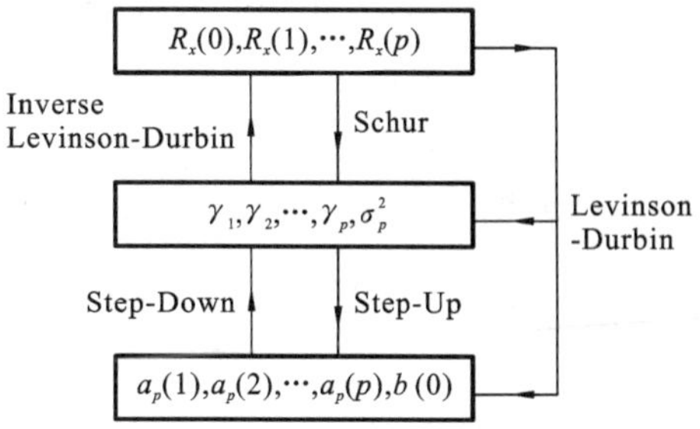

图3.6.9　AR(p)过程的三种等效参数之间的相互转换

3.7　根据有限长观测数据序列估计AR(p)模型参数

在实际应用中，常常只能观测到随机过程的一个取样序列的一段(有限个)取样值，因此只能根据有限个观测数据估计AR(p)模型参数。常用的方法有自相关法、协方差法、修正协方差法和Burg法等四种，它们的谱估计质量都比经典谱估计方法的好，而且有相应的快速算法，因而获得了广泛应用。

设随机过程的观测数据 $x(n)=\{x(0),x(1),\cdots,x(N-1)\}$ 和 p 阶预测误差

$$e_p(n)=x(n)-\hat{x}_p(n)=\sum_{j=0}^{p}a_{p,j}x(n-j),\quad a_{p,0}=1 \tag{3.7.1}$$

其中，$\hat{x}_p(n)$ 是 p 阶预测值，

$$\hat{x}_p(n)=-\sum_{j=1}^{p}a_{p,j}x(n-j) \tag{3.7.2}$$

式(3.7.1)的展开形式如下：

$$\begin{bmatrix} e_p(0) \\ \vdots \\ e_p(p) \\ \vdots \\ e_p(N-1) \\ \vdots \\ e_p(N-1+p) \end{bmatrix}=\begin{bmatrix} x(0) & \cdots & 0 \\ \vdots & \ddots & \vdots \\ x(p) & \cdots & x(0) \\ \vdots & & \vdots \\ x(N-1) & \cdots & x(N-1-p) \\ \vdots & \ddots & \vdots \\ 0 & \cdots & x(N-1) \end{bmatrix}\begin{bmatrix} 1 \\ a_{p,1} \\ \vdots \\ a_{p,p} \end{bmatrix} \tag{3.7.3}$$

由式(3.7.3)可以看出，由于 $x(n)(0\leqslant n\leqslant N-1)$ 为有限长，所以 $e_p(n)(0\leqslant n\leqslant N-1+p)$ 也为有限长。

3.7.1 自相关法

自相关法用下式估计预测误差功率

$$\xi_p(n)=\frac{1}{N}\sum_{n=0}^{N-1+p}e_p^2(n)=\frac{1}{N}\sum_{n=0}^{N-1+p}\left[\sum_{j=0}^{p}a_{p,j}x(n-j)\right]^2,\quad a_{p,0}=1 \tag{3.7.4}$$

对照式(3.7.3)可以看出,式(3.7.4)使用了能够获得的全部预测误差值 $e_p(n)$来估计预测误差功率。应注意,在计算 $0\leqslant n\leqslant p-1$ 和 $N\leqslant n\leqslant N-1+p$ 范围内的 $e_p(n)$时,假定了 $n<0$ 和 $n>N-1$的观测数据等于零,也就是说,假定了对随机过程的无限长取样序列加了窗。

AR(p)模型参数通过最小化 $\xi_p(n)$得到。由式(3.7.4),令 $\xi_p(n)$关于 $a_{p,i}$的导数等于零

$$\frac{\partial\xi_p}{\partial a_{p,i}}=\frac{2}{N}\sum_{n=0}^{N-1+p}e_p(n)\frac{\partial e_p(n)}{\partial a_{p,i}}=\frac{2}{N}\sum_{n=0}^{N-1+p}e_p(n)x(n-i)=0,\quad i=1,2,\cdots,p$$

由此得到

$$\sum_{n=0}^{N-1+p}e_p(n)x(n-i)=0,\quad i=1,2,\cdots,p \tag{3.7.5}$$

式(3.7.5)称为正交方程。将式(3.7.1)代入式(3.7.5),得到

$$\sum_{n=0}^{N-1+p}\left[\sum_{j=0}^{p}a_{p,j}x(n-j)\right]x(n-i)=0,\quad i=1,2,\cdots,p$$

或

$$\sum_{j=0}^{p}a_{p,j}\left[\sum_{n=0}^{N-1+p}x(n-j)x(n-i)\right]=0,\quad i=1,2,\cdots,p \tag{3.7.6}$$

由式(3.7.4)和式(3.7.1)(注意 $a_{p,0}=1$)得

$$\begin{aligned}\xi_p(n)&=\frac{1}{N}\sum_{n=0}^{N-1+p}e_p^2(n)=\frac{1}{N}\sum_{n=0}^{N-1+p}e_p(n)\left[\sum_{j=0}^{p}a_{p,j}x(n-j)\right]\\&=\frac{1}{N}\sum_{n=0}^{N-1+p}e_p(n)x(n)+\frac{1}{N}\sum_{n=0}^{N-1+p}e_p(n)\left[\sum_{j=1}^{p}a_{p,j}x(n-j)\right]\\&=\frac{1}{N}\sum_{n=0}^{N-1+p}e_p(n)x(n)+\frac{1}{N}\sum_{j=1}^{p}a_{p,j}\left[\sum_{n=0}^{N-1+p}e_p(n)x(n-j)\right]\end{aligned} \tag{3.7.7}$$

将正交方程(3.7.5)代入式(3.7.7),得到最小预测误差功率

$$\xi_{\min}(n)=\frac{1}{N}\sum_{n=0}^{N-1+p}e_p(n)x(n) \tag{3.7.8}$$

将式(3.7.1)代入式(3.7.8),得到

$$\xi_{\min}(n)=\frac{1}{N}\sum_{n=0}^{N-1+p}\left[\sum_{j=0}^{p}a_{p,j}x(n-j)\right]x(n)=\frac{1}{N}\sum_{j=0}^{p}a_{p,j}\left[\sum_{n=0}^{N-1+p}x(n-j)x(n)\right] \tag{3.7.9}$$

合并式(3.7.6)与式(3.7.9),得到

$$\frac{1}{N}\sum_{j=0}^{p}a_{p,j}\left[\sum_{n=0}^{N-1+p}x(n-j)x(n-i)\right]=\begin{cases}\xi_{\min}, & i=0\\ 0, & i=1,2,\cdots,p\end{cases} \tag{3.7.10}$$

定义

$$R(i,j)=\frac{1}{N}\sum_{n=0}^{N-1+p}x(n-j)x(n-i),\quad i,j=0,1,2,\cdots,p \tag{3.7.11}$$

则式(3.7.10)简化为

$$\sum_{j=0}^{p} a_{p,j} R(i,j) = \begin{cases} \xi_{\min}, & i=0 \\ 0, & i=1,2,\cdots,p \end{cases} \tag{3.7.12}$$

式(3.7.12)的展开形式为

$$\begin{bmatrix} R(0,0) & R(0,1) & \cdots & R(0,p) \\ R(1,0) & R(1,1) & \cdots & R(1,p) \\ \vdots & \vdots & \ddots & \vdots \\ R(p,0) & R(p,1) & \cdots & R(p,p) \end{bmatrix} \begin{bmatrix} 1 \\ a_{p,1} \\ \vdots \\ a_{p,p} \end{bmatrix} = \begin{bmatrix} \xi_{\min} \\ 0 \\ \vdots \\ 0 \end{bmatrix} \tag{3.7.13}$$

由式(3.7.11)计算 $R(i+1,j+1)(i,j=0,1,2,\cdots,p-1)$

$$R(i+1,j+1) = \frac{1}{N}\sum_{n=0}^{N-1+p} x(n-j-1)x(n-i-1)$$

进行变量置换，令 $m=n-1$，得到

$$\begin{aligned} R(i+1,j+1) &= \frac{1}{N}\sum_{m=-1}^{N-2+p} x(m-j)x(m-i) \\ &= \frac{1}{N}\sum_{m=0}^{N-1+p} x(m-j)x(m-i) + x(-1-j)x(-1-i) \\ &\quad - x(N-1-j)x(N-1-i) \end{aligned}$$

注意到 i 和 j 的取值范围是 $0 \leqslant i,j \leqslant p-1$，因而上式中的最后两项都等于零，所以

$$R(i+1,j+1) = \frac{1}{N}\sum_{m=0}^{N-1+p} x(m-j)x(m-i) = R(i,j) \tag{3.7.14}$$

式(3.7.14)表明，式(3.7.13)的系数矩阵各对角线上的元素相同，即系数矩阵是 Toeplitz 矩阵。根据式(3.7.11)，$R(i,j)$是对称矩阵。这样，如果令 $x(n-i)$ 与 $x(n-j)$ 的时间差为 $m=i-j$，那么式(3.7.11)定义的 $R(i,j)$ 可表示为

$$R(m) = \frac{1}{N}\sum_{n=0}^{N-1+p} x(n)x(n+m), \quad m=0,1,2,\cdots,p \tag{3.7.15}$$

考虑到 $x(n)$是有限长序列，$x(n+m)$ 在 $n>N-1-m$ 范围内的值等于零，所以上式等效于

$$R(m) = \frac{1}{N}\sum_{n=0}^{N-1-m} x(n)x(n+m), \quad m=0,1,2,\cdots,p \tag{3.7.16}$$

可以看出，式(3.7.16)实际上是自相关序列的有偏估计 $R_N(m)$（见第 3.1 节式(3.1.15)）。

因此，式(3.7.13)可简化表示为

$$\begin{bmatrix} R(0) & R(1) & \cdots & R(p) \\ R(1) & R(0) & \cdots & R(p-1) \\ \vdots & \vdots & \ddots & \vdots \\ R(p) & R(p-1) & \cdots & R(0) \end{bmatrix} \begin{bmatrix} 1 \\ a_{p,1} \\ \vdots \\ a_{p,p} \end{bmatrix} = \begin{bmatrix} \xi_{\min} \\ 0 \\ \vdots \\ 0 \end{bmatrix} \tag{3.7.17}$$

式(3.7.17)与 AR(p)模型的 Yule-Walker 方程(3.4.40)形式上相同，不同的是现在用自相关序列的有偏估计（式(3.7.16)）取代了式(3.4.40)中的真实自相关函数。式(3.7.17)的系数矩阵是对称的 Toeplitz 矩阵，因此可以用 Durbin-Levinson 算法快速求解。系数矩阵的正定性保证了全极点模型的稳定性。因此，自相关法又叫 Yule-Walker 法。如果用自相关序列的无偏估计 $R'_N(m)$（见式(3.1.6)）取代有偏估计，那么将不保证 Yule-Walker 方程的系数矩阵是正定的，实际上，常常观察到系数矩阵是奇异的或近似奇异的，结果使估计得到的功率谱产生很大方差。这就是自相关法不能采用自相关函数的无偏估计的原因。

自相关法的谱估计质量优于经典谱估计方法。当被用于长数据记录时，其谱估计质量与下面将要介绍的其余三种方法差不多。但是，由于自相关法做了 $n\leqslant -1$ 和 $n\geqslant N$ 的观测数据等于零的不合理假定，所以当被用于短数据记录时，得到的谱估计的分辨率比其余三种方法的低。此外，当模型的阶选择过高时，人们还常常会观测到谱线分裂的现象。因此，在短观测数据序列情况下，采用自相关法是不恰当的。

3.7.2 协方差法

协方差法用 $p\leqslant n\leqslant N-1$ 范围内的预测误差估计预测误差功率，即

$$\xi_p(n)=\frac{1}{N-p}\sum_{n=p}^{N-1}e_p^2(n) \tag{3.7.18}$$

与自相关法的推导类似，可得到与式(3.7.13)相同的结果，唯一改变的是式(3.7.11)变成

$$R(i,j)=\frac{1}{N-p}\sum_{n=p}^{N-1}x(n-j)x(n-i),\quad i,j=0,1,2,\cdots,p \tag{3.7.19}$$

由式(3.7.19)计算 $R(i+1,j+1)(i,j=0,1,2,\cdots,p-1)$，即

$$R(i+1,j+1)=\frac{1}{N-p}\sum_{n=p}^{N-1}x(n-j-1)x(n-i-1)$$

进行变量置换，令 $m=n-1$，得到

$$\begin{aligned}R(i+1,j+1)&=\frac{1}{N-p}\sum_{m=p-1}^{N-2}x(m-j)x(m-i)\\&=\frac{1}{N-p}\Big[\sum_{m=p}^{N-1}x(m-j)x(m-i)+x(p-1-j)x(p-1-i)\\&\quad -x(N-1-j)x(N-1-i)\Big]\end{aligned}$$

由于 i 和 j 的取值范围是 $0\leqslant i,j\leqslant p-1$，因而上式中的最后两项都不等于零，所以

$$R(i+1,j+1)\neq R(i,j) \tag{3.7.20}$$

式(3.7.20)表明，对于协方差法，式(3.7.13)的系数矩阵各对角线上的元素不相同，即系数矩阵不是 Toeplitz 矩阵。但是，与自相关法的情况一样，系数矩阵仍然是对称的。利用这个特点，同样可以推导出协方差法的快速计算方法。

首先解式(3.7.13)的由第 2 个到第 p 个方程构成的线性方程组

$$\begin{bmatrix}R(1,1)&R(1,2)&\cdots&R(1,p)\\R(2,1)&R(2,2)&\cdots&R(2,p)\\\vdots&\vdots&&\vdots\\R(p,1)&R(p,2)&\cdots&R(p,p)\end{bmatrix}\begin{bmatrix}a_{p,1}\\a_{p,2}\\\vdots\\a_{p,p}\end{bmatrix}=\begin{bmatrix}R(1,0)\\R(2,0)\\\vdots\\R(p,0)\end{bmatrix} \tag{3.7.21}$$

将式(3.7.21)写成简化形式为

$$\boldsymbol{R}_p\boldsymbol{a}_p=\boldsymbol{b}_p \tag{3.7.22}$$

其中，

$$\boldsymbol{R}_p=\begin{bmatrix}R(1,1)&R(1,2)&\cdots&R(1,p)\\R(2,1)&R(2,2)&\cdots&R(2,p)\\\vdots&\vdots&\ddots&\vdots\\R(p,1)&R(p,2)&\cdots&R(p,p)\end{bmatrix} \tag{3.7.23}$$

$$\boldsymbol{a}_p=[a_{p,1},a_{p,2},\cdots,a_{p,p}]^{\mathrm{T}} \tag{3.7.24}$$

$$\boldsymbol{b}_p=[R(1,0),R(2,0),\cdots,R(p,0)]^{\mathrm{T}} \tag{3.7.25}$$

注意，式(3.7.23)不是 Toeplitz 矩阵，但它是对称矩阵，而且它是实的和半正定或非负定的，因此可以对它进行 Cholesky 分解

$$\boldsymbol{R}_p=\boldsymbol{L}_p\boldsymbol{L}_p^{\mathrm{T}} \tag{3.7.26}$$

其中，$\boldsymbol{L}_p$ 是下三角形矩阵

$$\boldsymbol{L}_p=\begin{bmatrix} l_{11} & 0 & \cdots & 0 \\ l_{21} & l_{22} & \cdots & 0 \\ \vdots & \vdots & \ddots & \vdots \\ l_{p1} & l_{p2} & \cdots & l_{pp} \end{bmatrix} \tag{3.7.27}$$

将式(3.7.27)代入式(3.7.22)，得

$$\boldsymbol{L}_p\boldsymbol{L}_p^{\mathrm{T}}\boldsymbol{a}_p=\boldsymbol{b}_p \tag{3.7.28}$$

令

$$\boldsymbol{y}=\boldsymbol{L}_p^{\mathrm{T}}\boldsymbol{a}_p \tag{3.7.29}$$

式(3.7.28)变成

$$\boldsymbol{L}_p\boldsymbol{y}=\boldsymbol{b}_p \tag{3.7.30}$$

这样，可将式(3.7.29)的求解分两步进行：第一步，解方程(3.7.30)得到 $\boldsymbol{y}$；第二步，将 $\boldsymbol{y}$ 代入并解方程(3.7.29)便得到 $\boldsymbol{a}_p$。下面分别讨论这两步。

第一步：求解方程(3.7.30)。

将方程(3.7.30)写成展开形式

$$\begin{bmatrix} l_{11} & 0 & \cdots & 0 \\ l_{21} & l_{22} & \cdots & 0 \\ \vdots & \vdots & \ddots & \vdots \\ l_{p1} & l_{p2} & \cdots & l_{pp} \end{bmatrix}\begin{bmatrix} y_1 \\ y_2 \\ \vdots \\ y_p \end{bmatrix}=\begin{bmatrix} b_1 \\ b_2 \\ \vdots \\ b_p \end{bmatrix} \tag{3.7.31}$$

系数矩阵是下三角形矩阵，因此可以用“顺代法”求解，得到 $y_1=b_1/l_{11}$ 和

$$y_k=b_k-\sum_{j=1}^{k-1}l_{kj}y_j,\quad k=2,3,\cdots,p \tag{3.7.32}$$

第二步：求解方程(3.7.29)。

将方程(3.7.29)写成展开形式

$$\begin{bmatrix} l_{11} & l_{21} & \cdots & l_{p1} \\ 0 & l_{22} & \cdots & l_{p2} \\ \vdots & \vdots & \ddots & \vdots \\ 0 & 0 & \cdots & l_{pp} \end{bmatrix}\begin{bmatrix} a_1 \\ a_2 \\ \vdots \\ a_p \end{bmatrix}=\begin{bmatrix} y_1 \\ y_2 \\ \vdots \\ y_p \end{bmatrix} \tag{3.7.33}$$

系数矩阵是上三角形矩阵，因此可以用“回代法”求解，得到 $a_p=y_p/l_{pp}$ 和

$$a_k=y_k-\sum_{j=k+1}^{p}l_{jk}a_j,\quad k=p-1,p-2,\cdots,1 \tag{3.7.34}$$

下三角形矩阵 $\boldsymbol{L}_p$ 与上三角形矩阵 $\boldsymbol{L}_p^{\mathrm{T}}$ 的元素相同，且可以用递归算法求出。设 p 阶方阵 $\boldsymbol{R}_p=(R(j,i))$ 的 p 个顺序主子矩阵

$$\boldsymbol{R}_k=\begin{bmatrix} R(1,1) & R(1,2) & \cdots & R(1,k) \\ R(2,1) & R(2,2) & \cdots & R(2,k) \\ \vdots & \vdots & \ddots & \vdots \\ R(k,1) & R(k,2) & \cdots & R(k,k) \end{bmatrix},\quad k=1,2,\cdots,p \tag{3.7.35}$$

都是非奇异的,则它们都存在唯一的 Cholesky 分解。对任意 $k+1$,有

$$\boldsymbol{R}_{k+1}=\begin{bmatrix} \boldsymbol{R}_k & \boldsymbol{c}_{k+1} \\ \boldsymbol{c}_{k+1}^{\mathrm{T}} & R_{xx}(k+1,k+1) \end{bmatrix}=\boldsymbol{L}_{k+1}\boldsymbol{L}_{k+1}^{\mathrm{T}} \tag{3.7.36}$$

式中

$$\boldsymbol{c}_{k+1}=[R(1,k+1),\quad \cdots,\quad R(k,k+1)]^{\mathrm{T}} \tag{3.7.37}$$

$$\boldsymbol{c}_{k+1}^{\mathrm{T}}=[R(1,k+1),\quad \cdots,\quad R(k,k+1)]=[R(k+1,1),\quad \cdots,\quad R(k+1,k)] \tag{3.7.38}$$

$$\boldsymbol{L}_{k+1}=\begin{bmatrix} \boldsymbol{L}_k & \boldsymbol{0}_k \\ \boldsymbol{m}_{k+1} & l_{k+1,k+1} \end{bmatrix} \tag{3.7.39}$$

在式(3.7.39)中,$\boldsymbol{0}_k$ 是 $k\times 1$ 阶零矩阵

$$\boldsymbol{0}_k=[0,\quad \cdots,\quad 0]^{\mathrm{T}} \tag{3.7.40}$$

$$\boldsymbol{m}_{k+1}=[l_{k+1,1},\quad l_{k+1,2},\quad \cdots,\quad l_{k+1,k}]^{\mathrm{T}} \tag{3.7.41}$$

将式(3.7.39)代入式(3.7.36),得

$$\begin{aligned}\begin{bmatrix} \boldsymbol{R}_k & \boldsymbol{c}_{k+1} \\ \boldsymbol{c}_{k+1}^{\mathrm{T}} & R(k+1,k+1) \end{bmatrix}&=\begin{bmatrix} \boldsymbol{L}_k & \boldsymbol{0}_k \\ \boldsymbol{m}_{k+1}^{\mathrm{T}} & l_{k+1,k+1} \end{bmatrix}\begin{bmatrix} \boldsymbol{L}_k^{\mathrm{T}} & \boldsymbol{m}_{k+1} \\ \boldsymbol{0}_k^{\mathrm{T}} & l_{k+1,k+1} \end{bmatrix} \\ &=\begin{bmatrix} \boldsymbol{L}_k\boldsymbol{L}_k^{\mathrm{T}} & \boldsymbol{L}_k\boldsymbol{m}_{k+1} \\ \boldsymbol{m}_{k+1}^{\mathrm{T}}\boldsymbol{L}_k^{\mathrm{T}} & \boldsymbol{m}_{k+1}^{\mathrm{T}}\boldsymbol{m}_{k+1}+l_{k+1,k+1}^2 \end{bmatrix}\end{aligned} \tag{3.7.42}$$

对照等式(3.7.42)左右两边,得到

$$\boldsymbol{R}_k=\boldsymbol{L}_k\boldsymbol{L}_k^{\mathrm{T}} \tag{3.7.43}$$

$$\boldsymbol{c}_{k+1}=\boldsymbol{L}_k\boldsymbol{m}_{k+1} \tag{3.7.44}$$

$$R(k+1,k+1)=\boldsymbol{m}_{k+1}^{\mathrm{T}}\boldsymbol{m}_{k+1}+l_{k+1,k+1}^2 \tag{3.7.45}$$

假设已经得到式(3.7.43)的解 $\boldsymbol{L}_k$,则可将其代入式(3.7.44),并用“顺代法”解下三角形线性方程组求出 $\boldsymbol{m}_{k+1}$;再将 $\boldsymbol{m}_{k+1}$ 代入式(3.7.45),即可求出 $l_{k+1,k+1}$。$\boldsymbol{m}_{k+1}$ 和 $l_{k+1,k+1}$ 以及 $\boldsymbol{L}_k$ 的元素构成了 $\boldsymbol{L}_{k+1}$ 的全部元素。

递推计算从初始条件 $\boldsymbol{L}_1$ 开始。当 $k=1$ 时,有

$$\boldsymbol{R}_1=[R_{xx}(1,1)]=L_1^2 \tag{3.7.46}$$

因此,初始条件为

$$\boldsymbol{L}_1=\sqrt{R(1,1)} \tag{3.7.47}$$

求出参数 $\boldsymbol{a}_p=[a_{p,1},a_{p,2},\cdots,a_{p,p}]^{\mathrm{T}}$ 后,利用式(3.7.13)的第一个方程计算

$$\xi_{\min}=R(0,0)-\sum_{i=1}^{p}a_{p,i}R(0,i) \tag{3.7.48}$$

$\xi_{\min}$除以 N 便得到 AR(p)模型激励源的方差 σ^2(真正的最小预测误差功率)。最后,将协方差法的计算步骤归纳如下:

(1) 对系数矩阵 $\boldsymbol{R}_p=(R(j,i))$进行 Cholesky 分解。

对 $k=1,2,\cdots,p-1$ 进行递归计算。

① 由 $\boldsymbol{R}_k=\boldsymbol{L}_k\boldsymbol{L}_k^{\mathrm{T}}$ 求出 $\boldsymbol{L}_k$；

② 由 $\boldsymbol{c}_{k+1}=\boldsymbol{L}_k\boldsymbol{m}_{k+1}$ 计算 $\boldsymbol{m}_{k+1}$；

③ 由 $R(k+1,k+1)=\boldsymbol{m}_{k+1}^{\mathrm{T}}\boldsymbol{m}_{k+1}+l_{k+1,k+1}^2$ 求出 $l_{k+1,k+1}$；

④ 由 $\boldsymbol{m}_{k+1}$ 和 $l_{k+1,k+1}$ 构成 $\boldsymbol{L}_p$。

(2) 用"顺代法"解下三角形线性方程组 $\boldsymbol{L}_p\boldsymbol{y}=\boldsymbol{b}_p$ 求 $\boldsymbol{y}$。

(3) 用"回代法"解上三角形线性方程组 $\boldsymbol{y}=\boldsymbol{L}_p^{\mathrm{T}}\boldsymbol{a}_p$ 求 $\boldsymbol{a}_p$。

(4) 计算 AR(p)模型激励源的方差，即

$$\sigma^2=\xi_{\min}=R(0,0)-\sum_{i=1}^{p}a_{p,i}R(0,i) \tag{3.7.49}$$

由式(3.7.18)和式(3.7.3)可看出，协方差法在估计预测误差功率时，只使用了 $N-p$ 个预测误差值，完全不涉及 $n\leqslant-1$ 和 $n\geqslant N$ 范围内的观测数据，也就是说，没有对未知观测数据做任何假定，这正是协方差法相比自相关法的合理之处。实际上，虽然自相关法利用了能够获得的全部预测误差值来估计预测误差功率，但是，预测误差序列最前面和最后面的若干取样值是用大量零数据产生的，因而有很大的估计误差，所以最终的效果反而不好。因此，协方差法谱估计的分辨率比自相关法的高，特别是对于短数据记录来说。如果数据由 $p-1$ 个或更少的正弦信号构成，那么式(3.7.23)表示的系数矩阵将是奇异的。不过实践证明，只要有加性噪声存在，都将使系数矩阵成为非奇异的，所以仍然可以利用 Cholesky 分解的办法解方程(3.7.21)，并保证得到稳定的 AR 模型滤波器。

3.7.3　修正协方差法

修正协方差法与协方差法一样都只使用 $p\leqslant n\leqslant N-1$ 范围内的预测误差来估计预测误差功率，但是协方差法只使用前向预测误差，而修正协方差法同时要使用前向预测误差和后向预测误差，即预测误差功率的估计为

$$\xi_p(n)=\frac{1}{N-p}\sum_{n=p}^{N-1}\{[e_p^f(n)]^2+[e_p^b(n)]^2\} \tag{3.7.50}$$

式中，$e_p^f(n)$和 $e_p^b(n)$分别是 p 阶前向预测误差和后向预测误差(见式(3.6.16)和式(3.6.18))

$$e_p^f(n)=x(n)-\hat{x}(n)=x(n)+\sum_{i=1}^{p}a_{p,i}x(n-i),\quad a_0=1 \tag{3.7.51}$$

$$e_p^b=x(n-p)-\hat{x}(n-p)=x(n-p)+\sum_{i=1}^{p}a_{p,i}x(n-p+i) \tag{3.7.52}$$

与自相关法的推导相似，将式(3.7.50)定义的 $\xi_p(n)$对 $a_{p,i}$最小化，得到与式(3.7.13)相同的结果，唯一区别是其中的系数矩阵中的元素由下式定义

$$R(j,i)=\frac{1}{N-p}\sum_{n=p}^{N-1}[x(n-j)x(n-i)+x(n-p+j)x(n-p+i)] \tag{3.7.53}$$

与协方差法一样，系数矩阵只是对称的而不是 Toeplitz 矩阵，而且还是正半定的或非负定的(纯正弦信号的情况例外)，因此可以用 Cholesky 分解的办法推导快速解法。如果数据由 $p-1$ 个或更少的正弦信号构成，那么系数矩阵将是奇异的。但只要有加性噪声存在，就可以使系数矩阵成为非奇异的，所以仍然可以利用 Cholesky 分解的办法解方程(3.7.13)，并保证得到的滤波器是稳定的。

修正协方差法得到的谱估计不仅具有高分辨率而且稳定性好。特别是对于由白噪声中正

弦信号组成的随机信号,计算机模拟实验表明,修正协方差法比其他 AR 谱估计方法具有更多的优点。例如,由于加性噪声的存在,正弦信号的 AR 谱估计通常都会偏离真实频率位置,但是修正协方差法的谱峰偏离并不明显,谱峰位置对正弦信号的相位也不敏感,而且没有谱线分裂现象。

3.7.4 Burg 法

前面三种方法都对 AR(p)模型的横向滤波器参数 $a_{p,i}$ 进行优化,本节讨论的 Burg 法则对 AR(p)模型的格型滤波器参数即反射系数进行优化。或者说,前面三种方法对 AR(p)模型的所有参数 $a_{p,i}$ ($1\leqslant i\leqslant p$)进行优化,而 Burg 法则对各阶 AR(p)模型的一个参数 $a_{k,k}$ 或 γ_k ($1\leqslant k\leqslant p$)进行优化。Burg 法的具体做法是,采用与修正协方差法一样的优化准则,即正向预测误差和反向预测误差的平方和最小化,求和范围选为 $k\leqslant n\leqslant N-1$,这里 k 是格型滤波器的阶,按阶逐步优化反射系数。因此,Burg 法的优化代价函数为

$$\xi_k = \sum_{n=k}^{N-1}\{[e_k^f(n)]^2+[e_k^b(n)]^2\} \tag{3.7.54}$$

式中,$e_k^f(n)$和 $e_k^b(n)$分别是 k 阶前向预测误差和后向预测误差。根据式(3.6.25),有下列递推关系

$$e_k^f(n)=e_{k-1}^f(n)-\gamma_k e_{k-1}^b(n-1) \tag{3.7.55}$$

$$e_k^b(n)=-\gamma_k e_{k-1}^f(n)+e_{k-1}^b(n-1) \tag{3.7.56}$$

由式(3.7.54),令 ξ_k 对 γ_k 的偏导数等于零,并考虑到式(3.7.55)和式(3.7.56),得到

$$\frac{\partial\xi_k}{\partial\gamma_k} = \sum_{n=k}^{N-1}[e_k^f(n)e_{k-1}^b(n-1)+e_k^b(n)e_{k-1}^f(n)]=0 \tag{3.7.57}$$

将式(3.7.55)和式(3.7.56)代入式(3.7.57),解出 λ_k

$$\gamma_k = \frac{2\sum\limits_{n=k}^{N-1}e_{k-1}^f(n)e_{k-1}^b(n-1)}{\sum\limits_{n=k}^{N-1}\{[e_{k-1}^f(n)]^2+[e_{k-1}^b(n-1)]^2\}} \tag{3.7.58}$$

将式(3.7.58)写成矢量形式

$$\gamma_k=\frac{2\langle \boldsymbol{e}_{k-1}^f,\boldsymbol{e}_{k-1}^b\rangle}{\|\boldsymbol{e}_{k-1}^f\|^2+\|\boldsymbol{e}_{k-1}^b\|^2} \tag{3.7.59}$$

其中

$$\boldsymbol{e}_{k-1}^f=[e_{k-1}^f(k),e_{k-1}^f(k+1),\cdots,e_{k-1}^f(N-1)]^{\mathrm{T}} \tag{3.7.60}$$

$$\boldsymbol{e}_{k-1}^b=[e_{k-1}^b(k-1),e_{k-1}^b(k),\cdots,e_{k-1}^b(N-2)]^{\mathrm{T}} \tag{3.7.61}$$

分别是前向预测误差矢量和后向预测误差矢量。式(3.7.58)的分子是这两个矢量的内积,分母是这两个矢量的范数之和。根据 Cauchy-Schwartz 不等式,有

$$2|\langle \boldsymbol{e}_{k-1}^f,\boldsymbol{e}_{k-1}^b\rangle|\leqslant\|\boldsymbol{e}_{k-1}^f\|^2+\|\boldsymbol{e}_{k-1}^b\|^2 \tag{3.7.62}$$

由此得出

$$|\gamma_k|\leqslant 1 \tag{3.7.63}$$

将式(3.7.55)和式(3.7.56)代入式(3.7.54)

$$\xi_k = \sum_{n=k}^{N-1}[e_k^f(n)-\gamma_k e_{k-1}^b(n-1)]^2+\sum_{n=k}^{N-1}[-\gamma_k e_{k-1}^f(n)+e_{k-1}^b(n-1)]^2$$

$$= [1+\gamma_k^2]\sum_{n=k}^{N-1}\{[e_{k-1}^f(n)]^2+[e_{k-1}^b(n-1)]^2\}-4\gamma_k\sum_{n=k}^{N-1}[e_{k-1}^f(n)e_{k-1}^b(n-1)] \tag{3.7.64}$$

由式(3.7.58)得到

$$2\sum_{n=k}^{N-1}e_{k-1}^f(n)e_{k-1}^b(n-1)=\gamma_k\sum_{n=k}^{N-1}\{[e_{k-1}^f(n)]^2+[e_{k-1}^b(n-1)]^2\} \tag{3.7.65}$$

将式(3.7.65)代入式(3.7.64)，得到

$$\begin{aligned}\xi_k &= [1-\gamma_k^2]\sum_{n=k}^{N-1}\{[e_{k-1}^f(n)]^2+[e_{k-1}^b(n-1)]^2\}\\ &= [1-\gamma_k^2]\sum_{n=k-1}^{N-1}\{[e_{k-1}^f(n)]^2+[e_{k-1}^b(n)]^2\}-[e_{k-1}^f(k-1)]^2-[e_{k-1}^b(N-1)]^2\\ &= [1-\gamma_k^2]\{\xi_{k-1}-[e_{k-1}^f(k-1)]^2-[e_{k-1}^b(N-1)]^2\}\end{aligned} \tag{3.7.66}$$

这是协方差法最小预测误差功率(前向预测误差平方和和后向预测误差平方和)的迭代计算公式，迭代运算初始条件为

$$\xi_0 = \sum_{n=0}^{N-1}\{[e_0^f(n)^2+e_0^b(n)^2]\}=2\sum_{n=0}^{N-1}x^2(n) \tag{3.7.67}$$

式(3.7.59)的计算量取决于分子的内积和分母的范数计算，其中分母用下面推导的迭代公式计算可以减少计算量。令分母用 D_k 表示

$$D_k = \sum_{n=k}^{N-1}\{[e_{k-1}^f(n)]^2+[e_{k-1}^b(n-1)]^2\} \tag{3.7.68}$$

式(3.7.68)的等效形式是

$$\begin{aligned}D_k &= \sum_{n=k-1}^{N-1}\{[e_{k-1}^f(n)]^2+[e_{k-1}^b(n-1)]^2\}-e_{k-1}^f(k-1)-e_{k-1}^b(N-1)\\ &= \xi_{k-1}-[e_{k-1}^f(k-1)]^2-[e_{k-1}^b(N-1)]^2\end{aligned} \tag{3.7.69}$$

将式(3.7.69)代入式(3.7.66)

$$\xi_k=(1-\gamma_k^2)D_k \tag{3.7.70}$$

由式(3.7.69)写出 $k+1$ 阶的 D_{k+1}

$$D_{k+1}=\xi_k-[e_k^f(k)]^2-[e_k^b(N-1)]^2 \tag{3.7.71}$$

将式(3.7.70)代入式(3.7.71)，便得到 D_k 的迭代计算公式

$$D_{k+1}=(1-\gamma_k^2)D_k-[e_k^f(k)]^2-[e_k^b(N-1)]^2 \tag{3.7.72}$$

利用式(3.7.72)能够大幅减少式(3.7.58)分母的运算量，这样，式(3.7.58)的计算负担主要来自分子的内积运算。

最后，将 Burg 算法的计算步骤归纳如下：

(1) 初始化。

① $e_0^f(n)=e_0^b(n)=x(n)$

这个公式由式(3.7.51)和式(3.7.52)得出。

② $D_1 = 2\sum_{n=1}^{N-1}x^2(n)+x^2(0)-x^2(N-1)$

这个公式由式(3.7.68)得出。

(2) 迭代。

取 $k=1,2,\cdots,p$。

① $\gamma_k = \dfrac{2}{D_k}\sum_{n=k}^{N-1}e_{k-1}^f(n)e_{k-1}^b(n-1)$

② 迭代。

取 $n=k,k+1,\cdots,p$,

$$e_k^f(n)=e_{k-1}^f(n)-\gamma_k e_{k-1}^b(n-1)$$

$$e_k^b(n)=-\gamma_k e_{k-1}^f(n)+e_{k-1}^b(n-1)$$

$$D_{k+1}=D_k(1-\gamma_k^2)-[e_k^f(k)]^2-[e_k^b(N-1)]^2$$

$$\xi_k=(1-\gamma_k^2)\{\xi_{k-1}-[e_{k-1}^f(k-1)]^2-[e_{k-1}^b(N-1)]^2\}$$

或

$$\xi_k=D_k(1-\gamma_k^2)$$

③ 为估计功率谱,可以根据第 3.6.4 节介绍的方法,利用式(3.6.11)进行"升阶"迭代运算(初始条件为 $a_{0,0}=1$),将反射系数$\{\gamma_k;k=1,2,\cdots,p\}$转换成全极点滤波器系数$\{a_{p,i};i=1,2,\cdots,p\}$。

3.7.5 四种 AR 谱估计方法比较

上述四种 AR 谱估计方法对于长数据记录的性能相差不多,但对于短数据记录的性能有明显差别,表 3.7.1 所示的为对四种 AR 谱估计方法进行比较。

表 3.7.1 四种 AR 谱估计方法比较

	自相关法	协方差法	修正协方差法	Burg 法
特点	对数据加窗	对数据不加窗	对数据不加窗	对数据不加窗
	最小二乘方意义上对前向预测误差最小化	最小二乘方意义上对前向预测误差最小化	最小二乘方意义上对前向预测误差和后向预测误差最小化	最小二乘方意义上对前向预测误差和后向预测误差最小化
	针对横向滤波器参数最小化	针对横向滤波器参数最小化	针对横向滤波器参数最小化	针对格型滤波器反射系数最小化
优点	对长数据记录的性能与其他三种方法的相同	对短数据记录的分辨率和精度比自相关法的好	对短数据记录有高分辨率	对短数据记录有高分辨率
	总能得到稳定的模型	能够估计 p 个和更多个纯正弦信号的频率	能够估计 p 个和更多个纯正弦信号的频率	总能得到稳定的模型
			无谱线分裂现象	
缺点	对短数据记录的性能较差	可能得到不稳定的模型	可能得到不稳定的模型	谱峰位置略受初始相位影响
	噪声中正弦信号频率估计有偏差	噪声中正弦信号频率估计有偏差	谱峰位置略受初始相位影响	估计噪声中正弦信号或模型的阶很高时可能有谱线分裂现象
			噪声中正弦信号频率估计有较小偏差	噪声中正弦信号频率估计有偏差
非奇异性条件	有偏估计的自相关函数保证系数矩阵为正定的,故是非奇异的	阶必须不大于输入数据序列长度的一半	阶必须不大于输入数据序列长度的 2/3	

例 3.7.1 用方差为 1 的高斯白噪声激励一个 4 阶全极点滤波器产生一个 256 点随机信号 xn,已知全极点滤波器参数 a=[1 −2.2137 2.9403 −2.1697 0.9606]。用本节介绍

的四种方法估计 AR 模型参数，并将估计结果与真实参数进行比较。

解　MATLAB 程序如下：

```
% exp3.7.1
a= [1 - 2.2137 2.9403 - 2.1697 0.9606];        % 已知全极点滤波器参数
xn= filter(1,a,randn(256,1));                  % 全极点滤波器输出的 256 点随机信号
p= 4;                                          % AR 模型的阶
[a1,e1]= aryule(xn,p);                         % 自相关法估计 AR 模型参数
[a2,e2]= arcov(xn,p);                          % 协方差法估计 AR 模型参数
[a3,e3]= armcov(xn,p);                         % 修正协方差法估计 AR 模型参数
[a4,e4]= arburg(xn,p);                         % Burg 法估计 AR 模型参数
[a,0;a1,e1;a2,e2;a3,e3;a4,e4]                  % 显示参数估计结果
```

运行程序得到以下结果：

```
ans=
     1.0000   -2.2137    2.9403   -2.1697    0.9606    1.0000
     1.0000   -1.9002    2.3076   -1.5533    0.6714    3.6125
     1.0000   -2.2023    2.9029   -2.1304    0.9263    0.9366
     1.0000   -2.1956    2.8744   -2.0954    0.9086    0.9223
     1.0000   -2.1937    2.8757   -2.0942    0.9086    0.9257
```

其中，第 1 行是真实 AR 参数，第 2 行到第 5 行依次为自相关法、协方差法、修正协方差法和 Burg 法的估计结果。第 1 行至第 5 列依次是下标为 0 至 4 的 AR 参数。第 6 列是模型激励信号的方差。可以看出，自相关法估计误差最大，其余三种方法估计误差较小。

在 MATLAB 中，aryule、arcov、armcov 和 arburg 是工具箱中实现自相关法、协方差法、修正协方差法和 Burg 法的专用函数。其中 aryule 先调用函数 R=xcorr(xn,p,'biased')计算自相关序列的有偏估计，然后调用函数 levinson(R(p+1:end),p)解 Yule-Walker 方程。

由 AR 模型参数的估计值，调用函数 freqz 计算全极点滤波器的幅度特性 $|H(f)|$，然后计算功率谱估计(见式(3.4.14))

$$S(f)=\sigma^2\ |H(f)|^2 \tag{3.7.73}$$

以 dB 为单位的功率谱为

$$P(f)=10\lg\sigma^2+20\lg S(f)\ \text{(dB)} \tag{3.7.74}$$

其中，模型激励信号的方差 σ^2 即例 3.7.1 中的 e。

例 3.7.2　按照例 3.7.1 产生 AR 过程的 600 点观测数据，估计 4 阶 AR 模型参数并用来估计功率谱。假设取样频率 fs=1000 Hz，计算功率谱的频率点仍选为 $L=256$。将估计结果与真实功率谱进行比较。

解　MATLAB 程序如下：

```
% exp3.7.2, fig3.7.1
a= [1 - 2.2137 2.9403 - 2.1697 0.9606]; e= 1;
x= filter(1,a,randn(600,1));
p= 4;
[a1,e1]= aryule(x,p);
[a2,e2]= arcov(x,p);
[a3,e3]= armcov(x,p);
```

```
[a4,e4]= arburg(x,p);
l= 256; fs= 1000;
H= freqz(1,a,l,fs);
H1= freqz(1,a1,l,fs);
H2= freqz(1,a2,l,fs);
H3= freqz(1,a3,l,fs);
H4= freqz(1,a4,l,fs);
P= 10* log10(e)+ 20* log10(abs(H));
P1= 10* log10(e1)+ 20* log10(abs(H1));
P2= 10* log10(e2)+ 20* log10(abs(H2));
P3= 10* log10(e3)+ 20* log10(abs(H3));
P4= 10* log10(e4)+ 20* log10(abs(H4));
subplot(2,2,1)
plot(P,':'), hold on,
plot(P1),axis([0,300,- 20,40]), grid, gtext('自相关法')
subplot(2,2,2)
plot(P,':'),hold on,
plot(P2), axis([0,300,- 20,40]), grid, gtext('协方差法')
subplot(2,2,3)
plot(P,':'),hold on,
plot(P3),axis([0,300,- 20,40]), grid, gtext('修正协方差法')
subplot(2,2,4)
plot(P,':'),hold on,
plot(P4),axis([0,300,- 20,40]),grid, gtext('Burg法')
```

其中,产生随机信号的全极点滤波器参数 a 和激励信号方差 e 与例 3.7.1 的相同,也是已知的;AR 模型滤波器的参数 a1、a2、a3、a4 和 e1、e2、e3、e4 与例 3.7.1 的相同,通过调用函数 aryule、arcov、armcov 和 arburg 得到。调用函数 freqz 计算滤波器的幅度特性,然后用式(3.7.73)计算功率谱。运行以上程序得到如图 3.7.1 所示的结果。

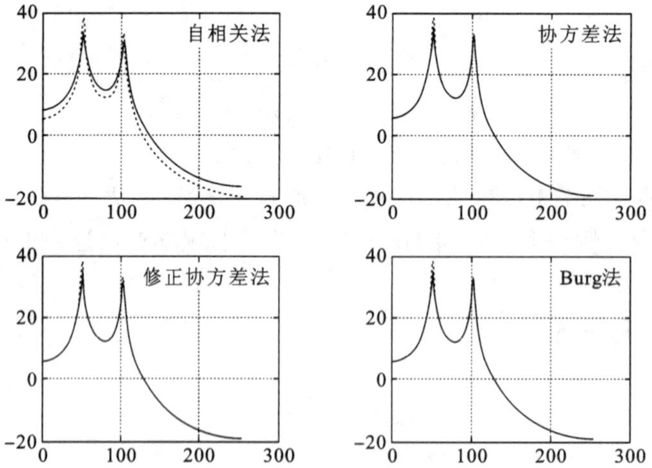

图 3.7.1　例 3.7.2 的结果

图 3.7.1 中虚线所示的是真实功率谱曲线。可以看出,自相关法的谱估计质量与其他三种方法的相差不大,这是因为数据序列较长(600 点)的缘故。从下面的例 3.7.3 将会看到,对

于短数据序列，自相关法的谱估计质量将比其他三种方法的明显差。

也可以用下式直接由模型参数计算功率谱

$$P(f)=10\lg\frac{\sigma^2}{|A(f)|^2}=10\lg\sigma^2-20\lg|A(f)|\ \ (\text{dB}) \tag{3.7.75}$$

式中，$A(f)$是序列$\{1,a(1),a(2),a(3),a(4)\}$的傅里叶变换，可以调用函数 fft 计算。实现式(3.7.75)的 MATLAB 语句为

```
P= 10* log10(e)- 20* log10(abs(fft(a,1024)));
```

其中，a 是矢量$\{1,a(1),a(2),a(3),a(4)\}$。

例 3.7.3 将例 3.7.1 的数据序列改成长为 32 点的短序列，重做例 3.7.2。仍假设取样频率 fs=1000 Hz，计算功率谱的频率点 L=256，并将估计结果与真实功率谱进行比较。

解 只需将例 3.7.1 的 MATLAB 程序的第 2 行改为

```
xn= filter(1,a,randn(32,1));     % 全极点滤波器输出的 32 点随机信号
```

程序的其余部分与例 3.7.1 和例 3.7.2 的相同。运行程序后得到图 3.7.2 所示的结果。可以看出，自相关法估计的功率谱与真实功率谱有很大差别，其余三种方法的谱估计质量仍然很好。

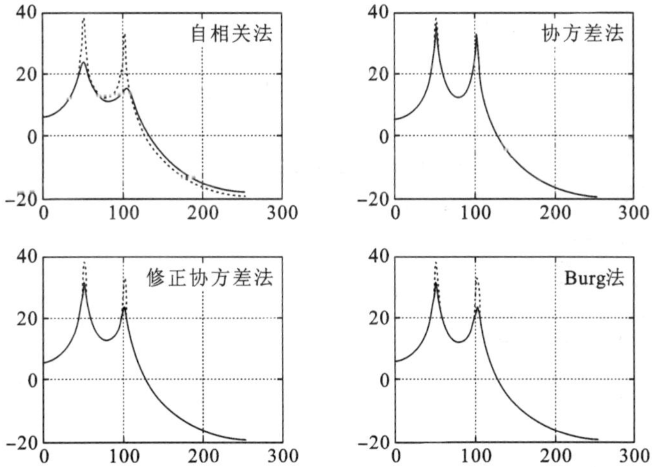

图 3.7.2 例 3.7.3 的结果

在 MATLAB 中，有 pyulear、pcov、pmcov 和 pburg 等四个函数，调用它们可以直接由已知观测数据估计功率谱，它们分别对应于自相关法、协方差法、修正协方差法和 Burg 法。调用时只需指定输入信号 xn 和 AR 模型的阶 p。

为了测试谱估计方法的分辨率，常选择噪声中两个频率相近的正弦信号作为测试信号。

例 3.7.4 设随机信号由噪声中两个正弦信号相加组成

$$x(t)=\sin(2\pi f_1 t)+2\sin(2\pi f_2 t)+u(t)$$

其中，$f_1=150$ Hz，$f_2=140$ Hz，$u(t)$是幅度为 0.1 的高斯白噪声。以取样频率 $f_s=1000$ Hz 对 $x(t)$取样，采集 1000 点数据得到序列 xn。选用 14 阶 AR 模型，用本节介绍的四种方法估计功率谱，并将估计结果进行比较。

解 MATLAB 程序如下：

```
% Exp3.7.4, fig3.7.3
```

```
% 产生观测数据序列 xn
   fs= 1000;
   t= (0:fs)/fs;
   A= [1,2];
   F= [150;140];
   xn= A* sin(2* pi* f* t)+ 0.1* randn(size(t));
% 估计功率谱
   p= 14;
   P1= pyulear(xn,p,1024,fs);  % 自相关法
   P2= pcov(xn,p,1024,fs);  % 协方差法
   P3= pmcov(xn,p,1024,fs);  % 修正协方差法
   P4= pburg(xn,p,1024,fs);  %  Burg 法
% 计算以 dB 为单位的功率谱
   S1= 10* log10(P1);
   S2= 10* log10(P2);
   S3= 10* log10(P3);
   S4= 10* log10(P4);
% 画图
   subplot(2,2,1)
   plot(S1), axis([0,500,- 60,0]), grid, gtext('自相关法')
   subplot(2,2,2)
   plot(S2), axis([0,500,- 60,0]), grid, gtext('协方差法')
   subplot(2,2,3)
   plot(S3), axis([0,500,- 60,0]), grid, gtext('修正协方差法')
   subplot(2,2,4)
   plot(S4), axis([0,500,- 60,0]), grid, gtext('Burg 法')
```

运行以上程序得到图 3.7.3 所示的结果。

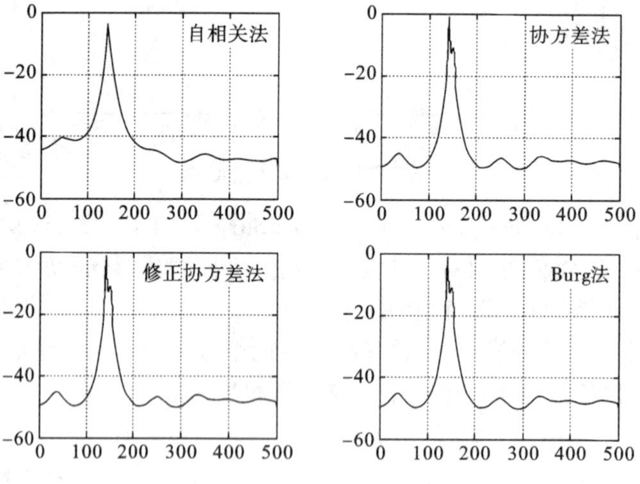

图 3.7.3　例 3.7.4 的结果

从图 3.7.3 可看出,四种方法中自相关法的分辨率最差,其余三种方法的大致相同。

调用这四个函数时,如果不指定输出参数,那么将直接画出功率谱曲线。例如,对于例 3.7.4的观测数据,执行命令 pburg(xn,p,1024,fs),将立即得到图 3.7.4 所示的结果。

在 MATLAB 中有另外一个估计功率谱的函数 psd,常常将它与工具箱中的谱估计对象(the spectral object)配合使用。谱估计对象给出了用某种方法进行谱估计必需的全部信息。本节介绍的四种 AR 谱估计方法的谱估计对象分别是 sprctrum. yulear、sprctrum. cov、sprctrum. mcov 和 sprctrum. burg,它们各自有自己的一个或多个输入参数,它们的输出参数将作为 psd 的输入参数。例如,对于例 3.7.4 的观测数据,执行下列命令,将得到与图 3.7.4 完全相同的结果。

```
Hburg= spectrum.burg(14);
psd(Hburg,xn,'Fs',fs,'NFFT',1024)
```

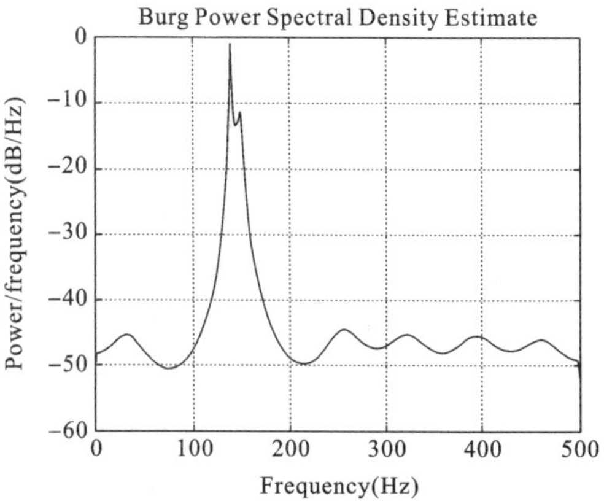

图 3.7.4　利用例 3.7.4 的数据直接调用函数 pburg 得到的结果

虽然为了观测谱估计的分辨率常选择白噪声中若干个正弦信号组成的随机信号作为测试数据,但是应当强调,如果事先已经知道估计对象是这类随机信号,而且目的是估计正弦信号的幅度、频率和相位等参数,那么应当优先选用第 3.10 节将要讨论的特征分解等专门针对正弦估计的方法,那些方法利用了数据由正弦信号和白噪声组成的先验知识,能够取得更好的估计效果,而一般的 AR 谱估计方法得不到高精度的正弦频率估计。

3.8　AR 谱估计应用中的几个实际问题

3.8.1　虚假谱峰、谱峰频率偏移和谱线分裂现象

Burg 法是最早被提出并获得广泛应用的 AR 谱估计方法,已经进行过深入的研究和广泛的比较。许多新的 AR 谱估计方法大多是为了改进 Burg 法的某些缺点而提出的,这些缺点包括虚假谱峰、谱峰位置(频率)偏移和谱线分裂现象等。

1. 虚假谱峰

理论上,如果对自相关函数的估计没有误差,那么有

$$\hat{a}_{p,i}=\begin{cases}a_{p,i} & 1\leqslant i\leqslant p\\ 0, & i\geqslant p+1\end{cases}\tag{3.8.1}$$

式中,$\hat{a}_{p,i}$是 AR(p)模型参数的估计值,$a_{p,i}$是产生 AR(p)随机过程的全极点滤波器的实际参数值。而实际上,对自相关函数的估计不可避免地存在误差,因此大多数 AR 谱估计方法的标准方程的系数矩阵是满秩的,虽然 AR 过程实际的阶可能很低,但是解标准方程得到的解,其高阶的值却可能是非零的,即

$$\hat{a}_{p,i}\neq 0,\quad i\geqslant p+1\tag{3.8.2}$$

这些额外的非零参数将产生额外的极点(即极点数超过 p 个),如果额外的极点靠近单位圆,就会形成明显的虚假谱峰。

实验发现,虚假谱峰的产生与模型的阶选择过高有关。所谓阶过高,是相对于观测数据记录长度 N 而言的。根据经验,为了避免出现虚假谱峰,模型的阶不应超过观测数据记录长度

的一半,即 $p<N/2$。但是过低的阶有可能降低谱估计的分辨率。因此应正确选取模型的阶,这个问题将在第 3.8.2 节中讨论。

例 3.8.1 设一个随机过程由一个正弦信号加高斯白噪声组成

$$x(n)=\sin(2\pi fn/f_s)+v(n)$$

其中,正弦信号频率 $f=400$ Hz,高斯白噪声 $v(n)$ 的标准差为 0.31。假设取样频率 $f_s=800$ Hz,采集数据 $x(n)$ 的长度为 $N=24$。用 Burg 法估计该随机过程的功率谱。模型的阶选为 $p_1=18$ 和 $p_2=4$。

解 MATLAB 程序如下:

```
% Exp3.8.1, fig3.8.1
f= 100; N= 24; n= 0:N- 1; fs= 800; sigma= 0.31;
x= sin(2* pi* f* n/fs)+ sigma* randn(1,N);
p1= 18; p2= 4; l= 1024;
subplot(2,1,1)
pmcov(x,p1,l,fs),gtext('p= 18')
subplot(2,1,2)
pmcov(x,p2,l,fs),gtext('p= 4')
```

运行以上程序,得到图 3.8.1 所示的结果。从图中两条功率谱曲线看出,由于模型的阶 $p_1=18$ 选择过高,已超过 $N/2$,估计的功率谱除了在 100 Hz 处有一个正确的谱峰以外,在其他 7 个频率上出现了虚假谱峰。当模型的阶降为 $p_1=4$ 后,虚假谱峰即消失。

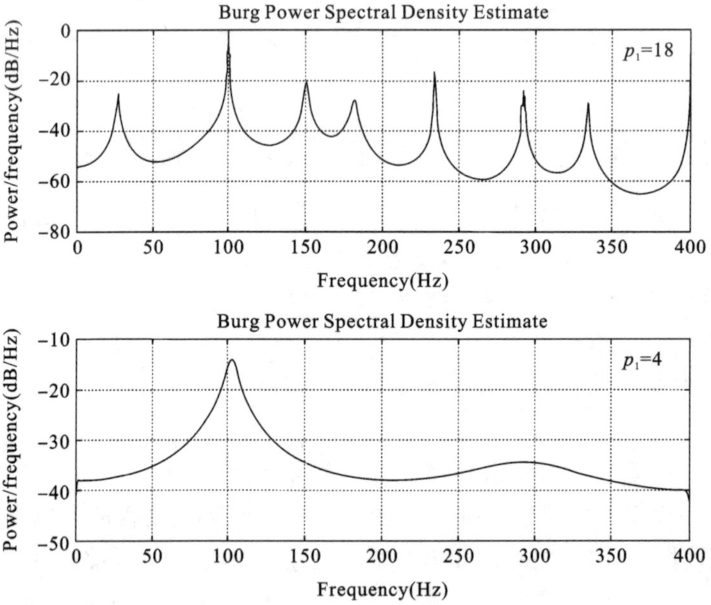

图 3.8.1 例 3.8.1 的功率谱曲线

2. 谱峰频率偏移

实验发现,如果被估计的随机信号是噪声污染的正弦信号,那么估计得到的谱峰的位置有可能偏离正弦频率的位置,偏离的大小与记录数据长度有关。一般而言,谱峰频率偏移随着数据长度的增加而减小。此外,谱峰位置还与正弦信号初始相位有密切关系,这种关系根据不同的谱估计方法,情况有很大不同。例如,在采用修正协方差法时,谱峰位置几乎不受正弦信号初始相位的影响，而且频率偏移也不大。但是，在采用 Burg 法时，谱峰位置却对正弦信号初始相位非常敏感，而且频率偏移最大可达到 16％。

例 3.8.2　设随机过程由一个正弦信号加高斯白噪声组成

$$x(n)=\cos(2\pi fn/f_s+\varphi)+v(n)$$

其中，余弦信号频率 $f=400$ Hz，取样频率 $f_s=2000$ Hz，初始相位 φ 取[0°,360°]区间 90 个等间隔的值，高斯白噪声 $v(n)$的标准差为 0.1。对该随机过程采集 50 组独立的数据，每组数据长度为 $N=15$。分别用 Burg 法和协方差法估计该随机过程的功率谱，根据功率谱的最大峰值的频率估计正弦信号的频率。将 50 组数据估计的频率平均，画出平均频率与初始相位的关系曲线并进行比较。模型的阶选为 $p=4$。

解　MATLAB 程序如下：

```
% Exp3.8.2,fig3.8.2
f= 400; fs= 2000; N= 15; n= 0:N- 1; I= 90; i= 1:I; K= 50; M= 129; p= 4;
phy= linspace(0,2* pi,I);
P= zeros(M,I); Q= zeros(M,I); Y= zeros(K,I);Z= zeros(K,I);
for k= 1:K
    v= 0.1* randn(1,N);
for j= 1:I
    x= cos(2* pi* f* n/fs+ phy(j))+ v;
    P(:,j)= pburg(x,p);
    Q(:,j)= pmcov(x,p);
    [Pmax,y]= max(P(:,j));
    [Qmax,z]= max(Q(:,j));
    Y(k,j)= y;
    Z(k,j)= z;
end
end
ay= mean(Y); az= mean(Z); ft= f* ones(1,length(az));
plot(i* (360/90),ay* (fs/(2* M)),'ko','MarkerSize',2);
hold on
plot(i* (360/90),az* (fs/(2* M)),'ksquare','MarkerSize',2);
plot(i* (360/90),ft,'- ');
hold off
axis([0,360,380,430]),Legend('Burg法','修正协方差法','真实频率')
xlabel('初始相位/deg'),ylabel('平均频率/Hz')
```

运行以上程序，得到图 3.8.2 所示的结果。从图中可以看出，用修正协方差法 50 次估计的谱峰频率的平均值几乎与正弦信号的初始相位无关，而用 Burg 法估计的结果却与正弦初相有非常密切的关系；修正协方差法的频率偏差大约为 5/400(即 1.25％)，而 Burg 法最大可达到 25/400(即 6.25％)。

减小相位对谱峰位置影响的通常方法有以下两种。

(1) 用解析信号代替实信号。

正弦信号初始相位之所以影响谱峰的位置，主要是因为实正弦信号的正、负频率成分之间存在相互制约的作用，这与周期图中谱峰位置受相位影响的原理是一样的。因此，用解析信号

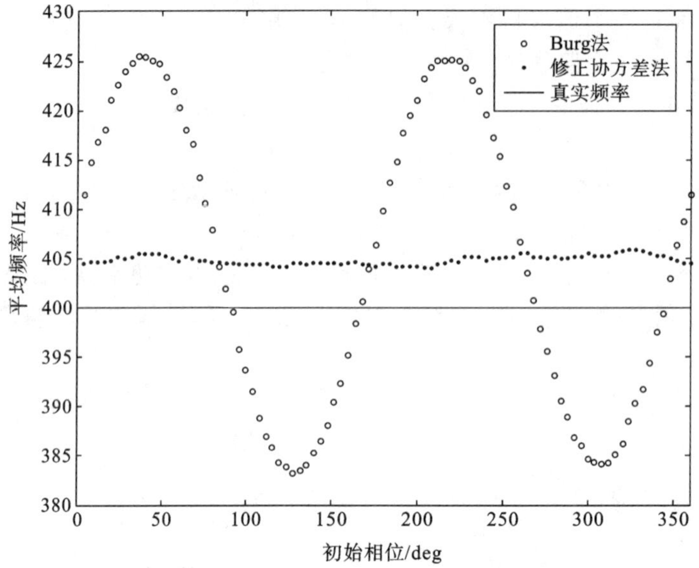

图 3.8.2 谱峰频率受正弦信号初始相位的影响(例 3.8.2)

代替实信号,并对解析信号进行 1/2 减取样(即取样率降低一半),然后利用复数据进行 AR 谱估计,这样就不需要有复共轭极点(而在使用实数据时需要有复共轭极点),因此模型的阶可以减少一半。实验证明,这种方法对 Burg 法特别有效。

(2) 选择一个合适的非负窗函数 $w(n)$对式(3.7.58)进行加权

$$\gamma_k = \frac{2\sum_{n=k}^{N-1} w(n) e_{k-1}^f(n) e_{k-1}^b(n-1)}{\sum_{n=k}^{N-1} \{[e_{k-1}^f(n)]^2 + [e_{k-1}^b(n-1)]^2\} w(n)} \tag{3.8.3}$$

实验证明,这不仅能够减小短数据序列的端点效应,而且能够减小相位对谱峰频率的影响。

3. 谱线分裂

对于某些 AR 谱估计方法,有可能观察到谱估计中存在两个距离很近的谱峰,让人误认为噪声中存在着两个频率相近的正弦信号,这就是所谓的谱线分裂现象。实验发现,使用 Burg 法时在下列情况下最容易发生谱线分裂现象:

(1) 高信噪比。

(2) 正弦信号初始相位等于 45°的奇数倍。

(3) 观测数据序列长度等于正弦信号周期的奇数倍。

(4) 要估计的 AR 模型参数的数目相对于观测数据数占较大百分比。

(5) 谱线分裂常伴随虚假谱峰出现。

对于其中的第(5)种情况,前面已经提到,虚假谱峰的出现常与数据记录太短有关,因此只要适当增加数据记录长度使虚假谱峰消失,便可立即消除谱线分裂现象。

用 Burg 法和自相关法估计白噪声中多个正弦信号的功率谱时,都曾观察到谱线分裂现象。人们普遍认为,Burg 法发生谱线分裂现象的原因是,在估计反射系数时,仅仅对各阶单个参数 $a_{k,k}=\gamma_k(1\leqslant k\leqslant p)$而不是对所有参数 $a_{k,i}(1\leqslant k\leqslant p, 1\leqslant i\leqslant k)$进行优化,因此没有使预测误差功率真正降到最小。有人据此提出对所有反射系数集体进行优化,即同时调整所有反射系数使预测误差功率真正降到最小。计算机模拟结果表明,这种方法至少对于噪声污染的单个正弦信号是很有效的。在采用 Burg 法时，即使采用复数数据取代实数数据能够防止虚假谱峰的出现，但仍然有可能发生谱线分裂现象。采用修正协方差法时尚未发现出现过谱线分裂现象。

除了谱峰偏移和谱线分裂外，信号中的直流电平或线性变化成分也有可能使谱估计质量变坏，特别是使谱估计的低频段质量变坏。因此，在进行谱估计之前通常都应把直流电平或线性变化成分处理掉。

例 3.8.3　设随机信号由一个频率为 7.25 Hz、初相位为 45°的正弦信号与方差为 0.01 的白噪声相加构成，因此信噪比为 50 dB。以 100 Hz 的取样率采样得到 101 个观测数据，观测数据序列的长度刚好是正弦信号周期的(725)奇数倍。用修正协方差法和 Burg 法估计功率谱，模型的阶选为 $p=25$，因此 AR 模型参数的数目相对于观测数据数的百分比是3.45%。

解　MATLAB 程序如下：

```
% Exp3.8.3,fig3.8.3
f= 100; N= 24; n= 0:N- 1; fs= 800; phi= 45;
x= sin(2* pi* f* n/fs+ phi* pi/180)+ 0.01* randn(1,N);
p= 8; l= 1024;
subplot(2,1,1)
pmcov(x,p,l,fs),axis([0,400,- 80,0])
subplot(2,1,2)
pburg(x,p,l,fs),axis([0,400,- 80,0])
```

运行程序得到图 3.8.3 所示的结果。从图中可以看出，Burg 法发生了谱线分裂现象，而修正协方差法则没有。

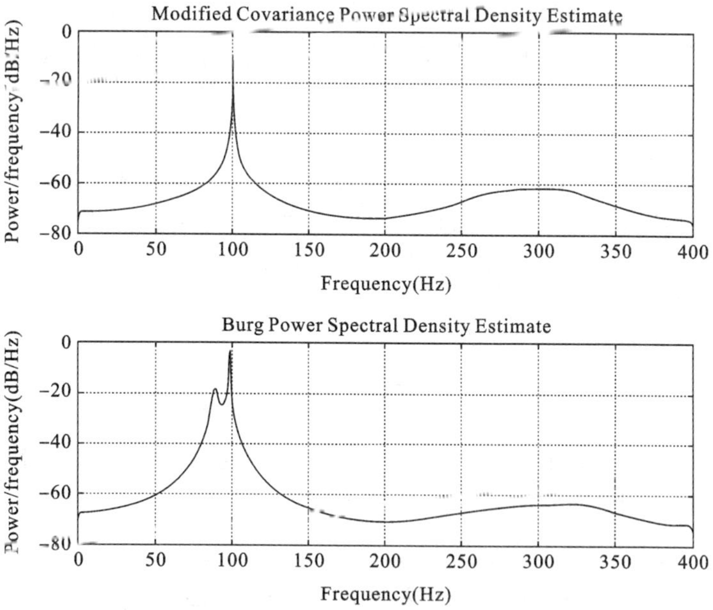

图 3.8.3　例 3.8.3 谱线分裂现象

3.8.2　噪声对 AR 谱估计的影响

在实际应用中不可避免地存在观测噪声，因而采集的数据会被观测噪声污染。AR 谱估计的应用受到限制的一个重要原因是其对观测噪声敏感，表现为分辨率下降。原因在于，AR

谱估计所假设的全极点模型在有观测噪声的情况下不再合适。

设 AR(p)随机过程 $x(n)$由方差为 σ_u^2 的白噪声 $u(n)$激励 p 阶全极点滤波器 $1/A(z)$产生,$x(n)$的功率谱为

$$S_x(z)=\frac{\sigma_u^2}{A(z)A^*(1/z)} \tag{3.8.4}$$

设观测噪声是与 $x(n)$不相关的方差为 σ_w^2 的白噪声 $w(n)$,因此被观测噪声污染的信号

$$y(n)=x(n)+w(n) \tag{3.8.5}$$

的功率谱为

$$S_y(z)=S_x(z)+\sigma_w^2=\frac{\sigma_u^2+\sigma_w^2A(z)A(1/z)}{A(z)A(1/z)}=\frac{\sigma_\eta^2B(z)B(1/z)}{A(z)A(1/z)} \tag{3.8.6}$$

式中

$$\sigma_\eta^2B(z)B(1/z)=\sigma_u^2+\sigma_w^2A(z)A(1/z) \tag{3.8.7}$$

由式(3.8.6)看出,$y(n)$的功率谱不仅含有 $x(n)$的功率谱(真实功率谱)中的极点,而且由于观测噪声的存在(即 $\sigma_w^2\neq 0$)而产生了新的零点,即 $y(n)$不再是 AR(p)过程,而变成了ARMA(p,p)过程。这意味着,$y(n)$是由方差为 σ_η^2 的白噪声 $\eta(n)$激励零点-极点滤波器$H(z)=B(z)/A(z)$产生的输出,如图 3.8.4 所示。应该记得,在3.4.5节讨论模型选择问题时也曾经涉及这个问题(见式(3.4.74)~式(3.4.77))。在 3.4.3 节中曾经指出过,只有当 AR 模型的阶选为无穷大时才能够精确表示 ARMA 过程,如果用有限阶 AR 模型表示ARMA过程,则必然是"失配"的。

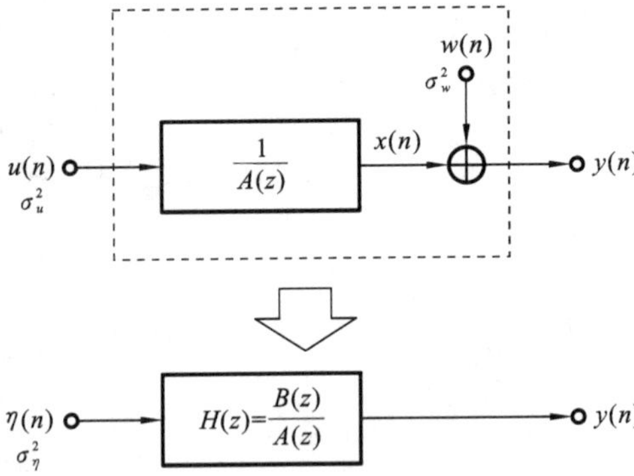

图 3.8.4 被噪声污染的 AR(p)过程等效为 ARMA(p,p)过程

为了确定观测噪声在 $S_y(z)$中引入的零点对 AR 谱估计的影响,需要考察这些零点的位置随信噪比变化的情况。$S_y(z)$的零点是式(3.8.7)表示的多项式的根,即

$$\sigma_u^2+\sigma_w^2A(z)A(1/z)=0 \tag{3.8.8}$$

或

$$\frac{\sigma_u^2}{\sigma_w^2A(z)A(1/z)}=-1 \tag{3.8.9}$$

令

$$G(z)=\frac{\sigma_u^2}{\sigma_w^2}\frac{1}{A(z)A(1/z)} \tag{3.8.10}$$

若将 $G(z)$看成是一个反馈控制系统的开环传输函数,则式(3.8.9)是闭环特征方程。为了确定 $G(z)$的极点和零点,将式(3.8.10)写成下列形式

$$G(z)=\frac{\sigma_u^2}{\sigma_w^2a_p}\frac{1}{\left(1+\sum_{k=1}^{p}a_kz^{-k}\right)\left(1+\sum_{k=1}^{p}a_kz^{k}\right)}=K\frac{z^p}{\left(\sum_{k=0}^{p}a_kz^{p-k}\right)\left(\frac{1}{a_p}\sum_{k=0}^{p}a_kz^{k}\right)},\quad a_0=1 \tag{3.8.11}$$

式中

$$K=\frac{\sigma_u^2}{\sigma_w^2a_p} \tag{3.8.12}$$

是开环增益或根轨迹增益。设 $A(z)$的根即真实功率谱的极点是 $z_{pk}(k=1,2,\cdots,p)$,则可由式(3.8.11)看出根轨迹的以下信息:

(1) 开环零点是位于原点的 p 阶零点 $z_{rk}=0(k=1,2,\cdots,p)$。

(2) 开环极点是真实功率谱的极点 $z_{pk}(k=1,2,\cdots,p)$。

(3) 开环增益的符号取决于 a_p 的符号。

(4) 设 $a_p>0$,当开环增益 K 从 ∞ 变到 0,即 SNR 从 ∞ (dB)变到 $-\infty$ (dB)时,$S_y(z)$的零点将从开环零点(原点)出发向开环极点(真实功率谱的极点)运动,如图 3.8.5 所示。

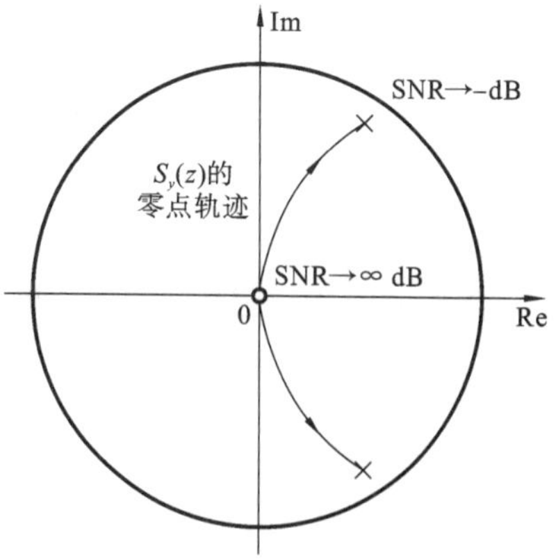

图 3.8.5 $S_y(z)$的零点轨迹

因此,在高信噪比($K\to\infty$)时,零点位于原点附近,对功率谱几乎没有影响。随着信噪比降低(K 减小),零点向真实功率谱的极点运动。当信噪比降到足够低时,$S_y(z)$的零点将与真实功率谱的极点重合并与极点抵消,最终得到一个很平坦的功率谱。

观测噪声在 $S_y(z)$中引入的零点对 AR 谱估计的影响,可以从线性预测误差滤波器的观点来理解。在第 3.5.3 节中曾经指出,线性预测误差滤波器是 AR 模型全极点滤波器的逆滤波器,它对输入功率谱起着"白化"作用。在有观测噪声的情况下,线性预测误差滤波器$\hat{A}(z)$的作用,是对 $y(n)$的功率谱进行"白化",目标是使预测误差序列 $v(n)$的功率谱最平坦,如图 3.8.6 所示。

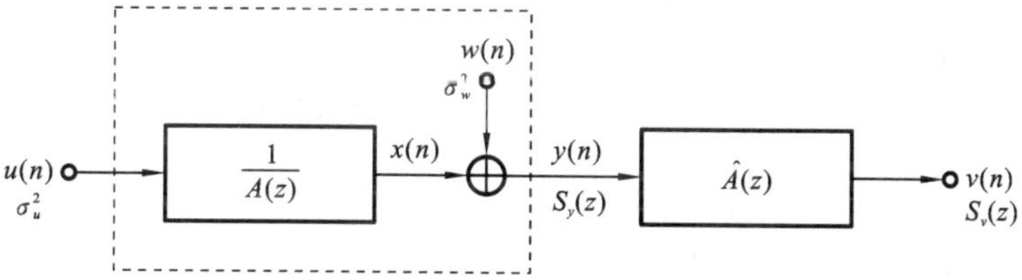

图 3.8.6 在有观测噪声情况下线性预测误差滤波器$\hat{A}(z)$的"白化"作用

如果观测噪声为零(即 $w(n)=0$),则有$\hat{A}(z)=A(z)$,因此 $S_v(z)=\sigma_u^2$,即 $S_v(z)$是完全平坦的谱。但是在有观测噪声(即 $w(n)\neq0$)情况下,引入的零点使 $S_y(z)$成为极点-零点功率谱,因此只有零点的线性预测误差滤波器$\hat{A}(z)$不能使 $S_y(z)$ 变成完全平坦的谱。但是,如果信噪比很高,$S_y(z)$的零点位于原点附近对 $S_y(z)$的影响非常小,因此$\hat{A}(z)\approx A(z)$,即预测误差滤波器的零点近似等于 AR 谱的极点,仍然能够对$S_y(z)$起到很好的"白化"作用。然而,随着信噪比下降,$S_y(z)$的零点向极点运动,使预测误差滤波器$\hat{A}(z)$的零点向原点运动。当信噪比变得很低时,$S_y(z)$的零点已经非常接近极点,使 $S_y(z)$变得非常平坦,结果使预测误差滤波器$\hat{A}(z)$的零点到达原点附近,如图 3.8.7 所示。在这种情况下,预测误差滤波器不会对$y(n)$的功率谱有进一步的白化效果。事实上,在信噪比很低的情况下,AR 谱估计的质量

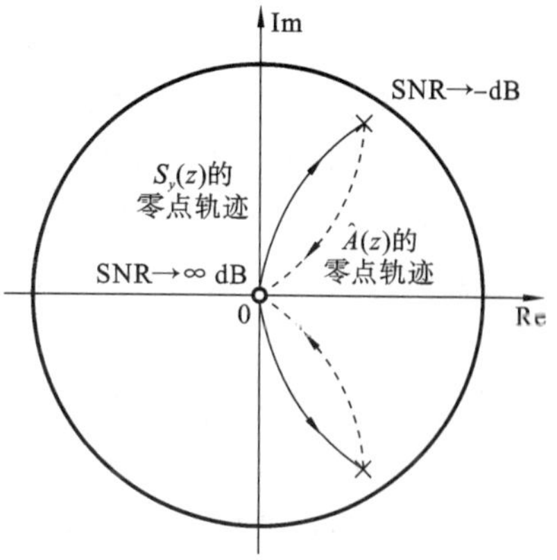

图 3.8.7 $\hat{A}(z)$的零点轨迹(虚线)

已经不再优于周期图。

为减小噪声对 AR 谱估计的恶化影响,最理想的方法当然是利用最大似然 ARMA 估计方法,然而,需要解一组高度非线性的方程组。因此,通常采用以下较易实现的方法。

(1) 采用 ARMA 模型。

假定被噪声污染的 AR(p)过程是式(3.8.6)表示的 ARMA(p,p)过程。根据第 3.4.4 节的式(3.4.28),ARMA(p,p)过程的 Yule-Walker 方程为

$$R_{xx}(m)=\begin{cases}-\sum_{k=1}^{p}a_kR_{xx}(m-k)+\sigma^2\sum_{k=0}^{p-m}b_{k+m}h(k), & 0\leqslant m\leqslant p\\ -\sum_{k=1}^{p}a_kR_{xx}(m-k), & m\geqslant p+1\end{cases} \tag{3.8.13}$$

解式(3.8.13)的第 2 个方程得到 AR 参数,然后代入第 1 个方程求 MA 参数。这种计算方法虽然简单,但是只对长数据记录和高信噪比才能够得到较好的估计结果。

(2) 用滤波方法减小观测噪声。

对于白噪声中的 AR 过程,首先利用递归滤波方法减小观测噪声,然后用 AR 谱估计方法对滤除了观测噪声的数据进行谱估计,这样能够求得 Yule-Walker 方程组的次优解。

(3) 选择高阶 AR 模型。

选择 AR 模型的阶高于 AR 过程的阶,可以减小噪声的影响。在第 3.4.3 节曾经指出,任何有限阶 ARMA(p,q)随机过程可以用 AR(∞)模型表示。式(3.8.6)表示的 ARMA(p,p)过程的零点由下式确定

$$\sigma_v^2+\sigma_w^2A(z)A^*(1/z^*)=\sigma_\eta^2B(z)B^*(1/z^*)=0$$

式中

$$B(z)=1+\sum_{k=1}^{p}b_{p,k}z^{-k}$$

令

$$C(z)\equiv1+\sum_{k=1}^{\infty}c_kz^{-k}=\frac{A(z)}{B(z)}\equiv\frac{1}{H(z)}$$

即用一个参数为$\{c_k\}$($k=1,2,\cdots,\infty$)的 AR(∞)模型模拟 $y(n)$。显然,随着 AR(∞)模型的阶的增加,所得到的 AR 谱估计将逼近 $y(n)$的真实功率谱。这个结论也可以根据第 3.6.3 节介绍的自相关匹配性质(式(3.6.38))得出。因为如果假设 $y(n)$是 p 阶 AR 过程,那么用 AR(k)模型作为 $y(n)$的模型时,有

$$\hat{R}_y(k)=R_y(k),\quad |k|\leqslant p$$

式中,$\hat{R}_y(k)$是 AR(k)模型对应的自相关函数,$R_y(k)$是 AR 过程 $y(n)$的真实自相关函数。这样,当 $p\to\infty$时,模型对应的自相关函数将与 AR 过程 $y(n)$的真实自相关函数相匹配。因此,用 AR 模型所估计的功率谱与 $y(n)$的真实功率谱也一定是相互匹配的。

(4) 补偿噪声对自相关函数的影响。

由式(3.8.6)得

$$S_y(z)=S_x(z)+\sigma_w^2 \tag{3.8.14}$$

两端取逆 z 变换,得到

$$R_y(m)=R_x(m)+\sigma_w^2\delta(m) \tag{3.8.15}$$

或

$$R_y(m)=\begin{cases}R_x(0)+\sigma_w^2, & m=0\\ R_x(m), & m\neq 0\end{cases} \tag{3.8.16}$$

可见观测噪声仅对滞后时间为零的自相关函数有影响。如果从 $R_y(0)$ 中减去 σ_w^2，则有 $\hat{R}_y(m)\approx R_x(m)$，其对应的 z 变换为 $\hat{S}_y(m)\approx S_x(m)$，即得到与真实功率谱近似的估计。然而，问题是白噪声的方差 σ_w^2 并不是已知数。但是，对于由正弦信号加白噪声的随机过程来说，可以用特征分解方法求出 σ_w^2，这将在第 3.9 节中介绍。

例 3.8.4　假设用方差为 1 的高斯白噪声激励一个 4 阶全极点滤波器产生一个 64 点随机信号，已知全极点滤波器参数 a=[1　−2.2137　2.9403　−2.1697　0.9606]。设观测噪声是标准差为 0.42 的高斯白噪声。AR 模型的阶选为 4，用修正协方差法估计该随机信号的功率谱，并将估计结果与无观测噪声时得到的估计结果进行比较。将模型的阶提高为 12 和 25，重新估计功率谱。所有估计结果都与随机信号的真实功率谱进行比较。

解　MATLAB 程序如下：

```
% exp3.8.5
a= [1 - 2.2137 2.9403 - 2.1697 0.9606]; N= 64;
x= filter(1,a,randn(N,1)); w= 0.42* randn(N,1); y= x+ w;
p1= 4; p2= 12; p3= 25;
[a1,e1]= armcov(x,p1);
[a2,e2]= armcov(y,p1);
[a3,e3]= armcov(y,p2);
[a4,e4]= armcov(y,p3);
P= - 20* log10(abs(fft(a,1024)));
P1= 10* log10(e1)- 20* log10(abs(fft(a1,1024)));
P2= 10* log10(e2)- 20* log10(abs(fft(a2,1024)));
P3= 10* log10(e3)- 20* log10(abs(fft(a3,1024)));
P4= 10* log10(e4)- 20* log10(abs(fft(a4,1024)));
subplot(2,2,1)
plot(P,':'),hold on, plot(P1),axis([0,400,- 20,40]),grid,
gtext('无噪声'),gtext('p= 4')
subplot(2,2,2)
plot(P,':'),hold on,plot(P2),axis([0,400,- 20,40]),grid,
gtext('有噪声'),gtext('p= 4')
subplot(2,2,3)
plot(P,':'),hold on,plot(P3),axis([0,400,- 20,40]),grid,
gtext('有噪声'),gtext('p= 12')
subplot(2,2,4)
plot(P,':'),hold on,plot(P4),axis([0,400,- 20,40]),grid,
gtext('有噪声 '),gtext('p= 25')
```

运行以上程序，得到图 3.8.8 所示的结果，其中虚线所示的为真实功率谱。从图中可以看出，观测噪声使谱估计分辨率下降，适当提高模型的阶能够改善谱估计分辨率，但是选择过高的阶出现了虚假谱峰。

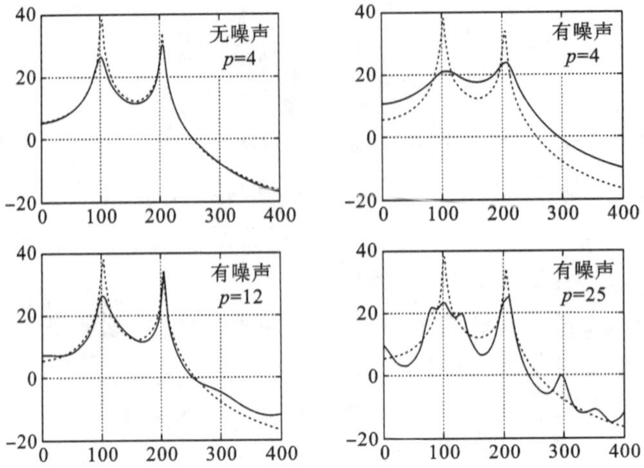

图 3.8.8 例 3.8.4:提高模型的阶以减小噪声对 AR 谱估计的影响

3.8.3 AR 模型的稳定性和谱估计的一致性

AR(p)模型稳定的充分和必要条件是全极点滤波器 $H(z)=1/A(z)$ 的全部极点都在单位圆内。如果能够获得真实的自相关函数,那么 Yule-Walker 方程的系数矩阵是正定的,因此 Yule-Walker 方程的解 a_k ($k=1,2,\cdots,p$)所构成的 $A(z)$ 的根都在单位圆内,各阶反射系数 γ_k ($k=1,2,\cdots,p$)的模都小于 1,而且激励信号的方差 σ_k^2 ($k=1,2,\cdots,p$)具有随着阶的增加而递降的性质,即 $\sigma_{k+1}^2<\sigma_k^2$(见第 3.6.3 节)。因此,在解 Yule-Walker 方程的过程中,据此能够判定模型是否稳定。但在实际应用中,自相关函数是根据有限长观测数据估计的,而且由于存在观测噪声和有限字长效应等因素,有可能使 $A(z)$ 的根跑到单位圆上或圆外,从而使模型失去稳定性。因此,在实际进行 AR 谱估计时,应观测是否出现 $|\gamma_k|\geqslant 1$ 或 $\sigma_{k+1}^2>\sigma_k^2$ 的情况,如果出现,则说明得到的 AR 模型是不稳定的,应停止继续运算。

谱估计的一致性取决于方差的大小,方差越大,一致性越差。上面介绍的补偿观测噪声对自相关函数的影响的方法,虽然能够减小谱估计的偏倚,但是却往往会增大谱估计的方差,即加大不同次估计结果的不一致性。不同 AR 谱估计方法的方差不同,因而谱估计的一致性也不同。

例 3.8.5 假设一个随机过程由方差为 1 的高斯白噪声激励一个 4 阶全极点滤波器产生,全极点滤波器参数为 a=[1 −2.2137 2.9403 −2.1697 0.9606]。将该随机过程实现 50 次,每次采集 64 点数据。根据这些数据,用自相关法、协方差法、修正协方差法和 Burg 法估计该随机过程的功率谱,AR 模型的阶选为 4。将 50 次估计结果画在同一坐标图上,比较每种方法得到的功率谱的分散程度。将每种方法的 50 次估计结果进行平均,并与随机过程的真实功率谱进行比较。

解 根据题意,编写 MATLAB 程序如下:

```
% Exp3.8.6
% Multiple Spectrum Estimates and their mean.
% N: length of the signal
% M:length of the Spectrum Estimate
% p: order of the AR model
```

```
% sigma: variance of the white noise
% num: size of the ensemble (number of spectrum estimates)

N= 64; n= 1:N; num= 50; sigma= 1; p= 4; M= 129;
a= [1 - 2.2137 2.9403 - 2.1697 0.9606]; b= 1;
Pyulear= zeros(M,num); Pcov= zeros(M,num);
Pmcov= zeros(M,num); Pburg= zeros(M,num);
for i= 1:num
w= sigma* randn(1,N);
x= filter(b,a,w);
Pyulear(:,i)= pyulear(x,p); Pcov(:,i)= pcov(x,p);
Pmcov(:,i)= pmcov(x,p); Pburg(:,i)= pmcov(x,p);
end
Pyulear= 10* log10(Pyulear);Pcov= 10* log10(Pcov);
Pmcov= 10* log10(Pmcov);Pburg= 10* log10(Pburg);
figure
subplot(2,2,1),plot(Pyulear), axis([0,N,- 40,40])
grid, gtext('自相关法'),xlabel('样本点');ylabel('谱密度 /dB');
subplot(2,2,2),plot(Pcov), axis([0,N,- 40,40])
grid, gtext('协方差法'),xlabel('样本点');ylabel('谱密度/dB');
subplot(2,2,3),plot(Pmcov),axis([0,N,- 40,40])
grid, gtext('修正协方差法'),xlabel('样本点');ylabel('谱密度/dB');
subplot(2,2,4),plot(Pburg),axis([0,N,- 40,40])
grid, gtext('Burg 法'),xlabel('样本点');ylabel('谱密度/dB');
figure
subplot(2,2,1),plot(sum(Pyulear')/num), axis([0,N,- 40,40])
grid, gtext('自相关法'),xlabel('样本点');ylabel('谱密度/dB');
subplot(2,2,2),plot(sum(Pcov')/num), axis([0,N,- 40,40])
grid, gtext('协方差法'),xlabel('样本点');ylabel('谱密度/dB');
subplot(2,2,3),plot(sum(Pmcov')/num),axis([0,N,- 40,40])
grid, gtext('修正协方差法'),xlabel('样本点');ylabel('谱密度/dB');
subplot(2,2,4),plot(sum(Pburg')/num),axis([0,N,- 40,40])
grid, gtext('Burg 法'),xlabel('样本点');ylabel('谱密度/dB');
```

运行以上程序，得到图 3.8.9、图 3.8.10 和图 3.8.11 三个图形。

图 3.8.9 是画在同一坐标中的四种方法的 50 次估计结果的图形。从图中可以看出，前面介绍的四种方法中，自相关法谱估计的方差最大，因而一致性最差，无论是沿着频率轴或是沿着功率谱密度轴。

图 3.8.10 是随机过程的真实功率谱，图 3.8.11 是将每种方法的 50 次估计结果进行平均得到的结果。将图 3.8.11 与图 3.8.10 进行比较可以看出，自相关法得到的功率谱估计质量最差，其余三种方法得到的平均功率谱与真实功率谱都很近似。因此，如果实际应用允许，将多次估计结果进行平均，能够得到比较理想的谱估计效果。

3.8.4　AR 谱估计模型阶的选择

在 AR 谱估计的实际应用中，选择正确的模型的阶很重要。模型的阶选得过低，得到的功

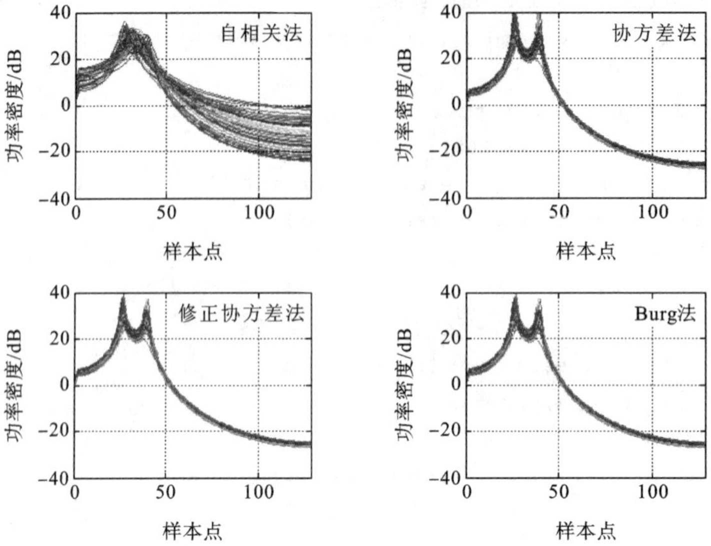

图 3.8.9　四种方法得到的 50 次估计结果

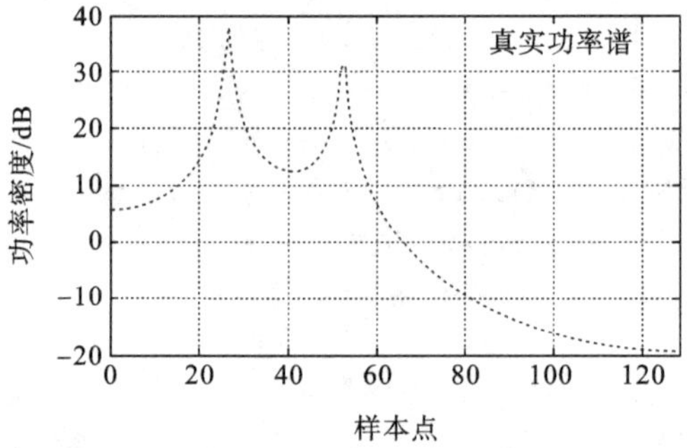

图 3.8.10　随机过程的真实功率谱

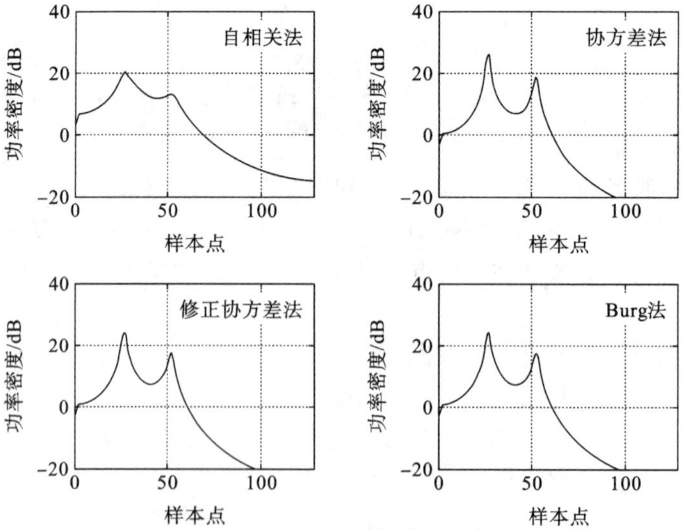

图 3.8.11　将每种方法的 50 次估计进行平均得到的结果

率谱估计将受到平滑，使真实功率谱的细节受到损失。模型的阶选得过高，虽然有利于提高分辨率，但同时又可能引入虚假的谱峰。因此，在选择 AR 模型的阶时，常常需要在提高分辨率与降低方差之间进行折中。

进行谱估计之前一般都不知道模型的阶。为了确定合适的阶，一个直观的方法，是逐渐增加模型的阶以试探出合适的阶。但是，对于前面介绍的四种方法，预测误差的方差都随着阶的增加而单调下降。例如，自相关法和 Burg 法的估计误差的方差与阶的关系满足式(3.6.10)

$$\sigma_{k+1}^2=\sigma_k^2(1-\gamma_{k+1}^2)$$

或

$$\sigma_{k+1}^2=\sigma_k^2(1-|a_{k,k}|^2) \tag{3.8.17}$$

其中 $|a_{k,k}|^2<1$，因此必有 $\sigma_{k+1}^2<\sigma_k^2$。所以，单凭预测误差的方差无法确定合适的阶，除非当阶增加到某个数值后预测误差的方差的下降速度突然明显变慢。另外一个方法是计算预测误差的周期图。因为 AR 谱估计与线性预测谱估计等效，谱估计误差与线性预测误差等效，而最佳线性预测的目标是使预测误差具有最平坦(最白化)的谱，因此，当预测误差的周期图逐渐变得越来越平坦时，对应的阶就是合适的阶。

在实际应用中，为了确定正确的阶，需要假设几个阶进行比较。为了比较，需要选择某个比较标准，而且比较标准随阶变化的函数(目标函数)存在极值。通常有下面三个标准。

(1) 最终预测误差(Final Prediction Error，FPE)标准。

AR(k)随机过程的最终预测误差定义为

$$\mathrm{FPE}(k)=\hat{\sigma}_k^2\,\frac{N+k}{N-k} \tag{3.8.18}$$

它是 AR(k)随机过程中不可预测部分(新息)的功率与 AR 参数估计不精确产生的误差功率之和。式(3.8.18)中，N 是观测数据的长度，k 是阶，$\hat{\sigma}_k^2$ 是估计的激励白噪声的方差(线性预测误差的方差)。这里已假设观测数据的均值已经被移去。注意，式(3.8.18)中的分式的数值随着阶的增加而增加(反映由于 AR 参数估计不精确而使估计的预测误差功率的方差增加)，而 $\hat{\sigma}_k^2$ 随着阶的增加而减小，所以 FPE 随着阶的增加将有一个最小值，这个最小值对应的阶便是最后确定的模型的正确的阶。FPE 标准的实际应用表明，将它用于 AR 过程能够得到很好的估计结果，但是将它用于实际的随机过程(不是纯粹的 AR 过程，如地球物理数据)的谱估计时，普遍认为阶选择得偏低。

(2) Akaike 信息标准(Akaike Information Criterion，AIC)。

这是 Akaike 于 1974 年提出的一个标准，定义为

$$\mathrm{AIC}(k)=N\ln\hat{\sigma}_k^2+2k \tag{3.8.19}$$

式中，N 是观测数据的长度；k 是模型的阶；$\hat{\sigma}_k^2$ 是激励白噪声方差的估计。AIC 标准不仅适用于 AR 模型，而且适用于 MA 模型和 ARMA 模型。

预测误差的方差满足下列关系(见式(3.6.10)或式(3.8.17))

$$\sigma_k^2=\sigma_{k-1}^2(1-\gamma_k^2) \tag{3.8.20}$$

将式(3.8.20)代入式(3.8.19)，得到

$$\mathrm{AIC}(k)=N\ln[(1-\gamma_k^2)\hat{\sigma}_{k-1}^2]+2k=\mathrm{AIC}(k-1)+N\ln(1-\gamma_k^2)+2 \tag{3.8.21}$$

由于 $\gamma_k^2<1$，所以式(3.8.21)中右端第 2 项 $N\ln(1-\gamma_k^2)<0$，它使 AIC 随阶的增加而下降，但由于第 3 项起着不断累加的作用，将使 AIC 下降到一定程度后又回升。因此，和 FPE 标准一样，可以将 AIC(k)最小值所对应的阶选择为需要的阶。实验表明，这样确定的阶比真实的阶

要高,而且每次估计的阶其一致性也较差。

由式(3.8.18)写出

$$\ln\mathrm{FPE}(k)=\ln\hat{\sigma}_k^2+\ln\frac{1+k/N}{1-k/N} \tag{3.8.22}$$

当 N 很大时,$x=k/N\ll 1$,利用近似关系

$$\ln\frac{1+x}{1-x}\approx 2x$$

式(3.8.22)可表示为

$$\ln\mathrm{FPE}(k)=\ln\hat{\sigma}_k^2+\frac{2k}{N}$$

或

$$N\ln\mathrm{FPE}(k)=N\ln\hat{\sigma}_k^2+2k=\mathrm{AIC}(k) \tag{3.8.23}$$

式(3.8.23)表明,对于长数据记录,AIC 标准与 FPE 标准估计的阶相同。当然,这两个标准都更适合短数据记录的情况。

(3) 规范自回归传输(Criterion Autoregressive Transfer, CAT)函数。

CAT 函数是真实预测滤波器与估计预测滤波器的均方误差之差的一种估计,定义为

$$\mathrm{CAT}(k)=\frac{1}{N}\sum_{j=1}^{k}\frac{1}{\bar{\sigma}_j^2}-\frac{1}{\bar{\sigma}_k^2} \tag{3.8.24}$$

式中

$$\bar{\sigma}_j^2=\frac{N}{N-j}\hat{\sigma}_j^2 \tag{3.8.25}$$

改变模型的阶,当 CAT 函数最小,即当估计的预测误差滤波器与真实预测误差滤波器“最接近”时,则选定这个阶作为模型最合适的阶。CAT 是针对任何随机过程(而不只是纯 AR 过程)推导出来的,所以真实预测误差滤波器可能是无限长的,称为最优无限长滤波器。CAT 函数考虑了预测系数的估计误差,它与 FPE 和 AIC 类似。

除了上述三种方法外,还提出了不少其他估计方法。在 AR 谱估计的实际应用中,特别是针对非纯粹 AR 过程的应用中,虽然这些方法都有人采用,但是很少有一种方法对选择模型的阶能够起到实际的指导作用。人们在实践中发现,这些方法用于短数据记录都不理想;用于噪声污染的谐波过程,在高信噪比环境中,用 FPE 和 AIC 标准估计的阶一般都过低。因此,比较可行的估计 AR 模型的阶的方法还是根据经验和实验来得到。例如,对于噪声污染的谐波过程,在观测数据短的情况下,如果采用协方差法或修正协方差法,就应该在 N/3 到 N/2 范围内选择模型的阶,一般都会得到令人满意的结果。

3.9 特征分解频率估计

在许多应用中,需要估计白噪声中正弦信号或复指数信号的频率。虽然可以利用前面介绍的谱估计方法,根据功率谱的峰值位置来确定频率,但是那些方法没有利用信号本身的特点,因而分辨率不高,估计的性能不好。特征分解频率估计方法,充分考虑了随机过程由复指数或正弦信号加白噪声组成的特点,利用矩阵特征分解方法,将数据空间分解成信号子空间和噪声子空间,并利用这两个子空间的特点来估计频率,提高了分辨率和估计质量。

3.9.1　数据子空间的特征分解和频率估计函数

设一个随机过程由 M 个复指数信号加白噪声组成

$$x(n)=\sum_{i=1}^{M}A_{ci}\mathrm{e}^{\mathrm{j}\omega_i n}+w(n) \tag{3.9.1}$$

式中，$A_{ci}=A_i\mathrm{e}^{\mathrm{j}\varphi_i}$ 是复振幅，这里 A_i 是振幅，φ_i 是初相，它是在$[0,2\pi)$内均匀分布的随机变量；$w(n)$是均值为零、方差为 σ_w^2 的白噪声，与复指数信号 $A_{ci}\mathrm{e}^{\mathrm{j}\omega_1 n}$不相关。由式(3.9.1)计算 $x(n)$ 的自相关函数得到

$$R_{xx}(m)=\sum_{i=1}^{M}P_i\mathrm{e}^{\mathrm{j}\omega_i m}+\sigma_w^2\delta(m) \tag{3.9.2}$$

式中，$P_i=|A_i|^2$ 是第 i 个复指数信号的功率。由 $R_{xx}(m)$构成 $N\times N$ 维 Toeplitz 矩阵

$$\boldsymbol{R}_r=\begin{bmatrix} R_{xx}(0) & R_{xx}^*(1) & \cdots & R_{xx}^*(N-2) & R_{xx}^*(N-1)\\ R_{xx}(1) & R_{xx}^*(0) & \cdots & R_{xx}^*(N-3) & R_{xx}^*(N-2)\\ \vdots & \vdots & \ddots & \vdots & \vdots\\ R_{xx}(N-2) & R_{xx}(N-3) & \cdots & R_{xx}(0) & R_{xx}^*(1)\\ R_{xx}(N-1) & R_{xx}(N-2) & \cdots & R_{xx}(1) & R_{xx}(0) \end{bmatrix} \tag{3.9.3}$$

定义信号矢量(因它携带频率信息)

$$\boldsymbol{e}_i=[1\quad \mathrm{e}^{\mathrm{j}\omega_i}\quad \mathrm{e}^{\mathrm{j}2\omega_i}\quad \cdots\quad \mathrm{e}^{\mathrm{j}(N-1)\omega_i}]^{\mathrm{T}},\quad i=1,2,\cdots,M \tag{3.9.4}$$

则式(3.9.2)简化表示为

$$\boldsymbol{R}_x=\sum_{i=1}^{M}P_i\boldsymbol{e}_i\boldsymbol{e}_i^{\mathrm{H}}+\sigma_w^2\boldsymbol{I}=\boldsymbol{R}_s+\boldsymbol{R}_n \tag{3.9.5}$$

式中，上标 H 表示厄米特(Hermitian)转置；

$$\boldsymbol{R}_s=\sum_{i=1}^{M}P_i\boldsymbol{e}_i\boldsymbol{e}_i^{\mathrm{H}} \tag{3.9.6}$$

称为信号自相关矩阵；

$$\boldsymbol{R}_n=\sigma_w^2\boldsymbol{I} \tag{3.9.7}$$

称为噪声自相关矩阵。$\boldsymbol{R}_s$ 和 $\boldsymbol{R}_n$ 的维数都是 $N\times N$。

定义 $N\times M$ 维矩阵

$$\boldsymbol{E}=[\boldsymbol{e}_1\quad \boldsymbol{e}_2\quad \cdots\quad \boldsymbol{e}_M] \tag{3.9.8}$$

和 M 维对角矩阵

$$\boldsymbol{P}=\mathrm{diag}(P_1,P_2,\cdots,P_M) \tag{3.9.9}$$

则式(3.9.5)进一步简化表示为

$$\boldsymbol{R}_x=\boldsymbol{EPE}^{\mathrm{H}}+\sigma_w^2\boldsymbol{I}=\boldsymbol{R}_s+\boldsymbol{R}_n \tag{3.9.10}$$

如果信号自相关矩阵 $\boldsymbol{R}_s$ 的阶大于复指数信号的数目，即 $N>M$，那么，由于每个矢量积 $\boldsymbol{e}_i\boldsymbol{e}_i^{\mathrm{H}}$ 是秩为 1 的矩阵，所以由式(3.9.6)看出，$\boldsymbol{R}_s$ 的秩等于 M。因此，$\boldsymbol{R}_s$ 有 M 个非零特征值。又因 $\boldsymbol{R}_s$ 是非负定的，所以这 M 个特征值都大于零。另一方面，由式(3.9.7)看出，$\boldsymbol{R}_n$ 的秩等于 N，即它是满秩矩阵，因此 $\boldsymbol{R}_n$ 有 N 个非零特征值，且都等于 σ_w^2。

$\boldsymbol{R}_x$ 的特征值 $\lambda_i=\lambda_i^{(s)}+\sigma_w^2(i=1,2,\cdots,N)$，这里 $\lambda_i^{(s)}$ 是 $\boldsymbol{R}_s$ 的特征值，σ_w^2 是 $\boldsymbol{R}_n$ 的特征值。如果 $\boldsymbol{R}_x$ 的特征值按照由大到小的次序排列，即 $\lambda_1\geqslant\lambda_2\geqslant\cdots\geqslant\lambda_N$，那么，前 M 个特征值为 $\lambda_i^{(s)}+\sigma_w^2>\sigma_w^2$，其余 $N-M$ 个特征值均等于 σ_w^2。这样，$\boldsymbol{R}_x$ 的特征值和特征矢量分为两组：一组是大

于 σ_w^2 的 M 个特征值和对应的特征矢量,另一组是等于 σ_w^2 的其余 $N-M$ 个特征值和对应的特征矢量。前一组称为信号特征矢量,它们张成 M 维信号子空间;后一组称为噪声特征矢量,它们张成 $N-M$ 维噪声子空间,如表 3.9.1 所示。

表 3.9.1　信号子空间和噪声子空间的特征值和特征矢量

M 维信号子空间	特征值:$\lambda_i=\lambda_i^{(s)}+\sigma_w^2$;　$i=1,2,\cdots,M$ 信号特征矢量:$\boldsymbol{v}_1,\boldsymbol{v}_2,\cdots,\boldsymbol{v}_M$
$N-M$ 维噪声子空间	特征值:$\lambda_i=\sigma_w^2$;　$i=M+1,\cdots,N$ 噪声特征矢量:$\boldsymbol{v}_{M+1},\boldsymbol{v}_{M+2},\cdots,\boldsymbol{v}_N$

假设特征矢量已归一化为具有单位范数,即 $\|\boldsymbol{v}_i\|^2=\boldsymbol{v}_i^{\mathrm{H}}\boldsymbol{v}_i=1$。将 $\boldsymbol{R}_x$ 进行特征分解得到

$$\boldsymbol{R}_x=\sum_{i=1}^{M}(\lambda_i^{(s)}+\sigma_w^2)\boldsymbol{v}_i\boldsymbol{v}_i^{\mathrm{H}}+\sum_{i=M+1}^{N}\sigma_w^2\boldsymbol{v}_i\boldsymbol{v}_i^{\mathrm{H}} \tag{3.9.11}$$

利用矩阵符号将式(3.9.11)简化表示为

$$\boldsymbol{R}_x=\boldsymbol{V}_s\boldsymbol{\Lambda}_s\boldsymbol{V}_s^{\mathrm{H}}+\boldsymbol{V}_n\boldsymbol{\Lambda}_n\boldsymbol{V}_n^{\mathrm{H}} \tag{3.9.12}$$

其中,$\boldsymbol{V}_s$ 是信号特征矢量构成的 $N\times M$ 维矩阵

$$\boldsymbol{V}_s=[\boldsymbol{v}_1,\boldsymbol{v}_2,\cdots,\boldsymbol{v}_M]$$

$\boldsymbol{\Lambda}_s$ 是信号子空间的特征值 $\lambda_i^{(s)}+\sigma_w^2(i=1,2,\cdots,M)$ 构成的 M 维对角矩阵

$$\boldsymbol{\Lambda}_s=\mathrm{diag}[\lambda_i^{(s)}+\sigma_w^2]$$

$\boldsymbol{V}_n$ 是噪声特征矢量构成的 $N\times(N-M)$ 维矩阵

$$\boldsymbol{V}_n=[\boldsymbol{v}_{M+1},\boldsymbol{v}_{M+2},\cdots,\boldsymbol{v}_N]$$

$\boldsymbol{\Lambda}_n$ 是噪声子空间的特征值 σ_w^2 构成的 $N-M$ 维对角矩阵

$$\boldsymbol{\Lambda}_n=\mathrm{diag}[\sigma_w^2,\cdots,\sigma_w^2]$$

由于信号子空间与噪声子空间正交,而所有信号矢量 $\boldsymbol{e}_i(i=1,2,\cdots,M)$ 在信号子空间内,所以每个噪声特征矢量 $\boldsymbol{v}_j(j=M+1,M+2,\cdots,N)$ 与信号矢量 $\boldsymbol{e}_i$ 正交,即

$$\boldsymbol{e}_i^{\mathrm{H}}\boldsymbol{v}_j=0,\quad i=1,2,\cdots,M;j=M+1,M+2,\cdots,N \tag{3.9.13}$$

定义频率估计函数

$$P(\mathrm{e}^{\mathrm{j}\omega})=\frac{1}{\sum\limits_{i=M+1}^{N}\alpha_i\,|\boldsymbol{e}^{\mathrm{H}}\boldsymbol{v}_i|^2} \tag{3.9.14}$$

式中,α_i 是适当选择的一个常数。由于式(3.9.13),所以式(3.9.14)定义的频率估计函数在每个复指数信号的频率上有最大值(理论上为无穷大)。因此,根据 $P(\mathrm{e}^{\mathrm{j}\omega})$ 的最大值出现的位置即可确定每个复指数信号的频率。

例 3.9.1　已知 $x(n)=A_{c1}\mathrm{e}^{\mathrm{j}\omega_1 n}+w(n)$ 的自相关矩阵

$$\boldsymbol{R}_x=\begin{bmatrix}3 & 2(1-j)\\ 2(1+j) & 3\end{bmatrix}$$

求复指数信号的频率和功率,以及白噪声 $w(n)$ 的方差。

解　由式(3.9.4)和式(3.9.6)写出信号矢量 $\boldsymbol{e}_1=[1\quad \mathrm{e}^{\mathrm{j}\omega_1}]^{\mathrm{T}}$ 和信号自相关矩阵

$$\boldsymbol{R}_s=P_1\boldsymbol{e}_1\boldsymbol{e}_1^{\mathrm{H}}=\begin{bmatrix}1\\ \mathrm{e}^{\mathrm{j}\omega_1}\end{bmatrix}[1\quad \mathrm{e}^{-\mathrm{j}\omega_1}]=P_1\begin{bmatrix}1 & \mathrm{e}^{-\mathrm{j}\omega_1}\\ \mathrm{e}^{\mathrm{j}\omega_1} & 1\end{bmatrix}$$

$\boldsymbol{R}_s$ 的秩等于 1,所以它有唯一非零特征值 $\lambda_1^{(s)}$。根据

$$\boldsymbol{R}_s\boldsymbol{e}_1=(P_1\boldsymbol{e}_1\boldsymbol{e}_1^{\mathrm{H}})\boldsymbol{e}_1=P_1\boldsymbol{e}_1(\boldsymbol{e}_1^{\mathrm{H}}\boldsymbol{e}_1)=NP_1\boldsymbol{e}_1 \text{ 或 } (\boldsymbol{R}_s-NP_1\boldsymbol{I})\boldsymbol{e}_1=\boldsymbol{0}$$

$\boldsymbol{R}_s$ 的唯一非零特征值$\lambda_1^{(s)}=NP_1$，对应的特征矢量 $\boldsymbol{v}_1=\boldsymbol{e}_1$，或表示为

$$[v_1(0)\quad v_1(1)]^{\mathrm{T}}=[1\quad \mathrm{e}^{\mathrm{j}\omega_1}]^{\mathrm{T}}$$

由此看出，复指数信号的角频率等于 $v_1(1)$的辐角，即

$$\omega_1=\arg[v_1(1)] \tag{3.9.15}$$

由式(3.9.7)写出噪声自相关矩阵

$$\boldsymbol{R}_n=\sigma_w^2\boldsymbol{I}=\begin{bmatrix}\sigma_w^2 & 0\\ 0 & \sigma_w^2\end{bmatrix}$$

它的秩等于 2，是满秩矩阵，因此它有两个非零特征值，都等于 σ_w^2。

求特征多项式 $\det[\boldsymbol{R}_x]=\lambda^2-6\lambda+1$ 的根，得到 $\boldsymbol{R}_x$ 的特征值

$$\lambda_1=3+2\sqrt{2},\quad \lambda_2=3-2\sqrt{2}$$

和特征矢量

$$\boldsymbol{v}_1=\begin{bmatrix}1\\ \dfrac{\sqrt{2}}{2}(1+j)\end{bmatrix},\quad \boldsymbol{v}_2=\begin{bmatrix}1\\ -\dfrac{\sqrt{2}}{2}(1+j)\end{bmatrix}$$

$\boldsymbol{R}_x$ 的最大特征值$\lambda_{\max}=\lambda_1$，最小特征值 $\lambda_{\min}=\lambda_2$，对应的特征矢量 $\boldsymbol{v}_1$ 张成 1 维信号子空间，$\boldsymbol{v}_2$ 张成 1 维噪声子空间。由最小特征值直接得到白噪声的方差

$$\sigma_w^2=\lambda_{\min}=3-2\sqrt{2}$$

用式(3.9.15)计算复指数信号的频率

$$\omega_1=\arg[v_1(1)]=\arg\left[\frac{\sqrt{2}}{2}(1+j)\right]=\frac{\pi}{4}$$

由于 $\boldsymbol{R}_x$ 的特征值$\lambda_i=\lambda_i^{(s)}+\sigma_w^2(i=1,2)$，而 $\boldsymbol{R}_s$ 的唯一非零特征值$\lambda_1^{(s)}=NP_1$，所以 $\boldsymbol{R}_x$ 的最大特征值

$$\lambda_{\max}=NP_1+\sigma_w^2$$

由此求出

$$P_1=\frac{1}{N}(\lambda_{\max}-\lambda_{\min})=\frac{1}{2}[(3+2\sqrt{2})-(3-2\sqrt{2})]=2\sqrt{2}$$

例 3.9.1 有更简单的计算方法。因为数据自相关函数

$$R_{xx}(1)=2(1+j)=2\sqrt{2}\mathrm{e}^{\mathrm{j}\pi/4}=P_1\mathrm{e}^{\mathrm{j}\omega_1}$$

所以，立即得出 $P_1=2\sqrt{2}$和 $\omega_1=\pi/4$。由 $R_{xx}(0)=3$ 和 $R_{xx}(0)=P_1+\sigma_w^2$ 得出

$$\sigma_w^2=R_{xx}(0)-P_1=3-2\sqrt{2}$$

上述解法需要已知数据自相关矩阵 $\boldsymbol{R}_x$，当不知道 $\boldsymbol{R}_x$ 时，虽然可以用观测数据估计 $\boldsymbol{R}_x$，但是用估计的 $\boldsymbol{R}_x$ 得到的最大特征值和对应的特征矢量只是近似地等于 $NP_1+\sigma_w^2$ 和 $\boldsymbol{e}_1$，而且对 $\boldsymbol{R}_x$ 的估计误差很敏感，所以用信号子空间的唯一特征矢量 $\boldsymbol{v}_1=\boldsymbol{e}_1$ 来估计频率是不准确的。因此，在不知道 $\boldsymbol{R}_x$ 的情况下，为估计白噪声中一个复指数信号的频率，应利用式(3.9.14)定义的频率估计函数，即

$$P(\mathrm{e}^{\mathrm{j}\omega})=\frac{1}{\sum\limits_{i=2}^{N}\alpha_i\left|\boldsymbol{e}^{\mathrm{H}}\boldsymbol{v}_i\right|^2}=\frac{1}{\sum\limits_{i=2}^{N}\alpha_i\left|\sum\limits_{l=0}^{N-1}v_i(l)\mathrm{e}^{-\mathrm{j}\omega l}\right|^2}$$

并把 $\boldsymbol{R}_x$ 的维数 N 适当选大一些，使加权平均的噪声特征矢量的数目$(N-1)$适当多一些。这样，根据 $P(\mathrm{e}^{\mathrm{j}\omega})$的峰值位置确定的复指数信号频率更准确。

例 3.9.2 已知平稳随机过程由一个复指数信号加方差为 1 的高斯白噪声组成

$$x(n)=4\mathrm{e}^{\mathrm{j}(\pi n/4+\varphi)}+w(n)$$

式中,φ 是在$[0,2\pi)$内均匀分布的随机变量,假设等于 $\pi/3$。利用 $x(n)$的 $N=64$ 个取样值估计维数为 6×6 的 $\boldsymbol{R}_x$,然后对 $\boldsymbol{R}_x$ 进行特征分解。画出式(3.9.14)定义的频率估计函数,假设 $\alpha_i=1$。

解 MATLAB 程序如下:

```
% Exp3.9.2:Frequency Estimation Function
Nx= 64; n= 0:Nx- 1; % Length of data
N= 6; m= 0:N- 1; % Size of data autocorrelation matrix
w1= pi/4; % Frequency of complex exponential signal
noise= randn(1,Nx); % White noise with unit variance
phy= pi/3; % Initial phase of complex exponential signal
x= 4* exp(1j* w1* n+ phy)+ noise; % Observation data
rx= xcorr(x,'coeff'); % Autocorrelation fuanction of data
Rx= toeplitz(rx(Nx:Nx+ N- 1)); % Autocorrelation matrix of data
[V,D]= eig(Rx); % Eigen- decompositon of data autocorrelation matrix
V= flipud(V); % Begin computing frequency estimation function
K= 255; w= linspace(0,2* pi,K+ 1); P= zeros(K+ 1,N- 1);
for k= 1:K+ 1
    e= exp(- 1j* m* w(k));
    ev= e* V(:,1:N- 1);
    P(k,:)= ev;
end
Pabs= abs(P); FEF= 1./(Pabs.^2+ eps); S= 10* log10(FEF);
Pabsmean= mean(Pabs,2); FEFmean= 1./(Pabsmean.^2+ eps);
Smean= 10* log10(FEFmean);
[Pmax I]= max(FEFmean);
w1_estimate= (I- 1)* 2* pi/K;
figure
subplot(2,1,1)
plot(w,FEF); xlim([0 2* pi]);set(gca,'XTick',0:pi/4:2* pi);
set(gca,'XTickLabel',{'0','pi/4','pi/2','3pi/4','pi','5pi/4','3pi/2','7pi/4
','2pi'})
subplot(2,1,2)
plot(w,FEFmean)
figure
subplot(2,1,1)
plot(w,S)
subplot(2,1,1)
plot(w,Smean)
```

第 2 行至第 7 行产生 64 个观测数据。第 8 行至第 10 行产生数据矩阵并计算特征值和特征矢量。函数 eig 得到的特征值是按照从小到大的次序排列的,对应的特征矢量是从左到右排列的,所以特征矩阵 **V** 的第 1 个到第 $N-1$ 个列矢量是噪声特征矢量,第 N 列是信号特征矢量。特征矢量的元素是从下到上排列的,所以利用函数 flipud 将 V 的列矢量上下颠倒。矩

阵 $\boldsymbol{P}$ 由噪声特征矢量的傅里叶变换组成，每个傅里叶变换长为 $K+1=256$ 点。FEF 是每个特征矢量的频率估计函数，FEFmean 是 5 个频率估计函数的平均。S 和 Smean 是以 dB 为单位的函数。运行以上程序，得到图 3.9.1 和图 3.9.2 所示结果。利用函数 max 确定函数 FEFmean 的最大值发生在下标 $I=33$ 处，对应的角频率是 $2\pi(I-1)/(K+1)=\pi/4=0.7854$，与预设的频率一致。

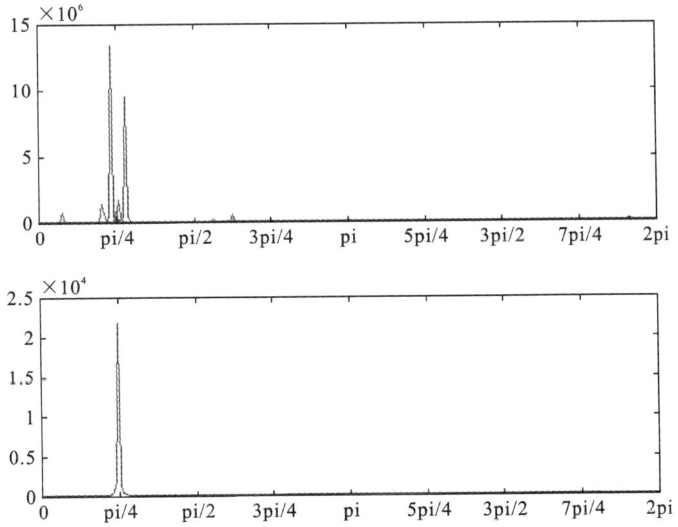

图 3.9.1 例 3.9.2 的频率估计函数(线性尺度)

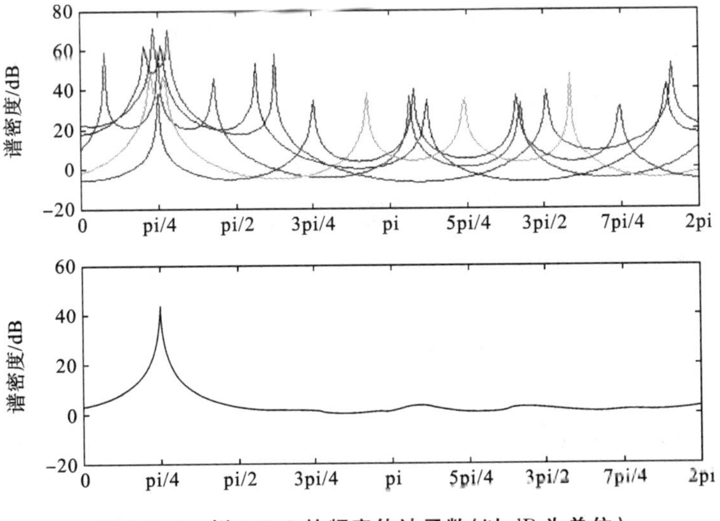

图 3.9.2 例 3.9.2 的频率估计函数(以 dB 为单位)

由图 3.9.1 和图 3.9.2 可以看出，5 个噪声特征矢量的频率估计函数各自都有多个峰值，除去位于 $\pi/4$ 附近的正确峰值外，还有其他虚假峰值。但是，5 个正确峰值比较集中在 $\pi/4$ 附近，而其余虚假峰值则比较分散。所以，将 5 个频率估计函数平均后，就只剩下位于 $\pi/4$ 附近的正确峰值了。

前面说过，式(3.9.14)定义的频率估计函数的分母实际上是 $\boldsymbol{v}_i$ 的系数的傅里叶变换的平方幅度，因此 MATLAB 程序中的循环语句可以用一条语句取代：

```
P= fft(V(:,1:N- 1),K+ 1);
```

例 3.9.3　设随机过程由两个复指数信号加白噪声组成

$$x(n)=A_{c1}\mathrm{e}^{\mathrm{j}\omega_1 n}+A_{c2}\mathrm{e}^{\mathrm{j}\omega_2 n}+w(n),\quad n=0,1,2,\cdots,N_x-1$$

其中，$A_{ci}=A_i\mathrm{e}^{\mathrm{j}\varphi_i}(i=1,2)$，$\omega_1\neq\omega_2$，$w(n)$是均值为零、方差为 σ_w^2 的高斯白噪声。

(1) 写出 $x(n)$的自相关函数和 $N\times N$ 维自相关矩阵、信号矩阵和噪声矩阵的表示式，指出信号矩阵和噪声矩阵的秩。

(2) 设自相关矩阵的特征值按从大到小顺序排列，列表说明信号子空间和噪声子空间的特征矢量和对应的特征值。信号子空间含有噪声成分吗？

(3) 信号特征矢量 $\boldsymbol{v}_1$ 和 $\boldsymbol{v}_2$ 与信号矢量 $\boldsymbol{e}_1$ 和 $\boldsymbol{e}_2$ 相等吗？$\boldsymbol{v}_1$ 与 $\boldsymbol{v}_2$ 正交吗？$\boldsymbol{e}_1$ 与 $\boldsymbol{e}_2$ 正交吗？画出信号子空间与噪声子空间的示意图。

(4) 写出频率估计函数的表示式。

解　(1) $x(n)$的自相关函数：

$$R_{xx}(m)=P_1\mathrm{e}^{\mathrm{j}\omega_1 m}+P_2\mathrm{e}^{\mathrm{j}\omega_2 m}+\sigma_w^2\delta(m),\quad m=0,1,2,\cdots,N-1$$

其中，$P_1=|A_1|^2$，$P_2=|A_2|^2$。

$R_{xx}(m)$构成的自相关矩阵：

$$\boldsymbol{R}_x=P_1\boldsymbol{e}_1\boldsymbol{e}_1^{\mathrm{H}}+P_2\boldsymbol{e}_2\boldsymbol{e}_2^{\mathrm{H}}+\sigma_w^2\boldsymbol{I}=\boldsymbol{R}_s+\boldsymbol{R}_v$$

信号矩阵，秩等于 2：

$$\boldsymbol{R}_s=P_1\boldsymbol{e}_1\boldsymbol{e}_1^{\mathrm{H}}+P_2\boldsymbol{e}_2\boldsymbol{e}_2^{\mathrm{H}}$$

噪声矩阵，满秩，秩等于 N

$$\boldsymbol{R}_v=\sigma_w^2\boldsymbol{I}$$

(2) 信号子空间和噪声子空间的特征矢量和对应的特征值

2 维信号子空间	特征值：$\lambda_i=\lambda_i^{(s)}+\sigma_w^2$；　$i=1,2$ 信号特征矢量：$\boldsymbol{v}_1,\boldsymbol{v}_2$
$N-2$ 维噪声子空间	特征值：$\lambda_i=\sigma_w^2$；　$i=3,4,\cdots,N$ 噪声特征矢量：$\boldsymbol{v}_3,\boldsymbol{v}_4,\cdots,\boldsymbol{v}_M$

信号子空间和噪声子空间中都含有噪声成分。

(3) 信号特征矢量 $\boldsymbol{v}_1$ 和 $\boldsymbol{v}_2$ 不等于信号矢量 $\boldsymbol{e}_1$ 和 $\boldsymbol{e}_2$，$\boldsymbol{v}_1$ 与 $\boldsymbol{v}_2$ 正交，$\boldsymbol{e}_1$ 与 $\boldsymbol{e}_2$ 一般不正交。图 3.9.3 是信号子空间与噪声子空间的示意图。

(4) 频率估计函数的表示式

$$\hat{P}_i(\mathrm{e}^{\mathrm{j}\omega})=\frac{1}{\sum_{i=3}^{N}\alpha_i\left|\boldsymbol{e}^{\mathrm{H}}\boldsymbol{v}_i\right|^2}=\frac{1}{\sum_{i=3}^{N}\alpha_i\left|\sum_{l=0}^{N-1}v_i(l)\mathrm{e}^{-\mathrm{j}\omega l}\right|^2}$$

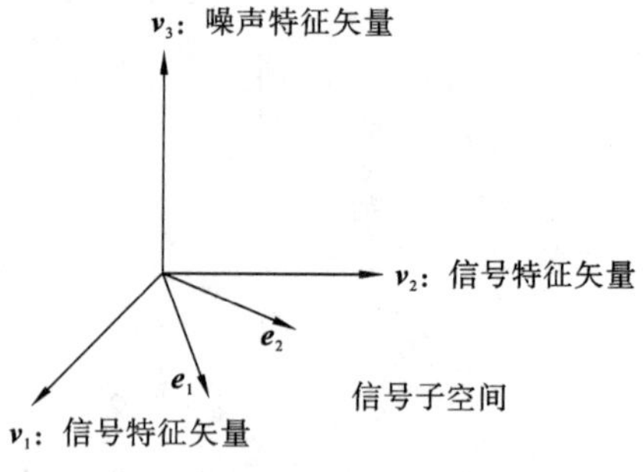

图 3.9.3　噪声特征矢量 $\boldsymbol{v}_3$ 张成 1 维噪声子空间信号特征矢量 $\boldsymbol{v}_1$ 和 $\boldsymbol{v}_2$ 张成 2 维信号子空间信号子空间含有信号矢量 $\boldsymbol{e}_1$ 和 $\boldsymbol{e}_2$

3.9.2　Pisarenko 谐波分解方法

Pisarenko 于 1973 年提出一种频率估计方法，称为 PHD(Pisarenko Harmonic Decomposition)方法。这种方法假设已知复指数信号的数目 M，并将数据自相关矩阵的维数选为 $(M+1)\times(M+1)$。因此，特征分解得到唯一最小特征值 $\lambda_{\min}=\sigma_w^2$ 和对应的噪声特征矢量 $\boldsymbol{v}_{\min}$。噪声特征矢量张成 1 维噪声子空间。特征矢量 $\boldsymbol{v}_{\min}$ 与每个信号矢量 $\boldsymbol{e}_i$ 正交，即

$$\boldsymbol{e}_i^{\mathrm{H}}\boldsymbol{v}_{\min} = \sum_{k=0}^{M} v_{\min}(k)\mathrm{e}^{-\mathrm{j}k\omega_i} = 0; \quad i = 1,2,\cdots,M \tag{3.9.16}$$

这意味着，特征矢量 $\boldsymbol{v}_{\min}$ 的傅里叶变换

$$V_{\min}(\mathrm{e}^{\mathrm{j}\omega}) = \sum_{k=0}^{M} v_{\min}(k)\mathrm{e}^{-\mathrm{j}k\omega} \tag{3.9.17}$$

在每个复指数信号频率上的值等于零。

噪声特征矢量 $\boldsymbol{v}_{\min}$ 的 z 变换

$$V_{\min}(z) = \sum_{k=0}^{M} v_{\min}(k)z^{-k} \tag{3.9.18}$$

称为特征滤波器的传输函数。式(3.9.16)表明，特征滤波器的 M 个零点都在单位圆上，即式(3.9.18)可以用零点表示为

$$V_{\min}(z) = \prod_{k=1}^{M}(1 - \mathrm{e}^{\mathrm{j}\omega_k}z^{-1}) \tag{3.9.19}$$

因此，复指数信号的频率可以通过求特征滤波器的传输函数的零点或多项式 $V_{\min}(z)$ 的根来得到。

定义频率估计函数

$$P_{\mathrm{PHD}}(\mathrm{e}^{\mathrm{j}\omega}) = \frac{1}{|\boldsymbol{e}^{\mathrm{H}}\boldsymbol{v}_{\min}|^2} \tag{3.9.20}$$

将式(3.9.20)与式(3.9.14)相对照可看出，式(3.9.20)是式(3.9.14)在 $N=M+1$ 和 $\alpha_i=1$ 情况下的特殊情况。频率估计函数 $P_{\mathrm{PHD}}(\mathrm{e}^{\mathrm{j}\omega})$ 在复指数信号的频率上有最大值(理论上为无穷大)，因此可以根据 $P_{\mathrm{PHD}}(\mathrm{e}^{\mathrm{j}\omega})$ 的峰值出现的位置确定复指数信号的频率。虽然式(3.9.20)在形式上像功率谱，但实际上它并不包含关于复指数信号功率谱的信息，也不包含关于噪声的信息，所以通常将它称为“伪谱”，有时也称特征谱。

确定复指数信号的频率后，即可由特征值估计复指数信号的功率。

仍假设特征矢量已归一化为具有单位范数，即假设 $\boldsymbol{e}_i^{\mathrm{H}}\boldsymbol{v}_i=1$。特征值与特征矢量有以下关系

$$\boldsymbol{R}_x\boldsymbol{v}_i=\lambda_i\boldsymbol{v}_i; \quad i=1,2,\cdots,M \tag{3.9.21}$$

式(3.9.21)两端左乘 $\boldsymbol{v}_i^{\mathrm{H}}$，得到

$$\boldsymbol{v}_i^{\mathrm{H}}\boldsymbol{R}_x\boldsymbol{v}_i=\lambda_i\boldsymbol{v}_i^{\mathrm{H}}\boldsymbol{v}_i=\lambda_i; \quad i=1,2,\cdots,M \tag{3.9.22}$$

将式(3.9.5)代入式(3.9.22)，得

$$\boldsymbol{v}_i^{\mathrm{H}}\boldsymbol{R}_x\boldsymbol{v}_i = \boldsymbol{v}_i^{\mathrm{H}}\left[\sum_{k=1}^{M}P_k\boldsymbol{e}_k\boldsymbol{e}_k^{\mathrm{H}} + \sigma_w^2\boldsymbol{I}\right]\boldsymbol{v}_i = \lambda_i; \quad i = 1,2,\cdots,M$$

并简化为

$$\sum_{k=1}^{M}P_k|\boldsymbol{e}_k^{\mathrm{H}}\boldsymbol{v}_i|^2 = \lambda_i - \sigma_w^2; \quad i = 1,2,\cdots,M \tag{3.9.23}$$

注意，式(3.9.23)求和项中的 $|\boldsymbol{e}_k^{\mathrm{H}}\boldsymbol{v}_i|^2$ 实际上就是信号子空间特征矢量 $\boldsymbol{v}_i$ 的傅里叶变换的平方幅度在频率 ω_k 上的值，即

$$|\boldsymbol{e}_k^{\mathrm{H}}\boldsymbol{v}_i|^2 = |V_i(\mathrm{e}^{\mathrm{j}\omega_k})|^2$$

这里

$$V_i(e^{j\omega})=\sum_{l=0}^{M}v_i(l)e^{-j\omega l}$$

是 $\boldsymbol{v}_i$ 的傅里叶变换。因此,式(3.9.23)也可以写成

$$\sum_{k=1}^{M}P_k\ |V_i(e^{-j\omega_k})|^2=\lambda_i-\sigma_w^2;\quad i=1,2,\cdots,M \tag{3.9.24}$$

式(3.9.24)是含有 M 个未知数 $P_k(k=1,2,\cdots,M)$、M 个线性方程的方程组,其展开形式为

$$\begin{bmatrix}|V_1(e^{j\omega_1})|^2 & |V_1(e^{j\omega_2})|^2 & \cdots & |V_1(e^{j\omega_M})|^2\\ |V_2(e^{j\omega_1})|^2 & |V_2(e^{j\omega_2})|^2 & \cdots & |V_2(e^{j\omega_M})|^2\\ \vdots & \vdots & \ddots & \vdots\\ |V_M(e^{j\omega_1})|^2 & |V_M(e^{j\omega_2})|^2 & \cdots & |V_M(e^{j\omega_M})|^2\end{bmatrix}\begin{bmatrix}P_1\\P_2\\ \vdots\\P_M\end{bmatrix}=\begin{bmatrix}\lambda_1-\sigma_w^2\\ \lambda_2-\sigma_w^2\\ \vdots\\ \lambda_M-\sigma_w^2\end{bmatrix} \tag{3.9.25}$$

解方程组(3.9.25)即得出复指数信号的功率 $P_k(k=1,2,\cdots,M)$。

最后,将 Pisarenko 谐波分解频率估计方法的步骤总结如下:

(1) 已知随机过程是白噪声中 M 个复指数信号之和。对 $M+1$ 维数据自相关矩阵 $\boldsymbol{R}_x$ 进行特征分解,得到最小特征值 $\lambda_{\min}$ 和对应的噪声特征矢量 $\boldsymbol{v}_{\min}$。白噪声功率就等于最小特征值 $\lambda_{\min}=\sigma_w^2$。

(2) 由噪声特征矢量 $\boldsymbol{v}_{\min}$ 构造式(3.9.18)定义的特征滤波器传输函数

$$V_{\min}(z)=\sum_{k=0}^{M}v_{\min}(k)z^{-k}$$

求 $V_{\min}(z)$ 的根,即得到复指数信号的频率。

(3) 解线性方程组(3.9.25)求复指数信号的功率 $P_k(k=1,2,\cdots,M)$。

例 3.9.4 已知白噪声中两个复指数信号相加组成的随机过程,它的前 3 个自相关函数为:$rx=[6,1.92705+j4.58522,-3.42705+j3.49541]$。用 Pisarenko 谐波分解法计算复指数信号的频率、功率和白噪声的方差。

解 (1) 计算特征值和特征矢量。

由已知自相关函数构造 $M+1$ 阶数据自相关矩阵($M=2$)

$$\boldsymbol{R}_x=\begin{bmatrix}6 & 1.92705-j4.58522 & -3.42705-j3.49541\\ 1.92705+j4.58522 & 6 & 1.92705-j4.58522\\ -3.42705+j3.49541 & 1.92705+j4.58522 & 6\end{bmatrix}$$

求特征多项式 $\det(\lambda\boldsymbol{I}-\boldsymbol{R}_x)$ 的根,得到特征值

$$\lambda_1=1,\quad \lambda_2=1.1049,\quad \lambda_3=15.8951$$

解特征方程 $(\lambda_i\boldsymbol{I}-\boldsymbol{R}_x)\boldsymbol{v}_i=0\ (i=1,2,3)$,得到特征矢量

$$\boldsymbol{V}=[\boldsymbol{v}_1,\boldsymbol{v}_2,\boldsymbol{v}_3]=\begin{bmatrix}-0.2742-j0.3045 & -0.4877-j0.5119 & -0.4034-j0.4116\\ -0.3315+j0.7446 & -0.0092-j0.0039 & 0.2244-j0.5342\\ 0.4097 & -0.7071 & 0.5763\end{bmatrix}$$

白噪声功率等于最小特征值,即 $\sigma_w^2=\lambda_{\min}=\lambda_1=1$。

(2) 最小特征值 $\lambda_{\min}=1$ 对应的噪声特征矢量。

$$\boldsymbol{v}_{\min}=\boldsymbol{v}_1=[0.4097,\quad -0.3315+j0.7446,\quad -0.2742-j0.3045]^{\mathrm{T}}$$

由 $\boldsymbol{v}_{\min}$ 得到特征滤波器的传输函数

$$V_{\min}(z)=\sum_{k=0}^{M}v_{\min}(k)z^{-k}$$

计算 $V_{\min}(z)$ 的根，得到

$$z_1 = 0.5000 + \mathrm{j}0.8661 = \mathrm{e}^{\mathrm{j}\pi/3}$$

$$z_2 = 0.3090 + \mathrm{j}0.9511 = \mathrm{e}^{\mathrm{j}2\pi/5}$$

两个根的辐角即是复指数信号的频率

$$\omega_1 = \frac{\pi}{3}, \quad \omega_2 = \frac{2\pi}{5}$$

(3) 求复指数信号的功率 $P_k(k=1,2)$。

计算特征矢量 $\boldsymbol{v}_i(i=2,3)$ 的傅里叶变换的平方幅度在频率 $\omega_k(k=1,2)$ 上的值

$$\begin{aligned}V_2(\mathrm{e}^{\mathrm{j}\omega_1}) &= \sum_{l=0}^{2} v_2(l)\mathrm{e}^{-\mathrm{j}\omega_1 l}\\ &= (-0.4877 - \mathrm{j}0.5119) + (-0.0092 - \mathrm{j}0.0039)\mathrm{e}^{-\mathrm{j}\pi/3} - 0.7071\mathrm{e}^{-\mathrm{j}2\pi/3}\\ &= -0.1421 + \mathrm{j}0.1065\end{aligned}$$

$$|V_2(\mathrm{e}^{\mathrm{j}\omega_1})|^2 = |-0.1421 + \mathrm{j}0.1065|^2 = 0.0315$$

$$\begin{aligned}V_2(\mathrm{e}^{\mathrm{j}\omega_2}) &= \sum_{l=0}^{2} v_2(l)\mathrm{e}^{-\mathrm{j}\omega_2 l}\\ &= (-0.4877 - \mathrm{j}0.5119) + (-0.0092 - \mathrm{j}0.0039)\mathrm{e}^{-\mathrm{j}2\pi/5} - 0.7071\mathrm{e}^{-\mathrm{j}4\pi/5}\\ &= -0.0778 + \mathrm{j}0.0887\end{aligned}$$

$$|V_2(\mathrm{e}^{\mathrm{j}\omega_2})|^2 = |-0.0778 + \mathrm{j}0.0887|^2 = 0.0139$$

$$\begin{aligned}V_3(\mathrm{e}^{\mathrm{j}\omega_1}) &= \sum_{l=0}^{2} v_2(l)\mathrm{e}^{-\mathrm{j}\omega_1 l}\\ &= (-0.4034 - \mathrm{j}0.4116) + (0.2244 - \mathrm{j}0.5342)\mathrm{e}^{-\mathrm{j}\pi/3} - 0.5763\mathrm{e}^{-\mathrm{j}2\pi/3}\\ &= -1.0420 - \mathrm{j}1.3721\end{aligned}$$

$$|V_3(\mathrm{e}^{\mathrm{j}\omega_1})|^2 = |-1.0420 - \mathrm{j}1.3721|^2 = 2.9684$$

$$\begin{aligned}V_3(\mathrm{e}^{\mathrm{j}\omega_2}) &= \sum_{l=0}^{2} v_2(l)\mathrm{e}^{-\mathrm{j}\omega_2 l}\\ &= (-0.4034 - \mathrm{j}0.4116) + (-0.2244 - \mathrm{j}0.5342)\mathrm{e}^{-\mathrm{j}2\pi/5} + 0.5763\mathrm{e}^{-\mathrm{j}4\pi/5}\\ &= -0.3083 - \mathrm{j}1.1288\end{aligned}$$

$$|V_3(\mathrm{e}^{\mathrm{j}\omega_2})|^2 = |-0.3083 - \mathrm{j}1.1288|^2 = 2.9858$$

计算 $\lambda_2 - \sigma_w^2 = 1.1049 - 1 = 0.1049$ 和 $\lambda_3 - \sigma_w^2 = 15.8951 - 1 = 14.8951$

解线性方程组

$$\begin{bmatrix} |V_1(\mathrm{e}^{\mathrm{j}\omega_1})|^2 & |V_1(\mathrm{e}^{\mathrm{j}\omega_2})|^2 \\ |V_2(\mathrm{e}^{\mathrm{j}\omega_1})|^2 & |V_2(\mathrm{e}^{\mathrm{j}\omega_2})|^2 \end{bmatrix}\begin{bmatrix} P_1 \\ P_2 \end{bmatrix} = \begin{bmatrix} \lambda_1 - \sigma_w^2 \\ \lambda_2 - \sigma_w^2 \end{bmatrix}$$

$$\begin{bmatrix} 0.0315 & 0.0139 \\ 2.9684 & 2.9858 \end{bmatrix}\begin{bmatrix} P_1 \\ P_2 \end{bmatrix} = \begin{bmatrix} 0.1049 \\ 14.8951 \end{bmatrix}$$

得复指数信号功率

$$[P_1, P_2] = [2.0111, 2.9893]$$

在实际应用中，当 M 值较大时，一般应借助以下 MATLAB 程序来实现 Pisarenko 谐波分解算法。

```
% Pisarenko Harmonic Decomposition
% rx: autocorrelation function of a random process
```

```
% M: The number of complex exponentials
% K: The length of FFT
Rx= toeplitz(rx(1:M+ 1));
[V,D]= eig(Rx);
sigma= min(diag(D));
index= find(diag(D)= = sigma);
vmin= V(:,index);
z= roots(vmin); omega= angle(z);
j= 0:length(vmin)- 1; e= exp(- 1i* omega* j); ev= e* V(:,index+ 1:M);
A= abs(ev).^2; A= rot90(A); A= fliplr(A);
C= sum(D,2)- sigma; B= C(index+ 1:M); B= flipud(B);
P= linsolve(A,B);
```

也可以根据式(3.9.20)定义的频率估计函数

$$P_{\mathrm{PHD}}(\mathrm{e}^{\mathrm{j}\omega})=\frac{1}{|\boldsymbol{e}^{\mathrm{H}}\boldsymbol{v}_{\min}|^{2}}$$

的峰值出现的位置来确定复指数信号的频率,相应地将特征滤波器传输函数求根的语句改为:

```
K= 256; k= 0:K- 1; w= 2* pi* k/K;
F= fft(vmin,K); FEF= 1./(abs(F).^2+ eps);
[FEFmax1, Index1]= max(FEF);
FEF(Index1- 5:Index1+ 5)= 0;
[FEFmax2, Index2]= max(FEF);
omega1= (Index1- 1)* 2* pi/K;
omega2= (Index2- 1)* 2* pi/;
```

这里,先用函数 max 搜索频率估计函数的最大值,得到地址 Index1;然后将该地址前后 5 个(视具体情况选定)FEF 的值剔出(置为零),再第二次用函数 max 搜索频率估计函数的最大值,得到地址 Index2;最后将地址换算成频率 omega1 和 omega2。搜索频率估计函数的结果是:

$$\omega_1=1.2517\approx 2\pi/5,\quad \omega_2=1.0554=\pi/3$$

由图 3.9.4 所示的频率估计函数图形看出,两个最大值分别出现在 $\pi/3$ 和 $2\pi/5$ 处,第一次先搜索到 $2\pi/5$ 处的最大值,将其剔出后第二次才搜索到 $\pi/3$ 处的次大值。搜索 FEF 的最大值也可以用分段搜索的方法进行。

如果随机过程是白噪声中的一个实正弦信号,由于正弦函数等于两个复指数函数之和,所以在用 Pisarenko 谐波分解方法估计正弦信号频率时,应该当成两个复指数信号来估计,不过两个复指数信号的频率数值相等而符号相反。

Pisarenko 谐波分解方法的提出具有理论意义,有助于深入理解频率估计问题,而且推动了其他特征分解频率估计方法的研究。但是,这种方法通常并未获得实际应用。究其原因,首先是这种方法需要知道复指数信号的个数,但是实际应用中很少是这种情况。如果已知准确的自相关函数,可以先将复指数信号的个数假设为一个较大的数值,然后计算自相关矩阵的特征值,并根据最小特征值的阶来确定复指数信号的真实个数。但是,实际中只能根据估计的自相关函数来计算特征值,其中最小特征值一般并不是高价(等于复指数信号的真实个数)的,而是互不相等的,所以应根据最小特征值的个数来确定复指数信号的个数。其次,Pisarenko 谐波分解方法的估计结果对噪声敏感,也就是说,每次实现得到的估计其一致性差。第三个原因

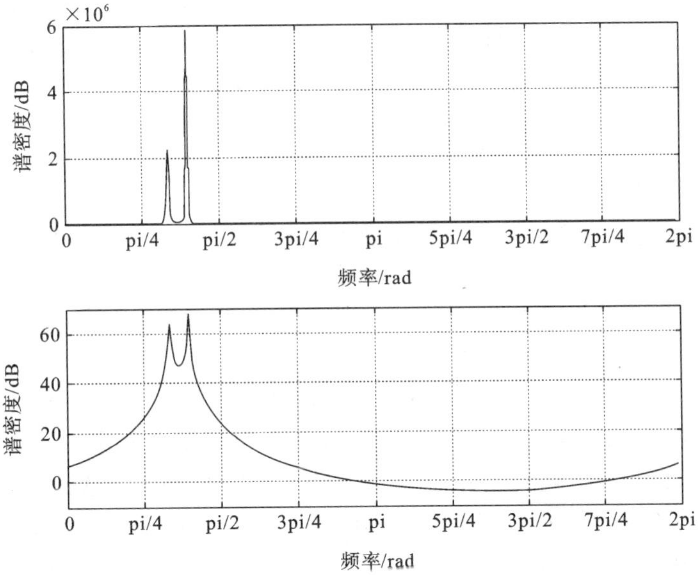

图 3.9.4　例 3.9.4 的频率估计函数

是，Pisarenko 谐波分解方法是针对白噪声中的复指数信号推导的，对于非白噪声情况，得到的频率估计将有较大的误差。曾有人针对非白噪声情况对 Pisarenko 谐波分解方法进行过改进，但是改进方法要求知道噪声功率，却是一个新的限制条件。

3.9.3　多信号分类(MUSIC)方法

多信号分类(Multiple Signal Clasification, MUSIC)方法，是 Schmidt 于 1979 年提出的。仍假设随机过程由加性白噪声中 M 个复指数信号组成，$N\times N$ 维数据自相关矩阵 $\boldsymbol{R}_x$ 的特征值按从大到小顺序排列，$\lambda_1\geqslant\lambda_2\geqslant\cdots\geqslant\lambda_N$，将对应的特征矢量分为两组：一组是 M 个最大特征值对应的信号特征矢量，张成信号子空间；另一组是 $N-M$ 个最小特征值对应的噪声特征矢量，张成噪声子空间。

$N-M$ 个最小特征值理论上都等于 σ_w^2，但实际上由于自相关函数估计不准确，它们不都等于 σ_w^2。因此，通常用它们的平均值作为白噪声方差的估计

$$\sigma_v^2=\frac{1}{N-M}\sum_{k=M+1}^{N}\lambda_k \tag{3.9.26}$$

$N-M$ 维噪声子空间的每个噪声特征矢量 $\boldsymbol{v}_i$ 长为 N，因此，相应的特征滤波器传输函数

$$V_i(z)=\sum_{k=0}^{N-1}v_i(k)z^{-k},\quad i=M+1,M+2,\cdots,N$$

有 $N-1$ 个零点，理论上，其中在复指数信号频率上的 M 个零点在单位圆上，因此，由噪声特征矢量 $\boldsymbol{v}_i$ 构造的特征谱

$$|V_i(e^{j\omega})|^2=\frac{1}{\left|\sum_{k=0}^{N-1}v_i(k)e^{-j\omega k}\right|^2}=\frac{1}{|\boldsymbol{e}^{H}\boldsymbol{v}_i|^2}$$

在复指数信号频率上将有最大值(理论上为无穷大)。然而，其余 $N-1-M$ 个零点可以出现在任何位置上，当然也可能出现在单位圆上，这就使特征谱产生虚假的峰值。此外，由于自相关函数估计不准确，$V_i(z)$本来应该在单位圆上的零点有可能不在单位圆上。因此，如果只用

一个噪声特征矢量来估计复指数信号频率,就很难区分真实峰值与虚假峰值。利用噪声子空间每个噪声特征矢量的特征谱的虚假峰值出现的位置不同的事实,MUSIC 方法把不同噪声特征矢量的特征谱进行平均以减小虚假峰值的影响,即采用以下频率估计函数

$$P_{\text{MUSIC}}(\mathrm{e}^{\mathrm{j}\omega}) = \frac{1}{\sum_{i=M+1}^{N} |\boldsymbol{e}^{\mathrm{H}}\boldsymbol{v}_i|^2} \tag{3.9.27}$$

把 $P_{\text{MUSIC}}(\mathrm{e}^{\mathrm{j}\omega})$的 M 个峰值的位置作为复指数信号频率的估计。频率确定后,即可利用方程(3.9.25)计算复指数信号的功率。

例 3.9.5 设 $x(n)$是白噪声中 4 个复指数信号相加构成的随机过程

$$x(n) = \sum_{i=1}^{4} A_i \mathrm{e}^{\mathrm{j}(\omega_i n+\varphi_i)} + v(n)$$

其中,幅度 $A_i=1(i=1,2,3,4)$,频率 $\omega_i=[0.2\pi,0.3\pi,0.8\pi,1.2\pi](i=1,2,3,4)$,初相 $\varphi_i=\pi/3(i=1,2,3,4)$,高斯白噪声 $w(n)$的方差 $\sigma_v^2=0.5$。根据 $x(n)$采集的 $N_x=64$ 个数据,用 MUSIC 法估计 4 个复指数信号的频率和白噪声的方差。

解 MUSIC 法的 MATLAB 程序如下:

```
% exp3.9.5: MUSIC
Nx= 64; n= 0:Nx- 1; % Length of data
N= 64;  % Size of data autocorrelation matrix
w= [0.2* pi,0.3* pi,0.8* pi,1.2* pi]; % Frequencies of complex exponentials
M= length(w);
A= [1,1,1,1];  % Amplitudes of complex exponentials
noise= 0.5* randn(1,Nx); % White noise with unit variance
phy= pi/3; % Initial phase of complex exponentials
x= sum(exp(1j* w'* n+ phy))+ noise; % Observation data
rx= xcorr(x,'coeff'); % Autocorrelation fuanction of Data
Rx= toeplitz(rx(Nx:Nx+ N- 1)); % Autocorrelation matrix of data
[v,d]= eig(Rx); % Eigendecomposition of data autocorrelation matrix
V= v(:,M+ 1:N); % Noise eigenvectors
[y,i]= sort(diag(d)); % Sorting eigenvalues (in ascending order)
Px= 0; K= 1024; k= 0:K- 1; omega= k'* 2* pi/(K- 1); % Eigenspectrum
for j= 1:N- M
   Px= Px+ abs(fft(v(:,i(j)),K));
end
Px= flipud(Px);FEF= 1./Px;
Sx= - 20* log10(Px);
sigma= sum(y(1:N- M))/(N- M);
```

复指数信号的初相 φ_i 一般是在$[0,2\pi]$内均匀分布的随机数,例中假设 $\varphi_i=\pi/3$。省略了绘图语句。运行程序得到图 3.9.5 所示的频率估计函数的图形,根据图形确定的复指数信号频率与例题假设的频率非常接近。白噪声的方差用式(3.9.26)估计得到 $\sigma_v^2=0.3468$。

注意到式(3.9.27)对应的 z 变换是

$$P_{\text{MUSIC}}(z) = \frac{1}{\sum_{i=M+1}^{N} V_i(z)V_i^*(1/z^*)} \tag{3.9.28}$$

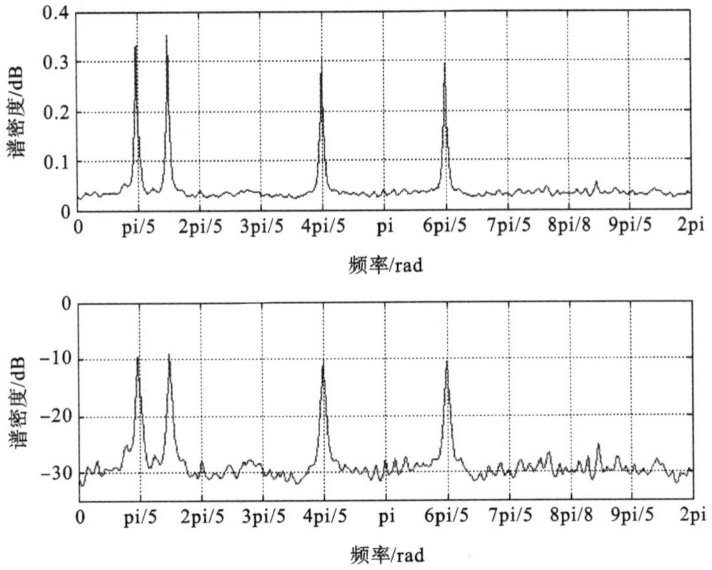

图 3.9.5　例 3.9.5 的频率估计函数

因此，也可以把式(3.9.28)的分母多项式

$$D(z)=\sum_{i=M+1}^{N} V_i(z)V_i^*(1/z^*)\left|\boldsymbol{e}^{\mathrm{H}}\boldsymbol{v}_i\right|^2 \tag{3.9.29}$$

的根的辐角作为复指数信号频率的估计，这就不需要搜索 $P_{\mathrm{MUSIC}}(\mathrm{e}^{\mathrm{j}\omega})$ 的峰值。下面是相应的 MATLAB 程序。

```
D= 0; % Rooting the polynomial D(z)
for j= 1:N- M
    V= v(:,i(j));
    V1= flipud(V);
    D= D+ conv(V,conj(V1));
end
roots_D= roots(D');
roots_D1= roots_D(abs(roots_D)< 1);
[not_used, index]= sort(1- abs(roots_D1));
sorted_roots= roots_D1(index);
sorted_roots= angle(sorted_roots(1:M));
```

用这段程序替换例 3.9.5 的 MATLAB 程序第 14 行以后的部分，运行结果是

$$\omega_1=0.6233\approx 0.2\pi,\quad \omega_2=0.9452\approx 0.3\pi,$$
$$\omega_3=2.5174\approx 0.8\pi,\quad \omega_4=-2.5150\approx 1.2\pi$$

调用 MATLAB 中的函数[S,w]=peig(x,p)和[S,w]=pmusic(x,p)可以更简便地实现特征分解算法和 MUSIC 算法，这里输入矢量 x 是白噪声中复指数信号的观测数据，p 是复指数信号的个数，输出矢量 S 是伪谱，w 是归一化频率矢量。如果不指定输出参数，则可以直接画出伪谱的图形。例如，例 3.9.5 给定 x 和 p 后，只要用语句 peig(x,p)和 pmusic(x,p)即可画出图 3.9.6 所示的伪谱图形，并根据伪谱图形估计出 4 个复指数信号的频率。函数 peig 和 pmusic 的其他调用格式可参看 MATLAB 的"Using the Help Browser"。

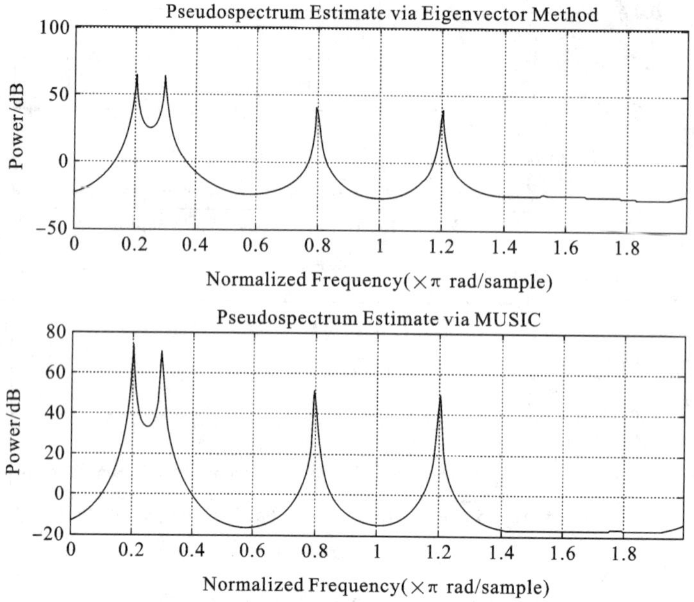

图 3.9.6 例 3.9.5 调用函数 peig 和 pmusic 画出的伪谱图形

复习思考题

3.1 什么是功率谱？它与自相关函数有什么关系？经典谱估计方法和现代谱估计方法各有什么特点？

3.2 怎样估计自相关序列？自相关序列的有偏估计与无偏估计有何区别？为什么用自相关序列的有偏估计而不用无偏估计来计算功率谱？

3.3 周期图怎样定义？怎样用带通滤波器组解释周期图？周期图的直接计算方法与间接计算方法有何区别？

3.4 从哪几个方面评价周期图的性能？周期图的偏差和方差怎样计算？为什么周期图会存在随机起伏？

3.5 周期图的主要缺点是什么？怎样进行改进？

3.6 数据加窗是怎样影响周期图的？为什么说修正周期图是功率谱的渐近无偏估计？试比较不同窗函数对周期图的影响。修正周期图的分辨率如何定义？

3.7 对周期图进行平均有什么好处？为什么 Bartlett 法估计的周期图是功率谱的渐近无偏估计？Bartlett 周期图的缺点是什么？

3.8 怎样用 Welch 法估计周期图？为什么 Welch 法估计的周期图是功率谱的渐近无偏估计？Welch 周期图的分辨率如何定义？数据分段长度、相邻段重叠宽度如何影响 Welch 周期图的性能？

3.9 怎样用 Blackman-Tukey 法估计周期图？为什么说 Blackman-Tukey 周期图是功率谱的一致估计？

3.10 比较各种周期图计算方法的优缺点。

3.11 现代谱估计方法与经典谱估计方法的本质区别是什么？离散随机信号的三种有理传输函数模型如何描述？写出它们的传输函数、差分方程和功率谱表示式。以 4 阶模型为例，画出三种模型的极-零图和功率谱的示意图(考虑窄带和宽带等不同情况)。如何根据零点和极点的分布情况判断对应的功率谱是宽带的还是窄带的?

3.12 离散随机信号的三种有理传输函数模型之间存在什么关系?为什么一个有限阶 ARMA 过程或 AR 过程可以用唯一无限阶 MA 模型表示?为什么一个有限阶 ARMA 过程或 MA 过程可以用唯一无限阶 AR 模型表示?

3.13 Yule-Walker 方程是描述模型参数与随机过程的什么参数之间关系的方程?如何进行推导?Yule-Walker 方程有何特点?离散随机信号的三种有理传输函数的 Yule-Walker 方程有何异同?

3.14 说明用模型方法估计功率谱的一般步骤。讨论三种有理传输函数模型参数估计中与计算有关的主要问题。

3.15 实际应用中怎样从三种有理传输函数模型中选择最合适的模型?观测噪声对模型的选择有什么影响?

3.16 哪些因素使 AR 模型谱估计方法获得了最广泛的应用?

3.17 论证 AR 谱估计隐含着对自相关函数进行了外推。

3.18 什么是信息论中的"熵"的概念?你怎样理解"最大熵原则"?论证 AR 谱估计与最大熵谱估计等效。

3.19 怎样对 AR 过程进行线性预测?画出线性预测器和线性预测误差滤波器的信号流图,用数学表示式描述预测原理,推导 Weina-Hopf 方程,并将其与 AR 模型的 Yule-Walker 方程进行比较。怎样从线性预测的观点深入理解 AR 过程的基本性质?

3.20 为什么说预测误差的功率谱最平坦,预测误差的平均功率就一定最小?

3.21 推导 Levinson-Durbin 算法,总结计算步骤。该算法的计算量是多少?

3.22 推导格型滤波器。画出格型滤波器的信号流图。反射系数有哪些重要性质?并逐一证明它们。

3.23 描述 AR(p)过程的自相关序列、全极点滤波器参数和反射系数是等效的吗?这三种参数之间怎样进行相互转换?

3.24 根据有限长数据估计 AR(p)模型参数的自相关法、协方差法、修正协方差法和 Burg 法,怎样进行具体计算?各有什么优缺点?它们之间的主要区别是什么?

3.25 AR 谱估计的虚假谱峰、频率偏移和谱线分裂现象产生的原因是什么?怎样避免?怎样减小相位对谱峰位置的影响?噪声对 AR 谱估计有何影响?怎样减小噪声对 AR 谱估计的影响?

3.26 AR 谱估计的稳定性和一致性主要受什么因素的影响?怎样提高 AR 谱估计的稳定性和一致性?

3.27 怎样正确选择 AR 模型的阶?

3.28 用参数模型方法估计白噪声中复指数或正弦信号的频率,为什么得不到好的效果?特征分解频率估计的核心思想是什么?

3.29 对于白噪声中复指数或正弦信号构成的随机过程,怎样对数据矩阵进行特征分解?数据矩阵的特征值和特征矢量有什么特点?数据自相关矩阵、信号矩阵和噪声矩阵有什么特点?信号子空间的特征矢量是否就是信号矢量?

3.30 怎样定义频率估计函数?为什么用一个噪声特征矢量构造的频率估计函数得不到可靠的频率估计?

3.31　怎样用 Pisarenko 谐波分解方法与 MUSIC 法进行频率估计？这两种方法各有什么特点？编写这两种方法的 MATLAB 程序。

习　　题

3.1　已知一个随机过程的取样序列为 $x(n)=\cos(\omega_0+\varphi)$，其中角频率 ω_0 是常数，初相 φ 是在 $[0,2\pi)$ 上均匀分布的随机变量。

(1) 求自相关序列。该随机过程是广义平稳的吗？是遍历性的吗？

(2) 已知取样序列的一段数据

$x_N(n)=\{0.5871,-0.6793,0.2679,-0.2242,0.7767,0.9718,0.6202,-0.7354\}$
计算自相关序列的有偏估计和无偏估计。

3.2　证明式(3.1.9)。如果 $x(n)$ 是复高斯随机变量，式(3.1.9)有何变化？

3.3　证明式(3.2.4)与式(3.2.1)等效。

3.4　推导式(3.2.22)。计算 $W_B(e^{j\omega})$ 的 6 dB 带宽。

3.5　已采集一个随机过程的 10000 个数据，但由于内存容量有限，只允许计算 1024 点 FFT。怎样充分利用已采集的 10000 个数据来计算周期图，使频率分辨率不低于 $\Delta\omega=0.89\times 2\pi/10^4$？

3.6　已知一个模拟信号 $x_a(t)$ 的最高频率成分为 5 kHz，并已记录 10 s 长度的波形。现在需要利用这一段波形来估计功率谱，假设采用 Bartlett 法(周期图平均法)，利用基 2FFT 进行计算，要求周期图的频率分辨率不低于 10 Hz。

(1) 以奈奎斯特频率采样，数据的最小分段长度应选为多少？记录的 10 s 长度的波形可分为多少段？

(2) 采样率的大小怎样影响周期图的频率分辨率和方差？若选择高于奈奎斯特频率的采样率，对周期图的频率分辨率和方差会有怎样的影响？

3.7　有一随机过程，已采集到它的 2000 个取样数据，现用 Bartlett 法估计它的功率谱。

(1) 为了得到 0.005 Hz 的分辨率，子序列的长度最短应选择为多少？

(2) 将子序列的长度选择为大于最短长度，是有好处还是有坏处？为什么？

3.8　设有一随机过程是由单位方差白噪声激励一个滤波器产生的，已知滤波器的传输函数为

$$H(z)=\frac{1}{1+az^{-1}+0.99z^{-2}}\,\frac{1}{1-az^{-1}+0.98z^{-2}}$$

(1) 设 $a\approx 0$，画出该随机过程的功率谱的图形。

(2) 设 $a=0.1$，画出该随机过程的功率谱的图形，并与(1)的图形进行比较，观察谱峰的位置和 $\omega=0.5\pi$ 处的功率谱的数值有何不同？

(3) 设 $a=0.1$，如果用 Bartlett 法估计功率谱，为了能够区分两个谱峰，子序列的长度应怎样选择？

(4) 设 $a=0.1$，如果用 Blackman-Tukey 法估计功率谱，为了能够区分两个谱峰，需要多少自相关序列的取样值？为了能够达到 Bartlett 法(选用 4 个子序列)估计的功率谱的方差，Blackman-Tukey 法必须有多少观测数据？

3.9　市场上不少频谱分析仪采用下式表示的对周期图进行指数平均的算法

$$S_i(\mathrm{e}^{\mathrm{j}\omega})=\alpha S_{i-1}(\mathrm{e}^{\mathrm{j}\omega})+\frac{1-\alpha}{N}\left|\sum_{n=0}^{N-1}x_i(n)\mathrm{e}^{-\mathrm{j}\omega n}\right|$$

式中，$x_i(n)=x(n+iN)$是观测数据的第 i 个子序列，上式迭代计算时初始化值为 $S_{-1}(\mathrm{e}^{\mathrm{j}\omega})=0$。这样，可以连续不断地更新功率谱的值。

(1) 定性描述这种算法的原理，权系数 α 应如何选取？

(2) 假设选取 $\alpha=0.5$，而且不断更新的功率谱不相关，计算所估计的高斯随机过程的功率谱的均值和方差。

(3) 采用修正周期图，重做第(2)问。

3.10　已知一个实随机过程的自相关序列

$$R_{xx}(m)=\begin{cases}1, & m=0\\ a, & m=1\\ 0, & m>1\end{cases}$$

用 Blackman-Tukey 法估计该随机过程的功率谱，画出功率谱的图形。假设采用矩形滞后窗。

3.11　已知一个随机过程的自相关序列

$$R_{xx}(m)=a^{|m|},\quad |m|\leqslant M,\quad |a|<1$$

用 Blackman-Tukey 法估计功率谱。本题用 MATLAB 完成，自选 a 值。

3.12　已知一个随机过程

$$x(n)=\sqrt{10}\sin(0.2\pi n+\varphi_1)+\sin(0.25\pi n+\varphi_2)+w(n)$$

式中，φ_1 和 φ_2 是在$[0,2\pi)$均匀分布的不相关的随机变量，$w(n)$是方差为 1 的高斯白噪声。分别用周期图法、修正周期图法、Bartlett 法、Welch 法、Blackman-Tukey 法估计功率谱。采集 50 组观测数据，每组数据长度 $N=512$。将每种估计方法得到的 50 个功率谱重叠画在同一坐标图上，比较 5 种方法估计结果分散的程度。将每种估计方法得到的 50 个功率谱各自进行平均，画出平均结果的图形，并进行比较。修正周期图法采用 Hamming 窗；Bartlett 法将观测数据序列分成 16 个子序列，每个长为 32 点；Welch 法将观测数据序列分成 7 个子序列，每个长为 128 点，相邻子序列重叠 50%，采用 Hamming 窗；Blackman-Tukey 法选择 $M=N/5$。本题用 MATLAB 完成。

3.13　用 MATLAB 画出图 3.4.5、图 3.4.6 和图 3.4.7 所示的 AR(4)、MA(4)和 ARMA(4,4)三种模型的极零图和功率谱图形。极零图是怎样影响功率谱的？

3.14　已知一个 AR(2)过程由方差为 1 的白噪声激励下列全极点滤波器产生

$$H(z)=\frac{1}{A(z)}=\frac{1}{1+0.7z^{-1}+0.2z^{-2}}$$

用 MA(2)、MA(4)和 MA(10)模型来逼近它，用 MATLAB 画出真实功率谱和逼近功率谱的图形，并评估逼近效果。

3.15　已知一个 ARMA(4,2)随机过程的参数

```
a=[1,-2.760,3.809,-2.654,0.924]; b=[1,-0.9,0.81]
```

激励信号是均值为零方差为 1 的白噪声。利用 MATLAB 完成以下要求：

(1) 用 AR(25)模型逼近该随机过程，并与真实功率谱比较。

(2) 用 AR(50)模型逼近该随机过程，并与真实功率谱比较。

3.16　写出 AR(1)随机过程的 Yule-Walker 方程，并由方程求出自相关序列的第 1 个样

本值 $R_{xx}(0)$ 和激励白噪声的方差 σ^2,然后写出自相关序列的表示式和功率谱的表示式。假设 $a_1=0.8$ 和 $a_1=-0.8$,$\sigma^2=1$,画出自相关序列和功率谱的图形(以 dB 为单位)。根据功率谱的图形判断什么情况下 AR(1)随机过程是高通过程或低通过程? AR(1)模型能表示带通过程吗?

3.17 AR(1)随机过程由方差为 σ^2 的白噪声激励 1 阶全极点滤波器 $H(z)$ 产生

$$H(z)=\frac{1}{1+a_1z^{-1}}$$

该随机过程的功率谱的一般表示式是

$$S_{xx}(z)=\frac{\sigma^2}{(1+a_1z^{-1})(1+a_1z)}$$

计算 $S_{xx}(z)$ 的逆 z 变换以得到对应的自相关序列,将其与题 3.16 得到的自相关序列的表示式进行比较。

3.18 根据习题 3.17 可以得到 AR(1)随机过程的功率谱计算公式

$$S_{xx}(e^{j\omega})=\frac{\sigma^2}{(1+a_1e^{-j\omega})(1+a_1e^{j\omega})}=\frac{\sigma^2}{1+a_1^2+2a_1\cos\omega}$$

(1) 假设 $a_1=0.5$、0.75 和 0.9,利用 MATLAB 画出功率谱的图形。

(2) 假设 $a_1=-0.5$、-0.75 和 -0.9,利用 MATLAB 画出功率谱的图形。

(3) 比较上面两组图形,观察参数 a_1 的符号和大小对功率谱的影响。

3.19 有一个 AR(2)随机过程由方差为 σ^2 的白噪声激励下列全极点滤波器产生

$$H(z)=\frac{\sigma^2}{A(z)}=\frac{\sigma^2}{1+a_1z^{-1}+a_2z^{-2}}$$

已知 $H(z)$ 的极点 $p_{1,2}=r\exp(\pm j2\pi f_0)$。

(1) 求参数 a_1 和 a_2。

(2) 写出该随机过程的自相关序列和功率谱的表示式。

(3) 假设 $p_{1,2}=0.7\exp(\pm j0.5\pi)$ 和 $\sigma^2=1$,计算参数 a_1 和 a_2 的数值,用 MATLAB 画出自相关序列和功率谱的图形。由此看出 AR(2)模型能表示带通过程吗?

3.20 假设已经估计得到某随机过程的 5 个自相关值

$$\{R_{xx}(0),R_{xx}(1),R_{xx}(2),R_{xx}(3),R_{xx}(4)\}=\{2,1,1,0.5,0\}$$

针对下列 4 种情况,根据这些自相关值估计该随机过程的功率谱:

(1) 该随机过程是一个 AR(2)过程。

(2) 该随机过程是一个 MA(2)过程。

(3) 该随机过程是一个 ARMA(1,1)过程。

(4) 该随机过程是由一个正弦信号加白噪声构成的过程。

用 MATLAB 完成本题。

3.21 已知某自回归过程的 5 个观测数据都是 1。

(1) 求 1 阶和 2 阶反射系数。

(2) 求该自回归过程的功率谱。

3.22 已知某自回归过程的 5 个观测数据

$$\{x(0),x(1),x(2),x(3),x(4)\}=\{1,2,3,4,5\}$$

(1) 用 Levinson-Durbin 算法计算 AR(2)模型的参数。画出预测误差滤波器的横向结构信号流图。

(2) 用 Burg 算法计算 1 阶和 2 阶反射系数。画出预测误差滤波器的格形结构信号流图。

(3) 用以上两种算法计算预测误差功率并进行比较。

3.23　已知某自回归过程的 5 个观测数据

$$\{x(0),x(1),x(2),x(3),x(4)\}=\{1,-1,1,-1,1\}$$

(1) 用 Levinson-Durbin 算法计算 AR(2)模型的参数和预测误差的均方值。求预测值 $\hat{x}(5)$。

(2) 画出格形结构预测误差滤波器信号流图，它能够作为 Gram-Schmidt 正交化的硬件实现方案吗？为什么？

3.24　AR 谱估计隐含着对自相关序列进行外推。现在要估计一个 AR(p)随机过程的功率谱，设已知自相关序列的前 p 个值$\{R_{xx}(0),R_{xx}(1),\cdots,R_{xx}(p)\}$，求外推后的自相关序列。

3.25　证明：对于 AR(p)过程，根据它的过去无限个样本值所做的线性预测，与根据它的过去 p 个样本值所做的线性预测相同。

3.26　证明：最小前向预测误差功率等于最小后向预测误差功率。

3.27　已知一个 AR(3)模型对应的反射系数$\{\gamma_1,\gamma_2,\gamma_3\}=\{1/4,1/2,1/4\}$和模型误差功率 $\sigma^2=(15/16)^2$。

(1) 求全极点滤波器参数 $a_i(i=1,2,3)$。

(2) 求自相关序列 $R_{xx}(m)(m=0,1,2,3)$。

(3) 如果用一个 AR(4)模型表示这个 AR(3)模型，为了使模型误差功率最小，$R_{xx}(4)$应该等于多少？

(4) 如果用一个 AR(4)模型表示这个 AR(3)模型，为了使模型误差功率最大，$R_{xx}(4)$应该等于多少？

3.28　根据习题 3.27(1)求出的全极点滤波器参数 $a_i(i=1,2,3)$，计算对应的反射系数，验证所得结果是否与习题 3.27 的已知反射系数一致。

3.29　已知随机过程 $x(n)$的 AR(2)模型的反射系数$\{\gamma_1,\gamma_2\}=\{1/4,1/4\}$和模型误差功率 $\sigma_2^2=9$。

(1) 如果 $x(n)$的 AR(3)模型的反射系数 $R_{xx}(3)=1$，求 AR(3)模型的模型误差功率。

(2) 设 $y(n)=0.5x(n)$，求 $y(n)$的 AR(2)模型的反射系数和模型误差功率。

3.30　证明数字滤波器的 Schur-Cohn 稳定性测试原理：任何具有有理传输函数$H(z)=B(z)/A(z)$的线性移不变系统，如果 $A(z)$对应的所有反射系数的模都小于 1，那么$H(z)$的全部极点都在单位圆内，即该线性移不变系统一定是稳定的。将 Schur-Cohn 稳定性测试原理用来判断下列 AR(3)模型是否稳定

$$H(z)=\frac{1}{2+4z^{-1}-3z^{-2}+z^{-3}}$$

3.31　本题用 MATLAB 完成。有一随机过程 $x(n)$由单位方差白噪声激励下列全极点滤波器产生

$$H(z)=\frac{1}{1-0.585z^{-1}+0.96z^{-2}}$$

该随机过程受到方差为 σ_w^2 的高斯白噪声所污染，因此得到的观测数据是

$$y(n)=x(n)+w(n)$$

(1) 画出 $x(n)$和 $y(n)$的功率谱的图形。

(2) 假设 $\sigma_w^2=0.5$、1、2 和 5,采集 $y(n)$ 的 100 个观测数据。根据这些数据计算 $x(n)$ 的最大熵功率谱。讨论 σ_w^2 对估计精度的影响。假设模型的阶选为 2。

(3) 将模型的阶提高到 5,重做(2),谱估计有何变化?

(4) 由于 $y(n)$ 的自相关序列为 $R_{yy}(m)=R_{xx}(m)+\sigma_w^2\delta(m)$,为了消除噪声的影响,所以可以用 $R_{xx}(m)=R_{yy}(m)-\sigma_w^2\delta(m)$ 取代原来的 $R_{yy}(m)$ 来估计 $x(n)$ 的最大熵功率谱。重做(3),得到的最大熵功率谱有何变化?

3.32　本题调用 MATLAB 的功率谱估计函数 pyulear、pcov、pmcov 和 pburg 完成。设宽带 AR(4)随机过程 $x(n)$ 由单位方差高斯白噪声激励下列全极点滤波器产生

$$H(z)=\frac{1}{(1-0.5z^{-1}+0.5z^{-2})(1+0.5z^{-2})}$$

(1) 采集 $x(n)$ 的 256 个观测数据,用自相关法估计该随机过程的功率谱。AR 模型的阶选为 4。画出估计的功率谱的图形,并与真实功率谱图形比较。

(2) 采集 20 组 $x(n)$ 的观测数据,每组 256 个数据。重做(1)。将得到的 20 个功率谱重叠画在同一坐标图中,观察估计结果的一致性。画出 20 个功率谱的平均值的图形,并与真实功率谱图形比较。

(3) 将 AR 模型的阶选为 6、8 和 12,重做(2),观察随着模型的阶的增大,功率谱发生什么变化。

(4) 对于协方差法、修正协方差法和 Burg 法,重做(2)和(3),并将 4 种方法的结果进行比较,哪一种方法得到的结果最好?

3.33　已知一个窄带 AR(4)随机过程 $x(n)$ 由单位方差高斯白噪声激励下列全极点滤波器产生

$$H(z)=\frac{1}{(1-0.585z^{-1}+0.96z^{-2})(1-1.152z^{-1}+0.96z^{-2})}$$

重做习题 3.32。

3.34　已知一谐波随机过程的 3×3 自相关矩阵

$$\boldsymbol{R}_x=\begin{bmatrix}3 & -j & -1\\ j & 3 & -j\\ 1 & j & 3\end{bmatrix}$$

(1) 利用 PHD 方法求复指数信号的频率和白噪声的方差。

(2) 利用 MUSIC 方法求复指数信号的频率和白噪声的方差。

3.35　本题用 MATLAB 完成。按照下式构造一个随机过程

$$x(n)=\sum_{i=1}^{3}A_{ci}\exp(\mathrm{j}\omega_i n)+w(n)$$

其中,复振幅 $A_{c1}=4\exp(\mathrm{j}\varphi_1)$,$A_{c2}=3\exp(\mathrm{j}\varphi_2)$,$A_{c3}=\exp(\mathrm{j}\varphi_3)$;初相 φ_i $(i=1,2,3)$ 是在 $[0,2\pi)$ 均匀分布的随机变量;复指数频率 $\omega_1=0.4\pi$,$\omega_1=0.6\pi$,$\omega_3=0.8\pi$;$w(n)$ 是单位方差高斯白噪声。

(1) 假设已经知道复指数信号的数目是 3,用 PHD 方法估计复指数信号的频率,并计算估计的准确度。将以上过程实现 20 次,每次 $x(n)$ 的数据不同,计算 20 次得到的估计频率的平均值,求估计准确度?计算估计的方差。如果假设复指数信号的数目大于 3,对频率估计结果有何影响?如果假设复指数信号的数目小于 3,又会对频率估计结果产生什么影响?

(2) 估计复指数信号的功率,并与复指数信号的真实功率比较。

(3) 用 MUSIC 方法重做(1),并将结果与(1)进行比较。

3.36　本题的目的是研究习题 3.35 给出的随机过程中的复指数信号的数目的估计问题,仍用 MATLAB 完成。

(1) 采集 $x(n)$的 100 个观测数据,构造一个 6×6 的自相关矩阵。求自相关矩阵的特征值,并根据特征值估计复指数信号的数目。

(2) 将自相关矩阵的维数改成 15×15 和 30×30,重新根据特征值估计复指数信号的数目。

(3) 白噪声的方差的大小对以上方法得到的复指数信号数目的估计有影响吗?

第4章 小波分析

虽然“小波”这个术语在20世纪70年代末才出现，但数学家们早在20世纪初相当长一段时间内，在“原子分解”的名称下，就对小波分析的理论和方法，如函数的尺度伸缩和平移、在不同的分辨率下分析函数空间等方法，进行了深入研究。小波分析在数学中一直占有重要地位，实际上，小波理论的研究起源于数学领域，大部分研究工作于20世纪30年代完成，那些早期研究成果奠定了今日小波分析理论的基础。甚至可以说，20世纪80年代以后关于小波分析的某些研究，只不过是数学领域里那些早期研究成果的具体应用或重复。

在信号处理领域，从不同的应用目的出发，曾经开发了小波分析的一些实用技术，例如，计算机视觉和图像处理中的多分辨率技术、语音和图像压缩中的子带编码技术、数字通信中的正交镜像滤波器组技术等。这些实用技术虽然名称不同，但相互之间却存在着密切的联系或具有共同的本质，正是小波分析理论为这些不同的应用技术建立了统一的理论框架。

本章从信号处理的工程应用角度，对小波分析的基本理论、重要概念和主要方法进行了扼要介绍，其中涉及的某些数学理论，大多只引用结论而略去详细的推导和证明，重点放在连续和离散小波变换的概念、性质、算法和应用上。

4.1 窗口傅里叶变换——时频定位的概念

傅里叶变换揭示了时间函数与频率函数之间的内在联系，反映信号在“整个”时间范围内的“所有”频率成分（即频谱）。这意味着，用傅里叶变换方法提取信号频谱，需要利用信号的全部时域（时间从$-\infty$到$+\infty$）信息。

信号在局部时间的瞬变会影响信号的整个频谱，例如一个正弦信号如果在某个瞬时突然受到一个脉冲的干扰，那么该信号立刻由窄带（单频）频谱变成宽带频谱。利用傅里叶变换对这个受到脉冲干扰的正弦信号进行分析，得到一个宽带频谱，根据它只能判定信号受到了脉冲干扰，但却无法确定脉冲干扰发生的时间。这说明傅里叶分析具有频率分辨或频域定位的能力，但却没有时间定位或时间局域化的能力。

在许多应用中，希望知道信号在不同时刻或时间段内的频谱。例如，乐谱告诉演奏者什么时候演奏什么音符，从信号处理的观点来看，就是在什么时候产生什么频率的音频信号；如果对一段交响乐的录音进行傅里叶分析，根据得到的频谱能够分辨出这段交响乐是用哪几种乐器演奏的，但是却无法知道作曲家是怎样巧妙地组合这些乐器的演奏的。为了获得信号中关于时间定位的信息，可以用一个宽度有限的窗函数从信号中取出一段信号做傅里叶分析，得到信号在这一时间段内的局部频谱，然后将窗函数沿着时间轴移动到不同的位置做傅里叶分析，这样可以对信号逐段进行频谱分析。这就是窗口傅里叶变换（Windowed Fourier Transform，WFT）的基本思想。

令$L^2(R)$表示定义在实轴上的可测的平方可积函数空间，该空间中的任何函数是满足下列关系的可测函数

$$\int_{-\infty}^{\infty} |f(t)|^2 \mathrm{d}t < \infty$$

常用这样的函数表示能量有限的连续时间信号(即模拟信号)。

模拟信号 $f(t) \in L^2(R)$ 以 $w(t)$ 作为窗函数的窗口傅里叶变换定义为

$$(\mathrm{WFT}_w f)(\omega,b) = \int_{-\infty}^{\infty} f(t)w(t-b)\mathrm{e}^{-\mathrm{i}\omega t}\mathrm{d}t \tag{4.1.1}$$

式中,$\mathrm{i}=\sqrt{-1}$是虚数单位,ω 和 b 分别是频率和时移,$w(t)$是实数窗函数,下标 w 表明同一信号对不同窗函数的窗口傅里叶变换不同。对于某一确定的 b 值,WFT 给出信号在局部时间范围$[b-D_t/2,b+D_t/2]$内的频谱信息,这里 D_t 是 $w(t)$的有效宽度。令

$$w_{\omega,b}(t) = w(t-b)\mathrm{e}^{\mathrm{i}\omega t} \tag{4.1.2}$$

则式(4.1.1)简写成

$$(\mathrm{WFT}_w f)(\omega,b) = \int_{-\infty}^{\infty} f(t)\overline{w_{\omega,b}(t)}\mathrm{d}t = \langle f, w_{\omega,b} \rangle \tag{4.1.3}$$

式中,$\overline{w_{\omega,b}(t)}$表示 $w_{\omega,b}(t)$的共轭函数,$\langle f, w_{\omega,b} \rangle$表示 $f(t)$与 $w_{\omega,b}(t)$的内积。

根据 Parseval 恒等式,由式(4.1.3)得出

$$(\mathrm{WFT}_w f)(\omega,b) = \frac{1}{2\pi}\langle \hat{f}, \hat{w}_{\omega,b} \rangle \tag{4.1.4}$$

式中,$\hat{w}_{\omega,b}(\eta)$是 $w_{\omega,b}(t)$的傅里叶变换,即

$$\hat{w}_{\omega,b}(\eta) = \int_{-\infty}^{\infty} [w(t-b)\mathrm{e}^{\mathrm{i}\omega t}]\mathrm{e}^{-\mathrm{i}\eta t}\mathrm{d}t = \hat{w}(\eta-\omega)\mathrm{e}^{-\mathrm{i}(\eta-\omega)b} \tag{4.1.5}$$

这里,$\hat{w}(\eta)$是 $w(t)$的傅里叶变换,设其中心频率为 0,有效频带宽度为 D_ω。因此,$\hat{w}_{\omega,b}(\eta)$的中心频率为ω,有效频带宽度仍然是 D_ω。式(4.1.4)表明,对于给定的 ω,$(\mathrm{WFT}_w f)(\omega,b)$给出信号 $f(t)$在频率范围$[\omega-D_\omega/2,\omega+D_\omega/2]$内的局部频谱信息。因此,用时域窗 $w_{\omega,b}(t)$在以 $t=b$ 为中心、宽度为 D_t 的时间范围内考察信号得到的信息,也可以用频域窗$\hat{w}_{\omega,b}(\eta)$在以$\eta=\omega$为中心、宽度为 D_ω 的局部频率范围内考察信号的频谱来得到。

时域窗越窄,其对信号的时间定位能力越强。同样,频域窗越窄,其对信号的频率定位能力也越强。通常分别用能量密度 $w^2(t)$和能谱密度$\hat{w}^2(\omega)$的二阶矩度量 $w(t)$和$\hat{w}(\omega)$的有效宽度(称为均方根宽度)

$$D_t = \left(\frac{1}{E}\int_{-\infty}^{\infty} t^2 |\hat{w}(t)|^2 \mathrm{d}t\right)^{1/2} \tag{4.1.6}$$

$$D_\omega = \left(\frac{1}{2\pi E}\int_{-\infty}^{\infty} \omega^2 |\hat{w}(\omega)|^2 \mathrm{d}\omega\right)^{1/2} \tag{4.1.7}$$

其中

$$E = \int_{-\infty}^{\infty} |w(t)|^2 \mathrm{d}t = \frac{1}{2\pi}\int_{-\infty}^{\infty} |\hat{w}(\omega)|^2 \mathrm{d}\omega \tag{4.1.8}$$

是窗函数的能量。

时域中的两个冲激函数,只有当它们的间隔大于 D_t 时,才能用时域窗 $w_{\omega,b}(t)$区分它们。两个正弦信号,只有当它们的频率差大于 D_ω 时,才能用频域窗$\hat{w}_{\omega,b}(\eta)$区分它们的频谱。因此,以 $w(t)$为窗函数的 WFT,其时间分辨率和频率分辨率可分别用 D_t 和 D_ω 来度量,它们的数值越小,其相应的分辨率越高。

WFT 是时间和频率的二维函数,它的时间分辨率和频率分辨率可用时间-频率平面(简称时-频平面)上的一个宽为 D_t、高为 D_ω 的矩形窗来描述,该矩形窗称为时-频分析窗口。对

于确定的窗函数,时-频平面上任何位置的分析窗口相同,如图 4.1.1 所示。

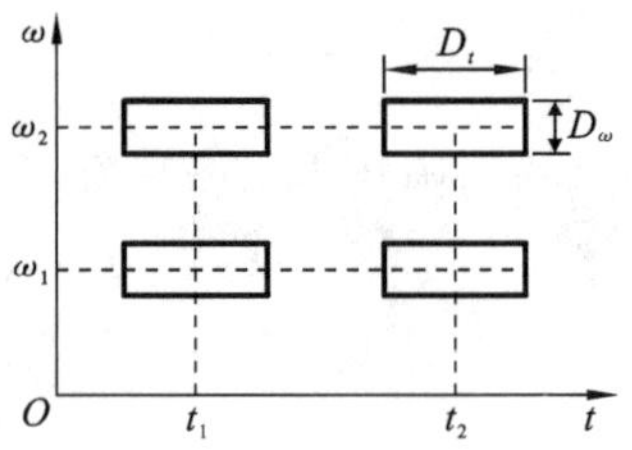

图 4.1.1　窗口傅里叶变换的时-频分析窗口

不定性原理:如果函数 $w(t)$ 和 $\hat{w}(\omega)$ 构成一对傅里叶变换,那么它们的支撑(宽度)不可能都很短。用数学语言描述,若函数 $w(t)$ 和 $\hat{w}(\omega)$ 的宽度分别按照式(4.1.6)和式(4.1.7)定义,则有

$$D_t D_\omega \geqslant 1/2 \tag{4.1.9}$$

只有当 $w(t)$ 是高斯函数

$$w(t) = A\mathrm{e}^{-\alpha t^2} \tag{4.1.10}$$

时,式(4.1.9)才取等号。

证　式(4.1.6)定义 $w(t)$ 的宽度,意味着当 t 趋于 ∞ 时,$w(t)$ 比 $1/\sqrt{t}$ 衰减得更快,即

$$\lim_{|t|\to\infty} \sqrt{t}w(t) = 0 \tag{4.1.11}$$

为了简单起见,假设 $w(t)$ 是实函数且它的能量 $E=1$。由 Schwarz 不等式得出

$$\left|\int_{-\infty}^{\infty} tw\,\frac{\mathrm{d}w}{\mathrm{d}t}\mathrm{d}t\right|^2 \leqslant \int_{-\infty}^{\infty} t^2 w^2\,\mathrm{d}t \int_{-\infty}^{\infty} \left|\frac{\mathrm{d}w}{\mathrm{d}t}\right|^2 \mathrm{d}t \tag{4.1.12}$$

此外,由式(4.1.11)得出

$$\int_{-\infty}^{\infty} tw\,\frac{\mathrm{d}w}{\mathrm{d}t}\mathrm{d}t = \int_{-\infty}^{\infty} t\,\frac{\mathrm{d}w^2}{2} = t\,\frac{w^2}{2}\bigg|_{-\infty}^{\infty} - \frac{1}{2}\int_{-\infty}^{\infty} w^2\,\mathrm{d}t = -\frac{1}{2} \tag{4.1.13}$$

及

$$\int_{-\infty}^{\infty} \left|\frac{\mathrm{d}w}{\mathrm{d}t}\right|^2 \mathrm{d}t = \frac{1}{2\pi}\int_{-\infty}^{\infty} \eta^2\ |\hat{w}(\omega)|^2 \mathrm{d}\omega \tag{4.1.14}$$

因为 $w'(t) \leftrightarrow \mathrm{i}\omega\,\hat{w}(\omega)$。将式(4.1.13)和式(4.1.14)代入式(4.1.12)即得出式(4.1.9)。

若式(4.1.9)是等式,则式(4.1.12)也必须是等式,这只有当 $w'(t) = ktw(t)$,也就是由式(4.1.10)给出 $w(t)$ 时才有可能。

证毕。

根据不定性原理,时域窗 $w(t)$ 和频域窗 $\hat{w}(\omega)$ 不能同时任意窄;对于给定的窗函数,其分析窗口的面积为恒定值;高斯窗函数对应的分析窗口的面积最小。因此,对于给定的窗函数,WFT 的时间分辨率与频率分辨率之积是恒定的,不能够同时提高它们,只能够以一种分辨率的降低换取另一种分辨率的提高。

对窗函数的要求是它首先必须是能量有限的函数,也即

$$w(t) \in L^2(R) \tag{4.1.15}$$

其次,它应该具有时间定位的能力,即它应该具有有限宽度,也即

$$D_t = \left(\frac{1}{E}\int_{-\infty}^{\infty} t^2\ |\hat{w}(t)|^2 \mathrm{d}t\right)^{1/2} < \infty$$

这等效于要求

$$tw(t) \in L^2(R) \tag{4.1.16}$$

于是下式也成立

$$|t|^{1/2} w(t) \in L^2(R)$$

将 Schwarz 不等式用于乘积 $(1+|t|)^{-1}(1+|t|)w(t)$,根据式(4.1.16)得到

$$w(t) \in L^1(R) \tag{4.1.17}$$

这里，$L^1(R)$表示可测的绝对可积函数空间。因此，$w(t)$的傅里叶变换$\hat{w}(\omega)$是连续函数。

另一方面，为了具有频率定位能力，窗函数必须满足下式要求

$$\omega\hat{w}(\omega)\in L^2(R) \tag{4.1.18}$$

综上所述，一个合格的窗函数$w(t)\in L^2(R)$必须同时满足式(4.1.16)和式(4.1.18)，而且$w(t)$和$\hat{w}(\omega)$都是连续函数。在实际应用中，为了精确确定信号中的高频现象发生的时间，应该使用窄时域窗；而为了全面观察低频现象，则应该使用宽时域窗。因此，在频域中用宽窗分析高频信号，用窄窗分析低频信号同样也是合理的。但是窗口傅里叶变换对不同频率却始终使用相同的窗函数，也就是说，它不能按照频率的高低来自适应地调整窗的宽窄，这是它的固有缺点。

4.2 连续小波变换

连续小波变换(Continuous Wavelet Transform, CWT)亦称积分小波变换(Integral Wavelet Transform, IWT)，定义为

$$(\mathrm{CWT}_\psi f)(a,b)=|a|^{-1/2}\int_{-\infty}^{\infty}f(t)\psi\left(\frac{t-b}{a}\right)\mathrm{d}t \tag{4.2.1}$$

函数系

$$\psi_{a,b}(t)=|a|^{-1/2}\psi\left(\frac{t-b}{a}\right),\quad a\in R,a\neq 0,b\in R \tag{4.2.2}$$

称为小波函数(Wavelet Function)或简称为小波(Wavelet)，它由函数$\psi(t)$经过时间尺度伸缩(Time Scale Dilation)和时间平移(Time Translation)得到。因此$\psi(t)$是小波原型(Wavelet Prototype)，称为母小波(Mother Wavelet)或基本小波(Basic Wavelet)。a是尺度伸缩参数，$a>1$使小波展宽，$a<1$使小波变窄，即大a值对应于小尺度。b是时间平移参数，$b>0$使小波沿时间轴向右平移b，$b<0$使小波沿时间轴向左平移$|b|$。引入归一化系数$|a|^{-1/2}$的目的是使不同尺度的小波保持相等能量。下标“ψ”表示同一信号对不同母小波的连续小波变换不同。

将式(4.2.2)代入式(4.2.1)，得到连续小波变换的简化定义式

$$(\mathrm{CWT}_\psi f)(a,b)=\int_{-\infty}^{\infty}f(t)\psi_{a,b}(t)\mathrm{d}t=\langle f,\psi_{a,b}\rangle \tag{4.2.3}$$

式(4.2.3)说明，模拟信号$f(t)$关于母小波$\psi(t)$的连续小波变换等于$f(t)$与$\psi_{a,b}(t)$的内积，物理意义是：连续小波变换定量地描述信号与小波函数系中每个小波相关或近似的程度。如果把小波看成是空间$L^2(R)$的基函数系，那么，连续小波变换就是信号在$L^2(R)$上的分解或投影。

母小波$\psi(t)\in L^2(R)$必须满足以下允许条件(Admissibility Condition)

$$C_\psi=\int_{-\infty}^{\infty}\frac{|\hat{\psi}(\omega)|^2}{|\omega|}\mathrm{d}\omega<\infty \tag{4.2.4}$$

式中，$\hat{\psi}(\omega)$是$\psi(t)$的傅里叶变换。如果$\psi(t)$是合格的窗函数，则$\hat{\psi}(\omega)$是连续函数，因此允许条件意味着

$$\hat{\psi}(0)=\int_{-\infty}^{\infty}\psi(t)\mathrm{d}t=0 \tag{4.2.5}$$

该式的物理意义是：$\psi(t)$是一个振幅衰减很快的“波”，这就是“小波”名称的由来。若母小波$\psi(t)$是中心为t_0、有效宽度为D_t的偶对称函数，那么小波$\psi_{a,b}(t)$的中心则在at_0+b，宽度为

aD_t，如图 4.2.1 所示，图中假设 $a=1/3$。

如果把小波看成是宽度随 a、位置随 b 改变的时域窗，那么便可以把连续小波变换看成是连续变化的一组短时傅里叶变换的集合，这些短时傅里叶变换对不同频率使用不同宽度的窗函数，具体来说，对高频采用窄时域窗，对低频采用宽时域窗。小波变换的这一宝贵性质称为“变焦”性质。

也可以从频域考察连续小波变换。小波 $\psi_{a,b}(t)$ 的傅里叶变换为

$$\hat{\psi}_{a,b}(\omega)=\int_{-\infty}^{\infty}\psi_{a,b}(t)\mathrm{e}^{-\mathrm{i}\omega t}=|a|^{1/2}\mathrm{e}^{-\mathrm{i}\omega t}\hat{\psi}(a\omega) \tag{4.2.6}$$

由该式可以看出，若母小波 $\psi(t)$ 的傅里叶变换 $\hat{\psi}(\omega)$ 是中心频率为 ω_0、宽度为 D_ω 的带通函数，那么 $\hat{\psi}_{a,b}(\omega)$ 是中心频率为 ω_0/a、宽度为 D_ω/a 的带通函数，如图 4.2.2 所示，图中假设 $a=1/3$。

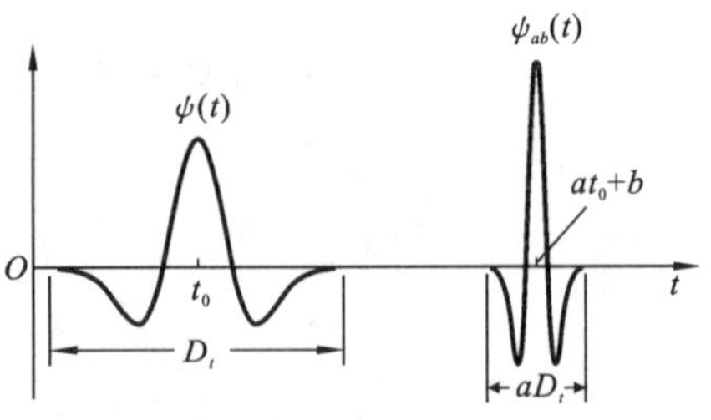

图 4.2.1 母小波与尺度为 a、时移为 b 的小波示意图

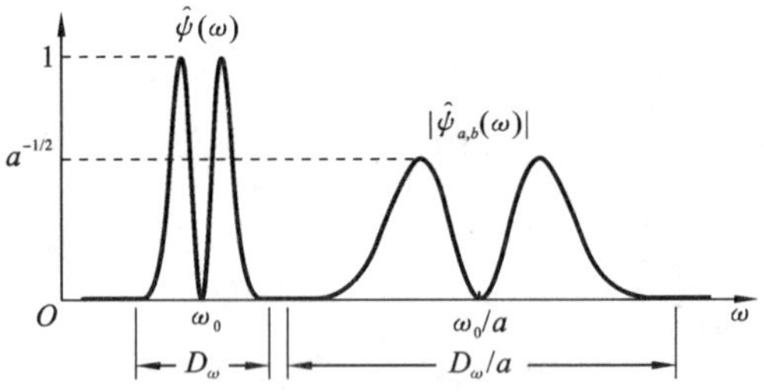

图 4.2.2 母小波 $\psi(t)$ 和小波 $\psi_{a,b}(t)$ 的频率特性

根据 Parseval 恒等式，由式(4.2.3)得到

$$(\mathrm{CWT}_\psi f)(a,b)=\frac{1}{2\pi}\langle\hat{f},\hat{\psi}(a\omega)\rangle \tag{4.2.7}$$

该式表明，连续小波变换给出信号频谱在频域窗 $\hat{\psi}_{a,b}(\omega)$ 或 $\hat{\psi}(a\omega)$ 内的局部信息。

设 $\omega_0>0$ 和 a 是正实变量，那么可以把 ω_0/a 看成频率变量。$\hat{\psi}_{a,b}(\omega)$ 的带宽与中心频率之比，即相对带宽等于 D_ω/ω_0，它与尺度参数 a 或中心频率的位置无关，这就是所谓的“恒 Q 性质”。把 ω_0/a 看成频率变量后，“时间-尺度平面”便等效于“时间-频率平面”。因此，连续小波变换的时间-频率定位能力和分辨率便可以用时间-尺度平面上的矩形窗口来描述，根据图 4.2.1和图 4.2.2 可以确定该窗口的面积是

$$\left[b+at_0-\frac{1}{2}aD_t,b+at_0+\frac{1}{2}aD\right]\times\left[\frac{\omega_0}{a}-\frac{D_\omega}{2a},\frac{\omega_0}{a}+\frac{D_\omega}{2a}\right] \tag{4.2.8}$$

即窗口的宽度等于 aD_t（即 $\psi_{a,b}(t)$ 的有效宽度），高度等于 D_ω/a（即 $\hat{\psi}_{a,b}(\omega)$ 的有效宽度）；面积等于 D_tD_ω，与尺度参数 a 无关，仅取决于母小波 $\psi(t)$ 的选择。因此，一旦选定母小波，分析窗口的面积也就确定了。分析窗口的宽度决定了时间分辨率或时间定位能力。a 越小（对应于越高的频率），时间分辨率越高。因此，分析高频采用窄分析窗口。由于分析窗口的面积恒定，当窗口变窄时，窗口的高度相应增高，即频域分辨率或频率定位能力降低。这从另外一个角度说明了连续小波变换的变焦性质。图 4.2.3 定性说明了这一性质，图中示出了 3 种不同尺度的窗

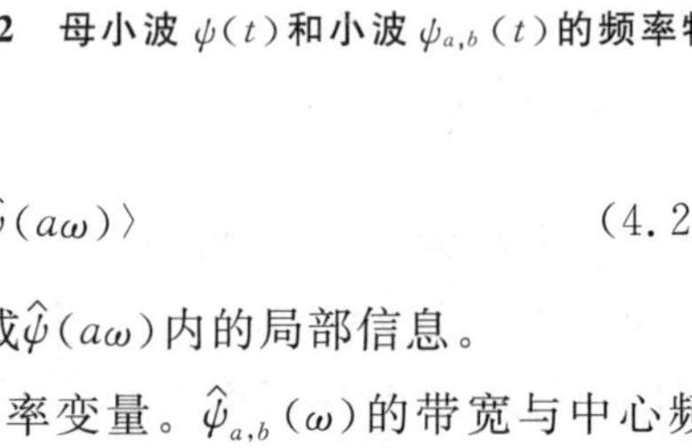

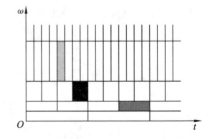

图 4.2.3 小波变换的分析窗口的宽度随频率升高(尺度减小)而变窄

口，与图 4.1.1 所示的窗口傅里叶变换的不变窗口恰成鲜明对照。

为了由连续小波变换重建原信号，需要用它的逆变换公式。式(4.1.3)说明连续小波变换$(\mathrm{CWT}_\psi f)(a,b)$可看成是信号 $f(t)$与小波 $\psi_{a,b}(t)$的内积，即它是从 $L^2(R)$空间到$L^2(R^2)$空间的映射，$\mathrm{CWT}: f(t)\to\langle f,\psi_{a,b}\rangle$。可以证明，它是等距映射，即任何信号 $f(t)\in L^2(R)$在映射前后其总能量保持不变，其差别仅在于一个常数因子，表示为

$$C_\psi\langle f,f\rangle=\int_{-\infty}^{\infty}\int_{-\infty}^{\infty}|\langle f,\psi_{a,b}\rangle|^2\frac{\mathrm{d}a}{a^2}\mathrm{d}b \tag{4.2.9}$$

其中

$$C_\psi=\int_{-\infty}^{\infty}\frac{|\hat{\psi}(\omega)|^2}{|\omega|}\mathrm{d}\omega<\infty$$

这就是式(4.2.4)规定的母小波应满足的允许条件。

一般而言，对于任意两个信号 $f(t)\in L^2(R)$和 $g(t)\in L^2(R)$，有

$$\begin{aligned}
&\int_{-\infty}^{\infty}\int_{-\infty}^{\infty}\langle f,\psi_{a,b}\rangle\overline{\langle g,\psi_{a,b}\rangle}\frac{\mathrm{d}a}{a^2}\mathrm{d}b\\
&=\frac{1}{4\pi^2}\int_{-\infty}^{\infty}\left[\int_{-\infty}^{\infty}\langle\hat{f},\hat{\psi}_{a,b}\rangle\overline{\langle\hat{g},\hat{\psi}_{a,b}\rangle}\mathrm{d}b\right]\frac{\mathrm{d}a}{a^2}\\
&=\frac{1}{4\pi^4}\int_{-\infty}^{\infty}\frac{\mathrm{d}a}{a}\int_{-\infty}^{\infty}\int_{-\infty}^{\infty}\int_{-\infty}^{\infty}\hat{f}(x)\hat{\psi}^*(ax)\hat{g}^*(y)\hat{\psi}(ay)\exp[\mathrm{j}b(y-x)]\mathrm{d}b\mathrm{d}x\mathrm{d}y\\
&=\frac{1}{2\pi}\int_{-\infty}^{\infty}\frac{\mathrm{d}a}{a}\int_{-\infty}^{\infty}\int_{-\infty}^{\infty}\hat{f}(x)\hat{\psi}^*(ax)\hat{g}^*(y)\hat{\psi}(ay)\delta(y-x)\mathrm{d}x\mathrm{d}y\\
&=\frac{1}{2\pi}\int_{-\infty}^{\infty}\frac{\mathrm{d}a}{a}\int_{-\infty}^{\infty}\hat{f}(x)\hat{g}^*(x)|\hat{\psi}(ax)|^2\mathrm{d}x\\
&=\frac{1}{2\pi}\int_{-\infty}^{\infty}\int_{-\infty}^{\infty}\hat{f}(x)\hat{g}^*(x)|\hat{\psi}(ax)|^2\frac{\mathrm{d}a}{a}\mathrm{d}x\\
&=\frac{1}{2\pi}\int_{-\infty}^{\infty}\hat{f}(x)\hat{g}^*(x)\int_{-\infty}^{\infty}|\hat{\psi}(\omega)|^2\frac{\mathrm{d}\omega}{\omega}\mathrm{d}x\\
&=\frac{C_\psi}{2\pi}\int_{-\infty}^{\infty}\hat{f}(x)\hat{g}^*(x)\mathrm{d}x=C_\psi\frac{1}{2\pi}\langle\hat{f},\hat{g}\rangle=C_\psi\langle f,g\rangle
\end{aligned}$$

由此得到

$$C_\psi\langle f,g\rangle=\int_{-\infty}^{\infty}\int_{-\infty}^{\infty}\langle f,\psi_{a,b}\rangle\overline{\langle g,\psi_{a,b}\rangle}\frac{\mathrm{d}a}{a^2}\mathrm{d}b \tag{4.2.10}$$

其中常系数

$$C_\psi=\int_{\infty}^{\infty}|\hat{\psi}(\omega)|^2\frac{\mathrm{d}\omega}{\omega}$$

即式(4.2.4)表示的母小波应该满足的允许条件。式(4.2.9)或式(4.2.10)称为小波$\psi_{a,b}(t)$的"恒等分辨性质"，实质上就是内积不变和保内积性质。在 Hilbert 空间 $L^2(R)$中，保内积等价于保范数，因此式(4.2.9)可以用范数符号表示成

$$C_\psi\|f\|^2=\int_{-\infty}^{\infty}\int_{-\infty}^{\infty}\|\langle f,\psi_{a,b}\rangle\|^2\frac{\mathrm{d}a}{a^2}\mathrm{d}b \tag{4.2.11}$$

这意味着可以把连续小波变换的模的平方看成是信号能量在时间-尺度平面上的分布(密度)。

式(4.2.9)隐含着下式成立

$$f(t)=C_\psi^{-1}\int_{-\infty}^{\infty}\int_{-\infty}^{\infty}\langle f,\psi_{a,b}\rangle\psi_{a,b}(t)\frac{\mathrm{d}a}{a^2}\mathrm{d}b \tag{4.2.12}$$

或

$$f(t)=C_{\psi}^{-1}\int_{-\infty}^{\infty}\int_{-\infty}^{\infty}(\mathrm{CWT}_{\psi}f)(a,b)\psi_{a,b}(t)\frac{\mathrm{d}a}{a^{2}}\mathrm{d}b \tag{4.2.13}$$

这就是连续小波变换的逆变换公式。逆变换的存在说明连续小波变换是完备的，它保留了信号的全部信息，因此用它能够完全描述信号的特征，并能够用一种数值稳定的方法让它重构原信号。计算逆变换公式(4.2.13)两端与信号 $g(t)$ 的内积，并交换内积与积分的次序，可以得到式(4.2.9)，这说明式(4.2.13)与式(4.2.9)完全等效。对于逆变换公式(4.2.13)有以下几点需要说明。

(1) 式中的积分至少应该从弱收敛的意义上来理解。事实上，在下面有约束条件的意义上它也是收敛的

$$\lim_{\substack{A_1\to 0\\ A_2,B\to\infty}}\left\| f(t)-C_{\psi}^{-1}\iint_{\substack{A_1\leqslant a\leqslant A_2\\ |b|<B}}(\mathrm{CWT}_{\psi}f)(a,b)\psi_{a,b}(t)\frac{\mathrm{d}a}{a^{2}}\mathrm{d}b\right\|_{L^2}=0 \tag{4.2.14}$$

这里，$\|\ \|_{L^2}$ 表示 $L^2(R)$ 空间的范数。

(2) 逆变换公式(4.2.13)和正变换公式(4.1.1)中的变换核 $\psi_{a,b}(t)$ 和 $\overline{\psi_{a,b}(t)}$ 成对偶关系。为了使逆变换存在，首先要求小波 $\psi_{a,b}(t)$ 的对偶存在。或者反过来说，只有其对偶存在的小波函数才是合格的小波函数。对于连续小波变换来说，任何函数 $\psi(t)\in L^2(R)$，只要它满足允许条件，那么由它产生的小波函数族 $\psi_{a,b}(t)$ 就一定有对偶函数存在，因而可以作为合格的小波函数。

(3) 逆变换公式(4.2.13)表明，$L^2(R)$ 空间中的任何函数，或任何能量有限的信号 $f(t)$，都可以用小波函数 $\psi_{a,b}(t)$ 的线性组合以任意精度来逼近，线性组合的加权系数就是信号 $f(t)$ 对 $\psi(t)$ 的连续小波变换 $(\mathrm{CWT}_{\psi}f)(a,b)$。粗看起来这个结论似乎是荒谬的，因为式(4.2.5)表示母小波的积分等于零，因而小波 $\psi_{a,b}(t)$ 的任何线性组合必然等于零，如果信号 $f(t)$ 的积分不等于零，怎么能够用等于零的线性组合去逼近它呢？用数学语言来描述，设 $f(t)\in L^1(R)\cap L^2(R)$，即假设 $f(t)$ 是绝对可积和平方可积的函数，又设 $\psi(t)\in L^1(R)$，那么容易验证积分

$$C_{\psi}^{-1}\iint_{\substack{A_1\leqslant a\leqslant A_2\\ |b|<B}}(\mathrm{CWT}_{\psi}f)(a,b)\psi_{a,b}(t)\frac{\mathrm{d}a}{a^{2}}\mathrm{d}b$$

在 $L^1(R)$ 空间中，其范数界是 $2C_{\psi}^{-1}\|f\|_{L^2}\|\psi\|_{L^1}B(A_1^{-1/2}-A_2^{-1/2})$，且该积分等于零。但是，在 $A_1\to 0$、$A_2\to\infty$ 和 $B\to\infty$ 时，函数

$$f(t)-C_{\psi}^{-1}\iint_{\substack{A_1\leqslant a\leqslant A_2\\ |b|<B}}(\mathrm{CWT}_{\psi}f)(a,b)\psi_{a,b}(t)\frac{\mathrm{d}a}{a^{2}}\mathrm{d}b$$

已变成一个展得很宽的平坦的函数，其积分值仍然与 $f(t)$ 的积分值相等，但它的范数却已趋于零。这颇类似于函数

$$g_n(x)=\begin{cases}(2n)^{-1}, & |x|\leqslant n\\ 0, & |x|>n\end{cases}$$

虽然对所有 x 有 $g_n(x)\to 0$，且

$$\lim_{n\to\infty}\|g_n(x)\|_{L^2}=\lim_{n\to\infty}(2n)^{-1/2}=0$$

但是对所有 x 满足

$$\int_{-\infty}^{\infty} g_n(x)\mathrm{d}x = 1$$

而 $g_n(x)$ 在 $L^1(R)$ 不收敛。

(4) 逆变换公式不仅给出了由已知连续小波变换重构原信号的方法，也给出了把信号表示成小波的线性组合的方法。小波是 $L^2(R)$ 空间的基底，小波变换是信号在这个基底上的投影。也可以把窗口傅里叶变换看成是信号在某个基底上的投影，但那个基底函数与小波函数有很大不同，图 4.2.4 展示了两种基底函数之间的区别。从图 4.2.4 可看出，对于不同的频率，短时傅里叶变换的基函数具有相同的包络，但相同包络下填充的振荡的频率不同；小波变换的基函数（即小波）的包络幅度和宽度都因频率不同而不同，但包络下填充的振荡却具有相同的形状。正因为如此，短时傅里叶变换的基函数的波形随频率的改变而改变，而小波变换的基函数的波形不随频率的改变而改变，改变的仅仅是振荡的幅度和宽度。因此在小波理论研究初期曾经把小波叫做"恒定形状小波"。

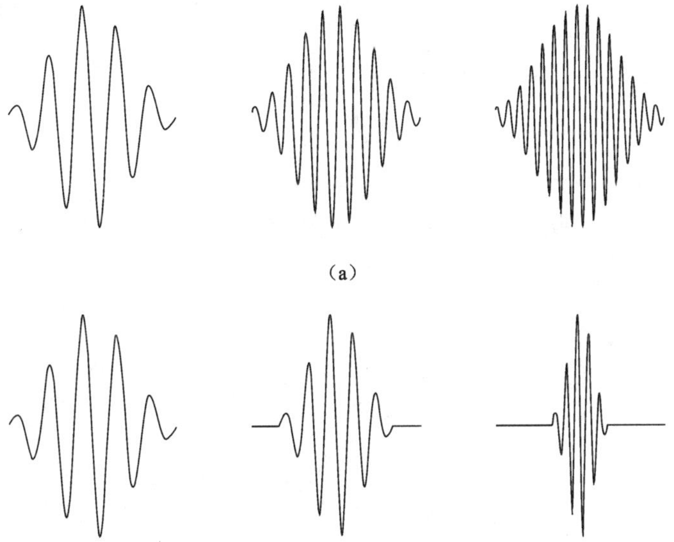

(a)

(b)

图 4.2.4 窗口傅里叶变换与连续小波变换的基函数的区别

(a) 窗口傅里叶变换的基函数；(b) 连续小波变换的基函数

(5) 式(4.2.13)只是小波变换逆变换公式的一种形式，其他还有以下几种形式。

① 尺度参数是正实数（即 $a\in\mathbf{R}^+$），母小波 $\psi(t)$ 是实函数。由于 $\hat{\psi}(\omega)=\hat{\psi}(-\omega)$，因此母小波满足的允许条件为

$$\frac{1}{2}C_\psi = \int_0^\infty \left|\hat{\psi}(\omega)\right|^2 \frac{\mathrm{d}\omega}{\omega} = \int_{-\infty}^0 \left|\hat{\psi}(\omega)\right|^2 \frac{\mathrm{d}\omega}{\omega} < \infty \tag{4.2.15}$$

逆变换公式为

$$f(t) = 2C_\psi^{-1}\int_0^\infty \frac{\mathrm{d}a}{a^2}\int_{-\infty}^\infty (\mathrm{CWT}_\psi f)(a,b)\tilde{\psi}_{a,b}(t)\mathrm{d}b \tag{4.2.16}$$

其中，变换核 $\tilde{\psi}_{a,b}(t)$ 仍然是小波 $\psi_{a,b}(t)$ 的对偶函数。由于现在只能利用 $a>0$ 时连续小波变换的信息，因此母小波受到的限制比允许条件的更多。

② 尺度参数是正实数（即 $a\in\mathbf{R}^+$），母小波 $\psi(t)$ 是解析函数，信号 $f(t)$ 是实函数。由于 $\psi(t)$ 是解析函数，因此它的支集在 $[0,\infty)$ 内。逆变换公式为

$$f(t)=2C_{\psi}^{-1}\int_{0}^{\infty}\frac{\mathrm{d}a}{a^{2}}\int_{-\infty}^{\infty}\mathrm{Re}[(\mathrm{CWT}_{\psi}f)(a,b)\tilde{\psi}_{a,b}(t)]\mathrm{d}b \tag{4.2.17}$$

该式也可以用互为 Hilbert 变换的两个小波 $\psi_1=\mathrm{Re}[\psi]$和 $\psi_1=\mathrm{Im}[\psi]$表示。

③ 母小波 $\psi(t)$和信号 $f(t)$都是解析函数。由于$\hat{f}(\omega)$和$\hat{\psi}(\omega)$的支集都在$[0,\infty)$内,所以对于 $a>0$,有$(\mathrm{CWT}_{\psi}f)(a,b)=0$,且逆变换公式简化为

$$f(t)=C_{\psi}^{-1}\int_{0}^{\infty}\frac{\mathrm{d}a}{a^{2}}\int_{-\infty}^{\infty}(\mathrm{CWT}_{\psi}f)(a,b)\tilde{\psi}_{a,b}(t)\mathrm{d}b \tag{4.2.18}$$

该式也适用于$\hat{\psi}(\omega)$的支集在$[0,\infty)$内而$\hat{f}(\omega)$的支集不在$[0,\infty)$内的情况。若将 $f(t)$表示成 $f(t)=f_{+}(t)+f_{-}(t)$,则其中$\hat{f}_{+}(\omega)$的支集在$[0,\infty)$内,$\hat{f}_{-}(\omega)$的支集在$[-\infty,0)$内;$\psi_{+}(t)=\psi(t)$,引入$\hat{\psi}_{-}(\omega)=\hat{\psi}(-\omega)$,显然$\hat{\psi}_{-}(\omega)$的支集在$[-\infty,0)$内。因此,当 $a>0$ 时,有$\langle f_{+},\psi_{-(a,b)}\rangle=0$ 和$\langle f_{-},\psi_{+(a,b)}\rangle=0$。由式(4.2.18)直接得出

$$f(t)=C_{\psi}^{-1}\int_{0}^{\infty}\frac{\mathrm{d}a}{a^{2}}\int_{-\infty}^{\infty}[(\mathrm{CWT}_{\psi}^{+}f)(a,b)\tilde{\psi}_{+(a,b)}(t)+(\mathrm{CWT}_{\psi}^{-}f)(a,b)\tilde{\psi}_{-(a,b)}(t)]\mathrm{d}b \tag{4.2.19}$$

其中

$$(\mathrm{CWT}_{\psi}^{+}f)(a,b)=\langle f_{+},\psi_{+(a,b)}\rangle=\langle f,\psi_{+(a,b)}\rangle$$

$(\mathrm{CWT}_{\psi}^{-}f)(a,b)$的定义与上式的类似。

④ 小波函数 $\psi_1(t)$与逆变换的变换核 $\psi_2(t)$不同,即 $\psi_1(t)\neq\psi_2(t)$,且

$$\int_{0}^{\infty}\left|\hat{\psi}_{1}(\omega)\right|\left|\hat{\psi}_{2}(\omega)\right|\frac{\mathrm{d}\omega}{|\omega|}<\infty \tag{4.2.20}$$

可以证明

$$\int_{-\infty}^{\infty}\frac{\mathrm{d}a}{a^{2}}\int_{-\infty}^{\infty}\langle f,\psi_{1(a,b)}\rangle\langle\psi_{2(a,b)},g\rangle\mathrm{d}b=C_{\psi_1,\psi_2}\langle f,g\rangle \tag{4.2.21}$$

其中

$$C_{\psi_1,\psi_2}=\int_{-\infty}^{\infty}\overline{\hat{\psi}_{1}(\omega)}\,\hat{\psi}_{2}(\omega)\frac{\mathrm{d}\omega}{|\omega|} \tag{4.2.22}$$

如果 $C_{\psi_1,\psi_2}\neq0$,那么式(4.2.22)可重写为

$$f(t)=C_{\psi_1,\psi_2}^{-1}\int_{-\infty}^{\infty}\frac{\mathrm{d}a}{a^{2}}\int_{-\infty}^{\infty}\langle f,\psi_{1(a,b)}\rangle\psi_{2(a,b)}\mathrm{d}b \tag{4.2.23}$$

式中,ψ_1 和 ψ_2 可以是性质完全不同的函数,例如,一个是光滑函数,另一个是奇异函数,甚至不一定都满足允许条件。

4.3 尺度和时移参数的离散化

连续小波变换含有冗余信息,为尺度和时移参数的离散化创造了条件。尺度和时移参数离散化后,可以用时-频平面中的离散取样点上的小波变换(称为小波级数系数)描述信号和恢复信号。相对于连续小波变换来说,小波级数系数丢掉了一些信息,因此,为了让它们恢复信号,必须对母小波的选择提出比允许条件更严格的条件,并对尺度和时移参数离散化的步长(即取样间隔)加以限制。

实现尺度参数离散化的一种很自然的方法,是对其按整数幂进行取样,即尺度参数选为 $a=a_0^j,j\in\mathbf{Z}$,这里 $\mathbf{Z}$ 表示整数集。不失一般性,假设 $a_0>1$。j 为负整数时 $a<1$,小波沿时间

轴被压缩,对应于"高频小波",相应的小波频谱沿频率轴被展宽;反之,j 为正整数时 $a>1$,小波沿时间轴被展宽,对应于"低频小波",相应的小波频谱沿频率轴被压缩;$j=0$ 时 $a=1$,对应于母小波。设母小波的中心频率为 ω_0,带宽为 D_ω,那么尺度为 $a=a_0^j$ 的小波的中心频率为 $a_0^{-j}\omega_0$,带宽为 $a_0^{-j}D_\omega$,即小波的中心频率和带宽都随着尺度的增大而按照整数幂的规律减小,反之亦然,如图4.2.2所示。这样,假设 $a_0=2$,则不同尺度的小波的频带相互衔接排列,并覆盖整个正频率轴,如图4.3.1所示。由此可以看出,对任意确定的时移参数 b,当 j 取所有整数时,小波变换保留了信号在 b 时刻的一个小邻域内的全部频谱信息,邻域宽度由小波的有效宽度决定。

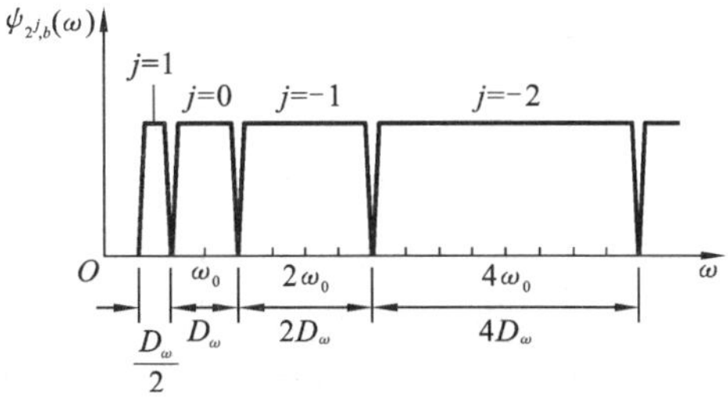

图4.3.1　小波频谱随尺度变化并覆盖正频率轴($a=a_0^j,a_0=2$)

如果母小波 $\psi(t)$ 的中心为0,有效宽度为 D_t,那么尺度为 $a=a_0^j$ 的小波 $\psi_{a,b}(t)$ 的中心为 b,有效宽度为 $a_0^jD_t$。不同尺度的小波的宽度不同,为了使它们经过时移形成的小波集能够覆盖整个时间轴,时移参数的取样步长应该随尺度的改变而改变。具体来说,小尺度参数的小波的时移步长应当短,而大尺度参数的小波的时移步长应当长,即应当按照关系式 $b=kb_0a_0^j$ 自适应调整时移参数,这里 kb_0 是时移步长。不失一般性,取 $b_0=1$,因此 $b=ka_0^j$。图4.3.2是 $a=a_0^j$ 和 $b=ka_0^j(a_0=2)$ 情况下时间-尺度平面上的取样点的分布情况。相应的小波函数集为

$$\psi_{j,k}(t)\equiv\psi_{2^j,k2^j}(t)\equiv2^{-j/2}\psi(2^{-j}t-k)\tag{4.3.1}$$

图4.3.2所示的时间-尺度平面上取样点所对应的小波级数系数为

$$C_{j,k}=(\mathrm{CWT}_\psi f)(2^j,k2^j)=\langle f,\psi_{j,k}\rangle\tag{4.3.2}$$

式中,已选取 $a_0=2$ 和 $b_0=1$,j 和 k 取整数,t 为连续实变量。式(4.3.2)把能量有限的一维信号 $f\in L^2(R)$ 映射成图4.3.2所示的取样点上定义的二维序列 $C_{j,k}$,$j,k\in\mathbf{Z}$。取样点上的小波 $\psi_{2^j,k2^j}(t)$ 及其傅里叶变换 $\hat{\psi}_{2^j,k2^j}(\omega)$ 主要集中在取样点邻域内。

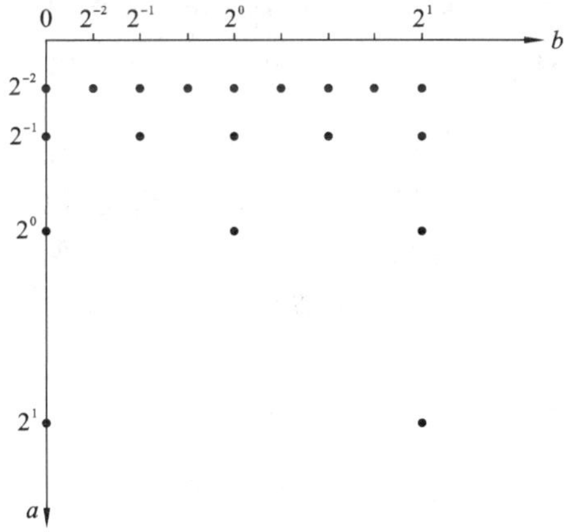

图4.3.2　时间-尺度平面上取样点($a=2^j,b=k2^j$)的分布情况

由第4.2节的讨论知道,只要选择满足允许条件的函数 $\psi(t)\in L^2(R)$ 作为母小波,连续小波变换就与原信号等效,或者说,能够用连续小波变换完全描述并重构原信号。但是,当尺度参数和时移参数离散化以后,并不是对所有步长都存在式(4.2.13)那样的逆变换。因此,为了能够由连续小波变换稳定地重构原信号,必须对母小波和取样步长提出一定要求。在不同的情况下所提出的要求不同,例如,如果选择的 a_0 值非常接近1,而尺度参数 a 的取样间隔也非常小,则与之相适应,时移参数 b 的取样间隔也非常小,因此时间-尺度平面上的取样点非常密集。这种极端情况与连续小波变换十分接近,具有很多的冗余信息,只要选择满足允许条件式(4.2.4)的函数作为母小波,就能够利用"恒等分辨性质"(式(4.2.10)),由离散尺度参数和时移参数所对应的小波变换系数 $C_{j,k}$ 稳定地重构原信号。另外一种极端情况是,尺度参数和时移参数 b 的取样间隔都非常大,时间-尺度平面上的取样点非常稀疏。在这种情况下,不仅要求取样间隔不

能过稀,而且要对母小波提出更严格的要求,例如要求由母小波构成的小波族是 $L^2(R)$ 空间的一个正交基,这样得到的小波变换没有冗余度,称为正交小波变换,它有非常简单的逆变换公式。对介于上述两种极端之间的情况,需要选择合适的取样步长和母小波,以使小波变换既有较小的冗余度,又不致对母小波提出过于苛刻的要求,但必须保证具有数值稳定的重构公式。这就是下节要介绍的小波框架。

为了能够由 $C_{j,k}$ 稳定重构原信号 $f(t)$,首先要求式(4.3.2)是有界的一一映射或变换,即若两个信号 $f(t)$ 和 $g(t)$ 的变换相等

$$\langle f,\psi_{j,k}\rangle=\langle g,\psi_{j,k}\rangle,\quad \forall j,k\in\mathbf{Z} \tag{4.3.3}$$

则两信号相等,即 $f(t)=g(t)$。或若一信号的变换等于零,则这个信号等于零。

其次,要求变换后得到的二维序列仍然是能量有限的,即满足

$$C_{j,k}\in l^2(Z^2) \tag{4.3.4}$$

这里 $l^2(Z^2)$ 表示定义在整数域中的平方可和二维序列空间,该空间中的任何序列 $C_{j,k}$ 满足

$$\sum_{j=-\infty}^{\infty}\sum_{k=-\infty}^{\infty}|C_{j,k}|^2<\infty,\quad j,k\in\mathbf{Z} \tag{4.3.5}$$

然后,为了便于应用,要求有一种数值稳定的由 $C_{j,k}$ 重构 $f(t)$ 的算法。所谓数值稳定的含义是,若两信号 $f(t)$ 和 $g(t)$ 的小波级数系数 $C_{j,k}(f)$ 和 $C_{j,k}(g)$ "相近",那么这两个信号也"相近"。为了明确定义两序列"相近"的概念,引入两序列的距离的概念。序列 $C_{j,k}(f)$ 和 $C_{j,k}(g)$ 之间的距离定义为

$$d=\sum_{j\in\mathbf{Z}}\sum_{k\in\mathbf{Z}}|C_{j,k}(f)-C_{j,k}(g)|^2 \tag{4.3.6}$$

这里隐含地假定两序列都在 $l^2(Z^2)$ 中。实际中这一假定总成立,因为对于任何合格的母小波和任意选择的 $a_0>1$ 和 $b_0=1$,都会有

$$\sum_{j\in\mathbf{Z}}\sum_{k\in\mathbf{Z}}|\langle f,\psi_{j,k}\rangle|^2\leqslant B\,\|f\|^2 \tag{4.3.7}$$

这里所谓合格的母小波,是指满足式(4.2.5)且在时域和频域中都具有好的局域化性质。式(4.3.7)中的 B 是与信号无关的常数。

若把"相近"的概念按式(4.3.6)定义的距离的意义来理解,那么"稳定重构"的含义是:若 $\sum_{j\in\mathbf{Z}}\sum_{k\in\mathbf{Z}}|\langle f,\psi_{j,k}\rangle|^2$ 小,则 $\|f\|^2$ 就小。更具体地说,存在 $\alpha<\infty$,使 $\sum_{j\in\mathbf{Z}}\sum_{k\in\mathbf{Z}}|\langle f,\psi_{j,k}\rangle|^2\leqslant 1$ 等效于 $\|f\|^2\leqslant\alpha$。

对任意 $f\in L^2(R)$,定义

$$\tilde{f}(t)=\Big[\sum_{j\in\mathbf{Z}}\sum_{k\in\mathbf{Z}}|\langle f,\psi_{j,k}\rangle|^2\Big]^{-1/2}f(t) \tag{4.3.8}$$

显然

$$\sum_{j\in\mathbf{Z}}\sum_{k\in\mathbf{Z}}|\langle\tilde{f},\psi_{j,k}\rangle|^2\leqslant 1$$

因此 $\|\tilde{f}\|^2\leqslant\alpha$,这意味着

$$\Big[\sum_{j\in\mathbf{Z}}\sum_{k\in\mathbf{Z}}|\langle f,\psi_{j,k}\rangle|^2\Big]^{-1}\|f\|^2\leqslant\alpha$$

或对某个 $A=\alpha^{-1}>0$,有

$$A\,\|f\|^2\leqslant\sum_{j\in\mathbf{Z}}\sum_{k\in\mathbf{Z}}|\langle f,\psi_{j,k}\rangle|^2 \tag{4.3.9}$$

另一方面,若上式对所有 $f(t)$ 成立,那么,如果 $\sum_{j\in\mathbf{Z}}\sum_{k\in\mathbf{Z}}|\langle f,\psi_{j,k}\rangle-\langle g,\psi_{j,k}\rangle|^2$ 小,则距离

$\|f-g\|$ 就不可能任意大。因此，式(4.3.9)实际上等效于对母小波的稳定性要求。

综合式(4.3.7)和式(4.3.9)得出结论，为了稳定地由 $C_{j,k}$ 重构 $f(t)$，要求存在常数 A 和 B，$0<A\leqslant B<\infty$，使

$$A\|f\|^2\leqslant\sum_{j\in\mathbf{Z}}\sum_{k\in\mathbf{Z}}|\langle f,\psi_{j,k}\rangle|^2\leqslant B\|f\|^2 \tag{4.3.10}$$

对所有 $f\in L^2(R)$ 成立。下节将会看到，这里的稳定性条件就是 $\psi_{j,k}(t)$ 构成 $L^2(R)$ 空间的框架的条件。式(4.3.10)的含义是，当母小波满足稳定性要求时，小波级数系数的能量与信号能量之比介于两个正的常数 A 和 B 之间，即

$$A\leqslant\frac{\sum_{j\in\mathbf{Z}}\sum_{k\in\mathbf{Z}}|\langle f,\psi_{j,k}\rangle|^2}{E_f}\leqslant B \tag{4.3.11}$$

在数学上，函数 $\psi(t)\in L^2(R)$ 的二进伸缩和平移(即取 $a=2^j,b=k2^j$)函数族

$$\psi_{j,k}(t)=2^{-j/2}\psi(2^{-j}t-k),\quad j,k\in\mathbf{Z}$$

如果它的线性组合在 $L^2(R)$ 空间稠密，且存在常数 A 和 $B(0<A\leqslant B<\infty)$ 使

$$A\|C_{j,k}\|^2\leqslant\left\|\sum_{j\in\mathbf{Z}}\sum_{k\in\mathbf{Z}}C_{j,k}\psi_{j,k}\right\|^2\leqslant B\|C_{j,k}\|^2$$

对所有平方可和双边序列 $C_{j,k}$ 成立，则称 $C_{j,k}$ 是 $L^2(R)$ 空间中的一个 Riesz 基，称 $\psi(t)$ 是一个 R 函数。如果 $\psi(t)$ 是 R 函数，那么存在 $L^2(R)$ 的唯一 Riesz 基 $\psi^{j,k}$，它是 $\psi_{j,k}$ 的对偶，即

$$\langle\psi_{j,k},\psi^{j,k}\rangle=\delta_{j,l}\delta_{k,m},\quad j,k,l,m\in\mathbf{Z} \tag{4.3.12}$$

因此，每个函数有唯一小波级数展开

$$f(t)=\sum_j\sum_k\langle f,\psi_{j,k}\rangle\psi^{j,k}(t) \tag{4.3.13}$$

式中，对偶基 $\psi^{j,k}$ 由函数 $\tilde{\psi}(t)\in L^2(R)$ 的尺度伸缩和时间平移产生，即

$$\psi^{j,k}(t)=\tilde{\psi}_{j,k}(t)=2^{-j/2}\tilde{\psi}(2^{-j}t-k) \tag{4.3.14}$$

这里，$\tilde{\psi}(t)$ 是 $\psi(t)$ 的对偶。如果 $\psi_{j,k}$ 是 $L^2(R)$ 的标准正交基，那么选取 $\tilde{\psi}(t)=\psi(t)$，相应地有 $\psi^{j,k}(t)=\psi_{j,k}(t)$，这时式(4.3.12)仍然成立。但是一般情况下，并不是对任何 $\psi(t)$ 都能找到对应的 $\tilde{\psi}(t)$，因此必须选择使 $\tilde{\psi}(t)$ 存在的适当的 $\psi(t)$，才能对 $\psi_{j,k}(t)$ 计算小波级数系数，并由这些系数与 $\tilde{\psi}_{j,k}(t)$ 利用式(4.3.15)重构信号

$$f(t)=\sum_{j=-\infty}^{\infty}\sum_{k=-\infty}^{\infty}\langle f,\psi_{j,k}\rangle\psi^{j,k}(t)=\sum_{j=-\infty}^{\infty}\sum_{k=-\infty}^{\infty}\langle f,\psi_{j,k}\rangle\tilde{\psi}_{j,k}(t) \tag{4.3.15}$$

因此，通常称 $\psi_{j,k}(t)$ 为分析小波，称 $\tilde{\psi}_{j,k}(t)$ 为合成小波。由于它们互为对偶，故式(4.3.15)可以写成另外一种形式

$$f(t)=\sum_{j=-\infty}^{\infty}\sum_{k=-\infty}^{\infty}\langle f,\tilde{\psi}_{j,k}\rangle\psi_{j,k}(t) \tag{4.3.16}$$

4.4　小波框架

尺度参数和时移参数离散化以后，小波变换的冗余度减小了。为了能够用一种数值稳定的算法由 $\langle f,\psi_{j,k}\rangle$ 重构信号 $f(t)$，需要选择合适的母小波 $\psi(t)$，以使 $\psi_{j,k}(t)$ 成为 $L^2(R)$ 空间中的一个框架，这样就能够在冗余度(或尺度和时移参数取样率)与母小波约束条件之间进行折中。如果取样率高(取样间隔小，冗余度大)，那么对母小波的选择的限制条件就比较少；反之，如果取样率低(冗余度小)，则对母小波的选择就有较多的限制。因此，小波框架给分析和

设计带来了灵活性。

4.4.1　框架的一般概念

框架是 Duffin 和 Schäffer 在 1952 年研究复指数函数的非谐波傅里叶级数时提出的一个数学概念，定义如下：Hibert 空间 H 中的一族函数 $\varphi_j(j\in\mathbf{Z})$ 称为一个框架，如果存在常数 A 和 $B(0<A\leqslant B<\infty)$，使得对所有 $f\in H$ 有

$$A\|f\|^2\leqslant\sum_{j\in\mathbf{Z}}|\langle f,\varphi_j\rangle|^2\leqslant B\|f\|^2 \tag{4.4.1}$$

式中，A 和 B 称为框架界。$A=B$ 的框架称为紧框架。若 $\varphi_j(j\in\mathbf{Z})$ 是紧框架，则对所有 $f\in H$，有

$$\sum_{j\in\mathbf{Z}}|\langle f,\varphi_j\rangle|^2=A\|f\|^2 \tag{4.4.2}$$

这意味着对任何 $f\in H$ 和 $g\in H$，有

$$A\langle f,g\rangle=\sum_{j\in\mathbf{Z}}\langle f,\varphi_j\rangle\langle\varphi_j,g\rangle \tag{4.4.3}$$

或

$$f=A^{-1}\sum_{j\in\mathbf{Z}}\langle f,\varphi_j\rangle\varphi_j \tag{4.4.4}$$

式(4.4.4)应在至少弱收敛的意义下理解。该式在形式上很像函数 $f(t)$ 在 $L^2(R)$ 空间的一个正交基上的展开，但框架甚至紧框架却不是正交基，因为 $\varphi_j(j\in\mathbf{Z})$ 一般不是线性独立的。下面的例子可以说明这一点。

例 4.4.1　设 $H=C^2$，C 表示复数域。有矢量族：$\boldsymbol{e}_1=(0,1)$，$\boldsymbol{e}_2=(-3/2,-1/2)$，$\boldsymbol{e}_3=(3/2,-1/2)$，如图 4.4.1 所示。对 H 中任一矢量 $\boldsymbol{v}=(v_1,v_2)$，有

$$\sum_{j=1}^{3}|\langle\boldsymbol{v},\boldsymbol{e}_j\rangle|^2=|v_2|^2+\left|-\frac{\sqrt{3}}{2}v_1-\frac{1}{2}v_2\right|^2+\left|\frac{\sqrt{3}}{2}v_1-\frac{1}{2}v_2\right|^2=\frac{3}{2}\|\boldsymbol{v}\|^2$$

可见满足式(4.4.2)，其中 $A=B=3/2$，因此矢量族 $(\boldsymbol{e}_1,\boldsymbol{e}_2,\boldsymbol{e}_3)$ 是一个紧框架。可以明显看出 $\boldsymbol{e}_1=-\boldsymbol{e}_2-\boldsymbol{e}_3$，所以三个矢量不是线性独立的，即它们不是 H 的正交基。

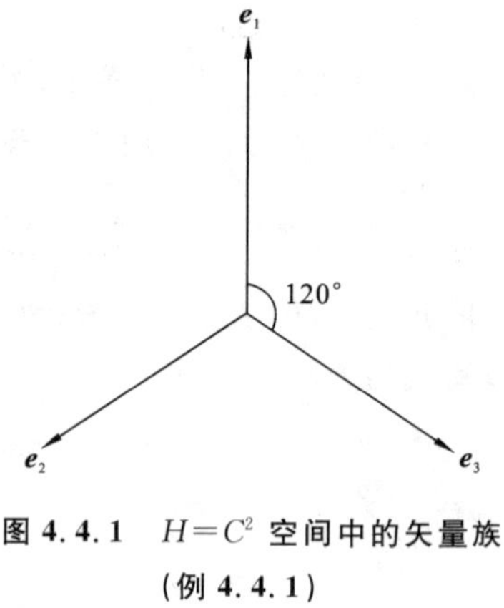

图 4.4.1　$H=C^2$ 空间中的矢量族(例 4.4.1)

例 4.4.1 中 $A=B=3/2$ 说明二维空间用 3 个矢量做基函数，A 和 B 称为冗余比。一般情况下，如果 $\varphi_j(j\in\mathbf{Z})$ 是冗余比 $A=B=1$ 的紧框架，且对所有 $j\in\mathbf{Z}$ 有 $\|\varphi_j\|=1$，那么 $\varphi_j(j\in\mathbf{Z})$ 构成一个标准正交基。既然 $\varphi_j(j\in\mathbf{Z})$ 是紧框架，那么可以利用式(4.4.4)容易地由 $\langle f,\varphi_j\rangle$ 重构 $f(t)$。

为了便于讨论非紧框架，定义框架算子 F：它是一个从 H 映射到 $l^2(Z)$ 的线性算子

$$(Ff)_j=\langle f,\varphi_j\rangle \tag{4.4.5}$$

式中，$\varphi_j(j\in\mathbf{Z})$ 是 H 的一个框架，$l^2(Z)$ 是平方可和一维序列空间，即

$$l^2(Z)=\left\{C=(c_j)_{j\in\mathbf{Z}},\ \|C\|^2=\sum_{j\in\mathbf{Z}}|c_j|^2<\infty\right\} \tag{4.4.6}$$

由式(4.4.1)得出

$$\|Ff\|^2\leqslant B\|f\|^2 \tag{4.4.7}$$

因此，F 是有界算子。

F 的共轭算子用 F^* 表示，由于

$$\langle F^* C, f\rangle = \langle C, Ff\rangle = \sum_{j\in\mathbf{Z}} c_j \overline{\langle f,\varphi_j\rangle} = \sum_{j\in\mathbf{Z}} c_j \langle \varphi_j, f\rangle = \left\langle \sum_{j\in\mathbf{Z}} c_j\varphi_j, f\right\rangle$$

所以得到

$$F^* C = \sum_{j\in\mathbf{Z}} c_j\varphi_j \tag{4.4.8}$$

式(4.4.8)亦应在至少弱收敛的意义下理解。实际上，式(4.4.8)也依范数收敛或强收敛。

由 F 的定义式(4.4.5)得

$$\sum_{j\in\mathbf{Z}} |\langle f,\varphi_j\rangle|^2 = \| Ff \|^2 = \langle F^* Ff, f\rangle \tag{4.4.9}$$

因 $\| F^* \| = \| F \|$，故由式(4.4.7)有 $\| F^* C \| \leqslant B \| C \|$。因此，框架条件式(4.4.1)可以用框架算子符号写成

$$AI \leqslant F^* F \leqslant BI \tag{4.4.10}$$

式中，I 是恒等算了，即 $If=f$。式(4.4.10)说明，$F^* F$ 是可逆算子，且它的逆 $(F^* F)^{-1}$ 以 A^{-1} 为上界，即

$$\| (F^* F)^{-1} \| \leqslant A^{-1} \tag{4.4.11}$$

事实上，不难验证下式成立

$$B^{-1} I \leqslant (F^* F) \leqslant A^{-1} I \tag{4.4.12}$$

将算子 $(F^* F)^{-1}$ 施于矢量 φ_j，得到一族新矢量 $\tilde{\varphi}_j$

$$\tilde{\varphi}_j = (F^* F)^{-1} \varphi_j \tag{4.4.13}$$

不难证明 $\tilde{\varphi}_j$ 也是一个框架，且其框架界是 B^{-1} 和 A^{-1}，即

$$B^{-1} \| f \|^2 \leqslant \sum_{j\in\mathbf{Z}} |\langle f,\tilde{\varphi}_j\rangle|^2 \leqslant A^{-1} \| f \|^2 \tag{4.4.14}$$

$\tilde{\varphi}_j$ 的框架算子用 $\tilde{F}$ 表示，它也是一个从 H 映射到 $l^2(Z)$ 的线性算子，定义为

$$(\tilde{F} f)_j = \langle f,\tilde{\varphi}_j\rangle \tag{4.4.15}$$

可以证明，$\tilde{F}$ 具有以下性质：

(1) $\tilde{F} = F\,(F^* F)^{-1}$ (4.4.16)

(2) $\tilde{F}^* \tilde{F} = (F^* F)^{-1}$ (4.4.17)

(3) $\tilde{F}^* F = I = F^* F$ (4.4.18)

框架 $\tilde{\varphi}_j\,(j\in\mathbf{Z})$ 是框架 $\varphi_j\,(j\in\mathbf{Z})$ 的对偶；反之，$\tilde{\varphi}_j\,(j\in\mathbf{Z})$ 的对偶是 $\varphi_j\,(j\in\mathbf{Z})$。

式(4.4.18)意味着

$$f = \sum_{j\in\mathbf{Z}} \langle f,\varphi_j\rangle \tilde{\varphi}_j \tag{4.4.19}$$

和

$$f = \sum_{j\in\mathbf{Z}} \langle f,\tilde{\varphi}_j\rangle \varphi_j \tag{4.4.20}$$

式(4.4.19)表示由 $\langle f,\varphi_j\rangle$ 重构 f，式(4.4.20)则说明 f 表示成 φ_j 的线性组合。若已知框架 φ_j，则可用式(4.4.13)计算 $\tilde{\varphi}_j$，并最后利用式(4.4.19)或式(4.4.20)重构 f。

由于框架(甚至紧框架)φ_j 通常不是正交基，所以可以用 φ_j 的多种不同线性组合表示给定函数 $f(t)$。例如，给定的任何函数 $\boldsymbol{v}\in C^2$ 可以用例 4.4.1 的框架 $(\boldsymbol{e}_1, \boldsymbol{e}_2, \boldsymbol{e}_3)$ 表示成

$$\boldsymbol{v} = \frac{2}{3}\sum_{j=1}^{3} \langle \boldsymbol{v}, \boldsymbol{e}_j\rangle \boldsymbol{e}_j \tag{4.4.21}$$

由于例 4.4.1 的框架满足关系 $\sum_{j=1}^{3}\boldsymbol{e}_j=\boldsymbol{0}$,所以下列关系也成立

$$\boldsymbol{v}=\frac{2}{3}\sum_{j=1}^{3}[\langle\boldsymbol{v},\boldsymbol{e}_j\rangle+\alpha]\boldsymbol{e}_j \tag{4.4.22}$$

这里,α 是域 C 中的任一常数。这意味着,任何函数 $\boldsymbol{v}\in C^2$ 可以用式(4.4.22)形式的线性组合表示。因为

$$\sum_{j=1}^{3}|\langle\boldsymbol{v},\boldsymbol{e}_j\rangle|^2=\frac{3}{2}\|\boldsymbol{v}\|^2$$

而

$$\sum_{j=1}^{3}[\langle\boldsymbol{v},\boldsymbol{e}_j\rangle+\alpha]=\frac{3}{2}\|\boldsymbol{v}\|^2+3\|\alpha\|^2>\frac{3}{2}\|\boldsymbol{v}\|^2,\quad \alpha\neq 0$$

所以式(4.4.21)的表示"最经济"。类似地可以得出结论,用 φ_j 的线性组合表示给定函数 $f(t)$,"最经济"的加权系数是$\langle f,\tilde{\varphi}_j\rangle$,这里 $\tilde{\varphi}_j$ 是 φ_j 的对偶,用式(4.4.13)计算。

一般可以证明,如果对某个 $C=(c_j)_{j\in J}\in l^2(Z)$,有

$$f=\sum_{j\in J}c_j\varphi_j$$

且其中不是所有 c_j 都等于$\langle f,\tilde{\varphi}_j\rangle$,那么必有

$$\sum_{j\in J}|c_j|^2>\sum_{j\in\mathbf{Z}}|\langle f,\tilde{\varphi}_j\rangle|^2 \tag{4.4.23}$$

这就是说,用式(4.4.19)重构 $f(t)$最经济。

$\tilde{\varphi}_j$ 在式(4.4.19)中起着特殊的作用。实际上可能存在其他函数族$(\boldsymbol{u}_j)_{j\in J}$使

$$f=\sum_{j\in\mathbf{Z}}\langle f,\varphi_j\rangle\boldsymbol{u}_j$$

例如,对于例 4.4.1 就存在函数族

$$\boldsymbol{u}_j=\frac{2}{3}\boldsymbol{e}_j+\boldsymbol{a}$$

式中,$\boldsymbol{a}$ 是 C^2 中任一矢量。由于 $\sum_{j=1}^{3}\boldsymbol{e}_j=\boldsymbol{0}$,显然有

$$\sum_{j=1}^{3}\langle\boldsymbol{v},\boldsymbol{e}_j\rangle\boldsymbol{u}_j=\frac{2}{3}\sum_{j=1}^{3}\langle\boldsymbol{v},\boldsymbol{e}_j\rangle\boldsymbol{e}_j+\Big[\sum_{j=1}^{3}\langle\boldsymbol{v},\boldsymbol{e}_j\rangle\Big]\boldsymbol{a}=\boldsymbol{v}$$

这说明利用 $\boldsymbol{u}_j$ 也能由$\langle\boldsymbol{v},\boldsymbol{e}_j\rangle$重构 $\boldsymbol{v}$。上式的对偶形式由式(4.4.20)给出

$$\boldsymbol{v}=\sum_{j=1}^{3}\langle\boldsymbol{v},\boldsymbol{u}_j\rangle\boldsymbol{u}_j$$

然而,对于$\langle\boldsymbol{v},\boldsymbol{a}\rangle\neq 0$ 的所有 $\boldsymbol{a}$ 来说,

$$\begin{aligned}\sum_{j=1}^{3}|\langle\boldsymbol{v},\boldsymbol{u}_j\rangle|^2&=\sum_{j=1}^{3}|\langle\boldsymbol{v},\tilde{\boldsymbol{e}}_j\rangle|^2+3|\langle\boldsymbol{v},\boldsymbol{a}\rangle|^2\\&=\frac{2}{3}\|\boldsymbol{v}\|^2+3|\langle\boldsymbol{v},\boldsymbol{a}\rangle|^2>\frac{2}{3}\|\boldsymbol{v}\|^2=\sum_{j=1}^{3}|\langle\boldsymbol{v},\tilde{\boldsymbol{e}}_j\rangle|^2\end{aligned}$$

这意味着 $\boldsymbol{u}_j$ 比起 $\tilde{\boldsymbol{e}}_j$ 来是不经济的。

如果 $f=\sum_{j\in\mathbf{Z}}\langle f,\varphi_j\rangle\boldsymbol{u}_j$,那么对所有 $g\in H$,下式成立

$$\sum_{j\in\mathbf{Z}}|\langle g,\boldsymbol{u}_j\rangle|^2\geqslant\sum_{j\in\mathbf{Z}}|\langle g,\tilde{\varphi}_j\rangle|^2$$

也就是说，用式(4.4.20)把 $f(t)$ 表示成 φ_j 的线性组合是最经济的。

利用式(4.4.19)和式(4.4.20)由 $\langle f,\varphi_j\rangle$ 重构信号 $f(t)$，需要先计算 φ_j 的对偶 $\tilde{\varphi}_j$，为此需计算 F^*F 的逆。如果框架界 A 和 B 很接近，即 $r=B/A-1\ll 1$，那么从式(4.4.10)的框架条件可以看出，F^*F 与 $(A+B)I/2$ 也很接近，即 $(F^*F)^{-1}$ 与 $2I/(A+B)$ 很接近。由式(4.4.13)知道，$\tilde{\varphi}_j$ 与 $2\varphi_j/(A+B)$ 很接近，因此式(4.4.20)可以表示为

$$f=\frac{2}{A+B}\sum_{j\in\mathbf{Z}}\langle f,\varphi_j\rangle\varphi_j+Rf \tag{4.4.24}$$

式中，$R=I-F^*F/(A+B)$。由式(4.4.10)可以写出

$$-\frac{B-A}{B+A}I\leqslant R\leqslant\frac{B-A}{B+A}I$$

或

$$\|R\|\leqslant\frac{B-A}{B+A}=\frac{r}{2+r}$$

当 r 很小时，式(4.4.24)右端第2项可以忽略，于是得出由 $\langle f,\varphi_j\rangle$ 和 φ_j 重构 $f(t)$ 的公式

$$f=\frac{2}{A+B}\sum_{j\in\mathbf{Z}}\langle f,\varphi_j\rangle\varphi_j \tag{4.4.25}$$

L^2 误差为 $(r/2+r)\|f\|$。当 r 不是很小时，可以推导出一个指数收敛的信号重构公式。由 R 的定义得出

$$F^*F-\frac{A+B}{2}(I-R)$$

因此，

$$(F^*F)^{-1}-\frac{2}{A+B}(I-R)^{-1}$$

由于

$$\|R\|\leqslant\frac{B-A}{B+A}$$

所以级数 $\sum_{k=0}^{\infty}R^k$ 依范数收敛为 $(I-R)^{-1}$，因此

$$\tilde{\varphi}_j=(F^*F)^{-1}\varphi_j=\frac{2}{A+B}\sum_{k=0}^{\infty}R^k\varphi_j \tag{4.4.26}$$

将式(4.4.26)代入式(4.4.20)

$$f=\frac{2}{A+B}\sum_{j\in\mathbf{Z}}\langle f,\varphi_j\rangle\sum_{k=0}^{\infty}R^k\varphi_j$$

如果只保留级数的零次项，便得到式(4.4.25)。而如果保留级数的前 $N+1$ 项，则式(4.4.26)变为

$$\tilde{\varphi}_j^N=\frac{2}{A+B}\sum_{k=0}^{N}R^k\varphi_j=\tilde{\varphi}_j-\frac{2}{A+B}\sum_{k=N+1}^{\infty}R^k\varphi_j=(I-R^{N+1})\tilde{\varphi}_j$$

于是

$$\begin{aligned}\left\|f-\sum\langle f,\varphi_j\rangle\tilde{\varphi}_j^N\right\|&=\sup_{\|g\|=1}\left|\left\langle f-\sum_{j\in\mathbf{Z}}\langle f,\varphi_j\rangle\tilde{\varphi}_j^N,g\right\rangle\right|=\sup_{\|g\|=1}\left|\sum_{j\in\mathbf{Z}}\langle f,\varphi_j\rangle\langle\varphi_j-\tilde{\varphi}_j^N,g\rangle\right|\\&=\sup_{\|g\|=1}\left|\sum_{j\in\mathbf{Z}}\langle f,\varphi_j\rangle\langle R^{N+1}\tilde{\varphi}_j^N,g\rangle\right|=\sup_{\|g\|=1}\left|\sum_{j\in\mathbf{Z}}\langle f,R^{N+1}g\rangle\right|\\&\leqslant\|R\|^{N+1}\|f\|\leqslant\left(\frac{r}{2+r}\right)^{N+1}\|f\|\end{aligned}$$

这里,“sup”表示“上确界”。由于 $r/(2+r)<1$,所以上式随 N 的增加而指数衰减。实际计算 $\tilde{\varphi}_j^N$ 时,采用迭代算法可以节约计算量,$\tilde{\varphi}_j^N$ 的迭代计算公式是

$$\tilde{\varphi}_j^N=\frac{2}{A+B}\varphi_j+R\tilde{\varphi}_j^{N-1}$$

或

$$\tilde{\varphi}_j^N = \sum_{l\in J}\alpha_{jl}^N\varphi_l$$

其中

$$\alpha_{jl}^N = \frac{2}{A+B}\delta_{lj}+\alpha_{jl}^{N-1}-\frac{2}{A+B}\sum_{m\in\mathbf{Z}}\alpha_{jm}^{N-1}\langle\varphi_m,\varphi_l\rangle$$

实际上,由于$\langle\varphi,\varphi_l\rangle$很小,故可以忽略第 3 项。类似地,也可以迭代计算 $f(t)$

$$f(t)=(F^*F)^{-1}(F^*F)f=\lim_{N\to\infty}f_N \tag{4.4.27}$$

式中

$$\begin{aligned}f_N &= \frac{2}{A+B}\sum_{k=0}^{N}R^k(F^*F)f = \frac{2}{A+B}(F^*F)f+Rf_{N-1}\\ &= f_{N-1}+\frac{2}{A+B}\sum_{j\in\mathbf{Z}}|\langle f,\varphi_j\rangle-\langle f_{N-1},\varphi_j\rangle|\varphi_j\end{aligned} \tag{4.4.28}$$

4.4.2 小波框架

从第 4.4.1 节关于框架的一般性介绍可以得出结论,为了稳定地由$\langle f,\psi_{j,k}\rangle$重构 $f(t)$,小波必须满足稳定性条件式(4.3.10)或等效的框架条件式(4.4.1),简言之,小波应该构成 $L^2(R)$空间的一个框架。为此,母小波必须满足以下必要条件和充分条件。

(1) 必要条件:设 $\psi_{j,k}(t)=a_0^{-j/2}\psi(a_0^{-j}t-kb_0)$构成 $L^2(R)$空间的一个框架,框架界为 A 和 B,则母小波 $\psi(t)$的傅里叶变换$\hat{\psi}(\omega)$必须满足条件

$$\begin{cases}\dfrac{b_0\ln a_0}{2\pi}A\leqslant\displaystyle\int_0^{\infty}\frac{|\hat{\psi}(\omega)|^2}{\omega}\mathrm{d}\omega\leqslant\frac{b_0\ln a_0}{2\pi}B\\[2ex] \dfrac{b_0\ln a_0}{2\pi}A\leqslant\displaystyle\int_{-\infty}^{0}\frac{|\hat{\psi}(\omega)|^2}{\omega}\mathrm{d}\omega\leqslant\frac{b_0\ln a_0}{2\pi}B\end{cases} \tag{4.4.29}$$

证 对所有 $f\in L^2(R)$,小波必须满足式(4.3.10)表示的稳定性条件

$$A\|f\|^2\leqslant\sum_{j\in\mathbf{Z}}\sum_{k\in\mathbf{Z}}|\langle f,\psi_{j,k}\rangle|^2\leqslant B\|f\|^2$$

将所有 $f\in L^2(R)$表示成 $f=u_l$,对每个 u_l 写出式(4.3.10),求所有不等式的加权和(加权系数 $c_l\geqslant 0$),使 $\sum_l c_l\|u_l\|^2<\infty$,得到

$$A\sum_l c_l\|u_l\|^2\leqslant\sum_l c_l\sum_{j,k}|\langle u_l,\psi_{j,k}\rangle|^2u_l\leqslant B\sum_l c_l\|u_l\|^2 \tag{4.4.30}$$

特别地,若 C 是任何正迹类算子,则

$$C=\sum_l c_l\langle\cdot,u_l\rangle u_l \tag{4.4.31}$$

式中,u_l 是正交的,$c_l\geqslant 0$,$\sum_l c_l=\mathrm{Tr}C>0$。对任何这种算子,据式(4.4.30) 有

$$A\mathrm{Tr}C\leqslant\sum_{m,n}\langle C\psi_{j,k},\psi_{j,k}\rangle\leqslant B\mathrm{Tr}C \tag{4.4.32}$$

将式(4.4.32)用于一个特殊算子,该算子由不同母小波的连续小波变换构造。取任意函

数 $h\in L^2$，设$\hat{h}(\omega)$的支集包含于$[0,\infty)$内且满足$\int_0^{\infty}|\hat{h}(\xi)|^2\mathrm{d}\xi<\infty$。定义

$$h_{a,b}=a^{-1/2}h\left(\frac{t-b}{a}\right),\quad a,b\in\mathbf{R},\quad a>0$$

如果 $c(a,b)$是有界正函数，那么

$$C=\int_0^{\infty}\frac{1}{a^2}\int_{-\infty}^{\infty}\langle\cdot,h_{a,b}\rangle h_{a,b}c(a,b)\mathrm{d}a\mathrm{d}b \tag{4.4.33}$$

是有界算子。然而，如果 $c(a,b)$关于 $a^2\mathrm{d}a\mathrm{d}b$ 是可积的，那么 C 是迹类算子，且

$$\mathrm{Tr}C=\int_0^{\infty}\frac{1}{a^2}\int_{-\infty}^{\infty}c(a,b)\|h\|^2\mathrm{d}a\mathrm{d}b$$

选择

$$c(a,b)=\begin{cases}w(|b|/a), & 1\leqslant a\leqslant a_0\\ 0, & \text{其他}\end{cases}$$

w 是正的可积的，于是有

$$C=\int_0^{\infty}\frac{1}{a^3}\int_{-\infty}^{\infty}\langle\cdot,h_{a,b}\rangle h_{a,b}w\left(\frac{|b|}{a}\right)\mathrm{d}a\mathrm{d}b \tag{4.4.34}$$

和

$$\mathrm{Tr}C=\int_1^{a_0}\frac{1}{a^2}\int_{-\infty}^{\infty}w(|s|)\|h\|^2\mathrm{d}a\mathrm{d}s=2\ln a_0\left[\int_0^{\infty}w(s)\mathrm{d}s\right]\|h\|^2 \tag{4.4.35}$$

将式(4.4.34)代入式(4.4.3)的中间项

$$\sum_{j,k}\langle C\psi_{j,k},\psi_{j,k}\rangle=\sum_{j,k}\int_1^{a_0}\frac{1}{a^2}\int_{-\infty}^{\infty}w\left(\frac{|b|}{a}\right)|\langle\psi_{j,k},h_{j,k}\rangle|^2\mathrm{d}a\mathrm{d}b$$

而

$$\begin{aligned}\langle\psi_{j,h},h_{m,n}\rangle&=a_0^{-j/2}a^{-1/2}\int\psi(a_0^{-j}t-kb_0)\overline{h\left(\frac{t-b}{a}\right)}\mathrm{d}t\\&=a_0^{-j/2}a^{-1/2}\int\psi(y)\overline{h\left(\frac{y+kb_0-ba_0^{-j}}{aa_0^{-j}}\right)}\mathrm{d}y=\langle\psi,h_{aa_0^{-j},ba_0^{-j}-kb_0}\rangle\end{aligned}$$

进行变量置换，$a'=aa_0^{-j}$，$b'=ba_0^{-j}$，得到

$$\begin{aligned}\sum_{m,n}\langle C\psi_{j,k},\psi_{j,k}\rangle&=\sum_{j,k}\int_{-a_0^{-j}}^{a_0^{-j}+1}\frac{1}{a'}\int_{-\infty}^{\infty}w\left(\frac{|b'|}{a}\right)|\psi,h_{a',b'-kb_0}|^2\mathrm{d}a'\mathrm{d}b'\\&=\int_0^{\infty}\frac{1}{a^2}\int_{-\infty}^{\infty}|\langle\psi,h_{a,b}\rangle|^2\sum w\left(\frac{|b+kb_0|}{a}\right)\mathrm{d}a\mathrm{d}b\end{aligned} \tag{4.4.36}$$

选取 $w(s)=\lambda\exp(-\lambda^2n^2s^2)$。该函数仅有一个局部极大值且随$|s|$的增加而单调下降。可以证明，对于这种函数和任意 $\alpha,\beta\in\mathbf{R}$，$\beta>0$，有

$$\int_{-\infty}^{\infty}w(t)-\beta\omega_{\max}\mathrm{d}t\leqslant\beta\sum w(\alpha+n\beta)\leqslant\int_{-\infty}^{\infty}w(t)+\beta\omega_{\max}\mathrm{d}t$$

对于选取的 $w(s)=\lambda\exp(-\lambda^2\pi^2s^2)$，有

$$\sum_k w\frac{|b+kb_0|}{a}=\frac{a}{b_0}+\rho(a,b)$$

其中$|\rho(a,b)|\leqslant w(0)=\lambda$，将上式代入式(4.4.36)，得到

$$\sum_{m,n}\langle C\psi_{j,k},\psi_{j,k}\rangle=\frac{1}{b_0}\int_{-\infty}^{\infty}\frac{1}{a}\int|\psi,h_{a,b}|^2\mathrm{d}a\mathrm{d}b+R \tag{4.4.37}$$

式中

$$|R|=\int_0^{\infty}\frac{\mathrm{d}a}{a^2}\int_{-\infty}^{\infty}|\langle\psi,h_{a,b}\rangle|^2\rho(a,b)\mathrm{d}b\leqslant\lambda C_h\ \|\psi\|^2\mathrm{d}b$$

这里 C_h 定义为

$$C_h = 2\pi\int |\xi|^{-1} \left|\hat{\varphi}(\xi)\right|^2 d\xi < \infty$$

将式(4.4.37)右端第一项重新写作

$$\frac{1}{b_0}\int_{-\infty}^{\infty}\frac{da}{a}\int\left|\int d\xi\,\hat{\varphi}(\xi)a^{1/2}\,\overline{\hat{h}(a\xi)}\exp(jb\xi)\right|^2 db = \frac{2\pi}{b_0}\int_0^{\infty}\int_{-\infty}^{\infty}\left|\hat{\varphi}(\xi)\right|^2\left|\hat{h}(a\xi)\right|^2 da\,db$$
$$= \frac{2\pi}{b_0}\|h\|^2\int_0^{\infty}\xi^{-1}\left|\hat{h}(a\xi)\right|^2 d\xi$$

对选取的特殊的加权函数 ψ，有 $\int_0^{\infty} w(t)\,dt = 1/2$，因此 $\mathrm{Tr}C = \|h\|^2\ln a_0$。将 $\mathrm{Tr}C$ 和式(4.4.37) 代入式(4.4.32)，得到

$$A\|h\|^2\ln a_0 \leqslant \frac{2\pi}{b_0}\|h\|^2\int_0^{\infty}\xi^{-1}\left|\hat{\varphi}(\xi)\right|^2 d\xi + R \leqslant B\|h\|^2\ln a_0$$

式中，$|R|\leqslant\lambda c_K\|\psi\|^2$。如果除以 $\frac{2\pi}{b_0}\|h\|^2$，并令 $\lambda\to 0$，则上式就是式(4.4.29)的第一个公式。第二个公式的证明与上类似。

证毕。

为了满足必要条件，首先要求母小波的傅里叶变换 $\hat{\varphi}(\omega)$ 满足

$$\int_0^{\infty}\frac{\left|\hat{\varphi}(\omega)\right|^2}{\omega}d\omega < \infty$$

和

$$\int_{-\infty}^{0}\frac{\left|\hat{\varphi}(\omega)\right|^2}{\omega}d\omega < \infty$$

这与连续小波变换中母小波应满足的允许条件一样。

如果 $\psi_{j,k}(t)$ 构成一个紧框架(即 $A=B$)，那么式(4.4.29)变为

$$A = \frac{2\pi}{b_0\ln a_0}\int_0^{\infty}\frac{\left|\hat{\varphi}(\omega)\right|^2}{\omega}d\omega = \frac{2\pi}{b_0\ln a_0}\int_{-\infty}^{0}\frac{\left|\hat{\varphi}(\omega)\right|^2}{\omega}d\omega \tag{4.4.38}$$

显然，满足允许条件的母小波，并不是对任何 a_0 和 b_0 都能够构造小波框架。为了构造出小波框架，必须对 a_0 和 b_0 以及 $\hat{\varphi}(\omega)$ 提出更多的要求，这些要求就是小波框架必须满足的充分条件。

(2) 充分条件：如果选择 $\psi(t)$ 和 a_0，使

$$0 < \inf_{1\leqslant|\omega|\leqslant a_0}\sum_{j=-\infty}^{\infty}\left|\hat{\varphi}(a_0^j\omega)\right|^2 < \infty \tag{4.4.39}$$

并使

$$\beta(s) = \sup_{\omega}\sum_j\left|\hat{\varphi}(a_0^j\omega)\right|\left|\hat{\varphi}(a_0^j\omega + s)\right| \tag{4.4.40}$$

至少像 $(1+|s|)^{-(1+\varepsilon)}$ $(\varepsilon>0)$ 那样快地衰减，那么一定存在 $(b_0)_{\mathrm{thr}}>0$，使 $\psi_{j,k}(t)$ 对 $b_0<(b_0)_{\mathrm{thr}}$ 构成一个框架，且框架界为

$$\begin{cases} A = \dfrac{2\pi}{b_0}\left\{\inf\limits_{1\leqslant|\omega|\leqslant a_0}\sum\limits_{j=-\infty}^{\infty}\left|\hat{\varphi}(a_0^j\omega)\right|^2 - \sum\limits_{\substack{j=-\infty\\ j\neq 0}}^{\infty}\left[\beta\left(\dfrac{2\pi}{b_0}j\right)\beta\left(-\dfrac{2\pi}{b_0}j\right)\right]^{1/2}\right\} \\ B = \dfrac{2\pi}{b_0}\left\{\inf\limits_{1\leqslant|\omega|\leqslant a_0}\sum\limits_{j=-\infty}^{\infty}\left|\hat{\varphi}(a_0^j\omega)\right|^2 + \sum\limits_{\substack{j=-\infty\\ j\neq 0}}^{\infty}\left[\beta\left(\dfrac{2\pi}{b_0}j\right)\beta\left(-\dfrac{2\pi}{b_0}j\right)\right]^{1/2}\right\} \end{cases} \tag{4.4.41}$$

式中,"inf"表示"下确界"。$(b_0)_{\text{thr}}$的下标"thr"表示"门限"。

若
$$\left|\hat{\psi}(\omega)\right| \leqslant C\,|\omega|^{\alpha}\,(1+|\omega|)^{-\gamma},\quad \alpha>0,\quad \gamma>\alpha+1 \tag{4.4.42}$$
那么,式(4.4.40)对β提出的要求和式(4.4.39)的条件都必须得到满足。因此,式(4.4.42)就是小波框架的充分条件。

证　首先估计 $\sum\limits_{m,n}\left|\langle f,\psi_{j,k}\rangle\right|^2$

$$\begin{aligned}
\sum_{m,n}\left|\langle f,\psi_{j,k}\rangle\right|^2 &= \sum_{m,n}\left|\int_{-\infty}^{\infty}\hat{f}(\xi)a_0^{j/2}\,\overline{\hat{\psi}(a_0^j\xi)}\exp(ib_0a_0^jn\xi)\right|^2\mathrm{d}\xi\\
&= \sum_{m}a_0^j\left|\int_0^{2\pi b_0^{-1}a_0^{-j}}\exp(\mathrm{i}b_0a_0^jk\xi)\,\mathrm{d}\xi\sum_{l\in\mathbf{Z}}\hat{f}(\xi+2\pi la_0^{-j}b_0^{-1})\overline{\hat{\psi}(a_0^j\xi+2\pi lb_0^{-1})}\right|^2\\
&= \frac{2\pi}{b_0}\sum_j\int_0^{2\pi b_0^{-1}a_0^{-j}}\left|\sum_{l\in\mathbf{Z}}\hat{f}(\xi+2\pi la_0^{-j}b_0^{-1})\overline{\hat{\psi}(a_0^j\xi+2\pi lb_0^{-1})}\right|^2\mathrm{d}\xi\\
&= \frac{2\pi}{b_0}\sum_{j,k\in\mathbf{Z}}\int_{-\infty}^{\infty}\hat{f}(\xi)\overline{\hat{f}(\xi+2\pi ka_0^{-m}b_0^{-1})}\,\overline{\hat{\psi}(a_0^j\xi)}\,\hat{\psi}(a_0^j\xi+2\pi kb_0^{-1})\,\mathrm{d}\xi\\
&= \frac{2\pi}{b_0}\int_{-\infty}^{\infty}\left|\hat{f}(\xi)\right|^2\sum_{m\in\mathbf{Z}}\left|\hat{\psi}(a_0^j\xi)\right|^2+\mathrm{Rest}(f)
\end{aligned} \tag{4.4.43}$$

这里,$\mathrm{Rest}(f)$以下式为界

$$\begin{aligned}
\left|\mathrm{Rest}(f)\right| &= \left|\frac{2\pi}{b_0}\right|\sum_{\substack{j,k\in\mathbf{Z}\\k\neq0}}\int_{-\infty}^{\infty}\hat{f}(\xi)\overline{\hat{f}(\xi+2\pi ka_0^{-m}b_0^{-1})}\,\overline{\hat{\psi}(a_0^m\xi)}\,\hat{\psi}(a_0^m\xi+2\pi kb_0^{-1})\\
&\leqslant \frac{2\pi}{b_0}\sum_{\substack{j,k\in\mathbf{Z}\\k\neq0}}\left[\int_{-\infty}^{\infty}\left|\hat{f}(\xi)\right|^2\left|\hat{\psi}(a_0^j\xi)\right|\left|\hat{\psi}(a_0^j\xi+2\pi kb_0^{-1})\right|\mathrm{d}\xi\right]^{1/2}\\
&\quad\cdot\left[\int_{-\infty}^{\infty}\left|\hat{f}(\xi)\right|^2\left|\hat{\psi}(a_0^j\xi)\right|\left|\hat{\psi}(a_0^j\xi-2\pi kb_0^{-1})\right|\mathrm{d}\xi\right]^{1/2}\\
&\leqslant \frac{2\pi}{b_0}\sum_{k\neq0}\left[\int_{-\infty}^{\infty}\left|\hat{f}(\xi)\right|^2\sum_j\left|\hat{\psi}(a_0^j\xi)\right|\left|\hat{\psi}(a_0^j\xi+2\pi kb_0^{-1})\right|\mathrm{d}\xi\right]^{1/2}\\
&\quad\cdot\left[\int_{-\infty}^{\infty}\left|\hat{f}(\xi)\right|^2\sum_j\left|\hat{\psi}(a_0^j\xi)\right|\left|\hat{\psi}(a_0^j\xi-2\pi kb_0^{-1})\right|\mathrm{d}\xi\right]^{1/2}\\
&\leqslant \frac{2\pi}{b_0}\,\|f\|^2\sum_{k\neq0}\left[\beta\left(\frac{2\pi}{b_0}k\right)\beta\left(-\frac{2\pi}{b_0}k\right)\right]^{1/2}
\end{aligned} \tag{4.4.44}$$

这里$\beta(s)=\sup_\xi\sum\limits_{j\in\mathbf{Z}}\left|\hat{\psi}(a_0^j\xi)\right|\left|\hat{\psi}(a_0^j\xi+s)\right|$。综合式(4.4.43)和式(4.4.44),得出

$$\inf_{\substack{f\in H\\f\neq0}}\|f\|^{-2}\sum_{j,k}\left|\langle f,\psi_{j,k}\rangle\right|^2 \geqslant \frac{2\pi}{b_0}\left\{\operatorname*{ess\,inf}_{\xi}\sum_{j\in\mathbf{Z}}\left|\hat{\psi}(a_0^j\xi)\right|^2-\sum_{k\neq0}\left[\beta\left(\frac{2\pi}{b_0}k\right)\beta\left(-\frac{2\pi}{b_0}k\right)\right]^{1/2}\right\} \tag{4.4.45}$$

$$\inf_{\substack{f\in H\\F\neq0}}\|f\|^{-2}\sum_{j,k}\left|\langle f,\psi_{j,k}\rangle\right|^2 \leqslant \frac{2\pi}{b_0}\left\{\sup_{\xi}\sum_{j\in\mathbf{Z}}\left|\hat{\psi}(a_0^j\xi)\right|^2+\sum_{k\neq0}\left[\beta\left(\frac{2\pi}{b_0}k\right)\beta\left(-\frac{2\pi}{b_0}k\right)\right]^{1/2}\right\} \tag{4.4.46}$$

如果式(4.4.45)和式(4.4.46)右端严格为正且有界,那么$\psi_{j,k}$构成一个框架,且式(4.4.45)和式(4.4.46)分别给出框架的下界A和上界B。因此,为了构造框架,要求对所有$1\leqslant|\xi|\leqslant a_0$(对于其他$\xi$值,可以乘以一个适当的$a_0^j$,将其调整到这个范围),使

$$0<\alpha\leqslant\sum_{j\in\mathbf{Z}}\left|\hat{\psi}(a_0^j\xi)\right|^2\leqslant\beta<\infty$$

以及 $\sum_{j\in\mathbf{Z}}\left|\hat{\psi}(a_0^j\xi)\right|\left|\hat{\psi}(a_0^j\xi+s)\right|$ 在 ∞ 处有足够大的衰减。充分条件中“充分”的含义是指 $\sum_{k\neq 0}\left[\beta\left(\frac{2\pi}{b_0}k\right)\beta\left(-\frac{2\pi}{b_0}k\right)\right]^{1/2}$ 收敛，以及当 b_0 趋近于 0 时这个和也趋近于 0，这样就能够保证，对于足够小的 b_0，式(4.4.45)和式(4.4.46)的第一项起最主要的作用，这样，$\psi_{j,k}$ 就的确构成了一个框架。以下两个条件足以保证所有这些要求：

(1) $\hat{\psi}$不能有任何零点，以保证对所有 $\xi\neq 0$ 时下式成立

$$\sum_{j\in\mathbf{Z}}\left|\hat{\psi}(a_0^j\xi)\right|^2\geqslant\alpha>0 \tag{4.4.47}$$

(2) $\left|\hat{\psi}(\xi)\right|\leqslant C\left|\xi\right|^{\alpha}(1+\left|\xi\right|^2)^{-\gamma/2},\alpha>0,\gamma=\alpha+1$ (4.4.48)

$\hat{\psi}$的这些衰减条件是很弱的条件，实际上，对$\hat{\psi}$的要求比这些更多。如果$\hat{\psi}$连续且在∞衰减，那么式(4.4.47)是必要条件。因为如果对某个 $\xi\neq 0$，$\sum_{j\in\mathbf{Z}}\left|\hat{\psi}(a_0^j\xi)\right|^2\leqslant\varepsilon$，那么可以构造 $f\in L^2(R)(\|f\|=1)$，使 $(2\pi)^{-1}b_0\sum_{j,k}\left|\langle f,\psi_{j,k}\rangle\right|^2\leqslant 2\varepsilon$，这隐含着 $A\leqslant 4\pi\varepsilon/b_0$。如果能够选择 ε 任意小，那么框架就无有限下界。β 的衰减能保证存在一个门限 $(b_0)_{\text{thr}}$，使 $b_0<(b_0)_{\text{thr}}$时下式成立

$$\sum_{k\neq 0}\left|\beta\left(\frac{2\pi}{b_0}k\right)\beta\left(-\frac{2\pi}{b_0}k\right)\right|^{1/2}<\inf_{1\leqslant|\xi|\leqslant a_0}\sum_j\left|\hat{\psi}(a_0^j\xi)\right|^2$$

证毕。

以上所述为关于小波框架对母小波所要求的条件，其实道理简单。因为如果母小波 ψ 在时域和频域都衰减(即同时还有 $\int\psi(t)\mathrm{d}t=0$)，那么一定存在 a_0 和 b_0 的某个取值范围，使 $\psi_{j,k}$ 在这个取值范围内构成一个框架。如果对母小波的约束仅仅是允许条件，那么当 a_0 和 b_0 分别取接近于 1 和 0 的数值时，由于参数 a 和 b 离散化足够精细，相应的小波具有“恒等分辨”性质(见第 4.2 节)，所以对 a 和 b 进行取样不会严重影响信号重构的质量，这颇近似于连续小波变换的情况。令人意想不到的是，对于大多数实际应用中所选择的母小波 ψ 而言，能够构成小波框架的 a_0 和 b_0 的“好”的取值范围，往往都分别远离 1 和 0。

4.4.3 小波框架的对偶

类似于式(4.4.13)，定义小波框架 $\psi_{j,k}(t)$的对偶框架

$$\tilde{\psi}_{j,k}(t)=(F^*F)^{-1}\psi_{j,k}(t) \tag{4.4.49}$$

式中

$$F^*Ff=\sum_j\sum_k\langle f,\psi_{j,k}\rangle\psi_{j,k} \tag{4.4.50}$$

在第 4.4.1 节已经证明，$(F^*F)^{-1}f$ 按照指数规律 $\sum_{n=0}^{\infty}\alpha^n$ 收敛，这里 α 与$(B/A-1)$成正比，因此框架界 A 与 B 越接近，则$(F^*F)^{-1}f$ 收敛越快。原则上，式(4.4.19)或式(4.4.20)需要计算无限个 $\tilde{\psi}_{j,k}(t)$，但考虑到以下实际情况，只需计算有限个 $\tilde{\psi}_{j,k}(t)$就够了。

引入符号

$$(D^jf)(t)=a_0^{-1/2}f(a_0^{-j}t) \tag{4.4.51}$$

和

$$(T^kf)(t)=f(t-kb_0) \tag{4.4.52}$$

对所有 $f\in L^2(R)$，有

$$F^*FD^jf=D^jF^*Ff$$

因此，$(F^* F)^{-1}$与D^j也是可交换的。特别是由于$\psi_{j,k}=D^jT^k\psi$，所以有

$$\tilde{\psi}_{j,k}=(F^* F)^{-1}D^jT^k\psi=D^j(F^* F)^{-1}T^k\psi \tag{4.4.53}$$

因此

$$\tilde{\psi}_{0,k}=(F^* F)^{-1}T^k\psi \tag{4.4.54}$$

将式(4.4.54)代入式(4.4.53)，并利用式(4.4.51)定义的符号，得到

$$\tilde{\psi}_{j,k}=D^j\tilde{\psi}_{0,k}=a_0^{-j/2}\tilde{\psi}_{0,k}(a_0^{-j}t) \tag{4.4.55}$$

虽然$F^* F$与T^k不是可交换的，原则上需要计算无限个$\tilde{\psi}_{0,k}$，但是实际应用中感兴趣的是用$\sum\limits_{j=j_0}^{j_1}\sum\limits_{k\in\mathbf{Z}}\langle\cdot,\psi_{j,k}\rangle\psi_{j,k}$逼近$F^* F$的有限尺度范围$a_0^{j_0}\sim a_0^{j_1}$。这个范围共有$(j_1-j_0+1)$个不同尺度，其中尺度$a_0^{j_1}$对应的小波有效宽度是尺度$a_0^{j_0}$对应的小波有效宽度的$N=a_0^{j_1-j_0}$倍。不难验证，这种截断形式的$F^* F$与$T^k$是可交换的，这样就只需要计算$N$个不同的$\tilde{\psi}_{0,k}(0\leqslant k\leqslant N-1)$。但在许多实际应用中，$N$仍然是一个很大的数值，这使人们不得不采用近似紧框架(称为紧贴框架)。这种情况下，$B/A-1\ll 1$，因此只需计算式(4.4.24)的零次项而不需要对偶框架来重构信号。这种方法能够高质量重构$L^2(R)$中的任何信号$f(t)$。如果不用紧贴框架，就应选择特殊的a_0、b_0和ψ，使$\tilde{\psi}_{j,k}$由一个函数$\tilde{\psi}$产生

$$\tilde{\psi}_{j,k}(t)=a_0^{-j/2}\tilde{\psi}(a_0^{-j}t-k) \tag{4.4.56}$$

值得注意的是，$\psi_{j,k}$和$\tilde{\psi}_{j,k}$的性质可能很不同。具体来说，框架$\psi_{j,k}$本身是C^∞函数且衰减得很快，而其对偶框架中的某些$\tilde{\psi}_{0,k}$却不是L^p函数(p很小，即衰减得很慢)。即使所有的$\tilde{\psi}_{j,k}$由一个函数$\tilde{\psi}$产生，也可能出现这种情况，例如，函数$\psi\in C^k$(k任意大)，而$\tilde{\psi}$却不连续。为了避免出现$\psi_{j,k}$与$\tilde{\psi}_{j,k}$不一致的情况，需要对a_0、b_0和ψ提出更多的要求。

前面只假定$a_0>1$，未对a_0提出更多限制。但在实际应用中，一方面，为了计算方便，常选择$a_0=2$，因为在这种情况下当尺度改变时，时移参数将按照倍数或分数改变，显然这样计算起来比取别的a_0值更简单。另一方面，紧贴框架的框架界可以由式(4.4.45)和式(4.4.46)得到

$$A\leqslant\frac{2\pi}{b_0}\sum_{j\in\mathbf{Z}}\left|\hat{\psi}(a_0^j\omega)\right|^2\leqslant B,\quad \omega\neq 0 \tag{4.4.57}$$

这意味着$\sum\limits_{j\in\mathbf{Z}}\left|\hat{\psi}(2^j\omega)\right|^2$在$\omega=0$的值应当近似为常数，这是对$\psi$的一个很强的约束条件，通常情况下是难以满足的。例如，墨西哥帽函数$\psi(t)=(1-t^2)\exp(-t^2/2)$对于$a_0\leqslant 2^{1/4}$可以得到$A/B\to 1$的框架，但是对于$a_0=2$就远非如此了，因为这种情况下$\sum\limits_{j\in\mathbf{Z}}\left|\hat{\psi}(2^j\omega)\right|^2$的振荡幅度太大。为了克服这个缺点，可以在$\psi$和它的频带宽度选择的自由度方面稍做一些牺牲，具体来说，就是把每个倍频程进一步细分成不同的“音”(比如M个)以得到更细的尺度分辨率，即选择尺度参数$a=2^{j+m/M}(m=0,1,\cdots,M-1)$，这意味着选择$M$个不同的母小波$\psi^1,\psi^2,\cdots,\psi^M$，相应地有$M$个框架$\psi_{j,k}^m(m=0,1,\cdots,M-1)$，称为多音框架。与前面的讨论类似，可以得出多音框架的框架界的计算公式为

$$\begin{cases}A=\dfrac{2\pi}{b_0}\left[\inf\limits_{1\leqslant|\omega|\leqslant 2}\sum\limits_{m=0}^{M-1}\sum\limits_{j=-\infty}^{\infty}\left|\hat{\psi}^m(2^j\omega)\right|^2-R\left(\dfrac{2\pi}{b_0}\right)\right]\\ A=\dfrac{2\pi}{b_0}\left[\inf\limits_{1\leqslant|\omega|\leqslant 2}\sum\limits_{m=0}^{M-1}\sum\limits_{j=-\infty}^{\infty}\left|\hat{\psi}^m(2^j\omega)\right|^2+R\left(\dfrac{2\pi}{b_0}\right)\right]\end{cases} \tag{4.4.58}$$

其中

$$R(x)=\sum_{k\neq 0}\sum_{m=0}^{M-1}\left[\beta^m(kx)\beta^m(-kx)\right]^{1/2}$$

$$\beta^m(s)=\sup_{1\leqslant|\omega|\leqslant 2}\sum_{\omega=-\infty}^{\infty}\left|\hat{\psi}^m(2^j\omega)\right|\left|\hat{\psi}^m(2^j\omega+s)\right|$$

适当选择$\hat{\psi}^1,\hat{\psi}^2,\cdots,\hat{\psi}^M$,使其频率局域化中心稍微错开排列,加上它们在无穷远处有很好的衰减,即可使 $B/A-1\ll 1$。注意,时-频平面上这种多音形式的离散点分布与图 4.3.2 略有不同,例如在图 4.4.2 所示的例子中,每倍频程被分成 4 个音,对每个膨胀步长得到 4 个不同频率,对应于 ψ^1、ψ^2、ψ^3、ψ^4 的 4 个不同频率局域化区域,都以相同的时移步长平移。可以把图 4.4.2形式的点阵看成是由 4 个图 4.3.2 形式的不同点阵叠加而成的,这 4 个点阵沿频率轴伸缩的尺度不同,也就是说,4 个子点阵的密度不同,这反映出 ψ^m 具有不同的范数。通常将尺度参数选为 2 的分数幂,即

$$\psi^m(t)=2^{-(m-1)/M}\psi(2^{-(m-1)/M}t)$$

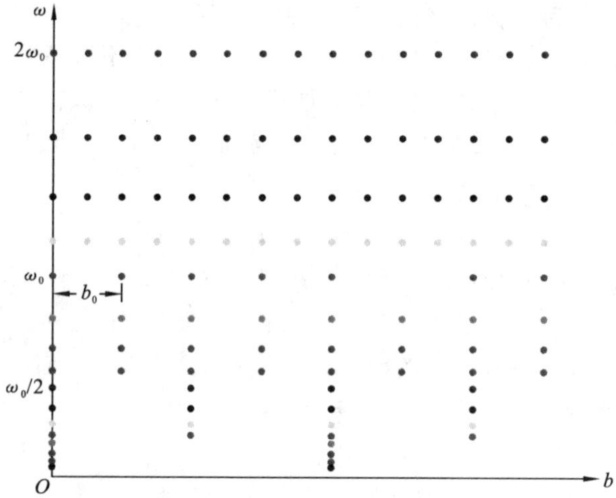

图 4.4.2　每倍频程分成 4 个音的时-频离散网点分布情况

这种情况下,$\sum_{m=0}^{M-1}\sum_{j=-\infty}^{\infty}\left|\hat{\psi}^m(2^j\omega)\right|^2$ 简化为 $\sum_{j=-\infty}^{\infty}\left|\hat{\psi}(2^{j/M}\omega)\right|^2$,只要选择足够大的 M 值,就容易使 $\sum_{j=-\infty}^{\infty}\left|\hat{\psi}(2^{j/M}\omega)\right|^2$ 近似等于常数。

式(4.4.24)表明,由$\langle f,\varphi_j\rangle$和 φ_j 重构信号 $f(t)$时存在误差$R(f)$。令 $k=2^l(2k'+1)$,这里,$k\in Z,k\neq 0,l\geqslant 0,k'\in Z$,$k$ 与(l,k')一一对应。若 $a_0=2$,那么可以将 $R(f)$写成

$$R(f)=\frac{2\pi}{b_0}\sum_{j',k'\in Z}\int\hat{f}(\omega)\overline{\hat{f}[\omega+2\pi(2k'+1)b_0^{-1}2^{-j'}]}$$

$$\cdot\sum_{l=0}^{\infty}\hat{\psi}(2^{j'+l}\omega)\hat{\psi}[2^l(2^{j'}\omega+2\pi(2l+1)b_0^{-1})]\mathrm{d}\omega$$

由此得出

$$\begin{cases}A=\dfrac{2\pi}{b_0}\left\{\inf\limits_{1\leqslant|\omega|\leqslant 2}\sum\limits_j\left|\hat{\psi}(2^j\omega)\right|^2-\sum\limits_{k'-\infty}^{\infty}\left[\beta_1\left(\dfrac{2\pi}{b_0}(2k'+1)\right)\beta_1\left(-\dfrac{2\pi}{b_0}(2k'+1)\right)\right]^{1/2}\right\}\\[2ex] B=\dfrac{2\pi}{b_0}\left\{\inf\limits_{1\leqslant|\omega|\leqslant 2}\sum\limits_j\left|\hat{\psi}(2^j\omega)\right|^2+\sum\limits_{k'-\infty}^{\infty}\left[\beta_1\left(\dfrac{2\pi}{b_0}(2k'+1)\right)\beta_1\left(-\dfrac{2\pi}{b_0}(2k'+1)\right)\right]^{1/2}\right\}\end{cases}\tag{4.4.59}$$

其中

$$\beta_1(s)=\sup_{1\leqslant|\omega|\leqslant 2}\sum_{j\in\mathbf{Z}}\left|\sum_{l=0}^{\infty}\hat{\varphi}(2^{j+l}\omega)\overline{\hat{\varphi}[2^j(2^j\omega+s)]}\right|$$

与 β 不同，β_1 考虑了 $\hat{\varphi}$ 的相位，因此当 $\hat{\varphi}$ 不是正函数时，式(4.4.59)比式(4.4.41)更好。如果 $\hat{\varphi}$ 是正函数，当然式(4.4.41)应当更好一些。式(4.4.59)对每个倍频程单音的情况成立，当然也可以推广到多音的情况。

4.5 标准正交小波基

时-频平面上的离散网点随 a_0 和 b_0 的增大而变稀疏，小波框架的冗余度也随之减小。当网点稀疏到一定程度时，小波框架的冗余度等于1(即没有冗余)，这时必须利用全部小波才能重构信号，这意味着小波框架已成为 $L^2(R)$ 空间的标准正交基，即满足

$$\int_{-\infty}^{\infty}\psi_{j,k}(t)\psi_{j',k'}(t)\mathrm{d}t=\begin{cases}1, & j=j' \text{ 和 } k=k' \\ 0, & \text{其他}\end{cases} \tag{4.5.1}$$

标准正交小波基的对偶与它相同，即 $\tilde{\psi}_{j,k}=\psi_{j,k}$。因此，任何信号 $f(t)\in\mathbf{R}^2(R)$ 可以由 $\psi_{j,k}$ 的线性组合来重构，其加权系数是小波级数系数 $C_{j,k}=\langle f,\psi_{j,k}\rangle$，即

$$f(t)=\sum_j\sum_k C_{j,k}\psi_{j,k}(t) \tag{4.5.2}$$

式中，$\psi_{j,k}$ 是 $L^2(R)$ 的标准正交基，它们由母小波 $\psi(t)$ 产生。现实中可以找到一些时域和频域局域化性质都好的母小波，由它们构成的小波是 $L^2(R)$ 的标准正交基。而窗口傅里叶变换却没有这个性质。在窗口傅里叶变换中，若频率和时移参数分别按 $\omega=j\omega_0$ 和 $b=kt_0$ 取样 $(j,k\in\mathbf{Z})$，那么可以证明，只有在 $\omega_0t_0<2\pi$ 的情况下，才有可能得到时域和频域局域化性质都好的框架；如果 $\omega_0t_0>2\pi$，无论选择什么样的 $w(t)$ 都得不到框架；介于这两种情况之间是临界情况 $\omega_0t_0=2\pi$，有可能得到标准正交基，但是标准正交基的时域和频域局域化性质不可能同时都好。也就是说，如果 $\psi_{j,k}(t)=\exp(ij2\pi t)w(t-k)(i=\sqrt{-1})$ 构成 $L^2(R)$ 的框架，那么必有 $\int_{-\infty}^{\infty}t^2|w(t)|^2\mathrm{d}t=\infty$ 或 $\int_{-\infty}^{\infty}\omega^2|\hat{w}(\omega)|^2\mathrm{d}t=\infty$。下面是标准正交小波基的例子。

1. Harr 小波

Harr 小波是最简单的标准正交小波基，其母小波如图4.5.1所示，定义为

$$\psi_H(t)=\begin{cases}1, & 0\leqslant t<1/2 \\ -1, & 1/2\leqslant t<1 \\ 0, & \text{其他}\end{cases} \tag{4.5.3}$$

显然，它是一个紧支函数，具有良好的时域局域化性质，但它不是连续函数。

可以证明，由 Harr 母小波 $\psi_H(t)$ 产生的 Harr 小波

$$\psi_{j,k}^H(t)=2^{-j/2}\psi_H(2^{-j}t-k)\quad(j,k\in\mathbf{Z}) \tag{4.5.4}$$

是 $L^2(R)$ 的标准正交小波基，而且是 $L^p(R)(1<p<\infty)$ 的无条件基。Harr 小波是唯一的具有紧支的正交小波。

Harr 小波的傅里叶变换为

$$\hat{\psi}_H(\omega)=\frac{\sin^2(\omega/4)}{\omega/4}\exp[-\mathrm{j}(\omega-\pi)/2] \tag{4.5.5}$$

如图4.5.2所示，其幅度按 $|\omega|^{-1}$ 速度衰减，因此其频域局域化性质差。

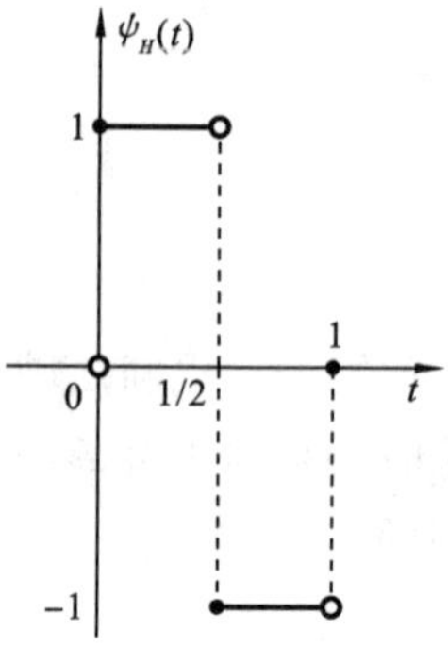

图 4.5.1 Harr 母小波

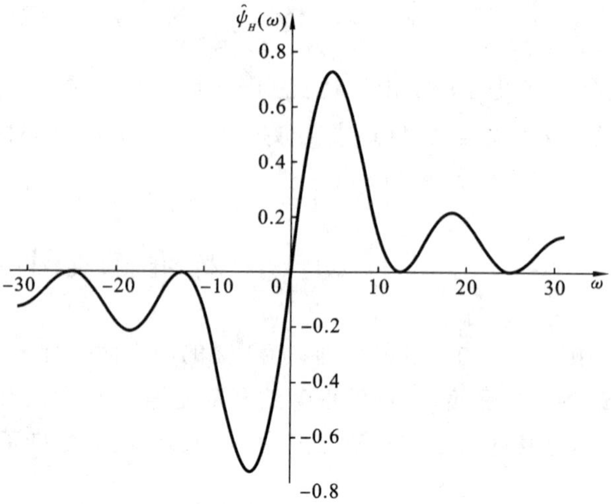

图 4.5.2 Harr 小波的傅里叶变换

2. Littlewood-Paley 小波

Littlewood-Paley 母小波定义为

$$\psi_{\mathrm{LP}}(t)=\frac{1}{\pi t}(\sin 2\pi t-\sin \pi t) \tag{4.5.6}$$

它的振幅按$|t|^{-1}$速度衰减,因此其时域局域化性质不好。它的傅里叶变换

$$\hat{\psi}_{\mathrm{LP}}(\omega)=\begin{cases}1, & \pi\leqslant|\omega|\leqslant 2\pi \\ 0, & \text{其他}\end{cases} \tag{4.5.7}$$

是紧支函数,因此具有良好的频域局域化性质,如图 4.5.3 所示。

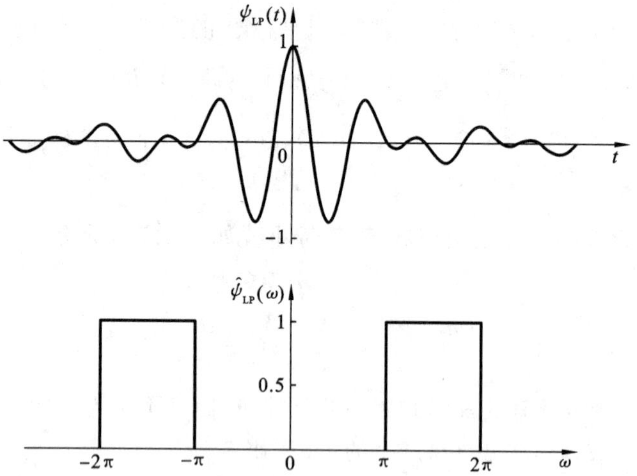

图 4.5.3 Littlewood-Paley 小波及其傅里叶变换

可以证明,由 Littlewood-Paley 母小波产生的小波

$$\psi_{j,k}^{\mathrm{LP}}(t)=2^{-j/2}\psi_{\mathrm{LP}}(2^{-j}t-k)\quad (j,k\in\mathbf{Z}) \tag{4.5.8}$$

满足条件 $\|\psi_{j,k}^{\mathrm{LP}}\|=1$ 和 $\sum_{j\in\mathbf{Z}}\sum_{k\in\mathbf{Z}}|\langle f,\psi_{j,k}^{\mathrm{LP}}\rangle|^2=\|f\|^2$,因而 Littlewood-Paley 小波是 $L^2(R)$的标准正交小波基。

可以看出,Littlewood-Paley 小波与 Harr 小波的性质刚好相反,即它具有好的频域局域化性质和差的时域局域化性质。为了寻求兼有良好频域和时域局域化性质的小波，人们在20世纪80年代进行了大量研究，其中第一个研究成果是1980年出现的Stromberg小波，它随$t\to\infty$呈指数衰减，且是$C^k(0<k<\infty)$函数，可惜当时并未引起人们的注意。接着在1985年，Meyer本想证明不可能存在频域和时域局域化性质都好的小波，但他却意外发现竟然存在这样的小波，这就是著名的Meyer小波。

3. Meyer 小波

Meyer小波是在频域定义的，具体来说，Meyer小波的傅里叶变换定义为

$$\hat{\psi}(\omega)=\begin{cases}\dfrac{1}{\sqrt{2\pi}}\exp(\mathrm{i}\omega/2)\sin\left[\dfrac{\pi}{2}v\left(\dfrac{3}{2\pi}|\omega|-1\right)\right], & \dfrac{2\pi}{3}\leqslant|\omega|\leqslant\dfrac{4\pi}{3}\\ 0, & |\omega|\notin\left[\dfrac{2\pi}{3},\dfrac{8\pi}{3}\right]\\ \dfrac{1}{\sqrt{2\pi}}\exp(\mathrm{i}\omega/2)\cos\left[\dfrac{\pi}{2}v\left(\dfrac{3}{2\pi}|\omega|-1\right)\right], & \dfrac{4\pi}{3}\leqslant|\omega|\leqslant\dfrac{8\pi}{3}\end{cases} \tag{4.5.9}$$

其中，$v(\alpha)$是一个光滑函数，且满足

$$v(\alpha)=\begin{cases}0, & \alpha\leqslant 0\\ 1, & \alpha\geqslant 1\end{cases} \tag{4.5.10}$$

和

$$v(\alpha)+v(1-\alpha)=1 \tag{4.5.11}$$

因此，$v(\alpha)$的选取不止一种，例如一种通常选取的函数是

$$v(\alpha)=\alpha^4(35-84\alpha+70\alpha^2-20\alpha^3),\quad \alpha\in[0,1] \tag{4.5.12}$$

图4.5.4所示的是相应的Meyer小波及其傅里叶变换的函数图形。

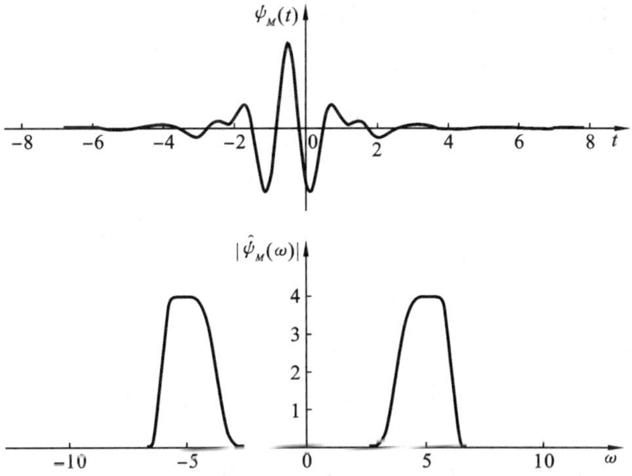

图4.5.4 Meyer**小波及其傅里叶变换的函数图形**

从图4.5.4可以看出，Meyer小波的傅里叶变换是频率限带函数，而且是光滑函数，这就提供了Meyer小波在时域中很快的渐近衰减性。详细的数学分析表明，Meyer小波是无穷光滑、导数有界和多项式衰减的函数。

就标准正交基而言，小波变换似乎要比窗口傅里叶变换好，因为能够构造出时域和频域都衰减得很快的小波函数，却找不到同时在时域和频域有很快衰减的窗函数来产生标准正交基。不过近年的研究表明，似乎窗口傅里叶变换也可以有好的标准正交基。Mallat和Meyer建立

的多分辨率分析理论对各种标准正交小波基的构造给出了统一解释,而且提供了构造其他标准正交小波基的工具。

4.6 多分辨率分析

从前面的讨论知道,满足允许条件的任何小波都存在连续框架,但连续框架有无限多冗余度。如果选择合适的母小波,尺度参数 $a\approx 1$,取样间隔 $\tau\approx 0$,那么可以把连续小波框架离散化来得到 $a\approx 1$ 的离散框架,离散框架的冗余度虽然有所减少,但仍然很高。

有另外一种小波,不仅能够构成框架,而且能够构成具有希望的局域性和光滑度的标准正交基,因此完全没有冗余,当然,仍然要受到不定性原理的约束。这种小波使用的尺度参数 $a=2$(并非接近于 1),而且满足一组比允许条件更严格的条件,不可能通过对一般连续框架离散化来得到。构造这种新小波的理论基础是多分辨率分析(Multiresolution Analysis, MRA),它不仅解释了这种新小波存在的机理,而且计算效率也高。小波分析能够获得广泛应用,主要原因之一正是因为发展了多分辨率分析理论。

4.6.1 多分辨率分析的基本概念

多分辨率分析由尺度函数 $\varphi(t)$确定。$\varphi(t)$的尺度伸缩和时间平移定义为

$$\varphi_{j,k}(t)=2^{-j/2}\varphi(2^{-j}t-k) \tag{4.6.1}$$

通常,$\varphi(t)$是中心在 $t=0$ 附近、宽度为 W 的脉冲函数,因此 $\varphi_{j,k}(t)$是中心在 $t=2^jk$ 附近、宽度为 2^jW 并与 $\varphi(t)$相似的脉冲函数。小波变换$(\mathrm{WT}_\psi f)(2^j,k2^j)=\langle f,\psi_{j,k}\rangle$可以看成是小波 $\psi_{j,k}(t)$对信号的取样,给出信号在尺度 2^j 上和时移 $k2^j$ 附近的"细节"。类似地,可以把 $\langle f,\varphi_{j,k}\rangle$看成是尺度函数 $\varphi_{j,k}(t)$对信号的取样,不同的是,$\langle f,\varphi_{j,k}\rangle$表示信号在 $t=2^jk$ 附近、宽度为 2^jW 的邻域内的"平均"。

为了确定一个多分辨率分析,尺度函数 $\varphi(t)$必须满足某些要求。第一个要求是它在尺度 $j=0$ 上具有标准正交性,即满足

$$\langle\varphi(t-k),\varphi(t-n)\rangle=\delta(k-n) \tag{4.6.2}$$

若取 $n=0$,则简化为

$$\langle\varphi(t-k),\varphi(t)\rangle=\delta(k),\quad k\in\mathbf{Z} \tag{4.6.3}$$

由于

$$\langle\varphi_{j,n},\varphi_{j,k}\rangle=\langle 2^{-j/2}\varphi(2^{-j}t-n),2^{-j/2}\varphi(2^{-j}t-k)\rangle=\langle\varphi(t-n),\varphi(t-k)\rangle \tag{4.6.4}$$

所以每个尺度上的尺度函数都具有标准正交性。但应注意,不同尺度上的尺度函数不要求正交。

令 $f(t)=1$,如果 $\varphi(t)$是可积的,那么可以定义内积$\langle f,\varphi_{0,k}\rangle$。如果把这个内积解释成 $\varphi_{0,k}(t)$对 f 的取样,那么

$$\langle f,\varphi_{0,k}\rangle=\int_{-\infty}^{\infty}f(t)\bar{\varphi}(t-k)\mathrm{d}t=\int_{-\infty}^{\infty}\bar{\varphi}(t-k)\mathrm{d}t=\bar{\hat{\varphi}}(0)=1 \tag{4.6.5}$$

这是 $\varphi(t)$必须满足的第二个要求,称为平均性要求。

对任何固定的 $j\in\mathbf{Z}$,令 V_j 是标准正交基 $\varphi_{j,k}$ 张成的 $L^2(R)$的闭子空间,因此任何 $f\in V_j$ 可表示为

$$f=\sum_k u_k\varphi_{j,k} \tag{4.6.6}$$

且

$$\| f \|^2 = \sum_k |u_k|^2 < \infty \tag{4.6.7}$$

特别地，对于 $j=0$，标准正交基 $\varphi_{0,k}$ 张成闭子空间 V_0。如果 $f \in V_0$，那么式(4.6.7)说明子空间 V_0 与序列空间 $l^2(Z)$ 等效，即 $\sum_k u_k \varphi_{0,k} \leftrightarrow \{u_k\}$。由于 $\varphi_{j,k}$ 是 $\varphi_{0,k}$ 的尺度伸缩函数，所以 V_j 可以由 V_0 经过尺度伸缩得到。

如果对一个信号以等时间间隔 $\Delta t = 2^j$ 取样，那么尺度小于 2^j 的细节将丢失。这意味着 V_j 只包含 2^j 尺度以上的信息。因此，闭子空间序列 V_j 存在单调嵌套关系

$$V_j \subset V_{j-1}, \quad j \in \mathbf{Z} \tag{4.6.8}$$

如图 4.6.1 所示。具体来说，高分辨率(小 j 值)尺度函数张成的空间包含低分辨率(大 j 值)尺度函数张成的空间。这是对 $\varphi(t)$ 的第三个要求，显然这个要求与前两个要求没有关系。

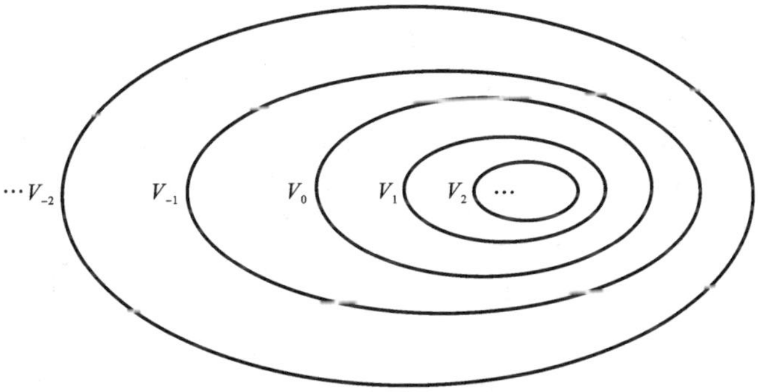

图 4.6.1　嵌套闭子空间 V_j 一致单调包含关系示意图

这样，从尺度函数 $\varphi(t)$ 出发构造出了 $L^2(R)$ 的一个满足以下三个要求的闭子空间序列 V_j：

(1) $\varphi(t-k)$ 构成 V_0 的标准正交基。

(2) $\varphi(t)$ 的尺度伸缩和平移函数系 $\varphi_{j,k}(t) = 2^{-j/2}\varphi(2^{-j}t-k)$ 构成 V_j 的标准正交基，即所有子空间 V_j 由基本空间 V_0 经过尺度变换得到。

(3) 闭子空间序列 V_j 是单调嵌套的，即 $V_j \subset V_{j-1}$。

要构成一个多分辨率分析，除了以上三个要求外，还必须满足以下两个要求：

(4) 在 $L^2(R)$ 内，$\lim\limits_{j\to\infty} P_j f = 0$，即 $\lim\limits_{j\to\infty} \| P_j f \| = 0$　　(4.6.9)

(5) 在 $L^2(R)$ 内，$\lim\limits_{j\to-\infty} P_j f = f$，即 $\lim\limits_{j\to-\infty} \| f - P_j f \| = 0$　　(4.6.10)

式中，P_j 是对 V_j 的正交投影算子，$f(t) \in L^2(R)$ 在 V_j 上的正交投影定义为

$$f^j(t) \equiv (P_j f)(t) = \sum_k \langle f, \varphi_{j,k} \rangle \varphi_{j,k}(t) \tag{4.6.11}$$

其中，内积 $\langle f, \varphi_{j,k} \rangle$ 是在尺度 j 上 $\varphi_{j,k}$ 对信号 f 的取样，因此 $f^j(t)$ 是由这些取样恢复的对信号 $f(t)$ 的"部分重构"或逼近。设原始信号 $f \in L^2(R)$ 具有无限高分辨率，它在 V_j 上的正交投影 $P_j f$ 是在分辨率 2^{-j} 上对信号的逼近，相对于 $f(t)$ 丢掉了一些信息。尺度 2^j 越大，分辨率越低，$P_j f$ 变得越"模糊"。因此，当 $j \to \infty$ 时，$P_j f$ 变成恒定不变的常数函数，而 $L^2(R)$ 中唯一的恒定函数是零，所以式(4.6.9)成立。另一方面，如果 φ 选择合适，那么 $P_j f$ 将在越来越小的尺度 2^j 上越来越精确地逼近 f，当 $j \to -\infty$ 时，$P_j f$ 将等于信号 f，即式(4.6.10)成立。

式(4.6.9)和式(4.6.10)隐含的等效结果分别是

$$\overline{\bigcup_{j\in \mathbf{Z}} V_j} = L^2(R) \tag{4.6.12}$$

$$\bigcap_{j\in \mathbf{Z}} V_j = \{0\} \tag{4.6.13}$$

由于 V_0 是 φ 产生的,而 V_j 由 V_0 确定,所以(4)和(5)两个要求最终归结为对 φ 的要求。φ 绝对可积,即 $\int |\varphi(t)| \mathrm{d}t < \infty$ 是满足(4)和(5)两个要求的充分条件,因此最后结论是:如果 φ 是满足式(4.6.3)的标准正交性和式(4.6.5)的平均性要求的绝对可积函数,那么式(4.6.9)和式(4.6.10)也成立,因此由 φ 生成的闭子空间序列 $\{V_j;j\in \mathbf{Z}\}$ 构成一个多分辨率分析。

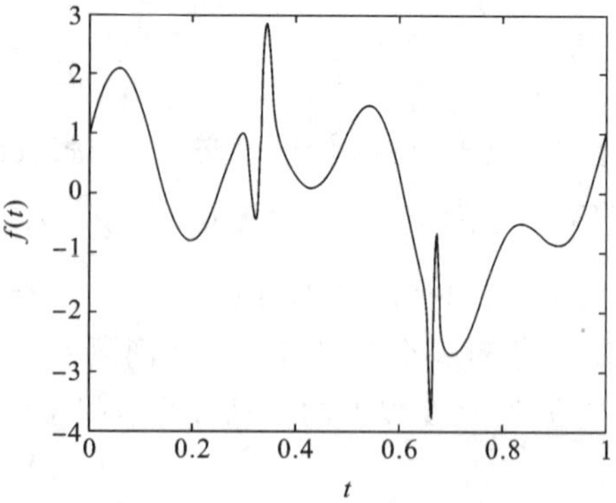

图 4.6.2　支撑为[0,1]的模拟信号 $f(t)$

例 4.6.1　设 V_j 是在区间 $[k2^j,(k+1)2^j](k\in \mathbf{Z})$ 上分段恒定的函数的空间,图 4.6.2 所示的支撑为[0,1]的模拟信号,$f\in L^2(R)$ 在 V_{-7} 和 V_{-6} 上的正交投影 $f^{-7}(t)\equiv P_{-7}f$ 和 $f^{-6}(t)\equiv P_{-6}f$ 分别如图 4.6.3 和图 4.6.4 所示。可以看出,阶梯宽度越小(即 j 越小),分辨率越高,对 f 的逼近越精确。

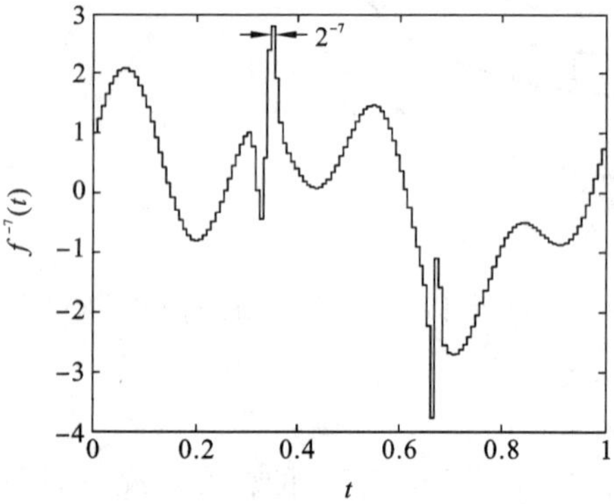

图 4.6.3　$f\in L^2(R)$ 在 V_{-7} 上的正交投影 $f^{-7}(t)\equiv P_{-7}f$

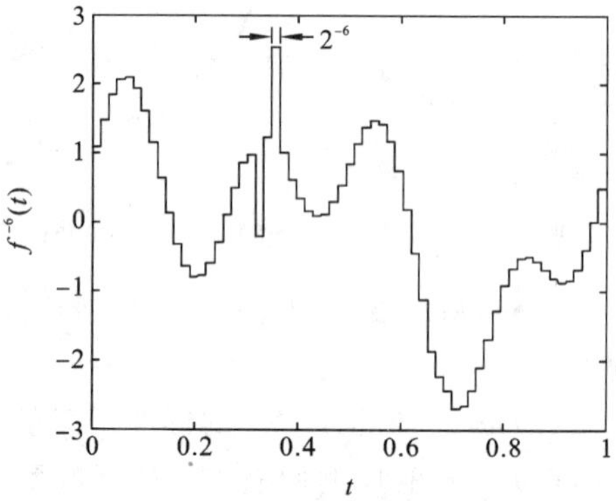

图 4.6.4　$f\in L^2(R)$ 在 V_{-6} 上的正交投影 $f^{-6}(t)\equiv P_{-6}f$

4.6.2　尺度函数 $\varphi(t)$ 和子空间 W_j

与连续小波变换或离散小波变换不同,多分辨率分析不是从小波 $\psi(t)$ 而是从尺度函数 $\varphi(t)$ 出发的,实际上,小波 $\psi(t)$ 可以由尺度函数 $\varphi(t)$ 产生。尺度函数 $\varphi(t)$ 和小波函数 $\psi(t)$ 是多分辨率分析的两个基本函数。有时为了强调 $\varphi(t)$ 与 $\psi(t)$ 的"联姻"关系,将 $\varphi(t)$ 称为"父小波"而将 $\psi(t)$ 称为"母小波"。

1. 两尺度关系

因 $\varphi\in V_0\subset V_{-1}$,而 $\varphi_{-1,k}(t)$ 是 V_{-1} 的标准正交基,所以 $\varphi(t)$ 可表示成

$$\varphi(t) = \sum_{k\in \mathbf{Z}} h_k \varphi_{-1,k}(t) = \sqrt{2}\sum_{k\in \mathbf{Z}} h_k \varphi(2t-k) \tag{4.6.14}$$

式(4.6.14)称为(φ 的)两尺度关系,其中

$$h_k = \langle \varphi,\varphi_{-1,k}\rangle,\quad \sum_{k\in \mathbf{Z}} h_k = \sqrt{2} \tag{4.6.15}$$

h_k 称为两尺度序列或尺度系数，尺度函数 $\varphi(t)$ 的构造由 h_k 决定。例如，如果两尺度序列为有限长，那么尺度函数一定是紧支撑函数；如果两尺度序列短，那么尺度函数的支撑也短。

式(4.6.14)两端取傅里叶变换

$$\hat{\varphi}(\omega) = \frac{1}{\sqrt{2}}\left(\sum_{k\in\mathbf{Z}} h_k \mathrm{e}^{-\mathrm{i}\omega k/2}\right)\hat{\varphi}\left(\frac{\omega}{2}\right) \tag{4.6.16}$$

式(4.6.14)和式(4.6.16)中的求和在 L^2 范数意义上收敛。令

$$H_0(\omega) = \frac{1}{\sqrt{2}}\sum_{k\in\mathbf{Z}} h_k \mathrm{e}^{-\mathrm{i}\omega k} \tag{4.6.17}$$

则式(4.6.16)简化为

$$\hat{\varphi}(\omega) = H_0\left(\frac{\omega}{2}\right)\hat{\varphi}\left(\frac{\omega}{2}\right) \text{ (a. e.)} \tag{4.6.18}$$

这是两尺度关系的频域表示，符号"a. e."表示"几乎逐点处处成立"。式(4.6.17)将 h_k 的傅里叶变换用 $\sqrt{2}$ 归一化，目的仅是得到简化式(4.6.18)。

类似地，因 $2^{-1/2}\varphi(2^{-1}t)\in V_1$，而 $V_1\subset V_0$，所以 $2^{-1/2}\varphi(2^{-1}t)\in V_0$，因此 $2^{-1/2}\varphi(2^{-1}t)$ 可以用 V_0 的标准正交基 $\varphi_{0,k}=\varphi(t-k)$ 的线性组合表示

$$2^{-1/2}\varphi(2^{-1}t) = \sum_k h_k\varphi_{0,k}(t) = \sum_k h_k\varphi(t-k) \tag{4.6.19}$$

这是另一种形式的两尺度关系，它把伸展一倍的尺度函数表示成未伸展尺度函数的叠加。通常感兴趣的是有限支撑尺度函数，因此伸缩后的尺度函数也是有限支撑的。这样，式(4.6.14)和式(4.6.19)中的 h_k 是有限长序列，因而式(4.6.14)和式(4.6.19)是有限项求和。

两尺度关系对于满足子空间的嵌套性不仅是必要的而且是充分的。为了看清这一点，将 V_1 中的函数表示成 V_1 的标准正交基 $\varphi_{1,k}=2^{-1/2}\varphi(2^{-1}t-k)$ 的线性组合

$$2^{-1/2}\sum_k u_k\varphi(2^{-1}t-k) = 2^{-1/2}\sum_k u_k\varphi[2^{-1}(t-2k)] \tag{4.6.20}$$

利用两尺度关系式(4.6.19)写出

$$2^{-1/2}\varphi[2^{-1}(t-2k)] = \sum_k h_k\varphi(t-3k) \tag{4.6.21}$$

将式(4.6.21)代入式(4.6.20)，得到

$$2^{-1/2}\sum_k u_k\varphi(2^{-1}t-k) = \sum_k u_k\sum_k h_k\varphi(t-3k) = \sum_k h_k u_k\varphi(t-3k) \tag{4.6.22}$$

式(4.6.22)右端是 V_0 中的函数，说明 $V_1\subset V_0$，即满足嵌套性要求。

2. $H_0(\omega)$的性质

式(4.6.17)定义的 $H_0(\omega)$ 是 $L^2([0,2\pi])$ 中的 2π 周期函数，它决定了尺度函数 $\varphi(t)$。$\varphi_{0,k}(t)\equiv\varphi(t-k)$ 是 V_0 的标准正交基，即

$$\delta(k) = \int_{-\infty}^{\infty}\varphi(t)\,\overline{\varphi(t-k)}\,\mathrm{d}t = \int_{-\infty}^{\infty}|\hat{\varphi}(\omega)|^2\mathrm{e}^{\mathrm{i}k\omega}\mathrm{d}\omega = \int_0^{2\pi}\sum_{l\in\mathbf{Z}}|\hat{\varphi}(\omega+2\pi l)|^2\mathrm{e}^{\mathrm{i}k\omega}\mathrm{d}\omega \tag{4.6.23}$$

式中，$\delta(k)$ 是单位冲激函数。由此得出 $\varphi_{0,k}(t)$ 是 V_0 的标准正交基的等效表示

$$\sum_{l\in\mathbf{Z}}|\hat{\varphi}(\omega+2\pi l)|^2 = (2\pi)^{-1} \quad \text{(a. e.)} \tag{4.6.24}$$

将式(4.6.18)代入式(4.6.24)，得到

$$\sum_{l\in\mathbf{Z}}\left|H_0\left(\frac{\omega}{2}+\pi l\right)\right|^2\left|\hat{\varphi}\left(\frac{\omega}{2}+\pi l\right)\right|^2 = (2\pi)^{-1} \tag{4.6.25}$$

按奇数和偶数下标分组求和，利用 $H_0(\omega)$的周期性和式(4.6.24)，得出

$$\left|H_0\left(\frac{\omega}{2}\right)\right|^2+\left|H_0\left(\frac{\omega}{2}+\pi\right)\right|^2=1 \quad (\text{a. e.}) \tag{4.6.26}$$

这说明，$\varphi_{0,k}(t)$要成为 V_0 的标准正交基，$H_0(\omega)$必须满足式(4.6.26)。

如果将式(4.6.26)中的周期函数展开成傅里叶级数，则可推导出

$$\sum_k h_k h_{k+2n} = \delta_{n,0} \tag{4.6.27}$$

这是式(4.6.26)的时域等效表示，有时更便于使用。

3. 两尺度序列$\{h_k;k\in \mathbf{Z}\}$

假设：(1) $\varphi\in L^1(R)$；(2) $\sum\limits_{k=-\infty}^{\infty}\varphi(t-k)=1$，(a. e.)；(3) $\{h_k\}\in l^1$。由假设(1)可推出$\hat{\varphi}(\omega)$是实数域上的连续函数。假设(2) 意味着

$$\begin{cases}\hat{\varphi}(0)=1\\ \hat{\varphi}(2\pi k)=0\end{cases},\quad 0\neq k\in \mathbf{Z} \tag{4.6.28}$$

假设(3)保证 $H_0(\omega)$是连续函数，这是绝对可积条件。由于 $H_0(\omega)$是连续函数，所以由式(4.6.17)、式(4.6.18)和式(4.6.28)可得出

$$H_0(0)=\frac{1}{\sqrt{2}}\sum_k h_k = 1 \quad 或 \quad \sum_k h_k=\sqrt{2} \tag{4.6.29}$$

和

$$H_0(\pi)=\frac{1}{\sqrt{2}}\sum_k (-1)^k h_k = 0 \quad 或 \quad \sum_k (-1)^k h_k = 0 \tag{4.6.30}$$

式(4.6.29)和式(4.6.30)结合起来等价为

$$\sum_k h_{2k} = \sum_k h_{2k+1} = \frac{1}{\sqrt{2}} \tag{4.6.31}$$

由于$\hat{\varphi}(\omega)$是连续的且$\hat{\varphi}(0)=1$，反复利用式(4.6.18)，得到

$$\hat{\varphi}(\omega)=\lim_{n\to\infty}\left[\prod_{k=1}^{n}H_0\left(\frac{\omega}{2^k}\right)\right]\hat{\varphi}\left(\frac{\omega}{2^n}\right)=\prod_{k=1}^{\infty}H_0\left(\frac{\omega}{2^k}\right) \tag{4.6.32}$$

式(4.6.32)成立的条件是无限积 $\prod\limits_{k=1}^{\infty}H_0(\omega/2^k)$ 收敛。

4. 正交补空间 W_j

多分辨率分析的基本宗旨是，当闭子空间序列$\{V_j;j\in \mathbf{Z}\}$满足第 4.6.1 节的五个要求时，就存在 $L^2(R)$的标准正交小波基

$$\psi_{j,k}(t)=2^{-j/2}\psi(2^{-j}-k),\quad j,k\in \mathbf{Z} \tag{4.6.33}$$

使得所有 $f(t)\in L^2(R)$满足

$$P_{j-1}f = P_j f + \sum_{k\in \mathbf{Z}}\langle f,\psi_{j,k}\rangle \psi_{j,k} \tag{4.6.34}$$

式中，P_j 是 V_j 上的正交投影算子，小波 $\psi_{j,k}(t)$由母小波 $\psi(t)$的尺度变换和整数平移产生，而母小波 $\psi(t)$直接由尺度函数 $\varphi(t)$构造。式(4.6.34)表明，信号在 V_{j-1}上的正交投影包含它在 V_j 上的正交投影的全部信息，$\sum\limits_{k\in \mathbf{Z}}\langle f,\psi_{j,k}\rangle\psi_{j,k}$ 是 $P_{j-1}f$ 比 $P_j f$ 多的信息。

定义 W_j 是 V_j 在 V_{j-1}中的正交补，即 $W_j\equiv\{f\in V_{j-1}:\langle f,g\rangle=0,g\in V_j\}$，因此有

$$V_{j-1}=V_j\oplus W_j \tag{4.6.35}$$

式中，符号"$\oplus$"表示"直和"，有

$$V_j \perp W_j;\quad W_j \perp W_m,\quad j\neq m \tag{4.6.36}$$

例如，设 $j>m$，则有 $W_j \subset V_m \perp W_m$。因此，对于 $j<J$ 有

$$V_j = V_J \oplus \bigoplus_{k=0}^{J-j-1} W_{J-k} \tag{4.6.37}$$

式中所有子空间相互正交。根据式(4.6.12)和式(4.6.13)，由式(4.6.37)得出

$$L^2(R)=\bigoplus_{j\in \mathbf{Z}} W_j \tag{4.6.38}$$

即 $L^2(R)$分解成互相正交的子空间 W_j，且 W_j 继承了 V_j 的尺度不变性

$$f\in W_j \Leftrightarrow f(2^j t)\in W_0 \tag{4.6.39}$$

将式(4.6.37)与式(4.6.34)进行对照，可以看出，对于每个固定的 j，$\{\psi_{j,k};k\in \mathbf{Z}\}$是 W_j 的标准正交基。由式(4.6.39)、式(4.6.12)和式(4.6.13)可以看出，这意味着整个函数集$\{\psi_{j,k};j,k\in \mathbf{Z}\}$是 $L^2(R)$的标准正交基。另一方面，式(4.6.39)保证如果$\{\psi_{0,k};k\in \mathbf{Z}\}$是 W_0 的标准正交基，那么对于任何 j，$\{\psi_{j,k};k\in \mathbf{Z}\}$是 W_j 的标准正交基。这样，标准正交小波基的构造归结为寻找一个 $\psi\in W_0$，使它的整数平移 $\psi(t-k)$构成 W_0 的标准正交基。

例 4.6.2 最简单的尺度函数是图 4.6.5 所示的 Harr 尺度函数，定义为

$$\varphi(t)=\begin{cases}1, & 0\leqslant t<1\\ 0, & \text{其他}\end{cases} \tag{4.6.40}$$

可以证明，由它生成的闭子空间序列 V_j 构成一个多分辨率分析(见习题 4.10)，而且它的伸缩、平移函数系 $\varphi_{j,k}=2^{-j/2}\varphi(2^{-j}t-k)$ $(j,k\in \mathbf{Z})$是空间 V_j 的标准正交基(见习题 4.11)。设 V_0 由 Haar 尺度函数 $\varphi(t)$ 及其平移产生，W_0 由某个函数 $\psi(t)$ 及其平移产生，因此 $\psi(t)$应当满足两个要求：① $\psi(t)$是 V_{-1} 中的函数，即可表示成 $\psi(t)=\sum_l a_l\varphi(2t-l)$，式中非零加权系数 $a_l\in R$ 为有限个；② $\psi(t)$ 与 V_0 正交，即对所有整数 k 有$\int\psi(t)\varphi(t-k)\mathrm{d}t=0$。要求 ① 意味着 $\psi(t)$ 由宽度为1/2 的尺度函数及其平移的加权和构成；要求 ② 在 $k=0$ 时为$\int_{-\infty}^{\infty}\psi(t)\varphi(t)\mathrm{d}t=0$，即 $\psi(t)$ 与 $\varphi(t)$ 正交。同时满足这两个要求的最简单的函数是

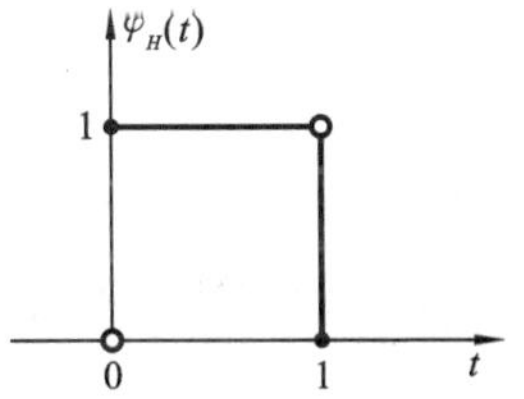

图 4.6.5 Harr 尺度函数

$$\psi(t)=\varphi(2t)-\varphi(2t-1) \tag{4.6.41}$$

它是宽度为 1/2 的 Haar 尺度函数及其平移的线性组合，因此它的确是 V_{-1}中的函数，即满足要求①。此外，由于$\int_{-\infty}^{\infty}\psi(t)\varphi(t)\mathrm{d}t=\int_0^{1/2}1\mathrm{d}t-\int_{1/2}^{1}1\mathrm{d}t=0$，所以 $\psi(t)$ 与 $\varphi(t)$ 正交。在 $k\neq 0$ 时，$\psi(t)$ 与 $\varphi(t-k)$ 没有重叠，所以有$\int_{-\infty}^{\infty}\psi(t)\varphi(t-k)\mathrm{d}t=0$，因此也满足要求 ②。按照式(4.6.41)构造的 $\psi(t)$，正是式(4.5.3) 所定义的 Haar 小波函数，其图形如图 4.5.1 所示。

与证明 Harr 尺度函数 $\varphi(t)$的伸缩、平移函数系 $\varphi_{j,k}=2^{-j/2}\varphi(2^{-j}t-k)$ $(j,k\in \mathbf{Z})$是空间 V_j 的标准正交基一样，可以证明 Haar 小波函数 $\psi(t)$的伸缩、平移函数系 $2^{-j/2}\psi(2^{-j}t-k)$ $(j,k\in \mathbf{Z})$是空间 W_j 的标准正交基(见习题 4.12)。

4.6.3 正交小波基的构造

用多分辨率分析构造小波是 Malla 和 Meyer 于 1989 年提出的，在那之前构造小波，例如，

1982 年 Sromberg 构造第一个光滑小波，1985 年 Meyer、1988 年 Lemarie 和 1987 年 Battle 构造小波，使用的都是比较特定，当然也都是相当不错的方法。本节讨论用多分辨率分析构造小波的方法。

设 $f\in W_0$，等效于 $f\in V_{-1}$ 和 $f\perp V_0$。由于 $f\in V_{-1}$，所以有

$$f=\sum_k f_k\varphi_{-1,k} \tag{4.6.42}$$

其中

$$f_k=\langle f,\varphi_{-1,k}\rangle \tag{4.6.43}$$

与式(4.6.18)的推导一样，式(4.6.42)两端取傅里叶变换，得到

$$\hat{f}(\omega)=\frac{1}{\sqrt{2}}\sum_k f_k \mathrm{e}^{-\mathrm{i}\omega k}\,\hat{\varphi}\left(\frac{\omega}{2}\right)=H_f\left(\frac{\omega}{2}\right)\hat{\varphi}\left(\frac{\omega}{2}\right) \tag{4.6.44}$$

其中

$$H_f(\omega)=\frac{1}{\sqrt{2}}\sum_k f_k \mathrm{e}^{-\mathrm{i}\omega k}\quad (\text{a. e.}) \tag{4.6.45}$$

式(4.6.45)几乎逐点处处收敛。$H_f(\omega)$是 $L^2([0,2\pi])$中的 2π 周期函数。

$f\perp V_0$ 意味着对所有 $k\in\mathbf{Z}$ 有 $f\perp\varphi_{0,k}$，即 $\int_{-\infty}^{\infty}\hat{f}(\omega)\,\overline{\hat{\varphi}(\omega)}\mathrm{e}^{\mathrm{i}\omega k}\mathrm{d}\omega=0$ 或

$$\int_0^{2\pi}\mathrm{d}\omega \mathrm{e}^{\mathrm{i}\omega k}\sum_{l\in\mathbf{Z}}\hat{f}(\omega+2\pi l)\,\overline{\hat{\varphi}(\omega+2\pi l)}=0$$

因此

$$\sum_{l\in\mathbf{Z}}\hat{f}(\omega+2\pi l)\,\overline{\hat{\varphi}(\omega+2\pi l)}=0 \tag{4.6.46}$$

式中，级数在 $L^1([-\pi,\pi])$中绝对收敛。将式(4.6.18)和式(4.6.44)代入式(4.6.46)，按奇数和偶数下标分组求和(由于绝对收敛，故允许这样做)，并利用式(4.6.24)，得到

$$H_f\left(\frac{\omega}{2}\right)\overline{H_0\left(\frac{\omega}{2}\right)}+H_f\left(\frac{\omega}{2}+\pi\right)\overline{H_0\left(\frac{\omega}{2}+\pi\right)}=0\quad (\text{a. e.}) \tag{4.6.47}$$

根据式(4.6.26)，在一组非零测量上$\overline{H_0(\omega/2)}$和$\overline{H_0(\omega/2+\pi)}$不能同时等于零，这意味着存在一个 2π 周期函数 $\lambda(\omega/2)$，使得

$$H_f\left(\frac{\omega}{2}\right)=\lambda\left(\frac{\omega}{2}\right)\overline{H_0\left(\frac{\omega}{2}+\pi\right)}\quad (\text{a. e.}) \tag{4.6.48}$$

和

$$\lambda\left(\frac{\omega}{2}\right)+\lambda\left(\frac{\omega}{2}+\pi\right)=0\quad (\text{a. e.}) \tag{4.6.49}$$

将式(4.6.49)改写为

$$\lambda\left(\frac{\omega}{2}\right)=\hat{v}(\omega)\mathrm{e}^{\mathrm{i}\omega/2} \tag{4.6.50}$$

式中，$v(\omega)$是 2π 周期函数。将式(4.6.50)和式(4.6.48)代入式(4.6.44)，得

$$\hat{f}(\omega)=\mathrm{e}^{\mathrm{i}\omega/2}\,\overline{H_0\left(\frac{\omega}{2}+\pi\right)}\hat{v}(\omega)\hat{\varphi}\left(\frac{\omega}{2}\right) \tag{4.6.51}$$

定义

$$\hat{\psi}(\omega)=\mathrm{e}^{\mathrm{i}\omega/2}\,\overline{H_0\left(\frac{\omega}{2}+\pi\right)}\hat{\varphi}\left(\frac{\omega}{2}\right) \tag{4.6.52}$$

则式(4.6.51)简化为

$$\hat{f}(\omega)=\hat{v}(\omega)\hat{\psi}(\omega) \tag{4.6.53}$$

这说明可以选择$\hat{\psi}(\omega)$作为 W_0 的候选基函数。若不考虑收敛问题，可以写出式(4.6.53)的时域表达式为

$$f(t)=\sum_k v_k\psi(t-k)$$

其中

$$\hat{v}(\omega)=\sum_k v_k e^{-i\omega k}$$

这说明选择 $\psi_{0,k}(t)\equiv\psi(t-k)$ 作为 W_0 的基是恰当的。但是,应该验证 $\psi_{0,k}(t)$ 的确是 W_0 的标准正交基。

首先,根据 $H_0(\omega)$ 和 $\hat{\varphi}(\omega)$ 的性质,可以保证式(4.6.52)定义的 $\psi(t)$ 是一个 $L^2(R)$ 函数,它属于 V_{-1} 且与 V_0 正交,所以它属于 W_0。

其次,需要验证 $\psi_{0,k}(t)$ 的确是 W_0 的基。为此只需验证任何 $f\in W_0$ 可写成

$$f=\sum_k\gamma_k\psi_{0,k}\quad 或\quad \hat{f}(\omega)=\hat{\gamma}(\omega)\,\hat{\psi}(\omega)\tag{4.6.54}$$

其中,γ_k 是平方可和序列,即 $\sum\limits_k|\gamma_k|^2<\infty$;$\hat{\gamma}(\omega)\in L^2([0,2\pi])$ 且是 2π 周期函数。这是容易验证的,因为由式(4.6.50)有

$$\int_0^{2\pi}|\hat{v}(\omega)|^2 d\omega=2\int_0^{\pi}\left|\lambda\left(\frac{\omega}{2}\right)\right|^2 d\left(\frac{\omega}{2}\right)\tag{4.6.55}$$

由式(4.6.45)可得

$$\int_0^{2\pi}|H_f(\omega)|^2 d\omega=\pi\sum_k|f_k|^2=\pi\|f\|^2<\infty\tag{4.6.56}$$

另一方面,由式(4.6.48)可得

$$\begin{aligned}\int_0^{2\pi}|H_f(\omega)|^2 d\omega&=\int_0^{2\pi}|\lambda(\omega)|^2|H_0(\omega+\pi)|^2 d\omega\\&=\int_0^{\pi}|\lambda(\omega)|^2[|H_0(\omega+\pi)|^2+|H_0(\omega)|^2]d\omega\\&=\int_0^{\pi}|\lambda(\omega)|^2 d\omega\end{aligned}\tag{4.6.57}$$

将式(4.6.56)代入式(4.6.57),然后将结果代入式(4.6.55),得到

$$\int_0^{2\pi}|v(\omega)|^2 d\omega=2\pi\|f\|^2<\infty$$

即式(4.6.53)中的 $\hat{v}(\omega)$ 是平方可积的 2π 周期函数。所以 $\psi_{0,k}(t)$ 的确是 W_0 的基。

最后,验证 $\psi_{0,k}(t)$ 的标准正交性质。由于

$$\int_{-\infty}^{\infty}\psi(t)\,\overline{\psi(t-k)}\,dt=\int_{-\infty}^{\infty}|\hat{\psi}(\omega)|^2 e^{i\omega k}d\omega=\int_0^{2\pi}\sum_l|\hat{\psi}(\omega+2\pi l)|^2 e^{i\omega k}d\omega\tag{4.6.58}$$

其中

$$\begin{aligned}\sum_l|\hat{\psi}(\omega+2\pi l)|^2&=\sum_l\left|H_0\left(\frac{\omega}{2}+\pi l+\pi\right)\right|^2\left|\hat{\varphi}\left(\frac{\omega}{2}+\pi l\right)\right|^2\\&=\left|H_0\left(\frac{\omega}{2}+\pi\right)\right|^2\sum_k\left|\hat{\varphi}\left(\frac{\omega}{2}+2\pi k\right)\right|^2\\&\quad+\left|H_0\left(\frac{\omega}{2}\right)\right|^2\sum_k\left|\hat{\varphi}\left(\frac{\omega}{2}+\pi+2\pi k\right)\right|^2\end{aligned}$$

根据式(4.6.24),$\sum\limits_{l\in\mathbf{Z}}|\hat{\varphi}(\omega+2\pi l)|^2=(2\pi)^{-1}$,所以由上式得

$$\sum_l|\hat{\psi}(\omega+2\pi l)|^2=(2\pi)^{-1}\left[\left|H_0\left(\frac{\omega}{2}\right)\right|^2+\left|H_0\left(\frac{\omega}{2}+\pi\right)\right|^2\right]$$

根据式(4.6.26)，$\left|H_0\left(\frac{\omega}{2}\right)\right|^2+\left|H_0\left(\frac{\omega}{2}+\pi\right)\right|^2=1$，所以

$$\sum_l |\hat{\psi}(\omega+2\pi l)|^2=(2\pi)^{-1} \tag{4.6.59}$$

将式(4.6.59)代回式(4.6.58)，得到

$$\int_{-\infty}^{\infty}\psi(t)\overline{\psi(t-k)}\mathrm{d}t=(2\pi)^{-1}\int_0^{2\pi}\mathrm{e}^{\mathrm{i}\omega k}\mathrm{d}\omega=\delta(k) \tag{4.6.60}$$

这说明 $\psi_{0,k}(t)$的确是标准正交函数。

这样，便验证了$\{\psi_{0,k};k\in\mathbf{Z}\}$是 W_0 的标准正交基。因此，$\psi(t)$经尺度变换和平移后得到的$\{\psi_{j,k};j,k\in\mathbf{Z}\}$是 W_j 的标准正交基。

最后，将多分辨率分析构造标准正交小波基的步骤总结如下：

(1) 选择满足式(4.6.26)和式(4.6.31)要求的 $H_0(\omega)$。

(2) 用式(4.6.32)计算尺度函数 $\varphi(t)$。

(3) 用式(4.6.52)计算小波 $\psi(t)$。

如果进一步要求尺度函数 $\varphi(t)$光滑和连续可微，且 $\varphi(t)$和 $\varphi'(t)$在无穷远处的渐近衰减满足要求$|\varphi(t)|=O(t^2)$和$|\varphi'(t)|=O(t^2)$，那么 h_k 必须满足条件

$$h_k=O(k^2)(k\to\infty)\quad 和\quad |H_0(\omega)|\neq 0(\omega\in[0,2\pi])$$

$H_0(\omega)$的选择很重要，它影响着 $\varphi(t)$和 $\psi(t)$的性质。$H_0(\omega)$选择得好，$\varphi(t)$的时域和频域局域化性质也好。根据 $H_0(\omega)$的特性可以估计 $\varphi(t)$的光滑程度和它在无穷远处的渐近衰减性质。可以证明，对任何 $k>0$，能够找到一个 $H_0(\omega)$使对应的 $\psi(t)$具有紧支撑并且 k 阶连续可微。Meyer 用多分辨率分析方法构造的第一个小波既是 C^∞ 函数又有很快的衰减。

值得注意的是，按照多分辨率分析的嵌套子空间 V_j 和式(4.6.34)的要求所确定的母小波 $\psi(t)$不是唯一的，式(4.6.52)只是母小波 $\psi(t)$的一种可能选择，其中 $H_0(\omega)$由式(4.6.17)和式(4.6.15)确定。式(4.6.52)的时域表示为

$$\psi(t)=\sum_k(-1)^{k-1}h_{-k-1}\varphi_{-1,k}=\sqrt{2}\sum_k(-1)^{k-1}h_{-k-1}\varphi(2t-k) \tag{4.6.61}$$

式中，级数在 $L^2(R)$范数的意义上收敛。事实上，具有以下形式的$\hat{\psi}^{\#}$ 也满足式(4.6.34)的要求

$$\hat{\psi}^{\#}(\omega)=\rho(\omega)\hat{\psi}(\omega) \tag{4.6.62}$$

式中，$\rho(\omega)$是 2π 周期函数，且$|\rho(\omega)|=1$(a.e.)。特别地，可选择 $\rho(\omega)=\rho_0\mathrm{e}^{imp}$，其中 $m\in\mathbf{Z}$，$|\rho_0|=1$，即$\hat{\psi}^{\#}$ 相对于$\hat{\psi}$有相移，对应于 $\psi(t)$有时移 m。按照式(4.6.62)选择 $\psi(t)$比式(4.6.61)有更大的灵活性，例如，选择

$$\psi=\sum_k g_k\varphi_{-1,k}=\sqrt{2}\sum_k g_k\varphi(2t-k) \tag{4.6.63}$$

其中

$$g_k=(-1)^k h_{-k+1} \tag{4.6.64}$$

或

$$g_k=(-1)^k h_{-k+1+2N} \tag{4.6.65}$$

式中，N 是一个适当选取的整数。式(4.6.63)称为 $\psi(t)$的两尺度关系。当然，式(4.6.62)中还可以选择更一般的 $\rho(\omega)$。

4.6.4　正交小波基构造实例

例 4.6.3　Haar 小波的构造。Haar 尺度函数由式(4.6.40)定义

$$\varphi(t)=\begin{cases}1, & 0\leqslant t<1\\ 0, & \text{其他}\end{cases}$$

用式(4.6.15)计算两尺度序列 h_k

$$h_k=\langle\varphi,\varphi_{-1,0}\rangle=\sqrt{2}\int\varphi(t)\varphi(2t-k)\mathrm{d}t$$

由于 $\varphi(t)$ 的支撑是 $[0,1)$，故只需考虑 $k=0$ 和 $k=1$ 两种情况。对于 $k=0$，

$$\varphi(2t)=\begin{cases}1, & 0\leqslant t<1/2\\ 0, & \text{其他}\end{cases}$$

对于 $k=1$，

$$\varphi(2t-1)=\begin{cases}1, & 1/2\leqslant t<1\\ 0, & \text{其他}\end{cases}$$

如图 4.6.6 所示。因此

$$h_0=\sqrt{2}\int_{-\infty}^{\infty}\varphi(t)\varphi(2t)\mathrm{d}t=\sqrt{2}\int_0^{1/2}1\mathrm{d}t=\sqrt{2}/2$$

$$h_1=\sqrt{2}\int_{-\infty}^{\infty}\varphi(t)\varphi(2t-1)\mathrm{d}t=\sqrt{2}\int_{1/2}^{1}1\mathrm{d}t=\sqrt{2}/2$$

将 h_0 和 h_1 的值代入式(4.6.61)

$$\begin{aligned}\psi(t)&=\sqrt{2}\sum_{k=0}^{1}(-1)^k h_{-k+1}\varphi(2t-k)\\&=\sqrt{2}[h_1\varphi(2t)-h_0\varphi(2t-1)]\\&=\varphi(2t)-\varphi(2t-1)\end{aligned}$$

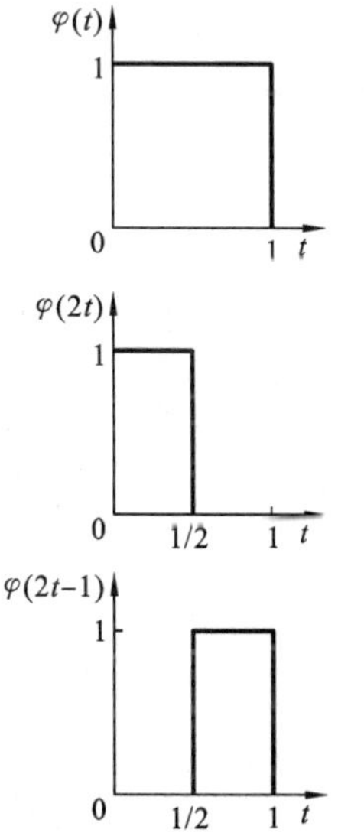

图 4.6.6　$\varphi(t)$、$\varphi(2t)$ 和 $\varphi(2t-1)$

将 Haar 尺度函数 $\varphi(t)$ 代入上式，得到

$$\psi(t)=\begin{cases}1, & 0\leqslant t<1/2\\ -1, & 1/2\leqslant t<1\\ 0, & \text{其他}\end{cases}$$

这就是式(4.5.3)所定义、图 4.5.1 所示的 Haar 小波。

例 4.6.4　Meyer 小波的构造。如果把尺度函数 $\varphi(t)$ 的傅里叶变换 $\hat{\varphi}(\omega)$ 选为理想低通频率特性，那么 $\varphi(t)$ 的衰减非常缓慢，从多分辨率的观点来看，这种时域局域化特性很不理想。Meyer 解决这个问题的办法是使 $\hat{\varphi}(\omega)$ 变光滑，具体做法是选择一个满足以下二式要求的光滑函数 $\theta(x)$ 来构造 $\hat{\varphi}(\omega)$

$$\theta(x)=\begin{cases}1, & x\geqslant 1\\ 0, & x\leqslant 0\end{cases}\tag{4.6.66}$$

$$\theta(x)+\theta(1-x)=1,\quad \text{所有 } x\tag{4.6.67}$$

"光滑"的含义是函数 d 次连续可微，这里 $d\geqslant 1$ 是适当选择的整数。这样的 $\theta(x)$ 不难用奇次多项式来构造(见习题 4.33)。选定 $\theta(x)$ 后，$\hat{\varphi}(\omega)$ 定义为

$$\hat{\varphi}(\omega)=\cos\theta(|x|)\tag{4.6.68}$$

具体来说，Meyer 把尺度函数 $\hat{\varphi}(\omega)$ 定义为

$$\hat{\varphi}(\omega)=\begin{cases}(2\pi)^{-/2}, & |\omega|\geqslant 2\pi/3\\ (2\pi)^{-/2}\cos\left[\dfrac{\pi}{2}\theta\left(\dfrac{3}{2\pi}|\omega|-1\right)\right], & 2\pi/3\leqslant|\omega|\leqslant 4\pi/3\\ 0, & \text{其他}\end{cases}\tag{4.6.69}$$

光滑函数 $\theta(x)$ 和 Meyer 尺度函数 $\hat{\varphi}(\omega)$ 如图 4.6.7 所示。

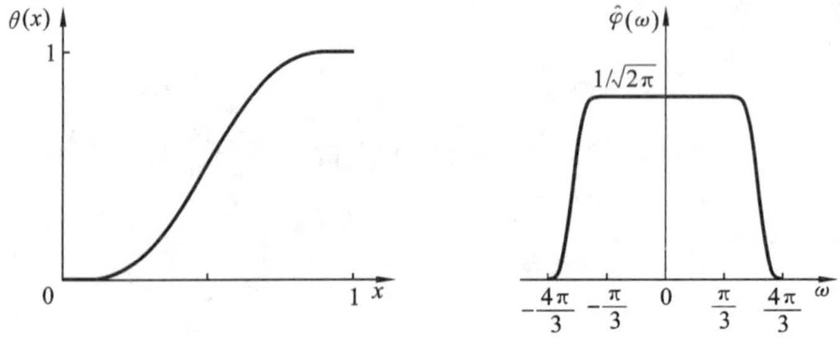

图 4.6.7 光滑函数 $\theta(x)$ 和 Meyer 尺度函数 $\hat{\varphi}(\omega)$

由式(4.6.67)可以推出式(4.6.24) $\sum\limits_{l\in\mathbf{Z}}|\hat{\varphi}(\omega+2\pi l)|^2=(2\pi)^{-1}$ (a. e.),即证明 $\varphi_{0,k}(t)$ 是 V_0 的标准正交基,因此 $\varphi_{j,k}=2^{-j/2}\varphi(2^{-j}t-k)(j,k\in\mathbf{Z})$ 是空间 V_j 的标准正交基。由于 $\theta(x)$ 是 d 次连续可微函数,所以 $\hat{\varphi}(\omega)$ 也是 d 次连续可微函数,且有

$$\hat{\varphi}(\omega)=\begin{cases}0, & |\omega|\geqslant 4\pi/3\\ 1, & |\omega|\leqslant 2\pi/3\end{cases}\tag{4.6.70}$$

因此,$\hat{\varphi}(\omega)$ 的支撑是 $[-4\pi/3,4\pi/3]$,超出 $H_0(\omega)$ 的一个周期,即 2π。

当且仅当 $\varphi\in V_{-1}$,即当且仅当存在一个在 $[0,2\pi]$ 上平方可积的 2π 周期函数 $H_0(\omega)$,使 $\hat{\varphi}(\omega)=H_0(\omega)\hat{\varphi}(\omega/2)$,$V_j$ 满足嵌套性要求。在此特殊情况下,不难由 $\hat{\varphi}(\omega)$ 本身构造 $H_0(\omega)=\sqrt{2\pi}\sum\limits_{l\in\mathbf{Z}}\hat{\varphi}[2(\omega+2\pi)l]$,这是一个 2π 周期函数,且有

$$\begin{aligned}H_0(\omega/2)\,\hat{\varphi}(\omega/2)&=\sqrt{2\pi}\sum_{l\in\mathbf{Z}}\hat{\varphi}(\omega+4\pi l)\,\hat{\varphi}(\omega/2)\\&=\sqrt{2\pi}\,\hat{\varphi}(\omega)\,\hat{\varphi}(\omega/2)\quad(\text{因为}\hat{\varphi}(\omega/2)\text{ 与}\hat{\varphi}(\omega+4\pi l)\text{ 的支撑不重叠})\\&=\hat{\varphi}(\omega)\quad(\text{因为在}\hat{\varphi}(\omega)\text{ 的支撑内有 }\sqrt{2\pi}\,\hat{\varphi}(\omega/2)=1)\end{aligned}$$

可以证明,V_j 也满足多分辨率分析的所有要求。因此,Meyer 尺度函数 $\varphi(t)$ 及其嵌套子空间序列 V_j 构成一个多分辨率分析。可利用式(4.6.52)求 Meyer 多分辨率分析的小波

$$\hat{\psi}(\omega)=\mathrm{e}^{\mathrm{i}\omega/2}\,\overline{H_0(\omega/2+\pi)}\,\hat{\varphi}(\omega/2)=\sqrt{2\pi}\mathrm{e}^{\mathrm{i}\omega/2}\sum_{l\in\mathbf{Z}}\hat{\varphi}(\omega+2\pi(2l+1))\,\hat{\varphi}(\omega/2)$$

注意,和式中除了 $l=0$ 对应的两项,即 $\hat{\varphi}(\omega\pm2\pi)$ 与 $\hat{\varphi}(\omega/2)$ 有重叠外,其余所有项都与 $\hat{\varphi}(\omega/2)$ 没有重叠,所以

$$\hat{\psi}(\omega)=\sqrt{2\pi}\mathrm{e}^{\mathrm{i}\omega/2}[\hat{\varphi}(\omega+2\pi)+\hat{\varphi}(\omega-2\pi)]\hat{\varphi}(\omega/2)\tag{4.6.71}$$

如图 4.6.8 所示。

多分辨率分析导出的小波 ψ 也有不好的,如有的衰减非常慢。可以证明,如果 ψ 衰减很慢而且是光滑的,那么一定是由多分辨率分析导出的。虽然迄今为止知道的实用标准正交小波基都与多分辨率分析有关,但是并非所有标准正交小波基都由多分辨率分析导出,也有多分辨率分析不能导出的 $\psi(t)$,其伸缩平移函数系 $\psi_{j,k}(t)=2^{-j/2}\psi(2^{-j}t-k)$ 是 $L^2(R)$ 的标准正交基。

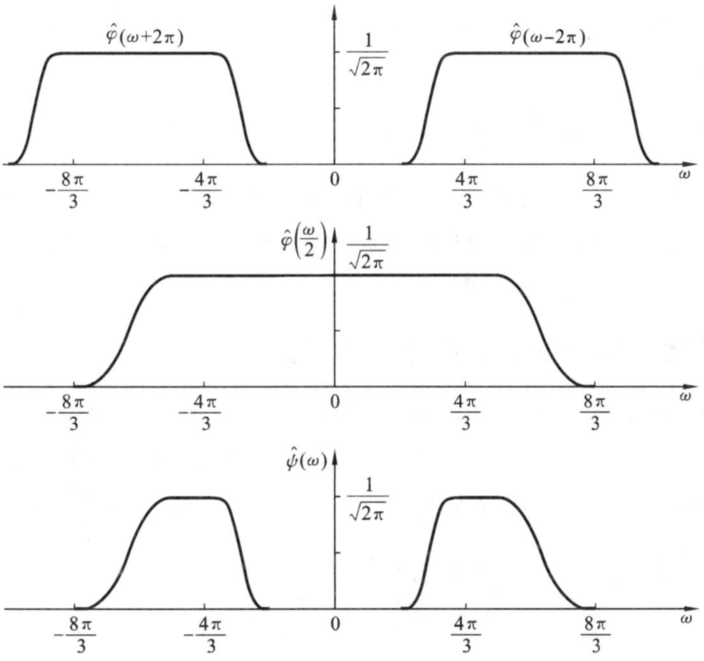

图 4.6.8　由 Meyer 尺度函数计算 Meyer 小波函数

例如，

$$\hat{\psi}(\omega)=\begin{cases}(2\pi)^{-1/2}, & 4\pi/7\leqslant|\omega|\leqslant\pi\quad 或\quad 4\pi\leqslant|\omega|\leqslant 32\pi/7\\ 0, & 其他\end{cases}\tag{4.6.72}$$

显然，$\|\psi_{j,k}\|=\|\psi\|=1, 2\pi\sum\limits_{j}|\hat{\psi}(2^j\omega)|^2=1(\text{a.e.})$。因此，如果以下条件成立

$$\sum\hat{\psi}(2^l\omega)\,\overline{\hat{\psi}[2^l(\omega+2\pi(2k+1))]}=0\quad(\text{a.e.})\tag{4.6.73}$$

则 $\psi_{j,k}$ 构成框架常数为 1 的紧框架。容易验证，对所有 $l\geqslant 0$ 和 $k\in\mathbf{Z}$，

$$[\hat{\psi}的支撑]\cap[\hat{\psi}+(2k+1)2\pi 2^l\ 的支撑]=0$$

即 $\hat{\psi}(\omega)$ 满足式(4.6.73)，因此 $\psi_{j,k}(t)=2^{-j/2}\psi(2^{-j}t-k)$ 构成 $L^2(R)$ 的标准正交基。如果 $\psi(t)$ 是由多分辨率分析导出的，那么相应的尺度函数 φ 应满足式(4.6.52)和式(4.6.18)(如果按照式(4.6.62)选取 $\psi(t)$，还额外要求 $|\rho(\omega)|=1(\text{a.e.})$)。这样，由式(4.6.26)得出

$$|\hat{\varphi}(\omega)|^2+|\hat{\psi}(\omega)|^2=|\hat{\varphi}(\omega/2)|^2\tag{4.6.74}$$

这意味着对所有的 $\omega\neq 0$，有

$$|\hat{\varphi}(\omega)|^2=\sum_{j=1}^{\infty}|\hat{\psi}(2^j\omega)|^2\tag{4.6.75}$$

根据式(4.6.72)，容易验证式(4.6.75)，意味着

$$|\hat{\varphi}(\omega)|=\begin{cases}(2\pi)^{-1/2}, & 0\leqslant|\omega|\leqslant 4\pi/7\\ & 或\ \pi\leqslant|\omega|\leqslant 8\pi/7\\ & 或\ 2\pi\leqslant|\omega|\leqslant 16\pi/7\\ 0, & 其他\end{cases}$$

如果存在一个 2π 周期函数 H_0，使式(4.6.18)对这个 φ 成立，那么有

$$|H_0(\omega)|=1,\quad 0\leqslant|\omega|\leqslant\frac{4\pi}{7}$$

根据周期性,这意味着$|H_0(\omega)|=1$对$2\pi\leqslant|\omega|\leqslant\frac{8\pi}{7}$也成立。因此,即使在区间$2\pi\leqslant|\omega|\leqslant\frac{16\pi}{7}$上$|\hat{\varphi}(2\omega)|=0$,也有

$$|H_0(\omega)||\hat{\varphi}(\omega)|=\frac{1}{\sqrt{2\pi}},\quad 2\pi\leqslant|\omega|\leqslant\frac{16\pi}{7}$$

这显然与式(4.6.18)矛盾。所以式(4.6.72)所确定的$L^2(R)$的标准正交小波基不可能由多分辨率分析推导出来。如果对$\hat{\psi}$的光滑度(即ψ的衰减)提出一定要求,是否仍然存在这种"病态"情况,目前还是一个尚未解决的问题。

4.6.5 多分辨率分析某些条件的放松

多分辨率分析要求$\{\varphi_{0,k}=\varphi(t-k);k\in\mathbf{Z}\}$是$V_0$的标准正交基,这个要求在更一般的情况下可以放松为只要求$\varphi_{0,k}$是V_0的Riesz基。这意味着要求$\varphi_{0,k}$满足两个条件:① $\varphi_{0,k}$张成子空间V_0,即对任意函数$f\in L^2(R)$,存在唯一的$(c_k)_{k\in\mathbf{Z}}\in l^2(Z)$,使$f=\sum_k c_k\varphi_{0,k}$;② 存在与$c_k$无关的常数$A$和$B$,$0<A<B<\infty$,使得对所有的$c_k$,有

$$A\sum_k|c_k|^2\leqslant\left\|\sum_k c_k\varphi_{0,k}\right\|^2\leqslant B\sum_k|c_k|^2 \tag{4.6.76}$$

由于

$$\left\|\sum_k c_k\varphi_{0,k}\right\|^2=\int_0^{2\pi}\left|\sum_k c_k\mathrm{e}^{-\mathrm{i}k\omega}\hat{\varphi}(\omega)\right|^2\mathrm{d}\omega=\int_0^{2\pi}\left|\sum_k c_k\mathrm{e}^{-\mathrm{i}k\omega}\right|^2\sum_{l\in\mathbf{Z}}|\hat{\varphi}(\omega+2\pi l)|\,\mathrm{d}\omega$$

和

$$\sum_k|c_k|^2=(2\pi)^{-1}\int_0^{2\pi}|c_k\mathrm{e}^{-\mathrm{i}k\omega}|^2\mathrm{d}\omega$$

所以式(4.6.76)等效于

$$0<(2\pi)^{-1}A\leqslant\sum_l|\hat{\varphi}(\omega+2\pi l)|^2\leqslant(2\pi)^{-1}B<\infty,\quad(\text{a.e.}) \tag{4.6.77}$$

用正交化方法由Riesz基φ构造标准正交基$\varphi^{\#}\in L^2(R)$

$$\varphi^{\#}(\omega)=(2\pi)^{-1/2}\Big[\sum_{l\in\mathbf{Z}}|\hat{\varphi}(\omega+2\pi l)|^2\Big]^{-1/2}\hat{\varphi}(\omega) \tag{4.6.78}$$

由于$\sum_l|\hat{\varphi}^{\#}(\omega+2\pi l)|^2=(2\pi)^{-1}(\text{a.e.})$,这意味着$\hat{\varphi}_{0,k}^{\#}$是标准正交的。因此,由$\hat{\varphi}_{0,k}^{\#}$张成的空间

$$\begin{aligned}V_0^{\#}&=\Big\{f;f=\sum_k f_k^{\#}\varphi_{0,k}^{\#},(f_k^{\#})_{k\in Z}\in l^2(Z)\Big\}\\&=\{f;\hat{f}=v\hat{\varphi}^{\#},v\text{ 是 }2\pi\text{ 周期函数},v\in L^2([0,2\pi])\}\\&=\{f;\hat{f}=v_1\hat{\varphi},v_1\text{ 是 }2\pi\text{ 周期函数},v_1\in L^2([0,2\pi])\}\\&=\Big\{f;f=\sum_k f_k\varphi_{0,k},(f_k)_{k\in Z}\in l^2(Z)\Big\}\quad(\text{由式(4.6.77)和式(4.6.78)确定})\\&=V_0\quad(\text{因为 }\varphi_{0,k}\text{ 是 }V_0\text{ 的 Riesz 基})\end{aligned}$$

即$V_0^{\#}$与V_0是同一个空间。

从尺度函数出发构造多分辨率分析,需要选择一个满足两尺度关系

$$\varphi(t)=\sum_{k\in\mathbf{Z}}c_k\varphi(2t-k),\quad\sum_k|c_k|^2<\infty \tag{4.6.79}$$

和要求

$$0<\alpha\leqslant\sum_{l\in\mathbf{Z}}|\hat{\varphi}(\omega+2\pi l)|^2\leqslant\beta<\infty \tag{4.6.80}$$

的尺度函数 $\varphi(t)$，并由 $\varphi_{j,k}(t)=2^{-j/2}\varphi(2^{-j}-k)(k\in\mathbf{Z})$ 张成闭子空间 V_j。这里不要求 $\varphi(t)$ 满足标准正交性条件式(4.6.3)和平均性条件式(4.6.5)，只要求 $\varphi_{0,k}$ 是 V_0 的 Riesz 基，$\hat{\varphi}(\omega)$ 对所有 ω 有界并在 $\omega=0$ 连续，且 $\hat{\varphi}(0)\neq 0$。这些条件是 $\varphi(t)$ 产生多分辨率分析必须满足的最低要求。由于 $\varphi_{0,k}$ 只是 V_0 的 Riesz 基，所以需要利用正交化方法由 $\varphi(t)$ 产生一个满足标准正交性条件的新尺度函数 $\varphi^{\#}$。

式(4.6.79)和式(4.6.80)是保证 $\{\varphi_{j,k};k\in\mathbf{Z}\}$ 为每个 V_j 的 Riesz 基，并保证 V_j 满足嵌套性[式(4.6.8)]要求的充分和必要条件。这样，V_j 满足第 4.6.1 节列出的多分辨率分析的所有条件。

4.6.6　多分辨率分析的快速算法

假设已计算出或已给定 f 与某个小尺度(假设 $j=0$)上的 $\varphi_{j,k}$ 的内积 $\langle f,\varphi_{0,k}\rangle$，现在要计算 $j\geqslant 1$ 的 $\langle f,\varphi_{j,k}\rangle$。首先，根据式(4.6.63)有

$$\psi=\sum_n g_n\varphi_{-1,n}$$

其中(见式(4.6.64))

$$g_n=\langle\psi,\varphi_{-1,n}\rangle=(-1)^n h_{-n+1}$$

因此

$$\begin{aligned}\psi_{j,k}(t)&=2^{-j/2}\psi(2^{-j}t-k)=2^{-j/2}\sum_n g_n 2^{1/2}\varphi(2^{-j+1}t-2k-n)\\&=\sum_n g_n\varphi_{j-1,2k+n}(t)=\sum_n g_{n-2k}\varphi_{j-1,n}(t)\end{aligned}\tag{4.6.81}$$

由此得出

$$\langle f,\psi_{1,k}\rangle=\sum_n\overline{g_{n-2k}}\langle f,\varphi_{0,n}\rangle$$

即序列 $\langle f,\varphi_{0,n}\rangle(n\in\mathbf{Z})$ 与 $\overline{g}_{-n}(n\in\mathbf{Z})$ 进行卷积，然后只保留偶数下标的样本，便得到 $\langle f,\psi_{1,k}\rangle$。一般地，有

$$\langle f,\psi_{j,k}\rangle=\sum_n\overline{g_{n-2k}}\langle f,\varphi_{j-1,n}\rangle\tag{4.6.82}$$

这样，如果已知 $\langle f,\varphi_{j-1,k}\rangle$，就可以利用式(4.6.82)计算 $\langle f,\varphi_{j-1,k}\rangle$ 与 $\overline{g}_{-n}(n\in\mathbf{Z})$ 的卷积并只保留偶数下标的样本，最后得到 $\langle f,\psi_{j,k}\rangle$。

根据式(4.6.1)和式(4.6.14)，有

$$\varphi_{j,k}(t)=2^{-j/2}\varphi(2^{-j}t-k)=\sum_n h_{n-2k}\varphi_{j-1,n}(t)\tag{4.6.83}$$

因此

$$\langle f,\varphi_{j,k}\rangle=\sum_n\overline{h_{n-2k}}\langle f,\varphi_{j-1,n}\rangle\tag{4.6.84}$$

这样，就可以用式(4.6.82)由 $\langle f,\varphi_{0,n}\rangle$ 计算 $\langle f,\psi_{1,k}\rangle$，用式(4.6.84)由 $\langle f,\varphi_{0,n}\rangle$ 计算 $\langle f,\varphi_{1,k}\rangle$，用式(4.6.82)由 $\langle f,\varphi_{1,n}\rangle$ 计算 $\langle f,\psi_{2,k}\rangle$ 和用式(4.6.84)计算 $\langle f,\varphi_{2,k}\rangle$，等等。每次迭代不仅算出了尺度 j 上的小波系数 $\langle f,\psi_{j,k}\rangle$，而且算出了同一尺度上的 $\langle f,\varphi_{j,k}\rangle$，后者正是下一步计算小波系数所需要的。整个计算过程，可以看成是不断计算对 f 越来越"粗略"的逼近 $\langle f,\varphi_{j,k}\rangle$，同时计算相邻两尺度的逼近之间的"信息差" $\langle f,\psi_{j,k}\rangle$。假设迭代从 f 的某个小尺度逼近 $f^0=P_0f$ 开始，首先把 $f^0\in V_0=V_1\oplus W_1$ 分解成 $f^0=f^1+\delta^1$，这里 $f^1=P_1f^0=P_1f$ 是对 f 的较"粗略"逼近，$\delta^1=f^0-f^1=Q_1f^0=Q_1f$ 是从较精细逼近 f^0 变到较粗略逼近 f^1 所"丢失"的信息，这里 Q_j 是对 W_j 的正交投影算子。由于子空间 V_j 和 W_j 的标准正交基分别是

$\varphi_{j,k}$和$\psi_{j,k}(k\in\mathbf{Z})$,所以$f^0$、$f^1$和$\delta^1$可以表示成各个子空间的标准正交基的线性加权和

$$f^0=\sum_n c_n^0\varphi_{0,n},\quad f^1=\sum_n c_n^1\varphi_{1,n},\quad \delta^1=\sum_n d_n^1\psi_{1,n}$$

其中

$$c_n^0=\langle f,\varphi_{0,n}\rangle,\quad c_n^1=\langle f,\varphi_{1,n}\rangle,\quad d_n^1=\langle f,\psi_{1,n}\rangle$$

将这三个公式代入式(4.6.84)和式(4.6.82),分别得出

$$c_k^1=\sum_n \overline{h_{n-2k}}c_n^0\quad 和\quad d_k^1=\sum_n \overline{g_{n-2k}}c_n^0 \tag{4.6.85}$$

若采用矢量和矩阵符号$\boldsymbol{c}^0=\{c_k^0\}_{k\in\mathbf{Z}}$,$\boldsymbol{c}^1=\{c_k^1\}_{k\in\mathbf{Z}}$,$\boldsymbol{d}^1=\{d_k^1\}_{k\in\mathbf{Z}}$,$\overline{\boldsymbol{G}}=\{\overline{g_{n-2k}}\}_{n,k\in\mathbf{Z}}$和$\overline{\boldsymbol{H}}=\{\overline{h_{n-2k}}\}_{n,k\in\mathbf{Z}}$,那么式(4.6.85)可简化表示为

$$\boldsymbol{c}^1=\overline{\boldsymbol{H}}\boldsymbol{c}^0\quad 和\quad \boldsymbol{d}^1=\overline{\boldsymbol{G}}\boldsymbol{c}^0$$

类似地,进一步把$f^1\in V_1=V_2\oplus W_2$分解成$f^1=f^2+\delta^2$,$f^2\in V_2$和$\delta^2\in W_2$,这里

$$f^2=\sum_n c_n^2\varphi_{2,n},\quad \delta^2=\sum_n d_n^2\psi_{2,n}$$

同时再次利用式(4.6.84)和式(4.6.82),得出

$$c_k^2=\sum_n \overline{h_{n-2k}}c_n^1\quad 和\quad d_k^2=\sum_n \overline{g_{n-2k}}c_n^1$$

或采用矢量矩阵符号

$$\boldsymbol{c}^2=\overline{\boldsymbol{H}}\boldsymbol{c}^1\quad 和\quad \boldsymbol{d}^2=\overline{\boldsymbol{G}}\boldsymbol{c}^1$$

经过有限次(如J次)迭代,将$\boldsymbol{c}^0=\{c_n^0\}=\langle f,\varphi_{0,n}\rangle$分解成$\boldsymbol{d}^1,\boldsymbol{d}^2,\cdots,\boldsymbol{d}^J$与$\boldsymbol{c}^J$之和,这里$\boldsymbol{d}^j=\langle f,\psi_{j,k}\rangle(j=1,2,\cdots,J,k\in\mathbf{Z})$称为细节系数,反映信号$f^0=f$在$W_j$上的正交投影或在尺度$j$上的细节;$\boldsymbol{c}^j=\langle f,\varphi_{j,k}\rangle$称为逼近系数,反映信号在逼近空间$V_j$上的正交投影或在尺度$j$上对信号的逼近;$\boldsymbol{c}^J$是最大尺度$J$上的逼近系数,反映信号的"最粗略"逼近。这一分解过程如图4.6.9所示。

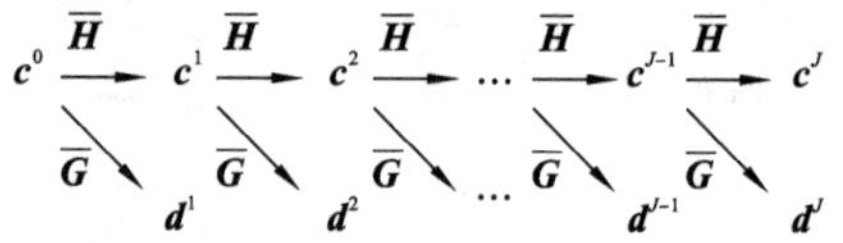

图4.6.9　多分辨率分析的分解算法

图中每级迭代计算公式为

$$\boldsymbol{c}^j=\overline{\boldsymbol{H}}\boldsymbol{c}^{j-1}\quad 和\quad \boldsymbol{d}^j=\overline{\boldsymbol{G}}\boldsymbol{c}^{j-1}$$

或

$$c_k^j=\sum_n \overline{h_{n-2k}}c_n^{j-1}\quad 和\quad d_k^j=\sum_n \overline{g_{n-2k}}c_n^{j-1}$$

每级信号分解为

$$f^{j-1}=f^j+\delta^j=\sum_k c_k^j\varphi_{j,k}+\sum_k d_k^j\psi_{j,k}$$

因此

$$c_n^{j-1}=\langle f^{j-1},\varphi_{j-1,n}\rangle=\sum_k c_k^j\langle\varphi_{j,k},\varphi_{j-1,n}\rangle+\sum d_k^j\langle\psi_{j,k},\varphi_{j-1,n}\rangle$$

由式(4.6.83)有$h_{n-2k}=\langle\varphi_{j,k},\varphi_{j-1,n}\rangle$,由式(4.6.81)有$g_{n-2k}=\langle\psi_{j,k},\varphi_{j-1,n}\rangle$,将这两个结果代入上式,得到

$$c_n^{j-1}=\sum_k[h_{n-2k}c_k^j+g_{n-2k}d_k^j] \tag{4.6.86}$$

或用矢量矩阵符号表示

$$\boldsymbol{c}^{j-1}=\boldsymbol{H}\boldsymbol{c}^j+\boldsymbol{G}\boldsymbol{d}^j \tag{4.6.87}$$

利用式(4.6.87),从$\boldsymbol{d}^J$和$\boldsymbol{c}^J$开始进行迭代,最终恢复原始信号$\boldsymbol{c}^0$,即$f^0=f$,如图4.6.10所示。这是合成原始信号的过程。

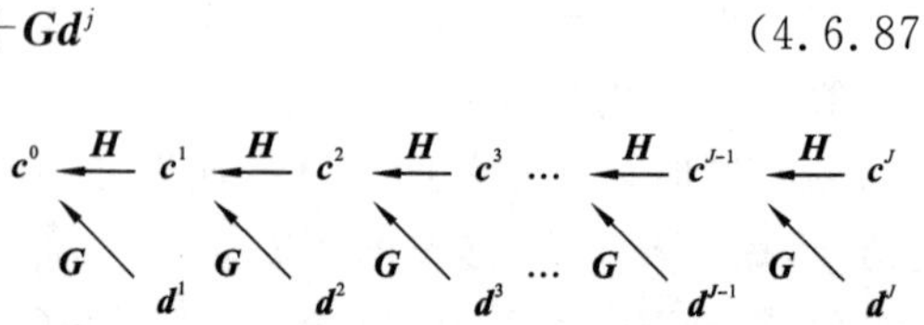

图4.6.10　多分辨率分析的合成算法

综上所述,多分辨率分析的分解与合成计算过程可汇总为

$$\text{分解：}\begin{cases} c_k^j = \sum_n \overline{h_{n-2k}} c_n^{j-1} \\ d_k^j = \sum_n \overline{g_{n-2k}} c_n^{j-1} \end{cases} \tag{4.6.88}$$

$$\text{合成：} c_n^{j-1} = \sum_k h_{n-2k} c_k^j + \sum_k g_{n-2k} d_k^j \tag{4.6.89}$$

整个过程是迭代计算的，因而是一个快速算法。例如，对于 Harr 多分辨率分析，假设迭代计算的初始值是 $\boldsymbol{c}^0$ 的 N 个数据，因此，第 1 次迭代需要计算 $N/2$ 个小波系数 c_n^1 和 $N/2$ 个逼近系数 d_n^1；第 2 次迭代需要根据 $N/2$ 个 c_n^1 值计算 $N/4$ 个 c_n^2 和 $N/4$ 个 d_n^2；等等。这样，总的计算量是 $2(N/2+N/4+\cdots)=2N$ 次。对于更复杂的小波基，小波系数和逼近系数的数目比这更多。例如，假设前一级有 K 个系数，那么总的计算量就应当是 $2KN$（乘法和加法各 KN 次）。

4.6.7　多分辨率分析快速算法的实现

1. 分解算法

分解算法如图 4.6.9 所示，其中每一级按照式（4.6.88）计算，具体计算过程是：计算序列 c_k^{j-1} 与 $\bar{h}_k$ 的卷积（即用滤波器 H 滤波），抽取偶数下标（隔一抽一）的卷积结果，得到序列 c_k^j；同时计算序列 c_k^{j-1} 与 $\bar{g}_k$ 的卷积（即用滤波器 $\bar{G}$ 滤波），抽取偶数下标（隔一抽一）的卷积结果，得到序列 d_k^j。每级计算方框图如图 4.6.11 所示，图中符号"2↓"表示抽取偶数下标样本值。经过 J 次迭代计算后，信号被分解成 $d_k^j(j=1,2,\cdots,J)$ 和 c_k^j。

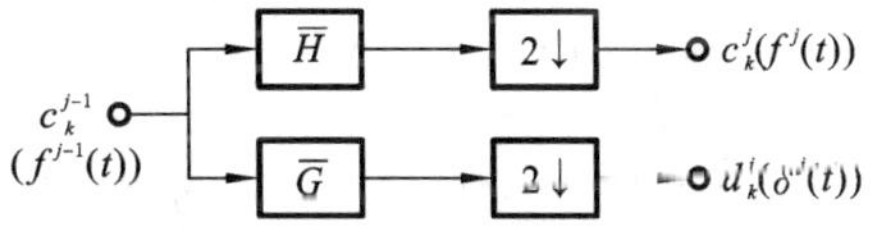

图 4.6.11　多分辨率分析分解算法每级方框图

多分辨率分析分解算法的 MATLAB 函数程序如下：

```
function w=dec(f,h,NJ,Jstop)
% Input:
%   f=data whose length is 2^NJ, where NJ=number of scales.
%   h=scaling coefficients
%   Jstop=stopping scale; program will decompose down to scale level Jstop
% Output:
%   w=the first 1:2^Jstop entries of w are the V-Jstop projection of f.
%     The rest are the wavelet coefficients down to level W-Jstop.
N=length(f); N1=2^NJ;
if ~(N==N1)
    error('Length of f should be 2^NJ')
end;
if (Jstop< 1)||(Jstop> NJ)
    error('Jstop must be at least 1 and < =NJ')
end;
L=length(h);
hf=fliplr(h);
g=h; g(2:2:L)=-g(2:2:L);
c=f;
t=[];
for j=NJ:-1:Jstop+ 1
    n=length(c);
    c=[c(mod((-L+1:-1),n)+1) c]; % make the data periodic
```

```
        d=conv(c,g); d=d(L+1:2:L+n-1);
        c=conv(c,hf); c=c(L:L+n-1); % convolve
        cb=c(1:L);c=[c(L+1:n) cb]; % periodize
        c=c(2:2:n); % then down- sample
        t=[d,t];
    end;
    w=[c,t];
```

例 4.6.5 已知例 4.6.1 的信号由下式定义

$$f=\sin(2\pi t)+\cos(4\pi t)+\sin(8\pi t)+256(t-1/3)e^{-[64(t-1/3)]^2}+512(t-2/3)e^{-[128(t-2/3)]^2}$$

在 $0\leqslant t\leqslant 1$ 区间 2^8 个等间隔点上取样，得到数据 $f^{-8}=f(n/2^8)\in V_{-8}$。使用 Harr 多分辨率分析将 f^{-8} 分解成 $f^{-7}(t)$ 与 $\delta^{-7}(t)$ 之和，画出 $f^{-7}(t)$ 和 $\delta^{-7}(t)$ 的图形。已知 Harr 尺度系数为：$h_0=h_1=1/\sqrt{2}$。

解 初始信号取样间隔为 2^8，即尺度 $2^{-\mathrm{NJ}}=2^{-8}$，因此 NJ=8。分解终止尺度为 $2^{-\mathrm{Jstop}}=2^{-7}$，因此 Jstop=7。MATLAB 主程序如下：

```
NJ=8;Jstop=7;
t=linspace(0,1,2^NJ); % discretize the unit interval into 2^NJ nodes
f=sin(2* pi* t)+cos(4* pi* t)+sin(8* pi* t)+4* 64* (t-1/3).* exp(-((t-1/3)*
64).^2)+512* (t-2/3).* exp(-((t-2/3)* 128).^2); % Sample signal
h=[1/2^0.5 1/2^0.5]; % Harr scale coefficients
w=dec(f,h,NJ,Jstop); % decomposes the signal y from level 8 down to level4
JJ=2^(Jstop);
ww=[w(JJ) w(1:JJ)];  % the first 1:2^Jstop entries of w are the V- Jstop
                     % projection of f.
ww1=[w(2* JJ) w(JJ+1:2* JJ)];  % The rest are the wavelet coefficients down
                               % to level W- Jstop.
tt=linspace(0,1,JJ+1);  % the following is the plot routine for Harr
ll=length(tt); ta=[tt;tt]; tt=ta(1:2* ll);
wa=[ww;ww]; ww=wa(1:2* ll);
ww=[ww(2* ll) ww(1:2* ll-1)];
wa1=[ww1;ww1]; ww1=wa1(1:2* ll);
ww1=[ww1(2* ll) ww1(1:2* ll-1)];
figure
plot(tt,ww)
figure
plot(tt,ww1)
```

运行程序得到 V_{-7} 和 W_{-7} 上的投影 $f^{-7}(t)$ 和 $\delta^{-7}(t)$，分别如图 4.6.12 和图 4.6.13 所示。

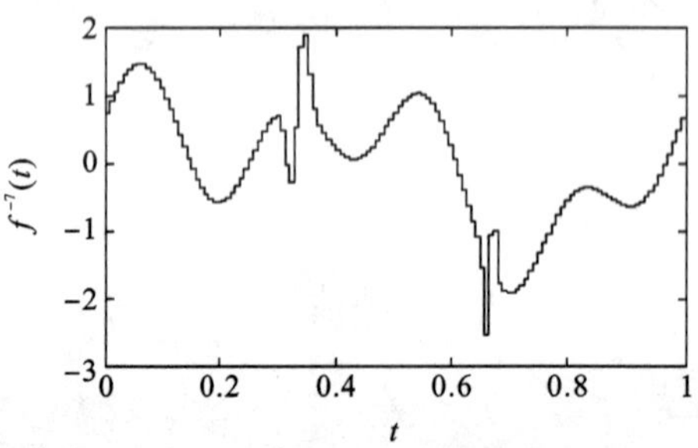

图 4.6.12 信号在 V_{-7} 上的投影 $f^{-7}(t)$

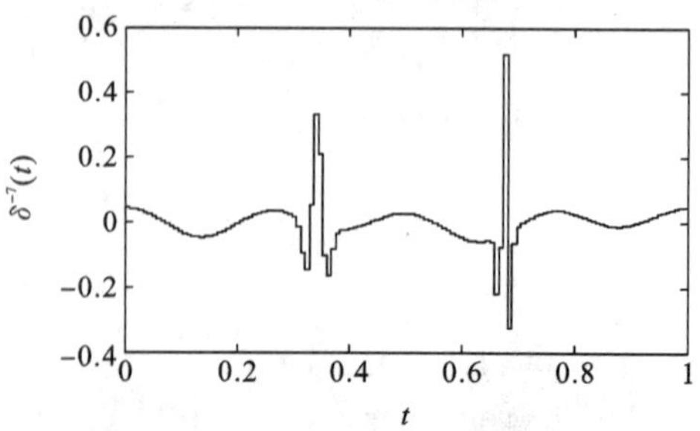

图 4.6.13 信号在 W_{-7} 上的投影 $\delta^{-7}(t)$

例 4.6.6　已知 Daubechies 尺度系数

$$h_0=\frac{1+\sqrt{3}}{4\sqrt{2}},\quad h_1=\frac{3+\sqrt{3}}{4\sqrt{2}},\quad h_2=\frac{3-\sqrt{3}}{4\sqrt{2}},\quad h_3=\frac{1-\sqrt{3}}{4\sqrt{2}}$$

调用函数 dec 对例 4.6.5 给出的信号进行分解 $f^{-8}(t)=\delta^{-7}(t)+\delta^{-6}(t)+f^{-6}(t)$。画出 $w(t)$以及 $f^{-6}(t)$、$\delta^{-6}(t)$和 $\delta^{-7}(t)$的图形，并在 $w(t)$的图形中标出 $f^{-6}(t)$、$\delta^{-6}(t)$和 $\delta^{-7}(t)$的位置和长度。

解　调用函数 dec 的主程序与例 4.6.6 的基本相同。改动的地方如下：

```
NJ= 8;Jstop= 6;
h0= (1+ 3^0.5)/(4* 2^0.5);h1= (3+ 3^0.5)/(4* 2^0.5);
h2= (3- 3^0.5)/(4* 2^0.5);h3= (1- 3^0.5)/(4* 2^0.5);
h= [h0 h1 h2 h3]; % Daubechies- 4 scale coefficients
w= dec(f,h,NJ,Jstop); % decomposes f from level 8 down to level 6
L= length(h);JJ= 2^(Jstop);
tt= linspace(0,1,JJ+ 1);
ww= [w(JJ) w(1:JJ)]; % the V- Jstop projection of f
ww1= [w(2* JJ) w(JJ+ 1:2* JJ)]; the wavelet coefficients on W- Jstop
tt2= linspace(0,1,2* JJ+ 1);
ww2= [w(4* JJ) w(2* JJ+ 1:4* JJ)];
figure
plot(tt,ww)
figure
subplot(3,1,1)
plot(tt,ww), axis([0,1,- 5,5]),grid
subplot(3,1,2)
plot(tt,ww1), axis([0,1,- 1,1]),grid
subplot(3,1,3)
plot(tt2,ww2), axis([0,1,- 0.5,0.5]),grid
```

运行该程序，分别得到图 4.6.14 和图 4.6.15。

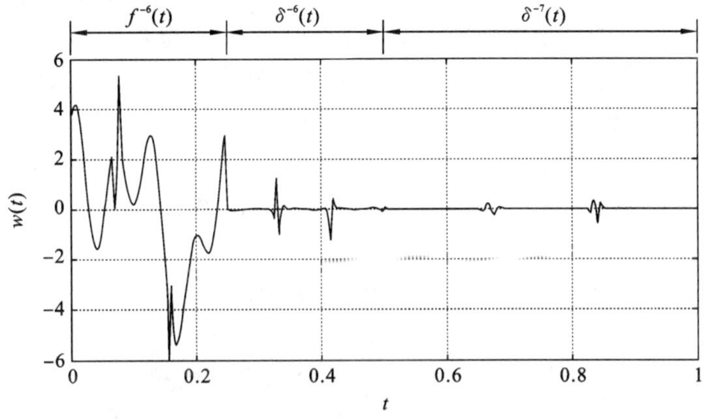

图 4.6.14　例 4.6.6 调用函数 dec 得到的 $w(t)$

2. 合成算法

信号分解以后，根据不同的应用目的对分解结果 $\boldsymbol{d}^1,\boldsymbol{d}^2,\cdots,\boldsymbol{d}^J$ 和 $\boldsymbol{c}^J$ 进行修改，然后由修改后的数据合成(重构)需要的信号，如图 4.6.10 所示。这是一个按照式(4.6.89)从逼近系数

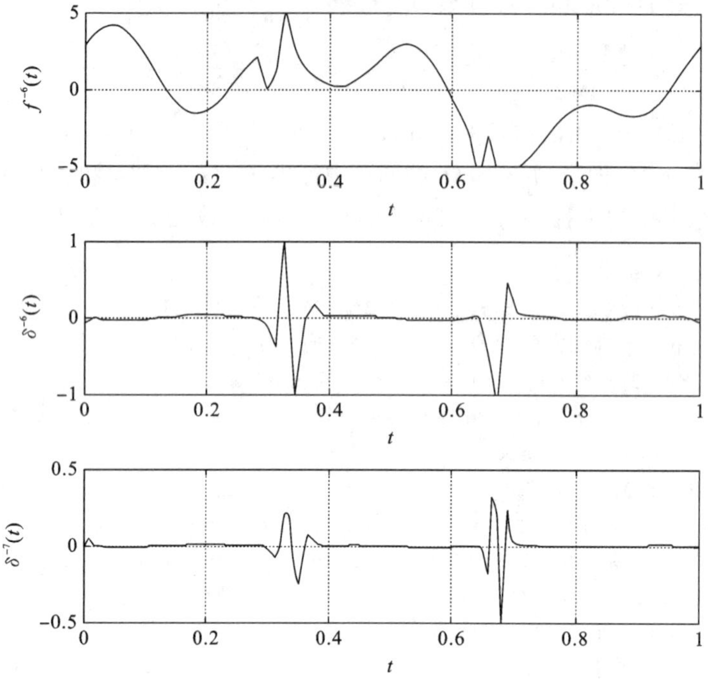

图 4.6.15　例 4.6.6 的信号分解结果

$\{c_k^J\}$和细节(小波)系数$\{d_k^j\}$($j=1,2,\cdots,J$)迭代计算 $c_k^{J-1},c_k^{J-2},\cdots,c_k^1$ 和 c_k^0 的过程

$$c_n^{j-1} = \sum_k h_{n-2k}c_k^j + \sum_k g_{n-2k}d_k^j$$

这个公式很像两个卷积之和,但是卷积的下标是 $n-k$ 而不是 $n-2k$。换句话说,这里是没有奇数项($h_{n-(2k+1)}$和 $g_{n-(2k+1)}$)的卷积。为了把式(4.6.89)中的和式表示成卷积形式,现在把奇数项放回去,但是需要将奇数项乘以零,即

$$\begin{aligned} c_n^{j-1} = & \cdots + h_{n+4}c_{-2}^j + h_{n+3}\cdot 0 + h_{n+2}c_{-1}^j + h_{n+1}\cdot 0 + h_n c_0^j + h_{n-1}\cdot 0 \\ & + \cdots g_{n+4}d_{-2}^j + g_{n+3}\cdot 0 + g_{n+2}d_{-1}^j + g_{n+1}\cdot 0 + g_n d_0^j + g_{n-1}\cdot 0 + \cdots \end{aligned}$$

这意味着在序列 c_n^j 和 d_n^j 的各项之间插入 0,各构成一个所有奇数项都等于 0 的新序列,同时把原来的非零项的旧下标都乘以 2 而变成新的偶数下标。例如,c_{-1}^j原来的下标-1 现在变成-2。这样处理后的序列称为增取样序列,一般序列 $x=(\cdots x_{-2},x_{-1},x_0,x_1,x_2\cdots)$的增取样序列表示为

$$Ux=(\cdots 0,x_{-2},0,x_{-1},0,x_0,0,x_1,0,x_2,0\cdots)$$

或简化表示为

$$(Ux)_n=\begin{cases} 0, & n\text{ 为偶数} \\ x_{n/2}, & n\text{ 为奇数} \end{cases} \tag{4.6.90}$$

利用增取样序列的概念,可将式(4.6.89)的合成算法表示为卷积形式

$$\boldsymbol{c}^{j-1}=h*(U\boldsymbol{c}^j)+g*(U\boldsymbol{d}^j) \tag{4.6.91}$$

式中,h 和 g 分别称为合成低通和高通滤波器。与分解算法一样,这两个滤波器和增取样运算都与 j 无关,因此可以进行迭代运算,以提高合成算法的速度和效率。图4.6.16是合成算法每级的方框图,其中 2↑ 表示增取样

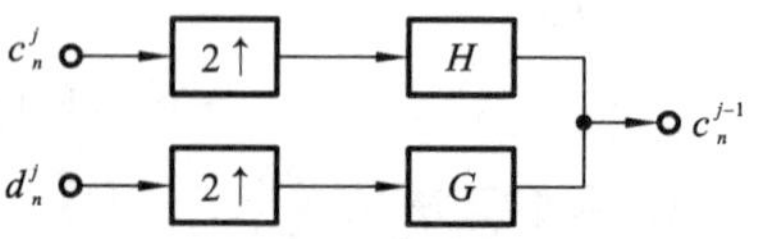

图 4.6.16　多分辨率分析合成算法每级方框图

运算。

多分辨率分析合成算法的 MATLAB 函数如下：

```
function y= recon(w,h,NJ,Jstart)
% Input: w= wavelet coefficients,whose length is 2^NJ, where NJ= number
%           of scales ordered by resolution from lowest to highest.
%         h= scaling coefficients
%         Jstart= starting scale; program will reconstruct starting with
%         V_Jstart and ending with NJ
% Output: y= reconstructed signal on V_NJ
N= length(w); Nj= 2^Jstart;
if ~(N= = 2^NJ)
    error('Length of w should be 2^NJ')
end;
if (Jstart< 1)||(Jstart> NJ)
    error('Jstart must be at least 1 and < = NJ')
end;
L= length(h);
g= fliplr(h);
c= w(1:Nj);
for j= Jstart:(NJ- 1);
    d= w(Nj+ 1·2* Nj);
    m= mod((0:L/2- 1),Nj)+ 1;
    Nj= 2* Nj;
    uc(2:2:Nj+ L)= [c c(1,m)]; % periodize the data and upsample
    ud(2:2:Nj+ L)= [d d(1,m)]; % periodize the data and upsample
    hc= conv(uc,h); hc= [hc(Nj:Nj+ L- 1) hc(L:Nj- 1)];% convolve with p
    gd= conv(ud,g); gd= gd(L:Nj+ L- 1); % convolve with q
    gd(1:2:Nj)= - gd(1:2:Nj); % sign change on the odd entries
    c= hc+ gd;
end;
y= c;
```

多分辨率分析的分解算法和合成算法，用尺度系数 h_k 表示滤波器冲激响应($\bar{h}$,$\bar{g}$,h,g)，没有使用尺度函数 $\varphi(x)$ 和小波函数 $\psi(x)$ 本身。即使为了画出合成信号的图形，也不需要 $\varphi(x)$ 和 $\psi(x)$ 的公式。这是幸运的，因为 $\varphi(x)$ 和 $\psi(x)$ 的计算是相当复杂的。不过，由于 $\varphi(x)$ 和 $\psi(x)$ 的正交性质，它们对于成功推导分解算法和合成算法，却起着重要的基础作用。

例 4.6.7 设 NJ=8，Jstop=1，使用 Daubechies-4 的尺度系数。首先分解例 4.6.5 的数据 $f^{-8}=f(n/2^8)\in V_{-8}$，得到 w。然后利用 w 合成信号 $f^{-8}(t)$。画出 $w(t)$ 和 $f^{-8}(t)$ 的图形，将重构信号与原始信号进行比较。

解 MATLAB 程序如下：

```
NJ= 8;Jstop= 1;
t= linspace(0,1,2^NJ); % discretize the unit interval into 2^NJ nodes
f= sin(2* pi* t)+ cos(4* pi* t)+ sin(8* pi* t)+ 4* 64* (t- 1/3).* exp(- ((t- 1/3)
    * 64).^2)+ 512* (t- 2/3).* exp(- ((t- 2/3)* 128).^2); % Sample signal
h0= (1+ 3^0.5)/(4* 2^0.5); h1= (3+ 3^0.5)/(4* 2^0.5);
```

```
h2= (3- 3^0.5)/(4* 2^0.5); h3= (1- 3^0.5)/(4* 2^0.5);
h= [h0 h1 h2 h3]; % scale coefficients for Daubechies- 4
w= dec(f,h,NJ,Jstop); % decomposes the signal f from level NJ down to  Jstop
Jstart= 1;
y= recon(w,h,NJ,Jstart); % reconstructe from level Jstart to level NJ
figure
plot(t,w);axis([0,1,- 10,10]); grid;
figure
plot(t,y),grid
```

运行程序,得到分解结果 $w(t)$ 和合成信号 $f^{-8}(t)$,分别如图 4.6.17 和图 4.6.18 所示。由于未对分解结构做任何修改,所以重构信号与原始信号完全相同。

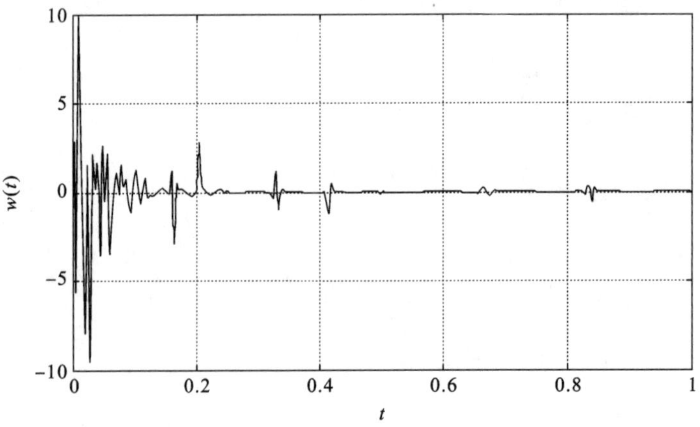

图 4.6.17　例 4.6.7 的信号分解结果

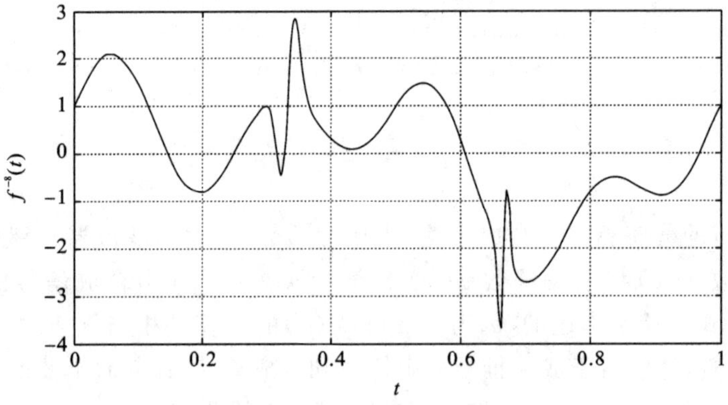

图 4.6.18　例 4.6.7 合成的信号 $f^{-8}(t)$

4.6.8　多分辨率分析的应用

多分辨率分析常用于滤波(滤除信号中不需要的成分)、数据压缩(用尽可能少的数据表示信号)和奇异值检测,通常分以下四步进行。

(1) 取样。如果要处理的是连续信号,那么首先需要以足够高的取样频率(最小取样间隔 2^{-NJ})对信号取样。取样频率的选择要考虑多种因素,例如,如果要处理音乐信号,为了获得高保真度,应当保留信号中 20 kHz(人耳听觉极限频率)以下的所有频谱,因此通常将取样频率选为 44.1 kHz。

(2) 分解。利用分解公式(4.6.88)对取样信号逐级进行分解,直到某适当的尺度。分解结果是各级(不同尺度)细节系数和最低级(最大尺度)逼近系数。

(3) 处理。根据压缩、滤波、去噪等不同的应用要求,对分解结果进行处理,去掉或修正分解结果。处理结果可以存储起来,或立即进行重构以获得需要的信号。在奇异值检测等应用中,一旦作出判断,处理结果就不再有用,因而无需保存。

(4) 重构。利用合成公式(4.7.89)由处理后的数据逐级迭代计算最高级(最小尺度)逼近系数,实际上就是重构信号在 $t=k2^{-NJ}$ 上的取样值。

例 4.6.8 使用 Daubechies-4 小波的多分辨率分析将例 4.7.5 给出的信号压缩 80%。

解 首先调用函数 dec 对信号进行 8 级分解得到 w,然后对 w 进行数据压缩,即令其中幅度最小的 80%个系数等于零,最后调用 recon 重构信号。实现数据压缩的函数如下:

```
function wc= compress(w,r)
% Input: array w and r, which is a number strictly between 0 and 1
% Output: array wc where smallest 100r% of the terms in w are set to
%           zero
if (r< 0)||(r> 1)
    error('r should be between 0 and 1')
end;
N= length(w); Nr= floor(N* r);
ww= sort(abs(w));  % arrange  array elements in ascending order
tol= abs(ww(Nr+ 1));
wc= (abs(w)>= tol).* w;
```

主程序的前面部分与例 4.6.7 的基本相同,其余部分如下:

```
w= dec(f,h,8,1); % decomposes the signal y from level 8 down to level 1
wc= compress(w,0.8); % compresses the wavelet coefficients by 80 percent
yc= recon(wc,h,8,1); % reconstructs from wc from level 1 to level 8
plot(t,yc),grid
```

运行程序得到图 4.6.19 所示的压缩信号。

在 MATLAB 程序中,有两个函数 wavedec 和 waverec 用来对信号进行分解与合成。调用方法如下:

(1) [w,L]=wavedec(s,N,'wname'):s 是被分解信号,N 是分解层次,'wname'是小波名。例如,'db1'是指 Harr 小波,'db2'是指 Daubechies-4 小波。w 是分解结果,L 是 w 包含的各段数据位置与长度,图 4.6.20 是三层分解示意图,假设 c^j 长为 2^j。

(2) y=waverec(w,L,'wname'):这里的输入参数与上面的相同,输出的是最高级(最小尺度)逼近系数,即重构信号在 $t=k2^{-NJ}$ 上的取样值。

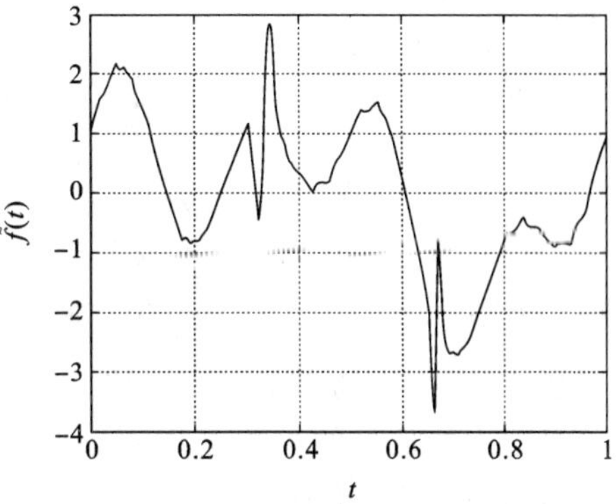

图 4.6.19 例 4.6.8 的数据压缩 80%后的重构信号

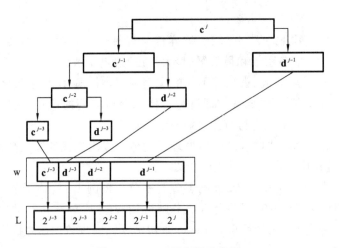

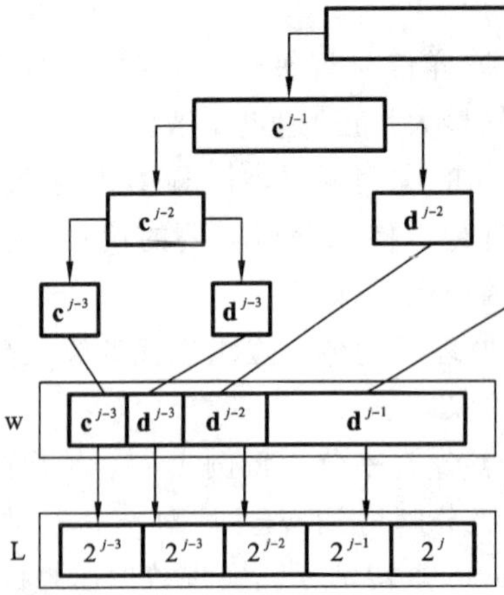

图 4.6.20 三层分解示意图

例 4.6.9 分别利用 Harr 小波和 Daubechies-4 小波将例 4.7.5 给出的信号压缩 80%。调用 MATLAB 中的函数 wavedec 和 waverec 对信号进行分解与合成。将压缩结果与原始信号进行比较。

解 主程序如下:

```
% original signal
t= linspace(0,1,2^8);
s= sin(2* pi* t)+ cos(4* pi* t)+ sin(8* pi* t)+ 4* 64* (t- 1/3).* exp(- ((t- 1/
3)* 64).^2)+ 512* (t- 2/3).* exp(- ((t- 2/3)* 128).^2);
% decomposition at level 8 using Harr and Daubechies scale functions
[c1,l1]= wavedec(s,8,'db1'); [c2,l2]= wavedec(s,8,'db2');
% perform 80% compression
cc1= compress(c1,0.8); cc2= compress(c2,0.8);
% reconstruct from [yc1,l1] and [yc2,l2]
yc1= waverec(cc1,l1,'db1'); yc2= waverec(cc2,l2,'db2');
% plot
figure
plot(t,s,'- - ',t,yc1,'- '),grid
figure
plot(t,s,'- - ',t,yc2,'- '),grid
% Check for perfect reconstruction
err1= norm(s- yc1,2)/norm(s); err2= norm(s- yc2,2)/norm(s);
```

运行程序,得到图 4.6.21 和图 4.6.22 所示的压缩信号 $\tilde{f}(t)$,图中的 $s(t)$是原始信号。压缩信号与原始信号的相对误差是 err1=0.0916 和 err2=0.0465。通过比较可以看出,用 Daubechies 小波比用 Harr 小波压缩有更小失真,相对误差更小。

实验表明,同样的信号,如果用 FFT 压缩,相对误差将是 0.1228,但是不能因此得出错误印象,以为小波用于信号压缩一定比 FFT 好。例 4.6.9 之所以能够得到比用 FFT 更小的相对误差,主要是因为信号中含有两个突变尖峰,用小波处理这类信号有其独特的优点。而处理没有尖峰或没有快变化或具有近似周期性信号时,用 FFT 进行信号压缩应该会获得更好的效果。

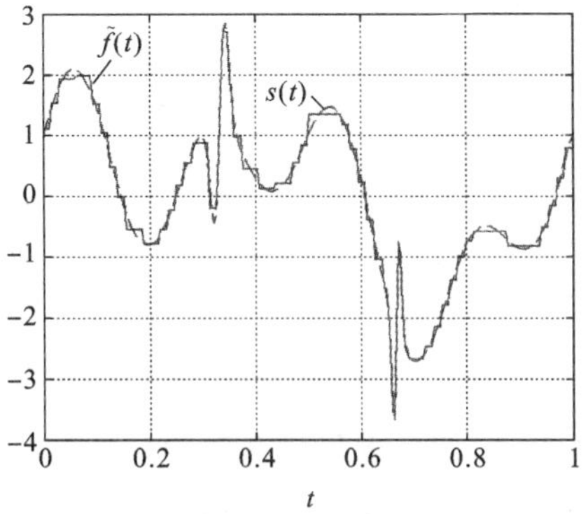

图 4.6.21 用 Harr 小波压缩数据 80%后的重构信号

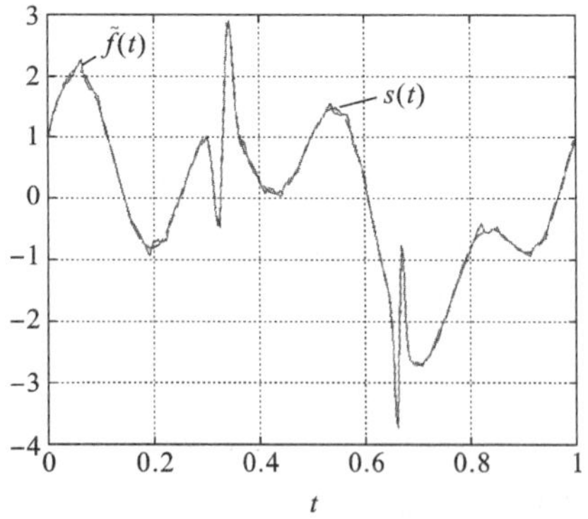

图 4.6.22 用 Daubechies 小波压缩数据 80%后的重构信号

4.7 Daubechies 标准正交小波基

Harr 小波、Shannon 小波和线性样条小波都有较大的缺点。Harr 小波虽有紧支集但不连续；Shannon 小波光滑但支集很宽(扩展到整个实轴)，且在无穷远处衰减很慢；线性样条小波虽然连续，但和 Shannon 小波一样，其尺度函数和小波的支集无限宽(不过在无穷远处衰减很快)。在发现 Daubechies 系列小波之前，能够利用的只有这几种以及其他几种性质类似的小波。

一个多分辨率分析完全由一个满足标准正交性条件(式(4.6.3))和平均条件(式(4.6.5))以及两尺度关系(式(4.6.14)或式(4.6.19))的尺度函数 φ 确定。尺度函数由尺度系数 h_k 确定，所以从 h_k 出发来构造多分辨率分析及其小波是很自然的想法。确保小波有紧支集的最简单方法，是选择有紧支集的尺度函数。因为根据式(4.6.15)，h_k 只有有限个非零元素，因此由式(4.6.61)确定的 ψ 是有限个紧支函数的线性组合，所以 ψ 自然有紧支集。根据式(4.6.64)，g_k 也只有有限个非零元素。

Daubechies 从有限冲激响应 h_k 出发，利用两尺度关系导出了一系列尺度函数 φ^N 和小波 $\psi^N(N=1,2,\cdots)$，称为 Daubechies 标准正交小波基。在这个小波系列中，$N=1$ 对应于 Harr 尺度函数和 Harr 小波，是最简单也是唯一的不连续小波，对应于 $N=2,3,\cdots$ 的其他小波都是紧支的和连续的，更可贵的性质是它们的光滑度随着阶 N 的增加而提高，这意味着可以根据需要选择不同光滑度的小波，从某种意义上说可以获得最优小波。

4.7.1 两尺度关系和标准正交性的傅里叶表示

为构造多分辨率分析，尺度函数必须满足一些要求，其中某些要求可转化为对 h_k(式(4.6.14))和 g_k(式(4.6.64))的要求。

(1) 平均性：$\hat{\varphi}(0)=\int\varphi(t-k)\mathrm{d}t=1$(式(4.6.5))。对 h_k 无限制作用。

(2) 两尺度关系：$\varphi(t)=\sum\limits_{k\in\mathbf{Z}}h_k\varphi_{-1,k}(t)=\sqrt{2}\sum\limits_{k\in\mathbf{Z}}h_k\varphi(2t-k)$(式(4.6.14))，其中

$$h_k=\langle\varphi,\varphi_{-1,k}\rangle=\sqrt{2}\sum_k h_k\varphi(2t-k)\quad(式(4.6.15))$$

$$\sum_k h_k = \sqrt{2} \quad (式(4.6.29)) \tag{4.7.1}$$

(3) 标准正交性:时域表示

$$\sum_k h_k h_{k+2n} = \delta_{n,0} \quad (式(4.6.27)) \tag{4.7.2}$$

对应的频域表示为$|H_0(\omega/2)|^2+|H_0(\omega/2+\pi)|^2=1$(式(4.6.26))。由式(4.7.2)容易得到h_k的另外一个性质

$$\sum_{k\in \mathbf{Z}} |h_k|^2 = 1 \tag{4.7.3}$$

式(4.7.1)和式(4.7.2)是目前为止对h_k的全部要求,它们是由尺度函数的伸缩与平移特性相互作用推出的。为了得到具有一定正则性(或光滑性)的尺度函数和小波,需要对h_k提出更多的要求。由于目前尚未对h_k的非零系数的数目加以限制,所以把任意有限个条件加在h_k上都可以,只要它们不互相矛盾。式(4.7.1)和式(4.7.2)分别是线性函数和二次函数,为了确保它们相互不矛盾,应该把它们联系起来考虑,这就是第4.6.2节推导的式(4.6.31)对h_k的要求

$$\sum_k h_{2k} = \sum_k h_{2k+1} = \frac{1}{\sqrt{2}} \tag{4.7.4}$$

将式(4.7.4)代入式(4.6.64)$g_k=(-1)^k h_{-k+1}$,可以推导出一个类似公式

$$\sum_k g_{2k} = -\sum_k g_{2k+1} = \frac{1}{\sqrt{2}} \tag{4.7.5}$$

该式意味着母小波ψ满足许可条件

$$\psi(t) = \sqrt{2}\sum_k g_k \varphi(2t-k) \Rightarrow \int_{-\infty}^{\infty} \psi(t)\,\mathrm{d}t = \frac{1}{\sqrt{2}}\sum_k g_k = 0 \tag{4.7.6}$$

用滤波器系数h_k和g_k分别表示$\varphi(t)$和$\psi(t)$,其优点是用离散变量k取代连续变量t。重要的是,对于有紧支集的$\varphi(t)$,h_k和g_k都是有限长序列。

为避免频繁出现$\sqrt{2}$,引入符号$p_k=\sqrt{2}h_k$,于是式(4.6.14)表示的两尺度关系改写成

$$\varphi(t) = \sum_{k\in \mathbf{Z}} p_k \varphi(2t-k) \tag{4.7.7}$$

两边取傅里叶变换得到

$$\hat{\varphi}(\omega) = \frac{1}{2}\sum_k p_k \mathrm{e}^{-\mathrm{i}k(\omega/2)}\, \hat{\varphi}\left(\frac{\omega}{2}\right) = \hat{\varphi}\left(\frac{\omega}{2}\right) P(\mathrm{e}^{-\mathrm{i}\omega/2}) \tag{4.7.8}$$

式中

$$P(\mathrm{e}^{-\mathrm{i}\omega}) = \frac{1}{2}\sum_k p_k \mathrm{e}^{-\mathrm{i}k\omega} \tag{4.7.9}$$

或

$$P(z) = \frac{1}{2}\sum_k p_k z^k, \quad z = \mathrm{e}^{-\mathrm{i}\omega} \tag{4.7.10}$$

式(4.7.9)定义的$P(\mathrm{e}^{-\mathrm{i}\omega})$与式(4.6.17)定义的$H_0(\omega)$相对应,因此将式(4.6.18)中的$H_0(\omega/2)$用$P(\mathrm{e}^{-\mathrm{i}\omega/2})$取代便得到式(4.7.8)。同理,式(4.6.26)表示的标准正交性条件现在表示成

$$|P(\mathrm{e}^{-\mathrm{i}\omega/2})|^2 + |P(\mathrm{e}^{-\mathrm{i}\omega/2})|^2 = 1$$

由于该式对所有的$\omega\in\mathbf{R}$成立,所以对所有满足$|z|=1$的复数z,该式也成立,即

$$|P(z)|^2 + |P(-z)|^2 = 1 \tag{4.7.11}$$

这说明，如果要求尺度函数满足标准正交性条件和两尺度关系，那么多项式 $P(z)$ 必须满足式(4.7.11)。

另一方面，根据式(4.6.63)

$$\psi = \sum_k g_k \varphi_{-1,k} = \sqrt{2}\sum_k g_k \varphi(2t-k) \tag{4.7.12}$$

其中 g_k 按照式(4.6.64)选取，即

$$g_k = (-1)^k h_{-k+1} \tag{4.7.13}$$

令小波的两尺度多项式

$$Q(z) = -z\overline{P(-z)} \tag{4.7.14}$$

对于 $|z|=1$，式(4.7.14)化为

$$Q(z) = \frac{1}{2}\sum_k (-1)^k p_{1-k} z^k, \quad |z|=1 \tag{4.7.15}$$

对式(4.7.12)两边取傅里叶变换，并利用式(4.7.15)，得到

$$\hat{\psi}(\omega) = \hat{\varphi}\left(\frac{\omega}{2}\right) Q(e^{-i\omega/2}) \tag{4.7.16}$$

该式是小波的两尺度关系的频域表示，与尺度函数的两尺度关系的频域表示式(4.7.8)相对应。

由尺度函数与小波正交的性质，即 $\int \psi(t-k)\varphi(t-l) = 0 (k,l \in \mathbf{Z})$ 可推导出

$$P(z)\overline{Q(z)} + P(-z)\overline{Q(-z)} = 0, \quad |z|=1 \tag{4.7.17}$$

该式与式(4.7.11)相对应。两式合并在一起表示为

$$\boldsymbol{M} = \begin{pmatrix} P(z) & P(-z) \\ Q(z) & Q(-z) \end{pmatrix}, \quad \boldsymbol{M}\boldsymbol{M}^* = \boldsymbol{I} \tag{4.7.18}$$

式中 $\boldsymbol{M}$ 是酉矩阵。

例 4.7.1 求与 Harr 尺度函数对应的 p_k 和 $P(z)$。验证满足两尺度关系的频域表示式(4.7.8)和标准正交条件式(4.7.11)。验证 Harr 小波满足式(4.7.16)。

解 根据例 4.6.3 得到的 $h_0 = h_1 = \sqrt{2}/2$，立即求出 $p_0 = p_1 = 1$ 和 $P(z) = (1+z)/2$。

Harr 尺度函数(式(4.6.40))的傅里叶变换

$$\hat{\varphi}(\omega) = \frac{1}{\sqrt{2\pi}}\int_0^1 e^{-i\omega t}dt = \frac{1}{\sqrt{2\pi}}\int_0^{-i\omega} \frac{e^u}{-i\omega}du = \frac{e^{-i\omega}-1}{-\sqrt{2\pi}i\omega}$$

因此

$$P(e^{-i\omega/2})\hat{\varphi}\left(\frac{\omega}{2}\right) = \frac{1}{2}(1+e^{-i\omega/2})\left[\frac{e^{-i\omega/2}-1}{-i\sqrt{2\pi}\omega/2}\right] = \frac{e^{-i\omega}-1}{-\sqrt{2\pi}i\omega} = \hat{\varphi}(\omega)$$

即满足两尺度关系的频域表示式(4.7.8)。

由于

$$|P(z)|^2 + |P(-z)|^2 = \frac{|1+z|^2}{4} + \frac{|1-z|^2}{4} = \frac{1+2\mathrm{Re}\{z\}+|z|^2}{4}$$
$$+ \frac{1-2\mathrm{Re}\{z\}+|z|^2}{4} = 1, \quad (z\in\mathbf{Z}, |z|=1)$$

所以满足式(4.7.11)表示的标准正交条件。

Harr 小波(式(4.5.3))的傅里叶变换

$$\hat{\psi}(\omega)=\frac{1}{\sqrt{2\pi}}\left(\int_0^{1/2}\mathrm{e}^{-\mathrm{i}\omega t}\,\mathrm{d}t-\int_{1/2}^{1}\mathrm{e}^{-\mathrm{i}\omega t}\,\mathrm{d}t\right)=\frac{1}{\sqrt{2\pi}}\left(\int_0^{-\mathrm{i}\omega/2}\frac{\mathrm{e}^u}{-\mathrm{i}\omega}\mathrm{d}u-\int_{-\mathrm{i}\omega/2}^{-\mathrm{i}\omega}\frac{\mathrm{e}^u}{-\mathrm{i}\omega}\mathrm{d}u\right)$$

$$=\frac{1}{\mathrm{i}\omega\sqrt{2\pi}}[(-\mathrm{e}^{-\mathrm{i}\omega/2}+1)+(\mathrm{e}^{-\mathrm{i}\omega}-\mathrm{e}^{-\mathrm{i}\omega/2})]$$

$$=\frac{1}{\mathrm{i}\omega\sqrt{2\pi}}(\mathrm{e}^{-\mathrm{i}\omega}-2\mathrm{e}^{-\mathrm{i}\omega/2}+1)=\frac{(\mathrm{e}^{-\mathrm{i}\omega/2}-1)^2}{\mathrm{i}\omega\sqrt{2\pi}}$$

由式(4.7.15)得到 Harr 小波的尺度多项式

$$Q(z)=\frac{1}{2}\sum_k(-1)^k p_{1-k}z^k=\frac{1}{2}(p_1-p_0 z)=\frac{1-z}{2}$$

因此

$$\hat{\varphi}(\omega/2)Q(\mathrm{e}^{-\mathrm{i}\omega/2})=\frac{(\mathrm{e}^{-\mathrm{i}\omega/2}-1)}{-\mathrm{i}\sqrt{2\pi}\omega/2}\frac{(1-\mathrm{e}^{-\mathrm{i}\omega/2})}{2}=\frac{(\mathrm{e}^{-\mathrm{i}\omega/2}-1)^2}{\mathrm{i}\sqrt{2\pi}\omega}=\hat{\psi}(\omega)$$

即满足式(4.7.16)。

4.7.2　构造尺度函数的迭代方法

如上所述，如果存在满足标准正交条件的尺度函数 φ，则它的尺度多项式 $P(z)=(1/2)\sum_k p_k z^k$ 必须满足式(4.7.11)

$$|P(z)|^2+|P(-z)|^2=1,\quad |z|=1 \tag{4.7.19}$$

因此，可以先构造一个满足方程(4.7.19)的多项式 $P(z)$，然后再由 $P(z)$ 构造满足两尺度关系 $\varphi(t)=\sum_{k\in\mathbf{Z}}p_k\varphi(2t-k)$ 的尺度函数 φ。

关于多项式 $P(z)$ 的构造问题将在第 4.7.3 节讨论。下面介绍利用两尺度关系由 $P(z)$ 构造尺度函数 φ 的迭代方法。假设迭代的初始条件是 Harr 尺度函数 $\varphi^0(t)$

$$\varphi^0(t)=\begin{cases}1, & 0\leqslant t<1\\ 0, & \text{其他}\end{cases}$$

例 4.6.2 已经证明 Harr 尺度函数 $\varphi^0(t)$ 满足标准正交性条件。定义

$$\varphi^1(t)=\sum_{k\in\mathbf{Z}}p_k\varphi^0(2t-k) \tag{4.7.20}$$

一般地，构造尺度函数 φ 的迭代公式为

$$\varphi^N(t)=\sum_{k\in\mathbf{Z}}p_k\varphi^{N-1}(2t-k),\quad N=1,2,\cdots \tag{4.7.21}$$

对式(4.7.21)两边取傅里叶变换，得

$$\hat{\varphi}^N(\omega)=P(\mathrm{e}^{-\mathrm{i}\omega/2})\hat{\varphi}^{N-1}(\omega/2),\quad N=1,2,\cdots \tag{4.7.22}$$

按照式(4.7.22)迭代计算 $N-1$ 次，得到

$$\hat{\varphi}^N(\omega)=\prod_{j=1}^{N-1}P(\mathrm{e}^{-\mathrm{i}\omega/2^j})\,\hat{\varphi}^0(\omega/2^N) \tag{4.7.23}$$

如果多项式 $P(z)$ 除满足方程(4.7.19)外，还满足附加条件① $P(1)=1$ 和② $P(\mathrm{e}^{\mathrm{i}\omega})>0$ $(|\omega|\leqslant\pi/2)$，则可证明，序列 φ^N 逐点收敛且收敛于 L^2 中一个满足下列标准正交条件的函数 φ

$$\int_{-\infty}^{\infty}\varphi(t-k)\varphi(t-l)\,\mathrm{d}t=\delta_{kl} \tag{4.7.24}$$

且函数 φ 满足两尺度关系 $\varphi(t)=\sum_{k\in\mathbf{Z}}p_k\varphi(2t-k)$。

首先证明函数序列 φ^N 逐点收敛于函数 φ。为此需要利用泛函分析中的一个引理：若函数序列 e^j 使 $\sum_j |e^j|$ 在集合 K 上均匀收敛，则无限积 $\prod_j (1+e^j)$ 在集合 K 上也均匀收敛。这里，K 是实数域 $\mathbf{R}$ 的任一紧子集。

令 $e^j = p(\omega/2^j) - 1$，其中 $p(\omega) = P(e^{-i\omega})$。因多项式 p 是可微的且 $p(0) = 1$，所以有 $|p(t) - 1| \leqslant C|t|$，即 $|e^j| \leqslant C|\omega/2^j|$，因此 $\sum_j |e^j|$ 在 R 的每个紧子集 K 上均匀收敛。

现在用多项式 p 将式(4.7.23)表示为

$$\hat{\varphi}^N(\omega) = \prod_{j=1}^{N-1} p(\omega/2^j)\hat{\varphi}^0(\omega/2^N) \tag{4.7.25}$$

根据上述引理，当 $N\to\infty$ 时，$\hat{\varphi}^N(\omega)$ 在 R 的每个紧子集 K 上也均匀收敛于一个函数，该函数表示为

$$g(\omega) = \prod_{j=1}^{\infty} p(\omega/2^j)\hat{\varphi}^0(0) \tag{4.7.26}$$

因 $\|\hat{\varphi}^0\|_{L^2} = 1$ 和 $|p(\omega)| \leqslant 1$，所以对所有 N 有 $\|\hat{\varphi}^N\|_{L^2} \leqslant 1$。由于

$$\int \lim_{N\to\infty} |\hat{\varphi}^N|^2 \leqslant \liminf_{N\to\infty} \int |\hat{\varphi}^N|^2 \leqslant 1$$

和 $g \in L^2$，所以 g 等于 L^2 中某个函数 φ 的傅里叶变换 $\hat{\varphi}$。

为了证明序列 $\varphi^N \to \varphi \in L^2$，或等效地，$\hat{\varphi}^N \to \hat{\varphi} \in L^2$，需要利用控制收敛定理：若函数序列 f^N 逐点收敛于极限 f，且存在可积函数 F，使 $|f^N| \leqslant |F|$（对所有 N），则有 $\int f^N \to \int f$。目前情况下，$\hat{\varphi}^N$ 逐点收敛于函数 $\hat{\varphi}$（事实上在每个紧子集上均匀收敛）。所以，只需要用属于 L^2 的一个函数控制所有的 $\hat{\varphi}^N$。

假设在区间 $-\pi/2 \leqslant \omega \leqslant \pi/2$ 上 $P(e^{-i\omega}) \neq 0$，因此在区间 $-2^{j-1}\pi \leqslant \omega \leqslant 2^{j-1}\pi$ 上 $P(e^{-i\omega/2^j}) \neq 0$，所以在区间 $-\pi/2 \leqslant \omega \leqslant \pi/2$ 上有

$$\hat{\varphi}(\omega) = \prod_{j=1}^{\infty} p(\omega/2^j)\hat{\varphi}^0(0) \neq 0 \tag{4.7.27}$$

由于这个函数是连续的，所以它不以零为界，即在紧子集 $-\pi/2 \leqslant \omega \leqslant \pi/2$ 及 $\hat{\varphi} \geqslant c$ 上，这个不等式意味着

$$|\hat{\varphi}(\omega/2^{N-1})| = \prod |p(\omega/2^j)\hat{\varphi}^0(0)| \geqslant c, \quad |\omega \leqslant 2^{N-2}\pi| \tag{4.7.28}$$

利用式(4.7.25)、式(4.7.27)和式(4.7.28)，得到

$$\hat{\varphi}(\omega) - \frac{\prod_{j=1}^{\infty} |P(e^{-i\omega/2^j})\hat{\varphi}^0(\omega/2^N)|}{\prod_{k=N}^{\infty} |P(e^{-i\omega/2^N})|} = \frac{|\hat{\varphi}(\omega)|}{|\hat{\varphi}(\omega/2^N)|} |\hat{\varphi}^0(\omega/2^N)| \leqslant \frac{1}{c} |\hat{\varphi}(\omega)| |\hat{\varphi}^0(\omega/2^N)|$$

由例 4.7.1 可知，其中 $\hat{\varphi}^0(\omega) = (e^{-i\omega} - 1)/(-\sqrt{2\pi}i\omega)$。注意到当 $|\omega| \to \infty$ 时，$|\hat{\varphi}^0(\omega)| \to 0$，且根据罗彼塔法则，当 $|\omega| \to 0$ 时，$|\hat{\varphi}^0(\omega)|$ 有界，因此 $|\hat{\varphi}^0(\omega)|$ 是有界函数，于是得到 $|\hat{\varphi}^N(\omega)| \leqslant C|\hat{\varphi}(\omega)|$，这里的 C 是某个恒定常数。由于已经证明 φ 是 L^2 中的元素，所以式 $|\hat{\varphi}^N(\omega)| \leqslant C|\hat{\varphi}(\omega)|$ 右端可以作为控制收敛定理中序列 $\hat{\varphi}^N$ 的控制函数。这样，$\hat{\varphi}^N \to \hat{\varphi}$，所以在 L^2 中当 $N\to\infty$ 时，$\varphi^N \to \varphi$。一旦收敛得证，由式(4.7.22)取 $N\to\infty$ 的极限，得到 $\varphi(t) = \sum_{k\in\mathbf{Z}} p_k\varphi(2t -$

$k)$,即 φ 满足两尺度关系。

下面解释为什么 φ 满足标准正交性条件。首先从 φ^1 开始,由式(4.7.22)得

$$\hat{\varphi}^1(\omega)=P(e^{-i\omega/2})\hat{\varphi}^0(\omega/2) \tag{4.7.29}$$

因$\hat{\varphi}^0(0)=1/\sqrt{2\pi}$和 $P(1)=1$,显然$\hat{\varphi}^1(0)=1/\sqrt{2\pi}$,因此 φ^1 满足归一化条件。由式(4.7.29)得出

$$\sum_{k\in\mathbf{Z}}|\hat{\varphi}^1(\omega+2\pi k)|^2=\sum_{k\in\mathbf{Z}}|P(e^{-i\omega/2+i\pi k})|^2|\hat{\varphi}^0(\omega/2+\pi k)|^2$$

将上式右端的和式按照奇偶下标分成两部分,得到

$$\begin{aligned}\sum_{k\in\mathbf{Z}}|\hat{\varphi}^1(\omega+2\pi k)|^2&=\sum_{l\in\mathbf{Z}}|P(e^{-i\omega/2+i2\pi l})|^2|\hat{\varphi}^0(\omega/2+2\pi l)|^2\\&\quad+\sum_{l\in\mathbf{Z}}|P(e^{-i\omega/2+i(2l+1)\pi})|^2|\hat{\varphi}^0[\omega/2+\pi(2l+1)]|^2\\&=|P(e^{-i\omega/2})|^2\sum_{l\in\mathbf{Z}}|\hat{\varphi}^0(\omega/2+2\pi l)|^2\\&\quad+|P(-e^{-i\omega/2})|^2\sum_{l\in\mathbf{Z}}|\hat{\varphi}^0(\omega/2+\pi+2\pi l)|^2\end{aligned}$$

因 φ^0 满足标准正交条件,由式(4.6.24)可知上式右端两个和式都等于 $1/2\pi$,并利用式(4.7.19),由上式得到

$$\sum_{k\in\mathbf{Z}}|\hat{\varphi}^1(\omega+2\pi k)|^2=\frac{1}{2\pi}[|P(e^{-i\omega/2})|^2+|P(-e^{-i\omega/2})|^2]=\frac{1}{2\pi}$$

这说明 φ^1 也满足标准正交性条件。类似地可以证明一般情况,即如果 φ^{N-1}满足标准正交性条件,那么 φ^N 也满足。这就用归纳法证明了所有 $\varphi^N(N=1,2,\cdots)$满足标准正交性条件。对 φ^N 取 $N\to\infty$的极限,立即得出结论:φ 也满足标准正交性条件。

例 4.7.2　已知 Harr 尺度系数 $p_0=p_1=1$,即 $P(z)=(1+z)/2$。验证多项式 $P(z)$满足式(4.7.19)和两个附加条件。因此,序列 φ^N 逐点收敛且收敛于 L^2 中满足标准正交条件和两尺度关系的函数 φ。利用两尺度关系由 $P(z)$迭代构造尺度函数 φ。

解　例 4.7.1 已证明 Harr 尺度系数构成的多项式 $P(z)$满足式(4.7.19)。显然 $P(1)=1$,且 $P(e^{i\omega})=(1+e^{i\omega})/2>0$ 对所有的$|\omega|<\pi$ 成立。

从 Harr 尺度函数 φ^0 出发迭代构造 φ。将 $p_0=p_1=1$ 代入式(4.7.20)

$$\varphi^1(t)=p_0\varphi^0(2t)+p_1\varphi^1(2t-1)=\varphi^0(2t)+\varphi^1(2t-1)=\varphi^0(t)$$

显然,其他所有 $\varphi^N(N=2,3,\cdots)$都等于 φ^0。这一点也不奇怪,因为两尺度关系本身就是由 φ^{N-1}计算 φ^N 的公式。

例 4.7.3　已知尺度系数 $p_0=(1+\sqrt{3})/4$,$p_1=(3+\sqrt{3})/4$,$p_2=(3-\sqrt{3})/4$ 和 $p_3=(1-\sqrt{3})/4$。证明:$P(z)$满足使 φ^N 逐点收敛且收敛于 L^2 中的函数 φ 的所有条件。迭代构造尺度函数 $\varphi^N(N=1,2,3,4)$,并画出它们的图形。

解　(1) 尺度多项式

$$P(z)=\frac{1}{2}\left(\frac{1+\sqrt{3}}{4}+\frac{3+\sqrt{3}}{4}z+\frac{3-\sqrt{3}}{4}z^2+\frac{1-\sqrt{3}}{4}z^3\right)$$

代入 $z=1$,得

$$P(1)=\frac{1}{2}\left(\frac{1+\sqrt{3}}{4}+\frac{3+\sqrt{3}}{4}+\frac{3-\sqrt{3}}{4}+\frac{1-\sqrt{3}}{4}\right)=1$$

(2) 计算$|z|=1$时的 $P(-z)$

$$P(-z)=\frac{1}{2}\left(\frac{1+\sqrt{3}}{4}-\frac{3+\sqrt{3}}{4}z+\frac{3-\sqrt{3}}{4}z^2-\frac{1-\sqrt{3}}{4}z^3\right)$$

$$=\frac{1}{2}\left(\frac{1+\sqrt{3}}{4}-\frac{3+\sqrt{3}}{4}+\frac{3-\sqrt{3}}{4}-\frac{1-\sqrt{3}}{4}\right)=0$$

因此，$|z|=1$ 时有 $|P(z)|^2+|P(-z)|^2=1$。

(3) 令 $z=e^{i\omega}$，得到

$$P(e^{i\omega})=\frac{1}{2}\left(\frac{1+\sqrt{3}}{4}+\frac{3+\sqrt{3}}{4}e^{i\omega}+\frac{3-\sqrt{3}}{4}e^{i2\omega}+\frac{1-\sqrt{3}}{4}e^{i3\omega}\right)$$

用 MATLAB 画出 $|\omega|\leqslant\pi/2$ 时 $|P(e^{i\omega})|$ 的图形如图 4.7.1 所示，可以看出有 $|P(e^{i\omega})|>0$。

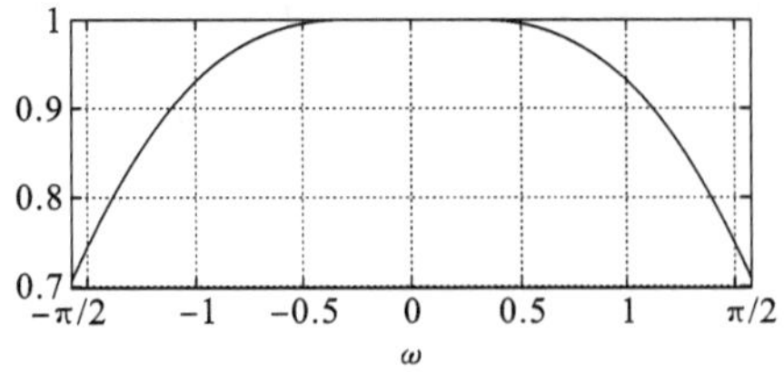

图 4.7.1　$|P(e^{i\omega})|$ 的图形

因此，题给 $P(z)$ 满足 φ^N 逐点收敛且收敛于 L^2 中的函数 φ 的所有条件。

迭代构造尺度函数 φ 的 MATLAB 函数如下：

```
%   MATLAB function for producing Daubechies scaling function
function [z,nxe]= dau(x,N,M)
x1= x(1:M:N); n= linspace(- 1,3,N);
x2= [zeros(1,N/8),x1,zeros(1,3* N/8)];nx2= n;
x3= x2;nx3= nx2+ 0.5;
x4= x2;nx4= nx2+ 1;
x5= x2;nx5= nx2+ 1.5;
Nxe1= min([min(nx2),min(nx3),min(nx4),min(nx5)]);
Nxe2= max([max(nx2),max(nx3),max(nx4),max(nx5)]);
Nxe= (Nxe2- Nxe1)* N/4; nxe= linspace(Nxe1,Nxe2,Nxe);
y2= zeros(1,Nxe);y3= zeros(1,Nxe);y4= zeros(1,Nxe);y5= zeros(1,Nxe);
y2((nxe> = min(nx2))&(nxe< = max(nx2))= = 1)= x2;
y3((nxe> = min(nx3))&(nxe< = max(nx3))= = 1)= x3;
y4((nxe> = min(nx4))&(nxe< = max(nx4))= = 1)= x4;
y5((nxe> = min(nx5))&(nxe< = max(nx5))= = 1)= x5;
p0= (1+ 3^0.5)/4;p1= (3+ 3^0.5)/4;p2= (3- 3^0.5)/4;p3= (1- 3^0.5)/4;
z= p0* y2+ p1* y3+ p2* y4+ p3* y5;
```

函数 dau 的输入参数有：x——尺度函数 $\varphi^{N-1}(t)$；N——x 的长度；M——减取样比例。输出参数有：z——尺度函数 $\varphi^N(t)$；nxe——z 的长度。

首先从 x 中取出奇数下标的样本值得到 x1，即由 $\varphi^{N-1}(t)$ 得到 $\varphi^{N-1}(2t)$。这里，将 x 的下标 n 选择为[−1,3]区间等距离的 N 个点。显然，序列 x1 的长度只有 x 长度的一半，因此，在序列 x1 的前后增加零样本值使其长度延长为长度为 N 的序列 x2，并令 x2 的下标 nx2＝n。将序列 x2 向右平移 1/2、1 和 3/2，分别得到移位序列 x3、x4 和 x5，它们分别对应于 $\varphi^{N-1}(2t-1)$、$\varphi^{N-1}(2t-2)$和 $\varphi^{N-1}(2t-3)$。序列 x3、x4 和 x5 的下标分别是 nx3、nx4 和 nx5。用式(4.7.21)由 $\varphi^{N-1}(t)$计算 $\varphi^N(t)$，需要计算加权和 $\varphi(t)=\sum_{k\in\mathbf{Z}}p_k\varphi(2t-k)$。在 MATLAB 中，参加加法运算的序列必须具有相同长度，而且对应下标的元素相加。因此在计算加权和之前，必须将 x2、x3、x4 和 x5 的下标 nx2、nx3、nx4 和 nx5 化成统一的下标 nxe，对应的序列是 y2、y3、y4 和 y5。因此，式(4.7.21)的加权和公式为

z=p0 * y2+p1 * y3+p2 * y4+p3 * y5。

调用以上 MATLAB 函数的主程序如下：

```
% Construcing Scaling Function
N= input('length of signal= ');
M= input('fact of downsampling= ');
x= [zeros(1,N/4),ones(1,N/4),zeros(1,N/2)];
[z1,nxe1]= dau(x,N,M);
[z2,nxe2]= dau(z1,N,M);
[z3,nxe3]= dau(z2,N,M);
[z4,nxe4]= dau(z3,N,M);
figure
subplot(4,1,1)
plot(nxe1,z1);axis([- 1,3,- 0.5,1.5]);grid;
subplot(4,1,2)
plot(nxe2,z2);axis([- 1,3,- 0.5,1.5]);grid;
subplot(4,1,3)
plot(nxe3,z3);axis([- 1,3,- 0.5,1.5]);grid;
subplot(4,1,4)
plot(nxe4,z4);axis([- 1,3,- 0.5,1.5]);grid;
```

运行该主程序，得到 φ^1、φ^2、φ^3 和 φ^4 的图形如图 4.7.2 所示。

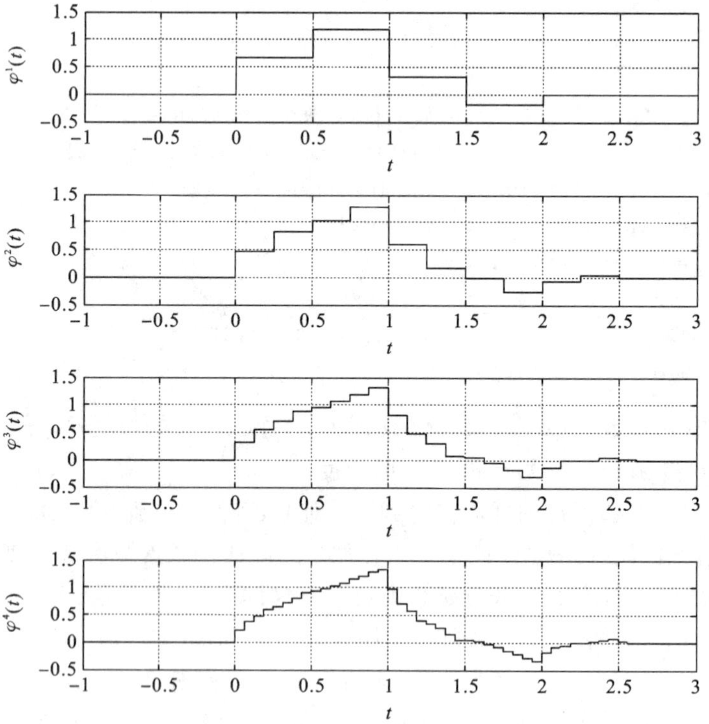

图 4.7.2　尺度函数、φ^1、φ^2、φ^3 和 φ^4 的图形

从例 4.7.3 可看出，用迭代方法构造 Daubechies 尺度函数，也是从 Harr 尺度函数 φ^0 开始，不过尺度系数不是 $p_0=p_1=1$，而是 $p_0=(1+\sqrt{3})/4$，$p_1=(3+\sqrt{3})/4$，$p_2=(3-\sqrt{3})/4$ 和 p_3

$=(1-\sqrt{3})/4$。利用这些加权系数计算 $\varphi^0(2t-k)$ 的加权和，得到 $\varphi^1(t)=p_0\varphi^0(2t)+p_1\varphi^0(2t-1)+p_2\varphi^0(2t-2)+p_3\varphi^0(2t-3)$。图 4.7.3 所示的是尺度函数 $\varphi^0(2t)$、$\varphi^0(2t-1)$、$\varphi^0(2t-2)$ 和 $\varphi^0(2t-3)$ 的图形。

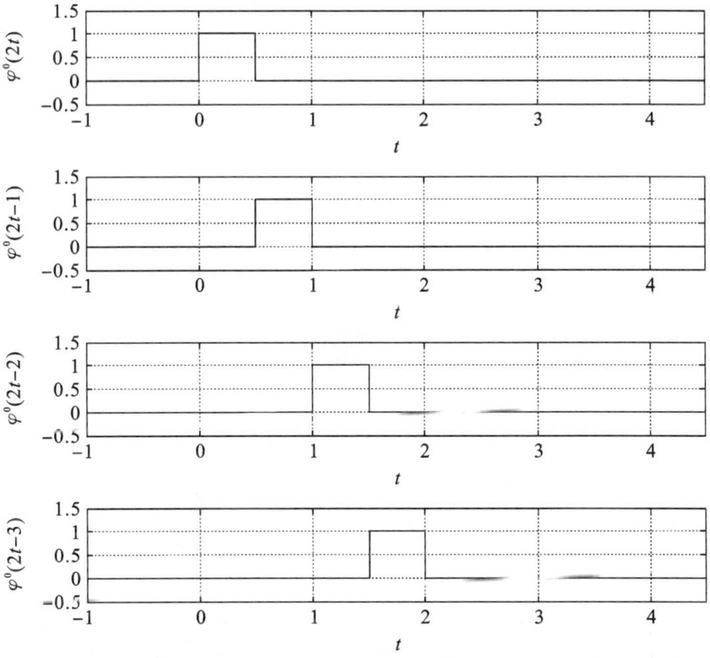

图 4.7.3　尺度函数 $\varphi^0(2t)$、$\varphi^0(2t-1)$、$\varphi^0(2t-2)$ 和 $\varphi^0(2t-3)$ 的图形

4.7.3　多项式 $P(z)$ 的构造

从第 4.7.2 节的讨论知道，为了保证构造尺度函数的迭代方法收敛，多项式 $P(z)$ 必需满足三个条件。若多项式 $P(z)$ 用函数 $p(\omega)=P(\mathrm{e}^{-\mathrm{i}\omega})$ 表示，则三个充分条件表示为

$$p(0)=1 \tag{4.7.30}$$

$$|p(\omega)|^2+|p(\omega+\pi)|^2=1 \tag{4.7.31}$$

$$p(\omega)>0,\quad -\pi/2\leqslant|\omega|\leqslant\pi/2 \tag{4.7.32}$$

这三个条件是 Daubechies 构造多项式 $P(z)$ 的根据。

由例 4.7.1 可知，Harr 尺度函数对应的多项式是

$$p^0(\omega)=P(\mathrm{e}^{-\mathrm{i}\omega})=\frac{1+\mathrm{e}^{-\mathrm{i}\omega}}{2}=\mathrm{e}^{-\mathrm{i}\omega/2}\cos\left(\frac{\omega}{2}\right)$$

不难验证，这样选择的 p^0 满足式(4.7.30)到式(4.7.32)三个条件。但是 Harr 尺度函数是不连续的。一种产生连续尺度函数的方法是取卷积或多次卷积。例如，Harr 尺度函数与自己的卷积等于下面的连续线性样条(见图 4.7.4)

$$\varphi^0*\varphi^0(t)=\begin{cases}1-|t-1|, & 0\leqslant t\leqslant 2\\ 0, & \text{其他}\end{cases}$$

卷积的傅里叶变换等于傅里叶变换的乘积，因此，φ 的 N 次卷积的傅里叶变换等于 $(2\pi)^{N/2}(\hat{\varphi})^N$。假设 φ 满足两尺度关系，因此式(4.7.8)成立，即

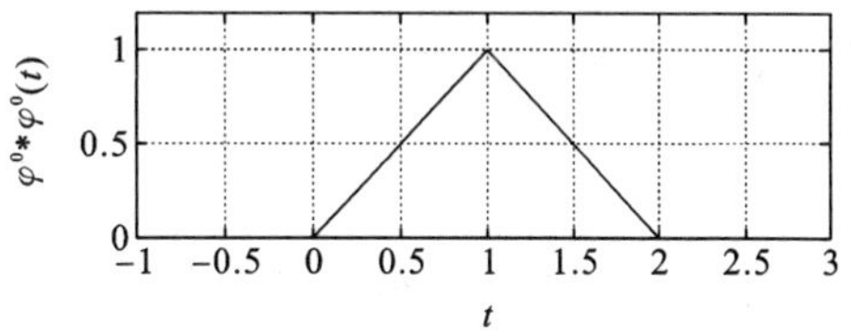

图 4.7.4　$\varphi^0*\varphi^0(t)$ 的图形

$$\hat{\varphi}(\omega)=P(\mathrm{e}^{-\mathrm{i}\omega/2})\hat{\varphi}(\omega/2)$$

由此写出

$$\hat{\varphi}(\omega/2)=P(\mathrm{e}^{-\mathrm{i}\omega/2^2})\hat{\varphi}(\omega/2^2)$$

因此

$$\hat{\varphi}(\omega)=P(\mathrm{e}^{-\mathrm{i}\omega/2})P(\mathrm{e}^{-\mathrm{i}\omega/2^2})\hat{\varphi}(\omega/2^2)$$

照此迭代 $N-1$ 次,得到

$$\hat{\varphi}(\omega)=P(\mathrm{e}^{-\mathrm{i}\omega/2})\cdots P(\mathrm{e}^{-\mathrm{i}\omega/2^N})\hat{\varphi}(\omega/2^N)=\left[\prod_{j=1}^{N}P(\mathrm{e}^{-\mathrm{i}\omega/2^j})\right]\hat{\varphi}(\omega/2^N)$$

对于给定尺度函数,上式对每个 N 值成立。上式对 $N\to\infty$ 取极限,变成

$$\hat{\varphi}(\omega)=\left[\prod_{j=1}^{\infty}P(\mathrm{e}^{-\mathrm{i}\omega/2^j})\right]\hat{\varphi}(0)$$

如果 φ 满足标准正交性条件,即 $\int\varphi(t)\mathrm{d}t=1$,那么 $\hat{\varphi}(0)=1/\sqrt{2\pi}$,所以

$$\hat{\varphi}(\omega)=\frac{1}{\sqrt{2\pi}}\prod_{j=1}^{\infty}P(\mathrm{e}^{-\mathrm{i}\omega/2^j})\tag{4.7.33}$$

这是一个用尺度多项式 P 表示尺度函数的公式,它的实际应用价值有限,因为无限项求积实际上是困难的。此外,即使求出 $\hat{\varphi}$ 以后,也需要计算逆傅里叶变换才能求出 φ,这也是麻烦的。尽管如此,这个公式在理论上是有意义的。

式(4.7.33)使人想到,能否选择 $p(\omega)=[p^0(\omega)]^N=\mathrm{e}^{-\mathrm{i}N\omega/2}[\cos(\omega/2)]^N$(某个适当的 N)来产生连续尺度函数呢?但是,如果这样选择 $p(\omega)$,条件(4.7.31)却不成立,除非选择 $N=1$,即 Harr 尺度函数。因此,简单地取 p^0 的 N 次幂是不行的。这使人想到取恒等式 $\cos^2(\omega/2)+\sin^2(\omega/2)=1$ 的 N 次幂。例如,取 $N=3$ 得到

$$1=\cos^6(\omega/2)+3\cos^4(\omega/2)\sin^2(\omega/2)+3\cos^2(\omega/2)\sin^4(\omega/2)+\sin^6(\omega+2)\tag{4.7.34}$$

利用恒等式 $\cos(u)=\sin(u+\pi/2)$ 和 $\sin(u)=-\cos(u+\pi/2)$,由式(4.7.34)得到

$$1=\cos^6(\omega/2)+3\cos^4(\omega/2)\sin^2(\omega/2)+3\sin^2[(\omega+\pi)/2]\cos^4[(\omega+\pi)/2]+\sin^6(\omega+2)$$

令 $|p(\omega)|^2=\cos^6(\omega/2)+3\cos^4(\omega/2)\sin^2(\omega/2)$,则得

$$1=|p(\omega)|^2+|p(\omega+\pi)|^2$$

即满足条件式(4.7.31)。当 $|\omega|\leqslant\pi/2$ 时,$\cos(\omega/2)\geqslant 0$,所以也满足条件式(4.7.32)。此外,很明显 $|p(0)|=1$,即满足条件式(4.7.30)。剩下的问题是如何找到函数 p。

首先,将 $|p(\omega)|^2$ 的定义式重写为

$$\begin{aligned}|p(\omega)|^2&=\cos^4(\omega/2)[\cos^2(\omega/2)+3\sin^2(\omega/2)]\\&=\cos^4(\omega/2)|\cos(\omega/2)+\mathrm{i}\sqrt{3}\sin(\omega/2)|^2\end{aligned}$$

求上式的平方根,并选取

$$p(\omega)=\cos^2(\omega/2)[\cos(\omega/2)+\mathrm{i}\sqrt{3}\sin(\omega/2)]\alpha(\omega)$$

式中,$\alpha(\omega)$ 是待定复函数,$|\alpha(\omega)|=1$。将三角函数用复指数表示,得到

$$p(\omega)=\frac{1}{8}(\mathrm{e}^{\mathrm{i}\omega}+2+\mathrm{e}^{-\mathrm{i}\omega})(\mathrm{e}^{\mathrm{i}\omega/2}+\mathrm{e}^{-\mathrm{i}\omega/2}+\sqrt{3}\mathrm{e}^{\mathrm{i}\omega/2}-\sqrt{3}\mathrm{e}^{-\mathrm{i}\omega/2})\alpha(\omega)$$

为了消除式中的正幂和分数幂,选择 $\alpha(\omega)=\mathrm{e}^{-\mathrm{i}3\omega/2}$,经整理后得到

$$p(\omega)=\left(\frac{1+\sqrt{3}}{8}\right)+\left(\frac{3+\sqrt{3}}{8}\right)\mathrm{e}^{-\mathrm{i}\omega}+\left(\frac{3-\sqrt{3}}{8}\right)\mathrm{e}^{-\mathrm{i}2\omega}+\left(\frac{1-\sqrt{3}}{8}\right)\mathrm{e}^{-\mathrm{i}3\omega}$$

由此得到

$$P(z)=\left(\frac{1+\sqrt{3}}{8}\right)+\left(\frac{3+\sqrt{3}}{8}\right)z+\left(\frac{3-\sqrt{3}}{8}\right)z^2+\left(\frac{1-\sqrt{3}}{8}\right)z^3$$

由于 $p(\omega)$满足条件式(4.7.30)到式(4.7.32),所以 $P(z)$满足第 4.7.2 节的三个条件。由 $P(z)=\frac{1}{2}\sum_k p_k z^k$ 立即得出

$$p_0=\frac{1+\sqrt{3}}{4},\quad p_1=\frac{3+\sqrt{3}}{4},\quad p_2=\frac{3-\sqrt{3}}{4},\quad p_0=\frac{1-\sqrt{3}}{4} \tag{4.7.35}$$

这组参数曾在例 4.7.3 中给出过。

利用第 4.7.2 节介绍的尺度函数的迭代构造方法,经多次迭代后即可求得 Daubechies 尺度函数,如图 4.7.5 所示。前 4 次迭代结果如图 4.7.2 所示。

Daubechies 小波 $\psi(t)$由式(4.6.63)给出

$$\psi(t)=\sum(-1)^k p_{1-k}\varphi(2t-k) \tag{4.7.36}$$

如图 4.7.6 所示。与 Harr 尺度函数和 Harr 小波不同,Daubechies 尺度函数和 Daubechies 小波都是连续的,不过都是不可微的。

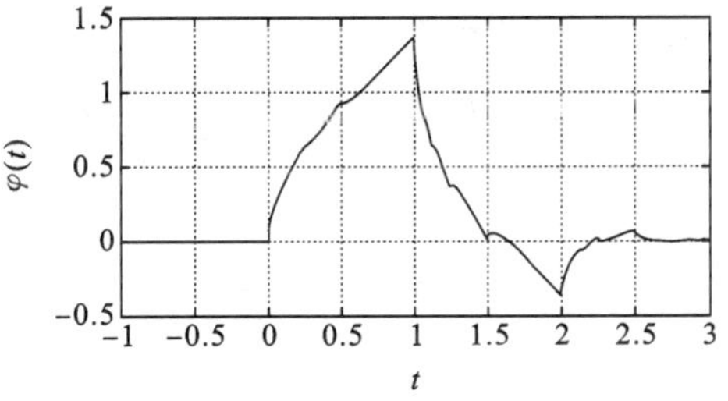

图 4.7.5 Daubechies 尺度函数的图形

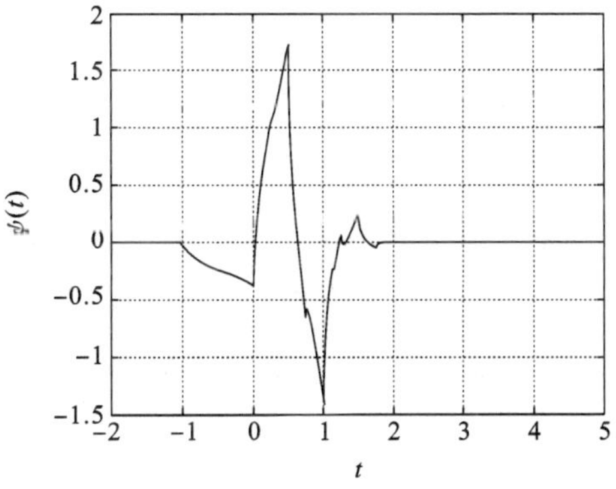

图 4.7.6 Daubechies 小波的图形

值得注意的是,图 4.7.6 所示的 Daubechies 小波是根据式(4.7.36)计算得到的,它是 Daubechies 尺度函数的加权和,加权系数$(-1)^k p_{1-k}$的符号与尺度函数的位移k 有关,而且加权系数的顺序不是 $k=0,1,2,3$,而是 $k=3,2,1,0$,即

$$\psi(t)=p_3\varphi(2t+2)-p_2\varphi(2t+1)+p_1\varphi(2t)-p_0\varphi(2t-1) \tag{4.7.37}$$

式中,尺度函数及其平移如图 4.7.7 所示。

产生图 4.7.6 和图 4.7.7 的 MATLAB 程序如下:

```
% Construct Scaling Function and produce Daubechies wavelet
N= input('length of signal= ');
M= input('fact of down- sampling= ');
x= [zeros(1,N/4),ones(1,N/4),zeros(1,N/2)];
for k= 1:7
    z= dau(x,N,M);
    x= z;
end
[z,nxe]= dauwavelet(x,M);
```

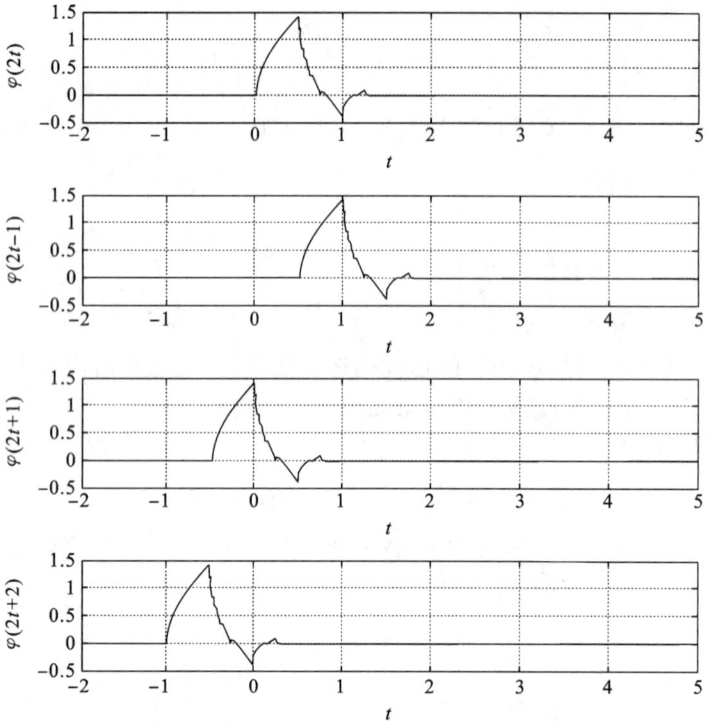

图 4.7.7 Daubechies 尺度函数及其平移的图形

首先调用函数 dau 迭代计算尺度函数 $\varphi^7(t)$(见例 4.7.3),然后调用函数 dauwavelet 计算式(4.7.37)的加权和得到 Daubechies 小波。函数 dauwavelet 的 MATLAB 程序如下:

```
% Daubechies routine for producing wavelet function
function[z,nxe]= dauwavelet(x,M)
N1= length(x);
x1= x(1:M:N1);
nx2= linspace(- 1,4.5,N1);
x2= [zeros(1,N1/11),x1,zeros(1,9* N1/22)];
x3= x2; nx3= nx2+ 0.5;
x4= x2; nx4= nx2- 0.5;
x5= x2; nx5= nx2- 1;
Nxe1= min([min(nx2),min(nx3),min(nx4),min(nx5)]);
Nxe2= max([max(nx2),max(nx3),max(nx4),max(nx5)]);
Nxe= (Nxe2- Nxe1)* N1/5.5;
nxe= linspace(Nxe1,Nxe2,Nxe);

y2= zeros(1,Nxe);y3= zeros(1,Nxe);y4= zeros(1,Nxe);y5= zeros(1,Nxe);
y2((nxe> = min(nx2))&(nxe< = max(nx2))= = 1)= x2;
y3((nxe> = min(nx3))&(nxe< = max(nx3))= = 1)= x3;
y4((nxe> = min(nx4))&(nxe< = max(nx4))= = 1)= x4;
y5((nxe> = min(nx5))&(nxe< = max(nx5))= = 1)= x5;
p0= (1+ 3^0.5)/4;p1= (3+ 3^0.5)/4;p2= (3- 3^0.5)/4;p3= (1- 3^0.5)/4;
z= p1* y2- p0* y3- p2* y4+ p3* y5;
```

```
Figure  % Fig4.7.5
plot(nxe,z);axis([min(nxe),max(nxe),- 1.5,2]);grid;
Figure % Fig4.7.6
subplot(4,1,1)
plot(nxe,y2);axis([min(nxe),max(nxe),- 0.5,1.5]);grid;
subplot(4,1,2)
plot(nxe,y3);axis([min(nxe),max(nxe),- 0.5,1.5]);grid;
subplot(4,1,3)
plot(nxe,y4);axis([min(nxe),max(nxe),- 0.5,1.5]);grid;
subplot(4,1,4)
plot(nxe,y5);axis([min(nxe),max(nxe),- 0.5,1.5]);grid;
```

4.7.4 Daubechies 小波的分级

若选择 $N>3$，则可以得到更光滑的 Daubechies 尺度函数和 Daubechies 小波。Daubechies 已经证明，选择奇数幂 $n=2N-1$ 时，非零尺度系数有 $2N$ 个(即 $p_0, p_1, \cdots, p_{2N-1}$)；Daubechies 尺度函数和小波的支集为 $0\leqslant t\leqslant 2N-1$。选择尺度系数使对应的 $2N-1$ 阶多项式 $P^N(z)=\dfrac{1}{2}\sum\limits_{k=0}^{2N-1}p_k z^k$ 能够分解为

$$P^N(z)=(z+1)^N\widetilde{P}^N(z) \tag{4.7.38}$$

式中，$\widetilde{P}^N(z)$是 $N-1$ 阶多项式，且 $\widetilde{P}_N(-1)\neq 0$，以保证对应的小波刚好有 N 个“消失矩”。这些系数是唯一的(不考虑系数的倒序)。例如，$N=1$ 和 $N=2$ 对应的多项式分别分解为 $P^1(z)=(z+1)^1(1/2)$和 $P^2(z)=(z+1)^2[(1+\sqrt{3})/8+(1+\sqrt{3})z/8]$，其中 $\widetilde{P}^1(z)=1/2$ 和 $\widetilde{P}^2(z)=(1+\sqrt{3})/8+(1+\sqrt{3})z/8$。

根据式(4.7.33)和式(4.7.36)，用 $P^N(z)$产生的尺度函数 $\varphi^N(t)$和小波 $\psi^N(t)$，其傅里叶变换由 P^N 的无限积给出，P^N 的系数是实数，$\overline{P^N(-z)}=P^N(-z)$，所以

$$\hat{\varphi}^N(\omega)=\frac{1}{\sqrt{2\pi}}\prod_{j=1}^{\infty}P^N(\mathrm{e}^{-\mathrm{i}\omega/2^j}) \tag{4.7.39}$$

$$\hat{\psi}^N(\omega)=-\mathrm{e}^{-\mathrm{i}\omega/2}P^N(-\mathrm{e}^{-\mathrm{i}\omega/2})\hat{\varphi}(\omega/2) \tag{4.7.40}$$

注意，因为$(P^N)'(-1)=0$，所以$\hat{\psi}^N(0)=0$。如果 $N>1$，由于 $P'_N(-1)=0$，所以有$\hat{\psi}'_N(0)=0$。一般有

$$\hat{\psi}_N^{(k)}(0)=\begin{cases}0, & k=0,1,\cdots,N-1\\ N(-\mathrm{i}/2)^N\widetilde{P}_N(-1)/\sqrt{2\pi}\neq 0, & k=N\end{cases} \tag{4.7.41}$$

另一方面，将

$$\frac{d^n}{d\lambda^n}[f(t)\mathrm{e}^{-\mathrm{i}\lambda t}]=\frac{t^n}{i^n}f(t)\mathrm{e}^{-\mathrm{i}\lambda t}\quad 即\quad t^nf(t)\mathrm{e}^{-\mathrm{i}\lambda t}=i^n\frac{d^n}{d\lambda^n}[f(t)\mathrm{e}^{-\mathrm{i}\lambda t}]$$

代入

$$\mathscr{F}[t^nf(t)](\lambda)=\frac{1}{\sqrt{2\pi}}\int_{-\infty}^{\infty}t^nf(t)\mathrm{e}^{-\mathrm{i}\omega t}\mathrm{d}t$$

得到

$$\mathscr{F}[t^nf(t)](\lambda)=i^n\frac{d^n}{\lambda^n}\left[\frac{1}{\sqrt{2\pi}}\int_{-\infty}^{\infty}f(t)\mathrm{e}^{-\mathrm{i}\lambda t}\mathrm{d}t\right]$$

即

$$\mathscr{F}[t^n f(t)](\lambda)=i^n \frac{d^n}{\lambda^n}\mathscr{F}[f(t)](\lambda) \tag{4.7.42}$$

令 $f=\psi^N, n=k, \lambda=0$，同时考虑式(4.7.41)，得到

$$\int_{-\infty}^{\infty} t^k \psi^N(t)\mathrm{d}t=\begin{cases}0, & k=0,1,\cdots,N-1\\ -(2^{-N}N!/\sqrt{2\pi})\widetilde{P}_N(-1), & k=N\end{cases} \tag{4.7.43}$$

式(4.7.43)表明，Daubechies 小波 ψ^N 的前 N 个矩等于零，即 ψ^N 有 N 个消失矩。因此 Daubechies 小波按消失矩的数目分级，消失矩数越大，尺度函数和小波的光滑度越高。$N=1$，即 Harr 尺度函数和小波是不连续的；$N=2$ 的 Daubechies 尺度函数和小波是连续的，但导数一定不光滑；$N=3$ 的 Daubechies 尺度函数和小波不但是连续的，而且是可微的。对于更大的 N，φ^N 和 ψ^N 的连续导数的数目大约是 $N/5$，例如，为了得到 10 个连续导数，需要取 $N\approx 50$。表 4.7.1 列出了 N 值从 1 到 4 的 Daubechies 小波的尺度系数的近似值，其中 $N=2$ 的尺度系数是式(4.7.35)的近似值。

表 4.7.1　Daubechies 小波的尺度系数的近似值

p_k	消失矩数目			
	$N=1$	$N=2$	$N=3$	$N=4$
p_0	1	0.683013	0.470467	0.325803
p_1	1	1.183013	1.141117	1.010946
p_2	0	0.316987	0.650365	0.892200
p_3	0	−0.183013	−0.190934	−0.039575
p_4	0	0	−0.120832	−0.264507
p_5	0	0	0.049817	0.043616
p_6	0	0	0	0.023252
p_7	0	0	0	−0.014987

在很多小波应用(如压缩、去噪、奇异值检测等)中，消失矩是一个关键指标。例如，设 $N=2$，按式(4.7.41)前两个矩消失，$k=2$ 的矩是 $-(2^{-1}/\sqrt{2\pi})\widetilde{P}_2(-1)$。从前面的讨论知道，$\widetilde{P}^2(-1)=(1+\sqrt{3})/8+(1-\sqrt{3})z/8=\sqrt{3}/4$，因此第三个矩($k=2$)为

$$\int_{-\infty}^{\infty} t^2\psi^2(t)\mathrm{d}t=-\frac{1}{8}\sqrt{\frac{3}{2\pi}} \tag{4.7.44}$$

当级数 j 很高时，用消失矩近似表示的光滑信号的小波系数很小。如果 f 是一个光滑的、两倍连续可微的信号，那么下标为(j,k)的小波系数是

$$b_k^j=\int_{-\infty}^{\infty} f(t)2^{-j/2}\psi^2(2^{-j}t-k)\mathrm{d}t=\int_0^{3\times 2^{-j}} f(t+2^j k)2^{-j/2}\psi^2(2^{-j}t)\mathrm{d}t$$

如果 j 足够大，则积分区间将很小，因此可以用 t 的 2 次泰勒多项式

$$f(t+2^j k)\approx f(2^j k)+tf'(2^j k)+\frac{1}{2}t^2 f''(2^j k)$$

代替 $f(t+2^j k)$。于是得到 b_k^j 的近似式

$$b_k^j=\int_0^{3\times 2^{-j}}\left[f(2^j k)+tf'(2^j k)+\frac{1}{2}t^2 f''(2^j k)\right]2^{j/2}\psi^2(2^j t)\mathrm{d}t \tag{4.7.45}$$

式(4.7.45)右端的积分可以简化为 ψ_2 的前三个矩的积分。由于前两个矩消失，第三个矩由式(4.7.44)给出，因此由式(4.7.45)得出

$$b_k^j \approx -\frac{1}{16}\sqrt{\frac{3}{2\pi}}2^{-5j/2}f''(2^{-j}k) \tag{4.7.46}$$

应指出，对于恒定的或线性的，或二次函数的信号 f，式(4.7.46)不是近似的而是准确的，因为在这些情况下 f 的二次泰勒多项式本身就是 f。

例 4.7.4 已知一个由下列分段线性函数定义的信号

$$f(x) \equiv \begin{cases} x/3, & 0 \leqslant x \leqslant 3 \\ 2x+1, & 3 \leqslant x \leqslant 4 \end{cases}$$

函数在斜率(函数的导数)改变的间断点上有奇异值。用小波分析方法确定间断点的位置，选择 $N=2$ 的 Daubechies 小波。检测间断点的位置叫做信号的奇异值检测，它在许多方面有应用，如检测材料中的裂缝。

解 由于在 f 线性变化区间内 $f''=0$，所以式(4.7.46)意味着唯一的非零小波系数来自斜率改变的拐点附近小区间。首先在 256 个等间隔点对信号进行取样，然后利用 $N=2$ 的 Daubechies 小波对取样信号进行分解。因此，选择初始级 $j=8$，然后分析 $j=7$ 的小波。MATLAB 程序如下：

```
% Example4.9.4 Singularity Detection
x1= linspace(0,3,192);
x2= linspace(0,1,64);
y1= (1/3)* x1;
y2= 2* x2+ 1;
y= [y1,y2]; x= linspace(0,4,256);
p= [0.6830 1.1830 0.3170 - 0.1830];
w= dec(y,p,8,7);
w7= [0,w(130:256)];
winterp= interp(w7,2);
subplot(2,1,1)
plot(x,y)
subplot(2,1,2)
plot(x,winterp)
```

运行以上程序，得到图 4.7.8 所示的图形，其中图(a)是信号图形，图(b)是 $j=7$ 的小波的图形。可以看出，ψ^7 在 $x=3$ 处出现唯一最大值，这就是奇异值所在的位置。

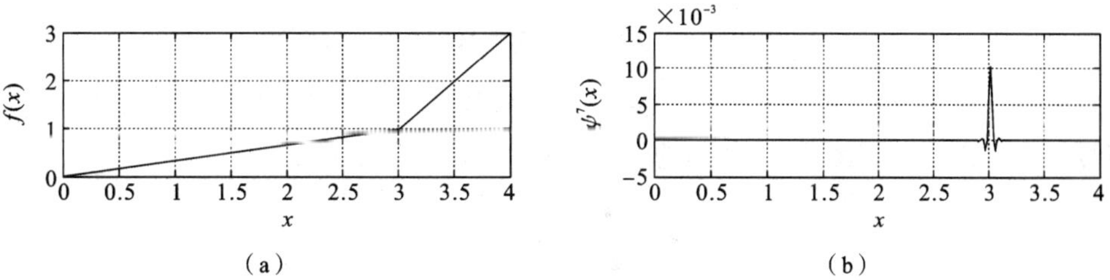

图 4.7.8 分段线性函数间断点位置的确定

(a) 信号图形；(b) $j=7$ 的小波的图形

4.7.5 计算问题

已知信号的 n 个取样值 $s_0, s_1, \cdots, s_{n-1}$。假设用 $N=2$ 的 Daubechies 小波对该信号进行分

解,这些取样值可以看成是最高级逼近系数序列 a^j 的一部分。现在用 Daubechies 小波的高通滤波器 H 和低通滤波器 L 对这些取样值进行滤波,设滤波器 H 和 L 的冲激响应分别为

$$l=\frac{1}{2}(\cdots\quad 0\quad p_3\quad p_2\quad p_1\quad p_0\quad 0\quad 0\quad \cdots),\quad l_k=\frac{1}{2}\bar{p}_{-k}$$

$$h=\frac{1}{2}(\cdots\quad 0\quad 0\quad 0\quad -p_0\quad p_1\quad -p_2\quad p_3\quad \cdots),\quad h_k=\frac{1}{2}(-1)^k p_{k+1}$$

分别计算 l 和 h 与 a^j 的卷积。对任何 a^j(不限于只有 8 个取样值的信号),有

$$a_k^{j-1}=D(l*a^j)=\frac{1}{2}(p_0a_{2k}^j+p_1a_{2k+1}^j+p_2a_{2k+2}^j+p_3a_{2k+3}^j) \tag{4.7.47}$$

$$b_{k+1}^{j-1}=D(h*a^j)=\frac{1}{2}(p_3a_{2k}^j-p_2a_{2k+1}^j+p_1a_{2k+2}^j-p_0a_{2k+3}^j) \tag{4.7.48}$$

为了计算 $j-1$ 级的系数,需要连续 4 个取样值,下标从偶数开始。例如,假设有 $n=8$ 个取样值 $s_0,\cdots,s_7$,为了计算 a_3^2,需要从 s_6 到 s_9 等 4 个取样值。但是,由于超出滤波器的系数范围,所以缺少 s_9。这样就只能对 $k=0,1,2$ 进行计算,这意味着用 8 个取样值只能得到 3 组分解系数,而不是希望的 4 组。这就是所谓的滤波器“溢出”问题。

溢出的发生是因为不知道在给定取样值序列前后信号的取值。这就需要将给定的取样值序列用以下几种方法之一进行延展。图 4.7.9 至图 4.7.12 中,实心圆点代表原始信号,空心圆圈代表信号的扩展。

(1) 补充零取样值,如图 4.7.9 所示。在信号两端补充零取样值,即令 $s_k=0(k<0$ 或 $k>n-1)$。如果信号很长且两端无关紧要,或者信号是突然开始和突然终止的,这是合适的方法。

图 4.7.9　补充零取样值

(2) 周期延展,如图 4.7.10 所示。重复使用给定的取样值使信号成为周期信号,即令 $s_{k+n}=s_k$。例如,若给定 $s_0,\cdots,s_7$,则令 $s_8=s_0,s_9=s_1$,等等。

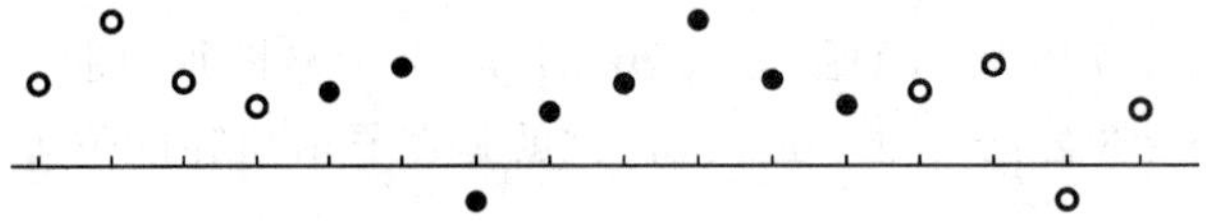

图 4.7.10　周期延展

(3) 平滑补充,如图 4.7.11 所示。将给定的取样值序列两端附近的数据进行线性外推。如果信号(至少在两端附近)没有太多的噪声,这种方法是合适的。

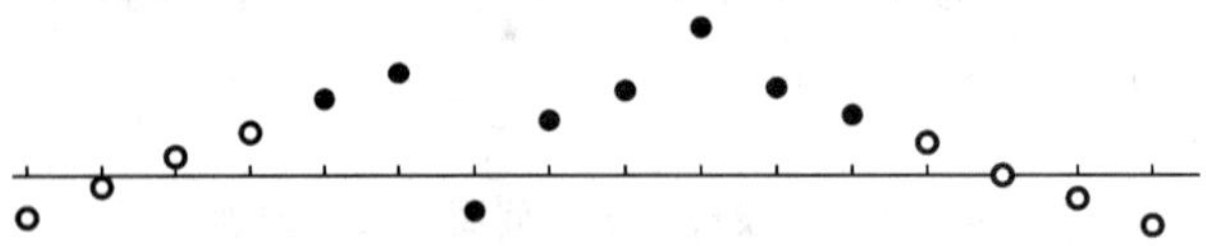

图 4.7.11　平滑补充

(4) 对称延展,如图 4.7.12 所示。信号两端镜像扩展。这又有两种不同的做法,一种是关于端点成镜像对称,如图 4.7.12 左端所示;另一种是与端点成镜像对称,如图 4.7.12 右端所示。

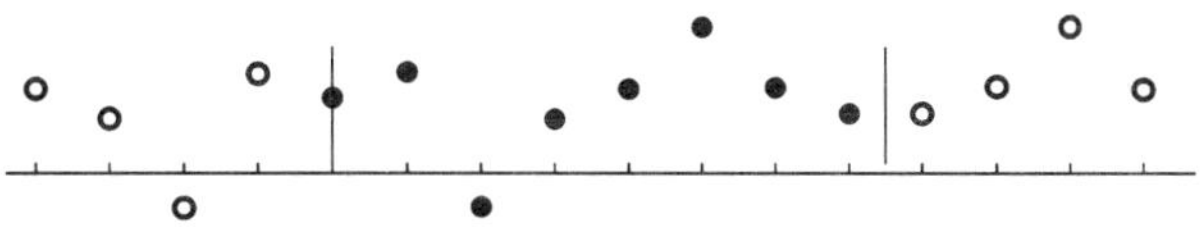

图 4.7.12　对称延展

4.7.6　二进点上的尺度函数

虽然在分析和重构算法中没有直接用到尺度函数 φ 的值，但是，如果能够计算出 φ 的近似值，对于证明尺度函数的某些性质(如连续性)还是有用的。第 4.7.2 节给出了一种计算 φ 的迭代算法，但是从计算的观点来看那个算法比较麻烦。计算尺度函数 φ 的更有效的方法，是利用尺度方程计算尺度函数在所有二进点 $x=l/2^n$ 上的值，这里 l 和 n 取整数。下面以 $N=2$ 的 Daubechies 尺度函数(只有 4 个 p 系数)为例，分步骤说明这种方法。这里的方法容易推广到一般情况。

步骤 1　计算所有整数点上的 φ 值。

令 $\varphi_l=\varphi(l)(l\in\mathbf{Z})$。$N=2$ 的 Daubechies 尺度函数只在区间 $0<x<3$ 上有非零值，因此 $\varphi_0=\varphi(0)=\varphi_3=\varphi(3)=0$(见图 4.7.5)。实际上，整数点上未知的非零值只有 φ_1 和 φ_2。为了进行归一化，即 $\int\varphi=1$，要求 $\sum\limits_l\varphi_l=1$，即要求

$$\varphi_1+\varphi_2=1 \tag{4.7.49}$$

另一方面，在 $x=1$ 时尺度方程 $\varphi(x)=\sum\limits_k p_k\varphi(2x-k)$ 变成

$$\varphi_1=\sum_{k=0}^{3}p_k\varphi(2-k)=p_0\varphi_2+p_1\varphi_1\quad(\text{因 }\varphi_0=\varphi_3=0)$$

在 $x=2$ 时尺度方程变成

$$\varphi_2=\sum_{k=0}^{3}p_k\varphi(4-k)=p_2\varphi_2+p_3\varphi_1$$

将以上两个方程写成矩阵形式

$$\begin{pmatrix}\varphi_1\\ \varphi_2\end{pmatrix}=\begin{pmatrix}p_1 & p_0\\ p_3 & p_2\end{pmatrix}\begin{pmatrix}\varphi_1\\ \varphi_2\end{pmatrix}$$

这里，p 的数值已知(见式(4.7.35))。为了使以上这个方程有非零解，矩阵的特征值必须等于1，因此特征矢量 $\varphi_1+\varphi_2=1$。为了求出特征矢量，重写矩阵方程

$$\begin{pmatrix}p_1-1 & p_0\\ p_3 & p_2-1\end{pmatrix}\begin{pmatrix}\varphi_1\\ \varphi_2\end{pmatrix}=\begin{pmatrix}0\\ 0\end{pmatrix}$$

若矩阵第 1 行是第 2 行的倍数，则方程有非零解。将 $p_k=\sqrt{2}h_k$ 代入式(4.6.31)或式(4.7.4)，得到

$$\sum p_{\mathrm{odd}}=\sum p_{\mathrm{even}}=1 \tag{4.7.50}$$

因此，矩阵第 1 行是第 2 行的负值。对应于第 1 行的方程为

$$(p_1-1)\varphi_1+p_0\varphi_2=0$$

将此方程与归一化方程(4.7.49)联立求解，得到

$$\varphi_1=\frac{1+\sqrt{3}}{2}\approx1.366,\quad \varphi_2=\frac{1-\sqrt{3}}{2}\approx-0.366$$

其他整数下标的 φ 值等于零。

步骤 2 计算 φ 在所有二分之一整数点上的值

用尺度方程 $\varphi(x)=\sum_k p_k\varphi(2x-k)$ 计算 $\varphi(l/2)$。令 $x=l/2$，得到

$$\varphi(l/2)=\sum_{k=0}^{3}p_k\varphi(l-k) \tag{4.7.51}$$

式中，$\varphi(l-k)$ 已由第一步算出。因为 $\varphi(x)=0(x\leqslant 0$ 和 $x\geqslant 3)$，所以只需要计算下标为 $l=1\sim 5$ 的 $\varphi(l/2)$。当 $l=2$ 或 4 时，$l/2$ 是整数，第一步已算出整数下标的 φ 值，所以现在只需要计算 $l=1,3,5$ 时的 $\varphi(l/2)$ 值。$l=1,3,5$ 时，由式(4.7.51)得出

$$\varphi\left(\frac{1}{2}\right)=p_0\varphi_1=\frac{(1+\sqrt{3})^2}{2}\approx 0.933 \quad (l=1)$$

$$\varphi\left(\frac{3}{2}\right)=p_1\varphi_2+p_2\varphi_1=0 \quad (l=3)$$

$$\varphi\left(\frac{5}{2}\right)=p_3\varphi_2=\frac{(-1+\sqrt{3})^2}{2}\approx 0.067 \quad (l=5)$$

步骤 1 的归一化条件 $\sum_l\varphi(l)=1$ 现在意味着 $\sum_l\varphi\left(\frac{l}{2}\right)=2$。的确，由尺度方程

$$\sum_{l\in\mathbf{Z}}\varphi\left(\frac{l}{2}\right)=\sum_{l\in\mathbf{Z}}\sum_{k=0}^{3}p_k\varphi(l-k)=\sum_{k=0}^{3}p_k\sum_{l\in\mathbf{Z}}\varphi(l-k)$$

进行下标置换，内和 $\sum_l\varphi(l-k)=\sum_l\varphi(l)$，由步骤 1 知这个和等于 1。根据式(4.7.50)，$\sum_k p_k=2$，因此 $\sum_{l\in\mathbf{Z}}\varphi(l/2)=2$。

步骤 3 迭代。

令 $x=l/4$，由尺度方程计算 φ 在四分之一整数点 $l/4$ 上的值。一旦计算出 φ 在 $x=l/2^{n-1}$ 上的值，就能够由尺度方程计算 φ 在 $x=l/2^n$ 上的值

$$\varphi(l/2^n)=\sum_{k\in\mathbf{Z}}p_k\varphi(l/2^{n-1}-k)=\sum_{k\in\mathbf{Z}}p_k\varphi\left(\frac{l-2^{n-1}k}{2^{n-1}}\right)$$

式中，φ 在 $x=l'/2^{n-1}$ 上的值已由步骤 2 算出。

由步骤 1 和步骤 2 的 $\sum_l\varphi_l=1$ 和 $\sum_{l\in\mathbf{Z}}\varphi(l/2)=2$，用归纳法可以证明

$$\sum_{l\in\mathbf{Z}}\varphi(l/2^n)=2^n \tag{4.7.52}$$

假设式(4.7.52)对 $n-1$ 成立，现在证明它对 n 也成立。

$$\begin{aligned}\sum_{l\in\mathbf{Z}}\varphi(l/2^n)&=\sum_{l\in\mathbf{Z}}\sum_{k\in\mathbf{Z}}p_k\varphi(l/2^{n-1}-k) \quad (\text{根据尺度方程})\\&=\sum_{k\in\mathbf{Z}}p_k\sum_{l\in\mathbf{Z}}\varphi(l/2^{n-1}-k) \quad (\text{交换求和次序})\\&=\sum_{k\in\mathbf{Z}}p_k\sum_{l\in\mathbf{Z}}\varphi\left(\frac{l-2^{n-1}k}{2^{n-1}}\right)\\&=\sum_{k\in\mathbf{Z}}p_k\sum_{l'\in\mathbf{Z}}\varphi(l'/2^{n-1}) \quad (l'=l-2^{n-1}k)\end{aligned}$$

根据归纳法假设，内和等于 2^{n-1}(式(4.7.52)中的 n 用 $n-1$ 取代)，因此，

$$\sum_{l\in\mathbf{Z}}\varphi(l'/2^n)=\sum_{k\in\mathbf{Z}}p_k2^{n-1}$$

由多分辨率分析的性质三 $\sum_k p_k = 2$，所以上式右边等于 2^n，式(4.7.52)得证。

随着 n 的增大，二进点集 $\{l/2^n, l \in \mathbf{Z}\}$ 变密。由于任何实数是二进点的极限，以及 Daubechies尺度函数是连续的，所以 φ 在任何 x 值上的值都可以作为任何二进点上的值的极限来得到。

用这种方法构造的尺度函数 φ 满足归一化条件 $\int \varphi \mathrm{d}x = 1$。为了看清这一点，我们把 $\int \varphi \mathrm{d}x$ 看成是 $\{x_l = l/2^n; l = \cdots, -1, 0, 1, 2, \cdots\}$ 给出的分布(宽度为 $\Delta x = 1/2^n$)上的 Riemann 和在 $n \to \infty$ 时的极限。因此有

$$\int_{-\infty}^{\infty} \varphi(x)\mathrm{d}x = \lim_{n\to\infty} \sum_{l\in \mathbf{Z}} \varphi(x_l)\Delta x = \lim_{n\to\infty} \sum_{l\in \mathbf{Z}} \varphi(l/2^n)(1/2^n)$$

根据式(4.7.51)，上式右边等于 1，这说明用以上方法构造的尺度函数 φ 的确满足归一化条件 $\int \varphi = 1$。

4.8 小 波 包

4.8.1 小波空间的进一步细分

小波包首先在 1992 年由 Coifman 和 Meyer 构造。小波包分解是小波分解的推广，或者后者是前者的特例。

小波分析的基本单元是小波，就像傅里叶分析的基本单元是余弦波一样。但是与余弦波不同，小波的持续时间是有限长甚至可以任意短的，由于小波在时域和频域的宽度受到测不准原理的限制，所以构造小波时的挑战是如何保持最好的频率定位。小波分析之所以有效，主要原因之一是它在频域中按照倍频程进行对数划分，而不是等宽度线性划分。小波对频域的对数划分，是利用改变尺度而不是利用调制来实现不同频段取样的。这样，小波对高频取样和对低频取样的振荡波形是一样的，这一点很像窗口傅里叶变换对高频和对低频加同样的窗。

在某些应用(如语音信号处理)中，信号具有多样的和复杂的时频结构，人们希望能够把信号的小波展开变成一种能够提供更好频率定位的标准正交展开，同时不要增加计算量。这就需要把小波分析中的倍频程频段进一步细分，即进一步细分小波空间 W_j，实际上，这很容易在小波的理论框架中完成。例如，图 4.8.1 示出了 3 级小波分解与 3 级小波包分解划分子空间的区别。

可以看出，小波分解与小波包分解的本质区别在于，前者只对逼近(或平均)空间 V_j 进一步分解，而后者不仅对逼近空间，而且对细节(或小波)空间 W_j 也进一步分解。小波包分解通过不断对细节空间进行分解来得到更高的频率分辨率，这非常像窗口傅里叶变换利用调制窗，所以小波包分解是一种混合使用小波与窗口傅里叶变换的分析方法。

小波包对细节空间的进一步分解，与对逼近空间的分解使用的方法相同，也是利用低通滤波器 H 和高通滤波器 G 对细节空间的标准正交基进行滤波，来产生下一级两个正交子空间的标准正交基。既然小波包对逼近空间和细节空间都要进行同样的分解，所以图 4.8.1(b)采用统一符号来表示所有的子空间，下标表示分解的级数，上标表示同级中子空间从左到右排列的序号，括号内注明原来的小波分解符号。

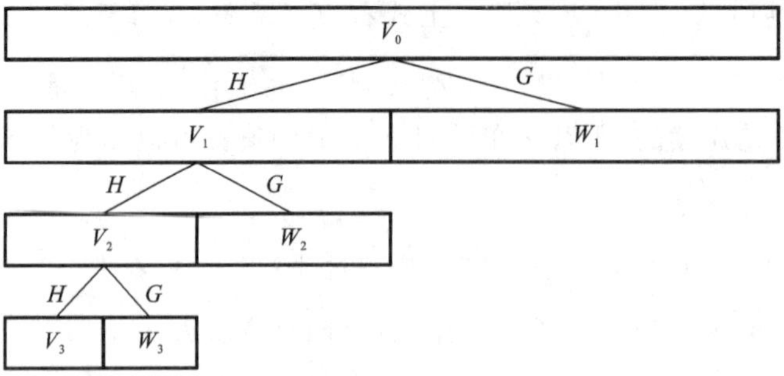

(a)

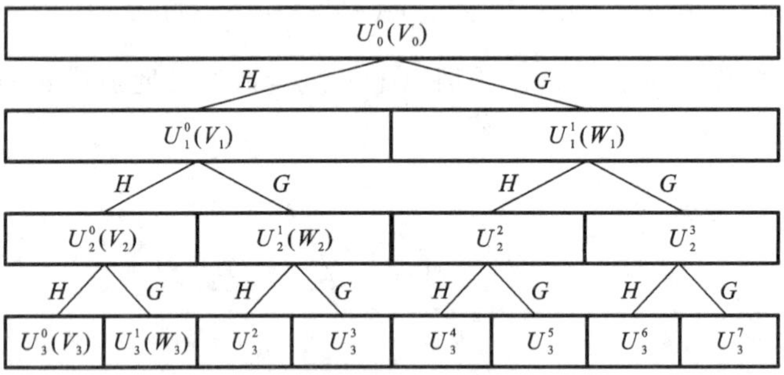

(b)

图 4.8.1 小波分解与小波包分解

(a) 小波分解;(b) 小波包分解

小波包有以下优点。

(1) Daubichies 小波是小波包的特殊情况。

(2) 小波包自然地组织成集,每个集都是 $L^2(R)$的标准正交基。

(3) 用这些标准正交基分解给定信号,并比较各种可能分解的优缺点,从而可以选择一个最优小波包基来表示给定信号。

(4) 下面将看到,小波包用一个很简单的公式 $w_n^{j,k}(t)=2^{-j/2}w_n(2^{-j}t-k)$描述,这里 $j,k\in\mathbf{Z}$ 与小波的参数一样,分别是尺度和平移参数。整数 n 起着频率的作用。$w_n(t)$支撑在相同的固定区间$[0,L]$内。

4.8.2 小波包的定义

图 4.8.1 不仅说明了小波分解与小波包分解的区别,也说明了它们之间的联系。假设图 4.8.1(a)是正交尺度函数 $\varphi(t)$生成的多分辨率分析,对应的正交小波函数是 $\psi(t)$,则它们的两尺度关系为(见式(4.6.14)和式(4.6.63))

$$\varphi(t)=\sqrt{2}\sum_{k\in\mathbf{Z}}h_k\varphi(2t-k) \tag{4.8.1}$$

$$\psi(t)=\sqrt{2}\sum_{k\in\mathbf{Z}}g_k\varphi(2t-k) \tag{4.8.2}$$

其中 h_k 与 g_k 之间的关系由式(4.6.64)确定

$$g_k=(-1)^k h_{-k+1} \tag{4.8.3}$$

为使小波包定义简单,尺度函数和小波函数采用下列统一符号

$$w_0(t)\equiv\varphi(t),\quad w_1(t)\equiv\psi(t) \tag{4.8.4}$$

于是式(4.8.1)和式(4.8.2)表示的两尺度关系现在写成

$$\begin{cases} w_0(t) = \sqrt{2}\sum_{k\in\mathbf{Z}} h_k w_0(2t-k) \\ w_1(t) = \sqrt{2}\sum_{k\in\mathbf{Z}} h_k w_0(2t-k) \end{cases} \tag{4.8.5}$$

对应的频域表示为

$$\begin{cases} \hat{w}_0(\omega) = H_0\left(\frac{\omega}{2}\right)\hat{w}_0\left(\frac{\omega}{2}\right) \\ \hat{w}_1(\omega) = H_1\left(\frac{\omega}{2}\right)\hat{w}_0\left(\frac{\omega}{2}\right) \end{cases} \tag{4.8.6}$$

式中

$$H_0(\omega) = \frac{1}{\sqrt{2}}\sum_{k\in\mathbf{Z}} h_k e^{-i\omega k} \tag{4.8.7}$$

$$H_1(\omega) = \frac{1}{\sqrt{2}}\sum_{k\in\mathbf{Z}} g_k e^{-i\omega k} \tag{4.8.8}$$

正交尺度函数 $w_0(t)\equiv\varphi(t)$ 的小波包定义为

$$\begin{cases} w_{2l}(t) = \sqrt{2}\sum_{k\in\mathbf{Z}} h_k w_l(2t-k) \\ w_{2l+1}(t) = \sqrt{2}\sum_{k\in\mathbf{Z}} g_k w_l(2t-k) \end{cases} \tag{4.8.9}$$

它是一个用迭代公式(4.8.5)产生的函数族 $w_n(t)(n=2l$ 或 $2l+1, l=0,1,2,\cdots)$，是正交小波 $w_1(t)\equiv\psi(t)$ 的推广。

式(4.8.9)取傅里叶变换得

$$\begin{cases} \hat{w}_{2l}(\omega) = H_0\left(\frac{\omega}{2}\right)\hat{w}_l\left(\frac{\omega}{2}\right) \\ \hat{w}_{2l+1}(\omega) = H_1\left(\frac{\omega}{2}\right)\hat{w}_l\left(\frac{\omega}{2}\right) \end{cases} \tag{4.8.10}$$

利用归纳法可以由式(4.8.10)求出正交小波包 $w_n(t)$ 的傅里叶变换

$$\hat{w}(\omega) = \prod_{k=1}^{\infty} H_{\varepsilon_k}\left(\frac{\omega}{2^k}\right), \quad \varepsilon_k \in \{0,1\} \tag{4.8.11}$$

为证明式(4.8.11)，首先将非负整数 n 用二进制表示为

$$n = \sum_{j=1}^{\infty}\varepsilon_j 2^{j-1}, \quad \varepsilon_k \in \{0,1\}$$

并假设 $2^{s_0-1}\leqslant n<2^{s_0}$，因此

$$n = \sum_{j=1}^{s_0}\varepsilon_j 2^{j-1}, \quad \varepsilon_k \in \{0,1\}$$

设上式有 $k+1$ 项系数为 1，表示为 $2^{s_i-1}(i=0,1,2,\cdots,k)$，其余项的系数为 0，因此 n 的二进制表示可以写成

$$n = \sum_{i=1}^{k} 2^{s_i-1}, \quad s_0 > s_1 > s_2 \cdots > s_k \geqslant 1 \tag{4.8.12}$$

设式(4.8.11)对 $0\leqslant n<2^{s_0}$ 范围内的所有 n 值成立，在该范围内 n 值的二进制表示是

$$n = \sum_{j=1}^{s_0+1}\varepsilon_j 2^{j-1}, \quad \varepsilon_k \in \{0,1\} \tag{4.8.13}$$

因此有

$$\frac{n}{2}=\frac{\varepsilon_1}{2}+\frac{1}{2}\sum_{j=2}^{s_0+1}\varepsilon_j 2^j,\quad \varepsilon_k\in\{0,1\}$$

小于 $n/2$ 的最大整数是

$$\left[\frac{n}{2}\right]=\frac{1}{2}\sum_{j=2}^{s_0+1}\varepsilon_j 2^{j-1},\quad \varepsilon_k\in\{0,1\}$$

因此,式(4.8.13)可写成

$$n=2\left[\frac{n}{2}\right]+\varepsilon_1 \tag{4.8.14}$$

这样,式(4.8.10)可写成

$$\hat{w}_n(\omega)=H_{s_1}\left(\frac{\omega}{2}\right)\hat{w}_{\left[\frac{n}{2}\right]}\left(\frac{\omega}{2}\right) \tag{4.8.15}$$

另一方面,由于

$$\left[\frac{n}{2}\right]=\frac{1}{2}\sum_{j=2}^{s_0+1}\varepsilon_j 2^{j-1}=\sum_{j=2}^{s_0+1}\varepsilon_j 2^{j-2}=\sum_{j=1}^{s_0}\varepsilon_{j+1}2^{j-1}<2^{s_0}$$

根据归纳假设得到

$$\hat{w}_{\left[\frac{n}{2}\right]}(\omega)=\prod_{j=1}^{\infty}H_{\varepsilon_{j+1}}\left(\frac{\omega}{2^j}\right),\quad \varepsilon_{j+1}\in\{0,1\} \tag{4.8.16}$$

将式(4.8.16)代入式(4.8.15),便得到式(4.8.11)。

4.8.3 小波包的性质

(1) 小波包中相同 n 值的函数正交,即

$$\langle w_n(t-l),w_n(t-k)\rangle=\delta_{k,l},\quad k,l\in\mathbf{Z} \tag{4.8.17}$$

例如在图 4.8.1(b)中,在同一尺度上的子空间相互正交,即 $U_j^n\perp U_j^m(n\neq m)$。

证 用归纳法证明。已知 $w_0(t)\equiv\varphi(t)$ 正交,假设式(4.8.17)对 $0\leqslant n<2^{s_0}$ 范围内的所有 n 值成立,需证明对 $0\leqslant n<2^{s_0+1}$ 范围内所有 n 值也成立。利用式(4.8.15)和式(4.8.10),有

$$\begin{aligned}\langle w_n(t-l),w_n(t-k)\rangle&=\frac{1}{2\pi}\int_{-\infty}^{\infty}\left|\hat{w}_n(\omega)\right|^2 e^{i(k-l)\omega}d\omega\\&=\frac{1}{2\pi}\int_{-\infty}^{\infty}\left|H_{\varepsilon_1}\left(\frac{\omega}{2}\right)\right|^2\left|\hat{w}_{\left[\frac{n}{2}\right]}\left(\frac{\omega}{2}\right)\right|^2 e^{i(k-l)\omega}d\omega\\&=\frac{1}{2\pi}\sum_{j=-\infty}^{\infty}\int_{4\pi i}^{4\pi(i+1)}\left|H_{\varepsilon_1}\left(\frac{\omega}{2}\right)\right|^2\left|\hat{w}_{\left[\frac{n}{2}\right]}\left(\frac{\omega}{2}\right)\right|^2 e^{i(k-l)\omega}d\omega\\&=\frac{1}{2\pi}\int_{0i}^{4\pi}e^{i(k-l)\omega}\left|H_{\varepsilon_1}\left(\frac{\omega}{2}\right)\right|^2\sum_{j=-\infty}^{\infty}\left|\hat{w}_{\left[\frac{n}{2}\right]}\left(\frac{\omega}{2}+2\pi i\right)\right|^2 d\omega\end{aligned}$$

上式右端的和式等于 1,利用归纳法假设,得到

$$\begin{aligned}\langle w_n(t-l),w_n(t-k)\rangle&=\frac{1}{2\pi}\int_{0i}^{4\pi}e^{i(k-l)\omega}\left|H_{\varepsilon_1}\left(\frac{\omega}{2}\right)\right|^2 d\omega\\&=\frac{1}{2\pi}\int_{0i}^{2\pi}e^{i(k-l)\omega}\left\{\left|H_{\varepsilon_1}\left(\frac{\omega}{2}\right)\right|^2+\left|H_{\varepsilon_1}\left(\frac{\omega}{2}+\pi\right)\right|^2\right\}d\omega\\&=\frac{1}{2\pi}\int_{0i}^{2\pi}e^{i(k-l)\omega}d\omega=\delta_{k,l}\end{aligned}$$

证毕。

(2) $w_{2l}(t)$与$w_{2l+1}(t)$正交，即

$$\langle w_{2l}(t-l), w_{2l+1}(t-k)\rangle = 0, \quad k,l\in\mathbf{Z} \tag{4.8.18}$$

例如在图 4.8.1(b)中，U_3^0 与 U_3^1、U_3^2 与 U_3^3、U_3^4 与 U_3^5 以及 U_3^6 与 U_3^7 相互正交。

证 利用式(4.6.47)的推导方法，可以推导出类似结果

$$H_0(z)\overline{H_1(z)} + H_0(-z)\overline{H_1(-z)} = 0, |z| = 1 \tag{4.8.19}$$

利用式(4.8.10)、式(4.8.19)和式(4.8.17)，得出

$$\begin{aligned}
&\langle w_{2l}(t-l), w_{2l+1}(t-k)\rangle \\
&= \frac{1}{2\pi}\int_{-\infty}^{\infty} \hat{w}_{2l}(\omega)\overline{\hat{w}_{2l+1}(\omega)} e^{i(k-l)} d\omega \\
&= \frac{1}{2\pi}\int_{-\infty}^{\infty} \left|\hat{w}_l\left(\frac{\omega}{2}\right)\right|^2 H_0(e^{-i\omega/2})\overline{H_1(e^{-i\omega/2})} e^{i(k-l)} d\omega \\
&= \frac{1}{2\pi}\int_0^{4\pi} \left\{\sum_{m=-\infty}^{\infty} \left|\hat{w}_l\left(\frac{\omega}{2} + 2\pi m\right)\right|^2\right\} H_0(e^{-i\omega/2})\overline{H_1(e^{-i\omega/2})} e^{i(k-l)} d\omega \\
&= \frac{1}{2\pi}\int_0^{4\pi} H_0(e^{-i\omega/2})\overline{H_1(e^{-i\omega/2})} e^{i(k-l)} d\omega \\
&= \frac{1}{2\pi}\int_0^{2\pi} \{H_0(e^{-i\omega/2})\overline{H_1(e^{-i\omega/2})} + H_0(-e^{-i\omega/2})\overline{H_1(-e^{-i\omega/2})}\} e^{i(k-l)} d\omega
\end{aligned}$$

证毕。

(3) 由上面的性质得出，只要不同尺度的子空间没有包含关系，例如假设 $j'>j$，$U_{j'}^n$ 和 $U_{j'}^{n+1}$ 都不包含在 U_j^{n+1} 中，那么，子空间相应的基函数 $w_n^{j'}(t)$ 和 $w_{n+1}^{j'}(t)$ 都与 $w_{n+1}^j(t)$ 正交。例如，在图 4.8.1(b)中，U_3^0 和 U_3^1 不包含在 U_2^1 中，所以对应的 $w_0^3(t)$ 和 $w_1^3(t)$ 与 $w_1^2(t)$ 正交。但是，由低通滤波器 H 产生的不同尺度的子空间，如 U_3^0、U_2^0、U_1^0 和 U_0^0，U_3^4、U_2^2 和 U_1^1，U_3^2 和 U_2^1，以及 U_3^6 和 U_2^3 有嵌套关系并不正交，所以它们的基函数之间也不正交。

4.8.4 小波包二叉树结构

假设由函数集 $w_n^{j,k}(t) = \{2^{-j/2} w_n(2^{-j}t - k); k\in\mathbf{Z}\}$ 生成的子空间用 U_j^n 表示，那么 U_j^0 是由 $w_0^{j,k}(t) = \{2^{-j/2} w_0(2^{-j}t-k); k\in\mathbf{Z}\} = \{2^{-j/2}\varphi(2^{-j}t-k); k\in\mathbf{Z}\}$ 生成的子空间 V_j，U_j^1 是由 $w_1^{j,k}(t) = \{2^{-j/2} w_1(2^{-j}t-k); k\in\mathbf{Z}\} = \{2^{-j/2}\psi(2^{-j}t-k); k\in\mathbf{Z}\}$ 生成的子空间 W_j。因此，式(4.6.35)表示的小波子空间的正交分解现在表示为

$$U_{j-1}^0 = U_j^0 \oplus U_j^1, \quad j\in\mathbf{Z} \tag{4.8.20}$$

这是 $n=0$ 情况下小波包子空间 U_{j-1}^n 的正交分解。

现在考虑不同 $j\in\mathbf{Z}$ 和不同 $n\in\mathbf{Z}^+$ 对应的子空间集合 $\{U_j^n; j\in\mathbf{Z}, n\in\mathbf{Z}^+\}$。可以证明，式(4.8.20)的正交分解可以推广到任一 $n\in\mathbf{Z}^+$ 的情况，即

$$U_{j-1}^n = U_j^{2n} \oplus U_j^{2n+1}, \quad U_j^{2n} \perp U_j^{2n+1}, \quad (j\in\mathbf{Z}, n=0,1,2,\cdots) \tag{4.8.21}$$

标准正交小波 $\psi(t)$ 的重要性在于，对于每个 j，小波子集 $\{\psi_{j,k}(t); j,k\in\mathbf{Z}\}$ 不仅是小波空间 W_j 的一个标准正交基，而且是一个能够提取第 j 个频带（或倍频程）$B_j = (2^{-j}D_\omega, 2^{-j+1}D_\omega)$ 内的幅度和位置信息的可移动时间窗。由于频率越高，倍频程的频带越宽，所以小波包要通过不断划分倍频程来提高频率的定位能力。对于每个 j 值($j=1,2,3,\cdots$)，子空间 W_j 可以按尺度作以下各种不同的划分

$$\begin{cases} W_j = U_{j+1}^2 \oplus U_{j+1}^3 \\ W_j = U_{j+2}^4 \oplus U_{j+2}^5 \oplus U_{j+2}^6 \oplus U_{j+2}^7 \\ \quad \vdots \\ W_j = U_{j+l}^{2^l} \oplus U_{j+l}^{2^l+1} \oplus \cdots \oplus U_{j+l}^{2^{l+1}-1} \\ \quad \vdots \\ W_j = U_{2j}^{2^j} \oplus U_{2j}^{2^j+1} \oplus \cdots \oplus U_{2j}^{2^j+1} \end{cases} \tag{4.8.22}$$

即 W_j 第 1 次分解为两个子空间 U_{j+1}^2 和 U_{j+1}^3 的直和，第 2 次分解为 4 个子空间 U_{j+2}^4、U_{j+2}^5、U_{j+2}^6 和 U_{j+2}^7 的直和，第 l 次分解为 2^l 个子空间 $U_{j+l}^{2^l+m}$($m=0,1,\cdots,2^l-1;l=1,2,\cdots,j;j=1,2,\cdots$)的直和。注意到 $W_j=U_j^1$，所以式(4.8.22)的第 1 个等式只不过是式(4.8.21)在 $n=1$ 时的情形，其余等式是反复使用式(4.8.21)进行迭代分解的结果。值得注意的是，第 l 次分解把 W_j 的频带 B_j 划分成 2^l 个子频带 $B_j^{l,m}$($l=1,2,\cdots,j;m=0,1,\cdots,2^l-1$)。

由于 $w_n^{j,k}(t)\equiv\{2^{-j/2}w_n(2^{-j}t-k);k\in\mathbf{Z}\}$ 是 U_j^n 的标准正交基，所以函数族

$$w_{2^l+m}^{j+l,k}(t)=\left\{2^{\frac{-(j+l)}{2}}w_{2^l+m}(2^{-(j+l)}t-k);k\in\mathbf{Z}\right\} \tag{4.8.23}$$

是 $U_{j+l}^{2^l+m}$ 的标准正交基。注意，$n=2^l+m$ 是一个划分倍频程的参数，因为当 $l=0$ 和 $m=0$ 时，子空间序列 $U_{j+l}^{2^l+m}$ 简化为 $U_j^1\equiv W_j$，相应的标准正交基简化为 $w_{1'}^{j,k}(t)=2^{-j/2}\psi(2^{-j}t-k)$。因此，式(4.8.23)定义的小波包的标准正交基，由尺度标号 j、整数平移 k 和倍频程 $n=2^l+m$ 等三个参数描述，前两个参数与小波的参数相同，新增加的频率参数 n 改进了小波在高频段的频率分辨率，即改善了子频带 $B_j^{l,m}$ 内的时频定位能力。

由于 U_{j+1}^{2n} 与 U_{j+1}^{2n+1} 是 U_j^n 的子空间，而且 U_{j+1}^{2n} 与 U_{j+1}^{2n+1} 正交，所以有

$$w_n(2^{-j}t-k)=\sum_{m\in\mathbf{Z}}\{\bar{h}_{k-2m}w_{2n}(2^{-(j+1)}t-m)+\bar{g}_{k-2m}w_{2n+1}(2^{-(j+1)}t-m)\} \tag{4.8.24}$$

利用式(4.8.24)可以将任何小波级数分解为小波包分量

$$c_{j,l,m}=\sum_k d_k^{j,k,m}w_{2^l+m}(2^{-(j+l)}t-k),\quad m=0,1,\cdots,2^l-1$$

的正交和(对任一固定 l 值，$1\leqslant l\leqslant j$)。这种分解可以表示成图 4.8.2 所示的二叉树结构，树的每个节点对应着一个子空间 U_j^n，每个节点两个分支，分别对应于滤波器 H 和 G，取出尺度标号为 j 的子空间 U_j^n 的低频段和高频段，得到更大尺度标号 $j+1$ 的两个互相正交的子空间 U_{j+1}^{2n} 和 U_{j+1}^{2n+1}，如式(4.8.21)所示。

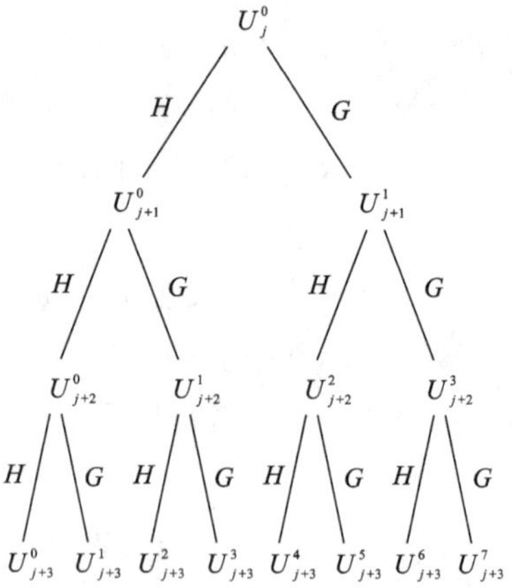

图 4.8.2　小波包分解的数结构

小波包各子空间的频带划分与小波分解的相似，都是把频率轴按倍频程分段并沿时间轴均匀移动，如图 4.8.3 所示。其中图 4.8.3(a)是小波分解，图(b)是小波包分解。为了图形清晰起见，图 4.8.3(b)省略画了中间所有子空间的进一步分解。

每个节点对应于一个子空间。每个节点有两个分支或没有分支，这样的小波包树称为允许小波包树，不同的子空间组合对应不同的小波包树。为了完整表示信号，应选择这样的子空间组合，它们的频带相互衔接但不重叠，它们的基构成信

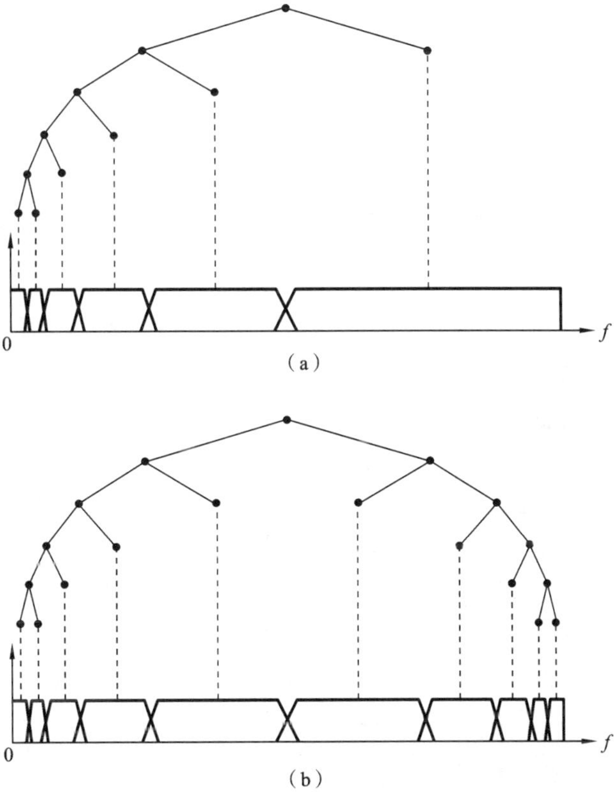

图 4.8.3 小波分解和小波包分解子空间的频带划分

(a) 小波分解；(b) 小波包分解

号空间的标准正交基。显然，这样的小波包树有很多种，图 4.8.4 是几个例子。

4.8.5 小波包的计算

小波包的二叉树结构需要仔细设计。例如，如果某个小波分量没有其他分量重要，那么就应该选取较小的 k 值来减少分支的数目。沿着分解算法的小波包树由树叶向树根回溯，便得到小波包的重构算法。小波包分解算法的步骤如下：

第一步，选择序列 h_k 和 g_k。

序列 h_k 和 g_k 应满足以下条件，其长度 $2N$ 根据对频率分辨率的要求决定：

(1) $H_0(0)=1, H_0(\omega)\neq 0(-\pi/3\leqslant\omega\leqslant\pi/3)$。

(2) $|H_0(\omega)|^2+|H_0(\omega+\pi)|^2=1$。与式(4.6.26)等效。

(3) $g_k=(-1)^{k+1}\bar{h}_{2N-1-k}$ 或 $H_1(\omega)=\mathrm{e}^{\mathrm{i}(2N-1)\omega}\overline{H_0(\omega+\pi)}$。与式(4.6.65)等效。

第二步，构造小波包。

这一步的目的是构造信号空间 $L^2(R)$ 的多种标准正交基。下面通过一个实例来说明构造小波包标准正交基的具体方法。

例 4.8.1 假设通过第一步已经选择了长度 $2N=4$ 的序列 h_k：

$$h_0=\frac{1}{4\sqrt{2}}(1+\sqrt{3})\approx 0.4830,\quad h_1=\frac{1}{4\sqrt{2}}(3+\sqrt{3})\approx 0.8365,$$

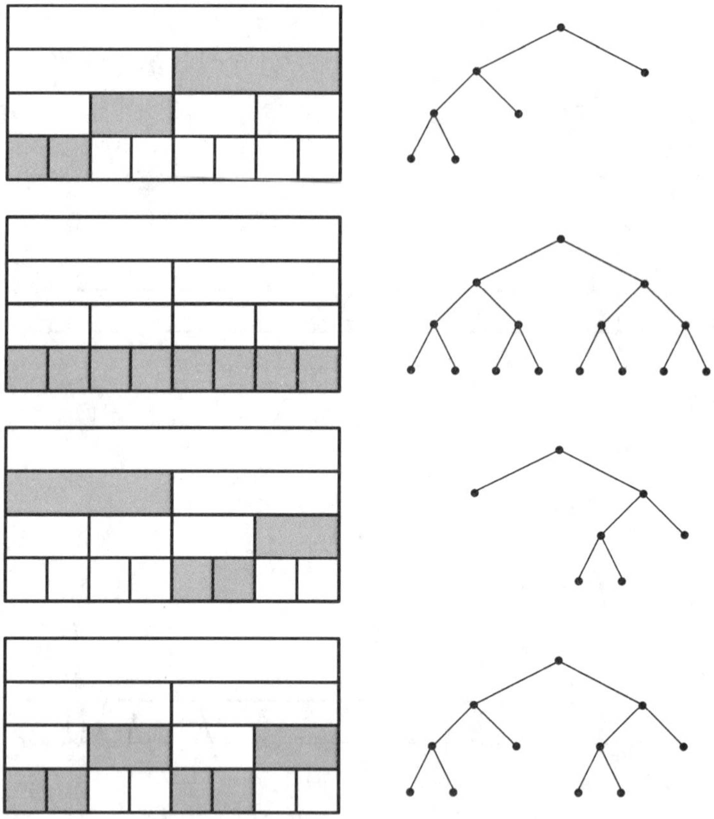

图 4.8.4　小波包子空间组合与对应的小波包树例

$$h_2=\frac{1}{4\sqrt{2}}(3-\sqrt{3})\approx 0.2241,\quad h_3=\frac{1}{4\sqrt{2}}(1-\sqrt{3})\approx -0.1294$$

并由式(4.6.65)求出了序列 g_k：

$$g_0=\frac{1}{4\sqrt{2}}(1-\sqrt{3}),\quad g_1=\frac{1}{4\sqrt{2}}(3-\sqrt{3}),\quad g_3=\frac{-1}{4\sqrt{2}}(3+\sqrt{3}),\quad g_3=\frac{1}{4\sqrt{2}}(1+\sqrt{3})$$

正交尺度函数 $\varphi(t)$ 由[0,1]的特征函数 $f(t)$ 用迭代方法构造。根据式(4.8.5)的第一个公式写出 $f(t)$ 的迭代计算公式为

$$Tf(t)=\sqrt{2}\sum_{k=0}^{2N-1}h_k f(2t-k)=\sqrt{2}\sum_{k=0}^{3}h_k f(2t-k)$$

式中，算子 $T:L^1(R)\to T^1(R)$，经过对 $f(t)$ 的多次迭代运算，最后均匀收敛于正交尺度函数 $w_0(t)\equiv\varphi(t)$。图 4.8.5 是迭代运算过程中的前几个函数 $f_0(t)$、$f_1(t)$ 和 $f_2(t)$ 的示意图。

一旦构造出 $\varphi(t)$，即可用式(4.8.5)的第二个公式由 $w_0(t)\equiv\varphi(t)$ 和 g_k 计算出正交小波 $w_1(t)\equiv\psi(t)$。后者是母小波，前者是父小波。

有了 $w_0(t)$ 和 $w_1(t)$，便可利用式(4.8.9)并令 $l=1$ 计算 $w_2(t)$ 和 $w_3(t)$。重复此过程，每次迭代产生两个小波函数，最后便产生出整个小波包 $w_n(t)$。$w_n(t)$ 是一个双序列，其偶数和奇数下标的函数各构成一个序列。$w_0(t)$ 的支撑区间是 $[0,2N-1]$，不难证明，$w_n(t)(n\in\mathbf{Z})$ 的支撑区间包含在区间 $[0,2N-1]$ 内。

重要的是，$w_n^j(t)$ 的整数平移序列 $w_n^j(t-k)(n=0,1,2,\cdots;k\in\mathbf{Z})$ 是 $L^2(R)$ 的正交基。若取 $2^{j-1}\leqslant n<2^j$，则 $w_n^j(t-k)$ 是 W_j 的一个标准正交基。在多分辨率分析中，W_j 是 V_j 在 V_{j-1}

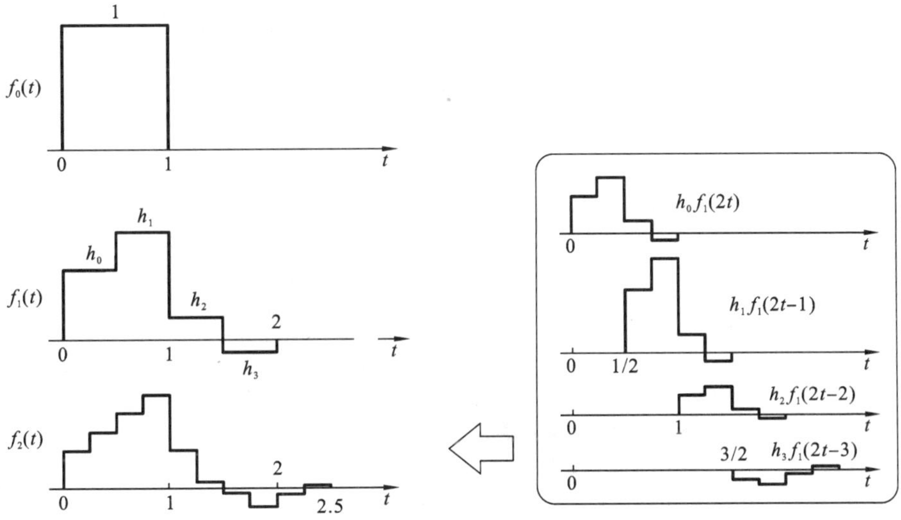

图 4.8.5　例 4.8.1 迭代运算过程中的 $f_0(t)$、$f_1(t)$ 和 $f_2(t)$

中的正交补，V_j 是由标准正交基 $2^{-j/2}\varphi(2^{-j}t-k)(k\in\mathbf{Z})$ 张成的 $L^2(R)$ 的一个闭子空间，$2^{-j/2}\psi(2^{-j}t-k)$ 是 W_j 的一个标准正交基，因此，构造小波包表现为改变每个 W_j 的标准正交基。

例 4.8.2　假设已知 $w_0^0(t)=\varphi(t)$ 是 Harr 尺度函数。序列 h_k 和 g_k 分别为(见例 4.6.3)

$$h_k=\left\{\cdots,0,0,\underset{\uparrow}{\frac{1}{\sqrt{2}}},\frac{1}{\sqrt{2}},0,0,\cdots\right\}\quad g_k=\left\{\cdots,0,0,\underset{\uparrow}{\frac{1}{\sqrt{2}}},-\frac{1}{\sqrt{2}},0,0,\cdots\right\}$$

式中，箭头指示 $k=0$ 的位置。

(a) $w_0^1(t)$ 的尺度标号 $j=1$，即尺度等于 $2^j=2$，所以它的波形与 $w_0^0(t)=\varphi(t)$ 相同，但宽度等于 2。由式(4.8.9)可得

$$w_1^1(t)=\sqrt{2}\sum_{k=0}^{1}g_kw_0^1(2t-k)=w_0^1(2t)-w_0^1(2t-1)$$

(b) $j=2$，$w_0^2(t)$ 的波形与 $\varphi(t)$ 的相同，但宽度等于 $2^j=2^2=4$。由式(4.8.9)可得

$$w_1^2(t)=\sqrt{2}\sum_{k=0}^{1}g_kw_0^2(2t-k)=w_0^2(2t)-w_0^2(2t-1)$$

$$w_2^2(t)=\sqrt{2}\sum_{k=0}^{1}h_kw_1^2(2t-k)=w_1^2(2t)+w_1^2(2t-1)$$

$$w_3^2(t)=\sqrt{2}\sum_{k=0}^{1}g_kw_1^2(2t-k)=w_1^2(2t)-w_1^2(2t-1)$$

(c) $j=3$，$w_0^2(t)$ 的波形与 $\varphi(t)$ 的相同，但宽度等于 $2^j=2^3=8$。由式(4.8.9)可得

$$l=1,2,3:w_{2l}^3(t)=w_l^3(2t)+w_l^3(2t-1)$$

$$l=0,1,2,3:w_{2l+1}^3(t)=w_l^3(2t)-w_l^3(2t-1)$$

小波包基的波形如图 4.8.6 所示。

第三步，针对给定信号和应用要求选择最优小波包基。

在小波包的所有基中，能够给出信号的最简洁或最精细表示的基是最优小波包基。可以采用"由精到粗"的策略和归并法来确定最优基。从"最精细"的频段 B_I 开始，B_I 的宽度 $|I|=2^{-m}$ 按二进区间划分，整数 m 根据对分析精度的要求选择尽可能大的值。把 I 划分成左右两

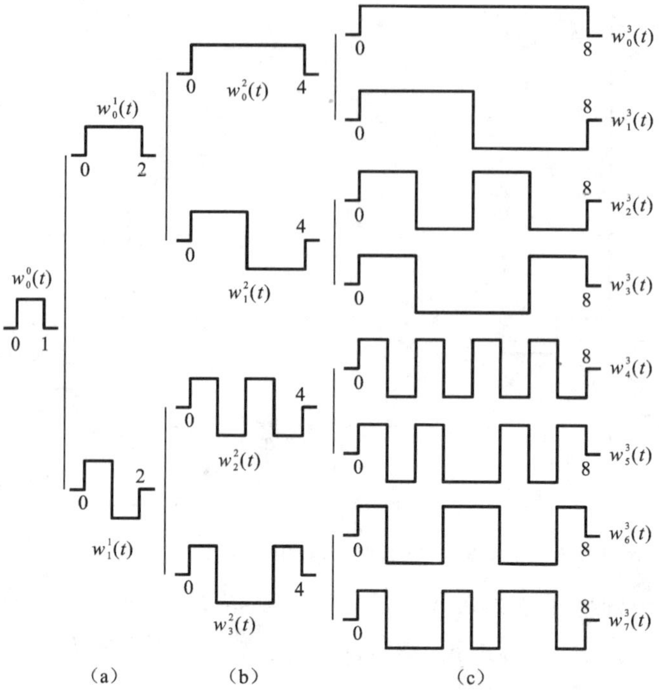

图 4.8.6　例 4.8.2 的小波包的基函数

个区间 I' 和 I''，如果 B_I 的标准正交基表示的信号比用 $B_{I'}$ 和 $B_{I''}$ 的标准正交基表示的信号更精细，那么就把左右两个区间 I' 和 I'' 归并起来。

“最优”的量化标准或代价函数有多种，如阈值熵标准、范数熵标准、对数能量熵标准、(非归一化)Shannon 熵标准等。但都应根据信号的性质和小波包分解的应用目的来选取。

小波包所有子空间都有自己的标准正交基，它们由标准正交尺度函数所确定。例如，图 4.8.7 示出了例 4.8.2 由 Harr 尺度函数生成的小波包所有子空间的标准正交基的波形以及对应的子空间位置。

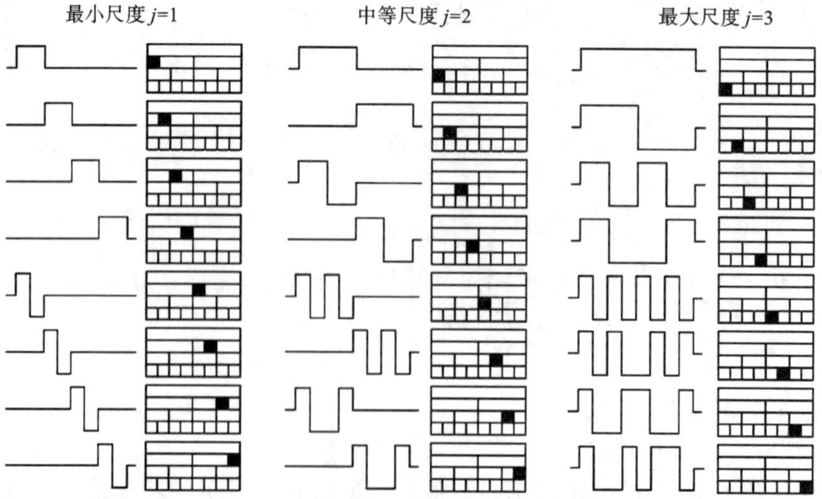

图 4.8.7　Harr 尺度函数生成的小波包所有子空间的标准正交基波形

4.8.6 MATLAB 中的小波包函数

在 MATLAB 中有一些关于小波包及其应用的函数和工具，本节仅涉及一维信号分析的小波包的二叉树结构。

1. 小波包分析和重构

（1）wpfun，计算给定小波的小波包函数。调用方法如下：

① [WPWS,X]=wpfun("wname",NUM,PREC)

输入参数："wname"是给定小波的名字；NUM 是指定要计算的小波包函数的标号 n=[0,NUM]；PREC 是指定在长为 2^{-PREC} 的二进制间隔上计算的小波包函数，它必须是正整数。

输出参数：WPWS 是 NUM+1 行 $2^{PREC}+2$ 列矩阵，每行包含一个小波包函数的 $2^{PREC}+2$ 个样本值；X 是 $1\times(2^{PREC}+2)$ 通用网格矢量。

② [WPWS,X]=wpfun("wname",NUM)

与①的唯一区别是默认输入参数 PREC，等效于约定 PREC=7，即等效于[WPWS,X]=wpfun("wname",NUM,7)。

例 4.8.3 计算 db1 小波（即 Harr 小波）的小波包 $w_n(t)$（$n=0,1,2,\cdots,7$；即 NUM=7）。画出相应的波形，并与例 4.8.2 的结果（见图 4.8.6）进行对照。

解 MATLAB 程序如下：

```
[wp,x]= wpfun('db1',7);
for i= 1:8
    w= wp(i,:);
    subplot(2,4,i);
    plot(x,w);
    axis([- 0.2,1.2,- 2,2])
end
```

运行以上程序，得到图 4.8.8 所示的图形。与例 4.8.2 的图 4.8.6 一致。

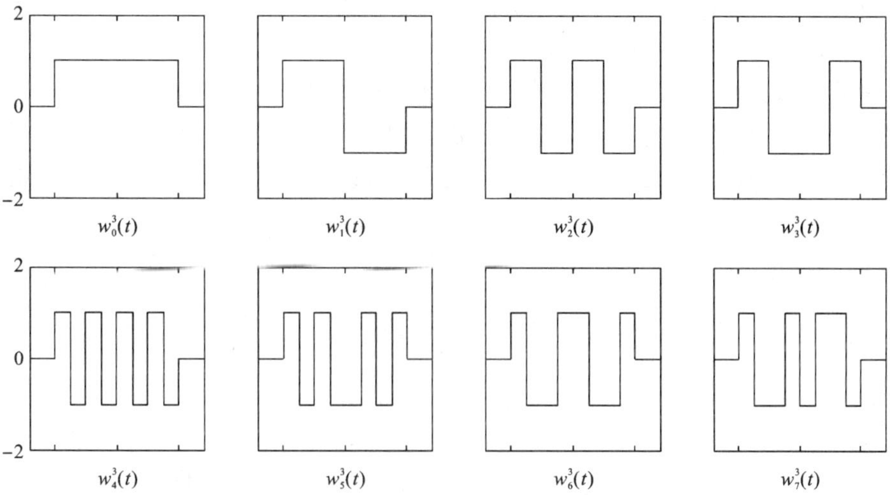

图 4.8.8 例 4.8.3 用 MATLAB 函数 wpfun 画出的 db1 小波包函数的图形

例 4.8.4 在长为 2^{-8} 的二进制间隔上计算 db2 小波（即 Daubicheis2 小波）的小波包

$w_n(t)(n=0,1,2,\cdots,7)$,并画出 $w_n(t)$的波形。

解 MATLAB 程序如下:

```
[wp,x]= wpfun('db2',7,8);
for i= 1:8
    w= wp(i,:);
    subplot(2,4,i);
    plot(x,w);
    axis([0,3,- 2,3])
end
```

运行以上程序,得到图 4.8.9 所示的图形。

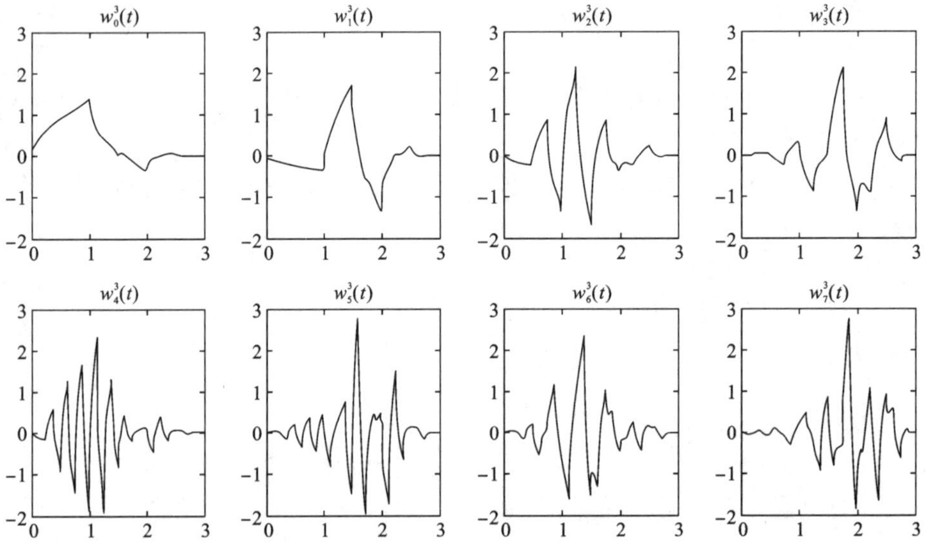

图 4.8.9 例 4.8.4 用 MATLAB 函数 wpfun 画出的 db2 小波包函数的图形

(2) wpdec,对一维信号进行小波包分解。调用方法如下:

① T=wpdec(X,N,"wname",E,P)

输入参数:X 是输入信号矢量;N 是小波包分解的级数,与尺度对应;"wname"是产生小波包的小波名;E 是可选字符串,用于指定熵的类型;P 是可选参数,取决于参数 E。

熵是定量评价最优小波包树的一个加性代价函数或标准。假设信号 s 在标准正交小波包基上的投影系数为 s_i,则不同的熵的定义或计算方法如下:

(a) Shannon 熵 $E_1(s)=-\sum_i s_i^2\log s_i^2$

(b) l^p 范数熵 $E_2(s)=\sum_i |s_i|^p$

(c) 对数能量熵 $E_3(s)=-\sum_i \log s_i^2$

(d) 阈值熵 $E_4(s_i)=\begin{cases}1, & |s_i|>\varepsilon \\ 0, & \text{其他}\end{cases}$,$E_4(s)$等于信号大于阈值 ε 的样点数

(e) sure 熵 $E_5(s)=n-\#+\sum\min(s_i^2,p^2)$,如果 $|s_i|\leqslant p$,则 $\#=i$

E 和 P 的对应关系如表 4.8.1 所示。

表 4.8.1 E 和 P 的对应关系

E	P	说明
"shannon"		默认参数 P
"log energy"		默认参数 P
"Threshold"	$0\leqslant P$	P 是门限值
"sure"	$0\leqslant P$	P 是门限值
"norm"	$1\leqslant P$	P 是指数的幂
"user"	字符串	包含用户自己的熵函数(有单输入 X)的 M 文件名

输出参数：T 是对 X 进行小波包分解后得到的二叉树结构。调用 MATLAB 函数 plot 可以画出二叉树结构，并可显示其中各个节点的波形。

② T=wpdec(X,N,"wname")

与①的差别是默认参数 E 和 P，等效于 T=wpdec(X,N,"wname","shannon")

例 4.8.5 noisdopp 是 MATLAB 本身带有的一个含噪调频信号。对此信号进行 3 级 db1 小波包分解，采用 Shannon 熵标准。画出小波包分解的二叉树结构，并观察节点(3,0)的波形。

解 MATLAB 程序如下：

```
% Load signal.
load noisdopp; x= noisdopp;
% Decompose x at depth 3 with db1 wavelet packets using Shannon entropy.
% The result is the wavelet packet tree T.
T= wpdec(x,3,'db1','shannon');
% Plot wavelet packet tree (binary tree, or tree of order 2).
plot(T)
```

运行该程序，得到图 4.8.10 所示的小波包分解的二叉树结构图，用鼠标左键单击图上的节点(3,0)，便在结构图右边的窗口中显示出节点(3,0)的波形。可以看出，该波形是调频信号 noisdopp 去噪后的波形。

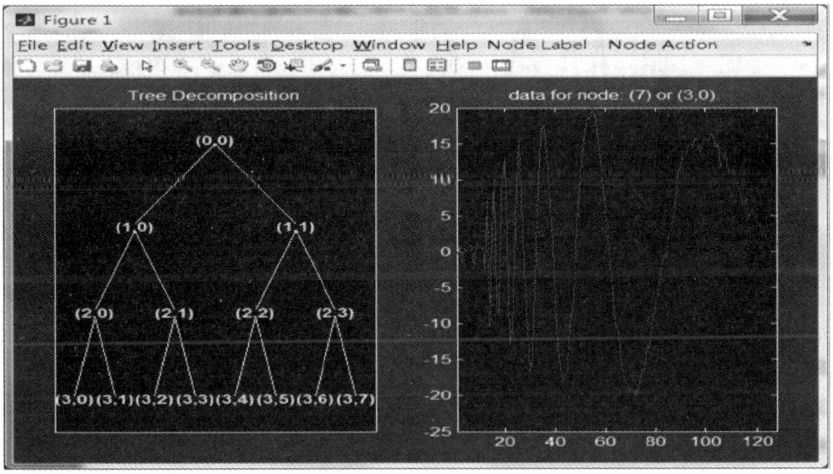

图 4.8.10 例 4.8.5 的小波包分解二叉树及其节点(3,0)的波形

(3) wprec,一维小波包重构。调用方法如下:

X=wprec(T)

输入参数:T 是已知小波包树。

输出参数:X 是重构的与小波包树 T 对应的信号。

例 4.8.6 用例 4.8.5 分解得到的小波包树结构重构信号,并将重构信号与原始信号进行比较。

解 MATLAB 程序如下:

```
% Load signal.
load noisdopp; x= noisdopp;
% Decompose x at depth 3 with db1 wavelet packets using Shannon entropy,
% to obtain the wavelet packet tree T.
T= wpdec(x,3,'db1','shannon');
% Reconstruct signal corresponding to the wavelet packet tree T.
Xr= wprec(T)
% Plot the original signal and the reconstructed signal.
subplot(211)
plot(x)
subplot(212)
plot(Xr)
```

运行程序,得到图 4.8.11 所示图形,从图中可以看出重构信号与原始信号完全相同。

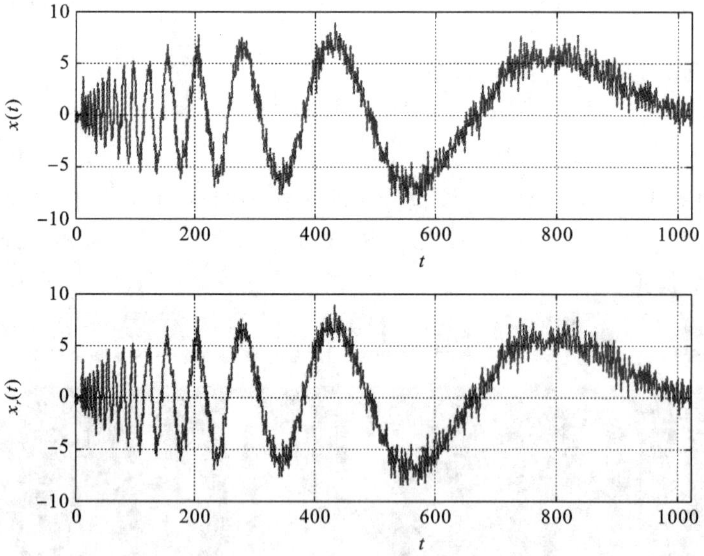

图 4.8.11 例 4.8.6 的重构信号与原始信号的图形

(4) wpcoef,读取小波包树的节点系数。调用方法如下:

① X=wpcoef(T,N)

输入参数:T 是小波包树结构。N 是节点索引号或深度-位置数据。

输出参数:节点 N 的系数。

② X=wpcoef(T)

与①的区别是默认输入参数 N,等效于指定节点索引号为 0,即树根,因此输出 X 对应于原始信号。

(5) wprcoef,重构小波包树的节点系数。调用方法如下：

① X＝wprcoef(T,N)

输入参数:T 是小波包树结构。N 是节点索引号或深度-位置数据。

输出参数:节点 N 的信号。

② X＝wprcoef(T)

与①的区别是默认输入参数 N,等效于指定节点索引号为 0,即树根,因此输出 X 对应于原始信号。

wprcoef 与 wpcoef 的区别在于,后者只是读取小波包 T 中节点 N 的系数。如果原始信号是长度为 2^L 的序列,节点 N 处在 j 级尺度上,那么节点 N 的系数长度为 2^{L-j}。例如,设 L＝10 和 j＝3,因此 $2^L=2^{10}=1024$,而节点 N＝[3,0]的系数长度为 $2^{L-j}=2^7=128$。但是前者重构的小波包节点系数的长度却与原始信号的长度相同,即等于 $2^L=2^{10}=1024$。

例 4.8.7 读取和重构例 4.8.5 分解得到的小波包树结构中节点(3,0)的系数,画出对应的波形,并将其与例 4.8.5 的节点(3,0)的波形进行比较。

解 MATLAB 程序如下：

```
% Load signal.
load noisdopp;  x= noisdopp;
% Decompose x at level 3 with db1 wavelet packets using
% Shannon entropy,to obtain the wavelet packet tree wpt.
wpt= wpdec(x,3,'db2','shannon');
% Read the coefficients at the node N= [3,0].
cfs= wpcoef(wpt,[3,0]);
% Reconstruct the coefficients at the node N= [3,0].
cfsr= wprcoef(wpt,[3,0]);
% Plot the red and the reconstructed coefficients at
% the node N= [3,0].
subplot(2,1,1)
plot(cfs)
axis([0,128,- 25,25]); grid;
subplot(2,1,2)
plot(cfsr)
axis([0,1023,- 10,10]); grid;
```

运行以上程序,得到图 4.8.12 所示图形。从图中可以看出,重构的波形相对于读取系数画出的波形有较大的阶梯失真,这是因为采用的是 harr 小波包进行重构。如果采用 Daubichies 小波包,则这种失真将会大为减小,如图 4.8.13 所示。

2. 小波包树操作

(1) ntree,构造小波包树。调用方法如下：

① T＝ntree(ORDER,D)

输入参数:ORDER 是小波包树的分叉数或阶。D 是小波包树的深度,D＝0 是小波包树的根。

输出参数:T 是完整的小波包树结构。

② T＝ntree(ORDER)

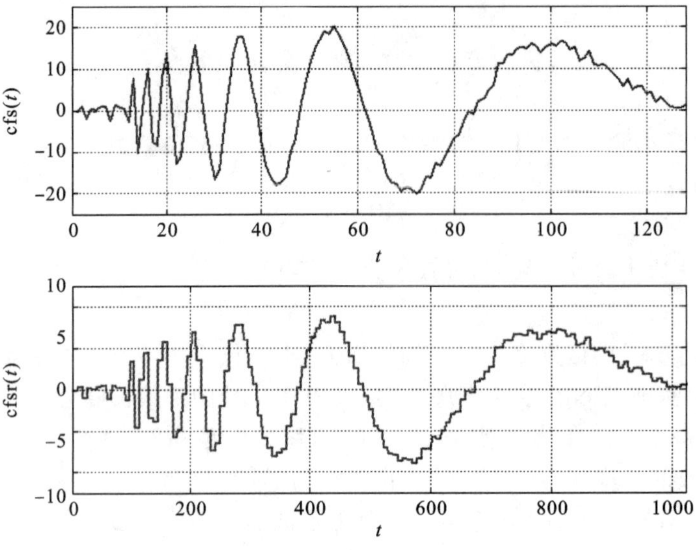

图 4.8.12　例 4.8.7 重构的波形相对于读取系数画出的波形有较大失真

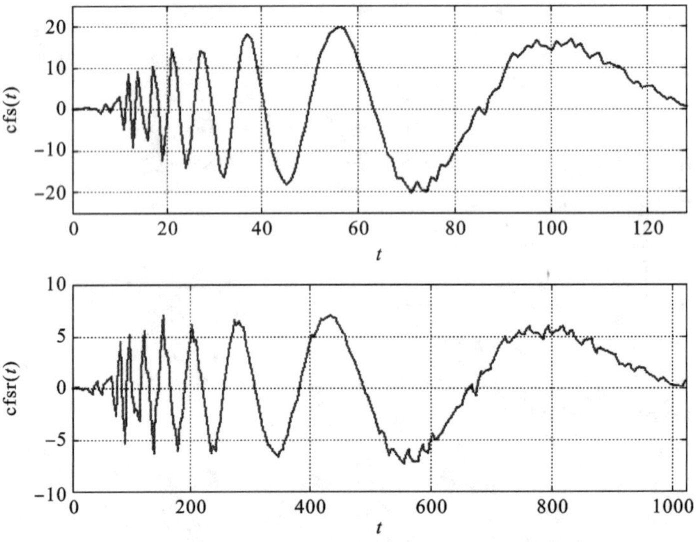

图 4.8.13　用 Daubichies 小波包重构系数的波形

等效于 T=ntree(ORDER,0),即根节点。

③ T=ntree

等效于 T=ntree(2,0),即二叉树根节点。

④ T=ntree(ORD,D,S)

与①的区别是增加了一个输入参数 S,用来指定节点的分叉方案。参数 S 用逻辑数表示,即"1"表示"分叉","0"表示"不分叉"。例如,

```
t= ntree(4,2,[1 1 0 1]);
plot(t)
```

构造深度为 2 的 4 叉树。分叉方案[1,1,0,1]表明,第 1 个、第 2 个和第 4 个节点可以分叉,第 3 个节点不能分叉,如图 4.8.14 所示。这意味着,用鼠标左键单击允许分叉的节点(第 1 个、第 2 个和第 4 个节点),如果节点本来已经分叉,则将合并(或消除)分叉;如果节点尚未分叉,

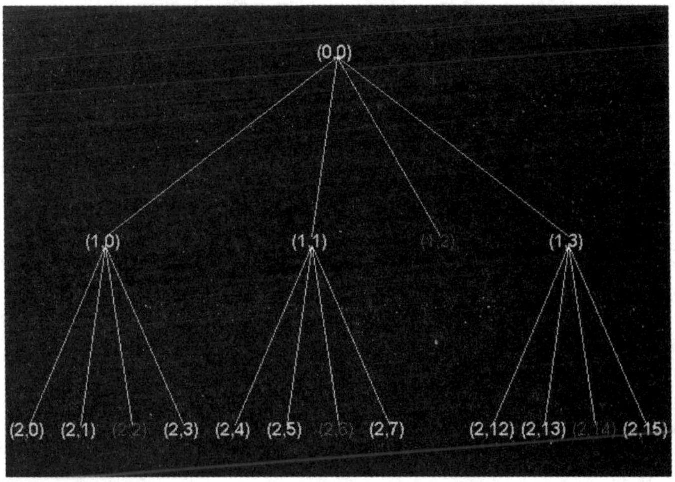

图 4.8.14　分叉方案为[1 1 0 1]的深度为 2 的 4 叉树

则将产生分叉。但是,用鼠标左键单击不允许分叉的节点(第 3 个节点),则不会有任何作用。

(2) treeplot,绘制小波包树的图形。调用方法如下:

① treeplot(p)

输入参数 p 是提示父节点的矢量,称为父节点指针矢量,p(1)=0 是树根。

② treeplot(p,nodeSpec,edgeSpec)

输入参数除了 p 以外,另外两个参数 nodeSpec 和 edgeSpec 是可选参数,分别指定节点或边界的颜色、符号和线型。用''表示省略一个或两个可选参数。

例 4.8.8　为了调用函数 treeplot,画出图 4.8.15 所示的树结构的图形,输入参数 p 应该是一个包含 12 个元素的矢量,因为该树图有 12 个节点。

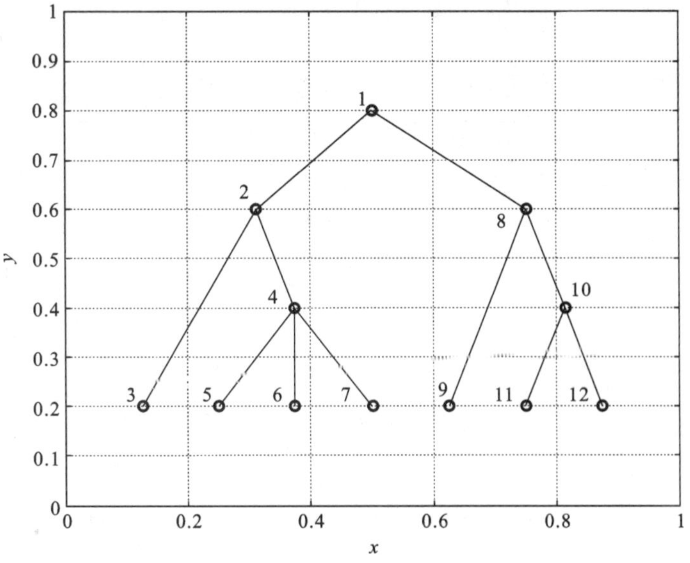

图 4.8.15　例 4.8.8 的树结构的图形

为了说明怎样确定节点矢量每个元素的数值,图 4.8.15 中节点的旁边标注了节点(即矢量元素)的标号,实际上,调用函数 treeplot 画出的树图中不会显示节点的标号。节点矢量 p

中每个元素的数值的确定方法是:令每个节点对应的矢量元素的数值等于它的父节点的标号,根节点的父节点所对应的矢量元素的数值约定等于0。因此,标号为1的节点即根节点对应的矢量元素为

p(1)=0;

节点2和节点8的父节点是节点1,所以p的第2个和第8个元素等于1,即

p(2)=1; p(8)=1;

节点5、节点6和节点7的父节点是节点4,所以p的第5个、第6个和第7个元素等于4,即

p(5)=4; p(6)=4; p(7)=4;

类似地,可以确定p中其他元素的值。最后得到

p=[0 1 2 2 4 4 4 1 8 8 10 10];

(3) treelayout,计算小波包树的节点坐标。调用方法:

① [x,y]=treelayout(parent,post)

输入参数:parent是父节点指针矢量,根节点对应于其第1个元素等于0。可选参数post是后序排列,如果默认该参数,则treelayout将计算它。

输出参数:x和y是将要在单位正方形上画出的小波包树结构图的节点坐标。

② [x,y,h,s]=treelayout(parent,post)

与①的区别是还要输出树的高度h和顶端节点的标号s。

例4.8.9 将例4.8.8的p选作父节点指针矢量parent,调用函数treelayout计算参数x、y、h和s,并画出节点坐标的图形与图4.8.15进行对照。

解 执行下列程序:

```
parent=[0 1 2 2 4 4 4 1 8 8 10 10];
[x,y,h,s]= treelayout(parent);
plot(x,y,'o');
axis([0,1,0,1]);grid;
```

得到图4.8.16,h=3,s=1。与图4.8.15所示的树结构的节点坐标完全相对应。

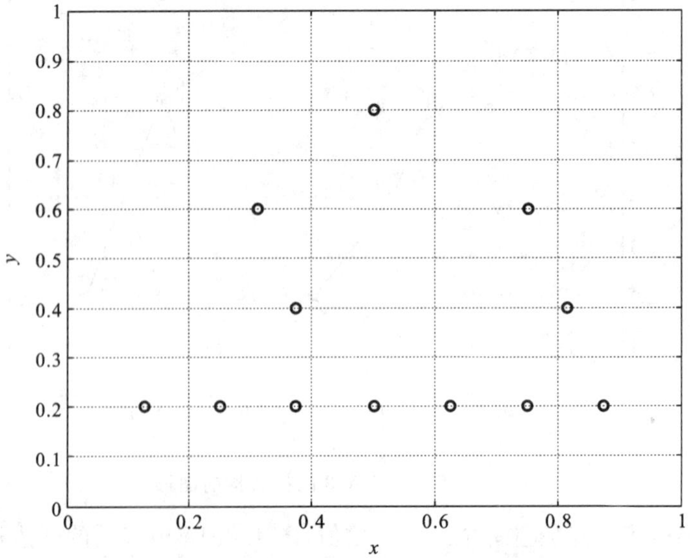

图4.8.16 例4.8.9设计的小波包树的节点坐标

(4) wpsplt,将小波包树的一个节点进行分解后再更新小波包树。调用方法如下:

① T=wpsplt(T,N)

输入参数:T 是更新前的小波包树。N 是要分解的节点标号,可以是顺序号也可以是深度-位置数据。

输出参数:T 是更新后的小波包树。

② [T,cA,cD]=wpsplt(T,N)

输入参数与(1)同。增加的输出参数 cA 和 cD 分别是节点 N 分解后的逼近分量和细节分量。

例 4.8.10 将例 4.8.5 的小波包二叉树的节点(3,0)进行分解。画出分解前后的小波包二叉树图。并画出节点(3,0)和节点(4,0)的图形。

运行下列 MATLAB 程序:

```
% Load signal.
load noisdopp; x= noisdopp;
% Decompose x at depth 3 with db1 wavelet packets.
wpt= wpdec(x,3,'db1');
% Plot wavelet packet tree wpt.
plot(wpt)
% Decompose packet (3,0).
wpt= wpsplt(wpt,[3 0]);
% or equivalently wpsplt(wpt,7).
% Plot wavelet packet tree wpt1.
plot(wpt)
```

得到图 4.8.17 所示图形。Figure1 和 Figure2 的左边分别是节点(3,0)分解前后的树结构图,右边是用鼠标左键单击节点(3,0)和节点(4,0)得到的波形图。

(5) wpjoin,合并指定节点以下所有分叉,返回更新后的树结构。调用方法如下:

① T=wpjoin(T,N)

输入参数:T 是给定小波包树结构。N 指定要合并其分支的节点,N 是节点的序号或(深度,位置)。

输出参数:T 是更新后的树结构。

② [T,X]=wpjoin(T,N)

与①的区别是还返回节点的系数 X。

③ T=wpjoin(T)

等效于 T=wpjoin(T,0),即根节点以下没有任何分支,实际上就是没有对信号进行任何分解。

④ [T,X]=wpjoin(T)

等效于[T,N]=wpjoin(T,0)。

例 4.8.11 将例 4.8.5 的小波包二叉树的节点(1,1)以下的所有分支进行合并。画出合并前后的小波包二叉树图。并画出节点(1,0)和节点(1,1)的图形。

运行下列 MATLAB 程序:

```
% Load signal.
load noisdopp; x= noisdopp;
```

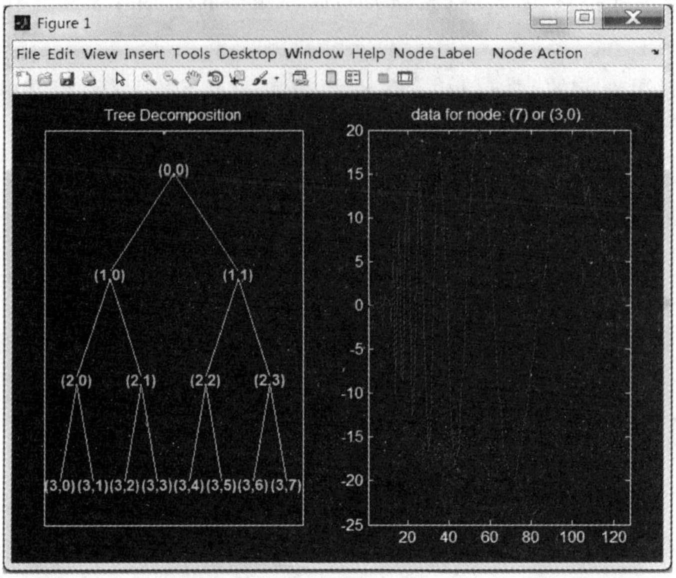

(a)

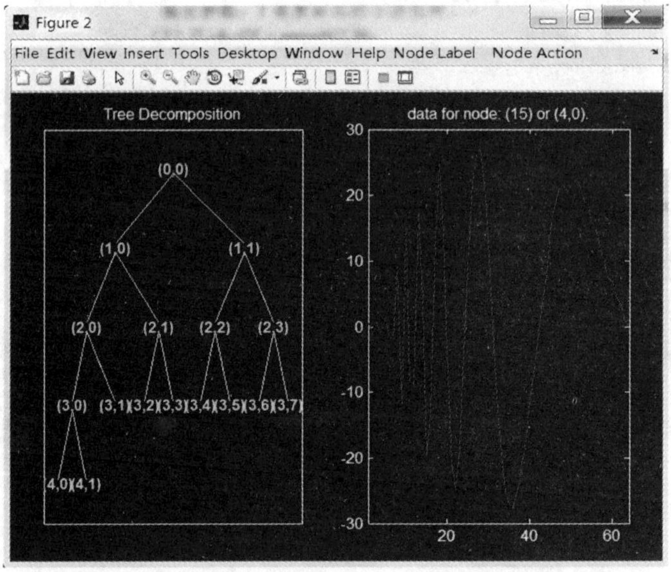

(b)

图 4.8.17　例 4.8.10 节点(3,0)分解前后的树图

```
% Decompose x at depth 3 with db1 wavelet packets.
wpt= wpdec(x,3,'db1');
% Plot wavelet packet tree wpt.
plot(wpt)
% Recompose packet (1,1) or 2
wpt= wpjoin(wpt,[1 1]);
% Plot wavelet packet tree wpt.
plot(wpt)
```

得到图 4.8.18 所示图形。Figure1 和 Figure2 的左边分别是节点(1,1)合并前后的树结构图，右边是用鼠标左键单击节点(1,0)和节点(1,1)得到的波形图。

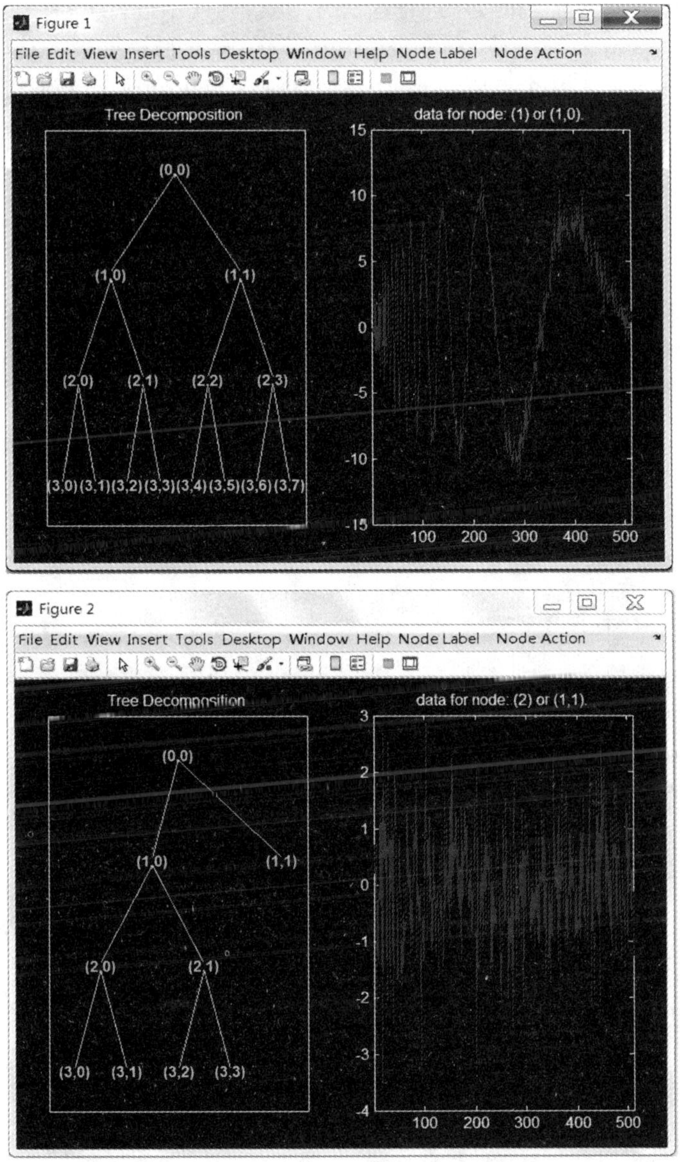

图 4.8.18 例 4.8.11 节点(1,1)合并前后的树图

(6) besttree,最优小波包分析,即按照某个熵判别标准,计算给定树的最优子树。最优子树一般比原始树小很多。可以证明,一个深度为 J 的完整小波包二叉树,其小波包基的数目 B_J 满足关系

$$2^{2^{J-1}} \leqslant B_J \leqslant 2^{\frac{5}{4}2^{J-1}}$$

即至少有 $2^{2^{J-1}}$ 个不同的小波包正交基。另一方面,长度为 N 的离散时间信号的小波包树的最大深度 $J=\log_2 N$,因此小波包基的数目满足关系 $2^{N/2} \leqslant B_{\log_2 N} \leqslant 2^{5N/8}$。这意味着,用不同结构的小波包分解一个长为 $N=2^J$ 的信号,最多可以有 $2^{N/2}$ 种不同的分解结果,这正是一个深度为 J 的完整二叉树的所有不同子树的数目。这个数目一般非常大,难以想象能够用枚举法搜索最优子树。为此,需要按照最小熵标准用高效率算法来搜索,besttree 就是这样一个函

数。其计算原理是：从根节点出发，假设某个节点 N 被分解为两个子节点 N1 和 N2，只有当 N1 和 N2 的熵之和小于 N 的熵时，才进行这次分解，否则就不进行分解，即停止在节点 N 上。显然，这是一个只根据节点 N 上获得的信息作出选择的局部最优判据。从一个给定的初始树出发，利用这种算法逐个合并不需要的节点，最终便能够很快得到最优树。函数 besttree 的调用方法如下：

① T=besttree(T)

输入参数：T 是给定小波包树。

输出参数：T 是更新后的最优小波包树。

② [T,E]=besttree(T)

与①的区别是还要计算最优小波包树的熵值 E。E(j)是索引号为 j−1 的节点的熵值。

③ [T,E,N]=besttree(T)

与②的区别是还要给出分支被合并的节点的索引号 N。

例 4.8.12 求例 4.8.10 的小波包二叉树(见图 4.8.17(b))的最优树。画出最优树结构图。画出用最优树分解信号重构的信号波形，并与图 4.8.17(b)的小波包二叉树重构的信号波形进行比较。

运行以下 MATLAB 程序：

```
% Load signal.
load noisdopp; x= noisdopp;
% Decompose x at depth 3 with db2 wavelet, using default
% entropy (shannon).
wpt= wpdec(x,3,'db2');
% Decompose the packet [3 0].
wpt= wpsplt(wpt,[3 0]);
% Plot wavelet packet tree wpt.
plot(wpt)
% Compute best tree.
bt= besttree(wpt);
% Plot best tree bt.
plot(bt)
% Reconstruct wavelet packet
Rewpt= wprec(wpt);
Rebt= wprec(bt);
subplot(2,1,1)
plot(Rewpt); axis([0,1023,- 10,10]); grid;
subplot(2,1,2)
plot(Rebt); axis([0,1023,- 10,10]); grid;
```

得到图 4.8.19 所示图形。从图中可以看出，优化小波包比未优化小波包小很多，二者分解重构的信号波形相同。

3. 一维小波包分析工具

(1) 启动一维小波包分析工具。

在 MATLAB 命令窗口输入 wavemenu，打开“Wavelet Toolbox Main Menu”窗口，如图

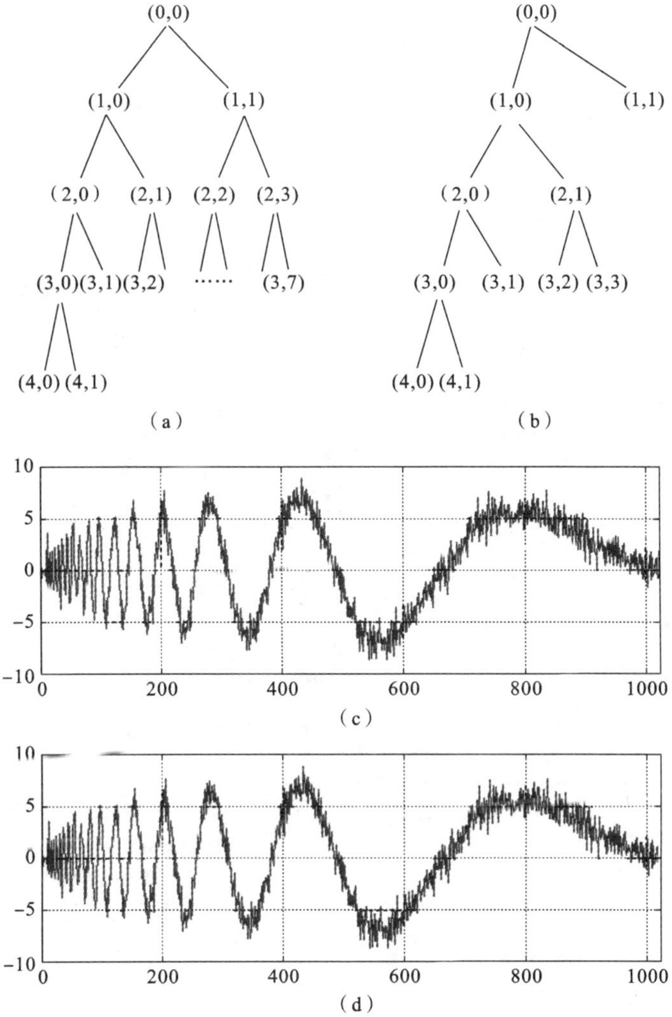

图 4.8.19 例 4.8.12 的小波包树和重构信号波形

(a) 优化前;(b) 优化后;(c) 未优化小波包分解重构的信号;(d) 优化小波包分解重构的信号

4.8.20 所示。

单击“Wavelet Packet 1-D”菜单,打开“Wavelet Packets 1-D”窗口(见图 4.8.21)。

图 4.8.21 所示窗口右边和下边部分的细节分别如图 4.8.22 和图 4.8.23 所示。

(2) 装入信号。

在图 4.8.21 所示的“Wavelet Packets 1-D”窗口中,从“File”菜单中选择“Load-Signal”,打开“Load Signal”对话框,输入需要分析的信号的文件名,如 noisdopp.mat(该文件位于 MATLAB 目录 toolbox/wavelet/wavedemo 下的文件夹 wavedemo 内),如图 4.8.24 所示。图中显示 “Decomposition Tree”、“Ananlyzed Signal”、“Node Action Result”和“Colored coefficients for Terminal Nodes”等 4 个窗口。装入的信号波形显示在“Ananlyzed Signal”窗口中,可以看出它是一个长 1024 点的含有噪声的调幅、调频信号。

(3) 对信号进行分析。

首先在图 4.8.24 所示的窗口中设置分析参数。例如,将“Wavelet”选为 db 2,“Level”选为 3,“Entropy”的类型选为 shannon,如图 4.8.25 所示。

图 4.8.20　“Wavelet Toolbox Main Menu”窗口

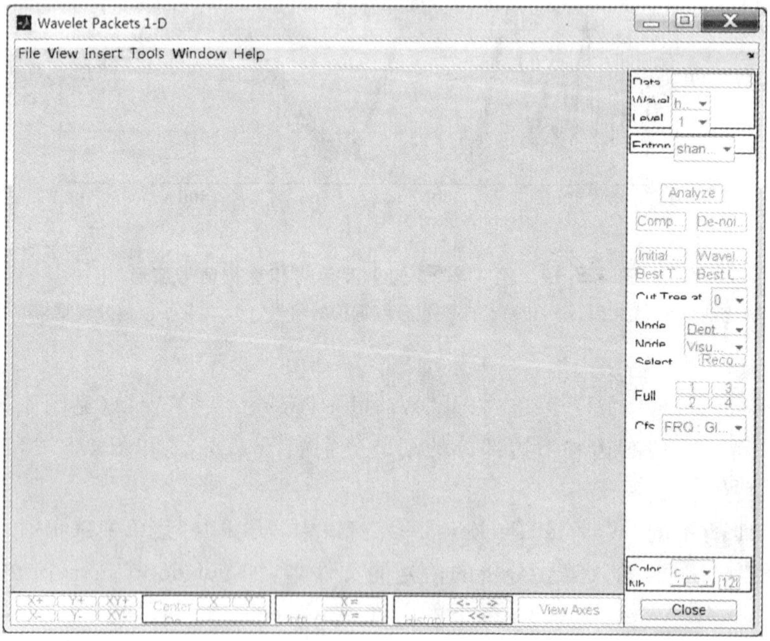

图 4.8.21　“Wavelet Packets 1-D”窗口

然后单击“Analyze”按钮，开始对信号进行分析。经过一定时间后计算结束，得到图4.8.26所示的分析结果。其中，“Decomposition Tree”窗口中是分解树的结构图，“Wavelet Packets 1-D”窗口中是分解树的终止节点的系数在时频平面上的彩色图。同时，原来是灰色(参见图 4.8.22)的初始树(Initial Tree)、最优树(Best Tree)、小波树(Wave Tree)、最佳分解

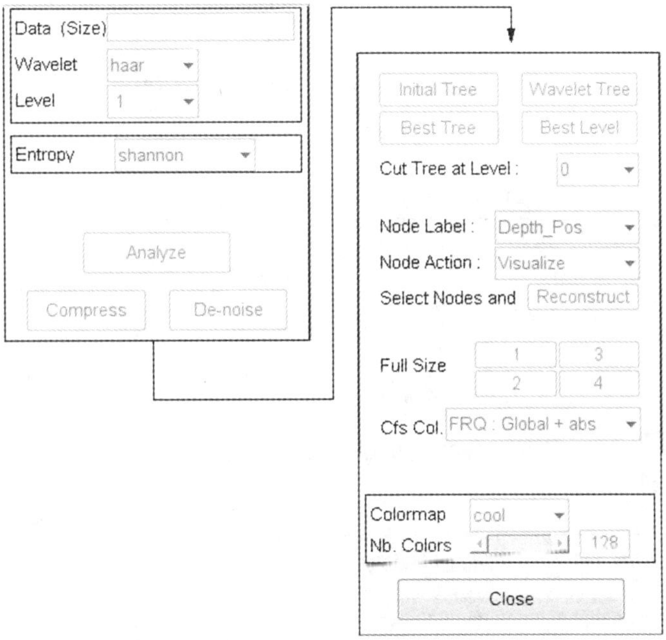

图 4.8.22　图 4.8.21 所示窗口右边部分的细节

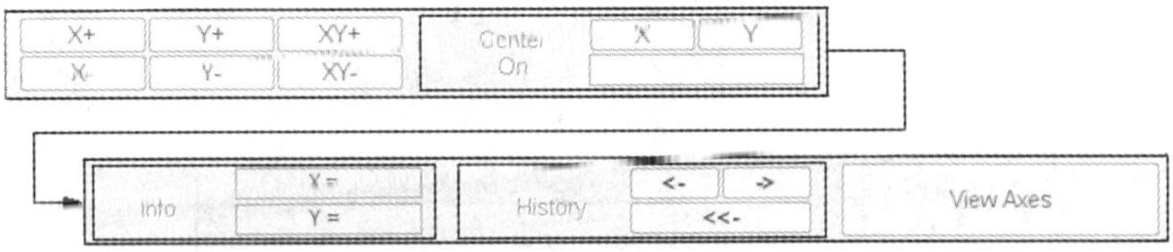

图 4.8.23　图 4.8.21 所示窗口下边部分的细节

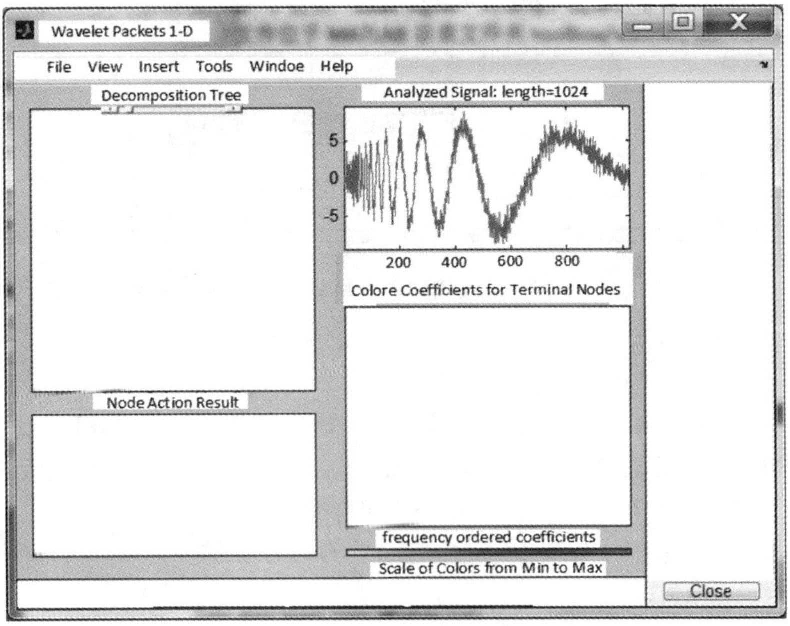

图 4.8.24　装入要分析的信号

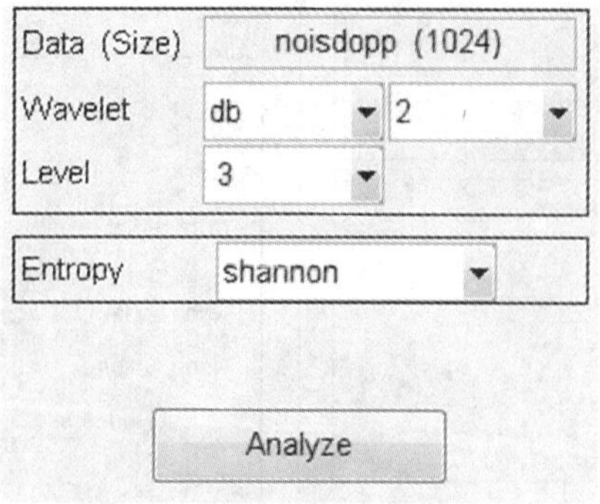

图 4.8.25　设置分析参数

级数(Best Level)等按钮现在变成深色,如图 4.8.27 所示。选择它们可相应地改变分解树结构和终止节点系数彩色图。

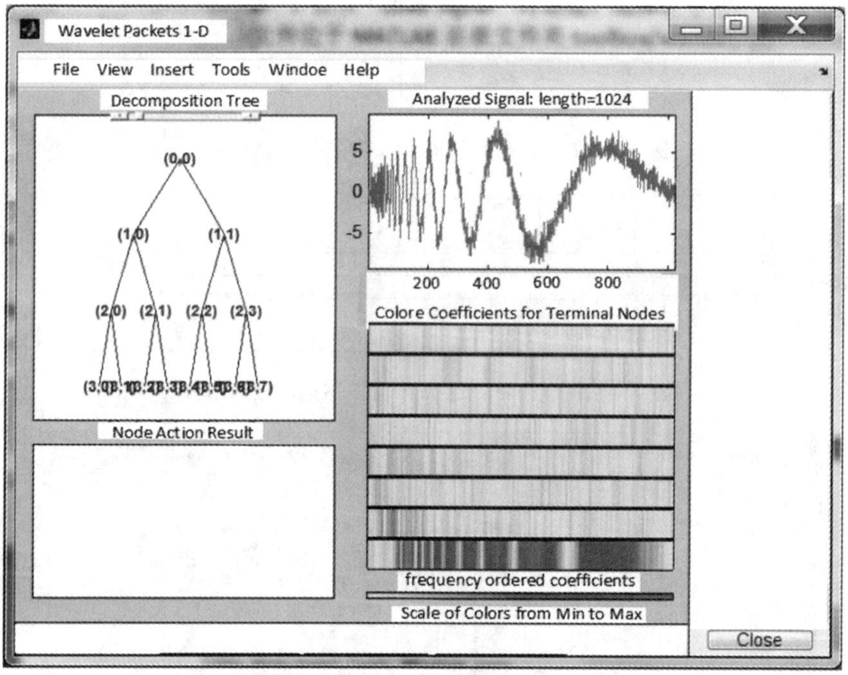

图 4.8.26　分解树结构图和树中最底层节点系数的彩色图

分解树节点标号(Node Label)有索引号(Index)或深度-位置(Depth-Pos)两种形式。节点操作(Node Action)菜单包括如下选择。

① Vizualize:如果选择一个节点,则对应的波形显示在“Node Action Result”窗口中;

② Split/Merge:如果选择一个终止节点,则分出两个分支使小波包树变大。如果选择其他(非终止)节点,则合并其以下所有节点使小波包树变小。

③ Recons.:如果选择一个节点,则相应的重构信号显示在“Reconstructed Packet”窗口中。

④ Select On/Off:选择“On”,则可以选择多个节点,然后利用“Reconstruct”由所选的节点重构信号。利用“Off”取消前面所选节点。

⑤ Statistics：选择一个节点，则显示所选节点的统计特性，包括直方图(Histogram)和累积直方图(Cumulative Histogram)。

⑥ View Col. Cfs.：消除原有的所有节点系数彩色图，以便显示将要选择的节点的系数彩色图。

(4) 利用小波包进行信号压缩。

设被压缩信号是"noisdopp"，"Wavelet"选为 db 2，"Entropy"的类型选为 shannon，"Level"选为 5。单击"Analyze"进行信号分析。然后：

① 单击"Compress"按钮，出现"Wavelet Packet 1-D Compression"窗口，如图 4.8.28 所示，这时小波包信号压缩工具已自动选择了一个近似门限值。

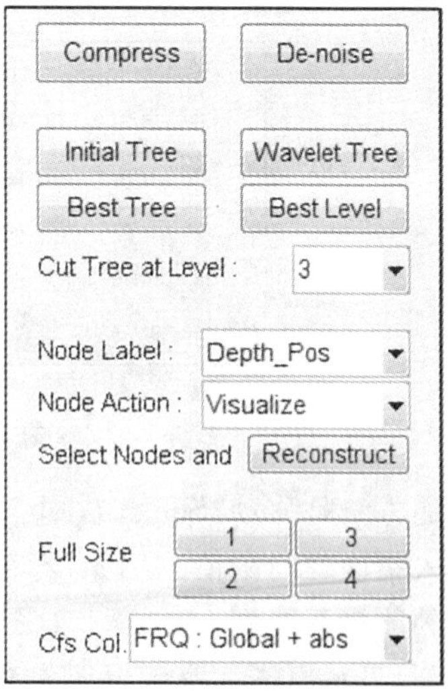

图 4.8.27 原来是灰色(参见图 4.8.22)的按钮变成深色

左边窗口有两条曲线，一条蓝色曲线表示压缩信号的零样本值的数目(纵坐标)随着门限值(横坐标)的增加而增加，另一条紫色曲线表示压缩信号保留的能量随着门限值的增加而减小，两条曲线的交点的横坐标(黄色垂直虚线)便是自动选择的近似门限值。这意味着，对信号进行压缩时，信号中任何绝对值小于该门限值的样本值都置为零。图 4.8.28 的右边(局部细节如图 4.8.29 左图所示)标注了压缩门限值(3.055)、压缩信号保留的能量百分比(94.15%)和压缩时置为零的样本数的百分比(94.12%)。

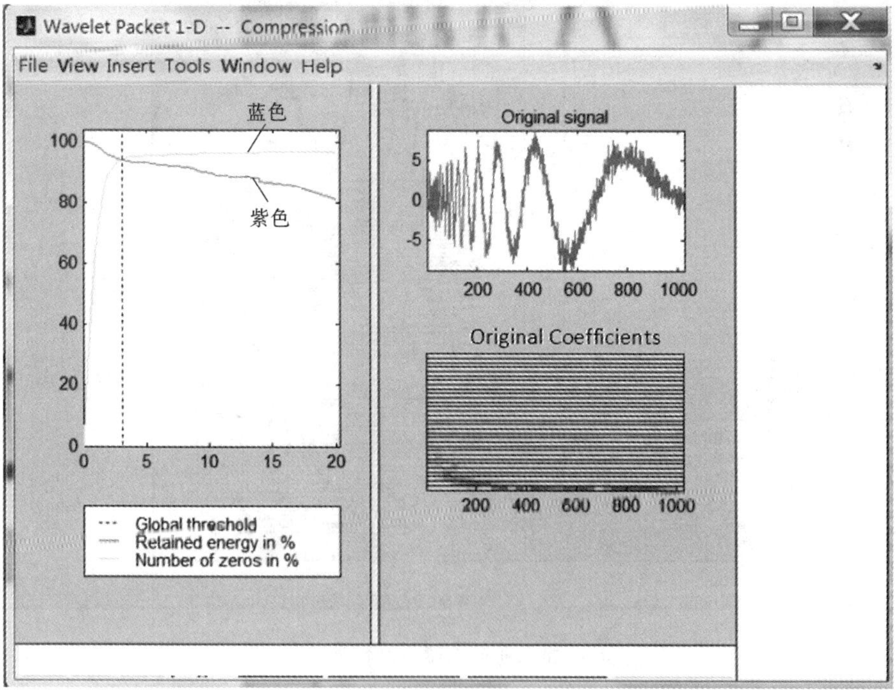

图 4.8.28 "Wavelet Packet 1-D Compression"窗口

② 门限值越高，意味着置为零的样本数的百分比或压缩率越大，保留的能量越少，因此压缩后的信号失真越大。除了自动选择近似门限值外，也可以根据应用的需要调整压缩门限值。

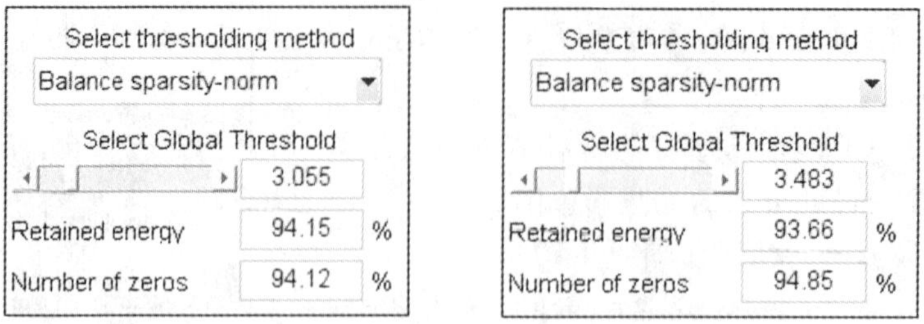

图 4.8.29　图 4.8.28 的右边局部细节

调整的方法是移动“Select Glob Threshold”的左边滑块(粗略调整),或直接在右边的文本框中输入精确的门限值。例如,若将门限值加大为 3.483,则压缩信号的压缩率增加为 94.85%,保留的能量下降到 93.66%,如图 4.8.29 右图所示。门限值调整为新的数值后按回车键,稍停片刻,显示出压缩率和保留能量的新数值,同时左边窗口显示门限值的黄色垂直虚线的位置也移动到新的位置。

③ 单击“Compress”按钮,压缩后的信号和未压缩的原始信号的波形以不同颜色重叠地画在同一个图中,原始系数和设置门限后的系数的彩色图也在时频平面上显示出来,如图4.8.30 所示。

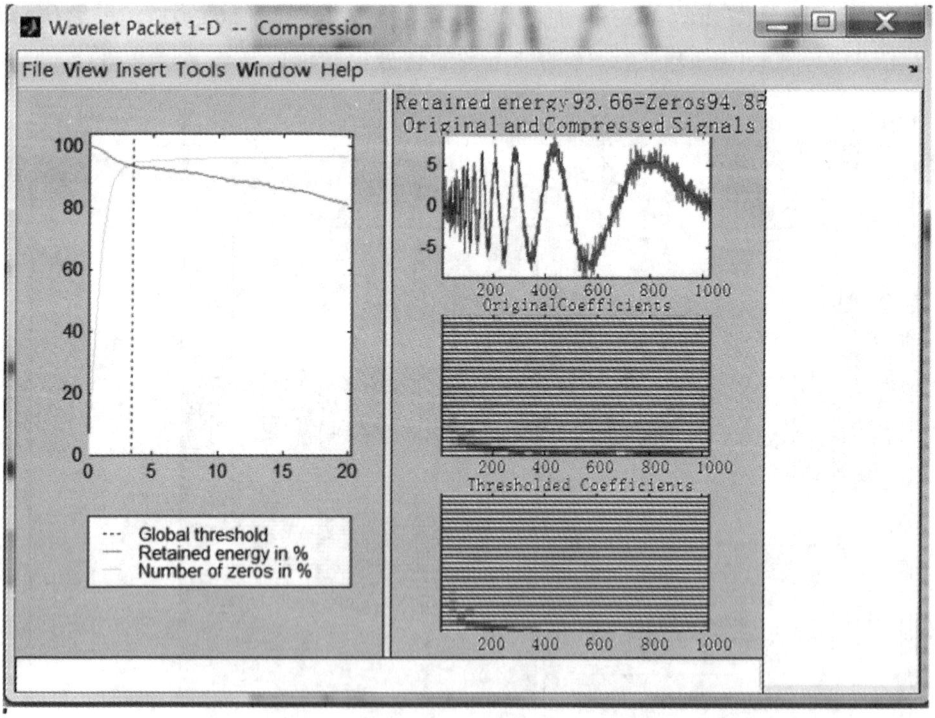

图 4.8.30　利用小波包进行信号压缩

(5) 利用小波包进行信号去噪。

在 MATLAB 中有一个信号 Noischir,它是一个被零均值、单位方差的加性高斯白噪声污染的线性调频信号,现在要用小波包去除信号中的噪声。与上面介绍的处理方法一样,首先装入信号,然后选择小波包参数(db2,level = 4)和熵的类型(sure),其最优门限值 $T=$

$\sqrt{2\ln(n\log_2 n)}=4.2975$，这里 $n=1024$ 是信号的长度。接着单击按钮“Analyze”，得到最优分解结果。然后选择“Best Tree”按钮，目的是提高去噪计算的效率；接着单击“De-Noise”按钮，打开“Wavelet Packet 1-D De-Noising”窗口；最后单击窗口中的“De-Noise”按钮，得到去噪的结果，包括：

① 去噪后的系数的绝对值与全局门限值的关系曲线，如图 4.8.31 所示。

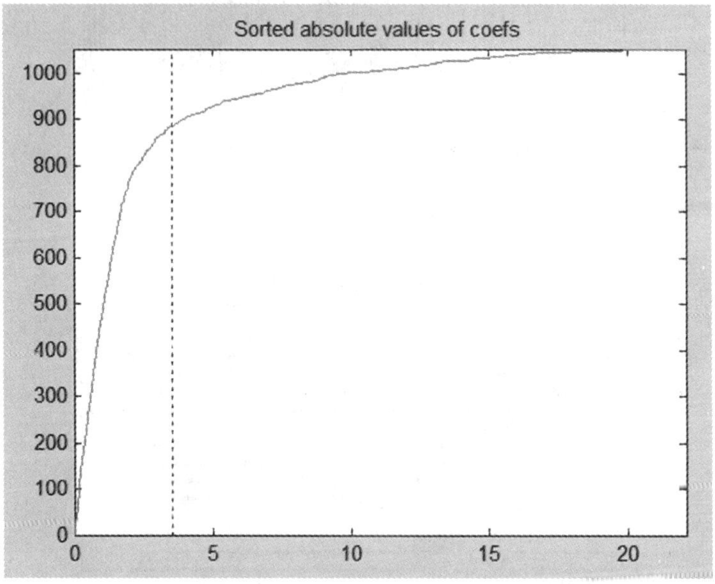

图 4.8.31 去噪后的系数的绝对值与全局门限值的关系曲线

② 系数绝对值的直方图，如图 4.8.32 所示。

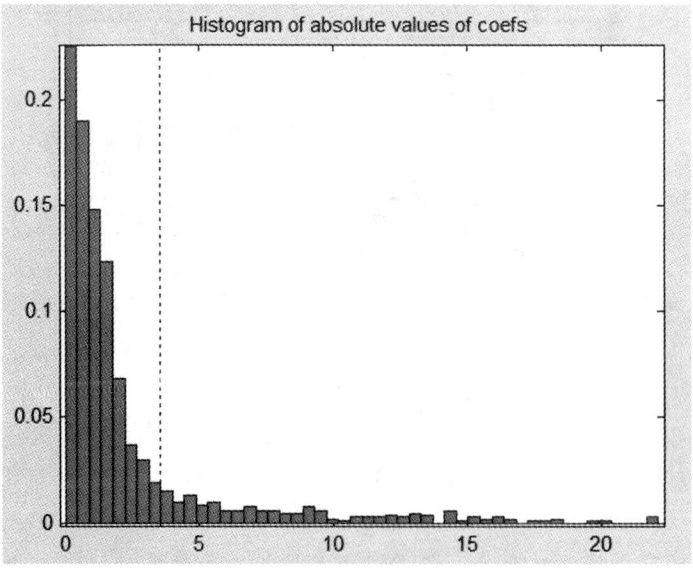

图 4.8.32 系数绝对值的直方图

③ 在同一坐标系中画出的原始信号(蓝色)和去噪信号(红色)的波形，如图 4.8.33 所示。

④ 原始信号系数和去噪门限以下的系数在时-频平面上的彩色图，如图 4.8.34 所示。二

者相比较,可以看到去噪的明显效果。

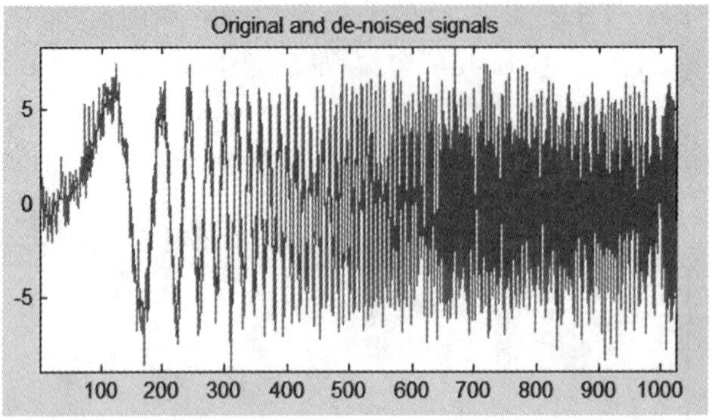

图 4.8.33 原始信号(红色)和去噪信号(蓝色)的波形

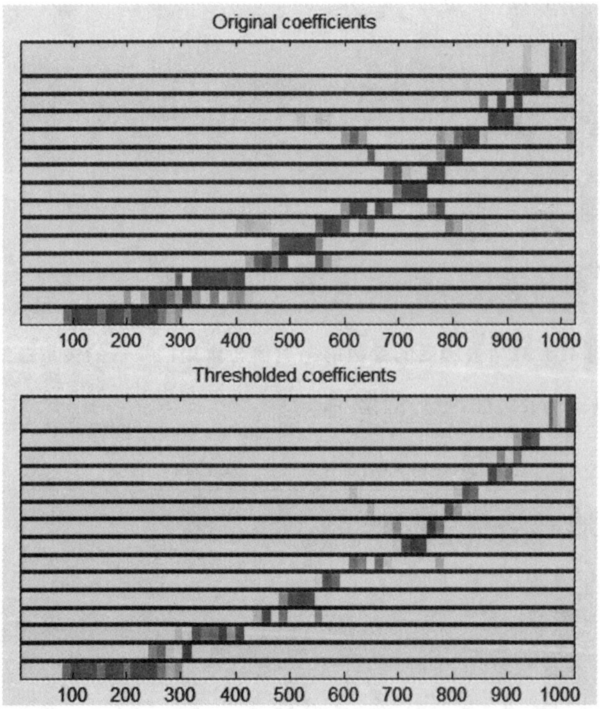

图 4.8.34 原始信号系数和去噪后的系数在时-频平面上的彩色图

复习思考题

4.1 怎样理解傅里叶变换有频域定位能力而无时间定位能力?怎样定量描述时间和频域定位能力?

4.2 怎样定义窗口傅里叶变换?它的时间定位能力和频域定位能力与什么因素有关?

4.3 怎样理解不定性原理?对于给定窗函数,为什么不可能同时提高 WFT 的时间分辨率和频率分辨率?选择什么窗函数能够同时获得最高时间分辨率和频率分辨率?

4.4 合格的窗函数应满足什么条件?

4.5 为什么观察低频现象要使用宽窗，观察高频现象要使用窄窗？WFT能够做到这一点吗？为什么？

4.6 写出连续小波变换定义式，解释式中符号的物理意义，并回答以下问题。

(1) 定义式中出现系数$|a|^{-1/2}$的原因是什么？

(2) 写出用at取代t后的连续小波变换定义式，解释新的定义式的物理意义。

(3) 母小波的允许条件是什么？怎样理解其物理意义？

(4) "Wavelet"一词译作"小波"还是"子波"较贴切？为什么？试谈谈你的意见。

(5) 尺度参数a和时移参数b如何影响小波$\psi_{a,b}(t)$？尺度参数a与频率概念有何关系？

(6) 母小波和不同尺度的小波的频率特性有何联系和差别？时移参数b是否影响这些频率特性？

4.7 怎样理解连续小波变换的变焦距性质？

4.8 默写连续小波变换的逆变换公式。什么是小波函数的"恒等分辨"性质？为什么逆变换公式中的积分应该在至少弱收敛的意义上来理解？小波正变换与逆变换的变换核有什么区别？对于正交小波变换情况有何不同？

4.9 小波变换的基函数与窗口傅里叶变换的基函数有什么本质上的不同？

4.10 写出小波逆变换公式在以下几种情况下的变形：

(1) $a\in\mathbf{R}^{+}$，$\psi(t)\in\mathbf{R}$；

(2) $a\in\mathbf{R}^{+}$，$f(t)\in\mathbf{R}$，$\psi(t)$是解析函数，

(3) $f(t)$和$\psi(t)$都是解析函数；

(4) 正变换和逆变换的变换核不等。

4.11 尺度参数按2的整数幂离散化，时移参数按尺度参数整倍数离散化，即$a=2^j$，$b=ka$，$(j,k\in\mathbf{Z})$，试画出小波在时域、频域以及时-频平面上的示意图形，并说明这种离散化是合理的。

4.12 什么是框架、紧框架、小波框架？框架与正交基有什么区别？小波框架的必要条件和充分条件是什么？什么是小波框架的对偶？

4.13 以Harr小波分析为例，叙述信号分解、信号处理和信号重构等三个步骤是怎样进行的。

4.14 什么是Harr尺度函数和Harr小波函数？它们之间有何关系？怎样由它们建立多分辨率分析的基本概念？

4.15 Harr分解算法和Harr重构算法怎样进行迭代计算？并用滤波器表示这些算法。

4.16 以Harr小波分析为例，说明多分辨率分析的基本思想。两个子空间序列$\{W_j;j\in\mathbf{Z}\}$和$\{V_j;j\in\mathbf{Z}\}$有什么区别和联系？它们与信号空间$L^2(R)$有什么关系？

4.17 任何信号$f\in L^2(R)$在子空间V_j上的正交投影$f_j=P_{V_j}f$（这里P_{V_j}是子空间V_j的正交投影算子），可以用f在子空间V_{j-1}上的正交投影f_{j-1}来逼近，其误差w_{j-1}是f在另一个子空间W_{j-1}（V_{j-1}在V_j中的正交补）上的正交投影。由此可以直观地得出V_j和P_{V_j}的哪些性质？

4.18 根据V_j和P_{V_j}的性质，用数学语言归纳出多分辨率分析的定义。

4.19 多分辨率分析有哪些重要性质？并分别予以证明。

4.20 分别写出尺度函数$\varphi(t)$和小波函数$\psi(t)$的两尺度关系式。它们之间有何联系？证明小波函数是W_j的标准正交基。

4.21 以 Haar 尺度函数构造 Haar 小波函数为例,说明由尺度函数构造小波函数的一般方法。

4.22 推导多分辨率分析的分解公式和重构公式。详细说明实现多分辨率分析的分解算法和重构算法的具体步骤,画出迭代计算的信号流图示意图和算法的方框图,看懂相应的 MATLAB 函数 dec.m 和 recon.m。

4.23 说明将多分辨率分析用于信号压缩的一般步骤。写出调用函数 dec.m 和 compress.m 和 rec.m 的主程序。

4.24 尺度函数应具有哪些性质?为什么要考虑用傅里叶变换来表示正交性?怎样用傅里叶变换表示尺度方程?

4.25 Daubechies 小波有什么宝贵性质?Daubechies 提出的小波构造方法的要点是什么?Daubechies 小波按照什么进行分级?

4.26 怎样利用尺度方程计算尺度函数在所有二进点上的值?为什么这是计算尺度函数 φ 的更有效的方法?

4.27 小波包分析与小波分析最本质的区别是什么?

4.28 写出正交尺度函数 $w_0(t)\equiv\varphi(t)$ 的小波包定义式,解释定义式中各个参数的含义。

4.29 解释小波包的主要性质。

4.30 小波包树的二叉树结构有什么特点?有多少种不同二叉树?

4.31 详述小波包的计算步骤。

习　　题

4.1 已知 Gaussian 函数

$$g_a(t)=\frac{1}{2\sqrt{\pi a}}\mathrm{e}^{-t^2/4a}$$

(1) 求 $g_a(t)$ 的傅里叶变换 $\hat{g}_a(\omega)$。

(2) 计算 $g_a(t)$ 的均方根宽度 D_t。

(3) 计算 $\hat{g}_a(\omega)$ 的均方根宽度 D_ω。

(4) Gaussian 函数能否作为 WFT 的合格窗函数?

4.2 针对下列每个函数画出 $g(x)$、$g(x+1)$、$2^{1/2}g(2x-3)$ 和 $\frac{1}{2}g\left(\frac{1}{4}x-1\right)$ 的图形。

(1) $g(x)=\mathrm{e}^{-x^2}$

(2) $g(x)=\dfrac{1}{1+x^2}$

(3) $g(x)=\begin{cases}(1-x^2)^2, & |x|<1\\ 0, & |x|\geqslant 1\end{cases}$

(4) $g(x)=\dfrac{\sin(\pi x)}{\pi x}$

4.3 函数 $f(x)$ 的支撑是指包含 $f(x)\neq 0$ 的集合的最小闭集,用 $\sup(f)$ 表示。如果 $\sup(f)$ 包含在一个有界集内时,则说 $f(x)$ 的支撑是紧支撑或 $f(x)$ 有紧支撑。求下列函数的支撑。哪些函数有紧支撑?

(1) $f(x)=\begin{cases}1, & k<x<k+1, k \text{ 为奇数} \\ 0, & k\leqslant x\leqslant k+1, k \text{ 为偶数}\end{cases}$

(2) $g(x)=\begin{cases}x(1-x), & 0\leqslant x<3 \\ 1, & x>3 \\ -1, & -5<x<0 \\ 0, & x\leqslant -5\end{cases}$

(3) $h(r,\theta)=\begin{cases}r^2(1-r^2), & 0\leqslant r<1 \\ 0, & \text{其他}\end{cases}$

4.4 已知一阶 B 一样条函数

$$N_1(t)=\begin{cases}1, & 0\leqslant t<1 \\ 0, & \text{其他}\end{cases}$$

和 Harr 函数

$$\psi_H(t)=\begin{cases}1, & 0\leqslant t<1/2 \\ -1, & 1/2\leqslant t<1 \\ 0, & \text{其他}\end{cases}$$

它们是否为合格的窗函数？

4.5 下列函数哪些可以作为母小波，哪些不能？并说明理由(式中 ω 是正的常数)。

(1) $x_1(t)=\mathrm{e}^{\mathrm{j}\omega_0 t}$

(2) $x_2(t)=\mathrm{e}^{-\alpha t^2}$

(3) $x_3(t)=\mathrm{e}^{-\alpha t^2}\mathrm{e}^{\mathrm{j}\omega_0 t}$

(4) $x_4(t)=\mathrm{e}^{2\pi\mathrm{j}(8)t+2\pi\mathrm{j}(2.4)t^2}$

(5) $x_5(t)=\mathrm{e}^{-3.8t^2}\mathrm{e}^{2\pi\mathrm{j}(8)t+2\pi\mathrm{j}(2.4)t^2}$

(6) $x_6(t)=r(t)\mathrm{e}^{\mathrm{j}\omega_0 t}$，其中 $r(t)=\begin{cases}1, & 0\leqslant t<N, N \text{ 为常数} \\ 0, & \text{其他}\end{cases}$

(7) $x_7(t)=\begin{cases}1, & 0\leqslant t<1/2 \\ -1, & 1/2\leqslant t<1 \\ 0, & \text{其他}\end{cases}$

(8) $x_8(t)=\dfrac{1}{\sqrt{2\pi}}(1-t^2)\mathrm{e}^{-t^2/2}$

4.6 证明：若$\{\varphi_j(t);j\in\mathbf{Z}\}$是冗余比 $A=1$ 的紧框架且 $\|\varphi_j\|=1\|$，那么$\{\varphi_i(t);j\in\mathbf{Z}\}$构成一个标准正交基。

4.7 证明框架算子的性质。

4.8 将子空间 V_{-1} 分解成 V_0 和 W_0，又将 V_0 分解成 V_1 和 W_1，V_1 还可以进一步分解，于是最终将 V_{-1} 分解为 W_0、W_1、W_2……。这一分解过程实际上是把原空间一分为二，然后将半空间一分为二，等等；每次分解得到的两个子空间互相正交。这样，V_{-1} 空间中的任何信号 $f(t)$，首先分解成 $f_0(t)$和$\delta_0(t)$，然后 $f_0(t)$又分解成 $f_1(t)$和$\delta_1(t)$，$f_1(t)$又分解成$f_2(t)$和$\delta_2(t)$，等等。显然 $\delta_0(t)$、$\delta_1(t)$、$\delta_2(t)$……就是小波变换，它们各自都可在自己所在子空间的基函数(即小波函数)上展开。每次分解可以用滤波器和隔一抽一的抽取器来实现。假设得到的 $f_j(t)$是用低通滤波器和隔一抽一的抽取器实现的，而低通滤波器选用理想半带低通滤

波器

$$h_0(n)=[\sin(\pi n/2)/(\pi n/2)]/\sqrt{2}$$

那么,为得到 $\delta_j(t)$,应该选用什么样的滤波器和抽取器?画出 V_{-1} 空间中任一信号 $f(t)$ 被这样分解的信号流程图。

4.9　上题中,若 V_{-1} 是一个频带为 $(-2\pi,2\pi)$ 的函数空间,那么函数空间 V_0 和 W_0 的频带是多少?画出 $W_0,W_1,W_2,\cdots$ 函数空间和 $V_{-1},V_0,V_1,V_2,\cdots$ 函数空间各自占有的频带的关系图。

4.10　证明:Haar 尺度函数生成的闭子空间序列 V_j 构成一个多分辨率分析。

4.11　证明:Harr 尺度函数 $\varphi(t)$ 的伸缩、平移函数系 $\varphi_{j,k}=2^{-j/2}\varphi(2^{-j}t-k)(j,k\in\mathbf{Z})$ 构成空间 V_j 的标准正交基。

4.12　证明:Haar 小波函数 $\psi(t)$ 的伸缩、平移函数系 $2^{-j/2}\psi(2^{-j}t-k)(j,k\in\mathbf{Z})$ 构成空间 W_j 的标准正交基。

4.13　以 Harr 小波函数 $\psi_H(t)$ 作为母小波,

$$x_H(t)=\begin{cases}1, & 0\leqslant t<1/2\\ -1, & 1/2\leqslant t<1\\ 0, & \text{其他}\end{cases}$$

令

$$\gamma_j=\begin{cases}1, & \text{偶数 } j\in\mathbf{Z}\\ 0, & \text{奇数 } j\in\mathbf{Z}\end{cases}$$

小波函数族 S 分成三个邻接子族的并:

$$S_1=\{2^{-j/2}\psi_H(2^{-J}t-k);j,k\in\mathbf{Z}\}$$
$$S_2=\{2^{-j/2}\psi_H(2^{-J}t-k+\gamma_j/3);j,k\in\mathbf{Z}\}$$
$$S_3=\{2^{-j/2}\psi_H(2^{-J}t-k-\gamma_j/3);j,k\in\mathbf{Z}\}$$

试证明:S_1 等三个邻接子族都是正交函数族;S 是一个线性相关函数族;S 是空间 $L^2(R)$ 的一个框架。

4.14　假设两尺度序列 h_k 为有限长

$$h_0=0.375,\quad h_{-1}=h_1=0.5,\quad h_2=h_{-2}=0.0625$$

图解说明用 h_k 构造正交尺度函数的过程。

4.15　假设 h_k 为有限长

$$h_{-2}=1,\quad h_{-1}=3,\quad h_0=3,\quad h_1=1$$

图解说明由[0,1]特征函数构造正交尺度函数和正交小波函数的过程,假设

$$g_k=(-1)^k h_{-k+1}$$

4.16　假设 h_k 为有限长

$$h_{-2}=-1,\quad h_{-1}=3,\quad h_0=3,\quad h_1=-1$$

图解说明构造正交尺度函数的过程。迭代运算结果是否收敛于一个连续尺度函数?

4.17　令 φ 和 ψ 分别是 Haar 尺度函数和 Haar 小波函数,V_j 和 W_j 分别是 $\varphi(2^jx-k)$ 和 $\psi(2^jx-k)$ 产生的函数空间,这里 k 为整数。已知信号

$$f(x)=\begin{cases}2, & 0\leqslant x<1/4\\ -3, & 1/4\leqslant x<1/2\\ 1, & 1/2\leqslant x<3/4\\ 3, & 3/4\leqslant x<1\end{cases}$$

利用 MATLAB 程序和图形完成以下问题：

(1) 用 V_2 的基函数表示 f。

(2) 将(1)得到的 f 分解成 W_1、W_0 和 V_0 函数空间中的分量。

4.18 已知信号经 Haar 小波分解后得到

$$a^2=[a_0^2,a_1^2,a_2^2,a_3^2]=[1/2,2,5/2,-3/2]$$

$$b^2=[b_0^2,b_1^2,b_2^2,b_3^2]=[-3/2,-1,1/2,-1/2]$$

利用 MATLAB 由这些系数重构信号 $g\in V_3$，并画出图形。

4.19 已知信号经 Haar 小波分解后得到

$$a^1=[a_0^1,a_1^1]=[3/2,-1]$$

$$b^1=[b_0^1,b_1^1]=[-1,-3/2]$$

$$b^2=[b_0^2,b_1^2,b_2^2,b_3^2]=[-3/2,-3/2,-1/2,-1/2]$$

利用 MATLAB 由这些系数重构信号 $h\in V_3$，并画出图形。

4.20 已知信号

$$f(t)=\mathrm{e}^{-t^2/10}[\sin2t+2\cos4t+0.4\sin t\sin50t]$$

首先在时间间隔 $0\leqslant t<1$ 内，在 2^8 个点上对信号 f 进行取样，然后对取样信号进行 Harr 分解，画出 $f_{j-1}\in V_{j-1}$ 的图形($j=8,7,\cdots,1$)，并与原始信号的图形进行比较。

4.21 在上题 Harr 分解得到的小波系数中，首先令绝对值小于 0.1 的系数等于零，然后利用剩下的系数重构信号，将重构信号与原始信号的图形进行比较，并计算重构信号与原始信号的均方误差。

4.22 已知信号

$$g(t)=\begin{cases}0, & 0\leqslant t<7/17\\ 1-t^2, & 7/17\leqslant t<1\end{cases}$$

首先在时间间隔 $0\leqslant t<1$ 内，在 2^7 个点上对信号 f 进行取样，然后对取样信号进行 Harr 分解。画出 $j=6$ 对应的小波系数的幅度的图形。哪个小波系数最大？最大小波系数对应的 t 等于多少？将 $g(t)$ 定义式中的 7/17 改为 8/9，然后改为 2/7，重做本题。比较这些结果，你能得出什么结论？

4.23 假设连续紧支尺度函数 φ 构成的子空间序列 $\{V_j;j\in\mathbf{Z}\}$ 是一个多分辨率分析。

(1) 求下式定义的阶跃函数在 V_j 上的正交投影

$$u_j(x)=\begin{cases}1, & 0\leqslant x\leqslant 1\\ 0, & x<0 \text{ 或} >1\end{cases}$$

(2) 如果 $\int_{-\infty}^{\infty}\varphi(x)\mathrm{d}x=0$，证明：对足够大的 j 有 $\|u-u_j\|\geqslant 1/2$。

(3) 解释为什么(2)意味着 $\int_{-\infty}^{\infty}\varphi(x)\mathrm{d}x\neq 0$。

4.24 假设函数空间 $\{V_j;j\in\mathbf{Z}\}$ 中所有函数都是能量有限的信号 $f(x)$，而且 $f(x)$ 的傅里叶变换 $\hat{f}(\omega)$ 是限带的，具体来说，在频率区间 $[-2^j\pi,2^j\pi]$ 外有 $\hat{f}=0$，即 $\hat{f}(\omega)$ 的支撑是 $\sup(\hat{f})\subseteq[-2^j\pi,2^j\pi]$。

(1) 证明：$\{V_j;j\in\mathbf{Z}\}$ 满足多分辨率的前 5 个条件。

(2) 证明：$\varphi(x)=\mathrm{sinc}(x)$ 满足多分辨率的第 6 个条件。因此，它是 $\{V_j;j\in\mathbf{Z}\}$ 的尺度函数。

(3) 证明：φ 满足尺度方程

$$\varphi(x)=\varphi(2x)+\sum_{k\in\mathbf{Z}}\frac{2(-1)^k}{(2k+1)}\varphi(2x-2k-1)$$

(4) 求小波 ψ 用 φ 表示的展开式。

(5) 求高通和低通分解滤波器 h 和 l。

(6) 求高通和低通重构滤波器 $\tilde{h}$ 和 $\tilde{l}$。

4.25 假设函数空间 $\{V_j;j\in\mathbf{Z}\}$ 中所有函数都是能量有限的信号 $f(x)$，而且 $f(x)$ 是连续和分段线性函数，只有 $k/2^j(j\in\mathbf{Z})$ 是线性函数的转折点。

(1) 证明 $\{V_j;j\in\mathbf{Z}\}$ 满足多分辨率的前 5 个条件。

(2) 令

$$\varphi(x)=\begin{cases}x+1, & -1\leqslant x\leqslant 0\\ 1-x, & 0<x\leqslant 1\\ 0, & |x|>1\end{cases}$$

证明：$\{\varphi(x-k);k\in\mathbf{Z}\}$ 是 V_0 的非正交基。求 φ 的尺度关系式。

4.26 针对上题定义的 φ。

(1) 证明：

$$\hat{\varphi}(\xi)=2\sqrt{\frac{2}{\pi}}\frac{\sin^2(\xi/2)}{\xi^2}$$

(2) 证明：

$$\sum_{k\in\mathbf{Z}}\frac{1}{(\xi+2k\pi)^4}=\frac{3-2\sin^2(\xi/2)}{48\sin^4(\xi/2)}$$

(3) 由下式定义函数 φ

$$\hat{\varphi}(\xi)=2\sqrt{\frac{2}{\pi}}\frac{\sin^2(\xi/2)}{\xi^2\sqrt{1-\frac{2}{3}\sin^2(\xi/2)}}$$

证明：$\{\varphi(x-k);k\in\mathbf{Z}\}$ 是标准正交集。

4.27 令 $P(z)=\left(1/2\sum_{k=0}^{3}p_kz^k\right)$，其中

$$p_0=\frac{1+\sqrt{3}}{4},\quad p_1=\frac{3+\sqrt{3}}{4},\quad p_2=\frac{3-\sqrt{3}}{4},\quad p_3=\frac{1-\sqrt{3}}{4}$$

证明：$P(z)$ 满足以下性质：

(1) $P(1)=1$

(2) $|P(z)|^2+|P(-z)|^2=1,\quad |z|=1$

(3) $|P(e^{it})|>0\ (|t|\leqslant\pi/2)$

4.28 已知信号

$$f(t)=e^{-t^2/10}[\sin 2t+2\cos 4t+0.4\sin t\sin 50t]$$

首先在时间间隔 $0\leqslant t<1$ 内，在 2^8 个点上对信号 f 进行取样，然后对取样信号进行 $N=2$ 的 Daubechies 小波分解，画出 $f_{j-1}\in V_{j-1}$ 的图形$(j=8,7,\cdots,1)$，并与原始信号的图形进行比较。

4.29 在上题分解得到的小波系数中，首先令绝对值小于 0.1 的系数等于零，然后利用剩下的系数重构信号，将重构信号与原始信号的图形进行比较，并计算重构信号与原始信号的均方误差。

4.30 已知信号

$$f(t)=\begin{cases}0, & t<0,t>1\\ t(1-t), & 0\leqslant t\leqslant 1\end{cases}$$

以时间间隔 $2^{-8}k(k=-256,\cdots,512)$ 对信号取样，即 $j=7$ 是最高级。利用 $N=2$ 的 Daubechies 小波对最高级取样信号进行 1 级分解。画出 7 级小波系数绝对值变化的图形。哪一个小波系数的绝对值最大？对应的时间点在哪里？并加以解释。

4.31　已知信号

$$f(t)=\sin 8\pi t\cos 3\pi t+n(t)$$

式中：噪声 $n(t)$ 是 MATLAB 中的函数 rand 产生的随机序列。在 $t=[-2,3]$ 区间对信号采集 1536 个取样值，用 $N=2$、3 和 6 等 Daubechies 小波分析该信号，去掉噪声 $n(t)$。画出去噪后所得信号的波形，比较三种小波中哪一种去噪的效果比较好。

4.32　假设信号

$$s(t)=\frac{1}{50}\sin 64\pi t\cos 6\pi t$$

上叠加了一个 2 次函数信号 $n(t)=2+5t+t^2$，因此信号基线发生偏移后实际观测到的是

$$f(t)=s(t)+n(t)=\frac{1}{50}\sin 64\pi t\cos 6\pi t+2+5t+t^2$$

首先在 $t=[-1,1]$ 范围内采集 1024 个数据，然后用 Daubechies 小波分析方法将有用信号与 2 次函数信号进行分离。

4.33　Meyer 选择一个奇次多项式 $P_k(x)$ 来构造光滑函数 $\theta(x)$，然后通过 $\theta(x)$ 构造光滑的低通尺度函数 $\hat{\varphi}(\omega)$。令 $P_k(x)$ 是 $2k+1$ 次多项式(k 为正整数)

$$P_k(x)=a_0x+a_1x^3+\cdots+a_kx^{2k+1}$$

且 $P_k(x)$ 满足条件 $P_k(1)=1$ 和 $P_k^{(m)}(x)=0$，其中 $m=1,2,\cdots,k$。这样，可以得到有 $k+1$ 个系数的 $k+1$ 个线性方程，方程的唯一解是 $P_k(x)$ 的系数。定义

$$\theta(u)=\frac{\pi}{4}\times\begin{cases}0, & u\leqslant 1/3\\ 1+P_k(6u-3), & 1/3\leqslant u\leqslant 2/3\\ 2, & u\geqslant 2/3\end{cases}$$

(1) 证明：$\theta(u)$ 是 k 次连续可微的。

(2) 证明：满足条件 $\theta(u)+\theta(1-u)=\pi/2$。

(3) 求 $P_1(x)$、$P_2(x)$ 和 $P_3(x)$。

4.34　设共轭镜像滤波器 h 和 g 的冲激响应为有限长 K，证明：φ 的支撑长度是 $K-1$。

4.35　构造例 4.14、例 4.15 和例 4.16 所对应的正交小波包函数。

4.36　调用 MATLAB 函数 wpfun，在长为 2^{-8} 的二进制间隔上计算 Meyer 小波的小波包 $w_n(t)(n=0,1,2,\cdots,7)$，画出 $w_n(t)$ 的波形。

4.37　调用 MATLAB 函数 wpdec 对 MATLAB 本身带有的一个含噪信号 noisbloc 进行小波包分解。选择 5 级 db2 小波包，采用 Shannon 熵标准。画出小波包分解的二叉树结构，并观察节点(5,0)的波形。

4.38　调用 MATLAB 函数 wprec 重构例 4.39 的原始信号。

4.39　利用一维小波包分析工具完成习题 4.39 和习题 4.40。

4.40　利用一维小波包分析工具对习题 4.39 的信号进行 95%的压缩。

4.41　利用一维小波包分析工具对习题 4.39 的信号进行去噪。

第 5 章　同态信号处理

分离加性组合信号是线性滤波易于解决的问题。如果这些信号各占据不同的频带，则只要适当设计线性滤波器的频率特性，就能达到分离信号或抑制某种信号而提取某种信号的目的。如果这些信号占据的频带有部分重叠，则可以按照均方误差最小准则设计一种线性最佳滤波器，即维纳滤波器或卡尔曼滤波器，亦能分离它们。实际中有些信号不是加性组合的，如乘性或卷积组合信号，这时就不能用线性滤波器而要用同态滤波器来处理。

同态是近世代数中的一个概念。设集合 A 和 $\overline{A}$ 的代数运算各是□和○，有一个从 A 到 $\overline{A}$ 的满射 ϕ，a 和 b 是 A 的任意两个元，若

$$\phi(a\square b)=\phi(a)\bigcirc\phi(b) \tag{5.0.1}$$

成立，则 ϕ 叫做对于代数运算□和○，A 到 $\overline{A}$ 的同态满射；并说，对于代数运算□和○，A 与 $\overline{A}$ 同态。这种情况下，如果□满足结合律或交换律，则○亦满足结合律或交换律；如果□和△都是 A 的代数运算，○和◇都是 $\overline{A}$ 的代数运算，且 A 与 $\overline{A}$ 对于代数运算□和○来说同态，那么，若□和△满足分配律，则○和◇也满足分配律。

如果把系统的输入和输出都看成是矢量空间中的矢量，把运算规则□和○看成矢量加法，把△和◇看成标量与矢量的乘法，那么系统变换就是代数中从输入矢量空间到输出矢量空间的一种线性变换。这种系统称为同态系统或同态滤波器。本章讨论同态滤波器原理，两类常用同态滤波器的构成及其应用，同时还要讨论复倒谱的概念、性质、计算方法及其实际应用。

5.1　广义叠加原理

众所周知，线性系统是用叠加原理来定义的。同态系统是一类非线性滤波器，它是由广义叠加原理来定义的。叠加原理只不过是广义叠加原理的特例。

设系统变换用 H 表示，其输入矢量空间中矢量之间的运算为□(可以是加法、乘法、卷积等运算)，标量与矢量之间的运算为△(可以是乘法、幂、开方等运算)；其输出矢量空间中相应的运算为○和◇。若下式

$$H[x_1(n)\square x_2(n)]=H[x_1(n)]\bigcirc H[x_2(n)] \tag{5.1.1}$$

$$H[c\triangle x(n)]=c\diamondsuit H[x(n)] \tag{5.1.2}$$

成立，则称该系统满足广义叠加原理，并称该系统为同态系统。

同态系统以其输入、输出矢量空间中的运算来分类。例如，输入运算为□，输出运算为○的同态系统称为□和○同态系统。本章只讨论输入运算和输出运算相同的同态系统，例如，输入运算和输出运算都为乘法运算的同态系统(称为乘法同态系统)。本章还将讨论卷积同态系统。若□和○都是矢量加法运算，△和◇都是标量与矢量相乘的运算，那么同态系统就是线性系统，因此，线性系统是同态系统的特例。

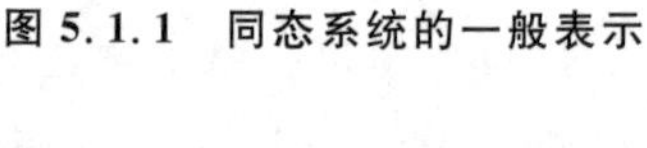

图 5.1.1　同态系统的一般表示

输入运算为□和△，输出运算为○和◇的同态系统用图 5.1.1 所示的符号表示。输入、输出信号是各自矢量空间的矢量，两个矢量空间中的矢量运算规则分别为□和○，标量与矢

量间的运算规则分别为$\triangle$和$\Diamond$，那么系统变换 H 就是从输入矢量空间到输出矢量空间的代数线性变换。为把线性矢量空间理论应用于同态系统，输入、输出运算必须满足矢量相加和标乘的代数公设。

任何同态系统可表示成由三个子系统级联的规范形式，如图 5.1.2 所示，三个子系统也都是同态系统，它们都服从广义叠加原理，如下列各式所示：

$$\begin{cases} D_{\square}[c_1 \triangle x_1(n) \square c_2 \triangle x_2(n)] = c_1 D_{\square}[x_1(n)] + c_2 D_{\square}[x_2(n)] \\ L[c_1 \hat{x}_1(n) + c_2 \hat{x}_2(n)] = c_1 L[\hat{x}_1(n)] + c_2 L[\hat{x}_2(n)] \\ D_{\bigcirc}^{-1}[c_1 \hat{y}_1(n) + c_2 \hat{y}_2(n)] = c_1 \Diamond D_{\bigcirc}^{-1}[\hat{y}_1(n)] \bigcirc c_2 \Diamond D_{\bigcirc}^{-1}[\hat{y}_2(n)] \end{cases} \tag{5.1.3}$$

这些式子中

$$\hat{x}_1(n) = D_{\square}[x_1(n)],\quad \hat{x}_2(n) = D_{\square}[x_2(n)]$$
$$\hat{y}_1(n) = L[\hat{x}_1(n)],\quad \hat{y}_2(n) = L[\hat{x}_2(n)]$$
$$y_1(n) = D_{\bigcirc}^{-1}[\hat{y}_1(n)],\quad y_2(n) = D_{\bigcirc}^{-1}[\hat{y}_2(n)]$$

图 5.1.2　同态系统的规范形式

在该规范表示中，第一个子系统 $D_{\square}[\,]$称为运算$\square$的特征系统，第三个子系统 $D_{\bigcirc}^{-1}[\,]$称为运算$\bigcirc$的特征系统的逆系统。所有第一个子系统相同、第三个子系统也相同的同态系统，都具有图 5.1.2 所示的相同的规范结构，唯一的区别在于第二个子系统 L，这是一个线性系统。因此，它们的设计归结为设计不同的线性系统 $L[\,]$。

5.2　乘法同态系统

若输入矢量空间和输出矢量空间中矢量间的运算都是乘法运算，则这样的同态系统叫做乘法同态系统。设标量和矢量间为指数运算。这就是说，上节所使用的符号各对应于以下运算：

$$\square \equiv \bigcirc \equiv \text{乘法运算}$$
$$\triangle \equiv \Diamond \equiv \text{指数运算}$$

乘法同态系统的规范形式如图 5.2.1 所示。系统输入信号 $x_1(n)$和 $x_2(n)$按下列运算组合成 $x(n)$：

$$x(n) = x_1^{\alpha}(n) \cdot x_2^{\beta}(n)$$

式中，α 和 β 是标量。特征系统 $D_*[\,]$的输出为

$$\hat{x}(n) = \alpha D_*[x_1(n)] + \beta D_*[x_2(n)] = \alpha \hat{x}_1(n) + \beta \hat{x}_2(n)$$

式中，$\hat{x}_1(n) = D_*[x_1(n)]$，$\hat{x}_2(n) = D_*[x_2(n)]$。线性系统 $L[\,]$的输出为

$$\hat{y}(n) = \alpha L[\hat{x}_1(n)] + \beta L[\hat{x}_2(n)] = \alpha \hat{y}_1(n) + \beta \hat{y}_2(n)$$

式中，$\hat{y}_1(n) = L[\hat{x}_1(n)]$，$\hat{y}_2(n) = L[\hat{x}_2(n)]$。逆特征系统 $D_*^{-1}[\,]$的输出即整个同态系统的输

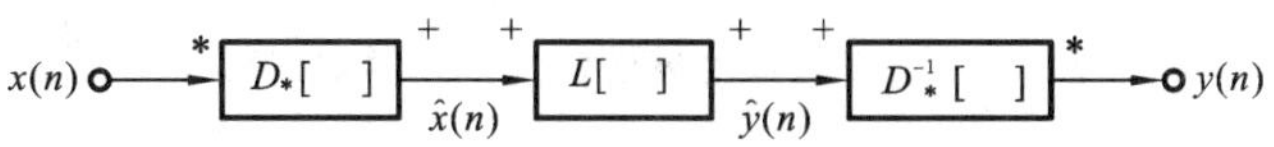

图 5.2.1　乘法同态系统的规范形式

出为

$$y(n)=\{D^{-1}.[\hat{y}_1(n)]\}^{\alpha}\{D^{-1}.[\hat{y}_2(n)]\}^{\beta}$$

乘法同态系统的规范形式中,需要重点讨论的是乘法特征系统 $D.[]$及其逆系统 $D^{-1}.[]$。乘法同态系统 $D.[]$应当将矢量间的乘法运算转换成为加法运算,把标量对矢量的指数运算转换成为乘法运算。显然,$D.[]$应当是对数运算,因为

$$\ln[x_1^{\alpha}(n)x_2^{\beta}(n)]=\alpha\ln x_1(n)+\beta\ln x_2(n)=\alpha\hat{x}_1(n)+\beta\hat{x}_2(n)$$

式中,$\hat{x}_1(n)=\ln x_1(n)$,$\hat{x}_2(n)=\ln x_2(n)$。

而乘法运算逆特征系统 $D^{-1}.[]$应当是指数运算,这样便有

$$\exp[\alpha\hat{y}_1(n)+\beta\hat{y}_2(n)]=\{\exp[\hat{y}_1(n)]\}^{\alpha}\{\exp[\hat{y}_2(n)]\}^{\beta}=y_1^{\alpha}(n)y_2^{\beta}(n)$$

一般情况下,$x(n)$为复信号,因而 $D.[]$要进行复对数运算,相应地,$D^{-1}.[]$是复指数运算。这样,乘法同态系统的规范形式如图 5.2.2 所示。复对数运算存在着多值性和解析性问题,将在卷积同态系统中去讨论。当处理正实信号时,不存在这些问题。这时,图 5.2.2 中各子系统的输入输出分别为

$$x(n)=x_1^{\alpha}(n)x_2^{\beta}(n)$$

$$\hat{x}(n)=\alpha\ln[x_1(n)]+\beta\ln[x_2(n)]=\alpha\hat{x}_1(n)+\beta\hat{x}_2(n)$$

$$\hat{y}(n)=\alpha L[\hat{x}_1(n)]+\beta L[\hat{x}_2(n)]=\alpha\hat{y}_1(n)+\beta\hat{y}_2(n)$$

$$y(n)=[e^{\hat{y}_1(n)}]^{\alpha}[e^{\hat{y}_2(n)}]^{\beta}=y_1^{\alpha}(n)y_2^{\beta}(n)$$

图 5.2.2　乘法同态系统规范形式的实现

在信号处理中,有许多信号都可表示成两个或两个以上的分量信号的乘积。例如,信号通过衰落信道后等效于信号与一个慢变化分量相乘,该慢变化分量反映信道的衰落效应;调幅波等效于调制信号与载波的乘积;图像信号可模型化为照度图和反射率图的积,等等。同态滤波常用来处理这类乘法组合信号,增强其中某个信号分量,同时压缩或削弱另一个信号分量。例如,为增强一幅图像的对比度,同时压缩其动态范围,常利用同态滤波的办法。设二维图像信号为

$$x(u,v)=x_i(u,v)x_r(u,v)$$

式中,$x_i(u,v)$和 $x_r(u,v)$分别表示照度图和反射率图。由于照度分量和图像都表示光的能量,所以有

$$0<x(u,v)<x_i(u,v)<\infty$$

反射分量也总是正的,且小于 1,即

$$0<x_r(u,v)<1$$

为了分别调整对比度和动态范围,现采用同态滤波器。为了增强对比度,应加大反射率分量;为了压缩动态范围,应减小照度分量。图 5.2.3 所示的是乘法同态系统处理图像信号的规范形式。

图 5.2.3　乘法同态系统图像处理的规范形式

乘法特征系统 $D.[]=\ln[]$将相乘的照度图和反射率图变成相加关系,即

$$\ln[x_i(u,v)x_r(u,v)]=\ln[x_i(u,v)]+\ln[x_r(u,v)]$$

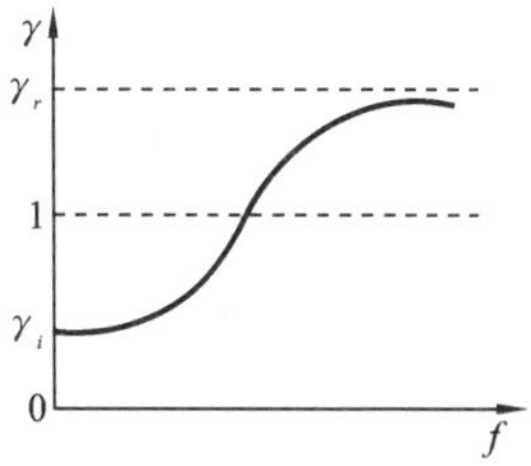

图 5.2.4　线性系统 $L[\,]$ 的频率特性

由于照度是低频信号而反射率图是高频信号，所以线性系统 $L[\,]$ 的频率特性设计成如图5.2.4所示的形状。于是线性系统的输出为

$$\begin{aligned}&L\{\ln[x_i(u,v)]+\ln[x_r(u,v)]\}\\&=k_i\ln[x_i(u,v)]+k_r\ln[x_r(u,v)]\end{aligned}$$

由于 $k_i<1,k_r>1$，所以反射率图得到加强而照度图受到削弱。乘法特征系统的逆系统即 $D^{-1}_{.}[\,]$ 是一个指数系统，它将调整后的照度图和反射率图重新按相乘关系组合起来，得到

$$\exp\{k_i\ln[x_i(u,v)]+k_r\ln[x_r(u,v)]\}=(\exp\{\ln[x_i(u,v)]\})^{k_i}(\exp\{\ln[x_r(u,v)]\})^{k_r}$$

这样就达到了加强对比度和减小动态范围的目的。

5.3　卷积同态系统

卷积同态系统的规范形式如图 5.3.1 所示。它将把由卷积运算组合起来的信号分离开来，分别进行处理后，再重新用卷积运算组合起来。

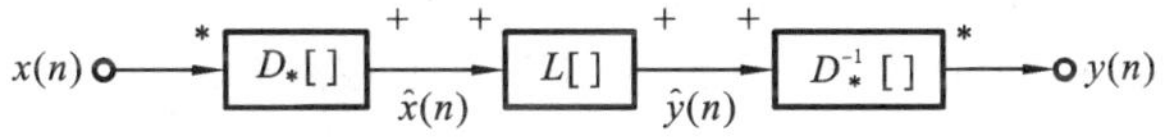

图 5.3.1　卷积同态系统的规范形式

卷积特征系统 $D_*[\,]$ 将卷积运算变为加法运算，即

$$D_*[x_1(n)*x_2(n)]=D_*[x_1(n)]+D_*[x_2(n)]=\hat{x}_1(n)+\hat{x}_2(n)$$

这一功能可用图 5.3.2 所示的系统来完成。首先，Z 变换将卷积组合信号变成乘法组合形式

$$\mathscr{Z}[x_1(n)*x_2(n)]=\mathscr{Z}[x_1(n)]\mathscr{Z}[x_2(n)]=X_1(z)X_2(z)$$

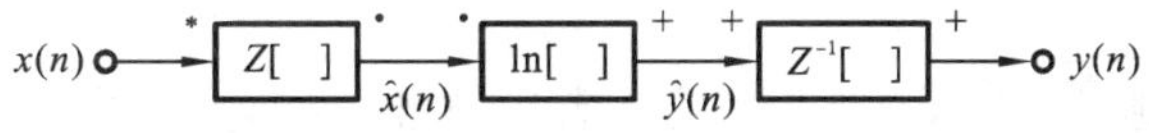

图 5.3.2　卷积特征系统的实现

接着复对数运算将两个 Z 变换的乘积转变成它们的复对数之和，即

$$\ln[X_1(z)X_2(z)]=\ln[X_1(z)]+\ln[X_2(z)]$$

最后用逆 Z 变换将 Z 变换的复对数变换成时间序列

$$\mathscr{Z}^{-1}\{\ln[X_1(z)]+\ln[X_2(z)]\}=\mathscr{Z}^{-1}\{\ln[X_1(z)]\}+\mathscr{Z}^{-1}\{\ln[X_2(z)]\}$$

式中，$\mathscr{Z}^{-1}\{\ln[X(z)]\}$ 叫做复倒谱。因此，卷积特征系统 $D_*[\,]$ 的作用是将卷积运算组合信号转换成它们的复倒谱之和。$x(n)$ 的复倒谱用 $\hat{x}(n)$ 表示。

图 5.3.1 中的线性系统 $L[\,]$ 应根据各应用领域的不同要求和复倒谱 $\hat{x}_1(n)$ 和 $\hat{x}_2(n)$ 的特点来设计，或者是加强其中之一同时削弱另一个信号；或者是取出其中之一同时滤掉另一个信号。总之，是要对 $\hat{x}_1(n)+\hat{x}_2(n)$ 进行线性滤波，得到

$$L[\hat{x}_1(n)+\hat{x}_2(n)]=L[\hat{x}_1(n)]+L[\hat{x}_2(n)]=\hat{y}_1(n)+\hat{y}_2(n)$$

式中，$\hat{y}_1(n)$ 和 $\hat{y}_2(n)$ 分别是 $\hat{x}_1(n)$ 和 $\hat{x}_2(n)$ 被线性滤波后得到的输出。

卷积特征系统的逆系统 $D_*^{-1}[\,]$ 的作用是将加法组合信号变换成卷积运算组合信号，即

$$D_*^{-1}[\hat{y}_1(n)+\hat{y}_2(n)]=D_*^{-1}[\hat{y}_1(n)]*D_*^{-1}[\hat{y}_2(n)]$$

这一功能可用图 5.3.3 所示的系统来完成。首先用 Z 变换将 $\hat{y}_1(n)+\hat{y}_2(n)$ 变成它们的 Z 变换之和

$$\mathscr{Z}[\hat{y}_1(n)+\hat{y}_2(n)]=\mathscr{Z}[\hat{y}_1(n)]+\mathscr{Z}[\hat{y}_2(n)]=\hat{Y}_1(z)+\hat{Y}_2(z)$$

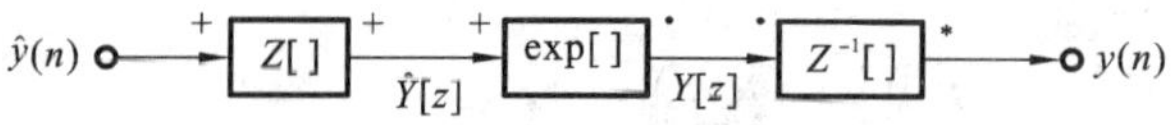

图 5.3.3　卷积特征系统的逆系统的实现

接着用复指数运算将两 Z 变换之和变成它们的指数函数之积，即

$$\exp[\hat{Y}_1(z)+\hat{Y}_2(z)]=\exp[\hat{Y}_1(z)]\exp[\hat{Y}_2(z)]=Y_1(z)Y_2(z)$$

式中，$Y_1(z)=\exp[\hat{Y}_1(z)]$，$Y_2(z)=\exp[\hat{Y}_2(z)]$。最后对乘积 $Y_1(z)Y_2(z)$ 求逆 Z 变换，便得到两个时间函数的卷积，即

$$\mathscr{Z}^{-1}[Y_1(z)Y_2(z)]=\mathscr{Z}^{-1}[Y_1(z)]*\mathscr{Z}^{-1}[Y_2(z)]=y_1(n)*y_2(n)$$

式中，$y_1(n)$ 和 $y_2(n)$ 分别是 $Y_1(z)$ 和 $Y_2(z)$ 的逆 Z 变换。

卷积同态系统的典型应用实例有语音信号分析和解混响。现简介如下。

1. 语音信号分析

图 5.3.4 所示的是语音信号产生的数字模型。按照此模型，浊音由声带振动在声门处产生的准周期脉冲序列激励声道而产生；清音则由空气流强制通过声道中某一段收缩区间时引起的类似于白噪声的空气湍流激励声道而产生。因此，模型输出的语音信号 $x(n)$ 等于激励源 $u(n)$ 与线性系统 $H(z)$ 的冲激响应 $h(n)$ 的卷积，即

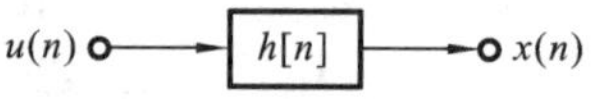

图 5.3.4　语音信号数字模型

$$x(n)=u(n)*h(n)$$

语音信号分析的目的是根据记录的语音信号 $x(n)$ 来得到关于激励源 $u(n)$ 和声道冲激响应 $h(n)$ 的有关参数。显然，卷积同态系统适合这一要求。

2. 解混响

在混响环境中录制声音时，记录下来的除有用信号 $s(n)$ 外，还叠加有若干回波信号，即

$$x(n)=s(n)+\sum_{k=1}^{M}\alpha_k s(n-n_k) \tag{5.3.1}$$

式中，$0<n_1<n_2<\cdots<n_M$ 是回波相对于有用信号的时延，α_k 是反射系数。这种信号可表示成

$$x(n)=s(n)*h(n) \tag{5.3.2}$$

式中

$$h(n)=\delta(n)+\sum_{k=1}^{M}\alpha_k\delta(n-n_k) \tag{5.3.3}$$

现讨论一种简单情况，假设只叠加有一个回波信号，这时

$$x(n)=s(n)+\alpha_1 s(n-n_1) \tag{5.3.4}$$

$$h(n)=\delta(n)+\alpha_1\delta(n-n_1) \tag{5.3.5}$$

如果回波延时 n_1 小于有用信号 $s(n)$ 的持续时间，为了去掉回波，应采用卷积同态滤波器。将式(5.3.5)代入式(5.3.2)，然后两边求 Z 变换，得

$$X(z)=S(z)(1+\alpha_1 z^{-n_1}) \tag{5.3.6}$$

上式两边取对数，得

$$\hat{X}(z)=\ln X(z)=\ln S(z)+\ln(1+\alpha_1 z^{-n_1})$$

上式两端求逆 Z 变换，得

$$\hat{x}(n)=\hat{s}(n)+\sum_{k=1}^{\infty}\frac{(-1)^{k-1}\alpha_1^k}{k}\delta(n-n_1k)$$

式中，$\hat{s}(n)$是有用信号的复倒谱，等式右端的求和式是回波的复倒谱，它是一个幅度迅速衰减的冲激序列，相邻冲激之间相隔 n_1。因此，为滤去回波，应设计具有如图 5.3.5 所示特性的梳形滤波器。经过该线性梳形滤波器过滤后便只留下有用信号的复倒谱 $\hat{s}(n)$，然后用图 5.3.3 所示的卷积特征系统的逆系统进行处理，便得到有用信号 $s(n)$。

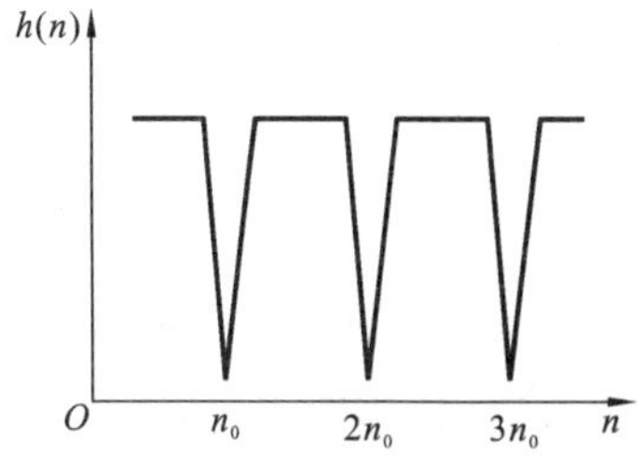

图 5.3.5 梳形滤波器特性

5.4 复倒谱定义

上一节中定义了复倒谱，它是时间序列的 Z 变换的复对数的逆 Z 变换，即 $x(n)$的复倒谱 $\hat{x}(n)$定义为

$$\hat{x}(n)=\mathscr{Z}^{-1}[\ln(\mathscr{Z}(x(n)))] \tag{5.4.1}$$

显然，一个时间序列的复倒谱仍然是一个时间序列。容易证明，实序列的复倒谱是一个实的时间序列。

上述复倒谱定义中涉及两个待解决的理论问题，即复对数的多值性和复倒谱的解析性问题，下面分别予以讨论。

5.4.1 复对数的多值性问题

时间序列 $x(n)$的 Z 变换为

$$X(z)=|X(z)|\exp[\mathrm{j}\ \arg X(z)]$$

式中，$|X(z)|$是模，$\arg X(z)$是幅角。由于 $\exp[\mathrm{j}\ \arg X(z)]$是周期函数，即

$$\exp[\mathrm{j}\ \arg X(z)]=\exp[\mathrm{j}(\arg X(z)+2\pi k)]$$

式中，$k=0,\pm1,\pm2,\cdots$，所以，$X(z)$的对数是复对数，用$\hat{X}(z)$表示，且有

$$\hat{X}(z)=\ln X(z)=\ln|X(z)|+\mathrm{j}(\arg X(z)+2\pi k),\quad k=0,\pm1,\pm2,\cdots$$

即一个 $X(z)$将对应于无穷多个$\hat{X}(z)$。显然这不满足变换的唯一性的要求。

解决复对数多值性的一般办法是取主值进行运算，即将幅角 $\arg X(z)$对 π 取模以得到主值相位，用 $\mathrm{ARG}[X(z)]$表示，即

$$\mathrm{ARG}[X(z)]=\langle\arg X(z)\rangle_\pi$$

式中，$\langle\rangle_\pi$ 表示对 π 求模运算。这样，便有

$$-\pi<\mathrm{ARG}[X(z)]<\pi \tag{5.4.2}$$

于是

$$\hat{X}(z)=\ln|X(z)|+\mathrm{j}\ \mathrm{ARG}[X(z)]$$

且这是唯一性变换。但是，这时$\hat{X}(z)$在单位圆上的值却不是 ω 的连续函数，这与$\hat{X}(z)$的解析性相违。

5.4.2 $\hat{X}(z)$的解析性问题

由复倒谱定义可知，$\hat{x}(n)$是对$\hat{X}(z)$求逆 Z 变换得到的。这意味着$\hat{X}(z)$是$\hat{x}(n)$的 Z 变换。在$\hat{X}(z)$的收敛域内，$\hat{X}(z)$是 z 的解析函数。如果$\hat{x}(n)$是稳定的和因果的，那么$\hat{X}(z)$的收敛域

是某个圆的外部区域且包括单位圆。这意味着$\hat{X}(z)$在单位圆上也是解析的。这就首先要求$\hat{X}(e^{j\omega})$是ω的连续函数。由于

$$\hat{X}(e^{j\omega})=\ln|X(e^{j\omega})|+j\arg[X(e^{j\omega})]$$

故要求$\ln|X(e^{j\omega})|$和$\arg[X(e^{j\omega})]$都是ω的连续函数。为使$\ln|X(e^{j\omega})|$是ω的连续函数,要求$X(z)$在单位圆上既无零点又无极点。由于$x(n)$是稳定的和因果的,所以其Z变换$X(z)$的收敛域包括单位圆,这意味着$X(z)$在单位圆上无极点。如果$X(z)$在单位圆上无零点,那么就保证了$\ln|X(e^{j\omega})|$的连续性。

但是,为了避免复对数的多值性而采用主值相位,致使$\mathrm{ARG}[X(e^{j\omega})]$的连续性得不到保证。因此,不得不重新定义复对数。新的复对数定义引用了黎曼曲面的概念。在黎曼曲面上,幅角在$(-\infty,+\infty)$范围内可以连续取值而无间断点。

5.5 复倒谱的性质

设序列$x(n)$的Z变换为

$$X(z)=Az^r\frac{\prod_{k=1}^{m_i}(1-a_kz^{-1})\prod_{k=1}^{m_o}(1-b_kz)}{\prod_{k=1}^{p_i}(1-c_kz^{-1})\prod_{k=1}^{p_o}(1-d_kz)} \tag{5.5.1}$$

式中,a_k、b_k、c_k和d_k的模都小于1,m_i和m_o分别表示单位圆内和单位圆外的零点的数目,p_i和p_o分别表示单位圆内和单位圆外的极点的数目。

$X(z)$的对数为

$$\begin{aligned}\hat{X}(z)=&\ln A+\ln z^r+\sum_{k=1}^{m_i}\ln(1-a_kz^{-1})+\sum_{k=1}^{m_o}\ln(1-b_kz)\\&-\sum_{k=1}^{p_i}\ln(1-c_kz^{-1})-\sum_{k=1}^{p_o}\ln(1-d_kz)\end{aligned} \tag{5.5.2}$$

将上式右端4个求和式中的对数函数展开成z^{-1}或z的幂级数,其系数即为逆Z变换。另外,$\ln z^r$的逆Z变换为

$$\mathscr{Z}^{-1}[\ln z^r]=\begin{cases}(-1)^n\dfrac{r}{n}, & n\neq0\\0, & n=0\end{cases}$$

这是一个振幅逐渐衰减的正负相间的冲激序列,因此,它对复倒谱的贡献很有规律,而跟信号$x(n)$无关。所以,在讨论$x(n)$的复倒谱时可以不考虑z^r的影响。第一项$\ln A$只有在$A>0$时才有意义;如果$A<0$,为了对数运算有意义,常对A的绝对值取对数运算。这样,$\ln|A|$的逆Z变换等于$\ln|A|\delta(n)$,这里$\delta(n)$是单位冲激序列。注意到式(5.5.2)右端4个求和式的逆Z变换都对$\hat{x}(0)$无任何贡献,所以有$\hat{x}(0)=\ln|A|$。

综上所述,由式(5.5.2)取逆Z变换,便得到$x(n)$的复倒谱为

$$\hat{x}(n)=\begin{cases}\ln|A|, & n=0\\-\sum_{k=1}^{m_i}\dfrac{a_k^n}{n}+\sum_{k=1}^{p_i}\dfrac{c_k^n}{n}, & n>0\\\sum_{k=1}^{m_o}\dfrac{b_k^{-n}}{n}+\sum_{k=1}^{p_o}\dfrac{d_k^{-n}}{n}, & n<0\end{cases} \tag{5.5.3}$$

由上式看出，复倒谱具有以下性质。

(1) 即使时间序列 $x(n)$ 是有限长的，其复倒谱也总是无限长的时间序列。不过，复倒谱的幅度至少按 $1/|n|$ 的速度衰减，这意味着其能量主要集中在低时端。

(2) 最小相位序列单位圆外既无零点又无极点，即 $m_o=0$ 和 $p_o=0$，所以，其复倒谱一定是因果序列。类似地，不难理解，最大相位序列的复倒谱必为逆因果序列。

(3) 间隔为 N_p 的冲激序列的复倒谱仍然是一个间隔为 N_p 的冲激序列。

5.6　复倒谱的计算方法

一般有三种计算复倒谱的方法，它们是：按复倒谱的定义进行计算的方法，对复对数求导数的计算方法，以及递推计算方法。此外，对最小相位序列来说，其复倒谱有更简单的计算方法。下面分别进行讨论。

5.6.1　按复倒谱定义计算

图 5.6.1 所示的是根据复倒谱定义进行计算的方框图，图中用离散傅里叶变换代替 Z 变换。

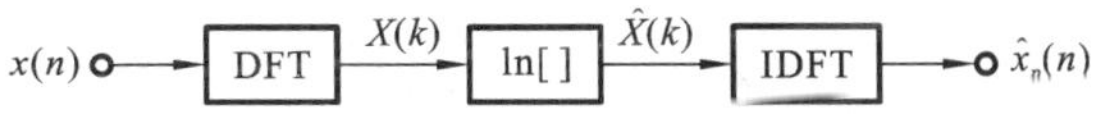

图 5.6.1　根据定义计算复倒谱的方框图

设输入信号 $x(n)$ 是长为 N 的时间序列，其 N 点离散傅里叶变换用 $X(k)$ 表示，它的复对数 $\hat{X}(k)$ 仍然是长为 N 的序列。由于 $\hat{X}(k)$ 是 $\hat{X}(\mathrm{e}^{\mathrm{j}\omega})$ 在一个周期 $(-\pi,\pi)$ 内的 N 个等间隔频率点上的取样值，所以它的离散傅里叶逆变换将是 $\hat{x}(n)$ 以 N 为周期进行延拓得到的序列，用 $\hat{x}_p(n)$ 表示，即

$$\hat{x}_p(n)=\sum_{r=-\infty}^{\infty}\hat{x}(n+rN) \tag{5.6.1}$$

这就是说，按图 5.6.1 计算得到的将不是真正的复倒谱，而是复倒谱周期延拓后的结果。由于 $\hat{x}(n)$ 总是无限长序列，所以 $\hat{x}_p(n)$ 不可避免地有混叠失真。但是，$\hat{x}(n)$ 的幅度衰减很快（至少以 $1/|n|$ 的速度衰减），所以当 N 值较大时，混叠失真是很小的。如果 N 值不够大，为了减小混叠失真，就应该在 $x(n)$ 序列后面添加零取样值，以使 $\hat{x}_p(n)$ 能够较好地逼近 $\hat{x}(n)$。

按定义计算复倒谱时需注意以下问题。

(1) 离散傅里叶变换及其逆变换常用快速傅里叶变换算法来计算以提高处理速度。

(2) 设 $X(k)=X_r(k)+\mathrm{j}X_i(k)$，这里，$X_r(k)$ 和 $X_i(k)$ 分别是 $X(k)$ 的实部和虚部。于是，$\hat{X}(k)$ 的实部可表示为

$$\hat{X}_r(k)=\ln|X(k)|=\frac{1}{2}\ln[X_r^2(k)+X_i^2(k)] \tag{5.6.2}$$

$X(k)$ 的幅角主值可表示为

$$\mathrm{ARG}[X(k)]=\arctan\left[\frac{X_i(k)}{X_r(k)}\right] \tag{5.6.3}$$

幅角主值是间断的，需要由它恢复瞬时相位 $\arg[X(k)]$，它是 ω 的连续函数，这就是所谓的相位展开。相位展开方法很多，一般是在主值相位上叠加一个校正相位以得到瞬时相位，如图

5.6.2 所示。图(b)所示的是主值相位 ARG[X(k)]，它是间断的；图(c)所示的是校正相位 COR(k)；图(a)所示的是瞬时相位 arg[X(k)]，它是由 ARG[X(k)]与 COR(k)相加得到的，它是 ω 的连续函数。因此，下列关系式

$$\arg[X(k)]=\mathrm{ARG}[X(k)]+\mathrm{COR}(k)$$

成立。校正相位由下式决定

$$\mathrm{COR}(k)=\begin{cases}\mathrm{COR}(k-1)-2\pi, & \mathrm{ARG}[X(k)]-\mathrm{ARG}[X(k-1)]>\pi\\ \mathrm{COR}(k-1)+2\pi, & \mathrm{ARG}[X(k-1)]-\mathrm{ARG}[X(k)]>\pi\\ \mathrm{COR}(k-1), & |\mathrm{ARG}[X(k)]-\mathrm{ARG}[X(k-1)]|<\pi\end{cases} \tag{5.6.4}$$

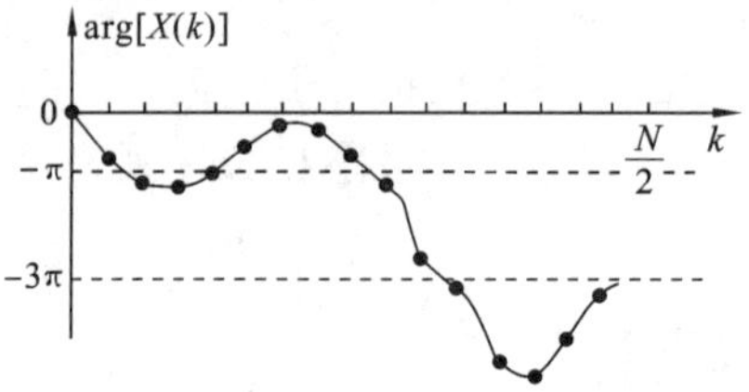

(a)

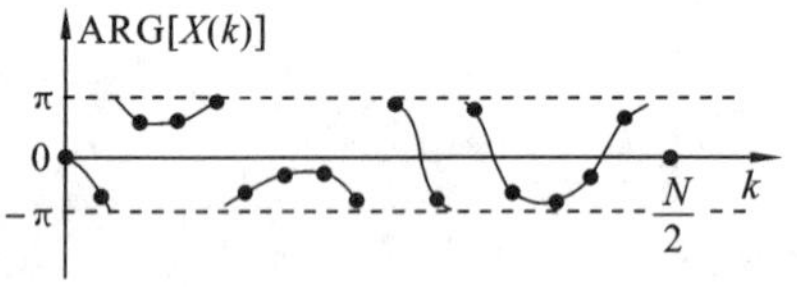

(b)

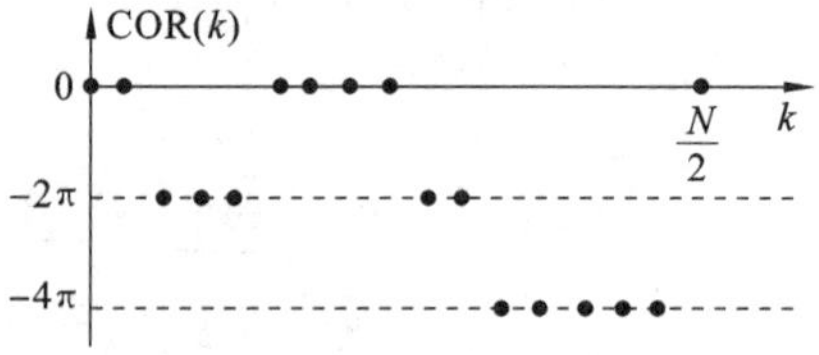

(c)

图 5.6.2 相位展开原理

后一主值减前一主值若大于 π，说明后一主值为正，前一主值为负，且它们的绝对值不会都小于 $\pi/2$。主值区间可以认为是将瞬时相位区间向上平移 2π 的整数倍后得到的。例如，在图 5.6.3 中，区间Ⅰ向上平移 2π，区间Ⅱ向上平移 4π，等等。因此，后一主值相位相对于前一主值相位，其校正值应当低 2π(即减去 2π)。如果前一主值减后一主值的差值大于 π，说明前一主值为正，后一主值为负；前一主值为正说明它对应的瞬时值低于 $-\pi$，高于 -2π(向上平移 2π 后得到的主值才可能介于 $0\sim\pi$ 之间)，所以后一校正值应比前一校正值高 2π(即加 2π)。相邻二主值差之绝对值小于 π，说明它们同属于 $(0,\pi)$ 范围或 $(0,-\pi)$ 范围，或在 $\left(-\frac{\pi}{2},\frac{\pi}{2}\right)$ 范

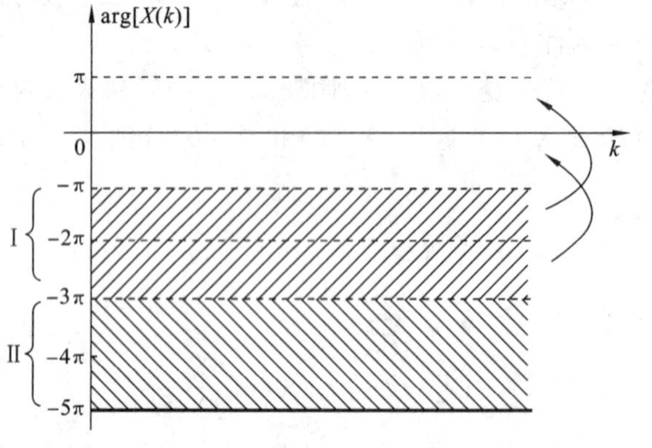

图 5.6.3 瞬时相位与主值相位的关系

围，这时前后校正值应相同。

(3) 考虑到对数运算有意义，总是计算 $\ln|A|$。在 $A<0$ 的情况下，最后算出的复倒谱是 $-x(n)$ 的复倒谱，这就必须进行符号校正。为此，需事先判明 A 的符号。因为

$$X(\mathrm{e}^{\mathrm{j}0}) = A\frac{\prod_{k=1}^{m_i}(1-a_k)\prod_{k=1}^{m_o}(1-b_k)}{\prod_{k=1}^{p_i}(1-c_k)\prod_{k=1}^{p_o}(1-d_k)} \tag{5.6.5}$$

当 $x(n)$ 是实序列时，a_k、b_k、c_k、d_k 或为实数或为共轭复数，且模都小于 1。因此，上式中分子分母的所有因子或共轭因子之积都是大于零的实数，这样，A 的符号将与 $X(\mathrm{e}^{\mathrm{j}0})$ 的符号相同。由于 $X(\mathrm{e}^{\mathrm{j}2\pi k/N})$ 在 $k=0$ 时其虚部等于零，所以 $X(\mathrm{e}^{\mathrm{j}0})$ 的符号与它的实部符号相同。最后可以得出判定 A 的符号的公式

$$\mathrm{sign}[A]=\mathrm{sign}[X_r(\mathrm{e}^{\mathrm{j}0})]=\mathrm{sign}[X_r(0)] \tag{5.6.6}$$

(4) 线性相位对复倒谱的贡献是很有规律的(回忆上节的讨论)，为简化计算，常将其移去。方法是在算出 $X(k)$ 后乘以 $\mathrm{e}^{-\mathrm{j}2\pi r/N}$，即

$$\mathrm{e}^{-\mathrm{j}2\pi r/N}X(k)=|X(k)|\mathrm{e}^{\mathrm{j}\left[\arg X(k)-\frac{2\pi}{N}r\right]}$$

这就是说，应该在展开后的瞬时相位上加上一个绝对值为 $2\pi r/N$ 的负相位，为此需确定 r 值。由于

$$X(\mathrm{e}^{\mathrm{j}\pi}) = |A|\mathrm{e}^{\mathrm{j}\pi r}\frac{\prod_{k=1}^{m_i}(1+a_k)\prod_{k=1}^{m_o}(1+b_k)}{\prod_{k=1}^{p_i}(1+c_k)\prod_{k=1}^{p_o}(1+d_k)}$$

基于与式(5.6.5)类似的理由，上式右端分式恒为正实数，因此得到

$$\mathrm{j}\pi r=\mathrm{j}\arg[X(\mathrm{e}^{\mathrm{j}\pi})]$$

或

$$r=\frac{1}{\pi}\arg[X(\mathrm{e}^{\mathrm{j}\pi})]$$

考虑到实际中用 DFT 进行计算，故可将上式写成实用计算公式

$$r=\begin{cases}\dfrac{1}{\pi}\arg\left[X\left(\dfrac{N}{2}\right)\right], & N\text{ 为偶数}\\ \dfrac{1}{2\pi}\left\{\arg\left[X\left(\dfrac{N-1}{2}\right)\right]+\arg\left[X\left(\dfrac{N+1}{2}\right)\right]\right\}, & N\text{ 为奇数}\end{cases} \tag{5.6.7}$$

综上讨论，可将按定义计算复倒谱的原理性方框图画出来，如图 5.6.4 所示。图中，相位校正方法见式(5.6.4)，主值相位 $\mathrm{ARG}[X(k)]$ 的计算按式(5.6.3)进行，由式(5.6.6)知 $X_r(0)$ 的符号决定了 A 的符号，r 的计算按式(5.6.7)进行。

5.6.2　最小相位序列的复倒谱的计算

在讨论另外两种计算复倒谱的方法之前，先插入讨论一个问题，这就是关于最小相位序列的复倒谱的计算。对于最小相位序列来说，按定义计算其复倒谱的方案可以进一步简化。设 $x(n)$ 是实的最小相位序列，根据复倒谱的第二个性质，其复倒谱必为因果序列；此外可以证明，实序列的复倒谱必为实序列；所以 $x(n)$ 的复倒谱 $\hat{x}(n)$ 是实因果序列。

任何序列均可表示成偶序列和奇序列之和，$\hat{x}(n)$ 亦不例外，故有

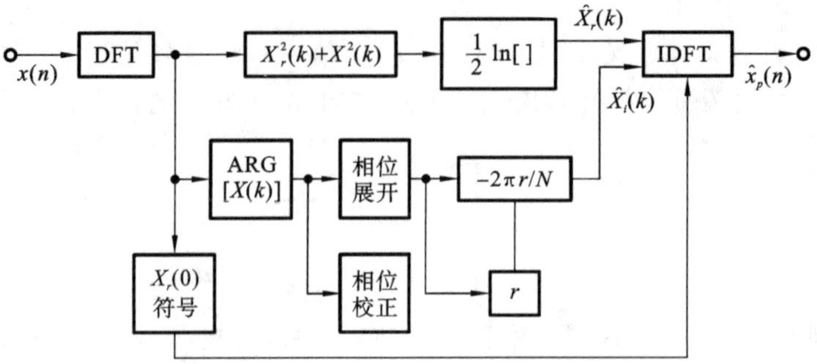

图 5.6.4　按定义计算复倒谱的原理性框图

$$\hat{x}(n)=\hat{x}_e(n)+\hat{x}_o(n)$$

式中,$\hat{x}_e(n)$是偶序列,$\hat{x}_o(n)$是奇序列,它们分别定义为

$$\hat{x}_e(n)=\frac{1}{2}[\hat{x}(n)+\hat{x}(-n)]$$

$$\hat{x}_o(n)=\frac{1}{2}[\hat{x}(n)-\hat{x}(-n)]$$

由于$\hat{x}(n)$是因果的,即 $n<0$ 时$\hat{x}(n)=0$,$n>0$ 时$\hat{x}(-n)=0$,因此,除了$\hat{x}(0)$之外,$\hat{x}(n)$和$\hat{x}(-n)$的非零部分之间相互没有重叠。由上二式可以得出

$$\hat{x}(n)=\begin{cases}2\,\hat{x}_e(n), & n>0\\ \hat{x}_e(n), & n=0\\ 0, & n<0\end{cases}$$

和

$$\hat{x}(n)=\begin{cases}2\,\hat{x}_o(n), & n>0\\ 0, & n<0\end{cases}$$

或表示成

$$\hat{x}(n)=\hat{x}_e(n)u_+(n) \tag{5.6.8}$$

和

$$\hat{x}(n)=\hat{x}_o(n)u_+(n)+\hat{x}(0)\delta(n) \tag{5.6.9}$$

这里

$$u_+(n)=\begin{cases}2, & n>0\\ 1, & n=0\\ 0, & n<0\end{cases} \tag{5.6.10}$$

由式(5.6.8)看到,$\hat{x}(n)$可以由它的偶序列完全恢复出来,式(5.6.9)说明$\hat{x}(n)$在 $n\neq0$ 处的值可以由它的奇序列恢复出来。

因$\hat{x}(n)$是实序列,根据傅里叶变换的性质,其偶部的傅里叶变换即等于$\hat{x}(n)$的傅里叶变换的实部。设$\hat{x}(n)$的傅里叶变换用$\hat{X}(e^{j\omega})$表示,显然有

$$\hat{X}(e^{j\omega})=\ln X(e^{j\omega})=\ln|X(e^{j\omega})|+j\arg[X(e^{j\omega})]=\hat{X}_r(e^{j\omega})+j\,\hat{X}_i(e^{j\omega})$$

这说明,$\hat{x}_e(n)$与 $\ln|X(e^{j\omega})|$构成一对傅里叶变换。

综上所述,当 $x(n)$是最小相位序列时,其复倒谱$\hat{x}(n)$可以由$\hat{x}_e(n)$或 $\ln|X(e^{j\omega})|$来求得。在实际工程应用中常用离散傅里叶变换代替傅里叶变换进行计算,故最小相位序列的复倒谱

可用图 5.6.5 所示的方案进行计算。

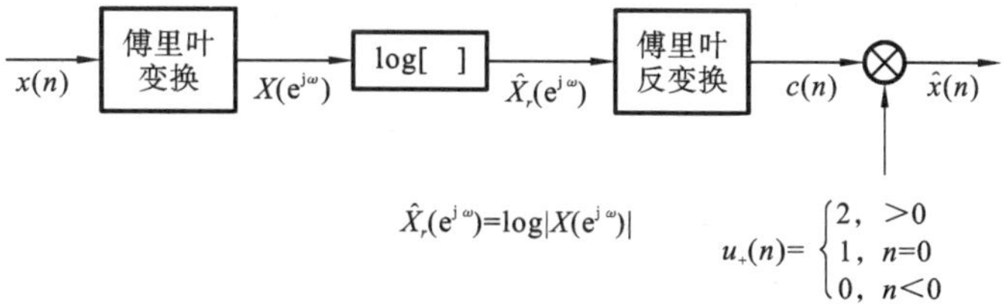

图 5.6.5　最小相位序列的复倒谱的计算方法

对应于图 5.6.5 有下列关系式：

$$X(k)=\sum_{n=0}^{N-1}x(n)e^{-j\frac{2\pi}{N}nk}\tag{5.6.11}$$

$$\hat{X}_r(k)=\ln|X(k)|\tag{5.6.12}$$

$$\hat{x}'_e(n)=\frac{1}{N}\sum_{k=0}^{N-1}\hat{X}_r(k)e^{j\frac{2\pi}{N}kn}\tag{5.6.13}$$

$$\hat{x}'(n)=\hat{x}'_e(n)u_+(n)\tag{5.6.14}$$

这里 $u_+(n)$定义为

$$u_+(n)=\begin{cases}2, & 1\leqslant n\leqslant \frac{N}{2}\\ 1, & n=0, n=\frac{N}{2}\\ 0, & \frac{N}{2}<n\leqslant N-1\end{cases}\tag{5.6.15}$$

应注意，由于采用离散傅里叶变换进行计算，因此，$\hat{x}'_e(n)$不同于$\hat{x}_e(n)$，因而$\hat{x}'(n)$不同于$\hat{x}(n)$。具体差别如下：由于 $\hat{x}_e(n)=\frac{1}{2\pi}\int_{-\pi}^{\pi}\hat{X}_r(e^{j\omega})e^{j\omega n}d\omega$ 是由连续函数$\hat{X}_r(e^{j\omega})$ 求逆傅里叶变换得到的，$\hat{x}'_e(n)$ 是由离散序列$\hat{X}_r(k)$ 求 IDFT 得到的，而$\hat{X}_r(k)$ 是在等角度间隔点上对$\hat{X}_r(e^{j\omega})$ 取样得到的，等间隔为 $2\pi/N$，所以$\hat{x}'_e(n)$ 将是$\hat{x}_e(n)$ 以周期 N 进行延拓得到的，即

$$\hat{x}'_e(n)=\sum_{k=-\infty}^{\infty}\hat{x}_e(n+kN)\tag{5.6.16}$$

由于$\hat{x}(n)$是无限长序列，因而$\hat{x}_e(n)$也是无限长序列，所以$\hat{x}'_e(n)$必是$\hat{x}_e(n)$产生混叠失真的形式。不过，由于$\hat{x}(n)$随 n 值增加而迅速衰减，只要 N 值选择得足够大，那么混叠失真将小到可以忽略的程度。

可见，$\hat{x}'(n)$是根据有混叠失真的偶序列$\hat{x}_e(n)$恢复出来的，所以它只能是$\hat{x}(n)$的近似解。

5.6.3　复对数求导数计算法

按定义计算复倒谱，实际上主要工作是用一般方法计算复对数。这里介绍另一种计算复对数的方法。

根据定义

$$\hat{X}(z)=\ln X(z)$$

对上式两端求导数，得

$$z\frac{\mathrm{d}\hat{X}(z)}{\mathrm{d}z}=\frac{z}{X(z)}\frac{\mathrm{d}X(z)}{\mathrm{d}z} \tag{5.6.17}$$

式(5.6.17)两端分别求逆 Z 变换后并在两端乘以 z,得

$$-n\hat{x}(n)=\frac{1}{2\pi \mathrm{j}}\oint_c \frac{1}{X(z)}\frac{\mathrm{d}X(z)}{\mathrm{d}z}z^{N-1}\mathrm{d}z$$

于是

$$\hat{x}(n)=-\frac{1}{2n\pi \mathrm{j}}\oint_c \frac{1}{X(z)}\frac{\mathrm{d}X(z)}{\mathrm{d}z}z^{n}\mathrm{d}z,\quad n\neq 0$$

这里,c 是收敛域中的闭合曲线。如果收敛域包括单位圆,则由上式得到

$$\hat{x}(n)=-\frac{1}{2n\pi \mathrm{j}}\int_{-\pi}^{\pi}\frac{1}{X(\mathrm{e}^{\mathrm{j}\omega})}\frac{\mathrm{d}X(\mathrm{e}^{\mathrm{j}\omega})}{\mathrm{d}\omega}\mathrm{e}^{\mathrm{j}\omega n}\mathrm{d}\omega$$

由于

$$\hat{x}(n)=\frac{1}{2\pi}\int_{-\pi}^{\pi}\ln|X(\mathrm{e}^{\mathrm{j}\omega})|\mathrm{e}^{\mathrm{j}\omega n}\mathrm{d}\omega$$

故

$$\hat{x}(n)=\frac{1}{2\pi}\int_{-\pi}^{\pi}\ln|X(\mathrm{e}^{\mathrm{j}\omega})|\mathrm{d}\omega,\quad n=0 \tag{5.6.18}$$

这样,计算复倒谱的步骤为:

(1) $X(\mathrm{e}^{\mathrm{j}\omega})=\sum_{n=-\infty}^{\infty}x(n)\mathrm{e}^{-\mathrm{j}\omega n}$

(2) $\frac{\mathrm{d}X(\mathrm{e}^{\mathrm{j}\omega})}{\mathrm{d}\omega}=-\mathrm{j}\sum_{n=-\infty}^{\infty}nx(n)\mathrm{e}^{-\mathrm{j}\omega n}$

(3) $\hat{x}(n)=\begin{cases}-\frac{1}{2n\pi \mathrm{j}}\int_{-\pi}^{\pi}\frac{1}{X(\mathrm{e}^{\mathrm{j}\omega})}\frac{\mathrm{d}X(\mathrm{e}^{\mathrm{j}\omega})}{\mathrm{d}\omega}\mathrm{e}^{\mathrm{j}\omega n}\mathrm{d}\omega, & n\neq 0\\ \frac{1}{2\pi}\int_{-\pi}^{\pi}\ln|X(\mathrm{e}^{\mathrm{j}\omega})|\mathrm{d}\omega, & n=0\end{cases}$

在工程应用中,一般 $x(n)$是有限长序列,因此,在上述步骤中要用离散傅里叶变换代替傅里叶变换。设 $x(n)$是长为 N 的序列,于是计算步骤如下:

$$X(k)=\sum_{n=0}^{N-1}x(n)\mathrm{e}^{-\mathrm{j}\frac{2\pi}{N}kn} \tag{5.6.19}$$

$$\frac{\mathrm{d}X(k)}{\mathrm{d}k}=-\mathrm{j}\sum_{k=0}^{N-1}nx(n)\mathrm{e}^{-\mathrm{j}\frac{2\pi}{N}kn} \tag{5.6.20}$$

$$\hat{x}'(n)=-\frac{1}{2n\pi \mathrm{j}N}\sum_{k=0}^{N-1}\frac{1}{X(k)}\frac{\mathrm{d}X(k)}{\mathrm{d}k}\mathrm{e}^{\mathrm{j}\frac{2\pi}{N}kn},\quad 1\leqslant n\leqslant N-1 \tag{5.6.21}$$

这种算法避免了计算复对数的问题,但付出的代价是产生了更严重的混叠失真。因为这种方法的计算结果是

$$\hat{x}'(n)=\frac{1}{n}\sum_{k=-\infty}^{\infty}(n+kN)\hat{x}(n+kN) \tag{5.6.22}$$

按定义计算复倒谱的方法如图 5.6.1 所示,在图 5.6.1 中要完成以下计算:

$$X(k)=\sum_{n=0}^{N-1}x(n)\mathrm{e}^{-\mathrm{j}\frac{2\pi}{N}nk} \tag{5.6.23}$$

$$\hat{X}(k)=\ln[X(k)] \tag{5.6.24}$$

$$\hat{x}_p(n)=\frac{1}{N}\sum_{k=0}^{N-1}\hat{X}(k)e^{j\frac{2\pi}{N}nk}=\sum_{k=-\infty}^{\infty}\hat{x}(n+kN) \tag{5.6.25}$$

如果能够精确计算相位特性的取样序列，那么可以预计，用$\hat{x}_p(n)$去逼近$\hat{x}(n)$，其效果有可能比式(5.6.21)更好。

5.6.4 递推计算方法

由式(5.6.17)，得

$$z\frac{dX(z)}{dz}=z\frac{d\hat{X}(z)}{dz}\cdot X(z)$$

求上式的逆 Z 变换，得

$$nx(n)=\sum_{k=-\infty}^{\infty}k\hat{x}(k)x(n-k) \tag{5.6.26}$$

由此得到

$$x(n)=\sum_{k=-\infty}^{\infty}\frac{k}{n}\hat{x}(k)x(n-k),\quad n\neq 0 \tag{5.6.27}$$

对于最小相位序列，$n<0$ 时 $x(n)=0$，其复倒谱为因果序列，即 $n<0$ 时$\hat{x}(n)=0$，因此，式(5.6.27)可写成

$$\begin{aligned}x(n)&=\sum_{k=0}^{n}\left(\frac{k}{n}\right)\hat{x}(k)x(n-k),\quad n>0\\&=\hat{x}(n)x(0)+\sum_{k=0}^{n-1}\left(\frac{k}{n}\right)\hat{x}(k)x(n-k),\quad n>0\end{aligned} \tag{5.6.28}$$

由上式解出$\hat{x}(n)$为

$$\hat{x}(n)=\begin{cases}0, & n<0\\ \dfrac{x(n)}{x(0)}-\displaystyle\sum_{k=0}^{n-1}\left(\frac{k}{n}\right)\hat{x}(k)\frac{x(n-k)}{x(0)}, & n>0\end{cases} \tag{5.6.29}$$

这便是计算最小相位序列复倒谱的递推计算公式。$\hat{x}(0)$可以由式(5.5.3)求出，即

$$\hat{x}(0)=\ln A=\ln x(0) \tag{5.6.30}$$

对于最大相位序列，类似地可以推导出

$$\hat{x}(n)=\begin{cases}0, & n>0\\ \ln[x(0)], & n=0\\ \dfrac{x(n)}{x(0)}-\displaystyle\sum_{k=n+1}^{0}\frac{k}{n}\hat{x}(k)x(n-k), & n<0\end{cases} \tag{5.6.31}$$

对于有限长序列，其 Z 变换

$$X(z)=A\prod_{k=1}^{m_i}(1-a_kz^{-1})\prod_{k=1}^{m_o}(1-b_kz) \tag{5.6.32}$$

采用类似于式(5.5.3)的推导方法，可以得出

$$\hat{x}(n)=\begin{cases}\ln A, & n=0\\ -\displaystyle\sum_{k=1}^{m_i}\frac{a_k^n}{n}, & n>0\\ \displaystyle\sum_{k=1}^{m_o}\frac{b_k^{-n}}{n}, & n<0\end{cases} \tag{5.6.33}$$

由式(5.6.32)看出,序列 $x(n)$ 的长度为 m_i+m_o+1。可以证明,只需求出 $\hat{x}(n)$ 的前 m_i+m_o+1 个值就足以代表 $x(n)$,证明如下。

式(5.6.32)表示为

$$X(z)=AX_{\min}(z)X_{\max}(z) \tag{5.6.34}$$

式中,$X_{\min}(z)=\prod_{k=1}^{m_i}(1-a_k z^{-1})$ 是最小相位序列的 Z 变换;$X_{\max}(z)=\prod_{k=1}^{m_o}(1-b_k z^{-1})$ 是最大相位序列的 Z 变换。求式(5.6.34) 的逆 Z 变换,得

$$x(n)=x_{\min}(n)*x_{\max}(n)$$

式中,$*$ 表示卷积运算,$x_{\min}(n)$ 和 $x_{\max}(n)$ 分别是 $X_{\min}(z)$ 和 $X_{\max}(z)$ 的逆 Z 变换。$x_{\min}(n)$ 的长度为 m_i,即 $0\leqslant n<m_i$;$x_{\max}(n)$ 的长度为 m_o,即 $-m_o<n\leqslant 0$。它们分别为

$$x_{\min}(n)=\hat{x}(n)x(0)+\sum_{k=0}^{n-1}\frac{k}{n}\hat{x}(k)x_{\min}(n-k),\quad n\neq 0 \tag{5.6.35}$$

$$x_{\max}(n)=\hat{x}(n)x(0)+\sum_{k=n+1}^{0}\frac{k}{n}\hat{x}(k)x_{\max}(n-k),\quad n\neq 0 \tag{5.6.36}$$

由式(5.6.35)看出,计算全部的 $x_{\min}(n)$,$n=0\sim m_i$,需要 m_i+1 个 $\hat{x}(n)$ 的值,其中包括 $\hat{x}(0)$;计算全部的 $x_{\max}(n)$,$n=0\sim -m_o$,需要 m_o+1 个 $\hat{x}(n)$ 的值,其中也包括 $\hat{x}(0)$。这样,计算全部的 $x(n)$,共需 m_o+m_i+1 个 $\hat{x}(n)$ 的值。

复习思考题

5.1 什么是广义叠加原理?什么是同态系统?同态系统的规范形式怎样表示?

5.2 乘法同态系统的规范形式怎样表示?怎样实现?怎样用于图像处理?

5.3 卷积同态系统的规范形式怎样表示?

5.4 卷积特征系统及其逆系统怎样实现?

5.5 卷积同态系统怎样用于语音信号分析和解混响?怎样理解时域梳形滤波器?

5.6 什么是复倒谱?什么是倒谱?

5.7 复对数的多值性是怎样影响复倒谱的唯一性要求的?这个问题是怎样解决的?

5.8 复对数 $\hat{X}(z)$ 为什么必须是解析函数?怎样才能保证它是解析的?

5.9 复倒谱有哪几个重要性质?

5.10 实际中如何根据定义计算复倒谱?主值相位怎样展开成瞬时相位?复倒谱的符号怎样校正?线性相位是怎样影响复倒谱的?

5.11 最小相位序列的复倒谱怎样计算?

5.12 最大相位序列的复倒谱怎样计算?

5.13 怎样利用复对数的导数来计算复倒谱?

5.14 如何递推计算复倒谱?

习　　题

5.1 下表所列的系统都是同态系统,已知其输入运算,试确定其输出运算。

序　号	系统变换 $T[x(n)]$	输入运算
(1)	$y(n)=T[x(n)]=2x(n)$	加法
(2)	$y(n)=T[x(n)]=2x(n)$	乘法
(3)	$x(z)=T[x(n)]=\sum_{n=-\infty}^{\infty}x(n)z^{-n}$	加法
(4)	$x(z)=T[x(n)]=\sum_{n=-\infty}^{\infty}x(n)z^{-n}$	卷积
(5)	$x(z)=T[x(n)]=\sum_{n=-\infty}^{\infty}x(n)z^{-n}$	乘法
(6)	$y(n)=T[x(n)]=x^2(n)$	乘法
(7)	$y(n)=T[x(n)]=\|x(n)\|$	乘法
(8)	$y(n)=e^{x(n)}$	加法
(9)	$y(n)-e^{x(n)}$	乘法

5.2　两同态系统 H_1 和 H_2 级联构成同态系统 H_0H_1 的输入运算是乘法，输出运算是卷积；H_2 的输入运算是卷积，输出运算是加法。试证明：H 的输入运算是乘法，输出运算是加法。

5.3　有一同态系统 H，其输入运算和输出运算都是乘法，当输入序列 $x(n)=1$(对所有 n)时，求输出序列 $y(n)$。

5.4　下列哪个系统不是以乘法作为输入、输出运算的同态系统：

(1) $y(n)=3x(n)$；

(2) $y(n)=x^2(n)$；

(3) $y(n)=[x(n)-x(n-1)]/x(n)$；

(4) $y(n)=|x(n)|$；

(5) $y(n)=x(n)/x(n-1)$。

5.5　已知卷积同态系统的输入 $x(n)=\delta(n)$，求其输出 $y(n)$。

5.6　试证明：实序列的复倒谱仍为实序列。

5.7　试证明：奇序列的复倒谱是偶序列。

5.8　试证明：偶序列的复倒谱仍为偶序列。

5.9　试证明：因果序列的复倒谱为因果序列。

5.10　试证明：题 5.6 的逆命题成立。

5.11　已知 $x(n)$ 的复倒谱是奇序列，求 $x(n)$ 的总能量。

5.12　已知 $x_1(n)*x_2(n)=\delta(n)$，$x_1(n)$ 的复倒谱为 $\hat{x}_1(n)$，求 $x_2(n)$ 的复倒谱 $\hat{x}_2(n)$。

5.13　设 $x_1(n)$ 是最小相位序列，$x_2(n)$ 是最大相位序列，它们的傅里叶变换分别为 $X_1(e^{j\omega})$ 和 $X_2(e^{j\omega})$，且已知 $|X_1(e^{j\omega})|=|X_2(e^{j\omega})|$，试求 $x_1(n)$ 和 $x_2(n)$ 之间的关系。

5.14　试证明：最小相位序列的复倒谱在 $n=0$ 处的值等于 $n=0$ 处的序列值的对数。最大相位序列的复倒谱是否具有该性质？

5.15　已知 $x(n)$ 的复倒谱是 $\hat{x}(n)$，求 $e(n)$ 的复倒谱。这里

$$e(n)=\begin{cases} x\left(\dfrac{n}{N}\right), & n=kN, k=0,\pm1,\pm2,\cdots \\ 0, & \text{其他 } n \text{ 值} \end{cases}$$

5.16　已知 $x(n)=a^n u(n)$ 是最小相位序列,试利用式(5.6.29)计算 $x(n)$ 的复倒谱。

5.17　已知最大相位序列

$$x(n)=\begin{cases} 1, & n=0 \\ -a, & n=-1 \\ 0, & \text{其他 } n \text{ 值} \end{cases}$$

试利用式(5.6.31)计算其复倒谱。

5.18　求 $x(n)=\sum_{r=0}^{M}\alpha_r\delta(n-rN)$ 的复倒谱。

第 6 章　高阶谱分析

回顾前面几章讨论的维纳滤波器、自适应信号处理、现代谱估计等理论，用信号模型分析法代替了信号波形分析法，使得对信号的分析、处理更加有效，应用也就更加广泛。在那些理论中，人们认为一个平稳随机信号 $y(n)$ 是由图 6.0.1 所示的随机信号模型产生的。图中假设输入激励 $u(n)$ 是均值为零、方差为 σ_u^2 的高斯(正态)白噪声，$H(z)$ 是线性时不变系统，则信号 $x(n)$ 的谱与模型参数有如下关系：

$$S_{xx}(\omega)=\sigma_u^2\,|H(\mathrm{e}^{\mathrm{j}\omega})|^2 \tag{6.0.1}$$

模型中还假设：加性测量噪声 $v(n)$ 是高斯白噪声，其均值为零，方差为 σ_v^2，且与信号 $x(n)$ 统计无关。这时，$v(n)$ 不影响信号的谱形状，即

$$\begin{cases} S_{yy}(\omega)=S_{xx}(\omega)+\sigma_v^2=\sigma_u^2\,|H(\mathrm{e}^{\mathrm{j}\omega})|^2+\sigma_v^2 \\ R_{uy}(m)\triangleq E[u(n)y(n+m)]=\sigma_u^2 h(m) \end{cases} \tag{6.0.2}$$

从式(6.0.1)可见，功率谱(及相应的自相关函数)不含信号的相位信息，称为盲相的。而本书前面讨论的方法中都假设信号模型中的 $H(z)$ 是最小相位的。

在很多实际应用，如地震勘探、水声信号处理与识别、远距离通信中，信号模型(见图 6.0.1)中的激励信号 $u(n)$ 往往是非高斯的，系统 $H(z)$ 不是最小相位的，甚至是非线性的，测量噪声 $v(n)$ 也往往不是白色的。这就需要用高阶谱来分析信号，从观测数据中获得相位信息，并使分析具有抗有色高斯噪声干扰的能力。

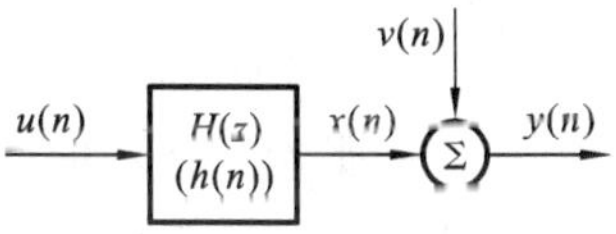

图 6.0.1　随机信号模型

早在 20 世纪 60 年代初，人们就已从数学上研究高阶谱，并用于解决工程中的一些特殊问题。但高阶谱的计算量相当大，实现起来困难很大。20 世纪 80 年代初，随着信号检测、估计和识别研究的发展，以及计算机技术的成熟，人们又重新开始重视高阶谱的研究。20 世纪 90 年代掀起了高阶谱理论和应用研究的高潮。其中对三阶相关及其傅里叶变换——双谱的研究最深入，应用最广泛。下面从双谱开始，讨论高阶谱的定义、特性、估计算法和典型应用。

6.1　三阶相关和双谱的定义及其性质

设 $x(n)$ 为零均值、三阶实平稳随机序列，其三阶相关函数为

$$R_x(m_1,m_2)=E[x(n)x(n+m_1)x(n+m_2)] \tag{6.1.1}$$

它的二维傅里叶变换就是双谱，其表达式为

$$B_x(\omega_1,\omega_2)=\sum_{m_1}\sum_{m_2}R_x(m_1,m_2)\mathrm{e}^{-\mathrm{j}(\omega_1 m_1+\omega_2 m_2)},\qquad |\omega_1|\leqslant\pi,\ |\omega_2|\leqslant\pi \tag{6.1.2}$$

下面是三阶相关函数和双谱的几个很有用的性质。

1. 三阶相关函数的对称性

$$\begin{aligned} R_x(m_1,m_2)&=R_x(m_2,m_1)=R_x(-m_1,m_2-m_1)=R_x(m_2-m_1,-m_1) \\ &=R_x(-m_2,m_1-m_2)=R_x(m_1-m_2,-m_2) \end{aligned} \tag{6.1.3}$$

上式可以直接由定义式(6.1.1)证明。该式说明,只要知道图 6.1.1(a)中由 $m_2=0$, $m_1=m_2$ 两条直线在第一象限中所限定的无限三角形内的 $R_x(m_1,m_2)$ 的值,就可以得知整个 (m_1,m_2) 平面内所有 $R_x(m_1,m_2)$ 的值。

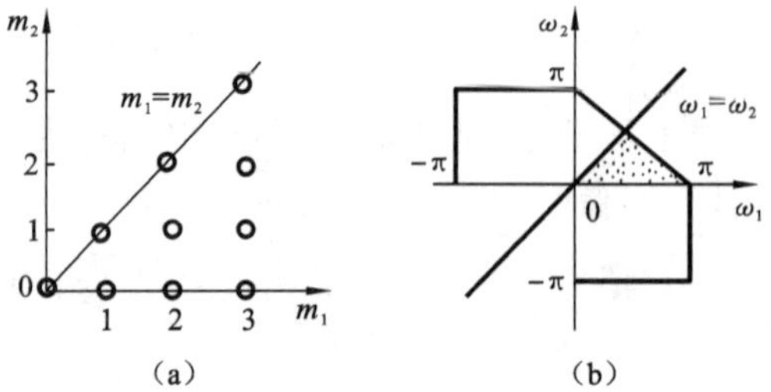

图 6.1.1 三阶相关函数和双谱的主区域

(a) 相关函数;(b) 双谱

2. 双谱的对称性、周期性和共轭性

$$B_x(\omega_1,\omega_2)=B_x(\omega_2,\omega_1)=B_x(-\omega_1-\omega_2,\omega_2)=B_x(-\omega_1-\omega_2,\omega_1)$$
$$=B_x(\omega_2,-\omega_1-\omega_2)=B_x(\omega_1,-\omega_1-\omega_2)$$
$$B_x(\omega_1+2\pi,\omega_2+2\pi)=B_x(\omega_1,\omega_2)$$
$$B_x(\omega_1,\omega_2)=B_x^*(-\omega_1,-\omega_2)$$

当 $x(n)$ 是实序列时,根据双谱定义式和三阶相关函数的对称性,很容易证明以上三个式子。双谱的对称性和周期性说明,只要知道图 6.1.1(b)中阴影部分内的 $B_x(\omega_1,\omega_2)$ 的值,就可得知整个 (ω_1,ω_2) 平面内各点的值。

3. 确定性序列的双谱

设 $h(n)$ 为有限长确定性序列,其双谱可表示为

$$B_h(\omega_1,\omega_2)=H(\omega_1)H(\omega_2)H^*(\omega_1+\omega_2) \tag{6.1.4}$$

其中
$$H(\omega)=\sum_n h(n)e^{-j\omega n}$$

证 由于 $h(n)$ 的三阶相关函数为

$$R_h(m_1,m_2)=\sum_n h(n)h(n+m_1)h(n+m_2)$$

所以其双谱为

$$\begin{aligned}B_h(\omega_1,\omega_2) &= \sum_{m_1}\sum_{m_2}R_h(m_1,m_2)e^{-j(m_1\omega_1+m_2\omega_2)}\\ &= \sum_{m_1}\sum_{m_2}\sum_n h(n)h(n+m_1)h(n+m_2)e^{-j(m_1\omega_1+m_2\omega_2)}\\ &= \sum_{m_1}h(n+m_1)e^{-j\omega_1(n+m_1)}\sum_{m_2}h(n+m_2)e^{-j\omega_2(n+m_2)}\sum_n h(n)e^{j(\omega_1+\omega_2)n}\\ &= H(\omega_1)H(\omega_2)H(-\omega_1-\omega_2)=H(\omega_1)H(\omega_2)H^*(\omega_1+\omega_2)\end{aligned}$$

由于 $h(n)$ 的功率谱可表示成频率相同的两个傅里叶分量的乘积,即 $S_h(\omega)=H(\omega)H^*(\omega)$,因此,根据式(6.1.4),双谱可表示成三个傅里叶分量的乘积,其中一个的频率等于其他两个的频率之和。

4. 双谱中的相位信息

考虑式(6.1.4),并设

$$B_h(\omega_1,\omega_2)=|B_h(\omega_1,\omega_2)|e^{j\psi(\omega_1,\omega_2)}$$

$$H(\omega)=|H(\omega)|e^{j\varphi(\omega)}$$

则有

$$|B_h(\omega_1,\omega_2)|=|H(\omega_1)||H(\omega_2)||H(\omega_1+\omega_2)|$$

$$\psi(\omega_1,\omega_2)=\varphi(\omega_1)+\varphi(\omega_2)-\varphi(\omega_1+\omega_2)\quad(\text{以}\ \pi\ \text{为模})\tag{6.1.5}$$

注意到，当 $y(n)=h(n+M)$（M 为常数）时，有

$$B_y(\omega_1,\omega_2)=B_h(\omega_1,\omega_2)$$

上式和式(6.1.5)说明，双谱包含信号模型的相位信息 $\varphi(\omega)$，但可能与真实相位相差一个线性相移。而功率谱 $S(\omega)$ 却不包含相位信息。

例 6.1.1　求一正弦波 $x_1(t)=\cos\omega_0 t$ 和含直流分量的正弦波 $x_2(t)=A+\cos\omega_0 t$ 的双谱。

解　$x_1(t)$ 的频谱 $X_1(\omega)$ 是两个 δ 函数，即

$$X_1(\omega)=\frac{1}{2}[\delta(\omega+\omega_0)+\delta(\omega-\omega_0)]$$

根据式(6.1.4)，有

$$B_x(\omega_1,\omega_2)=X_1(\omega_1)X_1(\omega_2)X_1^*(\omega_1+\omega_2)$$

$x_1(t)$ 的双谱 $B_{x_1}(\omega_1,\omega_2)$ 只在 $\omega_1=\pm\omega_0$，$\omega_2=\pm\omega_0$ 以及 $\omega_1+\omega_2=\pm\omega_0$ 的公共交点上有非零值。但由图 6.1.2(a)可见，这三组直线没有公共交点，因此，$\cos\omega_0 t$ 的双谱为零。$x_2(t)$ 的频谱 $X_2(\omega)$ 为

$$X_2(\omega)=A\delta(\omega)+\frac{1}{2}[\delta(\omega+\omega_0)+\delta(\omega-\omega_0)]$$

这时每组直线变成 3 条，即 $\omega=\omega_0,-\omega_0,0$；由图 6.1.2(b)可见，它们有 7 个公共交点，其双谱为

$$B_{x_2}(\omega_1,\omega_2)=\begin{cases}A^3, & (\omega_1,\omega_2)=(0,0)\\ \dfrac{A}{4}, & (\omega_1,\omega_2)=(\pm\omega_0,0),(0,\pm\omega_0),(-\omega_0,\omega_0),(\omega_0,-\omega_0)\\ 0, & \text{其他}\end{cases}$$

由例 6.1.1 可知，双谱可以显示一个系统的对称性，即输出中有无直流分量。实际上，双谱还可以显示系统是否呈现非线性。若系统具有非线性，输出将含有高次谐波，如 $\cos2\omega_0 t$ 等。若 $X(\omega)$ 除含有 $\delta(\omega\pm\omega_0)$ 外，还有 $\delta(\omega\pm2\omega_0)$，则每组直线将为 4 条，它们有 6 个公共交点，如图 6.1.2(c)所示。利用这个特点，即可监测机械系统是否发生损坏而产生高次谐波振动。

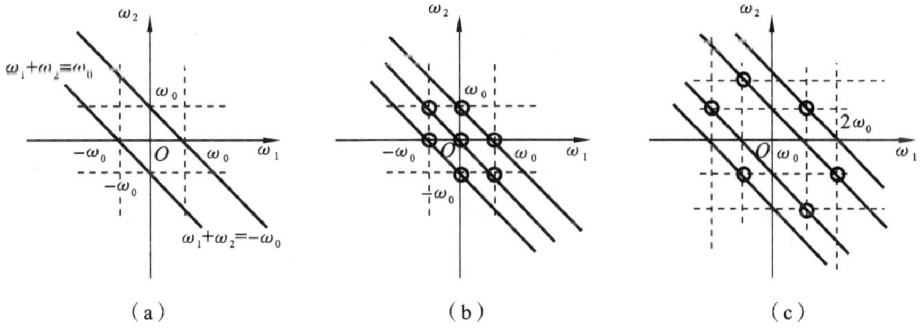

图 6.1.2　正弦波的双谱

(a) 没有公共交点；(b) 有 7 个公共交点；(c) 有 6 个公共交点

6.2　累量和多谱的定义及其性质

上一节讨论了三阶相关及其傅里叶变换——双谱，但并不是将 k 阶相关或 k 阶矩定义为 $k-1$ 阶谱，而是将与高阶矩相关的参数——累量与高阶谱构成傅里叶变换对。不过，三阶累量正好与三阶相关等同。

6.2.1　随机变量的累量

设随机变量 x 的概率密度函数为 $f(x)$，则 x 的特征函数为

$$\phi(v) = E[\exp(\mathrm{j}vx)] = \int_{-\infty}^{\infty} f(x)\mathrm{e}^{\mathrm{j}vx}\,\mathrm{d}x \tag{6.2.1}$$

式中，$\mathrm{j}=\sqrt{-1}$是虚数单位。将特征函数取对数，定义为累量生成函数，即

$$\psi(v)=\ln\phi(v)$$

再将 $\psi(v)$按泰勒级数展开，得

$$\psi(v) = \psi(0) + \sum_{k=1}^{\infty} \frac{\psi^{(k)}(0)}{k!}v^k = 0 + \sum_{k=1}^{\infty} \frac{\psi^{(k)}(0)/\mathrm{j}^k}{k!}(\mathrm{j}v)^k \triangleq \sum_{k=1}^{\infty} \frac{C_k}{k!}(\mathrm{j}v)^k$$

其中

$$C_k=\frac{\psi^{(k)}(0)}{\mathrm{j}^k}=\frac{1}{\mathrm{j}^k}\frac{\mathrm{d}^k}{\mathrm{d}v^k}[\ln\phi(v)]_{v=0} \tag{6.2.2}$$

C_k 称为 x 的 k 阶累量(cumulant)。

例 6.2.1　考察具有特殊地位的高斯随机变量 $x(m,\sigma^2)$的累量。

解　x 的概率密度函数 $f(x)$为

$$f(x)=\frac{1}{\sqrt{2\pi}\sigma}\exp\left[-\frac{1}{2}\frac{(x-m)^2}{\sigma^2}\right]$$

其特征函数 $\phi(v)$为

$$\phi(v)=\exp\left(\mathrm{j}mv-\frac{1}{2}\sigma^2v^2\right)$$

对上式取对数，得累量生成函数 $\psi(v)$为

$$\psi(v)=\ln\phi(v)=\mathrm{j}mv-\frac{1}{2}\sigma^2v^2$$

上式已是 v 的幂级数，直接得到 x 的 k 阶累量：$C_1=m$，$C_2=\sigma^2$，$C_k=0(k\geqslant3)$。

高斯随机变量用二阶矩就可以完全描述，实际上，零均值高斯随机变量的 k 阶矩 m_k(或非零均值的 k 阶中心矩)为

$$m_k\triangleq E[x^k]=\begin{cases}[1,3,5,\cdots,(k-1)]\sigma^k, & k\text{ 为偶数}\\ 0, & k\text{ 为奇数}\end{cases}$$

可见，其高阶矩仍取决于二阶矩 σ^2。

例 6.2.1 的结果表明，高斯随机变量二阶以上的累量为零。这是合理的，因为二阶以上的矩不提供新的信息。同时也说明，任一随机变量如果与高斯随机变量有相同的二阶矩(但一般它们的同阶高阶矩不同)，则累量就是它们高阶矩的差值，也就是说，累量是衡量任意随机变量偏离正态(高斯)分布的程度。

为了得到一般随机变量的累量与矩的关系，将 $\mathrm{e}^{\mathrm{j}vx}$ 按泰勒级数展开为

$$\mathrm{e}^{\mathrm{j}vx}=1+\mathrm{j}vx+\cdots+\frac{\mathrm{j}vx^k}{k!}+\cdots$$

将上式代入式(6.2.1),得

$$\phi(v) = E[e^{jvx}] = \int_{-\infty}^{\infty} f(x)\Big[1 + jvx + \cdots + \frac{jvx^k}{k!} + \cdots\Big]dx$$

$$= 1 + jvE[x] + \frac{(jv)^2}{2!}E[x^2] + \cdots + \frac{(jv)^k}{k!}E[x^k] + \cdots$$

$$= 1 + jvm_1 + \frac{(jv)^2}{2!}m_2 + \cdots + \frac{(jv)^k}{k!}m_k + \cdots \quad (6.2.3a)$$

根据累量定义式(6.2.2),$\phi(v)$可写为

$$\phi(v) = \exp[\psi(v)] = \exp\Big[\sum_{k=1}^{\infty}\frac{C_k}{k!}(jv)^k\Big]$$

$$= 1 + \Big[\sum_{k=1}^{\infty}\frac{C_k}{k!}(jv)^k\Big] + \frac{1}{2!}\Big[\sum_{k=1}^{\infty}\frac{C_k}{k!}(jv)^k\Big]^2 + \cdots$$

$$+ \frac{1}{n!}\Big[\sum_{k=1}^{\infty}\frac{C_k}{k!}(jv)^k\Big]^n + \cdots \quad (6.2.3b)$$

比较式(6.2.3a)和式(6.2.3b)右端$(jv)^k$的同幂次项,可见C_k用$m_1,m_2,\cdots,m_k$定义,m_k与$C_1,C_2,\cdots,C_k$有关,它们的关系是

$$C_1 = m_1 = E[x]$$

$$C_2 = m_2 - m_1^2 = E[(x-m_1)^2]$$

$$C_3 = m_3 - 3m_1m_2 + 2m_1^3 = E[(x-m_1)^3]$$

$$C_4 = m_4 - 3m_2^2 - 4m_1m_3 + 12m_1^2m_2 - 6m_1^4 \neq E[(x-m_1)^4]$$

$$\vdots$$

可见,二阶、二阶累量分别就是二阶、三阶中心矩,当均值为零时,就是二阶、三阶相关。但四阶及其更高阶累量不等于相应的中心矩。

下面讨论这些累量的物理意义。一阶累量是随机变量的数学期望,大致地描述了概率分布的中心;二阶累量是方差,描述了概率分布的离散程度;而三阶累量是三阶中心矩,描述了概率分布的非对称性。为了得到无量纲特征,将$E[x^3]$除以均方差的三次方σ^3,记为s_x,即

$$s_x = \frac{C_3}{\sigma^3}$$

称s_x为偏态系数或简称偏态。显然正态随机变量g的偏态$s_g = 0$($C_3 = 0$)。图6.2.1(a)给出了两条不对称的分布曲线和一条对称分布曲线。曲线 I 的偏态$s_I > 0$,称为左偏态;曲线 II 的偏态$s_{II} < 0$,称为右偏态。对四阶累量的情形,为了方便,设随机变量为零均值。这时四阶累量

$$C_4 = m_4 - 3m_2^2$$

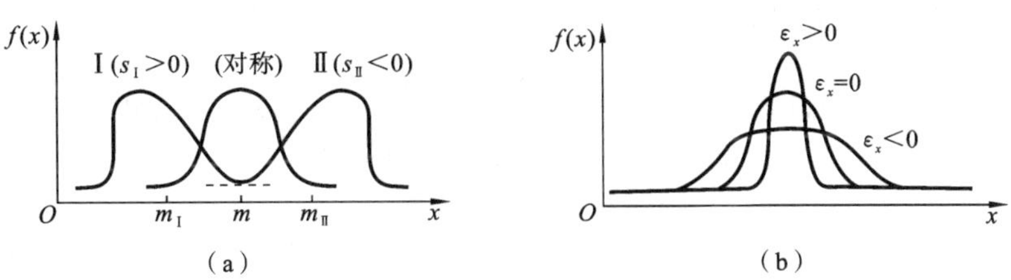

图 6.2.1　偏态和峰态

(a) 偏态;(b) 峰态

而正态随机变量的四阶矩正是 $3m_2^2=3\sigma^4$，这说明累量是任意随机变量的矩与正态随机变量的同阶矩的差。用均方差的四次方 σ^4 除四阶累量，记为 ε_x，即

$$\varepsilon_x=\frac{m_4}{\sigma^4}-3$$

称 ε_x 为峰态，显然正态分布的 ε_x 为零，比正态分布曲线尖锐的分布曲线有正的峰态，比正态分布平坦的分布曲线有负的峰态，如图 6.2.1(b)所示。

6.2.2　随机过程的累量

考虑随机序列$\{x_1,x_2,\cdots,x_k\}$的 k 阶累量。设矢量 $\boldsymbol{X}=[x_1\quad x_2\quad\cdots\quad x_k]^{\mathrm{T}}$，$x_i$ 是随机变量；矢量 $\boldsymbol{V}=[v_1\quad v_2\quad\cdots\quad v_k]^{\mathrm{T}}$，$v_i$ 是 x_i 的特征函数的自变量。

$\boldsymbol{X}$ 的 k 阶累量 $C_{x_1,x_2,\cdots,x_k}$ 定义为累量生成函数 $\psi(\boldsymbol{V})$ 的泰勒级数展开式中$(v_1,v_2,\cdots,v_k)$的系数。其中累量生成函数为

$$\psi(\boldsymbol{V})\triangleq\ln E[\exp(\mathrm{j}\boldsymbol{V}^{\mathrm{T}}\boldsymbol{X})]$$

即

$$C_{x_1,x_2,\cdots,x_k}\triangleq(-\mathrm{j})^k\left[\frac{\partial^k\psi(v_1,v_2,\cdots,v_k)}{\partial v_1,\partial v_2,\cdots,\partial v_k}\right]_{v_1=v_2=\cdots=v_k=0}\tag{6.2.4}$$

随机过程的累量与前面讨论的随机变量的累量类似，只是用矢量代替了标量，所以它们所用的运算方法和所得的结论都是类似的。

采用类似于式(6.2.3a)和式(6.2.3b)的展开式，考虑零均值的情形，得到累量 $C_{x_1,x_2,\cdots,x_k}$ 与联合矩 $E[x_1\ x_2\ \cdots\ x_n]$的关系式如下：

$$C_{x_1}=E[x_1]$$
$$C_{x_1,x_2}=E[x_1\ x_2]$$
$$C_{x_1,x_2,x_3}=E[x_1\ x_2\ x_3]$$
$$C_{x_1,x_2,x_3,x_4}=E[x_1\ x_2\ x_3\ x_4]-E[x_1\ x_2]E[x_3\ x_4]-E[x_1\ x_3]E[x_2\ x_4]-E[x_1\ x_4]E[x_2\ x_3]\tag{6.2.5}$$

累量与联合矩关系的通式详见附录 G.1。

对于平稳随机过程，k 阶累量只与 $k-1$ 个时间差 $\tau_i(i=1,2,\cdots,k-1)$有关，记为

$$C_{k,x}(\tau_1,\tau_2,\cdots,\tau_{k-1})$$

由于正态随机过程的高阶累量为零，即 $C_k=0(k\geqslant3)$，所以零均值平稳随机过程$\{x(n)\}$的高阶累量也可以定义为它与正态随机过程$\{g(n)\}$的偏离程度，即它们的高阶矩的差值：

$$C_{k,x}(\tau_1,\tau_2,\cdots,\tau_{k-1})=E\{x(0)x(\tau_1)x(\tau_2)\cdots x(\tau_{k-1})\}-E\{g(0)g(\tau_1)\cdots g(\tau_{k-1})\}$$

式中，$\{g(n)\}$与$\{x(n)\}$有相同的二阶统计量。

6.2.3　多谱的定义

设$\{x(n)\}$为平稳随机过程，其 k 阶累量 $C_{k,x}(\tau_1,\tau_2,\cdots,\tau_{k-1})$是绝对可和的，则$\{x(n)\}$的 k 阶谱 $S_{k,x}(\omega_1,\omega_2,\cdots,\omega_{k-1})$定义为 k 阶累量的 $k-1$ 重傅里叶变换，即

$$S_{k,x}(\omega_1,\omega_2,\cdots,\omega_{k-1})\triangleq\sum_{\tau_1=-\infty}^{\infty}\sum_{\tau_2=-\infty}^{\infty}\cdots\sum_{\tau_{k-1}=-\infty}^{\infty}C_{k,x}(\tau_1,\tau_2,\cdots,\tau_{k-1})\exp\left[-\mathrm{j}\sum_{i=1}^{k-1}\omega_i\tau_i\right]\tag{6.2.6}$$

通常把 $k\geqslant3$ 的 $S_{k,x}$ 称为高阶谱或多谱，特别地，将三阶谱 $S_{3,x}(\omega_1,\omega_2)$称为双谱，四阶谱

$S_{4,x}(\omega_1,\omega_2,\omega_3)$称为三谱。

由上一节可知，双谱含有信号的相位信息，那么为什么还需要三谱或更高阶谱呢？这是因为，若一个随机过程是对称分布的（参见图 6.2.1(a)），则它的三阶累量为零，双谱也为零，如拉普拉斯分布、均匀分布、伯努利-高斯分布等，但它们的四阶相关或三谱不为零。还有一些情况是，双谱虽不为零，但三阶累量非常小，而其四阶累量相当大，这时需要用三谱或更高阶的谱来进行分析。通常采用双谱或三谱就够了。

还有一点要注意，因为正态过程$\{g(n)\}$的高阶累量 $C_{k,g}(k\geqslant 3)$都为零，所以高阶谱无法恢复正态过程的相位信息。因此，用多谱来分析图 6.0.1 所示的信号模型时，必须假设 $u(n)$为非正态的。

6.2.4　累量和多谱的性质

1. 累量具有对称性

随机变量序列$\{x_i;i=1,2,\cdots,k\}$的元素任意排列后，其累量不变，即

$$C(x_1,x_2,\cdots,x_k)=C(x_{i_1},x_{i_2},\cdots,x_{i_k})$$

式中，$(i_1,i_2,\cdots,i_k)$是$(1,2,\cdots,k)$的任何一种排列。

这个性质的证明，可直接通过累量与矩的关系式(6.2.5)（附录 G.1 给出了其通式）来完成。

例如，对于序列$\{x(n)\}$的三阶累量 $C_3[x(n),x(n+m_1),x(n+m_2)]=R_x(m_1,m_2)$，其变量有 3！=6 种排列形式，它们的累量都相同。

高阶谱具有与之相似的对称性。

2. 相互独立的两随机序列的组合序列的累量等于零

设随机序列$(x_1,x_2,\cdots,x_i,x_{i+1},\cdots,x_k)$由相互独立的两随机序列$(x_1,x_2,\cdots,x_i)$与$(x_{i+1},\cdots,x_k)$组成，则

$$C(x_1,x_2,\cdots,x_i,x_{i+1},\cdots,x_k)=0$$

这是由于若$(x_1,x_2,\cdots,x_i)$与$(x_{i+1},\cdots,x_k)$相互独立，那么 k 阶累量的生成函数为

$$\psi(\mathbf{V})=\ln E[\exp(\mathrm{j}v_1x_1+\cdots+\mathrm{j}v_ix_i)]+\ln E[\exp(\mathrm{j}v_{i+1}x_{i+1}+\cdots+\mathrm{j}v_kx_k)]$$

但是

$$\frac{1}{k!}\left.\frac{\partial^k\psi(\mathbf{V})}{\partial v_1\partial v_2\cdots\partial v_k}\right|_{\mathbf{V}=\mathbf{0}}=\frac{1}{k!}\frac{\partial^k}{\partial v_1\partial v_2\cdots\partial v_k}\left\{\ln E\left[\sum_{l=1}^{i}(\mathrm{j}v_lx_l)\right]+\ln E\left[\sum_{l=i+1}^{k}(\mathrm{j}v_lx_l)\right]\right\}=0$$

所以，$C_{k,x}=0$。

因此，对于一个由具有相同分布的相互独立的随机变量构成的随机序列$\{u(n),u(n+\tau_1),u(n+\tau_2),\cdots,u(n+\tau_{k-1})\}$（即所谓 i. i. d. 过程）来说，它的累量为 δ 函数，即

$$C_{k,u}(\tau_1,\tau_2,\cdots,\tau_{k-1})=\gamma_{k,u}\delta_{\tau_1,\tau_2,\cdots,\tau_{k-1}} \tag{6.2.7}$$

式中，$\gamma_{k,u}$是随机变量 $u(n)$的 k 阶累量，δ 函数定义为

$$\delta_{\tau_1,\tau_2,\cdots,\tau_{k-1}}=\begin{cases}1, & \tau_1=\tau_2=\cdots=\tau_{k-1}=0\\0, & \text{其他}\end{cases}$$

注意，式(6.2.7)的性质对于高阶矩 m_k 不成立，这是用累量取代矩的重要原因之一。高阶矩的定义是

$$m_{x_1,x_2,\cdots,x_k}\triangleq E[x_1,x_2,\cdots,x_k]=(-\mathrm{j})^k\left.\frac{\partial^k\psi(\mathbf{V})}{\partial v_1\partial v_2\cdots\partial v_k}\right|_{\mathbf{V}=\mathbf{0}}$$

3. 确定性序列的多谱具有与式(6.1.4)相似的性质

确定性序列$\{h_{(1)},h_{(2)},\cdots,h_{(k)}\}$的 k 阶累量为

$$C_{k,h}(\tau_1,\tau_2,\cdots,\tau_{k-1}) = \sum_n h(n)h(n+\tau_1)\cdots h(n+\tau_{k-1}) \tag{6.2.8}$$

其 k 阶谱则为

$$S_{k,h}(\omega_1,\omega_2,\cdots,\omega_{k-1}) = H(\omega_1)H(\omega_2)\cdots H(\omega_{k-1})H\Big(-\sum_{i=1}^{k-1}\omega_i\Big) \tag{6.2.9}$$

以上性质是式(6.1.4)的推广,其推导方法是相同的。

4. 随机信号通过线性系统后的累量等于随机信号的累量与线性系统冲激响应的累量的卷积

设有色非正态平稳随机过程 $u(n)$,通过因果的指数稳定的线性时不变系统 $h(n)$,其输出 $x(n)$及其累量 $C_{k,x}$分别为

$$x(n) = \sum_k u(k)h(n-k) = \sum_k h(k)u(n-k) \triangleq u(n)*h(n)$$

$$\begin{aligned}C_{k,x}(\tau_1,\tau_2,\cdots,\tau_{k-1}) &= C[x(n)x(n+\tau_1)x(n+\tau_2)\cdots x(n+\tau_{k-1})]\\ &= C\Big[\sum_{i_0}h(i_0)u(n-i_0)\sum_{i_1}h(i_1)u(n+\tau_1-i_1)\\ &\quad\cdot\sum_{i_2}h(i_2)u(n+\tau_2-i_2)\cdots\sum_{i_{k-1}}h(i_{k-1})u(n+\tau_{k-1}-i_{k-1})\Big]\\ &= \sum_{m_1}\sum_{m_2}\cdots\sum_{m_{k-1}}C_{k,h}(m_1,m_2,\cdots,m_{k-1})C_{k,u}(\tau_1-m_1,\tau_2-m_2,\cdots,\tau_{k-1}-m_{k-1})\\ &\triangleq C_{k,u}(\tau_1,\tau_2,\cdots,\tau_{k-1})*C_{k,h}(\tau_1,\tau_2,\cdots,\tau_{k-1})\end{aligned} \tag{6.2.10a}$$

式中,$*$ 表示卷积运算。式(6.2.10a)的详细推导见附录 G.2。该式表明,卷积 $x(n)=u(n)*h(n)$的累量 $C_{k,x}$等于累量($C_{k,u}$和 $C_{k,h}$)的卷积,简单表示为 $C_{k,x}=C_{k,u}*C_{k,h}$。

特别地,当 $u(n)$是平稳的 i.i.d. 非正态过程时,则有式(6.2.7)所示的关系,因此,累量 $C_{k,x}$为

$$C_{k,x}(\tau_1,\tau_2,\cdots,\tau_{k-1}) = \gamma_{k,u}\sum_n h(n)h(n+\tau_1)\cdots h(n+\tau_{k-1}) \tag{6.2.10b}$$

式(6.2.10a)和(6.2.10b)中的 $C_{k,x}$对应的 k 阶谱分别为

$$S_{k,x}(\omega_1,\omega_2,\cdots,\omega_{k-1})=S_{k,u}(\omega_1,\omega_2,\cdots,\omega_{k-1})S_{k,h}(\omega_1,\omega_2,\cdots,\omega_{k-1}) \tag{6.2.11a}$$

$$S_{k,x}(\omega_1,\omega_2,\cdots,\omega_{k-1}) = \gamma_{k,u}H(\omega_1)H(\omega_2)\cdots H(\omega_{k-1})H\Big(-\sum_{i=1}^{k-1}\omega_i\Big) \tag{6.2.11b}$$

现在考虑图 6.0.1 所示的平稳随机信号模型。假设输入激励 $u(n)$为平稳 i.i.d. 非正态过程;系统 $h(n)$是指数稳定的线性系统,但可以是非最小相位的;加性测量噪声 $v(n)$是正态过程,但可以是有色的,它与信号不相关。根据式(6.2.10a)、式(6.2.10b)、式(6.2.11a)和式(6.2.11b)所描述的性质,并注意到正态过程 $v(n)$的高阶累量 $C_{k,v}(k\geqslant 3)$为零,测量到的平稳随机信号$y(n)$的累量及其多谱分别为

$$C_{k,y}(\tau_1,\tau_2,\cdots,\tau_{k-1})=C_{k,x}(\tau_1,\tau_2,\cdots,\tau_{k-1}) \tag{6.2.12a}$$

$$S_{k,y}(\omega_1,\omega_2,\cdots,\omega_{k-1})=S_{k,x}(\omega_1,\omega_2,\cdots,\omega_{k-1}) \tag{6.2.12b}$$

由此可见,高阶谱分析具有很好的抗有色正态噪声的能力。而关于功率谱分析,对有色正态噪声污染的信号来说,则有 $S_y(\omega)\neq S_x(\omega)$,而且在式(6.0.2)中,$v(n)$的贡献不再是常数 σ_v^2,

而是一个有色谱。上述性质是用累量取代矩的另一个重要原因。

5. 信号的高阶累量能够决定信号模型的冲激响应

从式(6.0.2)可以看到，若基于相关函数，信号模型的冲激响应 $h(n)$ 必须通过输入激励 $u(n)$ 与输出信号 $y(n)$ 的互相关才能得到。在许多实际应用中，这是有很大困难的。下面将看到，仅用模型的输出信号(即观测到的信号) $y(n)$ 的高阶累量就能决定 $h(n)$。

(1) q 阶 MA 模型。

设信号模型是 q 阶 MA 模型，令 $b_i=h(i)$，其差分方程为

$$x(n)=\sum_{i=0}^{q}h(i)u(n-i),\quad h(0)=1 \tag{6.2.13}$$

输出信号 $y(n)$(见图 6.0.1)的三阶累量为

$$C_{3,y}(\tau_1,\tau_2)=C_{3,x}(\tau_1,\tau_2)=\gamma_{3,u}\sum_{i=0}^{\infty}h(i+\tau_1)h(i+\tau_2)h(i) \tag{6.2.14}$$

注意到 $h(i)=0,i>q$，所以得到以下两式：

$$C_{3,y}(q,k)=\gamma_{3,u}\sum_{i=0}^{\infty}h(i)h(i+q)h(i+k)=\gamma_{3,u}h(q)h(k)$$

$$C_{3,y}(q,0)=\gamma_{3,u}h(q)$$

再注意到

$$C_{3,y}(q,0)=C_{3,y}(-q,-q)$$

于是，可以由 $y(n)$ 的三阶累量来决定 $h(k)$，即

$$h(k)=\frac{C_{3,y}(q,k)}{C_{3,y}(q,0)}=\frac{C_{3,y}(q,k)}{C_{3,y}(-q,-q)} \tag{6.2.15}$$

同样，可以得到基于四阶累量决定 $h(k)$ 的公式：

$$h(k)=\frac{C_{4,y}(q,0,k)}{C_{4,y}(q,0,0)}=\frac{C_{4,y}(q,0,k)}{C_{4,y}(-q,-q,-q)} \tag{6.2.16}$$

(2) ARMA 模型。

设信号模型是 ARMA 模型，其差分方程为

$$\sum_{k=0}^{p}a_kx(n-k)=\sum_{i=0}^{q}b_iu(n-i) \tag{6.2.17}$$

式中，$a_0=b_0=1$，即 $h(0)=1$。当 $b_i=0(i>0)$时，式(6.2.17)成为 p 阶 AR 模型的差分方程。

假设模型的阶 p 和 q 是已知的，AR 参数 a 也是已知的(关于 p、q、a_k 等的估计问题，本章后面将讨论)，现在来讨论输出信号 $y(n)$ 的 k 阶累量的加权和

$$f_k(n,\tau)\triangleq\sum_{j=0}^{p}a_jC_{k,y}(\tau-j,n,0,\cdots,0) \tag{6.2.18}$$

由式(6.2.12a)和(6.2.10b)，有

$$\begin{aligned}C_{k,y}(\tau-j,n,0,\cdots,0)&=\gamma_{k,u}\sum_{i=0}^{\infty}h(i)h(i+\tau-j)h(i+n)h(i)\cdots h(i)\\&=\gamma_{k,u}\sum_{i=0}^{\infty}h^{k-2}(i)h(i+\tau-j)h(i+n)\end{aligned} \tag{6.2.19}$$

另一方面，由信号模型的差分方程(6.2.17)得到

$$\sum_{k=0}^{p}a_kh(n-k)=\sum_{i=0}^{q}b_i\delta(n-i)=b_n,\quad n=0,1,\cdots,q \tag{6.2.20}$$

将式(6.2.19)代入式(6.2.18)后,再利用式(6.2.20),得到

$$\begin{aligned} f_k(n,\tau) &= \sum_{j=0}^{p} a_j \gamma_{k,u} \sum_{i=0}^{\infty} h^{k-2}(i)h(i+\tau-j)h(i+n) \\ &= \gamma_{k,u} \sum_{i=0}^{\infty} h^{k-2}(i)h(i+n) \sum_{j=0}^{p} a_j h(i+\tau-j) \\ &= \gamma_{k,u} \sum_{i=0}^{\infty} h^{k-2}(i)h(i+n) b_{i+\tau} \end{aligned}$$

对上式作变量置换 $j=i+\tau$,并注意到 $b_j=0(j>q)$ 和 $h_j=0(j<0)$(因果性假设),则 $f_k(n,\tau)$ 成为

$$f_k(n,\tau) = \gamma_{k,u} \sum_{j=0}^{q} h^{k-2}(j-\tau)h(j-\tau+n)b_j \tag{6.2.21}$$

由上式可直接得出

$$f_k(0,q)=\gamma_{k,u}b_q$$

$$f_k(n,q)=\gamma_{k,u}b_q h(n)$$

所以

$$h(n) = \frac{\sum_{j=0}^{p} a_j C_{k,y}(q-j,n,0,\cdots,0)}{\sum_{j=0}^{p} a_j C_{k,y}(q-j,0,0,\cdots,0)} \tag{6.2.22}$$

6.3 累量和多谱估计

在图 6.0.1 所示的信号模型中,信号 $x(n)$ 的累量可根据式(6.2.10b)由信号模型的冲激响应 $h(n)$ 来计算。但在许多实际应用中,信号的累量只能够由测量到的有限长数据序列 $\{x_1, x_2, \cdots, x_N\}$ 来估计。与第 3 章中自相关函数的估计式(3.1.15)相类似,也可以用时间平均代替统计平均来求得累量 $C_{k,x}$ 的估计 $\hat{C}_{k,x}$,称为取样累量。例如均值为零的信号 $x(n)$ 的三阶取样累量为

$$\hat{C}_{3,x}(\tau_1,\tau_2) = \frac{1}{N_R} \sum_{n\in R} x(n)x(n+\tau_1)x(n+\tau_2) \tag{6.3.1}$$

式中,N_R 是在区间 R 内的取样数。四阶取样累量要复杂一些,根据式(6.2.5)可知,四阶累量与四阶相关和二阶相关有关,因此,四阶取样累量定义为

$$\begin{aligned} \hat{C}_{4,x} = & \frac{1}{N_R} \sum_{n\in R} x(n)x(n+\tau_1)x(n+\tau_2)x(n+\tau_3) - \hat{C}_{2,x}(\tau_1)\hat{C}_{2,x}(\tau_2-\tau_3) \\ & - \hat{C}_{2,x}(\tau_2)\hat{C}_{2,x}(\tau_3-\tau_1) - \hat{C}_{2,x}(\tau_3)\hat{C}_{2,x}(\tau_1-\tau_2) \end{aligned} \tag{6.3.2}$$

式中,二阶累量的估计 $\hat{C}_{2,x}$ 就是第 3 章中式(3.1.15)所表示的自相关函数的估计——取样自相关。

累量估计的计算量比自相关估计大得多,而且估计方差也大得多。通常应用分段、加窗等平均、平滑技术来减小估计的方差。可以证明,只要信号模型(见图 6.0.1)中的输入激励 $u(n)$ 是平稳的,系统 $h(n)$ 是指数稳定的,若前 6 个(或 8 个)累量绝对可和,则三阶或四阶累量的估计(取样累量)在统计意义上收敛于真值。

将累量的估计 $\hat{C}_{k,x}$ 作傅里叶变换,即用 $\hat{C}_{k,x}$ 取代式(6.2.6)中的 $C_{k,x}$,便得到多谱的估计 $\hat{S}_{k,x}$,这种多谱估计方法称为间接法。也可以利用 FFT(快速傅里叶变换),将有限长数据段

$\{x(n)\}$变换至频域，得到 $X(\omega)$，然后用其取代式(6.2.9)中的 $H(\omega)$，便得到多谱估计，这种方法称为直接法，即

$$\hat{S}_{k,x}(\omega_1,\omega_2,\cdots,\omega_{k-1}) = X(\omega_1)X(\omega_2)\cdots X(\omega_{k-1})X\left(-\sum_{i=1}^{k-1}\omega_i\right)$$

多谱估计的方差较大，仅对较长的观测数据段比较适用。若用平均和平滑方法来减小估计方差，其副作用是使分辨率下降。

6.4　基于高阶谱的相位谱估计

自相关函数丢失了信号的相位信息，而由累量可以得到信号的相位谱。在图 6.0.1 所示的信号模型中，把随机信号 $x(n)$看成是由白噪声 $u(n)$激励线性系统 $H(z)$产生的。设非最小相位系统表示为 $H(\omega)=|H(\omega)|e^{j\varphi(\omega)}$，其中 $\varphi(\omega)$是相位谱。

在实际应用中，使用与三阶累量对应的双谱 $S_{3,x}=|S_{3,x}|e^{j\psi_3}$ 和与四阶累量对应的三谱 $S_{4,x}=|S_{4,x}|e^{j\psi_4}$ 就够了。根据式(6.2.11b)，它们与系统频率特性 $H(e^{j\omega})$有如下关系：

$$\begin{cases} S_{3,x}(\omega_1,\omega_2)=\gamma_{3,u}H(\omega_1)H(\omega_2)H^*(\omega_1+\omega_2) \\ \psi_3(\omega_1,\omega_2)=\varphi(\omega_1)+\varphi(\omega_2)-\varphi(\omega_1+\omega_2) \end{cases} \tag{6.4.1}$$

$$\begin{cases} S_{4,x}(\omega_1,\omega_2,\omega_3)=\gamma_{4,u}H(\omega_1)H(\omega_2)H(\omega_3)H^*(\omega_1+\omega_2+\omega_3) \\ \psi_4(\omega_1,\omega_2,\omega_3)=\varphi(\omega_1)+\varphi(\omega_2)+\varphi(\omega_3)-\varphi(\omega_1+\omega_2+\omega_3) \end{cases} \tag{6.4.2}$$

根据式(6.4.1)或式(6.4.2)，可由估计得到的 ψ_3 或 ψ_4 推算出系统 $H(z)$的相位谱 $\varphi(\omega)$。一般有迭代算法和矩阵伪逆算法两种估计相位谱的方法，下面介绍矩阵伪逆算法。

(1) 由 ψ_3 推算 $\varphi(\omega)$。

在实际应用中，都是用离散值进行计算。式(6.4.1)的离散形式为

$$\psi_3(k_1,k_2)=\varphi(k_1)+\varphi(k_2)-\varphi(k_1+k_2) \tag{6.4.3}$$

式中的 $k_i(i=1,2)$对应于 $k_i\Delta\omega$，这里，$\Delta\omega$ 是 ω_1 和 ω_2 的取样间隔，即假设它们的取样间隔相等，表示为 $\Delta\omega_1=\Delta\omega_2=\Delta\omega$。当 k_1 或 k_2 等于 N 时，对应的 ω_1 或 ω_2 等于 π。取初值 $\varphi(0)=0$。因此，ω_1 和 ω_2 离散化后分别用整数 k_1 和 k_2 表示。在图 6.1.1(b)的阴影区域所表示的双谱的主值区域中，k_2 的取值为 $k_2=1,2,\cdots,\frac{N}{2}$；$k_1$ 的取值为 $k_1=k_2,k_2+1,\cdots,N-k_2$。由式(6.4.3)可以得到方程组

$$\begin{aligned} &\psi_3(1,1)=2\varphi(1)-\varphi(2) \\ &\psi_3(1,2)=\varphi(1)+\varphi(2)-\varphi(3) \\ &\qquad\vdots \\ &\psi_3(1,N-1)=\varphi(1)+\varphi(N-1)-\varphi(N) \\ &\psi_3(2,2)=2\varphi(2)-\varphi(4) \\ &\psi_3(2,3)=\varphi(2)+\varphi(3)-\varphi(5) \\ &\qquad\vdots \\ &\psi_3\left(\frac{N}{2},\frac{N}{2}\right)=2\varphi\left(\frac{N}{2}\right)-\varphi(N) \end{aligned}$$

将以上方程组写成矩阵形式

$$\boldsymbol{\Psi}_3=\boldsymbol{A\Phi}$$

式中，

$$\boldsymbol{\Psi}_3=\left[\psi_3(1,1)\quad \psi_3(1,2)\quad \cdots\quad \psi_3(1,N-1)\quad \psi_3(2,2)\quad \psi_3(2,3)\quad \cdots\quad \psi_3\left(\frac{N}{2},\frac{N}{2}\right)\right]^{\mathrm{T}}$$

$$\boldsymbol{\Phi}=[\varphi(1)\quad \varphi(2)\quad \cdots\quad \varphi(N)]^{\mathrm{T}}$$

$$\boldsymbol{A}=\begin{bmatrix} 2 & -1 & 0 & 0 & 0 & \cdots & 0 & 0 & 0 & \cdots & 0 & 0 & 0\\ 1 & 1 & -1 & 0 & 0 & \cdots & 0 & 0 & 0 & \cdots & 0 & 0 & 0\\ 1 & 0 & 1 & -1 & 0 & \cdots & 0 & 0 & 0 & \cdots & 0 & 0 & 0\\ \vdots & \vdots & \vdots & \vdots & \vdots & & \vdots & \vdots & \vdots & & \vdots & \vdots & \vdots\\ 1 & 0 & 0 & 0 & 0 & \cdots & 0 & 0 & 0 & \cdots & 0 & 1 & -1\\ 0 & 2 & 0 & -1 & 0 & \cdots & 0 & 0 & 0 & \cdots & 0 & 0 & 0\\ 0 & 1 & 1 & 0 & -1 & \cdots & 0 & 0 & 0 & \cdots & 0 & 0 & 0\\ \vdots & \vdots & \vdots & \vdots & \vdots & & \vdots & \vdots & \vdots & & \vdots & \vdots & \vdots\\ 0 & 0 & 0 & 0 & 0 & \cdots & 0 & 2 & 0 & \cdots & 0 & 0 & -1 \end{bmatrix}$$

可以证明，$\boldsymbol{A}$ 的秩等于 $N-1$，因此，可以消去 $\boldsymbol{A}$ 中与 $\varphi(N)$ 有关的最后一行，便得到一组满秩方程

$$\widetilde{\boldsymbol{A}}\widetilde{\boldsymbol{\Phi}}=\widetilde{\boldsymbol{\Psi}}$$

式中，

$$\widetilde{\boldsymbol{\Phi}}=[\varphi(1)\quad \varphi(2)\quad \cdots\quad \varphi(N-1)]^{\mathrm{T}}$$

矩阵 $\widetilde{\boldsymbol{A}}$ 的维数取决于 N 是奇数还是偶数。当 N 是奇数时，维数为 $(N/2)^2\times(N-1)$；当 N 是偶数时，维数为 $[(N-1)(N-1)/4]\times(N-1)$。

最后，通过伪逆求解 $\widetilde{\boldsymbol{\Phi}}$，得到

$$\widetilde{\boldsymbol{\Phi}}=[\widetilde{\boldsymbol{A}}^{\mathrm{T}}\widetilde{\boldsymbol{A}}]^{-1}\widetilde{\boldsymbol{A}}^{\mathrm{T}}\widetilde{\boldsymbol{\Psi}}$$

(2) 由 ψ_4 推算 $\varphi(\omega)$。

式(6.4.2)的离散形式为

$$\psi_4(k_1,k_2,k_3)=\varphi(k_1)+\varphi(k_2)+\varphi(k_3)-\varphi(k_1+k_2+k_3)$$

定义

$$s(n)\triangleq\frac{1}{3}\sum_{k=0}^{n}\sum_{l=0}^{n}\psi_4(k,l,n-k-l)=\sum_{k=0}^{n-1}(n+1-k)\varphi(k)+\frac{6-(n+1)(n+2)}{6}\varphi(n)$$

取 $n=2,3,\cdots,N$；初值 $\varphi(0)=0$，有

$$s(2)=2\varphi(1)-\varphi(2)$$

$$s(3)=3\varphi(1)+2\varphi(2)-\frac{14}{6}\varphi(3)$$

$$\vdots$$

$$s(N)=N\varphi(1)+(N-1)\varphi(2)+\cdots+2\varphi(N-1)+\frac{6-(N+2)(N+1)}{6}\varphi(N)$$

写成矩阵形式

$$\boldsymbol{B\Phi}=\boldsymbol{S}$$

式中，

$$\boldsymbol{\Phi}=[\varphi(1)\quad \varphi(2)\quad \cdots\quad \varphi(N-1)]^{\mathrm{T}}$$

$$\boldsymbol{S}=[s(2)\quad s(3)\quad \cdots\quad s(N)]^{\mathrm{T}}$$

$$
\boldsymbol{B}=\begin{bmatrix} 2 & -1 & 0 & 0 & \cdots & 0 \\ 3 & 2 & -\dfrac{14}{6} & 0 & \cdots & 0 \\ \vdots & \vdots & \vdots & \vdots & & \vdots \\ N & N-1 & N-2 & N-3 & \cdots & 2 \end{bmatrix}
$$

矩阵 $\boldsymbol{B}$ 是$(N-1)\times(N-1)$的正定矩阵，对其直接求逆便得到相位谱

$$
\boldsymbol{\Phi}=\boldsymbol{B}^{-1}\boldsymbol{S}
$$

6.5　基于高阶谱的模型参数估计

根据已知的有限长的数据序列来估计图 6.0.1 所示的随机信号模型的参数，称为模型参数估计。模型可以是 AR 模型、MA 模型和 ARMA 模型，估计它们的参数时，要依据一定的准则，例如通常比较多地采用最小均方误差准则。第 3 章中讨论过基于自相关函数的模型参数估计问题，在那里，估计得到的模型参数仅与信号的自相关函数或功率谱包络相匹配，只适合高斯随机信号(因为高斯过程仅用二阶统计量就能够完全加以描述)。基于自相关函数的模型参数估计存在着以下几个问题。

(1) 若要估计非高斯信号的模型参数，那么仅仅考虑与自相关函数相匹配，就不可能充分获取隐含在数据中的信息。

(2) 若信号不仅是非高斯的而且是非最小相位的，那么采用基于自相关函数的估计方法所得到的模型参数，由于它只能是最小相位的，所以反映不出原信号的非最小相位的特点。

(3) 当测量噪声较大，尤其当测量噪声是有色噪声时，基于自相关函数方法所得到的模型参数有较大的估计误差。

基于高阶谱的模型参数估计方法能够有效地解决上述三个问题。

考虑图 6.0.1 所示的随机信号模型，现在假设图中的 $u(n)$是平稳非高斯白噪声序列，$E[u(n)]=0$，$C_{k,u}(\tau_1,\tau_2,\cdots,\tau_{k-1})=\gamma_{k,u}\delta_{\tau_1,\tau_2,\cdots,\tau_{k-1}}$；$v(n)$是高斯有色噪声；$H(z)$是有理传输函数，其差分方程如式(6.2.17)所示。将式(6.2.18)、式(6.2.19)和式(6.2.21)合写成一个公式如下：

$$
\sum_{i=0}^{p} a_i C_{k,x}(\tau-i,n,0,\cdots,0)=\gamma_{k,u}\sum_{j=0}^{q} b_j h^{k-2}(j-\tau)h(j-\tau+n)
$$

该式在形式上类似于式(3.4.1)。考虑到 $C_{k,y}=C_{k,x}$，$h(n)$是因果的，即当 $\tau>q$ 时，上式右端等于零，便可从上式得到所谓 Yule-Walker 方程如下：

$$
\sum_{i=0}^{p} a_i C_{k,x}(\tau-i,n,0,\cdots,0)=\begin{cases}\gamma_{k,u}h(n), & \tau=0\\ 0, & \tau>q\end{cases} \tag{6.5.1}
$$

下面分别讨论基于高阶谱的 AR 模型、MA 模型和 ARMA 模型参数及其阶数的估计。对各种算法的复杂程度、抗噪能力及其他性质则不作深入讨论。

6.5.1　AR 模型参数估计

令 ARMA 模型的差分方程(式(6.2.17))中的 $q=0$，就得到 AR 模型。这种情况下，高阶 Yule-Walker 方程(式(6.5.1))成为

$$
\sum_{i=0}^{p} a_i C_{k,x}(\tau-i,k_0,0,\cdots,0)=\begin{cases}\gamma_{k,u}h(k_0), & \tau=0\\ 0, & \tau>0\end{cases}
$$

式中，k_0 是一个取任意值的参量，$C_{k,x}(\tau-i,k_0,0,\cdots,0)$ 是信号 k 阶累量的一维切面，即在 $C_{k,x}(\tau_1,\tau_2,\cdots,\tau_{k-1})$ 中，仅有 τ_1 是自变量，其他参数 $\tau_2,\cdots,\tau_{k-1}$ 均为固定值。上式中取 $p+1+M(M\geqslant 0)$ 个线性方程联立，令 $\tau=1,2,\cdots,p+1+M$，则上式可表示成

$$\boldsymbol{C}(k_0)\boldsymbol{A}=\boldsymbol{0}$$

其中

$$\boldsymbol{A}=[1\quad a_1\quad \cdots\quad a_p]^{\mathrm{T}}$$

$$\boldsymbol{C}(k_0)=\begin{bmatrix} C_{k,x}(1-0,k_0,0,\cdots,0) & C_{k,x}(1-1,k_0,0,\cdots,0) & \cdots & C_{k,x}(1-p,k_0,0,\cdots,0) \\ C_{k,x}(2-0,k_0,0,\cdots,0) & C_{k,x}(2-1,k_0,0,\cdots,0) & \cdots & C_{k,x}(2-p,k_0,0,\cdots,0) \\ \vdots & \vdots & & \vdots \\ C_{k,x}(p+1+M-0,k_0,0,\cdots,0) & C_{k,x}(p+1+M-1,k_0,0,\cdots,0) & \cdots & C_{k,x}(p+1+M-p,k_0,0,\cdots,0) \end{bmatrix}$$

矩阵 $\boldsymbol{C}(k_0)$ 具有 Toeplitz 性质，参数 k_0 的选择应保证 $\boldsymbol{C}(k_0)$ 的秩为 p，从而可解出 p 个变量 $a_1,a_2,\cdots,a_p$。但这个问题的求解尚无一般性结论。通常为“安全”起见，取 $p+1$ 个一维切面，即取 $\tau=1,2,\cdots,p+M(M\geqslant 0)$；取 $k_0=-q,0,\cdots,0$；将对应的线性方程联立求解，得到 $a_k(k=1,2,\cdots,p)$。在常用的三阶和四阶累量 Yule-Walker 方程中，系数分别为 $C_{3,x}(\tau,k_0)$ 和 $C_{4,x}(\tau,k_0,0)$。

由于基于累量来估计 AR 模型参数的方法，也归结为求解 Yule-Walker 方程，因此，这种方法与基于自相关函数估计 AR 模型参数的方法具有类似的估计性质，同时也存在着估计的稳定性问题。

与第 3.5 节中讨论的 AR 谱估计的性质相类似，AR 过程的多谱估计与已知的多谱相匹配的程度，可以用线性预测误差的多谱(而不是功率谱)来度量，同样也可以用多谱的平坦度来衡量。若用前 p 个 $x(n)$ 值作线性预测(见式(3.5.26))，即

$$\hat{x}(n)=-\sum_{k=1}^{p}a_k x(n-k)$$

则预测误差为

$$e(n)=x(n)-\hat{x}(n)=\sum_{k=0}^{p}a_k x(n-k),\quad a_0=1$$

根据式(6.2.11b)可写出预测误差 $e(n)$ 的多谱为

$$S_{k,e}(\omega_1,\omega_2,\cdots,\omega_{k-1})=A(\omega_1)A(\omega_2)\cdots A(\omega_{k-1})A\Big(-\sum_{i=1}^{k-1}\omega_i\Big)S_{k,x}(\omega_1,\omega_2,\cdots,\omega_{k-1})$$

若线性预测系数 a_k 使得

$$S_{k,e}(\omega_1,\omega_2,\cdots,\omega_{k-1})=\gamma_{k,u}$$

上式中 $\gamma_{k,u}$ 为一常量，则有

$$S_{k,x}=\frac{\gamma_{k,u}}{A(\omega_1)A(\omega_2)\cdots A(\omega_{k-1})A\Big(-\sum\limits_{i=1}^{k-1}\omega_i\Big)}\tag{6.5.2}$$

即 $x(n)$ 确实是由 $E[e^k(n)]=\gamma_{k,u}$ 的非正态白噪声激励一个参数为 $\{a_k\}(k=1,2,\cdots,p)$ 的 AR 过程所产生的。因此，预测误差的多谱的平坦程度可以作为 AR 过程多谱与实际多谱接近程度的度量。

另一方面，用多谱来估计 AR 模型参数，也存在稳定性问题。在用功率谱估计 AR 模型参数时，为解决稳定性问题，只要把不稳定的极点替换成其倒数极点(它们关于单位圆是对称的)就行，因为 $S_{2,x}(z)=A^{-1}(z)A^{-1}(z^{-1})=S_{2,x}(z^{-1})$。而用多谱来估计 AR 模型参数时，却不能

作这种替换(即将 z 换成 z^{-1})，因为以双谱为例，$S_{3,x}(z_1,z_2)=A^{-1}(z_1)A^{-1}(z_2)A^{-1}(z_1^{-1}z_2^{-1})$，而 $S_{3,x}(z_1^{-1},z_2^{-1})=A^{-1}(z_1^{-1})A^{-1}(z_2^{-1})A^{-1}(z_1z_2)$，可以看出 $S_{3,x}(z_1,z_2)$ 与 $S_{3,x}(z_1^{-1},z_2^{-1})$ 并不相等。对其他高阶谱也一样。因此，用多谱估计 AR 模型参数时，必须用合适的方法把非稳定极点变换成非因果 AR 过程。实际上，非因果 AR 模型在一些特殊情况下，例如，在天文信号、空间信号、地质信号以及被污染了的图像信号的处理中得到了大量应用。非因果 AR 模型估计方法通常有三种：全搜索法、优化计算法和转换为 MA 模型法。下面是全搜索法的计算步骤。

第一步：基于二阶统计给出稳定的因果的 p 阶 AR 模型，即 $A(z)=a(0)+a(1)z^{-1}+\cdots+a(p)z^{-p}$。

第二步：将 $A(z)$ 分解成 n_r+n_c 个因子，其中，n_r 是 $A(z)$ 的实根数，n_c 是复根数，即

$$A(z)=\prod_{i=1}^{p}(1-z_iz^{-i}),\quad |z_i|<1,$$

第三步：将若干个极点映射到单位圆外，即用 $1/z_i^*$ 代替 z_i，$i\in(1,2,\cdots,p)$。这种映射方法共有 $2^{n_r+\frac{n_c}{2}}$ 种，它们的功率谱都相同，但它们对应的多谱不同。

第四步：寻找 z_i 与 $1/z_i^*$ 组合的一组根 M_i，使如下代价函数最小：

$$J=\sum_{\tau_1}\cdots\sum_{\tau_{k-1}}[C_{3,x}(\tau_1,\cdots,\tau_{k-1}\mid y)-C_{3,x}(\tau_1,\cdots,\tau_{k-1}\mid M_i)]^2 \tag{6.5.3}$$

其中，$C_{3,x}(\tau_1,\tau_2|y)$ 和 $C_{3,x}(\tau_1,\tau_2|M_i)$ 分别由式(6.3.1)和(6.2.10b)来计算。

6.5.2　MA 模型参数估计

对于由第 3 章中的式(3.4.7)所表示的 MA 模型，已有不少用累量方法估计模型参数 b_l 的方法。这些方法大致可分三类：闭合解方法、线性代数法和非线性优化算法。式(6.2.15)或式(6.2.16)就是闭合解方法的公式。这种方法抗噪能力差，而且没有提供任何关于估计误差和修正方差的信息，因此难以实际使用，但它有理论分析价值。比较而言，线性代数法最为实用。非线性优化算法涉及非线性问题，因而实现起来比较困难。但近年来，有人提出用类人工神经网络的并行结构解非线性规划问题，从而可以实现优化算法。下面讨论后两类算法。

1. 线性代数法

为了得到基于累量的关于变量 $\{b_l\}$ 的线性方程，需要利用信号的二阶统计量与高阶统计量之间的关系。先考察累量 $C_{k,x}(\tau_1,\tau_2,\cdots,\tau_{k-1})$ 的一维切面 $C_{k,x}(\tau|m)$：

$$C_{k,x}(\tau|m)\triangleq C_{k,x}(\tau,\tau,\cdots,\tau+m)$$

式中，m 为参量，取任意数值。例如，当 $m=0$ 时，$C_{k,x}(\tau|0)$ 是 $C_{k,x}$ 的一维对角切面($\tau_1=\tau_2=\cdots=\tau_{k-1}=\tau$)。$C_{k,x}(\tau,m)$ 的傅里叶变换记为 $S_{k,x}(\omega)$，其 Z 变换记为 $S_{k,x}(z)$，即

$$S_{k,x}(z)\triangleq\sum_{\tau}C_{k,x}(\tau\mid m)z^{-\tau}$$

根据累量计算公式(6.2.10b)以及 Z 变换的性质，上两式可分别表示成

$$C_{k,x}(\tau\mid m)=\gamma_{k,u}\sum_{n=0}^{\infty}h(n)h^{k-2}(n+\tau)h(n+\tau+m)$$

$$S_{k,x}(z)=\gamma_{k,u}H(z^{-1})[H_{k-2}(z)*z^mH(z)] \tag{6.5.4}$$

式(6.5.4)中，$H_{k-2}(z)$ 是 $h^{k-2}(n)$ 的 Z 变换，实际上

$$H_{k-2}(z)=\underbrace{H(z)*H(z)*\cdots*H(z)}_{k-2\text{个}H(z)}$$

符号 * 表示复卷积。

再考虑 $S_{2,x}(z)$即功率谱 $S_{xx}(z)$，由式(3.4.4)得

$$S_{2,x}(z)=S_{xx}(z)=\sigma_u^2 H(z)H(z^{-1})$$

或写成

$$H(z^{-1})=\frac{1}{\sigma_u^2 H(z)}S_{2,x}(z)$$

上式代入式(6.5.4)，得到

$$\frac{1}{\gamma_{k,u}}H(z)S_{k,x}(z)=\frac{1}{\sigma_u^2}[H_{k-2}(z)*z^m H(z)]S_{2,x}(z) \tag{6.5.5}$$

式(6.5.5)给出了高阶谱与二阶谱之间的关系，它对应的时域表达式为

$$\frac{\sigma_u^2}{\gamma_{k,u}}\sum_{l=0}^{\infty}C_{k,x}(\tau-l\mid m)h(l)=\sum_{l=0}^{\infty}R_{xx}(\tau-l)h^{k-2}(l)h(l+m)$$

对 MA 模型来说，有 $h(n)=b$，则上式成为

$$\frac{\sigma_u^2}{\gamma_{k,u}}\sum_{l=0}^{q}C_{k,x}(\tau-l\mid m)b_l=\sum_{l=0}^{q}R_{xx}(\tau-l)b_l^{k-2}b_{l+m} \tag{6.5.6}$$

根据累量的对称性，可以只取其主区域(参见图 6.1.1(b)的阴影区域)，即取 $-q\leqslant\tau\leqslant 2q$。若取 $m=q$，则式(6.5.6)的右端仅有一项是非零值，于是得到线性方程组

$$\frac{\sigma_u^2}{\gamma_{k,u}}\sum_{l=0}^{q}C_{k,x}(\tau-l\mid q)b_l=R_{xx}(\tau)b_q,\quad -q\leqslant\tau\leqslant 2q$$

常用的三阶和四阶累量线性方程分别为

$$\sum_{l=1}^{q}C_{3,x}(\tau-l,\tau-l+q)b_l-R_{xx}(\tau)\frac{b_q\gamma_{3,u}}{\sigma_u^2}=-C_{3,x}(\tau,\tau+q)$$

$$\sum_{l=1}^{q}C_{4,x}(\tau-l,\tau-l,\tau-l+q)b_l-R_{xx}(\tau)\frac{b_q\gamma_{4,u}}{\sigma_u^2}=-C_{4,x}(\tau,\tau,\tau+q)$$

利用最小二乘法即可由以上两式的任一式子解出式中的 $q+1$ 个变量值 $b_l(l=1,2,\cdots,q)$和 $\frac{b_q\gamma_{3,u}}{\sigma_u^2}$。当存在测量噪声 $v(n)$时，$R_{xx}(\tau)=R_{yy}(\tau)-\sigma_v^2\delta(\tau)$，在此情况下，若 $\tau\neq 0$，则可不需要知道 σ_v^2。

2. 非线性优化算法

优化算法有全搜索法和非线性最小二乘法两种方案。全搜索法与前面介绍过的 AR 模型的全搜索法相同，只是需要将 $A(z)$代之以 $B(z)$。现在讨论非线性最小二乘法。

以三阶累量为例，首先由 N 个已知数据 $x(1),x(2),\cdots,x(N)$来估计三阶累量，得到

$$\hat{C}_{3,x}(\tau_1,\tau_2)=\frac{1}{N}\sum_{n=1}^{N}x(n)x(n+\tau_1)x(n+\tau_2)$$

利用累量的对称性质，只需计算图 6.1.1(b)的阴影区域(即主区域)中的累量，即上式中的 τ_1 和 τ_2 只取以下点上的值：

$$(\tau_1,\tau_2)=(0,0);(1,0),(1,1);(2,0),(2,1),(2,2);\cdots;(q,0),\cdots,(q,q)$$

然后，调整 $q+1$ 个参数 $b_l(l=1,2,\cdots,q)$和 $\gamma_{3,u}$，使下式所示的代价函数 J 最小：

$$J=\frac{1}{2}\sum_{0\leqslant\tau_1\leqslant\tau_2\leqslant q}\left[\sum_{l=0}^{q}b_l b_{l+\tau_1}b_{l+\tau_2}-\hat{C}_{3,x}(\tau_1,\tau_2)\right]^2 \tag{6.5.7}$$

调整参数可以采用迭代算法，如最陡下降法、牛顿法或 Marqnardt-hevenberg 等。例如，用最陡下降法

$$b_l(n+1)=b_l(n)-\mu\frac{\partial J}{\partial b_l(n)},\quad l=1,2,\cdots,q$$

式中，μ 是增益常数。由式(6.5.6)得到

$$\frac{\partial J}{\partial b_l}=\sum_{0\leqslant\tau_1\leqslant\tau_2\leqslant q}\left[\sum_{l=0}^{q}b_l b_{l+\tau_1}b_{l+\tau_2}-\hat{C}_{3,x}(\tau_1,\tau_2)\right]$$
$$\cdot\left[b_{l+\tau_1}b_{l+\tau_2}+b_{l-\tau_1}b_{l-m_1+m_2}+b_{l-m_2}b_{l-m_2+m_1}\right],\quad l=1,2,\cdots,q$$

这是一个非线性最小二乘法问题，Mendel 等人提出用人工神经网络来实现这个问题的求解。人工神经网络将在第 7 章中讨论。

6.5.3　ARMA 模型参数估计

人们已提出不少基于累量的 ARMA 模型参数估计方法。下面介绍其中的三类方法：剩余时间序列法、非线性优化法和相位恢复法。

1. 剩余时间序列法

实际上这就是第 3 章第 3.4.4 节中的方法。这种方法分成三步来完成。

第一步：估计 ARMA 模型中的 AR 系数 a_i，可采用最小二乘方或 AR 模型参数估计等算法来求解超定线性方程组式(6.5.1)，其中，取 $\tau=q+1,q+2,\cdots,q+p+M(M\geqslant0)$；$k_0=q-p,q-p+1,\cdots,q$。

第二步：求剩余时间序列 $\tilde{x}(n)=x(n)-\hat{x}(n)$，其中，$x(n)$是由 ARMA 模型差分方程决定的信号，即

$$x(n)=-\sum_{i=1}^{p}a_i x(n-i)+\sum_{l=0}^{q}b_l u(n-l)$$

$\hat{x}(n)$是对 $x(n)$的估计：

$$\hat{x}(n)=-\sum_{i=1}^{p}\hat{a}_i x(n-i)$$

式中，$\hat{a}_i$ 是 a_i 的估计值。现在假设$\hat{a}_i=a_i$，则有

$$\tilde{x}(n)=\sum_{l=0}^{q}b_l u(n-l)$$

就是说，剩余时间序列 $\tilde{x}(n)$是一个 MA(q)模型。

第三步：用前面介绍的任何一种 MA 模型参数估计方法估计 b_l。

2. 非线性优化法

该方法与 MA 模型参数估计的非线性二乘法相同，也分两步进行。

第一步：根据测量数据 $x(n)$估计自相关函数$\hat{R}_{xx}(\tau)$(式(3.1.15))和累量$\hat{C}_{k,x}$(式(6.3.1)或式(6.3.2))。

第二步：设矢量

$$\boldsymbol{\theta}=(a_1\ a_2\cdots\ a_p\ b_1\ b_2\cdots\ b_q\ \sigma_u^2\ \sigma_v^2\ \gamma_{k,u})^{\mathrm{T}}$$

求最佳估计 $\hat{\boldsymbol{\theta}}$，使下式表示的代价函数 J 最小

$$J=\frac{1}{2}\sum_{\tau}[\hat{R}_{xx}(\tau)-R_{xx}(\tau\mid\theta)]^2$$
$$+\frac{\lambda}{2}\sum_{\tau_1}\cdots\sum_{\tau_{k-1}}[\hat{C}_{k,x}(\tau_1,\cdots,\tau_{k-1})-C_{k,x}(\tau_1,\tau_2,\cdots,\tau_{k-1})\mid\boldsymbol{\theta}]^2$$

式中，λ 为一常数。

3. 相位恢复法

首先,基于二阶统计量(即功率谱)估计出一个最小相位的参数模型;然后,用各种技术恢复相位信息。下面介绍三种恢复相位的技术。

第一,全搜索法。这种方法前面已经讨论过。其具体步骤是:首先,基于二阶统计量估计出最小相位模型 $H_{\mathrm{MP}}(z)$;然后,将若干零点映射到单位圆外,极点不动,使代价函数(式(6.5.3))最小,从而得到非最小相位系统 $H(z)$。值得注意的是,这种方法丢失了系统 $H(z)$ 中的全通因子,称为盲全通因子的方法。这是因为第一步处理中采用的是相关函数的信息(即二阶统计量)。设某一系统的 $H(z)$ 为

$$H(z)=H_1(z)\left(\frac{z-a}{1-az^{-1}}\right)$$

式中,$\frac{z-a}{1-az^{-1}}$是全通因子,它对幅度特性没有任何贡献,但却提供了部分相位信息。只要采用了相关处理,全通因子就会被丢掉。

第二,相位估计法。首先基于二阶统计量估计出 $H(z)$ 的模 $|H(z)|$,即由 $S_{xx}(z)=\sigma_u^2|H(z)|^2$ 得出 $|H(z)|=\frac{1}{\sigma_u^2}[S_{xx}(z)]^{1/2}$。然后基于高阶谱估计 $H(z)$ 的相位谱 $\varphi(\omega)$。

第三,系统级联法。将最小相位系统 $H(z)$ 分解成一个最小相位系统 $H_{\mathrm{MP}}(z)$ 与一个全通系统 $H_{\mathrm{AP}}(z)$ 的级联。$H_{\mathrm{MP}}(z)$ 基于二阶统计量来进行估计,然后用 $H_{\mathrm{AP}}(z)$ 作相位校正。$H(z)=H_{\mathrm{MP}}(z)H_{\mathrm{AP}}(z)$ 与 $H_{\mathrm{MP}}(z)$ 的功率谱相同。

6.6 利用高阶谱确定模型的阶

由于累量含有相位信息,且具有抗有色高斯噪声的能力,所以基于高阶谱来确定模型的阶,比基于功率谱的要可信。但信息论中的一些准则,如 AIC 等是以二阶统计为基础的,而且应用了高斯过程的似然函数,所以这些准则对于有色高斯测量噪声的干扰便不适用。下面讨论基于高阶谱来确定 ARMA(p,q)模型的阶的方法。至于 MA(q)模型和 AR(p)模型的阶的确定问题,只不过是 ARMA(p,q)模型的特例。

高阶 Yule-Walker 方程式(6.5.1)描述了 ARMA 模型。为了书写方便,以三阶累量为例,并注意到 $a_0=1$,变量 $\tau=q+1,q+2,\cdots,q+p$,将方程写成以下矩阵形式:

$$\begin{bmatrix} C_{3,x}(q+1-p,k_0) & C_{3,x}(q+2-p,k_0) & \cdots & C_{3,x}(q+p-p,k_0) \\ C_{3,x}(q+2-p,k_0) & C_{3,x}(q+3-p,k_0) & \cdots & C_{3,x}(q+1,k_0) \\ \vdots & \vdots & & \vdots \\ C_{3,x}(q+p-p,k_0) & C_{3,x}(q+1,k_0) & \cdots & C_{3,x}(q+p-1,k_0) \end{bmatrix}\begin{bmatrix} a_p \\ a_{p-1} \\ \vdots \\ a_1 \end{bmatrix}$$

$$=-\begin{bmatrix} C_{3,x}(q+1,k_0) \\ C_{3,x}(q+2,k_0) \\ \vdots \\ C_{3,x}(q+p,k_0) \end{bmatrix}$$

记为

$$\boldsymbol{C}_{3,x}(k_0)\bar{\boldsymbol{a}}=-\bar{\boldsymbol{C}}_{3,x}(k_0) \tag{6.6.1}$$

若 $p\times p$ 矩阵$\boldsymbol{C}_{3,x}(k_0)$的秩为 p,则式(6.6.1)可唯一确定 AR 系数 a_i。因此,选择适当的

k_0,可使得 $\boldsymbol{C}_{3,x}(k_0)$为满秩。但是,可以找到某些 ARMA 模型,对所有的 k_0,$\boldsymbol{C}_{3,x}(k_0)$都不是满秩的。因此,取累量的 $p+1$ 个切面:$k_0=q-p,q-p+1,\cdots,q$,得出 $p(p+1)$个联立方程:

$$\begin{bmatrix} C_{3,x}(q+1-p,q-p) & \cdots & C_{3,x}(q,q-p) \\ C_{3,x}(q+1-p,q-p+1) & \cdots & C_{3,x}(q,q-p+1) \\ \vdots & & \vdots \\ C_{3,x}(q+1-p,q) & \cdots & C_{3,x}(q,q) \\ \hdashline C_{3,x}(q+2-p,q-p) & \cdots & C_{3,x}(q+1,q-p) \\ \vdots & & \vdots \\ C_{3,x}(q+2-p,q) & \cdots & C_{3,x}(q+1,q) \\ \hdashline & \vdots & \\ \hdashline C_{3,x}(q,q-p) & \cdots & C_{3,x}(q+p-1,q-p) \\ \vdots & & \vdots \\ C_{3,x}(q,q) & \cdots & C_{3,x}(q+p-1,q) \end{bmatrix} \begin{bmatrix} a_p \\ a_{p-1} \\ \vdots \\ a_2 \\ a_1 \end{bmatrix} = - \begin{bmatrix} C_{3,x}(q+1,q-p) \\ C_{3,x}(q+1,q-p+1) \\ \vdots \\ C_{3,x}(q+1,q) \\ \hdashline C_{3,x}(q+2,q-p) \\ \vdots \\ C_{3,x}(q+2,q) \\ \hdashline \vdots \\ \hdashline C_{3,x}(q+p,q-p) \\ \vdots \\ C_{3,x}(q+p,q) \end{bmatrix}$$

上式左端的 $p(p+1)\times p$ 矩阵记为$\boldsymbol{C}_e$。可以证明,矩阵 $\boldsymbol{C}_e$ 有满秩 p。将 $\boldsymbol{C}_e$ 更加一般化地表示为 $\boldsymbol{M}_e$,上述结论仍然成立,这里

$$\boldsymbol{M}_e=\begin{bmatrix} C_{k,x}(M_1,N_1) & \cdots & C_{k,x}(M_1+M_2-1,N_1) \\ \vdots & & \vdots \\ C_{k,x}(M_1,N_2) & \cdots & C_{k,x}(M_1+M_2-1,N_2) \\ \vdots & & \vdots \\ C_{k,x}(M_1+M_2-1,N_1) & \cdots & C_{k,x}(M_1+2M_2-2,N_1) \\ \vdots & & \vdots \\ C_{k,x}(M_1+M_2-1,N_2) & \cdots & C_{k,x}(M_1+2M_2-2,N_2) \end{bmatrix},\quad \begin{matrix} M_1\geqslant q+1-p \\ M_2\geqslant p \\ N_1\leqslant q-p \\ N_2\geqslant q \end{matrix} \tag{6.6.2}$$

就是说,$\boldsymbol{M}_e$ 的秩为 p,或者说,$\boldsymbol{M}_e$ 的非零奇异值有 p 个(关于奇异值分解,见附录 G.3)。

根据上述原理,ARMA(p,q)模型的阶 p 的确定,可按以下步骤进行。

第一步:由先验知识给出 p 和 q 的上限 $\bar{p}$ 和 $\bar{q}$。例如,在语音分析中,可以证明,声道的 AR 模型的阶 p 的上限 $\bar{p}=16$。

第二步:写出矩阵 $\boldsymbol{M}_e$,取 $M_1=\bar{q}+1$,$M_2=\bar{p}$,$N_1=-\bar{p}$,$N_2=\bar{q}$。根据测量数据 $x(n)$估计累量$\hat{C}_{k,x}$。

第三步:对 $\boldsymbol{M}_e$ 作奇异值分解,非零奇异值的个数即为阶数 p。实际上,由于用估计值$\hat{C}_{k,x}$代替真值 $C_{k,x}$,所以所有的奇异值 $S_i(i=1,2,\cdots)$从大到小排列,都不为零。选择有效的 AR 模型阶 p 的方法是找出差值最大的奇异值 S_p-S_{p+1},以确定阶数 p。

实际上,奇异值分解法还可以同时被用来估计 AR 参数 a_i,它具有保留全通因子的特点。但这里不进行讨论。

关于 MA 模型的阶 q 的确定,有几种不同的方法,如:由高阶谱相位得到极零点阶数差$(p-q)$的方法,直接计算累量法等。下面介绍直接计算累量法。

对于 ARMA 模型,可先确定 AR 模型的阶 p,并估计 AR 模型系数 a_i,再用剩余时间序列方法得到 MA(q)模型,这个模型由方程式(6.2.13)描述。很明显,最后一个非零累量的时延就是阶数 q。以三阶累量式(6.2.14)为例,有

$$C_{3,x}(q,0)\neq 0,\quad C_{3,x}(q+1,0)=0$$

6.7　多谱的应用

多谱已广泛地应用于海洋学、地球物理学、生物医学、机械学等学科领域,用于经济时间序列分析、细菌迁移分析、激光脉冲模式分析,用于声纳信号、天文信号、图像信号、语音信号、雷达信号的处理。对于信号处理技术领域来讲,多谱可用于自适应信号处理、阵列信号处理和多维信号处理。

应用多谱的动机大致有以下几点。

(1) 从非正态信号中提取信息。这是基于累量描述了信号与正态分布偏离的程度。实际上,任何周期信号、准周期信号都是非正态的。例如,复杂的机械系统自身“辐射”的信号都是非正态的。

(2) 检测和定性分析一个系统的非线性特征。根据多谱的相位与谐波的关系,可检测和分析机械系统、电子系统或其他物理系统,以及一些检测系统,如水下传感器、空间传感器、心电信号传感器、脑电信号传感器等所具有的非线性特征。

(3) 从有色正态测量噪声中提取信号。实际上,水下信号、空间信号等的测量噪声都是有色的高斯噪声。高阶谱对正态噪声是零响应,或称为是盲正态的。因此,可以较好地从噪声中分离出信号。例如,在声纳、雷达、地球物理及光学等领域中,都用到了时延估计技术。设接收到的两个信号序列为$\{x(n)\}$和$\{y(n)\}$,它们分别被描述为 $x(n)=s(n)+w(n)$ 和 $y(n)=s(n+d)+v(n)$。若假设 $s(n)$是正态信号,测量噪声 $w(n)$和 $v(n)$是互相独立的正态噪声,那么很显然,$x(n)$和 $y(n)$的最佳匹配发生在时移等于 d 时,因为它们的互相关为

$$R_{xy}(\tau)=E[x(n)y(n+\tau)]=R_{ss}(\tau-d),\quad -\infty<\tau<\infty$$

其峰值出现在 $\tau=d$ 处。但实际上,$w(n)$和 $v(n)$是有色的。由于数据记录是有限长的,所以 $s(n)$可被认为是非正态的。这时,$R_{xy}(\tau)\neq R_{ss}(\tau-d)$,于是 $R_{xy}(\tau)$的峰值并不出现在 $\tau=d$ 处。但若采用三阶累量 $C_{x,y,x}(\tau_1,\tau_2)=E[x(n)y(n+\tau_1)x(n+\tau_2)]=C_{3,s}(\tau_1-d,\tau_2)$,那么峰值将出现在 $\tau_1=d$ 上。

(4) 提取非正态信号的相位信息。这是基于高阶谱含有信号的相位信息。这对于非最小相位系统的识别和解逆滤波的问题十分有效。系统识别和逆滤波是很多领域中人们关心的问题,这些领域大到人类系统、经济系统、生物系统,小到控制系统和通信系统。在这些实际中,常涉及非最小相位系统,而且其相位信息非常重要。下面是一个简单的例子。

例 6.7.1　设一个 MA 模型的信号 $x(n)=\sum\limits_{l=0}^{q}h_l u(n-l)$,其中 $u(n)$是非正态白色噪声序列,有 $C_{3,u}(\tau_1,\tau_2)=\gamma_{3,u}\neq 0$;$u(n)$与 h_n 是统计独立的。

实际上,地震数据就是 MA 模型信号。对于这种数据,$u(n)$表示地层的反射系数,h_n 表示有限长的地震子波,它是非最小相位的,而且其相位信息非常重要。若假设 h_n 是最小相位的,用自相关函数进行分析,就与真实情况不符。

设 $q=3$,$h_0=1$,$h_1=0.9$,$h_2=0.385$,$h_3=-0.771$。这时,信号 $x(n)$表示成

$$x(n)=u(n)+0.9u(n-1)+0.385u(n-2)-0.771u(n-3)$$

这个信号是非最小相位的，其零点为 $z_1=0.6$，$z_2=-0.75+j0.85$，$z_3=-0.75-j0.85$。z_2 和 z_3 都位于单位圆外。

若在估计 MA 模型时，不知道阶数 q，那么，可先给一个上限 $\bar{q}=5$，再用非线性最小二乘法（式(6.5.7)），同时根据二阶相关和三阶累量来估计阶数和系数。显然，对于二阶相关，对应于三阶累量的代价函数（式(6.5.7)）的迭代公式是

$$J_2=\frac{1}{2}\sum_{\tau}\left[\sum_{l=0}^{q}b_l b_{l+\tau}-\hat{R}_{xx}(\tau)\right]^2$$

$$b_l(n+1)=b_l(n)-\mu_2\left[\frac{\partial J_2}{\partial b_l(n)}\right]$$

假设模式为$\hat{C}_{3,x}(0,0)$，$\hat{C}_{3,x}(1,0)$，$\hat{C}_{3,x}(1,1)$，$\hat{C}_{3,x}(2,0)$，$\hat{C}_{3,x}(2,1)$，$\hat{C}_{3,x}(3,0)$，…，$\hat{C}_{3,x}(5,0)$，…，$\hat{C}_{3,x}(5,5)$，$\hat{R}_{xx}(0)$，$\hat{R}_{xx}(1)$，…，$\hat{R}_{xx}(5)$，模式迭代次数为 m，图 6.7.1 给出了 b_l 的迭代曲线，其中取 $\mu=\mu_2=0.3$。由图 6.7.1 可以看出，在统计的意义上，b_l 是收敛的。应注意的是，b_4 和 b_5 都收敛于零，这等效于 $q=3$。

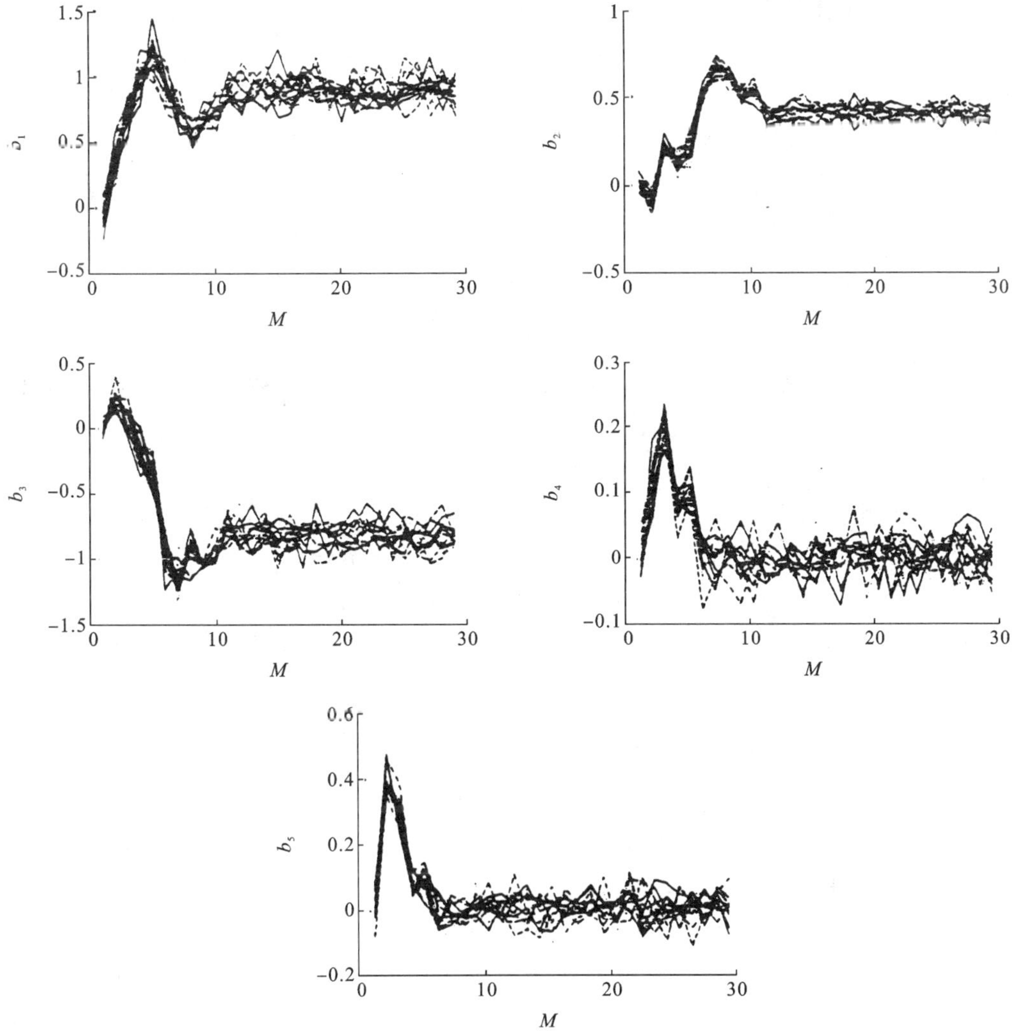

图 6.7.1　MA 模型参数的估计

复习思考题

6.1　高阶谱分析主要是针对什么问题提出来的?

6.2　什么是三阶相关和双谱?它们具有哪些重要性质?怎样计算信号的双谱?为什么说双谱可以显示出系统的对称性和非线性?

6.3　怎样定义随机变量和随机过程的累量?怎样计算它们?随机变量的累量与矩有什么关系?为什么正态随机过程的高阶累量为零?

6.4　什么是多谱?双谱含有信号的相位信息,为什么还需要三谱或更高阶谱?

6.5　累量和多谱有哪些重要性质?

6.6　为什么说高阶谱分析有很强的抗有色正态噪声的能力?

6.7　用累量取代矩的理由是什么?

6.8　信号累量与信号模型冲激响应之间有什么关系?

6.9　怎样由信号的有限个取样值估计信号的累量?

6.10　怎样由高阶谱来估计信号的相位谱?

6.11　怎样由高阶谱来估计信号模型参数?联系第3章中关于AR模型参数的估计方法进行讨论。

6.12　怎样利用高阶谱确定模型的阶?联系第3章中关于AR模型的阶的确定方法进行比较讨论。

6.13　多谱有哪些典型应用?你还能想到多谱有哪些可能的应用?

习　题

6.1　设有一个二阶多项式描述的最小相位系统。试写出其他所有与该系统振幅谱相同的多项式,并证明它们的三阶累量或三阶矩不相同。

6.2　试证明三阶累量的对称性质,即证明式(6.1.3)。

6.3　设零均值的平稳随机过程 $x(n)$ 通过线性系统 $h(n)$ 后,其输出为 $y(n)$,试证明:

$$R_y(m_1,m_2)=R_x(m_1,m_2)*R_h(m_1,m_2)$$

$$B_y(\omega_1,\omega_2)=B_x(\omega_1,\omega_2)B_h(\omega_1,\omega_2)$$

6.4　试证明双谱的位移不变性。即:如果 $y(n)=x(n-a)$,其中 a 为任意常数,则

$$B_y(\omega_1,\omega_2)=B_x(\omega_1,\omega_2)$$

6.5　设 $\lambda_i(i=1,2,\cdots,k)$ 是常数,$x_i(i=1,2,\cdots,k)$ 是随机变量。试证明:

$$C(\lambda_1 x_1,\lambda_2 x_2,\cdots,\lambda_k x_k)=\left(\prod_{i=1}^{k}\lambda_i\right)C(x_1,x_2,\cdots,x_k)$$

6.6　试证明"和的累量等于累量的和",即设 $x_1,x_2,z_1,z_2,\cdots,z_k$ 为随机变量,则

$$C(x_1+x_2,z_1,z_2,\cdots,z_k)=C(x_1,z_1,z_2,\cdots,z_k)+C(x_1,z_1,z_2,\cdots,z_k)$$

6.7　已知序列 $x(n)=\{1,2,3,4,5\}$,它是由独立同分布的非高斯平稳随机序列激励一个MA(2)系统而得。试用基于三阶累量的闭合公式法求该MA(2)模型参数(设已知阶数 $q=2$)。

6.8　对于6.7题所给的条件,试用基于三阶累量的线性代数法求MA(2)的模型参数(设

已知 $q=2$)。

6.9 对于6.7题所给的条件,试用基于四阶累量的闭合公式法求MA(2)模型参数。

6.10 对于6.7题所给的条件,若基于二阶相关,是否可以有类似的闭合公式和线性代数方程法,试分析之。

6.11 已知序列 $x(n)=\{5,4,3,2,1\}$,它是由独立同分布的非高斯平稳随机序列激励一个AR(2)系统而得。试用基于三阶累量的高阶Yule-Walker方程,求AR(2)模型参数。

6.12 计算机实验:设一个非最小相位模型

$$x(n)=u(n)-2.333u(n-1)+0.667u(n-2)$$

其中独立同分布的非高斯平稳随机序列 $u(n)$ 的产生方法如下:先产生(0,1)范围内均匀分布的随机序列 $\{I(n)\}$,取 $u(n)=-\frac{1}{2}\ln[I(n)]-\left(\frac{1}{2}\right)^{1/3}$。可以证明,$E[u(n)]=0$,$E[u^2(n)]=\left(\frac{1}{4}\right)^{1/3}$,$E[u^3(n)]=1$。

(1) 任选一基于累量的算法估计模型参数。

(2) 用第3章中基于相关函数的方法估计模型参数,比较两者结果。

(3) 加一有色高斯噪声 $v(n)$,即 $y(n)=x(n)+v(n)$。取SNR(信噪比)$=E\{y^2(n)\}/E\{v^2(n)\}$ 为100,试根据测量数据 $y(n)$,重复(1)。

6.13 计算机实验:设一个带有全通因子的非最小相位模型

$$x(n)-1.3x(n-1)+1.05x(n-2)-0.325x(n-3)=u(n)-2.95u(n-1)+1.9u(n-2)$$

其极点为 $1/2$,$0.4\pm j0.7$;零点为 2,0.95。$u(n)$ 序列的产生方法同前题。设阶数 (p,q) 不知,取 $\bar{p}=5$,$\bar{q}=4$。求解ARMA(p,q)模型参数。

第7章　神经网络信号处理

前面讨论的最佳滤波、自适应滤波和现代谱估计等，都是在线性模型（AR、MA 和 ARMA 等模型）的前提下求最佳估计。但在实际中存在着大量的非线性模型问题，或者问题的数学模型往往很难或者不可能建立。人工神经网络是一种以自适应为特征的、无固定模型的非线性网络，可用于处理非线性模型问题或模型很难建立的问题。

如何定义人工神经网络呢？通常存在两种极端的观点。一种极端认为它是用来解决一些特殊问题的一类数学算法，另一种极端认为它是模仿自然神经网络的人造系统。前者是鉴于人工神经网络用来解决一些非线性自适应信号处理、感知、识别、智能控制和专家系统等问题。后者则是基于人工神经网络从神经生物学和认知科学研究成果出发，应用数学方法提出的一种具有大脑风格的信息处理结构。

人们以各个不同的学科，如神经生理学、心理学、数理学、计算机与信息科学等为背景对人工神经网络进行研究。本章从信号处理的角度出发，讨论人工神经网络（简称“神经网络”）的基本概念、基本的网络结构、学习算法，以及信号处理能力和典型的应用。下面仅在第 7.1 节简要介绍以生物学为基础的简化的神经元模型，而在其后的章节中则是将神经网络作为信号处理的一种手段，不再追究网络的生物学意义。

7.1　神经网络模型

其实，人们至今对生物神经网络的了解非常有限，同时也受着技术的限制，因此，人工神经网络与自然神经网络在结构上和功能上存在着很大差异。但是，尽管如此，人工神经网络的发展基础仍是神经生物学的研究成果。本节先简单介绍生物神经元模型，然后讨论人工神经网络的模型，并用简单的例子建立对人工神经网络的初步认识。

7.1.1　生物神经元及其模型

生物的脑神经系统，通过感觉（听觉、视觉、嗅觉、味觉、触觉）器官接收外界的信息，在大脑中进行加工处理，然后通过执行器官向外界产生输出，从而构成一个具有闭环控制系统特征的大规模系统，如图 7.1.1 所示。脑神经系统是由大量的神经元与连接神经元之间的神经腱（突触）结合而成的。大多数神经元由三部分组成：细胞体、树突和轴突，如图 7.1.2 所示。树突围绕细胞体形成灌木形状，通过神经腱从其他神经元接收输入的信号。轴突从细胞体中伸展出来，形成一条通路。神经元的输出信号通过此通道，从细胞体长距离地传达到神经系统的其他部分。突触是一个神经元的轴突与另一个神经元的树突之间的特殊结合部，在突触处，两个神经元并不连通。突触是一个神经元轴突的前端与另一神经元树突的后膜彼此发生功能联系的界面，是传递信息的结构。关于突触传递，已知的有电学传递和化学传递两种。人脑大约有 10^{11} 个神经元，10^{14} 个突触。

神经元之间相互作用的机理在很大程度上还是个谜。一般来说，突触可分为兴奋性或抑制性的，这取决于突触前部的“活性”是否能使突触后膜的电位（膜电位）超过引起神经冲动的阈

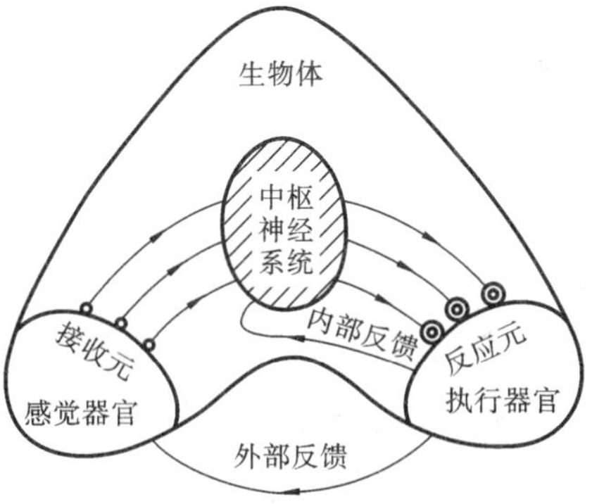

图 7.1.1　神经系统的信息(流)处理

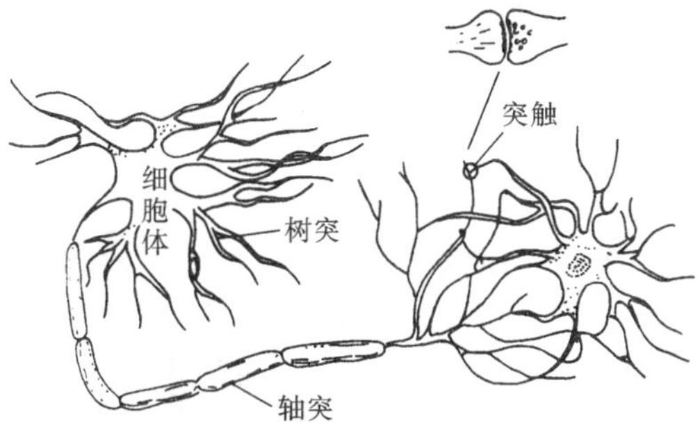

图 7.1.2　生物神经元的图解

值。一个神经元将所有与其输入通路相连的突触上的兴奋电流收集起来，若兴奋电流占主导地位，则该神经元被激活，并将这个信息通过与其输出通路相连的突触送给其他神经元。人脑中有的神经元只与邻近很少几个神经元通信，而有的神经元却与上千个神经元相连。

以上是有关生物神经元的极其简化的描述。1943 年，McCuloch 和 Pitts 提出了一种高度简化的神经元模型，简称 M-P 模型，如图 7.1.3 所示。设某一个神经元具有 N 个输入，各输入信号的强度分别为 $x_1,x_2,\cdots,x_N$。神经元的输出为 y。模型的激活规则可由离散时间的差分方程描述：

$$y(t+1)=\begin{cases}1, & \sum\limits_{i=1}^{N} w_i x_i(t)\geqslant\theta\\ 0, & \sum\limits_{i=1}^{N} w_i x_i(t)<\theta\end{cases}$$

式中，$t=0,1,2,\cdots$，神经元的输入、输出取值为 0 或 1，1 代表神经元的兴奋状态，0 代表神经元的静止状态(非兴奋状态)；w_i 表示第 i 个输入与神经元的连接强度，神经元膜电位变化量为 w_i，w_i 为正时表示兴奋性突触，w_i 为负时则表示抑制性突触；θ 为神经元的阈值。当各输入与其连接强度的加权和 $\sum\limits_{i=1}^{N} w_i x_i(t)$ 超过 θ 时，神经元进入兴奋状态。

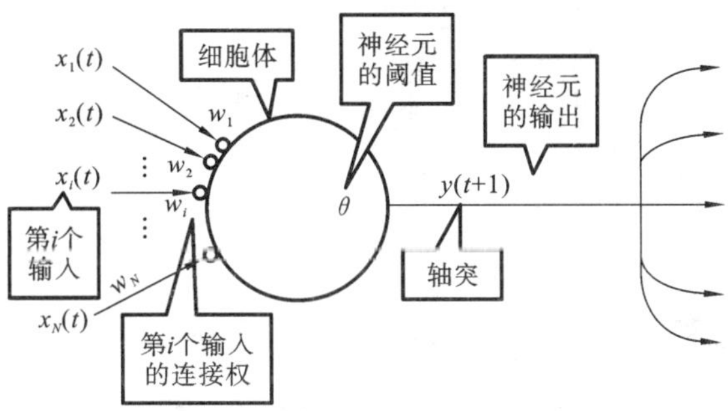

图 7.1.3　M-P 神经元模型

这个 M-P 神经元模型虽然很简单，但它具有计算能力。选择适当的权值 w_i 和阈值 θ，可以进行基本的逻辑运算 AND、OR 和 NOT，分别如图 7.1.4(a)、(b)、(c)所示，从而可实现任何布尔代数运算。考虑到单元的时延性质，M-P 模型可以组合成时序数字电路，图 7.1.4(d)就是一个存储器单元。

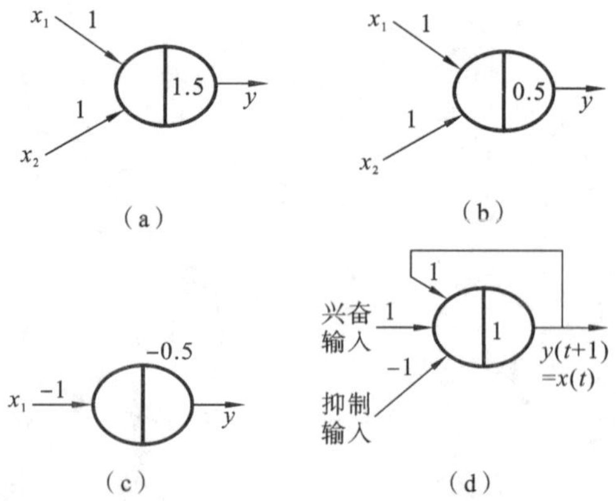

图 7.1.4 M-P **神经元组成的逻辑元件**

(a) AND;(b) OR;(c) NOT;(d) 存储器单元

M-P 模型的特点是具有完美、确切的数学定义,但实用价值不大。它仅表示了神经元的二值状态,时间也是离散的,而且假设所有的神经元是同时运行的。另一方面,目前对神经元系统中的神经元功能及其连接结构还没有得到进一步的研究成果,所以仅从生物学上给出神经元的数学模型是远远不够的。

现在研究人工神经网络的另一重要途径是从神经系统高一层的处理能力出发,利用认识论上的成果,甚至从实际中要解决的特殊问题出发,提炼人工神经网络应具备的功能、特征,再基于神经元的结构、功能特点,构造其模型。下面讨论常用的神经元模型。

各种神经元模型的结构是相同的。都由一个处理节点和连接权(神经键连接强度)组成,带有一个输出端,信号从输入端到输出端单向传播。各种神经元模型的不同之处仅在于对传递函数 $u(w,x)$ 和激活函数 $f(u)$ 的数学描述不同。如图 7.1.5 所示,其中 x_i 构成输入矢量,w_i 构成权矢量,即有

$$\begin{aligned}\boldsymbol{X} &\triangleq [x_1\ x_2 \cdots\ x_N]^{\mathrm{T}}\\ \boldsymbol{W} &\triangleq [w_1\ w_2 \cdots\ w_N]^{\mathrm{T}}\end{aligned} \tag{7.1.1}$$

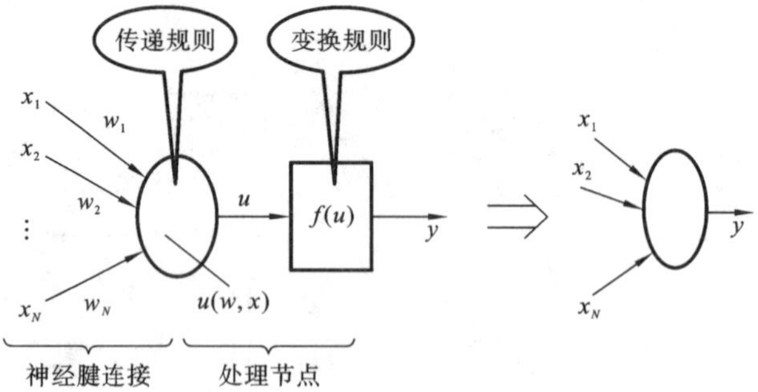

图 7.1.5 神经元一般模型及其符号

传递函数是指由 $\boldsymbol{X}$ 和 $\boldsymbol{W}$ 产生单元净输入 u 的规则。净输入是指模拟生物神经元的膜电位。激活函数是指由净输入 u 产生单元输出 y 的规则,亦称变换函数。

可见,神经元已被描述成一个多输入、单输出的非线性信号处理系统,其输入-输出关系为

$$y=f[u(\boldsymbol{W},\boldsymbol{X}),\theta]$$

为方便起见,将阈值 θ 等效为一个恒定的输入,其连接权为 θ。即 $x_0=-1$,$w_0=\theta$,这样净

输入便可写成

$$u=\sum_{i=1}^{N}w_ix_i-\theta=\sum_{i=0}^{N}w_ix_i$$

把神经元的输入-输出关系写成 $y=f(u)$，相应地，设 $\widetilde{\boldsymbol{X}}$ 和 $\widetilde{\boldsymbol{W}}$ 为扩展的输入矢量和权矢量，即

$$\begin{aligned}\widetilde{\boldsymbol{X}}&=[x_0\ x_1\cdots\ x_N]^{\mathrm{T}}=\begin{bmatrix}x_0\\\boldsymbol{X}\end{bmatrix}\\\widetilde{\boldsymbol{W}}&=[w_0\ w_1\cdots\ w_N]^{\mathrm{T}}=\begin{bmatrix}w_0\\\boldsymbol{W}\end{bmatrix}\end{aligned}\tag{7.1.2}$$

M-P 模型对应的传递函数 $u(\boldsymbol{W},\boldsymbol{X})$ 和变换函数可写成

$$u(\boldsymbol{W},\boldsymbol{X})=\widetilde{\boldsymbol{W}}^{\mathrm{T}}\widetilde{\boldsymbol{X}}\tag{7.1.3}$$

$$f(u)=\begin{cases}1, & u>0\\0, & u<0\end{cases}$$

实际上，传递函数的功能通常是计算输入矢量 $\boldsymbol{X}$ 与权矢量 $\boldsymbol{W}$ 在某种意义下的距离。M-P 模型的传递函数，是两矢量的内积 $\boldsymbol{W}^{\mathrm{T}}\boldsymbol{X}$，当两个矢量都是单位模时：$|\boldsymbol{X}|=|\boldsymbol{W}|=1$，有

$$\boldsymbol{W}^{\mathrm{T}}\boldsymbol{X}=|\boldsymbol{W}|\,|\boldsymbol{X}|\cos\langle\boldsymbol{W},\boldsymbol{X}\rangle=\cos\langle\boldsymbol{W},\boldsymbol{X}\rangle$$

内积即成为两矢量夹角的余弦。内积越小，两矢量夹角越大，“距离”越大。若 $x_i,w_i(\forall i)\in\{-1,1\}$，则内积 $\boldsymbol{W}^{\mathrm{T}}\boldsymbol{X}$ 就是两矢量的汉明距离 d_{H}，所谓“汉明距离”是指矢量相异分量的个数。内积是最常用的传递函数。

常用的变换函数有以下 4 种：阶跃函数、线性限幅函数、S 函数和随机函数。其中，阶跃函数和 S 函数分别称为离散型和连续型，它们可以是单极性的，也可以是双极性的，其数学表达式如表 7.1.1 所列。

表 7.1.1　阶跃函数和 S 函数的表达式

	单极性	双极性
阶跃函数（离散型）	$f(u)=I(u)=\begin{cases}1, & u>0\\0, & u<0\end{cases}$	$f(u)=\mathrm{sgn}(u)=\begin{cases}+1, & u>0\\-1, & u<0\end{cases}$
S 函数（连续型）	$f(u)=\dfrac{1}{1+\exp(-\lambda u)},\lambda>0$	$f(u)=\dfrac{2}{1+\exp(-\lambda u)}-1,\lambda>0$

由表 7.1.1 容易看到

$$\lim_{\lambda\to\infty}\frac{1}{1+\exp(-\lambda u)}=I(u)$$

因此，当 λ 足够大时，S 函数可以看成是阶跃函数的逼近。线性限幅函数在线性部分的表达式为 $f(u)=u$。随机函数描述的是一种二值随机模型，即输出 $y\in\{0,1\}$，y 为 1 的概率

$$p(y=1)=1/(1+\mathrm{e}^{-u/T})\tag{7.1.4}$$

式中，T 为常数，称为温度常数。4 种变换函数的图形如图 7.1.6 所示。

从信息处理的角度来看，神经元模型分为确定/随机描述型的，数字/模拟状态型的，连续/离散时间型的等几类。

7.1.2　人工神经网络模型

可以这样定义人工神经网络：它是由许多个处理单元（神经元）相互连接组成的信号处理

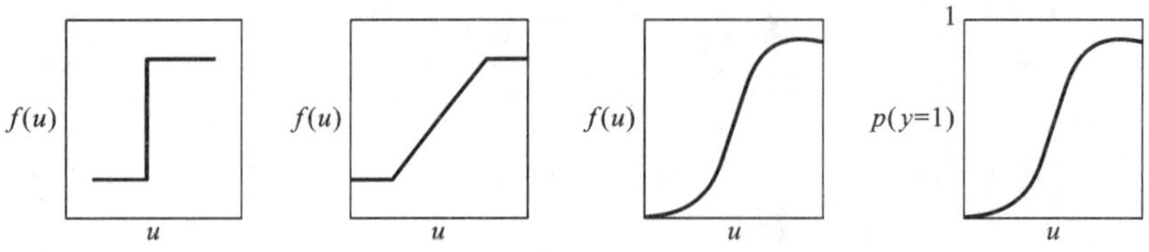

(a)　　(b)　　(c)　　(d)

图 7.1.6　几种变换函数

(a) 阶跃函数;(b) 线性限幅函数;(c) S 函数;(d) 随机函数

系统,单元的输出通过权值与其他单元(包括自身)相互连接,其中,连接可以是有时延的,也可以是无时延的。

每个神经元是一个非线性系统,因此,人工神经网络是由许多非线性系统组成的大规模系统。随着对人工神经网络研究的深入,人工神经网络的定义也将随之变化,但是上述定义对本章的内容是足够的。

处理单元的互联模式反映了神经网络的结构。按连接方式,网络结构主要分成两大类:前向型和反馈型。前向型常常具有分层结构。各神经元接收前一级(层)的输入,并输出到下一级,各层内及层间都无反馈,可用一有向无环路拓扑图表示。输入节点称为第一层神经元,输出节点称为最上层神经元,第一层与最上层之间的中间层神经元称为隐含层神经元,隐含层可以不止一层。但是,一般习惯于把权值层称为神经网络的层,例如,网络的第一层应包括输入节点层、第一隐含节点层以及它们之间的连接权。反馈型网络可用一个无向图表示,如图 7.1.7(b)所示,图中的圆圈表示神经元。还有些网络是前向型和反馈型两种网络的混合。

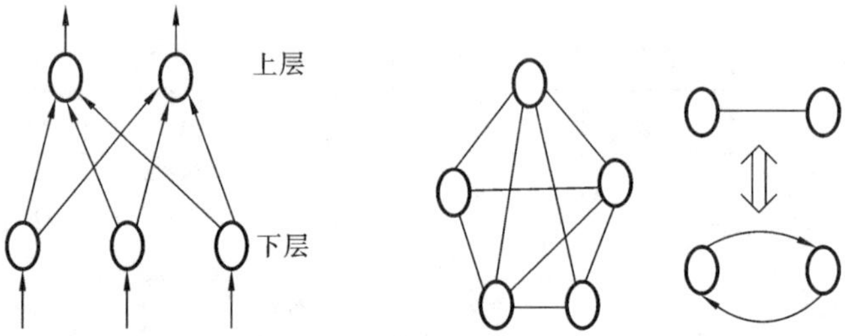

(a)　　(b)

图 7.1.7　网络结构

(a) 前馈型网络结构图;(b) 反馈型网络结构图

网络的结构不同,处理能力和设计方法也不同。下面先看两个用简单的神经网络进行信号处理的例子。

1. 前向网络

一个单层前向网络如图 7.1.8 所示,由 M 个神经元(单元)组成,接收 N 个输入。输入矢量和输出矢量分别表示为

$$\boldsymbol{X}=[x_1\ x_2\cdots\ x_N]^{\mathrm{T}},\quad \boldsymbol{Y}=[y_1\ y_2\cdots\ y_M]^{\mathrm{T}}$$

第 j 个输入到第 i 个神经元的连接权表示为 ω_{ij},则有 $u_i=\sum_{j=1}^{N}w_{ij}x_j, i=1,2,\cdots,M$,第 i 个神经元的输出是 $y_i=f(u_i)$,定义连接权矩阵 $\boldsymbol{W}$ 为

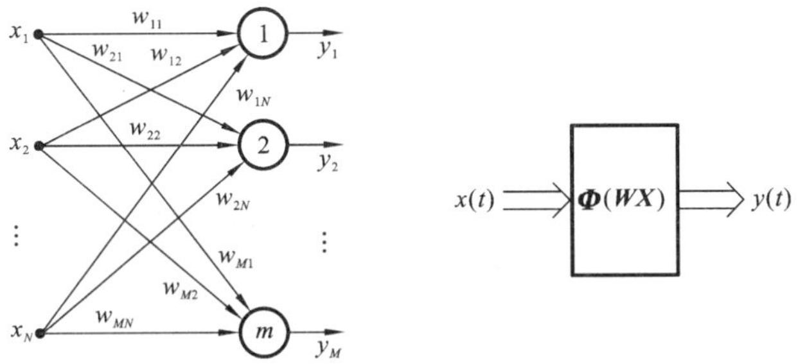

图 7.1.8　单层前向网络及其框图

$$\boldsymbol{W} \triangleq \begin{bmatrix} w_{11} & w_{12} & \cdots & w_{1N} \\ w_{21} & w_{22} & \cdots & w_{2N} \\ \vdots & \vdots & & \vdots \\ w_{M1} & w_{M2} & \cdots & w_{MN} \end{bmatrix} \tag{7.1.5}$$

引入一个非线性矩阵算子 $\boldsymbol{\Phi}$

$$\boldsymbol{\Phi}[\cdot] \triangleq \begin{bmatrix} f(\cdot) & & & 0 \\ & f(\cdot) & & \\ & & \ddots & \\ 0 & & & f(\cdot) \end{bmatrix} \tag{7.1.6}$$

式中，$f(\cdot)$为神经元的变换函数，网络的输出矢量可写成

$$\boldsymbol{Y} = \boldsymbol{\Phi}[\boldsymbol{WX}] \tag{7.1.7}$$

可见，一个前向神经网络是用来将一个 N 维输入空间 X 映射到 M 维输出空间 Y 的，或者说，将输入模式映射成输出模式。

例 7.1.1　现在考虑一个二层的前向网络，如图 7.1.9(a)所示。设第一层和第二层的权矩阵分别取为

$$\widetilde{\boldsymbol{W}}_1 = \begin{bmatrix} 1 & 0 & 1 \\ -1 & 0 & -2 \\ 0 & 1 & 0 \\ 0 & -1 & -3 \end{bmatrix}, \quad \widetilde{\boldsymbol{W}}_2 = [1 \quad 1 \quad 1 \quad 1 \quad 3.5]$$

两层的输入和输出矢量分别为

$$\widetilde{\boldsymbol{X}}_1 = [x_1 \quad x_2 \quad -1]^{\mathrm{T}}, \quad \boldsymbol{Y}_1 = [y_1 \quad y_2 \quad y_3 \quad y_4]^{\mathrm{T}};$$
$$\widetilde{\boldsymbol{X}}_2 = [y_1 \quad y_2 \quad y_3 \quad y_4 \quad -1]^{\mathrm{T}}, \quad \boldsymbol{Y}_2 = [y]$$

将双极性阶跃函数作为变换函数，即 $f(\cdot) = \mathrm{sgn}(\cdot)$，这时网络的第一层输出为

$$\boldsymbol{Y}_1 = [\mathrm{sgn}(x_1 - 1) \quad \mathrm{sgn}(-x_1 + 2) \quad \mathrm{sgn}(x_2) \quad \mathrm{sgn}(-x_2 + 3)]^{\mathrm{T}}$$

第二层输出，即该神经网络的输出为

$$\boldsymbol{Y} = \boldsymbol{y} = \mathrm{sgn}(y_1 + y_2 + y_3 + y_4 - 3.5)$$

由上式可知，仅当 $y_i = +1(i=1,2,3,4)$时，$\boldsymbol{Y} = +1$。但由 $\boldsymbol{Y}_1$ 可知，当 $x_1 > 1$ 时，$y_1 = +1$；当 $x_1 < 2$时，$y_2 = 1$；当 $x_2 > 0$ 时，$y_3 = 1$；当 $x_2 < 3$ 时，$y_4 = 1$。所以，这个网络将由(x_1, x_2)决定的一个二维输入空间映射成由 y 决定的二值空间$[+1, -1]$，如图 7.1.9(b)所示，阴影部分映射成$+1$，其补空间映射为-1。

若将双极性 S 函数作为变换函数，则有

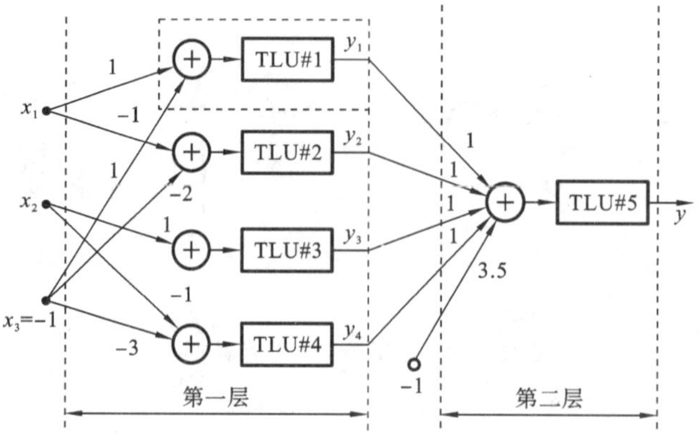

(a)

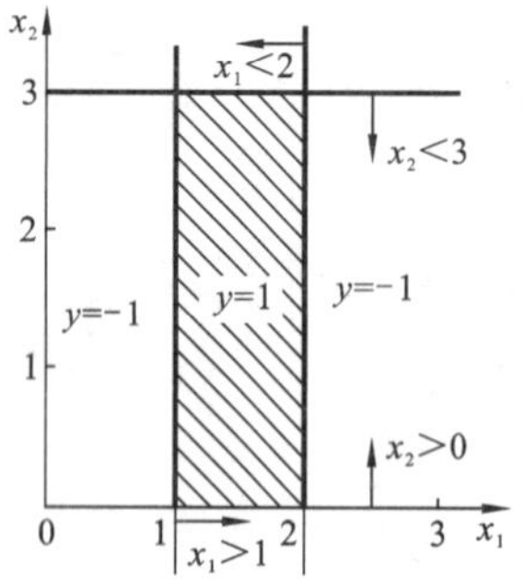

(b)

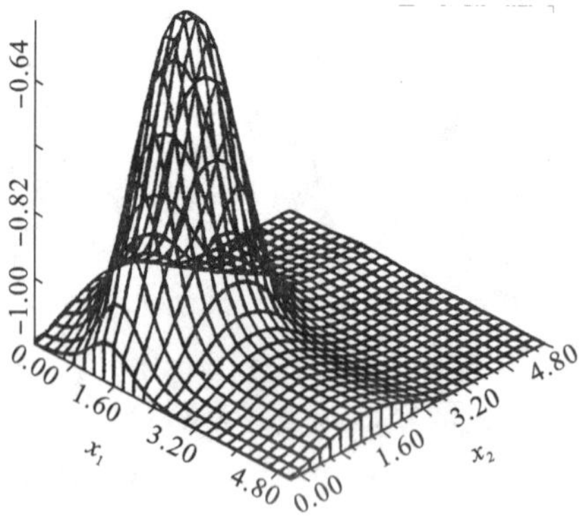

(c)

图 7.1.9　两层前向网络

$$
\boldsymbol{Y}_1=\begin{bmatrix}\dfrac{2}{1+\exp(1-x_1)\lambda}-1\\ \dfrac{2}{1+\exp(x_1-2)\lambda}-1\\ \dfrac{2}{1+\exp(-x_2)\lambda}-1\\ \dfrac{2}{1+\exp(x_2-3)\lambda}-1\end{bmatrix},\quad \lambda>0
$$

$$
y=\frac{2}{1+\exp(3.5-y_1-y_2-y_3-y_4)\lambda}-1,\quad \lambda>0
$$

这时,网络将整个二维平面映射到间隔为(−1,1)的一维数轴上。如图 7.1.9(c)所示。

由此可见,两层前向网络就已具有了非线性映射能力,神经元的非线性变换函数和权矩阵决定了其映射关系。

2. 反馈网络

反馈网络是由一个前向网络加上由输出到输入的连接所组成的网络,如图 7.1.10(a)所示。它可看成为一个基本的闭环反馈系统,如图 7.1.10(b)所示。其中,时间间隔 τ 是反馈环中的延时元件,是对生物神经元的时间特性的一种模拟。根据式(7.1.7),反馈网络用下式描述:

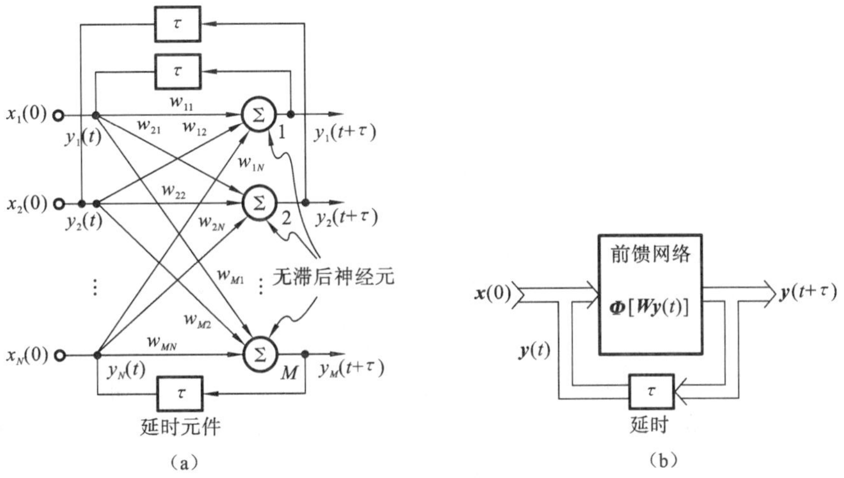

图 7.1.10　单层反馈网络

(a) 连接图,(b) 框图

$$\boldsymbol{Y}(t+\tau)=\boldsymbol{\Phi}[\boldsymbol{W}\quad\boldsymbol{Y}(t)] \tag{7.1.8}$$

若时间取离散值,即 $t=k\tau,k=0,1,2,\cdots$,则系统称为离散的。为方便起见,一般取 $\tau=1$,则式(7.1.8)变为

$$\boldsymbol{Y}(k+1)=\boldsymbol{\Phi}[\boldsymbol{W}\quad\boldsymbol{Y}(k)],\quad k=0,1,2,\cdots \tag{7.1.9a}$$

由上式可得一系列解

$$\begin{aligned}&\boldsymbol{Y}(1)=\boldsymbol{\Phi}[\boldsymbol{W}\quad\boldsymbol{X}(0)]\\&\boldsymbol{Y}(2)=\boldsymbol{\Phi}[\boldsymbol{W}\quad\boldsymbol{Y}(1)]=\boldsymbol{\Phi}[\boldsymbol{W}\quad\boldsymbol{\Phi}[\boldsymbol{W}\quad\boldsymbol{X}(0)]]\\&\quad\vdots\\&\boldsymbol{Y}(k+1)=\boldsymbol{\Phi}[\boldsymbol{W}\quad\boldsymbol{\Phi}[\cdots\boldsymbol{\Phi}[\boldsymbol{W}\quad\boldsymbol{X}(0)]\cdots]]\end{aligned} \tag{7.1.9b}$$

称 $\boldsymbol{Y}(k)$是 k 时刻的状态,则式(7.1.9b)表明网络从 0 时刻初始状态 $\boldsymbol{X}(0)$开始,发生一系列的状态转换,达到可能的平衡态,即达到 $\boldsymbol{Y}(k+1)=\boldsymbol{Y}(k)$。这个平衡态称为吸引子。一般,网络存在着多个平衡态,经过多次状态转换后,网络将到达某个平衡态。

若式(7.1.8)中的时间取连续值,则 $\tau=\mathrm{d}t$,网络为连续系统。系统的状态用非线性微分方程描述,通过状态演变,系统达到平衡态,即微分方程收敛于稳定解。可见反馈型神经网络是一个非线性动力学系统。

例 7.1.2　考察由三个双极性二值神经元组成的离散时间反馈网络,如图 7.1.10(a)所示,设权矩阵为

$$\boldsymbol{W}=\begin{bmatrix}0&1&-1\\1&0&-1\\-1&-1&0\end{bmatrix}\triangleq\begin{bmatrix}\boldsymbol{W}_1\\\boldsymbol{W}_2\\\boldsymbol{W}_3\end{bmatrix}$$

根据式(7.1.9),有

$$\boldsymbol{Y}(k+1)=\begin{bmatrix}\mathrm{sgn}(\cdot)&0&0\\0&\mathrm{sgn}(\cdot)&0\\0&0&\mathrm{sgn}(\cdot)\end{bmatrix}\begin{bmatrix}\boldsymbol{W}_1\boldsymbol{Y}(k)\\\boldsymbol{W}_2\boldsymbol{Y}(k)\\\boldsymbol{W}_3\boldsymbol{Y}(k)\end{bmatrix}$$

该系统有两个平衡态

$$\boldsymbol{Y}_1=[1\quad1\quad-1]^{\mathrm{T}}$$

$$\boldsymbol{Y}_2=[-1\quad -1\quad 1]^{\mathrm{T}}$$

很明显,当 $\boldsymbol{Y}(k)=\boldsymbol{Y}_1$ 时,

$$\boldsymbol{Y}(k+1)=[\mathrm{sgn}(2)\quad \mathrm{sgn}(2)\quad \mathrm{sgn}(-2)]^{\mathrm{T}}=[1\quad 1\quad -1]^{\mathrm{T}}=\boldsymbol{Y}(k)$$

同样考察 $\boldsymbol{Y}_2$,它们也不产生状态变化。

而对其他初始态,系统将产生转换,并达到 $\boldsymbol{Y}_1$ 或 $\boldsymbol{Y}_2$ 状态。如当 $\boldsymbol{X}(0)=[1\quad 1\quad 1]^{\mathrm{T}}$ 时,有

$$\boldsymbol{Y}(1)=\boldsymbol{\Phi}[\boldsymbol{W}\quad \boldsymbol{X}(0)][\mathrm{sgn}(0)\quad \mathrm{sgn}(0)\quad \mathrm{sgn}(-2)]^{\mathrm{T}}=[1\quad 1\quad -1]^{\mathrm{T}}$$

注意到 sgn(0)是不确定值,可取+1也可取−1,状态不发生改变。这时状态的转变为

$$[1\quad 1\quad 1]\rightarrow[1\quad 1\quad -1]$$

系统达到平衡态。其他状态转换情形不难推出。可用图 7.1.11(a)所示的三维立方体表示这种具有两个平衡态的网络的三维状态图。若用阴影区表示二值输出的“+1”,白色区表示“−1”,则可用图 7.1.11(b)和(d)表示系统的两个平衡点。当取如图 7.1.11(c)所示的三种不同的初态时,系统都将演化达到图 7.1.11(b)所示的平衡态。实际上图 7.1.11(c)与(b)的距离最近,只有一个分量不同。同理,图 7.1.11(e)所示的状态都将演化成图 7.1.11(d)所示的状态。

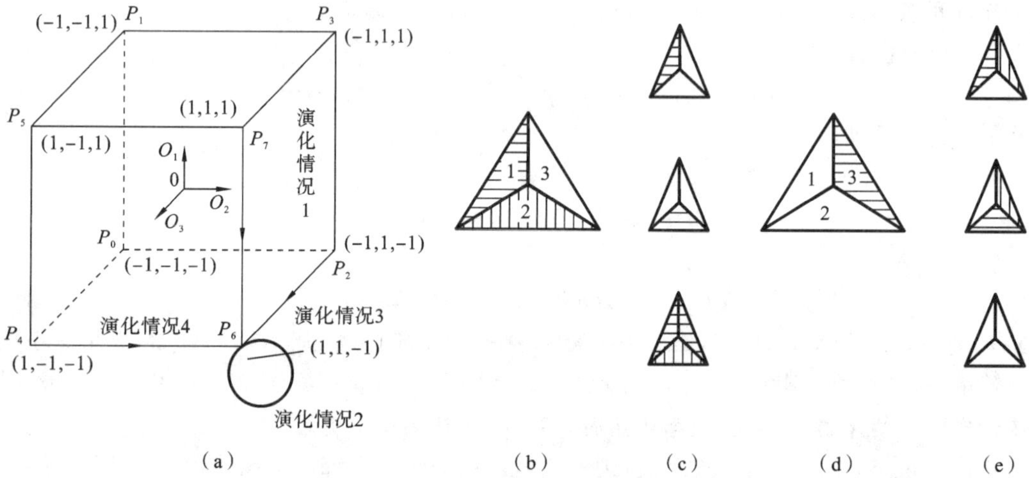

图 7.1.11　例 7.1.2 的反馈网络的状态演化情况

(a) 具有两个平衡态的反馈网络的三维状态图;(b) 平衡态 y_1;(c) y_1 的相邻态;(d) 平衡态 y_2;(e) y_2 的相邻态

这个例子说明,该反馈网络也是将输入模式(图 7.1.11(c)、(e))映射成输出模式(图 7.1.11(b)、(d)),只是这个映射需要一定的演化时间。输出模式在这里称为平衡态,被存储在权矩阵中,而演化过程由神经元的变换函数和权矩阵决定。

7.1.3　神经网络的学习方式

前面的讨论(包括例题)主要考察了给定神经网络的输入 X 后得到的响应 Y,这个计算过程常称为神经网络的“回想”。神经网络的回想是指根据存储在网络内的模式作信息恢复的处理。现在来讨论网络存储模式的设计,这是网络学习的结果,不同于传统信号处理方法的设计。

传统的信号处理方法是将问题写成算法,用程序或网络实现其算法。神经网络常用来解决难以用算法描述的问题,或者对处理的对象没有充分的了解,需要作“盲处理”的问题。神经

网络的设计过程，是指通过一些例子或某些准则来训练网络的过程。从方法上来说，神经网络信号处理以科学经验主义替代了传统的科学理性主义。随着要解决的问题和处理前“盲目”的程度的不同，神经网络的结构和学习算法就不同，其处理能力及所要求达到的指标也不同。

神经网络的学习一般依据两种规则：一种是基于自适应 LMS 学习算法（见第 2 章），即将误差函数的负梯度作为网络权值的调整量 Δw；另一种是 Hebb 学习规则，它是基于心理学中的反射机理给出权值的调整量，即

$$\Delta w_{ji} = x_i y_j \tag{7.1.10}$$

式中，x_i 为第 i 个神经元的输入，y_j 为第 j 个神经元的输出。Hebb 规则的意义是：如果两个神经元同时兴奋，则它们之间的联系得以增强。

神经网络的学习从方式上可分成以下三种情形。

1. 固定权值计算

如果已知标准的输入-输出模式，可以根据 Hebb 规则计算出网络的权值矩阵 $\boldsymbol{W}$。对这样的神经网络，要求容纳足够多的输出模式，并且有一定的容错能力。

所谓容错能力是指：若网络的输入到输出的映射为 $X\rightarrow Y$，则当输入有一小的干扰 ΔX 时，仍可得到输出 Y，即有 $X+\Delta X\rightarrow Y$。实际上，传统的滤波器可以说是一种具有容错能力的处理器。例如，从噪声中提取正弦波的滤波器，当输入为被噪声污染的变形的正弦波时，系统的输出仍是正弦波。

2. 有导师学习

如果已知部分输入/输出样本对，则用这些输入模式作为训练集，对应的输出模式作为导师信号，基于自适应 LMS 算法，根据网络对训练样本的响应与导师信号的差距来调整网络的权值。

由于网络参数是由个别样本训练出来的，因而要求网络应具有推广能力，即对没有训练的输入模式也能给出正确的输出。图 7.1.12 所示的是具有推广能力的一个例子。

这种有导师学习是离线学习的方式，即在训练阶段调整网络的权值，在工作阶段就用确定了权值的网络对输入模式给出响应。

3. 无导师学习

对于某些问题，若既不知道输出模式，又没有导师信号，则根据过去输入模式的统计特性来训练网络。这种学习方式表现了自组织的特点。图 7.1.13 给出了有导师学习和无导师学习的示意图。无导师学习方式可以是在线学习，如像前面讨论过的自适应滤波器那样，边学习边工作。这时要求学习速度能跟上网络处理速度。

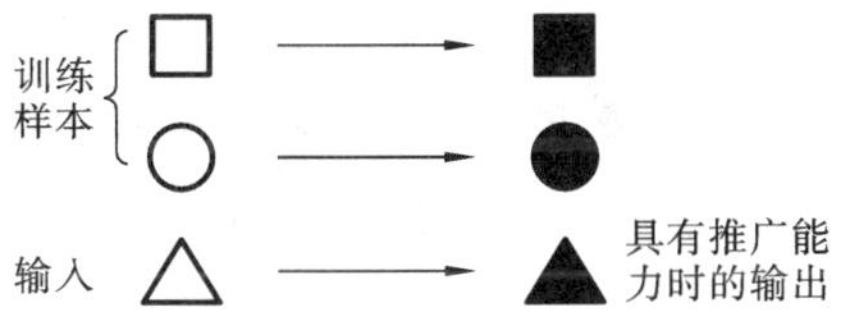

图 7.1.12　具有推广能力的例子

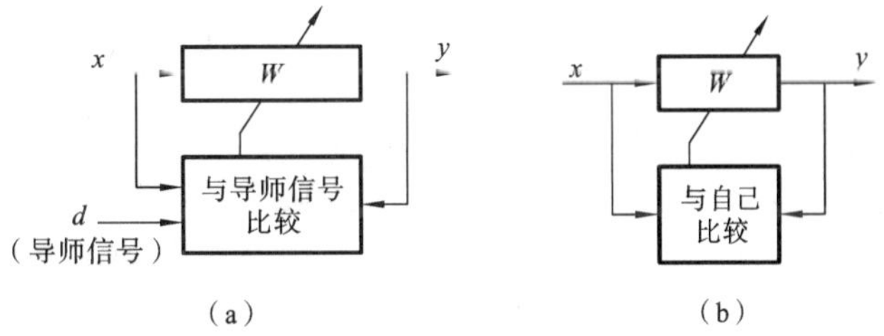

图 7.1.13　有导师学习和无导师学习的示意图

(a) 有导师学习；(b) 无导师学习

下面几节将讨论离散型和连续型的前向网络、反馈网络和它们的混合网络及其不同的学习算法。

7.2　多层前向网络及其学习算法

本节讨论前向神经网络的处理能力及其学习算法。

7.2.1　单层前向网络的分类能力

先来看看单个神经元的二分类能力。取神经元的变换函数为双极性阶跃函数，称这样的处理单元为线性阈值单元，其输入/输出关系为

$$y=\operatorname{sgn}(\widetilde{\boldsymbol{W}}^{\mathrm{T}}\widetilde{\boldsymbol{X}})=\begin{cases}+1, & \sum\limits_{i=0}^{N}w_ix_i>0\\ -1, & \sum\limits_{i=0}^{N}w_ix_i<0\\ \text{无定义}, & \sum\limits_{i=0}^{N}w_ix_i=0\end{cases}$$

$\boldsymbol{X}$ 的线性方程 $g(\boldsymbol{X})=\widetilde{\boldsymbol{W}}^{\mathrm{T}}\widetilde{\boldsymbol{X}}=\boldsymbol{0}$ 称为分界函数。一个线性阈值单元将输入空间 $\boldsymbol{X}$ 分成两类：R_1 和 R_2，即

$$\begin{aligned}&\text{当 } g(\boldsymbol{X})>\boldsymbol{0} \text{ 时},\boldsymbol{X} \text{ 属于 } R_1 \text{ 类}\\&\text{当 } g(\boldsymbol{X})<\boldsymbol{0} \text{ 时},\boldsymbol{X} \text{ 属于 } R_2 \text{ 类}\end{aligned}\tag{7.2.1}$$

如图 7.2.1 所示，当输入矢量为二维时，$g(\boldsymbol{X})=\boldsymbol{0}$ 是一直线方程。若输入矢量维数 $D=3$，则 $g(\boldsymbol{X})=\boldsymbol{0}$ 为一平面；若 $D>3$，则 $g(\boldsymbol{X})=\boldsymbol{0}$ 为一超平面。线性阈值单元实际上由线性分割器和二分类器组成，如图 7.2.2 所示。

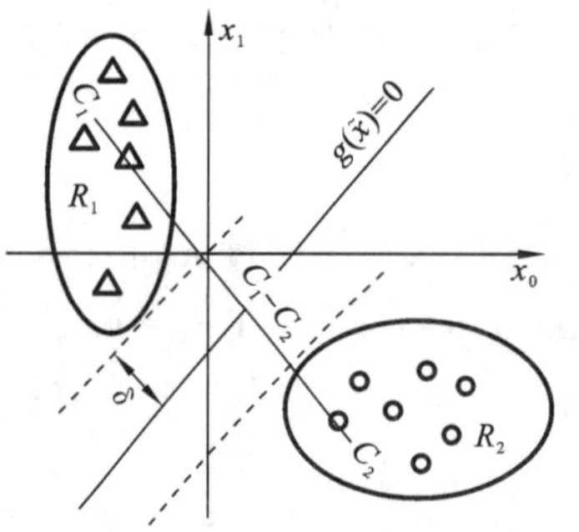

图 7.2.1　线性分割函数和二分类

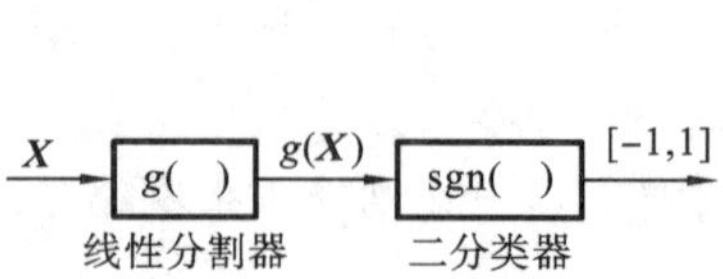

图 7.2.2　线性阈值单元的功能框图

单个神经元的最佳权矢量 $\widetilde{\boldsymbol{W}}$ 可以根据两类模式集合和距离原则来计算。设 $\boldsymbol{X}_1$ 空间中的集合 R_1 和 R_2 可以用线性函数 $g(\widetilde{\boldsymbol{X}})$分割开，这时称 R_1 和 R_2 为线性可分类，并设两类集合的中心点分别为 C_1 和 C_2，如图 7.2.1 所示，则 $g(\widetilde{\boldsymbol{X}})$的合理选择是其到 C_1 和 C_2 的距离相等，且与 C_1-C_2 垂直的超平面。不难写出 $g(\boldsymbol{X})$的表达式，即

$$g(\boldsymbol{X})=\frac{1}{2}(\|\boldsymbol{C}_1\|^2-\|\boldsymbol{C}_2\|^2)+(\boldsymbol{C}_1-\boldsymbol{C}_2)^{\mathrm{T}}\boldsymbol{X}$$

即

$$\boldsymbol{W}=\boldsymbol{C}_1-\boldsymbol{C}_2,\quad \boldsymbol{W}_0=\frac{1}{2}(\|\boldsymbol{C}_1\|^2-\|\boldsymbol{C}_2\|^2)$$

其中 n 维矢量 $\boldsymbol{C}$ 的长度为 $\|\boldsymbol{C}\|\triangleq(\boldsymbol{C}^{\mathrm{T}}\boldsymbol{C})^{1/2}$，并注意到扩展矢量 $\widetilde{\boldsymbol{X}}$ 和 $\widetilde{\boldsymbol{W}}$ 的定义式(7.1.2)。

由 M 个线性阈值单元并联而成的单层前向网络，是用 M 个线性分界函数将输入空间 $\widetilde{\boldsymbol{X}}$ 分割成若干个区域，每个区域对应不同的输出模式 $\boldsymbol{Y}$。图 7.2.3 所示的是由 3 个神经元组成的单层前向网络，它将二维输入矢量变换成三维输出矢量，将 $\boldsymbol{X}$ 平面划分成 7 个区域，如图 7.2.4所示。

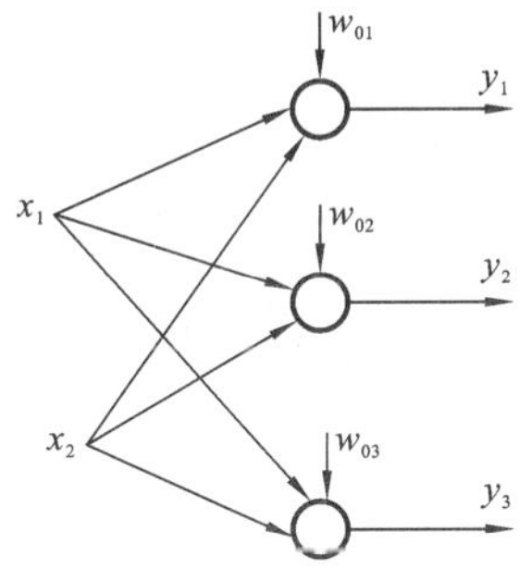

图 7.2.3　单层前向网络

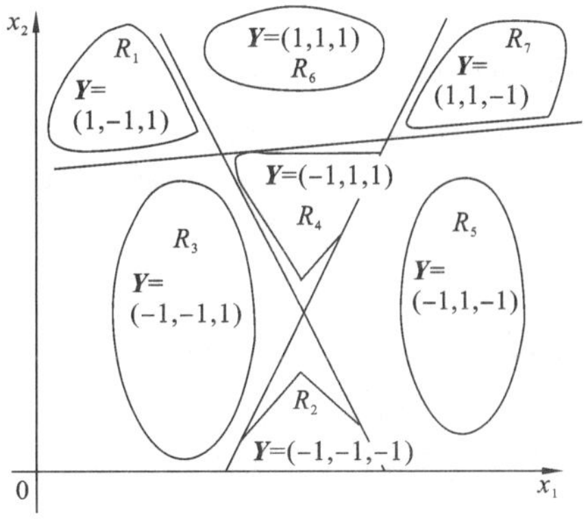

图 7.2.4　单层网络的线性分割

7.2.2　多层前向网络的非线性映射能力

为了将单层前向网络划分的某个区域作为一类，可以将其输出 y_i 进行逻辑"与"运算，用符号$\cap$表示。例如，图 7.2.4 中的 R_1 区域，由于在这个区域内 $\boldsymbol{Y}=(1,-1,1)$，所以只需作如下运算：

$$\begin{cases}\text{当}(y_1=1)\cap(y_2=-1)\cap(y_3=1)\text{为真时}, v_1=1\\ \text{否则}, v_1=-1\end{cases}$$

由于线性阈值单元具有逻辑运算功能，因此，这里只需将实现逻辑"与"运算的线性阈值单元串联，组成两层前向网络。图 7.2.5 所示的是对应图 7.2.4 中的 R_1 区域的两层分类网络。

如果几个不连通的区域为一类 O_1，则只需对上述两层前向网络得到的各个区域作逻辑"或"运算，即取网络的第三层的连接权全为 1(参见图 7.1.4(b))。图 7.2.6 所示的是将图 7.2.4中的 R_1 和 R_2 区域作为 O_1 类输出。

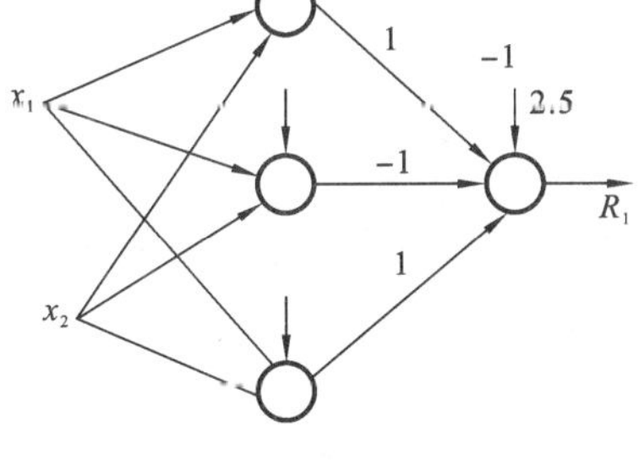

图 7.2.5　两层前向网络

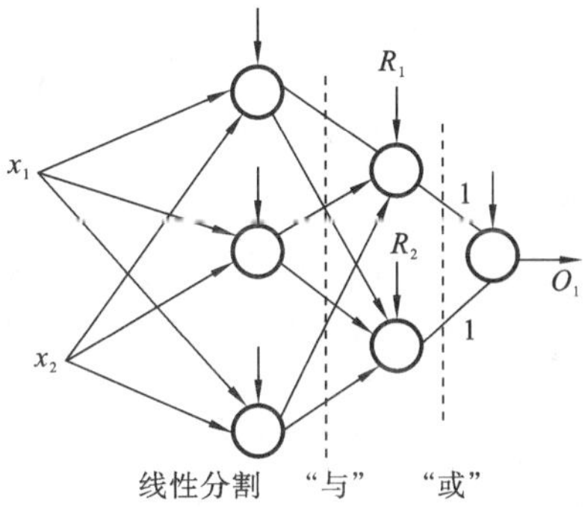

图 7.2.6　三层前向网络

综上所述，可以得出结论：只要第一隐层的神经元足够多，则由线性阈值单元组成的三层前向网络可以对任意形状的非交(不连通)的输入矢量集合进行正确分类，或者说实现任意离散非线性映射。实际上，这种映射是用分段线性的分界函数逼近任意非线性分界函数。

线性阈值单元取变换函数为双极性阶跃函数时,称为离散输出模型。若变换函数为S函数,即为模拟状态模型。可以证明,只要隐节点能自由设置,则两层前向网络可以逼近任何连续函数 g,或者说实现任意连续型非线性映射 $\boldsymbol{y}=g(\boldsymbol{X})$。具体数学描述如下:

令 $f(\boldsymbol{X})$ 不是常量,有界单调递增函数(注意到S函数满足此条件),K 为实数 R 的紧致子集(有界闭子集),$g(\boldsymbol{X})=g(x_1,x_2,\cdots,x_n)$ 为 K 上的实值连续函数,则 $\forall\varepsilon>0$,存在整数 p 和实常数 $c_i,\theta_i(i=1,2,\cdots,p)$,$w_{ij}(i=1,2,\cdots,p,j=1,2,\cdots,n)$,使得 $\hat{g}(\boldsymbol{X})=\hat{g}(x_1,x_2,\cdots,x_n)=\sum_{i=1}^{p}c_if\left(\sum_{j=1}^{n}w_{ij}x_j-\theta_i\right)$ 满足 $\max|\hat{g}(\boldsymbol{X})-g(\boldsymbol{X})|<\varepsilon$。实际上,这个描述构造了一个二层网络,如图7.2.7所示,p 个隐层单元的变换函数为 $f(\cdot)$,输出单元仅作线性加权和运算(即变换函数为线性函数)。

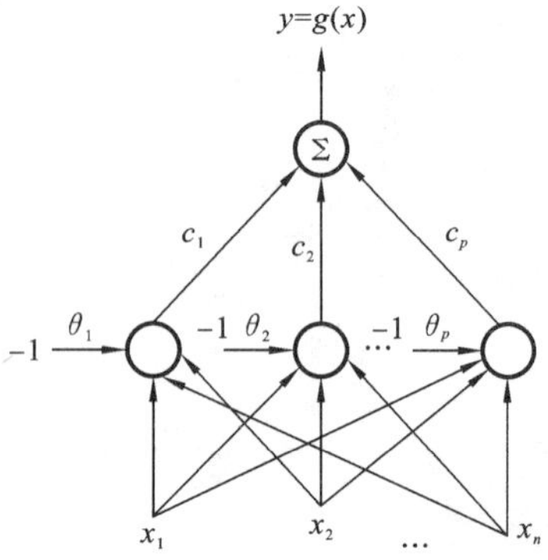

图7.2.7 二层单向网络作非线性映射

7.2.3 权值计算——矢量外积算法

对离散型单层前向网络,若已确定了标准的输入矢量 $\boldsymbol{A}=[a_1\quad a_2\quad\cdots\quad a_n]^{\mathrm{T}}$ 和相应的标准输出矢量 $\boldsymbol{B}=[b_1\quad b_2\quad\cdots\quad b_m]^{\mathrm{T}}$,用基于Hebb学习准则的矢量外积法可计算出权值矩阵 $\boldsymbol{W}$,即

$$\boldsymbol{W}=\boldsymbol{B}\boldsymbol{A}^{\mathrm{T}}=\begin{bmatrix}b_1\\b_2\\\vdots\\b_m\end{bmatrix}[a_1\quad a_2\quad\cdots\quad a_n]=\begin{bmatrix}b_1a_1&b_1a_2&\cdots&b_1a_n\\b_2a_1&b_2a_2&\cdots&b_2a_n\\\vdots&\vdots&\vdots&\vdots\\b_ma_1&b_ma_2&\cdots&b_ma_n\end{bmatrix}$$

若确定了 L 个标准输入和输出矢量 $\boldsymbol{A}_l,\boldsymbol{B}_l(l=1,2,\cdots,L)$,则取 $\boldsymbol{W}=\sum_{l=1}^{L}\boldsymbol{B}_l\boldsymbol{A}_l^{\mathrm{T}}$,这样设计的网络具有恢复(联想)和容错能力,网络在恢复阶段作内积运算。设标准输入矢量是正交的归一化矢量,即

$$\boldsymbol{A}_l^{\mathrm{T}}\boldsymbol{A}_l=1(\forall l);\quad \boldsymbol{A}_l^{\mathrm{T}}\boldsymbol{A}_k=\boldsymbol{0}\quad(l\neq k)$$

若输入被噪声污染,即有

$$\widetilde{\boldsymbol{A}}_k=\boldsymbol{A}_k+\delta\quad(1\leqslant k\leqslant L)$$

则有

$$\boldsymbol{W}\widetilde{\boldsymbol{A}}=\sum_{l=1}^{L}\boldsymbol{B}_l\boldsymbol{A}_l^{\mathrm{T}}\widetilde{\boldsymbol{A}}_k=\boldsymbol{B}_k+\sum_{l=1}^{L}\boldsymbol{B}_l\boldsymbol{A}_l^{\mathrm{T}}\delta$$

式中,$\boldsymbol{A}_l^{\mathrm{T}}\delta$ 是对第 l 个模式的扰动,通过选择神经元适当的门限值 θ 和非线性变换函数,可去掉干扰项 $\sum_{l=1}^{L}\boldsymbol{B}_l\boldsymbol{A}_l^{\mathrm{T}}\delta$。但若输入模式是非正交的,假设有 k 和 j,使 $\boldsymbol{A}_j^{\mathrm{T}}\boldsymbol{A}_k\neq0(j\neq k)$,那么,即使输入为无噪声的模型 $\boldsymbol{A}_k$,输出模式也有相互的干扰,因为

$$\boldsymbol{W}\boldsymbol{A}_k=\sum_{l=1}^{L}\boldsymbol{B}_l\boldsymbol{A}_l^{\mathrm{T}}\boldsymbol{A}_k=\boldsymbol{B}_k(\boldsymbol{A}_k^{\mathrm{T}}\boldsymbol{A}_k)+\boldsymbol{B}_j(\boldsymbol{A}_j^{\mathrm{T}}\boldsymbol{A}_k)$$

而这时抗干扰能力当然也会减弱。

例7.2.1 在如图7.1.8所示的单层前向网络中,取 $N=M=3$,神经元变换函数为双极

性阶跃函数(符号函数),输入矢量的分量 x_i 的状态为 1 或 −1。设标准输入、输出矢量 $\boldsymbol{A}=\boldsymbol{B}=[1\quad 0\quad 0]^{\mathrm{T}}$,则

$$\boldsymbol{W}=\begin{bmatrix}1&0&0\\0&0&0\\0&0&0\end{bmatrix}$$

网络是对输入矢量 $\boldsymbol{X}$ 与 $\boldsymbol{W}$ 的内积进行非线性加工,即 $\boldsymbol{Y}=f[\boldsymbol{W}^{\mathrm{T}}\boldsymbol{X}]$。显然当 $\boldsymbol{X}=\boldsymbol{A}$ 时,$\boldsymbol{Y}=\boldsymbol{A}$。当输入矢量 $\boldsymbol{X}$ 有一个或两个分量的偏差时,输出仍为 $\boldsymbol{A}$,即 $\boldsymbol{X}\rightarrow\boldsymbol{Y}$:

$$\begin{bmatrix}1\\1\\0\end{bmatrix}\ \begin{bmatrix}1\\0\\1\end{bmatrix}\ \begin{bmatrix}1\\1\\1\end{bmatrix}\rightarrow\begin{bmatrix}1\\0\\0\end{bmatrix}$$

这就是容错性。若在 $\boldsymbol{W}$ 中存储两个状态:$\boldsymbol{A}_1=[1\quad 0\quad 0]^{\mathrm{T}}$,$\boldsymbol{A}_2=[0\quad 1\quad 0]^{\mathrm{T}}$,则

$$\boldsymbol{W}=\begin{bmatrix}1&0&0\\0&1&0\\0&0&0\end{bmatrix}$$

当输入矢量有一个分量的偏差时,网络可以容错,但有两个分量的偏差时,无容错能力,即

$$\begin{bmatrix}1\\0\\0\end{bmatrix}\ \begin{bmatrix}1\\0\\1\end{bmatrix}\rightarrow\begin{bmatrix}1\\0\\0\end{bmatrix}\qquad\begin{bmatrix}0\\1\\0\end{bmatrix}\ \begin{bmatrix}0\\1\\1\end{bmatrix}\rightarrow\begin{bmatrix}0\\1\\0\end{bmatrix}$$

$$\begin{bmatrix}1\\1\\0\end{bmatrix}\rightarrow\begin{bmatrix}1\\1\\0\end{bmatrix}\neq\boldsymbol{A}_1\ 或\ \boldsymbol{A}_2$$

若存储三个状态 $\boldsymbol{A}_1$、$\boldsymbol{A}_2$ 和 $\boldsymbol{A}_3=[0\quad 0\quad 1]^{\mathrm{T}}$,则网络没有任何容错能力。可见,网络的存储容量与容错能力需权衡考虑。

7.2.4　有导师学习法——误差修正法

用来训练网络的输入模式 $\boldsymbol{X}_1,\boldsymbol{X}_2,\cdots,\boldsymbol{X}_N$ 称为训练序列,它们对应的正确响应 $d_1,d_2,\cdots,d_N$ 称为导师信号。根据网络的实际响应 $y_1,y_2,\cdots,y_N$ 与导师信号的误差,自适应调整网络的权矢量 $\boldsymbol{W}$,称为误差修正法,即

$$\boldsymbol{W}(k+1)=\boldsymbol{W}(k)+\Delta\boldsymbol{W}(k)$$

式中,k 为迭代次数;$\Delta\boldsymbol{W}_k$ 为修正量,与误差 $e(k)=d(k)-y(k)$ 有关。

1. 单个神经元的学习算法

单个神经元的学习算法依变换函数不同而异。

(1) 线性单元的 LMS 算法

对线性变换函数单元,$f(u)=u=\widetilde{\boldsymbol{W}}^{\mathrm{T}}\widetilde{\boldsymbol{X}}$。这时单个神经元就是一个自适应组合器(见 2.2.1 节),可用我们熟悉的 LMS 学习算法。概述如下:它是以误差 $e(k)=d(k)-y(k)$ 的均方值最小为准则,即根据 $\xi(\widetilde{\boldsymbol{W}})=E[e^2(k)]=\min$ 调整权值 $\widetilde{\boldsymbol{W}}$。由于 $\xi(\widetilde{\boldsymbol{W}})$ 是二次曲面,所以以该曲面的负梯度作为权值增量,即 $\Delta\widetilde{\boldsymbol{W}}(k)=-\mu\boldsymbol{\nabla}(k)$,其中,$\mu$ 为自适应增益常数,梯度 $\boldsymbol{\nabla}\triangleq\dfrac{\partial\xi}{\partial\boldsymbol{W}}$。用梯度的估计 $\widetilde{\boldsymbol{\nabla}}$ 代替梯度 $\boldsymbol{\nabla}$,得到式(2.3.2)给出的 LMS 学习算法,其中权矢量的修正量现在为

$$\Delta\widetilde{\boldsymbol{W}}(k)=-\mu\widetilde{\boldsymbol{\nabla}}(k)=2\mu e(k)\widetilde{\boldsymbol{X}}(k)$$

在第 2 章中已讨论了该算法的收敛性。

(2) 离散型单元的误差修正法

对双极性阶跃变换函数单元，$f(u)=\mathrm{sgn}(u)=\mathrm{sgn}(\widetilde{\boldsymbol{W}}^{\mathrm{T}}\widetilde{\boldsymbol{X}})$。这时误差函数 $e(W)$在整个权平面上的斜率都为 0，不能以负梯度作为权值增量。但是，可以直接以 LMS 学习算法表达式的右端的量作权值增量，即

$$\Delta\widetilde{\boldsymbol{W}}(k)=2\mu e(k)\widetilde{\boldsymbol{X}}(k)=2\mu[d(k)-y(k)]\widetilde{\boldsymbol{X}}(k)$$

由于 d 和 y 都取 $+1$ 或 -1，所以有 $e=0$(响应与导师信号一致时)或者 $e=\pm 2$(响应与导师信号不一致时)。为方便起见，上式右端的因子 2 常代之以$\frac{1}{2}$，成为

$$\Delta\widetilde{\boldsymbol{W}}(k)=\frac{1}{2}\mu[d(k)-y(k)]\widetilde{\boldsymbol{X}}(k) \tag{7.2.2}$$

附录 H.2 给出了该算法的具体步骤。

可以证明(见附录 H.1)，当训练样本是线性可分时，上述算法是收敛的。但当训练样本是线性不可分，或者近似线性可分(见图 7.2.8)时，上述离散型误差修正算法不收敛，并且不能给出误差大小的信息($|e_j|\equiv 2$)。因此，下面讨论的连续型误差修正算法用得更广泛些。实际上 S 函数可以看成是阶跃函数的近似，即有

$$\lim_{\lambda\to\infty}\frac{1}{1+\exp(-\lambda u)}=I(u)$$

(3) 连续型单元的 LMS 算法

对双极性 S 型变换函数单元，$f(u)=\dfrac{2}{1-\exp(-\lambda u)}-1$(下面取 $\lambda=1$)。S 函数是可微的，可以采用 LMS 学习算法。注意到 S 函数的导数可用 S 函数本身表示，对双极性 S 函数 $f(u)$，有

$$f'(u)=\frac{2\exp(-u)}{[1+\exp(-u)]^2}=\frac{1}{2}[1-f^2(u)] \tag{7.2.3}$$

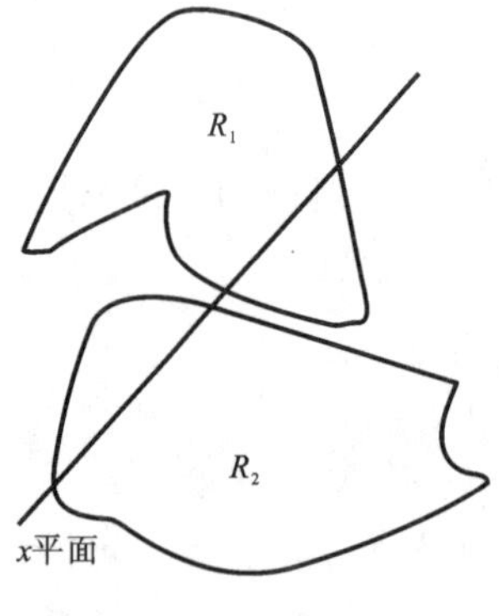

图 7.2.8　近似线性可分训练集

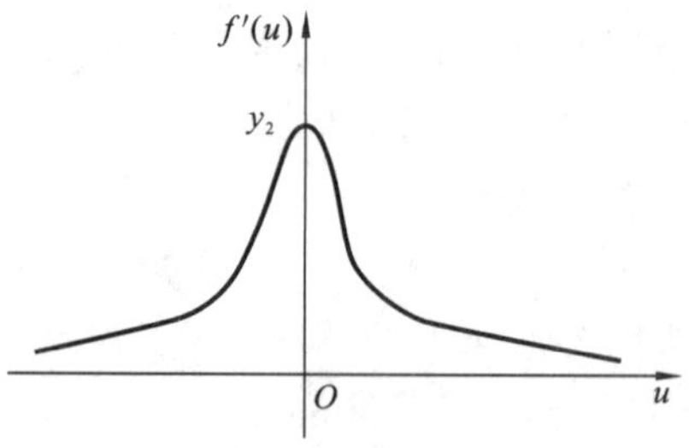

图 7.2.9　S 函数的导数

图 7.2.9 所示的是 $f'(u)$的函数曲线。设 $\xi(\boldsymbol{W})$为 LMS 算法的代价函数，一般取为误差的平方值，即 $\xi=e^2$，其中 $e=d-y$，LMS 算法的迭代增量为

$$\Delta w_i=-\mu\frac{\partial\xi}{\partial w_i}=-\mu\frac{\partial\xi}{\partial u}\frac{\partial u}{\partial w_i}=-\mu\frac{\partial\xi}{\partial u}x_i \tag{7.2.4}$$

上式中，由 $u=\sum_{i=0}^{n}w_i x_i$，有$\dfrac{\partial u}{\partial w_i}=x_i$。由 $y=f(u)$ 和式(7.2.3)，有

$$\frac{\partial\xi}{\partial u}=\frac{\partial\xi}{\partial y}\frac{\partial y}{\partial u}=-2(d-y)f'(u)=-(d-y)(1-y^2) \tag{7.2.5}$$

将上式代入式(7.2.4)，得到非线性 LMS 算法

$$\Delta \boldsymbol{W}(k)=\mu[d(k)-y(k)][1-y^2(k)]\boldsymbol{X}(k) \tag{7.2.6}$$

式中，$\boldsymbol{W}(k)$为列矢量。该算法的具体步骤由附录 H.3 给出。

这种 S 型单元的 LMS 算法对近似线性可分的训练集能得出一个可接受的解，只要给输出误差指定一个允许值 $E_{\min}$。下面对这个算法作简单的讨论。

① 式(7.2.6)与式(7.2.2)比较，它们的差别除系数$\frac{1}{2}$外，仅多出因子$(1-y^2(k))$。对 $y=\frac{2}{1-\exp(-\lambda u)}-1$，有$-1<y<1$，即 $0<1-y^2<1$。所以二者在权值增量的方向上是一致的。而因子$(1-y^2)$的作用在于：当单元输出幅度较小时，$\boldsymbol{W}$ 作较大的调整；当幅度较大时，$\boldsymbol{W}$ 作较小的调整。

② 对于这种非线性处理单元的 LMS 算法，每一步训练的性能曲面为

$$\xi_j(\boldsymbol{W})=\frac{1}{2}e_j^2=\frac{1}{2}\left\{d_j-\left[\frac{2}{1-\exp(-\lambda\widetilde{\boldsymbol{W}}^{\mathrm{T}}\widetilde{\boldsymbol{X}})}\right]-1\right\}^2$$

显然，上式为一单调的非线性函数，每次训练时它都将单调减小，并一致趋于 0。但对整个训练集，性能曲面为

$$\xi(\boldsymbol{W}) = \sum_{j=1}^{p}\xi_j(\boldsymbol{W})$$

2. 多层前向网络的学习算法

(1) 误差反向传播算法

线性变换函数的神经元就是自适应组合器，可采用本书第 2 章讨论的有效的 LMS 学习算法。但由多层线性单元组成的前向网络，只是线性 FIR 系统的级联，它等效于一个单层线性 FIR 系统，没有处理复杂问题的能力。而由离散型单元组成的多层前向网络没有有效的学习算法。由于 S 函数具有可微性，从而可以将 LMS 学习算法推广应用于多层 S 形前向网络。下面就讨论这种推广的 LMS 算法。

多层前向网络如图 7.2.10 的实线框图所示。每一层中的各个单元都是依式(7.2.4)的修正量进行学习。将式(7.2.4)重写成

$$\Delta w_{ij}^{(p)}=-\mu\frac{\partial\xi}{\partial u_j^{(p)}}x_i^{(p)} \tag{7.2.7}$$

式中，$w_{ij}^{(p)}$是网络第 p 层第 i 个输入节点到第 j 个输出节点的连接权，$u_j^{(p)}$ 是该层第 j 个单元的净输入。

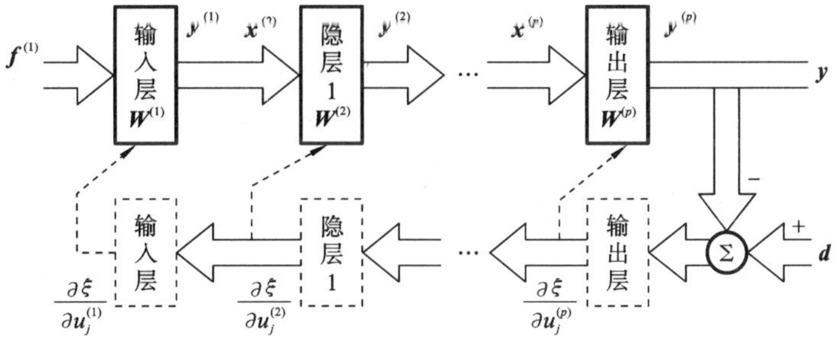

图 7.2.10　多层前向网络框图

在网络训练中，只能得到输入层的输入样本 $x_i=x_i^{(1)}$ 和输出层的输出 $y_j=y_j^{(p)}$ 及导师信

号 d_j，从而由式(7.2.4)得到输出层的$\frac{\partial \xi}{\partial u_j^{(p)}}$。但其他单元的输入 $x_i^{(p)}(p=2,3,\cdots,P)$可以由 $x_i^{(p)}$ 通过前向传递而求得。如图 7.2.11(a)所示，$x_i^{(p)}$ 依下式计算

$$\begin{cases}\boldsymbol{X}^{(p+1)}=\boldsymbol{Y}^{(p)}=\boldsymbol{\Phi}[\widetilde{\boldsymbol{W}}_{(p)}^{\mathrm{T}}\widetilde{\boldsymbol{X}}^{(p)}], \quad p=1,2,\cdots,P-1 \\ \boldsymbol{X}^{(1)}=\boldsymbol{X}\end{cases} \tag{7.2.8}$$

式中，$\boldsymbol{X}^{(p)}$ 为 n_p 维列矢量，$\boldsymbol{Y}^{(p)}$ 为 n_{p+1} 维列矢量，$\widetilde{\boldsymbol{W}}_{(p)}=\widetilde{\boldsymbol{W}}^{(p)}$ 为 $n_{(p+1)}\times(n_p+1)$矩阵，$\widetilde{\boldsymbol{X}}$ 和 $\boldsymbol{\Phi}$ 见式(7.1.2)和式(7.1.6)。

再考虑网络各层的$\frac{\partial \xi}{\partial u_j^{(p)}}$，算法假设输出误差作反向传递，如图 7.2.10 的虚线部分所示。根据图 7.2.11(b)所示的单元框图，再根据误差反向传递的假设，有

$$\frac{\partial \xi}{\partial y_i^{(p-1)}}=\frac{\partial \xi}{\partial x_i^{(p)}}=\sum_{j=1}^{n_{(p+1)}} w_{ji}^{(p)}\frac{\partial \xi}{\partial u_j^{(p)}}, \quad p=P-1,P-2,\cdots,2 \tag{7.2.9}$$

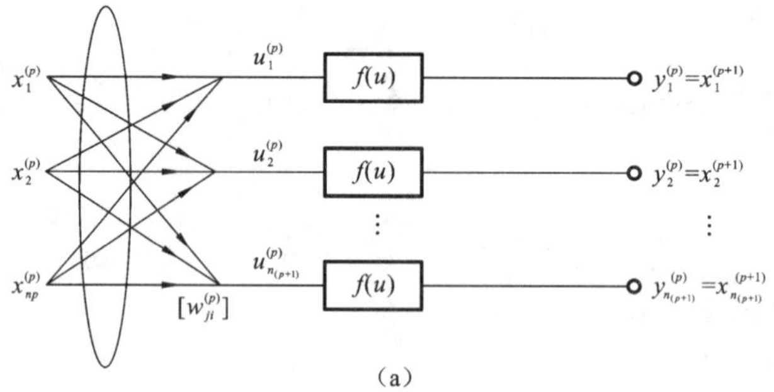

(a)

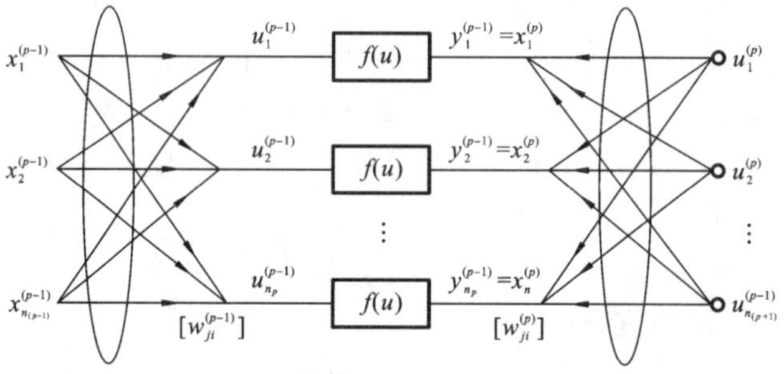

(b)

图 7.2.11 信号正向传递和误差反向传递

(a) 信号正向传递；(b) 误差反向传递

从而得到由$\frac{\partial \xi}{\partial u_j^{(p)}}$递推$\frac{\partial \xi}{\partial u_j^{(p-1)}}$的算法为

$$\frac{\partial \xi}{\partial u_j^{(p-1)}}=\frac{\partial \xi}{\partial y_j^{(p-1)}}\cdot\frac{\partial y_j^{(p-1)}}{\partial u_j^{(p-1)}}=\left(\sum_{j=1}^{n_{(p+1)}} w_{ji}^{(p)}\frac{\partial \xi}{\partial u_j^{(p)}}\right)f'[u_j^{(p-1)}]$$

将式(7.2.3)代入上式最右边的因子，解得递推公式如下

$$\begin{cases}\frac{\partial \xi}{\partial u_j^{(p-1)}}=\frac{1}{2}[1-(y_j^{(p)})^2]\left(\sum_{j=1}^{n_{(p+1)}} w_{ji}^{(p)}\frac{\partial \xi}{\partial u_j^{(p)}}\right), \quad p=P,P-1,\cdots,2 \\ \frac{\partial \xi}{\partial u_j^{(p)}}=-2(d_j-y_j)(1-y_j^2)\end{cases} \tag{7.2.10}$$

上式中的初始值为输出层的$\frac{\partial\xi}{\partial u_j^{(p)}}$，是根据式(7.2.5)得到的。

将式(7.2.8)、式(7.2.10)代入式(7.2.7)，便构成多层前向网络的LMS算法。算法中假设输出误差作反向传递，故也称反向传播算法(Back Propagation training)或称BP算法。具体实现步骤见附录H.4。下面对BP算法进行讨论。

① BP算法是按均方误差$\xi(W)$(或称代价函数、能量函数)的梯度下降方向收敛的，但这个代价函数并不是二次的，而是更高次的。也就是说，ξ构成的连接权空间不是只有一个极小点的抛物面，而是存在许多局部极小点的超曲面。如图7.2.12所示。当初值$w(0)$置在A点和B点时，用最陡下降法将收敛于极小点w_1或w_2；当初值$w(o)$置在C点时，才能收敛于全局最小点w_3。若代价函数的门限$\xi_{\min}$设在如图7.2.12中虚线所示的位置，一旦网络找到w_1或w_2，则权值不再变化，学习过程无法收敛。适当改变网络的隐节点个数或给连接权加一个很小的随机数，有可能使收敛过程避开局部极小点，但是保证网络收敛于全局极小值的有效方法是随机学习算法，将在后面讨论。

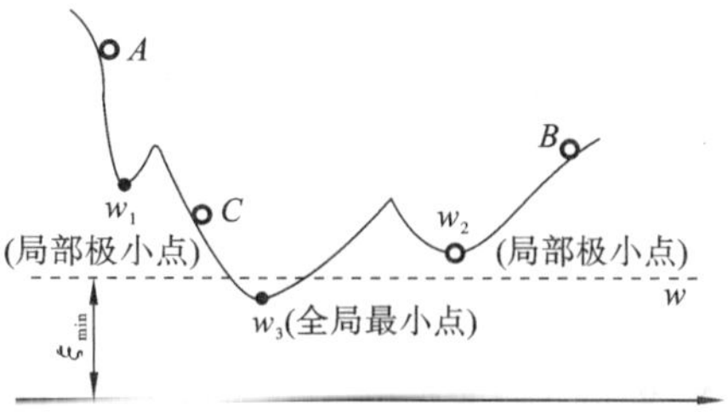

图7.2.12　$\xi(w)$的多极值点

② BP算法收敛速度较慢，即使一个比较简单的问题，也需要几百次甚至上千次的学习才能收敛。当然，由于这种前向网络的训练和处理是分阶段进行，或者说是离线学习的，所以在训练阶段对收敛时间往往是不太在乎的。但对某些应用而言，则希望有较快的收敛速度，也有一些加速方法。下面从几个不同方面介绍其中的典型方法。

a. 集中权值调整。BP算法对每一个训练样本$\{x_l, d_l\}$调整一次权值，调整量设为Δw_l。这可能导致该样本ξ减小，但对于整个训练集$\{x_1, d_1; x_2, d_2; \cdots; x_L, d_L\}$，却是朝不利的方向调整。集中调整就是把$L$个样本的整体结果作为权值调整量，即取$\Delta w \rightarrow \sum_{l=1}^{L}\Delta w_l$，当$\mu$足够小时，集中调整仍近似为梯度方向。

b. 自适应调整学习常数μ。从第2章中已知道，μ值太大可能使算法不收敛，μ值太小又使收敛速度太慢，一般μ值的范围是$10^{-3}\sim10$。可以如下自适应调整μ值：当权值修正后，ξ减小时，就加大μ，反之则减小μ。

c. 权值调整量附加“惯性”项。每次权值调整量按一定比例加上前一次学习时的调整量，称为惯性项，即

$$\Delta w(k) = -\mu\nabla\xi(k) + \alpha\Delta w(k-1)$$

式中，α为惯性系数$(0<\alpha<1)$。惯性项将加速算法收敛。在LMS算法过阻尼的情形下，$-\mu\Delta\xi(k)$和$\Delta w(k-1)$是同方向的，如图7.2.13(a)所示，但梯度$\nabla\xi(k)$随k增加而减小，而惯性项可加速w向极小点w^*靠拢。图中w_2'比w_2更接近稳定点w^*。在欠阻尼情况下，$-\mu\Delta\xi(k)$与$\Delta w(k-1)$的方向相反，惯性项加大，阻尼状态(见图7.2.13(b)中的w_2'点)由欠阻尼变为过阻尼(见图中w_2''点)。

③ 网络隐层的层数及单元数的选取尚无理论上的指导，而是根据经验确定。

(2) 随机学习算法

BP算法由于采用直接梯度下降，往往落入代价函数$\xi(w)$的局部极小点。

随机学习算法则是用于寻找全局极小点。但随机学习算法不能确定全局最小点，而是以

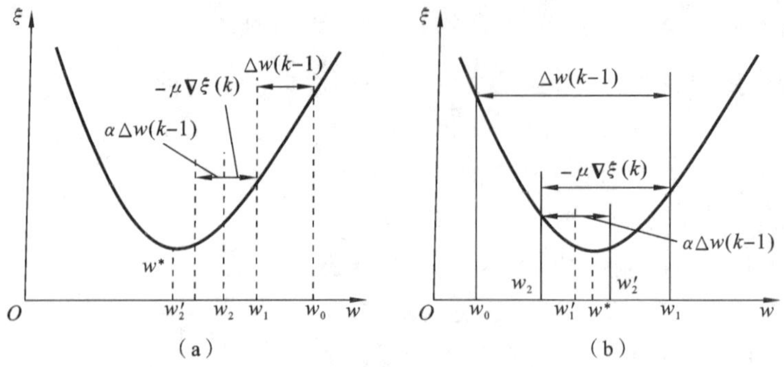

图 7.2.13　惯性项 $\alpha\Delta w(k-1)$ 的加速作用

(a) 过阻尼情形;(b) 欠阻尼情形

最大概率达到全局最小点。下面讨论称为模拟退火的随机学习算法。

模拟退火算法是模拟金属构件退火过程的一种算法。金属或某些固体物质的退火处理过程是:先用高温将其加热熔化,使其中的粒子可以自由运动,然后逐渐降低温度,粒子的自由运动趋势也逐渐减弱,并逐渐形成低能态晶格。若在凝结点附近温度下降的速度足够慢,则金属或固体物质一定会形成最低能量的基态,即最稳定结构状态。实际上,在整个降温过程中,各个粒子都经历了由高能态向低能态,有时又暂时由低能态向高能态而最终向低能态的变化过程。

在模拟退火算法中,随机取权值增量 Δw,并遵守如下两条准则:① 若 Δw 使网络能量函数(代价函数)$E(w)$减小,则接受这个 Δw;② 若 Δw 使 $E(w)$增大,即 $\Delta E(\Delta w)>0$,则按某种概率分布接受这种变化,这实际上是给变量 Δw 引入"噪声",使网络有可能跳出能量函数的局部极小点,而向全局最小点的方向发展。图 7.2.14 形象地描述了模拟退火算法与 LMS 算法的区别。

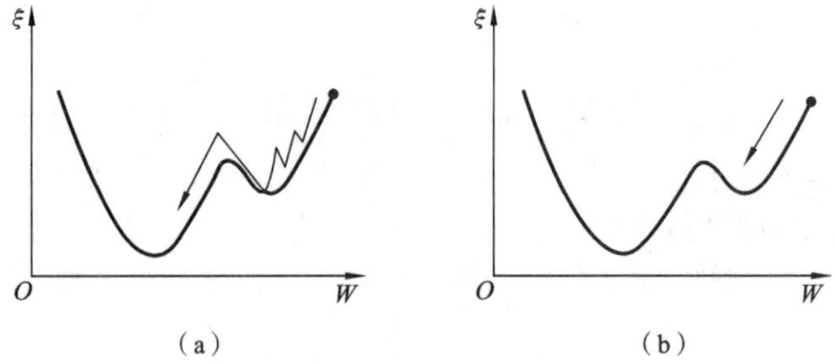

图 7.2.14　模拟退火算法与 LMS 算法比较

(a) 随机算法;(b) 梯度下降法

这里有三个因素要考虑:

① Δw 随机取值的概率密度(称为生成函数 $p(\Delta w)$);

② 允许能量函数 E 偶然上升的概率密度(称为容忍函数 $A(\Delta E)$);

③ 引入"噪声"强度的控制参数(称为"温度"T)。只有根据 $p(\Delta w)$的形式决定相应的温度的下降(称为退火率 $T(k)$),才能保证以最大的概率达到全局最小。这里,一方面引入随机扰动,使系统能克服局部极小的约束;另一方面又要保证达到全局最小后不再受扰动的干扰和破坏,或者说,当温度下降为 0 时,算法成为通常的梯度下降法。

取生成函数为柯西函数,即

$$p(\Delta w)=\frac{1}{\pi}\frac{T}{T^2+(\Delta w)^2}$$

该函数产生如下：先在均匀分布的区间[−0.5,0.5]取一个随机数 $z(-0.5<z<0.5)$，然后按下式得

$$\Delta w=F(z)=T\tan(\pi z)$$

很容易求得 Δw 的概率分布为柯西函数，因为

$$p(\Delta w)=p(z)\,|F'(\Delta w)|=p(z)\frac{\mathrm{d}}{\mathrm{d}\Delta w}\left[\frac{1}{\pi}\arctan\frac{\Delta w}{T}\right]=\frac{1}{\pi}\frac{T}{T^2+(\Delta w)^2}$$

对应于柯西生成函数的退火率(降温)取为

$$T(k)=T_0/k$$

若 $\Delta E(\Delta w)>0$，则由容忍函数 $A(\Delta E)$ 确定的概率来接受新状态。取容忍函数

$$A(\Delta E)=[1+\mathrm{e}^{\Delta E/T}]^{-1} \tag{7.2.11}$$

注意到，$0\leqslant A\leqslant 0.5$。当 $\Delta E=0$ 时，$A=0.5$；当 $\Delta E\to\infty$ 时，$A=0$。容忍函数是用来对能量函数的增大作概率性限制，可以直接对随机数 $z(|z|<0.5)$ 作判断来达到目的：

$$\begin{cases}\text{若}\ |z|\leqslant A,\ \text{则容忍}\ E\ \text{的增加，接受}\ \Delta w; \\ \text{若}\ |z|>A,\ \text{则不容忍}\ E\ \text{的增加，不接受}\ \Delta w。\end{cases} \tag{7.2.12}$$

根据式(7.2.11)，容忍函数 $A(\Delta E)$ 随 ΔE 的增加而减小，即对较大的 ΔE 给予较小的容忍程度，而且退火率 $T=T_0/k$ 随时间 k 的增长，对 ΔE 的容忍程度越来越小(见图 7.2.15)。如果用式(7.2.12)的方法作接受新状态的判断准则，即当产生 ΔE 的随机数 z 的绝对值小于 A 时才接受新状态，这表明当一个小的 $|z|$ 或一个小的 $|\Delta w|$ 产生一个小的 ΔE 时，接受新状态的可能性就大。可以证明，应用这种模拟退火学习算法，在概率为 1 的意义下，$w(k)$ 将收敛于能量函数 E 的全局最小点。模拟退火学习算法的另一种生成函数是高斯函数：$p(\Delta w)=\exp[-(\Delta w)^2/T]$，这时，退火率需取 $T(k)=T_0/\ln k$，降温速度比(T_0/k)要慢得多，而容忍函数仍用式(7.2.11)。

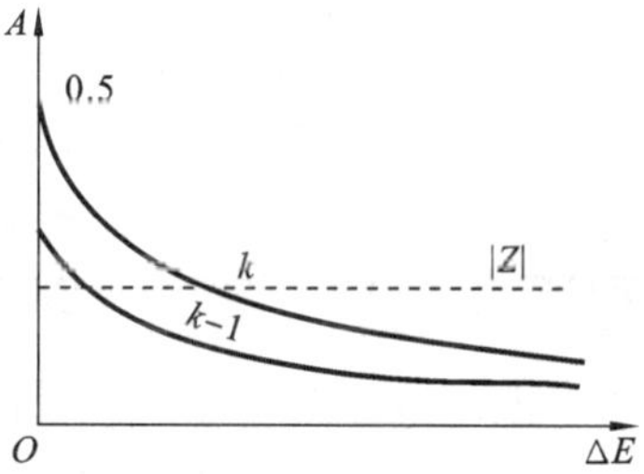

图 7.2.15　容忍函数的变化

模拟退火学习算法有以下四个步骤：

① 产生新状态 $w(k+1)$；

② 计算新状态的能量函数 $E(k+1)$；

③ 判断是否接受新状态；

④ 降低温度。

附录 H.5 给出了算法的具体步骤。

前向网络可以用具有自组织特性的无导师学习算法训练权值，然而，将前向网络与反馈网络组合在一起进行无导师训练时，显示出了更强的自组织处理能力。因此，在 7.4 节中将专门讨论这种自组织网络及其无导师学习算法。

7.3　反馈网络及其能量函数

有导师学习的前向网络，在工作恢复阶段没有任何反馈过程，但在工作阶段，则参考导师信号将输出误差反馈回来，调整网络的连接权。如此这般反馈迭代，直到设计的代价函数(能

量函数)达到某一极小点。可以认为,反馈网络将这种反馈迭代过程置入网络之中,或者说,将前向网络中的训练演化阶段包含于工作阶段,但这时的反馈量不是改变连接权,而是转换成网络的附加输入量,实际上改变权值和附加输入量都是改变神经元的净输入量,使网络本身具有的所谓能量函数趋于极小点。而设计的代价函数(能量函数)则存储于网络的权值之中。离散型反馈网络与离散型前向网络一样,可用矢量外积法设计权值,也具有"联想"容错能力。

反馈网络与线性 IIR 网络一样存在着稳定性问题。从例 7.1.2 中已看到了反馈网络由初态转变到稳定态的动态演化过程。本节先介绍动态系统稳定性的基本概念和分析方法,然后讨论离散和连续型单层反馈网络的动态特性和网络权值设计、复合型反馈网络等问题,主要讨论 Hopfield 网络。

7.3.1 非线性动态系统的稳定性

在例 7.1.2 中,期望输出的模式 y_1 和 y_2 设计成网络的稳定平衡态(或称吸引子),存储在权值中,这两个吸引子都是孤立的点,称为不动吸引子。有些吸引子是同期循环的状态序列,称为极限环,犹如数字循环计数器的稳定循环状态。另外,还有些更复杂的吸引子结构。向某个吸引子演化的所有初始状态称为这个吸引子的收敛域。如例 7.1.2 中 $y_1=(1,1,-1)$的收敛域为$\{(1,1,1),(1,1,-1),(-1,1,-1),(1,1,-1)\}$。

一个非线性动态系统是否存在吸引子,这些吸引子是否稳定,这是首先要解决的问题。非线性动态系统用非线性微分方程(对连续时间系统)或非线性差分方程(对离散时间系统)描述。而非线性方程的解不一定能或不容易求得。李雅普诺夫稳定性理论提供了从方程本身(而不是由方程解)来判断吸引子的存在和稳定的方法。李雅普诺夫定理简述如下:

考虑非线性微分方程组(即动力系统):$\dfrac{\mathrm{d}x_i}{\mathrm{d}t}=f_i(x_1,x_2,\cdots,x_n;t)$,$i=1,2,\cdots,n$,写成矢量形式为$\dfrac{\mathrm{d}\boldsymbol{X}}{\mathrm{d}t}=F(\boldsymbol{X},t)$,它的解是时间 t 的函数,且与初始值 $\boldsymbol{X}_0$ 有关,记为 $\varphi(t;\boldsymbol{X}_0)$。当$\left.\dfrac{\mathrm{d}\boldsymbol{X}}{\mathrm{d}t}\right|_{\boldsymbol{X}=\boldsymbol{X}_e}=0$ 时,有 $F(\boldsymbol{X}_e,t)=0$,$t>t_0$,称 $\boldsymbol{X}_e$ 为系统的平衡态。所谓稳定性是考虑微分方程的解 $\varphi(t;\boldsymbol{X}_0)$是否趋向平衡态。

以孤立平衡点 $\boldsymbol{X}_e$ 附近的点 $\boldsymbol{X}_0$ 作为初始态,若系统的运动轨迹 $\varphi(t;\boldsymbol{X}_0)$仍在 $\boldsymbol{X}_e$ 附近,则称平衡态 $\boldsymbol{X}_e$ 是稳定的。严格的定义为:若对每个实数 $\varepsilon>0$,存在一实数 δ,使得当初始态满足 $\|\boldsymbol{X}_0-\boldsymbol{X}_e\|<\delta$ 时,系统运动轨迹满足 $\|\varphi(t;\boldsymbol{X}_0)-\boldsymbol{X}_e\|<\varepsilon$,$t\geqslant t_0$,则称平衡态 $\boldsymbol{X}_e$ 在李雅普诺夫意义下是稳定的。进一步,若$\lim\limits_{t\to\infty}\|\varphi(t;\boldsymbol{X}_0)-\boldsymbol{X}_e\|=0$,就称 $\boldsymbol{X}_e$ 是渐近稳定的。

系统的平衡点 $\boldsymbol{X}_e$ 是渐近稳定的一个条件是:能找到一个 $\boldsymbol{X}$ 的连续函数 $E(\boldsymbol{X})$,$E(\boldsymbol{X})\in R$(实数),使得

(1) $E(\boldsymbol{X})\geqslant 0$; (2) $\dfrac{\mathrm{d}E}{\mathrm{d}t}\leqslant 0$

称 $E(\boldsymbol{X})$为李雅普诺夫函数。以下几点需要注意:

① 物理上的能量函数一般可作为李雅普诺夫函数,因此,李雅普诺夫函数也称为计算能量函数。一个物理系统总是在能量最低状态下最稳定。稳定的非线性动态系统也总是朝能量低的方向运动。实际上,作为能量函数,E 可正可负,只要有下界,且 $\mathrm{d}E/\mathrm{d}t\leqslant 0$ 即可。

② 对给定的动态系统,其李雅普诺夫函数不是唯一的。可以找到许多不同的李雅普诺夫函数。

③ 若找不到系统的李雅普诺夫函数，并不说明系统不稳定。

④ 还没有统一的找李雅普诺夫函数的办法，一般是根据系统的物理意义或类似能量的概念（如代价函数）写出李雅普诺夫函数。

⑤ 对于离散时间非线性动态系统，用非线性差分方程描述，也有计算能量函数的定理：只要找到一个有下界函数 $E(\boldsymbol{X})$，其增量 $\Delta E(\boldsymbol{X})$ 是非正的，即

$$E>M(\text{常数}),\quad \Delta E\leqslant 0$$

则该函数就是计算能量函数，且说明该离散动态系统也朝着减小能量的方向运动，最后趋于稳定平衡点 $\boldsymbol{X}_e$，即有 $\Delta E(\boldsymbol{X}_e)=0$。

7.3.2　离散型 Hopfield 单层反馈网络

离散型 Hopfield 单层反馈网络的结构如图 7.3.1 所示，由 N 个神经元组成，x_i 为输入，y_j 为输出，θ_i 为阈值，$i,j=1,2,\cdots,N$。与图 7.1.10 相比，时延表现在图 7.3.1 中变换函数的状态转换的时序。这种网络是离散时间、离散型变换函数网络。下面讨论这种网络的动态特性和权值设计。

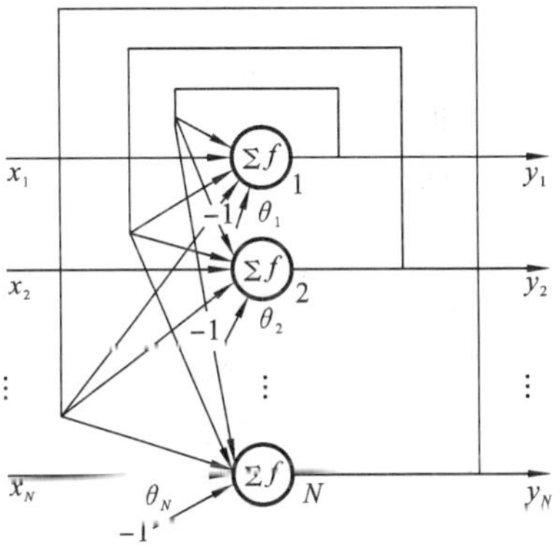

图 7.3.1　单层反馈网络的结构图

1. 网络的差分方程描述

设第 i 个单元的净输入为 u_i，有

$$u_i(k)=\sum_{j=1}^{N}w_{ij}y_j(k)+x_i-\theta_i,\quad i=1,2,\cdots,N \tag{7.3.1}$$

式中，k 为时间变量，变换函数取双极性阶跃函数，即

$$y_i=\operatorname{sgn}(u_i)=\begin{cases}+1, & \text{当 } u_i>0 \text{ 时}\\ -1, & \text{当 } u_i<0 \text{ 时}\\ y_i\ \text{维持原态}, & \text{当 } u_i=0 \text{ 时}\end{cases} \tag{7.3.2}$$

网络状态的转变有两种方式：异步（串行）方式和同步（并行）方式。

(1) 异步方式。在某一时刻 k 只允许一个单元更新输出状态，其余单元保持不变，式(7.3.2)成为

$$\begin{cases}y_i(k+1)=\operatorname{sgn}[u_i(k)], & \text{顺序或随机选择 } i\\ y_j(k+1)=y_j(k), & j\neq i\end{cases} \tag{7.3.3}$$

将式(7.3.3)代入式(7.3.1)就得到网络的差分方程组。

(2) 同步方式。在任何时刻，所有单元的状态都同时更新，式(7.3.2)成为

$$y_i(k+1)=\operatorname{sgn}[u_i(k)],\quad i=1,2,\cdots,N \tag{7.3.4}$$

将式(7.3.4)代入式(7.3.1)就得到网络的差分方程组。

2. 网络的能量函数

定义下面的二次函数为方程式(7.3.1)和式(7.3.2)的计算能量函数 E

$$E\triangleq-\frac{1}{2}\sum_{i=1}^{N}\sum_{j=1}^{N}w_{ij}y_iy_j-\sum_{i=1}^{N}x_iy_i+\sum_{i=1}^{N}\theta_iy_i \tag{7.3.5}$$

式中略去了时间变量。下面来考察这个能量函数是否符合式(7.2.12)。由于 $y_i=+1$ 或 -1，

且设权值 w_{ij}、阈值 θ_i 和输入 x_i 都有界,由式(7.3.5)有

$$|E| \leqslant \frac{1}{2}\sum_i\sum_j |w_{ij}||y_i||y_j| + \sum_i |x_i||y_i| + \sum_i |\theta_i||y_i|$$

$$= \frac{1}{2}\sum_{i,j}|w_{ij}| + \sum_i |x_i| + \sum_i |\theta_i|$$

这意味着 E 有界。再考察 E 的单调性。

(1) 异步(串行)工作方式

设时刻 $k+1$ 只有第 i 个单元允许改变状态,能量函数值的变化 ΔE 仅与第 i 个单元的状态变量 Δy_i 有关,由式(7.3.5)得到

$$\begin{aligned}\Delta E(k) &\triangleq E(k+1) - E(k)\\ &= -\frac{1}{2}\sum_{\substack{j=1\\ j\neq i}}^{n} w_{ij}y_j(k)\Delta y_j(k) - \frac{1}{2}\sum_{\substack{j=1\\ j\neq i}}^{n} w_{ji}y_j(k)\Delta y_j(k)\\ &\quad - \frac{1}{2}w_{ii}\Delta y_i^2(k) - x_i\Delta y_i(k) + \theta_i\Delta y_i(k)\\ &= -\Delta y_i(k)\left[\frac{1}{2}\sum_{\substack{j=1\\ j\neq i}}^{n} w_{ij}y_j(k) + \frac{1}{2}\sum_{\substack{j=1\\ j\neq i}}^{n} w_{ji}y_j(k) + x_i - \theta_i\right] - \frac{1}{2}w_{ii}\Delta y_i^2(k)\end{aligned} \tag{7.3.6}$$

式中,$\Delta y_i(k) \triangleq y_i(k+1) - y_i(k)$,若设 $w_{ij} = w_{ji}$(网络对称),且 $w_{ii}=0$(无自反馈),则由变换函数(7.3.2)和净输入表示式(7.3.1),式(7.3.6)成为

$$\Delta E(k) = -\Delta y_i(k)\left[\sum_{i=1}^{N} w_{ij}y_i(k) + x_i - \theta_i\right] = -\Delta y_i(k)u_i(k) \tag{7.3.7}$$

但由状态转变方程式(7.3.3)有

$$\begin{cases}\text{当 } u_i(k)<0 \text{ 时}, \Delta y_i(k) = (-1)-(\pm 1) \leqslant 0;\\ \text{当 } u_i(k)>0 \text{ 时}, \Delta y_i(k) = (+1)-(\pm 1) \geqslant 0.\end{cases} \tag{7.3.8}$$

也就是说,乘积 $\Delta y_i(k)u_i(k)$ 为非负的,于是式(7.3.6)说明 $\Delta E \leqslant 0$。这就证明了网络的稳定性和收敛性,或者说系统有稳定的平衡点。

网络在平衡状态下,有

$$y_i(k+1) = y_i(k), \quad \text{当 } k>k_0 \text{(常数)时}, \forall i$$

或者

$$\Delta y_i(k) = 0, \forall i$$

式(7.3.7)说明,$\Delta E(k)=0$ 与 $\Delta y_i(k)=0$ 是等价的。若假设 $\Delta E(k)=0$,而 $\Delta y_i(k)\neq 0$,则有 $u_i(k)=0$。但由变换函数式(7.3.2),当 $u_i(k)=0$ 时,$y_i(k+1)=y_i(k)$,即 $\Delta y_i(k)=0$。这与假设矛盾。

至此可得出以下结论:对异步工作方式的无自反馈的对称单层反馈网络,其能量函数 E 的极值点就是网络的稳定平衡点。

实际上,有自反馈的对称单层反馈网络,只要 $w_{ii}>0$,由式(7.3.6)看到,仍有 $\Delta E\leqslant 0$,即网络也是稳定的、收敛的。

(2) 同步(并行)工作方式

在同步方式下,能量函数值的变化与所有单元的状态变化有关。定义状态变化矢量

$$\Delta \boldsymbol{Y}(k) \triangleq \boldsymbol{Y}(k+1) - \boldsymbol{Y}(k)$$

并定义净输入矢量和阈值矢量为

$$\boldsymbol{U}\triangleq[u_1 \quad u_2 \quad \cdots \quad u_n]^{\mathrm{T}}, \quad \boldsymbol{\theta}=[\theta_1 \quad \theta_2 \quad \cdots \quad \theta_n]^{\mathrm{T}}$$

$\boldsymbol{X}$、$\boldsymbol{W}$ 和 $\boldsymbol{Y}$ 的定义见式(7.1.1)和式(7.1.7)。将能量函数式(7.3.5)写成矢量形式

$$E(k)=-\frac{1}{2}\boldsymbol{Y}^{\mathrm{T}}(k)\boldsymbol{W}\boldsymbol{Y}(k)-\boldsymbol{Y}^{\mathrm{T}}(k)\boldsymbol{X}+\boldsymbol{Y}^{\mathrm{T}}(k)\boldsymbol{\theta} \tag{7.3.9}$$

由上式，$E(k+1)$可写成

$$\begin{aligned}E(k+1)&=-\frac{1}{2}[\boldsymbol{Y}(k)+\Delta\boldsymbol{Y}(k)]^{\mathrm{T}}\boldsymbol{W}[\boldsymbol{Y}(k)+\Delta\boldsymbol{Y}(k)]-[\boldsymbol{Y}(k)+\Delta\boldsymbol{Y}(k)]^{\mathrm{T}}\boldsymbol{X}+[\boldsymbol{Y}(k)+\Delta\boldsymbol{Y}(k)]^{\mathrm{T}}\boldsymbol{\theta}\\&=E(k)-\left[\frac{1}{2}\Delta\boldsymbol{Y}^{\mathrm{T}}(k)\boldsymbol{W}\boldsymbol{Y}(k)+\frac{1}{2}\boldsymbol{Y}^{\mathrm{T}}(k)W\Delta\boldsymbol{Y}(k)\right.\\&\quad\left.+\frac{1}{2}\Delta\boldsymbol{Y}^{\mathrm{T}}(k)\boldsymbol{X}-\Delta\boldsymbol{Y}^{\mathrm{T}}(k)\boldsymbol{\theta}\right]-\frac{1}{2}\Delta\boldsymbol{Y}^{\mathrm{T}}(k)\boldsymbol{W}\Delta\boldsymbol{Y}(k)\end{aligned} \tag{7.3.10}$$

设 $\boldsymbol{W}^{\mathrm{T}}=\boldsymbol{W}$(网络对称)，则 $\boldsymbol{Y}^{\mathrm{T}}(k)\boldsymbol{W}\Delta\boldsymbol{Y}(k)=[\boldsymbol{Y}^{\mathrm{T}}(k)\boldsymbol{W}\Delta\boldsymbol{Y}(k)]^{\mathrm{T}}=\Delta\boldsymbol{Y}^{\mathrm{T}}(k)\boldsymbol{W}\boldsymbol{Y}(k)$。注意到式(7.3.1)的矢量形式为

$$\boldsymbol{U}(k)=\boldsymbol{W}\boldsymbol{Y}(k)+\boldsymbol{X}-\boldsymbol{\theta}$$

于是由式(7.3.10)得出

$$\Delta E(k)=E(k+1)-E(k)=-\Delta\boldsymbol{Y}^{\mathrm{T}}(k)\boldsymbol{U}(k)-\frac{1}{2}\Delta\boldsymbol{Y}^{\mathrm{T}}(k)\boldsymbol{W}\Delta\boldsymbol{Y}(k) \tag{7.3.11}$$

前面已论及，对变换函数 sgn()，有 $\Delta y_i(k)u_i(k)\geqslant 0$，参见式(7.3.8)。再设 $\boldsymbol{W}$ 为非负定的，那么上式第二项有 $\Delta\boldsymbol{Y}^{\mathrm{T}}(k)\boldsymbol{W}\Delta\boldsymbol{Y}(k)\geqslant 0$。从而说明 $\Delta E\leqslant 0$。由此得到结论：若权矢量 $\boldsymbol{W}$ 是对称的且非负定，则网络在同步工作方式下将收敛到稳定状态。

3. 网络的权值设计

考虑存储 L 个样本矢量 $\boldsymbol{A}_l=[a_1^l \quad a_2^l \quad \cdots \quad a_N^l]^{\mathrm{T}}$；$a_i^l\in\{-1,1\}$，$l=1,2,\cdots,L$。注意到 $\boldsymbol{A}_l^{\mathrm{T}}\boldsymbol{A}_l=\sum_{i=1}^{N}(a_i^l)^2=N$。用外积法设计权值矩阵 $\boldsymbol{W}$，并置 $u_{ii}=0$，则

$$\boldsymbol{W}=[\boldsymbol{A}_1 \quad \boldsymbol{A}_2 \quad \cdots \quad \boldsymbol{A}_l \quad \cdots \quad \boldsymbol{A}_L]\begin{bmatrix}\boldsymbol{A}_1^{\mathrm{T}}\\\boldsymbol{A}_2^{\mathrm{T}}\\\vdots\\\boldsymbol{A}_l^{\mathrm{T}}\\\vdots\\\boldsymbol{A}_L^{\mathrm{T}}\end{bmatrix}-L\boldsymbol{U}_n=[w_{ij}]_{N\times N} \tag{7.3.12}$$

式中，$\boldsymbol{U}_n$ 是 N 阶单位矩阵，权值是

$$\begin{cases}w_{ij}=\sum_{l=1}^{L}a_i^l a_j^l, & i\neq j\\ w_{ii}=0, & i=j\end{cases}$$

显然，$w_{ij}=w_{ji}$，所以用时序工作方式，网络是收敛的、稳定的；用并行工作方式，则要看样本矢量是否能使 $\boldsymbol{W}$ 为非负定的，若能，则网络是收敛的、稳定的。下面考察存储的样本是否为网络的平衡点。假设外加输入 $\boldsymbol{X}$ 和阈值矢量 $\boldsymbol{\theta}$ 都为 $\boldsymbol{0}$。

若样本矢量两两正交，$\boldsymbol{A}_l^{\mathrm{T}}\boldsymbol{A}_k=0(l\neq k)$，则有

$$\boldsymbol{W}\boldsymbol{A}_l=[\boldsymbol{A}_1\quad \boldsymbol{A}_2\quad \cdots\quad \boldsymbol{A}_l\quad \cdots\quad \boldsymbol{A}_L]\begin{bmatrix}\boldsymbol{A}_1^{\mathrm{T}}\\ \boldsymbol{A}_2^{\mathrm{T}}\\ \vdots\\ \boldsymbol{A}_l^{\mathrm{T}}\\ \vdots\\ \boldsymbol{A}_L^{\mathrm{T}}\end{bmatrix}\boldsymbol{A}_l-m\boldsymbol{U}\boldsymbol{A}_l$$

$$=[\boldsymbol{A}_1\quad \boldsymbol{A}_2\quad \cdots\boldsymbol{A}_l\quad \cdots\quad \boldsymbol{A}_L]\begin{bmatrix}0\\ \vdots\\ 0\\ \boldsymbol{A}_l^{\mathrm{T}}\boldsymbol{A}_l\\ 0\\ \vdots\\ 0\end{bmatrix}-M\boldsymbol{A}_l$$

$$=(N-M)\boldsymbol{A}_l$$

只要 $N>M$,就有 $\mathrm{sgn}[\boldsymbol{W}\boldsymbol{A}_l]=\boldsymbol{A}_l$,因此,所有存储的样本 $\boldsymbol{A}_l$ 都是网络的稳定平衡点。但值得注意的是,还存在不希望出现的平衡点。首先,样本 $\boldsymbol{A}_l$ 的补矢量($-\boldsymbol{A}_l$)可以是网络的平衡点。这是因为由 $\mathrm{sgn}[\boldsymbol{W}\boldsymbol{A}_l]=A_l$,$\mathrm{sgn}[\boldsymbol{W}(-\boldsymbol{A}_l)]=-\mathrm{sgn}[\boldsymbol{W}\boldsymbol{A}_l]=-\boldsymbol{A}_l$,如果 $\boldsymbol{A}_l$ 表示一个黑白图案,则 $-\boldsymbol{A}_l$ 表示黑白翻转的这一图案。还有 $\boldsymbol{A}_l(l=1,2,\cdots,L)$的线性组合也是网络的平衡点。设矢量 $\boldsymbol{Z}=\sum_{l=1}^{L}a_l\boldsymbol{A}_l$,$a_l$ 为常系数,则有

$$\boldsymbol{W}\boldsymbol{Z}=\sum_{l=1}^{L}\alpha_l\boldsymbol{W}\boldsymbol{A}_l=\sum_{l=1}^{L}\alpha_l\boldsymbol{A}_l=\boldsymbol{Z}$$

实际上,由于设计出的网络参数 $\boldsymbol{W}$ 使得能量函数 E 存在多个局部极小点,因此,会存在不希望出现的稳定点,如图 7.2.12 所示。

若样本矢量不是两两正交的,则与前向网络的外积设计一样,样本矢量之间存在着干扰。由式(7.3.12)知

$$\boldsymbol{W}\boldsymbol{A}_l=\Big[\sum_{i=1}^{L}\boldsymbol{A}_i\boldsymbol{A}_i^{\mathrm{T}}-L\boldsymbol{U}\Big]\boldsymbol{A}_l$$

这将不能保证 $\mathrm{sgn}[\boldsymbol{W}\boldsymbol{A}_l]=\boldsymbol{A}_l$,也就是说,不能保证存储样本为网络的平衡点。

有一种改进的设计方法——伪逆法。它从考虑所有的样本矢量都为网络的平衡点出发,将 L 个样本 $\boldsymbol{A}_l$ 排成矩阵 $\boldsymbol{Z}\in\mathbf{R}^{N\times L}$

$$\boldsymbol{Z}=[\boldsymbol{A}_1\quad \boldsymbol{A}_2\quad \cdots\quad \boldsymbol{A}_l\quad \cdots\quad \boldsymbol{A}_L]^{\mathrm{T}}$$

找一矩阵 $\boldsymbol{B}\in\mathbf{R}^{N\times M}$,$\boldsymbol{B}$ 与 $\boldsymbol{Z}$ 的映射关系为

$$\boldsymbol{W}\boldsymbol{Z}=\boldsymbol{B};\quad \mathrm{sgn}[\boldsymbol{B}]=\boldsymbol{Z}$$

可得

$$\boldsymbol{W}=\boldsymbol{B}\boldsymbol{Z}^{*}\tag{7.3.13}$$

$\boldsymbol{Z}^{*}$ 是 $\boldsymbol{Z}$ 的伪逆:$\boldsymbol{Z}^{*}=(\boldsymbol{Z}^{\mathrm{T}}\boldsymbol{Z})^{-1}\boldsymbol{Z}^{\mathrm{T}}$,只要样本之间线性无关,$(\boldsymbol{Z}^{\mathrm{T}}\boldsymbol{Z})$就为满秩,$(\boldsymbol{Z}^{*}\boldsymbol{Z})^{-1}$存在。而 $\boldsymbol{B}$ 中的每个元只要与 $\boldsymbol{Z}$ 的对应元有相同的符号,就可以保证存储的样本为网络的平衡点。

还有一种正交化的设计方法,能使非正交的样本集成为网络的平衡态,并减少不希望的平

衡点。这里不作讨论。

例 7.3.1　用外积法和伪逆法设计一个 $N=5$ 的离散型单层反馈网络，要求存储三个样本：

$\boldsymbol{A}_1=[1\ \ 1\ \ 1\ \ 1\ \ 1]^{\mathrm{T}}$；$\boldsymbol{A}_2=[1\ \ -1\ \ -1\ \ 1\ \ -1]^{\mathrm{T}}$；$\boldsymbol{A}_3=[-1\ \ 1\ \ -1\ \ -1\ \ -1]^{\mathrm{T}}$。

用外积法按式(7.3.12)得到权矩阵

$$\boldsymbol{W}=\sum_{i=1}^{3}\boldsymbol{A}_i\boldsymbol{A}_i^{\mathrm{T}}-3\boldsymbol{U}_5=\begin{bmatrix}0 & -1 & 1 & 3 & 1\\ -1 & 0 & 1 & -1 & 1\\ 1 & 1 & 0 & 1 & 3\\ 3 & -1 & 1 & 0 & 1\\ 1 & 1 & 3 & 1 & 0\end{bmatrix}$$

可验证，三个样本不满足正交条件，但它们之间有一定的距离(内积)，因此，它们都还是网络的平衡点。网络可能的输出状态为 $2^5=32$，而系统有四个平衡点：$\boldsymbol{A}_1$、$\boldsymbol{A}_2$、$\boldsymbol{A}_3$ 和 $-\boldsymbol{A}_2$。在串行工作方式下，有 8 个初始态收敛到 $\boldsymbol{A}_1$，9 个收敛到 $\boldsymbol{A}_2$，5 个收敛到 $\boldsymbol{A}_3$，10 个收敛到 $-\boldsymbol{A}_2$。在并行工作方式下，10 个初始态收敛到 $\boldsymbol{A}_1$，1 个收敛到 $\boldsymbol{A}_2$，2 个收敛到 $\boldsymbol{A}_3$，1 个收敛到 $-\boldsymbol{A}_2$，其他 18 个初始态都使网络陷入了极限环，其收敛性能比串行要差得多。

用伪逆法按式(7.3.13)写出 $\boldsymbol{Z}$ 并设计 $\boldsymbol{B}$

$$\boldsymbol{Z}=\begin{bmatrix}1 & 1 & -1\\ 1 & -1 & 1\\ 1 & -1 & 1\\ 1 & 1 & -1\\ 1 & -1 & -1\end{bmatrix},\quad \boldsymbol{B}=\begin{bmatrix}0.5 & 0.5 & 0.1\\ 0.5 & -0.1 & 0.5\\ 0.5 & -0.1 & 0.5\\ 0.5 & 0.5 & -0.1\\ 0.1 & -0.5 & -0.5\end{bmatrix}$$

得到

$$\boldsymbol{W}=\boldsymbol{B}(\boldsymbol{Z}^{\mathrm{T}}\boldsymbol{Z})^{-1}\boldsymbol{Z}^{\mathrm{T}}=\begin{bmatrix}0.25 & 0.1 & 0.1 & 0.25 & -0.2\\ 0.1 & 0.25 & 0.25 & 0.1 & -0.2\\ 0.1 & 0.25 & 0.25 & 0.1 & -0.2\\ 0.25 & 0.1 & 0.1 & 0.25 & -0.1\\ -0.1 & -0.1 & -0.1 & -0.1 & 0.5\end{bmatrix}$$

可以验证，$\boldsymbol{W}$ 保证 $\boldsymbol{A}_1$、$\boldsymbol{A}_2$、$\boldsymbol{A}_3$ 收敛到各自的平衡点。

如果网络用来依据某一准则由某一初态给出相应的稳态输出，那么权值的设计方法是：将问题的准则与网络的能量函数式(7.3.5)对应，映射出权值。该设计方法将在下面的连续型反馈网络中详细讨论。

7.3.3　连续型 Hopfield 单层反馈网络

连续型 Hopfield 网络与离散型 Hopfield 网络的基本原理是一致的。但连续型网络的输入、输出是模拟量，网络采用并行方式，使得实时性更好。

网络的结构如图 7.3.2 所示。图中，运算放大器的输入/输出特性为双极性 S 函数(放大器的非饱和特性)。I_i 为外加偏置电流，相当于神经元阈值 θ 的作用；w_{ij} 为电导值，是 i 放大器与 j 放大器的反馈系数，$w_{ij}=1/R_{ij}$，R_{ij} 是反馈电阻，y_i 是输出电压，$\bar{y}_i=-y_i$；电阻 r_i 和电容

C_i 并联实现图 7.1.10 中的时延 τ,一般 r_i 是运算放大器的输入电阻,C_i 为分布电容。

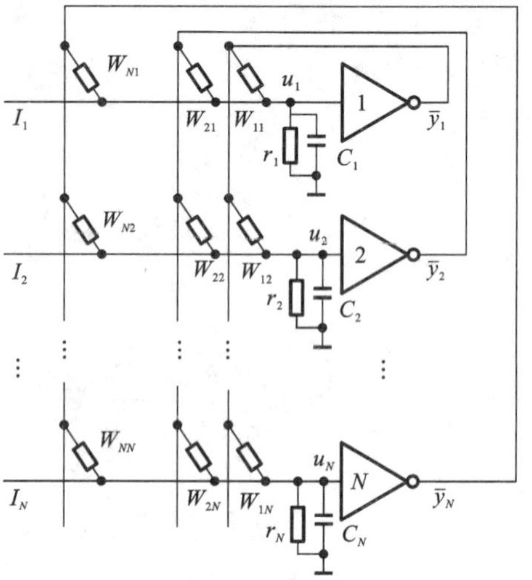

图 7.3.2　连续型 Hopfield 网络

下面讨论网络的动态特性和权值设计。

1. 网络的微分方程描述和能量函数

设 u_i 为第 i 个放大器输入节点的电压。根据基尔霍夫电流定律,放大器输入节点的电流方程为

$$C_i\frac{\mathrm{d}u_i}{\mathrm{d}t}+\frac{u_i}{r_i}=\sum_{j=1}^{N}w_{ij}(y_j-u_i)+I_i,\quad i=1,2,\cdots,N$$

设 $\frac{1}{R_i}=\frac{1}{r_i}+\sum_{j=1}^{N}w_{ij}$,则上式成为

$$C_i\frac{\mathrm{d}u_i}{\mathrm{d}t}=-\frac{u_i}{R_i}+\sum_{j=1}^{N}w_{ij}y_j+I_i,\quad i=1,2,\cdots,N \tag{7.3.14}$$

放大器的输入-输出电压关系为 S 函数

$$y_i=f(u_i)=\frac{2}{1+\exp(-\lambda u_i)}-1 \tag{7.3.15}$$

定义能量函数 E 为

$$E(\boldsymbol{Y})=-\frac{1}{2}\sum_{i=1}^{N}\sum_{j=1}^{N}w_{ij}y_iy_j-\sum_{i=1}^{N}y_iI_i+\sum_{i=1}^{N}\frac{1}{R_i}\int_0^{y_i}f^{-1}(v)\mathrm{d}v \tag{7.3.16}$$

式中,$f^{-1}(\cdot)$是 $f(\cdot)$的反函数,即 $u_i=f^{-1}(y_i)$。可以看出,式(7.3.16)的量纲与电能量相同。

先考察能量函数 E 的有界性。由于变换函数(7.3.15)的有界性即$|y_i|\leqslant 1$,所以只要偏置 x_i 和权值 w_{ij} 是有限值,则式(7.3.16)的第一、二项必为一有界量。第三项的值与运算放大器的增益 λ 有关。积分式 $\int_0^{y_i}f^{-1}(v)\mathrm{d}v$ 的特性如图 7.3.3 所示。可见:① 当 $y_i=0$ 时,积分值为 0,当 $y_i\neq 0$ 时,y_i 无论是正值还是负值,积分值都为正值。这就说明能量函数有下界。② 当增益 λ 很小时,式(7.3.16)中的第三项在靠近 $y_i\approx\pm 1$ 处有很大的值,使能量很大,所以能量极小点将落在$|y_i|<1$ 处。③ 当 λ 很大时,式(7.3.16)的第三项很小,可忽略不计。④ 当 $\lambda\to\infty$时,变换函数成为符号函数 $f(u)=\mathrm{sgn}(u)$,网络成为连续时间、离散状态的 Hopfield 网络,式(7.3.16)的第三项就消失了。

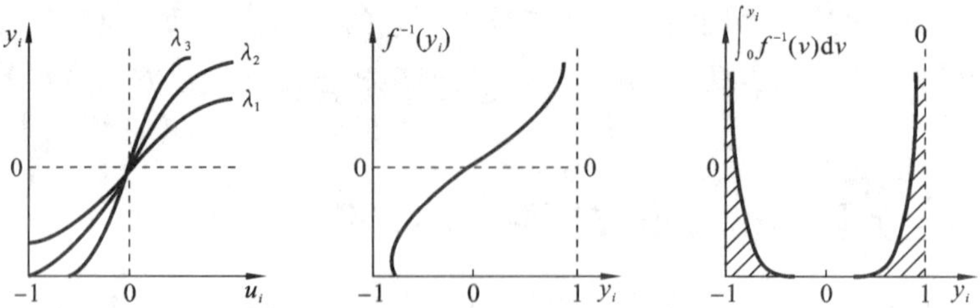

图 7.3.3　y_i、u_i 和$\int_0^{y_i}f^{-1}(v)\mathrm{d}v$ 的图形

既然 E 有下界,接着再考察变化率$\frac{\mathrm{d}E}{\mathrm{d}t}$。这里与离散 Hopfield 网络一样,设 $w_{ij}=w_{ji}$,$w_{ii}=0$,从而得到

$$\frac{\mathrm{d}E}{\mathrm{d}t}=\sum_{i=1}^{N}\frac{\mathrm{d}E}{\mathrm{d}y_i}\frac{\mathrm{d}y_i}{\mathrm{d}u_i}\frac{\mathrm{d}u_i}{\mathrm{d}t}=\sum_{i=1}^{N}\left[-\sum_{j=1}^{N}w_{ij}y_j-I_i+\frac{u_i}{R_i}\right]\frac{\mathrm{d}u_i}{\mathrm{d}t}\frac{\mathrm{d}y_i}{\mathrm{d}u_i}$$

将状态方程式(7.3.14)代入上式，得

$$\frac{\mathrm{d}E}{\mathrm{d}t}=\sum_{i=1}^{N}\left(-C_i\frac{\mathrm{d}u_i}{\mathrm{d}t}\right)\frac{\mathrm{d}u_i}{\mathrm{d}t}\frac{\mathrm{d}y_i}{\mathrm{d}t}=-\sum_{i=1}^{N}\left(\frac{\mathrm{d}u_i}{\mathrm{d}t}\right)^2\frac{\mathrm{d}y_i}{\mathrm{d}u_i}$$

由于放大器的输入-输出关系是单调上升的 S 函数，即有$\frac{\mathrm{d}y_i}{\mathrm{d}u_i}>0(\forall i)$，所以由上式得到

$$\begin{cases}\dfrac{\mathrm{d}E}{\mathrm{d}t}\leqslant 0\\ \text{当且仅当}\dfrac{\mathrm{d}y_i}{\mathrm{d}t}=0(\forall i)\text{时，}\dfrac{\mathrm{d}E}{\mathrm{d}t}=0\end{cases}$$

这表明，无自反馈、对称的连续型 Hopfield 网络是稳定收敛的，网络达到稳定状态时，能量函数 E 取极小值。

2. 网络参数设计

连续型 Hopfield 网络收敛于其能量函数的极小值，这使它能作优化计算。因为优化问题就是求某个代价函数或目标函数的极小解。如维纳滤波器就是使一个均方差函数最小的最佳滤波器。对要求满足一定约束条件的优化问题，可以将约束条件包含于代价函数中，只要将优化问题的代价函数 J 映射成网络的能量函数 E，即令 $J=E$，就可求出网络参数 w_{ij} 和 I_i。注意，约束条件下优化问题的代价函数一般有两部分。一部分为代价函数 $\xi(Y)$，其中 Y 为变量，$Y\in R^N$。另一部分为惩罚函数 $p(Y)$，由约束条件决定。当不满足约束条件时，$p(Y)$值就大。这样，代价函数便取 $J(Y)=\xi(Y)+p(Y)$。下面用一个简单的例子来说明网络参数的设计过程。

例 7.3.2　用连续型单层反馈网络设计一个 4 位 A/D 转换器。

输入一个模拟量 x，要求输出数字量 $y_i\in\{0,1\}$，$i=0,1,2,3$。放大器的输入-输出关系设为单极性 S 函数，增益 λ 设为足够大。

第一步，设计目标函数和惩罚函数：

对 A/D 转换器，应有 $x\approx\sum_{i=0}^{3}y_i2^i$，目标函数 $\xi(\boldsymbol{Y})$ 为

$$\xi(\boldsymbol{Y})=\frac{1}{2}\left(x-\sum_{i=0}^{3}y_i2^i\right)^2\geqslant 0$$

要求输出为数字量，所以约束条件为 $y_i=0$ 或 $y_i=1$，$\forall i$。若 $0<y_i<1$，则给予“惩罚”，位数 i 越高，惩罚越重。为了设计出 $w_{ii}=0$，考虑惩罚函数

$$p(\boldsymbol{Y})=-\frac{1}{2}\sum_{i=0}^{3}2^{2i}(y_i-1)y_i$$

显然，$p(\boldsymbol{Y})$是有界的，而且只有当 $y_i=0$ 或 $y_i=1(\forall i)$时，$p(\boldsymbol{Y})=0$。

第二步，写出问题的代价函数和网络的能量函数：

$$\begin{aligned}\xi(\boldsymbol{Y})+p(\boldsymbol{Y})&=\frac{1}{2}\left(x-\sum_{i=1}^{3}y_i2^i\right)^2-\frac{1}{2}\sum_{i=0}^{3}2^{2i}(y_i-1)y_i\\&=\frac{1}{2}x^2+\frac{1}{2}\sum_{i=0}^{3}\sum_{\substack{j=0\\j\neq i}}^{3}2^{i+j}y_iy_j+\sum_{i=0}^{3}(2^{2i-1}-2^ix)y_i\end{aligned}$$

在网络演化过程中，x 为一常数，而上式中常数项$\frac{1}{2}x^2$ 不影响极小值的位置，可以略去。则问

题的代价函数为

$$J(\boldsymbol{Y})=\frac{1}{2}\sum_{i=0}^{3}\sum_{\substack{j=0\\j\neq i}}^{3}2^{i+j}y_iy_j+\sum_{i=0}^{3}(2^{2i-1}-2^ix)y_i$$

采用有4个神经元的网络，能量函数如式(7.3.16)所示。考虑$\lambda\to\infty$，式(7.3.16)第三项忽略不计，则有

$$E(\boldsymbol{Y})=-\frac{1}{2}\sum_{i=0}^{3}\sum_{j=0}^{3}w_{ij}y_iy_j-\sum_{i=0}^{3}y_iI_i$$

第三步，求网络参数：

令$J(\boldsymbol{Y})=E(\boldsymbol{Y})$，比较各项系数，得到

$$\begin{cases}w_{ij}=-2^{i+j}, & i\neq j(w_{ii}=0)\\ I_i=2^ix-2^{2i-1}\end{cases}$$

还有一种计算方法，其第一步与上述方法的第一步相同，后两步改为：

第二步，求问题的代价函数和网络的能量函数的系数。这样常数项自然被置为0；

第三步，求网络参数。令$\frac{\mathrm{d}\xi(\boldsymbol{Y})}{\mathrm{d}y_i}=\frac{\mathrm{d}E(\boldsymbol{Y})}{\mathrm{d}y_i}$，比较各项系数，得到$w_{ij}$和$I_i$。

图7.3.4所示的是这个A/D转换器的原理图，图中用小圆圈表示连接电导值，输入x为电压值。与一般的串行A/D转换电路相比，神经网络A/D转换器并行工作，速度更高；与一般的并行A/D转换电路相比，它的优点是需要的运算放大器数目较少，电路结构简单。

值得注意的是，在选定了x的情形下，网络的能量函数存在多个极小点，其中只有一个是全局最小解，其余的局部极小解都是错误的A/D转换值。图7.3.5给出了当$x=7$时的能量函数曲线。

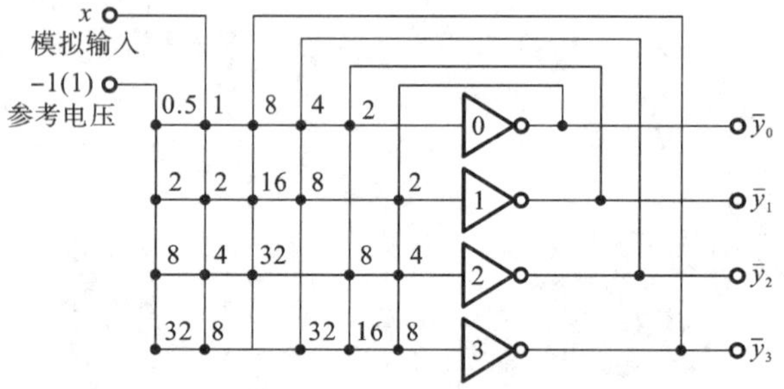

图7.3.4　单层反馈4位A/D转换器

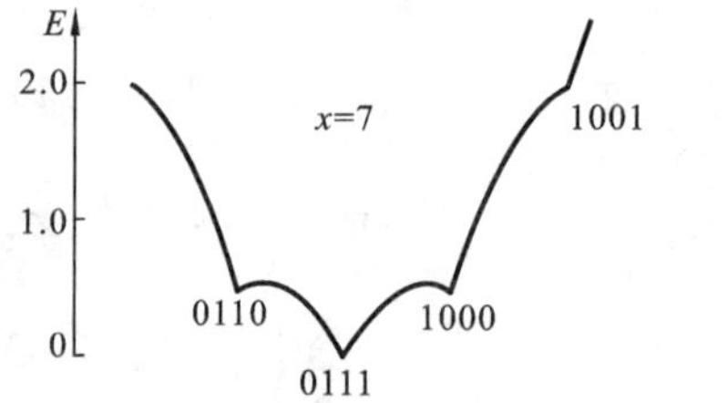

图7.3.5　A/D转换网络的能量函数曲线

为了解决A/D转换网络存在多个稳定点的问题，考虑如下具有下三角互连矩阵的Hopfield网络，即在图7.3.2中，取

$$\boldsymbol{W}=[w_{ij}]=\begin{bmatrix}0 & & 0 & \\ w_{21} & 0 & & \\ \vdots & & \ddots & \\ w_{N1} & \cdots & w_{N,N-1} & 0\end{bmatrix}$$

设N个单元的编号为$N-1,N-2,\cdots,1,0$，网络的状态方程式(7.3.14)成为

$$\begin{cases}c_{N-1}\dfrac{\mathrm{d}u_{N-1}}{\mathrm{d}t}=-\dfrac{u_{N-1}}{R_{N-1}}+I_{N-1}, & y_{N-1}=f(u_{N-1})\\ c_i\dfrac{\mathrm{d}u_i}{\mathrm{d}t}=-\dfrac{u_i}{R_i}+\sum\limits_{j=i+1}^{N-1}w_{ij}y_j+I_i, & y_i=f(u_i)\end{cases}$$

$$i=N-2,N-3,\cdots,1,0$$

上述微分方程组有唯一稳态解 $\bar{u}_i$，令 $\frac{\mathrm{d}u_i}{\mathrm{d}t}=0$，可得

$$\begin{cases}\frac{1}{R_{N-1}}\bar{u}_{N-1}=I_3\\ \frac{1}{R_i}\bar{u}_i=\sum_{j=i+1}^{N-1}w_{ij}y_j+I_i, \quad i=N-2,\cdots,0\end{cases} \tag{7.3.17}$$

对 A/D 转换，可以取 $f(\bar{u}_i)=I(\bar{u}_i)=\begin{cases}1, & \bar{u}_i\geqslant 0\\ 0, & \bar{u}_i<0\end{cases}$，这个稳态解(7.3.17)正是 A/D 转换的逐位比较法的关系式，即设 $x=y_3 2^3+y_2 2^2+y_1 2+y_0$，则有

$$\begin{cases}y_3=I(x-2^3)\\ y_i=I\left(x-\sum_{j=i+1}^{3}2^j y_j-2^i\right), \quad i=2,1,0\end{cases} \tag{7.3.18}$$

比较式(7.3.17)与式(7.3.18)，得出网络参数为

$$\begin{cases}w_{ij}=-2^j, \quad i=2,1,0; \quad j=i+1,\cdots,3\\ I_i=x-2^i, \quad i=3,2,1,0\end{cases}$$

这样，由 Hopfield 网络便得到一个 A/D 转换逐位比较法的模拟电路实现，电路图如图 7.3.6 所示。其中，放大器就是一个与“0”电位的比较器，可实现函数 $I(u)$。

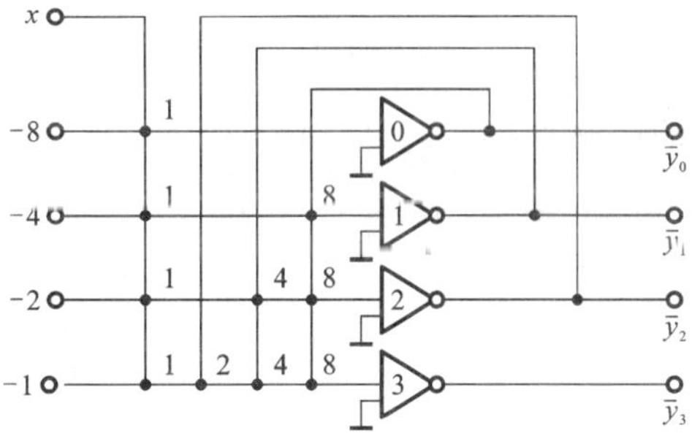

图 7.3.6　A/D 转换逐位比较法的模拟电路实现

对于更一般的问题，不能像 A/D 换转问题那样写成“逐位比较”形式，那么就不能用这种具有唯一平衡点的下三角互联网络，因而存在局部极小点的问题。前面已讨论的前向网络中的随机学习算法就是一种跳出局部极小点，寻求全局最佳解的方法。对应地，也有收敛到全局最佳解的随机型反馈网络。

另外，Hopfield 网络是将输出 y_i 直接作为反馈量，这样，在作优化计算时，惩罚函数只能直接针对输出 y_i，如例 7.3.2 中的 $\xi(Y)$。如果将前向网络与反馈网络组成复合网络，则可以增强计算能力。

下面就随机型和复合型反馈网络作简单讨论。

7.3.4　随机型和复合型反馈网络

1. 随机型反馈网络

(1) 网络结构。

随机型反馈网络与 Hopfield 网络的结构相同(见图 7.3.1)，并且同样是无自反馈的对称网络，即 $w_{ij}=w_{ji}$，$(i\neq j)$；$w_{ii}=0$。区别仅在于随机型反馈网络每个单元的输入-输出变换函数不再是确定的，而是随机的。输出 y_i 只取两个状态：0 或 1。y_i 取 1 的概率分布如图 7.1.6(d)所示，

$$p_i(1)=\frac{1}{1+\mathrm{e}^{-u_i/T}} \tag{7.3.19}$$

y_i 取 0 的概率为 $p_i(0)=1-p_i(1)=\frac{\mathrm{e}^{-u_i/T}}{1+\mathrm{e}^{-u_i/T}}$。参数 T 按下式“降温”：

$$T(t)=\frac{T_0}{\ln t}$$

式中，T_0 是初始温度。式(7.3.19)说明，神经元净输入 u_i 越大，y_i 取 1 的概率越大，反之亦然。但温度 T 影响 $p_i(1)$ 随 u_i 的变化，如图 7.3.7 所示。当 $T\to\infty$ 时，$p_i(1)$-u_i 曲线变成一条恒为 0.5 的直线，无论 u_i 为何值，y_i 取 1 和 0 的概率都相等，单元有更多的机会进行状态选择；T 降低时，曲线变陡，$p_i(1)$ 对 u_i 的变化比较敏感。当 $T\to 0$ 时，变换函数退化为确定的阶跃函数，网络退化为 Hopfield 网络。

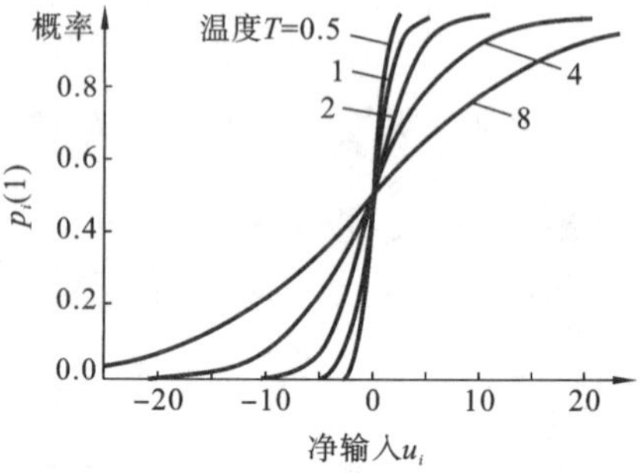

图 7.3.7　$p_i(1)$-u_i 曲线

(2) 网络的能量函数及其演化过程

仍按式(7.3.5)取能量函数，则

$$E=\frac{1}{2}\sum_i\sum_j w_{ij}y_iy_j-\sum_i x_iy_i+\sum_i x_iy_i+\sum_i \theta_iy_i$$

采取异步(串行)工作方式，每次只改变一个神经元的状态。设 y_i 由 1 状态转变为 0 状态，系统的能量函数的差值为 ΔE_i，由上式可得

$$\Delta E_i=E\mid_{y_i=0}-E\mid_{y_i=1}=\sum_i w_{ij}y_j-x_i+\theta_i=u_i$$

由式(7.3.18)，得到 y_i 取 1 的概率与 ΔE_i 的关系为

$$p_i(1)=\frac{1}{1+\mathrm{e}^{-\Delta E_i/T}}$$

这说明，根据 p_i 与 u_i 的关系，当 $u_i<0$ 时，y_i 的状态转变为 0 的概率要大些(大于 0.5)，而这时 $u_i=\Delta E_i$，也就是说，$\Delta E_i<0$ 的概率要大些。y_i 的状态改变为 1 时也可得到同样的结论：$p(\Delta E_i<0)>0.5$。因此，每一次调整，系统的总能量下降的概率总是大于上升的概率，当 T 很大时，能量上升的概率较大(但不大于 50%)，随着 T 降低，能量上升的概率越来越小。当温度 $T\to 0$ 时，最小能量的状态实现概率为 1。图 7.3.8 描述了网络的能量函数随温度 T 的变化关系。在高温时，系统较容易逃出局部极小点，走向全局最小点的收敛域，称之为“粗调”。降温后系统收敛于全局最小点。当然这是在概率意义下的收敛。还需注意这种网络收敛速度非常慢。

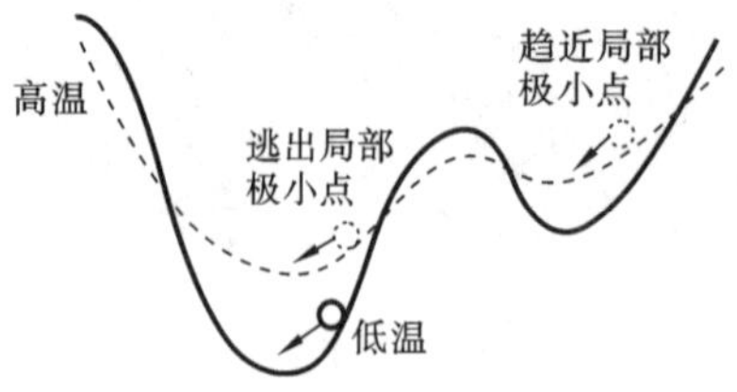

图 7.3.8　能量函数与温度的关系

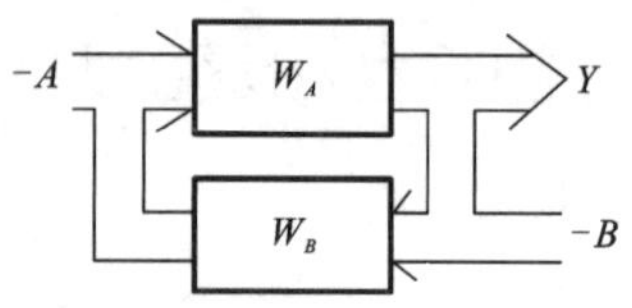

图 7.3.9　前向网络与反馈网络组成的复合网络

2. 复合型反馈网络

(1) 网络结构及其稳定性分析

如果在反馈网络中，不是直接将输出作为反馈信号，而是对输出作一变换后，再作为反馈

信号，如图 7.3.9 所示，图中变换 $\boldsymbol{W}_B$ 用一个前向网络实现，则这种复合反馈网络的处理能力可增强，但网络的收敛性和稳定性的证明更加困难。下面考虑一种较简单的情形：

$$\boldsymbol{W}_A = -\boldsymbol{W}_B^{\mathrm{T}}, \quad \boldsymbol{W}_B = [w_{ij}]_{M\times N}$$

网络电路图如图 7.3.10 所示，其中，圆点代表连接强度、电阻值或电导值。设 $f()$ 为单调升函数，且对有界输入 $\boldsymbol{X}$，$f(\boldsymbol{X})$ 和 $G(\boldsymbol{X})$ 也有界，其中 $g(\boldsymbol{X}) = \dfrac{\mathrm{d}G(\boldsymbol{X})}{\mathrm{d}\boldsymbol{X}}$。下面证明，这种网络可以是收敛的、稳定的。这种网络常称为线性规划神经网络。

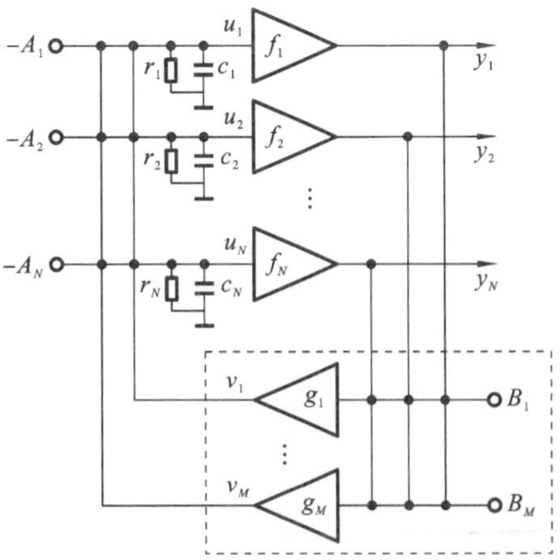

图 7.3.10　复合网络的电路示意图

网络的状态方程为

$$\begin{aligned} C_i \frac{\mathrm{d}u_i}{\mathrm{d}t} &= -A_i - \frac{u_i}{R_i} - \sum_{j=1}^{M} w_{ji} g(v_j) \\ &= -A_i - \frac{u_i}{R_i} - \sum_{j=1}^{M} w_{ji} g\left(\sum_{i=1}^{N} w_{ji} y_j - B_j\right) \end{aligned} \tag{7.3.20}$$

式中，$\dfrac{1}{R_i} = \dfrac{1}{r_i} + \sum\limits_{j=1}^{N} w_{ji}$。

考虑如下能量函数：

$$E = \sum_i A_i Y_i + \sum_j G\left(\sum_i w_{ji} y_i - B_j\right) + \sum_i \frac{1}{R_i}\int_0^{y_i} f^{-1}(x)\mathrm{d}x \tag{7.3.21}$$

式中，$G(u)$ 与 $g(u)$ 有关系，$g(u) = \dfrac{\mathrm{d}G(u)}{\mathrm{d}u}$。

只要输入 A_i，B_j，权值 w_{ij} 有界，则对于有界的 $f()$ 和 $G()$，上式 E 是有界的。

E 对时间的导数为

$$\frac{\mathrm{d}E}{\mathrm{d}t} = \sum_i \frac{\mathrm{d}y_i}{\mathrm{d}t}\left[\frac{u_i}{R} + A_i + \sum_j w_{ji} g\left(\sum_j w_{ji} y_i - B_j\right)\right]$$

将状态方程式(7.3.20)代入上式方括号中，得到

$$\frac{\mathrm{d}E}{\mathrm{d}t} = -\sum_i c_i \left(\frac{\mathrm{d}y_i}{\mathrm{d}t}\right)^2 \frac{\mathrm{d}}{\mathrm{d}y_i} f^{-1}(y_i)$$

由于 $f^{-1}(y_i)$ 是单调增长的，故上式右端的求和项为非负值，即

$$\begin{cases} \dfrac{\mathrm{d}E}{\mathrm{d}t} \leqslant 0 \\ \text{当且仅当} \dfrac{\mathrm{d}E}{\mathrm{d}t} = 0 \text{ 时，} \dfrac{\mathrm{d}y_i}{\mathrm{d}t} = 0(\forall i) \end{cases}$$

这就证明网络是收敛的、稳定的。与连续型单层反馈网络相比，这种复合网络不要求 $w_{ii} = 0$ 和 $w_{ij} = w_{ji}$，从而具有较广泛的计算能力。

(2) 网络作优化计算

复合反馈网络可以求解数学线性规划问题，求解信号处理中实数域的线性变换。简单讨论如下。

线性规划问题可以利用如下代价函数和约束条件描述：

$$\sum_{i=1}^{N} A_i y_i = \min \quad 或 \quad \boldsymbol{AY} = \min$$

$$\sum_{i=1}^{N} w_{ji} y_i \geqslant B_j, j = 1,2,\cdots,m, 或\, \boldsymbol{WY} \geqslant \boldsymbol{B}$$

式中,$\boldsymbol{A}=[A_1 \quad A_2 \quad \cdots \quad A_N]^{\mathrm{T}}$,$\boldsymbol{B}=[B_1 \quad B_2 \quad \cdots \quad B_M]^{\mathrm{T}}$,$\boldsymbol{Y}=[y_1 \quad y_2 \quad \cdots \quad y_N]^{\mathrm{T}}$,$\boldsymbol{W}=[w_{ji}]_{M\times N}$。

将上述问题的各参数与网络参数一一对应。设放大器 f 和 g 的输出分别为

$$f(u)=\beta(u)$$

$$g(u)=\begin{cases} 0, & u\geqslant 0 \\ -\alpha u, & u<0 \end{cases}$$

则有

$$G(u)=\begin{cases} 0, & u>0 \\ -\dfrac{\alpha}{2}u^2, & u<0 \end{cases}$$

这时,网络的能量函数式(7.3.21)成为

$$E = \sum_i \boldsymbol{A}_i y_i + \frac{\alpha}{2}\sum_j \Big(\sum_i w_{ji} y_i - B_j\Big)^2 + \sum_i \frac{1}{2R\beta} y_i^2$$
$$= \begin{cases} \boldsymbol{AY} + \dfrac{\alpha}{2}\|\boldsymbol{WY}-\boldsymbol{B}\|_2^2 + \dfrac{1}{2R\beta}\|\boldsymbol{Y}\|_2^2, & \boldsymbol{WY}<\boldsymbol{B} \\ \boldsymbol{AY} + \dfrac{1}{2R\beta}\|\boldsymbol{Y}\|_2^2, & \boldsymbol{WY}>\boldsymbol{B} \end{cases}$$

式中,假设 $R=R_i(\forall i)$。上式中,当放大器输入电阻 R 和放大器增益 β 足够大时,$\frac{1}{2R\beta}\|\boldsymbol{Y}\|_2^2$ 可忽略不计。那么说明,当满足约束条件,有 $\boldsymbol{WY}>\boldsymbol{B}$ 时,网络收敛到稳定平衡点:约在 $\boldsymbol{AY}$ 最小点,其误差由 $\frac{1}{2R\beta}\|\boldsymbol{Y}\|_2^2$ 产生;当不满足约束条件,有 $\boldsymbol{WY}<\boldsymbol{B}$ 时,网络的平衡点大约在 $\boldsymbol{AY}$ 最小,且 $\boldsymbol{WY}=\boldsymbol{B}$ 处。这正是问题的解。

再考虑实数域的线性变换。线性变换表示为

$$\boldsymbol{B}_M=\boldsymbol{W}_{M\times N}\boldsymbol{Y}_N \tag{7.3.22}$$

若已知 $\boldsymbol{B}$ 和 $\boldsymbol{W}$,欲求 $\boldsymbol{Y}$,其解应为

$$\boldsymbol{Y}=\boldsymbol{W}^{+}\boldsymbol{B}$$

式中,$\boldsymbol{W}^{+}$ 为 $\boldsymbol{W}$ 的伪逆,当 $N=M$ 时,$\boldsymbol{W}^{+}$ 就是逆 $\boldsymbol{W}^{-1}$。

同样,将问题的参数与网络的参数一一对应,并且取

$$A=0;\quad f(u)=g(u)=\beta u$$

网络的能量函数式(7.3.21)成为

$$E=\frac{\beta}{2}\|\boldsymbol{WY}-\boldsymbol{B}\|_2^2+\frac{1}{2R\beta}\|\boldsymbol{Y}\|_2^2$$

由上式第一项可知,网络的平衡点,即能量极小点大约在 $\boldsymbol{WY}=\boldsymbol{B}$ 处,误差由上式第二项产生,当增大 β 和 R 时,可减小误差。

用复合反馈网络作数学计算的主要优点是:高速实时计算;设计简单(一般都只需作直接映射);一般情况下没有局部极小点。后两个优点与单层反馈网络相比尤为突出。

7.4　自组织神经网络

前面讨论到的前向网络、反馈网络以及它们的复合网络的设计，或者是通过有导师学习来训练，或者是根据某些准则或标准模式计算网络互连权值。这些网络是在“导师”、“准则”或“标准模式”的监督下完成分类、函数逼近、优化计算等功能。本节要讨论的自组织网络，则是以无导师学习、自监督工作模式为特点的。

无导师学习是依据什么调整权值的呢？自组织网络在无监督下又具有哪些功能呢？实际上，无导师学习是将输入样本与过去已接收过的样本作比较（历史的观察），或与其他输入样本作比较（邻域的观察），根据输入数据与典型模式的“相似”程度提取输入数据本身的特征，颇类似于“随大流”的学习方式。所谓“相似”的程度在数学上是以某种“距离”来衡量的。一个神经元的线性传递函数在二值模式下，是计算输入模式 $\boldsymbol{X}$ 与存储模式 $\boldsymbol{W}$ 的汉明距离。最常用的非线性距离函数是欧氏距离函数 d_{evc}：

$$d_{\text{evc}}(\boldsymbol{W},\boldsymbol{X}) \triangleq \|\boldsymbol{X}-\boldsymbol{W}\| = \sqrt{\sum_{i=1}^{N}(x_i-w_i)^2} \tag{7.4.1}$$

基本的无导师学习网络的结构一般都较简单，大多数为单层前向网络。但其学习算法较为复杂。正由于学习算法复杂，因而不容易设计出相应的反馈网络。一些反馈型无导师学习网络，其结构往往是用观察和经验的方法进行设计。在实际应用时，通常需要将无导师学习网络与其他固定权值网络或有导师学习网络结合，以利用自组织提取的特征来完成分类、计算等功能。

人们观察不同的事物时，会从不同的角度出发，提取事物的不同特征。对于自组织网络，针对的输入数据不同，欲提取的特征就不同，学习算法也不同。通常有两种无导师学习规则：Hebb 规则和竞争学习规则。下面讨论三种特征的自适应提取：

（1）依竞争学习规则进行聚类，提取各类的中心（典型代表）；

（2）依竞争学习规则作特征映射，将输入模式相似程度的大小映射成几何位置的远近；

（3）依 Hebb 规则进行主元分析，提取信号的最大主元。

7.4.1　自组织聚类

聚类可理解为在无先验知识的情形下，把相似的对象归为一类，并分开不相似的对象，如图 7.4.1 所示。就像人们在很久以前，没有任何书本或老师指教，仅通过观察周围的环境，发现某些事物的共同特征，从而将它们分类、命名一样。

聚类学习算法就是根据距离准则，把距离接近的样本看作一类，并把该类的中心样本（图 7.4.1 中实心圆所示）存储于网络的连接权中，而网络的输出将是输入模式与中心样本的距离。注意这个中心并不是几何中心，而是统计中心，也就是说，中心点倾向于样本密集的地方。

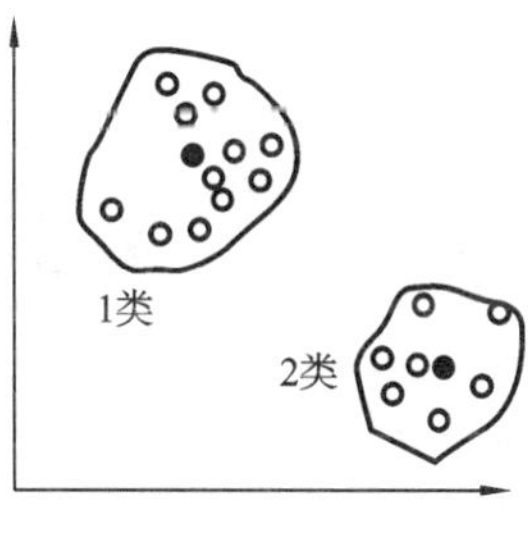

图 7.4.1　聚类及中心点

1. 单层前向聚类网络——竞争学习

单层线性前向网络如图 7.4.2 所示，其中神经元的变换函数是线性的：$f(u)=u$，所以，每个单元的输入-输出关系为

$$y_i = \sum_i w_{ij} x_i$$

设有 L 个输入学习模式

$$\boldsymbol{X}_l = [x_1^{(l)} \quad x_2^{(l)} \quad \cdots \quad x_N^{(l)}]^{\mathrm{T}}, \quad l=1,2,\cdots,L$$

M 个单元可以将输入模式聚为 M 类,输出模式为 $\boldsymbol{Y}=[y_1 \quad y_2 \quad \cdots \quad y_M]^{\mathrm{T}}$。

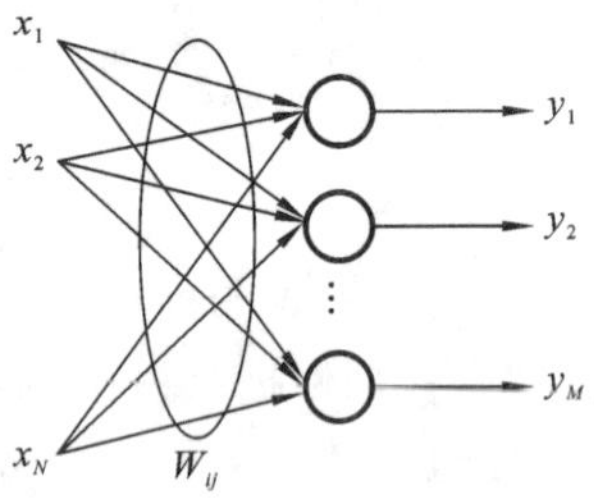

图 7.4.2　单层前向网络

在式(7.1.3)中,已经看到,当$|\boldsymbol{X}|$和$|\boldsymbol{W}|$都为单位矢量时,内积 $\boldsymbol{W}^{\mathrm{T}}\boldsymbol{X}$ 反映出它们的夹角的大小,即它们的相似程度,因此,在学习算法修正权值前,先作归一化处理:$\bar{\boldsymbol{X}}_l=\dfrac{\boldsymbol{X}_l}{|\boldsymbol{X}_l|}$,$|\boldsymbol{X}_l|$为 $\boldsymbol{X}_l$ 的模。然后取 M 个随机矢量,并归一化,暂作为各个聚类的中心矢量,具体作法是:在[0,1]区间内取随机数赋给 $w_{ij}(0)$作为初值,设矢量 $\boldsymbol{W}_i$ 为

$$\boldsymbol{W}_i=[\boldsymbol{W}_{i1} \quad \boldsymbol{W}_{i2} \quad \cdots \quad \boldsymbol{W}_{iN}]^{\mathrm{T}}, \quad i=1,2,\cdots,M$$

并作归一化得 $\bar{\boldsymbol{W}}_i=\dfrac{\boldsymbol{W}_i}{|\boldsymbol{W}_i|}$。为书写方便,将 $\bar{\boldsymbol{X}}_l$ 写成 $\boldsymbol{X}_l$,$\bar{\boldsymbol{W}}_i$ 写成 $\boldsymbol{W}_i$。输入一个学习模式 $\boldsymbol{X}_l$,计算该模式与网络的中心聚点 $\boldsymbol{W}_i$ 间的距离 $\boldsymbol{W}_i^{\mathrm{T}}\boldsymbol{X}_l$,并选取距离最小的聚点 $\boldsymbol{W}_m$,即内积 $\boldsymbol{W}_m^{\mathrm{T}}\boldsymbol{X}_l$ 最大者:

$$\boldsymbol{W}_m^{\mathrm{T}}\boldsymbol{X}_l > \boldsymbol{W}_i^{\mathrm{T}}\boldsymbol{X}_l, \quad i \neq m$$

称 m 单元为获胜元。认为 $\boldsymbol{X}_l$ 是第 m 类,并对获胜元的连接权 $\boldsymbol{W}_m$ 进行修正(奖励),使 $\boldsymbol{W}_m$ 更接近样本模式 $\boldsymbol{X}_l$。其他单元的连接权不变。从图 7.4.3 中可看到,这个修正应该为

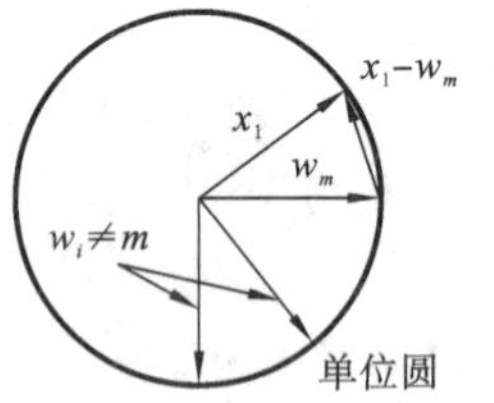

图 7.4.3　聚类学习算法矢量图

$$\begin{cases} \Delta\boldsymbol{W}_m=\alpha(\boldsymbol{X}_l-\boldsymbol{W}_m) \\ \Delta\boldsymbol{W}_i=0, \quad i \neq m \end{cases} \tag{7.4.2}$$

式中:α 为自适应常数,一般取为 0.1～0.7。修正量 $\boldsymbol{X}_l-\boldsymbol{W}_m$ 使 $\boldsymbol{W}_m$ 朝着更加接近 $\boldsymbol{X}_l$ 的方向改变。对所有的学习模式进行重复训练,直到对所有的样本模式,调整量 $\Delta\boldsymbol{W}$ 都很小。综上所述,聚类学习算法可表示为

$$\begin{cases} \boldsymbol{X}_l=\boldsymbol{X}_l/|\boldsymbol{X}_l|, \quad \boldsymbol{W}_i=\boldsymbol{W}_i/|\boldsymbol{W}_i|, & \text{(归一化)} \\ \boldsymbol{W}_m^{\mathrm{T}}(k)\boldsymbol{X}_l<\boldsymbol{W}_i^{\mathrm{T}}(k)\boldsymbol{X}_l, \quad i\neq m, & \text{(竞争)} \\ \boldsymbol{W}_m(k+1)=\boldsymbol{W}_m(k)+\alpha(k)[\boldsymbol{X}_l-\boldsymbol{W}_m(k)] & \text{(修正)} \\ \boldsymbol{W}_i(k+1)=\boldsymbol{W}_i(k), \quad i\neq m \end{cases} \tag{7.4.3}$$

其中,$l=1,2,\cdots,L$;$i=1,2,\cdots,M$,反复进行训练,直到

$$\lim_{k\to K}\alpha(k)[\boldsymbol{X}_l-\boldsymbol{W}_m(k)]=0, \quad l=1,2,\cdots,L \tag{7.4.4}$$

式(7.4.3)和式(7.4.4)中,k 为迭代标号,K 是迭代次数。

可见,聚类学习算法将第 i 类的中心模式存储为 $\boldsymbol{W}_i$。而网络对输入模式的响应是

$$y_m=\max\{y_1,y_2,\cdots,y_M\} \tag{7.4.5}$$

它表示该输入模式属于第 m 类。上式用计算机程序很容易实现。但要构成一个聚类器,还必须设计一个网络,对输出模式作如下搜寻最大值的处理:

$$\begin{cases} y_m=1 \\ y_i=0, \quad i\neq m \end{cases}$$

下面给出一个最大值捕获网络(MAXNET),它是一个单层反馈网络,结构如图 7.4.4 所示。网络的权值矩阵为

$$\boldsymbol{W}_{M\times M}=\begin{bmatrix}1 & -\varepsilon & -\varepsilon & \cdots & -\varepsilon\\ -\varepsilon & 1 & -\varepsilon & \cdots & -\varepsilon\\ \vdots & \vdots & \ddots & \ddots & -\varepsilon\\ -\varepsilon & -\varepsilon & -\varepsilon & \cdots & 1\end{bmatrix}$$

式中，$0<\varepsilon<1/M$。神经元的变换函数 $f(u)$ 为

$$f(u)=\begin{cases}u, & u\geqslant 0\\ 0, & u<0\end{cases}$$

网络的输入 $y_i(0)$ 作为初始状态，其限制条件为

$$0\leqslant y_i(0)\leqslant 1,\quad i=1,2,\cdots,M$$

这个网络的每个单元有一个自身的正反馈和对其他单元的负反馈，它们都企图加强自己，削弱别人，形成竞争机制。设 $y_m(0)>y_i(0)$，$i=1,2,\cdots,M$，$i\neq m$。每次迭代后，第 m 单元得到最大的正反馈，最小的负反馈，而最小初值单元则相反。

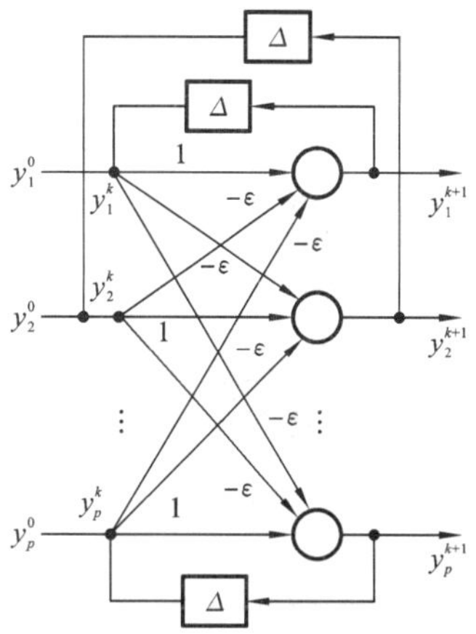

图 7.4.4　最大值捕获网络

通过若干次迭代，最小单元最先成为 0 状态；然后是次最小单元；直到所有的单元成为 0 状态，唯独 m 单元不为 0，此时网络状态不再改变。也就是说，该网络完成了如下处理：

$$\begin{cases}y_m>0\\ y_i=0\end{cases}\quad i\neq m$$

2. 反馈型聚类网络——自适应谐振学习

上面讨论的竞争学习是在所有存储的模式中挑选一个与输入模式最匹配的作为该输入模式的类别。这样就可能出现“矮子里面挑长子”的情形，如图 7.4.5 所示。网络将两个实心圆作为两个类群中心，那些空心圆所示的输入模式，将会依竞争结果被判为第 1 类或第 2 类，并修正类群中心位置。显然，更合理的聚类应该是在事先不知道类别数量的情形下，依竞争的门限来学习，就是说，如果对一输入样本，网络通过竞争得知，该输入模式与某一类聚点的距离最小，但其距离若超过一个预定门限值，仍不能将它归为这一类，而应另设一个新的类群。对于如图 7.4.5 所示的情形，应将空心圆作为第 3 类。基于自适应谐振理论的学习算法，就是这种既能识别旧对象同时又能识别新对象的方法。

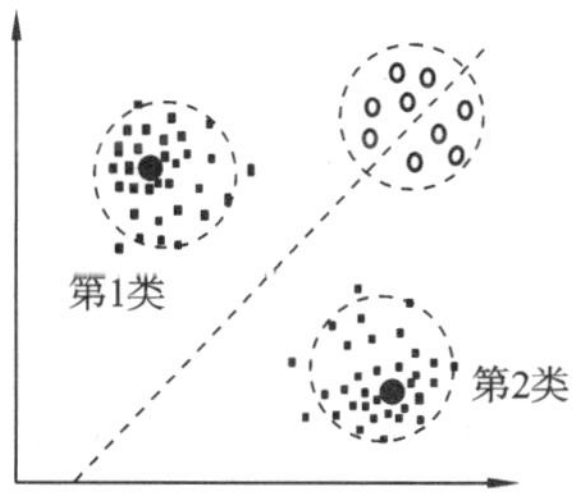

图 7.4.5　竞争学习的结果

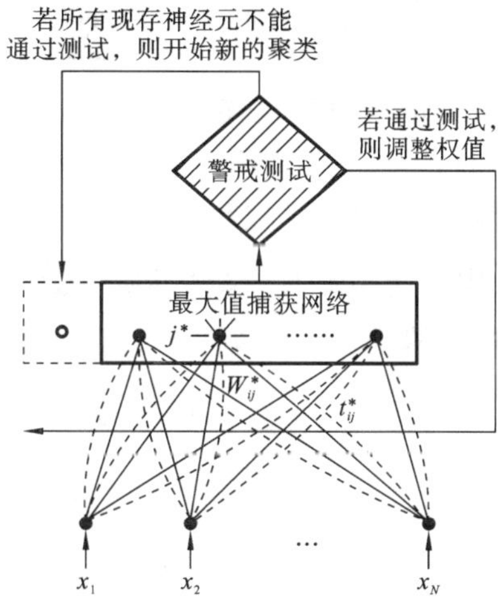

图 7.4.6　自适应学习算法和框图

先考虑二值输入的情况。图 7.4.6 给出了自适应谐振学习的框图。其中，“最大值捕获”

通过竞争得到一个获胜元,而"警戒测试"就是对模式之间的距离加上门限值。设 w_{ij} 和 b_{ij} 分别是第 i 个输入节点到第 j 个神经元的前向和反向连接权。注意到 $x_i, b_{ij} \in \{0,1\}$,w_{ij} 为实数值,并假设第 j 个神经元是获胜元。图 7.4.6 中各部分的算法如下。

(1) 计算输入模式 $\boldsymbol{X}=[x_1 \quad x_2 \quad \cdots \quad x_N]^{\mathrm{T}}$ 与权矢量 $\boldsymbol{W}_j=[w_{1j} \quad w_{2j} \quad \cdots \quad w_{Nj}]^{\mathrm{T}}$ 的距离。对二值输入,加权和 $y_j = \sum_{i=1}^{N} w_{ij} x_i$ 为汉明距离。

(2) 最大值捕获网络(算法)得到获胜元 j:$y_j=1, y_i=0, i\neq j$。

(3) 警戒测试以预先给定的警戒阈值 ρ 为标准,将标准样板 $\boldsymbol{B}_j=[b_{1j} \quad b_{2j} \quad \cdots \quad b_{Nj}]^{\mathrm{T}}$ 与输入模式 $\boldsymbol{X}$ 作比较。$\boldsymbol{X}$ 的非零分量的个数为

$$n_{xB_j} = \sum_{i=1}^{N} b_{ij} x_i$$

而 $\boldsymbol{X}$ 与 $\boldsymbol{B}_j$ 中互相重叠的非零分量为

$$\frac{n_{xB_j}}{n_x} = \frac{\sum_{i=1}^{N} b_{ij} x_i}{\sum_{i=1}^{N} x_i} > \rho \tag{7.4.6}$$

若式(7.4.6)不成立,则屏蔽单元 j(令 $y_j=0$)重新找新的获胜元,直到某一获胜元通过警戒测试。若所有储存的样板都不能通过测试,则建立一个新的类别(第 $M+1$ 类),即增加一个新的神经元。

(4) 新的神经元(第 $M+1$ 个神经元)的标准样板即为输入样本,暂将这一输入模式作为第 $M+1$ 类的中心点。于是

$$\boldsymbol{B}_{M+1} = \boldsymbol{X}, \quad w_{i,M+1} = \frac{x_i}{0.5 + \sum_{i=1}^{N} x_i}$$

(5) 调整权值,只对通过警戒测试的获胜元 J 进行,学习规则如下:

$$b_{iJ}(t+1) = b_{iJ}(t) x_i \tag{7.4.7}$$

$$w_{iJ}(t+1) = \frac{b_{iJ}(t) x_i}{0.5 + \sum_{i=1}^{N} b_{iJ}(t) x_i} = \frac{b_{iJ}(t+1)}{0.5 + \sum_{i=1}^{N} b_{iJ}(t+1)} \tag{7.4.8}$$

式(7.4.7)表明,经过输入矢量 $\boldsymbol{X}$ 训练后,$\boldsymbol{X}$ 所属类别的标准样板作了一定的调整。新样板 $B_J(t+1)$ 中的非零分量(或说等于 1 的分量)仅对应于那些原样板 $\boldsymbol{B}_J(t)$ 和输入矢量 $\boldsymbol{X}$ 都为 1 的分量。也就是说,以原样板和输入矢量的共同特征为新的标准。式(7.4.8)表明,前向权矢量 $\boldsymbol{W}_J(t+1)$(由 $W_{iJ}(t+1)$;$i=1,2,\cdots,N$ 构成的列矢量)与新的标准 $\boldsymbol{B}_J(t+1)$(由 $b_{iJ}(t+1)$;$i=1,2,\cdots,N$构成的列矢量)成正比,其比例系数 $\frac{1}{0.5 + \sum_{i=1}^{N} b_{iJ}(t+1)}$ 的引入是为了保证 $\sum_{i=1}^{N} w_{iJ} \leqslant 1$。

图 7.4.7 给出了自适应谐振法学习过程示例。该例中,依次输入 5 个不同的模式。输入矢量是用 $N=8\times 8=64$ 个格子表示的字符,警戒阈值取为 $\rho=0.9$,当输入第一个矢量(字母 C)时,网络内没有储存样板,把输入作为样板储存在网络中。当输入第二个矢量(字母 E)以及第三个矢量(字母 F)时,由于与已储存在网络内的样板差别较大,故依次又存入了两个样板。

当输入第四个矢量时，由于它与已存于网络内的第三个样板差别足够小(此时 $n_{xB_3}/n_x>0.9$)，因而这个输入矢量被识别为属于第三个样板所代表的类别。同时，这个样板也作了相应的调整，它相当于第三样板与第四个输入矢量互相重叠部分所组成的图形。最后，当输入第五个矢量时，它与已存储在网络中的三个样板的差别均较大(它与最接近的第三个样板比较，有 $n_{xB_3}/n_x=17/19<0.9$)。这个输入矢量不能归入任何一个已有的类别，结果又建立了第四个样板。如果取 $\rho=0.8$，则第五个输入矢量便属于第三个类别，同时这个样板要作进一步调整。

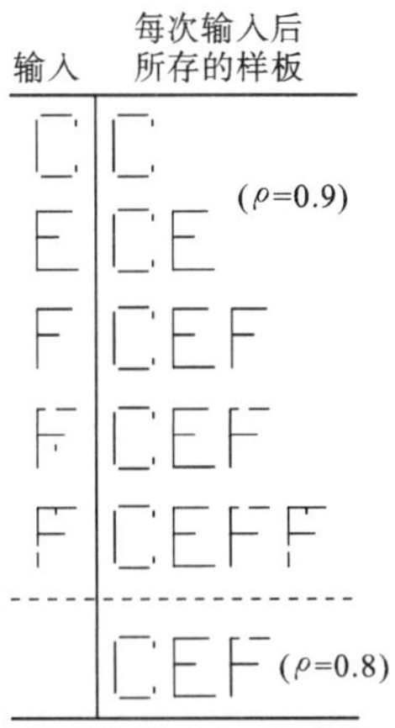

图 7.4.7　自适应谐振法学习过程示例

实际上，警戒阈值 ρ 的选择对分类结果有重要影响。ρ 越大，对分类的要求越精细；相反，很小的 ρ 值表示只要求很粗的分类。另外，输入样本的顺序不同也将影响分类结果(见本章习题7.20)。

对模拟量输入，其学习算法的框图大致与图 7.4.6 相同，其中有 $w_{ij}=b_{ij}$，而且竞争是基于欧氏距离或其他距离测度，相应地，获胜元由最小值捕获器(MINNET)实现，警戒测试为

$$\|\boldsymbol{X}-\boldsymbol{X}_j\|<\rho$$

对通过警戒测试的获胜元 J 的权值调整为

$$\boldsymbol{W}_J\leftarrow\frac{\boldsymbol{X}+\boldsymbol{W}_J L_J}{1+L_J}$$

其中，L_J 是标量，表示属于 J 类的样本个数。

若获胜元不能通过警戒测试，就建立一个新的神经元 $M+1$(不需要像离散型那样，屏蔽获胜元，找另一个获胜元来测试)。新单元的权值置为 $\boldsymbol{W}_{M+1}=\boldsymbol{X}$。

自适应谐振学习算法可用较为复杂的反馈网络实现，这里不作讨论。

7.4.2　自组织特征映射

这里的特征映射是指将输入模式映射成一维或二维模式，而保持邻近不变。也就是说，对一个 n 维模式，在所定义的距离测度下，相邻近的点，变换成一维或二维模式后，其几何距离仍是相邻的。例如，考虑 3 个四维矢量：$\boldsymbol{A}=(0,2,0,0)$，$\boldsymbol{B}=(0,3,0,0)$，$\boldsymbol{C}=(1,2,0,0)$。直观地看，$\boldsymbol{A}$ 与 $\boldsymbol{B}$ 之间，以及 $\boldsymbol{A}$ 与 $\boldsymbol{C}$ 之间都只差一个距离，那么映射到二维平面上，$\boldsymbol{B}$ 和 $\boldsymbol{C}$ 都应是 $\boldsymbol{A}$ 的相邻点，如图 7.4.8 所示。

因此，自组织特征映射网络是将特征相似的输入模式聚集在一起，不相似的分得比较开。下面讨论这种网络的结构和算法以及该网络从输入模式中提取的特征。

1. 网络结构及其算法

特征映射网络与简单的聚类网络一样，是一个单层线性前向网络(自适应横向滤波器结构)(见图 7.4.2)，也是采用竞争学习算法。在结构上不同的只是网络很在乎神经元的几何位置，一般排列成一维的直线或二维的平面。如图 7.4.9 所示，把 M 个单元排成 $I\times J$ 平面。在竞争学习算法上，主要的不同在于特征映射网络不仅对获胜元的连接权进行修正，而且对获胜元邻近单元的连接权也进行修正。正是由于学习算法与单元的几何位置有关，提供了拓扑信息，才使网络可以将输入模式的特征展现为几何拓扑特征。下面讨论具体的算法。

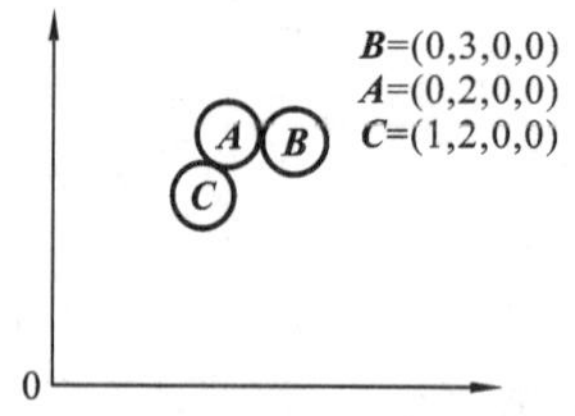

图 7.4.8 邻近不变原则的例子

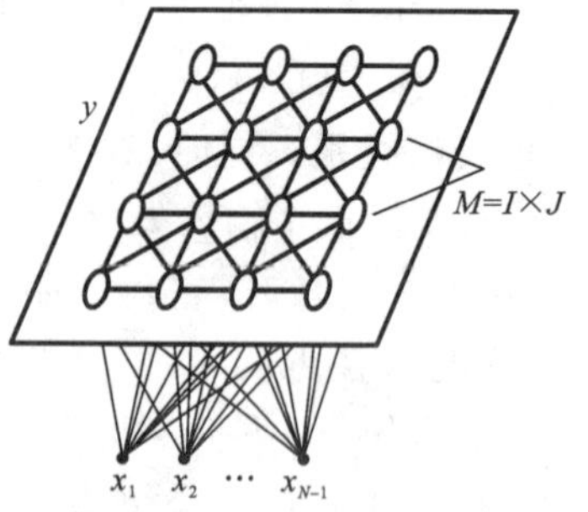

图 7.4.9 神经元的二维排列

设用欧氏距离作测度。首先通过竞争,找到与输入模式 $\boldsymbol{X}$ 有最小欧氏距离的单元:

$$\sum_{i=1}^{N}[x_i(t)-w_{im}(t)]^2 \leqslant \sum_{i=1}^{N}[w_i(t)-w_{ij}(t)]^2 \qquad (7.4.9)$$

然后在获胜元 m 的一个邻域 N_m 内更新权值,与式(7.4.2)类似:

$$\begin{cases}\Delta\boldsymbol{W}_j=\alpha(\boldsymbol{X}-\boldsymbol{W}_j), & j\in N_m(t)\\ \Delta\boldsymbol{W}_j=0, & j\notin N_m(t)\end{cases} \qquad (7.4.10)$$

式(7.4.10)中的 $N_m(t)$ 是 t 时刻的邻域,一般来说,开始 $N_m(0)$ 取较大的范围,这个范围中的权值数目是神经元总数的 50%～80%。然后 $N_m(t)$ 随时间减小。式(7.4.10)中,α 是学习常数,但在这里,一方面 α 要随时间减小,另一方面它减小的量又应随单元 j 与单元 m 的距离 $|r_j-r_m|$ 而变化。因此,需要将 α 写成一个时间因子 $\beta(t)$ 和一个位置因子 $\Lambda(j,m)$ 之积,这样,式(7.4.10)成为

$$\Delta\boldsymbol{W}_j=\beta(t)\Lambda(j,m)(\boldsymbol{X}-\boldsymbol{W}_j) \qquad (7.4.11)$$

式中,$\beta(t)$ 随时间减小,$\Lambda(j,m)$ 称为近邻函数,它在获胜元 m 上有 $\Lambda(m,m)=1$,且以 m 为中心,单元 j 与单元 m 距离越远,$|\Lambda(j,m)|$ 越小。生物学研究发现,它与一个以 m 为中心的墨西哥帽函数很相似(参见 4.4.3 节),即对单元 m 最近邻的单元作"正反馈",使其输出向单元 m 的输出靠近;而对稍远的单元作"负反馈",反馈强度随距离的增大而逐渐减弱。考虑到 Λ 还应随时间减小其宽度,一个典型的选择是

$$\Lambda(j,m)=\exp[-|r_j-r_m|^2/2\sigma^2(t)]$$

式中,$\sigma(t)$ 随时间减小,因而 Λ 的宽度逐渐减小。实际计算中,往往采用更为简单的选择:$\Lambda(j,m)$ 在一维情形下取为以 m 为中心的窗函数,在二维情形下常取为矩形或六边形窗函数,且随时间的增加而缩小窗宽。图 7.4.10 所示的是二维情形。在 $N_m(t)$ 范围内,Λ 取 1;在 $N_m(t)$ 范围外 Λ 取 0。这样,经过简化,又回到了式(7.4.11),只是 α 和 $N_m(t)$ 随 t 减小。

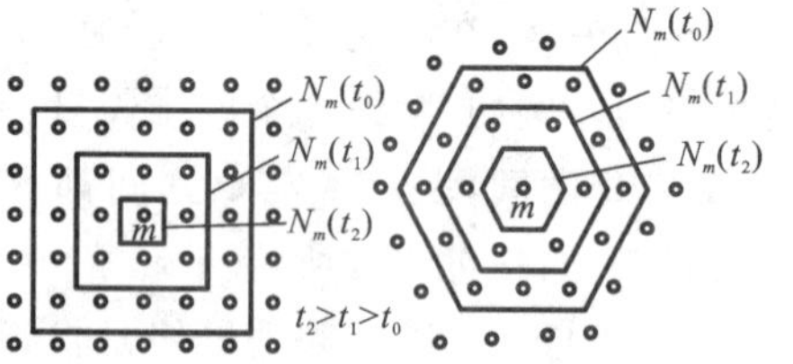

图 7.4.10 随时间收缩的矩形窗和六边形窗

式(7.4.9)和式(7.4.10)或式(7.4.11)就是特征映射学习算法,称为 Kohonen 算法。该算法可以用反馈网络实现,这里不作讨论。

当预先知道输入学习模式应归属的类别时,可以通过部分有导师学习来调整权值:

$$\begin{cases}\Delta\boldsymbol{W}_j=\alpha(t)(\boldsymbol{X}-\boldsymbol{W}_j), & \text{若 } j \text{ 为恰当分类}\\ \Delta\boldsymbol{W}_j=-\alpha(t)(\boldsymbol{X}-\boldsymbol{W}_j), & \text{若 } j \text{ 为不恰当分类}\end{cases} \qquad (7.4.12)$$

上述算法表明,如果分类结果是正确的,则权值按正常的学习算法来调整;如果是错误的,

则反向调整。实验结果表明，在较简单的情况下，这种算法产生的识别效果与最佳统计识别算法的效果十分接近。

综上所述，自组织特征映射网络在结构上是一组自适应线性组合器，而学习算法是直观地确定的。实际上，它同样可以采用自适应滤波器的分析方法（参见 2.2 节），根据最佳（最小）准则给出一个性能曲面函数，由性能曲面函数的负梯度方向推导出自适应学习算法。这里，定义一个能量函数（性能函数，代价函数）

$$E\{w_{ij}\} \triangleq \frac{1}{2}\sum_i\sum_j\sum_k\sum_l \boldsymbol{M}_k^l \Lambda(j,k)(x_i^l - w_{ij})^2$$

式中，x_i^l 是第 l 个输入模式 x^l 的第 i 个分量，$\boldsymbol{M}_k^l$ 称为隶属矩阵，它确定输入模式 x^l 的获胜元 m

$$\boldsymbol{M}_k^l = \begin{cases} 1, & k=m \\ 0, & \text{其他} \end{cases}$$

于是，上述能量函数可写成

$$E\{w_{ij}\} = \frac{1}{2}\sum_j\sum_l \Lambda(j,m) \mid \boldsymbol{X}^l - \boldsymbol{W}_j \mid^2$$

该能量函数达到最小表示所有输入矢量与其对应的获胜元及其邻近元的连接权矢量之间的距离之和达到最小。在 $E\{w_{ij}\}$ 上进行梯度下降，得

$$\begin{aligned}\Delta w_{ij} &= -\beta\frac{\partial E}{\partial w_{ij}} = \beta\sum_k\sum_l M_K^l \Lambda(j,k)(x_i^l - w_{ij}) \\ &= \beta\sum_l \Lambda(j,m)(x_i^l - w_{ij})\end{aligned}$$

对于输入模式 $\boldsymbol{X}^l$，上式就是式(7.4.11)描述的自组织特征映射学习算法。因此，在平均意义上，学习算法式(7.4.11)就是使上述能量函数减小，直至到达一个局部极小点。形象地说，这个算法是将获胜单元的权矢量拖向输入模式，同时还将邻近的一些单元的权矢量一起拖动。由此可以想象，输入空间中有一个弹性网，获胜元有一个靠拢输入模式的拖力，周围一些单元也受到这个拖力的带动，同时它们又受到弹性网的牵制。

2. 网络的有序特征映射能力

先考虑一维情形。设输入的是一维标量，用 x 表示，神经元排列成直线，如图 7.4.11 所示。用(0,1)之间均匀分布的随机数来训练网络。w_i 的初值取 0.5～±0.05 之间的随机数。通过特征映射学习算法（式(7.4.7)～(7.4.10)），经过足够多次迭代后，权系数($w_1, w_2, \cdots, w_N$)就形成一个幅度递增或递减的有序序列，而且 w_i 一旦成为有序序列后，就不再随着迭代产生变化，即不可能从有序回到无序。图 7.4.12 所示的就是取 $N=10$ 时得到的权系数的结果，图中每个点代表均值，虚线给出波动范围。可以用马尔柯夫过程证明特征映射学习算法的排序能力。下面只作简单证明。

定义一个“有序度指数”D：

$$D = \left(\sum_{i=2}^{N} \mid w_i - w_{i-1} \mid\right) - \mid w_N - w_1 \mid$$

显然 $D \geqslant 0$，只有当实数 w_i 按增序或降序排列时，才有 $D=0$。D 越接近 0，表明序列的有序度越好。这里只需证明，采用特征映射学习算法进行迭代时，D 随着 t 的增加持续下降。实际上，每次迭代只改变 N_m 范围内的神经元状态，D 的变化也只与这些状态的变化有关。定义 S_m 为只与 N_m 内的单元有序度有关的参数。设 N_m 包含 3 个神经元，在边界上($m=1$ 或 $m=$

N)只包含 2 个神经元。当 m 不在边界上时,S_m 表示为

$$S_m = \sum_{i=m-1}^{m+2} | w_i - w_{i-1} |$$

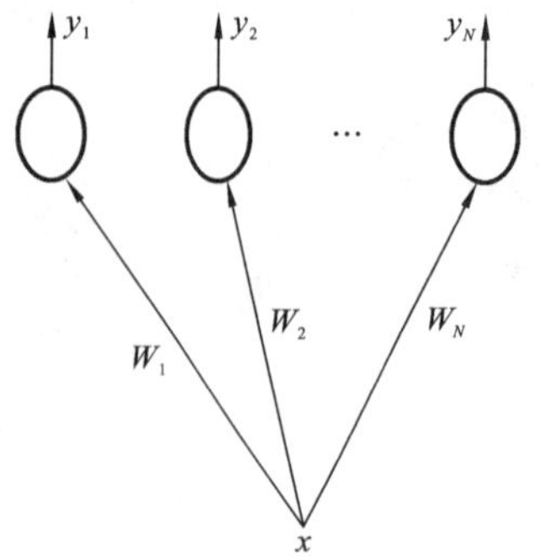

图 7.4.11　标量输入的一维神经元阵列

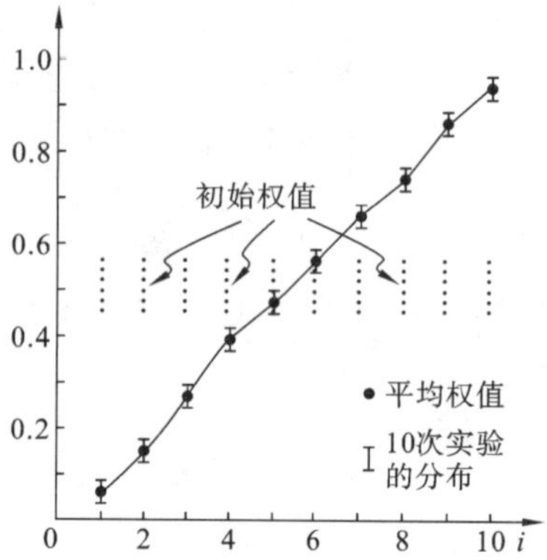

图 7.4.12　经训练得到的有序权值序列

先看 w_i 在 N_m 内无序的一种情形：

$$\begin{aligned} &w_{m-1}-w_{m-2}>0, \quad w_m-w_{m-1}<0 \\ &w_{m+1}-w_m>0, \quad w_{m+2}-w_{m+1}<0 \end{aligned} \tag{7.4.13}$$

这时,$S_m(t)$成为

$$S_m(t)=(-w_{m-2}+2w_{m-1}-2w_m+2w_{m+1}-w_{m+2})$$

按式(7.4.8)修正权值,有

$$w_j(t+1)=w_j(t)+\Delta w_j(t)$$
$$\Delta w_j(t)=\alpha[x-w_j(t)], \quad j\in N_m(t)$$

由于 $0<\alpha<1$,则在 $t+1$ 时刻,式(7.4.13)仍成立,这时的 S_m 值为

$$S_m(t+1)=-w_{m-2}+2w_{m-1}+2\Delta w_{m-1}-2w_m-2\Delta w_m+2w_{m-1}+2\Delta w_{m+1}-w_{m+2}$$

于是有

$$\Delta S_m(t)=S_m(t+1)-S_m(t)=2\alpha(x-w_{m-1}+w_m-w_{m+1})$$

单元 m 是获胜元,x 与 w_m 最接近,且已假设 $w_m-w_{m-1}<0$,因此,必然有 $x<w_{m-1}$,这就证明了,在式(7.4.13)所表示的无序的情况下,有

$$\Delta D=\Delta S_m<0$$

但当 $w_{m-1}-w_{m-2}>0, w_m-w_{m-1}>0, w_{m+1}-w_m<0, w_{m+2}-w_{m+1}<0$,且 $x>w_m$ 时,有 $\Delta S>0$。

用穷举法列举所有可能的情形,可得到结论:$\Delta D<0$ 的概率大于 90%,$\Delta D>0$ 的概率小于 10%。于是,随着 $t\to\infty$,w_i 排成有序的概率等于 1。用上述方法同样很容易证明,对 $D=0$ 的情形,即 w_i 已排成有序序列后,按式(7.4.10)进行迭代,不能改变网络的状态。

二维阵列的自组织特征映射网络同样显示出这种排序能力。例如,将一个二维输入空间映射到二维输出特征空间。设 10×10 个权矢量 $\boldsymbol{W}_j=(w_{1j},w_{2j})$的初值置为(0.5±0.05,0.5±0.05)范围内的随机值,如图 7.4.13(a)所示。输入模式 $x=(x_1,x_2)$为一正方形范围内的随机矢量,即 x_1 和 x_2 都是区间(0,1)内均匀分布的随机变量。取 500 个这样的随机矢量,如图 7.4.13(b)中的小圆点所示。经过特征映射算法的学习,得到 10×10 个有序权矢量,这些矢量用图 7.4.13(b)中的网格交点表示。这样,网格便将 500 个输入模式映射成 10×10 的网格。这里,输入矢量是均匀分布的,映射出的网格也基本上是均匀的。

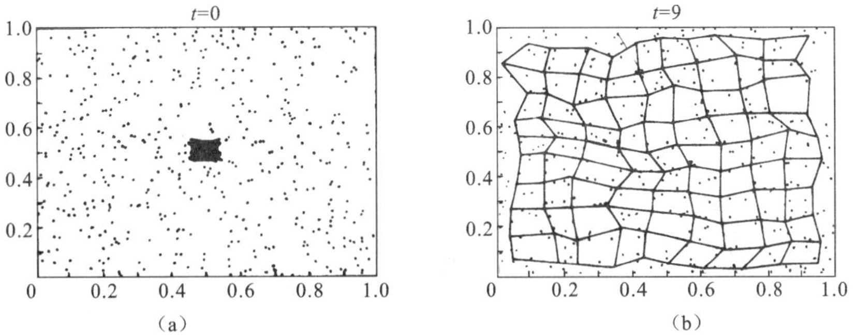

图 7.4.13　二维序列的排序

(a) 10×10 个权矢量初始值分布和随机输入模式；(b) 500 个输入模式和 10×10 个有序权矢量

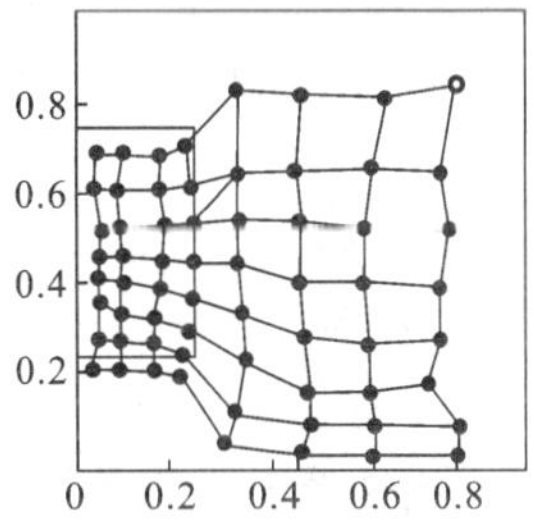

图 7.4.14　非均匀分布的输入模式学习结果

当用非均匀分布的输入模式训练网络格，分布密度高的区域得到的网格点的密度就高。如上例中，若在图 7.4.14 所示的虚线框内取整个学习模式集的 40%，则剩下的大范围内只提供 58%的学习模式。经过学习后，虚框内的网格密度比虚框外密得多。可以直观地理解这一点：每输入一个模式，学习算法就使获胜元和它邻近单元的权值向输入模式靠拢。若某模式出现的次数较多，对应区域的权值向该模式靠拢的次数就多，权值的分布就密集。

最后看一个用二维阵列网络对 5 维矢量进行自组织有序特征映射的例子。表 7.4.1 给出了 32 个不同的 5 维矢量，对应的符号是 **A**,**B**,…,**Z**,**1**,…,**6**。网络由 70 个单元组成长方形序列。每个单元连接输入矢量 $\boldsymbol{X}$ 的 5 个分量 x_1, x_2, x_3, x_4, x_5。随机挑选矢量 $\boldsymbol{X}_A, \boldsymbol{X}_B, \cdots, \boldsymbol{X}_E$ 来训练网络，通过约 10000 次迭代后，权值基本趋于稳定。这时，对每一个输入符号，网络阵列中有一个神经元最为敏感，响应最大。这种对应关系如图 7.4.15(a)所示。下面来分析这个映射图：按输入矢量的相似度画一个树形图，如图 7.4.15(b)所示，图中每个点代表一个模式，在输入模式集合中，把所有的点与最邻近(相似)的点连接起来。这里取欧氏距离为相似测度。可见特征图与这个树形图的拓扑结构很一致。这就是说，网络自组织地将 5 维空间的最小距离数据映射成二维空间的最近距离的点，而每个输入模式在特征阵列中有一个像。

表 7.4.1　32 个符号对应的 5 维矢量

符号	**A**	**B**	**C**	**D**	**E**	**F**	**G**	**H**	**I**	**J**	**K**	**L**	**M**	**N**	**O**	**P**	**Q**	**R**
x_1	1	2	3	4	5	3	3	3	3	3	3	3	3	3	3	3	3	3
x_2	0	0	0	0	0	1	2	3	4	5	3	3	3	3	3	3	3	3
x_3	0	0	0	0	0	0	0	0	0	0	1	2	3	4	5	6	7	8
x_4	0	0	0	0	0	0	0	0	0	0	0	0	0	0	0	0	0	0
x_5	0	0	0	0	0	0	0	0	0	0	0	0	0	0	0	0	0	0

符号	**S**	**T**	**U**	**V**	**W**	**X**	**Y**	**Z**	**1**	**2**	**3**	**4**	**5**	**6**
x_1	3	3	3	3	3	3	3	3	3	3	3	3	3	3
x_2	3	3	3	3	3	3	3	3	3	3	3	3	3	3
x_3	3	3	3	6	6	6	6	6	6	6	6	6	6	6
x_4	1	2	3	4	1	2	3	4	2	2	2	2	2	2
x_5	0	0	0	0	0	0	0	0	1	2	3	4	5	6

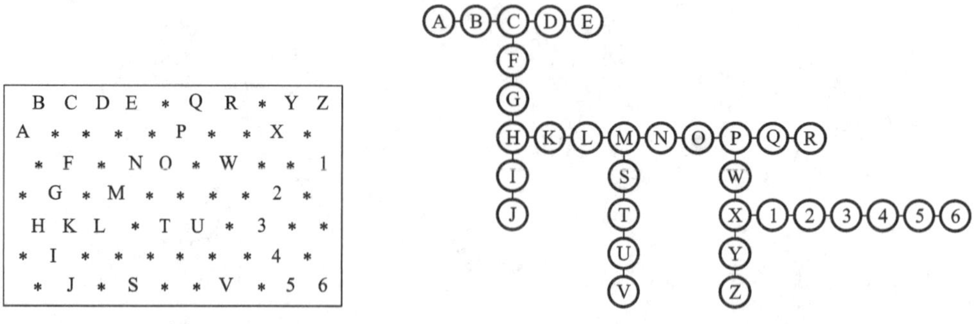

图 7.4.15　自组织特征映射的例子

(a) 自组织产生的映射图;(b) 表 7.4.1 各符号相似关系的树形图

7.4.3　自组织主元分析

本书的第 2、3 章中,已阐述了主元分析的意义,如自适应滤波器二次性能曲面的梯度方向就是输入信号的主元 V' 方向;谱估计的 PHD 方法就是利用信号的主元进行分析。在神经网络中,主元分析学习算法就是指在无先验知识情况下,从输入的随机信号中自适应提取主元。

1. 线性单元提取最大主元——Hebb 学习

首先考虑单个线性单元提取最大主元的学习算法。图 7.4.16所示的是单元结构,与聚类网络一样,它实际上是一个横向自适应滤波器,其输入-输出关系为

$$y(t)=\sum_{i=1}^{N}x_i(t)w_i(t)=\boldsymbol{X}^{\mathrm{T}}(t)\boldsymbol{W}(t) \qquad (7.4.14)$$

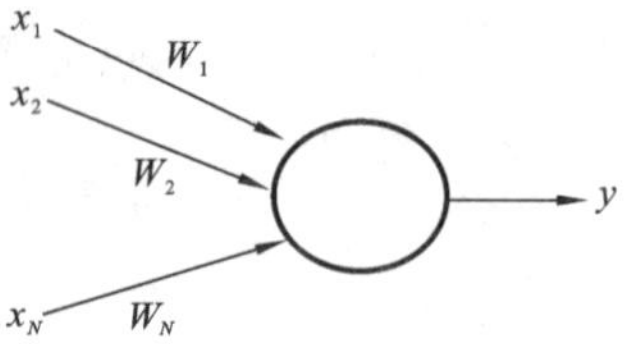

图 7.4.16　最大主元提取网络的单元结构

式中,$\boldsymbol{X}(t)$和$\boldsymbol{W}(t)$为 N 维列矢量。直接用 Hebb 学习规则,由 7.2.4 节中的误差修正法公式$\boldsymbol{W}(k+1)=\boldsymbol{W}(k)+\Delta\boldsymbol{W}(k)$和式(7.1.10)可得

$$\boldsymbol{W}(k+1)=\boldsymbol{W}(k)+\alpha\boldsymbol{X}(k)y(k) \qquad (7.4.15)$$

将式(7.4.14)代入上式,得到

$$\boldsymbol{W}(k+1)=\boldsymbol{W}(k)+\alpha\boldsymbol{X}(k)\boldsymbol{X}^{\mathrm{T}}(k)\boldsymbol{W}(k)$$

对上式求统计平均,有

$$\boldsymbol{W}(k+1)=\boldsymbol{W}(k)+\alpha\boldsymbol{R}_{\boldsymbol{X}}\boldsymbol{W}(k) \qquad (7.4.16)$$

$\boldsymbol{R}_{\boldsymbol{X}}$ 是 $\boldsymbol{X}$ 的自相关矩阵。设 $\boldsymbol{R}_{\boldsymbol{X}}$ 的特征矢量为$\boldsymbol{Q}_i$,对应的特征值为 $\lambda_i(\lambda_1>\lambda_2>\cdots>\lambda_N)$。任何 N 维矢量可以表示成$\boldsymbol{Q}_i$ 的线性组合,$\boldsymbol{W}(k)$可表示成

$$\boldsymbol{W}(k)=\sum_{i=1}^{N}a_i(t)\boldsymbol{Q}_i,\quad a_i(t)\text{ 是常数}$$

将上式代入式(7.4.16),得到

$$a_i(t+1)=(1+\alpha\lambda_i)a_i(t)$$

这表明,对较大的 λ_i,a_i 得到较大的增强,若无限地迭代下去,最大主元 $\boldsymbol{Q}_1$ 将占有主导地位,而其他次元逐渐被削弱。即有

$$\boldsymbol{W}(\infty)=C\boldsymbol{Q}_1,\quad C\text{ 为常数}$$

但是,随着不断地迭代,可能使 C 无限增大,以至在算法的实现中溢出。因此,对每一次迭代作归一化是必要的。设$\|\boldsymbol{W}(k)\|=1$,$\widetilde{\boldsymbol{W}}(k+1)$先按式(7.4.15)进行迭代,然后对 $\widetilde{\boldsymbol{W}}(k+1)$

作归一化，有

$$W(k+1)=[\|\widetilde{W}(k+1)\|^2]^{-1}\widetilde{W}(k+1)$$

由式(7.4.15)，有

$$\|\widetilde{W}(k+1)\|^2=\|W(k)\|^2+2\alpha W^{\mathrm T}(t)X(t)y(t)+O(\alpha^2)$$

注意到 $W^{\mathrm T}X=y$，且忽略二阶小量 $O(\alpha^2)$，上式成为

$$\|\widetilde{W}(k+1)\|^2\approx 1+2\alpha y^2(k)$$

对上式的倒数作泰勒级数展开，得

$$[\|\widetilde{W}(k+1)\|^2]^{-1}=1-\alpha y^2(k)+O(\alpha^2)\approx 1-\alpha y^2(k)$$

于是式(7.4.15)成为

$$W(k+1)=W(k)+\alpha[X(k)y(k)-W(k)y^2(k)] \tag{7.4.17}$$

上式就是主元学习算法，它在数值上是收敛的。符号"$\|\ \|$"表示矢量的长度，例如 $\|W(k)\|=[W^{\mathrm T}(k)W(k)]^{1/2}$。

2. 提取多主元的反馈网络——反 Hebb 抑制学习

现在再来考虑用 M 个线性单元提取前 M 个主元的学习算法。如图 7.4.2 所示，输入-输出关系为 $Y_M=W_{M\times N}X_N$。如果每个单元都用 Hebb 准则学习，那么 M 个单元都将独立地提取出相同的最大主元 Q_1。有效的解决方法是从第二个单元的连接权中去掉与第一主元的相关性，作 Gram-Schmidt 正交化的递归处理，参见式(B.3.3)。这样便得到广义的 Hebb 算法：

$$\Delta w_{ji}(k)=\alpha\Big[x(k)-\sum_{m\leqslant j}w_{mj}(k)y_m(k)\Big]y_j(k)$$

写成矢量形式为

$$\Delta W_j(k)=\alpha\Big\{\Big[X(k)-\sum_{i=1}^{j-1}W_iy_i(k)\Big]-W_jy_j(k)\Big\}y_j(k) \tag{7.4.18}$$

实现上式算法常用如下两种方法。一种称为退化方法，它是把式(7.4.18)圆括号内的运算看作为输入矢量 $X(k)$ 的不断退化，即

$$X_j(k)=X(k)-\sum_{i=1}^{j-1}W_iy_i(k)$$

式中，$W_i(i=1,2,\cdots,j-1)$ 应该是已得到的前 $j-1$ 个主元。第 j 单元仍按 Hebb 规则（式(7.4.17)）求 $X_j(k)$ 的最大主元，但 $X_j(k)$ 的最大主元是 $X(k)$ 的 Q_j，图 7.4.17 所示的就是所谓退化方法的计算流图。

另一实现式(7.4.18)算法的方法为负反馈法。式(7.4.18)中圆括号内的运算表示前面单元的输出值负反馈到后面单元的输入端。可用一个下三角互连矩阵的单层反馈网络实现，如图 7.4.18 所示，前面已讨论到（见式(7.3.18)），这种反馈网络是具有唯一平衡点的稳定系统。设反馈互连权矩阵为

$$B_{N\times M}=\begin{bmatrix}0 & 0 & \cdots & 0\\ b_{21} & 0 & \cdots & 0\\ \vdots & \vdots & & \vdots\\ b_{N1} & b_{N2} & b_{N,M-1} & 0\end{bmatrix}$$

网络的学习算法成为

$$w_{ji}(k)=w_{ji}(k-1)+\alpha y_j(k)x_i(k),\quad 0<\alpha<1$$

$$b_{ji}(k)=b_{ji}(k-1)-\beta y_j(k)y_i(k),\quad j>i,0<\beta<1$$

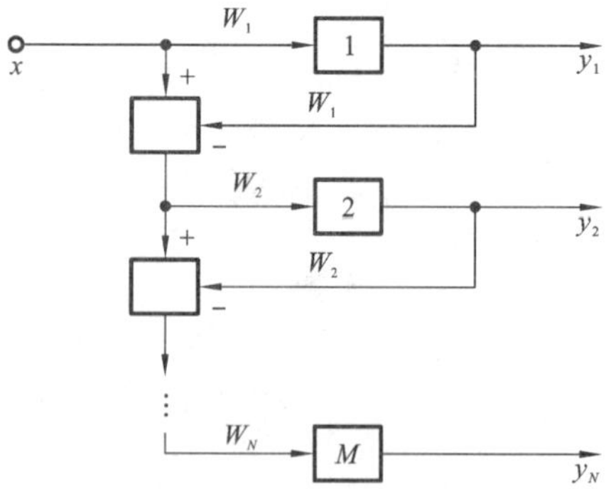

图 7.4.17　退化方法的计算流图

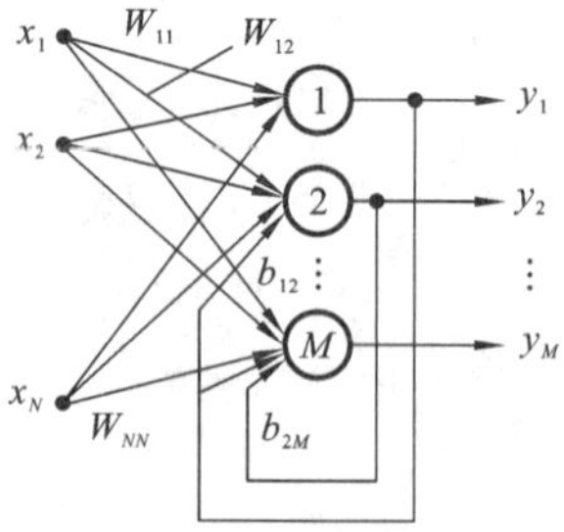

图 7.4.18　主元分析负反馈网络

$\boldsymbol{W}$ 按 Hebb 规则学习；而 B 则按反 Hebb 规则学习，Δb_{ji} 取为负号，用以抑制主元之间的相关。网络的输出状态则为 $\boldsymbol{Y}=\boldsymbol{WX}+\boldsymbol{BY}$，或写成

$$\boldsymbol{Y}=(\boldsymbol{I}-\boldsymbol{B})^{-1}\boldsymbol{WX}$$

7.5　神经网络在信号处理中的应用

如果把神经网络作为信号处理的一种新手段，应用它的动机大致有以下几点。

第一，缺乏先验知识的盲处理。人们常常对要处理的信息了解不够，如随机信号的统计特性等。或者要处理的问题还不能用确切的关系式描述，如手写体字与标准字之间的对应关系无法确定。在这些情况下，除了理性的推导外，还要借助经验作处理。神经网络的设计或学习正体现了这种经验的处理。但是注意到神经网络处理有一定的不确定性，因此，必须允许网络有一定的出错的可能。即使像前向型自组织网络，它们在结构上是线性 FIR 滤波器，但它们的学习算法是非线性的、非凸的。所谓"非凸的"是指性能曲面(能量函数)不是像自适应滤波器那样的二次型(凸的)。用非凸的学习算法训练网络，就不能完全预料其结果，所以说有一定的盲目性。但对于不能由理性推导解决的问题，由神经网络能使之得到较好的解，或以较大的概率得到正确的解。

第二，非线性自适应处理。多层前馈网络有非线性映射或非线性函数逼近的能力。对于非线性问题，用这种非线性的自适应的神经网络可能比线性自适应滤波器的效果要好。

第三，高速实时的并行处理。Hopfield 反馈网络提供了用于计算的并行模拟电路模型(参见图 7.3.2)，它可以在纳秒级时间(由电路的 RC 常数决定)内收敛于平衡态，或者说在纳秒级内计算出结果。如图 7.3.6 所示，就是用并行的模拟电路实现了通常用数字电路实现的 A/D 转换，以提高运行速度。特别是复合反馈网络(图 7.3.10)，它可以用来实时求解线性规划问题(式(7.3.21))和逆变换问题(式(7.3.22))。计算问题要求结果具有唯一正确性，这就需要解决网络的局部极值问题。

下面给出上述几个方面的典型应用例子。

1. 语音识别

语音识别的最小识别单位是音素。通过大量实验，人们得到的先验知识是：不同音素的短时功率谱有所不同。但同一音素嵌在不同的前后音素之间时，发音会有很大差异。所有语言中都大量存在着协同发音和变音现象。不同音素的功率谱信号重叠，而且其中的规律还不能确切地描述出来，这就给音素的识别造成很大困难。实际上，人们识别语音也需凭借经验的积累。这种情形适于用神经网络处理。Kohonen 开发了他的母语——芬兰语的语音识别系统。框图如图 7.5.1 所示。

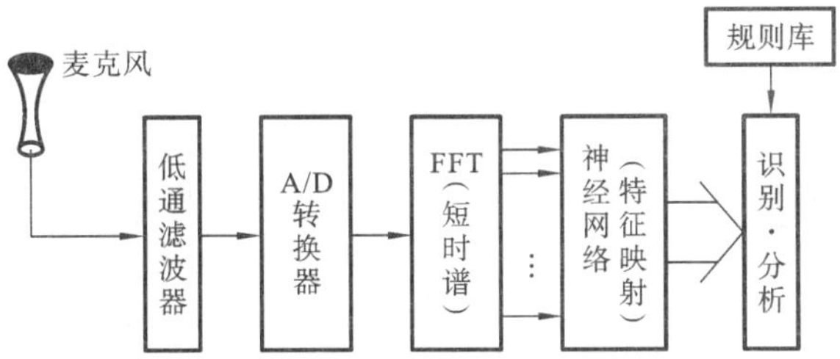

图 7.5.1　神经网络语音识别系统框图

图中由麦克风输入信号，经截止频率为 5.3 kHz 的低通滤波器后，以 13.02 kHz 的采样频率进行采样，12 位 A/D 转换器将语音模拟信号转换为数字信号。接着以 19.66 ms 为一段，分段进行 256 点快速傅里叶变换(FFT)，计算短时频谱。这一步是传统的特征提取方法。对 256 个点作平滑、取对数，归并为 15 个分量，形成一个 15 维谱矢量，作为神经网络的输入矢量。这里，神经网络设计成自组织特征网络，它有 15 个输入节点，96 个输出节点，输出节点排成六边形的二维阵列。在网络的训练阶段，用实验语音训练网络，得到如图 7.5.2 所示的芬兰语音素特征映射图。实际上同一神经元可能对不同的音素作出响应，但经统计，可以用出现概率最大的一个或两个音标作标号。自组织学习完成后，可以采用式(7.4.12)进行有监督学习，对权矢量作微调，改善分类准确度。在网络的工作阶段，当输入一个单词的发音后，网络的输出阵列可按顺序映射出单词对应的音素，图 7.5.3 所示的是网络识别芬兰语单词"humppila"的响应轨迹，其中每一个箭头段相应于一段语音(9.83 ms 间隔)。将这个音素序列传入规则库进行语音观察分析，对识别结果进行确认与修正。规则库内存储着 1 万～2 万条规则。新的说话者需对网络加以训练，网络按式(7.4.12)细调权值。该系统可识别、分辨出正常语速的语音。

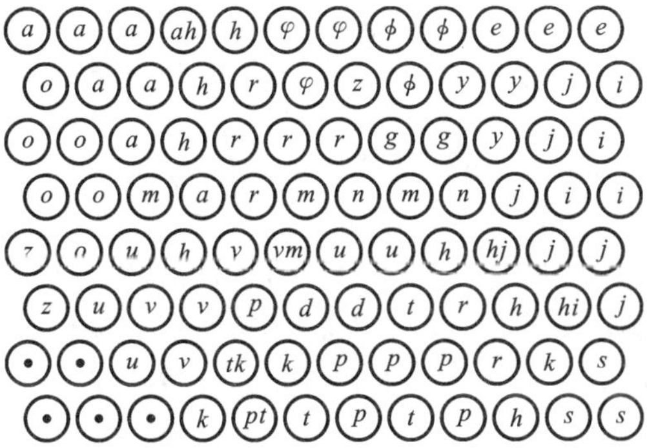

图 7.5.2　芬兰语各音素特征映射图

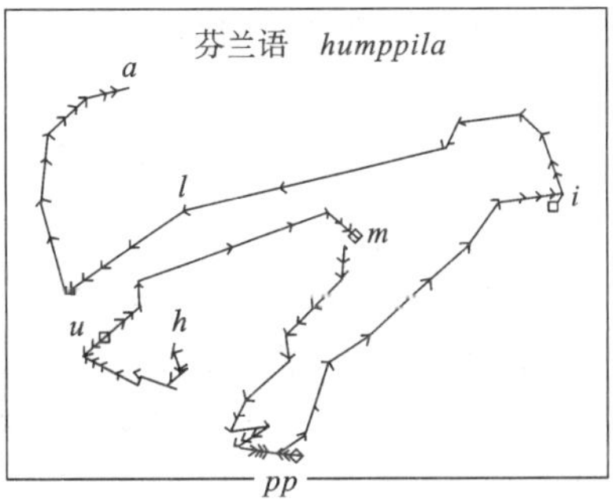

图 7.5.3　芬兰语"humppila"对应神经网络的响应轨迹

2. 非线性自适应滤波器

本书第 2 章讨论的自适应滤波器是在最小均方误差意义下的最优滤波器，即满足式(2.2.8)：

$$E[(d(n)-y(n))^2]=\min \tag{7.5.1}$$

但它是在线性模型 $\left(y=\sum_i \boldsymbol{W}_i\boldsymbol{X}_i\right)$ 约束下的最优。而传统的非线性自适应滤波器如图 7.5.4 所示，它也是最小均方差意义下的最优，但这是在确定的非线性模型中的约束下的最优。例如，三阶 Volterra 型非线性滤波形式为

$$\boldsymbol{Z}=[x_1\ x_2\ x_3\ x_1^2\ x_2^2\ x_3^2\ x_1^3\ x_2^3\ x_3^3\ x_1x_2\ x_1x_3\ \cdots\ x_2^2x_3]^{\mathrm{T}}$$

$$y=\sum_i w_iz_i$$

对于时变的非线性传递函数的情形，全局最优的非线性自适应滤波应该是实时调整非线性模型的滤波器。多层前向网络就是一个可以逼近任意非线性变换、模型不固定的自适应网络，可以用来实现时变非线性自适应滤波器，如图 7.5.5 所示。网络的误差反向传播(BP)学习算法正是用来求解在最小均方差意义下的最优解 $\boldsymbol{W}^*$。

3. RLS 算法的实时实现

在 2.6 节中已讨论到，RLS(递归最小二乘方)自适应算法收敛速度快，特别适合于快速信道均衡、实时系统辨识等应用，但算法的每次迭代运算量很大，使应用受到很大限制。现在考虑用复合反馈型神经网络(见图 7.3.10)来实时完成算法中的迭代运算。

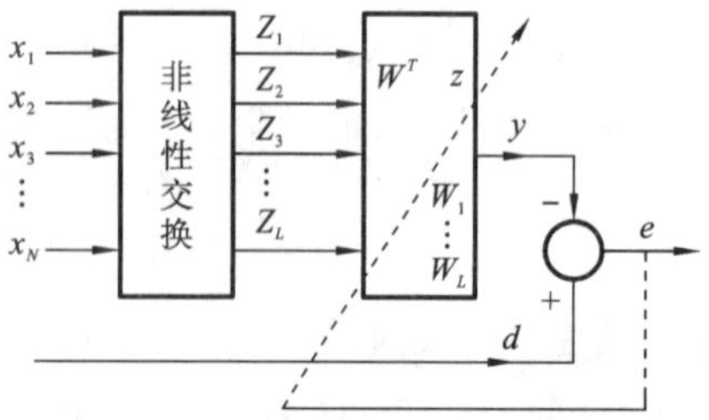

图 7.5.4 传统的非线性自适应滤波器

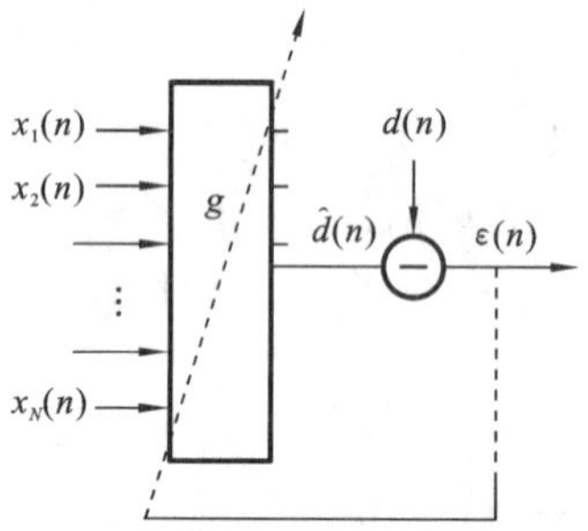

图 7.5.5 神经网络非线性滤波器

RLS 算法的标准方程和最佳解为

$$\boldsymbol{R}(n)\boldsymbol{W}(n)=\boldsymbol{P}(n) \tag{7.5.2}$$

$$\boldsymbol{W}(n)=\boldsymbol{R}^{-1}(n)\boldsymbol{P}(n) \tag{7.5.3}$$

式中，$\boldsymbol{R}(n)$ 和 $\boldsymbol{P}(n)$ 的定义见式(2.6.7)和式(2.6.8)。RLS 算法的迭代方程为式(2.6.12)和(2.6.13)

$$\boldsymbol{R}(n+1)=\lambda\boldsymbol{R}(n)+\boldsymbol{X}(n+1)\boldsymbol{X}^{\mathrm{T}}(n+1) \tag{7.5.4}$$

$$\boldsymbol{W}(n)=\lambda\boldsymbol{P}(n)+d(n+1)\boldsymbol{X}(n+1)$$

上述算法中，矩阵 $\boldsymbol{R}$ 的逆 $\boldsymbol{R}^{-1}$ 的计算最为繁杂、费时。但复合反馈神经网络可以实时完成式(7.5.2)的逆运算，这与式(7.3.22)完成的运算是相似的。这时，只需设图 7.3.9 网络中的 $\boldsymbol{B}=\boldsymbol{P}(n)$，$\boldsymbol{W}_A=\boldsymbol{R}(n)$，$\boldsymbol{A}=0$，就能在纳秒级内得到式(7.5.2)的最佳解，即 $\boldsymbol{Y}=\boldsymbol{W}(n)=\boldsymbol{R}^{-1}(n)\boldsymbol{P}(n)$。每次迭代时，只需计算迭代公式(7.5.4)，然后置神经网络中的 $\boldsymbol{B}=\boldsymbol{P}(n+1)$，$\boldsymbol{W}_A=\boldsymbol{R}(n+1)$，$\boldsymbol{A}=0$，网络将立即给出 $n+1$ 时刻的最佳解。

复习思考题

7.1 什么是人工神经网络？谈谈你的认识。

7.2 生物神经系统是怎样工作的？神经元的结构是怎样的？神经元之间是怎样相互作

用的？怎样建立人工神经元模型？什么是神经元模型的传递函数和变换函数？

7.3　前向型和反馈型神经网络结构有什么区别？怎样对它们进行数学描述？

7.4　神经网络有哪几种学习方式？它们各有什么特点？

7.5　单层前向网络的分类能力是怎样得来的？

7.6　多层前向网络的非线性映射能力是怎样获得的？

7.7　怎样用矢量外积算法计算离散型单层前向网络的权值？

7.8　怎样利用误差修正法自适应调整神经网络的权矢量？

7.9　多层前向网络的学习算法中，误差反向传播算法和随机学习算法各有什么特点？它们怎样具体实现？

7.10　离散型和连续型单层反馈网络怎样分别用差分方程和微分方程来描述？它们的能量函数怎样计算？怎样设计它们的网络权值？

7.11　随机型反馈网络的结构和能量函数有什么特点？

7.12　复合型反馈网络的结构有什么特点？怎样进行网络优化计算？

7.13　自组织神经网络有什么特点？无导师学习是依据什么调整权值？

7.14　什么是自组织聚类？单层前向聚类网络是怎样竞争学习的？反馈型聚类网络是怎样进行自适应谐振学习的？

7.15　自组织特征映射网络的结构有何特点？它的竞争学习算法与简单聚类网络有什么不同？它的有序特征映射能力有什么用途？

7.16　怎样用 Hebb 学习规则提取单个线性单元的最大主元？怎样用反 Hebb 抑制学习规则提取多个主元？

7.17　神经网络在信号处理中有哪些典型应用？

习　　题

7.1　M-P 神经元模型有逻辑运算能力，试用 M-P 模型实现三输入的 NOR(或非)门和 NAND(与非)门。

7.2　对于如图 7.1.6(d)所描述的随机型变换函数，

(1) 试讨论单元输出为 1 的概率随温度常数 T 的变化情况 。

(2) 试证明：当 $T\to 0$ 时，神经元成为一个确定型模型。

7.3　由 4 个双极性二值神经元组成一个离散时间反馈网络，如图 7.1.10(a)所示。设权矩阵为

$$\boldsymbol{W}=\begin{bmatrix} 0 & 1 & 1 & -1 \\ 1 & 0 & 1 & -1 \\ 1 & 1 & 0 & -1 \\ -1 & -1 & -1 & 0 \end{bmatrix}$$

若输入矢量为$[1\ 1\ 1\ 1]^{\mathrm{T}}$，求网络的过渡过程和稳态响应，并指出网络的另一个稳态。

7.4　分别指出自适应逆滤波(见图 2.1.3)和自适应干扰抵消器(见图 2.1.5)是有导师学习还是无导师学习系统。

7.5　如图 P7.5 所示的神经网络，其中取 $f(u)=\dfrac{2}{1+\exp(-\lambda u)}-1$，$u=\boldsymbol{W}^{\mathrm{T}}\boldsymbol{X}$，取 $\lambda=2$。

考虑用该网络将输入矢量 $\boldsymbol{X}$ 分成两类 R_1 和 R_2，规划是：

$$\begin{cases} y_1 > y_2, & \boldsymbol{X} \in R_1 \\ y_1 < y_2, & \boldsymbol{X} \in R_2 \end{cases}$$

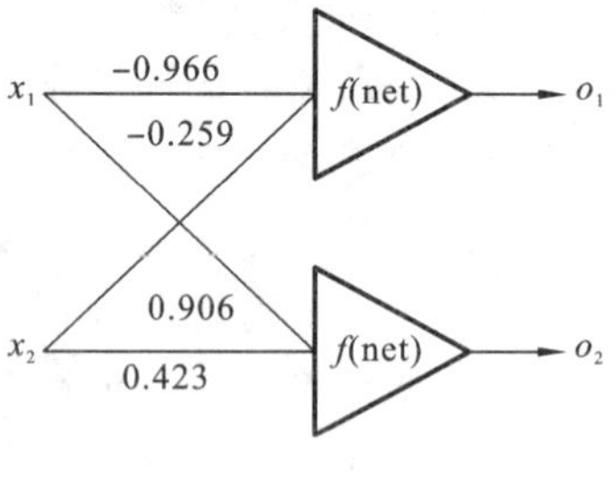

图 P7.5

(1) 决定以下三个输入矢量所属的类别：

$$\boldsymbol{X}_1 = \begin{bmatrix} 0.866 \\ 0.5 \end{bmatrix}, \quad \boldsymbol{X}_2 = \begin{bmatrix} -0.985 \\ -0.174 \end{bmatrix}, \quad \boldsymbol{X}_3 = \begin{bmatrix} 0.342 \\ -0.94 \end{bmatrix}$$

(2) 试写出输入空间的分界线。

(3) 试说明如何构造前向网络可得到非线性分界线。

7.6　考虑由三个神经元组成的两层前向网络，如图 P7.6(a)所示。神经元的变换函数取为双极性离散型。用该网络实现一种非线性分类——“异或”映射，由图 P7.6(b)描述这个映射关系。

试设计网络的权矢量 $\boldsymbol{W}_1$，$\boldsymbol{W}_2$ 和 $\boldsymbol{W}_3$。虚线所示；$\boldsymbol{W}_3$ 实现“与”运算，参见 7.2.2 节。

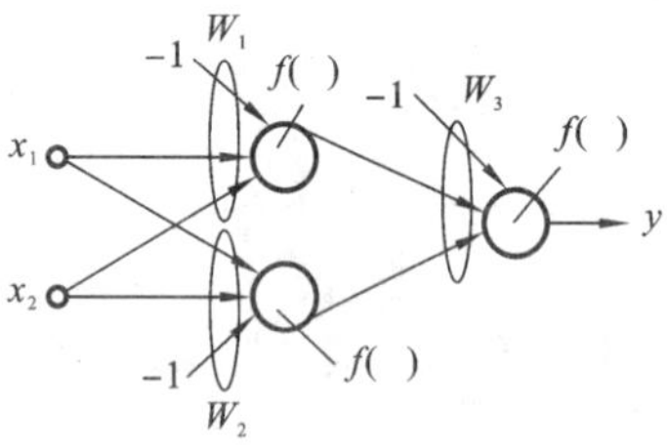

(a)

x_1	x_2	y
0	0	1
0	1	-1
1	0	-1
1	1	1

(b)

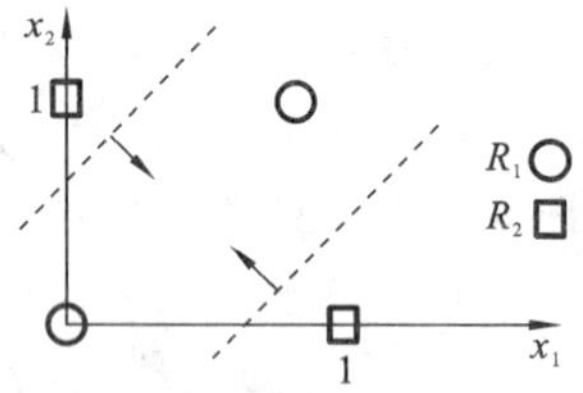

(c)

图 P7.6

7.7　再考虑图 P7.6(a)所示的网络，但神经元的变换函数取为双极性连续型($\lambda=1$)。用该网络逼近一个非线性连续函数——欧几里得距离：

$$d = \sqrt{x_1^2 + x_2^2}$$

试验证，当 $\boldsymbol{W}_1 = [-2.54\ \ -3.68\ \ 0.61]^{\mathrm{T}}$，$\boldsymbol{W}_2 = [2.76\ \ 0.07\ \ 3.83]^{\mathrm{T}}$，$\boldsymbol{W}_3 = [-3.47\ \ -1.8\ \ 2.0]^{\mathrm{T}}$ 时，在区间 $0 < x_1 < 0.7$，$0 < x_2 < 0.7$ 有 $|d-y| \leqslant 0.02$。

7.8　用外积法设计一个三单元的离散型单层前向网络。若希望存储的两个状态为 $\boldsymbol{A}_1 = [1\ 0\ 0]^{\mathrm{T}}$，$\boldsymbol{A}_2 = [1\ 1\ 0]^{\mathrm{T}}$。

(1) 求出权矩阵 $\boldsymbol{W}_{3\times 3}$；

(2) 给出网络的两个稳定态以及它们的收敛域；

(3) 试回答：设计的存储态是否一定为网络的稳定态？

7.9　将图 P7.9 所示的单个双极性离散型神经元用作线性分类。采用误差修正学习算法(参见式(7.2.4))。已知如下训练样本 x_i 和导师信号 d_i：

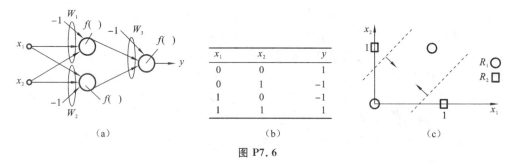

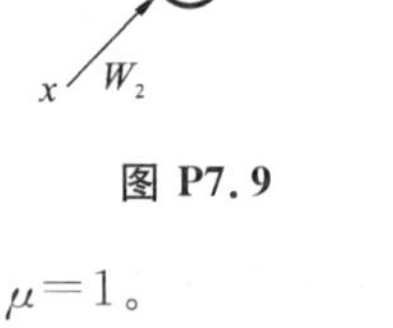

图 P7.9

$$\begin{cases} x_1 = 1, x_2 = 3, d_1 = d_3 = 1 \\ x_2 = -0.5, x_4 = -2, d_2 = d_4 = -1 \end{cases}$$

权矢量 $\boldsymbol{W} = [w_0\ \ w_1]^{\mathrm{T}}$ 的初值随机取为 $\boldsymbol{W}(0) = [-2.5\ \ -1.75]^{\mathrm{T}}$，学习常数 $\mu = 1$。

(1) 试算出前 6 次迭代运算的结果，并在 w_0-w_1 平面上画出分界线；

(2) 用计算机编程，实现该算法的流程，输出最后的稳定解和迭代次数。

7.10　设神经元的变换函数为单极性 S 函数，试推导出该神经元对应于式(7.2.5)的 LMS 算法。

7.11　多层前向网络的 BP 学习算法中，假设误差作反向传播(见图 7.2.11(b))才得到算法式(7.2.9)。但实际上网络不可能作反向传递。按前向网络的实际传播方向，试推导出相应于式(7.2.9)的关系式，即$\frac{\partial \xi}{\partial y_i^{(p-1)}}$与$\frac{\partial \xi}{\partial u_i^{(p)}}$之间的关系式。

7.12　编写计算机程序，实现 BP 算法流程。用该程序训练图 P7.6(a)所示的网络，取变换函数为双极性连续型($\lambda=1$)。训练集在区间 $0\leqslant x_1\leqslant 0.7$，$0\leqslant x_2\leqslant 0.7$ 均匀取 64 个点，学习常数 $\mu=0.4$，允许均方误差和为 $E_{\min}=0.02$。

7.13　用计算机程序实现模拟退火算法。但能量函数取为 $E(w)=w^4-16w^2+5w$。(它有两个极小值：$E_1=-50$，$E_2=-78.3$，如图 P7.13 所示。)取生成函数为 $\rho(\Delta w)=\frac{10^{-2}T(k)}{10^{-4}T^2(k)+(\Delta w)^2}$，退火率为 $T(k)=100(1+10^{-2}k)^{-1}$，容忍函数为 $A=[1+\mathrm{e}^{\Delta w/T(k)}]^{-1}$，初值 $w(0)$取在 3 附近，观察系统状态随时间的变化。

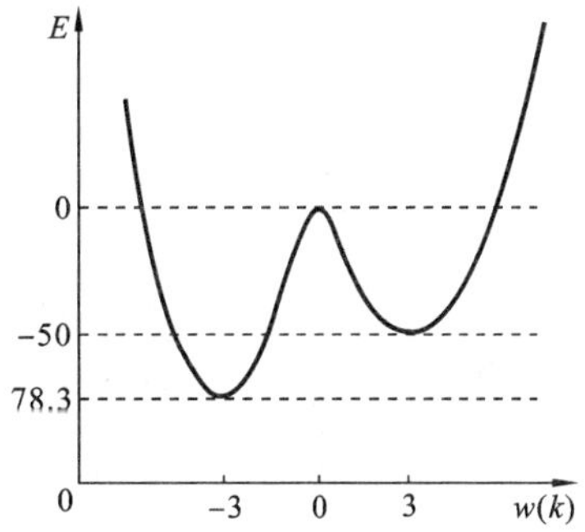

图 P7.13

7.14　用 Hopfield 网络(大增益连续型或离散型)求解售货员路径问题(TSP)：N 个城市 $A,B,C,\cdots$ 其间距离为 $d_{AB},d_{BC},d_{CA},\cdots$(见表 P7.14)求合适的路线，使对每个城市访问一次且路径最短。(如果用穷举搜索法，有$(N-1)$！种方案，计算量正比于 $N!/2$。当 $N=20$ 时，亿次计算机也需运算 350 年)

表 P7.14

城市 \ 次序	1	2	3	4	5	6
A	0	0	0	1	0	0
B	1	0	0	0	0	0
C	0	0	0	0	0	1
D	0	1	0	0	0	0
E	0	0	1	0	0	0
F	0	0	0	0	1	0

试求 $N=5$ 时网络的权值 W 和阈值 I。

7.15　计算机模拟连续型 Hopfield 网络的一种方法是用龙格-库塔数值法求解网络的非线性微分方程组式(7.3.14)和式(7.3.15)。

(1) 编写连续型 Hopfield 网络模拟实验程序。

(2) 模拟全互联 Hopfield 网络 A/D 转换器，求不同初值的稳定平衡点，观察局部极小点(错误输出)现象。

(3) 模拟下三角连接的 Hopfield 网络 A/D 转换器，与(2)题比较收敛时间。

(4) 用实验程序求解 TSP(见习题 7.14)，设

$$\{d_{ij}\}=\begin{bmatrix}0 & \infty & 20 & 7 & 35\\ \infty & 0 & \infty & 10 & 23\\ 20 & \infty & 0 & 15 & 12\\ 7 & 10 & 15 & 0 & 29\\ 35 & 23 & 12 & 29 & 0\end{bmatrix}$$

(5) 将实验程序稍加修改：交换函数由式(7.3.15)换成式(7.3.19)，模拟随机型反馈网络求解 TSP，参数$\{d_{ij}\}$用(4)小题的，比较(4)和(5)结果。

7.16　求解排序问题：将 N 个数 $\boldsymbol{X}\triangleq[x_1\ x_2\cdots\ x_N]^{\mathrm{T}}$ 由大到小或由小到大排列成 $\boldsymbol{Y}=[y_1\ y_2\cdots\ y_N]^{\mathrm{T}}$。若用普通的两位数比较的方法，在最不利的情况下，需比较$(N-1)!$ 次。用下面的变换来描述排序问题。

$$\boldsymbol{Y}=[p_{ij}]_{N\times N}\boldsymbol{X}=\boldsymbol{P}\boldsymbol{X}$$

式中，$\boldsymbol{P}$ 称为排位矩阵。现用 Hopfield 网络求解矩阵 $\boldsymbol{P}$。

(1) 试设计出求解排序问题的代价函数。

(2) 用习题 7.15 的计算机程序模拟网络求解排序问题。

7.17　用复合型反馈网络(如图 7.3.10 所示)求解逆运算，取 $M=N$，即求变换 $\boldsymbol{W}_{N\times N}\boldsymbol{Y}_N=\boldsymbol{B}_N$ 中的 $\boldsymbol{Y}$。试证明：当 $w_{ii}^2\gg 1/R$ 时，$\boldsymbol{Y}\approx\boldsymbol{W}^{-1}\boldsymbol{B}$，其中 $\boldsymbol{W}=[w_{ij}]_{N\times N}$，$\boldsymbol{R}$ 是网络中运算放大器的输入电阻。

7.18　在竞争学习中，矢量 $\boldsymbol{W}$ 与 $\boldsymbol{X}$ 的欧几里得距离 $\|\boldsymbol{X}-\boldsymbol{W}\|$ 最小者 $\boldsymbol{W}_m$ 为获胜者。试证明：

(1) 当 $\boldsymbol{W}$ 归一化后($|\boldsymbol{W}|=1$)，$\min\|\boldsymbol{X}-\boldsymbol{W}\|$ 等效于 $\max(\boldsymbol{W}^{\mathrm{T}}\boldsymbol{X})$，也就是证明式(7.4.1)。

(2) 在竞争学习算法中，修正量式(7.4.2)所表示的修正量的方向，是 $\boldsymbol{W}_m$ 对 $\|\boldsymbol{X}-\boldsymbol{W}\|$ 的负梯度方向。

7.19　在自适应谐振学习算法中，要进行警戒测试。试解释：

(1) 为什么在离散型输入情形下，当获胜元未通过警戒测试时，要从剩下的单元中重新竞争出另一获胜元来进行测试，直到所有的单元都不能通过测试才建立新的神经元。

(2) 为什么在连续型输入情形下，仅进行一次竞争，只要获胜元不能通过测试就建立一个新单元。

7.20　对表 P7.20 给出的 10 个输入训练模式，用自适应谐振学习算法来聚类，距离测度取矢量的一维范数，即对二维矢量 $\boldsymbol{X}$ 和 $\boldsymbol{W}$，$d(\boldsymbol{X},\boldsymbol{W})\triangleq|x_1-w_1|+|x_2-w_2|$。

(1) 设 $\rho=1.5$，填写表 P7.20 余下的各栏。

表 P7.20

次序	输入模式	获胜元	被测值	判决	第一类中心聚点	第二类中心聚点	……
1	(1.0,0.1)	—	—	新类	(1.0,0.1)		
2	(1.3,0.8)	1	1.0	通过	(1.15,0.45)		
3	(1.4,1.8)	1	1.6	未通过—新类		(1.4,1.8)	
4	(1.5,0.5)						
5	(0.0,1.4)						
6	(0.6,1.2)						
7	(1.5,1.9)						
8	(0.7,0.4)						
9	(1.9,1.4)						
10	(1.5,1.3)						

(2) 设 $\rho=0.9$，重新完成表 P7.20。

(3) 设 $\rho=1.5$，但将输入模式的次序颠倒过来，即最后一个模式(1.5，1.3)最先用来训练网络，依次到第一个模式。再重新完成表 P7.20。

(4) 观察以上三小题的结果，选择以下问题的答案：

① 警戒阈值越小，聚类的类别就可能越(多/少)。

② 训练模式的次序(影响/不影响)聚类结果。

7.21　试用自组织特征映射网络(见图 7.4.9)求解 TSP(参见习题 7.14)。考察二维平面上的 N 个城市，一条旅行路径就是一条通过所有城市的闭合线。所以把 TSP 问题看成是从面到线的一个映射，可以利用一个 $M(M>N)$ 个单元、二维输入的自组织特征映射网络产生这一映射。最终希望二维权矢量就是城市的平面坐标，相邻近的权矢量相对接近。这样由单元所定义的城市序列就是一条较好或最好的路径。

(1) 定义一个能量函数：

$$E\{w_{ij}\}=-\sigma^2\sum_l \ln\Big[\sum_j \exp(-|\boldsymbol{X}^l-\boldsymbol{W}_j|^2/2\sigma^2)\Big]+C/2\sum_j|w_{j+1}-w_j|^2$$

式中，σ 为衰减因子(随时间减小)，C 为常系数。试说明该能量函数的物理意义，并在该能量函数上进行梯度下降，推导出自适应学习算法。

(2) 用计算机程序模拟该网络，求解 30 个城市的 TSP，参照图 P7.21 的实验结果。

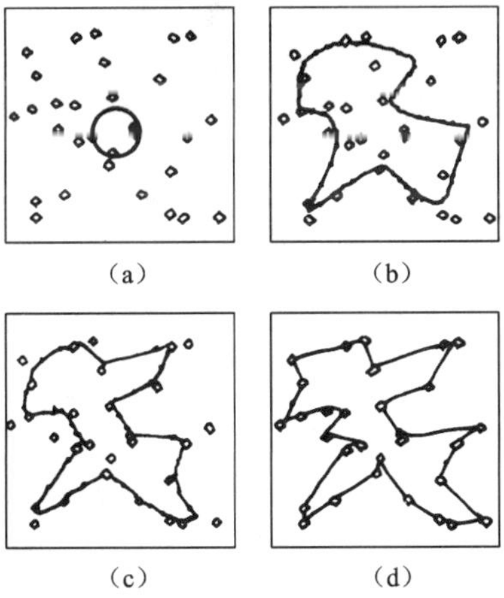

图 P7.21

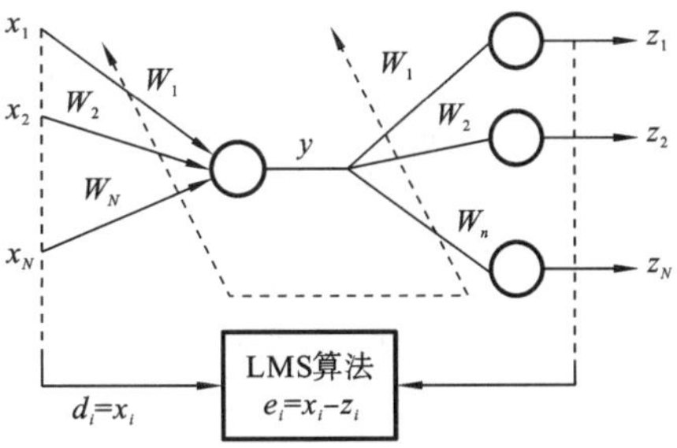

图 P7.22

7.22　试证明：图 P7.22 所示的两层前向线性网络，经 LMS 算法训练，等效于最大主元提取网络(见图 7.4.15)。

附录A 离散时间随机信号

离散时间随机信号是由无限个随机变量排列成的时间序列，它是一个随机过程。

A.1 随机变量的统计性质

随机变量 x 的统计性质可以用它的概率分布函数 $P_x(X)$ 或概率密度函数 $p_x(X)$ 描述。$P_x(X)$ 定义为 x 的取值不超过某个特定值 X 的概率，即

$$P_x(X) \equiv [x \leqslant X] \text{的概率} \tag{A.1.1}$$

概率分布函数具有以下性质：

(1) 单调非减，即如果 $X_1 > X_2$，则有

$$P_x(X_1) \geqslant P_x(X_2) \tag{A.1.2}$$

(2)
$$P_x(-\infty) = \lim_{X \to -\infty} P_x(X) = 0 \tag{A.1.3}$$

$$P_x(\infty) = \lim_{X \to \infty} P_x(X) = 1 \tag{A.1.4}$$

(3) 右连续，即

$$P_x(X+0) = P_x(X) \tag{A.1.5}$$

(4) $P_x(X)$ 在不连续点 X_i 的阶跃等于随机变量 x 取值为 X_i 的概率 $P_x(X_i)$。

概率密度函数 $p_x(X)$ 定义为

$$p_x(X) \equiv \frac{\partial P_x(X)}{\partial X} \tag{A.1.6}$$

因此有

$$P_x(X) = \int_{-\infty}^{X} p_x(X) \mathrm{d}x \tag{A.1.7}$$

概率密度函数具有以下性质：

(1) 它是非负的，即

$$p_x(X) \geqslant 0 \tag{A.1.8}$$

(2)
$$\int_{-\infty}^{\infty} p_x(X) \mathrm{d}X = 1 \tag{A.1.9}$$

(3)
$$\int_{a}^{b} p_x(X) \mathrm{d}X = P_x(a) - P_x(b) \tag{A.1.10}$$

随机变量的统计性质更常用均值 m_x、均方值 $E[x^2]$ 和方差 σ_x^2 等三个参数来描述。均值定义为

$$m_x = E[x] = \int_{-\infty}^{\infty} x p_x(X) \mathrm{d}x \tag{A.1.11}$$

式中，$E[\ ]$ 是期望算子。随机变量的均值具有以下性质：

(1) 两随机变量之和的均值等于它们的均值之和，即

$$E[x+y] = E[x] + E[y] \tag{A.1.12}$$

(2) 乘以常数 a 的随机变量的均值等于随机变量的均值乘以该常数，即

$$E[ax]=aE[x] \tag{A.1.13}$$

性质(1)和性质(2)统称为线性性质。

(3) 两随机变量之积的均值如果等于它们的均值之积，则称此二随机变量是线性独立的或不相关的，即对于线性独立的两随机变量 x 和 y，有

$$E[xy]=E[x]E[y] \tag{A.1.14}$$

随机变量的取值分布在均值周围，取值相对于均值分散的程度用方差度量，方差定义为

$$\sigma_x^2=E[(x-m_x)^2] \tag{A.1.15}$$

方差的平方根 σ_x 称为标准差。

随机变量的均方值定义为

$$E[x^2]=\int_{-\infty}^{\infty}x^2 p_x(X)\mathrm{d}x \tag{A.1.16}$$

随机变量的均值、方差、均方值之间有以下关系

$$\sigma_x^2=E[x^2]-m_x^2 \tag{A.1.17}$$

当随机变量 x 是电压或电流时，其均值 m_x 是直流分量，均方值 $E[x^2]$ 是单位电阻上消耗的总平均功率，方差 σ_x^2 是交流分量在单位电阻上消耗的平均功率。式(A.1.17)的物理意义是：电压或电流在单位电阻上消耗的总平均功率等于交流分量和直流分量在单位电阻上消耗的平均功率之和。

在数学上，m_x 是 x 的一阶原点矩，$E[x^2]$ 是 x 的二阶原点矩，σ_x^2 是 x 的二阶中心矩。

A.2 离散时间随机信号

如上所述，离散时间随机信号是一个随机过程，它是由无限多个随机变量构成的一个时间序列 $\{x_n\}(-\infty\leqslant n\leqslant\infty)$。因此，要完整地描述离散时间随机信号，不仅需要它的所有随机变量的概率分布函数或概率密度函数，而且需要它的所有可能的联合概率分布函数或联合概率密度函数。两个不同时刻 n 和 m 上的随机变量 x_n 和 x_m 的联合概率分布函数定义为

$$P_{x_n,x_m}(X_n,n,X_m,m)=[x_n\leqslant X_n \text{ 同时 } x_m\leqslant X_m] \text{ 的概率} \tag{A.2.1}$$

x_n 与 x_m 的联合概率密度函数定义为

$$p_{x_n,x_m}(X_n,n,X_m,m)=\frac{\partial^2 P_{x_n,x_m}(X_n,n,X_m,m)}{\partial X_n\partial X_m} \tag{A.2.2}$$

如果一个离散时间随机信号在不同时刻的随机变量互不影响，则称诸随机变量是统计独立的。统计独立的两随机变量的联合概率分布函数等于它们各自的概率分布函数之积，即

$$P_{x_n,x_m}(X_n,n,X_m,m)=P_{x_n}(X_n)P_{x_m}(X_m) \tag{A.2.3}$$

一般情况下，离散时间随机信号在不同时刻的随机变量 x_n 与 x_m 的概率密度函数不同，x_n 和 x_m 的联合概率密度函数与 x_{n+k} 和 x_{m+k} 的联合概率密度函数也不同。但是，有一类离散时间随机信号，它们的概率密度函数与时间变量无关，它们的联合概率密度函数只与两随机变量间的时间间隔 $m-n$ 有关，而与时间起点无关，即满足以下两个关系式

$$p_{x_n}(X_n,n)=p_{x_m}(X_m,m)=p_x(X) \tag{A.2.4}$$

和

$$p_{x_n,x_m}(X_n,n,X_m,m)=p_{x_{n+k},x_{m+k}}(X_{n+k},n+k,X_{m+k},m+k) \tag{A.2.5}$$

这类离散时间随机信号称为狭义平稳离散时间随机信号。

离散时间随机信号也可以用它的所有随机变量的均值、方差和均方值等参数来描述，一般情况下，这些参数都与时间 n 有关，即它们都是时间序列。但是，狭义平稳离散时间随机信号的这些参数与时间 n 无关，即

$$m_{x_n} = \int_{-\infty}^{\infty} x p_{x_n}(x,n)\,\mathrm{d}x = m_x \tag{A.2.6}$$

$$E[x_n^2] = \int_{-\infty}^{\infty} x^2 p_{x_n}(x,n)\,\mathrm{d}x = E[x^2] \tag{A.2.7}$$

$$\sigma_{x_n}^2 = \int_{-\infty}^{\infty} (x - m_{x_n})^2 p_{x_n}(x,n)\,\mathrm{d}x = \sigma_x^2 \tag{A.2.8}$$

以上 3 个公式中的 m_x、$E[x^2]$和 σ_x^2 都是与时间 n 无关的常量。

A.3　离散时间随机信号的相关序列和协方差序列

离散时间随机信号的统计性质也可以用相关序列和协方差序列来描述。

离散时间随机信号$\{x_n\}$的自相关序列用来描述它在不同时刻的随机变量之间相互依赖的程度，定义为

$$R_{xx}(n,m) = E[x_n x_m^*] = \int_{-\infty}^{\infty}\int_{-\infty}^{\infty} X_n X_m^* p_{x_n,x_m}(X_n,n,X_m,m)\,\mathrm{d}X_n\mathrm{d}X_m \tag{A.3.1}$$

式中，星号 * 表示复共轭。对于两个不同离散时间随机信号$\{x_n\}$和$\{y_n\}$，可以定义它们之间的互相关序列

$$R_{xy}(n,m) = E[x_n y_m^*] = \int_{-\infty}^{\infty}\int_{-\infty}^{\infty} X_n Y_m^* p_{x_n,x_m}(X_n,n,Y_m,m)\,\mathrm{d}X_n\mathrm{d}Y_m \tag{A.3.2}$$

式中，$p_{x_n,x_m}(X_n,n,X_m,m)$是$\{x_n\}$与$\{y_n\}$的联合概率密度函数。

离散时间随机信号$\{x_n\}$的自协方差序列定义为

$$C_{xx}(n,m) = E[(x_n - m_{x_n})(x_m - m_{x_m})^*] \tag{A.3.3}$$

类似地，两个不同离散时间随机信号$\{x_n\}$和$\{y_n\}$的互协方差序列定义为

$$C_{xy}(n,m) = E[(x_n - m_{x_n})(y_m - m_{y_m})^*] \tag{A.3.4}$$

分别将式(A.3.3)和式(A.3.4)展开，可以得出自协方差序列(或互协方差序列)与自相关序列(或互相关序列)的以下关系

$$C_{xx}(n,m) = R_{xx}(n,m) - m_{x_n} m_{x_m} \tag{A.3.5}$$

$$C_{xy}(n,m) = R_{xy}(n,m) - m_{x_n} m_{y_m} \tag{A.3.6}$$

一般情况下，自相关序列、互相关序列、自协方差序列和互协方差序列都是二维序列。但是，狭义平稳随机过程的自相关序列、自协方差序列、互相关序列和互协方差序列，都只是时间差的函数而与时间起点无关，因而都只是一维序列，并分别表示如下

$$R_{xx}(m) = E[x_n x_{n+m}^*] \tag{A.3.7}$$

$$C_{xx}(m) = E[(x_n - m_{x_n})(x_{n+m} - m_{x_{n+m}})^*] \tag{A.3.8}$$

$$R_{xy}(m) = E[x_n y_{n+m}^*] \tag{A.3.9}$$

$$C_{xy}(m) = E[(x_n - m_{x_n})(y_{n+m} - m_{y_{n+m}})^*] \tag{A.3.10}$$

均值是常数(与时间 n 无关)、自相关序列只与时间差 m 有关而与时间起点 n 无关(即满足式(A.3.7)的离散时间随机信号，称为广义平稳离散时间随机信号，简称平稳随信号程。

A.4　遍历性离散时间随机信号

离散时间随机信号的每一次实现得到一个取样序列，因此，理论上它是由无限多个取样序列构成的无限集。如果平稳随机信号的一个取样序列的时间平均等于该平稳随机信号的集合平均，则称该平稳随机信号是遍历性随机信号。

取样序列 $x(n)$ 的所有取样值的算术平均值，称为离散时间随机信号的时间平均值，简称时间平均，常用 $\langle x(n)\rangle$ 表示，即

$$\langle x(n)\rangle = \lim_{N\to\infty}\frac{1}{2N+1}\sum_{n=-N}^{N}x(n) \tag{A.4.1}$$

根据离散时间随机信号的取样序列 $x(n)$，用时间平均定义的自相关序列，称为该离散时间随机信号的取样自相关序列，即

$$\langle x(n)x^*(n+m)\rangle = \lim_{N\to\infty}\frac{1}{2N+1}\sum_{n=-N}^{N}x(n)x^*(n+m) \tag{A.4.2}$$

对于遍历性随机过程，有

$$\langle x(n)\rangle = m_x \tag{A.4.3}$$

和

$$\langle x(n)x^*(n+m)\rangle = R_{xx}(m) \tag{A.4.4}$$

在实际应用中，常根据无限长取样序列中的一段数据(设包含 N 个取样值)来计算平均值，并把它们作为离散时间随机信号的平均和自相关序列的估计，即

$$\langle x(n)\rangle_N \equiv \frac{1}{N}\sum_{n=0}^{N-1}x(n) \approx m_x \tag{A.4.5}$$

和

$$\langle x(n)x^*(n+m)\rangle \equiv \frac{1}{2N+1}\sum_{n=-N+1}^{N-1}x(n)x^*(n+m) \approx R_{xx}(m) \tag{A.4.6}$$

A.5　相关序列和协方差序列的性质

设 $\{x_n\}$ 和 $\{y_n\}$ 是两个实平稳离散时间随机信号。

性质 1

$$C_{xx}(m) = R_{xx}(m) - m_x^2 \tag{A.5.1}$$

$$C_{xy}(m) = R_{xy}(m) - m_x m_y \tag{A.5.2}$$

性质 2

$$R_{xx}(0) = E[x_n^2] \tag{A.5.3}$$

$$C_{xx}(0) = \sigma_x^2 \tag{A.5.4}$$

性质 3

$$R_{xx}(m) = R_{xx}(-m) \tag{A.5.5}$$

$$C_{xx}(m) = C_{xx}(-m) \tag{A.5.6}$$

$$R_{xy}(m) = R_{yx}(-m) \tag{A.5.7}$$

$$C_{xy}(m) = C_{yx}(-m) \tag{A.5.8}$$

性质 4

$$|R_{xy}(m)| \leqslant \sqrt{R_{xx}(0)R_{yy}(0)} \tag{A.5.9}$$

$$|C_{xy}(m)| \leqslant \sqrt{C_{xx}(0)C_{yy}(0)} \tag{A.5.10}$$

性质 5

对于 $y_n = x_{n-n_0}$，有

$$R_{yy}(m) = R_{xx}(m) \tag{A.5.11}$$

$$C_{yy}(m) = C_{xx}(m) \tag{A.5.12}$$

性质 6

$$\lim_{m\to\infty} C_{xx}(m) = 0 \tag{A.5.13}$$

$$\lim_{m\to\infty} C_{xy}(m) = 0 \tag{A.5.14}$$

$$\lim_{m\to\infty} R_{xx}(m) = m_x^2 \tag{A.5.15}$$

$$\lim_{m\to\infty} R_{xy}(m) = m_x m_y \tag{A.5.16}$$

A.6 功　率　谱

平稳随机信号的协方差序列的 z 变换

$$S_{xx}(z) = \sum_{m=-\infty}^{\infty} C_{xx}(m) z^{-m} \tag{A.6.1}$$

称为功率谱。对于均值为零的平稳随机信号，$C_{xx}(z) = R_{xx}(z)$，故功率谱也可定义为

$$S_{xx}(z) = \sum_{m=-\infty}^{\infty} R_{xx}(m) z^{-m} \tag{A.6.2}$$

或

$$S_{xx}(e^{j\omega}) = \sum_{m=-\infty}^{\infty} R_{xx}(m) e^{-j\omega m} \tag{A.6.3}$$

实平稳随机信号的功率谱具有下列性质：

(1) 极点关于单位圆对称

$$S_{xx}(z) = S_{xx}(z^{-1}) \tag{A.6.4}$$

(2) 非负

$$S_{xx}(e^{j\omega}) \geqslant 0 \tag{A.6.5}$$

(3) 实函数

$$S_{xx}(e^{j\omega}) = S_{xx}^{*}(e^{j\omega}) \tag{A.6.6}$$

式中，* 号表示复共轭。

(4) 偶函数

$$S_{xx}(e^{j\omega}) = S_{xx}(e^{-j\omega}) \tag{A.6.7}$$

(5) 两平稳随机信号 $\{x_n\}$ 和 $\{y_n\}$ 的互功率谱

$$S_{xy}(z) = \sum_{m=-\infty}^{\infty} R_{xy}(m) z^{-m} \tag{A.6.8}$$

或

$$S_{xy}(e^{j\omega}) = \sum_{m=-\infty}^{\infty} R_{xy}(m) e^{-j\omega m} \tag{A.6.9}$$

也具有对称性，即

$$S_{xy}(e^{j\omega})=S_{yx}^{*}(e^{-j\omega}) \tag{A.6.10}$$

或

$$S_{xy}(z)=S_{yx}^{*}\left(\frac{1}{z^{*}}\right) \tag{A.6.11}$$

A.7 离散时间随机信号通过线性非移变系统

冲激响应为 $h(n)$ 的线性非移变系统的输入端作用一平稳随机信号 $x(n)$，在输出端得到另一平稳随机信号 $y(n)$。$y(n)$ 的均值为

$$m_y=m_xH(e^{j0})=m_x\sum_{k=-\infty}^{\infty}h(k) \tag{A.7.1}$$

式中，m_x 是 $x(n)$ 的均值，$H(e^{j0})$ 是系统频率特性在零频率上的值。$y(n)$ 的自相关序列为

$$R_{yy}(m)=\sum_{l=-\infty}^{\infty}R_{xx}(m-l)R_{hh}(l) \tag{A.7.2}$$

式中，

$$R_{hh}(l)=\sum_{k=-\infty}^{\infty}h(k)h(l+k) \tag{A.7.3}$$

$y(n)$ 的率谱为

$$S_{yy}(z)=S_{xx}(z)H(z)H^{*}(1/z^{*}) \tag{A.7.4}$$

在 $h(n)$ 为实序列的情况下，有

$$S_{yy}(z)=S_{xx}(z)H(z)H(1/z)=S_{xx}(z)\left|H(z)\right|^{2} \tag{A.7.5}$$

如果系统是稳定的，那么由上式得出

$$S_{yy}(e^{j\omega})=S_{xx}(e^{j\omega})\left|H(e^{j\omega})\right|^{2} \tag{A.7.6}$$

$x(n)$ 与 $y(n)$ 的互相关序列为

$$R_{xy}(m)=\sum_{k=-\infty}^{\infty}R_{xx}(m-k)h(k) \tag{A.7.7}$$

如果输入 $x(n)$ 是一个均值为零、方差为 σ_x^2 的平稳白噪声随机信号，那么，上式变为

$$R_{xy}(m)=\sigma_x^2h(m) \tag{A.7.8}$$

由此得到

$$H(e^{j\omega})=\frac{1}{\sigma_x^2}S_{xy}(e^{j\omega}) \tag{A.7.9}$$

利用式(A.7.8)或式(A.7.9)，可由系统的输入信号与输出信号之间的互相关序列或互功率谱计算系统的冲激响应或频率特性。

$y(n)$ 的方差

$$\sigma_y^2=E[y^2]-m_y^2 \tag{A.7.10}$$

其中，$y(n)$ 的均方值 $E[y^2]$ 用下式计算

$$E[y^2]=\sum_{i=1}^{N}A_{i1} \tag{A.7.11}$$

这里，A_{i1} 是 $S_{yy}(z)z^{-1}$ 的部分分式的系数

$$S_{yy}(z)z^{-1}=\sum_{i=1}^{N}\left[\frac{A_{i1}}{z-\alpha_i}+\frac{A_{i2}}{(z-\alpha_i)^2}+\cdots\right]+\sum_{j=1}^{M}\left[\frac{B_{j1}}{z-\beta_j}+\frac{B_{j2}}{(z-\beta_j)^2}+\cdots\right] \tag{A.7.12}$$

附录B　相关抵消和矢量空间中的正交投影

将离散时间随机信号表示成随机矢量，可以简化数学运算和分析。相关抵消的概念可以加深对最佳线性滤波器(维纳滤波器和卡尔曼滤波器)的理解。从数学的角度来看，最佳线性滤波问题本质上是矢量空间中的正交投影问题。

B.1　相关抵消

将离散时间随机信号$\{x_n\}$表示成随机矢量

$$\boldsymbol{x}=[x_0,\quad x_1,\quad \cdots,\quad x_n,\quad \cdots\quad]^{\mathrm{T}} \tag{B.1.1}$$

它可以是有限维的也可以是无限维的。

若随机信号x_n的均值$E[x_n]\neq 0$，则可将其移去，即重新定义一个零均值随机信号$x_n-E[x_n]$。因此通常只讨论均值为零的随机信号。

一个N维随机矢量$\boldsymbol{x}$含有N个分量，这些分量均为随机变量，即

$$\boldsymbol{x}=[x_1,x_2,\cdots,x_N]^{\mathrm{T}} \tag{B.1.2}$$

各分量之间可以有相关性，也可以没有。为了完全统计描述一个N维随机矢量，需要知道联合概率密度函数

$$p(\boldsymbol{x})=p(x_1,x_2,\cdots,x_N) \tag{B.1.3}$$

N维随机矢量$\boldsymbol{x}$的均值是一个N维矢量

$$\boldsymbol{m}=E[\boldsymbol{x}] \tag{B.1.4}$$

$\boldsymbol{x}$的自相关函数是一个N阶正半定对称矩阵

$$\boldsymbol{R}_{xx}=E[\boldsymbol{x}\boldsymbol{x}^{\mathrm{T}}] \tag{B.1.5}$$

$\boldsymbol{x}$的自协方差函数也是一个N阶正半定对称矩阵

$$\boldsymbol{\Sigma}_{xx}=E[(\boldsymbol{x}-\boldsymbol{m})(\boldsymbol{x}-\boldsymbol{m})^{\mathrm{T}}] \tag{B.1.6}$$

以上各式中的期望运算都是用联合概率密度函数来定义的，例如

$$E[\boldsymbol{x}]=\int \boldsymbol{x}p(\boldsymbol{x})\mathrm{d}^N\boldsymbol{x} \tag{B.1.7}$$

式中，$p(\boldsymbol{x})$是由式(B.1.3)所定义的联合概率密度函数，而$\mathrm{d}^N\boldsymbol{x}=\mathrm{d}x_1\mathrm{d}x_2\cdots\mathrm{d}x_N$，以上各式中的上标T表示矩阵转置。

自相关矩阵和自协方差矩阵之间有下列关系

$$\boldsymbol{\Sigma}_{xx}=\boldsymbol{R}_{xx}-\boldsymbol{m}\boldsymbol{m}^{\mathrm{T}} \tag{B.1.8}$$

在均值为零的情况下，$\boldsymbol{\Sigma}_{xx}$与$\boldsymbol{R}_{xx}$相等。

设$\boldsymbol{x}$和$\boldsymbol{y}$分别是N维和M维零均值随机矢量，且彼此相关，即有

$$\boldsymbol{R}_{xy}=E[\boldsymbol{x}\boldsymbol{y}^{\mathrm{T}}]\neq\boldsymbol{0}$$

现对$\boldsymbol{y}$进行线性变换，得

$$\hat{\boldsymbol{x}}=\boldsymbol{H}\boldsymbol{y} \tag{B.1.9}$$

式中，$\boldsymbol{H}$是$N\times M$变换矩阵。适当选择$\boldsymbol{H}$，使随机矢量

$$\boldsymbol{e}=\boldsymbol{x}-\hat{\boldsymbol{x}}=\boldsymbol{x}-\boldsymbol{H}\boldsymbol{y} \tag{B.1.10}$$

与 $\boldsymbol{y}$ 不相关，即

$$\boldsymbol{R}_{ey}=E[\boldsymbol{e}\boldsymbol{y}^{\mathrm{T}}]=\boldsymbol{0} \tag{B.1.11}$$

将式(B.1.10)代入式(B.1.11)，得

$$\boldsymbol{R}_{ey}=E[\boldsymbol{x}\boldsymbol{y}^{\mathrm{T}}]-\boldsymbol{H}E[\boldsymbol{y}\boldsymbol{y}^{\mathrm{T}}]=\boldsymbol{R}_{xy}-\boldsymbol{H}\boldsymbol{R}_{yy}=\boldsymbol{0}$$

由此求得

$$\boldsymbol{H}=\boldsymbol{R}_{xy}\boldsymbol{R}_{yy}^{-1}=E[\boldsymbol{x}\boldsymbol{y}^{\mathrm{T}}]E[\boldsymbol{y}\boldsymbol{y}^{\mathrm{T}}]^{-1} \tag{B.1.12}$$

这就是说，若按式(B.1.12)选择线性变换矩阵 $\boldsymbol{H}$，则 $\boldsymbol{x}$ 中与 $\boldsymbol{y}$ 相关的部分即 $\hat{\boldsymbol{x}}=\boldsymbol{H}\boldsymbol{y}$ 将被消除。图 B.1.1 说明了这一处理过程，并称之为相关抵消器，它具有以下三个功能：

(1) 最佳线性估计。设 $\boldsymbol{x}=\boldsymbol{x}_1+\boldsymbol{x}_2$，$\boldsymbol{x}_1$ 与 $\boldsymbol{y}$ 相关，$\boldsymbol{x}_2$ 与 $\boldsymbol{y}$ 不相关。$\boldsymbol{y}$ 经线性变换后得到 $\boldsymbol{x}_1$ 的线性估计 $\hat{\boldsymbol{x}}=\boldsymbol{H}\boldsymbol{y}$，估计误差为 $\boldsymbol{e}_1=\boldsymbol{x}_1-\hat{\boldsymbol{x}}=\boldsymbol{x}_1-\boldsymbol{H}\boldsymbol{y}$。在均方误差最小的意义上，这种估计是最佳的，即 $\boldsymbol{H}$ 的选择准则是使估计误差的均方值最小，表示为

$$\boldsymbol{R}_{e_1e_1}=E[\boldsymbol{e}_1\boldsymbol{e}_1^{\mathrm{T}}]=\min \tag{B.1.13}$$

$\boldsymbol{R}_{e_1e_1}$ 对 $\boldsymbol{H}$ 求导数，并令其等于零，即可解出最佳线性估计所要求的 $\boldsymbol{H}$ 值

$$\boldsymbol{H}_{\mathrm{opt}}=\boldsymbol{R}_{x_1y}\boldsymbol{R}_{yy}^{-1} \tag{B.1.14}$$

这里 $\boldsymbol{H}$ 的下标 opt 表示“最佳”。该式与式(B.1.12)等效。

(2) 相关抵消。图 B.1.1 中的输出 $\boldsymbol{e}=\boldsymbol{x}-\hat{\boldsymbol{x}}=\boldsymbol{x}_2+(\boldsymbol{x}_1-\hat{\boldsymbol{x}})$ 是 $\boldsymbol{x}_2$ 与估计误差 $(\boldsymbol{x}_1-\hat{\boldsymbol{x}})$ 之和。$\boldsymbol{x}$ 中与 $\boldsymbol{y}$ 相关的部分，即 $\boldsymbol{x}_1$ 已被抵消，若 $\boldsymbol{H}$ 是最佳估计，则抵消后的剩余部分即 $\boldsymbol{x}_1-\hat{\boldsymbol{x}}$ 具有最小均方值。

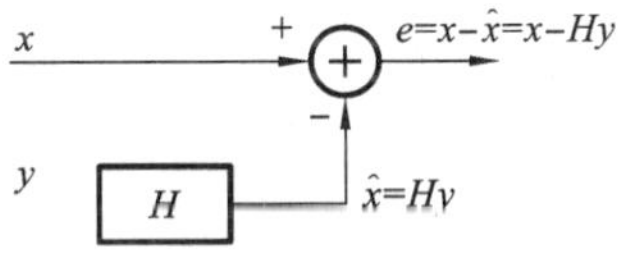

图 B.1.1　相关抵消器原理图

(3) 最佳信号分离。由于 $\hat{\boldsymbol{x}}$ 是 $\boldsymbol{x}_1$ 的最佳估计，即 $\hat{\boldsymbol{x}}\approx\boldsymbol{x}_1$，故有 $\boldsymbol{e}\approx\boldsymbol{x}_2$。这样，相关抵消器的两个输出分别是 $\boldsymbol{x}_1$ 和 $\boldsymbol{x}_2$ 的近似值，具有分离 $\boldsymbol{x}$ 中两部分的效果。

在许多实际应用中，线性变换矩阵 $\boldsymbol{H}$ 常表示一种线性滤波运算，矢量 $\boldsymbol{x}$ 和 $\boldsymbol{y}$ 是信号取样序列。由式(B.1.12)可看出，为了设计 $\boldsymbol{H}$，需要知道 $\boldsymbol{R}_{xy}$ 和 $\boldsymbol{R}_{yy}$。这常有两种情况。一种情况是已知 $\boldsymbol{x}$ 和 $\boldsymbol{y}$，要求消除它们之间的相关性。若用时间平均代替集合平均或采用自适应技术，即可利用 x 和 y 的数据来估计 $\boldsymbol{R}_{xy}$ 和 $\boldsymbol{R}_{yy}$。这种情况的典型应用有噪声抵消、回波抵消、信道均衡、天线旁瓣抵消等。另一种情况是只知道 $\boldsymbol{y}$，并不知道 $\boldsymbol{x}$，需要根据 $\boldsymbol{y}$ 来估计 $\boldsymbol{x}$。为此，必须首先建立一个模型来描述 $\boldsymbol{y}$ 与 $\boldsymbol{x}$ 之间的关系，然后据此模型计算 $\boldsymbol{R}_{xy}$ 和 $\boldsymbol{R}_{yy}$。这种情况的典型应用是卡尔曼滤波器。

B.2　正交分解定理

设 $\boldsymbol{x}$ 和 $\boldsymbol{y}$ 分别是 N 维和 M 维随机矢量

$$\boldsymbol{x}=[x_1 \quad x_2 \quad \cdots \quad x_N]^{\mathrm{T}} \tag{B.2.1}$$

$$\boldsymbol{y}=[y_1 \quad y_2 \quad \cdots \quad y_M]^{\mathrm{T}} \tag{B.2.2}$$

$\boldsymbol{u}$ 和 $\boldsymbol{v}$ 是随机变量集合 $\{x_1,x_2,\cdots,x_N,y_1,y_2,\cdots,y_M\}$ 生成的 $N+M$ 维线性矢量空间中的任意两个矢量，并定义它们的内积为

$$\langle\boldsymbol{u},\boldsymbol{v}\rangle=E(\boldsymbol{u}^{\mathrm{T}}\boldsymbol{v}) \tag{B.2.3}$$

则该线性空间是一个内积空间。内积空间中两矢量 $\boldsymbol{u}$ 和 $\boldsymbol{v}$ 间的距离用内积定义为

$$|\boldsymbol{u}-\boldsymbol{v}|=\sqrt{\langle\boldsymbol{u}-\boldsymbol{v},\boldsymbol{u}-\boldsymbol{v}\rangle}=\sqrt{E[(\boldsymbol{u}-\boldsymbol{v})^{\mathrm{T}}(\boldsymbol{u}-\boldsymbol{v})]} \tag{B.2.4}$$

非零矢量 $\boldsymbol{u}$ 和 $\boldsymbol{v}$ 间的夹角 θ 的余弦定义为

$$\cos\theta=\frac{\langle \boldsymbol{u},\boldsymbol{v}\rangle}{|\boldsymbol{u}||\boldsymbol{v}|} \tag{B.2.5}$$

若$\langle \boldsymbol{u},\boldsymbol{v}\rangle=0$,则$\cos\theta=0$,这时$\boldsymbol{u}$和$\boldsymbol{v}$称为正交,记为$\boldsymbol{u}\perp\boldsymbol{v}$。

在内积空间中,一组线性无关的矢量不一定两两正交,但是一组两两正交的非零矢量则一定是线性无关的。设有M个两两正交的随机矢量$\boldsymbol{\varepsilon}_1,\boldsymbol{\varepsilon}_2,\cdots,\boldsymbol{\varepsilon}_M$,它们满足下式

$$\langle \boldsymbol{\varepsilon}_i,\boldsymbol{\varepsilon}_j\rangle=0,\quad i\neq j \tag{B.2.6}$$

令$\boldsymbol{Y}=\{\boldsymbol{\varepsilon}_1,\boldsymbol{\varepsilon}_2,\cdots,\boldsymbol{\varepsilon}_M\}$是由随机矢量张成的线性子空间,那么可将其作为该内积空间的正交基底。

根据正交分解定理,任何随机矢量$\boldsymbol{x}$,关于线性子空间$\boldsymbol{Y}$,可唯一分解为两互相正交的部分,一部分位于$\boldsymbol{Y}$内,另一部分与$\boldsymbol{Y}$垂直,即

$$\boldsymbol{x}=\hat{\boldsymbol{x}}+\boldsymbol{e},\quad \hat{\boldsymbol{x}}\in\boldsymbol{Y},\quad \boldsymbol{e}\perp\boldsymbol{Y} \tag{B.2.7}$$

分量$\hat{\boldsymbol{x}}$称为$\boldsymbol{x}$在$\boldsymbol{Y}$上的正交投影。图B.2.1举例说明了正交分解定理的几何意义,这里假设子空间$\boldsymbol{Y}$是二维空间(平面),随机变量$\boldsymbol{x}$和它的两个分量$\hat{\boldsymbol{x}}$和$\boldsymbol{e}$都用矢量表示。在式(B.2.7)中,正交条件$\boldsymbol{e}\perp\boldsymbol{Y}$意味着$\boldsymbol{e}$与$\boldsymbol{Y}$中每个矢量正交,当然也与$\boldsymbol{Y}$的每个基底矢量$\boldsymbol{\varepsilon}_i$正交,即有

$$\langle \boldsymbol{e},\boldsymbol{\varepsilon}_i\rangle=E[\boldsymbol{e}^{\mathrm{T}}\boldsymbol{\varepsilon}_i]=0,\quad i=1,\cdots,M \tag{B.2.8}$$

该式称为正交方程。

$\hat{\boldsymbol{x}}$位于$\boldsymbol{Y}$内,因此,可用正交基底的线性组合来表示:

$$\hat{\boldsymbol{x}}=\sum_{i=1}^{M}a_i\boldsymbol{\varepsilon}_i \tag{B.2.9}$$

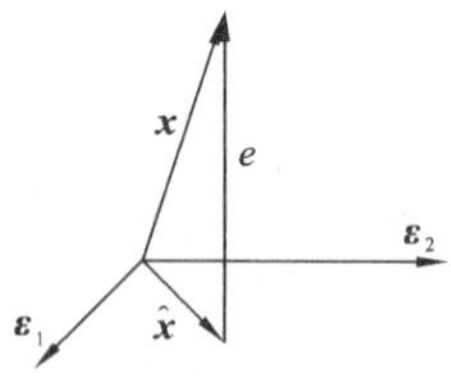

图 B.2.1　正交分解定理的几何意义

式中的系数a_i可根据正交方程确定。因为

$$\langle \boldsymbol{x},\boldsymbol{\varepsilon}_i\rangle=\langle \hat{\boldsymbol{x}}+\boldsymbol{e},\boldsymbol{\varepsilon}_i\rangle=\langle \hat{\boldsymbol{x}},\boldsymbol{\varepsilon}_i\rangle+\langle \boldsymbol{e},\boldsymbol{\varepsilon}_i\rangle$$

利用正交方程,上式简化为

$$\langle \boldsymbol{x},\boldsymbol{\varepsilon}_i\rangle=\langle \hat{\boldsymbol{x}},\boldsymbol{\varepsilon}_i\rangle \tag{B.2.10}$$

将式(B.2.9)代入式(B.2.10),得

$$\langle \boldsymbol{x},\boldsymbol{\varepsilon}_i\rangle=\sum_{j=1}^{M}a_j\langle \boldsymbol{\varepsilon}_j,\boldsymbol{\varepsilon}_i\rangle$$

由于$\boldsymbol{\varepsilon}_i$互相正交(式(B.2.6)),上式遂变为

$$\langle \boldsymbol{x},\boldsymbol{\varepsilon}_i\rangle=a_i\langle \boldsymbol{\varepsilon}_i,\boldsymbol{\varepsilon}_i\rangle$$

由此求得

$$a_i=\langle \boldsymbol{x},\boldsymbol{\varepsilon}_i\rangle\langle \boldsymbol{\varepsilon}_i,\boldsymbol{\varepsilon}_i\rangle^{-1}=E[\boldsymbol{x}^{\mathrm{T}}\boldsymbol{\varepsilon}_i]E[\boldsymbol{\varepsilon}_i^{\mathrm{T}}\boldsymbol{\varepsilon}_i]^{-1} \tag{B.2.11}$$

这就是计算a_i的公式。

将式(B.2.11)和式(B.2.9)代入式(B.2.7),得到

$$\boldsymbol{x}=\sum_{i=1}^{M}E[\boldsymbol{x}^{\mathrm{T}}\boldsymbol{\varepsilon}_i]E[\boldsymbol{\varepsilon}_i^{\mathrm{T}}\boldsymbol{\varepsilon}_i]^{-1}\boldsymbol{\varepsilon}_i+\boldsymbol{e} \tag{B.2.12}$$

写成矩阵形式

$$\boldsymbol{x}=E[\boldsymbol{x}^{\mathrm{T}}\boldsymbol{\varepsilon}]E[\boldsymbol{\varepsilon}\boldsymbol{\varepsilon}^{\mathrm{T}}]^{-1}\boldsymbol{\varepsilon}+\boldsymbol{e} \tag{B.2.13}$$

式中

$$\begin{cases}\boldsymbol{\varepsilon}=[\boldsymbol{\varepsilon}_1\quad \boldsymbol{\varepsilon}_2\quad \cdots\quad \boldsymbol{\varepsilon}_M]^{\mathrm{T}}\\ E[\boldsymbol{x}^{\mathrm{T}}\boldsymbol{\varepsilon}]=[E(\boldsymbol{x}^{\mathrm{T}}\boldsymbol{\varepsilon}_1)\quad E(\boldsymbol{x}^{\mathrm{T}}\boldsymbol{\varepsilon}_2)\quad \cdots\quad E(\boldsymbol{x}^{\mathrm{T}}\boldsymbol{\varepsilon}_M)]\\ E[\boldsymbol{\varepsilon}\boldsymbol{\varepsilon}^{\mathrm{T}}]=\mathrm{diag}\{E(\boldsymbol{\varepsilon}_1^{\mathrm{T}}\boldsymbol{\varepsilon}_1)\quad E(\boldsymbol{\varepsilon}_2^{\mathrm{T}}\boldsymbol{\varepsilon}_2)\quad \cdots\quad E(\boldsymbol{\varepsilon}_M^{\mathrm{T}}\boldsymbol{\varepsilon}_M)\}\end{cases} \tag{B.2.14}$$

符号 diag 表示对角矩阵。

利用式(B.2.14)规定的符号，正交方程的矩阵形式可表示为

$$\boldsymbol{R}_{e\varepsilon}=E[\boldsymbol{e}^{\mathrm{T}}\boldsymbol{\varepsilon}^{\mathrm{T}}]=\boldsymbol{0} \tag{B.2.15}$$

式(B.2.13)是随机变量 $\boldsymbol{x}$ 关于随机变量线性子空间 $\boldsymbol{Y}$ 的唯一正交分解的表示式。

如果将 N 个随机矢量 $\boldsymbol{x}_1,\boldsymbol{x}_2,\cdots,\boldsymbol{x}_N$ 关于子空间 $\boldsymbol{Y}$ 进行正交分解，那么有

$$\boldsymbol{x}_i=\hat{\boldsymbol{x}}_i+\boldsymbol{e}_i,\quad i=1,2,\cdots,N$$

这 N 个方程可用矢量、矩阵形式合写为

$$\boldsymbol{x}=\hat{\boldsymbol{x}}+\boldsymbol{e}=E[\boldsymbol{x}\boldsymbol{\varepsilon}^{\mathrm{T}}]E[\boldsymbol{\varepsilon}\boldsymbol{\varepsilon}^{\mathrm{T}}]^{-1}\boldsymbol{\varepsilon}+\boldsymbol{e} \tag{B.2.16}$$

正交方程可表示为

$$\boldsymbol{R}_{e\varepsilon}=E[\boldsymbol{e}\boldsymbol{\varepsilon}^{\mathrm{T}}]=\boldsymbol{0} \tag{B.2.17}$$

式(B.2.14)中，$\boldsymbol{x}=[\boldsymbol{x}_1\quad \boldsymbol{x}_2\quad \cdots\quad \boldsymbol{x}_N]^{\mathrm{T}}$。

B.3　正交投影定理和 Gram-Schmidt 正交化

正交投影定理　矢量 $\boldsymbol{x}$ 在线性子空间 $\boldsymbol{Y}$ 上的正交投影 $\hat{\boldsymbol{x}}$ 是 $\boldsymbol{Y}$ 中与 $\boldsymbol{x}$ 距离最近的一个矢量。

证　根据正交分解定理，$\boldsymbol{x}$ 关于 $\boldsymbol{Y}$ 的唯一正交分解可表示为

$$\boldsymbol{x}-\hat{\boldsymbol{x}}+\boldsymbol{e},\quad \hat{\boldsymbol{x}}\in\boldsymbol{Y},\quad \boldsymbol{e}\perp\boldsymbol{Y} \tag{B.3.1}$$

设 $\boldsymbol{y}$ 是 $\boldsymbol{Y}$ 中任一矢量，由于 $(\hat{\boldsymbol{x}}-\boldsymbol{y})\in\boldsymbol{Y}$，因而 $\boldsymbol{e}\perp(\hat{\boldsymbol{x}}-\boldsymbol{y})$，故有

$$|\boldsymbol{x}-\boldsymbol{y}|^2=|(\hat{\boldsymbol{x}}-\boldsymbol{y})+\boldsymbol{e}|^2=|\hat{\boldsymbol{x}}-\boldsymbol{y}|^2+|\boldsymbol{e}|^2$$

由上式得出

$$E[|\boldsymbol{x}-\boldsymbol{y}|^2]=E[|\hat{\boldsymbol{x}}-\boldsymbol{y}|^2+|\boldsymbol{e}|^2]=[|\hat{\boldsymbol{x}}-\boldsymbol{y}|^2]+E[|\boldsymbol{e}^2|] \tag{B.3.2}$$

由式(B.3.2)看出，当 $\boldsymbol{y}=\hat{\boldsymbol{x}}$ 时，$\boldsymbol{x}$ 与 $\boldsymbol{y}$ 间距离最近。定理得证。

正交投影定理说明，用 $\boldsymbol{Y}$ 中随机变量的线性组合来逼近 $\boldsymbol{x}$ 时，在均方误差最小的意义上，$\hat{\boldsymbol{x}}$ 是最佳的。

实际上，线性子空间 $\boldsymbol{Y}$ 常由一组非正交基底定义，设

$$\boldsymbol{Y}=\{\boldsymbol{y}_1,\boldsymbol{y}_2,\cdots,\boldsymbol{y}_M\}$$

式中，各随机变量可以是相关的。

Gram-Schmidt 正交化是一个递归处理过程，其目的是由非正交基底 $\{\boldsymbol{y}_1,\boldsymbol{y}_2,\cdots,\boldsymbol{y}_M\}$ 求出一组正交基底 $\{\boldsymbol{\varepsilon}_1,\boldsymbol{\varepsilon}_2,\cdots,\boldsymbol{\varepsilon}_M\}$。基本思路是：先选择 $\boldsymbol{y}_1$ 作为正交基底 $\boldsymbol{\varepsilon}_1$；其次，将 $\boldsymbol{y}_2$ 关于 $\boldsymbol{\varepsilon}_1$ 进行正交分解，并选择与 $\boldsymbol{\varepsilon}_1$ 垂直的分量作为 $\boldsymbol{\varepsilon}_2$，于是有 $\langle\boldsymbol{\varepsilon}_1,\boldsymbol{\varepsilon}_2\rangle=0$；再次，将 $\boldsymbol{y}_3$ 关于子空间 $\{\boldsymbol{\varepsilon}_1,\boldsymbol{\varepsilon}_2\}$ 进行正交分解，并选择垂直于 $\{\boldsymbol{\varepsilon}_1,\boldsymbol{\varepsilon}_2\}$ 的分量作为 $\boldsymbol{\varepsilon}_3$。依此不断继续做下去，整个处理过程表示如下：

$$\begin{aligned}
\boldsymbol{\varepsilon}_1 &= \boldsymbol{y}_1\\
\boldsymbol{\varepsilon}_2 &= \boldsymbol{y}_2-E[\boldsymbol{y}_2^{\mathrm{T}}\boldsymbol{\varepsilon}_1]E[\boldsymbol{\varepsilon}_1^{\mathrm{T}}\boldsymbol{\varepsilon}_1]^{-1}\boldsymbol{\varepsilon}_1\\
\boldsymbol{\varepsilon}_3 &= \boldsymbol{y}_3-(E[\boldsymbol{y}_3^{\mathrm{T}}\boldsymbol{\varepsilon}_1]E[\boldsymbol{\varepsilon}_1^{\mathrm{T}}\boldsymbol{\varepsilon}_1]^{-1}\boldsymbol{\varepsilon}_1+E[\boldsymbol{y}_3^{\mathrm{T}}\boldsymbol{\varepsilon}_2]E[\boldsymbol{\varepsilon}_2^{\mathrm{T}}\boldsymbol{\varepsilon}_2]^{-1}\boldsymbol{\varepsilon}_2)\\
&\vdots\\
\boldsymbol{\varepsilon}_n &= \boldsymbol{y}_n-\sum_{i=1}^{n-1}E[\boldsymbol{y}_n^{\mathrm{T}}\boldsymbol{\varepsilon}_i]E[\boldsymbol{\varepsilon}_i^{\mathrm{T}}\boldsymbol{\varepsilon}_i]^{-1}\boldsymbol{\varepsilon}_i,\quad 2\leqslant n\leqslant M
\end{aligned} \tag{B.3.3}$$

这样构造出来的基底 $\{\boldsymbol{\varepsilon}_1,\boldsymbol{\varepsilon}_2,\cdots,\boldsymbol{\varepsilon}_M\}$ 就是 $\boldsymbol{Y}$ 的正交基底。

Gram-Schmidt 正交化过程实际上可理解为由前一子空间增加一个正交基底以得到后一

子空间，从而不断扩大子空间的过程，如下式所示：

$$\begin{cases} \boldsymbol{Y}_1=\{\boldsymbol{\varepsilon}_1\} \\ \boldsymbol{Y}_2=\{\boldsymbol{\varepsilon}_1,\boldsymbol{\varepsilon}_2\} \\ \boldsymbol{Y}_3=\{\boldsymbol{\varepsilon}_1,\boldsymbol{\varepsilon}_2,\boldsymbol{\varepsilon}_3\} \\ \quad\vdots \\ \boldsymbol{Y}_n=\{\boldsymbol{\varepsilon}_1,\boldsymbol{\varepsilon}_2,\cdots,\boldsymbol{\varepsilon}_n\} \end{cases} \tag{B.3.4}$$

式(B.3.3)右边第二项是 $\boldsymbol{y}_n$ 在子空间 $\boldsymbol{Y}_{n-1}$ 上的正交投影，用符合 $\hat{\boldsymbol{y}}_{n|n-1}$ 来表示，即

$$\hat{\boldsymbol{y}}_{n|n-1}=\sum_{i=1}^{n-1}E[\boldsymbol{y}_n^{\mathrm{T}}\boldsymbol{\varepsilon}_i]E[\boldsymbol{\varepsilon}_i^{\mathrm{T}}\boldsymbol{\varepsilon}_i]^{-1}\boldsymbol{\varepsilon}_i,\quad n=1,\cdots,M \tag{B.3.5}$$

于是式(B.3.3)可写成

$$\boldsymbol{\varepsilon}_n=\boldsymbol{y}_n-\hat{\boldsymbol{y}}_{n|n-1}\quad 或\quad \boldsymbol{y}_n=\hat{\boldsymbol{y}}_{n|n-1}+\boldsymbol{\varepsilon}_n,\quad n=1,\cdots,M \tag{B.3.6}$$

实际上这就是 $\boldsymbol{y}_n$ 在子空间 $\boldsymbol{Y}_{n-1}$ 上的正交分解。

引用符号

$$b_{ni}=E[\boldsymbol{y}_n^{\mathrm{T}}\boldsymbol{\varepsilon}_i]E[\boldsymbol{\varepsilon}_i^{\mathrm{T}}\boldsymbol{\varepsilon}_i]^{-1},\quad 1\leqslant i\leqslant n-1$$
$$b_{nn}=1$$

式(B.3.6)可写成

$$\boldsymbol{y}_n=\sum_{i=1}^{n}b_{ni}\boldsymbol{\varepsilon}_i,\quad 1\leqslant n\leqslant M \tag{B.3.7}$$

上式写成矩阵形式

$$\boldsymbol{y}=\boldsymbol{B\varepsilon} \tag{B.3.8}$$

这里，

$$\boldsymbol{y}=[\boldsymbol{y}_1\quad \boldsymbol{y}_2\quad \cdots\quad \boldsymbol{y}_M]^{\mathrm{T}},\quad \boldsymbol{\varepsilon}=[\boldsymbol{\varepsilon}_1\quad \boldsymbol{\varepsilon}_2\quad \cdots\quad \boldsymbol{\varepsilon}_M]^{\mathrm{T}}$$

$$\boldsymbol{B}=\begin{bmatrix} 1 & 0 & 0 & 0 & \cdots & 0 \\ b_{21} & 1 & 0 & 0 & \cdots & 0 \\ b_{31} & b_{32} & 1 & 0 & \cdots & 0 \\ \vdots & \vdots & \vdots & \vdots & \vdots & \vdots \\ b_{M1} & b_{M2} & b_{M3} & b_{M4} & \cdots & 1 \end{bmatrix} \tag{B.3.9}$$

两组基底 $\boldsymbol{y}$ 和 $\boldsymbol{\varepsilon}$ 可以构成同一矢量空间 $\boldsymbol{Y}$，它们所含信息相同。正交化的结果使基底 $\boldsymbol{y}$ 变成基底 $\boldsymbol{\varepsilon}$，只是去掉了 $\boldsymbol{y}$ 中各元素之间的相关性或冗余信息。基底 $\boldsymbol{\varepsilon}$ 中各分量不相关，分别包含各自不同的信息，因此，每增加一个基底 $\boldsymbol{\varepsilon}_i$ 意味着增加新的信息。常将随机变量 $\boldsymbol{\varepsilon}_i$ 称为新息，而式(B.3.8)称为 $\boldsymbol{y}$ 的新息表示。由式(B.3.8)计算 $\boldsymbol{y}$ 的相关矩阵，得

$$\boldsymbol{R}_{yy}=E[\boldsymbol{y}\boldsymbol{y}^{\mathrm{T}}]=\boldsymbol{BR}_{\varepsilon\varepsilon}\boldsymbol{B}^{\mathrm{T}} \tag{B.3.10}$$

式中，$\boldsymbol{R}_{\varepsilon\varepsilon}=E[\boldsymbol{\varepsilon\varepsilon}^{\mathrm{T}}]$ 是对角矩阵，$\boldsymbol{B}$ 如式(B.3.9)所示是下三角矩阵，$\boldsymbol{B}^{\mathrm{T}}$ 是 $\boldsymbol{B}$ 的转置，为上三角矩阵。式(B.3.10)实际上是 $\boldsymbol{R}_{yy}$ 矩阵的 Cholesky 分解。

在 B.2 节中讨论过，随机矢量 $\boldsymbol{x}$ 相对于线性子空间 $\boldsymbol{Y}$ 进行正交分解，得到式(B.2.13)的结果，其中

$$\hat{\boldsymbol{x}}=E[\boldsymbol{x\varepsilon}^{\mathrm{T}}]E[\boldsymbol{\varepsilon\varepsilon}^{\mathrm{T}}]^{-1}\boldsymbol{\varepsilon}$$

是 $\boldsymbol{x}$ 在 $\boldsymbol{Y}$ 上的正交投影，这里 $\boldsymbol{\varepsilon}$ 是 $\boldsymbol{Y}$ 的正交基底。将式(B.3.8)代入上式，得

$$\begin{aligned}\hat{\boldsymbol{x}}&=E[\boldsymbol{x\varepsilon}^{\mathrm{T}}]E[\boldsymbol{\varepsilon\varepsilon}^{\mathrm{T}}]^{-1}\boldsymbol{\varepsilon}=E[\boldsymbol{x}\boldsymbol{y}^{\mathrm{T}}(\boldsymbol{B}^{\mathrm{T}})^{-1}][\boldsymbol{B}^{-1}\boldsymbol{y}\boldsymbol{y}^{\mathrm{T}}\boldsymbol{B}]\boldsymbol{B}^{-1}\boldsymbol{y}\\&=E[\boldsymbol{x}\boldsymbol{y}^{\mathrm{T}}]E[\boldsymbol{y}\boldsymbol{y}^{\mathrm{T}}]^{-1}\boldsymbol{y}\end{aligned} \tag{B.3.11}$$

式(B.3.11)说明，$\boldsymbol{Y}$ 的基底变化后，$\boldsymbol{x}$ 在 $\boldsymbol{Y}$ 上的正交投影 $\hat{\boldsymbol{x}}$ 并未发生改变。

利用式(B.3.11)，在子空间 $\boldsymbol{Y}_{n-1}=\{\boldsymbol{y}_1,\boldsymbol{y}_2,\cdots,\boldsymbol{y}_{n-1}\}$ 上对 $\boldsymbol{y}_n$ 进行正交分解，正交投影为

$$\hat{\boldsymbol{y}}_{n|n-1}=E[\boldsymbol{y}_n\boldsymbol{y}_{n-1}^{\mathrm{T}}]E[\boldsymbol{y}_{n-1}\boldsymbol{y}_{n-1}^{\mathrm{T}}]^{-1}\boldsymbol{y}_{n-1}$$

正交分量为

$$\boldsymbol{\varepsilon}_n=\boldsymbol{y}_n-\hat{\boldsymbol{y}}_{n|n-1}=\boldsymbol{y}_n-E[\boldsymbol{y}_n\boldsymbol{y}_{n-1}^{\mathrm{T}}]E[\boldsymbol{y}_{n-1}\boldsymbol{y}_{n-1}^{\mathrm{T}}]^{-1}\boldsymbol{y}_{n-1} \tag{B.3.12}$$

该式提供了直接由 $\boldsymbol{y}_n$ 计算 $\boldsymbol{\varepsilon}_n$ 的简洁方法。

$\hat{y}_{n|n-1}$是根据 $\boldsymbol{y}_{n-1}=[y_1\quad y_2\quad\cdots\quad y_{n-1}]^{\mathrm{T}}$ 对 y_n 做出的最佳线性估计。若下标 n 表示时间，$\hat{y}_{n|n-1}$便是过去值对 y_n 作出的最佳线性预测，而 ε_n 便是相应的预测误差。

偏相关是一个与 Gram-Schmidt 正交化紧密相关的概念，它在线性预测和现代谱估计中起着很重要的作用。

设 N 维随机矢量 $\boldsymbol{y}$ 被任意分成三个矢量，

$$\boldsymbol{y}=[y_1\quad y_2\quad\cdots\quad y_N]^{\mathrm{T}}=[\boldsymbol{y}_0^{\mathrm{T}}\quad\boldsymbol{y}_1^{\mathrm{T}}\quad\boldsymbol{y}_2^{\mathrm{T}}]^{\mathrm{T}} \tag{B.3.13}$$

如果各随机变量 y_i 是相关的，那么一般而言，$\boldsymbol{y}_0$、$\boldsymbol{y}_1$ 和 $\boldsymbol{y}_2$ 这三个矢量也应当是两两相关的。现在来讨论 $\boldsymbol{y}_0$ 和 $\boldsymbol{y}_2$ 之间的相关性。这种相关性可区分为两部分，一部分是间接相关，它的产生是由于 $\boldsymbol{y}_0$ 与 $\boldsymbol{y}_1$ 相关而 $\boldsymbol{y}_1$ 又与 $\boldsymbol{y}_2$ 相关，所以才有 $\boldsymbol{y}_0$ 与 $\boldsymbol{y}_2$ 之间的相关；另一部分是直接相关，它与 $\boldsymbol{y}_1$ 存在与否没有关系，或者说，即使 $\boldsymbol{y}_1$ 不存在，$\boldsymbol{y}_0$ 与 $\boldsymbol{y}_2$ 之间也存在着这种直接相关性，这种相关性称为 $\boldsymbol{y}_0$ 与 $\boldsymbol{y}_2$ 之间的偏相关性，其大小用偏相关系数或 PARCOR 系数来度量。

图 B.3.1 示出了 $\boldsymbol{y}_0$ 与 $\boldsymbol{y}_2$ 关于 $\boldsymbol{y}_1$ 的正交分解情况。$\boldsymbol{y}_0$ 与 $\boldsymbol{y}_2$ 的偏相关系数 Γ 定义为它们关于 $\boldsymbol{y}_1$ 分解的正交分量 $\boldsymbol{e}_0$ 和 $\boldsymbol{e}_2$ 间的相关系数的归一化值，归一化系数为 $E[\boldsymbol{e}_0\boldsymbol{e}_0^{\mathrm{T}}]$。

根据正交分解定理，有

$$\boldsymbol{y}_0=\boldsymbol{e}_0+E[\boldsymbol{y}_0\boldsymbol{y}_1^{\mathrm{T}}]E[\boldsymbol{y}_1\boldsymbol{y}_1^{\mathrm{T}}]^{-1}\boldsymbol{y}_1 \tag{B.3.14}$$

$$\boldsymbol{y}_2=\boldsymbol{e}_2+E[\boldsymbol{y}_2\boldsymbol{y}_1^{\mathrm{T}}]E[\boldsymbol{y}_1\boldsymbol{y}_1^{\mathrm{T}}]^{-1}\boldsymbol{y}_1 \tag{B.3.15}$$

将 $\boldsymbol{y}=[\boldsymbol{y}_0^{\mathrm{T}}\quad\boldsymbol{y}_1^{\mathrm{T}}\quad\boldsymbol{y}_2^{\mathrm{T}}]^{\mathrm{T}}$ 正交化得到 $\boldsymbol{\varepsilon}=[\boldsymbol{\varepsilon}_0^{\mathrm{T}}\quad\boldsymbol{\varepsilon}_1^{\mathrm{T}}\quad\boldsymbol{\varepsilon}_2^{\mathrm{T}}]^{\mathrm{T}}$，即

$$\boldsymbol{y}=\boldsymbol{B}\boldsymbol{\varepsilon}$$

或

$$\boldsymbol{\varepsilon}=\boldsymbol{B}^{-1}\boldsymbol{y}=\boldsymbol{A}\boldsymbol{y} \tag{B.3.16}$$

这里

$$\boldsymbol{A}=\boldsymbol{B}^{-1}$$

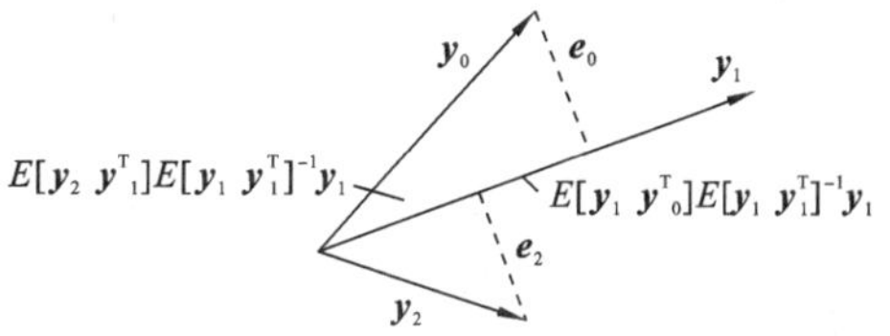

图 B.3.1 $\boldsymbol{y}_0$ 和 $\boldsymbol{y}_2$ 关于 $\boldsymbol{y}_1$ 的正交分解

将式(B.3.16)写成矩阵形式，

$$\begin{bmatrix}\boldsymbol{\varepsilon}_0\\\boldsymbol{\varepsilon}_1\\\boldsymbol{\varepsilon}_2\end{bmatrix}=\begin{bmatrix}\boldsymbol{A}_{00}&0&0\\\boldsymbol{A}_{11}&\boldsymbol{A}_{10}&0\\\boldsymbol{A}_{22}&\boldsymbol{A}_{21}&\boldsymbol{A}_{20}\end{bmatrix}\begin{bmatrix}\boldsymbol{y}_0\\\boldsymbol{y}_1\\\boldsymbol{y}_2\end{bmatrix}$$

由上式得出

$$\boldsymbol{\varepsilon}_2=\boldsymbol{A}_{22}\boldsymbol{y}_0+\boldsymbol{A}_{21}\boldsymbol{y}_1+\boldsymbol{A}_{20}\boldsymbol{y}_2 \tag{B.3.17}$$

因 $\boldsymbol{\varepsilon}_2\perp\boldsymbol{y}_1$，故有

$$E[\boldsymbol{\varepsilon}_2\boldsymbol{y}_1^{\mathrm{T}}]=\boldsymbol{A}_{22}E[\boldsymbol{y}_0\boldsymbol{y}_1^{\mathrm{T}}]+\boldsymbol{A}_{21}E[\boldsymbol{y}_1\boldsymbol{y}_1^{\mathrm{T}}]+\boldsymbol{A}_{20}E[\boldsymbol{y}_2\boldsymbol{y}_1^{\mathrm{T}}]=0 \tag{B.3.18}$$

将式(B.3.14)和式(B.3.15)代入式(B.3.17)，并利用式(B.3.18)，便得到

$$\boldsymbol{\varepsilon}_2=\boldsymbol{A}_{22}\boldsymbol{e}_0+\boldsymbol{A}_{20}\boldsymbol{e}_2 \tag{B.3.19}$$

因 $\boldsymbol{e}_0\in\{\boldsymbol{y}_0^{\mathrm{T}},\boldsymbol{y}_1^{\mathrm{T}}\}$，$\boldsymbol{\varepsilon}_2\perp\{\boldsymbol{y}_0^{\mathrm{T}},\boldsymbol{y}_1^{\mathrm{T}}\}$，故 $\boldsymbol{\varepsilon}_2\perp\boldsymbol{e}_0$，即 $E[\boldsymbol{\varepsilon}_2\boldsymbol{e}_0^{\mathrm{T}}]=0$，由式(B.3.19)得

$$\boldsymbol{A}_{22}E[\boldsymbol{e}_0\boldsymbol{e}_0^{\mathrm{T}}]+\boldsymbol{A}_{20}E[\boldsymbol{e}_2\boldsymbol{e}_0^{\mathrm{T}}]=0 \tag{B.3.20}$$

由式(B.3.20)求出

$$\Gamma=E[\boldsymbol{e}_2\boldsymbol{e}_0^{\mathrm{T}}]E[\boldsymbol{e}_0\boldsymbol{e}_0^{\mathrm{T}}]^{-1}=-\boldsymbol{A}_{20}^{-1}\boldsymbol{A}_{22} \tag{B.3.21}$$

附录C 全通滤波器和最小相位滤波器

C.1 全通滤波器

全通滤波器是指幅度响应等于常数(通常等于1)的滤波器,即

$$|H_{ap}(e^{j\omega})|=1,\quad 0\leqslant\omega<2\pi \tag{C.1.1}$$

设滤波器传输函数的分子和分母多项式的系数相同但排列次序相反,即

$$H_{ap}(z)=\frac{a_N+a_{N-1}z^{-1}+\cdots+z^{-N}}{1+a_1z^{-1}+\cdots+a_Nz^{-N}}=\frac{\sum_{i=0}^{N}a_iz^{-N+i}}{\sum_{i=0}^{N}a_iz^{-i}},\quad a_0=1 \tag{C.1.2}$$

式中,a_i 为实数。若用 $A(z)$ 表示分母多项式,则分子多项式为 $z^{-N}A(z^{-1})$,因此,式(C.1.2)可写成

$$H_{ap}(z)=\frac{z^{-N}A(z^{-1})}{A(z)} \tag{C.1.3}$$

由此得到 $|H_{ap}(e^{j\omega})|=1$,即满足式(C.1.1)的全通约束条件。因此,式(C.1.2)的有理传输函数描述的是全通滤波器。由式(C.1.3)可看出,若 $p_i=re^{j\theta}$ 是极点,则必存在零点 $z_i=p_i^{-1}=r^{-1}e^{-j\theta}$,因此,全通滤波器的极点和零点的数目相等。由于 a_i 为实数,所以极点为实数或成对的共轭复数,这样,每个实数极点在其倒数位置上伴随有另一个实数零点,每对共轭复数极点在它们各自的倒数位置上各有一个复数零点,这另外两个复数零点也互成共轭关系。若要求全通滤波器是稳定的和因果的,则全部极点必须在单位圆内,因此全部零点必然在单位圆外。这样,N 阶全通滤波器的传输函数可以用极点和零点表示为

$$H_{ap}(z)=\prod_{i=1}^{N}\frac{z^{-1}-p_i^*}{1-p_iz^{-1}} \tag{C.1.4}$$

其中,极点 $z=p_i$ 与零点 $z=(p_i^*)^{-1}$ 成对出现。若它是因果的和稳定的,则有 $|p_i|<1$。

一般情况下,实系数全通滤波器传输函数的通用形式为

$$H_{ap}(z)=\prod_{i=1}^{K_R}\frac{z^{-1}-\alpha_i}{1-\alpha_iz^{-1}}+\prod_{i=1}^{K_C}\frac{(z^{-1}-\beta_i^*)(z^{-1}-\beta_i)}{(1-\beta_iz^{-1})(1-\beta_i^*z^{-1})} \tag{C.1.5}$$

其中,α_i 是实数极点,β_i 是复数极点。对于因果的和稳定的全通滤波器,有 $|\alpha_i|<1$ 和 $|\beta_i|<1$。K_R 是实数极点或实数零点的数目,K_C 是复数极点或复数零点的数目。

$N=1$ 和 $N=2$ 对应于最简单的全通滤波器,它们的传输函数为

$$H_{ap}(z)=\frac{z^{-1}-\alpha_1}{1-\alpha_1z^{-1}},\quad \text{实数极点和零点} \tag{C.1.6}$$

和

$$H_{ap}(z)=\frac{(z^{-1}-\beta_1)(z^{-1}-\beta_1^*)}{(1-\beta_1z^{-1})(1-\beta_1^*z^{-1})},\quad \text{复数极点和零点} \tag{C.1.7}$$

式中,α_1 是实数极点,α_1^{-1} 是实数零点,如图 C.1.1(a)所示。

若复数极点 $\beta_1=re^{j\theta}$,则必有共轭复数极点 $\beta_1^*=re^{-j\theta}$,它们对应的复数零点分别为

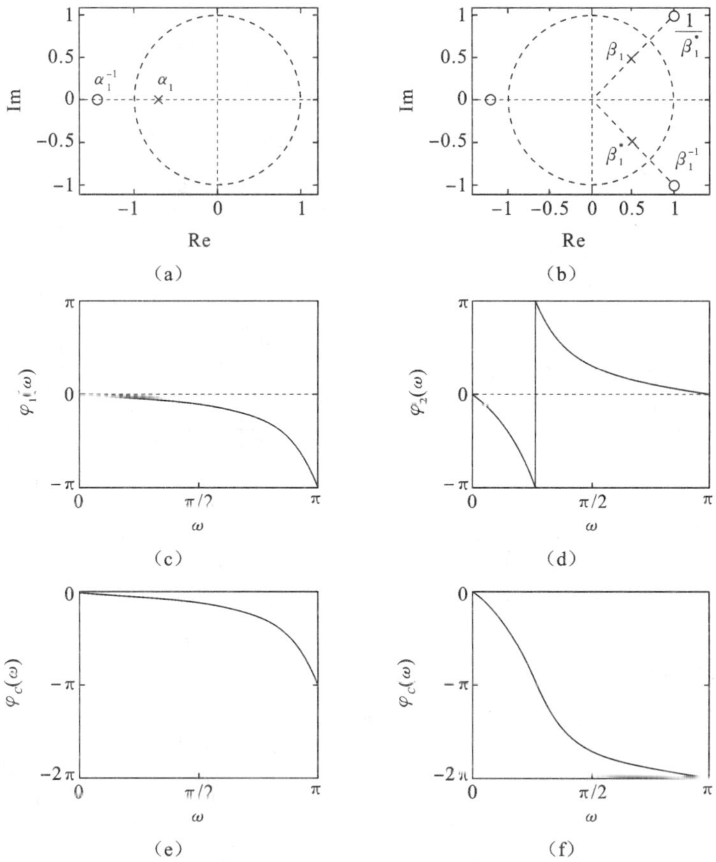

图 C.1.1 实系数全通滤波器的极-零点图和相位响应

$$(\beta_1^*)^{-1}=(re^{-j\theta})^{-1}=r^{-1}e^{j\theta} \text{和} \beta_1^{-1}=r^{-1}e^{-j\theta}$$

二者也有共轭关系，如图 C.1.1(b)所示。

只有 1 个极点 $z_1=re^{j\theta}$ 和 1 个零点 $(z_1^*)^{-1}=r^{-1}e^{j\theta}$ 的全通滤波器的频率响应为

$$H_{ap}(e^{j\omega})=\frac{e^{-j\omega}-re^{-j\theta}}{1-re^{j\theta}e^{-j\omega}}=e^{-j\omega}\frac{1-r\cos(\omega-\theta)-jr\sin(\omega-\theta)}{1-r\cos(\omega-\theta)+jr\sin(\omega-\theta)}$$

由此得到相位响应

$$\varphi_{ap}(\omega)=-\omega-2\arctan\frac{r\sin(\omega-\theta)}{1-r\cos(\omega-\theta)} \tag{C.1.8}$$

图 C.1.1(c)和(d)分别是图 C.1.1(a)和图(b)全通滤波器的相位响应，图 C.1.1(e)和(f)是图 C.1.1(c)和图(d)的展开相位。当 ω 从 0 变到 π 时，相位响应单调减小。

由式(C.1.8)计算群延时，得到

$$t_g(\omega)=-\frac{d\varphi_{ap}(\omega)}{d\omega}=\frac{1-r^2}{1+r^2-2r\cos(\omega-\theta)} \tag{C.1.9}$$

对于因果和稳定的全通滤波器，有 $r<1$，所以 $t_g(\omega)\geqslant 0$。高阶全通滤波器的群延时等于式(C.1.9)的群延时之和，所以，全通滤波器的群延时总是正的。

C.2 最小相位滤波器

设有两个 1 阶 FIR 滤波器 $H_1(z)=1+0.5z^{-1}$ 和 $H_2(z)=z^{-1}+0.5$，它们的零点互为倒

数,即 $z_2=z_1^{-1}$。它们的冲激响应分别为

$$h_1(n)=\delta(n)+0.5\delta(n-1) \text{ 和 } h_2(n)=0.5\delta(n)+\delta(n-1)$$

频率响应分别为

$$H_1(e^{j\omega})=1+0.5\cos\omega-j0.5\sin\omega \text{ 和 } H_2(e^{j\omega})=0.5+\cos\omega-j\sin\omega$$

幅度响应和相位响应为

$$|H_1(e^{j\omega})|=|H_2(e^{j\omega})|=\sqrt{\frac{5}{4}+\cos\omega}$$

和

$$\varphi_1(\omega)=-\arctan\frac{\sin\omega}{2+\cos\omega}$$

$$\varphi_2(\omega)=-\arctan\frac{\sin\omega}{0.5+\cos\omega}$$

如图 C.2.1 所示。

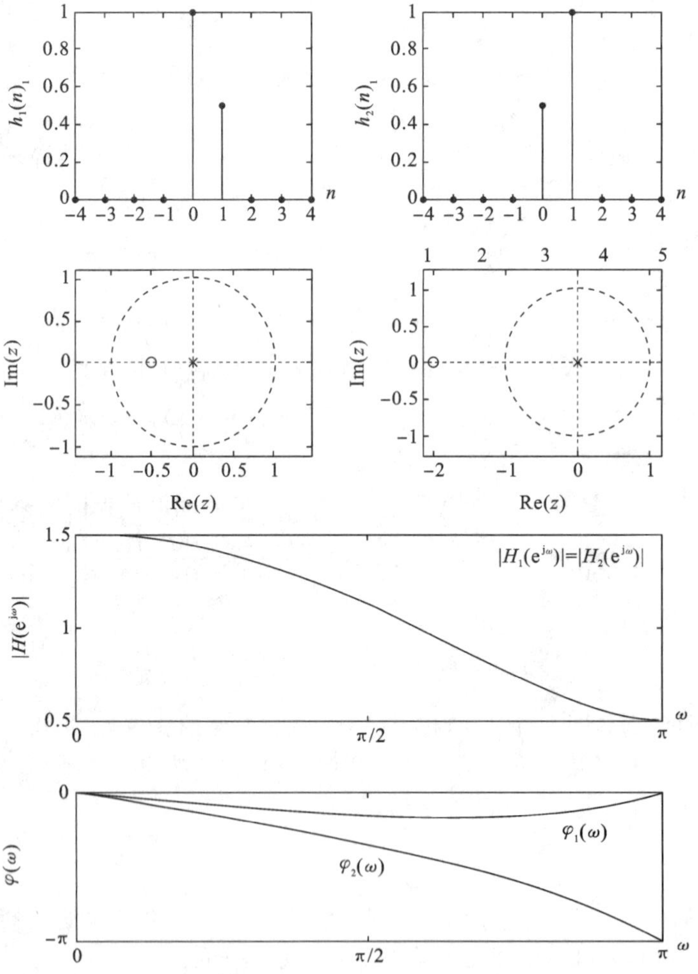

图 C.2.1　滤波器 $H_1(z)$ 和 $H_2(z)$ 的冲激响应、极-零点图、幅度响应和相位响应

从图 C.2.1 可看出,$H_1(z)$ 和 $H_2(z)$ 的幅度响应相同,但相位响应有以下区别:① 在频率范围(0,π]内,$\varphi_1(\omega)$ 偏离频率轴的值(相位滞后)最小,$\varphi_2(\omega)$ 的相位滞后最大;② 当频率从

0 变到 π 时，$\varphi_1(\omega)$变化 $\varphi_1(\pi)-\varphi_1(0)=0$，$\varphi_2(\omega)$变化 $\varphi_2(\pi)-\varphi_2(0)=-\pi$。若把 $H_2(z)$看成是将 $H_1(z)$的零点 $z_1=-0.5$ 从单位圆内移到单位圆外倒数位置 $z_1^{-1}=-2$ 上得到的，则可看出，将零点从单位圆内移到单位圆外倒数位置上，不影响幅度响应，只使相位滞后变大。

将 1 阶 FIR 滤波器的讨论推广到 N 阶。设 N 阶 FIR 滤波器的全部 N 个零点都在单位圆内，当把它们逐个地移到单位圆外各自的倒数位置上时，总共可得到 2^N 个不同的 N 阶 FIR 滤波器，它们具有相同的幅度响应和不同的相位响应。其中，所有零点在单位圆内的滤波器具有最小相位滞后，当频率从 0 变到 π 时相位变化为零，称为最小相位滤波器；所有零点在单位圆外的滤波器具有最大相位滞后，当频率从 0 变到 π 时相位变化为 $-N\pi$，称为最大相位滤波器；其余 2^N-2 个滤波器在单位圆内外都有零点，它们的相位滞后介于最小相位滤波器和最大相位滤波器之间，相位变化等于 $-K\pi$，这里 K 是单位圆外零点的数目，这些滤波器称为混合相位滤波器。但是，并非所有 2^N-2 个混合相位滤波器的传输函数都是实系数的，如果要求它们都是实系数的，则必须要求复数零点按照共轭复数对配置。任何成对的共轭复数零点只有两种可能配置方法，即都在单位圆内或都在单位圆外，不允许将它们拆开分别放在单位圆内或外。但每两个实数零点可以有 4 种可能配置方法。

由于群延时是相位响应对频率的导数，所以最小相位滤波器的群延时最小，最大相位滤波器的群延时最大，混合相位滤波器的群延时介于二者之间。或者说，最小相位滤波器的冲激响应包络具有最小延时，最大相位滤波器的冲激响应包络具有最大延时，而混合相位滤波器的冲激响应包络延时介于以上二者之间，如图 C.2.1 所示。

最小相位滤波器的概念是根据零点位置定义的，注意到 IIR 滤波器的零点是由传输函数的分子多项式决定的，而分子多项式本身是一个 FIR 滤波器，所以上面关于 FIR 最小相位滤波器的讨论和结论也完全适用于 IIR 滤波器。对于 IIR 滤波器，它的传输函数为

$$H(z)=\frac{B(z)}{A(z)}$$

如果要求它是因果的和稳定的，则它的全部极点必须在单位圆内；如果它的全部零点也在单位圆内，则它是最小相位滤波器；如果它的全部零点都在单位圆外，则它是最大相位滤波器；如果它的部分零点在单位圆内，部分在单位圆外，则它是混合相位滤波器。IIR 滤波器的逆滤波器的传输函数为

$$H^{-1}(z)=\frac{A(z)}{B(z)}$$

为了使逆滤波器是因果的和稳定的，要求 $B(z)$的根都在单位圆内，即要求 $H(z)$是最小相位的。因此，IIR 滤波器 $H(z)$的最小相位性质保证了它的逆滤波器 $H^{-1}(z)$的稳定性质。反之，$H^{-1}(z)$的最小相位性质（$A(z)$的根都在单位圆内）保证了 $H(z)$的稳定性质。根据这里的结论可以作出另一判断，即混合相位滤波器的逆滤波器一定是不稳定的。

C.3　非最小相位 IIR 滤波器的分解

设一个非最小相位 IIR 滤波器在单位圆外有唯一零点 z_1，其传输函数表示为

$$H(z)=F(z)(1-z_1z^{-1}),\quad |z_1|>1 \tag{C.3.1}$$

式中，$F(z)$是 $N-1$ 阶最小相位 IIR 滤波器。将式(C.3.1)写成等效形式

$$H(z)=F(z)(z^{-1}-z_1^*)\frac{1-z_1z^{-1}}{z^{-1}-z_1^*},\quad |z_1|>1 \tag{C.3.2}$$

令

$$H_{\min}(z)=F(z)(z^{-1}-z_1^*),\quad |z_1|>1 \tag{C.3.3}$$

式中,因式$(z^{-1}-z_1^*)$是单位圆内零点,所以式(C.3.3)表示一个最小相位滤波器。令

$$H_{ap}(z)=\frac{1-z_1z^{-1}}{z^{-1}-z_1^*},\quad |z_1|>1 \tag{C.3.4}$$

式中,零点z_1与极点$1/z_1^*$成共轭倒数关系,所以式(C.3.4)表示一个稳定、因果并具有最大相位的全通滤波器。将式(C.3.3)和式(C.3.4)代入式(C.3.2),得到

$$H(z)=H_{\min}(z)H_{ap}(z) \tag{C.3.5}$$

即任何非最小相位IIR滤波器$H(z)$可分解成一个最小相位滤波器$H_{\min}(z)$与一个全通滤波器$H_{ap}(z)$的级联,如图C.3.1所示。$H_{\min}(z)$称为$H(z)$的最小相位形式。

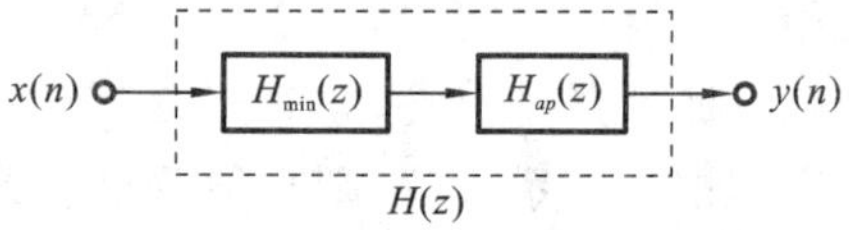

图 C.3.1 IIR滤波器分解成最小相位滤波器与全通滤波器的级联

由于一个滤波器的逆滤波器的幅度响应等于该滤波器的幅度响应的倒数,所以$H_{ap}(z)$的逆滤波器$H'_{ap}(z)$也是全通滤波器。式(C.3.5)两边同乘以$H'_{ap}(z)$,得到由$H(z)$求最小相位形式的公式

$$H_{\min}(z)=H(z)H'_{ap}(z) \tag{C.3.6}$$

式中

$$H'_{ap}(z)=\frac{z^{-1}-z_1^*}{1-z_1z^{-1}},\quad |z_1|>1 \tag{C.3.7}$$

将以上讨论推广到一般情况。设一个N阶IIR滤波器在单位圆外有M个零点,即

$$H(z)=F(z)\prod_{i=1}^{M}(1-z_iz^{-1}),\quad |z_i|>1 \tag{C.3.8}$$

式中,$F(z)$是N-M阶最小相位IIR滤波器。将式(C.3.8)写成等效形式

$$H(z)=F(z)\prod_{i=1}^{M}(z^{-1}-z_i^*)\prod_{i=1}^{M}\frac{1-z_iz^{-1}}{z^{-1}-z_i^*},\quad |z_i|>1 \tag{C.3.9}$$

令

$$H_{\min}(z)=F(z)\prod_{i=1}^{M}(z^{-1}-z_i^*),\quad |z_i|>1 \tag{C.3.10}$$

$$H_{ap}(z)=\prod_{i=1}^{M}\frac{1-z_iz^{-1}}{z^{-1}-z_i^*},\quad |z_i|>1 \tag{C.3.11}$$

其中,零点z_i与极点$1/z_i^*$成共轭倒数关系。将式(C.3.10)和式(C.3.11)代入式(C.3.9),同样得到式(C.3.5),因此式(C.3.6)仍然成立,不过其中的$H'_{ap}(z)$应改为

$$H'_{ap}(z)=\prod_{i=1}^{M}\frac{z^{-1}-z_i^*}{1-z_iz^{-1}},\quad |z_i|>1 \tag{C.3.12}$$

将式(C.3.8)和式(C.3.12)代入式(C.3.6),得到

$$H_{\min}(z)=F(z)\prod_{i=1}^{M}(z^{-1}-z_i^*),\quad |z_i|>1 \tag{C.3.13}$$

附录 D　谱分解定理

D.1　谱分解定理

谱分解定理：平稳离散时间随机信号 $x(n)$ 的功率谱 $S_{xx}(e^{j\omega})$ 是 ω 的非负的实周期函数，如果 $S_{xx}(e^{j\omega})$ 还是 ω 的连续函数，那么，$S_{xx}(z)$ 可以分解成下列乘积形式

$$S_{xx}(z)=\sigma_x^2 B(z)B^*\left(\frac{1}{z^*}\right) \tag{D.1.1}$$

证　$S_{xx}(e^{j\omega})$ 是 ω 的连续函数，意味着 $x(n)$ 不含周期成分。$x(n)$ 的自相关函数和功率谱 $S_{xx}(z)$ 之间存在关系

$$S_{xx}(z)=\sum_{m=-\infty}^{\infty} R_{xx}(m)z^{-m} \tag{D.1.2}$$

假设 $\ln S_{xx}(z)$ 在包含单位圆的环域 $\rho<|z|<1/\rho$ 内解析，这意味着 $\ln S_{xx}(z)$ 及其所有导数是 z 的连续函数，因而可以将 $\ln S_{xx}(z)$ 展开成 Laurent 级数

$$\ln S_{xx}(z)=\sum_{m=-\infty}^{\infty} c(m)z^{-m} \tag{D.1.3}$$

式中，$c(m)$ 是级数的系数。式(D.1.3)表明序列 $c(m)$ 的 z 变换是 $\ln S_{xx}(z)$。另一方面，在单位圆上计算 $\ln S_{xx}(z)$，得到

$$\ln S_{xx}(e^{j\omega})=\sum_{m=-\infty}^{\infty} c(m)e^{-jm\omega} \tag{D.1.4}$$

根据式(D.1.4)，可以把 $c(m)$ 看成周期函数 $\ln S_{xx}(e^{j\omega})$ 的傅里叶系数。因此

$$c(m)=\frac{1}{2\pi}\int_{-\pi}^{\pi}\ln S_{xx}(e^{j\omega})e^{j\omega m}d\omega \tag{D.1.5}$$

由于 $S_{xx}(e^{j\omega})$ 是实的，所以 $c(m)$ 是共轭对称的，即有 $c(-m)=c^*(m)$；此外注意到

$$c(0)=\frac{1}{2\pi}\int_{-\pi}^{\pi}\ln S_{xx}(e^{j\omega})d\omega \tag{D.1.6}$$

即 $c(0)$ 正比于对数功率谱曲线下的面积。利用式(D.1.4)可以将功率谱写成下列分解形式

$$S_{xx}(e^{j\omega})=\exp[c(0)]\exp\left[\sum_{m=1}^{\infty}c(m)z^{-m}\right]\exp\left[\sum_{m=-\infty}^{-1}c(m)z^{-m}\right] \tag{D.1.7}$$

定义

$$B(z)=\exp\sum_{m=1}^{\infty}c(m)z^{-m} \tag{D.1.8}$$

即 $B(z)$ 是一个因果序列 $b(m)$ 的 z 变换，表示成

$$B(z)=\sum_{m=0}^{\infty}b(m)z^{-m} \tag{D.1.9}$$

根据初值定理，由于 $\lim\limits_{z\to\infty}B(z)=1$，故式(D.1.9)中的 $b(0)=1$。由于 $B(z)$ 和 $\ln B(z)$ 在 $|z|>\rho$ 上都是解析的，所以 $B(z)$ 是最小相位滤波器。对于 z 的有理函数，这意味着 $B(z)$ 在单位圆

外没有极点或零点,因此,$B(z)$具有稳定的和因果的逆滤波器 $1/B(z)$。利用 $c(m)$的共轭对称性质,式(D.1.7)的第 2 个因式可以用 $B(z)$表示为

$$\exp\left[\sum_{m=-\infty}^{-1} c(m)z^{-m}\right]=\exp\left[\sum_{m=1}^{\infty} c^*(m)z^{m}\right]=\exp\left[\sum_{m=1}^{\infty} c(m)\left(\frac{1}{z^*}\right)^{-m}\right]=B^*\left(\frac{1}{z^*}\right) \tag{D.1.10}$$

将式(D.1.9)和式(D.1.10)代入式(D.1.7),便得到功率谱 $S_{xx}(z)$的谱分解表示

$$S_{xx}(z)=\sigma_x^2 B(z)B^*\left(\frac{1}{z^*}\right) \tag{D.1.11}$$

式中

$$\sigma_x^2=\exp[c(0)]=\exp\left[\frac{1}{2\pi}\int_{-\pi}^{\pi}\ln S_{xx}(e^{j\omega})d\omega\right] \tag{D.1.12}$$

是实的和非负的。

对于实的平稳离散时间信号,谱分解定理具有以下形式

$$S_{xx}(z)=\sigma_x^2 B(z)B(z^{-1}) \tag{D.1.13}$$

能按式(D.1.11)进行分解的随机过程称为标准随机过程。标准随机过程具有下列性质。

(1) 它可以由一个方差为 σ_ε^2 的白噪声激励一个稳定的因果滤波器来产生,如图 D.1.1 所示,图 D.1.1 称为标准随机过程的新息表示。

(2) $B(z)$的逆滤波器 $1/B(z)$称为白化滤波器,含义是,如果用 $1/B(z)$对 $x(n)$进行滤波,那么滤波器的输出是方差为 σ_ε^2 的白噪声 $v(n)$(称为新息),如图 D.1.2 所示。

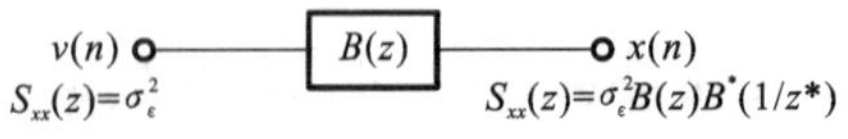

图 D.1.1　随机过程的新息表示

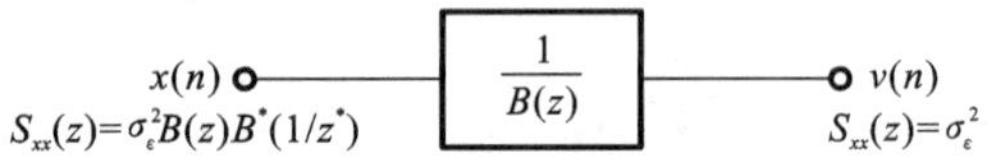

图 D.1.2　白化滤波器

(3) 由于 $x(n)$和 $v(n)$相互之间的转换是可逆的,所以它们包含的信息是相同的。

如果 $S_{xx}(z)$为有理函数,则式(D.1.11)的谱分解表示可以写成

$$S_{xx}(z)=\sigma_0^2\left[\frac{N(z)}{D(z)}\right]\left[\frac{N^*(1/z^*)}{D^*(1/z^*)}\right] \tag{D.1.14}$$

式中,$N(z)$是首一多项式,而且所有根(即$S_{xx}(z)$的零点)都在单位圆内;$D(z)$也是首一多项式,所有根(即 $S_{xx}(z)$的极点)也都在单位圆内。式(D.1.14)很容易证明,因为$S_{xx}(e^{j\omega})$是实函数,所以有 $S_{xx}(z)=S_{xx}^*(1/z^*)$,即 $S_{xx}(z)$的极点(或零点)存在共轭倒数对称性,例如图 D.1.3 是零点分布的示意图,图中的零点具有共轭倒数对称性质。

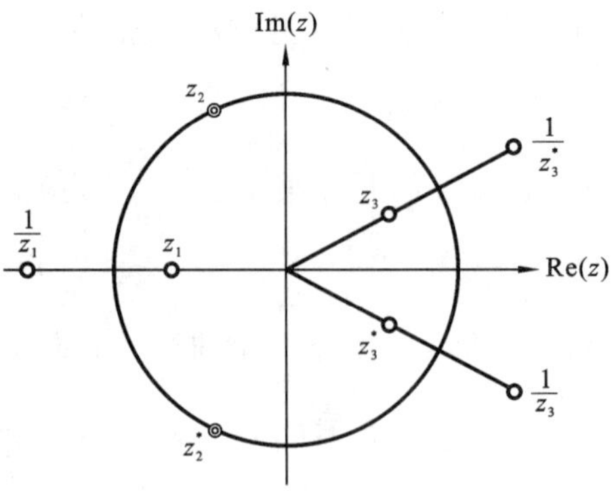

图 D.1.3　功率谱为有理函数的随机过程的零点分布示意图

D.2　Wold 分解定理

根据 Wold 分解定理,平稳离散时间随机信号的功率谱可以有另外一种分解形式。

Wold 分解定理:任何平稳离散时间随机信号 $x(n)$可以分解成互不相关的一个标准随机

信号 $x_r(n)$ 与一个可预测随机信号 $x_p(n)$ 之和，即

$$x(n)=x_r(n)+x_p(n) \tag{D.2.1}$$

式中，$x_p(n)$ 可以用它的过去若干个（例如 p 个，p 可以是无穷大）取样值的线性组合来预测，即

$$x_p(n) = \sum_{k=1}^{p} a_k x_p(n-k) \tag{D.2.2}$$

式中，a_k 是预测系数。$x_r(n)$ 与 $x_p(n)$ 不相关（或正交），即

$$E[x_r(n)x_p^*(n)]=0 \tag{D.2.3}$$

根据式(D.2.1)得出

$$P_{xx}(e^{j\omega})=P_{x_r}(e^{j\omega})+P_{x_p}(e^{j\omega}) \tag{D.2.4}$$

式中，$P_{x_r}(e^{j\omega})$ 和 $P_{x_p}(e^{j\omega})$ 分别是 $x_r(n)$ 和 $x_p(n)$ 的功率谱。可以证明，当且仅当 $P_{x_p}(e^{j\omega})$ 由冲激序列组成时，$x_p(n)$ 才是可预的，因此 $P_{x_p}(e^{j\omega})$ 可表示为

$$P_{x_p}(e^{j\omega})= \sum_{k=1}^{p} \alpha_k \delta(n-k) \tag{D.2.5}$$

附录 E　离散时间随机信号的参数模型

用只含有少量参数的简单模型表示具有许多变量的复杂过程，由于是近似的，因而会带来误差。但是，由于模型参数很少且常具有物理意义，所以借助模型更容易研究模型参数的影响，从而更深入地认识复杂的过程。因此，用简单模型表示复杂过程是许多领域常用的研究方法，例如，用集中参数等效电路分析半导体器件，用冲激序列或白噪声激励的线性时变系统模拟语音产生过程等。为离散时间随机信号建立参数模型也是出于这样的考虑。

离散时间随机信号可以看成是由单位取样序列或白噪声序列激励一个线性时不变系统产生的输出。如果输入激励是单位取样序列，那么离散时间随机信号便用线性时不变系统的单位冲激响应来表示。由于线性时不变系统的传输函数是有理函数，因此常称这种模型为"有理"模型或"极点-零点"模型，这种模型的参数是系统函数的系数或极点和零点，这些参数的个数往往很少。如果输入激励是白噪声，那么线性时不变系统的输出信号将具有有理功率谱，这种参数模型谱分析方法已得到广泛应用，实际上已取代了传统的傅里叶谱分析方法。

实际应用中的很多信号都是非平稳的，只用一个线性移不变系统作为模型是不恰当的。通常有两种解决办法：一种是短时分析方法，就是将信号分成许多小段，每一短段用一个有理模型表示，各段的模型参数不同，即有理模型参数从一小段到另一小段是时变的，而在各小段内是非时变的。在语音处理中就采用了这种建模方法，短段长度大致为基音周期（10～30 s）。另一种是自适应滤波方法，就是按照使误差最小的某种准则（例如常用的最小均方准则或最小二乘方准则）不断更新模型参数。

有理模型一般都需要用具体的准确的时间函数表示信号，例如把 p 阶线性时不变系统的冲激响应 $h(n)$ 表示成 p 个复指数函数的线性组合

$$h(n)\sum_{k=1}^{p}C_k\lambda_k^n u(n) \tag{E.1}$$

该式在形式上类似于傅里叶逆变换，都是复指数函数求和，但实际上有着深刻的区别。傅里叶表示的基础是一组固定的基函数——复正弦函数，其数目与被变换数据的频率分量的点数相等。而有理模型的指数函数是可调整的，一个好的有理模型能够用较少量指数函数来表示信号。当采用一个固定阶的有理模型来作为一个信号的模型时，不可避免地要作某种近似。只有当原始信号正好可以用 p 个复指数函数的线性组合来表示时，才能够准确地用 p 阶有理模型来作为该信号的模型。由于模型不可能完全准确地表示信号，因此必须规定一个最优逼近准则，并按最优逼近准则求取 $2p$ 个模型参数 $\{C_k\}$ 和 $\{\lambda_k\}$。最广泛采用最小二乘方准则，因为这种最优逼近准则在数学上便于处理。

用极点-零点模型最优逼近信号，归结为求解非线性方程组，虽然可以用迭代法（例如最陡下降法或 Newton 法）求解，但计算量太大。如果用全极点模型逼近，那么归结为求解线性方程组，如果用自相关法，可以利用系数矩阵的对称 Toeplitz 性质，用 Levinson 快速算法求解。此外，还有其他几种类似的快速算法在不同领域获得应用。人们已设计出利用 VLSI 技术的专用硬件来实现这些快速算法。

用模型逼近信号称为信号建模。通常有直接（或正向）建模和间接（或逆向）建模两类方

法。前者用一个有理系统的冲激响应 $h(n)$ 作为给定因果信号 $x(n)$ 的模型，如图 E.1 所示。

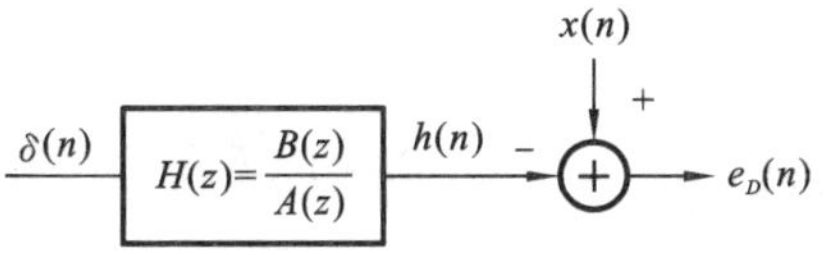

图 E.1 直接建模方框图

被建模的信号 $x(n)$ 与冲激响应 $h(n)$ 之差称为逼近误差 e_D，这里下标 D 表示直接建模。有理系统函数的参数按最小二乘方准则（误差信号总能量 ε_D 最小）来确定，即

$$\min_{A(z),B(z)}\left[\varepsilon_D=\sum_{n=0}^{\infty}e_D^2(n)\right] \tag{E.2}$$

式中，$A(z)$ 和 $B(z)$ 分别是线性时不变系统的有理传输函数的分母和分子多项式，即

$$H(z)=\frac{B(z)}{A(z)}=\frac{\sum\limits_{k=0}^{q}b_kz^{-k}}{1+\sum\limits_{k=1}^{p}a_kz^{-k}} \tag{E.3}$$

从图 E.1 可看出，直接建模误差信号的 z 变换 $E_D(z)$ 为

$$E_D(z)=X(z)-\frac{B(z)}{A(z)} \tag{E.4}$$

根据 Parseval 定理，可用 $A(\omega)$ 和 $B(\omega)$ 写出直接建模误差信号的频域表示

$$\varepsilon_D=\frac{1}{2\pi}\int_{-\pi}^{\pi}\left[X(\omega)-\frac{B(\omega)}{A(\omega)}\right]^2\mathrm{d}\omega \tag{E.5}$$

为了求出 ε_D 在一个平衡点上的全局最小值，令

$$\frac{\partial\varepsilon_D}{\partial a_k}=0\quad 和\quad \frac{\partial\varepsilon_D}{\partial b_k}=0 \tag{E.6}$$

求解得到的方程组即可解出模型参数 a_k 和 b_k。但是这些方程组是非线性的，解起来相当困难；而且，这些方程的平衡点只是局部极小（或极大）的必要条件，不能保证有全局最小值的唯一解。因此，直接建模方法没有实际应用价值。但是它对信号建模问题的陈述是很准确的。间接建模仍然应用最小二乘方准则使误差总能量最小，但误差信号是用一个有限冲激响应（FIR）滤波器 $A(z)$ 对信号 $x(n)$ 滤波产生的，如图 E.2 所示。

$A(z)$ 的设计着眼于力图去掉 $x(n)$ 的极点，因此，$A(z)$ 应当是信号的全极点模型的分母多项式的最优估计。根据图 E.2 得到

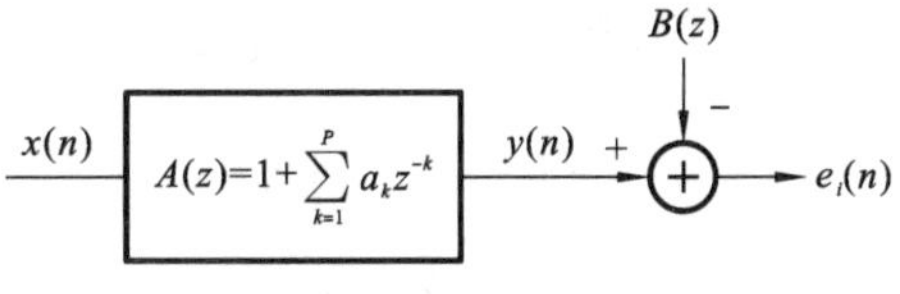

图 E.2 间接建模方框图

$$E_I(z)=X(z)A(z)-B(z) \tag{E.7}$$

式中，$E_I(z)$ 是间接建模误差的 z 变换。可以看出，$E_I(z)$ 与 $A(z)$ 和 $B(z)$ 之间存在线性关系，可以通过求解线性方程组来得到模型参数，因此间接建模方法获得了广泛应用。

由式（E.4）得出

$$E_D(z)A(z)=X(z)A(z)-B(z) \tag{E.8}$$

将式（E.8）与式（E.7）进行比较得到

$$E_I(z)=E_D(z)A(z) \tag{E.9}$$

由式（E.9）看出，间接建模误差与直接建模误差是不同的。

附录 F 矩阵的特征分解和线性方程组的求解

F.1 线性代数基础

由元素 a_{ij} 构成的 m 行 n 列矩阵 $\boldsymbol{A}$(简写为 $m\times n$ 矩阵 $\boldsymbol{A}$),它的元素表示为

$$[\boldsymbol{A}]_{ij}=a_{ij},\quad i=1,2,\cdots,m;\quad j=1,2,\cdots,n \tag{F.1.1}$$

$\boldsymbol{A}$ 的转置是一个 $n\times m$ 矩阵,表示为 $\boldsymbol{A}^{\mathrm{T}}$,它的元素为

$$[\boldsymbol{A}^{\mathrm{T}}]_{ij}=a_{ji},\quad i=1,2,\cdots,m;\quad j=1,2,\cdots,n \tag{F.1.2}$$

$\boldsymbol{A}$ 的共轭转置(或 Hermitian 转置)是一个 $n\times m$ 矩阵,表示为 $\boldsymbol{A}^{\mathrm{H}}$,它的元素为

$$[\boldsymbol{A}^{\mathrm{H}}]_{ij}=a_{ji}^{*},\quad i=1,2,\cdots,m;\quad j=1,2,\cdots,n \tag{F.1.3}$$

对于实矩阵有 $\boldsymbol{A}^{\mathrm{H}}=\boldsymbol{A}^{\mathrm{T}}$。

若 $\boldsymbol{A}$ 为实方阵且有 $\boldsymbol{A}^{\mathrm{T}}=\boldsymbol{A}$,则称 $\boldsymbol{A}$ 为对称矩阵。若 $\boldsymbol{A}$ 为复方阵且有 $\boldsymbol{A}^{\mathrm{H}}=\boldsymbol{A}$,则称 $\boldsymbol{A}$ 为 Hermitian 矩阵。

矩阵 $\boldsymbol{A}$ 中不等于 0 的子式的最大阶数,称为 $\boldsymbol{A}$ 的秩。

n 阶方阵 $\boldsymbol{A}$ 的逆矩阵 $\boldsymbol{A}^{-1}$ 满足

$$\boldsymbol{A}^{-1}\boldsymbol{A}=\boldsymbol{A}\boldsymbol{A}^{-1}=\boldsymbol{I} \tag{F.1.4}$$

式中,$\boldsymbol{I}$ 是 n 阶单位矩阵。当且仅当 $\boldsymbol{A}$ 的秩等于 n 时,$\boldsymbol{A}$ 的逆矩阵才存在。若 $\boldsymbol{A}$ 的逆矩阵不存在,则称 $\boldsymbol{A}$ 是奇异矩阵。

n 阶方阵 $\boldsymbol{A}$ 的行列式 $\det[\boldsymbol{A}]$ 可用下式递推计算(初始值为 $\det[\boldsymbol{A}_{11}]=a_{11}$)

$$\det[\boldsymbol{A}]=\sum_{i=1}^{n}(-1)^{i+j}a_{ij}\det[\boldsymbol{A}_{ij}] \tag{F.1.5}$$

式中,$\boldsymbol{A}_{ij}$ 是 $(n-1)\times(n-1)$ 阶方阵。

n 阶实对称方阵 $\boldsymbol{A}$ 的二次型是 n 元 2 次齐次函数

$$f_{A}(x_1,x_2,\cdots,x_n)=\sum_{i=1}^{n}\sum_{j=1}^{n}a_{ij}x_ix_j=\boldsymbol{x}^{\mathrm{T}}\boldsymbol{A}\boldsymbol{x} \tag{F.1.6}$$

式中,实数 $a_{ij}=a_{ji}$ 是 $\boldsymbol{A}$ 的元素,$\boldsymbol{x}=(x_1,x_2,\cdots,x_n)^{\mathrm{T}}$ 是变量 $(x_1,x_2,\cdots,x_n)$ 构成的列矢量。

Hermitian 矩阵 $\boldsymbol{A}$ 的 Hermitian 型定义为

$$f_{A}(x_1,x_2,\cdots,x_n)=\sum_{i=1}^{n}\sum_{j=1}^{n}a_{ij}x_i^{*}x_j=\boldsymbol{x}^{\mathrm{H}}\boldsymbol{A}\boldsymbol{x} \tag{F.1.7}$$

式中,a_{ij} 和 x_i 为复数,$a_{ij}=a_{ji}^{*}$。Hermitian 型也是实函数。

如果 n 阶复方阵 $\boldsymbol{A}$ 是 Hermitian 矩阵,且它的 Hermitian 型是非负的,即

$$\boldsymbol{x}^{\mathrm{H}}\boldsymbol{A}\boldsymbol{x}\geqslant 0 \tag{F.1.8}$$

则称它是正半定的。如果它的 Hermitian 型总是正的,即

$$\boldsymbol{x}^{\mathrm{H}}\boldsymbol{A}\boldsymbol{x}>0 \tag{F.1.9}$$

则称它是正定的。当说到一个矩阵是正定的或正半定的时候,总是假定它是 Hermitian 对称的。

n 阶对角矩阵 $\boldsymbol{A}$ 用它的主对角线上的元素简化表示为

$$\boldsymbol{A}=\mathrm{diag}(a_{11},a_{22},\cdots,a_{nn}) \tag{F.1.10}$$

将主对角线上的元素求倒数，得到它的逆矩阵。

n 阶下三角矩阵 $\boldsymbol{L}$ 定义为

$$\boldsymbol{L}=\begin{bmatrix} a_{11} & 0 & \cdots & 0 \\ a_{21} & a_{22} & \cdots & 0 \\ \vdots & \vdots & \ddots & \vdots \\ a_{n1} & a_{n2} & \cdots & a_{nn} \end{bmatrix} \tag{F.1.11}$$

下三角矩阵的逆矩阵仍然是下三角矩阵。$\boldsymbol{L}$ 的行列式为

$$\det[\boldsymbol{L}]=\prod_{i=1}^{n}a_{ii} \tag{F.1.12}$$

n 阶上三角矩阵 $\boldsymbol{U}$ 定义为

$$\boldsymbol{L}=\begin{bmatrix} a_{11} & a_{12} & \cdots & a_{1n} \\ 0 & a_{22} & \cdots & a_{2n} \\ \vdots & \vdots & \ddots & \vdots \\ 0 & 0 & \cdots & a_{nn} \end{bmatrix} \tag{F.1.13}$$

上三角矩阵的逆矩阵仍然是上三角矩阵。$\boldsymbol{U}$ 的行列式仍用式(F.1.12)计算。

若实方阵 $\boldsymbol{A}$ 满足 $\boldsymbol{A}^{\mathrm{T}}\boldsymbol{A}=\boldsymbol{A}\boldsymbol{A}^{\mathrm{T}}=\boldsymbol{I}$，则称 $\boldsymbol{A}$ 为正交矩阵。正交矩阵是满秩矩阵，正交矩阵的转置矩阵也是正交矩阵，两个正交矩阵的乘积也是正交矩阵。正交矩阵的列(和行)必须是正交的，即

$$\boldsymbol{a}_i^{\mathrm{T}}\boldsymbol{a}_j=\begin{cases}0, & i\neq j\\ 1, & i=j\end{cases} \tag{F.1.14}$$

式中，$\boldsymbol{a}_i$ 和 $\boldsymbol{a}_j$ 分别表示第 i 行(或列)和第 j 行(或列)。

如果 n 阶复方阵 $\boldsymbol{A}$ 满足关系

$$\boldsymbol{A}^{-1}=\boldsymbol{A}^{\mathrm{H}} \tag{F.1.15}$$

则称它是酉矩阵(或单位矩阵)。矩阵 $\boldsymbol{A}$ 是酉矩阵，必须满足条件

$$\boldsymbol{a}_i^{\mathrm{H}}\boldsymbol{a}_j=\begin{cases}0, & i\neq j\\ 1, & i=j\end{cases} \tag{F.1.16}$$

循环矩阵 $\boldsymbol{A}$ 是一个 n 阶方阵，它的每行由前一行向右循环移位产生，即

$$\boldsymbol{A}=\begin{bmatrix} a_0 & a_1 & \cdots & a_{n-1} \\ a_{n-1} & a_0 & \cdots & a_{n-2} \\ \vdots & \vdots & \ddots & \vdots \\ a_1 & a_2 & \cdots & a_0 \end{bmatrix} \tag{F.1.17}$$

因此，它的元素只由 n 个值$\{a_0,a_1,\cdots,a_n\}$确定。循环矩阵的逆矩阵可以用特征值分解求出

$$\boldsymbol{A}^{-1}=\boldsymbol{W}^{-1}\boldsymbol{\Lambda}\boldsymbol{W}^{\mathrm{H}} \tag{F.1.18}$$

式中，

$$\boldsymbol{W}=\frac{1}{\sqrt{n}}\begin{bmatrix} 1 & 1 & \cdots & 1 \\ 1 & \exp\left(-\mathrm{j}\,\frac{2\pi}{n}\right) & \cdots & \exp\left(-\mathrm{j}\,\frac{2\pi}{n}(n-1)\right) \\ \vdots & \vdots & \ddots & \vdots \\ 1 & \exp\left(-\mathrm{j}\,\frac{2\pi}{n}(n-1)\right) & \cdots & \exp\left(-\mathrm{j}\,\frac{2\pi}{n}(n-1)^2\right) \end{bmatrix} \tag{F.1.19}$$

$$\Lambda^{-1}=\mathrm{diag}\left(\frac{1}{\lambda_1},\frac{1}{\lambda_2},\cdots,\frac{1}{\lambda_n}\right) \tag{F.1.20}$$

式(F.1.20)中的λ_i是$\boldsymbol{A}$的特征值。

n阶 Toeplitz 矩阵定义为

$$[\boldsymbol{A}]_{ij}=\boldsymbol{a}_{i-j},\quad i=1,2,\cdots,n;\quad j=1,2,\cdots,n \tag{F.1.21}$$

它是各条对角线上的元素相同的一个n阶方阵。如果$\boldsymbol{a}_{-k}=\boldsymbol{a}_k^*$,则称$\boldsymbol{A}$为 Hermitian Toeplitz 矩阵。如果矩阵是实的且$\boldsymbol{a}_{-k}=\boldsymbol{a}_k$,则称$\boldsymbol{A}$为对称 Toeplitz 矩阵。

实 Toeplitz 矩阵的逆矩阵关于主对角线(“西北-东南”方向对角线)和次对角线(“东北-西南”方向对角线)都对称。Hermitian Toeplitz 矩阵的逆矩阵不再是 Hermitian Toeplitz 矩阵,但具有广义对称性质,即它是一个关于次对角线对称的 Hermitian 矩阵,即有

$$[\boldsymbol{A}^{-1}]_{ij}=[\boldsymbol{A}^{-1}]_{n-j+1,n-i+1} \tag{F.1.22}$$

例如,4 阶 Hermitian Toeplitz 矩阵的逆矩阵为

$$\boldsymbol{A}^{-1}=\begin{bmatrix} b_{11} & b_{12} & b_{13} & b_{14} \\ b_{12}^* & b_{22} & b_{23} & b_{13} \\ b_{13}^* & b_{23}^* & b_{22} & b_{12} \\ b_{14}^* & b_{13}^* & b_{12}^* & b_{11} \end{bmatrix} \tag{F.1.23}$$

设$\boldsymbol{A}$和$\boldsymbol{B}$都是复矩阵,它们的运算规则如下:

$$(\boldsymbol{AB})^{\mathrm{T}}=\boldsymbol{B}^{\mathrm{T}}\boldsymbol{A}^{\mathrm{T}},\quad (\boldsymbol{AB})^{\mathrm{H}}=\boldsymbol{B}^{\mathrm{H}}\boldsymbol{A}^{\mathrm{H}} \tag{F.1.24}$$

$$(\boldsymbol{A}^{\mathrm{T}})^{-1}=(\boldsymbol{A}^{-1})^{\mathrm{T}},\quad (\boldsymbol{A}^{\mathrm{H}})^{-1}=(\boldsymbol{A}^{-1})^{\mathrm{H}} \tag{F.1.25}$$

$$(\boldsymbol{AB})^{-1}=\boldsymbol{B}^{-1}\boldsymbol{A}^{-1} \tag{F.1.26}$$

$$\det(\boldsymbol{A}^{\mathrm{T}})=\det(\boldsymbol{A}),\quad \det(\boldsymbol{A}^{\mathrm{H}})=\det{}^*(\boldsymbol{A}) \tag{F.1.27}$$

$$\det(c\boldsymbol{A})=c^n\det(\boldsymbol{A}),\quad c\text{ 为标量} \tag{F.1.28}$$

$$\det(\boldsymbol{AB})=\det(\boldsymbol{A})\det(\boldsymbol{B}) \tag{F.1.29}$$

$$\det(\boldsymbol{A}^{-1})=\frac{1}{\det(\boldsymbol{A})} \tag{F.1.30}$$

n阶满秩方阵$\boldsymbol{A}$的逆矩阵是

$$\boldsymbol{A}^{-1}=\frac{\boldsymbol{A}^*}{\det(\boldsymbol{A})} \tag{F.1.31}$$

式中,$\boldsymbol{A}^*$是$\boldsymbol{A}$的伴随矩阵

$$\boldsymbol{A}^*=\begin{bmatrix} A_{11} & A_{21} & \cdots & A_{n1} \\ A_{12} & A_{22} & \cdots & A_{n2} \\ \vdots & \vdots & \ddots & \vdots \\ A_{1n} & A_{2n} & \cdots & A_{nn} \end{bmatrix} \tag{F.1.32}$$

式中,$\boldsymbol{A}_{ij}$是$\det(\boldsymbol{A})$的代数余子式。

一个常用的矩阵求逆公式

$$(\boldsymbol{A}+\boldsymbol{BCD})^{-1}=\boldsymbol{A}^{-1}-\boldsymbol{A}^{-1}\boldsymbol{B}(\boldsymbol{DA}^{-1}\boldsymbol{B}+\boldsymbol{C}^{-1})^{-1}\boldsymbol{DA}^{-1} \tag{F.1.33}$$

式中,$\boldsymbol{A}$是$n\times n$矩阵,$\boldsymbol{B}$是$n\times m$矩阵,$\boldsymbol{C}$是$m\times m$矩阵,$\boldsymbol{D}$是$m\times n$矩阵,且假定各逆矩阵都存在。若$\boldsymbol{A}$是$n\times 1$列矢量并用$\boldsymbol{u}$表示,$\boldsymbol{C}$是标量 1,$\boldsymbol{D}$是$1\times n$行矢量$\boldsymbol{u}^{\mathrm{H}}$,那么,得到式(F.1.33)的一种特殊形式

$$(\boldsymbol{A}+\boldsymbol{uu}^{\mathrm{H}})^{-1}=\boldsymbol{A}^{-1}-\frac{\boldsymbol{A}^{-1}\boldsymbol{uu}^{\mathrm{H}}\boldsymbol{A}^{-1}}{1+\boldsymbol{u}^{\mathrm{H}}\boldsymbol{A}^{-1}\boldsymbol{u}} \tag{F.1.34}$$

式(F.1.34)称为 Woodbury 恒等式，常用来计算一个矩阵与若干个并矢之和的逆矩阵，例如，为求 $\boldsymbol{A}+\boldsymbol{u}_1\boldsymbol{u}_1^{\mathrm{H}}+\boldsymbol{u}_2\boldsymbol{u}_2^{\mathrm{H}}$ 的逆矩阵，首先令 $\boldsymbol{B}=\boldsymbol{A}+\boldsymbol{u}_1\boldsymbol{u}_1^{\mathrm{H}}$，然后利用 Woodbury 恒等式得到

$$(\boldsymbol{B}+\boldsymbol{u}_2\boldsymbol{u}_2^{\mathrm{H}})^{-1}=\boldsymbol{B}^{-1}-\frac{\boldsymbol{B}^{-1}\boldsymbol{u}_2\boldsymbol{u}_2^{\mathrm{H}}\boldsymbol{B}^{-1}}{1+\boldsymbol{u}_2^{\mathrm{H}}\boldsymbol{A}^{-1}\boldsymbol{u}_2} \tag{F.1.35}$$

式中，$\boldsymbol{B}^{-1}$ 仍然利用 Woodbury 恒等式得到

$$\boldsymbol{B}^{-1}=(\boldsymbol{A}+\boldsymbol{u}_1\boldsymbol{u}_1^{\mathrm{H}})^{-1}=\boldsymbol{A}^{-1}-\frac{\boldsymbol{A}^{-1}\boldsymbol{u}_2\boldsymbol{u}_2^{\mathrm{H}}\boldsymbol{A}^{-1}}{1+\boldsymbol{u}_1^{\mathrm{H}}\boldsymbol{A}^{-1}\boldsymbol{u}_1} \tag{F.1.36}$$

F.2 几个重要定理

定理 1 n 阶方阵 $\boldsymbol{A}$ 是可逆(或非奇异)矩阵的充要条件为它的列(或行)是线性独立的，或 $\det[\boldsymbol{A}]\neq 0$。这种情况下，$\boldsymbol{A}$ 是满秩的，否则它是奇异的。

定理 2 n 阶方阵 $\boldsymbol{A}$ 是正定的，当且仅当

(1) 它可表示成

$$\boldsymbol{A}=\boldsymbol{C}\boldsymbol{C}^{\mathrm{H}} \tag{F.2.1}$$

式中，$\boldsymbol{C}$ 是满秩 n 阶方阵。

(2) 它的主子行列式全为正。

如果 $\boldsymbol{A}$ 可写成式(F.2.1)的形式，但 $\boldsymbol{C}$ 不是满秩的，或主子行列式只是非负的，那么 $\boldsymbol{A}$ 是半正定的。

定理 3 如果 n 阶方阵 $\boldsymbol{A}$ 能写成式(F.2.1)的形式，其中 $\boldsymbol{C}$ 是 $n\times m$ 矩阵，$m<n$，那么 $\boldsymbol{A}$ 是半正定的。

定理 4 如果 $\boldsymbol{A}$ 是正定的，则它的逆矩阵存在并可用式(F.2.1)计算

$$\boldsymbol{A}^{-1}=(\boldsymbol{C}^{-1})^{\mathrm{H}}(\boldsymbol{C}^{-1}) \tag{F.2.2}$$

定理 5 令 $\boldsymbol{A}$ 是正定的，如果 $\boldsymbol{B}$ 是 $m\times n$ 满秩矩阵，$m\leqslant n$，那么 $\boldsymbol{B}\boldsymbol{A}\boldsymbol{B}^{\mathrm{H}}$ 也是正定的。

定理 6 若 $\boldsymbol{A}$ 是正定的(正半定的)，那么

(1) $\boldsymbol{A}$ 的对角线上的元素是正的(非负的)。

(2) $\boldsymbol{A}$ 的行列式(主行列式)是正的(非负的)。

F.3 矩阵的特征分解

n 阶方阵 $\boldsymbol{A}$ 的特征矢量 $\boldsymbol{v}$ 是 $n\times 1$ 列矢量，满足

$$\boldsymbol{A}\boldsymbol{v}=\lambda\boldsymbol{v} \tag{F.3.1}$$

式中复数 λ 是对应于特征矢量 $\boldsymbol{v}$ 的特征值。假设特征矢量归一化为单位长度即 $\boldsymbol{v}^{\mathrm{H}}\boldsymbol{v}=1$，若 $\boldsymbol{A}$ 是 Hermitian 矩阵，则总能找到 n 个线性独立的特征矢量，但这一般不是唯一的。例如，任何矢量都是单位矩阵的具有一个特征值的特征矢量，因此，$\boldsymbol{A}+\sigma^2\boldsymbol{I}$ 的特征矢量和 $\boldsymbol{A}$ 的特征矢量是相同的，而特征值为 $\lambda_i+\sigma^2$，$i=1,2,\cdots,n$，这里 λ_i 是 $\boldsymbol{A}$ 的特征值。如果 $\boldsymbol{A}$ 是 Hermitian 矩阵(若 $\boldsymbol{A}$ 为实矩阵，它是对称的)，对应于不同特征值的特征矢量是正交的(即 $\boldsymbol{v}_i^{\mathrm{H}}\boldsymbol{v}_j=\delta_{ij}$)，而特征值是实的。如果矩阵还是正定的或正半定的，则特征值是正的或非负的。对于正半定矩阵，秩等于非零特征值的数目。

定义式(F.3.1)也可写成

$$\boldsymbol{A}[\boldsymbol{v}_1,\quad \boldsymbol{v}_2,\quad \cdots,\quad \boldsymbol{v}_n]=[\lambda_1\boldsymbol{v}_1,\quad \lambda_2\boldsymbol{v}_2,\quad \cdots,\quad \lambda_n\boldsymbol{v}_n] \tag{F.3.2}$$

或

$$\boldsymbol{AV}=\boldsymbol{V\Lambda} \tag{F.3.3}$$

式中

$$\boldsymbol{V}=[\boldsymbol{v}_1,\quad \boldsymbol{v}_2,\quad \cdots,\quad \boldsymbol{v}_n] \tag{F.3.4}$$

$$\boldsymbol{\Lambda}=\mathrm{diag}[\lambda_1,\quad \lambda_2,\quad \cdots,\quad \lambda_n] \tag{F.3.5}$$

若 $\boldsymbol{A}$ 是 Hermitian 矩阵,因而不同特征值的特征矢量正交,选其余特征矢量产生一个正交特征矢量集,那么 $\boldsymbol{V}$ 是一个酉矩阵,这样,$\boldsymbol{V}$ 的逆矩阵是 $\boldsymbol{V}^{\mathrm{H}}$,于是式(F.3.3)变成

$$\boldsymbol{A}=\boldsymbol{V\Lambda V}^{\mathrm{H}}=\sum_{I=1}^{n}\lambda_i\boldsymbol{v}_i\boldsymbol{v}_i^{\mathrm{H}} \tag{F.3.6}$$

式(F.3.6)称为 $\boldsymbol{A}$ 的谱分解或特征分解。若 $\boldsymbol{A}=\boldsymbol{I}$,则 $\lambda_i=1(i=1,2,\cdots,n)$,式(F.3.6)变为

$$\boldsymbol{A}=\sum_{I=1}^{n}\boldsymbol{v}_i\boldsymbol{v}_i^{\mathrm{H}} \tag{F.3.7}$$

如果 Hermitian 矩阵 $\boldsymbol{A}$ 的所有特征值为非零(非奇异 Hermitian 矩阵的充要条件),那么容易由式(F.3.6)计算逆矩阵

$$\boldsymbol{A}^{-1}=(\boldsymbol{V}^{\mathrm{H}})^{-1}\boldsymbol{\Lambda}^{-1}\boldsymbol{V}^{-1}=\boldsymbol{V\Lambda}^{-1}\boldsymbol{V}^{\mathrm{H}}=\sum_{I=1}^{n}\frac{1}{\lambda_i}\boldsymbol{v}_i\boldsymbol{v}_i^{\mathrm{H}} \tag{F.3.8}$$

由式(F.3.6)计算行列式

$$\det[\boldsymbol{A}]=\sum_{I=1}^{n}\lambda_i \tag{F.3.9}$$

确定矩阵的特征分解一般是困难的,但在 $\boldsymbol{A}$ 为循环矩阵的特殊情况下却是容易的。具体说,将式(F.1.15)写成

$$\boldsymbol{A}=\sum_{k=0}^{n-1}a_i\boldsymbol{P}^k \tag{F.3.10}$$

式中,$\boldsymbol{P}$ 是置换矩阵

$$\boldsymbol{P}=\begin{bmatrix}0 & 1 & 0 & \cdots & 0\\ 0 & 0 & 1 & \cdots & 0\\ \vdots & \vdots & \vdots & \ddots & \vdots\\ 0 & 0 & 0 & \cdots & 1\\ 1 & 0 & 0 & \cdots & 0\end{bmatrix},\quad \boldsymbol{P}^0=\boldsymbol{I} \tag{F.3.11}$$

$\boldsymbol{P}$ 的特征矢量为

$$\boldsymbol{v}_i=\frac{1}{\sqrt{n}}\left\{1,\exp\left[-\mathrm{j}\,\frac{2\pi}{n}(i-1)\right],\exp\left[-\mathrm{j}\,\frac{2\pi}{n}2(i-1)\right],\cdots,\exp\left[-\mathrm{j}\,\frac{2\pi}{n}(n-1)(i-1)\right]\right\}^{\mathrm{T}} \tag{F.3.12}$$

$\boldsymbol{P}$ 的特征值为

$$\lambda_i=\exp\left[-\mathrm{j}\,\frac{2\pi}{n}(i-1)\right],\quad i=1,2,\cdots,n \tag{F.3.13}$$

由式(F.3.10)可看出,循环矩阵 $\boldsymbol{A}$ 的特征矢量也由式(F.3.12)给出,对应的特征值为

$$\lambda_i=\sum_{k=0}^{n-1}a_k\exp\left[-\mathrm{j}\,\frac{2\pi}{n}k(i-1)\right],\quad i=1,2,\cdots,n \tag{F.3.14}$$

式(F.3.14)表明,循环矩阵 $\boldsymbol{A}$ 的第 1 行的元素取 DFT 便得到特征值。

F.4 线性方程组的求解

用矩阵符号表示线性方程组

$$\boldsymbol{A}\boldsymbol{x}=\boldsymbol{b} \tag{F.4.1}$$

式中,$\boldsymbol{A}$、$\boldsymbol{x}$ 和 $\boldsymbol{b}$ 的维数分别是 $m\times n$、$n\times 1$ 和 $m\times 1$。$m=n$(即 $\boldsymbol{A}$ 是 n 阶方阵)时,若 $\boldsymbol{A}$ 是正定的,则它是满秩的,因此线性方程组有唯一解。若 $\boldsymbol{A}$ 不是满秩的,则解不存在或有无数个解。若增广矩阵$[\boldsymbol{A}\boldsymbol{b}]$的秩等于 $\boldsymbol{A}$ 的秩,则存在无数个解,否则无解。

设线性方程组的解存在,并令 $\boldsymbol{A}$ 的秩 $k<n$,于是通解为

$$\boldsymbol{x}=\boldsymbol{x}_p+\sum_{i=1}^{n-k}\xi_i\boldsymbol{x}_{hi} \tag{F.4.2}$$

式中,$\boldsymbol{x}_p$ 是式(F.4.1)的任意解,$\boldsymbol{x}_{hi}(i=1,2,\cdots,k)$是齐次方程

$$\boldsymbol{A}\boldsymbol{x}=\boldsymbol{0} \tag{F.4.3}$$

的线性独立解,系数 ξ_i 是任意常数。式(F.4.3)的解张成的子空间是 $\boldsymbol{A}$ 的零空间,其维数 $n-k$ 是 $\boldsymbol{A}$ 的零化度。$\boldsymbol{A}$ 的列张成的子空间的维数是 $\boldsymbol{A}$ 的秩 k。

设 $\boldsymbol{A}$ 是 n 阶方阵,式(F.4.1)有唯一解。式(F.4.1)有下列几种解法。

(1) 利用式(F.1.30)计算矩阵的逆 $\boldsymbol{A}^{-1}=1/\det(\boldsymbol{A})$,然后计算

$$\boldsymbol{x}=\boldsymbol{A}^{-1}\boldsymbol{b} \tag{F.4.4}$$

(2) 利用 Gramer 规则计算

$$x_i=\frac{\det[\boldsymbol{a}_1,\boldsymbol{a}_2,\cdots,\boldsymbol{a}_{i-1},\boldsymbol{b}_i,\boldsymbol{a}_{i+1},\cdots,\boldsymbol{a}_n]}{\det[\boldsymbol{A}]},\quad i=1,2,\cdots,n \tag{F.4.5}$$

式中,$\boldsymbol{A}=[\boldsymbol{a}_1,\boldsymbol{a}_2,\cdots,\boldsymbol{a}_n]$。

(3) 若能得到 $\boldsymbol{A}$ 的特征分解,那么将式(F.3.8)代入式(F.4.4)得到

$$\boldsymbol{x}=\sum_{i=1}^{n}\frac{1}{\lambda_i}\boldsymbol{v}_i\boldsymbol{v}_i^{\mathrm{H}}\boldsymbol{b} \tag{F.4.6}$$

(4) 若 $\boldsymbol{A}$ 是正定的,则可对其进行 Cholesky 分解

$$\boldsymbol{A}=\boldsymbol{L}\boldsymbol{D}\boldsymbol{L}^{\mathrm{H}} \tag{F.4.7}$$

式中,$\boldsymbol{L}$ 是主对角线上元素为 1 的 $n\times n$ 下三角矩阵,$\boldsymbol{D}$ 是主对角线上元素为正实数的 $n\times n$ 下三角矩阵,$\boldsymbol{D}=\mathrm{diag}[d_1,d_2,\cdots,d_n]$,$d_i>0$。将式(F.4.7)代入式(F.4.1)得到

$$\boldsymbol{L}\boldsymbol{D}\boldsymbol{L}^{\mathrm{H}}\boldsymbol{x}=\boldsymbol{b} \tag{F.4.8}$$

令

$$\boldsymbol{y}=\boldsymbol{D}\boldsymbol{L}^{\mathrm{H}}\boldsymbol{x} \tag{F.4.9}$$

于是式(F.4.8)写成

$$\boldsymbol{L}\boldsymbol{y}=\boldsymbol{b} \tag{F.4.10}$$

或

$$\begin{bmatrix}1 & 0 & \cdots & 0\\ l_{21} & 1 & \cdots & 0\\ \vdots & \vdots & \ddots & \vdots\\ l_{n1} & l_{n2} & \cdots & 1\end{bmatrix}\begin{bmatrix}y_1\\ y_2\\ \vdots\\ y_n\end{bmatrix}=\begin{bmatrix}b_1\\ b_2\\ \vdots\\ b_n\end{bmatrix} \tag{F.4.11}$$

式(F.4.11)的系数矩阵是下三角矩阵,容易进行反向迭代计算

$$\begin{cases} y_1 = b_1 \\ y_k = b_k - \sum_{j=1}^{k-1} l_{kj} y_j, \quad k = 2,3,\cdots,n \end{cases} \tag{F.4.12}$$

解出 $\boldsymbol{y}$ 后，代入方程(F.4.9)，得到

$$\boldsymbol{L}^{\mathrm{H}}\boldsymbol{x} = \boldsymbol{D}^{-1}\boldsymbol{y} \tag{F.4.13}$$

再次利用反向迭代方法求解式(F.4.13)，得到

$$\begin{cases} x_n = \dfrac{y_n}{d_n} \\ x_k = \dfrac{y_k}{d_k} - \sum_{j=k+1}^{k-1} l_{jk}^* x_j, \quad k = n-1, n-2, \cdots, 1 \end{cases} \tag{F.4.14}$$

$\boldsymbol{L}$ 和 $\boldsymbol{D}$ 的元素也通过递推计算得到

$$\begin{cases} d_1 = a_{11} \\ d_i = a_{ii} - \sum_{k=1}^{i-1} d_k \, |l_{ik}|^2, \quad i = 2,3,\cdots,n \end{cases} \tag{F.4.15}$$

$$l_{ij} = \begin{cases} \dfrac{a_{i1}}{d_1}, & j = 1 \\ \dfrac{a_{ij}}{d_j} - \sum_{k=1}^{j-1} \dfrac{l_{ik} d_k l_{jk}^*}{d_j}, & j = 2,3,\cdots,i-1 \end{cases} \quad i = 2,3,\cdots,n \tag{F.4.16}$$

$m \neq n$ 时，若 $m > n$，则方程一般无解。这种情况下通常按照使最小二乘方误差

$$\|\boldsymbol{Ax}\|^2 = (\boldsymbol{Ax} - \boldsymbol{b})^{\mathrm{H}}(\boldsymbol{Ax} - \boldsymbol{b}) \tag{F.4.17}$$

最小的准则求 $\boldsymbol{x}$。

F.5 二次函数和 Hermitian 函数最小化

设有实二次函数

$$\xi(\boldsymbol{x}) = \boldsymbol{x}^{\mathrm{T}}\boldsymbol{A}'\boldsymbol{x} - 2(\boldsymbol{b}')^{\mathrm{T}}\boldsymbol{x} + c' \tag{F.5.1}$$

式中，自变量 $\boldsymbol{x}$ 为实的 $n\times 1$ 列矢量，$\boldsymbol{A}'$ 是实的正定的 n 阶方阵，$\boldsymbol{b}'$ 是实的 $n\times 1$ 列矢量，c' 是实标量。令式(F.5.1)的梯度等于 0

$$\frac{\partial \xi(\boldsymbol{x})}{\partial \boldsymbol{x}} = 2\boldsymbol{A}'\boldsymbol{x} - 2\boldsymbol{b}' = \boldsymbol{0} \tag{F.5.2}$$

注意，$\partial\xi(\boldsymbol{x})/\partial\boldsymbol{x}$ 是实函数的梯度，为了使它存在，只要求 $\boldsymbol{A}'$ 是对称的而不必是正定的。由式(F.5.2)得到使 $\xi(\boldsymbol{x})$ 最小的 $\boldsymbol{x}$ 的值

$$\boldsymbol{x}_{\mathrm{opt}} = (\boldsymbol{A}')^{-1}\boldsymbol{b}' \tag{F.5.3}$$

和 $\xi(\boldsymbol{x})$ 的最小值

$$\xi_{\min} \equiv \xi(\boldsymbol{x}_{\mathrm{opt}}) = c' - (\boldsymbol{b}')^{\mathrm{T}}\,(\boldsymbol{A}')^{\mathrm{T}}\boldsymbol{b}' \tag{F.5.4}$$

在 $\boldsymbol{A}'$ 是正半定的情况下，$\xi(\boldsymbol{x})$ 的最小值仍然存在，但却不是唯一的。例如，对于加权最小二乘方误差

$$\xi(\boldsymbol{x}) = (\boldsymbol{b} - \boldsymbol{Ax})^{\mathrm{T}}\boldsymbol{R}^{-1}(\boldsymbol{b} - \boldsymbol{Ax}) \tag{F.5.5}$$

式中，$\boldsymbol{A}$ 是 $m\times n(m>n)$ 的满秩矩阵，$\boldsymbol{b}$ 是 $m\times 1$ 列矢量，$\boldsymbol{x}$ 是 $n\times 1$ 列矢量，$\boldsymbol{R}$ 是 $m\times m$ 的正定矩阵。将式(F.5.5)展开，利用式(F.5.4)和式(F.5.5)，得到

$$\boldsymbol{x}_{\mathrm{opt}} = (\boldsymbol{A}^{\mathrm{T}}\boldsymbol{R}^{-1}\boldsymbol{A})^{-1}\boldsymbol{A}^{\mathrm{T}}\boldsymbol{R}^{-1}\boldsymbol{b} \tag{F.5.6}$$

和

$$\xi_{\min}=\boldsymbol{b}^{\mathrm{T}}\boldsymbol{R}^{-1}\boldsymbol{b}-\boldsymbol{b}^{\mathrm{T}}\boldsymbol{R}^{-1}\boldsymbol{A}(\boldsymbol{A}^{\mathrm{T}}\boldsymbol{R}^{-1}\boldsymbol{A})^{-1}\boldsymbol{A}^{\mathrm{T}}\boldsymbol{R}^{-1}\boldsymbol{b} \tag{F.5.7}$$

在 F.4 节指出过，在方程数多于未知数($m>n$)的情况下，方程一般无解，但可以按照使式(F.4.17)的最小二乘方误差最小化的准则求出“最小范数解”$\boldsymbol{x}$。利用式(F.5.6)，令 $\boldsymbol{R}=\boldsymbol{I}$，即可得出

$$\boldsymbol{x}_{\mathrm{opt}}=(\boldsymbol{A}^{\mathrm{H}}\boldsymbol{A})^{-1}\boldsymbol{A}^{\mathrm{H}}\boldsymbol{b} \tag{F.5.8}$$

为了使 $\boldsymbol{A}^{\mathrm{H}}\boldsymbol{A}$ 的逆矩阵存在，假设 $\boldsymbol{A}$ 是满秩的；$(\boldsymbol{A}^{\mathrm{H}}\boldsymbol{A})^{-1}\boldsymbol{A}^{\mathrm{H}}$ 是 $n\times m$ 矩阵，称为 $\boldsymbol{A}$ 的伪逆，用 $\boldsymbol{A}^{\#}$ 表示。

在 $\boldsymbol{A}$ 是 $n\times n$ 矩阵且具有秩 $m<n$ 的情况下，式(F.4.1)的解由式(F.4.2)给出。由于式(F.4.2)中的 ξ_i 是任意的，所以解不是唯一的。若 $\boldsymbol{A}$ 是 Hermitian 矩阵，式(F.5.8)表示的最小范数解为

$$\boldsymbol{x}_{\mathrm{opt}}=\boldsymbol{A}^{\#}\boldsymbol{b} \tag{F.5.9}$$

式中，伪逆

$$\boldsymbol{A}^{\#}=\sum_{i=1}^{m}\frac{1}{\lambda_i}\boldsymbol{v}_i\boldsymbol{v}_i^{\mathrm{H}} \tag{F.5.10}$$

式中，$\{\lambda_1,\lambda_2,\cdots,\lambda_m\}$是 $\boldsymbol{A}$ 的非零特征值，$\{\boldsymbol{v}_1,\boldsymbol{v}_2,\cdots,\boldsymbol{v}_m\}$是对应的特征矢量。

另外一种使加权最小二乘方误差最小化的方法是将式(F.5.5)表示成

$$\xi(\boldsymbol{x})=(\boldsymbol{b}-\boldsymbol{A}\boldsymbol{x}_{\mathrm{opt}})^{\mathrm{T}}\boldsymbol{R}^{-1}(\boldsymbol{b}-\boldsymbol{A}\boldsymbol{x}_{\mathrm{opt}})+(\boldsymbol{x}-\boldsymbol{x}_{\mathrm{opt}})^{\mathrm{T}}\boldsymbol{A}^{\mathrm{T}}\boldsymbol{R}^{-1}\boldsymbol{A}(\boldsymbol{x}-\boldsymbol{x}_{\mathrm{opt}}) \tag{F.5.11}$$

式中，$\boldsymbol{x}_{\mathrm{opt}}$ 由式(F.5.6)确定。$\boldsymbol{R}$ 是正定的，因此 $\boldsymbol{R}^{-1}$ 也是正定的，由于 $\boldsymbol{A}$ 是满秩的，所以 $\boldsymbol{A}^{\mathrm{T}}\boldsymbol{R}^{-1}\boldsymbol{A}$是正定的，因此式(F.5.11)的第 2 项是一个正定矩阵的 2 次型，它是非负的。由于第 1 项与 $\boldsymbol{x}$ 无关，所以式(F.5.11)已经最小化。

在自变量 $\boldsymbol{x}$($n\times 1$ 列矢量)为复矢量的情况下，式(F.5.1)是实 Hermitian 函数

$$\xi(\boldsymbol{x})=\boldsymbol{x}^{\mathrm{H}}\boldsymbol{A}'\boldsymbol{x}-2(\boldsymbol{b}')^{\mathrm{H}}\boldsymbol{x}+c' \tag{F.5.12}$$

式中，自变量 $\boldsymbol{x}$ 为实的 $n\times 1$ 列矢量，$\boldsymbol{A}'$是复的正定的 n 阶方阵，$\boldsymbol{b}'$是复的 $n\times 1$ 列矢量，c'是实标量。定义复梯度

$$\frac{\partial\xi(\boldsymbol{x})}{\partial\boldsymbol{x}}=\frac{\partial\xi(\boldsymbol{x})}{\partial\boldsymbol{x}_R}+\mathrm{j}\,\frac{\partial\xi(\boldsymbol{x})}{\partial\boldsymbol{x}_I} \tag{F.5.13}$$

如果复梯度等于 0，则 $\xi(\boldsymbol{x})$关于 $\boldsymbol{x}$ 的实部和虚部的梯度也等于 0，反之亦然，即有

$$\frac{\partial\xi(\boldsymbol{x})}{\partial\boldsymbol{x}_R}=\frac{\partial\xi(\boldsymbol{x})}{\partial\boldsymbol{x}_I}=0 \tag{F.5.14}$$

由式(F.5.12)计算 $\xi(\boldsymbol{x})$关于 $\boldsymbol{x}$ 的复梯度并令复梯度等于 0，得到最小化解

$$\boldsymbol{x}_{\mathrm{opt}}=(\boldsymbol{A}')^{-1}\boldsymbol{b}' \tag{F.5.15}$$

和 $\xi(\boldsymbol{x})$的最小值

$$\xi_{\min}=c'-(\boldsymbol{b}')^{\mathrm{H}}(\boldsymbol{A}')^{-1}\boldsymbol{b}' \tag{F.5.16}$$

在 $\boldsymbol{x}$ 为复矢量情况下，加权最小二乘方误差为

$$\xi(\boldsymbol{x})=(\boldsymbol{b}-\boldsymbol{A}\boldsymbol{x})^{\mathrm{H}}\boldsymbol{R}^{-1}(\boldsymbol{b}-\boldsymbol{A}\boldsymbol{x}) \tag{F.5.17}$$

式中，$\boldsymbol{A}$ 是 $m\times n$($m>n$)满秩复矩阵，$\boldsymbol{b}$ 是 $m\times 1$ 复矢量，$\boldsymbol{x}$ 是 $n\times 1$ 复矢量，$\boldsymbol{R}$ 是 $m\times m$ 的正定复矩阵。将式(F.5.17)展开，利用式(F.5.15)和式(F.5.6)，便可直接得到加权最小二乘方误差的最小化解。另一种方法是计算式(F.5.17)的复梯度并令其等于 0，得到

$$\frac{\partial\xi(\boldsymbol{x})}{\partial\boldsymbol{x}}=2\boldsymbol{A}^{\mathrm{H}}\boldsymbol{R}^{-1}(\boldsymbol{A}\boldsymbol{x}-\boldsymbol{b})=0 \tag{F.5.18}$$

于是得到最小化的解

$$\boldsymbol{x}_{\text{opt}}=(\boldsymbol{A}^{\text{H}}\boldsymbol{R}^{-1}\boldsymbol{A})^{-1}\boldsymbol{A}^{\text{H}}\boldsymbol{R}^{-1}\boldsymbol{b} \tag{F.5.19}$$

和加权最小二乘方误差的最小值

$$\xi_{\min}=\boldsymbol{b}^{\text{H}}\boldsymbol{R}^{-1}\boldsymbol{b}-\boldsymbol{b}^{\text{H}}\boldsymbol{R}^{-1}\boldsymbol{A}(\boldsymbol{A}^{\text{H}}\boldsymbol{R}^{-1}\boldsymbol{A})^{-1}\boldsymbol{A}^{\text{H}}\boldsymbol{R}^{-1}\boldsymbol{b} \tag{F.5.20}$$

还有一种方法是将式(F.5.17)表示成

$$\xi(\boldsymbol{x})=(\boldsymbol{b}-\boldsymbol{A}\boldsymbol{x}_{\text{opt}})^{\text{H}}\boldsymbol{R}^{-1}(\boldsymbol{b}-\boldsymbol{A}\boldsymbol{x}_{\text{opt}})+(\boldsymbol{x}-\boldsymbol{x}_{\text{opt}})^{\text{H}}\boldsymbol{A}^{\text{H}}\boldsymbol{R}^{-1}\boldsymbol{A}(\boldsymbol{b}-\boldsymbol{x}_{\text{opt}}) \tag{F.5.21}$$

式中，$\boldsymbol{x}_{\text{opt}}$由式(F.5.19)给出。

经常会遇到 $\boldsymbol{R}=\boldsymbol{I}$ 的特殊情况，在这种情况下，式(F.5.17)变成

$$\xi(\boldsymbol{x})=(\boldsymbol{b}-\boldsymbol{A}\boldsymbol{x})^{\text{H}}(\boldsymbol{b}-\boldsymbol{A}\boldsymbol{x})=\sum_{i=1}^{m}\left|b_i-\sum_{j=1}^{n}a_{ij}x_j\right|^2 \tag{F.5.22}$$

根据式(F.5.18)，得到

$$\frac{\partial\xi(\boldsymbol{x})}{\partial\boldsymbol{x}}=-2\boldsymbol{A}^{\text{H}}\boldsymbol{R}^{-1}(\boldsymbol{b}-\boldsymbol{A}\boldsymbol{x}) \tag{F.5.23}$$

或

$$\frac{\partial\xi(x)}{\partial x_k}=-2\sum_{i=1}^{m}a_{ik}^{*}\left(b_i-\sum_{j=1}^{n}a_{ij}x_j\right),\quad k=1,2,\cdots,n \tag{F.5.24}$$

因此，可以在 x_j 上对 $\xi(x)$ 进行最小化。

附录 G　累量和奇异值分解

G.1　累量与矩的关系

将 k 个元素$(1,2,\cdots,k)$分成 q 组，每组即为一个矢量。设有 L 种分法：$I_1,I_2,\cdots,I_L$。则每个 $I_i(i=1,2,\cdots,L)$中有 q 个矢量。用 p 表示 I_i 中的矢量序号，即 $I_i(p)$表示 I_i 中的第 p 个矢量，$p=1,2,\cdots,q$。

例如，当 $k=3,q=2$ 时，有 3 种分法，即 $L=3,I_1=\{(1),(2,3)\},I_2=\{(2),(1,3)\},I_3=\{(3),(1,2)\}$。其中 $I_1(1)=(1),I_1(2)=(2,3),I_2(1)=(2)$，等等。

设矢量 $\boldsymbol{I}=[1\quad 2\quad \cdots\quad k]$，序列$\{x(n)\}$的矩 m_x 和累量 C_x 可表示成：

$$m_x(\boldsymbol{I})\triangleq E[x_1,x_2,\cdots,x_k]$$

$$C_x(\boldsymbol{I})\triangleq C(x_1,x_2,\cdots,x_k)$$

于是矩和累量之间的关系可用如下通式来表示：

$$C_x(\boldsymbol{I})=\sum_{q=1}^{k}(-1)^q(q-1)!\sum_{i=1}^{L}\prod_{p=1}^{q}m_x[I_i(p)]$$

$$m_x(\boldsymbol{I})=\sum_{q=1}^{R}\sum_{i=1}^{L}\prod_{p=1}^{q}C_x[I_i(p)]$$

附表 G.1.1 给出了 $k=4$ 的例子，其中最后一行表示该列中所有项目相加的结果。

附表 G.1.1　4 阶累量与矩的变换

q	I_i	$I_i(p),p=1,2,\cdots,q$				矩-累量变换 $(-1)^{q-1}(q-1)!\prod_{p=1}^{q}m_x[I_i(p)]$	累量-矩变换 $\prod_{p=1}^{q}C_x[I_i(p)]$
		$I_i(1)$	$I_i(2)$	$I_i(3)$	$I_i(4)$		
4	I_1	1	2	3	4	$-6E\{x_1\}E\{x_2\}E\{x_3\}E\{x_4\}$	$C(x_1)C(x_2)C(x_3)C(x_4)$
3	I_1	1,2	3	4		$2E\{x_1x_2\}E\{x_3\}E\{x_4\}$	$C(x_1,x_2)C(x_3)C(x_4)$
	I_2	1,3	2	4		$2E\{x_1x_3\}E\{x_2\}E\{x_4\}$	$C(x_1,x_3)C(x_2)C(x_4)$
	I_3	1,4	2	3		$2E\{x_1x_4\}E\{x_2\}E\{x_3\}$	$C(x_1,x_4)C(x_2)C(x_3)$
	I_4	2,3	1	4		$2E\{x_2x_3\}E\{x_1\}E\{x_4\}$	$C(x_2,x_3)C(x_1)C(x_4)$
	I_5	2,4	1	3		$2E\{x_2x_4\}E\{x_1\}E\{x_3\}$	$C(x_2,x_4)C(x_1)C(x_3)$
	I_6	3,4	1	2		$2E\{x_3x_4\}E\{x_1\}E\{x_2\}$	$C(x_3,x_4)C(x_1)C(x_2)$
2	I_1	1,2	3,4			$-E\{x_1x_2\}E\{x_3x_4\}$	$C(x_1,x_2)C(x_3,x_4)$
	I_2	1,3	2,4			$-E\{x_1x_3\}E\{x_2x_4\}$	$C(x_1,x_3)C(x_2,x_4)$
	I_3	1,4	2,3			$-E\{x_1x_4\}E\{x_2x_3\}$	$C(x_1,x_4)C(x_2,x_3)$
	I_4	1,2,3	4			$-E\{x_1x_2x_3\}E\{x_4\}$	$C(x_1,x_2,x_3)C(x_4)$

续表

q	I_i	$I_i(p),p=1,2,\cdots,q$				矩-累量变换 $(-1)^{q-1}(q-1)!\prod_{p=1}^{q}m_x[I_i(p)]$	累量-矩变换 $\prod_{p=1}^{q}C_x[I_i(p)]$
		$I_i(1)$	$I_i(2)$	$I_i(3)$	$I_i(4)$		
2	I_5	1,2,4	3			$-E\{x_1x_2x_4\}E\{x_3\}$	$C(x_1,x_2,x_4)C(x_3)$
	I_6	1,3,4	2			$-E\{x_1x_3x_4\}E\{x_2\}$	$C(x_1,x_3,x_4)C(x_2)$
	I_7	2,3,4	1			$-E\{x_2x_3x_4\}E\{x_1\}$	$C(x_2,x_3,x_4)C(x_1)$
1	I_1	1,2,3,4				$E\{x_1x_2x_3x_4\}$	$C(x_1,x_2,x_3,x_4)$
$\sum$						$C_x\{x_1,x_2,x_3,x_4\}$	$E\{x_1x_2x_3x_4\}$

G.2 随机信号通过线性系统后的累量

设平稳随机过程$\{u(n)\}$通过线性非时变系统$h(n)$,输出为平稳随机过程$\{x(n)\}$,则有

$$x(n)=\sum_k u(k)h(n-k)$$

$\{x(n)\}$的k阶累量为

$$\begin{aligned}&C[x(n),x(n+\tau_1),\cdots,x(n+\tau_{k-1})]\\&=C\Big[\sum_{i_0}u(i_0)h(n-i_0)\sum_{i_1}u(i_1)h(n+\tau-i_1)\cdots\sum_{i_{k-1}}u(i_{k-1})h(n+\tau_{k-1}-i_{k-1})\Big]\\&=\sum_{i_0}\sum_{i_1}\cdots\sum_{i_{k-1}}h(n-i_0)h(n+\tau_1-i_1)\cdots h(n+\tau_{k-1}-i_{k-1})C[u(i_0),u(i_1),\cdots,u(i_{k-1})]\end{aligned}\tag{G.2.1}$$

设

$$j_0=n-i_0,j_1=n-i_1+\tau_1,\cdots,j_{k-1}=n-i_{k-1}+\tau_{k-1};$$
$$m_1=j_1-j_0,m_2=j_2-j_0,\cdots,m_{k-1}=j_{k-1}-j_0$$

则$i_1-i_0=\tau_1-m_1,i_2-i_0=\tau_2-m_2,\cdots,i_{k-1}-i_0=\tau_{k-1}-m_{k-1}$,于是式(G.2.1)成为

$$\begin{aligned}&C_{k,x}(\tau_1,\tau_2,\cdots,\tau_{k-1})\\&=\sum_{i_0}\sum_{i_1}\cdots\sum_{i_{k-1}}h(n-i_0)\cdots h(n+\tau_{k-1}-i_{k-1})C_{k,u}[(i_1-i_0),(i_2-i_0),\cdots,(i_{k-1}-i_0)]\\&=\sum_{j_0}\sum_{j_1}\cdots\sum_{j_{k-1}}h(j_0)h(j_1)\cdots h(j_{k-1})C_{k,u}[(\tau_1-m_1),(\tau_2-m_2),\cdots,(\tau_{k-1}-\tau_{k-1})]\\&=\sum_{j_1}\cdots\sum_{j_{k-1}}\Big[\sum_{j_0}h(j_0)h(j_1)\cdots h(j_{k-1})\Big]C_{k,u}[(\tau_1-m_1),(\tau_2-m_2),\cdots,(\tau_{k-1}-\tau_{k-1})]\\&=\sum_{j_1}\cdots\sum_{j_{k-1}}C_{k,h}[(j_1-j_0),(j_2-j_0),\cdots,(j_{k-1}-j_0)]C_{k,u}[(\tau_1-m_1),(\tau_2-m_2),\cdots,(\tau_{k-1}-m_{k-1})]\\&=\sum_{m_1}\cdots\sum_{m_{k-1}}C_{k,h}[m_1,m_2,\cdots,m_{k-1}]C_{k,h}[(\tau_1-m_1),(\tau_2-m_2),\cdots,(\tau_{k-1}-m_{k-1})]\\&=C_{k,h}(\tau_1,\tau_2,\cdots,\tau_{k-1})\times C_{k,u}(\tau_1,\tau_2,\cdots,\tau_{k-1})\end{aligned}$$

这就是式(6.2.10a)。

G.3　奇异值分解

特征分解定理 3.9 节中的式(3.9.12)告诉我们，一个 $n \times n$ 的 Hermitian 矩阵 $\boldsymbol{H}$ 可以分解成由对角线元素为特征值的 $n \times n$ 对角阵 $\boldsymbol{\Lambda}$ 和由特征矢量组成的 $n \times n$ 酉阵 $\boldsymbol{Q}$ 的乘积，即 $\boldsymbol{H} = \boldsymbol{Q\Lambda Q}^{\mathrm{H}}$。这个概念可以推广到一个秩为 k 的任意 $m \times n$ 复数矩阵 $\boldsymbol{A}$，称为奇异值分解定理：存在 k 个正实数 $\sigma_1 \geqslant \sigma_2 \geqslant \cdots \geqslant \sigma_k > 0$，称 $\sigma_i(i=1,2,\cdots,k)$ 为 $\boldsymbol{A}$ 的奇异值；存在一个 $m \times n$ 酉阵 $\boldsymbol{U} = [u_1 \quad u_2 \quad \cdots \quad u_m]$ 和一个 $n \times n$ 酉阵 $\boldsymbol{V} = [v_1 \quad v_2 \quad \cdots \quad v_n]$，使得矩阵 $\boldsymbol{A}$ 可表示成

$$\boldsymbol{A} = \boldsymbol{V\Phi V}^{\mathrm{H}} = \sum_{i=1}^{k} \sigma_i \boldsymbol{u}_i \boldsymbol{v}_i^{\mathrm{H}}$$

式中 $m \times n$ 矩阵 $\boldsymbol{\Phi}$ 有如下结构

$$\boldsymbol{\Phi} = \begin{bmatrix} \boldsymbol{D} & 0 \\ 0 & 0 \end{bmatrix}$$

其中，$\boldsymbol{D} = \mathrm{diag}[\sigma_1 \quad \sigma_2 \quad \cdots \quad \sigma_n]$ 是一个 $k \times k$ 对角阵，$k = \min(m,n)$。由于 $\boldsymbol{U}^{\mathrm{H}}\boldsymbol{U} = \boldsymbol{I}$，$\boldsymbol{V}^{\mathrm{H}}\boldsymbol{V} = \boldsymbol{I}$ 以及 $\boldsymbol{A}^{\mathrm{H}} = \boldsymbol{V\Phi}^{\mathrm{H}}\boldsymbol{U}^{\mathrm{H}}$，可以得到：

$$\boldsymbol{A}^{\mathrm{H}}\boldsymbol{A} = \sigma_i^2 \boldsymbol{AA}^{\mathrm{H}}\boldsymbol{u}_i = \sigma_i^2 \boldsymbol{u}_i, \quad 1 \leqslant i \leqslant k$$

上式说明，v_i 和 u_i 分别是 $(n \times n)$ Hermitian 矩阵 $\boldsymbol{A}^{\mathrm{H}}\boldsymbol{A}$ 和 $(m \times m)$ Hermitian 矩阵 $\boldsymbol{AA}^{\mathrm{H}}$ 的特征矢量，它们具有相同的特征矢量 $\sigma_i^2(1 \leqslant i \leqslant k)$。

附录 H　神经网络的学习算法

H.1　离散型误差修正学习算法的收敛性

若训练集 $\boldsymbol{X}_l(l=1,2,\cdots,L)$ 是线性可分的，设线性分界函数为 $g(\boldsymbol{X})=\widetilde{\boldsymbol{W}}^{\mathrm{T}}\widetilde{\boldsymbol{X}}=\|\widetilde{\boldsymbol{W}}\|\ \|\widetilde{\boldsymbol{X}}\|\cos\varphi$，其中，$\|\boldsymbol{A}\|$ 为矢量 $\boldsymbol{A}$ 的模，φ 是 $\widetilde{\boldsymbol{X}}$ 与 $\widetilde{\boldsymbol{W}}$ 的夹角，取 $|\varphi|<\pi_0$。这里 $\widetilde{\boldsymbol{X}}$ 是按式(7.2.1)分类。实际上，当 $g(\boldsymbol{X})=0$ 时，$\varphi=\pi/2$，就是说，在分界线上，$\widetilde{\boldsymbol{W}}$ 与 $\widetilde{\boldsymbol{X}}$ 垂直，式(7.2.1)可写成

$$\begin{cases}\text{当}|\varphi|<\pi/2\text{ 时},\boldsymbol{X}\text{ 属于 }R_1\text{ 类}\\ \text{当}|\varphi|>\pi/2\text{ 时},\boldsymbol{X}\text{ 属于 }R_2\text{ 类}\end{cases}$$

离散型误差修正算法表示为

$$\boldsymbol{W}_{k+1}=\boldsymbol{W}_k+\mu(d_l-y_l)\boldsymbol{X}_l \tag{H.1.1}$$

若迭代了 k_0 步后，使权值满足

$$\boldsymbol{W}_{k_0}=\boldsymbol{W}_{k_{0+1}}=\boldsymbol{W}_{k_{0+2}}=\cdots$$

则 $\boldsymbol{W}_{k_0}=\boldsymbol{W}^*$ 为学习算法的解，k_0 为迭代步数。如果 k_0 是有限的，就称算法是收敛的。下面证明算法对线性可分问题是收敛的。对输出矢量 $\boldsymbol{X}$(省略下标 l)和权矢量解 $\boldsymbol{W}^*$ 作归一化处理，$\|\boldsymbol{X}\|=1$，$\|\boldsymbol{W}^*\|=1$。

若训练序列是线性可分的，即存在解 $\boldsymbol{W}^*$，则可找到一小常数 δ：$0<\delta<1$(参见图 7.2.1 中的 δ)，使

$$\boldsymbol{W}^{*\mathrm{T}}\boldsymbol{X}>\delta>0,\quad \boldsymbol{X}\in R_1$$
$$\boldsymbol{W}^{*\mathrm{T}}\boldsymbol{X}>-\delta<0,\quad \boldsymbol{X}\in R_2$$

权矢量 $\boldsymbol{W}_k$ 与 $\boldsymbol{W}^*$ 间夹角的余弦 $\psi(\boldsymbol{W})$ 定义为

$$\psi(\boldsymbol{W})\triangleq\frac{\boldsymbol{W}^{*\mathrm{T}}\boldsymbol{W}_k}{\|\boldsymbol{W}_k\|}<1 \tag{H.1.2}$$

将式(H.1.1)代入上式，并取 $\mu=1/2$，得到

$$\boldsymbol{W}^{*\mathrm{T}}\boldsymbol{W}_{k+1}=\boldsymbol{W}^{*\mathrm{T}}\boldsymbol{W}_k+\boldsymbol{W}^{*\mathrm{T}}\boldsymbol{X}>\boldsymbol{W}^{*\mathrm{T}}\boldsymbol{W}_k+\delta$$
$$\|\boldsymbol{W}_{k+1}\|^2=(\boldsymbol{W}_k^{\mathrm{T}}+\boldsymbol{X}^{\mathrm{T}})(\boldsymbol{W}_k+\boldsymbol{X})<\|\boldsymbol{W}_k\|^2+1$$

迭代了 k_0 次后，上两式成为

$$\boldsymbol{W}^{*\mathrm{T}}\boldsymbol{W}_{k_{0+1}}>k_0\delta,\quad \|\boldsymbol{W}_{k_0+1}\|<k_0$$

将上式代入式(H.1.2)，得到

$$1>\psi(\boldsymbol{W}_{k_{0+1}})=\frac{\boldsymbol{W}^{*\mathrm{T}}\boldsymbol{W}_{k_{0+1}}}{\|\boldsymbol{W}_{k_{0+1}}\|}>\frac{k_0\delta}{\sqrt{k_0}}=\sqrt{k_0}\delta$$

即

$$k_0<1/\delta^2$$

从而可知，迭代次数 k_0 为有限值，它的大小取决于训练集给出的 δ 值和自适应增益常数 μ。当训练集是线性不可分的时，则上述算法不收敛，且得不到任何训练结果，而连续型单元的梯度算法可训练出一个近似结果 $\hat{\boldsymbol{W}}^*$。

H.2　离散型单元的学习算法

给出训练序列和导师信号$\{\boldsymbol{X}_1, d; \boldsymbol{X}_2, d_2; \cdots; \boldsymbol{X}_L, d_L\}$，其中 $\boldsymbol{X}_l$ 为 n 维列矢量，d_l 为标量，$l=1,2,\cdots,L$。

步骤 1　选参数：自适应增益常数 $\mu>0$

步骤 2　置初值：(1) 误差 $E\leftarrow 0$

(2) 样本个数 $l\leftarrow 1$

(3) 迭代次数 $k\leftarrow 1$

(4) 权矢量初值 $\boldsymbol{W}(0)$ 为小随机数($\boldsymbol{W}$ 是 n 维列矢量)

步骤 3　计算单元输出：$y_l\leftarrow \mathrm{sgn}(\widetilde{\boldsymbol{W}}^{\mathrm{T}}\widetilde{\boldsymbol{X}}_l)$($\widetilde{\boldsymbol{W}}$ 为 $n+1$ 维列矢量，$\widetilde{\boldsymbol{X}}_l=\begin{bmatrix}X_l\\1\end{bmatrix}$)

步骤 4　修正权值：$\widetilde{\boldsymbol{W}}(k+1)\leftarrow\widetilde{\boldsymbol{W}}(k)+\frac{1}{2}\mu(d_l-y_l)\widetilde{\boldsymbol{X}}_l$

步骤 5　累加误差：$E\leftarrow E+(d_l-y_l)^2$

步骤 6　完成一次迭代(包括 L 个样本)的训练：若 $l<L$，置 $k\leftarrow k+1$，并返回步骤 3；若 $l=L$，到步骤 7

步骤 7　检验训练结果：若 $E>0$，作下一步迭代，置 $k=k+1$，$E=0$，并返回步骤 3；若 $E=0$，结束训练，输出 W 和 k。

H.3　S 型单元的 LMS 算法

给出与附录 H.2 相同的数据 $\boldsymbol{X}_j, d_j(j=1,2,\cdots,L)$

步骤 1　选参数：(1) $\mu>0$，(2) $E_{\min}>0$

步骤 2　(同附录 H.2 步骤 2)

步骤 3　计算单元输出：$y=f(\widetilde{\boldsymbol{W}}^{\mathrm{T}}\widetilde{\boldsymbol{X}})$

步骤 4　修正权值 $\boldsymbol{W}(k+1)=\boldsymbol{W}(k)+\frac{1}{2}\mu(d_j-y_j)(1-y_j^2)\boldsymbol{X}_j$

步骤 5　(同附录 H.2 步骤 5)

步骤 6　(同附录 H.2 步骤 6)

步骤 7　检验训练结果：若 $E>E_{\min}$，$k\leftarrow k+1$，$E\leftarrow 0$，返回步骤 3；若 $E\leqslant E_{\min}$，结束训练，输出 $\boldsymbol{W}$，k 和 E。

H.4　多层前向网络的 BP 学习算法

给出训练序列和导师信号$\{\boldsymbol{X}_1, \boldsymbol{D}_1; \boldsymbol{X}_2, \boldsymbol{D}_2; \cdots; \boldsymbol{X}_L, \boldsymbol{D}_L\}$，其中 $\boldsymbol{X}_l(l=1,2,\cdots,L)$ 为 N 维列矢量，$\boldsymbol{D}_l=[d_1^l\quad d_2^l\quad\cdots\quad d_M^l]^{\mathrm{T}}$ 为 M 维列矢量。

步骤 1　选参数：$\mu>0$，$E_{\min}>0$

步骤 2　置初值：误差 $E\leftarrow 0$；样本数 $L\leftarrow 1$，迭代次数 $k\leftarrow 1$；所有的权值 $\boldsymbol{W}_{ij}^{(p)}$，$p=1,2,\cdots,p$，为小的随机数($\boldsymbol{W}_{ij}^{(p)}$ 为第 p 层连接权)

步骤3　由训练序列 $\boldsymbol{X}_l$ 从输入层到输出层计算各层每个单元的输出(式(7.2.7))：

$$\begin{cases}\boldsymbol{X}^{(1)}=\boldsymbol{X}=[x_1\quad x_2\quad\cdots\quad x_N]^{\mathrm{T}}\\ x_j^{(p+1)}=y_j^{(p)}=f\Big[\sum_{i=1}^{n_p}w_{ji}^{(p)}(k)\boldsymbol{X}_i^{(p)}\Big],\quad j=1,2,\cdots,n_{p+1};p=1,2,\cdots,P\end{cases}$$

步骤4　由导师信号 d_l 从输出层到输入层计算各层每个单元的 $\frac{\partial\xi}{\partial u_j^{(p)}}$[式(7.2.9)]：

$$\begin{cases}\frac{\partial\xi}{\partial u_j^{(p)}}=-2(d_j-y_j^{(p)})(1-(y_j^{(p)})^2),\quad j=1,2,\cdots,n_{p+1}\\ \frac{\partial\xi}{\partial u_j^{(p-1)}}=\frac{1}{2}[1-(y_j^{(p)})^2]\Big(\sum_{j=1}^{n_{p+1}}w_{ji}^{(p)}(k)\frac{\partial\xi}{\partial u_j^{(p)}}\Big),\quad j=1,2,\cdots,n_p,p=P-1,P-2,\cdots,2\end{cases}$$

步骤5　累加误差：$E\leftarrow\frac{1}{2}(d_m-y_m)^2+E,m=1,2,\cdots,M$，其中 $y_m=y_j^{(P)}$

步骤6　修正权值[式(7.2.6)]：

$$w_{ji}^{(p)}(k+1)=w_{ji}^{p}(k)-\mu\frac{\partial\xi}{\partial u_j^{(p)}}\cdot x_i^{(p)},\quad i=0,1,\cdots,n_p;\quad j=0,1,\cdots,n_{p+1};\quad p=1,2,\cdots,P$$

步骤7　完成一次迭代(包括 L 个样本的训练)

若 $l<L$，置 $l=l+1$，返回步骤3；

若 $l=L$，到步骤8。

步骤8　检验训练结果：若 $E>E_{\min}$，作下一步迭代，置 $k=k+1,E=0$，并返回步骤3；若 $E<E_{\min}$，结束训练，输出 w_{ji},k,E。

H.5　多层前向网络的模拟退火算法

给出训练序列和导师信号 $\{\boldsymbol{X}_l,d_l\},l=1,2,\cdots,L$。

步骤1　初值：(1) 迭代次数 $k=1$

(2) 温度 $T=T_0$

(3) 数值 $w_{ij}(0)$ 为小的随机数

(4) 初始能量 $E(k)=\frac{1}{LM}\sum_{l=1}^{L}\sum_{j=1}^{M}[d_j^{(l)}-y_j^{(l)}(0)]^2$

(5) 取温度下限 $T_{\min}$

步骤2　产生新状态：(1) 在均匀分布区间[$-0.5\quad 0.5$]中取随机数 z；(2) 由生成函数计算状态增量 $\Delta w_{ij}^{(p)}=T(k)\mathrm{tag}(\pi z)$

步骤3　(1) 计算能量 $E(k+1)=\frac{1}{LM}\sum_j\sum_i[d_j^{(l)}-y_j^{(l)}(k+1)]^2$

(2) 增量 $\Delta E=E(k+1)-E(k)$

步骤4　判断是否接受新状态

若 $\Delta E<0$，则 $w_{ij}(k)\leftarrow w_{ij}(k+1),E(k)\leftarrow E(k+1)$，到步骤5；

若 $\Delta E>0$，但 $|Z|<[1+\mathrm{e}^{\Delta E/T}]^{-1}$，则同上；若 $\Delta E>0$，且 $|Z|>[1+\mathrm{e}^{\Delta E/T}]^{-1}$，则直接到步骤5

步骤5　降温：$T\leftarrow T/(k+1)$

步骤6　决定结束训练：若 $T>T_{\min}$，则 $k\leftarrow k+1$ 返回步骤2；若 $T\leqslant T_{\min}$，则输出 w_{ij}，E 和 k，结束训练。

参考文献

[1] 姚天任. 数字信号处理[M]. 2 版. 北京:清华大学出版社,2018.

[2] 姚天任,江太辉. 数字信号处理[M]. 3 版. 武汉:华中科技大学出版社,2007.

[3] 姚天任. 数字语音处理[M]. 武汉:华中科技大学出版社,1992.

[4] 姚天任. 数字语音编码[M]. 北京:电子工业出版社,2011.

[5] Geogios B G, Yingbo Hua, Petre Stoica, 等. 无线通信与移动通信中信号处理研究的新进展(中译本)[M]. 北京:电子工业出版社,2004.

[6] Antoniou A. On the Roots of Digital Signal Processing — Part Ⅰ [J]. IEEE Circuits and Systems Magazine, 2007, 7 (1): 8-18.

[7] Antoniou A. On the Roots of Digital Signal Processing — Part Ⅱ [J]. IEEE Circuits and Systems Magazine, 2007, 7 (4): 8-19.

[8] Atlas L, Duhamel P, Eds. Recent Developments in the Core of Digital Signal Processing[J]. IEEE Signal Processing Magazine, 1999, 16(1):16-31.

[9] Oshana R. Overview of Digital Signal Processing Algorithms, Part Ⅱ [J]. IEEE Instrumentation and Measurement Magazine, 2007, 10 (2): 53-58.

[10] Zacharias J J, Conrad J M. A Survey of Digital Signal Processing Education [J]. Proceedings of the IEEE, 2007, 95 (3): 322-327.

[11] Mousavinezhad S H, Abdel-Qader I M. Digital Signal Processing in Theory and Practice [J]. 31st ASEE/IEEE Annual Frontiers in Education Conference, 2001, vol. T2C-13-16.

[12] McClellen J H, Schafer R W, Yoder M A. Digital Signal Processing First [J]. IEEE Signal Processing Magazine, 1999, 16 (5): 29-34.

[13] Lim J S, Oppenheim A V, Eds. Advanced Topics in Signal Processing[M]. Englewood Cliffs (New Jerssey): Prentice-Hall, 1988.

[14] Candy J V. Signal Processing—The Modern Approach[M]. New York: McGraw-Hill Book Company, 1988.

[15] Candy J V. Signal Processing—The Model-Based Approach [M]. New York: McGraw -Hill Book Company, 1988.

[16] Hayes M H. Statistical Digital Signal Processing and Modeling[M]. New York: John Wiley & Sons, Inc. , 1996.

[17] Orfanidis S J. Optimum Signal Processing: An Introduction[M]. New York: Macmillan Publishing Company, 1985.

[18] Bozic S M. Digital and Kalman Filtering[M]. New York: John Wiley & Sons, Inc. , 1979.

[19] Brown R G. Introduction to Random Signal Analysis and Kalman Filtering[M]. New York: John Wiley & Sons, Inc. , 1983.

[20] Widrow B. Adaptive Signal Processing[M]. Englewood Cliffs (New Jersey): Prentice Hall, Inc. , 1985.

[21] Cowan C FN, Grant P M, Eds. Adaptive Filters[M]. Englewood Cliffs (New Jersey): Prentice Hall, Inc. , 1985.

[22] Alexander S T. Adaptive Signal Processing—Theory and Applications[M]. New York: Springer Verlag New York Inc. , 1986.

[23] Marple S L Jr. Digital Spectral Analysis with Applications[M]. Englewood Cliffs (New Jersey): Prentice-Hall, Inc. , 1987.

[24] Kay S M. Modern Spectral Estimation: Theory and Application[M]. Englewood Cliffs (New Jersey): Prentice Hall, Inc. , 1988.

[25] Kay S M, Marple S L Jr. Spectral Analysid—A Modern Perspective[J]. Proceedings of the IEEE, 1981, 69(11): 1380-1419.

[26] Haykin S, Ed. Nonlinear Methods of Spectral Analysis[M]. New York: Springer-Verlag, 1983.

[27] Kay S M. Improvement of Autoregressive Spectral Estimates in the Presence of Noise [J]. Rec. 1978 Int. Conf. Acoustics, Speech, and Signal Processing: 357-360.

[28] Marple S L Jr. High Resolution Autoregressive Spectral Analysis Using Noise Power Cancellation[J]. Rec. 1978 IEEE Int. Conf. Acoustics, Speech, and Signal Processing: 345-348.

[29] Newman W I. Extension to Maximum Entropy Method[J]. IEEE Trans. On Information Theory,1979, 25(11): 705-708.

[30] Chui C K. An Introduction to Wavelets[M]. San Diego (California): Academic Press, Inc. , 1992.

[31] Meyer Y. Wavelets: Algorithms and Applications[M]. Philadelphia: Society for Industrial and Applied Mathematics, 1993.

[32] Daubechies I. Ten Lectures on Wavelets[M]. Montpelier (Vermont): Capital City Press, 1992.

[33] Rioul O, Vetterli M. Wavelets and Signal Processing[J]. IEEE SP Magazine, 1991, 10:11-38.

[34] Daubechies I. The Wavelet Transforms, Time Frequency Localization and Signal Analysis[J]. IEEE Trans. Inform. Theory, 1990, 36(5):961-1005.

[35] Daubechies I, Mallat S G, Willsky A S (Eds). Special Issue on Wavelet Transforms and Multiresolution Signal Analysis[J]. IEEE Trans. Inform. Theory, 1992, 38(2): 529-924.

[36] Mallat S G. A Theory for Multiresolution Signal Decomposition: The Wavelet Representation[J]. IEEE Trans. Pattern Analysis and Machine Intelligence, 1989, 11(7): 674-693.

[37] Rioul O, Duhamel P. Fast Algorithms for Discrete and Continuous Wavelet Transforms[J]. IEEE Trans. Inform. Theory, 1992, 38(2):569-586.

[38] Shensa M J. The Discrete Wavelet Transform: Wedding the A'Trous and Mallat Al-

gorithms[J]. IEEE Trans. Signal Processing, 1992, 40(10):2464-2482.

[39] Vetterli M, Herley C. Wavelets and Filter Banks: Theory and Design[J]. IEEE Trans. Signal Processing, 1992, 40(9):2209-2222.

[40] Rioul O. A Discrete Time Multiresolution Theory[J]. IEEE Trans. Signal Processing, 1993, 41(8):2591-2606.

[41] Weiss L G. Wavelets and Wideband Correlation Processing[J]. IEEE Signal Processing Magazine, Jan. 1994:13-32.

[42] 孙洪,姚天任. 离散幅度信号分析方法及其应用[J]. 中国科学,1996,26(6):528-533.

[43] Sun Hong, Yao Tianren. On Discrete Amplitude Signal Analysis and Its Applications [J]. Science in China (Series E), 1997,40(3):243-249.

[44] Mendel J M. Tutorial on Higher-Order Statistics (Spectra) in Signal Processing and System Theory: Theoretical Results and Some Applications[J]. Proceedings IEEE, 1991,79:278-305.

[45] Nikias C L, Raghuveer M R. Bispectrum Estimation: A Digital Signal Processing Frame word[J]. Proceedings IEEE,1987,75:869-891.

[46] Giannakis G B, Mendel J M. Cumulant Based Order Determination of Non-Gaussian ARMA Models[J]. IEEE Transactions on Acoustics, Speech and Signal Processing, 1990, 38(8): 1411-1423.

[47] 杨福生. 随机信号分析[M]. 北京:清华大学出版社,1990.

[48] 王宏禹. 现代谱估计[M]. 南京:东南大学出版社,1990.

[49] Giannskis G B, Mendel J M. Identification of Non-minimum Phase System Using Higher Order Statistics[J]. IEEE Transactions on Acoustics, Speech and Signal Processing, 1989,37(3): 360-377.

[50] Zurada J M. Introduction to Artificial Neural Systems[M]. St. Paul: West Publishing Company, 1992.

[51] Kung S Y. Digital Neural Networks[M]. New Jersey: PTR Prentice Hall, Inc. Englewood Cliffs, 1993.

[52] 斯华龄. 电脑人脑化:神经网络——第六代计算机[M]. 北京:北京大学出版社,1992.

[53] 徐秉铮,张百灵,韦岗. 神经网络理论与应用[M]. 广州:华南理工大学出版社,1994.

[54] 杨行峻,郑君里. 人工神经网络[M]. 北京:高等教育出版社,1992.